公共均衡非均衡理论与强韧性强活力社会建设：

环境群体性事件及其处置机制研究

杨立华 等著

Public Equilibrium and Non-Equilibrium Thoery and the Construction of a Highly Resilient and Highly Vibrant Society:

Research on Environmental Mass Incidents and Their Governance Mechanisms

中国环境出版集团 · 北京

图书在版编目（CIP）数据

公共均衡非均衡理论与强韧性强活力社会建设 ：环境群体性事件及其处置机制研究 / 杨立华等著. -- 北京 ：中国环境出版集团，2024. 12. -- ISBN 978-7-5111-6076-8

Ⅰ. X507

中国国家版本馆CIP数据核字第202458SA12号

责任编辑　宾银平
封面设计　彭　杉

出版发行　中国环境出版集团
（100062　北京市东城区广渠门内大街 16 号）
网　　址：http://www.cesp.com.cn
电子邮箱：bjgl@cesp.com.cn
联系电话：010-67112765（编辑管理部）
发行热线：010-67125803，010-67113405（传真）

印　　刷　北京鑫益晖印刷有限公司
经　　销　各地新华书店
版　　次　2024 年 12 月第 1 版
印　　次　2024 年 12 月第 1 次印刷
开　　本　787×1092　1/16
印　　张　45.25
字　　数　1000 千字
定　　价　298.00 元

目 录

第三编　事件分析与评估

第四编 事件处置机制

第五编 理论思考与政策建议

表目录

图目录

本书提要

在我国社会转型背景下，以环境群体性事件为代表的群体事件曾是影响我国社会稳定的重要因素。因此，探讨如何有效遏制并妥善处置这些事件，总结经验教训，不仅具有重要的理论价值，而且对未来更好地处置这些事件、有效降低社会稳定风险具有重要实践参考价值。基于对国内外研究现状和已有经典理论的详细梳理、深度理论建构和综合实地调查、访谈、直接观察观测、文献荟萃分析、内容分析、典型个案分析、多个案比较分析等多种方法的大规模嵌套性实证研究，本书提出和发展了基于“控制-反抗”逻辑的适合中国本土情境的“公共均衡与非均衡”群体冲突新理论，并依次探讨了事件基本特点及发生机理、不同参与主体及其对事件处置的影响，进而建立了事件解决绩效的评估指标体系。在此基础上，研究比较了不同事件处置的具体机制及效果，总结归纳了有效事件处置机制与制度设计原则，检验了其可扩展性和普适性，探讨了处置机制和公共均衡与非均衡的关系，提出了相应对策建议。基于“公共均衡与非均衡”群体冲突新理论，本书提出应当在社会治理中解放思想、开放管理，提高公共均衡的动态调整能力，最终在我国建立强韧性社会、强活力社会。

第一编　问题和方法

第一章　导论。本章介绍了本书的研究背景，提出研究问题和研究内容，总结研究意义，并梳理出研究思路、主要创新点与结构安排。

第二章　概念界定、文献综述与研究框架。本章界定了环境污染、群体性事件、邻避运动、环境群体性事件、处置机制等核心概念，并从事件基本特征与类型划分、事件发生机理、事件参与主体及其对处置的影响、事件解决的绩效评估、事件的处置机制与解决策略等方面进行国内外文献综述。

第三章　研究总体设计与方法数据。本章介绍了本书采用的博弈实验分析、实地调查访谈研究、直接观察观测和对已有实证研究的荟萃分析、深度案例分析和内容分析法等相结合的研究总体设计，并介绍了各章节具体的研究数据和方法。

第二编　核心理论构建

第四章　基础理论。本章介绍了本书在研究过程中借鉴参考的一些相关基础理论，包括马克思人与自然关系理论、绿色发展理论、新公共管理理论、新公共服务理论、治理理论和社会冲突理论。

第五章 群体冲突管理思想梳理。本章介绍了儒家、道家、法家、墨家、兵家、纵横家等中国群体冲突理论学派及以美国实证主义路线和欧洲历史哲学传统路线为代表的西方群体冲突经典理论。

第六章 公共均衡与非均衡：基于“控制-反抗”逻辑的群体冲突新理论。冲突是政治学、公共管理学、社会学和经济学等共同研究的中心课题，但既有的经典理论主要诞生在西方，不仅缺乏本土性，也未能提供理解中国群体冲突的系统框架。本章在重新梳理经典群体冲突理论的基础上，提出基于“控制-反抗”逻辑的公共均衡与非均衡新理论，并通过大规模问卷调查验证该理论。新理论阐述了群体冲突产生和解决的基本逻辑，可同时解释冲突发生和不发生，又能用统一的公式描述冲突动态演变的全过程，为理解和解决中国群体冲突提供了新框架。新理论认为群体冲突是不同事件主体在旧公共均衡被打破的情况下重构新公共均衡的过程。公共相对利益满足感、公共维持或合作意愿、社会总约束力、公共可使用反抗力、公共反抗机会、社会总刺激六个核心变量共同决定了公共均衡值的大小和社会的和平或冲突状态。当公共均衡值大于 1，社会整体和平或冲突基本解决；小于 1，社会出现冲突；等于 1，处于冲突边缘；冲突发生、演进与解决是六个变量共同作用的结果。因此，应当在我国社会治理和当前社会转型中综合考虑六个核心变量的均衡状态，避免控制过度，构建可包容公共均衡调整的强韧性社会。新理论为进一步推动我国群体冲突理论的发展和实证研究奠定了基础。

第三编 事件分析与评估

第七章 事件的基本特点及发生机理。本章基于 25 个典型案例，结合问卷调查数据和实地调研结果，系统地讨论了事件的基本特点和发生机理。我国群体性事件的基本特点是：就自身特征而言，多发生在东部经济较发达地区，大规模事件发生频率高，组织化程度日益提高，反应型事件暴力化程度相对较高、预防型事件暴力化程度较低；就参与主体而言，暴发前多取道体制内途径，政府对事件解决起主导作用，专家学者等多元协作主体参与及治理为事件解决提供了新方案；就社会环境而言，群体环境影响较大，社会舆论影响事件走向，舆论环境日益依赖互联网。事件发生的基本机理是：在非冲突均衡状态下，群体性事件由社会结构条件和社会控制水平影响的诱源与诱因触发，之后参与人发现行动机会或促进机会形成，并通过概化信念激活和组织动员进一步积累资源，进而在完成利益计算及角色和策略选择与行动的基础上，导致冲突或非均衡发生；之后，冲突又可分为升级、僵局和解决三种模式，并通过三种路径最终使事件逐渐平息或达到均衡。本章的研究不仅对我国环境群体性事件的研究具有一定的理论指导作用，同时对其解决具有现实的政策指导价值。

第八章 事件中的参与主体及其对事件处置的影响。全面系统地研究事件中的参与主体及其对事件处置结果产生的影响，是认识事件及处置问题的关键。基于拉斯韦尔提出的 5W1H 分析法（即何人、何因、何事、何时、何地、如何做）及冲突治理理论，本章将事件及其处置视为各主体的参与和互动（包括参与主体及其角色类型、互动资源与诉求、互动时间地点与事项、互动方式与程度作用）的结果，并应用多案例研究法探讨了这两个方面的问题。研究发现：①事件参与主体主要有 10 种，其中，以城市居民、农村居民、污染制造者、政府部门的参与为主，新闻媒体、专家学者、社会组织（NGO）、社会大众的参与次之，而国际组织、宗教组织的参与又次之。各主体的参与及其承担的角色源自其拥有的资源优势及其差距、诉求差异及其对立性，而且受到互动时间、地点与事项的影响，并根据其选择的互动方式、互动程度产生的作用做出决定。②各主体在事件中通过承担相应的角色，基于其拥有的能力资源与利益诉求、互动时间地点与事项、互动方式及其程度作用，从而影响事件处置效果。其中，与农村居民相比，同样作为冲突方之一的城市居民所具有的人身与经济利益、拥有的道义与组织制度资源优势、选择急促但倾向合作的冲突方式，往往更容易引起对方的重视，进而获得更好的事件处置效果；与以上二者相比，污染制造者与政府部门的参与和互动对事件处置效果影响更大，但其影响由其选择的互动方式决定；与以上参与主体不同，新闻媒体、专家学者、国际组织等其他主体因其参与传播信息、协同处置事件等对事件处置产生正面的影响，但往往不会决定事件处置结果。进而，通过回归模型分析，发现参与主体及其角色类型、互动时间地点与事项的合适程度、选择倾向合作的互动方式及其程度作用对事件处置结果有正向影响，而各主体之间的能力资源差距与利益诉求对立程度则对事件处置结果具有负向影响。在以上基础上，通过文献对比探讨了中国语境下事件中参与主体的要素、结构与事件特点，并从参与主体的要素平衡视角提出了更好地处置事件的对策。研究结果不仅有助于丰富有关事件及其处置的理论，还可为事件的治理者提供一定的借鉴和参考。

第九章　事件解决绩效的评估——VPP 整合性评估框架与指标体系的构建和应用。在借鉴公共行政理论、政府绩效评估模型、环境冲突解决评估框架、PIA 分析框架和应急管理评估指标体系等相关理论的基础上，本章采用文献分析、实地观察与访谈以及问卷调查等方法，构建了衡量我国事件解决绩效的 VPP 整合性评估框架及指标体系。VPP 整合性评估框架包含价值取向、阶段特征以及参与主体三个构面。VPP 整合性评估指标体系则涵盖六个维度，即经济性、效率性、效果性、公平性、民主性和法治性，共 131 个指标。研究通过指标隶属度分析、数理统计和结构方程模型法对 VPP 整合性评估指标体系进行检验，并应用 VPP 整合性评估指标体系对我国 5 个省（直辖市）的典型环境群体性事件进行问卷调查以检验其适用性。结果显示，源于同样地区的针对政府部门、民众、企业和其他参与群体或组织的深度访谈结果与问卷调查结果基本保持一致。

第四编　事件处置机制

第十章　事件处置机制总体分析。如何有效遏制并妥善处置事件是有待解决的重要命题。基于问卷调查和多案例研究方法，本章探讨了事件处置机制及其对事件解决效果的影响。研究发现：①事件处置机制包括 6 个构成要素，分别是事前预防机制，信息沟通、信任和利益协调机制，动员、应急和权责机制，监督、法律和保障机制，协同创新机制，善后处理机制；②事件处置机制对事件解决效果影响从大到小分别是动员、应急和权责机制，事前预防机制，善后处理机制，信息沟通、信任和利益协调机制，监督、法律和保障机制，协同创新机制；③事件发生地域、规模与暴力程度对事件处置机制与解决效果之间的关系具有调节作用。这些研究发现对环境群体性事件的预防和解决具有积极意义，对其他冲突的治理也具有一定的参考价值。

第十一章 事前预防机制。借鉴公共危机管理理论和环境行政管理理论等相关理论，本章着重研究如何建立事件处置的事前预防机制。研究首先界定了预防机制的概念，进而按一定标准筛选了我国在过去一段时间发生的 25 个环境群体性事件作为典型案例进行比较分析。研究发现：①政府在机制构建中起中心作用，尤其在区县级行政层级对机制要素和预防效果起显著调节作用，但仍需要联合企业、NGO、公众等其他主体力量，使机制系统化；②有效的预防机制的基本要素包括评估主体风险意识强、评估方法科学、评估机制有效、评估程序执行有力、预警主体反应度高、预测预警方法科学、预测预警有效、预测预警执行有力。研究同时指出，为了提高预防能力，需要做到五点：①完善风险评估机制，增强评估主体风险意识；②科学评估环境污染风险；③提高评估程序执行效率（包括组建评估小组，科学制定评估方案；积极听取群众意见，识别分析风险；判断风险类别，划清风险等级；汇总评估结果，控制评估风险）；④建立和完善预测预警系统；⑤建立科学和系统化预防机制。

第十二章 信息沟通、信任和利益协调机制。本章探索如何建立环境群体性事件的信息沟通、信任和利益协调机制，分析这一机制对事件处置的作用，并提出其基本原则。信息沟通、信任和利益协调在群体性事件处置中密切相关，三方面均形成了丰富的现有理论积累。本章包含三节，分别针对信息沟通机制、信任机制和利益协调机制三项子机制展开研究。在信息沟通机制方面，本章发现成功信息沟通机制的主要要素，提出信息沟通的分析模型。在信任机制方面，本章建立了信任机制的分析框架，揭示了计算型信任、情感型信任和制度型信任三种信任框架对事件处置的不同影响，并提出提升群体性事件中信任水平的对策建议。在利益协调机制方面，本章基于案例研究揭示了利益协调对事件处置的重要作用，提出建立多元主体、全过程和多规则约束协调机制。

第十三章 动员、应急和权责机制。基于动员理论、社会冲突理论、应急管理理论和公民、政府权利义务理论等相关理论，本章研究如何建立环境群体性事件中的动员、应急和权责机制。本章包含三节，分别对动员机制、应急机制和权利义务与权力责任机制三项子机制进行针对性研究。动员、应急和权责机制是环境群体性事件发生后，事件处置过程中的关键机制，对事件解决效果具有重大影响。在动员机制方面，本章发现事件处置中成功动员需要满足的关键要素。在应急机制方面，本章建立了环境群体性事件应急管理的框架，提出其成功要素，并分析了事件特征对应急机制有效性的影响。在权责机制方面，本章明确了群体性事件处置中公民的权利义务，政府的权力责任，以及权利义务和权力责任在现实案例不同阶段中的呈现情况和保障程度，提出了从权责机制角度解决群体性事件的 10 条建议。

第十四章 监督、法律和保障机制。本章着重研究如何建立环境群体性事件处置的监督、法律和保障机制。根据相应的理论基础，本章分别从监督机制、法律机制和保障机制三项子机制展开研究。在监督机制方面，本章重点分析了事件解决中监督的过程、主体、客体和规则，提出事件处置中应当关注的监督重点。在法律机制方面，本章基于经典案例研究、问卷调查和深度访谈，发现了事件处置中法律机制存在的主要问题并提出了对策建议。在保障机制方面，本章验证了全面的保障机制对事件处置的重要作用，并对政府保障机制的建立提出建议。

第十五章　协同创新机制。协同创新机制是群体性事件或冲突事件得以妥善解决的制度框架和运行载体，在我国的公共事务治理实践中得到了广泛运用和创新。环境群体性事件作为公共事务中的典型问题，其解决模式即环境群体性事件妥善处置的实现方式，直接决定着这类事件的治理绩效。但是，目前我国在处置环境群体性事件过程中，协同创新机制未能充分发挥作用，还需进一步完善。为此，本章在集体行动的理论框架内，对环境领域的多个案例进行案例编码和分析，梳理出环境群体性事件协同创新机制的四个方面：参与系统、行动策略、信息系统、激励回报，并总结出成功的环境群体性事件协同创新机制所包含的八个要素：吸引不同类型的主体参与、主体介入时期要恰当、各个主体能独立发挥作用、建立完备的行动计划、采取有效的行动方式、及时的行动反馈、畅通的信息沟通与信息反馈、完善的激励回报反馈措施。

第十六章　善后处理机制。为更好地解决因环境问题引发的政府、企业和公民之间的矛盾，除做好事前的预防和事中的应对工作外，在事件平息后做好善后处理工作也是防止事件二度暴发的关键所在。但是，目前我国环境群体性事件的善后处理机制尚不健全，有待进一步完善。为此，本章通过典型案例分析、问卷调查以及访谈分析三种研究方式，发掘目前我国政府在应对环境群体性事件善后处理工作中存在的问题以及原因，并探索影响善后处理工作效果和满意度的重要因素。研究发现，完善的利益补偿机制、监督与反馈机制、企业惩治机制、政府责任追究机制、安抚机制、总结与评价机制六大善后处理机制对善后处理工作的效果和满意度都有重要影响。并且，在不同污染类型、不同居民诉求所引发的环境群体性事件中，在善后处理机制中，企业惩治机制、政府责任追究机制、安抚机制以及总结与评价机制这四大机制发挥着较为重要的作用。在以上基础上，提出针对性建议，以期能对完善环境群体性事件的善后处理机制有所贡献。

第五编　理论思考与政策建议

第十七章　走向公共均衡：处置机制和公共均衡与非均衡关系。前面章节中已经构建了六类应对环境群体性事件的处置机制：事前预防机制，信息沟通、信任和利益协调机制，动员、应急和权责机制，监督、法律和保障机制，协同创新机制，善后处理机制。本章在此基础上，采用文献分析与问卷调查相结合的研究方法，探讨了环境群体性事件处置机制和公共均衡与非均衡以及绩效之间的关系。本章的研究结果表明：①环境群体性事件处置机制对于解决争端，实现公共均衡有正向作用；②环境群体性事件处置机制的应用有助于提高解决绩效；③环境群体性事件的城乡属性、抗争类型以及污染类型会影响处置机制和公共均衡与非均衡之间的关系；④环境群体性事件的城乡属性、抗争类型以及污染类型对于处置机制与事件解决绩效之间具有调节作用；⑤对于环境群体性事件治理结果的评价，应从治理结果与公共均衡状态两个方面入手。基于上述研究结果，本章对环境群体性事件的有效治理提出了相应的建议。

第十八章 结论与政策建议。本章首先回顾了本书对于公共均衡与非均衡理论、环境群体性事件的发生机理和处置绩效评估、事件处置机制的主要研究结论；其次，根据研究发现，总结了本书对群体性事件预防、评估、处置的政策建议；再次，基于公共均衡与非均衡理论提出了深化的多层次公共均衡与非均衡思维，并对事件预防、评估、处置进行再审视，进而提出建立全景式事件预防、评估、处置体系；最后，通过整合环境群体性事件处置机制和公共均衡与非均衡理论，提出在未来社会治理中要提高公共均衡的自我调节能力，建立强韧性社会、强活力社会。

第一编

问题和方法

第一章　导 论

本章要点　本章介绍了本书的研究背景，提出了研究问题和研究内容，总结了研究意义，并梳理出研究思路、主要创新点与结构安排。

第一节　研究背景

本节要点　现有的诸多研究虽然从不同角度和程度上分析了环境群体性事件的成因、特点、解决对策和机制等方面的内容，但到目前为止，还缺乏较为系统和深入的理论和实证研究。本书提出理解群体冲突与合作的公共均衡与非均衡理论，试图在厘清环境群体性事件的特点及发生机理的基础上，系统总结环境群体性事件的成功处置机制及其制度设计原则，并进一步总结出适用于各类社会冲突和社会风险的社会治理基本原理。

自 1978 年年底实行改革开放以来，我国经济飞速发展，社会主义现代化建设取得了巨大的成就。但是，随着经济的发展，一系列社会问题也不断显现，社会冲突日趋增多。由于在过去较长一段时间里，我国较重经济发展而轻环境保护，加上社会人口不断增加（当然，过少的劳动力和不合理的人口结构也会影响经济和社会的发展），人口、资源、环境三者之间的矛盾不断激化，致使大气污染、水污染等环境污染问题不断发生，每年因环境污染造成的经济损失达 1 000 亿美元[1]。世界银行 2007 年的一份报告曾指出，在当时全球污染最严重的 20 个城市中，中国的城市占了其中的 16 个。[2]

环境污染还损害着人民群众的切身利益，引起民众的抗议，由此引起的环境群体性事件逐渐增多。有数据显示[3]，1995 年我国因环境问题引起的民众信访来信总数为 58 678 封，2005 年则增加到 608 245 封，10 年间增长了 9 倍以上。而由环境问题引发的群体性事件，每年也在高速增长，其数量多达数万起甚至十余万起，严重威胁我国的经济发展和社会稳定。特别是 21 世纪 10 年代最初几年的数据也显示，由环境问题引发的冲突事件仍在一段时间内以很高的速度增加。[4] 例如，2011 年环境冲突事件数量更是比 2010 年同期增长

---

1 杨杰. 灰霾迷城，我们付出多少健康代价[N]. 中国青年报，2013-12-11.

2 王敏，黄莹. 中国的环境污染与经济增长[J]. 经济学（季刊），2015，14（2）：557-578；World Bank，State Environmental Protection Administration of P. R. China. Cost of Pollution in China：Economic Estimates of Physical Damages[R]. 2007.

3 张磊，王彩波. 从环境群体性事件看中国地方政府的环保困境[J]. 天津行政学院学报，2014，16（2）：57-61.

4 陆学艺，李培林，陈光金. 2013 年中国社会形势分析与预测[M]. 北京：社会科学文献出版社，2013：75.

120%。[1]另据统计，从 2011 年到 2017 年，我国境内的突发环境事件有 2 771 件[2]，其中 2012 年、2013 年和 2014 年是高发年。2012 年，环境保护部原核安全总工程师、中国环境科学学会副理事长杨朝飞明确指出[3]："自 1996 年以来，中国由环境问题引起的群体性事件以年均 29%的速度增长。"2014 年，环境保护部发布的《2013 年中国环境状况公报》披露[4]：该年度环境突发事件比上一年增加 31.4%。2014 年，中国社会科学院法学研究所发布的《2014 年中国法治发展报告》中[5]披露："环境污染是导致万人以上群体性事件的主要原因，在所有万人以上的群体性事件中占比高达 50%。"所有这些数据表明，我国当时已经进入环境群体性事件的多发期，各地因环境污染导致的群体性事件呈增长之势。

作为一种"功能失调型"社会冲突，环境群体性事件不仅给事发地带来巨大经济损失，而且损害政府形象，破坏国家法律与政治秩序的尊严与权威[6]，还不利于社会稳定团结与可持续发展。因此，研究环境群体性事件及其治理问题非常重要。同时，分析那些年发生的环境群体性事件可以发现，因环境问题（企业）引发的群体性事件相较于其他群体性事件，人数众多，声势浩大，政府的应对和控制能力薄弱，而且最终解决方案大都是当地政府迅速宣布停建污染项目，事件才得以平息，这样的演变模式和传统型解决方式，反过来可能会"鼓励"今后更多的此类群体性事件的发生。因此，如何预防环境群体性事件的发生，妥善处置暴发的环境群体性事件，化解社会矛盾和冲突，成为当时迫切需要解决的重要问题。

2012 年，党的十八大报告中指出，我国在过去的五年里各方面都取得新的重大成就，经济平稳较快发展，但也存在不少困难和问题，面对这些困难和问题，我们必须高度重视，进一步认真加以解决。2013 年，党的十八届三中全会通过《中共中央关于全面深化改革若干重大问题的决定》，该决定指出"创新有效预防和化解社会矛盾体制。健全重大决策社会稳定风险评估机制。建立畅通有序的诉求表达、心理干预、矛盾调处、权益保障机制，使群众问题能反映、矛盾能化解、权益有保障"。2014 年，新华网整理的习近平总书记重要讲话里也指出，政府要正确处理社会矛盾，保持社会的稳定，要处理好维稳和维权的关系，解决好人民群众合理合法的利益诉求，使人民群众的权益得到有效的维护，提升政府的公信力。2015 年，《中共中央关于制定国民经济和社会发展第十三个五年规划的建议》提出，生态环境质量总体改善是全面建成小康社会新的目标要求。可以看出，正确处理人民内部矛盾，改善生态环境，逐渐成为政府工作的重点。

---

1 郭尚花. 我国环境群体性事件频发的内外因分析与治理策略[J]. 科学社会主义，2013（2）：99-102.

2 国家统计局. 中国统计年鉴[EB/OL]. [2024-02-22]. https://www.stats.gov.cn/sj/ndsj/.

3 光明网评论员. 环境群体事件年均递增 29%说明什么[EB/OL].（2012-10-29）[2016-12-19]. http://cpc.people.com.cn/pinglun/n/2012/1029/c78779-19420176.html.

4 环境保护部. 2013 年中国环境状况公报[R]. 2014-06-04.

5 新京报. 14 年间百人以上群体事件发生 871 起[EB/OL].（2014-02-24）[2017-05-06]. http://www.bjnews.com.cn/graphic/2014/02/24/306216.html.

6 魏新文，高峰. 处置群体性事件的困境与出路[J]. 中共中央党校学报，2007，11（1）：92.

经过多年的改革开放，我国正处于“经济体制深刻变革，社会结构深刻变动，利益格局深刻调整，思想观念深刻变化”[1]的关键阶段，这种变化在带来经济和社会巨大发展和进步的同时，也使得危机和潜在威胁的释放达到前所未有的程度。[2]其中，由环境污染或环境风险所引发的群体性事件大量发生，不仅扰乱了当地社会秩序与社会和谐，也影响了政府公信力和党的执政能力的提升，成为制约我国经济社会高质量发展的突出问题。因此，对环境群体性事件进行深入研究，探讨其特点、发生机理和解决机制，有利于更好地了解环境群体性事件的成因和各个过程环节，便于制定相应的政策和应对机制，并从源头上防患于未然，减少环境群体性事件的发生，同时有利于维持社会稳定，为我国经济发展提供良好的社会环境。

正如亨廷顿所指出的：“现代性产生稳定性，而现代化却产生不稳定性。”[3]这一论断很契合我国当前现实情况，也表明社会风险的发生不仅仅是中国的问题，更是现代化过程中具有普遍性的世界问题。面对上升的社会风险，国际学术界提出了“韧性”（resilience）[4]的发展理念，提出要提高社会应对各类冲击、维持正常运转的自我调节能力。我国在推进依法治国和中国式现代化进程中，也同样强调“解放和增强社会活力”[5, 6]、“处理好活力与秩序的关系”[7]，其重要举措之一是提高社会发展和问题解决的自主性。环境群体性事件是一项具有代表性的社会风险，对事件发生原理及其处置机制进行深入研究，不仅有利于解决这一具体社会问题，也为探索和解决社会冲突应对和提高社会韧性等世界性历史重大问题提供了契机。

环境群体性事件具有参与主体多元化[8]、利益诉求多样化[9]以及影响范围广泛化等特点。民众在感知其健康权或生存权受到损害后，会通过集体上访[10]、集体散步等形式表达其诉求。如果民众的诉求得到了政府部门的有效回应及积极处置，事态就会迅速平息[11]；若其诉求没有得到回应或表达受阻，尤其是遇到政府部门的压制[12,13]时，则可能演变为激烈的对抗事件[14, 15]，进而严重影响社会秩序与民众生活。政府部门传统的应对方式和薄弱的控

---

1 中共中央关于构建社会主义和谐社会若干重大问题的决定[M]. 北京：人民出版社，2006.

2 乌尔里希•贝克. 风险社会[M]. 何博闻，译. 北京：译林出版社，2004：15.

3 塞缪尔・P. 亨廷顿. 变化社会中的政治秩序[M]. 王冠华，刘为，等译. 上海：上海世纪出版集团. 2008：45-51.

4 Folke C. Resilience：The Emergence of a Perspective for Social-ecological Systems Analyses[J]. Global Environmental Change，2006，16（3）：253-267.

5 习近平. 关于《中共中央关于全面推进依法治国若干重大问题的决定》的说明[J]. 求是，2014（21）：16-23.

6 中共中央关于党的百年奋斗重大成就和历史经验的决议[N]. 人民日报，2021-11-17（1）.

7 处理好活力与秩序的关系[N]. 人民日报，2023-02-27.

8 赵鼎新. 社会与政治运动讲义[M]. 北京：社会科学文献出版社，2006：3-4.

9 程雨燕. 环境群体性事件的特点、原因及其法律对策[J]. 广东行政学院学报，2007（19）：46-47.

10 中国行政管理学会课题组. 我国转型期群体性突发事件主要特点、原因及对策研究[J]. 中国行政管理，2002（5）：6-9.

11 杨立华，程诚，刘宏福. 政府回应与网络群体性事件的解决——多案例的比较分析[J]. 北京师范大学学报（社会科学版），2017（2）260：110-124.

12 于建嵘. 利益、权威和秩序——对村民对抗基层政府的群体性事件的分析[J]. 中国农村观察，2000（4）：70-76.

13 顾海波，惠玮，潘柏兴. 粗暴执法及其防治[J]. 党政干部学刊，2010（1）：54.

14 于建嵘. 当前农村环境污染冲突的主要特征及对策[J]. 世界环境，2008（1）：58-59.

15 汪伟权. 环境类群体性事件研究[M]. 北京：中央编译出版社，2016：28.

制能力导致其在应对环境群体性事件时往往采取息事宁人的对策，或进行经济补偿，或宣布关停污染项目，从而平息事件。然而，这种策略也助长了民众倾向于采取制度外的非理性方式解决环境群体性事件的态势，“大闹大解决、小闹小解决、不闹不解决”的观念由此产生。此举不仅不利于我国民主化、法治化社会的建设，而且加重了解决此类事件的难度与不确定性。毋庸置疑，若是环境问题难以得到合理处置，社会主体间的利益纠葛难以得到妥善解决，必然会扰乱正常的公共秩序，从而对我国改革、发展和稳定产生严重影响。与此同时，国内外学者对环境冲突及环境资源争端进行了广泛关注。国外学者提出了诸如替代性冲突解决[1]、环境冲突解决[2]、环境协作与冲突解决[3]、基于社区的冲突解决[4]等方式用以对环境资源的破坏、侵占或不当利用进行调解，强调参与者、解决过程和最终产出的质量[5]，强调解决过程中共识的形成与协作，并针对解决效果提出相应的评估手段。而我国学者的研究主要注重从不同的理论视角对现有问题进行解读，研究焦点集中于对冲突产生的原因、特点、性质进行论述，探讨冲突各方的利益诉求、所需资源和行为策略，分析处置对策的适用性，并提出改进对策等。

从以上文献研究可以看出：现有的诸多研究虽然从不同角度和程度上分析了环境群体性事件的成因、特点、解决对策和机制等方面，其中也分析了政府、公民、企业、民间组织及国际组织等各主体在环境群体性事件中的作用，但还缺乏较为系统和深入的理论和实证研究，没有对环境类群体性事件的具体特征和发生机理，环境类群体性事件的各种参与者（包括直接冲突方和其他参与者）各自的特点、角色和功能等进行详细分析。特别地，就群体性事件的处置和解决结果来说，还没有一个系统和适用评价体系来衡量某个群体性事件的解决就是好的，某个就是不好的，导致各种群体性事件处置结果之间事实上存在无法有效比较分析的状况，进而也就妨碍了系统、科学地总结环境类群体性事件的有效处置或解决机制。

因此，本研究提出理解群体冲突与合作的公共均衡与非均衡理论，试图在厘清环境群体性事件的特点及发生机理、环境群体性事件的直接冲突主体及其对冲突处置和解决的影响（包括其特点、角色和功能等）、环境群体性事件的非冲突参与主体及其在冲突解决中的作用（也包括其特点、角色和功能等）以及构建系统科学的环境群体性事件冲突处置的效果评价框架及其指标体系的基础上，系统总结环境群体性事件的成功处置机制及其制度设计原则。由此不仅在理论上推进国内外有关环境类群体性事件的研究，也为我国社会当下切实有效地解决各类环境类群体性事件提供有效和具有可操作性的管

1 Bingham G. Resolving Environmental Disputes：A Decade of Experiences[M]. Washington DC：Conservation Foundation，1986.

2 Orr P J，Emerson K，Keys D L. Environmental Conflict Resolution Practice and Performance：An Evaluaion Framework[J]. Conflict Resolution Quarterly，2008，25（3）：283-301.

3 U.S. Environmental Protection Agency. FY 2014 Template Environmental Collaboration and Conflict Resolution（ECCR）Policy Report to OMB-ECQ[EB/OL].（2015-10-14）. https://www.epa.gov/sites/default/files/2018-04/documents/epa_fy_2014_eccr_annual_report_final.pdf.

4 Kemmis D. This Sovereign Land：A New Vision for Governing the West[M]. Washington DC：Island Press，2001.

5 Colby B G. Economic Characteristics of Successful Outcomes[A]//O'Leary R，Bingham L B. The Promise and Performance of Environmental Conflict Resolution. Washington DC：Resources for the Future，2003.

理、政策和方法等方面的建议和指导。进一步地，本研究的理论建构揭示了社会冲突中“总控制力”“总反抗力”相互均衡的社会治理基本原理，不仅适用于环境群体性事件的解决，也同样能够指导各类社会冲突的应对和化解，并为最终建立更具韧性、更有活力的社会提供理论基础。

第二节　研究问题和研究内容

本节要点　本节介绍了本书的主要研究问题和研究内容。

一、研究问题

总结起来，本书的研究问题是在构建公共均衡与非均衡群体冲突新理论的基础上，系统研究环境群体性事件及其处置机制。具体来说，就是在首先提出和构建群体冲突的公共均衡与非均衡理论的基础上，系统回答有关环境群体性事件的几个关键问题：环境群体性事件究竟是什么样的群体性事件？具有哪些区别于其他群体性事件的基本特征？其发生的原因和机理是什么？如何评估？其有效处置（包括解决和预防等）的基本机制又是什么？

二、研究内容

根据课题总体问题和研究对象，本书在理论构建之外的主要研究内容安排如下：

（1）在社会转型的大背景下，我国环境群体性事件具有什么样的性质、特征，其规模、结构与类别如何界定；环境群体性事件频发的直接原因与深层次原因是什么；有着怎样的发展过程与演变规律；对社会稳定与经济发展产生什么样的影响。

（2）环境群体性事件中的直接冲突方有哪些，该怎么分类，有什么样的基本特征，各自的利益诉求和行为模式是什么，相互间的关系如何，在冲突发展和冲突解决中究竟扮演着什么样的不同角色，又对冲突处置和解决产生了什么样的影响、作用和功能。

（3）环境群体性事件中的其他参与主体有哪些，该怎么分类，有什么样的基本特征，各自的利益诉求和行为模式是什么，相互间的关系如何（包括与冲突主体之间的关系），在冲突发展和冲突解决中究竟扮演着什么样的不同角色，又对冲突处置和解决产生了什么样的影响、作用和功能。

（4）如何衡量环境群体性事件处置和解决的实际效果，构成效果的核心要素是什么，如何在不同效果之间进行比较，其有效的评价指标体系是什么。

（5）环境群体性事件处置机制的主要构成要素是什么，各要素之间的相互关系如何，构成机制的基本制度设计原则又是什么。

第三节 研究意义

本节要点 本节介绍了本书的研究意义：①构建了能解释中国现实环境群体性事件以及各类社会冲突，进而指导事件处置和社会治理的理论模型；②在进一步提高我国群体性事件治理的科学性，推动构建有效治理环境群体性事件的制度体系，以及进一步提升社会治理整体水平，建立强韧性社会、强活力社会等方面具有广阔的应用前景和重要的实际政策价值。

基于多年系统研究各类集体行动和冲突事件的学术积累和经验，我们发现，目前有关环境群体性事件的很多问题，无论是国内还是国际学术界都还没有完全厘清，尤其是上面所说的几个方面都还有待深入系统研究解决，而这正是本研究所要完成的任务，也是其价值所在。具体来说，本研究不仅具有重要的理论价值，而且将对我国和世界环境群体性事件或社会冲突问题的解决具有重要实际应用价值和政策指导意义。

一、学术理论构建和发展角度

基于我国环境群体性事件的实证研究，不仅有利于我国实际的本土学术理论发展，解决我国理论界仍然没有解决的一些重要学术问题，创新我国社会治理理论，更有利于提高我国社会科学的国际学术竞争力，加强我国和国际学术界的对话与交流能力。目前有关解决群体性事件的各种措施，虽然强调社会参与，但是在总体上仍然是集体主义指导下的政府全能式干预。而且，现有的任何简化理论模型都无法圆满解释我国群体性事件冲突的实际过程，必须从复杂系统观角度，全面考察治理系统中各种参与主体，并依据环境污染的现实情况，构造能解释我国现实的理论模型。从国际学术界发展和竞争现实来看，目前社会科学理论模型基本上都为西方学术界所统治，我们对很多问题的解释也是在西方话语权主导下与其对话，这就使得很多理论解释往往不仅脱离我国实际，而且扭曲了我国现实，这既无益于实际问题的解决，也不利于我国与国际社会的交流和对话。因此，只有结合我国实际，研究我国问题，发展出既立足于我国现实又具有相当世界普遍适用性的理论模型，才能既有利于我国学术发展和实际问题的解决，又有利于提高我国与国际社会的对话和交流能力，继而影响国际社会，为我国和国际社会发展营造良好的学术环境。本研究将在理论上把对我国环境群体性事件的考察从简化模型的单一论述研究推向更加系统的研究视野，因此具有重要理论意义和范式变迁价值。这一理论模型不仅适用于我国问题，也适用于普遍的世界问题；不仅适用于环境群体性事件的处置和解决，也适用于更广泛的社会冲突的解决。同时，这也与当前国际学术界对协同治理、韧性社会和国际学术合作问题越来越关注的趋势相一致，能够促进广泛的国际学术对话。

二、现实问题解决和实际应用价值

本研究不仅对我国环境问题以及环境群体性事件治理具有指导意义，且对我国社会治理创新和社会冲突治理具有参考价值。我国多年实践证明，任何简单应用西方理论和方法指导我国实践，或简单套用西方固有模型来解释我国现实的做法都不理想，甚至会带来灾难性后果。由于目前我国关于社会冲突的治理实际在某种意义上已经试验了各种理论家所提出的各种模型，但发现没有任何单一模型可解决问题，很多问题不但在理论上需要多方合作解决，在实际上也是如此进行。因此，目前是到了对我国已有的这些实践进行总结分析、归纳经验、找出问题的时候了，以供新的政策和制度安排作为参考。因此，本研究也具有重要的实际政策价值，特别在进一步提高我国群体性事件治理的科学性、推动构建有效治理环境群体性事件的制度安排体系等方面具有广阔的应用前景。此外，由于环境污染、环境群体性事件等问题具有广泛性和全球性，也期望本研究能对全球的环境群体性事件及冲突问题的解决产生应有的积极影响。在此基础上，本书的发现揭示了社会治理的基本原理，对除环境群体性事件以外的社会冲突的解决，以及进一步构建强韧性社会、强活力社会同样具有现实指导意义。

第四节　研究思路、主要创新点与结构安排

本节要点　本节介绍了本书的研究思路，并从问题选择、学术观点、研究方法、文献资料、话语体系五个方面介绍了本研究的主要创新点，最后介绍了本书的结构安排。

一、研究思路

基于国内外研究现状，梳理经典群体冲突理论，提出公共均衡与非均衡新理论，并将新理论与环境群体性事件相结合，依次探讨环境群体性事件的复杂情形及其发展和演化机理，不同环境群体性事件参与者的特征、行为与角色功能及其相互博弈与互动关系，然后在处置效果评价的基础上，比较不同环境群体性事件处置的效果及机制，总结归纳出成功的环境群体性事件处置机制与制度设计原则，并检验其可扩展性和普适性，最终探讨环境群体性事件处置机制和公共均衡与非均衡的关系，提出政策建议。

二、主要创新点

（一）问题选择

基于诺贝尔经济学奖获得者奥斯特罗姆教授的制度分析和发展框架以及我们提出的适合我国情景的产品——制度分析框架，分析环境群体性事件生物物理和客观情景，问题的主要行动者或参与者及其行动和互动关系，行动结果，评价标准，机制与规则五个核心要素。据此，我们依次选择五个主要研究问题，构成了五个子课题。这些问题的选择，不

仅抓住了课题研究问题的核心，是当前学术界亟待解决的问题，也具有强烈的现实趋向，有利于研究现实价值和应用价值的实现。

（二）学术观点

我们把环境群体性事件放在本书所构建的可以同时解释冲突发生与不发生以及解决冲突的公共均衡与非均衡的整体框架中来考察，提出了有关环境群体性事件和社会冲突的公共均衡与非均衡新理论，这不仅抓住了群体性事件研究的核心，开拓了我国群体性事件研究的视野，有利于环境群体性事件的解决，也揭示了社会冲突和社会治理的基本原理，有助于解决广泛的社会冲突问题和构建强韧性社会、强活力社会。研究构建的其他主要新学术观点包括：

（1）在系统分析环境群体性事件特征、性质的基础上，总结和发展了环境群体性事件的发生机理和发展演化的公共均衡与非均衡新理论，并以此为基础分析了环境群体性事件的发生机制和处置机制，进而提出政策建议。

（2）虽然环境群体性事件是一个整体，不同的参与者不可分割，但不同的参与者确实又存在冲突和非冲突参与主体之分，我们不仅对此进行了区分，而且在行动和博弈理论的支持下，分析了这些主体的特征、互动及其对环境群体性事件发生和处置的影响，建立了有关环境群体性事件的主体互动理论。

（3）虽然很多研究都在分析群体性或冲突事件，但到目前为止，国内外学术界都没有对事件处置结果建立起较为科学和可比较的评价指标，本研究建立了一个不仅适合我国情景而且具有一定普适性的“价值取向-阶段特征-参与主体”（value-process-participant，VPP）三个构面的整合性评估框架及指标体系，这具有开拓性意义。

（4）虽然目前已有较多冲突解决机制的相关研究，但由于事件自身及其情景的复杂性，各种机制事实上往往具有地方性或瞬时性等特点，普遍性相对不足。本研究在大规模研究的基础上，总结了环境群体性事件发生和冲突解决的基础性规则和机制，并探讨了这些规则和机制背后的制度设计原则，这不仅提高了理论的深度和鲜活性，也提高了其现实应用性。

（三）研究方法

首先，在基础理论层面，我们突破了以往此类研究单纯用政治学或社会学方法，在复杂系统观的指导下，本研究将冲突与群体性事件理论和社会冲突理论、治理理论、集体行动理论、博弈理论、制度分析理论以及马克思人与自然关系理论、绿色发展理论、新公共管理理论、新公共服务理论等相关理论有机结合起来，大大拓宽了研究的理论视野。其次，就具体研究方法而言，本研究在定性和定量相结合的综合集成法指导下，将博弈分析、实地调查访谈研究、直接观察观测和对已有实证研究的荟萃分析、深度案例分析和内容分析法等方法相结合，丰富了环境群体性事件的研究方法，也避免了以往简单采用案例分析和归纳研究等的局限性。钱学森指出，定性和定量相结合的综合集成法也是研究开放复杂巨系统的唯一有效方法。这对环境类群体性事件的研究尤为重要。

（四）文献资料

本研究在资料方面的创新和优势主要体现在以下几个方面：一是相关环境冲突类国际研究资料的占有。这是我们这些年来跟踪国际研究的一项成果。二是我们多年持续研究集体行动、互动理论和制度理论的成果，为这一研究积累了一些相关资料。三是对我国环境类群体性事件以及其他各种冲突事件资料的多方面收集、研究和深层挖掘，也为我们的研究提供了有力支撑。四是大量感性资料的积累和参考。科学研究必须要保持足够的客观性，但是科学研究首先也是科学家的研究，需要科学家必须对所研究对象有一定的感性认识和了解。很多研究者没有这方面的基础和背景知识，往往使得其研究“半生不熟”，严重失真。而我们由于长期切实参与到多种环境污染及社区冲突的解决之中，并帮助相关方面成功解决了一些群体性事件，这些个体性资料和经验，也使我们的研究更加真实和丰富。

（五）话语体系

概念和话语是构成理论的材料，理论的创新很多情况下首先是概念的创新。没有新的概念和话语，往往也很难产生新的理论和思想。我们将环境群体性事件和一般冲突研究、集体行动研究等结合起来，打通了这些研究间的传统隔阂，实现了多理论间的沟通和共享，这为研究环境群体性事件开辟了新的话语体系。同时，我们将各种参与主体看作是博弈行为中的行动者，这就不仅将群体性事件和传统冲突分析打通了，也打通了博弈分析和行动分析间的隔阂，不仅丰富了研究话语体系，也拓宽了研究领域，提升了研究深度。此外，我们借鉴绩效评估理论研究群体性事件处置效果及指标体系，不仅弥补了当前学术界遗留的重要问题，也具有相当的开创性意义。

三、结构安排

本书的结构安排如下：

第一编：问题和方法，共三章。第一章：导论。介绍本书的研究背景，提出研究问题、研究内容和研究预期目标，总结研究意义，并梳理出主要创新点。第二章：概念界定、文献综述与研究框架。界定了环境污染、群体性事件、邻避运动、环境群体性事件、处置机制等核心概念，并概括总结国内外文献综述。第三章：研究总体设计与方法数据。

第二编：核心理论构建，共三章。第四章：基础理论。第五章：群体冲突管理思想梳理。对中西方有关群体冲突管理的经典理论进行梳理和评价。第六章：公共均衡与非均衡：基于“控制-反抗”逻辑的群体冲突新理论。在重新梳理经典群体冲突理论的基础上，基于大量观察和亲身体验，提出基于“控制-反抗”逻辑的公共均衡与非均衡新理论，阐述群体冲突产生和解决的基本逻辑，为理解和解决中国群体冲突提供了新框架。

第三编：事件分析与评估，共三章。第七章：事件的基本特点及发生机理。基于25个典型案例，结合问卷调查数据和实地调研结果，从环境群体性事件的自身特征、参与主体和社会环境三个方面来分析事件特点，总结出环境群体性事件发生过程及其机理。第八章：事件中的参与主体及其对事件处置的影响。从全面系统的多元利益主体参与视角出发，探讨参与主体冲突和互动对环境群体性事件处置产生的影响。第九章：事件解决绩效的评估——VPP 整合性评估框架与指标体系的构建和应用。在借鉴政府绩效评估模型、环境冲突解决评估框架和应急管理评估指标体系等理论的基础上，通过文献分析、访谈以及问卷调查等方法，构建衡量我国环境群体性事件解决绩效的 VPP 整合性评估框架及指标体系，并进行验证和应用。

第四编：事件处置机制：共七章。第十章：事件处置机制总体分析。基于问卷调查和多案例研究方法，梳理出环境群体性事件处置机制，包括事前预防机制，信息沟通、信任和利益协调机制，动员、应急和权责机制，监督、法律和保障机制，协同创新机制和善后处理机制，并探讨了事件处置机制对事件解决效果的影响。第十一章：事前预防机制。第十二章：信息沟通、信任和利益协调机制。第十三章：动员、应急和权责机制。第十四章：监督、法律和保障机制。第十五章：协同创新机制。第十六章：善后处理机制。其中，第十二章、第十三章、第十四章分别针对各自的三项子机制展开针对性研究。

第五编：理论思考与政策建议，共两章。第十七章：走向公共均衡：处置机制和公共均衡与非均衡关系。第十八章：结论与政策建议。

第二章　概念界定、文献综述与研究框架

本章要点　本章界定了环境污染、群体性事件、邻避运动、环境群体性事件、处置机制等核心概念，并从事件基本特征与类型划分、事件发生机理、事件参与主体及其对处置的影响、事件解决的绩效评估、事件的处置机制与解决策略等方面进行国内外文献综述。

第一节　概念界定

本节要点　本节界定了环境污染、群体性事件、邻避运动、环境群体性事件、处置机制的概念。

概念是构建理论、假说、解释和预测的基石。[1]本书核心概念包括：环境污染、群体性事件、邻避运动、环境群体性事件、处置机制。

一、环境污染

《中华人民共和国环境保护法》规定环境“是指影响人类生存和发展的各种天然的和经过人工改造的自然因素的总体”。学者从各个视角对环境污染进行了界定。从环境科学来看[2]，环境污染是指“由于人类活动，有害物质或因子进入环境当中，通过扩散、迁移和转化的过程，使整个环境系统的结构和功能发生变化，出现了不利于人类和其他生物生存和发展的现象”。从污染源来看，它包括水污染、大气污染、固体废物污染、土壤污染、放射性污染、电磁辐射污染、光污染、热污染[3]及混合污染九种污染类型。而且，环境污染既包括现实污染，也包括感知性污染，即由人们预判某种人类活动将引发的环境污染，如建设垃圾场将带来的大气污染等[4]。因此，本书将环境污染界定为在环境领域发生的由各种人为或非人为因素引发的危及或可能危及人们生存与健康的已经现实存在的或仅仅为人们预先感知的各种导致或可能导致环境系统的结构或功能发生变化的现象。当然，需要指出的是，本研究所涉及的“环境污染”在大多数情况下，是“可辨别”并可“追究”污染责任的，并不包括酸雨或雾霾等难以追溯其具体责任人的那种污染类型。

---

1 乔纳森·格里斯. 研究方法的第一本书[M]. 孙冰洁，王亮，译. 大连：东北财经大学出版社，2011：20.

2 杨志峰，刘静玲. 环境科学概论[M]. 北京：高等教育出版社，2013：69-72.

3 左玉辉. 环境学[M]. 2 版. 北京：高等教育出版社，2010：164-168.

4 施群. 环境群体性事件的成因分析及其治理[D]. 南京：南京师范大学，2012：6.

二、群体性事件

群体性事件是我国提出的具有中国特色的用语[1]，它类似国外的集体行为或集合行为[2]、集体行动[3]、斗争政治[4]、环保运动[5]、邻避运动[6]、社会运动[7]、邻避冲突[8]等概念[9]。群体是指两个及以上的个体“为了达到某一特定目标”组成的互相影响、互相依赖、彼此认同与互动的人群[10]，而组织是人们为有效达到目的构建的大型次级群体，并“通过一种封闭的或局外人准入的社会关系来确保组织规则得以遵守和组织的有序运行”[11]；事件是指影响较大，“造成或者可能造成严重的社会危害，需要采取应急处置措施予以应对”[12]的事情、事项。大体而言，随着社会的发展，我国对于群体性事件的认知也经历了从附加贬义色彩的“群众闹事”逐渐转变为趋于中性色彩和具有中国特色的“群体性事件”，而且这一称谓也逐步被主流媒体和官方话语体系所认可和使用。尽管国内外的部分学者[13-15]都论述了冲突的正面功能，且不同学者的论述也具有一定的差异性，但我国对群体性事件或群体冲突的研究仍然倾向于论述其负面特征。目前，我国的法律法规尚无有关群体性事件的统一和权威的定义[16]。概括起来，群体性事件的概念界定有广义和狭义两种。我国台湾学者吕世明曾指出，广义的群体性事件并不一定具有反社会性，而是“基于某个特定或不特定的事件或目标，纠集一群不特定的人，本着其高昂的情绪，或请愿、或游行示威”[17]。目前国内更多的是从狭义的角度对群体性事件进行定义，强调群体性事件的反社会性、破坏性，甚至是违法性。例如，公安部制定的《公安机关处置群体性治安事件规定》[18]就将群体性治安事件界定为群众共同实施的违反国家法律、法规、规章，扰乱社会秩序，危害公共安全，侵犯公民人身安全和公私财产安全的行为。中国行政管理学会课题组将群体性突

1 朱力，李德营. 现阶段我国环境矛盾的类型、特征、趋势及对策[J]. 南京社会科学，2014（10）：31.

2 冯仕政. 西方社会运动理论研究[M]. 北京：中国人民大学出版社，2013：37.

3 Park E R，Burgess E W. Introduction to the Science of Sociology[M]. Chicago：University of Chicago Press，1921：865.

4 Mcadam D，Tarrow S G，Tilly C. Danamics of Contention[M]. New York：Canbridge University Press，2001：5.

5 克里斯托弗・卢茨. 西方环境运动：地方、国家和全球向度[M]. 徐凯，译. 山东：山东大学出版社，2012：2.

6 Dear M. Understanding and Overcoming the NIMBY Syndrome[J]. Journal of the American Planning Association，1992（3）：288-300.

7 Cress D M. Social Movements as Challenges to Authority：Resistance to an Emerging Conceptual Hegemony [M]. Oxford：Elsevier JAI，2004：11.

8 Wolsink M. Entanglement of Interests and Motives：Assumptions Behind the NIMBY-theory on Facility Siting [J]. Urban Studies，1994（6）：851-866.

9 王国勤. “集体行动”研究中的概念谱系[J]. 华中师范大学学报（人文社会科学版），2007，46（5）：31.

10 斯蒂芬・P. 罗宾斯. 组织行为学精要[M]. 7 版. 柯江华，译. 北京：机械工业出版社，2006：86.

11 马克思・韦伯. 经济与社会（第一卷）[M]. 阎克文，译. 上海：上海世纪出版集团，2005：132.

12 范娟，杨岚. 对“突发环境事件”概念的探讨[J]. 环境保护，2011（10）：47-48.

13 Cooley C H. Social Oganization[M]. New York：Charles Scribner's Sons，1909：199.

14 Mitchell C R. Evaluating Conflict[J]. Journal of Peace Research，1980，7（1）：64-65.

15 Burton J W. International Relations：A General Theory[M]. Cambridge：Cambridge University Press，1965.

16 赵奕奕. 突发性群体事件下基于有界信任规则的舆论传播机理研究[D]. 北京：电子科技大学，2014：11.

17 吕世明. 警察对群众事件的应有认识[J]. 世界警察参考资料，1989（6）.

18 公安部. 公安机关处置群体性治安事件规定[Z]. 2000.

发事件定义为“由人民内部矛盾和纠纷所引起的部分公众参与的对社会秩序和社会基本价值产生严重威胁的事件”[1]。应星[2]则提出群体性事件是“由人民内部矛盾引发的、10人以上群众自发参加的、主要针对政府或企事业管理者的群体聚集事件，其间发生了比较明显的暴力冲突、出现了比较严重的违法行为，对社会秩序造成了较大的消极影响”。同时，还应该注意到，群体性事件的范围较广，既可能是由短时间内突然暴发的突发事件所引起，也包括非突发性的、具备一定因果关系的一般群体性事件。因此，本书采用广义上的定义，将群体性事件界定为因利益博弈或社会心理得不到正确疏导，不特定多数人采取非法、合法或部分合法、部分非法渠道表达诉求或宣泄情绪而引发的规模性聚集事件。

三、邻避运动

在国外，随着欧美邻避运动的发展，邻避理论兴起并不断成熟。该理论关注居民的环境权益保护，使得居民免受火力发电厂、变电所等具有环境风险的设施或项目的干扰。邻避效应指居民担心邻避设施对居住环境、身体健康和环境质量等产生负面影响，为了避免这种负面影响而发动群众运动的一种社会现象[3]。邻避冲突的产生既是公众风险认知提升的结果，也是由各种邻避设施增加的客观原因造成的。并且邻避设施存在着社会收益和个体成本不一致的情况，即效益为全体或更大社会共享，但负面外部效果却仅由或大都由附近的居民承担，容易引发当地居民的抗拒心态与反对行动。[4]随着我国邻避现象的频繁出现，国内学者也开始关注这一话题。例如，田鹏等[5]指出：“邻避冲突作为一种社会互动的产物，不同风险心智图式及风险建构策略是风险竞技场中邻避风险运作的内驱力，即风险认知结构错位是博弈双方风险沟通失败的重要原因。”华启和[6]分析邻避冲突后指出：“体现出来的是利益需求的冲突、信息共享的冲突、塔西佗陷阱的冲突，其实质是环境正义的缺失。”邻避冲突反映了特定范围内的居民自我矛盾的态度：他们原则上同意政府建设对社会整体有益的垃圾场、核电站、殡仪馆等项目，但是不同意把这些项目建在自己周边。[7]本书将邻避运动界定为：居民或当地单位因担心建设项目（如垃圾场、核电站、殡仪馆等邻避设施）对身体健康、环境质量和资产价值等带来负面影响，产生嫌恶情结和“不要建在我家后院”的心理，进而采取一系列不同强度和形态的，有时甚至是强烈、坚决、高度情绪化的集体反对甚至抗争行为。

---

1 中国行政管理学会课题组. 中国群体性突发事件：成因及对策[M]. 北京：国家行政学院出版社，2010：2.

2 应星. “气场”与群体性事件的发生机制[J]. 社会学研究，2009（6）：106.

3 刘中梅. 邻避理论与公众接受技术风险因素的识别分析[J]. 改革与战略，2014（1）：86.

4 汪伟全. 环境类群体性事件研究[M]. 北京：中央编译出版社，2016：70-76.

5 田鹏，陈绍军. 邻避风险的运作机制研究[J]. 河海大学学报（哲学社会科学版），2015，17（6）：36.

6 华启和. 邻避冲突的环境正义考量[J]. 中州学刊，2014（10）：93.

7 张思锋. 公共经济学[M]. 北京：中国人民大学出版社，2015：2.

四、环境群体性事件

环境群体性事件是由民众预判环境风险或遭受现实环境污染而引发的群体性事件。除将其称为“环境群体性事件”[1,2]外，现有研究有时也用“环境纠纷”、“环境抗争”、“环境冲突”[3]、“环境运动”、“环境集体抗争”、“邻避抗争”等[4]用语进行替代，且不同研究的定义往往略有不同。例如，环境保护部环境应急指挥领导小组办公室认为，环境群体性事件是指由环境污染引发的、不受既定社会规范约束的、具有一定规模的、造成一定社会影响的、干扰社会正常秩序的群体性事件。[5]于鹏等[6]认为环境群体性事件是指：“由环境污染问题诱发，群众的环境利益诉求表达渠道不畅，在与政府、企业协商未果后采取集会游行、群体上访、聚众闹事等群体性抗争行为。”中国行政管理学会课题组[7]则将其定义为：“现实的或可感知的、责任相对清晰明确的污染制造者，将有害物质排放入特定区域并影响当地居民生存、生活及其发展的环境，从而导致 5 人及以上的利益受害者采取以自力救济方式为主（包括集会游行、集体上访、阻塞交通、围堵或冲击污染企业与党政机关等）的集体行动。”汪伟全等[8]认为环境群体性事件是由环境矛盾或者纠纷而引发的，相关人员大规模聚集并以上访、阻塞交通、围堵党政机关等方式，扰乱社会秩序，甚至造成财产损失和人员伤亡等影响的集体抗争行为。而且，我国的研究一般认为，环境类群体性事件以达到维护环境权益为主要目的，它属于体制外的一种群体行为，可能会对社会秩序造成一定的负面影响。例如，覃冰玉[9]提出，环境群体性事件是指“民众在制度化方式（如信访、司法）已经不能有效处置潜在或已经造成环境风险的背景下，为抵制已经存在或潜在的环境破坏和风险行为，维护自身环境权所采取的一定组织或弱组织化的集会、阻塞交通、围堵党政机关、静坐请愿、聚众闹事等集体行为”。刘娜娜[10]提出，环境群体性事件是民众为维护自身的生态环境利益而采取的自发救济行为。彭小兵等[11]认为环境群体性事件是一种由环境保护诉求引发的聚众闹事、暴力冲击国家政权机关，扰乱社会秩序、危害公共安全，侵犯公私财产及人身安全的公共治安事件，具有显著的社会危害性。于涛[12]认为，环境群体性事件是资源、环境利益失衡下的产物，其

---

1 于鹏，张扬. 环境污染群体性事件演化机理及处置机制研究[J]. 中国行政管理，2015（12）：125.

2 卢文刚，黄小珍. 群体性事件的政府应急管理[J]. 江西社会科学，2014（7）：179.

3 张晓燕. 冲突转化视角下的中国环境冲突治理[D]. 天津：南开大学，2014：19.

4 张金俊. 国外环境抗争研究评述[J]. 学术界，2011（9）：223-229.

5 环境保护部环境应急指挥领导小组办公室. 突发环境污染事件现场处置措施（上）[J]. 环境保护，2009：62.

6 于鹏，张扬. 环境污染群体性事件演化机理及处置机制研究[J]. 中国行政管理，2015（12）：125-129.

7 中国行政管理学会课题组. 中国群体性突发事件：成因及对策[M]. 北京：国家行政学院出版社，2010：2.

8 汪伟全，汪璐. 环境类群体性事件研究综述[J]. 中国社会公共安全研究报告，2016（2）：145-159.

9 覃冰玉. 中国式生态政治：基于近年来环境群体性事件的分析[J]. 东北大学学报（社会科学版），2015，17（5）：495-501.

10 刘娜娜. 由环境群体性事件看我国参与式民主建设[J]. 福建省社会主义学院学报，2012（2）：88-92.

11 彭小兵，周明玉. 环境群体性事件产生的心理机制及其防治——基于社会工作组织参与的视角[J]. 社会工作，2014（4）：31-40，152.

12 于涛. 环境群体性事件的刑事解决机制[M]. 北京：法律出版社，2016：38-39.

本质是利益诉求在体制内得不到及时、有效解决之后，转而在体制外寻求解决的权益表达方式。

此外，和一般的群体性事件一样，国内学者对环境群体性事件的分类也主要有两种：一种是由各种现实环境问题或环境纠纷引发的群体性事件，又被称为反应型环境群体性事件或救济式环境群体性事件。这种类型的事件具有反复性、可预见性、规模性、地域性和危害性，且不受既定社会规范的约束[1]。另一种是由环境污染风险感知引发的抵制性群体事件，又被称为预防型环境群体性事件。这种类型的环境群体性事件并非某种利益受到直接损害，而是由对未来的某种环境风险感知所致[2]。

通过以上阐述，我们可以总结出环境群体性事件主要有以下特点：①都是由环境矛盾或污染引发的；②大都是为了维护环境权益；③往往采取集会、游行、示威、阻塞交通和围堵企业或政府大门等非法、合法或部分非法、部分合法等方式；④对社会秩序造成一定影响。综上所述，本书将环境群体性事件界定为涉事民众或组织在预判环境风险或现实的环境污染情况下，为了维护自己的环境权益，采用集会、游行、上访、阻塞交通、围堵企业或者政府等方式，向涉事企业或当地政府及其代理机构表达诉求，对当地社会秩序和社会治理造成一定影响的聚集性事件，是群体性事件的一种特殊类型。

五、处置机制

在《辞海》中，“机制”泛指一个工作系统的组织或部分之间相互作用的过程和方式，可以理解为一种给定的制度安排。[3]有效的机制可以为冲突各方提供明确的行为规则和化解冲突的适当路径，从而使公共冲突得到有序的表达、协商、整合和化解。[4]环境群体性事件的处置机制是指，各种社会主体或组织（包括政府）为了应对环境群体性事件而建立起来的一系列管理体系、制度、方式、程序及其内在相关关系所形成的有机集合体系。

第二节　文献综述

本节要点　本节从事件基本特征与类型划分、事件发生机理、事件参与主体及其对事件处置的影响、事件解决的绩效评估和事件的处置机制与解决策略五个方面综述了当前环境群体性事件的相关研究。

1 彭小兵，周明玉. 环境群体性事件产生的心理机制及其防治——基于社会工作组织参与的视角[J]. 社会工作，2014（4）：31-40，152.

2 郭红欣. 论环境公共决策中风险沟通的法律实现——以预防型环境群体性事件为视角[J]. 中国人口·资源与环境，2016，26（6）：100-106.

3 夏征农，陈至立. 辞海 [M]. 6版. 上海：上海辞书出版社，2009.

4 常健，许尧. 论公共冲突管理的五大机制建设[J]. 中国行政管理，2010（9）：63-66.

一、事件基本特征与类型划分研究

基于不同的研究视角和研究内容，我国学者对环境群体性事件特征的论述也具有一定的差异性。现有的大多数研究都将我国的环境群体性事件定性为人民内部矛盾，认为事件的主要特点包括：不确定性，城镇和农村都有可能发生[1]；参与成员复杂，既有底层的弱势群体也有高学历群体；诉求集中于健康权和生存权且具备合理性；生存环境受到严重威胁，并且多方反映问题却没有得到妥善解决[2]；发生比较缓慢，预警相对较容易，其暴发有一个长期酝酿的过程[3]；具有危害性与破坏性，直接给人民群众和企业造成经济损失，也容易被少数人利用而扰乱社会秩序、破坏社会稳定；环境污染关乎当地群众的切身利益，因而事件具有很强的动员能力；具有效仿性，事件发生后负面效应往往会扩散；具有反复性，事件发生原因复杂、反复出现；具有违法性，部分群众倾向于采取体制外方式维权；有一定组织及计划，非偶发性特征明显[4,5]。此外，部分学者认为，反应型环境群体性事件主要发生在农村，因为农民的文化素质与环境觉悟相对较低，经常在环境污染发生后才抗争；而预防型环境群体性事件主要发生在城市，因为城镇居民文化素质与环境觉悟相对较高，往往在环境污染发生之前就聚集抗争。也有研究认为，环境群体性事件主要发生于社会急剧变化的城乡接合处[6]或人口相对集中的县城[7]。有研究提出，涉事民众的利益诉求具有多样性，不仅包括“清洁的空气、干净的水”，还包括企业征地补偿、人身损害赔偿、参与环境治理等多个方面[8]。有研究认为21世纪最初几年的环境污染冲突的暴力性增强[9]，但也有研究认为没有统一的抗争方式，既有暴力又有非暴力抗争[10]。还有研究指出，环境抗争的议题日益多元化，水污染、大气污染和固体废物污染是引发环境纠纷的关键，环境污染转移纠纷和城市电磁辐射抗争也在增多；地方政府成为环境集体抗争的对象[11]；矛盾相对复杂，对抗程度高于一般群体性事件；不同区域参与者的主要诉求不同；事件发生具有快速传播性；影响社会健康发展，伤害社会心理；容易获得公众的广泛支持等[12]。

不同学者也基于不同角度作了有关事件的类型学划分。例如，于建嵘[13]从群体性事件的参与目的、事件特征和行动走向等方面，把群体性事件分为维权抗争、社会纠纷、社会

---

1 张国磊. 广西环境群体性事件中的政府治理研究[D]. 南宁：广西民族大学，2014：12-13.

2 施群. 环境群体性事件的成因分析及其治理[D]. 南京：南京师范大学，2012：16.

3 张晓燕. 冲突转化视角下的中国环境冲突治理[D]. 天津：南开大学，2014：3.

4 程雨燕. 环境群体性事件的特点、原因及其法律对策[J]. 广东行政学院学报，2007（2）：46-49.

5 张华，王宁. 当前我国涉环境群体性事件的特征、成因与应对思考[J]. 中共济南市委党校学报，2010，（3）：79-82.

6 刘细良，刘秀秀. 基于政府公信力的环境群体性事件成因及对策分析[J]. 中国社会科学，2013，21（11）：154.

7 徐勇. “接点政治”：农村群体性事件的县域分析[J]. 华中师范大学学报（人文社会科学版），2009，48（2）：2.

8 张萍，杨祖婵. 近十年来我国环境群体性事件的特征简析[J]. 中国地质大学学报（社会科学版），2015，15（2）：53.

9 王艳春. 如何突破环境群体性事件困境[J]. 中国党政干部论坛，2013（3）：72-73.

10 范铁中. 社会转型期群体性事件的预防与处置机制研究[M]. 上海：上海大学出版社，2014：21-23.

11 童志锋. 社会转型期下的环境抗争研究[J]. 甘肃理论学刊，2008，11（6）：88-8.

12 中国行政管理学会课题组. 中国群体性突发事件：成因及对策[M]. 北京：国家行政学院出版社，2010：11-15.

13 于建嵘. 中国的社会泄愤事件与管治困境[J]. 当代世界与社会主义，2008（1）：4-9.

泄愤、社会骚乱和有组织犯罪等类型。肖文涛[1]从现实权益和心理行为维度出发，将群体性事件划分为权益维护型和情绪发泄型两种类型。尹文嘉等[2]则根据事件特征和利益关系的耦合性，将环境群体性事件分为情绪耦合型和直接利益型两种类型，前者是指环境污染事件激发了个体或群体的不满情绪，因而个体或群体在心理和行动上达成共识而采取的统一行动，后者是指个人或群体的共同利益受到直接危害而进行的统一抗争。郭红欣[3]则根据触发状态的不同将事件分为事前预防型和事后救济型，前者是公众担心可能出现的环境污染风险，后者则是公众已经遭受到了环境污染的伤害。张婧飞[4]将发生在农村的环境群体性事件区分为污染型和邻避型，前者可能危及农民的基本生存状况，后者的非理性暴力特点非常明显。此外，根据引发群体性事件的污染类型不同，左玉辉[5]将环境群体性事件分为水污染、大气污染、固体废物污染、土壤污染、放射性污染、电磁辐射污染、光污染、热污染及混合污染等类型。根据事件的表现形式不同，燕道成[6]将环境群体性事件分为“暴力型”事件和“非暴力型”事件。根据事件参与的人数不同，陈月生[7]将环境群体性事件分为大规模事件、中规模事件及小规模事件。

二、事件发生机理研究

公共冲突的产生与经济社会发展的制度、文化心理、人的生理特征等休戚相关：在制度层面，冲突产生于特定的经济、社会及政治条件；在心理层面，群体互动所引发的挫折感产生了冲突；而就人的生理特征而言，冲突与社会结构无关，带有普遍性、传染性。[8]

首先，以社会运动理论的视角来分析“集群行为”的产生，也存在多个维度。从“集体行动”的维度来看，古斯塔夫·勒庞提出的“集体心智理论”与“心态归一定律”认为，当个体聚焦到一起的时候，个体往往沉浸于群体的感染之中，从而丧失理性与思考，个体之间通过心理暗示来使某种观念扎根，并促使着群体成员的思维和行动保持一致。[9]从政府过程维度来看，Tilly（蒂利）认为，社会运动实质上就是政治体外挑战者与政治体内管制者间的“对垒”，挑战者欲要发起一场声势浩大的运动，就必须遵循“利益—组织—动员—集体行动”的内部动员路线，并按照“压制/促进—权利—机会/威胁—集体行动”的路线来进行外部动员。[10]从框架建构的维度来看，Benford（本福特）等同样指出，社会运动一方面是社会运动者与竞争对手之间关于建构与反建构的外部竞争，另一方面是同阵营内部不

1 肖文涛. 治理群体性事件与加强基层政府应对能力建设[J]. 中国行政管理，2009（6）：118-123.

2 尹文嘉，刘平. 环境群体性事件的演化机理分析[J]. 行政论坛，2015（2）：38-42.

3 郭红欣. 论环境公共决策中风险沟通的法律实现——以预防型环境群体性事件为视角[J]. 中国人口·资源与环境，2016，26（6）：100-106.

4 张婧飞. 农村邻避型环境群体性事件发生机理及防治路径研究[J]. 中国农业大学学报（社会科学版），2015，32（2）：35-40.

5 左玉辉. 环境学[M]. 2 版. 北京：高等教育出版社，2010：164-168.

6 燕道成. 群体性事件中网络舆情研究[M]. 北京：新华出版社，2009：30-31.

7 陈月生. 群体性突发事件与舆情[M]. 天津：天津社会科学院出版社，2005：16.

8 狄恩·普鲁特，金盛熙. 社会冲突：升级、僵局与解决[M]. 王凡妹，译. 北京：人民邮电出版社，2013：147.

9 古斯塔夫·勒庞. 乌合之众——大众心理研究[M]. 冯克利，译. 北京：中央编译出版社，2005.

10 Tilly C. From Mobilization to Revolution[M]. Reading，Mass：Addison- Wesley Pub. Co.，1978.

同派系之间关于框架争议的内部竞争，而竞争者为了占据意识形态方面的优势，就需要采取思想动员的方法，以促进群体成员识别并定位生活空间中的事件图景。[1]

其次，从事物发生、发展的本质角度进行解析，将环境群体性事件的成因划分为根本原因、直接原因与间接原因。①大多数研究认为，社会转型是事件发生的根本原因。面对我国改革发展的实际，无论是农村还是城市，由社会转型引发的利益冲突是事件发生的根源。[2] ②潜在的或者现实的环境污染则是事件引发的直接原因。有研究归纳了当前容易引发环境污染的诸多问题：造纸、化工、冶炼、印染等行业中国家明令禁止的污染问题；农村和城乡接合部的污染问题；老式企业产生的污染；新建企业产生的问题；基础性项目引发的环境污染纠纷；项目未批先建的问题；环保部门自身的问题；超出环保部门职能范围的信访引发的问题；以环境为由去谋求其他利益的事项等。[3] ③部分学者指出了事件发生的间接原因。研究指出，社会结构的深刻变化促使社会利益主体的多样化，成为各种新的社会冲突的诱因[4]；基本法律制度、诉讼救济机制不健全也容易引发环境群体性事件；各个环节中的政府决策与公共参与间的矛盾也容易诱发群体性事件[5]。

再次，从事件利益主体角度进行解析，主要分析了环境群体性事件的主观原因和客观原因。现有研究大多认为，政府、企业和公众是我国环境群体性事件的主要利益主体。各种利益主体谋求自身利益是引发事件的主观原因，包括政府重经济增长、轻环保[6]，缺乏应有的政治敏锐性和群众利益至上的意识，事件现场处置效果不佳；企业受自身利益驱使损耗公共资源，将所造成的环境破坏等不良后果转嫁给普通公众[7]；公众环保意识、维权意识、邻避风险敏感度提高，环境权益甚至生命健康长期受损，但利益诉求渠道不畅、司法顾虑重重[8]。公众对政府招商引进的企业获知甚少，对实际环境风险缺少理性认知，加上受到同类或类似污染抗议事件的影响，因而倾向于将合理的诉求经由非理性的行为来实现。有学者通过分析政府、企业和公众的互动关系来论述事件暴发的主观原因：一方面，企业通过招商引资被当地政府引入，用以提升当地的经济发展水平；但环评问题、信息公开问题造成公众信息不对称。另一方面，招商引进的工业企业缺乏社会责任感，忽视环保投入，肆意排放污染，给周边环境造成损害，民怨累积。为保障自身的生存权、环境权等，制止环境污染对个人造成的侵害，公众往往先与企业沟通，进而采取信访和上访的方式表达利益诉求，由于没有得到政府和企业及时有效的回应，最终形成一定规模的环境群体性事件。概而言之，事件的实质原因是政府及企业未能处理好经济发展与环境保护之间的关系，公

---

1 Benford R D，Snow D A. Frame Processes and Social Movements：An Overview and Assessment[J]. Annual Review of Sociology，2000，26：611-639.

2 李思蓉. 社会学视野下农村环境群体性事件的发生机理及防治研究[D]. 长沙：中南林业科技大学，2015：17-23.

3 张晓燕. 冲突转化视角下的中国环境冲突治理[D]. 天津：南开大学，2014：33-36.

4 郑旭涛. 预防式环境群体性事件的成因分析[J]. 东南学术，2013（3）：23.

5 王海成. 协商民主视域中的环境群体性事件治理[J]. 华中农业大学学报（社会科学版），2015（3）：118-119.

6 赵闯，黄粹. 环境冲突与集群行为[J]. 中国地质大学学报（社会科学版），2014，14（5）：86-92.

7 陈文栢. 从公共资源的视角看环境群体性事件——从浙江东阳环境群体性事件切入[J]. 理论观察，2008（3）：62.

8 冯晓星. 环境群体性事件频发 公众如何理性维权[J]. 环境保护，2009（17）：22.

众的合法诉求形式维权失灵。[1]

最后，从社会、制度、心理等角度对事件成因进行解析。前人研究指出，社会转型变革、公共参与制度不健全、经济增长方式与产业结构不合理、个体心理和群体心理的变化是导致事件暴发的原因。[2]除地方政府片面追求GDP外，缺乏环保监管制度也是导致事件暴发的内在根本因素。[3]有学者认为，社会转型期利益格局的调整是事件发生的宏观背景，日益加剧的利益冲突是事件发生的直接动因，法不责众是事件发生的心理诱因，权力滥用是事件发生的助推器，公民权利意识的觉醒是事件发生的法律依据。[4]

三、事件参与主体及其对事件处置的影响

环境冲突是社会主体利益、价值、认知多元化背景下多种因素综合的结果。环境冲突有其发生发展的一般逻辑：冲突源—导致主体利益受损—主体挫折感产生—否定性言语产生—否定性行为产生（对其他个体、群体或政府的反抗）。[5]

（一）事件参与主体

不同的环境群体性事件中有不同的参与者，至少包括政治精英、企业、公众、环境NGO、媒体等利益主体。[6]何怡平[7]将利益相关者理论应用于研究环境群体性事件中，将参与主体划分为当地居民、政府、企业、社会组织、专家、新闻媒体等多种利益主体。邓鑫豪等[8]关注社区或区域层面的邻避冲突，认为其参与主体包括直接承受潜在风险的居民、公共知识分子、政协委员、人大代表、建设单位、政府等。陈海嵩[9]指出："企业、公众和政府三者利益的冲突是理解环境维权框架的根本因素。污染企业是侵害公民的'罪魁祸首'；地方政府出于政绩考虑或者被企业所'俘获'，往往成为污染企业的'帮凶'；公众的抗议行为被天然地理解为对不义的反抗。"顾金喜[10]指出："企业不择手段、规避监管获得高额利润，却把污染和环境治理的负担转嫁给了周边公众。而地方政府在招商引资或项目建设过程中往往与企业形成较密切的利益共同体结构，把当地公众排挤出经济发展的共享圈子外，剥夺他们正当的权益。由于经济发展过程中忽视对生态环境的保护，环境污染的负外部性效应日益激发周边公众的不满，对环境污染的共同憎恨使周边公众的同仇敌忾成为可能。"

政府是事件处置的关键一方，邻避问题的生产者与解决者离不开政府的参与，李佩菊[11]认

1 于建嵘. 当前农村环境污染冲突的主要特征及对策[J]. 世界环境，2008（1）：58-59.
2 任丙强. 农村环境抗争事件与地方政府治理危机[J]. 国家行政学院学报，2011（5）：98.
3 商磊. 由环境问题引起的群体性事件发生成因及解决路径[J]. 首都师范大学学报，2009（5）：128-129.
4 朱力，李德营. 现阶段我国环境矛盾的类型、特征、趋势及对策[J]. 南京社会科学，2014（10）：44-48.
5 张保伟. 利益、价值与认知视域下的环境冲突及其伦理调适[J]. 中国人口•资源与环境，2013，23（8）：154.
6 欧阳宏生，李朗. 传媒、公民环境权、生态公民与环境NGO传媒[J]. 西南民族大学学报（人文社会科学版），2013（9）：6.
7 何怡平. 环境群体性事件的应急响应协同研究[J]. 情报探索，2015（1）：126.
8 邓鑫豪，茹伊丽. "抗争之城"：从邻避冲突解读中国城市政治[J]. 城市发展研究，2016，23（5）：116.
9 陈海嵩. 环境保护权利话语的范式[J]. 法商研究，2015（2）：83.
10 顾金喜. 环境群体性事件的源头治理[J]. 浙江社会科学，2016（7）：84.
11 李佩菊. 1990年代以来邻避运动研究现状综述[J]. 江苏社会科学，2016（1）：45.

为政府或许是根治邻避问题的最重要手段与主体；另有研究认为政府作为基本社会服务和社会保障的提供者、社会秩序的维护者而经常成为冲突一方[1]。从政府的角度来看，环境冲突的利害关系部门主要涉及：生态环境部、地方政府和政府中的生态环境部门。[2]也有学者关注公安机关，王雪峰[3]指出："公安机关，包括武警、交警、巡警、治安、派出所、国保、刑警甚至法制等各部门派出的各种类型警力是维护社会治安秩序、打击违法犯罪最为重要的国家机关。"

媒体在事件处置中具有重要作用。叶皓[4]认为媒体是"危机传播的主要途径，是公众获取新闻的主要渠道，是政府和公众得以沟通和共同解决危机的桥梁"。尹瑛[5]将冲突性环境群体性事件视为"公众、专家、政府借助媒介争夺自己的话语权"的结果。夏倩芳等[6]研究冲突性议题传播中的机会结构，认为目前虽然"国家是主导性控制力量"，媒体实行"属地化管理"体制（其人事权与财政权由地方政府掌握），但随着"权力分化"、不同治理主体之间的利益冲突及关系网断裂等，媒体在传播"冲突性议题"中拥有一定的空间。王奎明等[7]研究指出：民众对电视、报纸等传统媒体的信任度不高，认为其没有客观反映出事实真相，而他们的大多数信息来自网络或自媒体。吴佳珅[8]关注到传统媒体、网络媒体与意见领袖在事件处置中的重要作用，"正是网络意见领袖群体的积极介入，传统媒体和新媒体才能充分发挥其潜能，才能促进公众参与"[9]。

朱力等[10]认为现阶段我国的环境矛盾具有参与主体的全民化特征，即由于"环境矛盾中存在的危害与风险往往会影响到当地所有的居民"，"我国环境矛盾涉及的主体包含了处于不同阶层，拥有不同职业、不同年龄身份特征的群体"。薛可等[11]关注到国外媒体参与我国 PX 事件的播报之中，并将其报道内容与国内媒体进行了比较。欧阳宏生等[12]关注环境 NGO 等作用，认为其在公众、政府与企业间提供了一个平等谈判、商讨与协商的"缓冲地带"，也是民众环境参与、生态公民培育的建设性力量。

（二）事件参与主体角色扮演

张晓燕[13]揭示出政府扮演着多种角色，包括作为主要行动者、直接冲突者或潜在冲突者转化为对话者、监督者、协商谈判者、环境监测者、信息发布者。谭爽等[14]归纳了环境

---

1 常健. 公共冲突管理[M]. 北京：中国人民大学出版社，2012：26-32.
2 张晓燕. 冲突转化视角下的中国环境冲突治理[D]. 天津：南开大学，2014：28.
3 王雪峰. 群体性事件处置中警察权的规范化进路[J]. 甘肃政法学院学报，2015（2）：81.
4 叶皓. 政府在突发事件处置中的舆论引导[J]. 现代传播，2007（4）：5.
5 尹瑛. 冲突性环境事件中的传播与行动[D]. 武汉：武汉大学，2010：1.
6 夏倩芳，袁光锋. "国家"的分化、控制网络与冲突性议题传播的机会结构[J]. 开放时代，2014（1）：190-197.
7 王奎明，于广文，谭新雨. "中国式"邻避运动影响因素探析[J]. 江淮论坛，2013（3）：41.
8 吴佳珅. PX 系列事件中的不同意见主体博弈探析[J]. 科学 • 经济 • 社会，2016，34（1）：72-76.
9 曾繁旭，黄广生. 网络意见领袖社区的构成、联动及其政策影响：以微博为例[J]. 开放时代，2012（4）：115-131.
10 朱力，李德营. 现阶段我国环境矛盾的类型、特征、趋势及对策[J]. 南京社会科学，2014（10）：44-47.
11 薛可，邓元兵，余明阳. 一个事件，两种声音：宁波 PX 事件的中英媒介报道研究[J]. 新闻大学，2013（1）：32.
12 欧阳宏生，李朗. 传媒、公民环境权、生态公民与环境 NGO 传媒[J]. 西南民族大学学报（人文社会科学版），2013（9）：6.
13 张晓燕. 冲突转化视角下的中国环境冲突治理[D]. 天津：南开大学，2014：1-2.
14 谭爽，胡象明. 环境污染型邻避冲突管理中的政府职能缺失与对策分析[J]. 北京社会科学，2014（5）：38-39.

污染型邻避冲突管理中政府的职能缺位问题，将冲突过程概括为政策供给、冲突预警、冲突善后三个方面，将其错位问题概括为管理职能交叉、分散两个方面，将其越位问题归纳为立项决策、利益权衡、项目评估等方面。杨红将我国群体性事件中行政首长的法律地位归纳为以下三种：一是决策者，包括及时、民主、动态决策；二是指挥者，包括一线指挥、精心组织和慎用警力；三是协调者，包括协调领导班子内部、各部门之间以及上下级之间的关系。[1]

《关于积极预防和妥善处置群体性事件的工作意见》[2]中，有关公安机关的职责包括：收集、研判不稳定事端和群体性事件动态信息，及时做好防范、化解和处置工作；维护群体性事件现场治安秩序、交通秩序，保护党政机关等重点部位及现场工作人员的人身安全，收集并固定现场违法犯罪行为的证据；依法采取相应的强制措施，控制局势，平息事态，恢复正常秩序；对群体性事件中的违法犯罪人员以及插手群体性事件的敌对分子，依法打击处理。程晋云等[3]归纳了公安机关在群体性事件处置过程中的地位与作用，认为其是“党委政府的参谋和助手，是事件处置中的主力军”，扮演着“政权维护者、权利保护者、法律执行者、情报收集者、秩序维护者、辅助化解者的角色”；同时指出，公安机关应该在关键时候做“执行者”而不是“大包大揽者”甚至“越位越权管理者”。魏新文等[4]指出，在处置群体性事件中，警察的主要角色应当是现场秩序的控制者和相关人员责任的追究者。杨金东[5]进行了群体性事件处置中的中英警察角色比较，认为中国可以借鉴英国警察在角色意识、形象构建、危机化解等方面积累的经验，通过强调法律权威、提倡平等对话、树立服务理念、畅通利益表达渠道等措施促进群体性事件处置的制度化。

梁德友等[6]归纳了社会组织在群体性事件治理中发挥的功能，即认为它有“资讯-预警”“协商-对话”“治理-服务”及“修复-善后”的功能，是群体性事件治理中不可或缺的重要力量。项一嵚等[7]指出：“媒介介于风险管理者和公众之间，扮演着风险沟通的重要角色。”

（三）事件参与者利益诉求

利益冲突是人类社会一切冲突的最终根源，也是所有冲突的实质所在[8]。魏新文等[9]指出：“群体性事件是我国现代化进程中的产物，是源于利益纷争的激烈的社会冲突。”并且环境冲突汇聚了环境问题与社会问题，是在市场和政府同时“失灵”的情况下，受害者的集体行动。[10]

---

1 杨红．行政首长应急能力问题研究[J]．甘肃政法学院学报，2011（5）：94-95.

2 中共中央办公厅，国务院办公厅．关于积极预防和妥善处置群体性事件的工作意见[EB/OL]．[2014-08-19]．http://www.eku.cc/xzy/gw/9445.htm.

3 程晋云，章春明．对公安机关处置群体性事件的几点思考[J]．云南警官学院学报，2015（5）：84-86.

4 魏新文，高峰．处置群体性事件的困境与出路[J]．中共中央党校学报，2007，11（1）：92.

5 杨金东．群体性事件处置中的中英警察角色比较及其启示[J]．云南社会科学，2014（2）：16-19.

6 梁德友，刘志奇．社会组织参与群体性事件治理研究：功能、困境与政策调适[J]．河北大学学报（哲学社会科学版），2016，41（3）：136.

7 项一嵚，张涛甫．试论大众媒介的风险感知[J]．新闻大学，2013（4）：17.

8 张玉堂．利益论：关于利益冲突与协调问题的研究[M]．武汉：武汉大学出版社，2001：85.

9 魏新文，高峰．处置群体性事件的困境与出路[J]．中共中央党校学报，2007，11（1）：93.

10 张保伟．利益、价值与认知视域下的环境冲突及其伦理调适[J]．中国人口·资源与环境，2013，23（8）：154.

有学者将环境冲突的风险归纳为现实风险（健康风险、灾害风险以及经济风险）与潜在风险（政治、法律以及国家安全风险），它们分别对应于民众维护自身健康与经济损失的诉求、政府维护自身形象与社会稳定等利益诉求。[1]姜华[2]指出：环境群体性事件中公众提出的环境诉求包括“环境健康利益”“环境安全利益”“环境经济利益”等方面的诉求。朱力等[3]认为现阶段我国的环境矛盾具有民众诉求目标多元化与关联化特征，提出“公平、正义、公开、透明、反对腐败”等较为抽象的价值诉求。刘细良等[4]分析指出 “除了经济利益外，还有环境权、健康权等对生活环境和生命安全等多方面要求，对政府公信力的内容也表现了更为全面的认识，对于民主参与也有着更为合理的表现”。其实，环境污染冲突中的各利益主体并不是寻求一种而是寻求多种利益诉求，而且利益诉求之间也存在冲突。王丽珂[5]分析指出：地方政府存在利益结构困境，即政府既追求 GDP、财政收入、消除贫富差距等利益诉求，也因承担着环境保护职能而成为保护环境的主要力量；公众既有保护自身生命财产的需要，又有通过工作或抗争过程中的“搭便车”获得收益的需要，而地方政府在环境污染治理中的矛盾局面是环境事件涌现、升级的根源。另有研究指出：由于利益主体的多元性与政府“息事宁人”的维稳观，造成了事件处置中“法不责众”的结果。[6]

有些学者还关注各个参与主体独自的利益诉求，如政府、公众等。郑君君等[7]指出：“政府在解决群体性事件时不能仅仅根据群众的抗议程度判断是否停办污染企业，还需要综合考虑环境效益、经济效益和社会效益。”任丙强[8]分析指出：“政府具有权威性，也是解决环境问题的责任者，然而地方政府往往与企业站在同样立场，民众不相信政府，甚至形成民众与政府之间的直接冲突。”吴兴民[9]指出：“作为转型时期的政府特别是一些地方政府，面临着管理模式的转变，同样存在制度缺失和规则失范的窘境，同时由于作为利益主体参加利益博弈，行为也易变得无序和权变。”

王瑜等[10]指出：“利益激励可以看作是激励公民群体采取进一步行动的主观因素。”李春雷等[11]指出：“在一些群体性事件中，公众忌惮潜在风险而对利益诉求缄默不言，其看客心态成为风险规避的普遍策略。”荣启涵[12]指出：“当环境污染和生态破坏侵害了民众的环

---

1 严燕，刘祖云. 风险社会理论范式下中国“环境冲突”问题及其协同治理[J]. 南京师范大学学报（社会科学版），2014（3）：31.

2 姜华. 我国涉环境群体性事件的成因及应对分析[J]. 环境保护，2013，41（13）：42-43.

3 朱力，李德营. 现阶段我国环境矛盾的类型、特征、趋势及对策[J]. 南京社会科学，2014（10）：44-48.

4 刘细良，刘秀秀. 基于政府公信力的环境群体性事件成因及对策分析[J]. 中国社会科学，2013，21（11）：154.

5 王丽珂. 地方政府污染治理与公众环境抗争的行动逻辑[J]. 北京工业大学学报（社会科学版），2016，16（3）：24-25.

6 刘硕. “法不责众”的成因与矫正[J]. 东南大学学报（哲学社会科学版），2016，18（6）：102-103.

7 郑君君，闫龙，周莹莹. 环境污染群体性事件中行为信息传播机制——基于心理因素的分析[J]. 技术经济，2015，34（8）：71-78.

8 任丙强. 以环保组织化解环境群体冲突：优势、途径与建议[J] 中国行政管理，2013（6）：65.

9 吴兴民. 规则与权变：群体性事件及其处置中的政府责任[J]. 学习与探索，2010（3）：113.

10 王瑜，徐丽萍. 环境治理中公民利益群体的行动逻辑[J]. 未来与发展，2014（9）：33.

11 李春雷，范帆. 突发群体性事件主体的权利话语表达研究[J]. 当代传播，2016（5）：59.

12 荣启涵. 用协商民主解决环境群体性事件[J]. 环境保护，2011（7）：33.

境权、生存权，公众必定采取行动维护自身应有权益。”梁枫等[1]应用实证研究得出：“环境问题会增加公众参与群体性事件的意愿和程度。”张晓燕[2]将中国环境冲突中民众的主要诉求归纳为：处罚污染企业并进行赔偿补偿、健康权、生存权、环境权、搬迁企业、民众乔迁、治理被污染的环境、取消拟建项目或停止已规划项目建设。

在一些具体类型的环境冲突事件研究中，利益诉求同样是重要的研究视角，形成了对以上分析的回应。例如，有学者分析了 PX 事件中村民、政府的利益得失情况，包括：村民可获得拆迁利益、交通便利、户籍结构、就业岗位的好处，也可能遭受健康、人身安全等方面的威胁；政府可提高经济地位、城市地位、财政税收，也可能遭致形象损害、社会稳定程度降低、社会治理成本提高等方面的问题；企业可获得投资收益、提升原材料利用率、企业地位上升，也可能导致炼化企业口碑变差、发展环境恶劣等问题。[3]在农村环境抗争方面，司开玲[4]分析得出：“在农村环境冲突的语境中，这种断裂与失衡并非传统与现代的对立，而是在一个地方情境中，农民的环境生存权益与工业经济利益之间的断裂与失衡。”针对邻避冲突，有学者指出利益诉求至少包括：一是担心邻避设施的兴建可能对人体健康及其生命财产造成严重威胁，导致当地居民产生自卑心理[5]，而且因公平性问题产生强烈的心理上的“不公平感”和“相对剥夺感”[6]；二是导致公众的直接利益受损，如房地产价格回落、交通出行的不便、投资减少或投资企业撤离，进而引发经济恶化，这就不可避免地带来冲突[7]；三是利益群体分化下的不对称博弈，邻避冲突的博弈双方实力悬殊，制度供给空间也不对称，同时还缺乏规范利益博弈的制度安排。[8]总而言之，各类环境冲突都体现出参与主体利益的失衡。

（四）事件参与主体行动能力

各种参与主体因自身拥有资源而形成其行动能力，现有研究关注其对事件处置的影响，主要聚焦于政府、媒体、个体、农村和弱势群体等。

政府可以凭借庞大的行政体系和强力的控制手段，动用人、财、物和信息等行政资源应对环境风险与危机事件。[9]熊贤培[10]指出：“政府决策方案本身的抗风险能力也是造成决策风险的一个重要原因，处置群体性事件决策方案的抗风险能力和政府决策风险成反比。”张玉胜[11]反思我国由环境问题引发的群体性事件时指出：政府应该提升环保意识，主动倾

1 梁枫，任荣明. 经济、环境与社会稳定：基于群体性事件的实证研究[J]. 生态经济，2017，33（2）：184.

2 张晓燕. 冲突转化视角下的中国环境冲突治理[D]. 天津：南开大学，2014：37-41.

3 王申，陈国秀，孙玥. 环境群体性事件中三方博弈分析[J]. 北京工业职业技术学院学报，2015，14（2）：86-87.

4 司开玲. 知识与权力：农民环境抗争的人类学研究[D]. 南京：南京大学，2011：138.

5 Sellers M P. NIMBY：A Case Study in Conflict Politics[J]. Public Administration Quarterly，1993（4）：460-477.

6 Morell D. Siting and the Politics of Equity[J]. Hazardous Waste，1984，1（4）：555-571.

7 Bacow L S，Milkey J R. Overcoming Local Oppositon to Hazardous Waste Facilities：The Massachusetts Approach[J]. Harvard Environmental Law Review，1982（6）：265-305.

8 邓鑫豪，茹伊丽. “抗争之城”：从邻避冲突解读中国城市政治[J]. 城市发展研究，2016，23（5）：113-118.

9 沈一兵. 从环境风险到社会危机的演化机理及其治理对策[J]. 华东理工大学学报（社会科学版），2015（6）：103.

10 熊贤培. 群体性事件处置中的政府决策风险[J]. 武汉理工大学学报（社会科学版），2015，28（2）：153.

11 张玉胜. “环保群体事件”的三个倒逼效应[J]. 环境保护，2012（23）：68.

听民意，完善公益诉讼机制。付军等[1]将包括预防能力、控制处理能力、善后处理能力三者在内的政府应对能力纳入PX项目环境群体性事件成因分析体系之中。刘金全等[2]指出：地方政府采取的控制措施是否有效，主要取决于地方政府的公信力、信息透明度和是否多渠道发布信息、应急能力等因素。李冰心[3]提出了地方政府需要提升的应对群体性事件的四种能力，包括判断力、决策力、控制力与领导力。

新闻媒体自身拥有能动性，会根据国家权力对议题控制程度和报道空间的大小来决定采取何种策略、框架和话语方式建构运动，因而形成多元化、差异化和变迁性的媒介话语实践。[4]夏倩芳等[5]指出：在现有媒体属地化管理体制下，媒体通常采取以下三种行动和话语策略来传播“冲突性议题”，包括争取脱离与属地权力体系的连通、用合作换取自主、借助上级政府的权威。

个体行动能力差异也是影响其环境抗争行为的主要因素。冯仕政[6]研究发现，一个人社会经济地位越高、社会关系网络规模越大或势力越强、关系网络的疏通能力越强，对环境危害作出抗争的可能性就越高，反之则选择沉默的可能性越高。石发勇[7]指出：体制内成员（如公务员、教师、军人）在信息供给、资源获取和策略行动上扮演着重要角色。晋军等[8]分析指出：“在我国的社会转型过程中，底层群体由于自身缺资源、内部缺组织、外部缺互动而呈现碎片化的趋势。加之制度化表达渠道的不通畅，底层群体往往难以表达和捍卫自身的利益。”荣启涵[9]指出：“环境问题的侵害对象往往是弱势群体。”朱健刚等[10]研究发现：老年人群体是业主抗争中的主要能动者。董海军[11]提出了“作为武器的弱者身份”概念，指出“以‘弱者’身份为武器主要依赖于同情者的人类天性”，即弱者被“欺压”的状态可以激发社会支持以及享受制度或政策性庇护从而保证抗争者的安全。陈晓运等[12]研究性别差异对环境抗争的影响后指出：女性往往站在中国频发的“面对面式”集体抗争的前线，相对于“理性思考、谨慎行事、缜密安排”的男性行动者而言，关注家庭利益的女性会在家庭与社区、线上与线下发挥重要的作用。

有学者研究环境纠纷议题结果得出[13]：“农村纠纷者选择‘忍忍算了’主要因人和家庭条件而异，个人和家庭社会经济力量的增强会降低人们对纠纷的容忍度。”利益的实现有赖于对资源的竞逐，史梁[14]研究了农村环境传播议题，分析指出：“农民文化程度较低，维

1 付军，陈瑶. PX项目环境群体性事件成因分析及对策研究[J]. 理论观察，2015，43（16）：61.
2 刘金全，魏玉嫔. 环境污染群体性事件的信息传播[J]. 电子科技大学学报，2015，（17）：35.
3 李冰心. 西部民族地区地方政府应对群体性事件能力建设研究[D]. 天津：南开大学，2014：112-117.
4 黄月琴. 反PX运动的媒介建构[D]. 武汉：武汉大学，2010：144-152 .
5 夏倩芳，袁光锋. “国家”的分化、控制网络与冲突性议题传播的机会结构[J]. 开放时代，2014（1）：203-205.
6 冯仕政. 沉默的大多数：差序格局与环境抗争[J]. 中国人民大学学报，2007（1）：122-132.
7 石发勇. 关系网络与当代中国基层社会运动[J]. 学海，2005（3）.
8 晋军，何江穗. 碎片化中的底层表达[J]. 学海，2008（4）：39.
9 荣启涵. 用协商民主解决环境群体性事件[J]. 环境保护，2011（7）：33.
10 朱健刚，王超. 集体行动的策略与文化架构的建构[M]//朱健刚. 公共生活评论. 北京：社会科学出版社，2010.
11 董海军. “作为武器的弱者身份”：农民维权抗争的底层政治[J]. 社会，2008（4）.
12 陈晓运，段然. 游走在家园与社会之间：环境抗争中的都市女性[J]. 开放时代，2011（9）：133-145.
13 陆益龙. 环境纠纷、解决机制及居民行动策略的法社会学分析[J]. 学海，2013（5）：86.
14 史梁. 农村环境传播的微博话语分析[J]. 新闻界，2014（15）：51.

权意识相对弱，是目前中国最大的环境弱势群体。”不同类型的环境群体性事件所应用的影响渠道不同，史梁[1]指出：“由于社会经济和市场化的原因，农村处于社会的底层，很多大众传媒游离于乡村之外，没有发挥应有的传播功能，农民因受限制而渐渐成为一个沉默的群体。”李国波[2]将农村群体性事件的农民因素归纳为农民权利能力与行为能力、权利意识与法律意识的冲突。

（五）事件参与者行为方式

在公众抗争方面，冯晓星[3]将公众合法合理的维权渠道归纳为信访投诉、行政调解、寻求司法救济、借助环保NGO。公民利益群体主要采取反抗、合作与不作为三种行动策略：反抗是公民群体针对忽视或侵犯公民环境利益的行为采取的一种行动策略，它表现为两种形式，即正规化的反抗与非正规化的对抗；合作是公民群体在介入某项环境政策时，在个人环保意识约束下，通过健全的制度空间与政府、企业等其他利益主体形成合作型利益联盟、互惠互利，共同推进环境治理政策的顺利实施；不作为也是环境治理中公民利益群体的一种行动策略，它认为无论环境政策走向如何，都与一些公民个人利益不相关。[4]朱力[5]梳理我国目前群体性突发事件中的抗议方式后得出依法抗争（以政策为依据）、以法抗争（从现有的法律框架中寻找挑战现有权利格局的依据）、以理维权（从传统的政治话语框架中寻找维权依据）、以势抗争（借助造势、借势或用势等正常的手段和社会外力的作用进行抗争[6]）、以气抗争、草根动员等，同时将社会性突发事件的主要表现形式概括为集体上访（10个人及以上）、静坐、集会、示威游行、示威抗议、罢工、堵塞交通、封堵政府大门、冲击政府、公共混乱事件、骚乱、民族间纷争、网络聚集、传闻引发的集体行动以及组合形式等15种。孟甜[7]归纳了环境纠纷处理的方式，并指出：“根据现行政策和法律，公众可以通过协商、调解、仲裁、诉讼、信访等规范化的途径解决环境纠纷。但很多情况下，公众并未积极选择这些规范化的方式来解决环境纠纷，而是采用了非法治化、非规范化方式，如暴力冲击企业或政府、堵塞交通、群体性散步等方式。对于小型的乡土社会间的环境纠纷，宗族与家族调解等传统模式仍然会助于解决纠纷，忍让、私了、宗族与家族调解等传统纠纷解决方式依然是化解环境纠纷的重要力量。”李晨璐等[8]关注农村环境抗争中农民抗争议题，将其分为原始抗争与复杂抗争两种，而且比较关注自发形成的拦路、跪拜、谩骂、打砸等最为简单、直接的原始抗争形式。

政府在群体性事件中的参与更加强调管理和控制。薛立强等[9]分析指出：“一些地方政府在处理环境群体性事件的过程中并没有摆脱传统的应对路径，面对民众合理的利益诉求

1 史梁. 农村环境传播的微博话语分析[J]. 新闻界，2014（15）：51-52.

2 李国波. 农村群体性事件法律研究[M]. 广东：中山大学出版社，2010：71-78.

3 冯晓星. 环境群体性事件频发 公众如何理性维权[J]. 环境保护，2009（17）：23.

4 王瑜，徐丽萍. 环境治理中公民利益群体的行动逻辑[J]. 未来与发展，2014（9）：35-36.

5 朱力. 走出社会矛盾冲突的漩涡：中国重大社会性突发事件及其管理[M]. 北京：中国科学文献出版社，2012：28-30.

6 董海军. 塘镇：乡镇社会的利益博弈与协调[M]. 北京：社会科学文献出版社，2008：215-235.

7 孟甜. 环境纠纷解决机制的理论分析与实践检视[J]. 法学评论，2015（2）：171.

8 李晨璐，赵旭东. 群体性事件中的原始抵抗[J]. 社会，2012，32（5）：179-187.

9 薛立强，范文宇. 多元主体视域下环境群体性事件的发生成因及其治理机制[J]. 天津商业大学学报，2017，37（1）：45.

采取消极不作为的策略，甚至通过高压方式压制民意，结果导致民意更大规模的反抗，使得一些本来很容易化解的矛盾不断走向激化。”针对邻避设施和邻避冲突，王奎明等[1]发现我国政府对于邻避设施的兴建依然遵循“决定-宣布-辩护”的决策模式（特别是选址）。邓鑫豪等[2]则分析指出：部分邻避冲突中政府处置的方式经历了“冷漠—限制—说服—妥协对话”这一过程。在媒体管控方面，王政等认为地方政府在应对环境群体性事件的信息传播时，常采用的策略主要有三种：控制、管理与合作。“控制”就是由于政府对自身利益的追求和传统新闻媒体对政府的依附，媒体面对环境群体性事件“失声”“失语”；“管理”指的是政府从自身利益和立场出发，允许媒体有针对性地发布一些对自己有利的信息，与此同时，也部分满足民众的需求；“合作”其实也包含着控制与管理，只是这种控制与管理不是通过行政层面的权力施压来进行，而是通过有利于自己的信息资源提供和议程设置以及限定事件的解释框架来达到目的。[3]

环保组织是环境抗争中的重要参与者。任丙强[4]研究了环保组织领导与群众自发组织两种环境抗争方式的不同点，认为与群众自发组织的环境抗争方式相比，环保组织领导的抗争往往因正式组织的目标与使命、专业性、治理体制、人员构成、广泛与丰富的关系网络、采取理性的行为方式及其所发挥的作用等特点而采取非冲突的策略。晋军等[5]研究指出：“在确保一定合法性空间的前提下，民间环保组织可以突破‘小世界’的局限，参与到涉及重大利益冲突的问题中来。”

新闻媒体的行为方式同样对环境群体性事件具有显著影响。白红义[6]指出：西方新闻媒体比较保守，其报道存在倾向性，即由于“社会抗议被纳入制度化框架”，新闻媒体“强调抗议组织及活动的暴力性而非其客观的社会评价，通过一系列报道技巧使抗议组织非法化、抗议活动边缘化，从而达到削弱抗议活动的效果、维护社会主流现状的目的”。与之不同，“中国的市场化媒体在报道抗争事件时往往表现出强烈的激进性和批判性……常对抗争行动作出支持与正面报道，甚至会积极介入社会抗争。”尹瑛[7]研究了邻避风险决策中民意表达的现实困境，指出其是新闻媒体偏好“具象选题”“权威信源”与“自身安全”的结果。媒体不仅发挥着社会动员、认同建构、框架整合等功能，在一些案例中它也作为“调停者”消除民间和官方的对立框架，使得民间抗争者的诉求可能为政府接纳，并最终带来政策的回应。[8]白红义研究了环境抗争新闻报道中体现的四种策略，即审慎策略、弱者话语、苦难叙事、模糊处理抗议者身份。[9]薛可等[10]比较了国内外媒体有关我国 PX 事件的报道，发现

1 王奎明，于广文，谭新雨．“中国式”邻避运动影响因素探析[J]．江淮论坛，2013（3）：40.

2 邓鑫豪，茹伊丽．“抗争之城”：从邻避冲突解读中国城市政治[J]．城市发展研究，2016，23（5）：116-117.

3 王政，洪芳．群体性事件的信息传播与政府治理能力现代化[J]．新闻界，2014（7）：14.

4 任丙强．环保领域群体参与模式比较研究[J]．学习与探索，2014（5）：53-57.

5 晋军，何江穗．碎片化中的底层表达[J]．学海，2008（4）：39-47.

6 白红义．环境抗争报道的新闻范式研究[J]．现代传播，2014（1）：45.

7 尹瑛．环境风险决策中民意表达的现实困境[J]．青年记者，2016（2）：24.

8 曾繁旭．传统媒体作为调停者：框架整合与政策回应[J]．新闻与传播研究，2013（1）．

9 白红义．环境抗争报道的新闻范式研究[J]．现代传播，2014（1）：47.

10 薛可，邓元兵，余明阳．一个事件，两种声音：宁波 PX 事件的中英媒介报道研究[J]．新闻大学，2013（1）：32-38.

它们在报道方式、不同阶段的报道数量、报道议题的设置和消息来源的选择等方面存在着诸多差异性。尹瑛[1]研究发现："公众差异化的媒介使用状况对公众参与路径、方式的选择，以及参与目标设定均具有显著影响。"无论是传统媒体还是新媒体，它们作为公众利益表达与协商的公共平台并非天然平等、开放、自由的，传统媒体并不必然会积极介入社会运动，而新媒体对底层民众的传播赋权也不是凭借简单的技术上的开放性就能得以实现。

四、事件解决的绩效评估研究

西方国家制订了一系列用于解决环境冲突的策略及方法，针对其解决效果提出了相应的评估框架或评估指标体系，并提出实施意见或注意事项。在事件解决绩效评估的信息获取方法上，Orr 等[2]通过对冲突参与者及第三方调解者进行问卷调查指出，除去问卷回馈，诸如协作过程中的政治温度、文本协议的内容以及有关事态变化的独立文件等信息对于处置绩效的评价和未来的诊断分析具有重要的意义。此类信息可以进一步解释过程情况的关系、机制、产出及影响。同样，单独获取的信息，如过程持续时间和成本情况也可以解释关于效率的问题。政府可以通过制度化的方式来推进环境冲突解决中的信息收集和分析，其价值远不只局限于易于测量以及通过信息促进协作以达成更好的冲突解决效果。

在成功解决冲突的要素方面，Bingham [3]基于对 161 个冲突解决案例的研究，指出环境争议的解决是指运用不同的方法使冲突方能够面对面地针对冲突事项或潜在的争议情况达成一个双方均可接受的结果。Bingham 认为成功的冲突解决应包含两部分：①是否达成协议；②协议是否得以实施。然而，是否促进了沟通交流这一对于冲突方和调解方都很重要的因素则未被考量。此外，她认为，协议是否公平、协议是否技术上合理以及协议是否最大限度上实现了各方的共同增益等问题可以被"协议是否得以实施"这一评价所涵盖。调解方的责任心对于协议的公平性问题则被其纳入道德规范层面进行考量。

针对具体环境冲突解决的成效评估，O'leary 等[4]通过来源于行政机构的调查数据，考察了美国州一级的环境冲突解决计划的执行情况，并进一步提出了关于评估州一级环境冲突解决项目执行效果的五个建议。在多方面成效中，较多学者强调社区满意度的重要性。McKinney 等[5]设计了衡量基于社区协作的方式解决土地资源利用及冲突问题的满意度评价指标体系。评价显示，大部分民众对于使用基于社区协作的方式解决土地和资源冲突感到满意，而民众对于冲突解决中的工作关系和过程质量层面的关注度则明显高于结果层面。

我国学者对冲突解决的研究也不断深入，为冲突解决绩效评估探索了方向，主要体现

---

1 尹瑛. 冲突性环境事件中的传播与行动[D]. 武汉：武汉大学，2010：1.

2 Orr P J，Emerson K，Keys D L. Environmental Conflict Resolution Practice and Performance：An Evaluation Framenwork[J]. Conflict Resolution Quarterly，2008，25（3）：283-301.

3 Bingham G. Resolving Environmental Disputes：A Decade of Experience[M]. Washington DC：The Conservation Foudation，1986.

4 O'leary R，Pizzarella C.（Not）Measuring the Performance of Enveronmental Conflict Resolution：Lessons from U.S. State Program[J]. International Review of Public Administration，2008，13（1）：11-26.

5 McKinney M，Field P. Evaluating Community-based Collaboration on Federal Lands and Resources[J]. Society and Natural Resources，2008，21（5）：419-429.

在三个方面：

首先，我国学者在冲突解决的目标方面提出了新的见解，为冲突解决的衡量提供了参考标准。例如，王宏伟[1]认为，管理和化解冲突不是要完全消除或控制冲突，而是要根除冲突发生的原因，改善冲突发生的环境，推动对抗性关系向协作性关系转化。常健[2]认为，冲突管理的目标涉及两个方面：从质上来看，是充分利用和积极引导公共冲突的正面功能，努力抑制和设法转化公共冲突的负面作用；从量上来看，是控制冲突的升级，将其限定在适当的程度、范围和时间内。

其次，有学者提出冲突解决受到多方面影响，因此绩效评估应当考虑冲突影响因素的复杂性。褚大建等[3]在其《政策分析新模式》一书中通过引用陈振明教授提出的政策问题的特性、政策本身的因素以及政策以外的因素来阐释影响冲突的关键因素：就政策问题的特性而言，问题的复杂程度、所要规范的目标团体的行为种类、目标团体的人数以及目标团体行为调试量会对其造成直接影响；就政策本身的因素而言，执行者的主观因素、政策质量和政策资源将对其产生直接影响；就政策以外的因素而言，目标团体、执行人员的素质和态度、执行组织间的沟通与协调以及政策环境将对其产生直接影响。

最后，研究揭示了冲突解决的多种路径，因此绩效评估应当考虑冲突解决中的路径选择。Lan[4]将冲突解决的路径划分为传统冲突解决方案与替代性冲突解决方法两种。其中，传统的冲突解决方案包括法律诉讼与行政命令、对冲突行为的惩罚性处分、避免冲突扩大升级；替代性冲突解决方法包括确立共同目标、达成共识、联合解决问题、谈判协商、非正式仲裁、调解、非强制性审判、冲突扩大、冲突遏制、合作联盟以及情感发泄等。

针对整体的冲突解决成效评估，Yang 等[5]则认为衡量冲突解决的成功与否应遵循以下标准：①是否达成或趋于达成公平合理的正面社会效益；②是否成功地解决冲突，即至少部分解决了导致冲突的问题，民众的权利与利益得以保障；③如果冲突进程或状态仅仅是被阻滞，则不能视为成功解决。也有学者[6]提出，针对冲突管理的测评可通过目标实现法、系统资源法、内部过程法和战略影响法等不同方法得以实施，而不同方法的关注点也有所不同。

五、事件的处置机制与解决策略

（一）事件处置机制

一般可按过程将环境群体性事件划分为内含多种机制的事前、事中和事后三个阶段。通过梳理文献可以得出，事前处置机制一般包括：①社会稳定风险评估机制。即在重大项目和重大决策之前进行社会稳定风险评估，是防止因决策不当损害群众利益、进而引

1 王宏伟. 公共冲突管理与解决[M]. 北京：中国劳动社会保障出版社，2015：22-23.

2 常健. 公共冲突管理[M]. 北京：中国人民大学出版社，2012.

3 褚大建，刘淑妍，朱德米，等. 政策分析新模式[M]. 上海：同济大学出版社，2007：139.

4 Lan Z. A Conflict Resolution Approach to Public Administration[J]. Public Administration Review，1997（57）：27-35.

5 Yang L，Lan Z，He S. Roles of Scholars in Environmental Community Conflict Resolution：A Case Study in Contemporary China[J]. International Journal of Conflict Management，2015，26（3），316-341.

6 刘林. 冲突与危机管理[M]. 北京：中国民主法制出版社，2012：41-42.

发群体性事件的重要保证[1]；②事件预测与预警机制，是指在事件发生之前，对有关事件的各种信息进行搜集、分析，对事件发生的可能性进行评估和预判，并发出警报[2]；③预防机制，主要从应急预案准备机制、应急队伍建设机制、应急宣传教育机制三个方面进行建设[3]。

事中解决机制一般包括：①信息沟通机制，是指各主体之间建立的将彼此的利益诉求提供给对方的过程及其方式[4]；②信任机制，是指各主体之间建立的相信其他主体“承诺的可靠性和表达的真实性的肯定性预期”[5]的一种心理状态；③利益协调机制，是指为各主体提供利益表达及利益分歧协调解决的渠道并进行规范的过程及其方式，如果利益表达机制不顺畅，就会引发不同利益群体之间的矛盾冲突，甚至暴发群体性事件[6]；④事件应对的各方参与和领导组织机制，是指建立的各方参加的或领导组织各类人财物应对事件的过程及其方式[7]；⑤应急机制，是指事件发生之后，各部门采取多种方法进行协调和对话，大事化小，小事化了，使群体性事件中各方的矛盾得到缓解或解决[8]；⑥权利义务与权力责任机制，环境群体性事件的责任方不仅仅是污染企业，还可能涉及环保部门和地方政府，要加强权力责任追究制度的完善[9]；⑦物质保障机制，是指为应对群体性事件所需的队伍、物质、经费等提供及时快捷的保障[10]；⑧精神保障机制，是指建立的安抚与说服涉事民众的过程及其方式，有效的抚慰教育有助于控制流言、澄清事实、稳定社会秩序，是防范群体性事件的重要手段[11]；⑨法律机制，是指依法通过中立的第三方从中救济、停止争议以及提供具有约束力的方案[12]的过程及其方式；⑩监督机制，完善监督机制需要从法律和制度方面着手，推动内外监督的落实[13]；⑪协同处置机制，良好的协调组织对于化解矛盾非常必要，事件暴发以后，尽快实行统一领导与协调指挥，分工明确，责任具体，从而提高应对突发事件和风险的能力[14]；⑫创新处理机制，是指各主体及其成员创造新的处理事件的过程及其方式，如铜仁经验中建立的重大项目社会稳定风险评估工作机制。[15]

善后处理机制一般包括：①监督反馈机制，处置完群体性事件之后，地方政府或应急管理部门要对事件进行事后评估，了解事件造成的损失，以便事后快速恢复现场秩序，并

1 崔亚东. 群体性事件应急管理与社会治理——瓮安之乱到瓮安之治[M]. 北京：中共中央党校出版社，2013：69.
2 殷星辰. 预防和处置群体性事件应建立六大机制[J]. 新视野，2013（4）：59-61.
3 王郅强，彭宗超，黄文义. 社会群体性突发事件的应急管理机制研究——以北京市为例[J]. 中国行政管理，2012（7）：70-74.
4 许尧. 中国公共冲突的起因、升级与治理[M]. 天津：南开大学出版社，2013：270.
5 常健. 中国公共冲突化解的机制、策略和方法[M]. 北京：中国人民大学出版社，2013：203.
6 华启和. 邻避冲突的环境正义考量[J]. 中州学刊，2014（10）：93.
7 同3。
8 殷星辰. 预防和处置群体性事件应建立六大机制[J]. 新视野，2013（4）：59-61.
9 于鹏，张扬. 环境污染群体性事件演化机理及处置机制研究[J]. 中国行政管理，2015，12：125-129.
10 同3。
11 陈毅. 风险、责任与机制：责任政府化解群体性事件的机制研究[M]. 北京：中央编译出版社，2013：261-267.
12 常健，许尧. 论公共冲突管理的五大机制建设[J]. 中国行政管理，2010（9）：63-66.
13 蔡丽丽. 群体性事件应对机制研究——以浙江省环境污染事件为例[J]. 浙江树人大学学报，2015：110-114.
14 陈毅. 风险、责任与机制：责任政府化解群体性事件的机制研究[M]. 北京：中央编译出版社，2013：112-128.
15 崔亚东. 群体性事件应急管理与社会治理——瓮安之乱到瓮安之治[M]. 北京：中共中央党校出版社，2013：302.

向上一级政府部门汇报工作情况[1]；②利益补偿机制，从制度和法律的层面有效地保障受到不平等待遇的弱势群体的环境权，维护社会的公平与正义[2]；③善后处理与保障机制，各主体妥善处理和解决事件发生后的遗留问题，并保障这一过程的有序进行[3]。

（二）事件解决策略

目前，关于环境群体性事件解决方面的观点和论述较为丰富且分散，众多研究者提出的解决策略也各有侧重。

首先，有学者强调了参与协商在事件解决中发挥的重要作用。Lidskog[4]认为，充分的公众参与有利于信任度和公平感的提升，通过举行公众听证会来讨论“邻避项目”的选址方案，可以增加公众对邻避项目的认可度。Inhaber[5]认为，如果能在建设“邻避设施”之初，就开设具有协商性质的对话通道，为利益相关者提供参与决策的机会，就能够降低邻避冲突发生的概率和解决成本。Saha 等[6]的研究表明，得益于法律对公民决策参与权的确认，近几年来美国在建设“邻避设施”过程中所遇到的阻力显著减少。Patrick（帕特里克）[7]同样认为，解决“邻避问题”需要转变以往的单向反馈性交流机制，构建形式多样的自下而上的沟通交流机制。在国内相关研究方面，杜健勋[8]从国家治理体系现代化的视角指出，通过环境协商制度实践，构建“参与-回应”型社会治理体制，能够拯救“专断-压制”型管控模式的合法性危机。任丙强[9]认为，针对涉及农民的利益问题，地方政府应给予充分重视，并给予及时的回应，而不能一味对其拖延和压制，这是解决农民群体暴力抗争的有效手段。

其次，也有学者强调了法治在事件解决中所能发挥的重要作用。Glasl[10]认为，正式制度能够帮助人们以体面和非暴力的方式解决争端，因而有助于社会稳定。Rubin 等[11]认为，冲突能否得到有效解决部分取决于制度是否存在及其效力。魏新文等[12]认为，在依法治国的方针指导下，法治应成为解决群体性事件的最终方式。郭倩[13]认为，处置环境集体抗争事件时应通过法律途径，遵循依法行政和人权保障原则，确保公民的参与知情

1 卢文刚，黄小珍. 群体性事件的政府应急管理——以广东茂名 PX 项目事件为例[J]. 江西社会科学，2014，34（7）：178-185.

2 胡美灵，肖建华. 农村环境群体性事件与治理——对农民抗议环境污染群体性事件的解读[J]. 求索，2008（12）：63-65.

3 陈毅. 风险、责任与机制：责任政府化解群体性事件的机制研究[M]. 北京：中央编译出版社，2013：370.

4 Lidskog R. From Conflict to Communication？ Public Participation and Critical Communication as a Solution to Siting Conflicts in Planning for Hazardous Waste[J]. Planning Practice & Research，2010，12（3）：239-249.

5 Inhaber H. Slaying the NIMBY Dragon[M]. Somerset，United Kingdom：Transaction Publisheres，1998.

6 Saha R，Mohai P. Historical Context and Hazardous Waste Facility Siting：Understanding Temporal Patterns in Michigan[J]. Social Problems，2005，52（4）：618-648.

7 Patrick D W. Public Engagement with Large-Scale Renewable Energy Technologies：Breaking the Cycle of NIMBYism[J]. Wiley Interdisciplinary Reviews Climate Change，2011，2（1）：19-26.

8 杜健勋. 邻避运动中的法权配置与风险治理研究[J]. 法制与社会发展，2014（4）：107-120.

9 任丙强. 农村环境抗争事件与地方政府治理危机[J]. 国家行政学院学报，2011（5）：98-102.

10 Glasl F. The Process of Conflict Escalation and Roles of Third Parties[M]. Springer Netherlands，1982：119-140.

11 Rubin J Z，Pruitt D G，Kim S H. Social Conflict：Escalation，Stalemate，and Settlement[M]. McGraw-Hill Book Company，1994.

12 魏新文，高峰. 处置群体性事件的困境与出路——以警察权的配置与运行为视角[J]. 中共中央党校学报，2007，11（1）：90-94.

13 郭倩. 生态文明视阈下环境集体抗争的法律规制[J]. 河北法学，2014，32（2）：124-131.

权。齐树洁等[1]也从解决环境诉讼的议题出发，分析了协商、调解、行政处理、仲裁等几种方式的优劣，认为公益诉讼在解决环境纠纷过程中的优势最为明显。

再次，也有学者侧重事件解决策略的研究，相关研究较为分散，缺少系统性的整理。在策略分类方面，Aldrich[2]以政策学为视角提出了解决“邻避问题”的四种方式，分别是强制类（强行征收、削减授权等）、结构类（议程设置等）、补偿类（提供补助等）、劝服类（教育、培养习惯等）。在集体行动的制度设计方面，奥斯特罗姆[3]在提到公共池塘资源治理问题时认为，“利维坦”与“私有化”等方式并不能很好解决“公地悲剧”“集体行动”“囚犯困境”“搭便车”等外部性问题，只有当公共问题波及群体成员自身利益后，这些相互依赖的人才具有解决该问题的强烈愿望，也即只有通过自治的方式才能取得持久的利益。李冰心[4]则从事前、事中和事后三个阶段分别归纳事件解决策略，认为事前主要采取预警防范手段，事中主要采取应急管理手段，事后主要采取严厉问责手段。基于同样的视角，程美东等[5]将改革开放以来我国城市群体性事件处置的经验归纳为三条：一是强调事前的法律法规建设；二是注重事中的主动协商沟通；三是保证事后的及时有效追责。另外，有些研究也关注到了某些参与主体在事件处置中的作用。如王政等[6]就指出地方政府在应对环境群体性事件过程中最常使用的控制、管理、合作三种信息传播策略。媒体和社会组织参与也提供了新的事件解决策略。例如，曾繁旭[7]认为传统媒体作为调停者，能够向政府传递民间抗争者的利益诉求，因而可能带来政策的及时回应。而任丙强[8]则认为，环保组织在专业性、目标使命感以及人员构成方面优势明显，能够在环境事件及其解决中发挥重要作用。

在以上对冲突解决策略的理论性讨论之外，部分学者聚焦于具体冲突情境或解决对策的分析。例如，事前的维稳评估提供了重要的冲突解决策略，张乐与童星[9]从四个层面提出通过维稳评估应对“邻避设施”风险的对策：一是从体制上理顺维稳办与其他评估责任主体的关系；二是从技术上提高公众参与度；三是从法制上明确维稳评估的地位；四是从学理上阐明公众“邻避情结”的路径依赖。同样针对邻避冲突，卢旭阳等[10]提出了三种策略：一是涉及公众知情权的沟通；二是强调私人产权保护的补偿；三是关注公共利益的强制。在具体策略的效果和选择方面，沈焱等[11]则认为，在环境群体性事件处置的过程中，虽然

---

1 齐树洁，郑贤宇. 环境诉讼的当事人适格问题[J]. 南京师范大学学报（社会科学版），2009（3）：38-45.

2 Aldrich D P. Controversial Project Siting: State Policy Instruments and Flexibility[J]. Comparative Politics，2005，38（1）：103-123.

3 埃莉诺·奥斯特罗姆. 公共事务的治理之道[M]. 余迅达，陈旭东，译. 上海：上海译文出版社，2012：32-33.

4 李冰心. 西部民族地区地方政府应对群体性事件能力建设研究[D]. 天津：南开大学，2014.

5 程美东，侯松涛. 改革开放以来中共处置城市群体性突发事件的经验[J]. 中共党史研究，2012（4）：61-69.

6 王政，洪芳. 群体性事件的信息传播与政府治理能力现代化——以环境群体性事件为例[J]. 新闻界，2014（7）：13-16.

7 曾繁旭. 传统媒体作为调停者：框架整合与政策回应[J]. 新闻与传播研究，2013（1）：37-50.

8 任丙强. 环保领域群体参与模式比较研究[J]. 学习与探索，2014（5）：53-57.

9 张乐，童星. 重大“邻避”设施决策社会稳定风险评估的现实困境与政策建议——来自 S 省的调研与分析[J]. 四川大学学报（哲学社会科学版），2016（3）：107-115.

10 卢阳旭，何光喜，赵延东. 重大工程项目建设中的“邻避”事件：形成机制与治理对策[J]. 北京行政学院学报，2014（4）：106-111.

11 沈焱，邹华伟，刘德海，等. 经济补偿与部署警力：环境污染群体性事件应急处置的优化模型[J]. 管理评论，2016，28（8）：51-58.

经济补偿策略具有事态恶化风险较小的优点，但是容易造成负面的声誉效应，而部署警力策略虽具有经济成本较小的优点，但是处置不当将诱发更大的社会稳定风险。

最后，也有学者分析了第三方干预的作用与影响。日本学者棚濑孝雄认为应通过两种方式解决纠纷：一是纠纷当事人的合意解决，包括和解、调解；二是第三方决定解决，包括仲裁、诉讼。[1]奈特继而认为，就国内社会冲突而言，国家通常以第三方力量的身份出现，并且具有超强的组织和动员能力，因此可以通过制度化路径来化解冲突。[2]普鲁特等也认为，第三方干预有利于解决社会冲突，这些干预者既有仲裁者、法官等指导性较强的主体，也有调解人、中间人等指导性较弱的主体，同时还有介于两者之间的和平维护者、关系治疗师和冲突管理培训师等主体。[3]Roy 等同样认为，第三方的介入能够缓和气氛，使冲突双方重新回到谈判桌前，修补原本即将破损的关系，提高冲突双方的满意度。[4]

第三节 研究框架

本节要点 本节介绍了本书的研究框架。

本书的研究框架分为核心理论构建、事件分析与评估、事件处置机制、理论思考与政策建议四个层次（图 2-3-1）。

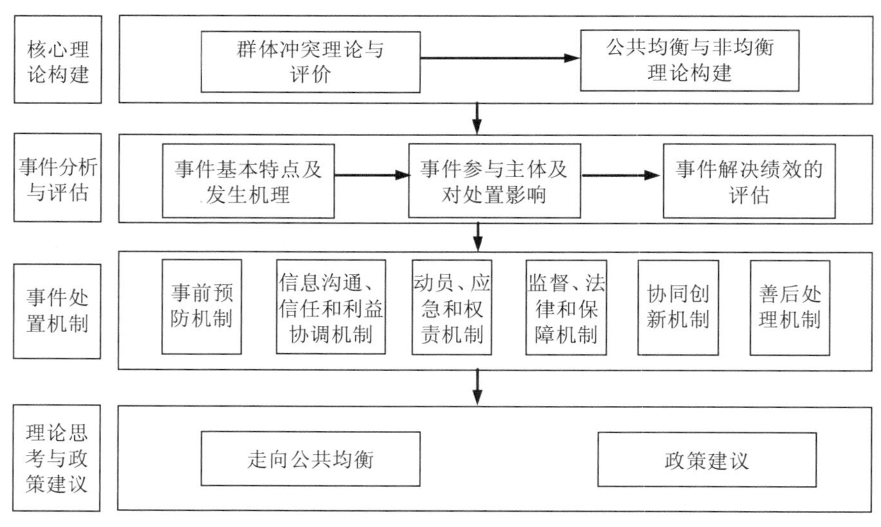

图 2-3-1 全书研究框架

1 邱星美. 调解的回顾与展望[M]. 北京：中国政法大学出版社，2013：4.

2 杰克・奈特. 制度与社会冲突[M]. 周伟林，译. 上海：上海人民出版社，2010：195.

3 狄恩・普鲁特，金盛熙. 社会冲突：升级、僵局及解决[M]. 王凡妹，译. 北京：人民邮电出版社，2013：274-275.

4 Roy J L，David M S，John W M. Essentials of Negotiation[M]. Boston，Mass：Irwin/Mcgraw-Hill，2001.

在核心理论建构方面，本书对东西方已有相关群体冲突的经典理论进行梳理并进行评价，在重新梳理经典群体冲突理论的基础上，基于大量观察和亲身体验，提出基于“控制-反抗”逻辑的公共均衡与非均衡新理论，阐述了群体冲突产生和解决的基本逻辑，为理解和解决中国群体冲突提供了新框架。

在事件分析与评估方面，本书首先基于 25 个典型案例，结合问卷调查数据和实地调研结果，从环境群体性事件自身特征、参与主体和社会环境三个方面来分析事件特点，总结出环境群体性事件的发生过程及机理。其次，本书从全面系统的多元利益主体参与视角出发，探讨参与主体冲突和互动对环境群体性事件处置产生的影响。最后，本书在借鉴政府绩效评估模型、环境冲突解决评估框架和应急管理评估指标体系等理论的基础上，通过文献分析、访谈以及问卷调查等方法，构建衡量我国环境群体性事件解决绩效的 VPP 整合性评估框架及指标体系，并进行验证和应用。

在事件处置机制方面，本书基于问卷调查和多案例研究方法，梳理出环境群体性事件处置机制，包括事前预防机制，信息沟通、信任和利益协调机制，动员、应急和权责机制，监督、法律和保障机制，协同创新机制和善后处理机制，并探讨了事件处置机制对事件解决效果的影响。

在理论思考与政策建议方面，本书基于前面的理论及实证分析，提出了走向公共均衡的群体冲突解决理论，并在政策层面提出了建议。

第三章　研究总体设计与方法数据

本章要点　本章介绍了本书采用的博弈实验分析、实地调查访谈研究、直接观察观测和对已有实证研究的荟萃分析、深度案例分析和内容分析法等相结合的研究总体设计，并介绍了各章节具体的研究数据和方法。

第一节　研究总体设计

本节要点　本节对本书采用的文献档案分析、访谈法、问卷调查法、观察法、深度案例分析与内容分析法进行了阐释说明。

根据多年实证研究经验，在定性和定量相结合的综合集成法指导下，环境群体性事件及其处置机制研究将采用文献档案分析、实地调研、实地访谈、直接观察观测和对已有实证研究的荟萃分析、深度案例分析和内容分析法等相结合的方法，从而解决单一数据来源所带来的数据不完整、不可靠以及主观性等问题。

一、文献档案分析

利用各种历史档案资料（包括内部报告、历史记录、地方文件等）和已发表文献资料（包括期刊论文、书籍、报道、网络数据挖掘等）及专家和多部门、多决策团体咨询信息对研究所关注的核心问题进行初步研究，总结基本理论和经验，并初步验证研究设计的基本理论模型，进一步修正理论假设和预期，为进一步深入实证研究奠定基础，并在此基础上制定更为详细的实证研究计划书、研究方案、调查与访谈问卷等。

二、访谈法、问卷调查法和观察法

通过大规模调查、访谈和直接观察观测收集实证研究信息。依据确定研究对象的基本框架选择核心研究区，并收集实地调查、访谈和观察观测数据。虽然本项目研究区域覆盖我国东、南、西、北不同地区，但实地研究主要集中在我国环境群体性事件发生比较频繁的发达地区和东部地区的一些县、区甚至村。这样安排的主要原因是：第一，发达地区和东部地区是研究我国环境群体性事件频发的典型区域，具有代表性；第二，在满足科学研究设计的标准要求下，将实地研究区域相对集中，有利于节约研究成本，提高实地研究的可行性和可操作性；第三，作为此类研究的第一步，将实地研究主要集中于一些核心地区，有助于把核心地区基本情况一次性摸清楚，同时有利于研究深入，在此基础上将研究继续扩展到中西部地区（这种滚雪球式区域扩展法是我们多年实证研究的一个经验）。具体而言，研究选择一些典型的环境群体性事件，去其发生地进行多方法调研，并采用历史还原方法，结合多种数据和方法，对事件进行整体性历史还原，并在还原基础上深入分析群体性事件的特征、发生机理，各参与主体的特征、行为与角色功能，不同处置机制及其优劣等。实地研究区域选择的原则和对案例选择的原则相一致。

除调查之外，访谈方式也被进一步用于收集资料，以弥补封闭性调查问卷获得信息的缺陷。接受访谈者包括事件的冲突主体与参与主体的不同成员，并尽可能根据参与者多少及实际情况，合理分配各种访谈人员类型。但这同时受实地研究中所遇到的各种其他非可控制因素影响。访谈人员的选取采取随机抽取和相关专家与组织推荐等多种途径相结合的方法。

此外，我们也到一些发生过环境群体性冲突事件的典型地区（如厦门、什邡等地）和正在发生该类事件的地区进行驻点观察和观测。观察和观测方法根据实际情况分别采用参与式和非参与式两种。观察和观测的定性和定量记录及录像等是主要的资料收集方法。为了最大限度提高信息准确度及有用性，调查和访谈问卷在多次预调查和预访谈基础上不断修正，各自的预调查或访谈信息也被综合应用以修订最终问题设计，并最终确定了一致的调查和访谈问题。在此基础上，根据研究设计和补充调查访谈信息要求，选择观察观测点和观察观测事项，制定观察观测计划和指导书。

三、深度案例分析与内容分析法

除实地调研外，研究对从 1997 年到 2017 年的 20 年间发生在不同地点、不同层级、不同领域的典型性环境群体性事件采用文献荟萃、内容分析和深度案例分析的方法，进行系统梳理和分析，建立案例库，并在比较分析的基础上，检验和补充大规模实证研究结果。

在案例内容分析方面，主要根据研究提出的各个影响因素对这些典型案例进行编码。案例研究采用多人编码的方式对重大典型案例进行依次编码。在整个编码过程中有多人参与。以三人为例（包括一位主要负责人和两位助手），第一步，在编码过程中，各人分别独立分析文献，然后进行编码。第二步，对两位助手的不同编码结果进行比对，如果相似度大于 80%，则讨论统一不同的编码，进入到下一步；如果相似度小于等于 80%，则重复上一步的编码过程，直到相似度大于 80%以上，然后再进行讨论统一编码。第三步，将不同编码者的编码统一之后的结果和主要负责人的编码结果进行讨论，如相似度大于 80%，则讨论统一编码，得到最终结果；如果相似度小于等于 80%，则重复上一步编码过程，直到相似度达到 80%以上，最后讨论统一编码，得出结果（图 3-1-1）。

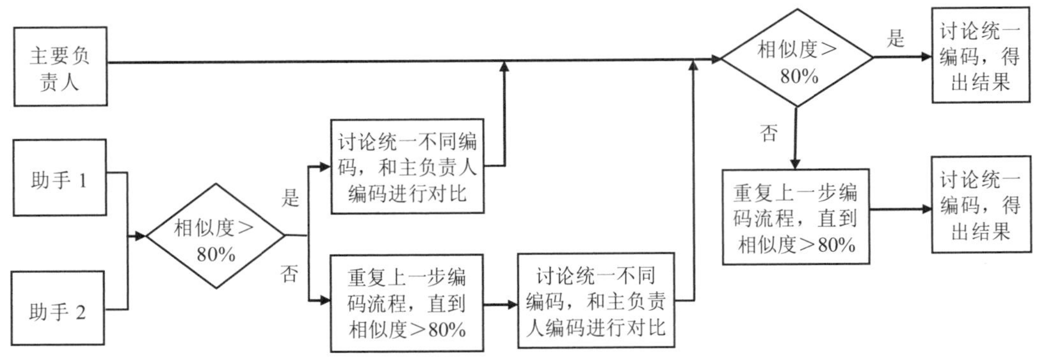

图 3-1-1 案例数据编码示意

四、利用各种统计及案例比较分析等方法处理各种实证和文献数据

研究所应用的统计方法主要包括系列卡方分析、相关分析、因子分析、聚类分析、回归统计、结构方程分析等。将这些分析和案例比较分析等方法结合，以确定环境群体性事件基本特征要素与各相关主体在事件处置与解决中的影响作用，并总结归纳环境群体性事件处置的主要要素、机制和制度设计原则。

第二节 具体研究方法与数据

本节要点 本节详细介绍了本书的具体研究方法与数据收集情况。

在研究设计的指导下，本书使用问卷调查法、实地观察与访谈法、案例研究法、文献荟萃法等方法收集数据，共收集有效问卷 12 523 份，实地观察与访谈案例 87 个（每个案例下又进行多个观察或访谈），分析典型案例 709 个。

根据各章节研究内容的不同，本书选取了不同的研究方法，并尽最大努力进行了数据资料的收集，具体的研究方法和数据资料收集情况见表 3-2-1。

表 3-2-1 具体研究方法分布和整体统计

研究内容	研究方法	数据收集			
		有效调查问卷数/份	观察与访谈案例或地域数/个	访谈总人数/个	典型案例数/个
第六章 公共均衡与非均衡：基于“控制-反抗”逻辑的群体冲突新理论	问卷调查法、实地观察与访谈法、案例研究法、文献荟萃法	2 623	—	—	4（深度）
第七章 事件的基本特点及发生机理	问卷调查法、实地访谈法、案例研究法	150	26	26	25

研究内容		研究方法	数据收集			
			有效调查问卷数/份	观察与访谈案例或地域数/个	访谈总人数/个	典型案例数/个
第八章 事件中的参与主体及其对事件处置的影响		问卷调查法、实地观察与访谈法、案例研究法、文献荟萃法	781	12	154	147
第九章 事件解决绩效的评估——VPP 整合性评估框架与指标体系的构建和应用		文献荟萃法、问卷调查法、实地观察与访谈法、多案例研究法	1 066（指标隶属度 176 份）	8	16	38
第十章 事件处置机制总体分析		问卷调查法、多案例研究法	1 050	—	—	24
第十一章 事前预防机制		文献荟萃法、实地访谈法、多案例研究法	—	—	—	25
第十二章 信息沟通、信任和利益协调机制	第一节 信息沟通机制	问卷调查法、实地观察与访谈法、多案例研究法	1 644	22	22	178
	第二节 信任机制	文献荟萃法、多案例研究法	580	—	—	30
	第三节 利益协调机制	问卷调查法、实地观察与访谈、文献荟萃法	455	3	30	40
第十三章 动员、应急和权责机制	第一节 动员机制	问卷调查法、实地访谈法、跨案例聚类分析法	827	3	31	30
	第二节 应急机制	文献研究法、比较案例研究法	735	3	35	3
	第三节 权利义务与权力责任机制	多案例比较分析法、文献荟萃法	—	—	—	20
第十四章 监督、法律和保障机制	第一节 监督机制	文献荟萃法、问卷调查法、实地访谈法、多案例比较分析法	507	3	17	27
	第二节 法律机制	混合研究方法、案例研究法、问卷调查法、实地访谈法	1 354	3	20	32
	第三节 保障机制	文献荟萃法、多案例比较分析法、问卷调查法、实地观查与访谈法	538	3	29	30
第十五章 协同创新机制		多案例研究法	—	—	—	30
第十六章 善后处理机制		多案例比较分析法、问卷调查法、实地访谈法	213	1	—	30

以上所提到的各种研究方法将在本书各章进行详细说明。

第二编

核心理论构建

第四章　基础理论

本章要点　本章介绍了本书在研究过程中借鉴参考的一些相关基础理论，包括马克思人与自然关系理论、绿色发展理论、新公共管理理论、新公共服务理论、治理理论和社会冲突理论等。

任何研究的设计和实际过程，除进行直接对话的理论之外，在更广泛的意义上，都会受到一些既有观念或理论的影响，或对其进行主动借鉴，本研究也不例外。这些观念或理论，或影响我们的研究视角，或构成了我们研究的一些基本出发点，或成为研究进行某种反思或超越的对象，或在研究过程中不自觉地影响了我们对某些问题的看法和基本判断。这些理论实际上有很多，除我们将在下一章进行详细梳理的群体冲突管理理论和思想之外，也有一些对本研究来说相对更为一般、基础或不那么紧密相连的理论。这些理论实际上也很多，但相对而言，由于与研究的相关性和受研究者本身的研究训练或旨趣的影响，马克思的人与自然关系理论、绿色发展理论、新公共管理理论、新公共服务理论和社会冲突理论等可能发挥了较为显著的影响。因此，有必要在本章对这些理论做些简要介绍，使读者可以对我们的研究背景和可能受到的已有观念和理论的影响有一些基本的了解，以更好地理解本书的研究和贡献。

第一节　人与自然关系的基础理论

本节要点　本节从马克思的人与自然关系理论和习近平的绿色发展理念两个方面介绍了人与自然环境关系的基础理论。

一、马克思的人与自然关系理论

马克思的人与自然关系理论是在对前期自然观批判继承的基础上形成的，既吸收了黑格尔的否定辩证法，又肯定了费尔巴哈旧唯物主义自然观的唯物主义基础。马克思的人与自然关系理论主要是以人的感性活动为基础，从人类活动与自然环境的角度来进行考察，经过反复论证建立的。马克思强调：历史可以从两方面来进行考察，可以把它划分为自然史和人类史。但这两方面是不可分割的：只要有人存在，自然史和人类史就彼此相互制约。[1]

一方面，人与自然一体共在，关爱自然就是关爱人本身。在马克思看来，人靠自然界生活，自然是人的无机的身体。这说明人与自然是一体共在的关系。恩格斯也特别指出："我们每走一步都要记住：我们统治自然界，绝不像征服者统治异族人那样，决不像站在自然之外的人似的，相反地，我们连同我们的肉、血和头脑都是属于自然界和存在于自然之中的。"这表明关爱自然界与关爱自己是同一的，即人与自然界是互为存在的。割裂了人与自然界的互为存在，也就割裂了人与自然界的本质同一性，否认了人之为人的存在。现代哲学家海德格尔[2]反对把人主体化为世界的中心与主人，"人不是存在者的主人，人是存在的看护者"。海德格尔消解中心论的思想与马克思自然是人的无机的思想在此表现出惊人的一致。因此，人类要摆脱生存危机，就必须完成思维方式的转向，像爱护自己的身体一样爱护自然，这样人类才有可能与自然和谐共生。

另一方面，要尊重自然的价值和积极地建设自然。马克思指出，人不仅是能动的存在，也是受动的存在。人能动地利用和支配自然界为自己的生存和发展服务，但这并不意味着人可以脱离自然界的制约而肆意妄为，也不是要自然界一味服从人类。发挥主体的主观能动性必须以尊重客观的自然规律为前提，主体的主观能动性无论如何强大，必须受到客观的自然规律和客观条件的制约，否则，就是背离了人和自然关系的辩证法。对于主体的能动性既不能过分膨胀，也不能完全消解，必须强调能动和受动、合规律性和目的性、人的尺度和物的尺度，统一于人类的实践之中。关爱自然是为了人，利用自然也是为了人。工业文明已经导致了对自然的严重破坏，唯有尊重自然的价值，注重建设自然，对自然进行生态补偿，才能实现自然可持续发展和社会可持续发展的统一。[3]

二、绿色发展理论

习近平的绿色发展理念是把马克思主义生态理论与当今时代发展特征相结合，又融汇了东方文明而形成的新的发展理念；同时是将生态文明建设融入经济、政治、文化、社会建设各方面和全过程的全新发展理念。一是绿色经济理念。其是指基于可持续发展思想产生的新型经济发展理念，致力于提高人类福利和社会公平。"绿色经济发展"是"绿色发展"的物质基础，涵盖了两个方面的内容：一方面，经济要环保。任何经济行为都必须以保护环境和生态健康为基本前提，它要求任何经济活动不仅不能以牺牲环境为代价，而且要有利于环境的保护和生态的健康。另一方面，环保要经济。即从环境保护的活动中获取经济效益，将维系生态健康作为新的经济增长点，实现"从绿掘金"。要求把培育生态文化作为重要支撑，协同推进新型工业化、城镇化、信息化、农业现代化和绿色化，牢固树立绿水青山就是金山银山的理念，坚持把节约优先、保护优先、自然恢复作为基本方针，把绿色发展、循环发展、低碳发展作为基本途径。二是绿色环境发展理念。其是指通过合

1 马克思恩格斯全集（第3卷）[M]. 北京：人民出版社，1960：20.
2 海德格尔. 人，诗意地安居[M]. 郜元宝，译. 南宁：广西师范大学出版社，2000.
3 马克思恩格斯全集（第23卷）[M]. 北京：人民出版社，1972：201-209.

理利用自然资源，防止自然环境与人文环境的污染和破坏，保护自然环境和地球生物，改善人类社会环境的生存状态，保持和发展生态平衡，协调人类与自然环境的关系，以保证自然环境与人类社会的共同发展。三是绿色政治生态理念。其是指政治生态清明，从政环境优良。习近平[1]指出："自然生态要山清水秀，政治生态也要山清水秀。严惩腐败分子是保持政治生态山清水秀的必然要求。党内如果有腐败分子藏身之地，政治生态必然会受到污染。"四是绿色文化发展理念。绿色文化，作为一种文化现象，是与环保意识、生态意识、生命意识等绿色理念相关的，以绿色行为为表象的，体现了人类与自然和谐相处、共进共荣共发展的生活方式、行为规范、思维方式以及价值观念等文化现象的总和。绿色文化是绿色发展的灵魂，作为一种观念、意识和价值取向，绿色文化不是游离于其他系统之外，而是自始至终地渗透贯穿并深刻影响着绿色发展的方方面面，并在其中起到灵魂的作用。进一步弘扬绿色文化，让绿色价值观深入人心，对于我国顺利完成经济结构调整和发展方式转变，促进绿色发展、建设美丽中国具有重要的实践指导意义。五是绿色社会发展理念。绿色是大自然的特征颜色，是生机活力和生命健康的体现，是稳定安宁和平的心理象征，是社会文明的现代标志。绿色蕴含着经济与生态的良性循环，意味着人与自然的和谐平衡，寄予着人类未来的美好愿望。[2]

第二节　公共管理基础理论

本节要点　*本节回顾了公共管理学方面的基础理论，包括新公共管理理论、新公共服务理论和治理理论。*

一、新公共管理理论

20 世纪 80 年代，西方国家纷纷进入后工业时代，出现了不同程度的政府财政危机、政府管理危机和政府信用危机。随后，美国、英国等国政府率先借鉴企业的管理模式对其内部管理进行革新。这些国家的成功改革又促使其他经济合作与发展组织（OECD）成员国争相将新公共管理作为政府改革的理论指导，也使新公共管理理论在世界范围内得以传播。尽管学界从不同的角度探讨了新公共管理的内涵，但对其概念尚未有统一的界定。通过对发生在不同国家的改革运动的分析研究，学界对于新公共管理理论的特点基本达成了共识，包括削减政府运营成本、绩效评估、去中心化、信息化、私有化等；然而，在民主和公民参与、行政结构合理化、政策分析和评估等方面，学者们仍存在不同的意见。[3]

1 习近平：政治生态也要山清水秀[EB/OL]. [2015-03-06]. http://www.xinhuanet.com/politics/2015-03/06/c_1114552785.htm.

2 中共中央文献研究室. 习近平关于社会主义生态文明建设论述摘编[M]. 北京：中央文献出版社，2017.

3 Gruening G. Origin and Theoretical Basis of New Public Management[J]. International Public Management Journal，2001，4（1）：1-25.

英国学者 Hood（胡德）[1]总结了这一时期政府改革的研究，率先提出了“新公共管理”一词，并将其特征概括为管理的专业化、明确的绩效标准及评估、控制产出而非过程、管理单元的分化、提倡借鉴私营部门管理模式、强调资源使用中的约束和节约等方面。欧文 •E. 休斯进一步发展了胡德的新公共管理理论，并将其概括为六个要点：一是注重结果和管理者责任，重视产出控制，重视目标而非过程；二是强调组织与人员调配的弹性，即让管理者管理，由高级管理层担任部门领导，负责更重要的事务；三是强调改善财政管理，强调部门的节约性，要求更多关注于资源的有效利用；四是与政府内部及外部的部门签订合同或承包；五是加强官员与外部环境互动；六是改变传统的公共部门管理方式，效仿私营部门弹性化的管理方式，引入竞争、激励等机制，并实行目标导向来引领政府部门的发展方向。[2]简 • 莱恩[3]的观点则与休斯有所不同，他指出新公共管理不仅是签约外包制，还涉及契约制，是政府内部契约制与签约外包制的综合，两者为公共管理者提供了一种可以替代传统统治模式的新途径。Common 从新公共管理与传统公共行政对比的角度出发，认为传统公共行政到新公共管理转变实质上是行政价值向管理价值的转变。[4]奥斯本等[5]在其代表作之一的《改革政府——企业精神如何改革公营部门》一书中阐述了包括关心政府服务效率、效果和质量的结果导向在内的十项原则。

综上所述，虽然学界对于新公共管理的概念进行了大量研究，但尚未达成共识。通过对理论进行梳理，可以从以下角度理解新公共管理。首先，从价值标准来看，新公共管理以“3E”（经济、效率与效果）作为组织追求的主要目标，引入私营部门的技术方法，注重绩效测评与结果产出，克服传统公共行政层级节制与机构僵化的弊端，改变“效率至上”的价值取向。其次，从理论支撑来看，新公共管理建立在经济学和私营部门管理的基础之上。一方面，经济学基础中公共选择理论主张改变政府管理的单一主体，限制政府干预，将市场力量最大化。另一方面，由于公共部门与私营部门的管理活动在本质上是一样的，但是私营部门的管理方法、生产技术更有效率、更具创新能力，而且质量更高。因此，作为公共管理者，应通过引入私营部门的管理经验，提高公共服务质量。最后，从实践效果来看，新公共管理主张打破政府内部运作过程，提倡分权化管理，强调竞争、绩效以及激励管理方法的运用，顺应了政府的改革潮流，推动了政府的改革实践。

二、新公共服务理论

新公共服务理论的出现加强了政府对公民、社区以及公民社会的关注。西方学者普遍

1 Hood C. A Public Management for All Seasons? [J]. Public Administration，1991，69（1）：3-19.

2 欧文 • E. 休斯. 公共管理导论[M]. 3 版. 张成福，王学栋，等译. 北京：中国人民大学出版社，2007：64-71.

3 简 • 莱恩. 新公共管理[M]. 赵成根，译. 北京：中国青年出版社，2004.

4 Common R K. Convergence and Transfer：A Review of the Globalization of New Public Management[J]. The International Journal of Public Sector Management，1998，11（6）：440-450.

5 戴维 • 奥斯本，特德 • 盖布勒. 改革政府——企业精神如何改革公营部门[M]. 周敦仁，等译. 上海：上海译文出版社，2012.

赞成政府的产生与存在是建立在公民权利让渡的基础之上。因此，在登哈特夫妇[1]看来，公共管理者在公共事务管理和公共政策执行的过程中应承担为公民服务的责任，同时，应当赋予公民应有的权益。也就是说，政府应将对公民的回应作为其目标的一部分。新公共管理理论提出从技术层面借鉴私营部门的运营模式来再造政府，然而，登哈特夫妇却指出这种公共行政范式忽略了对于政府管理者责任的界定，也未能指出公共部门如何向私人部门借鉴其管理经验。正是在质疑、批判新公共管理理论的基础上，登哈特夫妇提出关于新公共服务理论的组织原则，为后续研究奠定了基础。

新公共服务理论可以从以下三个方面予以探讨：第一，从理论层面来看，新公共服务的理论基础相当广泛，其中包括民主理论、公民社会理论等[2]。新公共服务理论的拥护者认为应当从政府本质出发，提炼公共价值的内核，从民主、公民权的视角思考政府在提供公共产品和服务的过程中应该做什么。因此，可以看出，新公共服务理论宣扬的公民权是建立在重新认知政府核心价值的基础之上。第二，从价值层面来看，新公共服务的提出源于批判新公共管理过于追求效率而忽视了政府的核心价值，后者直接导致政府未能履行其应有的责任。新公共管理强调在政府内部引入竞争、绩效奖励和惩罚等类市场化模式使得政府放松了对特许垄断的监管[3]，且其由于推崇私营部门的运营方式而忽略了对于行政自由裁量权的保障[4]。然而，这并不意味着新公共服务要抛弃新公共管理所宣扬的效率、效益等核心价值，其是在肯定新公共管理基础上丰富政府价值的内涵。同时，新公共服务理论的支持者还认为，民主和利益应当是政府恪守的准则和核心价值追求，效率目标的实现应该在保障利益的基础之上，这就意味着政府活动应该将民主、公平等价值追求放置在效率之前。第三，从实践层面来看，政府在社会治理中承担着复杂的责任。政府应该对公民负责，这种责任是多维复杂的，其中涉及公民偏好、道德价值、职业标准和公共利益等一系列责任的平衡。因此，责任并不简单。一方面，政府需要积极回应公民的需求，履行应有的责任和义务，在政府和公民之间不断构建和维护互动关系；另一方面，政府应当承担法律、道德等一系列责任，通过识别公民利益、运用公共权力最终达到保障公民合法权益的目的。

三、治理理论

20 世纪 90 年代以来，治理理论作为一种新的研究范式受到了全世界学者的关注。Stoker（斯托克）[5]认为，治理理论不能算作一种严格意义上的理论，它的贡献不在于因果关系分析；作为理解“统治”变化过程的工具，治理理论的价值在于它提供了一种有组织的分析框架。斯托克[6]将治理总结为五种命题：第一，治理指的是一系列制度，其主体不仅

1 珍妮特 • V. 登哈特，罗伯特 • B. 登哈特. 新公共服务[M]. 丁煌，译. 北京：中国人民大学出版社，2004：1-3.

2 Denhardt R B，Denhardt J V. The New Public Service：Serving Rather than Steering[J]. Public Administration Review，2000，60（6）：549-559.

3 Kaboolian L. The New Public Management[J]. Public Administration Review，1998，58（3）：189-193.

4 Hood C. The“New Public Management”in the Eighties[J]. Accounting，Organization and Society，1995，20（2/3）：93-109.

5 格里 • 斯托克. 作为理论的治理：五个论点[J]. 华夏风，译. 国际社会科学杂志（中文版），1999（1）：19-30.

6 Stoker G. Governance as Theory：Five Propositions[J]. International Social Science Journal，2002，50（155）：17-28.

仅局限于政府以及相关公共部门，也包括个人、企业和第三部门在内的其他个体或组织机构；第二，治理的边界和责任并不清晰；第三，治理需要参与主体之间协同行动，其成效依赖合作的意愿和相互之间的信任；第四，治理是一种自组织的治理网络；第五，治理的达成不是通过政府以命令或权威影响的方式，相反，政府在其中扮演的角色是新工具和技能的掌舵者和指导者。联合国开发署则指出治理涉及公民和团体意愿表达、利益协调以及权力和责任的履行，是复杂的机制、过程和制度。[1]全球治理委员会（The Commission on Global Governance）将治理定义为个人、组织通过协调多重利益，通力合作，共同管理公共事务。同时，治理包括正式的规范以及主体间形成的非正式约定。[2]我国学者俞可平指出，治理是官方或民间公共管理组织运用公共权威，在既定的范围内满足公共需要、维持秩序的过程。他强调政府通过权力引导、控制和规范公民活动，保障公共利益。治理理论可以通过以下四个方面进行理解：

一是治理理论注重治理主体的多元化与平等性。多元化倡导无论是私人部门还是公私合作机构都可参与治理活动，以实现治理角色多样性、多元化趋势。治理理论重视多元主体的积极参与及良好合作，强调政府部门不能通过权威居高临下，而是要与各种主体形成一种平等的关系，在发挥各自优势的情况下合作互动、资源共享，实现政府的目标追求。

二是治理理论注重组织结构的弹性化。传统金字塔形结构中存在层级过多、沟通不畅的弊端，因此造成政府在解决公共问题、提供公共服务时的低效无能，损害政府的形象与威信。治理理论倡导组织结构的重构，增加政府的弹性，使其结构呈现多样化，破除政府结构的固化束缚，使内部信息沟通变得及时、准确和透明，政府行动变得高效，从而提高政府能力。

三是治理理论中强调政府与市场、政府与社会关系的重构。治理理论的一个视角是人际和组织的网络治理。在许多学者看来，治理就是管理网络的活动。那么，政府在掌舵网络的过程中扮演何种角色？Kickert 等[3]将政府的管理活动划分为两个方面：博弈和网络结构管理。博弈管理是在现有网络的范围内进行的关系管理，政府的主要职责是通过将不同利益主体的利益进行整合，并在此基础上创造协同决策的条件，以达成均衡各方利益的有益结果；而网络结构管理是指调整网络结构和参与者，在此项活动中，政府的作用在于通过调整资源配置模式以及调整政策导向，达到改变利益相关者关系的目的。政府正是在这种网络治理的过程中，主动调整其与市场及公民的关系，以达到社会资源的优化配置。

四是治理理论强调“善治”思想。善治从字面意义上来看就是良好治理，就是政府与公民通力合作对社会进行管理。[4]大部分学者认为，善治的基本要素应该包括合法性、透明度、责任性、法治、回应性和有效性等内容，并对这些内容的具体意义进行了说明或阐释。

---

1 俞可平. 国家治理评估——中国与世界[M]. 北京：中央编译出版社，2009：70.

2 Commission on Global Governance. Our Global Neighbour[EB/OL].（1995-02-16）. https://doi.org/10.1093/oso/9780198279983.001.0001.

3 Kickert W J M，Klijn E H，Koppenjan J F M. Managing Complex Networks：Strategies for Our Public Sector[M]. London：Sage，1999.

4 俞可平. 国家治理评估——中国与世界[M]. 北京：中央编译出版社，2009.

治理理论为理解政府以及其他利益相关者在解决公共事务过程中的贡献提供了一个新的视角。除了政府之外的社会团体（包括社区和自愿组织等）的作用在治理理论中得以体现，这为公共行政领域的专家学者以及政府官员提供了一个解决社会问题的思考框架。

第三节　社会冲突理论

本节要点　本节梳理了社会冲突理论方面的基础理论，主要包括冲突管理理论和冲突治理理论。

虽然社会冲突既有消极或负面的影响，也有积极或正面的影响。但在很多情况下，人们更多关注的是其消极和负面影响，认为社会冲突破坏社会安定与秩序，并使管理或治理社会冲突日益成为研究社会运动的主题。

一、冲突管理理论

20 世纪 80 年代以后，冲突管理理论占据冲突理论的主流。有学者[1]认为客观存在的社会冲突不只给组织或群体带来负面影响，也可能带来正面影响，应“以冲突各方的相互依赖关系为基础，相互对立关系状况的转化或诊治为重点，寻找矛盾冲突的正面效应并制约其负面效应，调整彼此的对立统一关系”。冲突管理可以根据管理冲突所处的生命周期将其划分为广义与狭义的冲突管理概念。广义的冲突管理包括冲突预防、冲突避免、冲突遏制、冲突转化、冲突和解和冲突解决等一系列过程[2]；狭义的冲突管理（又称冲突管制或冲突调解）是在冲突暴发之后，对暴力冲突进行抑制和削弱的行动[3]。当前，主要的冲突管理理论分支包括冲突化解理论与冲突转化理论两种。前者主张通过多元主体平等协商或通过第三方从中调解来寻找“共赢”方案，以便从深层次上解决社会冲突[4]；后者认为，当代冲突需要重新解释立场和发现共赢的解决方案，特别要在建设和平的长期过程中发挥冲突各方人员、受到影响的社会相关人员、与人力物力相关的外在人员的补充作用，实现冲突主体、事项、结构、方式、情境这五个方面的全面转化，全面解构社会冲突[5]。20 世纪 90 年代以来，Azar（阿扎尔）等[6]、Kriesberg（克里斯伯格）[7]、Vayryne（瓦伊里宁）[8]等提出的冲突转化理论逐渐取代了冲突化解理论在处理社会冲突中的地位。然而，从本质来看，冲突化解与冲突转化理论都推崇多元主体参与解决或共同解决冲突，它们与治理理论本质相同。[9]

1 Nicotera A M. Conflict and Organization：Communicate[M]. New York：State University of New York Press，1995：63.

2 Swanstrim N. Regional Cooperation and Conflict Management：Lessons from the Pacific Rim[M]. Uppsala University，2002：31.

3 Lund M S. Early Warning and Preventive Diplomacy[M]. United States Institute of Peace Press，1996：386.

4 Lederach J R. Preparing for Peace：Conflict Transformation Across Cultures[M]. New York：Syracuse University Press，1995.

5 张晓燕. 冲突转化视角下的中国环境冲突治理[D]. 天津：南开大学，2014：21-190.

6 Azar E，Burton J W. International Conflict Resolution：Theory and Practice[M]. Boulder：Lynne Rienner and Wheatsheaf，1986.

7 Kriesberg L. Constructive conflicts：From Escalation to Resolution[M]. Lanham：Rowman and Littlefield，1998.

8 Vayryne R. New Directions in Conflict Theory：Conflict Resolution and Conflict Transformation[M]. London：Sage，1991：1-25.

9 Hood O C. A Public Management For all Seasons？[J]. Public Administration，1991，69（1）：3-19.

二、冲突治理理论

20 世纪 90 年代以来，冲突治理日益成为研究集体行动或者社会冲突的核心议题。正如前面所指出的，与封建社会的统治或者管制理念不同，“治理”理念及其理论强调政府或各种社会主体共同治理[1]。1995 年，全球治理委员会将治理的概念界定为：各种公共的或私人的个人和机构管理其共同事务的诸多方式的总和，是使相互冲突的或不同的利益得以调和并且采取联合行动的持续的过程[2]。弗雷德里克森梳理得到治理的四种概念：多元组织系统的管理、替代传统官僚制的松散系统、多元主义与超多元主义、为达成公共目的而作出的崇高而积极的贡献[3]。奥斯特罗姆针对公共池塘资源管理提出了自治理论，指出面对“公地悲剧”、外部性等公共池塘资源问题，由局内人自组织解决的方案更加具有优势，集中表现在拥有时间和空间的充分信息，具有准确估算公共池塘资源的负载能力，以及为促使合作规定适当的罚金等方面。继而，奥斯特罗姆提出了八条设计长期存续的公共池塘资源制度的原则：一是清晰界定边界；二是占用和供应规则与当地条件相一致；三是集体选择的安排；四是监督；五是分级制裁；六是冲突解决机制；七是对组织权的最低限度的认可；八是嵌套式企业。在奥斯特罗姆提出的八条制度设计原则中，我们可以看到她非常重视群体冲突的解决，即她特别主张占用者和他们的官员能够迅速通过成本低廉的地方公共论坛来解决占用者之间或占用者与官员之间的冲突。[4]然而，多元治理并不绝对排斥政府的力量，政府依旧是治理国家的重要的、合法的主体，这也是陈振明将治理研究的路径归纳为政府管理、公民社会、合作网络三种研究路径的根本原因。[5]此外，斯蒂芬·戈德史密斯等[6]提出了“网络化治理”概念及其理论。总之，冲突管理或治理理论是从管理学出发，旨在找出防控或解决社会冲突的方式、方法。

1 乔治·弗雷德里克森. 公共行政的精神[M]. 张成福，等译. 北京：中国人民大学出版社，2003.
2 俞可平. 治理与善治[M]. 北京：社会科学文献出版社，2000：4-5.
3 乔治·弗雷德里克森. 公共行政的精神[M]. 张成福，等译. 北京：中国人民大学出版社，2003：78-81.
4 埃莉诺·奥斯特罗姆. 公共事务的治理之道[M]. 余迅达，陈旭东，译. 上海：上海译文出版社，2012：11-110.
5 陈振明. 公共管理学——一种不同于传统行政学的研究途径[M]. 2 版. 北京：中国人民大学出版社，2003：81-91.
6 斯蒂芬·戈德史密斯，威廉·D. 埃格斯. 网络化治理——公共部门的新形态[M]. 孙迎春，译. 北京：北京大学出版社，2002：17-19.

第五章　群体冲突管理思想梳理

本章要点　本章介绍了儒家、道家、法家、墨家、兵家、纵横家等中国群体冲突理论学派及以美国实证主义路线和欧洲历史哲学传统路线为代表的西方群体冲突经典理论。

第一节　中国群体冲突管理思想梳理[1]

本节要点　本节依次梳理讨论了儒家、道家、法家、墨家、兵家、纵横家等群体冲突经典理论中的中国学派及其思想，并发展了中国冲突解决管理思想的权变框架。

本节将梳理讨论群体冲突经典理论中的中国学派及其思想。在春秋战国时期（公元前 770—前 221 年）的社会大变革中，出现了儒、墨、道、法等重要学派。这些学派围绕天人之际和古今之变，以及仁义礼法等问题展开了激烈的论辩。他们之间既相互斗争又相互吸取，而且每个学派内部也不断分化和发展，使这个时期的思想论辩呈现出“百家争鸣”的局面。按照学者杨立华的归纳，其中六家深刻地影响了中国群体冲突管理思想，即儒家、道家、法家、墨家、兵家和纵横家。[2]除了上述六个学派，佛教对中国群体冲突管理思想也有着重要影响，人们常将“儒释道”视为中国传统文化的三个支柱。毛泽东思想是 1949 年后中国最重要的意识形态，其全面深入地影响了中国现代生活的各方面。佛教、毛泽东思想和上述六个学派，被认为是中国冲突解决的八个经典学派。

一、儒家

儒家是以孔孟思想为根基，主张“仁义”旨趣和“以道为学”准则的学派。儒家学派的创始人是孔子，他的冲突解决思想包含三个方面：自律、制度安排和教育，其致力于建立一个和谐社会。孔子强调个人价值的获得要通过自律或自我约束，即“仁”和“义”。仁意味着“同情”“热心”或“爱别人”。当仲弓问“仁”的含义时，孔子说“己所不欲，勿施于人”[3]。这句格言被认为是实践“仁”的黄金规则，其中包含着为他人考虑[4]。“义”

---

1 本节以杨立华 *Chinese Schools of Wisdom on Conflict Resolution and Their Relevance to Contemporary Public Governance：A Contingent Framework*（Yang L H，2018）一文的框架和英文资料为蓝本整合其他资料翻译和整理而成。

2 Yang L H. Chinese Schools of Wisdom on Conflict Resolution and Their Relevance to Contemporary Public Governance：A Contingent Framework[J]. International Journal of Conflict and Violence（IJCV），2018，12（1）：631.

3 孔子. 论语・卫灵公篇[M]∥钱逊.论语浅解. 北京：北京古籍出版社，1988：246.

4 Fung Y. A Short History of Chinese Philosophy[M]. New York：Simon and Schuster，1948：48.

意味着“正直”或某种情形下的“义务”，其与“利”（利益）相对。孔子说“君子喻于义，小人喻于利”[1]。孔子认为一个守规矩的人应该学会自律，用爱和关心来对待臣民而不是根据法律，所谓“道之以政，齐之以刑，民免而无耻；道之以德，齐之以礼，有耻且格”[2]。

孔子对制度安排的分析始于他的关于“礼”的思想（礼仪或规矩）。儒家经典《礼记》指出：“分争辩讼，非礼不决”[3]。Yu 认为“礼”的范围包含从礼仪到规矩、典礼、体统和惯例[4]。大致来说，礼分为三个层次：①个体性的体统、惯例或规矩；②社会规范；③法令、法规和制度。孔子认为，“礼”和“仁”是不可分开的，但“礼”和“仁”之间的关系是有争议的。对于工具主义者而言，礼是实践“仁”思想的工具。因此，从根本上说，“仁”不可能独立于“礼”而存在[5]。正如孔子所问“人而不仁，如礼何？”[6]。然而，概念主义者认为“要做一个仁者，就要做一个普遍遵守‘礼’的人。事实上，‘礼’在中国孔子时代就已经存在了”[7]。Shun 的解释强调了两个方面的内容：一是强调“礼在塑造仁的伦理观念中所起的作用”，并且不同于概念主义者，他强调“在有充分理由的情况下，可以背离或修改‘礼’的现有规则”[8]；二是强调了“‘义’和‘礼’关系的概念”[9]。在制度设计上，孔子强调正名的重要性，即“师出有名”[10]。孔子认为，正名是统治一个国家的第一个先决条件。当齐景公问政于孔子时，孔子回答说：“君君，臣臣，父父，子子。”[11]

“中”“和”是孔子思想中防止冲突产生以及解决冲突的思想浓缩。“中”这一思想由来已久。《论语》记载着尧对舜说：“允执厥中。”孔子提出了“中庸”的概念：“中庸之为德也，其至矣乎！民鲜久矣。”[12]什么是中庸？《礼记》表述为“执其两端，用其中与民”。孔子认为过和不及都不符合中庸的要求。“子贡曰：‘师与商也孰贤？’子曰：‘师也过，商也不及。’曰：‘然则师愈与？’子曰：‘过犹不及。’”[13]这显示出孔子反对过于极端。在孔子看来，即使是对不仁之人也不能憎恨过甚，“人而不仁，疾之已甚，乱也”[14]。他提出“毋意、毋必、毋固、毋我”[15]，要人们思考和处理问题时不要过于极端。孔子还继承了西

---

1 孔子. 论语・里仁[M]//钱逊.论语浅解. 北京：北京古籍出版社，1988：76.

2 孔子. 论语・为政[M]//钱逊.论语浅解. 北京：北京古籍出版社，1988：34.

3 礼记・曲礼[M]. 曾亦，陈文嫣，注解. 北京：中国国际广播出版社，2011：72.

4 Yu J. Virtue：Confucius and Aristotle[J]. Philosophy East and West，1998：323-347.

5 Shun K. Jen and Li in the “Analects”[J]. Philosophy East and West，1993，43（3）：461.

6 Shun K. Jen and Li in the “Analects”[J]. Philosophy East and West，1993，43（3）：463.

7 Shun K. Jen and Li in the “Analects”[J]. Philosophy East and West，1993，43（3）：461.

8 Shun K. Jen and Li in the “Analects”[J]. Philosophy East and West，1993，43（3）：474.

9 同上。

10 Fung Y. A Short History of Chinese Philosophy[M]. New York：Simon and Schuster，1948：41.

11 孔子. 论语・颜渊[M]//钱逊.论语浅解. 北京：北京古籍出版社，1988：194.

12 孔子. 论语・雍也[M]//钱逊.论语浅解. 北京：北京古籍出版社，1988：109.

13 孔子. 论语・先进[M]//钱逊.论语浅解. 北京：北京古籍出版社，1988：177.

14 孔子. 论语・泰伯[M]//钱逊.论语浅解. 北京：北京古籍出版社，1988：137.

15 孔子. 论语・子罕[M]//钱逊.论语浅解. 北京：北京古籍出版社，1988：145.

周时期“和”的思想，提出“君子和而不同，小人同而不和”[1]。“和”不仅是道德范畴，也具有哲学意义。《礼记·中庸》将“中”和“和”进行了集中阐发——“喜、怒、哀、乐之未发，谓之中；发而皆中节，谓之和。中也者，天下之大本也；和也者，天下之达道也”。但“中”和“和”也必须“以礼节之”。孔子[2]说：“礼之用，和为贵。先王之道，斯为美。小大由之，有所不行。知和而和，不以礼节之，亦不可行也。”孔子[3]还说：“君子之于天下也，无适也，无莫也，义之与比。”其中的“知和而和”“以礼节之”“义之与比”都是主张用“义”“礼”来节制“中”“和”。一方面，孔子用中、和原则来协调仁、礼，使之和谐统一；另一方面又用礼、义来节制中、和，这显示出孔子的冲突解决思想有着辩证的思维方法。

用公平正义的制度来消除可能产生冲突的利益分配不均，是儒家冲突解决思想的重要部分。在儒家看来，利益的分配不均是冲突产生的现实根源。孔子[4]说：“丘也闻有国有家者，不患寡而患不均，不患贫而患不安。”孟子[5]说：“夫仁政必自经界始，经界不正，井地不均，谷禄不平；是故暴君污吏必慢其经界。经界既正，分田制禄，可坐而定也。”荀子[6]说：“农分田而耕，贾分货而贩，百工分事而劝，士大夫分职而听，建国诸侯之君分土而守，三公总方而议，则天子共己而已矣。出若入若，天下莫不平均，莫不治辨，是百王之所同也，而礼法之大分也。”荀子[7]说：“欲多而物寡，寡则必争矣。”董仲舒则谈到了公平正义的制度对于消除贫富极化所有可能引发的动荡问题的重要性。他说：“大富则骄，大贫则忧，忧则为盗，骄则为暴，此众人之情也。圣者则于众人之情，见乱之所从生。故其制人道而差上下也，使富者足以示贵而不至于骄，贫者足以养生而不至于忧。以此为度而调均之，是以财不匮而上下相安，故易治也。”[8]

在儒家冲突解决思想中，教育是实现冲突解决的重要手段和保障。孔子根据不同的典籍，特别是“六艺”——礼、乐、射、御、书、数，教授学生德行、言语、政事、文学等各方面的知识。他认为道德学习是最重要的。孔子的教育目标是培养举止优雅、说话得体、处事正直的君子。他希望他的门徒“成为对国家和社会有用的‘全面发展的人’”[9]。在冲突解决方面：第一，人们可以接受良好的教育，用好的品行来避免和解决冲突；第二，可以通过教育来改变或改善人们的行为和社会规范、规则和制度；第三，可以传授解决冲突的策略。

总而言之，从儒家思想看来，首先，如果人们能够互相尊重、爱护、帮助、理解和原谅对方，冲突就能自然而然地得到解决和控制。虽然在人性善恶的问题上，儒家内部有着

1 孔子. 论语・子路[M]//钱逊.论语浅解. 北京：北京古籍出版社，1988：215.
2 孔子. 论语・学而[M]//钱逊.论语浅解. 北京：北京古籍出版社，1988：29.
3 孔子. 论语・里仁[M]//钱逊.论语浅解. 北京：北京古籍出版社，1988：72-73.
4 孔子. 论语・季氏[M]//钱逊.论语浅解. 北京：北京古籍出版社，1988：258.
5 孟轲. 孟子・滕文公上[M]. 南京：凤凰出版社，2010：65.
6 荀况. 荀子・王霸[M]. 上海：上海古籍出版社，2014：134.
7 荀况. 荀子・富国[M]. 上海：上海古籍出版社，2014：106.
8 董仲舒. 春秋繁落・度制[M]. 周桂钿，译注. 北京：中华书局，2011：100.
9 Fung Y. A Short History of Chinese Philosophy[M]. New York：Simon and Schuster，1948：40.

不同的声音："孟子道性善，言必称尧舜"[1]，而荀子认为"人之性恶，其善者，伪也"[2]，但都主张"仁者爱人"。其次，要遵守一定的社会规范，制定适当的制度。违反"礼""中""和"和公平正义等规则的行为就会产生冲突。孔子关注的不仅是如何从技术上解决冲突，还包括如何传承或发展良好的社会规范和制度，以减少或解决冲突。再次，孔子强调教育对于实现这两个目标的重要性。最后，值得指出的是，除了强调非正式的社会规范和规则、教育和自我约束，孔子也提倡调解的方法，这通常被认为是中国解决冲突思想的一个重要特征。[3]

二、道家

老子是道家最重要的代表人物。他认为"反者道之动"[4,5]：当一件事达到极致，它就会衰退。所以，老子发展了矛盾的思想。老子解决冲突的主要方法有两种。

一是"道法自然"，即"人法地，地法天，天法道，道法自然"，要求按照自然方式和自然规则行事，不带有人为性和随意性，尤其要避免走极端，因为任何事物都有其固有的局限性。如果事物达到极限，那么它将反转。此外，人们应该站在它们的对立面来理解和解决问题：当你因为美好的事物而获得它的时候，你也应该意识到它也有它的坏处；当你想要得到一些东西的时候，你首先应该失去一些东西；如果你想取得成就，你应该从失败开始，等等。庄子[6]说："民湿寝则腰疾偏死，鳅然乎哉？木处则惴栗恂惧，猨猴然乎哉？三者孰知正处？民食刍豢，麋鹿食荐，蝍蛆甘带，鸱鸦耆鼠，四者孰知正味？猨猵狙以为雌，麋与鹿交，鳅与鱼游。毛嫱丽姬，人之所美也；鱼见之深入，鸟见之高飞，麋鹿见之决骤，四者孰知天下之正色哉？"这段话具有相对主义色彩，揭示了事物都有客观规律，如果违背了，会导致冲突的发生。道家认为遵守"道"才能避免冲突——"道生之，德畜之，物形之，势成之。是以万物莫不尊道而贵德"[7]。

二是"无为"。在道家看来，"有为"是导致冲突的根源。"五色令人目盲，五音令人耳聋，五味令人口爽"[8]，正是对利益和享乐的追求导致了冲突。老子教导人们应该把他们的活动限制在必要的和自然的范围内，一个人应该过尽可能简单的生活，超越善恶。人们失去了最初的自我，因为他们有太多的欲望和太多的知识。"民之难治，以其智多。故以智治国，国之贼；不以智治国，国之福。"[9] 因此，人们应该少用知识，避免使用智慧来解决冲突。老子赞同儒家认为国家的理想状态应该是由圣人领导的观点；然而，他不像儒家

1 孟轲. 孟子·滕文公上[M]. 南京：凤凰出版社，2010：61.
2 荀况. 荀子·性恶[M]. 上海：上海古籍出版社，2014：285.
3 Wall Jr J A，Blum M. Community Mediation in the People's Republic of China[J]. Journal of Conflict Resolution，1991，35（1）：3-20.
4 老子. 道德经·四十章[M]//黄元吉.道德经精义. 北京：中央编译出版社，2014：107.
5 Fung Y. A Short History of Chinese Philosophy[M]. New York：Simon and Schuster，1948：47.
6 庄子. 庄子·齐物论[M]//王世舜，注译. 济南：齐鲁书社，1998：107.
7 老子. 道德经·五十一章[M]//黄元吉.道德经精义. 北京：中央编译出版社，2014：135.
8 老子. 道德经·十二章[M]//黄元吉.道德经精义. 北京：中央编译出版社，2014：31.
9 老子. 道德经·六十五章[M]//黄元吉.道德经精义. 北京：中央编译出版社，2014：183.

那样认为圣人应该为他的人民做很多事情，老子认为圣人的责任是不做或根本不去做，“使有什伯之器而不用”[1]。因此，老子不看重圣人（或国家）帮助人们解决冲突的作用。在冲突解决的过程中，道家主张要以柔克刚：“夫唯不争，故天下莫能与之争”[2]，“天下莫柔弱于水，而攻坚强者莫之能胜，以其无以易之。弱之胜强，柔之胜刚，天下莫不知，莫能行”[3]，“人之生也柔弱，其死也坚强。草木之生也柔脆，其死也枯槁。故坚强者死之徒，柔弱者生之徒”[4]。此外，杨朱（道家另一位代表人物）的主要思想包括“为我”和“轻物重生”。他保护生命和避免受伤的方法是“逃避”[5]，这种方法也是避免或解决冲突的基本方法。最后，值得指出的是，冲突回避（包括杨朱的“逃避”和佛教徒所讨论的“避免冲突或对抗”）可以被视为一种既可以防止冲突发生，又可以防止冲突升级的方法[6]。同时，由于冲突始终是一个连续的过程，预防冲突的发生和升级，也可以看作是一种解决冲突的方法。

三、法家

不同于儒家认为人应该由礼和道德来统治，法家认为人应该由法律和惩罚来统治，在法律面前没有阶级区分，主张尚法明刑。例如，管仲[7]指出：“圣君任法而不任智，任数而不任说，任公而不任私，任大道而不任小物，然后身佚而天下治。”韩非子[8]说：“故先王以道为常，以法为本。”这些都是用法律来解决冲突。韩非子是法家最杰出的代表人物。他认为，“法”（法律或法规）、“术”（处理事务和为人的方法或艺术）和“势”（意为权力或权威）是政治和政府管理过程中不可缺少的因素。法家主张通过法、术、势的综合应用来树立管理者权威，防止冲突产生。例如，他[9]指出：“人主之大物，非法则术也。”还说[10]：“君无术，则弊于上；臣无法，则乱于下。此不可一无，皆帝王之具也。”“抱法处势则治，背法去势则乱。”[11] 韩非子[12]认为对于民众的管理和冲突的防治要“必轨于法”。并言道：“一民之轨，莫如法。厉官威名，退淫殆，止诈伪，莫如刑。刑重，则不敢以贵易贱；法审，则上尊而不侵。”[13]“言无二贵，法无两适，故言行而不轨于法令者必禁。”[14]

对于法学家来说，解决冲突的第一步就是建立法律：他们坚持冲突应该用正式的规则

1 Fung Y. A Short History of Chinese Philosophy[M]. New York：Simon and Schuster，1948：101.
2 老子. 道德经·二十二章[M]//黄元吉.道德经精义. 北京：中央编译出版社，2014：59.
3 老子. 道德经·七十八章[M]//黄元吉.道德经精义. 北京：中央编译出版社，2014：213.
4 老子. 道德经·七十六章[M]//黄元吉.道德经精义. 北京：中央编译出版社，2014：209.
5 Fung Y. A Short History of Chinese Philosophy[M]. New York：Simon and Schuster，1948：65.
6 Rubin J Z，Pruitt D G，Kim S H. Social Conflict：Escalation，Stalemate，and Settlement[M]. Boston：Mcgraw-Hill Book Company，2004.
7 管仲. 管子·任法[M]. 姚晓娟，汪银峰，注译. 郑州：中州古籍出版社，2010：232.
8 韩非. 韩非子·饰邪[M]. 赵沛，注说. 开封：河南大学出版社，2008：65.
9 韩非. 韩非子·难三[M]. 赵沛，注说. 开封：河南大学出版社，2008：391.
10 韩非. 韩非子·定法[M]. 赵沛，注说. 开封：河南大学出版社，2008：409.
11 韩非. 韩非子·难势[M]. 赵沛，注说. 开封：河南大学出版社，2008：402.
12 韩非. 韩非子·五蠹[M]. 赵沛，注说. 开封：河南大学出版社，2008：391.
13 韩非. 韩非子·有度[M]. 赵沛，注说. 开封：河南大学出版社，2008：99.
14 韩非. 韩非子·问辩[M]. 赵沛，注说. 开封：河南大学出版社，2008：405.

来解决，而不是用儒家提出的非正式的规则。如果法律被颁布，人们将知道他们应该做什么和不做什么。然后，统治者可以使用他的权力或权威通过奖励和惩罚来规范人们的行为，这是“二柄”。韩非子认为，统治者不需要像儒家宣扬的那样需具备特殊的能力或伟大的美德来树立良好的个人榜样，甚至不需要通过个人的影响来统治。统治者可以运用他的权力、权威或“术”，特别是通过选贤任能来帮助他做一切事情。例如，他说：“术者，因任而授官，循名而责实，操杀生之柄，课群臣之能者也。”[1]因此，法家和道家一样，认为统治者应该以极大的美德允许他人为他做任何事，而不是自己做任何事，也就是说，他应该遵循不作为的路线[2]。

四、墨家

墨家的政治思想和儒家一起在当时被并称为显学。例如，韩非子曾说：“世之显学，儒、墨也。儒之所至，孔丘也。墨之所至，墨翟也。”[3]墨家是一个具备军事行动力和纪律严明的组织。墨子最重要的思想是“博爱”，对于墨子来说，“仁”和“义”意味着包容一切的爱。如果我们平等地、没有歧视地爱每一个人，怎么可能产生冲突而得不到解决呢？反言之，冲突的一个重要原因是“不相爱”。墨子论述道：“圣人以治天下为事者也，不可不察乱之所自起。当察乱何自起？起不相爱。臣子之不孝君父，所谓乱也。子自爱，不爱父，故亏父而自利；弟自爱，不爱兄，故亏兄而自利；臣自爱，不爱君，故亏君而自利；此所谓乱也。虽父之不慈子，兄之不慈弟，君之不慈臣，此亦天下之所谓乱也。父自爱也，不爱子，故亏子而自利；兄自爱也，不爱弟，故亏弟而自利；君自爱也，不爱臣，故亏臣而自利。是何也？皆起不相爱。虽至天下之为盗贼者，亦然，盗爱其室，不爱异室，故窃异室以利其室；贼爱其身，不爱人身，故贼人以利其身。此何也？皆起不相爱。虽至大夫之相乱家，诸侯之相攻国者亦然。大夫各爱其家，不爱异家，故乱异家以利其家；诸侯各爱其国，不爱异国，故攻异国以利其国。天下之乱物，具此而已矣。察此何自起？皆起不相爱。”[4]此外，规则的缺失也被墨家视为冲突产生的重要原因。例如，墨子说道：“古者民始生，未有刑政之时，盖其语，人异义。其人滋众，其所谓义者亦滋众。是以人是其义，以非人之义，故交相非也。是以内者父子兄弟作，离散不能相和合；天下之百姓，皆以水火毒药相亏害。至有余力，不能以相劳；腐朽余财，不以相分；隐匿良道，不以相教。天下之乱，若禽兽然。”[5]

在墨子看来，“博爱”不仅是解决个人之间冲突的重要方法，也是解决国家与其他实体之间冲突的重要方法。例如，他说：“若使天下兼相爱，爱人若爱其身，犹有不孝者乎？视父兄与君若其身，恶施不孝？犹有不慈者乎？视弟子与臣若其身，恶施不慈？故不孝不慈亡有。犹有盗贼乎？故视人之室若其室，谁窃？视人身若其身，谁贼？故盗贼亡有。犹

---

1 韩非. 韩非子·定法[M]. 赵沛，注说. 开封：河南大学出版社，2008：409.

2 Fung Y. A Short History of Chinese Philosophy[M]. New York：Simon and Schuster，1948：162.

3 韩非. 韩非子·显学[M]. 赵沛，注说. 开封：河南大学出版社，2008：462.

4 墨翟. 墨子·兼爱上[M]. 苏凤捷，程梅花，注说. 开封：河南大学出版社，2008：146.

5 墨翟. 墨子·尚同上[M]. 苏凤捷，程梅花，注说. 开封：河南大学出版社，2008：129.

有大夫之相乱家，诸侯之相攻国者乎？视人家若其家，谁乱？视人国若其国，谁攻？故大夫之相乱家，诸侯之相攻国者亡有。若使天下兼相爱，国与国不相攻，家与家不相乱，盗贼亡有，君臣父子皆能孝慈，若此则天下治。”[1]而且，冲突是可以被“兼相爱、交相利”的原则化解的。例如，墨子说：“既以非之，以兼相爱、交相利之法易也”[2]，“欲天下之治而恶其乱，当兼相爱，交相利，此圣王之法，天下之治道也，不可不务为也”[3]。为了鼓励人们实践博爱的原则，墨子还发展了宗教和政治制裁，这是另外两种解决冲突的方法。然而，墨子相信灵魂的存在并不意味着他对超自然的事物有任何兴趣；他唯一的目的是为他的“博爱”思想引入一种宗教认可。他认为消解冲突的重要一点在于解决民众的温饱问题，防止因为“饥者不得食，寒者不得衣，劳者不得息”[4]而引起冲突。“凡五谷者，民之所仰也，君之所以为养也。故民无仰，则君无养；民无食，则不可事。故食不可不务也，地不可不立也，用不可不节也。五谷尽收，则五味尽御于主；不尽收，则不尽御。一谷不收谓之馑，二谷不收谓之旱，三谷不收谓之凶，四谷不收谓之馈，五谷不收谓之饥。岁馑，则仕者大夫以下皆损禄五分之一；旱，则损五分之二；凶，则损五分之三；馈，则损五分之四；饥，则尽无禄，禀食而已矣。故凶饥存乎国，人君彻鼎食五分之三，大夫彻县，士不入学，君朝之衣不革制，诸侯之客，四邻之使，雍食而不盛；彻骖騑，涂不芸，马不食粟，婢妾不衣帛，此告不足之至也。”民众的温饱问题解决了，就会减少因抱怨和争夺而引起冲突的可能。在墨子看来，统治者的权威来源于人民的意志和神的意志，统治者的主要任务是通过奖励博爱的人以及惩罚不博爱的人，来监督人们的活动[5]；统治者要通过充分地考察民情来治理冲突。例如，他说：“然计国家百姓之所以治者，何也？上之为政，得下之情则治，不得下之情则乱。”[6]

五、兵家

兵家的理论探讨如何管理和赢得冲突。兵家的代表人物是孙武，他的《孙子兵法》有13篇，讨论了解决冲突的13个问题。第一篇《计篇》界定了冲突的5个关键要素（“一曰道，二曰天，三曰地，四曰将，五曰法”[7]）和竞争实力的评价。第二篇《作战篇》介绍了冲突的资源和经济性质，包括限制竞争和冲突的成本。书中指出：“善用兵者，役不再籍，粮不三载；取用于国，因粮于敌，故军食可足也。国之贫于师者远输，远输则百姓贫。近于师者贵卖，贵卖则百姓财竭，财竭则急于丘役。力屈、财殚，中原内虚于家。百姓之费，十去其七；公家之费，破车罢马，甲胄矢弩。戟楯蔽橹，丘牛大车，十去其六。”[8]第三篇

1 墨翟．墨子·兼爱上[M]．苏凤捷，程梅花，注说．开封：河南大学出版社，2008：147.
2 墨翟．墨子·兼爱中[M]．苏凤捷，程梅花，注说．开封：河南大学出版社，2008：150.
3 墨翟．墨子·兼爱中[M]．苏凤捷，程梅花，注说．开封：河南大学出版社，2008：154.
4 墨翟．墨子·非乐上[M]．苏凤捷，程梅花，注说．开封：河南大学出版社，2008：230.
5 Fung Y. A Short History of Chinese Philosophy[M]. New York：Simon and Schuster，1948：58.
6 墨翟．墨子·尚同下[M]．苏凤捷，程梅花，注说．开封：河南大学出版社，2008：140.
7 孙武．孙子兵法[M]．陈曦，译注．北京：中华书局，2017：4.
8 孙武．孙子兵法[M]．陈曦，译注．北京：中华书局，2017：27.

《谋攻篇》关注了竞争战略，主张“故上兵伐谋，其次伐交，其次伐兵，其下攻城”[1]。第四篇《形篇》阐述了维护现有立场和认识机会的重要性。书中指出：“是故胜兵先胜而后求战，败兵先战而后求胜。善用兵者，修道而保法，故能为胜败之政。”[2]第五篇《势篇》讲了创造性和时效性的运用。书中说道：“凡战者，以正合，以奇胜。故善出奇者，无穷如天地，不竭如江海。终而复始，日月是也。死而更生，四时是也。声不过五，五声之变，不可胜听也；色不过五，五色之变，不可胜观也；味不过五，五味之变，不可胜尝也；战势不过奇正，奇正之变，不可胜穷也。奇正相生，如循环之无端，孰能穷之哉！”[3]第六篇《虚实篇》分析了冲突双方的弱点和长处，主张以己之长攻彼之短。书中指出：“夫兵形象水，水之形，避高而趋下，兵之形，避实而击虚。水因地而制流，兵因敌而制胜。故兵无常势，水无常形，能因敌变化而取胜者，谓之神。”[4]第七篇《军争篇》讲述了用兵之道。书中指出：“高陵勿向，背丘勿逆，佯北勿从，锐卒勿攻，饵兵勿食，归师勿遏，围师遗阙，穷寇勿迫，此用兵之法也。”[5]第八篇《九变篇》探讨了灵活性和适应性问题，主张通过“圮地无舍，衢地交合，绝地无留，围地则谋，死地则战，途有所不由，军有所不击，城有所不攻，地有所不争，君命有所不受”[6]等策略灵活地开展斗争。第九篇《行军篇》论述了不同竞争的斗争策略，认为文武的结合将有助于取得胜利，“故令之以文，齐之以武，是谓必取”[7]。第十篇《地形篇》分析了所处位置的类型及失败原因，阐述了地形对于作战的重要性。指出：“夫地形者，兵之助也。料敌制胜，计险厄远近，上将之道也。知此而用战者必胜，不知此而用战者必败。”[8]第十一篇《九地篇》阐明了九种常见的竞争条件及其进攻策略。书中指出：“是故散地则无战，轻地则无止，争地则无攻，交地则无绝，衢地则合交，重地则掠，圮地则行，围地则谋，死地则战。”[9]第十二篇《火攻篇》讲了如何使用武器和将环境作为武器使用，并认为虽然火是进攻武器，但管理者不能因为发火而引发冲突。书中指出：“主不可以怒而兴师，将不可以愠而致战；合于利而动，不合于利而止。怒可以复喜，愠可以复悦；亡国不可以复存，死者不可以复生。”[10]第十三篇《用间篇》讲述了信息收集，认为通过聪明的人来收集信息有助于赢得冲突的胜利。书中指出：“故惟明君贤将，能以上智为间者，必成大功。”[11]《孙子兵法》被广泛应用于军事以外的领域，如商业、国际关系和体育竞技，教导人们如何在不卷入严重冲突的情况下解决冲突。其他兵家学者的著作，如《吴子》《六韬》《孙膑兵法》《三略》也有类似的影响。《三十六计》

1 孙武. 孙子兵法[M]. 陈曦，译注. 北京：中华书局，2017：43.
2 孙武. 孙子兵法[M]. 陈曦，译注. 北京：中华书局，2017：65.
3 孙武. 孙子兵法[M]. 陈曦，译注. 北京：中华书局，2017：80.
4 孙武. 孙子兵法[M]. 陈曦，译注. 北京：中华书局，2017：114.
5 孙武. 孙子兵法[M]. 陈曦，译注. 北京：中华书局，2017：136.
6 孙武. 孙子兵法[M]. 陈曦，译注. 北京：中华书局，2017：143.
7 孙武. 孙子兵法[M]. 陈曦，译注. 北京：中华书局，2017：173.
8 孙武. 孙子兵法[M]. 陈曦，译注. 北京：中华书局，2017：187.
9 孙武. 孙子兵法[M]. 陈曦，译注. 北京：中华书局，2017：195.
10 孙武. 孙子兵法[M]. 陈曦，译注. 北京：中华书局，2017：231.
11 孙武. 孙子兵法[M]. 陈曦，译注. 北京：中华书局，2017：237.

中所述的三十六计，也被认为是中国古代解决冲突的策略集。[1-5]

六、纵横家

纵横家的代表人物是苏秦和张仪，两人都是著名的外交家。他们解决政治冲突的主要策略是运用知识和才智进行游说和谈判以结成或拆散联盟。纵横家也注重策略的灵活性，这些思想可以在《鬼谷子》和《战国策》两本经典著作中找到。《鬼谷子》以“捭阖”为首篇。所谓捭阖，是由阴阳派生出来的概念，开门为捭，关门为阖。纵横家认为，天下万物，包括冲突，都逃不出这种两两相对，“故圣人之在天下也，自古及今，其道一也。变化无穷，各有所归，或阴或阳，或柔或刚，或开或闭，或弛或张。是故圣人一守司其门户，审察其所先后，度权量能，校其伎巧短长”[6]；“捭阖者，天地之道。捭阖者，以变动阴阳，四时开闭，以化万物；纵横反出，反覆反忤，必由此矣”[7]；以捭而言，“捭之者，开也、言也、阳也”[8]；以阖而言，“阖之者，闭也、默也、阴也”[9]。在抽象层次上，认为“阴阳其和，终始其义”[10]，认为两者相对是始终存在的。纵横家把这种抽象思辨应用到具体事务上，《鬼谷子》[11] 以例证方式向人们列举道：“故言长生、安乐、富贵、尊荣、显名、爱好、财利、得意、喜欲，为‘阳’，曰‘始’。故言死亡、忧患、贫贱、苦辱、弃损、亡利、失意、有害、刑戮、诛罚，为‘阴’，曰‘终’。”纵横家将纵横“捭阖”的思想应用在社会活动，包括冲突解决之中；纵横策士们则希望通过“变动阴阳”的策略，来达到在冲突中“柔弱胜刚强”的目的。《战国策》生动地记录了历代政治谋士的言行，同时主张对冲突的解决应做到防患于未然。例如，书中指出：“臣闻‘治之其未乱，为之其未有’也。患至而后则忧之，则无及已。”[12]这些战略目前被广泛应用于解决商业、国际关系等领域的冲突。

七、佛教

佛教在东汉（公元 25—220 年）传入中国，对中华文明产生了深远的影响。例如，佛教“缘”的观念对中国冲突的解决产生了重要影响[13]。缘起论是佛教哲学的基础以及中国

1 Chen G M，Starosta W J. Chinese Conflict Management and Resolution：Overview and Implications[J]. Intercultural Communication Studies，1997（7）：1-16.

2 乔健. 建立中国人计策行为模式刍议[M]//杨国枢. 中国人的心理. 台北：桂冠出版公司，1988：431-446.

3 Chiao C. Chinese Strategic Behavior：Some General Principles[C]//Conference on Content of Culture，Claremont，California. 1981.

4 Chu C N. Asian Mind Game[M]. New York：Simon and Schuster，1991.

5 Von Senger H. The Book of Stratagems：Tactics for Triumph and Survival[M].New York：Penguin Books，1993.

6 鬼谷子. 鬼谷子 • 捭阖篇[M]. 长春：吉林大学出版社，2011：2.

7 鬼谷子. 鬼谷子 • 捭阖篇[M]. 长春：吉林大学出版社，2011：4.

8 鬼谷子. 鬼谷子 • 捭阖篇[M]. 长春：吉林大学出版社，2011：5.

9 同上。

10 同上。

11 同上。

12 战国策 • 楚策一[M] // 朱本军.政治游说：战国策（译读二）. 北京：北京师范大学出版社，2015：28.

13 Chang H C. The Concept of Yuan and Chinese Conflict Resolution[J]. Chinese Conflict Management and Resolution，2002：19-38.

佛教和平理念的重要依据，它认为万物没有自性，皆是由各种因缘和合而成。佛教将缘起思想表述为“若因、若缘而生识者，彼因、彼缘皆悉无常”[1]，具体展现为环环相扣的十二因缘缘起。十二因缘即无明、行、识、名色、六、触、受、爱、取、有、生缘、老死，它阐释了万物的出现及其生死流转的过程，揭示了宇宙万物之间的相互关联性、相互依存以及普遍联系性。

中国佛教对于冲突解决的最重要方法是“避免冲突”或“避免对抗”。避免冲突通常用儒家的和谐观念来解释[2,3]。Leung 等则认为，在儒家学者看来，和谐体现的是分歧和公开辩论，因此，作为冲突回避的和谐并不是古典儒学的突出特征。Leung 等也认为冲突回避与文化集体主义相关，主要受工具动机驱动。[4]虽然这一论断可能是正确的，但文化集体主义本身也深受中国佛教的影响；因此，佛教经常受到许多统治者的青睐。佛教认为，世间一切事物的产生、存在与消亡，都是因缘聚散合离的过程。宇宙万法，从时间上生灭相续、前后相继，处于无始以来的因果序列；从空间上彼此相即相待、相依相成，居于重重无尽的联系整体。“诸法有异故，知皆是无性，无性法亦无，一切法空故。”[5]缘起性空，决定了万法平等的本质。佛教认为，一切生命都是平等的，都能够功德圆满地取得无上菩提。正基于此，佛教认为冲突的解决可以通过以下两种观念来解决：①“同体大悲”“自利利他”的慈悲观，反对任何形式的伤害、压迫、虐待与杀戮；②“自他不二”“依正不二”的圆融观，反对以自我为中心而无视他人利益乃至性命的错误行为。佛教致力于建立无冲突的人际、族群、国际关系，乃至和谐的生态环境。[6]佛教提供了哲学思想来支持“克制”和“忍耐”的实践：为了避免冲突，人们应该学会控制和压抑自己的情绪、欲望和心理冲动，放弃自己的利益和个人目标。

八、毛泽东思想

毛泽东关于冲突的想法在他的矛盾思想中有所体现。“矛盾”这个词是中国两种武器的组合：矛和盾。矛盾的原意是“相互对立”或“逻辑上不相容”，其字面意思与英语术语 contradiction 相似[7]。在毛泽东看来，“没有任何东西不包含矛盾；没有矛盾，什么也不可能存在。否认矛盾就是否认一切”[8]。因此，矛盾不一定是消极的；它可以是破坏性的，

1 杂阿含经（五十卷・上）[M]. 宗文，点校. 北京：宗教文化出版社，2011：66.

2 Chen G M，Chung J. The Impact of Confucianism on Organizational Communication[J]. Communication Quarterly，1994，42（2）：93-105.

3 Chen M，Pan W. Understanding the Process of Doing Business in China，Taiwan and Hong Kong：A Guide for International Executives[M]. Lewistown，New York：Edward Mellen，1993.

4 Leung K，Koch P T，Lu L. A Dualistic Model of Harmony and Its Implications for Conflict Management in Asia[J]. Asia Pacific Journal of Management，2002，19（2-3）：201-220.

5 中论卷三・十八[M]//吉藏，疏. 中论、百论、十二门论. 上海：上海古籍出版社，1994：34.

6 佛教是维系世界和平的重要纽带[J]. 法音，2018（10）：1.

7 Yu X. The Chinese Native Perspective on Mao-dun（conflict）and Mao-dun Resolution Strategies：A Qualitative Investigation[J]. Intercultural Communication Studies，1998，7：63-82.

8 毛泽东选集（第一卷）[M]. 北京：人民出版社，1991：316.

也可以是建设性的[1]。在毛泽东著名的哲学著作《矛盾论》中，他在三个不同但相关的文本中使用了“矛盾”一词[2]。首先，在自然语境中，毛泽东认为“和形而上学的宇宙观相反，唯物辩证法的宇宙观主张从事物的内部、从一事物对他事物的关系去研究事物的发展，即把事物的发展看作是事物内部的必然的自己的运动，而每一事物的运动都和它的周围其他事物互相联系着和互相影响着。事物发展的根本原因，不是在事物的外部而是在事物的内部，在于事物内部的矛盾性。”[3]其次，在社会背景中，矛盾会引发革命，“当马克思、恩格斯把这事物矛盾的法则应用到社会历史过程的研究的时候，他们看出生产力和生产关系之间的矛盾，看出剥削阶级和被剥削阶级之间的矛盾以及由这些矛盾所产生的经济基础和政治及思想等上层建筑之间的矛盾，而这些矛盾如何不可避免地会在各种不同的阶级社会中，引出各种不同的社会革命”[4]。最后，在个人或认知语境中，“事物矛盾的法则，即对立统一的法则，是自然和社会的根本法则，因而也是思维的根本法则”[5]，也就是说，矛盾是一种重要的思维方式[6]。

如何解决这一冲突？毛泽东在《关于正确处理人民内部矛盾的问题》一文中，把社会矛盾分为两类：敌我矛盾和人民内部矛盾。敌我之间的矛盾是对立的；人民内部的矛盾在人民内部，是非对立的。剥削阶级和被剥削阶级之间的矛盾既有非对立的一面，也有对立的一面。要用专政和斗争的方法，解决敌我之间的矛盾问题；但是，人民内部的矛盾问题，应该用民主的方法来解决，即说服和教育的方法，可以概括为“团结—批评—团结”的方法。总而言之，毛泽东认为解决矛盾的方法是斗争、专政、说服和教育（民主方法）。然而，对他来说，冲突的解决并不意味着没有冲突；相反，旧冲突的结束意味着新冲突的开始。

九、中国冲突解决管理思想的权变框架

中国各学派都提出了解决冲突的方法。从价值取向看，儒家主张和谐，道家倾向无为，墨家倡导兼爱，法家则讲法制，兵家讲究战法，纵横家看重谋略，佛家趋于避世，毛泽东思想追求唯物辩证。

中国传统的冲突解决管理思想将社会稳定作为追求目标，主张修身、齐家、治国、平天下，认为人与人之间较之人与物或物与物之间更容易暴发冲突。因此，中国的冲突解决思想将重点放在对“人”的管理上，发展出了一系列协调人际关系的理论，诞生了众多避免人与人之间发生冲突的学派。为了求得人与人之间关系的稳定，中国传统文化，特别是儒家文化提出了整套的规则，主张人与人之间要有“序”，君臣之间、父子之间、夫妻之

1 Yu X. The Chinese Native Perspective on Mao-dun（Conflict）and Mao-dun Resolution Strategies：A Qualitative Investigation[J]. Intercultural Communication Studies，1998，7：63-82.

2 同 1。

3 毛泽东选集（第一卷）[M]. 北京：人民出版社，1991：301.

4 毛泽东选集（第一卷）[M]. 北京：人民出版社，1991：317-318.

5 毛泽东选集（第一卷）[M]. 北京：人民出版社，1991：336.

6 同 1。

间、兄弟之间、朋友之间、上下左右之间、内外之间，都要有“序”。这种序将人限定在特定的社会层级中，使之做事遵守章法而不引发冲突。当然这种“重义轻利”或许会消除因物资匮乏、分配不均所带来的争斗，但这需要“君子无所争”理念的持续宣扬与深入，因为没有物质回报的思想说教很难维系。自私是人性的一方面，当道德说教无法抑制因私利争斗而引发的冲突时，中国传统文化中的“退而独善其身”、佛教的“与世无争”等退避策略便被有些人所采用。近代，无数仁人志士主张改变中国传统文化中的冲突管理思想，例如陈独秀、胡适、鲁迅等痛恨中国传统文化的迂腐之处，意图唤醒国人，尽管他们所主张的改变策略并不一致。在众多改革者中，毛泽东对中国传统文化进行了系统的整理和批判，做到了古为今用、推陈出新，既弘扬了中国的传统文化，又辩证唯物地消除了传统文化中对于现代化进程的消极成分。他结合马列思想和中国传统文化，用“矛盾”的说法和理念系统完整地阐释了冲突解决思想，是中国冲突解决管理思想的集大成者。

中国冲突解决管理思想不但对于中国的冲突解决具有重要的影响，而且对世界和平及治理具有积极的借鉴意义，非常值得我们去挖掘和借鉴。根据在冲突解决中选择暴力较之和平的倾向和关心自我较之关心他人，甚至不关心程度的对比，杨立华发现八个冲突解决学派可按照以下顺序排列：兵家、毛泽东、法家、纵横家、儒家、墨家、道家和佛教（图 5-1-1）[1]。

[1] 兵家
战争与争斗　使用战争策略
[2] 毛泽东
斗争　专制　说服和教育（民主的方法）
[3] 法家
权力或权威　通过法律和惩罚　处理事情和管理人的技巧
[4] 纵横家
形成或拆解联盟　游说和谈判
[5] 儒家
制度设计和安排　调解　教育　自我约束和尊重他人
[6] 墨家
宗教和政治惩罚　博爱
[7] 道家
道法自然　无为　逃避
[8] 佛家
避免冲突或对抗　宽容教育
暴力————————————————————和平
关心自己——————————关心他人——————————不关心
解决冲突————————————————————避免冲突

图 5-1-1　八个学派冲突解决方法谱系

1 Yang L H. Chinese Schools of Wisdom on Conflict Resolution and Their Relevance to Contemporary Public Governance：A Contingent Framework[J]. International Journal of Conflict and Violence（IJCV），2018，12（1）：631.

对于中国人来说，这八个学派提出的解决方法形成了一套可能的策略。根据毛泽东思想和中国哲学，应该具体问题具体分析。对于具体的冲突，应该选择具体而科学的解决方法[1]。这种方法赋予了中国选择冲突解决方法的框架，可以称为中国冲突解决范式的权变框架。

第二节 西方群体冲突经典理论

本节要点 本节从古代西方思想以及美国实证主义路线和欧洲历史哲学传统路线两个传统的维度梳理了西方群体冲突理论。

本节将从古代和现代两个阶段，对西方有关群体冲突的一些研究进行简单梳理，以为后面的研究提供较为详细的对话基础。

一、古代西方思想史有关群体冲突的理论

在荷马史诗中，按照早期希腊的政治传统，凡是公民社会上出现的重大争议，总是要由部族的长老出面，充当诉讼的最终裁决者[2]。古希腊思想家苏格拉底则从理性主义出发，提出正义就是平等地分配而不过分，以及正义即守法等观点。[3]这些观点虽然不是直接讨论群体冲突的问题，但也和群体冲突问题的讨论相关。柏拉图[4]则认为发生群体冲突的原因在于私有财产和家庭观念，主张取消私有财产，实行共产和公妻制度，并建立合理的社会等级结构（第一等级是哲学家、第二等级是武士、第三等级是农人和工匠），从而实现构建一个正义和谐的社会。而亚里士多德[5]则认为“世间最大的罪恶不是起因于饥寒而是产生于放肆”。预防罪恶最有效的办法就是培养人们的美德，即“善德就在于行中庸”，只要人人都能行中庸之道，那么社会就会和平安定。古希腊思想家毕达哥拉斯则认为混乱无序是万恶之手，因此要严守父辈的习俗和法律[6]，如此自然也就可以减少社会群体冲突。此外，古希腊雅典执政官伯利克里在《在阵亡将士葬礼上的演说》中提出解决私人争执的时候，每个人在法律上是平等的[7]。古希腊七贤之一梭伦则强调良善政体的重要性。例如，他指出：“良善政体将化解冲突、恪守中道、温良俭让，遏制无序状态的暴发。善政将明辨曲直，从谏如流，避免分化，终结无休的争端。有序、智慧的善政是万世之本。”[8]

---

1 Mao，Z D. On the Correct Handling of Contradictions among the People[N]. People's Daily，1957-06-19.

2 荷马. 荷马史诗：伊利亚特 • 奥德赛[M]. 陈中梅，译. 上海：上海译文出版社，2016.

3 柏拉图. 柏拉图全集[M]. 王小朝，译. 北京：人民出版社，2002：341.

4 柏拉图. 理想国[M]. 刘申丽，译，北京：台海出版社，2016.

5 亚里士多德. 政治学[M]. 陈虹秀，译，北京：台海出版社，2016：170-173.

6 王乐理. 西方政治思想史[M]. 天津：天津大学出版社，2005：77.

7 修昔底德. 伯罗奔尼撒战争史[M]. 北京：商务印书馆，1960：130.

8 Gagarin Michael，Paul Woodruff. Early Greek Political Thought from Homer to the Sophists[M]. Cambridge University Press，1995：25-26.

又如，在古罗马时期，思想家卢克莱修[1]认为："一切都陷入彻底的混乱，而每个人都为他自己寻求统治权和至尊的位置，之后，他们中间有一些就教人们去设立官吏职司，制定法典，使大家同意遵守法规。因为人类已经十分厌倦于过那种暴力的生活，已苦于彼此斯杀，因此人们就更容易自愿服从法律和最严格的典规。"西塞罗[2]则认为国家是人民的事务，人民不是偶然汇集一处的人群，而是为数众多的人们依据公认的法律和共同的利益聚合起来的共同体。而且，他提出了融合王政、贵族制、民主制等国家体制的第四种国家体制——混合政体，以从国家建制的层面避免和防止社会冲突。

再后来，在文艺复兴时期及以后，意大利思想家但丁[3]认为，避免战争、维持和平的最好办法是建立一个统一的君主国家，即世界帝国。他认为，只有在这样的世界帝国里，才能解决世上所有国家之间的纷争，实现和平与正义的统治，充分发挥人的智能，使其过上幸福的生活。尼科洛·马基雅维利[4]则从人性恶的角度出发，强调了君主在解决冲突纠纷问题中的重要性。但他同时提出："一个君主在困难的时候常常需要他人的援助，人民是君主最后的基石，君主必须与人民保持友谊。"霍布斯[5]则认为"自然状态的人类，处于一切人反对一切人的战争状态"，因此必须通过建立具有绝对主权的国家利维坦来避免人与人之间的相互战争和冲突的状态。相反地，密尔[6]则坚持个人自由至上的自由主义基本原则，阐述了社会所能合法施用于个人的权力的性质和限度。他不仅认为国家权利必须受到严格限制，而且特别强调社会对个人的干预也同样应该受到约束，并提出了代议制政府的理论和主张。同样地，卢梭[7]认为人类不平等和冲突的起源和基础是私有制的出现，并由于法律使得这一切根深蒂固。从财产与社会地位的极度不平等中，以及多种多样的欲望和才能，无用甚至有害的艺术以及毫无价值的科学中，诞生了无数的偏见。而这些偏见都是与理性、幸福和道德背道而驰的。洛克[8]则从自然状态出发，批判封建集权制度，强调私有财产的不可侵犯、契约国家、分权法治等思想，并认为人民有权推翻暴政，即当统治者的非法行为使大多数人受伤害，或少数人受危害和压迫，则人民有权反抗。所有这些，也都或直接或间接地与群体冲突问题的研究相关。

二、现代西方群体冲突经典理论

尽管西方有关群体冲突的研究由来已久，特别是 20 世纪 80 年代的研究更是渐趋系

1 卢克莱修. 物性论[M]. 方书春，译，北京：商务印书馆，2011：322.
2 西塞罗. 论共和国、论法律[M]. 王焕生，译，北京：中国政法大学出版社，1997：36-60.
3 但丁. 论世界帝国[M]. 朱虹，译，北京：商务印书馆，2007：1-24.
4 尼科洛·马基雅维利. 君主论[M].潘汉，译，北京：商务印书馆，1985：46-50.
5 霍布斯. 利维坦[M]. 刘胜军，等译，北京：中国社会科学出版社，2007.
6 密尔. 代议制政府[M]. 汪瑄，译，北京：商务印书馆，2016.
7 卢梭. 论人类不平等的起源和基础[M]. 高修娟，译，南京：译林出版社，2015.
8 洛克. 政府论（下篇）[M]. 叶启芳，翟菊农，译，北京：商务印书馆，2016.

统和丰富[1]，但这些研究从整体上仍可划分为美国实证主义路线和欧洲历史哲学传统路线两种类型。

（一）美国群体冲突经典理论

当前美国群体冲突理论研究直接渊源于美国社会学家帕克创建的集体行为研究，而帕克的集体行为研究又渊源于法国社会心理学家勒庞的关于聚众的研究。按照这个时间节点来算，美国传统的群体冲突理论大致经历了四个阶段：①史前阶段（1897—1921 年）；②创发阶段（1921—1965 年）；③变革阶段（1965—1977 年）；④确立阶段（1977 年至今）（图 5-2-1）。

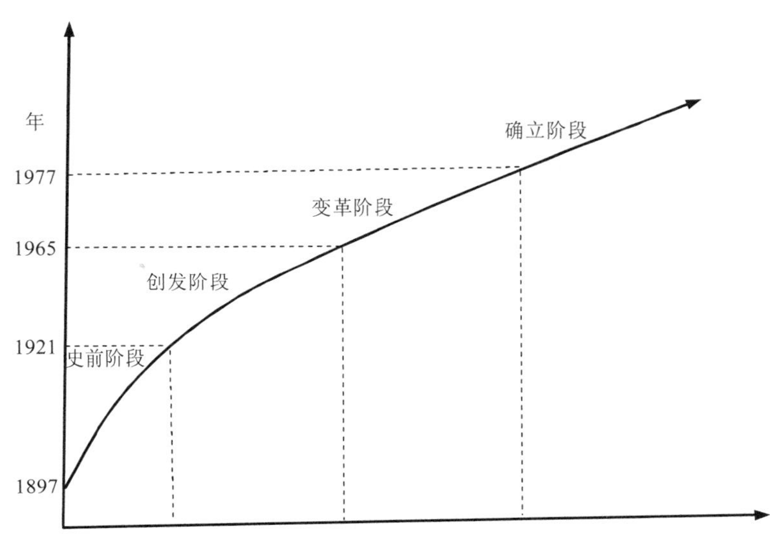

图 5-2-1 美国群体冲突理论发展历程

1. 集体行为论

美国社会冲突研究者们认为，研究社会运动的最早理论成果是集体行为论。集体行为论也被 Useem（尤西姆）等称为“崩溃论”或“紧张-崩溃论”[2]，它将集体行为视为社会结构和社会规范崩溃的“产物”。根据理论倾向，20 世纪 70 年代以来的集体行为理论家们，也就是崩溃理论家们将集体行为论又分为符号互动取向的集体行为论、相对剥夺倾向的集体行为论、结构功能取向的集体行为论。

（1）符号互动取向的集体行为论

Le Bon（勒庞）、布鲁默和特纳等关注集体行为特征或特点的分析，被认为是符号互动取向的。勒庞最早归纳了集体行为的一般性特征，即具有感染性、匿名性与暗示性等特

1 Bingham G. Resolving Environmental Disputes：A Decade of Experience，Conservation Foundation[M]. Washington，DC，1986；Emerson K，Orr P J，Keyes D L，et al. Environmental Conflict Resolution：Evaluating Performance Outcomes and Contributing Factors[J]. Conflict Resolution Quarterly，2009，27（1）：27-64；Hagmann T. Confronting the Concept of Environmentally-induced Conflict[J]. Peace，Conflict & Development，2005，6（6）：1-22；O'Leary R，Bingham L B. The Promise and Performance of Environmental Conflict Resolution，Resources for the Future[R]. Washington，DC，2003.

2 Useem B. Breakdown Theories of Collective Action[J]. Annual Review of Sociology，1998：215-238.

征。他在《乌合之众——大众心理研究》（1896）这一著作中揭示出，“与理性的、有教养的、有文化和负责任的分散的个人不同，聚到一起的个体会相互影响、启发和感染，促使其思维和行为方式趋于一致，具有急躁、冲动、多变、轻信而易受暗示、情绪化与单纯、偏执、专横、保守等非理性特点”[1]。勒庞将这种理性的个人因相互感情而导致行为趋同的现象归纳为“心智归一定律”（law of the mental unity）。

勒庞归纳了集体行为论的一般特征，但没有阐述这些特征背后的内在关联与机制。美国芝加哥学派第二代中坚人物布鲁默推进了这一研究。聚焦于初级的、自发的集体行为向组织化的集体行为转变的过程，布鲁默发现：欲望和冲动得不到满足的个人会变得烦躁，他们将不管社会制度和常规而将注意力集中到彼此烦躁的情绪上，并随着烦躁情绪的认同导致集体兴奋，进而快速地、无意识地、非理性地扩散至整个社会，最后导致集体行为。个人烦躁情绪的转嫁、呼应以及扩散也因此被布鲁默视为“连接”烦躁个人与集体行为的三个依次递进的阶段，被称为集体磨合（milling）、集体兴奋（collective excitement）、社会感染（social contagious）。布鲁默也因此将这三个依次递进的阶段称为引发集体行为的循环反应过程，并将建立在这一过程基础上的理论称为“循环反应理论”。“循环反应理论”揭示了集体行为的发生机理，它被誉为第一个关于集体行为的社会学理论[2]。

集体行为不单是以上研究者认为的“缺乏结构性、规范性和组织性”，它也有一定的规范与秩序，Turner（特纳）和 Killian（克利安）对此进行了论述。特纳和克利安认为，缺乏组织性、规范性的集体行为论难以解释 20 世纪 60 年代以来具有较高组织性的社会运动，因而推测应是某种“介质”推动了组织化、结构化、规范化集体行为的产生。他们将“传言”视为引发集体行为的“介质”，将其视为引发集体行为的必要条件之一，因为“它将分散的个体凝聚成具有共同行动潜能的集体”[3]。由于“传言”等介质的“突生”引发了集体行为，他们提出的理论也被称为“突生规范理论”，即符号性事件以及相伴的谣言引起集体反感，产生共同看法或规范，进而引发聚众行动。

勒庞的“心智归一定律”归纳了集体行为中的个人拥有的非理性特点及其行为表现，布鲁默的“循环反应理论”探讨了集体行为的发生机理及传播效应，特纳与克利安的“突生规范理论”则强调符号性事件以及相伴而生的谣言等“介质”在集体行为发生发展中的作用，他们都将集体行为视为一种个人将恐慌、烦躁等负面心理感染和传播给他人引发的结果。

（2）结构功能取向的集体行为论

Kornhauser（康豪瑟）与 Smelser（斯梅尔塞）关注宏观的社会结构与社会紧张之间的关系，被视为从结构功能取向方面提出的理论。结构功能取向的研究者倾向于从宏观的社会结构找原因，将集体行为的原因归结于社会结构的崩溃，认为集体行为源于社会结构的崩溃引致恐慌、烦躁、苦闷、焦虑等负面情绪聚集，将社会心理视为特定的社会结构的函数。康豪瑟从社会结构出发，提出了大众社会理论（中层组织薄弱的社会）。大众社会理

---

1 Le Bon G. The Crowd：A Study of the Popular Mind[M]. New York：The Macmillan，1896.

2 冯仕政. 西方社会运动理论研究[M]. 北京：中国人民大学出版社，2013：61.

3 Turner R H，Killian L M. Collective Behavior[M]. N. J.：Prentice-Hall，1987：52-76.

论主要探讨群众社会与群众运动之间的关系，即由于缺乏“中间群体”（intermediate groups），“一种精英（即国家或政治精英）很容易被非精英（即群众）的影响力所摄入，而非精英也很容易被精英的动员所俘获”[1]，被俘获的“群中人”（mass man）对自己与他人之间的分隔非常敏感，使其愿意加入群众运动以补偿长期缺乏群体生活的空虚，从而引发群众运动。与之不同，理想的社会结构应该由“国家或政治精英”“社团等中层组织”“民众或家庭”三者组成，夹在精英与民众之间的是“丰富而多元的”的中层组织。

与康豪瑟一样，斯梅尔塞也是从社会结构的失序中寻找集体行为的原因的。作为结构功能论创立者帕森斯的学生，他将社会行动（social action）视为全部理论分析的出发点与落脚点，认为应该将集体行为与常规行为放到同一理论框架下分析。[2]基于结构功能论，斯梅尔塞将正常的社会行动归结为价值、规范、角色与设施这四种要素，而将集体行为视为结构性诱因、结构性紧张、概化信念的形成和传播、诱发因素、对参与者的行动动员、社会控制的运作六个要素的结果[3]。由此可见，康豪瑟所谓的正常与不正常的社会行动都是由各种社会的结构性因素导致的，如常规的社会行动由深层至浅层的价值、规范、角色与设施依次决定，而非常规的社会行动则由结构性诱因、结构性紧张（由社会结构衍生出来的怨恨、剥夺感或压迫感）、一般化或概化信念、触发因素或事件、组织动员（领导的权威、有效的策略和快速的信息传递是关键）这五个要素的依次累加以及社会控制能力的下降决定（图 5-2-2）。其中，非常规的社会行动的前五个因素存在依次递进的关系，它们像数学加法一样，每增加一个因素，集体行为发生的可能性就增加一分，因而也被称为“价值累加理论”。在现实生活中，人们常常难以按社会常规解决问题，因而只能诉诸非常规的集体行为。

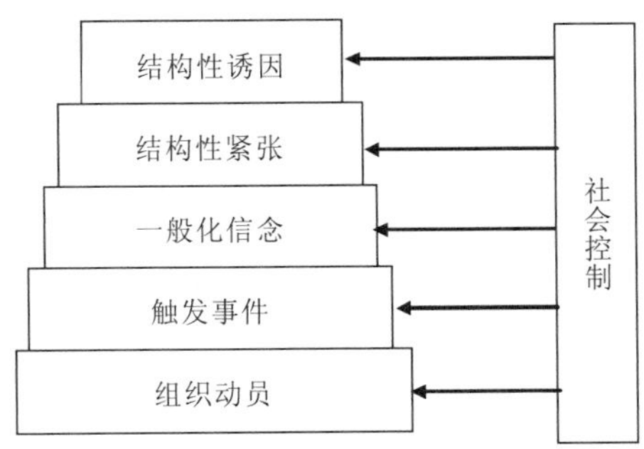

图 5-2-2　斯梅尔塞的价值累加理论模型

（3）相对剥夺取向的集体行为论

与以上两者不同，Davies（戴维斯）和格尔关注期望导致的“挫折-反抗”机制，被视为是相对剥夺取向的。戴维斯研究得出，人类的造反与革命源于人们的需求满足状况及其

1 Kornhauser W. The Politics of Mass Society[M]. Glencoe：Free Press，1959：39.

2 Smelser N J. Theory of Collective Behavior[M]. New York：Free Press，1962：21.

3 Smelser N J. Theory of Collective Behavior [M]. New York：Free Press，1962：15-17.

期望，他[1]指出："政治上稳定还是动乱，取决于一个社会中的心理状态和情绪。"他以时间为横坐标、以需求为纵坐标，在对比实际需求满足及其期望的基础上得出 J 曲线理论（图 5-2-3）：①随着经济和社会的不断发展，人们的期望也在提高；②当客观的经济和社会发展出现停滞，人们的期望依然继续增长；③当实际需求的满足（actual need satisfaction）与期望需求的满足（expected need satisfaction）之间的差距拉大到一定程度并产生一种心理上的恐惧时，即演变为革命性情绪，继而暴发革命。从戴维斯的 J 曲线理论中我们可以看到，即使实际需求的满足在增加，但人们的期望增加得更快，也可能导致集体行为。这也可解释我国改革开放以来"端起碗吃肉，放下筷子骂娘"的特别现象。

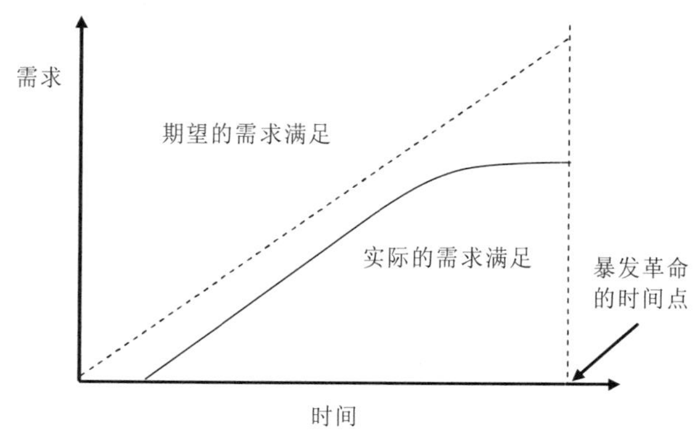

图 5-2-3 戴维斯 J 曲线理论

Gurr（格尔）从心理学角度将革命或集体暴力理解为一种"攻击"（aggression）行为，进而将心理学中的"挫折-攻击"（frustration-aggression）理论作为理论基础，认为个人的价值期望（value expectations）与价值能力（value capabilities）之间的落差使人产生相对剥夺感，由此引发集体暴力。"价值期望"是指个人认为自己应得的经济的、心理的和政治方面的好处和生活条件；"价值能力"是指个人认为自己能够得到的好处和生活条件[2]。而且，在对比分析"价值期望"与"价值能力"的基础上，他细分得到三种相对剥夺感类型（图 5-2-4）：①递减型相对剥夺（decremental deprivation），即人们的价值期望水平没有发生变化或变化很小，但个人能够从环境中获得价值满足的数量和机会被认为正在或可能急剧下降；②欲望型剥夺（aspirational deprivation），即个人能够从环境中获取价值满足的数量和机会并无大的变化，但人们的价值期望水平急剧上升；③发展型剥夺（progressive deprivation），即社会满足价值需求的能力和人们的价值期望水平都在上升，但后者增长更快，正如戴维斯 J 曲线理论显示的那样[3]。将戴维斯的 J 曲线理论与格尔的三种相对剥夺感类型进行比较，我们可以发现，戴维斯的 J 曲线理论实际上更多的是细致分析了欲望型相对剥夺感和发展型相对剥夺感相结合的一种实际过程。

1 Davies J C. Toward a Theory of Revolution[J]. American Sociology Review，1962（27）：6.
2 Gurr T R. Why Men Rebel[M]. Princeton，N. J.：Princeton University Press，1970：24.
3 Gurr T R. Why Men Rebel[M]. Princeton，N. J.：Princeton University Press，1970：46-56.

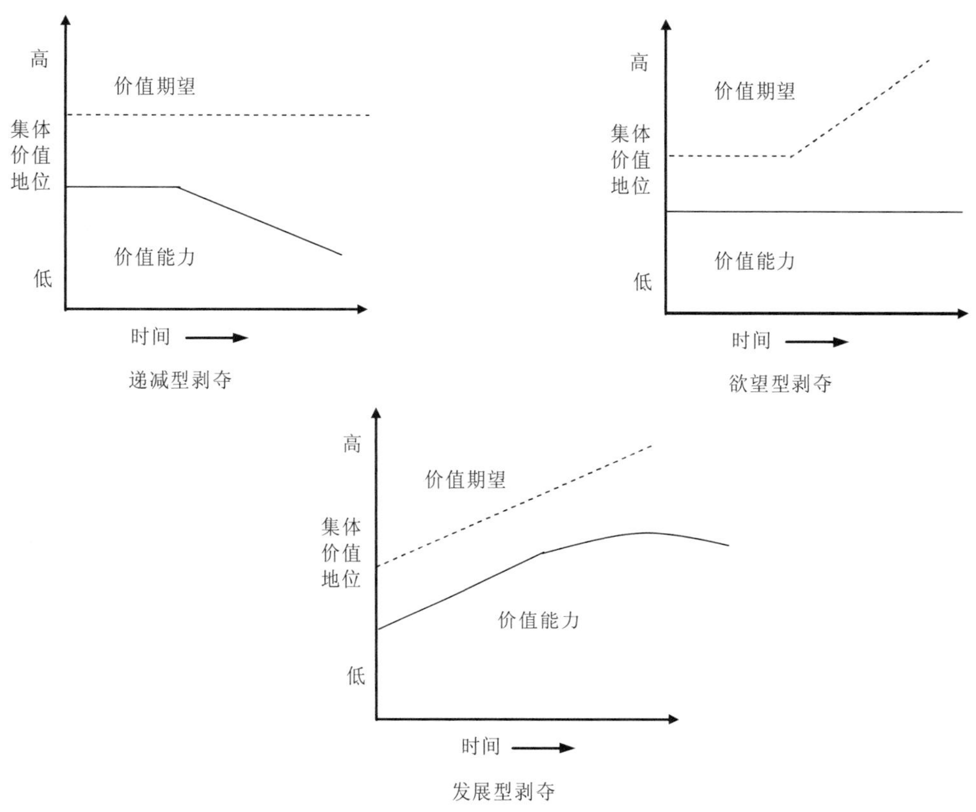

图 5-2-4　相对剥夺感的三种类型

戴维斯与格尔提出的相对剥夺感，源于人们在相对比较基础上的效应计算。“相对比较”意味着人们的价值期望与价值能力可以根据时间与内容的变化而变化：价值期望不变，价值能力下降，相对剥夺感降低；价值期望上升，价值能力不变，相对剥夺感快速提升；价值期望上升比价值能力上升更快，则相对剥夺感增加。进而，相对比较只是引致相对剥夺感的路径与方法，人们内心感知到的效应计算才是引致集体行为的决定性因素。人们内心感知到自身的价值期望与价值能力与外界形成互动，而外界是否满足人们感知到的价值期望与能力，则转化为人们内心的期望是否获得满足的效应。人们的期望是否得到满足，需要人们平衡自身期望与外界提供满足人们需求的机会，这实际上是一种效应计算。

2．资源动员理论

McCarthy（麦卡锡）和 Zald（左尔德）从理性人视角出发，关注资源在社会运动中的重要作用，并提出了资源动员论。这一理论源于与集体行为论观点的对比，主要包括以下四个方面：①集体行为论直接用挫折感或剥夺感来预测运动员的水平，资源动员论则认为应该综合考虑动员参与的时间、精力和金钱等因素，因为有限的人口难以单靠怨愤或主观上的不公平感就行动起来。②集体行为论认为运动是某种形式的非理性行为或病态行为：

在个人层次上，它是个人疏离感或病态心理的表达；在社会层次上，它是隔离、拔根和离群行为的结果；资源动员论把运动参与视为根源于人生经历、社会支持和亲身生活环境的正常行为。③集体行为论认为社会运动的大部分甚至所有资源都来自受委屈的人群，或即将从运动中受益的人群；资源动员论则认为运动的资源来自外部宗教机构、良心支持者和支持社会运动目标的其他群体。④集体行为论主要关注运动与权威之间的互动，包括极力向权威申诉自己付出的代价和引起权威对其行为之合法性的关注；资源动员论则关注在社会运动和作为旁观者的公众之间起中介作用的媒体的角色[1]。由此可见，资源动员理论将社会视为一个各种社会运动都可以平等、自由、充分竞争的“市场”，它关注的核心内容是“资源动员”，强调了“人们可自由支配的事件”以及“钱财资源”在社会运动中的重要性，并强调了新时代社会运动的“领袖的职业化与专业化”“目标的长期化”以及“新闻媒体”的重要性——用麦卡锡的话说就是“一个群体寻求对行动所需的资源进行集体控制的过程”[2]。

在社会运动中，资源的类型很多、范畴很广，包括有形资源与无形资源[3]。例如，1996 年，Cress（克雷斯）和 Snow（斯诺）将运动资源分为道德资源、物质资源、信息资源和人力资源[4]。在此基础上，2004 年 Edwards（爱德华兹）和 McCarthy（麦卡锡）将其划分为道义资源、文化资源、社会组织资源、人力资源、物质资源五种[5]。在社会运动中，专业动员组织在资源动员过程中发挥着至关重要的作用，运动的组织化、专业化程度越高，资源动员的效率就越高，社会运动就越容易成功。资源动员论是当代西方社会运动研究中第一个叛离集体行为传统的理论范式，也成为当代西方社会运动三大主流理论之一。

3．政治过程理论

政治过程理论也是从理性视角出发，关注被主流政治设置排斥在外的群体如何捍卫自己的利益、进入体制内的过程。这一理论以 Eisinger（艾辛杰）、Tilly（梯利）、MacAdam（麦克亚当）为代表，他们分别提出政治机会结构（核心概念）、政治体模型（理论雏形）、政治过程模型（概念）。艾辛杰提出了政治机会结构概念及其理论，他认为，政治环境应该被理解为一种“政治机会结构”，其本质是考察特定政治环境为抗争事件提供了多少“政治机会”。社会运动来自“混合体制下政治体制的开放，一些原本没有任何机会的人开始有机会获得自己想要的政治影响，但通过常规政治手段获得影响较慢”。而且，并不是最开放或最不开放的体制容易引发社会冲突，恰恰是“那些正在从封闭走向开放的混合体制”更容易引发社会冲突。因而，抗争事件的发生与环境之间呈“倒 U 形”的曲线关系[6]。

---

1 McCarthy J D，Zald M N. The Enduring Vitality and the Resource Mobilization Theory of Social Movements[M]. New York：Kluwer Academic Plenum Publishers，2002：534.

2 Tilly C. From Mobilization to Revolution[M]. Reading，Mass：Addison-Wesley Pub，1978：7.

3 Freeman J. Tyranny of Women's Liberation：A Case Study of an Emerging Social Movement and Its Relation to the Policy Process [M]. London：Longman，1978：170-174.

4 Cress D M，Snow D A. Mobilization at the Margins：Resources，Benefactors，and the Viability of Homeless Social Movement Organization [J]. American Sociological Review，1996（61）：1094.

5 Edwards B，McCarthy J D. Resources and Social Movements Mobilization[M]. MA：Blackwell Pub，2004：125-129.

6 Eisinger P K. The Conditions of Protest Behavior in American Cities[J]. The American Political Science Review，1973（67）：66-67.

梯利提出了被认为是政治过程理论雏形的政治体模型。他将政体成员划分为政体内和政体外成员两种，体制外的弱势群体想要改变缺乏政治资源的现状，就会发起社会运动，同时政体内外成员的结盟也为发起集体行动提供了机会。梯利提出的“政治体模型”包括五个基本要素：一是人群（population），即任何形式和规模的人的集合；二是管制机构（government），即在人群中掌握着最重要的集中强制手段的组织；三是斗争者（contender），即成员（member，通过常规渠道低成本获取管制机构控制下的资源的斗争者）和挑战者（challenger，成员之外的所有斗争者）；四是政治体，即由管制机构和所有成员组成的政治实体；五是联盟，指斗争者之间、管制机构之间，以及斗争者和管制机构之间协调集体行动的倾向和形式[1]。并且，提出一个成功的集体行动有六个影响因素：运动参与者的利益驱动（interest）、运动参与者的组织能力（organization）、社会运动的动员能力（mobilization）、运动发展的阻碍和推动力量（repression/facilitation）、政治机会或威胁（opportunity/threat）、社会运动群体所具有的力量（power）。只有通过“利益-组织-动员-集体行动”的内部动员过程，以及通过“压制/促进-权力-机会/威胁-集体行动”的外部动员过程，才能引发集体行动（图 5-2-5）[2]。因此，梯利的政治体模型将社会运动描述为政治体外的挑战者与政治体内管制机构及其成员为了争夺权力等各种利益而进行的对垒。

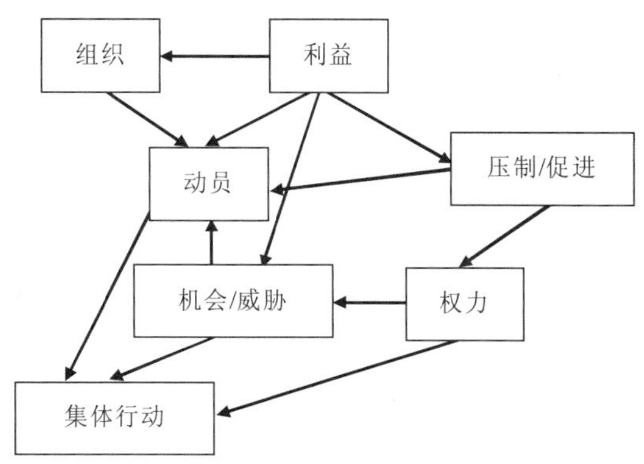

图 5-2-5　梯利的动员模型

MacAdam（麦克亚当）的理论遵循着传统社会运动研究的涂尔干传统，强调了宏大社会经济过程对当下社会权力机构的影响，提出了“政治过程模型”（图 5-2-6）。“政治过程模型”强调组织内外部要素对社会运动的影响，具体包括四个方面：①内在组织强度（indigenous organizational level），即被压迫群体内部的组织化水平。它取决于成员、既有的团结性激励结构、沟通网络、领袖四个要素，也即运动的组织强度、运动成员的凝聚力和认同感、社会组织所控制通信网络的广度、受到广泛认同和尊重的领导成员和积极分子。②认知解放（cognitive liberation，被压迫群体关于运动成功前景的评估）/集体归因，它将由政治机会和内部组织水平构成的客观“结构潜能”转变为实际的集体行动，让被排斥群

1 Tilly C. From Mobilization to Revolution[M]. Reading，Mass：Addison-Wesley Pub，1978：53.

2 Tilly C. From Mobilization to Revolution[M]. Reading，Mass：Addison-Wesley Pub，1978：56.

体认为他们的处境是不公平的，需要通过群体行动来改变。这也是集体行动论和资源动员论忽视的地方。③不断扩大的政治机会（expanding political opportunities，外部政治环境中其他群体的政治站队情况），跳过这一环节就是社会运动中经典模型的架构了。④宏观的经济社会过程，即由于受工业化、城市化等宏观社会经济过程的影响，政治结构是不断变化的，社会运动面临的政治机会从而也是不断变化的。正是这四个内外部要素的共同作用，推动了社会运动的发生发展与消亡。

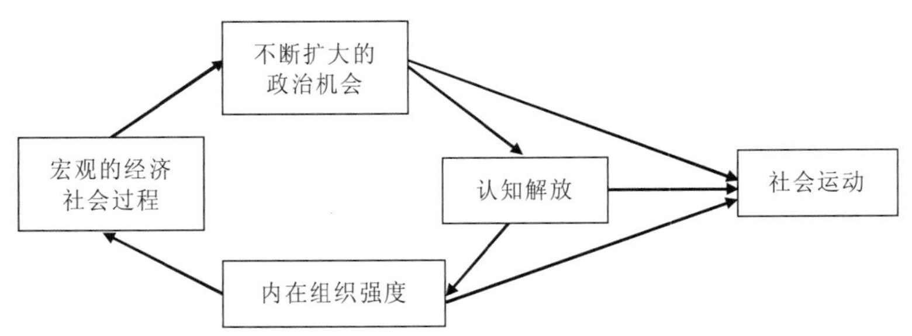

图 5-2-6 麦克亚当的政治过程模型

"政治过程模型是一个替代经典视角和资源动员视角的方案。这个模型关注运动的内外部要素，而且把社会运动描述为两种因素交互作用的产物。"[1]这一理论已经成为"社会运动研究中的霸权范式"，它以对概念景观、理论话语和研究议题的强大塑造力统治着该领域的研究，来自其他理论阵营的学者除了坐而观望，没有别的办法[2]。但是，理论与现实未必趋同，麦克亚当提出的集体归因因素后来成为框架建构视角研究的主要内容，本土组织力量被资源动员视角吸收，最后只剩下政治机会结构这一要素及社会控制[3]。而且，这一理论还有一个根本缺陷，即与资源概念一样，"政治机会结构"概念也未界定清楚。20 世纪 80 年代以来，有关的政治过程理论的研究则主要聚焦在政治机会结构，社会运动动员结构，社会运动的话语、话语策略和意识形态，以及新闻、公众舆论和社会运动的关系等方面。

4．社会建构论

西方政治文化理论是当代政治科学领域的主要分支，也是政治学理论的重要范式。1956 年阿尔蒙德发表《比较政治体系》一文，首先提出政治文化的概念。1963 年阿尔蒙德和维巴出版《公民文化——五个国家的政治态度和民主制》一书，开创了西方政治文化理论科学主义的研究路径。20 世纪 60 年代是政治文化理论繁荣的时期，70 年代因受到多方面批评而短暂沉寂。20 世纪 80 年代以来，政治文化理论强势复兴，涌现出大量的研究

1 MacAdam D. Political Process and the Development of Black Insurgency 1930-1970[M]. Chicago：University of Chicago Press，1982：58-59.

2 Goodwin J，James M J，Jaswinder K. Caught in Winding，Snaring Vine：the Structural Bias of Political Process Theory[M]. Sociological Forum，1999（14）：28.

3 冯仕政. 西方社会运动理论研究[M]. 北京：中国人民大学出版社，2013：165.

成果并成为一种独具特色的理论范式[1]。政治文化包括政治认知、情感和评价[2]，也可以表述为政治态度、信仰、感情、价值观与技能[3]。法国学者莫里斯·迪韦尔热在《政治社会学》中也采纳了阿尔蒙德的观点，他认为政治文化也可以划分成三类，即乡土文化、奴役文化和参与文化[4]。从政治文化形成的过程来看，它是主流的政治意识影响民众的政治心理的过程，它具有继承性和可塑性。政治文化是社会成员在前代的政治文化以及特定政治环境双重影响下，经过长期的心理积淀而形成的一种心理定式[5]。

斯诺等认为，20 世纪 80 年代中期以前，社会运动论者忽视了在观念和意义的动员及反动员上斗争的意义，提出了重视思想动员在影响社会运动进程和后果中的社会建构论[6]。他们批评资源动员论和政治过程论只关注社会运动过程的客观层面，同时指出集体行为论缺少解读环节——因而解读过程和结果会在很大程度上决定人们对特定社会运动过程的反应[7]，因而将注意力投向社会运动过程的主观层面，重视观念（bringing ideas back in）因素[8]在社会运动过程和活动中的地位[9]。他们借用社会心理学家戈夫曼提出的具有定位、认知、识别和标志功能的“框架”概念，认为社会运动是一个思想上的“框架竞争”的过程，运动组织通过框架建构、框架谋划、框架竞争、框架言说、框架扩散等步骤引发社会运动。并概括了集体行动框架的因变量和自变量及其特征：①问题的识别以及归因的方向或落点；②框架的弹性和刚性，以及包容性和排他性；③解读的范围和潜在影响；④共鸣度[10]。其中，前三个是自变量，最后一个是因变量。框架建构论的诞生被认为是西方社会运动研究的一个里程碑，正如 Benford（本福特）[11]指出的：“它重新点燃了分析集体行动中观念、解读、建构和文化方面的热情。它使该领域超越了资源动员和政治机会模型的结构决定论，远离了不无疑点的理性选择心理学的思路。”

在现代社会中，媒体是框架建构最重要的工具之一，每个社会运动都试图影响媒体，但并不能左右媒体的报道。相反，媒体的报道却在很大程度上左右着公众对一个社会运动的认知，从而影响该运动存在和发展的环境，迫使该运动为了适应被媒体改变的社会环境而不断调整自己的场域建构[12]。媒体和社会运动是相互依赖的。社会运动对媒体的需要体

---

1 王天楠. 西方政治文化理论的兴起及其意义探析[J]. 理论界，2013（5）：19-21.

2 阿尔蒙德，维尔巴. 公民文化——五个国家的政治态度和民主制[M]. 北京：东方出版社，2008：14-31.

3 王乐理. 政治文化导论[M]. 中国人民大学出版社，2000：19.

4 莫里斯•迪韦尔热. 政治社会学[M]. 北京：东方出版社，2007：3.

5 杨光斌. 政治学导论[M]. 北京：中国人民大学出版社，2004：50.

6 Benford R D，Snow D A. Framing Processes and Social Movements：An Overview and Assessment[M]. Annual Review of Sociology，2000（26）：613.

7 Snow D A，Rochford E B，Worden S K，et al. Frame Alignment Processes，Micro-Mobilization，and Movement Participation[J]. American Sociological Review，1986，51（4）：464-466.

8 冯仕政. 西方社会运动理论研究[M]. 北京：中国人民大学出版社，2013：208.

9 Oliver P E，Hank J. What a Good Ideal！ Ideologies and Frames in Social Movement Research [J]. Mobilization，2000（5）：37.

10 Benford R D，Snow D A. Framing Processes and Social Movements：An Overview and Assessment[M]. Annual Review of Sociology，2000（26）：618-620.

11 Benford R D. An Insider's Critique of the Social Movement Framing Perspective[J]. Sociological Quarterly，1997（67）：410-411.

12 冯仕政. 西方社会运动理论研究[M]. 北京：中国人民大学出版社，2013：242.

现在三个方面：一是动员，即通过广泛的媒体报道让运动获得更广泛的支持；二是确证，即通过广泛的媒体报道显示自己在政治上的重要性；三是扩大冲突范围，即通过媒体报道将第三方卷入冲突，从而使力量的平衡发生有利于自己的转变。而对于运动的需要，媒体可能会有三种回应：一是保持，即通过一定数量的报道使运动清楚地保持在公众的关注之下；二是偏向于框架，即对运动的框架做出符合报道需要的正面报道；三是同情，即向有利于引起公众同情的方向对运动进行报道[1]。

（二）欧洲群体冲突理论梳理

1．马克思主义模型

马克思和恩格斯通过对资本主义社会的考察，以及对资本主义基本矛盾、对抗现象的分析，形成了社会冲突思想，找到了社会冲突的主体、根源和化解方法，并因此讨论了共产主义的相关目标。

首先，化解社会冲突的主体力量是无产阶级。马克思一生始终将资本主义制度看作是各种矛盾构成的生产制度，也就是一种使人的价值转化为外在事物的社会制度。所以在分析其社会冲突思想时，必须以这一出发点为出发点。马克思认为：资本主义条件下，化解社会冲突的主体力量是无产阶级。[2]

其次，社会冲突根源于资本主义私有制。随着无产阶级觉悟的提高，工人们逐渐认清了其在资本主义社会中的地位。资本主义的实质即资本，资本是“资产阶级生存和统治的根本条件”，而财富的积累和资本的增殖是资本家追求的目标，这种财产也是在资本与雇佣劳动的对立中产生。资本主义私有制条件的存在，使得社会矛盾不断激化，社会动荡频繁。在马克思看来，社会变迁是“生产力和交往形式之间的这种矛盾……每一次都不免要暴发为革命”[3]，而以资产阶级与无产阶级之间的内在利益冲突为出发点，必然会导致无产阶级意识的增强，使革命实践成为可能。无产阶级只有用暴力打碎旧的国家机器、消灭旧的生产关系，才能消灭阶级对立的存在条件。

再次，化解社会冲突的实践路径即阶级斗争。阶级的产生会衍生出政治立场以及意识形态方面的差异。在一定的社会结构中，不同的阶级所处的地位以及利益占有是不同的，甚至可以说是对立的。资产阶级可以占有无产阶级的剩余价值，他们所拥有的财富和占有的资源要远远多于无产阶级。因此，资产阶级与无产阶级这两大阶级必然会为争取各自的利益而发生冲突，进行斗争[4]。例如，马克思指出：“按照我们的观点，一切历史冲突都根源于生产力和交往形式之间的矛盾……生产力和交往形式之间的这种矛盾……每一次都不免要暴发为革命，同时也采取各种附带形式，如冲突的总和，不同阶级之间的冲突，意识的矛盾，思想斗争，政治斗争等”[5]；并指出“在阶级社会中，至今一切社会的历史都是

---

1 Gamson W A，Wolfsfeld G. Movements and Media as Interacting Systems[J]. The ANNALS of the American Academy of Political and Social Science Gerhards，1993：114-125.

2 云立新. 论马克思主义社会冲突理论的现实关怀[J]. 甘肃社会科学，2011（1）：17-20.

3 马克思，恩格斯. 马克思恩格斯选集（第一卷）[M]. 北京：人民出版社，2012：195-196.

4 于柯超. 以马克思主义利益观和社会冲突理论指导防止利益冲突制度建设[J]. 河南社会科学，2012，20（1）：1-5.

5 同3。

阶级斗争的历史”[1]。

最后，共产主义的目标是实现矛盾和冲突的真正解决。例如，恩格斯在《致拉甫罗夫的信》中指出，“自然界中物体——无论是死的物体还是活的物体——的相互作用，既有和谐，也有冲突，既有斗争，也有合作”[2]。因此，共产主义的目标就是要实现“人和自然界之间、人和人之间的矛盾的真正解决，是存在和本质、对象化和自我确证、自由和必然、个体和类之间的斗争的真正解决”[3]。

总之，马克思主义政治学在很大程度上是有关阶级冲突及其解决的政治学，并希望通过阶级觉醒、对抗、革命和建立新社会的方式解决社会冲突和不平等。同时，马克思主义经济学有关剩余价值、阶级压迫、阶级剥削的理论，不仅暗含着阶级冲突的因素，并在事实上分析了冲突的缘由。因此，李普塞特曾指出，“马克思是阶级和社会变革的最深刻的研究者，也是不稳定和革命的最杰出的倡导者”[4]。他同时认为，马克思主义代表了研究社会不平等的社会思想传统的两个极端中的一个；另一个极端则是功能理论家（代表人物是埃米尔·杜尔克姆，也翻译为迪尔凯姆或涂尔干），虽然他们也意识到了冲突和变革的发生，但是假设社会制度应被看作处于均衡的状态，并更关注社会制度如何使人们适应环境，而不像马克思主义那样更关注反叛、变革和对现状的拒绝。

2．新社会运动理论

20 世纪 60 年代以来，西欧的劳工运动日益衰落，而女权运动、学生运动、环境运动、和平运动、动物权运动日益兴起（1968 年 5 月法国暴发的学生起义被视为西方新社会运动出现的标志），传统的以劳工为主体的“阶级斗争理论”难以解释这些新的社会运动形态，新社会运动概念及其理论应运而生。欧洲有关新社会运动论的代表有梅鲁奇、图海纳和哈贝马斯等。

（1）信息社会论

意大利社会学家 Melucci（梅鲁奇）从兴起的“信息社会”概念来解释社会运动的内容和特征，他反对将社会运动现象当作一种经验性现象（empirical phenomenon），而不是分析性现象（analytical phenomenon），认为正确做法应该是将集体行动与社会运动视为一个“行动系统”（action system）。[5]对于社会运动而言，信息社会为新的社会运动的产生提供了条件，正如梅鲁奇所言：“冲突将从经济和工业系统转向文化领域……集中于个体的认同、社会的时间和空间以及日常行为中的动机和‘符码’”[6]，也规定着社会运动的拼贴、社会日益分化、出于社会意义的对抗性、挑战的符号性等新特征。

1 马克思，恩格斯. 马克思恩裕斯选集（第一卷）[M]. 北京：人民出版社，2012：400.

2 马克思. 马克思恩格斯选集（第四卷）[M]. 北京：人民出版社，1972：161.

3 马克思. 1844 年经济学哲学手稿[M]. 北京：人民出版社，2000：81.

4 西摩·马丁·李普塞特. 一致与冲突[M]. 章华情，等译，上海：上海人民出版社，1995：56.

5 Melucci A. The Symbolic Challenge of Contemporary Movements[J]. Social Research，1985（52）：793.

6 Melucci A. A Strange Kind of Newness：What's 'New' in New Social Movements？[M]//Larana E，Johnston H，Gusfield J R. New Social Movements：From Ideology to Identity. Philadelphia：Temple University Press，1994：109-110.

（2）程控社会

法国社会学家 Touraine（图海纳）提出“程控社会”概念及其理论来解释社会运动[1]。在程控社会中，具有主观能动性的个人通过垄断数据的提供和处理来管控社会，而缺乏数据的人则通过社会运动来改变这种状态。在图海纳看来，新社会运动是从工业社会到程控社会过渡的必然产物，基于程控社会的基本特征，新社会运动不再以争取经济利益和政治权利、夺取和建立国家政权为目的，其基本兴趣在于通过弥散性的、日常性的和不间断的行动，让自己的文化取向落实为现实的社会过程，创造真正属于自己的生活和历史。新社会运动在工业社会向程控社会转型中兴起的过程和内在逻辑是：老社会运动即工人运动的衰落、工业文化危机、对工业社秩序的大拒绝、对国家的批判、向共同体回归、民粹主义运动的兴起、以反对技术官僚为目标的新社会运动的兴起[2]。

（3）晚期资本主义危机论

德国哲学家、社会学家 Habermas（哈贝马斯）从人们生活世界的意义出发，关注晚期资本主义的社会系统整合问题，提出了晚期资本主义危机论。[3]他认为，新社会运动源于生活世界中的意义系统的破坏。生活世界中意义系统的破坏导致了晚期资本主义体制中社会整合（social integration）和系统整合（system integration）的失败，它们分别对应于社会中的合法化危机和动机危机。这就意味着，新社会运动的目标不是追求物质利益，而是寻求和重建生活的意义。[4]

1 Touraine A. The Voice and the Eye：an Analysis of Social Movements[M]. Cambridge University Press，1981：2.

2 冯仕政. 西方社会运动理论研究[M]. 北京：中国人民大学出版社，2013：290-297.

3 哈贝马斯，郭官义. 何谓今日之危机？——论晚期资本主义中的合法性问题[J]. 哲学译丛，1981（5）：56-64，31.

4 Habermas J. The Theory of Communicative Action[M]. Boston：Beacon Press，1984：392.

第六章　公共均衡与非均衡：基于“控制-反抗”逻辑的群体冲突新理论[1]

本章要点　冲突是政治学、公共管理学、社会学和经济学等共同研究的中心课题，但既有的经典理论主要诞生在西方，不仅缺乏本土性，也未能提供理解中国群体冲突的系统框架。在重新梳理经典群体冲突理论的基础上，提出基于“控制-反抗”逻辑的公共均衡与非均衡新理论，并通过大规模问卷调查验证该理论。新理论阐述了群体冲突产生和解决的基本逻辑，可同时解释冲突发生和不发生，又能用统一的公式描述冲突动态演变的全过程，为理解和解决中国群体冲突提供了新框架。新理论认为群体冲突是不同事件主体在旧公共均衡被打破的情况下重构新公共均衡的过程。公共相对利益满足感、公共维持或合作意愿、社会总约束力、公共可使用反抗力、公共反抗机会、社会总刺激六个核心变量共同决定了公共均衡值的大小和社会的和平或冲突状态。当公共均衡值大于 1，社会整体和平或冲突基本解决；小于 1，社会出现冲突；等于 1，处于冲突边缘；冲突发生、演进与解决是六个变量共同作用的结果。因此，应当在我国社会治理和当前社会转型中综合考虑六个核心变量的均衡状态，避免控制过度，构建可包容公共均衡调整的强韧性社会。新理论为进一步推动我国群体冲突理论的发展和实证研究奠定了基础。

第一节　导言

本节要点　本节回顾了国内群体冲突问题的研究进展，指出大部分研究视角较为单一，缺乏系统性和一般性的理论分析框架，研究的规范性和科学性有待提高，因而有必要建立中国群体冲突的新理论。

我们对冲突的理解和认识，不仅关系到如何观察和叙述冲突，而且关系到如何面对并解决冲突。20 世纪 90 年代以来，我国学者从不同学科视角，对群体冲突进行了研究，取得了非凡成绩。但整体而言，还有几点不足：一是整体性和系统性理论分析框架缺失。大

---

1 本章的部分内容经精简修改已经发表在了《中国社会科学》上，为展示关于这一问题研究的另一侧面，同时保证研究的完整性，此处按照原版全文纳入。具体精简版论文，请参阅：杨立华，陈一帆，周志忍. “公共均衡与非均衡”冲突新理论[J]. 中国社会科学，2019（11）：104-126.

部分研究仍依赖单一学科（尤其是社会学[1]）或传统的视角和方法，研究较为零碎分散，不同理论传统和视角之间缺乏必要的整合，无法形成可解释冲突全过程的系统性和一般性理论分析框架。当然，也有不少研究从政治学和公共管理学的传统和视角出发，关注国家和政府的行为，但往往又以“维稳”为核心[2]，在研究取向上常注重静态的制度结构和制度法规，关注对维稳体制的宏观判断和说理分析，忽视不同群体之间的互动关系和群体冲突的动态过程。还有很多研究往往聚焦于单一特征类型的群体冲突[3]，旨在提出针对该类型冲突的具体的抗争或处置策略，但对发展解释冲突的更一般性理论关注不够。这就使得很多研究相对于西方而言，缺乏一般理论性和理论深度，不仅限制了研究的解释力，也影响了其接受度。二是研究变量的可测量性和研究结果的可检验性相对不足。相对于发达国家而言，研究的规范性和科学性还有待提高，很多研究要么没有变量或科学设计和实施意识，要么即使有，其很多变量也往往较为模糊随意，未经过明确有效界定，难以进行实际测量，不能保证研究结果的可检验性。这就使得我国的很多研究，相对而言，缺乏必要的规范性、科学性、严谨性和可检验性，这不仅影响了理论和知识的逐步发展和有效积累，也影响了实际应用。三是研究的本土性和国际性同时不足。本土性不足主要表现在：很多研究经常借用西方现成的理论进行分析，缺乏必要的本土链接和本土发展，使得很多解释往往并不符合我国实际情况，缺乏本土契合性和可应用性。国际性不足主要表现在：虽然很多研究关注了本土问题，使用了本土方法，发展了本土理论，但这些方法和理论要么过于狭窄，

---

1 在国内，从社会学视角开展的群体冲突研究占据绝大部分，这就决定了这些研究的视角是立足于社会的。政府和国家则仅仅是研究者们眼中的“背景”，这也导致这些研究对群体冲突中国家和政府行为关注不足。

2 20世纪90年代末以来，我国“维稳政治”达到新高峰，群体性事件成为“国家赖以布局维稳工作的中心概念”。为了回应与探析维稳实践的“外在的需要”和“内在的用意”，国内诸多群体冲突相关的研究均旨在提出合理、有效的维稳策略，研究焦点由社会转向国家，较有代表性的如：肖唐镖. 当代中国的“维稳政治”：沿革与特点——以抗争政治中的政府回应为视角[J]. 学海，2015（1）：138-152；刘能. 当代中国群体性集体行动的几点理论思考——建立在经验案例之上的观察[J]. 开放时代，2008（3）；李昌庚. 维稳与改革的博弈与平衡——我国转型时期群体性事件定性之困惑及解决路径[J]. 江苏社会科学，2012（2）：153-160；陈天柱. 论基层社会稳定机制的若干思考——对几起群体性事件的考察[J]. 社会科学研究，2011（5）：70-73；等等。“维稳政治”等概念的出处，参见冯仕政. 社会冲突、国家治理与“群体性事件”概念的演生[J]. 社会科学文摘，2016（1）：63-89；钱穆. 中国历代政治得失[M]. 3版. 北京：生活·读书·新知三联书店，2012.

3 例如，按地域划分，针对农民闹事及其回应方式的研究有：O'Brien K J，Deng Y，Repression Backfires：Tactical Radicalization and Protest Spectacle in Rural China[J]. Journal of Contemporary China，2015，24（93）：457-470；O'Brien K J，Li L. The Politics of Lodging Complaints in Rural China[J]. China Quarterly，1995（143）：756-783；于建嵘. 集体行动的原动力机制研究——基于H县农民维权抗争的考察[J]. 学海，2006（2）：26-32；吴毅. “权力-利益的结构之网”与农民群体性利益的表达困境——对一起石场纠纷案例的分析[J]. 社会学研究，2007（5）：21-45；董海军.“作为武器的弱者身份”：农民维权抗争的底层政治[J]. 社会，2008，28（4）：34-58；等等。针对城市居民闹事及其回应方式的研究有：陈鹏. 从“产权”走向“公民权”——当前中国城市业主维权研究[J]. 开放时代，2009（4）：128-141；石发勇. 业主委员会、准派系政治与基层治理——以一个上海街区为例[J]. 社会学研究，2010（3）：136-158；等等。针对城乡接合部农民工闹事的研究有：Chen F. Subsistence Crises，Managerial Corruption and Labour Protests in China[J]. The China Journal，2000（44）：41-63；潘毅，卢晖临，张慧鹏. 阶级的形成：建筑工地上的劳动控制与建筑工人的集体抗争[J]. 开放时代，2010（5）：5-26；等等。此外，专门针对环境群体性事件的研究有：杨立华，李晨，陈一帆. 外部专家学者在群体性事件解决中的作用与机制研究[J]. 中国行政管理，2016（2）：121-130；冯仕政. 沉默的大多数：差序格局与环境抗争[J]. 中国人民大学学报，2007，21（1）：122-132；景军. 认知与自觉：一个西北乡村的环境抗争[J]. 中国农业大学学报（社会科学版），2009，26（4）：5-14；童志锋. 动员结构与自然保育运动的发展——以怒江反坝运动为例[J]. 开放时代，2009（9）：118-134；等等。

要么缺乏必要的科学性和一般性，不能或者忽视了与国际学术界的有效联系和对话，限制了其国际影响力。

总之，现有诸多研究，都为理解当下中国群体冲突提供了丰富参考；但这些研究虽有一定的解释性，却还不能很好地解释当下中国所面临的诸多问题。邓小平曾经提出：“绝不能要求马克思为解决他去世之后上百年、几百年所产生的问题提供现成答案。列宁同样也不能承担为他去世以后五十年、一百年所产生的问题提供现成答案的任务。真正的马克思列宁主义者必须根据现在的情况，认识、继承和发展马克思列宁主义。”[1]正是鉴于这一想法，基于已有的研究成果，本章提出中国群体冲突新理论，也希望这一理论具有更大的包容性：既能解释后果不好而必须加以控制或消除的冲突，也能解释具一定合理性和有益性而应善加利用的冲突，还能解释好坏难辨却必须直面解决的冲突。当然，冲突既有个体的，也有群体的，本章和整个大研究的重点则在群体冲突。国内现在对群体冲突，在不同情境下，有冲突事件、群体性事件、社会突发性事件等不同称谓。这里以群体冲突统称，一方面意在强调事件的冲突性质，希望从一般冲突的角度理解事件，同时能将本研究和一般冲突理论结合起来；另一方面，也希望将研究聚焦在冲突事件上，暂不考虑非冲突事件。

第二节　群体冲突的现有理论与评价

本节要点　本节对西方群体冲突经典理论进行了系统梳理和对比研究，揭示了这些理论应用在中国环境下的局限性。

正如前面的文献梳理所指出的，尽管西方有关群体冲突的研究由来已久，特别是 20 世纪 80 年代后更趋系统和丰富，但整体上仍可将其划分为美国实证主义和欧洲历史哲学两个传统。表 6-2-1 归纳了两个传统的经典理论、代表人物和主要理论观点或研究变量。这些研究为探讨当下中国群体冲突提供了理论参考。从解决具体群体冲突的角度而言，虽然欧洲历史哲学传统的冲突理论为理解群体冲突提供了更加深刻和广泛的社会背景考察，但其过于整体主义的分析路径，也促使其冲突解决方式往往不可避免地走向社会整体改造和变革的落脚点，这从历史和社会变革与发展的角度而言，固然正确，但并不能很好地帮助我们理解并解决当下中国所面临的问题。在当下中国，固然要不断改革，不断优化社会结构，为群体冲突的最终解决和更少发生创造更好的社会环境和系统条件；但在短期内，期待大的社会变革和重塑不仅不可能，而且不必要。因此，当务之急是在不完全变革当下社会环境和系统的背景下，如何更现实地解决所面临的各种群体冲突。对这点，美国实证主义传统所提出的很多理论显然更具针对性和参考价值。

1 邓小平. 邓小平文选（第 3 卷）[M]. 北京：人民出版社，1993：291.

表 6-2-1 西方群体冲突研究的经典理论比较[1]

<table>
<tr><th>传统</th><th colspan="3">经典理论</th><th>代表人物</th><th>主要的理论观点或变量</th><th>和后文所归纳六类要素的对应关系</th></tr>
<tr><td rowspan="7">美国实证主义</td><td rowspan="7">集体行为理论（或崩溃理论范式）</td><td rowspan="3">符号互动取向</td><td>集体心智理论</td><td>勒庞</td><td>集群行为的心智趋同法则；通过无意识、传染、暗示等过程形成集体心智；导致非理性的从众心理</td><td>（5）</td></tr>
<tr><td>循环反应理论</td><td>布鲁默</td><td>个体烦躁经循环反应演变为社会骚乱；循环反应的三阶段是：集体磨合（信谣传谣）、集体兴奋（共同愤怒情绪）和集体感染（集体行为暴发）</td><td>（5）</td></tr>
<tr><td>突生规范理论</td><td>特纳和克利安</td><td>符号性事件和谣言导致突生集体规范产生</td><td>（1）（3）</td></tr>
<tr><td rowspan="2">结构功能取向</td><td>大众社会理论</td><td>康豪瑟</td><td>缺乏中间群体（或中层组织）的大众社会的精英的可涉入性和非精英的可俘获性</td><td>（2）</td></tr>
<tr><td>价值累加理论</td><td>斯梅尔塞</td><td>影响集体行为、社会运动和革命的六个因素（必要条件）是：有利于社会运动产生的结构性诱因；由社会结构衍生出的怨恨、剥夺感或压迫感（结构性紧张）；概化（或一般化）信念的形成；触发社会运动的因素或事件；有效的社会动员；社会控制能力的下降</td><td>（1）（3）（4）（6）</td></tr>
<tr><td rowspan="2">相对剥夺取向</td><td>J 曲线理论</td><td>戴维斯</td><td>革命产生于实际满足水平和期望满足水平之间的差距的突然扩大；最容易发生革命的时刻不是经济发展最为困顿的时刻，而是长期发展后突然逆转的时刻</td><td>（4）</td></tr>
<tr><td>相对剥夺理论</td><td>格尔</td><td>当社会变迁导致人们的价值能力小于其价值期望时，人们会产生相对剥夺感；相对剥夺感越大，造反的可能性就越大，造反的破坏性也越强</td><td>（4）</td></tr>
</table>

1 参见赵鼎新. 社会与政治运动讲义[M]. 北京：社会科学文献出版社，2006：5-311；冯仕政. 西方社会运动理论研究[M]. 北京：中国人民大学出版社，2013：2-138；古斯塔夫•勒庞. 乌合之众——大众心理研究[M]. 冯克利，译. 北京：中央编译出版社，2005：3-130；朱力. 走出社会矛盾冲突的漩涡：中国重大社会性突发事件及其管理[M]. 北京：社会科学文献出版社，2012：53-73；Blumer H. Symbolic Interactionism：Perspective and Method[M]. University of California Press，Berkeley，CA.，1986；Turner R H，Killian L M. Collective Behavior[M]. Prentice Hall，Upper Saddle River，NJ.，1957；Kornhauser W. The Politics of Mass Society[M]. Free Press，New York，NY.，1959；Smelser N J. Theory of Collective Behavior[M]. Free Press，New York，NY.，1962；Davies J C. Toward a theory of revolution[J]. American Sociological Review，1962，27（1）：5-19；Gurr T R. Why Men Rebel[M]. Princeton University Press，Princeton，NJ.，1970；McCarthy J D，Zald M N. The enduring vitality of the resource mobilization theory of social movements[M]//Turner J H. Handbook of sociological theory. Springer US，New York，2001：533-565；McAdam D. Political Process and the Development of Black Insurgency，1930-1970[M]. 2nd ed. University of Chicago Press，Chicago，IL.，2010；Tilly C. From Mobilization to Revolution[M]. Addison-Wesley，Boston，MA.，1978；Snow D A，Zurcher L A，Ekland-Olson S. Social Networks and Social Movements：a Microstructural Approach to Differential Recruitment[J]. American Sociological Review，1980，45（45）：787-801；Melucci A. Nomads of the Present：Social Movements and Individual Needs in Contemporary Society[M]. Hutching Radius，London.，1989；Touraine A. An introduction to the study of social movements[J]. Social research，1985，52（4）：749-787；Habermas J. The Structural Transformation of the Public Sphere：An Inquiry Into a Category of Bourgeois Society[M]. MIT press，Cambridge，MA.，1991.

传统	经典理论		代表人物	主要的理论观点或变量	和后文所归纳六类要素的对应关系
美国实证主义	资源动员理论		麦卡锡、左尔德	社会运动的兴起和发展依赖于其资源动员能力；可使用的资源包括：时间、人数、财源、友邻团体支持、意识形态、领导骨干、沟通渠道等	（1）
	政治过程理论	政治机会结构论	艾辛格	种族抗议的出现和政治机会结构的开放性与封闭性之间形成了一种曲线关系；种族抗议最容易出现在开放性与封闭性混合的政治系统中	（2）
		政治过程模型	麦克亚当	决定民权社会运动崛起的三类因素是：扩大的社会政治机遇、草根组织的力量、认知解放	（1）（2）
		动员模型	梯利	成功的集体行动由六个要素决定：运动参与者的利益驱动、运动参与者的组织能力、运动参与者的动员能力、个体加入社会运动的阻碍或推动因素、政治机会或威胁、社会运动群体所具有的力量	（1）（2）（3）（4）（6）
	社会建构理论	政治文化理论	费里等	强调政治文化在运动话语和符号性行为中产生的作用	
		框架调整理论	斯诺等	将心理因素作为分析的中心，关注观念塑造与社会运动之间的关系；认为社会运动的过程同时是框架建构的过程；社会运动组织者往往创造易于接受的话语进行有效动员	（4）（5）
		新闻媒体	加姆森等	研究媒体在运动中的意义以及媒体舆论与社会运动间的互动关系	（3）（4）（5）（6）
欧洲历史哲学	马克思主义模型		马克思等	阶级压迫、阶级矛盾、阶级意识、阶级斗争、阶级革命	—
	新社会运动理论	目标-手段-环境或信息社会理论	梅鲁奇	任何集体行动都有三个维度：目标（冲突或共识）、手段（团结和聚合）、环境（破坏系统界限或维持系统界限）；社会运动的基本特征是：冲突+团结+破坏系统界限；信息社会自身的“系统性冲突”等特征使得社会运动成为一个个相对独立和恒久存在的子系统	—
		程控社会或后工业社会理论	图海纳	后工业社会是技术官僚制社会和程控社会；新社会运动在工业社会向程控社会转型中兴起的过程和内在逻辑是：老社会运动即工人运动的衰落、工业文化危机、对工业社会秩序的大拒绝、对国家的批判、向共同体回归、民粹主义运动的兴起、以反对技术官僚为目标的新社会运动的兴起	—
		合法化和动机危机理论或晚期资本主义危机理论	哈贝马斯	随着自由资本主义向晚期资本主义过渡，资本主义体制中“系统”（经济系统和政治行政系统）和“生活世界”（社会文化系统）间的矛盾日益突出，导致了经济危机和政治危机之外的“合法化危机”和“动机危机”；新社会运动就是对合法化和动机危机的反应	—

资料来源：作者自制。

注：（1）人们可以使用的力量；（2）社会为个体或群体提供的机会；（3）社会对个体和群体冲突行为的刺激；（4）人们的利益满足感或不满意感；（5）个体或群体的反抗或冲突行为及其心理、情绪等；（6）社会的控制力或约束力。对这些要素归类的详细和具体分析，见第三节。

但是，基于美国实证主义传统所发展出来的这些理论，虽然各有特点，解释了群体冲突的不同方面，却也具有诸多局限性。主要表现在：①除斯梅尔塞的价值累加理论和梯利的动员理论外，很多理论都比较零散，都只解释了群体冲突的某些方面的特征、原因或机制，缺乏必要的系统性，不能很好地解释群体冲突，同时为冲突的解决提供具体又系统的操作性手段和措施，削弱了其在复杂群体性事件处置中的现实价值和可操作性。②很多理论都只是描述性理论，要么缺乏必要的、明确的核心变量，要么变量很难实际测量（例如群体的集体感染、概化信念的形成等），这就为使用这些理论解决实际问题设置了障碍，降低了理论的可操行和可应用性。③这些理论很多都只解释了群体冲突为什么发生，却没有解释“群体冲突为什么不发生或者没有发生”。从一个硬币的两面来说，直接解释冲突为什么发生固然重要，但解释发生的要素并不必然地能够解释不发生。因此，为了更好地理解群体冲突，我们不仅需要从“发生”的角度进行分析，也需要从“不发生”的角度进行分析，构建一个既能解释“发生”，也能解释“不发生”的理论，这不仅可提高理论的解释力，而且可为使用理论解决实际冲突提供更多的可能。④这些理论都是在美国背景下产生的，是为了理解和解决美国社会问题所发展的，因而也存在诸多和我国文化、传统和现实不相符合的情况，并不能直接应用到对我国相关群体冲突的解决中。因此，尽管这些理论为我们理解我国群体冲突提供了理论素材，但这些理论和我国社会现实之间具有巨大的差距，缺乏对我国社会现实群体冲突的精确解释力。而且，国内多年的实践也证明，任何简单照搬西方理论和方法指导我国实践，或简单套用西方固有模型解释我国现实的做法不仅不理想，甚至会带来灾难性后果。因此，我们迫切需要发展契合我国社会现实、能够解决我国现实社会群体冲突，既具有高度可操作性和实际应用性，又能同时解释冲突“发生”和“不发生”的群体冲突理论。这是当代我国社会的严肃课题，也是当代我国学者不可推卸的学术责任。

第三节 公共均衡与非均衡：基于“控制-反抗”逻辑的群体冲突新理论

本节要点 本节建立了公共均衡与非均衡群体冲突新理论的理论框架，包括六个核心变量的选取、概念界定和计算公式。

要发展一种既对现实社会群体冲突有强大解释力，又有较强可操作性和应用性的契合我国本土的群体冲突理论意味着，这个理论所涉及的变量不仅要能够符合我国传统和社会现实，能够为国人所理解和认同，而且要能被实际测量，并能据此来指导现实群体冲突的解决。要实现这些要求，这个理论也必须尽可能明确和简单。具体到理论模型构建来说，则要求模型所涉及的变量要尽可能简单，易于理解，并尽可能地少。怎么才能建立这样的理论呢？当然，不能凭空想象，也不能照搬国外，但可以在学习、整合国外理论的基础上，结合我国社会现实的具体特点和构建模型的具体要求，发展自己的本土理论，并对其进行检验完善。而这也恰是本章中研究的路径。当然，这不是说我们的理论是完全建立在已有理论基础上的，而是在对大量社会现实群体冲突事件多次详细观察并亲身体验的基础上，先有了一些理论的基本观点和要素，进而通过和现有理论的对比分析，发现了某些方面的相似性以及现有理论的一些不完善，因而在借鉴和发展的基础上，继续完善和发展了自己的系统理论。因此，为了给我们的研究提供更详尽的现有研究的基础，同时也使现有理论可以更好地支持此处所要发展的理论，下面将直接从现有理论入手，通过批评和发展构建新理论。

一、六个核心研究变量的选取

对比现有群体冲突理论所关注的诸要素可发现，在解释冲突产生的原因时，一些主要要素大致上可划分为六类：（1）“人们可以使用的力量”，包括斯梅尔塞所说的“有效的社会动员”、麦卡锡和左尔德所强调的各种“可使用的资源”、麦克亚当所说的“草根组织的力量”、梯利所说的“运动参与者的组织能力”“动员能力”“社会运动群体所具有的力量”等。（2）“社会为个体或群体提供的机会”，包括康豪瑟所强调的“中间群体或组织的缺乏”、艾辛格所强调的“开放性和封闭性混合的政治系统”、麦克亚当所强调的“扩大的社会政治机遇”、梯利所强调的“政治机会或威胁”。（3）“社会对个体和群体冲突行为的刺激”，包括特纳和克里安的“符号性事件”和“谣言”等、斯梅尔塞所说的“社会运动产生的结构性诱因”和“触发社会运动的因素和事件”、梯利说的“社会运动的推动因素”（这里不包括他所说的“阻碍”因素）等。（4）“人们的利益满足感或不满意感”，包括斯梅尔塞的“由社会结构衍生出的怨恨剥夺感或压迫感”、戴维斯所强调的“实际满足水平和期望满足水平之间的差距”、格尔所强调的“相对剥夺感”、梯利所强调的“运动参与者的利益驱动”。（5）“个体或群体的反抗或冲突行为及其心理、情绪等”，例如勒庞所强调的非理性从众行为、布鲁默所强调的“个体烦躁演变为社会骚乱的循环反应三阶段”等。（6）“社会的控制力或约束力”，例如斯梅尔塞所强调的“社会控制力的下降”、梯利所强调的“个体加入社会运动的阻碍因素”（此处不包括他说的“推动”因素）。可以说，以上六类要素基本上涵盖了表 6-2-1 所列的从勒庞的集体心智理论到梯利的动员模型所强调的所有重要变量。至于费里所强调的政治文化要素则既可成为“社会对个体和群体冲突行为的刺激”的一部分，也可以成为“社会的控制力或约束力”的一部分，主要看文化的具体类型和在特定条件下的作用；斯诺所强调的心理因素则可能反映到“人们的利益满足感或不满意感”以及“个体或群体的反抗或冲突行为及其心理、情绪等”中；加姆森等所强调的“媒体作用”则不仅会影响“人们的利益满足感或不满意感”以及“个体或群体的反抗或冲突行为及其心理、情绪等”，而且会影响“社会对个体和群体冲突行为的刺激”以及“社会的控制力或约束力”。因此，可以说，以上六种要素基本上涵盖或涉及了所有美国实证主义研究传统所强调的一些核心变量（具体见表 6-2-1 最后一栏的归纳）。如此，则可从此六个变量入手，重新思考构建新的群体冲突解释和解决理论。

继续分析以上六种要素，可假定：前三类要素“人们可以使用的力量”“社会为个体或群体提供的机会”“社会对个体和群体冲突行为的刺激”越大，则个体或群体越可能采取冲突或者对抗的行为，也就意味着冲突越可能发生；相反，第六类要素“社会的控制力或约束力”

越大，则个体或群体越不可能采取冲突或对抗的行为，冲突也就越不可能发生。这就是说，前三类要素与冲突发生和扩大可能成正比，而第六类要素则与冲突的发生和扩大成反比。至于第四类要素“人们的利益满足感或不满意感”则应区分看待。如从“满足感”角度衡量，则人们的利益满足感越大，越不容易采取冲突或对抗行为，相应地，冲突也就越不容易发生，这与冲突的发生和产生成反比；反之，如以“不满足感”来衡量，则人们的不满足感越大，越容易采取冲突和对抗行为，这与冲突的发生成正比。至于第五类要素“个体或群体的反抗或冲突行为及其心理、情绪等”，其具体指示并不明确。如简化为“个体或群体采取反抗行为的意愿”，则其越大，个体或群体采取冲突和反抗行为的可能越大，冲突也越可能发生或扩大，这与冲突的发生和扩大成正比。反之，如从“个体或群体采取维持或合作行为的意愿”出发，则其越大，个体或群体采取冲突和反抗行为的可能越小，冲突也越不可能发生或扩大，这与冲突的发生和扩大成反比。可见，影响个体和群体行为以及群体冲突的以上六个要素既有导致冲突发生和扩大的因素，也有防止和抑制冲突发生和扩大的因素。这就说明，在冲突的发生过程中实际上可分为两种力量，也就是个体或群体所拥有或社会所提供给个体和群体的反抗性力量（如“人们可以使用的力量”“社会为个体或群体提供的机会”“社会对个体和群体冲突行为的刺激”）以及个体或群体所拥有或社会对个体和群体的控制力量（如“社会的控制力或约束力”），冲突的发生是两种力量共同作用的结果。简而言之，就是“控制力量”和“反抗力量”对比的结果。这就是冲突产生和发展的“控制和对抗”逻辑，也可叫“控制-对抗”理论。也可假定，当控制力量大于对抗力量时，冲突就可能不会发生或扩大；反之，当控制力量小于反抗力量时，冲突就可能会发生或扩大。这就不仅可解释冲突的发生，也可解释冲突的不发生，很好地解决了现有冲突理论只能解释冲突的发生却不能解释冲突的不发生的问题，同时提示可从“控制-对抗”的基本理论逻辑出发，重新建构有关群体冲突的理论。

由于前面三类要素都可假定与冲突的发生成正比，主要表现为促进个体或群体的冲突和反抗行为，如此在我们的研究中进一步把“人们可以使用的力量”明确化为“个体或群体的可使用反抗力”（指他们可以真正使用来采取冲突和反抗行为的力量综合），把“社会为个体或群体提供的机会”进一步明确化为“个体或群体的反抗机会”（这个机会自然可能如梯利所说是社会提供的，但也只有个体或群体感知到，并决定利用它，才能真正发挥作用，因此这里用个体或群体的反抗机会自然也包括了社会所给与的机会），把“社会对个体和群体冲突行为的刺激”明确化为“社会对个体或群体冲突行为的总刺激”（即是对各种个体或群体冲突行为的刺激因素的总体衡量）。第六类要素“社会的控制力或约束力”则与冲突的发生成反比，为了综合衡量所有可能的控制力或约束力，此处把该要素明确化为“个体或群体的社会总控制力或约束力”。第四类和第五类要素既可从个体或群体的“不满意感”和“冲突行为意愿”进行衡量，也可从“满意感”或“维持或合作行为意愿”进行衡量。考虑到冲突发生和扩大与否事实上可能是“控制”和“对抗”两种力量对比的结果，既然已经有了三种变量可以衡量对抗力量，那么这两个要素则可以从“控制力量”的角度来衡量。如此，则可把这两个要素进一步明确化为“个体或群体的相对利益满足感”（和前面理论梳理部分所指出的一致，这种满足感总是相对的，并没有绝对的）和“个体和群体的维持或合作意愿”（就是个体或群体维持现状或者对其他个体或群体采取合作行为以避免冲突发生的意愿）。如此，则和以上所讨论的六种要素中的前三个要素相对应，我们提出了三个衡量导致冲突发生的“反抗”要素，即“个体或群体的可使用反抗力”“个体和群体的反抗机会”“个体和群体的社会总刺激”；和后三个相对应，提出了三个衡量抑制冲突发生的“控制”要素，即“个体或群体的相对利益满足感”“个体或群体的维持或合作意愿”“个体或群体的社会总约束力”。显然，这些要素构成了新冲突理论的核心要素。

二、公共均衡和非均衡的概念界定和计算公式

由于我们所构建的冲突理论不仅要解释冲突“发生”，也要解释冲突“不发生”，故在文中假定社会的起点是非冲突状态，而后才有了冲突。如此，将六个核心变量所衡量的“控制力”（后三个变量）和“反抗力”（前三个变量）相比较，则会有一个比值，可以此来衡量社会的和平或合作程度及冲突发生或扩大的程度。由于此比值可看作是两种力量（“控制力”和“反抗力”）的对比，又可将其命名为“均衡值”。其实，齐美尔也认为冲突是一个追求平衡的螺旋上升的过程[1]；但相对于齐美尔偏哲学的思索，我们的思路更为具体化和可操作化。如此，在只考虑个体行为的情况下，可把均衡值的公式表示如下：

$$\text{个体均衡值}=\frac{\text{个体相对利益满足感}\times\text{个体维持或合作意愿}\times\text{个体社会总约束力}}{\text{个体可使用反抗力}\times\text{个体反抗机会}\times\text{个体社会总刺激}} \tag{6-1}$$

分子是三种控制力量相乘，分母是三种反抗力量相乘。假定以上公式的所有三个分子变量和三个分母变量都按相同标准来衡量（例如最大数值为 100 或 10 等，最小为 0），则均衡值可用最大为∞，最小为 0 的数值来表示。如此，则：

个体均衡值＞1，表示均衡，个体采取维持现状或合作措施；

个体均衡值＜1，表示非均衡，个体采取反抗或冲突措施；

个体均衡值=1，表示处于均衡和非均衡的临界点，极不稳定，个体有可能在不同刺激下可能采取维持现状或合作的措施，也有可能采取反抗或冲突措施。

以上有关个体均衡值的公式，可帮助解释就个体行为而言，为什么有些时候采取合作行为，有些时候采取冲突或反抗行为。

下面再来考虑群体，则这个均衡值就变成了群体均衡值，且由于群体均衡值显示的是社会群体的公共或集体行为，反映了由这个群体所反映的社会的整体相关情形，所以，这里把它命名为“公共均衡值”。如此，则：

$$\text{公共均衡值}=\frac{\text{公共相对利益满足感}\times\text{公共维持或合作意愿}\times\text{社会总约束力}}{\text{公共可使用反抗力}\times\text{公共反抗机会}\times\text{社会总刺激}} \tag{6-2}$$

公共均衡值＞1，表示公共均衡，群体采取维持现状或合作措施，社会和平；

公共均衡值＜1，表示公共非均衡，群体采取反抗或冲突措施，社会发生冲突；

公共均衡值=1，表示处于公共均衡和非均衡的临界点，极不稳定，群体有可能在不同

1 Simmel G. The Sociology of Conflict. I[J]. American Journal of Sociology，1904，9（4）：490-525.

刺激下可能采取维持现状或合作的措施，也有可能采取反抗或冲突措施，群体处于非冲突和冲突的边缘。

以上有关群体均衡值的公式，可帮助解释就群体行为而言，为什么有些时候采取合作行为，有些时候采取冲突或反抗行为。

虽然公共均衡值有可能是个体均衡值的简单加总，也有可能存在较为复杂的转换关系，但即便存在复杂的转换关系，群体行为在总体上还可看作是群体所包含的所有个体的行为的总和，因为群体不能离开个体，群体的行为虽然有独立于个体的特点，但也必须通过个体的具体行为表现出来。如此，假定可近似地将群体行为看成是个体行为的加总，自然也可近似地将公共均衡看作是个体均衡的加总。于是，则可把公共均衡看作是群体所包含所有个体均衡的求和，即：

$$\text{公共均衡}=\sum_{i=1}^{n}\text{个体均衡值}_i=$$

$$\frac{\sum_{i=1}^{n}\text{个体相对利益满足感}_i\times\sum_{i=1}^{n}\text{个体维持或合作意愿}_i\times\sum_{i=1}^{n}\text{社会总约束力}_i}{\sum_{i=1}^{n}\text{个体可使用反抗力}_i\times\sum_{i=1}^{n}\text{个体反抗机会}_i\times\sum_{i=1}^{n}\text{个体社会总刺激}_i} \qquad (6\text{-}3)$$

式中，i 代表从 1 到 n 个可能的个体。

新公式（或模型）为实现个体均衡和公共均衡之间的转换提供了条件，同时也为在测量个体信息的基础上，计算近似的公共均衡提供了可能。这是至关重要的，因为现代社会科学的最重要的研究方法是社会调查法，而社会调查的对象往往是社会个体，而不是群体。如不能实现这个转换，则意味着很难通过社会调查的方法研究该问题。既然可实现这一转换，则意味着可通过对社会个体信息的收集来衡量公共均衡问题，这为后面进一步深入研究和检验此处提出的公共均衡理论提供了基础。

第四节　模型检验方法和数据收集

本节要点　基于“公共均衡与非均衡”群体冲突理论的基本框架，本节提出了系统的模型检验方法，并介绍了数据收集和变量测量的基本情况和具体数据分析方法。

一、检验方法选择

由于群体冲突的复杂性、危险性及发生时间的不确定性造成无法进行精确有效的实验室控制研究，因此在定性和定量相结合的综合集成法[1]的指导下，我们采用问卷调查法和深

1 钱学森指出，定性和定量相结合的综合集成法也是研究开放复杂巨系统的唯一有效方法；这对群体冲突的研究尤其重要。参见钱学森. 再谈开放的复杂巨系统[J]. 模式识别与人工智能，1991，4（1）：3-4；钱学森. 一个科学新领域：开放的复杂巨系统及其方法论[J]. 城市发展研究，2005，12（5）：1-8；Qian X S，Yu J，Dai R. A New Discipline of Science：the Study of Open Complex Giant System and Its Methodology[J]. Nature，1990，13（1）：3-10.

度案例比较分析相结合的实证检验方法。通过对变量的直接调查衡量，问卷调查法有利于对公共均衡与非均衡模型进行大规模定量分析。但在拥有易确定变量间整体数量关系优势的同时，问卷调查法也具有很难获得具体细节信息的缺陷。相反，深度案例分析虽不能确定变量间的整体数量关系，却能帮助研究者对变量间的因果联系有更多具体和细节性认识，可进一步检验由问卷调查方法所得出的结论，增强内部有效性。[1]将两种方法结合起来，不仅可使研究在确定模型整体性数量关系的同时提供更多具体和细节性信息，便于深入分析公共均衡与非均衡现象和机制，同时可提高研究方法和数据的丰富度和复杂性[2]，提高数据的多层级性和多来源性[3]，并让两种方法所获得的数据相互验证[4]，避免单一数据的不可靠和主观性等问题[5]。研究也表明，结合了问卷调查法与案例分析法的混合方法在群体冲突研究中有较高的适用性，因为这种基于实用主义的方法增进了理论及实证研究与复杂社会现实的一致性[6]。

需指出的是，尽管我们旨在发展一个解释群体冲突的普遍理论，但首先将调研重心放在了环境群体性事件而非其他类型的群体冲突上，也未对所有类型的群体冲突进行一一探究。原因是：①生态环境问题实质上是社会问题的延伸[7]，环境群体性事件与其他类型群体性事件间有很大的同构性（homogeneity）；②作为此类研究的第一步，如将研究重心集中于环境群体性事件，有助于最大化系统变异[8]；③我国社会转型期环境污染冲突频发[9]，并同违法征地拆迁、农民工劳资纠纷一起，形成了群体冲突的三种主要形态，而与以市民为主的征地拆迁和以农民为主的劳资纠纷不同，环境群体性事件反映了不同群体及阶层的共

---

1 Beers S. QCA as Competing or Complementary Method？ A Qualitative Comparative Analysis Approach to Protest Event Data[J]. International Journal of Social Research Methodology，2016，9（5）：1-16；Gerring J. What is a Case Study and What is It Good for？[J]. American Political Science Review，2004，98（2）：341-354.

2 例如，Groeneveld 等分析了 2000 年至 2010 年刊登在 4 份国际顶级公共管理期刊的 1605 篇论文，发现实证研究占其中的 73%，其余均为没有任何数据的概念性论文，而在这些实证研究中，结合了定性与定量的混合研究仅占 5.9%。参见 Groeneveld S，Tummers L，Bronkhorst B，et al. Quantitative Methods in Public Administration：Their Use and Development through Time[J]. International Public Management Journal，2015，8（1）：61-86.

3 Kulik C T. Climbing the Higher Mountain：The Challenges of Multilevel，Multisource，and Longitudinal Research Designs[J]. Management and Organization Review，2011，7（3）：447-460.

4 George A L，Bennett A. Case Studies and Theory Development in the Social Sciences[M]. MIT Press，Cambridge，MA，2005；Yin R K. Case Study Research：Design and Methods[M]. 2nd ed. Sage，Thousand Oaks，CA，1994.

5 Gill J，Meier K J. Public Administration Research and Practice：a Methodological Manifesto[J]. Journal of Public Administration Research and Theory，2000，10（1）：157-199.

6 Thaler K M. Mixed Methods Research in the Study of Political and Social Violence and Conflict[J]. Journal of mixed methods research，2017，11（1）：59-76；Balcells L，Justino P. Bridging Micro and Macro Approaches on Civil Wars and Political Violence Issues，Challenges，and the Way Forward[J]. Journal of Conflict Resolution，2014，58（8）：1343-1359.

7 洪大用. 环境公平：环境问题的社会学视点[J]. 浙江学刊，2001（4）：67-73；包智明，陈占江. 中国经验的环境之维：向度及其限度[J]. 社会学研究，2011（6）：197-210.

8 Shadish W R，Cook T D，Campbell D T. Experimental and Quasi-Experimental Designs for Generalized Causal Inference[M]. Houghton Mifflin，Boston，MA，2002.

9 田丰，范雷，李炜，等. 2017 年中国社会蓝皮书[M]. 北京：社会科学文献出版社，2016；李培林，陈光金，张翼，等. 2016 年中国社会蓝皮书[M]. 北京：社会科学文献出版社，2015；李林，田禾，吕艳滨. 中国法治发展报告（No.14.2016）[M]. 北京：社会科学文献出版社，2016.

同诉求[1]，所涉群体的多样性保证了结论的较大可扩展性；④解决环境群体性事件也是我们承担的国家社会科学基金重大项目所要解决的主要问题，将研究聚焦在此，有利于集中精力深入开展研究，为后续研究打下坚实基础。

二、数据收集

（一）问卷调查数据的收集

经反复酝酿、设计、修改及多次试调查，将调查问卷分成了针对冲突非参与者（A 卷）（附录 6.1）和参与者（B 卷）（附录 6.2）的两个版本。非参与者指虽未亲身参与过环境群体性事件，但却见过、研究过、调查过、了解此类事件的人；参与者指亲自参加或参与过该类事件的人，包括参与抗争、参与解决、参与调解等。两个版本在题目的情景设置上略有差异[2]。由于在当前国内语境下，环境群体性事件在一些官员和民众那里还属于较敏感的话题，较难找到愿意接受远程系统调查的被调查者，而且这些事件的发生往往较分散，很难进行完全随机抽样，因此我们采用了可及性和随机抽样相结合的方法。调研分前期和中后期两个阶段。前期调研以地域为导向，集中在事件发生较频繁的华南、华东及西南[3]的一些县、区、村。这样安排的原因是：①这三个地区是事件频发的典型区域，有代表性；②在满足研究设计的科学标准要求下，将实地研究区域相对集中，有利于节约研究成本，提高研究的可行性和可操作性；③将调研集中于核心区，有助于把核心区的基本情况一次性摸清、吃透，之后可根据具体情况以滚雪球方式继续扩展到其他地区。中后期调研以动态、实时的环境群体性事件为导向，通过及时掌控事件发生的讯息，发挥六度人脉理论的现实效应[4]，前往具体事发地进行调研。由于现阶段环境群体性事件发生密度高、影响范围广，中后期问卷几乎涵盖华东、华北、华中、华南、西南等全国各大区。此外，为保证抽样的随机性，也采用偶遇抽样，在人流较多的学校、卫生所、广场等公共场所随机发放问卷。综合起来，2016 年 1 月至 9 月共发放问卷 3 592 份，回收有效问卷（剔除诸如填写错误、关键信息遗漏、答案呈明显规律性等问题的不合格问卷）2 623 份，问卷具体结构（A、B 卷）及其回收率、有效率等信息如表 6-4-1a 所示。同时，也收集了事件发生地的经济发展水平（简称“经济地域”）、城乡属性以及事件的抗争类型及污染类型（也即主要矛盾或争议问题类型）等数据（表 6-4-1b）。而问卷的人口统计学变量如表 6-4-1c 所示，显示了被调查的多样性。

---

1 张书维. 环境群体性事件的社会心理机制[C]//肖滨. 中大政治学评论. 上海：格致出版社，2015：16-34；何艳玲，汪广龙. 中国转型秩序及其制度逻辑[J]. 中国社会科学，2016（6）：47-65.

2 详见“变量测量”。

3 李林，田禾. 中国法治发展报告（第 12 卷）[M]. 北京：社会科学文献出版社，2014.

4 Watts D J，Strogatz S H. Collective Dynamics of ‘Small-World’ Networks[J]. Nature，1998，393（6684）：440-442；Guare J. Six Degrees of Separation：A Play[M]. Vintage Books[M]. New York，NY，1990.

表 6-4-1 调查问卷的分布状况

	环境群体性事件的三种问卷调查数据		
	参与者问卷数据	非参与者问卷数据	全部问卷数据
a. 问卷情况			
问卷发放份数	1 692	1 900	3 592
问卷回收份数	1 232	1 648	2 880
问卷回收率/%	72.8	86.7	80.2
有效问卷份数	1 086	1 537	2 623
有效问卷比率/%	80.1	93.3	91.1
b. 事件特征			
（1）经济地域[a]			
经济发达地区	350（32.2）[b]	490（31.9）	840（32.0）
经济欠发达地区	736（67.8）	1 047（69.9）	1 783（68.0）
（2）城乡属性			
城市	262（24.7）	448（30.3）	710（28.0）
农村	375（35.4）	612（41.3）	987（38.8）
城乡接合部	423（39.9）	420（28.4）	843（33.2）
（3）抗争类型[c]			
非暴力抗议	1 442（67.6）	1 573（63.5）	3 015（65.4）
暴力抗争	336（15.7）	357（14.4）	693（15.0）
网络抗议	356（16.7）	548（22.1）	904（19.6）
（4）污染类型			
大气污染	551（20.7）	767（21.9）	1 318（21.4）
水污染	607（22.8）	974（27.8）	1 581（25.7）
固体废物污染	343（12.9）	420（12.0）	763（12.4）
噪声污染	367（13.8）	479（13.7）	846（13.7）
土壤污染	306（11.5）	391（11.2）	697（11.3）
电磁辐射污染	86（3.2）	110（3.1）	196（3.2）
放射性污染	173（6.5）	157（4.5）	330（5.3）
热污染	162（6.0）	131（3.7）	293（4.7）
光污染	69（2.6）	72（2.1）	141（2.3）
c. 个体特征			
（1）性别			
男性	669（61.9）	956（62.6）	1 625（62.3）
女性	411（38.1）	571（37.4）	982（37.7）
（2）年龄			
20 岁及以下	137（12.7）	171（11.2）	308（11.8）
21～30 岁	404（37.3）	770（50.5）	1 174（45.0）
31～40 岁	270（24.9）	375（24.6）	645（24.7）
41～50 岁	202（18.7）	140（9.2）	342（13.1）
51～60 岁	46（4.2）	53（3.5）	99（3.8）
61～70 岁	16（1.5）	14（0.9）	30（1.2）
71～80 岁	8（0.7）	3（0.2）	11（0.4）
30 岁以下	541（50.0）	941（61.7）	1 482（56.0）
31～50 岁	472（43.6）	515（33.8）	987（37.9）
51 岁及以上	70（6.4）	70（4.5）	140（5.1）

	环境群体性事件的三种问卷调查数据		
	参与者问卷数据	非参与者问卷数据	全部问卷数据
（3）受教育程度			
未曾上学	23（2.1）	25（1.6）	48（1.9）
小学及以下	57（5.3）	65（4.2）	122（4.7）
初中	164（15.1）	254（20.1）	418（16.0）
高中/职高/中专/技校	136（12.5）	274（21.1）	410（15.7）
大学（专科和本科）	561（51.7）	720（43.1）	1 281（48.9）
硕士	144（13.3）	106（8.4）	339（13.9）
博士	0（0）	1（0.1）	1（0）
义务教育[d]	221（20.4）	319（20.8）	540（20.6）
后义务教育	841（77.5）	221（77.6）	2 031（77.5）
（4）职业			
城市或农村居民	230（21.3）	327（21.6）	557（21.5）
个体工商户	89（8.3）	117（7.7）	206（8.0）
公司企业	132（12.3）	224（14.8）	356（13.7）
政府部门	164（15.2）	162（10.7）	325（12.5）
事业单位	381（35.3）	492（32.4）	873（33.7）
社会组织[e]	82（7.6）	194（12.8）	276（10.6）
（5）月收入[f]			
1 500 元及以下	323（30.8）	561（37.5）	884（34.7）
1 501～3 000 元	222（21.1）	452（30.2）	674（26.5）
3 001～4 500 元	239（22.8）	297（19.8）	536（21.0）
4 501～6 000 元	177（16.9）	111（7.4）	288（11.3）
6 001～7 500 元	30（2.9）	21（1.4）	51（2.0）
7 501～8 000 元	24（2.3）	25（1.7）	49（1.9）
8 001～9 500 元	16（1.5）	9（0.6）	25（1.0）
9 501 元及以上	19（1.8）	21（1.4）	40（1.6）
低收入	323（30.8）	561（37.5）	884（34.7）
中等收入	222（21.1）	452（30.2）	674（26.5）
高收入	505（48.1）	484（32.3）	989（38.8）

[a]经济地域分为发达与欠发达地区，划分的依据是人均 GDP。根据世界银行的标准，人均 GDP 达到 1 万美元后，标志着一国或地区的经济社会发展开始进入"发达状态"，达到中等发达国家水平。根据国家统计局的数据，2016 年我国人均 GDP 超过 1 万美元的省（区、市）达到了 9 个，即天津、北京、上海、江苏、浙江、福建、内蒙古、广东、山东，所以这些省份列为发达地区，其余的省份列为欠发达地区。

[b]括号中的数字为对应数字占有效问卷数的百分比。

[c]非暴力抗议包括静坐请愿、集体上访、集体打官司、阻塞交通和游行示威等；暴力抗争包括围堵和冲击党政机关、围堵和冲击污染企业等；网络抗议包括网上争议和网络暴力。

[d]为了简化分析，将问卷中的小学和初中受教育程度合为"义务教育"，而将高中、大学、研究生和博士在内的教育统称为后"义务教育"。

[e]社会组织包括宗教组织、国际组织及民间组织等。

[f]全国居民五等分收入分组是指将所有调查户按人均收入水平从低到高顺序排列，平均分为五个等分，处于最高 20%的收入群体为高收入组，依此类推依次为中等偏上收入组、中等收入组、中等偏下收入组、低收入组。按全国居民五等分收入分组，2016 年我国低收入组人均可支配收入 5 529 元，月收入为 460.75 元；中等偏下收入组人均可支配收入 12 899 元，月收入为 1 074.92 元；中等收入组人均可支配收入 20 924 元，月收入为 1 743.67 元；中等偏上收入组人均可支配收入 31 990 元，月收入为 2 665.83 元；高收入组人均可支配收入 59 259 元，月收入为 4 938.25 元（见《中华人民共和国 2016 年国民经济和社会发展统计公报》，http: //www.stats.gov.cn/tjsj/zxfb/201702/t20170228_1467424.html）。为了简化分析，将这些收入者分为三类，即低收入组、中等收入组及高等收入组；其中低收入组月收入为 1 500 元及以下，中等收入组为 1 501～3 000 元，高等收入组为 3 001 元及以上。

（二）典型案例的选取和数据收集

深度案例比较分析法[1]聚焦于四件典型事件。自 2015 年 11 月至 2016 年 10 月，案例选取历经三个步骤：①采用文献荟萃和内容分析，建立环境群体性事件案例库，涵盖 1985 年到 2015 年 30 年间发生在不同地点、层级、领域的近千件事件，从中选出较有典型性的百余件事件作为重点案例。②将重点案例分为处置成功组、半成功组、失败组。冲突处置是一个非常复杂的过程，当处置相对公正合理、引发冲突的问题至少获得部分解决、民众的利益和权益得到相对保障、长期社会影响积极正面时，将其归入处置成功组；当冲突愈演愈烈或只是暂时被压制下去、引发冲突的问题未获解决、“残留的负面情绪”很可能诱发新一轮冲突时，则将其归入处置失败组[2]；处于成功组和失败组之间的为半成功组。③根据个案的集中性[3]、可比性[4]以及资料的完备性，遴选出事件处置结果不同的风险感知型环境群体性事件（污染未发生）与现实污染型环境群体性事件（污染已发生）各两个：①第一组案例是“2012 年海南省三亚市乐东黎族自治县（简称乐东县）莺歌海镇万人抗建燃煤发电厂兴建事件”（案例 A，处置成功）和“2014 年湖南省湘潭县九华大道数万人抗议垃圾焚烧厂事件”（案例 B，处置半成功）；②第二组案例是“2009 年湖南省武冈市文坪镇横江村 200 村民抗议血铅污染事件”（案例 C，处置成功）和“2013 年湖南省常德市桃源县群众抗议创元铝业污染事件”（案例 D，处置失败）（表 6-4-2）。

表 6-4-2 深度案例情况简表

案例	名称	处置结果	深度案例比较分析中的控制变量				资料分布						
			经济地域	城乡属性	抗争类型	污染类型	文献资料/篇				访谈资料		
							百度	报纸	知网	总计	受访总数	受访者及人数分布	访谈记录
A	2012 年海南省三亚市乐东县莺歌海镇万人抗议燃煤发电厂兴建事件	成功	经济欠发达地区	城乡接合部	前期以非暴力抗议为主，中后期以暴力抗争为主	污染未发生的邻避事件（土壤、水、大气等潜在污染）	6	16	5	24	—	—	—

1 该方法处于严格量化研究和个案研究间的模糊地带，在案例数量和变量赋值上限制相对较少，参见 Ragin C C. The Comparative Method：Moving Beyond Qualitative and Quantitative Strategies[M]. University of California Press，Berkeley，CA，2014. 已有学者将它应用到群体冲突研究中，如：McAdam D，McCarthy J D，Zald M N. Comparative Perspective on Social Movements[M]. Cambridge University Press，London，1996；应星. “气场”与群体性事件的发生机制——两个个案的比较[J]. 社会学研究，2009（6）：105-121；黄荣贵，桂勇. 互联网与业主集体抗争：一项基于定性比较分析方法的研究[J]. 社会学研究，2009（5）：29-56.

2 Yang L，Lan Z，He S. Roles of Scholars in Environmental Community Conflict Resolution：A Case Study in Contemporary China[J]. International Journal of Conflict Management，2015，26（3）：316-341；Jeong H W. Understanding Conflict and Conflict Analysis[M]. SAGE Publications，London，2008.

3 集中性指所选个案集中体现了某类现象的主要特征和属性，因而成为该类别现象的典型载体，即该个案的情境集中体现出环境群体性事件中六个核心变量的重要特征、演变进程及其内在逻辑关系。参见王宁.代表性还是典型性？——个案的属性与个案研究方法的逻辑基地[J]. 社会学研究，2002（5）：123-125.

4 可比性是指两个用于比较的案例应在事件特征上具有一致性，以在研究中控制外生变异，保证有效性。

案例	名称	处置结果	深度案例比较分析中的控制变量				资料分布						
			经济地域	城乡属性	抗争类型	污染类型	文献资料/篇				访谈资料		
							百度	报纸	知网	总计	受访总数	受访者及人数分布	访谈记录
B	2014 年湖南省湘潭县九华大道数万人抗议垃圾焚烧厂事件	半成功	经济欠发达地区	城乡接合部	以非暴力抗争为主	污染未发生的邻避事件（大气、水等潜在污染）	27	4	6	37	9	居民（7）、公务员（2）	19 千字
C	2009 年湖南省武冈市文坪镇横江村 200 村民抗议血铅污染事件	成功	经济欠发达地区	农村	前期以非暴力抗议为主，中后期以暴力抗争为主	污染已发生的环境事件（大气、水等显在污染）	8	10	60	78	30	居民（27）、公务员（3）	50 千字
D	2013 年湖南省常德市桃源县群众抗议创元铝业污染事件	失败	经济欠发达地区	农村	前期以非暴力抗议为主，中后期以暴力抗争为主	污染已发生的环境事件（大气、水等显在污染）	7	5	0	12	21	居民（17）、公务员（3）、其他（1）	126 千字

资料来源：作者自制。

案例选择的合理性在于：①通过对比分析处置结果具有明显差异性的典型事件，可建立事件处置行为与处置结果之间的因果逻辑关系。如能证明理论模型可同时解释具有相似初始条件的正反面案例，就更有信心相信理论模型的真实性和可靠性。[1]例如，在第一组案例中，两案例的不同之处在于：在案例 A 中，当地政府通过恰当的处置措施主动平息事态。尽管事件初期曾暴发警民冲突，最激烈时甚至达到万人规模，但乐东县政府及时调整领导班子，重新解释项目相关的环保措施，与当地民众达成谅解，最终使发电厂重新落户莺歌海镇，并提前完工。相比之下，在案例 B 中，前期和中期政府部门多以项目符合国家规定、已获省环保厅批复等理由回应，加之以限制报道、删帖等措施，但未能与民众形成有效沟通，最终污染企业迫于监管压力及企业经济形势的压力而迁出，事件才随着时间推移和环境改变而不再激烈，但仍遗留部分搬迁处置问题和补偿问题。②两组案例在经济地域、城乡属性、抗争类型、污染类型等方面的相似性使得这两组案例构成了“天然”的“最相似系统设计”[2]，符合可比性要求，为比较研究提供了方便。③通过定性资料进行深度分析的关键在于所搜集资料的真实性与丰富性，四个典型案例都具有较丰富的文献资料或实地访谈资料（表 6-4-2），符合集中性和资料完备性要求。需指出的是，为解决群体冲突的敏感性及与之相关的伦理和安全问题，访谈采用匿名形式，后文所有论述均使用化名。

1 李珍. 反事实与因果机制[J]. 自然辩证法研究，2009（9）：33-38；唐世平. 迈向基于机制的解释和理解：负面案例和反事实思考[EB/OL]. [2017-01-26]. http://www.docin.com/p-483627061.html.

2 Mill J S. A System of Logic Ratiocinative and Inductive. A System of Logic Ratiocinative and Inductive[M]. Harper & Brothers，New York，NY，1882.

三、变量测量

（一）问卷调查中的变量测量

由于六个核心变量相对抽象，在大多数情况下，不能期望公众对其在冲突前后所处的水平有清晰的理解和认识。因此，为了增强构念效度和数据的可获得性，研究通过问卷中较为明确的情景设置使被调查者卷入，进而测量其对六个核心变量的评价和感知。如表 6-4-3 所示，每个核心变量对应 2 个题项：第 1 题通过询问被调查者对“当您/人们[1]（包括您自己）决定和大家一起行动（如示威、静坐、散步、抗议、集体上访等）的时候，如下几种情形的实际情况如何？”的对应选项来测量冲突暴发前（简称“事前”）答卷者对该变量的评价水平；第 2 题通过询问被调查者对“当事件结束，您觉得事件解决结果还可以接受，或者不得不接受的时候，以下几种情形的实际情况如何？”的对应选项来测量冲突平息后（简称“事后”）答卷者对该变量的评价水平。同时，为了降低社会期许偏误（social desirability bias）[2]和避免对后题的回答受到对前题回答的影响等，将两题分开列在问卷第 3 页和第 6 页，均为单选。问卷使用 Likert 型量表，答案分为“非常大”（赋值 5）、“比较大”（赋值 4）、“一般”（赋值 3）、“比较小”（赋值 2）、“非常小”（赋值 1）五个等级，均为正向计分，分值越高表示对应变量越强。对事件和答卷者个人特征的调查也采用单选题的形式（具体选项见表 6-4-1b 和表 6-4-1c）

表 6-4-3　公共均衡核心变量及其所对应的测量题项

核心变量	测量题项
相对利益满足感	对自己/人们当时处境的满意程度
	对自己当时处境的满意程度
维持或合作意愿	觉得应该息事宁人，尽量通过沟通等方法悄悄解决问题的意愿
	觉得也差不多了，应该采取合作态度或息事宁人的方法来让事件就此结束的意愿
社会总约束力	觉得社会（包括政府、法律等）对你们/人们要采取的反抗行动的阻力或障碍如何
	觉得社会（包括政府、法律等）对你们继续采取反抗行动的阻力或障碍
可使用反抗力	觉得你们/人们采取反抗行动所需要的资源、条件和力量等如何
	觉得可以帮助你们继续采取反抗行动的资源、条件和力量
反抗机会	觉得当时的情况是一个让你们/人们采取反抗行动表达意见的大好机会的程度
	觉得当时还存在让你们可以继续采取反抗行动来表达意见的机会的程度
社会总刺激	觉得实在无法忍受，再也不愿“忍气吞声”或“坐以待毙”的程度
	觉得还无法忍受，不能就此罢手的程度

资料来源：作者自制。

1 当参与者版与非参与者版问卷情境设置出现差别时，用斜线隔开，斜线前为参与者问卷的表述，后为非参与者问卷的表述，前者通过事后回溯作答，后者则依靠理性推断作答。

2 社会期许偏误是指受访者在遇到敏感问题时往往不愿表达真实想法，以避免出现与社会主流意见相反的窘迫或尴尬场面，如在 2016 年美国大选的民意测验中，许多沉默的特朗普支持者就属于这一类型，从而导致兰德公司的民调结果为希拉里获胜概率大幅领先，有违事实。参见 Fisher R J. Social Desirability Bias and the Validity of Indirect Questioning[J]. Journal of Consumer Research，1993，20（2）：303-315.

（二）深度案例比较分析中的变量测量

研究采用两轮定性编码。第一轮是开放式编码。面对理论世界和经验世界两个世界[1]，由于前者无法被科学考察，必须在经验世界中寻找理论概念所对应的可测量范畴，开放式编码便是这样一个操作化[2]过程。首先将收集的文献和访谈资料打散，然后定义现象，赋予其概念，再以新的范畴[3]把它们重新组合起来[4]。经编码后，共抽象出了39个相对独立的初始概念，对初始概念进行范畴化[5]，形成了公共相对利益满足感、公共维持或合作意愿、社会总约束力、公共可使用反抗力、公共反抗机会以及社会总刺激六大范畴（表6-4-4）。这一过程先由一研究助理独立完成，再由作者和研究助理共同审校以保证编码的准确性。

表6-4-4 开放式编码及范畴化示例

范畴	原始资料（初始概念）
公共相对利益满足感	创元铝业自2003年4月首条生产线投产以来产生的“三废”给周边环境造成严重污染。（公共生存权益） “但住得久了，就不对劲了！确实有污染，污染太大了！”（公共生存权益相对满足感） “老百姓啊？老百姓种瓜不得瓜，种果不得果，肯定恼火了！”（个体人经济利益相对满足感） “后来就给我这里每年赔这个污染费——就是每一年多少钱啊，就是按这个面积算的，但是对这个人身污染没有给过一分钱！”（个人受损求偿权益相对满足感）
公共维持或合作意愿	“我们没有机会也没有资格去跟企业交涉，企业他也不会跟我们交涉！”（企业合作意愿） 2006年起，创元铝业每年向桃源县政府支付1 000万元作为包干费用，专门用于污染赔偿。（企业合作意愿） 民众反映未获得过相关污染赔偿。（民众合作意愿） 桃源县政府在树木、作物上作了一些象征性的赔偿。（政府合作意愿） “这里有个老百姓天天闹事上访，在乡里面就是维稳的重点！”（政府维稳意愿）
社会总约束力	出于利益输送，或者出于经济需要，行政部门的“放任自流”导致了污染惨剧的发生。（政府监管意愿） 由于人手有限，或者力量薄弱，行政部门的力不从心造成了排污企业的有恃无恐。（政府监管能力） “民不与官争！”（传统道德约束）“你说你要游行，那就要申请！”（法律约束）
公共可使用反抗力	2011年9月，周边村民们联名告到环境保护部。（抗争方式）“也就200人这样子吧！”（反抗规模） “抗议？他以前是经常的。就是游行示威啊，上访啊！”（反抗类型） “环保组织有啊！你像这个《新京报》曝光之前啊，有这个环保组织啊——就是这个长沙的曙光环保，就是本省的；还有个就是天津榆林，天津榆林就是这个徐勇。”（资源整合）
公共反抗机会	“搞了好多年，实在是没办法解决了，是吧？杀人的心都有，就补偿这么点！”（情绪化） “一个老百姓你是靠耕田种地为生的，你不是靠这样去跑，像这样子去告状为生的！”（反抗意愿）
社会总刺激	职业病医院不给职业病人诊断，体检造假，不给治疗，连临床住院都遭干涉。（行政干涉） “出动了公安啊”（暴力手段） “那游行——都抓去坐牢了！”（政民关系） “二十多位局长级占股分红，还不算局长以上官员分红占股。”（谣言） 一些在此世代生息的农民背井离乡，成为环境移民。（故土情结）

注：为节省篇幅，每个初始概念只报告了一条语句；引号内为访谈记录，其余为文献资料。

资料来源：作者自制。

1 涂尔干，埃米尔. 社会学方法的准则[M]. 狄玉明，译. 北京：商务印书馆，1995.

2 所谓操作化，是指“测量一个概念时必须架通概念层次和经验层次的桥梁，找出一个经验地测量概念的方法，即在经验层次为这个概念找到一组指标或一个量表。操作化就是这种沟通概念层次和经验层次的过程”。参见张小天. 论操作化[J]. 社会学研究，1994（1）：54-60；吴肃然. 论操作化：当代社会科学哲学的启示[J]. 社会，2013，33（5）：59-87.

3 Strauss A，Corbin J M. Grounded Theory in Practice[M]. Sage，Newbury Park，CA，1997.

4 陈向明. 社会科学中的定性研究方法[J]. 中国社会科学，1996（6）：93-102；陈向明. 质的研究方法与社会科学研究[M]. 北京：教育科学出版社，2000：332.

5 即把与同一现象有关的概念聚拢成一类。

第二轮是具体编码。首先，根据第一轮所形成的编码表，定义六大概念范畴在极端情境下的表现（表 6-4-5）。例如，归纳出社会总约束力最强时的三种主要情形。其中，除公共相对利益满足感的极端情境描述为最劣情境外，其他范畴所对应的均为最优情境。其次，比较四个深度案例在各范畴下的情形与极端情境的符合程度。最后，根据符合程度的高、中、低测量其对应范畴所处的水平（高、中、低）。在六个范畴中，公共相对利益满足感所对应情形越符合极端情境，则水平越低；而其他范畴所对应情形越符合极端情境，则水平越高。

表 6-4-5　衡量公共均衡六个变量水平的定性编码规则

变量	极端情境
公共相对利益满足感	情形 1：环境污染尚未造成，当地居民担忧其生存健康权益将受到侵害 情形 2：环境污染业已造成，当地居民生存健康权益受到严重侵害 情形 3：污染补偿措施未出台或未落实，当地居民受损求偿权受到侵害 情形 4：当地政府引入潜在污染企业的过程未公开及征求各方意见，当地居民知情权受损 情形 5：污染企业的撤出引发当地经济发展的真空期，区域经济不健康成长
公共维持或合作意愿	情形 1：当地居民愿意优先采取谈判手段解决利益纠纷 情形 2：当地政府亲民爱民，主动引导居民采取合法手段诉求利益，不偏袒污染企业，居中协调 情形 3：污染企业积极采取措施治理污染，并主动补偿污染受损者的利益
社会总约束力	情形 1：法治观念深入人心，当地居民通常采取合法手段进行抗议 情形 2：当地政府执政公正透明，深受当地居民信任，能主持各利益相关方和平谈判 情形 3：道德观念根深蒂固，当地居民不愿意主动挑起冲突
公共可使用反抗力	情形 1：反抗规模较大，参与人数众多，某一时期内频繁发生 情形 2：反抗形式多样（如新闻媒体、网络的介入）或较为激烈（有暴力冲突） 情形 3：参与层次较广，多种社会角色协作，有一定组织结构
公共反抗机会	情形 1：当地居民对环境污染长期得不到治理感到强烈不满 情形 2：当地居民发现难以通过沟通谈判等手段解决问题，因而采取群体性冲突的形式 情形 3：当地政府采取强制手段控制事态，引发当地居民更强烈的反抗情绪
社会总刺激	情形 1：谣言肆意传播，加深冲突对立方相互的不信任感 情形 2：当地政府主要强调维稳，未解决实质问题 情形 3：污染企业我行我素，继续污染环境 情形 4：上一次冲突后达成的协议或解决方案未能得到落实，当地居民利益继续受损

资料来源：作者自制。

四、数据分析

（一）问卷数据分析法

问卷数据的统计分析主要包括描述性统计、分组回归和方差分析等。检验问卷信度的克隆巴赫 Alpha 系数为 0.941，说明信度优异[1]。第一，运用统计软件 Spss 24.0 和 Microsoft

1 Peterson R A. A Meta-analysis of Cronbach’s Coefficient Alpha[J]. Journal of Consumer Research，1994，21（2）：381-391.

Excel 2016，以受调查者选择“非常大”“比较大”“一般”的百分比的总计为标准对事件发生前后的六个核心变量进行测算，然后将对应的测算结果代入公共均衡计算公式，得出事前公共均衡值和事后公共均衡值，并计算了与不同事件特征和不同受调查者个体特征相对应的不同类型的事前和事后公共均衡值。

第二，为了检验事件自身特征对公共均衡值的调节作用，以事件发生前和发生后的六个核心变量为自变量，以事件发生前后的公共均衡值为因变量，以经济地域、城乡属性、污染类型、抗争类型为调节变量，进行了分组多元回归分析。由于事件发生前后各有一个公共均衡值，故此时回归分析的样本个数 N 为 2 623×2=5 246。在自变量为连续变量、调节变量为定类变量的情况下，调节作用的检验可按调节变量的取值来分组，对每组进行回归分析，比较各组回归模型间的差异，若差异显著，则表明调节变量的调节效应显著[1]。

第三，为了考察性别、年龄等答卷者个体特征对公共均衡值评价的影响，进行了方差分析（ANOVA）。首先根据性别、年龄等个体特征对数据进行分组，其次分别计算不同个体特征分组下的数据的组内和组间方差，最后根据 F 值及其对应的显著性水平判断个体特征是否对公共均衡值的评价产生了影响。方差分析预设各统计样本的均值服从相同方差的正态分布，各统计样本均值的差异有两个来源：一是由测量误差或原本个体分布所导致的组内变异；二是由不同的分组所导致的组与组之间的组间变异[2]；而组间与组内均方的比值构成 F 分布。所以，如分组没有造成显著差异，F 值应接近 1，反之若造成了显著差异，F 值应远大于 1[3]。同时，为了考察个体特征的具体影响，又计算了不同特征组的均值和标准差，以进行比较分析。

（二）深度案例数据分析法

在前三轮编码的基础上，以量值 H、M、L 依次对应各范畴下情形与相应极端情境高、中、低的符合程度[4]，并通过赋值和运算得到公共均衡值。以社会总约束力为例，将较好地符合多个极端情境的案例的社会总约束力水平记为 H，符合或部分符合其中某些情形的社会总约束力水平记为 M，基本不符合所有情形的社会总约束力水平记为 L。然后，对 H、M、L 依次赋值 3、2、1。最后，代入公共均衡值计算公式，算出公共均衡值。为了更好地比较，也对计算得到的公共均衡值进行了编码，明显大于 1 的编为 H（高），接近于 1 的编为 M（中），明显小于 1 的编为 L（低）。同时，在分析事件过程及对六个核心变量影响的基础上，探讨四个案例的旧公共均衡打破、公共均衡调整和新公共均衡形成的具体过程。

1 Cohen J，Cohen P，West S G，et al. Applied Multiple Regression/correlation Analysis for the Behavioral Sciences[M]. Routledge，London.，2013；Wen Z，Chang L，Kit-Tai H. Mediated Moderator and Moderated Mediator[J]. Acta Psychologica Sinica，2006，38（3）：448-452；温忠麟，侯杰泰，张雷. 调节效应与中介效应的比较和应用[J]. 心理学报，2005，37（2）：268-274；温忠麟，张雷，侯杰泰. 有中介的调节变量和有调节的中介变量[J]. 心理学报，2006（3）：448-452；王建明. 资源节约意识对资源节约行为的影响——中国文化背景下一个交互效应和调节效应模型[J]. 管理世界，2013（8）：77-90.

2 胡竹菁，戴海琦. 方差分析的统计检验力和效果大小的常用方法比较[J]. 心理学探新，2011，31（3）：254-259.

3 薛薇. 统计分析与 SPSS 的应用[M]. 北京：中国人民大学出版社，2008；林乐明. 单因素方差分析中组间离差平方和性质的证明[J]. 财经问题研究，1986（6）：86-89；曹昭. 关于方差分析的“直观思想”与“数学思想”辨析[J]. 统计与决策，2014（10）：238-239.

4 公共相对利益满足感除外，其编码过程刚好相反，最符合记为 L，一般符合记为 M，最不符合记为 H。

第五节　模型检验结果

本节要点　本节介绍了对“公共均衡与非均衡”群体冲突理论模型进行实证检验的结果，揭示了公共均衡值对群体冲突的显著影响，揭示了六个核心变量与公共均衡值的关系以及事件特征的调节作用。

一、调查数据的验证结果

（一）公共均衡与非均衡的总体验证结果

分析表明，基于全体样本数据计算的事前公共均衡值小于1，事后公共均衡值大于1，验证了研究假设（表6-5-1a）。而且，无论答卷者是群体冲突的参与者还是非参与者（表6-5-1a），也无论是哪类冲突（表6-5-1b），其事后公共均衡值均大于事前公共均衡值，验证了研究假设。此外，按照个体特征划分而计算出的公共均衡值，也基本上是事前公共均衡值小于1，事后公共均衡值大于1（表6-5-1c），验证了研究假设。即使偶有未完全验证事前公共均衡值小于1，事后公共均衡值大于1的假设的情况，也基本上都是事后公共均衡值大于事前公共均衡值（接近于1），基本符合研究假设；只有60～70岁非参与者和8 001～9 500元收入的非参与者群体的事前公共均衡值大于事后公共均衡值。

表6-5-1　各类群体的事前、事后公共均衡值分布

	事前均衡值	事后均衡值	假设成立否	事前均衡值	事后均衡值	假设成立否	事前均衡值	事后均衡值	假设成立否
数据基础	参与者问卷数据			非参与者问卷数据			全部问卷数据		
a. 总体结果	0870	1.190	√[a]	0.917	1.177	√	0.897	1.182	√
b. 事件特征									
（1）经济地域									
经济发达地区	0.865	1.282	√	0.930	1.178	√	0.902	1.219	√
经济欠发达地区	0.872	1.153	√	0.912	1.177	√	0.895	1.167	√
（2）城乡属性									
城市	0.814	1.110	√	0.894	1.149	√	0.863	1.181	√
农村	0.885	1.208	√	0.965	1.186	√	0.934	1.194	√
城乡接合部	0.908	1.152	√	0.877	1.202	√	0.892	1.177	√
（3）抗争类型									
非暴力抗议	0.824	1.174	√	0.903	1.173	√	0.864	1.174	√
暴力抗争	0.758	1.223	√	0.788	1.140	√	0.773	1.180	√
网络争议	0.867	1.227	√	0.897	1.158	√	0.885	1.184	√

	事前均衡值	事后均衡值	假设成立否	事前均衡值	事后均衡值	假设成立否	事前均衡值	事后均衡值	假设成立否
数据基础	参与者问卷数据			非参与者问卷数据			全部问卷数据		
（4）污染类型									
大气污染	0.827	1.220	√	0.872	1.182	√	0.850	1.198	√
水污染	0.852	1.171	√	0.892	1.172	√	0.876	1.172	√
固体废物污染	0.867	1.113	√	0.875	1.201	√	0.871	1.169	√
噪声污染	0.931	1.146	√	0.885	1.201	√	0.905	1.177	√
土壤污染	0.890	1.177	√	0.852	1.155	√	0.869	1.165	√
电磁辐射污染	0.799	1.360	√	0.825	1.144	√	0.813	1.177	√
放射性污染	0.872	1.172	√	0.809	1.108	√	0.842	1.140	√
热污染	0.825	1.183	√	0.848	1.114	√	0.835	1.151	√
光污染	0.847	1.183	√	0.914	1.106	√	0.881	1.142	√
c. 个体特征									
（1）性别									
男性	0.886	1.192	√	0.950	1.165	√	0.923	1.176	√
女性	0.850	1.189	√	0.858	1.192	√	0.859	1.191	√
（2）年龄									
20 岁及以下	0.983	1.136	√	0.913	1.047	√	0.944	1.085	√
21～30 岁	0.886	1.172	√	0.945	1.168	√	0.901	1.169	√
31～40 岁	0.711	1.188	√	0.892	1.254	√	0.899	1.225	√
41～50 岁	0.849	1.242	√	0.859	1.232	√	0.853	1.238	√
51～60 岁	0.832	1.302	√	0.748	1.113	√	0.787	1.192	√
61～70 岁	0.962	1.362	√	1.239	1.137	×	1.078	1.255	×
71～80 岁	0.991	1.369	√	0.589	2.888	√	0.857	1.741	√
30 岁以下	0.859	1.163	√	0.939	1.144	√	0.909	1.151	√
31～50 岁	0.883	1.210	√	0.883	1.248	√	0.883	1.229	√
51 岁及以上	0.883	1.327	√	0.822	1.1.163	√	0.852	1.238	√
（3）受教育程度									
未曾上学	1.026	1.258	×	1.170	1.192	×	1.099	1.221	×
小学及以下	0.915	1.118	√	0.970	1.066	√	0.944	1.090	√
初中	0.911	1.094	√	1.135	1.220	×	1.042	1.164	×
高中（职高等）	0.921	1.176	√	0.814	1.177	√	0.848	1.177	√
大学（专科、本科）	0.840	1.215	√	0.946	1.168	√	0.876	1.188	√
硕士	0.857	1.245	√	0.813	1.206	√	0.832	1.222	√
博士	0	0		0.750	1.500	√	0.750	1.500	√
义务教育	0.912	1.100	√	1.098	1.180	×	1.018	1.146	×
后义务教育	0.855	1.214	√	0.869	1.176	√	0.863	1.191	√

	事前均衡值	事后均衡值	假设成立否	事前均衡值	事后均衡值	假设成立否	事前均衡值	事后均衡值	假设成立否
数据基础	参与者问卷数据			非参与者问卷数据			全部问卷数据		
（4）职业[b]									
城市或农村居民	0.862	1.047	√	0.957	1.117	√	0.917	1.087	√
个体工商户	0.902	1.124	√	0.951	1.322	√	0.930	1.232	√
公司企业	0.872	1.083	√	0.883	1.187	√	0.879	1.145	√
政府部门	0.822	1.363	√	0.859	1.247	√	0.840	1.303	√
事业单位	0.851	1.300	√	0.872	1.160	√	0.863	1.218	√
社会组织	1.029	1.169	×	1.072	1.191	×	1.061	1.185	×
（5）收入									
1 500 元及以下	0.919	1.115	√	0.982	1.159	√	0.958	1.143	√
1 501～3 000 元	0.976	1.255	√	0.880	1.198	√	0.910	1.217	√
3 001～4 500 元	0.777	1.229	√	0.911	1.184	√	0.849	1.203	√
4 501～6 000 元	0.837	1.110	√	0.777	1.246	√	0.814	1.161	√
6 001～7 500 元	0.708	1.586	√	0.889	0.995	√	0.782	1.298	√
7 501～8 000 元	0.758	1.231	√	0.869	1.176	√	0.815	1.201	√
8 001～9 500 元	0.807	1.164	√	1.205	1.138	×	0.935	1.155	√
9 501 元以上	0.756	1.647	√	0.962	1.265	√	0.859	1.422	√
低收入群体	0.919	1.115	√	0.982	1.159	√	0.958	1.143	√
中等收入群体	0.976	1.255	√	0.880	1.198	√	0.910	1.217	√
高收入群体	0.794	1.213	√	0.881	1.190	√	0.835	1.201	√

[a] 此处的“√”是指数据检验的结果符合预期假设，相对地，“×”指数据检验结果不符合预期假设。

资料来源：作者自制。

（二）模型的回归检验和事件特征的调节作用

多元线性回归表明，总体上，公共相对利益满足感（X_1）、公共维持或合作意愿（X_2）、社会总约束（X_3）、公共反抗机会（X_5）和社会总刺激（X_6）均对环境群体性事件发生与否有显著影响。特别地，公共相对利益满足感、公共合作意愿及社会总约束力三个自变量的回归系数均为正，表示它们对公共均衡值的提高有正向作用，数值越高，均衡值越高，事件发生的可能性越低；而公共可使用反抗力、反抗机会及社会总刺激的回归系数则均为负，表示其对公共均衡值的提高有反向作用，数值越高，均衡值越低，事件发生的可能性越高，进一步验证了公共均衡值计算公式的合理性（表 6-5-2a）。此外，回归结果也显示，在三个正向影响要素中，社会总约束力的系数最高；而在三个反向影响要素中，公共反抗机会的系数最高。特别地，在六个影响因素中，公共反抗机会的系数的绝对值最大。表明其对公共均衡值的影响最大，其次是社会总约束力和社会总刺激。

表 6-5-2 六个核心变量（X_1 到 X_6）与公共均衡值（Y）的关系以及事件特征的调节作用（N=5 246）

		（常数项）	公共相对利益满足感（X_1）	公共维持合作意愿（X_2）	社会总约束力（X_3）	公共可使用反抗力（X_4）	公共反抗机会（X_5）	社会总刺激（X_6）	R	R^2	调整 R^2	标准估计的误差	D-W	F（AVOVA）
a. 总体数据		3.663（0.000）***	0.548（0.000）***	0.560（0.000）***	0.913（0.000）***	−0.644（0.000）***	−1.088（0.000）***	−0.905（0.000）***	0.545	0.297	0.296	3.036	1.896	368.393（0.000）***
b. 经济地域	发达地区	3.522（0.000）***	0.417（0.000）***	0.753（0.000）***	1.021（0.000）***	−0.984（0.000）***	−0.980（0.000）***	−0.836（0.000）***	0.558	0.312	0.309	3.003	1.794	126.172（0.000）***
	欠发达地区	3.737（0.000）***	0.608（0.000）***	0.512（0.000）***	0.857（0.000）***	−0.573（0.000）***	−1.115（0.000）***	−0.912（0.000）***	0.543	0.295	0.293	3.044	1.945	247.692（0.000）***
c. 城乡属性	城市	3.747（0.000）***	0.526（0.000）***	0.750（0.000）***	0.933（0.000）***	−0.987（0.000）***	−1.071（0.000）***	−0.783（0.000）***	0.583	0.339	0.337	2.954	1.984	120.896（0.000）***
	农村	3.346（0.000）***	0.503（0.000）***	0.637（0.000）***	0.739（0.000）***	−0.425（0.000）***	−1.023（0.000）***	−0.948（0.000）***	0.575	0.331	0.329	2.627	1.786	162.029（0.000）***
	城乡接合部	4.149（0.000）***	0.691（0.000）***	0.434（0.000）***	1.118（0.000）***	−1.009（0.000）***	−1.057（0.000）***	−0.945（0.000）***	0.518	0.268	0.265	3.582	1.934	102.453（0.000）***
d. 事件类型	非暴力抗议	3.896（0.000）***	0.441（0.000）***	0.565（0.000）***	0.935（0.000）***	−0.629（0.000）***	−1.044（0.000）***	−0.930（0.000）***	0.548	0.301	0.300	3.045	1.956	431.751（0.000）***
	暴力抗争	3.602（0.000）***	0.715（0.000）***	0.411（0.000）***	0.629（0.000）***	−0.917（0.000）***	−0.636（0.000）***	−0.791（0.000）***	0.578	0.334	0.328	2.389	1.989	58.980（0.000）***
	网络争议	3.434（0.000）***	0.665（0.000）***	0.542（0.000）***	0.807（0.000）***	−0.789（0.000）***	−0.969（0.000）***	−0.818（0.000）***	0.563	0.317	0.315	2.730	1.986	139.490（0.000）***

		（常数项）	公共相对利益满足感（X_1）	公共维持合作意愿（X_2）	社会总约束力（X_3）	公共可使用反抗力（X_4）	公共反抗机会（X_5）	社会总刺激（X_6）	R	R^2	调整 R^2	标准估计的误差	D-W	F（AVOVA）
e. 污染类型	大气污染	4.055（0.000）***	0.531（0.000）***	0.750（0.000）***	1.022（0.000）***	−1.037（0.000）***	−0.984（0.000）***	−0.986（0.000）***	0.545	0.297	0.295	3.498	1.872	184.682（0.000）***
	水污染	3.697（0.000）***	0.599（0.000）***	0.642（0.000）***	0.949（0.000）***	−0.932（0.000）***	−0.990（0.000）***	−0.892（0.000）***	0.539	0.291	0.290	3.244	1.967	214.923（0.000）***
	固体废物污染	3.325（0.000）***	0.462（0.000）***	0.357（0.000）***	0.893（0.000）***	−0.357（0.000）***	−0.988（0.000）***	−0.874（0.000）***	0.557	0.310	0.307	2.672	2.018	113.691（0.000）***
	噪声污染	3.044（0.000）***	0.487（0.000）***	0.658（0.000）***	0.537（0.000）***	−0.749（0.000）***	−0.706（0.000）***	−0.691（0.000）***	0.644	0.415	0.413	1.799	1.901	199.095（0.000）***
	土壤污染	3.941（0.000）***	0.669（0.000）***	0.670（0.000）***	1.171（0.000）***	−1.092（0.000）***	−1.130（0.000）***	−0.976（0.000）***	0.545	0.297	0.294	3.597	2.014	97.750（0.000）***
	电磁辐射污染	2.226（0.000）***	0.509（0.000）***	0.464（0.000）***	0.558（0.000）***	−0.634（0.000）***	−0.788（0.000）***	−0.345（0.000）***	0.668	0.446	0.437	1.461	1.944	51.628（0.000）***
	放射性污染	2.834（0.000）***	0.544（0.000）***	0.366（0.000）***	0.568（0.000）***	−0.670（0.000）***	−0.593（0.000）***	−0.629（0.000）***	0.694	0.482	0.477	1.380	1.921	101.128（0.000）***
	热污染	4.266（0.000）***	0.312（0.046）**	0.708（0.000）***	1.031（0.000）***	−0.943（0.000）***	−0.811（0.000）***	−1.062（0.000）***	0.531	0.282	0.275	3.146	1.965	37.930（0.000）***
	光污染	2.680（0.000）***	0.710（0.000）***	0.579（0.000）***	0.515（0.000）***	−0.765（0.000）***	−0.639（0.000）***	−0.764（0.000）***	0.686	0.470	0.459	1.565	2.041	40.666（0.000）***

注：括号上方的数值为非标准化系数，括号中的数值表示系数的显著性水平，***、**分别代表在 0.01、0.05 的显著性水平下显著。

表 6-5-2b 到表 6-5-2e 也显示，尽管公共均衡值从总体上决定了事件是否发生，但经济地域、城乡属性、抗争类型和污染类型等也对核心变量对公共均衡值的影响具有调节作用，表现为不同组别之间的回归模型值差别较大。例如，就经济地域而言，表现得最典型的是：在发达地区，对公共均衡值影响最大的是社会总约束力，其次是公共可使用反抗力；但在欠发达地区，对公共均衡值影响最大的是公共反抗机会，其次是社会总刺激。就城乡属性而言，在城市，对公共均衡值影响最大的是公共反抗机会，其次是公共可使用反抗力；在农村，最大的是公共反抗机会，其次是社会总刺激；在城乡接合部，最大的是社会总约束力，其次是公共反抗机会和公共可使用反抗力。就事件类型而言，在非暴力抗议和网络争议中，对公共均衡值影响最大的是公共反抗机会；在暴力抗争中，是公共可使用反抗力。就污染类型而言，在大气污染中，影响最大的是社会总约束力和公共可使用反抗力，其次是社会总刺激和公共反抗机会，最小的是公共相对利益满足感；在水污染中，影响最大的是公共反抗机会和社会总约束力，公共可使用反抗力和社会总刺激次之，最小的也是公共相对利益满足感；在固体废物污染中，影响最大的是公共反抗机会和社会总约束力，其次是社会总刺激，最小是公共维持合作意愿和公共可使用反抗力；在噪声污染中，影响最大的是公共可使用反抗力和公共反抗机会，其次是社会总刺激，最小的是公共相对利益满足感；在土壤污染中，影响最大的是社会总约束力和公共反抗机会，其次是公共可使用反抗力和社会总刺激，最小的是公共相对利益满足感；在电磁辐射污染中，影响最大的是公共可使用反抗力和公共反抗机会，其次是社会总约束力，最小的是社会总刺激；在放射性污染中，影响最大的是公共可使用反抗力和社会总刺激，其次是公共反抗机会和社会总约束力，最小的是公共维持合作意愿；在热污染中，影响最大的是社会总刺激和社会总约束力，其次是公共可使用反抗力和公共反抗机会，最小的是公共相对利益满足感；在光污染中，影响最大的是公共可使用反抗力和社会总刺激，其次是公共相对利益满足感和公共反抗机会，最小的是社会总约束力。

（三）个体特征对公共均衡值评价的影响

人们的个体特征也对公共均衡值评价有一定的影响。例如，男性和女性对相对利益满足感评价存在显著差别，但对其他五个核心变量的评价没有显著差别；不同年龄组人对除反抗机会之外的其他五个核心变量的评价都有显著差别；不同受教育程度的人对相对利益满足感、反抗机会和社会总刺激的评价有显著差别，但是对其他三个核心变量的评价则没有显著差别；不同职业和不同收入组别的人则都对所有六个核心变量的评价有显著差别。可见职业和收入是导致人们评价差别的最重要因素，其次是年龄，受教育程度和性别的影响则相对较弱（表 6-5-3）。

表 6-5-3 个体特征对整体均衡值评价的影响的方差分析结果

			相对利益满足感	合作意愿	社会总约束	可使用反抗力	反抗机会	社会总刺激
性别	组间方差		3.342	0.577	0.007	1.322	0.985	1.356
	组内方差		1.002	1.091	0.831	1.286	0.937	1.078
	F 值		3.335	0.529	0.008	1.028	1.051	1.259
	显著性		0.068*	0.467	0.927	0.311	0.305	0.262
	男性	均值	3.43 [1]	3.34	3.49	3.33	3.34	3.43
		标准差	0.991 {2}	0.946	0.909	1.221	0.972	1.038
	女性	均值	3.38 [2]	3.32	3.49	3.30	3.37	3.47
		标准差	1.018 {1}	1.190	0.915	0.974	0.962	1.038
年龄	组间方差		2.627	2.819	2.336	2.475	0.735	4.161
	组内方差		1.003	1.089	0.828	1.282	0.933	1.074
	F 值		2.620	2.590	2.820	1.931	0.789	3.875
	显著性		0.015**	0.017**	0.010**	0.072*	0.579	0.001***
	20 岁及以下	均值	3.38 [5]	3.33 [3]	3.46 [5]	3.30 [4]	3.36	3.45 [5]
		标准差	0.940 {7}	0.970 {5}	0.932 {5}	0.934 {7}	0.962	1.007 {7}
	21～30 岁	均值	3.38 [5]	3.32 [4]	3.49 [4]	3.33 [2]	3.35	3.41 [6]
		标准差	0.997 {5}	1.127 {2}	0.877 {7}	1.275 {1}	0.920	1.014 {6}
	31～40 岁	均值	3.47[3]	3.32 [4]	3.51 [3]	3.29 [5]	3.36	3.47 [4]
		标准差	1.026 {4}	0.960 {6}	0.933 {4}	1.022 {5}	0.993	1.047 {5}
	41～50 岁	均值	3.45 [4]	3.42 [2]	3.52 [2]	3.39 [1]	3.38	3.52 [3]
		标准差	0.950 {6}	0.941 {7}	0.904 {6}	0.982 {6}	0.997	1.072 {4}
	51～60 岁	均值	3.38 [5]	3.24 [6]	3.44 [6]	3.20 [6]	3.34	3.62 [2]
		标准差	1.133 {3}	1.052 {4}	1.004 {3}	1.058 {4}	1.076	1.100 {3}
	61～70 岁	均值	3.79 [1]	3.67 [1]	3.67 [1]	3.33 [2]	3.52	3.71 [1]
		标准差	1.206 {2}	1.155 {1}	1.091 {2}	1.130 {3}	1.217	1.155 {2}
	71～80 岁	均值	3.50 [2]	3.00 [7]	2.82 [6]	2.77 [7]	3.05	2.86 [7]
		标准差	1.371 {1}	1.069 {3}	1.181 {1}	1.152 {2}	1.327	1.490 {1}
受教育程度	组间方差		1.790	1.131	1.237	0.404	1.880	3.818
	组内方差		1.003	1.091	0.829	1.284	0.937	1.073
	F 值		1.784	1.037	1.492	0.315	2.006	3.557
	显著性		0.098*	0.399	0.177	0.929	0.061*	0.002***
	未曾上学	均值	3.68 [1]	3.47	3.47	3.25	3.45 [1]	3.41 [5]
		标准差	0.814 {6}	0.833	0.894	0.858	0.881 {6}	0.969 {5}
	小学及以下	均值	3.45 [2]	3.42	3.49	3.36	3.37 [3]	3.57 [1]
		标准差	1.012 {2}	0.925	0.949	1.015	0.962 {4}	0.981 {4}
	初中	均值	3.42 [3]	3.34	3.44	3.30	3.25 [6]	3.31 [6]
		标准差	0.898 {5}	0.889	0.938	0.992	1.025 {1}	1.068 {2}
	高中/中专等	均值	3.36 [5]	3.30	3.46	3.30	3.37 [3]	3.45 [4]
		标准差	1.003 {4}	0.957	0.894	0.949	0.969 {3}	0.996 {3}
	大学	均值	3.42 [4]	3.34	3.50	3.33	3.37 [3]	3.48 [3]
		标准差	1.005 {3}	0.977	0.900	1.270	0.952 {5}	1.044 {2}
	硕士及以上	均值	3.38 [6]	3.29	3.57	3.30	3.38 [2]	3.50 [2]
		标准差	1.123 {1}	1.527	0.925	1.022	0.970 {2}	0.707 {6}

			相对利益满足感	合作意愿	社会总约束	可使用反抗力	反抗机会	社会总刺激
职业	组间方差		3.279	2.861	2.519	3.861	2.705	3.763
	组内方差		1.000	1.089	0.828	1.283	0.933	1.070
	F 值		3.279	2.627	3.041	3.010	2.899	3.515
	显著性		0.001***	0.007**	0.002**	0.002***	0.003***	0.000***
	居民	均值	3.39 [4]	3.41 [2]	3.52 {2}	3.40 [1]	3.40 [2]	3.50 [2]
		标准差	0.919 {6}	0.918 {4}	0.866 {6}	0.929 {6}	0.924 {5}	0.958 {6}
	个体工商户	均值	3.42 [2]	3.36 [3]	3.43 [6]	3.26 [5]	3.33 [3]	3.38 [5]
		标准差	0.993 {3}	1.735 {1}	0.950 {4}	0.997 {4}	1.016 {1}	1.046 {3}
	公司企业	均值	3.37 [5]	3.25 [6]	3.46 [5]	3.36 [3]	3.30 [6]	3.41 [4]
		标准差	0.993 {3}	0.900 {5}	0.906 {5}	1.822 {1}	0.919 {6}	1.008 {5}
	政府	均值	3.58 [1]	3.42 [1]	3.59 {1}	3.37 [2]	3.47 [1]	3.56 [1]
		标准差	1.041 {2}	1.003 {3}	0.915 {2}	1.030 {2}	0.995 {3}	1.111 {1}
	事业单位	均值	3.37 [5]	3.30 [5]	3.49 [3]	3.29 [4]	3.33 [3]	3.45 [3]
		标准差	1.043 {1}	1.006 {2}	0.914 {3}	0.977 {5}	0.971 {4}	1.045 {4}
	社会组织	均值	3.42 {2}	3.31 [4]	3.49 [3]	3.21 [6]	3.32 [5]	3.36 [6]
		标准差	0.963 {5}	0.888 {6}	0.936 {1}	1.000 {3}	1.012 {2}	1.077 {2}
收入	组间方差		3.279	2.627	3.041	3.010	2.899	3.515
	组内方差		0.999	1.092	0.826	1.279	0.935	1.071
	F 值		7.666	4.578	5.092	7.774	4.463	10.414
	显著性		0.000***	0.000***	0.000***	0.000***	0.000***	0.000***
	1 500 元及以下	均值	3.40 [4]	3.36 [3]	3.51 [4]	3.33 [3]	3.35 [3]	3.41 [5]
		标准差	0.987 {6}	1.187 [1]	0.917 {5}	0.955 {8}	0.956 {7}	1.051 {3}
	1 501～3 000 元	均值	3.33 [5]	3.34 [4]	3.46 [6]	3.25 [5]	3.32 [5]	3.37 [6]
		标准差	0.977 {7}	0.948 [7]	0.893 {7}	0.985 {4}	0.925 {8}	1.035 {5}
	3 001～4 500 元	均值	3.44 [3]	3.31 [5]	3.52 [3]	3.30 [4]	3.36 [3]	3.56 [3]
		标准差	1.029 {4}	0.958 [6]	0.905 {6}	0.965 {7}	0.998 {5}	1.013 {7}
	4 501～6 000 元	均值	3.63 [2]	3.37 [2]	3.57 [2]	3.58 [1]	3.47 [2]	3.61 [2]
		标准差	0.976 {8}	0.936 [8]	0.862 {8}	1.981 {1}	0.972 {6}	0.987 {8}
	6 001～7 500 元	均值	3.74 [1]	3.62 [1]	3.70 [1]	3.56 [2]	3.65 [1]	3.83 [1]
		标准差	1.016 {5}	1.038 [4]	1.013 {3}	1.095 {2}	1.140 {1}	1.096 {2}
	7 501～8 000 元	均值	3.27 [6]	3.11 [6]	3.48 [5]	3.13 [6]	3.30 [6]	3.43 [4]
		标准差	1.156 {1}	1.030 [5]	0.937 {4}	0.976 {5}	1.052 {3}	1.172 {1}
	8 001～9 500 元	均值	3.22 [8]	2.78 [8]	2.94 [8]	2.84 [8]	3.02 [8]	2.96 [8]
		标准差	1.229 {2}	1.075 [3]	1.114 {1}	0.976 {5}	1.078 {2}	1.029 {6}
	9 501 元及以上	均值	3.26 [7]	3.10 [7]	3.26 [7]	3.10 [7]	3.10 [7]	3.05 [7]
		标准差	1.044 {3}	1.105 [2]	1.050 {2}	1.064 {3}	1.008 {4}	1.049 {4}

注：方差分析的假设 H_0 为个体特征对均衡值评价没有影响。***、**和*分别表示在 0.01、0.05 和 0.1 的显著性水平下显著，拒绝 H_0；[]和{}内的数字表示不同个体特征对同一核心变量评价从高到低的排序。

同时，不同组别均值和标准差的对比分析表明：①就性别而言，男性对公共相对满意感的评价比女性较高，且标准差也较小，说明男性评价较高且一致性程度也较高。②就年龄而言，61～70 岁组群体的公共相对利益满意感均值最高，71～80 岁组次之，51～60 组和 30 岁及以下组最低；61～70 岁组的公共维持或合作意愿明显大于其他的群体，41～50 岁组次之，71～80 岁组最低；61～70 岁组的社会总约束力评价的均值最高，41～50 岁组次之，71～80 岁组最低；41～50 岁组的公共可使用反抗力评价的均值最高，71～80 岁组的最低，其他组处在中间；最后，61～70 岁组对社会总刺激评价的均值最高，51～60 岁组次之，71～80 岁组最低。而且，总体上可看出，61～70 岁组群体对公共利益满意足感、公共维持或合作意愿、社会总约束力、社会总刺激评价的均值都最高，且标准差也都相对较大。说明这一族群对这些方面的评分都较高，且差异性也较大。③就受教育程度而言，未曾上学组对公共相对利益满足感评价的均值最高，硕士及以上组最低，其他组群居中；在对公共反抗机会方面，从均值来看，未曾上学组对公共反抗机会评价的均值最高，最低的是初中组，其他组群居中；小学及以下组对社会总刺激评价的均值最高，最低的是初中组，其他组居中。④就职业而言，政府组对公共相对利益满足感评价的均值最高，最低的是公司企业和事业单位，其他组群居中；政府组对公共维持或合作意愿评价的均值最高，最低是社会组织和公司企业，其他组群居中；政府组对社会总约束力评价的均值最高，最低是个体工商户，其他组群居中；居民组对公共可使用反抗力评价的均值最高，最低是社会组织，其他组群居中；政府组对公共反抗机会评价的均值最高，最低是公司企业组，其他组群居中；政府组对社会总刺激评价的均值最高，最低是居民，其他组群居中。而且，从整体上可以看出，政府群组对除公共可使用反抗力之外的其他五个要素评价的均值都最高，而对公共可使用反抗力的评价均值也排第二，且其标准差也都排前三位。说明政府组对各个要素的评价都较高，且内部差异较大。⑤就收入而言，对公共利益满足感、公共维持或合作意愿、社会总约束力、公共反抗机会、社会总刺激的评价的均值，都是 6 001～7 500 元组最高，8 001～9 500 元组最低，其他组群居中；唯一不同的是对公共可使用反抗力的评价，均值最高是 4 501～6 000 元组，最低却仍然是 8 001～9 500 元组，其他组群体居中。

二、深度案例比较分析的验证结果

（一）公共均衡值计算公式的验证结果

定性编码结果表明：①在群体性事件暴发前，原公共均衡被打破，四个案例的公共均衡值均小于 1。②在冲突解决或暂时平息后，公共均衡值都有所提高。③如事后均衡值大于 1，则冲突处置成功（案例 A 和案例 C）；如趋近于 1，为半成功（案例 B）；如仍小于 1，则为不成功，意味着仍存在演变为新冲突的可能（案例 D）（表 6-5-4）。

表 6-5-4 深度案例分析定性编码结果

公共均衡变量	案例 A（成功）	案例 B（半成功）	案例 C（成功）	案例 D（失败）
事前公共相对利益满足感	L	L	L	L
事前公共维持合作意愿	L	L	L	L
事前社会总约束	L	L	L	L
事前公共可使用反抗力	H	H	M	H
事前公共反抗机会	H	M	H	H
事前社会总刺激	H	H	H	H
事前公共均衡值	L（0.167）	L（0.056）	L（0.056）	L（0.037）
事后公共相对利益满足感	H	M	M	L
事后公共维持合作意愿	H	M	L	L
事后社会总约束	H	M	L	L
事后公共可使用反抗力	L	H	L	M
事后公共反抗机会	L	H	L	L
事后社会总刺激	L	L	L	M
事后公共均衡值	H（27.000）	M（0.889）	H（2.000）	L（0.250）

注：H=高；M=中；L=低。

资料来源：作者自制。

（二）具体分析

对四个案例的具体分析表明，无论事件处置结果成功与否，也无论各案例在具体进程中有怎样千差万别的状况，在整体上都经历了原公共均衡被打破、公共均衡调整和新公共非均衡形成的过程（图 6-5-1、图 6-5-2）。

分析也表明，正是公共均衡六要素在不同事件中的差异性，导致了迥然不同的事件处置结果。例如，在案例 A 中，预建的发电厂项目可能危害莺歌海镇居民的环境权益，加之当地政民关系长期紧张，经谣言传播后矛盾被迅速激化，演变成大规模的抗议行动和警民冲突，好在乐东县政府在后续处置过程中及时放低姿态，得以与处在冲突对立方的莺歌海镇居民谈判并合作，使得事件得到较好解决；相对地，在案例 B 中，严重的环境污染迫使盘塘镇居民走上了与盘塘镇政府及创元铝业对抗的道路，其间盘龙镇政府一贯的拖延与对立态度致使冲突时有发生，最后由于事态扩大，环保部下令整改并搬迁创元铝业，冲突暂时被压制下去，但仍遗留下复杂的补偿问题，层层累积的怨愤情绪很可能诱发新一轮的冲突，因而该群体性事件的处置并不成功。总之，分析表明，在事件的动态演变进程中，公共利益满足感、公共合作意愿和社会总约束力会提高公共均衡值；但公共可使用反抗力、公共反抗机会和社会总刺激会降低公共均衡值。

案例 A：2012 年海南省三亚市乐东县莺歌海镇万人抗议燃煤发电厂兴建事件（成功）

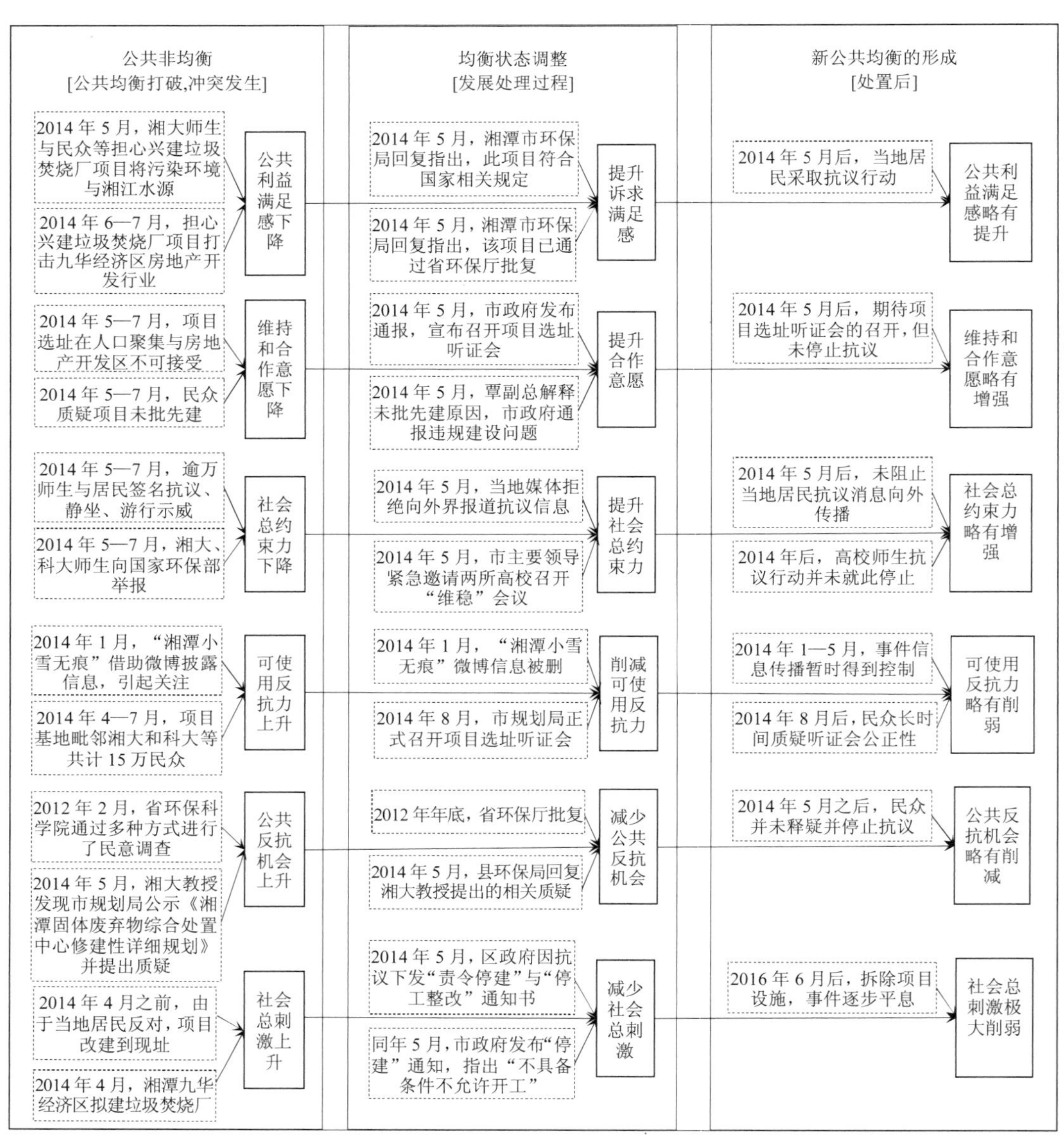

案例B：2014年湖南省湘潭县九华大道数万人抗议垃圾焚烧厂事件（半成功）

图6-5-1 第1组案例（案例A和案例B）的过程分析图示

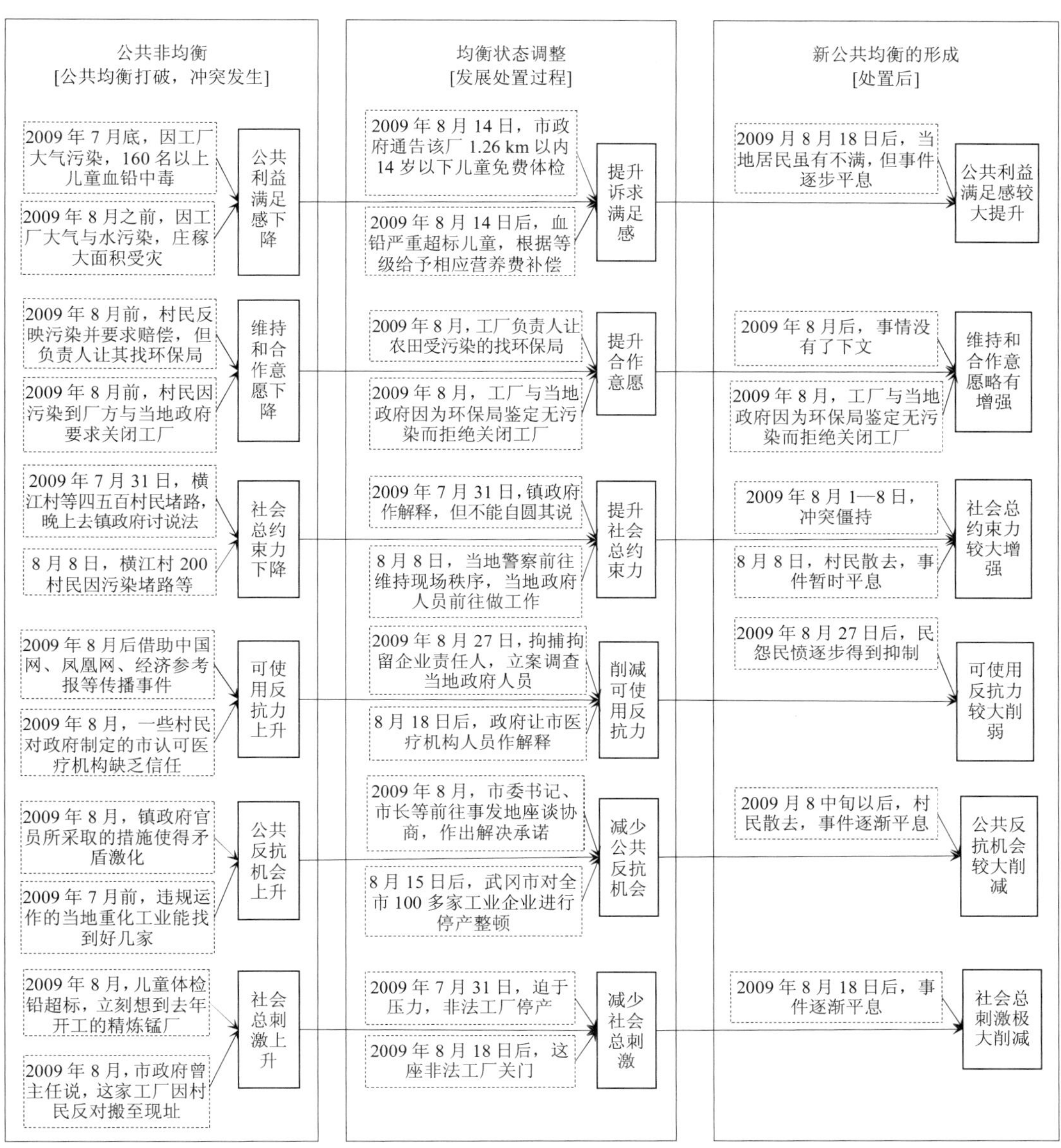

案例 C：2009 年湖南省武冈市文坪镇横江村 200 村民抗议血铅污染事件（成功）

案例 D：2013 年湖南省常德市桃源县群众抗议创元铝业污染事件（失败）

图 6-5-2 第 2 组案例（案例 C 和案例 D）的过程分析图示

第六节　讨论：理论意义和政策价值

本节要点　本节讨论了公共均衡与非均衡理论的理论意义和政策价值。

一、公共均衡与非均衡理论的理论意义和创新价值

尽管已有的群体冲突理论为理解和思考当下中国群体性事件提供了丰富的理论和思想参考，但它们往往不能充分、完整而精准地解释转型期中国的群体冲突。它们在理论视角上的显著分歧，也导致至今仍缺乏一个分析和理解群体冲突的系统框架。[1]鉴于此，在对大量社会现实群体冲突事件详细观察，根据亲身体验首先具有了一些基本观点，并初步确定了一些核心研究变量的基础上，我们重新梳理了有关群体冲突的一些著名理论，并从复杂系统观[2]的角度，采用整合式的研究路径[3]，提炼出了经典理论反复强调的、具有普遍意义且与研究者长期实际观察和实践相符合的六个核心变量：公共相对利益满足感、公共维持或合作意愿、社会总约束力、公共可使用反抗力、公共反抗机会、社会总刺激。在厘清这些变量间逻辑关系的基础上，根据驱动力方向的不同又把它们分为控制和反抗（亦即抑制或诱发群体冲突）两组，并在“控制-反抗”基本逻辑的指导下，发展了既可解释冲突发生，也可解释冲突不发生和解决的公共均衡与非均衡理论，为迈向一个动态和整合的群体冲突理论研究奠定了基础。

从学术理论构建和发展的整体角度来看，相对于群体冲突的现有理论，公共均衡和非均衡群体冲突理论的提出具有以下几个方面的意义：①公共均衡与非均衡理论涵盖了不同学者在不同时段、从不同视角所发展的现有著名群体冲突理论所强调的一些核心变量，并把它们按照“控制-反抗”的基本逻辑纳入一个统一的分析框架中，是对相关理论成果的整合、补充乃至提升，打破了传统群体冲突研究不同视角、传统和领域（如集体行为、资源动员、政治过程、社会构建、社会运动等）的传统隔阂[4]，彰显了不同理论视角和传统之间整合的可能性，弥补了长期以来群体冲突研究缺乏系统性分析框架的问题，把对复杂群体冲突的考察从零碎分散的单一论述研究推向了相对更加系统却仍然相对简约的研究视

---

1 赵鼎新. 社会与政治运动讲义[M]. 北京：社会科学文献出版社，2006：5-311；冯仕政. 西方社会运动理论研究[M]. 北京：中国人民大学出版社，2013：2-138；何艳玲，汪广龙. 中国转型秩序及其制度逻辑[J]. 中国社会科学，2016（6）：47-65；张金俊. 国外环境抗争研究述评[J]. 学术界，2011（9）：223-231.

2 Qian X，Yu J，Dai R. A New Discipline of Science：the Study of Open Complex Giant System and Its Methodology[J]. Nature，1990，13（1）：3-10；Jacobson M J，Wilensky U. Complexity Systems in Education：Scientific and Education Importance and Implication for the Learning Science[J]. The Journal of the Learning Science，2006，15（1）：11-34；Goldstone R L. The Complex Systems See-Change in Education[J]. The journal of the Learning Science，2006，15（1）：35-43；Bossomaier T，Green D. Patterns in the Sand：Computers，Complexity and Life[M]. Perseus Publishing，New York，NY，1999.

3 参见 Tang S P. The Security Dilemma and Ethnic Conflict：Toward a Dynamic and Integrative theory of Ethnic Conflict[J]. Review of International Studies，1997，27（4）：410-465；Tang S P. A General Theory of Institutional Change[M]. Routledge，London.，2011；景天魁. 社会认识的结构和悖论[M]. 北京：中国社会科学出版社，1990.

4 埃莉诺·奥斯特罗姆. 公共事物的治理之道——集体行动制度的演进[M]. 余逊，等译. 上海：上海三联书店，2000.

野，开阔了群体冲突研究的视野，推进了群体冲突理论的发展，并具有一定的范式价值。②公共均衡与非均衡理论在力求“突破简约”[1]，实现不同理论和角度整合的基础上，通过核心变量的抽取和整合，在实现理论系统性和整合性的基础上，又保持了理论的相对简约，为群体冲突理论探索了一条既可以实现相对系统整合又可保持适度简约的发展道路。③通过对相对易于观察和测量的核心变量的确定和整合，公共均衡与非均衡理论突破了已有很多群体冲突理论过于描述性而缺乏必要的、明确的核心变量的窘境，同时也提高了群体冲突理论的变量可测量性、可操作性和可实际应用性，缩短了理论和实践问题之间的差距，为理论的实际利用创造了条件。④公共均衡与非均衡理论通过对六个核心变量的个体数据的加总来衡量公共数据，从而可以使理论同时考虑微观个体和宏观社会整体的状况，实现了社会个体和社会整体结构之间的有机联系，突破了传统研究要么过于囿于细节或个体行为而缺乏对社会整体的关注，要么过于宏大只关注了社会层面而忽视了个体行为的情况，是对现有研究局限性的一个较大突破。⑤公共均衡与非均衡理论突破了传统群体冲突理论只能解释冲突发生却不能解释冲突不发生的老问题，既可用于解释群体冲突的发生，也可用于解释冲突的不发生、解决以及平息等，提高了群体冲突理论的现实解释力，也为使用理论解决冲突提供了更多选择或可能性。⑥由于公共均衡与非均衡理论所考察的六个核心变量始终存在和贯穿于社会冲突未发生之前、之中和之后，因此可以随时通过对六个核心变量的考察来分析不同时段的公共均衡和非均衡值，这就使得公共均衡与非均衡理论不仅可以解释冲突的发生与解决，也可以描述和跟踪群体冲突的动态演变全过程。这不仅提高了理论的解释力，也为动态地分析研究以及预防或解决冲突提供了可能。事实上，已有的群体冲突理论也曾经提出了不少有关冲突过程的经典论述。例如Pondy（庞蒂）提出冲突的五阶段模式[2]，将冲突形成的过程划分为潜伏阶段、知觉阶段、感受阶段、外显阶段和结果阶段；Thomas（托马斯）则将冲突过程划分为挫折期、认知期、行为期和结果期[3]；Simmel（齐美尔）也认为冲突是一个追求平衡的螺旋上升的过程[4]；Pruitt（普鲁特）和Kim（金盛熙）也描述性地分析了冲突螺旋上升的过程[5]；我国学者罗成琳等[6]、刘德海等[7]、代玉启[8]从利益博弈角度剖析了群体性事件的演化过程，

1 Hirschman A O. Rival Views of Market Society and Other Recent Essays[M]. Harvard University Press，Cambridge，MA，1992；周雪光，艾云. 多重逻辑下的制度变迁：一个分析框架[J]. 中国社会科学，2010（4）：132-150.

2 Pondy L R. Organizational Conflict：Concepts and Models[J]. Administrative Science Quarterly，1967，12（2）：296-320.

3 Thomas K W. Conflict and Conflict Management：Reflections and Update[J]. Journal of Organizational Behavior，1992，13（3）：265-274.

4 Simmel G. The Sociology of Conflict. I.[J] American Journal of Sociology，1904，9（4）：490-525.

5 Pruitt D G，Kim S H. Social Conflict：Escalation，Stalemate，and Settlement[M]. McGraw-Hill Higher Education，Boston，MA，2004.

6 罗成琳，李向阳. 突发性群体事件及其演化机理分析[J]. 中国软科学，2009（6）：163-171.

7 刘德海，王维国. 群体性突发事件争夺优先行动权的演化情景分析[J]. 公共管理学报，2011，18（2）：101-108；刘德海，苏烨，王维国. 振荡型群体性突发事件中信息特征的演化博弈分析[J]. 中国管理科学，2012（S1）：172-178；刘德海. 环境污染群体性突发事件的协同演化机制——基于信息传播和权利博弈的视角[J]. 公共管理学报，2013（4）：102-113.

8 代玉启. 群体性事件演化机理分析[J]. 政治学研究，2012（6）：74-86.

汪伟全[1]、刘德海等、柳建文等[2]、熊光清[3]则具体论述了诸如环境污染抗争、农村征地纠纷、网络争议等某一热点群体冲突的过程。但这些研究要么将冲突划分成了缺乏统一理论解释的不同阶段（如庞蒂和托马斯），要么就是还处在哲理化（如齐美尔）或描述性（如普鲁特和金盛熙以及我国的一些学者）分析的阶段，只抓住了冲突演变的一些表面的可观察特征或者只从某些角度描述了冲突演化的过程，不能用一个统一而简洁的理论描述群体冲突的动态演化过程，公共均衡与非均衡理论则用一个统一的理论解释了群体冲突和动态过程，弥补了已有研究的不足。⑦基于“控制-反抗”逻辑的公共均衡与非均衡理论不仅抓住了一般群体冲突“控制”和“反抗”的基本特征和逻辑，也完全符合转型期我国社会冲突发生和解决的基本逻辑，契合我国社会治理的传统、文化和现实，能够更加有效、精确、全面地解释转型期我国当下所面临的诸多群体冲突，当然也为这些冲突的控制和解决提供了更具参考价值的理论和思想，具有较强的本土可操作性和可适用性。⑧作为既在我国诞生，符合我国实际，又和传统西方群体冲突理论相通的新理论，公共均衡与非均衡理论走出了对西方经典模型的“路径依赖”[4]，弥补了本土自生理论和思想不足的短板。同时，公共均衡与非均衡理论不仅具有本土性，其核心变量和西方已有诸多著名理论从不同方面所强调问题的共通性，又使得其也具有一定的国际性，可以促进我国本土群体冲突和治理理论与国外或国际理论的交流、对话和沟通，提升我国学术的国际话语权，促进我国和国际学术的共同发展。⑨公共均衡值计算公式的提出也是一种理论形式上的创新。既有的群体冲突理论成果，尤其是西方经典模型大都是以文字形式或者最多有时候配以图表的方式出现。而公共均衡与非均衡理论以数字化的公共均衡值计算公式概括和抽象了整个理论的核心观点和思想，将各变量对群体冲突的作用、各变量间的互动关系格局等以相对量化的形式呈现出来，在保证综合性和完备性的同时，又尽量做到了精准、简明，为进一步的推广和应用提供了便利。

相对于国内已有的一些研究而言，公共均衡与非均衡理论的提出也具有以下几个理论意义：①国内群体冲突的大部分研究仍依赖单一学科（尤其社会学[5]）的视角和方法，而公共均衡与非均衡理论力图实现多学科之间的沟通对话与知识融会。群体冲突的复杂性表明，没有任何单一角度和模型能够一劳永逸地解决问题，我们必须关注和促进多学科、多视角、多理论、多方法等的交叉和合作。②国内关于群体冲突的研究虽然经常关注到国家

---

1 汪伟全. 风险放大、集体行动和政策博弈——环境类群体事件暴力抗争的演化路径研究[J]. 公共管理学报，2015（1）：127-136.

2 柳建文，孙梦欣. 农村征地类群体性事件的发生及其治理[J]. 公共管理学报，2013，11（2）：101-114.

3 熊光清. 中国网络公共事件的演变逻辑——基于过程分析的视角[J]. 社会科学，2013（4）：4-15.

4 自20世纪90年代以来，我国学者尤其是政治学和社会学领域的学者大量引入了西方有关群体冲突、集体行动和社会运动研究的经典理论来解释国内层出不穷的群体性事件，但较少有本土自生的理论创见和思想。赵鼎新认为，我国社会科学家对群体冲突的研究并不充分，而我国社会科学研究领域中的“路径依赖”便是导致这一问题的原因之一。参见：赵鼎新. 社会与政治运动讲义[M]. 北京：社会科学文献出版社，2006：1-2.

5 在国内，从社会学视角开展的群体冲突研究占据绝大部分，这就决定了这些研究的视角是立足于社会的。政府和国家则仅仅是研究者眼中的“背景”，这也导致这些研究对群体冲突中国家和政府行为关注不足。

和政府的行为，但这些研究往往多以“维稳”为核心[1]，在研究取向上常注重静态的制度结构和制度法规，关注对维稳体制的宏观判断和说理分析，较忽视不同群体之间的互动关系和群体冲突的动态过程。而公共均衡与非均衡理论旨在发展一个理解群体冲突的动态和整合的系统框架，将“原公共均衡被打破（进入公共非均衡）—公共均衡调整—新公共均衡形成”的循环纳入其中，不仅可以研究如何从公共非均衡达到公共均衡，为国家应对群体冲突、维护社会稳定提供对策，而且给予冲突暴发前的公共非均衡状态和冲突平息后的新公共均衡状态更多的理论关注，以期预测和防范新的群体冲突。③大多数研究目前还往往聚焦于单一特征类型的群体冲突，旨在提出针对该类型冲突的抗争或处置策略，还相对缺乏更具有一般性和系统性的新理论[2]。公共均衡与非均衡理论旨在发展一个具有我国本土特色的有关群体冲突的更一般性理论，弥补了当前我国有关群体冲突研究一般性理论不足的问题。④还需要指出的是，我国部分学者从群体冲突的中国图景[3]出发，也从不同的角度、方面，甚至使用不同的术语（如群体意愿、社会怨恨等）等研究了公共均衡与非均衡理论所强调的不同变量及与这些变量所相关的内容[4]。一方面，我们的研究是对这些研究的进一步综合和发展；另一方面，这些研究成果也在某种意义上进一步佐证了公共均衡与非均衡理论模型的合理性。

---

1 20 世纪 90 年代末以来，我国“维稳政治”达到新高峰，群体性事件成为“国家赖以布局维稳工作的中心概念”。为了回应与探析维稳实践的“外在的需要”和“内在的用意”，国内诸多群体冲突相关的研究均旨在提出合理、有效的维稳策略，研究焦点由社会转向国家，较有代表性的如：肖唐镖. 当代中国的“维稳政治”：沿革与特点——以抗争政治中的政府回应为视角[J]. 学海，2015（1）：138-152；刘能. 当代中国群体性集体行动的几点理论思考——建立在经验案例之上的观察[J]. 开放时代，2008（3）；李昌庚. 维稳与改革的博弈与平衡——我国转型时期群体性事件定性之困惑及解决路径[J]. 江苏社会科学，2012（2）：153-160；陈天柱. 论基层社会稳定机制的若干思考——对几起群体性事件的考察[J]. 社会科学研究，2011（5）：70-73；等等。“维稳政治”等概念的出处，参见冯仕政. 社会冲突、国家治理与“群体性事件”概念的演生[J]. 社会科学文摘，2016（1）：63-89；钱穆. 中国历代政治得失[M]. 3 版. 北京：生活 • 读书 • 新知三联书店，2012.

2 例如，按地域划分，针对农民闹事及其回应方式的研究有：O'Brien K J，Deng Y. Repression Backfires：Tactical Radicalization and Protest Spectacle in Rural China[J]. Journal of Contemporary China，2015，24（93）：457-470；O'Brien K J，Li L. The Politics of Lodging Complaints in Rural China[J]. China Quarterly，1995（143）：756-783；于建嵘. 集体行动的原动力机制研究——基于 H 县农民维权抗争的考察[J]. 学海，2006（2）：26-32；吴毅. “权力—利益的结构之网”与农民群体性利益的表达困境——对一起石场纠纷案例的分析[J]. 社会学研究，2007（5）：21-45；董海军. “作为武器的弱者身份”：农民维权抗争的底层政治[J]. 社会，2008，28（4）：34-58；等等。针对城市居民闹事及其回应方式的研究有：陈鹏. 从“产权”走向“公民权”——当前中国城市业主维权研究[J]. 开放时代，2009（4）：128-141；石发勇. 业主委员会、准派系政治与基层治理——以一个上海街区为例[J]. 社会学研究，2010（3）：136-158；等等。针对城乡接合部农民工闹事的研究有：Chen F. Subsistence Crises，Managerial Corruption and Labour Protests in China[J]. The China Journal，2000（44）：41-63；潘毅，卢晖临，张慧鹏. 阶级的形成：建筑工地上的劳动控制与建筑工人的集体抗争[J]. 开放时代，2010（5）：5-26；等等。此外，专门针对环境群体性事件的研究有：杨立华，李晨，陈一帆. 外部专家学者在群体性事件解决中的作用与机制研究[J]. 中国行政管理，2016（2）：121-130；冯仕政. 沉默的大多数：差序格局与环境抗争[J]. 中国人民大学学报，2007，21（1）：122-132；景军. 认知与自觉：一个西北乡村的环境抗争[J]. 中国农业大学学报（社会科学版），2009，26（4）：5-14；童志锋. 动员结构与自然保育运动的发展——以怒江反坝运动为例[J]. 开放时代，2009（9）：118-134；等等。

3 钱力成，张翮翾. 社会记忆研究：西方脉络、中国图景与方法实践[J]. 社会学研究，2015（6）：215-237.

4 刘能. 怨恨解释、动员结构和理性选择——有关中国都市地区集体行动发生可能性的分析[J]. 开放时代，2004（4）：57-70；童星，张海波. 群体性突发事件及其治理——社会风险与公共危机综合分析框架下的再考量[J] .学术界，2008（2）：35-45；史云贵. 我国现阶段社会群体性突发事件的反思与应对[J]. 政治学研究，2009（2）：68-74；等等。

二、公共均衡与非均衡理论的实践和政策价值

好的理论不仅要有较大的理论贡献，也要有较多的实践和政策价值。这就要求理论不仅可以解释现实，也可以帮助人们分析、预测和解决现实问题。下面从四个方面具体讨论公共均衡与非均衡理论的实践和政策价值。

（一）从核心变量所提示的六个方面系统理解和应对群体冲突

从现实问题解决及社会层面上看，转型期我国面临着“发展”与“秩序”之间的矛盾，政治体制如何提升其适应性，有效地应对日益增加的群体性事件，引导各方良性互动，逐渐成为我国国家治理现代化的重要内容[1]，而目前有关群体性事件解决的各种措施虽然强调社会参与，但在总体上仍然是集体主义指导下的政府全能式干预。

正是从这一特定情境出发，并力图改善这一情境，公共均衡与非均衡理论可通过公共均衡值的大小较为精准地刻画和预见社会冲突与和平的整体态势，为群体冲突的应对者提供一种更加接近于事实“原貌”的公共的、可检验的知识[2]与决策依据。这不仅对群体性事件治理具有指导意义，而且为社会治理创新和社会冲突的综合治理提供了一种全新的思路：群体冲突的暴发、演进与平息实质上是公共均衡核心变量间互动作用的结果，冲突应对者应将工作思路的重点放在引导核心变量间的互动关系格局重回公共均衡。而这正是大部分关于群体冲突解决的研究和实践所普遍忽视的，它们更多地把重心聚焦于对某一个或某几个核心要素的满足或控制上，而缺乏对这些变量间互动关系格局的整体关注。当然，也有学者提出了整合式谈判[3]、第三方调解[4]等整合性的冲突处置策略；但这些措施更多地关注各主体间利益（或意愿）关系的整合与调节，较少关注其他核心变量的作用及其与利益（或意愿）的互动关系。

公共均衡与非均衡理论指出，要维持社会和谐稳定，要避免和解决社会冲突，必须从两个维度、六个方面同时入手：首先从冲突的个体和社会控制方面而言，必须想方设法提高个体和群体的相对利益满足感，提高个体和群体的相对维持或合作意愿，提高社会的总约束力；其次，从个体或群体所拥有或社会所提供给个体和群体的反抗力量方面而言，应当想方设法，采取多种措施，从多个方面降低个体和群体的可使用反抗力，减少社会为个体或群体提供的反抗机会，减少社会对个体和群体冲突行为的总刺激。如果这六个方面同时发力，就不仅能有效预防社会冲突，维持社会稳定，而且在冲突已经发生之后，也能更好地解决和平息冲突。同时，实践者和政策制定和执行者也必须认识到，社会冲突发生与否、解决与否、解决得好坏是以上六个要素共同作用的结果，必须同时考虑这六个方面的

1 徐湘林. 社会转型与国家治理——中国政治体制改革取向及其政策选择[J]. 政治学研究，2015（1）：3-10；吴忠民. 社会矛盾倒逼改革发展的机制分析[J]. 中国社会科学，2015（5）：4-20.

2 基斯•斯坦诺维奇. 对“伪心理学”说不[M]. 北京：人民邮电出版社，2012：12-14.

3 Pruitt D G，Kim S H. Social Conflict：Escalation，Stalemate，and Settlement[M]. McGraw-Hill Higher Education，Boston，MA，2004.

4 Lewicki R J，Litterer J A，Saunders D M，et al. Negotiation：Readings. Exercises，and Cases[M]. 2nd ed. Irwin，Burr Ridge，IL，1993.

因素。否则，抓住一点，不及其余，就会发生问题。例如，如我们预测冲突，仅仅看到社会总约束力很强，看到大家对社会和政府等整体上还算满意，也愿意合作解决问题，但却没有看到随着社会的发展和变化，人们可使用的反抗力量也在增大，社会所提供的反抗机会也在增多，在这种情况下，稍不注意，就会在一定社会事件的情况下陡然提高社会总刺激，从而使得“可使用反抗力”“可使用反抗机会”和“社会总刺激”的乘积猛然间超过“相对利益满足感”“相对维持或合作意愿”与“社会总约束”的乘积，导致冲突的突然发生。这也是我国当前很多群体冲突事件发生的基本逻辑，使很多政府部门工作人员往往不理解。总是认为，明明民众的相对利益满足感都很强，也都是“良民”，大都安于现状和乐于合作，而且我们的社会控制力量也很强，怎么就突然一件相对较小的事（诸如某人失踪、某人被打、某信息被披露等）就引起了大规模的社会冲突和群体性事件，其奥妙就在这里。同样地，如要解决冲突，也要同时从如上六个方面发力。不能一方面想方设法满足人们的利益、要求和愿望，提高他们的相对利益满足感；另一方面却又不断地采取蔑视、恐吓、疏懒等错误政策提高社会刺激，同时提供人们新的反抗机会，那又怎么能将冲突平息下去呢？总之，公共均衡与非均衡理论告诉我们，只有摆脱“碎片化”的思维与行动模式[1]，实现对群体冲突发生机理的“六方面”或“六方位”全景式（panoramic）[2]把控，才能进一步提高我国群体冲突治理的科学性，有效纾解和平息各种群体冲突事件，维护社会的和谐稳定和健康发展。

（二）根据群体冲突的自身特征优化冲突预防和化解策略

虽然公共均衡的六个核心变量的水平决定了社会冲突与和平的整体态势，但针对不同特征的群体冲突，各核心变量的影响可能会有所不同。因此，需要结合群体冲突的自身特征来把握社会系统的整体态势，从而优化冲突化解策略。

就冲突发生地的经济发展水平而言，在其他变量水平不变的情况下，在发达地区，社会总约束力降低、公共反抗机会增加最有可能促使社会从公共均衡向非公共均衡转变，从而酿成群体冲突；而在欠发达地区，社会总约束力和公共反抗机会的变化相对不那么易于导致公共均衡转向公共非均衡，但公共相对利益满足感却是影响公共均衡转向公共非均衡，导致冲突发生的最重要因素。这种差别的根源于，在我国现实条件下，由经济发展水平差异主导的区域差异在不断扩大[3]：①在相较于欠发达地区，发达地区贫富差距更大，社会分化较严重，群体矛盾构成相对复杂多元，同时人口的流动性和家族观念的衰落削弱了道德等非正式制度的约束力。[4]因此，对于发达地区，迫切需要一套强有力的行政或制度方面的约束来保障整个区域的日常社会生活，一旦这种约束减弱，将显著干扰社会系统整体的运转秩序，进而诱发冲突。而对于欠发达地区，社会生产生活的格局较小，在盘根错节的关系网制约下，社会总约束力的作用并不明显。②相较于交通相对闭塞、信息相对滞后、

1 贺东航，孔繁斌. 公共政策执行的中国经验[J]. 中国社会科学，2011（5）：61-79.

2 蓝志勇. 全景式综合理性与公共政策制定[J]. 中国行政管理，2017（2）：17-21.

3 李永友，沈玉平. 财政收入垂直分配关系及其均衡增长效应[J]. 中国社会科学，2012（1）：108-124.

4 杨菊华. 中国流动人口的社会融入研究[J]. 中国社会科学，2015（2）：61-79；陈云松，范晓光. 阶层自我定位、收入不平等和主观流动感知（2003—2013）[J]. 中国社会科学，2016（12）：109-126.

人员流动性相对较差的欠发达地区，“机会之窗”也优先向发达地区的潜在抗争群体敞开，而较为多元化的舆论思潮和网络新媒体平台的超高覆盖率也为发达地区群体冲突的动员提供了契机。[1] ③相较于发达地区，生存问题还是欠发达地区诸多群体的首要担忧，“未富先老”更造成一些偏远的西部地区陷入贫困的恶性循环。[2]因而，群体经济利益的满足程度成为影响群体冲突的最重要因素。综上所述，发达地区群体冲突的产生、发展和变迁，同社会总约束力和公共反抗机会有着密切联系，而欠发达地区的抗争者则主要关注利益的满足问题。相应地，在化解群体冲突时，应根据其发生地的不同而采取差别化的策略，在经济发达地区群体冲突处置的进程中，及时增强正式制度约束，引导舆论，加强监管，重点防止反抗机会的产生和扩大，将能有效抑制群体冲突的扩大化；而对于欠发达地区，则应将有限的资源集中到提高抗争群体的相对利益满足感上。[3]

就城乡属性而言，在城市环境下，社会总刺激和社会总约束是群体性事件发生与否的最主要影响因素，公共相对利益满足感和公共维持或合作意愿次之。相形之下，在农村或城乡接合部的环境下，公共相对利益满足感则是影响冲突发生与否的最主要的因素。追根究底，这主要是由城市与农村的社会生活环境差异所导致的，城市的经济活动空间更大，公共利益所涉及的人和事物广泛而分散，只有当整体的社会刺激远大于社会约束的情况下才会暴发群体性事件[4]；而在农村环境中，通常聚落较小，以村为单位的居民相互关系密切，公共利益相对统一，面对环境污染等利益损害行为往往无法独善其身，有着强烈而一致的利益诉求[5]。城乡接合部的社会生活环境类似于把农村居民置于城市环境边缘，生活习惯更接近于农村，各个要素的表现也接近农村，唯一区别在于公共维持或合作意愿对城乡接合部的作用并不明显，这很可能是由于城乡接合部既没有传统农村的血缘纽带和多重社会网络[6]，又缺乏城市的社区管理，致使该环境下的各冲突方缺少统一的意见表达和通畅的沟通渠道，造成了各方合作意愿作用不显著的现象[7]。因此，把握城乡属性的调节作用，就是把握其不同社会生活环境的差异，针对城市事件，首要缓和整个社会环境，减少社会刺激并增强社会约束，辅以提升公共利益满足感及维持或合作意愿；针对农村，则首要了解其利益诉求，提升其公共利益满足感和合作意愿，再行其他推动公共均衡的措施；而对于城乡

---

1 周晓光，王美艳. 中国劳资冲突的现状、特征与解决措施——基于 279 个群体性事件的分析[J]. 学术研究，2015（4）：72-77.

2 在人口向发达地区净流入的同时，欠发达地区则出现了“未富先老”的问题，即自 20 世纪 90 年代以来，我国人口老龄化空间分布格局出现了欠发达的中西部地区老龄化更快、水平更高的现象，加剧了对欠发达地区社会保障制度的挑战。参见钟水映，赵雨，任静儒. 我国地区间“未富先老”现象研究[J]. 人口研究，2015，39（1）：63-73.

3 常健. 中国公共冲突化解的机制、策略和方法[M]. 北京：中国社会科学出版社，2013；Cai Y. Collective Resistance in China：Why Popular Protests Succeed or Fail[M]. Stanford University Press，Stanford，CA，2010.

4 张翼. 中国城市社会阶层冲突意识研究[J]. 中国社会科学，2005（4）：115-129；陆铭. 空间的力量[M]. 上海：格致出版社，2013；王文超，袁中金. 行政性分权下的城市空间结构演变研究[J]. 城市发展研究，2010，17（11）：13-18.

5 邓大才. 中国农村产权变迁与经验——来自国家治理视角下的启示[J]. 中国社会科学，2017（1）：1-22；徐勇，邓大才. 社会化小农：解释当今农户的一种视角[J]. 学术月刊，2006，38（7）：5-13；于建嵘. 利益、权威和秩序——对村民对抗基层政府的群体性事件的分析[J]. 中国农村观察，2000（4）：72-78.

6 徐林，宋程成，王诗宗. 农村基层治理中的多重社会网络[J]. 中国社会科学，2017（1）：23-49.

7 史云贵，赵海燕. 我国城乡结合部的社会风险指标构建与群体性事件预警论析[J]. 社会科学研究，2012（1）：68-73.

接合部，减少反抗机会更有助于控制事件的产生。

就抗争类型而言，提高公共相对利益满足感和维持或合作意愿，同时减少公共反抗机会和社会总刺激，可以有效降低暴力抗争、非暴力抗议以及网络争议事件发生的可能性。非暴力抗议与暴力抗争的主要区别在于社会环境（社会约束及社会刺激），在利益同样受损的情况下，社会环境不同很可能导致冲突群体采取不同的抗争方式。相应地，在应对暴力抗争事件时，缓和社会矛盾，增强社会总约束、减少社会总刺激，或有助于将潜在的暴力对抗转化为非暴力争议，降低冲突的负面影响。[1]网络争议作为信息时代（尤其是大数据时代）的产物，由于互联网自由开放及难以有效监管的特性，群众在网络上的行为更富于激情性，这与现实中的暴力抗争更为接近，导致其各因素的表现都很接近暴力抗争类型。但是，网络争议中网民仍保有相对理性，易于冲动也易于劝解，提升其维持或合作意愿的效果是三种抗争类型中最显著的。在应对日益频繁的网络抗议事件时，处置方需要与时俱进，将提升公共维持或合作的意愿作为着力点。[2]

就不同污染类型而言，其对六个核心变量的敏感性也有不同。例如，对于民众可以直接感知和判断的污染，如大气、水、土壤、固体废物、噪声等污染，这些类型的污染会使民众的公共反抗机会迅速提高，因为，“这些类型的污染是物理性与化学性的，通过空气、水源等媒介能被公众尤其是附近的居民感受到，刺鼻的气味、灰暗的天空、变质的饮用水、巨大的噪声都会直接被人的感官所捕捉，它所导致的身体不适和心理反感相当强烈”[3]。因此要降低这些类型的群体冲突发生概率就应当千方百计地控制污染的发生，降低公共反抗机会，同时提高社会总约束力。危害相对较小的电磁辐射污染也会提高民众的反抗机会，同时冲突的发生与否较多地依赖于人们的公共可使用反抗力和社会总约束力。因此要防止这类冲突的发生，就要降低公共反抗机会和民众的公共可使用反抗力，同时提高社会总约束力。而对于放射性、热以及光污染而言，虽然这些污染发生的概率相对较低，但却往往具有更高的风险，人们的敏感性也更高，容易发生风险放大现象。[4]这就使得受到这些类型污染影响的民众更容易受到社会刺激的影响，从而使得社会总刺激的作用特别突出。因此，要降低这些类型的群体冲突的发生概率就要尽量降低社会总刺激，同时降低人们的公共可使用反抗力，提高社会总约束力等。但这些还必须经未来的研究进一步确定和深入探讨。另外，由于我们主要研究了环境群体性事件，如扩展到一般群体性事件，污染类型的差异实际上代表的就是主要矛盾或争议问题的类型，这就说明不同类型的矛盾和利益冲突对六个核心变量的敏感性也是不同的，这将是未来研究需要进一步探讨的问题。

（三）根据不同个体（群体）特征预防和应对群体冲突

如前所述，六个核心变量决定了群体冲突是否发生，但个体和群体（由同一特征的个

1 卡洛尔·兰克，马约生．冲突化解的理论与实践[J]．学海，2004（3）：26-32.

2 徐家林．网络群体性事件的非直接利益化分析[J]．学海，2011（6）：10-13；师曾志．沟通与对话：公民社会与媒体公共空间——网络群体性事件形成机制的理论基础[J]．国际新闻界，2009（12）：81-86.

3 张乐，童星．“邻避”行动的社会生成机制[J]．江苏行政学院学报，2013（1）：64-70.

4 汪伟全．风险放大、集体行动和政策博弈——环境类群体事件暴力抗争的演化路径研究[J]．公共管理学报，2015（1）：127-136.

体所组成的群体则成为拥有该特征的群体）特征也对核心变量的评价有影响。因此，有必要从不同个体特征入手，制定和选择以更加有效的冲突预防和化解策略。总体而言，性别只对相对利益满足感有影响，年龄对除反抗机会外的五个核心要素有影响，受教育程度只对相对利益满足感、反抗机会和社会总刺激有影响，职业和收入则对所有六个核心变量有影响，具体讨论如下。

就性别而言：男性的公共相对满意感高于女性。究其原因，可能是女性更易情绪化和敏感，对于事件影响的感知更为强烈。在这种情况下，女性更易采取冲动或过激行为。同时，“一旦有女性参加集会或游行，就会对事件参与者以激励作用”[1]。因此，要预防与化解群体冲突，需要对女性予以更多关注，完善沟通和利益表达机制[2]，让不满情绪得到宣泄，并加强理性教育和普法教育，努力提高女性的相对利益满足感，降低群体冲突发生的可能。

就年龄而言：①51～60岁组和30岁及以下群体的公共相对利益满意感最低。可能是因为，51～60岁组开始步入老年行列对身体健康极为重视，对环境的不满意感自然会高；而30岁及以下群体正处于人生起步与职业打拼阶段，职业与社会地位相对偏低、面临的经济与职场压力也较大，激进的态度认知是其客观社会境遇与社会地位的主观反映，“冲突感”随之上升[3]，满足感随之下降。因此，需采取特别有效措施，努力提高这两类群体的相对利益满足感，以降低冲突发生的可能或更有效地解决冲突。②51～60岁组和71～80岁组的公共合作意愿最低。大概是因为，51～60岁组的人认为自己快进入退休年龄，少了很多顾忌，也没有什么好怕的，自然也就更不愿意采取合作行为；而71～80岁组的人则认为，反正自己是老人，别人也不能把自己怎么样，除非答应自己的诉求，否则不会轻易采取合作行为。因此，在冲突预防和处置中，也要重点关注这两个群体的合作意愿。③社会总约束对51～60岁组和71～80岁组影响最小，其原因也和上面对这两个群组的分析一致。因此，也要从社会总约束方面给予这两个群体更多关注，以更好地预防和处置冲突。④41～50岁组、21～30岁组和61～70岁组的公共可使用反抗力最大。大概是因为，41～50岁组是社会中坚力量和实权派，掌握着大量社会资源，自然有最大的可使用反抗力；21～30岁的年轻人，要么已经上了大学，要么已经走上社会，没有了中学管理的严格束缚，且血气方刚，也认为自己是成年人了，有了较大的独立性和主见，自然也有较大的可使用反抗力；61～70组的人基本已经退休，没有了原有的组织束缚和顾虑，但还具有广泛的社会网络和资源，因此也有较大的公共可使用反抗力。所以，在冲突预防和处置中，要重点关注这三个群体的反抗力使用。⑤61～70岁组和51～60岁组的群体最容易受到社会总刺激的影响。这也和上面所提到的这两个群组的具体特征相关，因此在冲突预防和处置中，要重点降低对这两个群体的社会刺激。

就受教育程度而言：①基本上，学历越低，相对满意感越高；学历越高，满意感越低。

1 周桂琴. 群体性事件人员构成与心理特征分析[J]. 河北公安警察职业学院学报，2007，7（2）：48-50.

2 应星. 草根动员与农民群体利益的表达机制——四个个案的比较研究[J]. 社会学研究，2007（2）：1-23.

3 秦广强. 当代青年的社会不平等认知与社会冲突意识——基于历年“中国综合社会调查”数据分析[J]. 中国青年研究，2014（6）：62-66.

也就是说，学历和满足感成反比。因此，在冲突预防和处置中，对较低学历的人，要重点关注如何通过提高其满意感来解决问题，且较小的利益满足，就能带来较大的满意感提升；而对较高学历的人来说，要提高其满意感，则需要更多措施和利益满足，且即使较大的利益满足也只能带来较小的满意感。因此，对较高学历的人来说，除提高其满意感之外，更要重点关注不要损害和降低其满意感。②未曾上学的人和硕士及以上教育程度的人的反抗机会最大；换言之，就是最低学历者和最高学历者的反抗机会最大。可能是因为，未曾上学者的工作往往并不在体制之内，社会地位较低，体制约束较小，生活相对艰难，天不怕地不怕，故更容易发现反抗机会。而硕士及以上教育程度的人的知识水平较高，对事情较有自己独立的主见和判断，且一般社会地位较高，社会接触面广，分析和发现反抗机会的能力因此也较强。而且，最高学历的群体维权意识也最强，较会利用反抗机会和多种斗争策略[1]来追求自己的利益。因此，在冲突预防和处置中，要重点关注如何降低和控制这两个极端群体的反抗机会。③小学及以下和硕士及以上教育程度的人最容易受到社会刺激的影响。这可能是小学文化程度的人一般处在社会底层，属草根阶层，生活一般较辛苦，且又有一定的认识水平和自尊，故容易受到社会刺激的影响。同样地，硕士及以上文化程度的人则一般社会地位较高，自然需求也高，自尊也较强，越会认识和关注自己的利益，故而也容易受到社会刺激的影响。因此，在冲突预防和处置中，也要重点关注如何降低对这两个特殊群体的社会总刺激，以更好地预防和解决冲突。

就职业而言：①事业单位、公司企业和居民的满足感最低。事业单位包括很多大学和研究机构，这些人往往对社会有更高的期许，也许是其满意感相对较低的原因。污染企业的工作人员往往在事件中也难以独善其身，会受到这样那样的影响，可能是其满意度较低的原因。居民是污染事件的直接受害者，自然满意度也低。因此，在事件预防和处置中，要重点关注这些职业群体的满意度。②公司企业和事业单位的合作意愿最低。企业是污染的主体，为了自身的利益，往往不愿意让步合作，这是其合作意愿较低的原因。而且，大量案例分析也发现，企业在与周边居民的博弈斗争中常会采取“欺骗”策略，如承诺停产而实际上继续生产等，这是当前我国污染企业严重缺乏社会责任的表现，也是导致冲突频发的重要原因。事业单位的合作意愿较低也可能与其高期许有关系。但无论如何，在冲突预防和处置中，要重点关注如何提高这两个职业群体的合作意愿。同时，应该提高所有参与方的合作意愿。[2] ③政府和居民感受到的社会总约束最强，而个体工商户和公司企业感受到的最弱。政府属体制的核心部分，受到体制约束，自然感到社会总约束最强。居民感到社会约束强则一方面说明了居民的守规矩、守法和良善，另一方面也说明了居民的弱势地位和其应有的权利和利益未能得到充分保障。个体工商户和公司企业感受到的社会约束少一方面是由其从事的职业与市场相关的性质所决定，另一方面也可能反映了社会监管的相对不到位（即硬约束缺乏）和个体工商户和公司企业社会责任感的缺乏（即软约束缺乏）。

---

1 王国锋，井润田. 企业高层管理者内部冲突和解决策略的实证研究[J]. 管理学报，2006，3（2）：214.

2 刘德海. 环境污染群体性突发事件的协同演化机制——基于信息传播和权利博弈的视角[J]. 公共管理学报，2013（4）：102-113.

因此，在冲突预防和处置中，要着力加强对个体工商户和公司企业，尤其是公司企业的社会总约束（包括硬和软约束两方面），同时应该注重保护居民的权利和利益。而且，要引导和鼓励所有人在现行的宪法和法律框架内解决问题和冲突。[1] ④居民和政府的可使用反抗力最大，社会组织和个体工商户的最小。政府人员拥有权力和资源，自然其可使用反抗力也最大；居民则是利益的直接受损者，在关乎自己切身利益的问题上，自然会据理力争，且较缺乏体制的束缚，因此其可使用反抗力也很大。社会组织和个体工商户的相对弱势地位，以及个体工商户往往因关注利益追求而置身事外的行为选择，导致这两个群体的可使用反抗力最小。这就说明，需要根据不同群体的可使用反抗力的实际情况，采取不同策略解决问题。尤其是居民的较大的可使用反抗力说明，政府和企业不能简单把其看成是可以压制、恐吓、欺骗和欺负的对象，否则就会导致其较大力度的反抗，增加问题解决的难度。⑤政府和居民感受到的反抗机会最大，公司企业和社会组织感受到的最小。政府和居民较大的反抗机会的原因和他们较大的可使用反抗力的原因基本一致。至于企业，由于其是污染主体，是污染的受益者，自然不会反抗，故其反抗机会最小。社会组织的反抗机会较小则和其弱势地位有关，也与其发展不充分以及对其的较多限制有关。因此，约束政府和居民的反抗机会是有效预防和处置冲突的重要途径。⑥政府和居民所感受到的社会总刺激最强，社会组织和个体工商户的最弱。政府的权力控制和优势地位，决定了其对自我的强维护，自然对刺激也较敏感，感受到的社会总刺激也最强。居民在关乎自身利益的问题上自然会万分关注，且极易受到其他信息的刺激和感染[2]，自然感受到的社会总刺激也较强。社会组织的不充分发展和弱势地位以及个体工商户的弱势地位和“事不关己高高挂起”的置身之外的态度和行为也是他们感受到较小的社会总刺激的重要原因。这就说明，在冲突预防和处置中，要重点避免对政府和民众的刺激。对政府的过度刺激可能会导致其采取更加强硬和非理性的行为；同样地，对民众的过度刺激也会导致其更加激烈乃至非理性的行为。

就收入而言：①6 001～7 500 元的中间收入阶层的利益满足感最高；以此为中心，收入越高，利益满足感总体上越低，收入越低，利益满足感总体上也越低；但高收入阶层的利益满足感最小，普遍低于低收入阶层。这一方面再一次印证了学界普遍承认的中间阶层满意感最高的理论，说明了培育社会中间阶层对维护社会稳定的重要性。另一方面，也说明在中间收入以上，收入越高，满足感可能越低，需要特别关注。这也与托克维克在《旧制度与大革命》[3]中的基本命题之一“是社会经济的繁荣而非贫困加速了大革命的到来”有相同之处，值得进一步深入研究。同时，也说明，虽然在中间收入以下，收入越低，满足感总体上越低，但高于那些高收入阶层；这也进一步说明，在低收入群体中，虽然收入越

1 胡联合，胡鞍钢. 冲突的社会功能与群体性冲突事件的制度化治理[J]. 探索，2011（4）：140-143.

2 古斯塔夫•勒庞. 乌合之众——大众心理研究[M]. 冯克利，译. 北京：中央编译出版社，2005；赵鼎新. 社会与政治运动讲义[M]. 北京：社会科学文献出版社，2006：78.

3 托克维克. 旧制度与大革命. 冯棠，译. 北京：商务印书馆，1996.

低，总体上可能越有可能参与群体冲突[1]，但并不一定比高收入群体的人更有可能参与群体冲突，而且高收入群体可能在更低满足感的促使下更有可能参与冲突。这为学界以往的研究所忽视，需要今后的研究进一步深入探讨。②和相对利益满足感一样，6 001～7 500 元的中间收入阶层的个人合作意愿、所感受到的社会约束力、反抗机会和社会总刺激都最高，而 4 501～6 000 元阶层排第二；只有在可使用反抗力方面，4 501～6 000 元阶层排第一，而 6 001～7 500 元阶层排第二。这说明，以 6 001～7 500 元为主的中间阶层不仅相对利益满足感、合作意愿、感受到的社会总约束最强，是社会的稳定力量和稳定器；同时中间阶层的可使用反抗力、感受到的反抗机会和社会总刺激也最强，在特定的条件下，也最可能成为社会反抗活动的源头。这就是社会中间收入阶层的两面性。所以，一方面，在冲突预防和处置中，要努力提高中间阶层的利益满足感、合作意愿和社会总约束，这是社会和谐和稳定的基础。所以，卢梭[2]也说，"要想使国家稳固，就应该使两极尽可能地接近；既不许有豪富，也不许有赤贫"。可另一方面，也要努力降低对中间阶层的社会总刺激、控制其可使用反抗力和反抗机会，避免其成为社会冲突和反抗运动的源头。特别地，关于中间阶层，以前的研究往往关注到了六个核心要素的前三个核心要素，但是忽视了对后三个要素的关注，因而只看到了其有助于社会稳定的一面，而忽视了其也有可能成为社会冲突和反抗力量源头的另一面。这是我们研究的又一重要发现，需今后的研究进一步探讨。当然，无论是哪个方面，都显示了中间阶层的重要性，这是毋庸置疑的。③同样有趣的是，8 001～9 500 元的次最高收入阶层感受到的利益满足感、合作意愿、社会总约束、可使用反抗力、反抗机会和社会总刺激都最小，排倒数第一；排在倒数第二的是 9 501 元以上的最高收入阶层。这就说明，虽然高收入阶层的利益满足感、合作意愿和感受到的社会总约束都很低，但是其感受到的可使用反抗力、反抗机会和社会总刺激也最低，有利于保证其总体上的公共均衡状态。这可能与高收入阶层的高需求、高要求乃至高认知和部分特权有关，故而其利益满足感和合作意愿相对较低；但也正是由于其是社会的最大受益者，因而虽不满足，不愿意采取合作，不愿意接受社会的约束（很多情况下，可能只是为了维护其特权和优势地位），却同时是社会的维护者，害怕因社会冲突和不稳定而失去已有的利益，所以其感受到的可使用反抗力、反抗机会和社会总刺激也最小。这些发现，说明了高收入阶层的两面性：一面是不满意、不合作、不服约束，是社会的"刺头"；但另一方面又少反抗力、少反抗机会、不易于被刺激，是社会的"稳定器"。这也就解释了为什么在很多冲突或革命中，首先不满的都是社会上层，可是上层阶层却从不是冲突或革命的积极参与者；可是在冲突或革命之后，无论什么人控制了局面，总要首先安抚社会上层阶层，以帮助稳定社会，其奥妙可能就在此。总之，认识到中间阶层和高收入阶层的两面性，并采取有效的对应措施，是有效预防和处置冲突的重要途径。当然，对很多社会冲突事件而言，其参与者往往是跨阶层的[3]，需要关注从最低到最高收入的各个阶层。

---

1 王大伟. 群体性事件影响因素的实证研究[J]. 人口与社会，2010，26（3）：76-79.

2 卢梭. 社会契约论[M]. 何兆武，译. 北京：商务印书馆，2002：66.

3 刘岩，邱家林. 转型社会的环境风险群体性事件及风险冲突[J]. 社会科学战线，2013（9）：195-199.

（四）从冲突动态演变的全过程预防和应对群体冲突

公共均衡与非均衡理论既可解释冲突发生，也可解释冲突不发生和解决，可用于描述和解释冲突发生、发展和结束的动态全过程。理论上我们根据冲突和公共均衡发展的不同阶段，需采取符合阶段特征的对策和措施。具体而言，在原公共均衡阶段，冲突处于潜伏状态，群体未发现或者未表达自身利益受损的状况，这一阶段的对策应从公共均衡的六要素入手全面预防冲突发生，以化解、疏导、释放社会累积的矛盾。在湖南省桃源县盘塘镇居民抗议创元铝业污染事件（案例 D）中，尽管在创元铝业项目上马前，已有专家反对，指出该项目会污染环境，但盘塘镇居民并未采取抗议措施来表达利益诉求[1]，仍有合作意愿。如在矛盾潜伏的相对均衡阶段，县政府能听取意见，秉承合作态度，采取包括另行择址以及做好污染受损区搬迁处置预案等在内的措施，再辅以制度的完善，保障公平的利益分配和通畅的利益表达，则很可能达到预防的效果。可由于行为不当，居民公共利益满足感进一步受损，合作意愿进一步下降，而谣言和官方与企业的不合作行为则不仅进一步强化了对居民行为的社会刺激，而且为居民提供了反抗机会，让居民觉得实在忍无可忍、别无选择时，最终在集聚了一定的可使用反抗力的情况下，冲破社会约束，走上了抗争道路，打破了原有的脆弱的公共均衡，进入公共非均衡。进入了公共非均衡之后，县政府和盘塘镇政府继续相互推脱监管责任，对回龙庵村抗议群众采取包括逮捕带头村民、追截上访者在内的压制措施，进一步加剧了社会总刺激，提供了新的反抗机会，导致居民的不满意感进一步上升，合作意愿进一步下降，可使用反抗力进一步聚集，最终使居民进一步冲破社会约束，从非暴力游行、上访逐渐升级为大规模暴力对抗，并在 2003 年至 2014 年多次发生[2]。

在海南省乐东县抗议燃煤发电厂兴建事件（案例 A）中，导致万人规模游行抗议[3]最初发生的主要原因包括：当地居民误信火电厂建成后严重污染环境并导致“打不了鱼”等谣言，致使其满意感迅速下降，不满意感迅速上升；项目不透明等不当处置措施使居民的合作解决问题的意愿下降；当地居民的彪悍民风自身孕育的可使用反抗力通过借助自媒体和外媒获得提升；火电项目落户信息泄露和妖魔化宣传等导致社会刺激上升；火电建设和强迫学生签名等为居民提供了反抗机会；政府对前期居民签名抗议和出书宣传等行为的弱约束等。但在冲突发生后，各级政府迅速行动，通过考察电厂和听取民众意见等提升了民众的满足感；通过到事发地调研和做钉子户的工作等提高了合作意愿；通过派警察、换干部及干部驻点等提高了社会总约束力；通过领导走访、意见征求会、反复解释等多种措施降低了民众的可使用反抗力、反抗机会和社会刺激。东方发电厂也协助宣传其技术安全保障，打消民众顾虑，获得居民谅解。[4]最终使得事件的公共非均衡状态逐渐向均衡状态转变，较

1 陈杰．回不去的家园[N]．新京报，2014-12-06（A12）．

2 张家振，李正豪．创元铝业污染再调查：当地群众十年投诉无果[N]．中国经营报，2014-12-15（31）；韩涵．谁把高污染项目引入“世外桃源”[N]．新京报，2014-12-07（A02）；佚名．“尽力了”的官员难辞其咎[N]．今晚报，2014-12-09（08）；韩振．防治污染，政府不能“单干”[N]. 2014-12-16（5）．

3 盛若蔚．边海小城，乐东新生[N]．人民日报，2015-10-08（6）．

4 李笑萌，王晓樱．三年，由后进变先进[N]．光明日报，2015-10-08（1）．

好地解决了群体冲突，达到了新公共均衡。不仅使燃煤发电厂项目提前建成，也使得乐东县在经济发展的同时，保证了社会稳定，实现了多方共赢。[1]当然，需要指出的是，虽然政府、企业和居民的不同行为对公共均衡的六个不同核心变量的影响会有所侧重，有些行为会影响这个或这几个变量多一些，有些会影响那个或者那几个多一些，但往往一种行为会同时影响多个或所有六个核心变量，不是说一种行为只会影响一种不同的变量，这就是行为影响的多重性，这是在现实冲突预防和处置中必须注意的。

三、构建包容公共均衡调整的强韧性社会

“韧性”（resilience），也翻译为弹性、复原力等，这一概念最初来自于物理学中材料承受外力后不易破坏、恢复原状的能力，进而被引申至生态学中，表示生态系统受到外来影响时持续存在，进而继续发展演化的能力。[2]随着现代化中风险的不断发现，韧性概念被广泛应用到社会领域，表示个体、家庭、组织、社会等适应环境变化、实现可持续发展的能力。韧性概念强调通过系统内部的多重平衡来应对外来风险冲击，而这正是公共均衡与非均衡理论所强调的核心变量之间的整体平衡。因此，本章提出要基于公共均衡与非均衡理论，最终构建能够包容公共均衡动态调整的强韧性社会。

特别需要指出的是，公共均衡与非均衡理论也告诉我们：冲突的发生与否、解决好坏不仅仅是单一变量或要素的结果，而是诸多要素尤其是六个核心要素的共同结果。因此，仅仅把一两个要素解决好，并不能有效预防冲突的发生，也不能较好地解决已经发生的冲突；同样地，仅仅一两个要素的变化，并不必然地导致冲突的发生，也不必然意味着不能较好地解决和应对冲突。六个要素所决定的总体公共均衡值才是决定冲突发生与否以及解决好坏的关键所在。这就意味着，在维持公共均衡值一定的情况下，六个要素可不断发生变化，或者说是可容许六个要素发生变化，而且事实上，它们也是经常变化的。这就告诉我们，冲突预防和应对的过程，并不是一个静态的过程，而是一个动态变化的过程。因此，要更好地预防和应对群体冲突，不能用静止和静态的观点看问题，必须用动态和变化的观点看问题。而从动态和变化的观点来看，要更好地预防和应对冲突首先就必须建立一个能够更加包容和容许六个变量不断变化的社会，而这样的社会也必然是一个更加注重提高人们的相对利益满足感、相对维持或合作意愿和社会总约束力的社会，但同时也可能是一个可以容许一定程度的可使用反抗力、反抗机会和社会总刺激的社会。而这样的社会显然是一个更加动态、生动和更富有韧性和活力的社会。事实上，马克思主义辩证法也认为，社会冲突是社会创新和发展的推动力，是社会组织向更高形式发展的试错过程的组成部分。[3]和马克思主义所强调的辩证观点相类似，西方学者的很多研究在强调了社会冲突的负面功能的同时，也注意到了冲突的诸多正面功能，即作为社会安全阀防止大规模冲突和社会的整体分裂、抑制冲突冲动、促进新群体形成、形成公共利益、推动建立新机制、维系社会系

---

1 张媛. 乐东：一个贫困县的3年之变[N]. 法制日报，2015-10-08（1）.

2 赵方杜，石阳阳. 社会韧性与风险治理[J]. 华东理工大学学报（社会科学版），2018，33（2）：17-24.

3 常健. 中国公共冲突化解的机制、策略和方法[M]. 北京：中国社会科学出版社，2013：6.

统平衡等。[1]诺贝尔经济学奖获得者谢林（Schelling）[2]也曾明确指出：“在研究‘冲突’的众多理论中，对于‘冲突’一词大体存在两种不同的解释：一种认为冲突是一种不正常（pathological）状态，并寻找产生冲突的根源和解决冲突的方法；另一种认为冲突的产生具有合理性，并研究分析和冲突相关的各种行为。后者可进一步分为两派：一派主张对冲突主体进行综合全面的分析，包括冲突主体的‘理性’和‘非理性’、有意识和无意识的行为及其动机（motivations）和对利弊的权衡（calculations）；另一派则更关注冲突主体充满理性、意识和智谋的行为。可以说，后一派把冲突看作是一场冲突双方都‘志在必得’的竞赛。”总之，建立包容公共均衡调整的强韧性，不仅有助于我们更好地预防和应对社会群体冲突，同时也更有助于实现我国治理现代化的宏伟目标。甚至，从某种意义上来讲，建立一个可包容公共均衡调整的强韧性社会应该是我国当前社会转型所必须追求的目标。

第七节　结　论

本节要点　本节介绍了本章的主要结论。

群体冲突问题是转型期我国面临的严峻挑战之一。基于大量观察、亲身实践以及对西方经典社会群体冲突理论的系统整合，本章发展了基于“控制-反抗”逻辑的“公共均衡与非均衡”群体冲突新理论，并通过大规模问卷调查和深度案例比较分析验证了该理论。在这一理论视角下，群体冲突的过程就是公共均衡破坏与重构的过程；公共相对利益满足感、公共维持或合作意愿、社会总约束力、公共可使用反抗力、公共反抗机会、社会总刺激作为公共均衡与非均衡模型的六个核心变量，决定了公共均衡值的大小；而公共均衡值的大小进一步决定了群体间冲突与合作的整体状态。具体而言：公共均衡值大于1，社会整体和平；小于1，则社会出现冲突；等于1，则社会处于冲突与和平的边缘。研究同时发现：经济地域、城乡属性、抗争类型、主要矛盾或争议问题的类型调节了六个核心变量和公共均衡值之间的关系；同时，个体或群体特征也影响人们对六个核心变量的评价。因此，需要根据具体的事件特征和个体或群体特征来衡量其对公共均衡值的不同影响，以更好地预防和处置冲突。已有的群体冲突理论往往相对零散，过于描述性，难以具体测量，不能同时解决冲突发生和不发生，不能用统一的简洁理论描述冲突的动态过程，同时也缺乏本土性。而公共均衡与非均衡理论则构建了一个相对系统整合的本土理论，而且其变量相对易于测量，也可同时解释冲突发生和不发生，并能用统一的简洁理论描述冲突的整个动态过程。因此，公共均衡与非均衡理论的提出不仅具有很强的理论价值，也具有很强的实践和政策价值。

---

1 刘易斯·科塞. 社会冲突的功能[M]. 孙立平，译. 北京：华夏出版社，1989；常健. 中国公共冲突化解的机制、策略和方法[M]. 北京：中国社会科学出版社，2013：7-9；Burton J W. International Relations: A General Theory[M]. Cambridge University Press，Cambridge，1965；Ross E A. The Principles of Sociology[M]. The Century Co.，New York，1920.

2 托马斯·谢林. 冲突的战略[M]. 赵华，等译. 北京：华夏出版社，2006：3.

最后需要强调的是，作为首次提出的一个全新理论，不可能一下子就把这个理论的方方面面都研究明白、解释清楚，因此本章可能还存在这样那样的问题，有关公共均衡与非均衡的一些主要问题还需要未来的研究进一步深入探讨。特别是未来要更加深入地研究如何系统和最小误差地测量公共均衡与非均衡所涉及的六个核心变量，除相对直接的问卷测量之外，是否可以开发更加系统和有效的量表，是否可以找到其他更加合适和精确的衡量或评估的方法或方案。同时，公共均衡与非均衡理论固然适合了转型中国“控制-反抗”的基本背景，但在更广泛的意义上是否可以用于解释所有制度和文化背景下的群体冲突事件，六个核心变量是否会因文化、社会和制度环境的变化而发生变化。所有这些，都是未来研究需要特别关注的问题。同时，本章的其他一些重要发现，例如中间收入和高收入阶层的两面性以及事件和个体或群体特征对六个核心变量的其他方面的复杂影响等，都需要今后的研究进一步深入探讨。

第三编

事件分析与评估

第七章　事件的基本特点及发生机理

本章要点　本章基于 25 个典型案例，结合问卷调查数据和实地调研结果，系统地讨论了事件的基本特点和发生机理。我国群体性事件的基本特点是：就自身特征而言，多发生在东部经济较发达地区，大规模事件发生频率高，组织化程度日益提高，反应型事件暴力化程度相对较高、预防型事件暴力化程度较低；就参与主体而言，暴发前多取道体制内途径，政府对事件解决起主导作用，专家学者等多元协作主体参与及治理为事件解决提供了新方案；就社会环境而言，群体环境影响较大，社会舆论影响事件走向，舆论环境日益依赖互联网。事件发生的基本机理是：在非冲突均衡状态下，群体性事件由社会结构条件和社会控制水平影响的诱源与诱因触发，之后参与人发现行动机会或促进机会形成，并通过概化信念激活和组织动员进一步积累资源，进而在完成利益计算及角色和策略选择与行动的基础上，导致冲突或非均衡发生；之后，冲突又可分为升级、僵局和解决三种模式，并通过三种路径最终使事件逐渐平息或达到均衡。本章的研究不仅对我国环境群体性事件的研究具有一定的理论指导作用，同时对其解决具有现实的政策指导价值。

本章将在整合上一章所发展的公共均衡与非均衡新理论以及其他相关社会冲突和冲突管理理论的基础上，结合我国实际，通过实证研究，分析我国环境群体性事件的基本特点及其发生机理。这不仅对我国环境群体性事件的研究具有一定的理论指导作用，而且对其他领域的群体性事件研究具有一定的理论借鉴意义；同时，也有利于后面更深入地分析我国环境群体性事件的解决或处置机制。

第一节　文献回顾与理论框架

本节要点　本节针对环境群体性事件相关研究展开文献回顾，并提出了本章的理论框架。

一、文献回顾

现有的大多数研究都将我国环境群体性事件定性为人民内部矛盾，认为事件的主要特点包括：发展形势严峻，环境群体性事件逐年增多并呈高发态势[1]；地域具有不确定性，城

1 汪伟全. 环境类群体性事件研究[M]. 北京：中央编译出版社，2016：2-4.

镇和农村都有可能发生；参与成员复杂，既有底层的弱势群体也有高学历群体；诉求集中于健康权和生存权且具备合理性；生存环境受到严重威胁，并且多方反映问题却没有得到妥善解决[1]；发生比较缓慢，预警相对较容易，其暴发有一个长期酝酿的过程；具有危害性与破坏性，直接给人民群众和企业造成经济损失，也容易被少数人利用而扰乱社会秩序、破坏社会稳定[2]；由于环境污染关乎当地群众的切身利益因而事件具有很强的动员能力；具有效仿性，事件发生后负面效应往往会扩散；具有反复性，事件发生原因复杂、反复出现；具有违法性，部分群众倾向于采取制度外方式维权；有一定组织及计划，非偶发性特征明显[3]；如此等等。

部分学者认为公共冲突的产生与经济社会发展的制度、文化心理、人的生理特征等休戚相关。例如，Bullard 认为：环境状况、环境政策等存在不公正与不合法现象是引发环境抗争的主要原因；而且，环境问题是社会问题的延伸，只有将环境问题与社会公正联系起来，才能有效地规避和解决人们面临的一系列环境风险。[4] Morell 指出，社群中产生邻避事件的原因可以分为四个维度进行探讨，分别是：心理因素、地方形象、公平性问题以及政府信任度。[5] Sandman（桑德曼）则从风险社会的角度出发，认为只要出现公众对工程项目环境风险的认知与专家的风险评估出现不一致，无论什么原因，公众的抗议和抵制就有可能出现[6]。我国学者也指出，社会转型变革、公共参与制度不健全、经济增长方式与产业结构不合理、个体心理和群体心理的变化是引致事件暴发的原因。[7]社会结构的深刻变化促使社会利益主体的多样化，成为各种新的社会冲突的诱因[8]；基本法律制度、诉讼救济机制不健全也容易引发环境群体性事件；各个环节中的政府决策与公共参与间的矛盾也容易诱发群体性事件[9]。除地方政府片面追求 GDP 外，缺乏环保监管制度也是导致事件暴发的内在根本因素。[10]也有学者认为，社会转型期利益格局的调整是事件发生的宏观背景，日益加剧的利益冲突是事件发生的直接动因，法不责众是事件发生的心理诱因，权力滥用是事件发生的助推器，公民权利意识的觉醒是事件发生的法律依据。[11]

二、理论框架

需要说明的是，由于上一章所发展的公共均衡与非均衡新理论只是从整体上分析冲突发生或不发生的较为一般化或整体的理论，虽然可以对群体冲突的发生或不发生等分析、

1 张萍，杨祖婵. 近十年来我国环境群体性事件的特征简析[J]. 中国地质大学学报（社会科学版），2015，15（2）：53.
2 范铁中. 社会转型期群体性事件的预防与处置机制研究[M]. 上海：上海大学出版社，2014：21-23.
3 余光辉等. 环境群体性事件的解决对策[J]. 环境保护，2010（19）：29
4 Bullard R D. Race and Environmental Justice in the United States[J]. Yale Journal of International Law. 1993（18）：319-355.
5 Morell D. Siting and Politics of Equity[J]. Hazard Waste，1984（5）：555-571.
6 Sandman P M. Rask Communication：Facing Public Outrage[J]. EPAJournal，1987：21-22.
7 任丙强. 农村环境抗争事件与地方政府治理危机[J]. 国家行政学院学报，2011（5）：98.
8 郑旭涛. 预防式环境群体性事件的成因分析[J]. 东南学术，2013（3）：23.
9 王海成. 协商民主视域中的环境群体性事件治理[J]. 华中农业大学学报（社会科学版），2015（3）：118-119.
10 商磊. 由环境问题引起的群体性事件发生成因及解决路径[J]. 首都师范大学学报，2009（5）：128-129.
11 朱力，李德营. 现阶段我国环境矛盾的类型、特征、趋势及对策[J]. 南京社会科学，2014（10）：44-48.

解释、预测或评估等，但并没有揭示群体冲突发生的具体机制。因此，本章从社会运动理论和社会冲突理论视角出发，结合上一章所发展的公共均衡与非均衡群体冲突新理论以及斯梅尔塞的价值累加理论、麦克亚当的政治过程理论和普鲁特的冲突发展理论等经典理论，提出了一个更为具体的解释群体性事件或群体冲突的特点和发生机理的新理论框架（图 7-1-1），以系统探讨我国环境群体性事件的特点及发生机理。基于该框架，在环境群体性事件的特点研究中，主要从特征要素、主体要素和环境要素三个逻辑方面进行探讨，特征要素包括环境群体性事件的起止时间、表现形式、事件性质、发生领域、案例层级、事件规模、发生地域等要素；主体要素包括参与者、参与者类型、角色、性别结构、行动策略、抗争方式等要素；环境要素包括群体环境、舆论环境、政策环境等。在环境群体性事件的发生机理研究中，从一开始的非冲突（公共均衡）状态，到受社会结构条件和社会控制或约束水平影响的诱源与诱因触发矛盾，进一步发现与形成行动机会（也就是反抗机会），经过概化信念的激活与组织动员，参与者通过基于自己的反抗力和收益的利益计算，到角色与策略的选择与行动，最终导致冲突（非公共均衡）发生。在进一步的冲突发展中，结合普鲁特的相关理论，从冲突的升级、僵局和解决三个方面进行探讨，具体分析升级、僵局和解决的过程。在环境群体性事件的特点和发生机理研究中，可以看出其特点和发生机理是相互影响的，同时二者关系到环境群体性事件的解决成效。

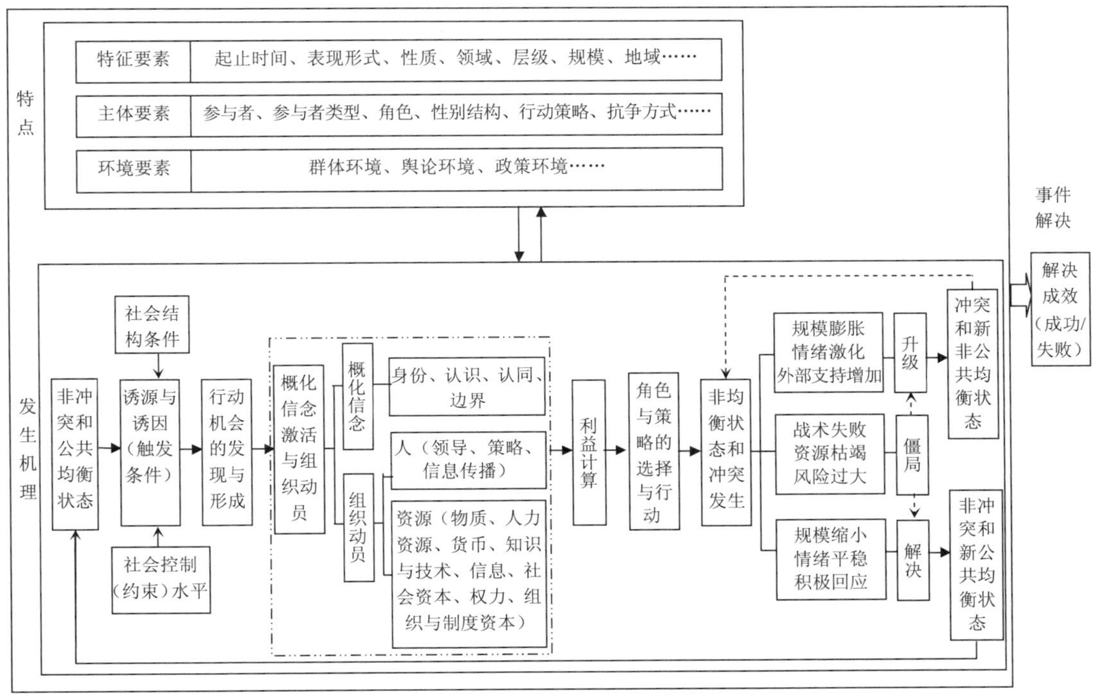

图 7-1-1　理论框架

第二节 研究方法与数据收集

本节要点 本节介绍了本章采用的研究方法和数据收集的具体情况。

一、问卷调查

针对我国环境群体性事件的参与者，我们设计了关于环境群体性事件特点的相关问卷（附录 7.1），并在实地调研的过程中进行现场发放，总计发放 160 份调查问卷，回收 150 份，回收率为 93.75%（表 7-2-1）。需要说明的是，由于本章的研究是整个大研究中的前期研究，故这一研究的调查问卷相对较少，下面要讨论的访谈人数也相对较少。

表 7-2-1 实地调研问卷调查基本情况

<table>
<tr><td>项目</td><td colspan="9">基本情况</td><td>无效值</td></tr>
<tr><td rowspan="2">性别</td><td colspan="4">男性</td><td colspan="5">女性</td><td></td></tr>
<tr><td colspan="4">31.5%</td><td colspan="5">68.5%</td><td>0</td></tr>
<tr><td rowspan="2">年龄</td><td>20 岁以下</td><td>21～30 岁</td><td>31～40 岁</td><td>41～50 岁</td><td>51～60 岁</td><td>61～70 岁</td><td colspan="3">71 岁及以上</td><td></td></tr>
<tr><td>2.0%</td><td>10.7%</td><td>26.0%</td><td>26.7%</td><td>20.7%</td><td>12.0%</td><td colspan="3">2.0%</td><td>0</td></tr>
<tr><td rowspan="2">教育程度</td><td>未曾上学</td><td>小学及以下</td><td>初中</td><td>高中中专技校</td><td>大学专科</td><td colspan="4">硕士及以上</td><td></td></tr>
<tr><td>1.3%</td><td>11.4%</td><td>22.0%</td><td>39.3%</td><td>20.0%</td><td colspan="4">6.0%</td><td>0</td></tr>
<tr><td rowspan="2">职业</td><td>城市或农村居民</td><td>个体工商户</td><td>公司企业</td><td>政府部门</td><td>事业单位</td><td>宗教组织</td><td>国际组织</td><td>民间组织</td><td>其他</td><td></td></tr>
<tr><td>18.7%</td><td>13.3%</td><td>17.3%</td><td>16.0%</td><td>24.0%</td><td>1.3%</td><td>0.7%</td><td>0.7%</td><td>6.0%</td><td>2.0%</td></tr>
</table>

二、访谈

此外，研究也在重点案例的发生地，对不同主体进行了 26 次深度访谈（附录 7.2）。访谈主要采用半结构化访谈和非结构化方式进行，访谈对象包括环境群体性事件当事方（如受污染居民、夜市店主等）、当地政府人员（如环保部门、执法部门工作人员等）、专家学者（如清华大学、郑州大学等的相关学者）等。访谈内容主要围绕当次环境群体性事件的发生发展过程、主要原因以及后续解决情况等一些问题，也包括访谈对象对我国环境群体性事件特点和发生机理的一些看法。

三、案例选择及案例编码

案例研究法是本章研究采用的主要方法。研究共选取了 25 个我国环境群体性事件的典型案例并进行了比较分析。为保证研究的有效性，在案例选取方面进行了较为严格的控制，坚持相关度高、内容典型、资料丰富易获得等原则，从多方面筛选案例，并从案例时间、案例地域、案例层级、污染类型等方面进行了必要控制。在案例内容真实性、客观性方面，研究对各个案例均采用多种资料、证据来源，并验证多种资料来源对同一案例问题的描述是否契合，以此来确保案例来源的广泛性和案例内容的真实性和可靠性。其中，案例证据资料来源包括期刊文章、网络资料（包括网络新闻和网络文章等）、媒体新闻报道、政府文件、现已形成的研究成果、学位论文、会议纪要等，保证案例资料来源的广泛性。由于各案例引发的社会关注有所不同，不同的案例形成的资料数量也存在巨大差异，所以并不是研究中的每个案例都会采用到以上所说的各种资料来源。同时，本章研究所选取的资料由不同的研究者或研究团体形成，也保证了资料来源的广泛性。研究选取的具体案例如表 7-2-2 所示。

表 7-2-2 研究选取的我国环境群体性事件案例简表

案例名称	层级	污染类型	所属区域	时间
1.内蒙古东明村煤炭企业污染	乡镇级	水污染、大气污染等	呼伦贝尔	2002—2011 年
2.四川汉源抗议电站事件	区县级	水污染	四川汉源	2004 年
3.浙江东阳画水事件	乡镇级	水污染、大气污染	浙江东阳	2005 年
4.浙江新昌药厂污染	乡镇级	水污染、大气污染	浙江绍兴	2005 年
5.广州番禺垃圾焚烧厂	区县级	大气污染等	广东广州	2009 年
6.北京六里屯垃圾场事件	区县级	大气污染、水污染等	北京	2006—2009 年
7.厦门 PX 事件	市级	大气污染等	福建厦门	2007 年
8.内蒙古包头抗议尾矿污染	乡镇级	水污染、放射性污染	内蒙古包头	2007 年
9.上海磁悬浮列车事件	区县级	噪声污染、电磁辐射	上海	2008 年
10.广东广州骏景花园变电站	区县级	电磁辐射污染	广东广州	2008 年
11.湖南浏阳镉污染事件	区县级	水污染、大气和土壤	湖南浏阳	2009 年
12.靖西抗议铝厂污染事件	区县级	水污染、土壤污染等	广西百色	2010 年
13.大连 PX 事件	市级	水污染、放射性污染	辽宁大连	2011 年
14.浙江红晓村抗议能源公司污染	乡镇级	水污染等	浙江海宁	2011 年
15.广东深圳抗议比亚迪电池厂	区县级	大气污染、水污染等	广东深圳	2011 年
16.内蒙古白音诺尔抗议铅污染	区县级	水污染、大气污染等	内蒙古赤峰	2011 年
17.海南莺歌海镇反对电厂事件	乡镇级	大气污染等	海南三亚	2012 年
18.天津滨海新区反对 PC 项目	区县级	大气污染	天津	2012 年
19.广州花都区抗议垃圾焚烧厂	乡镇级	大气污染、水污染等	广东广州	2013 年
20.河北武强县抗议化工厂事件	乡镇级	水污染、固体废物污染、大气污染、土壤污染等	河北衡水	2013 年
21.青海杂多县牧民与矿企冲突	区县级	水污染等	青海玉树	2013 年
22.内蒙古奈曼旗污水厂排污	区县级	水污染	内蒙古通辽	2013—2014 年
23.广东深圳抗议磁悬浮地铁	区县级	电磁辐射污染等	广东深圳	2014 年
24.河南驻马店夜市“喇叭战”	区县级	噪声污染、大气污染	河南驻马店	2014—2015 年
25.上海金山区 PX 事件	区县级	大气污染等	上海	2015 年

案例编码要素主要包括 15 个方面，分别为案例名称、案例层级、污染类型、案例地域、起止时间、案例类型、冲突主体、规模、组织化程度、暴力程度、冲突当事方、冲突间接方、冲突关注方、发生机理要素、解决成效（表 7-2-3）。案例名称即为研究案例的具体名称。案例层级分为市级、区县级、乡镇级。污染类型包括大气污染、水污染、噪声污染、电磁辐射污染、放射性污染、土壤污染、固体废物污染等污染类型。案例地域具体到群体性事件发生的所在市。起止时间为群体性事件持续的年份。案例类型分为反应型和预防型两种。冲突主体包括民众、政府、企业等各种环境群体性事件的参与主体。研究中的"规模"要素以事件中参与的人数来划分，分为小规模（5～29 人）、较大规模（30～299 人）、大规模（300～999 人）、超大规模（1 000～9 999 人）以及特大规模（10 000 人及以上）五种类型。组织化程度、暴力程度的测量用高（H）/中（M）/低（L）来衡量其满足程度。对环境群体性事件解决成效的测量分为三个等级，分别是成功（S）、半成功（SS）、失败（F）。成功即环境群体性事件中环境污染问题得到了有效解决，群体性事件得到了有效控制，并取得了良好的社会效果；半成功即环境群体性事件得到了有效控制，但环境问题没有得到彻底解决，矛盾点依然存在，没有完全解决群体性事件；失败指群体性事件没有得到有效控制，同时环境污染问题没有得到改善，或者只是得到了暂时的控制，没有从根源上解决问题。

表 7-2-3 案例编码要素

案例要素	测量指标
案例名称	
案例层级	市级、区县级、乡镇级
污染类型	大气污染、水污染、噪声污染、电磁辐射污染、放射性污染、土壤污染、固体废物污染
案例地域	所属市
起止时间	年份
案例类型	反应型、预防型
冲突主体	民众、企业、政府……
规模	小规模（5～29 人）、较大规模（30～299 人）、大规模（300～999 人）、超大规模（1 000～9 999 人）、特大规模（10 000 人及以上）
组织化程度	H（高）/M（中）/L（低）
暴力程度	H（高）/M（中）/L（低）
冲突当事方	民众、企业、政府……
冲突间接方	政府、司法机关……
冲突关注方	媒体、学者、NGO、大众……
发生机理要素	H（高）/M（中）/L（低）
解决成效	S（成功）/SS（半成功）/F（失败）

第三节　研究结果

本节要点　本节介绍了本章的研究结果，针对环境群体性事件的特点、发生机理和重点案例展开分析。

一、环境群体性事件特点

（一）我国环境群体性事件的特征要素分析

1. 问卷调查结果

针对从已有研究总结和概括出的一些环境群体性事件的特点，调查结果（表 7-3-1）显示，被调查人员也都相对比较同意。“非常同意”和“比较同意”两项相加“同意累积”最高为 75.3%，最低也有 36.6%。而且，从总体分布来看，倾向同意的选项累积（“非常同意”和“比较同意”两项合计）要大于倾向不统一的选项累积（“比较不同意”和“非常不同意”两项合计）。具体而言，如按同意程度从高往低排，我国环境群体性事件的主要特点是：①冲突暴发前大多取道体制内途径；②群体性事件规模大，参与人数多；③组织化程度逐步增强；④区域性强，大多发生在经济较发达地区；⑤冲突的解决更多依靠政府强力；⑥持续时间长，冲突易激化升级；⑦网络信息的传播发挥重要作用；⑧民众易受谣言影响（表 7-3-1）。

表 7-3-1　我国环境群体性事件特点统计表

特点	同意程度					
	非常同意/%	比较同意/%	同意累计/%	一般/%	比较不同意/%	非常不同意/%
1.区域性强，大多发生在 经济较发达地区	12.0	43.3	55.3 [4]	39.4	3.3	2.0
2.群体性事件规模大，参与人数多	27.1	44.0	71.1 [2]	26.3	1.6	1.0
3.持续时间长，冲突易激化升级	12.0	30.7	42.7 [6]	42.7	13.3	1.3
4.组织化程度逐步增强	20.7	46.0	66.7 [3]	23.3	6.7	3.3
5.网络信息的传播发挥重要作用	13.3	28.0	41.3 [7]	44.0	12.7	2.0
6.民众易受谣言影响	11.3	25.3	36.6 [8]	33.3	24.7	5.4
7.冲突暴发前大多取道体制内途径	28.0	47.3	75.3 [1]	20.0	4.0	0.7
8.冲突的解决更多依靠政府强力	14.0	30.0	44.0 [5]	36.0	16.0	4.0

注：中括号中数据为排名，后同。

2. 实地调研访谈结果

访谈中，许多事件当事人或专家学者也表达了自己对我国环境群体性事件特点的一些观点：

我的印象中群体性事件有这样一些特点：公众的无知，主流媒体以及政府机构的失信，互联网新媒体恶意的误导出现造谣。公众在相关环保知识上的欠缺和无知很容易被误导。我们的严肃、主流媒体因为种种原因，包含体制性的问题，缺少了可信度，公众对我们的主流严肃媒体不信任，一旦发生了群体性事件的时候，主流媒体去澄清的时候没有人相信，伴生的相关政府部门也缺少了这种可信度，那么在他澄清或者说明的时候也没有人相信。互联网带来的泛媒体化，当主流的不被信任，那么这些泛媒体就会成为主流声音。（20160615CZW）

目前，我们对环保高调的宣传，大家对环保有了足够的重视，但同时我们对一些影响在有意无意地放大、极端化，比如这个不能吃、那个不能碰，比如说PX项目、移动基站的辐射，转基因领域也是这个道理，我们把一些东西极端放大，这样导致大家处于一个焦躁的状态，更为严重的一个问题就是特别容易极端放大对后代的影响，这一方面反映环境污染确实有不好的一面；另一方面反映出民众焦躁的心态，对很多东西都相信他是恶的、不好的，而不是说相信真的没有这么回事。这是一个潜在的影响。（20160505XH）

我觉得，现在的这种群体性事件跟之前比，越来越有组织有领导，行为方式跟之前比也越来越文明。（20160506ZB）

像一些PX事件、修建垃圾焚烧厂事件，人们不会等到厂子建好之后再去表达不满，而是在之前，项目上马之前或者决策之后就开始进行抗议，这表明民众环保意识的增强，也是民众素质提高的表现，这些情况在经济发达地区出现得比较多，像一些落后地区应该比较少。（20160427FY）

总结相关访谈记录可以看出，被访谈者认为我国环境群体性事件体现出的特点主要有这几个方面：环境群体性事件发生频率和规模都不断扩大、环境群体性事件体现出组织性且行为方式发生转变、政府机构失信导致群体性事件发生等。前面两个特点，和前面问卷调查统计（表7-3-1）的第2个和第4个特点基本一致，而第3个特点则是问卷调查没有直接反映的。但是，这一特点，也和问卷调查统计的第7个特点相关。也就是说，正因为很多群体性事件冲突暴发前大多取道体制内途径进行问题解决，从而使得政府机构失信成了导致群体性事件发生的另一个重要原因，并成为我国群体性事件发生的一个突出特点。

（二）我国环境群体性事件的主体要素分析

在对每个案例逐一分析的基础上，研究从冲突当事方、冲突间接方、冲突关注方三个方面具体分析我国环境群体性事件的主体要素，并结合调研访谈记录进一步探寻事件在主体要素方面的特点。

1. 案例主体要素编码结果

通过对案例编码数据的分析发现，我国环境群体性事件的参与者主要包括民众、企业、政府（这里主要指行政部门）、司法机关、媒体、NGO、学者等主体，也包括网络大众等网络媒介主体，各种主体在环境群体性事件中扮演不同的角色。根据不同主体的参与者在事件中扮演的角色、参与程度、参与诉求等进行分析，将事件参与主体分为冲突当事方、冲突间接方、冲突关注方。其中，冲突当事方是直接参与事件的各主体，即冲突的对抗方，如民众和企业，或民众和政府，缺少任一方都不会发生群体性事件。统计显示，我国环境群体性事件一般都有民众的参与，大都是民众作为受污染、利益受损的一方与企业、政府进行对抗或冲突。冲突间接方是指没有直接参与到群体性事件中，但在事件发展过程中作为第三方参与事件的发展、解决，对整个环境群体性事件起到一定的促进作用，如在冲突发生之后参与调解等。而且，政府、司法机关和专家学者等都有可能是冲突间接方。冲突关注方是指既不直接参与冲突，也不作为第三方调解冲突，而是作为关注者间接地对群体性事件起到一定的推动作用的群体。如进行的宣传、公开发声的学者、表达支持的网络大众等都可以看作是冲突关注方。

由表 7-3-2 可以看出，民众是我国环境群体性事件中最主要的冲突当事方。在环境群体性事件中，民众基本都是环境污染的受害者或利益受到潜在威胁的一方，所以他们往往作为反抗者、维权者参与到群体性事件中。企业在环境群体性事件中通常是污染环境的一方。随着我国经济发展，许多工业企业在生产过程中给环境带来了严重污染，甚至直接威胁民众健康，容易引发和民众的冲突，成为主要的冲突当事方。在我们选择分析的 25 个案例中，企业作为冲突当事方的案例有 13 个，占总案例的 52%。除民众和企业外，政府也是非常重要的冲突当事方。在预防型环境群体性事件中，面对即将上马的工程和项目，如民众感受到了潜在的利益威胁，就会对做出决策的政府进行抗议，从而使政府成为了冲突当事方。如在厦门 PX 事件中，民众反对建设 PX 项目，其主要抗议对象就是做出决策的政府，从而政府成了主要冲突当事方。在反应型环境群体性事件中，民众可能是先与污染企业发生冲突，而政府只是作为执法者参与到了群体性事件中。但如政府处理不当，政府的介入行为就很有可能进一步推动冲突的发展或造成冲突的升级，从而使政府也变成冲突的当事方。例如，如民众与企业交涉未果，而向政府进行利益诉求的渠道又不畅，抑或是政府出于其他考虑偏袒污染企业，就会使民众将矛盾焦点由企业转向政府，从而使政府替代企业成为冲突的主要当事方。总之，在所选择分析的案例中，政府作为冲突当事方的案例就有 22 个，占到了 88%。

表 7-3-2　我国环境群体性事件的主要参与者

案例	冲突当事方	冲突间接方	冲突关注方
1.内蒙古东明村煤炭企业污染事件	民众、企业、政府		
2.四川汉源抗议电站事件	民众、政府		大众
3.浙江东阳画水事件	民众、政府		大众
4.浙江新昌药厂污染事件	民众、企业、政府	政府	媒体、大众
5.广州番禺垃圾焚烧厂事件	民众、政府		媒体、大众
6.北京六里屯垃圾场事件	民众、政府		媒体、大众
7.厦门 PX 事件	民众、政府	专家学者	媒体、大众、NGO
8.内蒙古包头尾矿污染事件	民众、企业、政府		
9.上海磁悬浮列车事件	民众、政府		媒体、大众
10.广东广州骏景花园变电站事件	民众、政府		媒体
11.湖南浏阳镉污染事件	民众、企业、政府		媒体、大众
12.靖西抗议铝厂污染事件	民众、企业、政府	政府	媒体、大众

案例	冲突当事方	冲突间接方	冲突关注方
13.大连 PX 事件	民众、企业、政府		媒体、大众
14.浙江红晓村能源公司污染事件	民众、企业、政府		媒体、大众
15.广东深圳比亚迪电池厂事件	民众、企业、政府	司法机关、NGO	大众
16.内蒙古白音诺尔抗议铅污染事件	民众、企业、政府	政府、司法机关	
17.海南莺歌海镇反对电厂事件	民众、政府		媒体、大众、NGO
18.天津滨海新区反对 PC 项目事件	民众、政府		媒体、大众
19.广州花都区垃圾焚烧厂事件	民众、政府		大众
20.河北武强县抗议化工厂事件	民众、企业	政府	
21.青海杂多县牧民与矿企冲突事件	民众、企业	政府、专家学者	大众
22.内蒙古奈曼旗污水厂排污事件	民众、企业	政府	媒体、大众
23.广东深圳磁悬浮地铁事件	民众、政府		媒体、大众
24.河南驻马店夜市“喇叭战”事件	民众、企业、政府	政府	媒体、学者、大众
25.上海金山区 PX 事件	民众、政府		媒体、大众

表 7-3-2 也表明，冲突间接方或第三方主要包括政府、司法机关（包括公安机关、法院等）和学者等。首先，在民众和企业为对抗当事方的群体性事件中，政府往往会作为调解者、解决者充当冲突第三方；而在一些基层政府作为冲突当事方的案例中，更高层级的政府往往又会成为冲突的间接方。例如，在靖西抗议铝厂污染事件中，民众先与铝厂、县政府发生大规模冲突，使事件出现僵局。此时，市级领导召集各方召开座谈会，与各方商议解决对策，最终使事件平息。在这里，比县政府更高级别的市级政府就可以看作是冲突间接方。也正是由于其的介入，才使事件得到解决。其次，司法机关也可以成为冲突第三方。例如，在一些案例中，公安机关作为调解者调解冲突，或是法院作为第三方裁决冲突当事方的诉求。在这里公安机关和法院就是冲突间接方或第三方。例如，在广东深圳比亚迪电池厂事件中，受污染民众就将深圳市人居委告上法庭，等待法院的裁决。最后，专家学者也可以成为冲突间接方或第三方。例如，在青海杂多县牧民与矿企冲突事件中，环保人士、专家学者组织观察团前往青海调查事件情况，并与当地相关部门进行沟通，协商解决的办法。在这一事件中，专家学者就作为冲突第三方参与到了群体性事件的解决中。

冲突关注方主要包括媒体、专家学者、NGO、一般大众等。虽然他们不直接参与到群体性事件中，但会通过自身的一些优势发挥作用，影响到冲突当事方或第三方，并影响到事件的发展和解决。例如，在内蒙古奈曼旗污水厂非法排污事件中，村民面对污染接连上访，但收效缓慢。后来，事件经《新闻直播间》播出后引起关注，政府也因此成立调查组，并尽快给出了解决意见。在这一案例中，新闻媒体的信息传播推动了事件的解决，发挥了导向性作用。而且，研究也发现：虽然舆论引导、信息传播正在发挥越来越重要的作用；但与此同时，也常有一些别有用心的群体会通过散播谣言、发布违背现实的言论，给群体性事件的解决带来消极影响。例如，在浙江红晓村能源公司污染事件中，谣言造成村民恐慌，进而导致村民聚集到污染企业，并与企业发生冲突。此外，学者也可以作为冲突关注方发挥作用。此时，他们往往会凭借其专业知识给冲突当事方或间接方等提供智力支持，给出建议，从而帮助冲突的解决。例如，在河南驻马店夜市“喇叭战”事件中，一些相关学者就曾参与到政府所组织的实地调研中，并对事件的解决提供了相关建议。最后，大众也可以通过冲突关注方发挥作用。例如，他们可以通过各种媒介发表言论，表达态度，形成舆论引导，进而影响事件的发展与解决。

2．实地调研访谈结果

在实地访谈中，一些受访者也对冲突的主体要素表达了自己的看法：

我是群体性事件的参与者，这个夜市的噪声和浓烟污染了我们整个小区，我们肯定团结起来去反抗污染，下面的夜市商户肯定是跟我们对着干。小区内部的话，因为第一栋楼受到影响最严重，所以基本上都是第一栋楼的业主是主力，后面的几栋楼业主只有小部分人参加，但是他们都给我们凑钱买大喇叭，就是整个小区都支持。这个事儿主要是小区和商户进行对抗，政府一会儿管一会儿不管，其实我们还是希望政府能赶紧把这个事儿解决，政府下文件啥的，商户没办法不听，反正最后咋解决还是得看市政府。（20160515ZMH）

作为旁观者，我肯定不会像群体性事件中的直接参加者那么激动，就我这个旁观者来说，应该是不会对群体性事件的解决形成太大的影响，但是我觉得能影响它的是新闻媒体和社会舆论，新闻媒体一报道，很多政府不当回事儿的东西都重视起来了，说不定也就很快解决了。现在网上的声音这么多，网络上要是能形成热议，它的作用也差不多，很可能媒体不敢报道的东西网上一火起来，新闻也就不得不报道。现在舆论还是很重要的吧，很能影响事情的最后结果。（20160615CZW）

现在这种群体性事件确实不少，有的是合理的，有的是不合理的，说白了就是老百姓闹事，他就是不讲理给你政府闹，你拿他没办法。很多事说是要政府处理，但政府有时候也确实为难，没法说你一闹事我马上就能给你解决了，这都很复杂，政府肯定也都想赶紧处理，还是看具体情况吧。（20160516LXY）

总结这些访谈记录可以看出：事件参与者很容易因共同利益团结在一起，并使事件规模进一步扩大；而事件的有效解决又常常依赖政府的介入、新闻媒体的报道和社会舆论的推动等。

（三）我国环境群体性事件的社会环境分析

1．问卷调查结果

表 7-3-3 统计了被调查者对群体、社区、舆论和政策四种环境影响要素的看法。如从将“非常同意”和“同意”两项累积的“同意累计”来看，则会发现这四种影响因素的影响从高到低依次是：群体环境、舆论环境、社区环境和政策环境。换言之，就是群体环境和舆论环境对我国环境群体性事件的影响最大（同意累计都达到 70.0%以上），政策环境的影响相对较小，而社区环境的影响居中。而且从总体来看，问卷调查数据的分布都倾向于同意方向，说明所有这四种环境都对事件有影响，是影响事件的主要社会环境要素。

表 7-3-3 我国环境群体性事件社会环境影响要素统计表

影响因素	同意程度					
	非常同意/%	比较同意/%	同意累计/%	一般/%	比较不同意/%	非常不同意/%
1.群体环境	25.3	49.3	74.7 [1]	21.3	3.3	0.6
2.社区环境	16.3	40.0	57.3 [3]	38.7	2.7	1.3
3.舆论环境	21.3	51.3	72.7 [2]	25.3	1.3	0.6
4.政策环境	10.7	21.3	32.0 [4]	57.3	8.7	2.0

2．实地调研访谈记录

在研究进行的访谈中，许多事件当事人或专家学者也对环境要素的影响表达了自己观点：

我觉得现在人的是非判断十分容易受到影响，别人说好就是好，别人说不好就是不好，宁可信其有不可信其无，在很多环境群体性事件中都有谣言的存在，谣言会迷惑很多人，它会让整个大环境受到蛊惑，一个小区的人都在传播这个假消息，我作为小区的一员也就对这个消息不得不信了。更可怕的是谣言会抓住人的心理，告诉你污染会影响你的子孙后代，这个说法更会是更大层面比如整个社区的人都成为我闹事的支持者。（20160615CZW）

说实话政府方面应对这些环境群体性事件确实是缺乏一定的经验，并且对整个事态的把控能力不够，有时候很可能因为一个办事方法不对就引起老百姓的巨大反应。政策法规这方面相关的很少，如果这方面的政策能够完善，有个办事的参考依据，政府也不会这么招老百姓的恨了吧。（20160505XH）

小区内部的话，因为第一栋楼受到影响最严重，所以基本上都是第一栋楼的业主是主力，后面的几栋楼业主只有小部分人参加，但是他们都给我们凑钱买大喇叭，就是整个小区都支持。所以一个小区肯定是站到一块，这没啥商量的，就跟中国人一块打小日本一样。（20160515ZMH）

中央台的新闻联播一放，马上政府就来人了，后面乱七八糟又来一大堆记者什么的，都是不一样的电视台报纸好像，来了我们就让他们采访，他们一报道更多人知道我们的情况肯定对我们有好处。（20160506LX）

团结路这个夜市的事确实麻烦，我不住团结路但是你想想你楼下有夜市谁都受不了啊，我肯定是支持老百姓，大家都是支持老百姓，除了夜市他自己支持自己吧。电视上播的时候不也是在说老百姓生活受啥影响，肯定到最后夜市得搬走，民心所向，市政府也不会对着干。（20160508ZSH）

总结相关访谈记录可以看出：事件参与者受其周围群体的影响较大；事件所处的社区大环境对事件的解决起到一定作用；舆论环境对事件的影响越来越大，且出现日益依赖互联网发展的趋势等。这些也都与问卷调查的发现相一致。

二、环境群体性事件发生机理

根据研究框架，从群体性事件的酝酿到发生可以从以下要素角度进行分析，分别是：

发生机理过程中的社会结构条件、社会控制水平、诱源与诱因、行动机会的发现与形成、概化信念激活与组织动员、利益计算、角色与策略的选择与行动。对应到具体案例中，我们用社会结构条件、社会控制水平、诱源与诱因影响、行动机会、概化信念、组织动员、利益计算、角色与策略应用八个要素（分别对应 F1～F8）衡量具体案例中各个要素的符合程度，进一步验证所提出的发生机理研究框架（表 7-3-4）。并将八个要素的满足程度分为三个等级，分别为满足程度高（H）、满足程度一般（M）、满足程度低（L）。对事件解决成效的测量同样分为三个等级，分别是成功（S）、半成功（SS）、失败（F）。成功即事件中环境污染问题得到了有效解决，群体性事件得到了有效控制，并取得了良好的社会效果；半成功即群体性事件得到了有效控制，但环境问题没有得到彻底解决，矛盾点依然存在，没有完全解决群体性事件；失败指群体性事件没有得到有效控制，同时环境污染问题没有得到改善，或者只是得到了暂时的控制，没有从根源上解决问题。

表 7-3-4 我国环境群体性事件案例发生机理要素编码表

案例	F1	F2	F3	F4	F5	F6	F7	F8	解决效果
案例 1	M	M	M	M	M	H	M	M	SS
案例 2	H	M	M	M	M	M	M	M	SS
案例 3	H	H	H	H	H	H	M	M	S
案例 4	M	H	M	M	M	L	M	L	F
案例 5	H	H	M	M	M	H	H	M	S
案例 6	H	H	H	H	H	M	H	H	S
案例 7	H	H	H	H	M	H	H	H	S
案例 8	M	M	M	M	M	L	L	L	F
案例 9	H	H	H	M	M	M	M	M	S
案例 10	M	M	M	M	L	L	M	L	F
案例 11	H	H	H	H	H	M	M	M	S
案例 12	H	M	H	M	M	M	M	M	SS
案例 13	H	H	H	H	M	H	H	M	S
案例 14	M	M	H	M	M	L	M	L	SS
案例 15	H	H	H	H	M	H	M	H	S
案例 16	M	M	M	M	L	M	L	L	F
案例 17	H	H	H	H	M	M	H	M	S
案例 18	H	H	H	H	M	M	H	M	S
案例 19	H	H	H	H	M	H	H	M	S
案例 20	M	M	M	M	H	M	H	L	SS
案例 21	M	M	H	M	H	H	M	M	S
案例 22	M	M	M	M	M	H	M	M	SS
案例 23	H	H	M	M	M	H	M	M	S
案例 24	H	H	H	H	H	H	H	H	S
案例 25	H	H	H	M	H	M	H	M	S

注：要素满足情况为：H=高，M=中，L=低。解决成效情况为：S=成功，SS=半成功，F=失败。案例编号对应表 7-3-2 中的案例编号顺序。

为了检验各发生机理要素的有效性，研究又通过 SPSS 进行了相关性分析（表 7-3-5）。结果显示：所有这些要素在 0.05 的置信水平下都显著，且相关系数都在 0.5 以上。其中，相关系数最高的是要素 2（社会控制水平）和要素 8（角色与策略应用），其相关系数均大于 0.7，显著性也都小于 0.01。

表 7-3-5 我国环境群体性事件发生机理要素与解决成效的相关分析

环境群体性事件发生机理要素	相关系数	Sig
F1：社会结构条件	0.658**	0.00
F2：社会控制水平	0.769**	0.00
F3：诱源与诱因影响	0.698**	0.00
F4：行动机会	0.646**	0.00
F5：概化信念	0.583**	0.02
F6：组织动员	0.587**	0.02
F7：利益计算	0.602**	0.01
F8：角色与策略应用	0.748**	0.00

注：** 表示在 0.01 水平（双侧）上显著相关。

当然，事件在冲突暴发之后的发展过程，又可以概括为升级、解决、僵局三种情况。对这三种情况的检验，我们将在下面结合重点案例分析进行汇报。

三、重点案例分析

经过连续两年的实地调研，我们更深入地挖掘了河南驻马店夜市“喇叭大战”事件的发生原因、发展过程与后续解决情况。该事件暴发于 2014 年，在 2015 年夏天复发并得到解决，但其根源却在十年之前。2006 年，驻马店市“四城联创指挥部”为了申请国家优秀旅游城市称号，经过包括规划局在内的市政府多个部门讨论，同意将分散在各个街道的、扰民问题突出的烧烤夜市商户引导并集中在团结路。但在 2006 年之前，位于该路的都市丽景小区的审批规划就已作出，且在此时已经住人，从而引发了居民、烧烤商和政府之间的矛盾。起初，居民分别向政府信访部门、环保部门、城管部门上访反映夜市烧烤的污染情况，但都未达到预期效果。无奈，在 2014 年夏天，居民于临街楼顶安置大喇叭播放音频，宣传烧烤危害，痛斥夜市商户的噪声和大气污染，给夜市烧烤商户的生意造成巨大影响。商户面对此情况也展开反击，同样用大喇叭回应，双方激烈对抗由此开始。其间还发生了一次暴力冲突，但没有人员伤亡。在双方博弈的过程中，马路对面受其骚扰的村民也加入到斗争的行列，在小区门口堵门，希望其停止噪声的骚扰。这就使得原来仅有居民和烧烤商参与的双方冲突变成了居民、村民和烧烤商参加的三方冲突，并有人受伤。于是，驻马店开发区管委会三次召集居民和商户在一起调解，寻求解决问题的方案，最终双方同意拆除喇叭，烧烤商户采用无烟烧烤并不再扰民，持续了半个夏天的“喇叭大战”随即告一段落。但 2015 年问题复发，“喇叭大战”再次上演。这一次，由于事件受到了央视等媒体的关注，使得“喇叭大战”一时成为新闻热词。社会舆论的关注迫使政府开始高度重视。之后，综合执法局下发《关于城区夜市摊点规范管理的通知》以整治夜市问题，双方对抗遂逐渐平息。到 2016 年夏天，当研究者再次来到团结路时，发现烧烤摊已所剩无几。虽然都市丽景小区个别住户的阳台上依旧留有呼吁标语，马路上也还有综合执法车来回巡逻并播放普法宣传内容，但事件已基本平息。

就事件类型和特点而言，此事件属于已存在污染的反应型群体性事件，事件规模为大规模、组织化程度为高、暴力程度为中。首先，就规模而言，整个事件参与人数包括小区居民、夜市商户、第三方村民在内有数百人；发生对抗时，直接参与暴力冲突的有数十人，且参与者主要是利益相关者，是因为切身利益受损才参与到事件中。其次，就组织化程度而言，几方主体都具有高程度的同质化行动，内部团结，都有组织和领导者，行动也都有一定的策略，使得整个事件的组织化程度很高。最后，就暴力程度而言，由于主要表现为集体上访、围堵污染企业、肢体冲突等，故其暴力程度相对居中。

就冲突参与主体而言，小区居民、烧烤商户和政府部门作为事件的直接当事方，参与了整个群体性事件的发生和发展过程；市级政府作为冲突第三方，参与了问题与矛盾的协调和解决；而媒体、学者和一般大众等，则是冲突关注方。特别地，在这一事件中，媒体的关注和大众舆论对整个事件起了推动作用，也加速了事件的最终解决。例如，郑州大学公共管理学院的杨朝聚教授等，一直对此事保持关注，并进行了实地调研；而且，杨教授也通过媒体发声表达看法，并曾为政府解决行政难题提出了相关建议。

在社会环境方面，群体环境的影响主要体现在都市丽景小区未受到污染的居民也作为小区整个群体的成员，积极加入到了群体性事件中。他们意识到自己同样是群体的一员，认为自己有责任为群体贡献力量、出谋献策。所以，整个小区集体出份子钱，用于安置大喇叭；并在发生冲突时，集体应援。因为政府规划问题，居民和商户双方都认为自己有充分的理由维护自己的利益，从而使得双方在对抗中受社区环境的影响相对较小。但舆论环境却对本案例产生了较大影响。例如，在央视等平台播出了相关新闻后，网络上“喇叭大战”一度成为热词，使一般大众更多地支持受污染居民，加速了事件的发展与解决。同样，政策环境也渗透到了事件中，政府规划短视、相关部门执法不力、制度政策空位等，都影响了事件的发生。

下面，我们将结合前面提出的分析环境群体性事件发生机理的基本框架，对这一事件发生的全过程进行回顾。在夜市“喇叭大战”发生之前，从 2006 年到 2014 年的这段时间，是矛盾的积累期。在这段时期，由于关于夜市一条街的规划与都市丽景小区的审批规划产生冲突，产生了有利于冲突暴发的社会结构条件。小区居民认为门口夜市烧烤摊影响自己生活，增加了工作的心理压力，且这种影响和压力伴随着时间的推移和夜市烧烤摊的增加与日俱增，从而使居民与夜市烧烤商户之间逐渐形成非常紧张甚至对立的关系。

河南省驻马店市地处中原，在河南省内经济也算不上发达，各方面条件相对落后，总体上社会较稳定，总控制水平较高。但在那段时间，由于各种“上访”“闹事”“维权”事件频繁发生，居民耳听目染，对自己的心理和行为也都产生了一定的影响。在实地访谈中，部分小区居民对政府的执政能力表达了较强烈不满。当问起能给当地政府评多少分时，许多受访者都打出很低的分数。可见，政府公信力的下降直接影响了总体的社会控制水平。

夏季来临，夜市烧烤商户作为诱源，难以忍受的噪声污染和大气污染作为诱因，加上民众的上访和投诉又都得不到政府的重视，最终导致群体性事件发生。在冲突积累期，民众心理的紧张情绪和对政府的不信任都是导致冲突暴发的因素，它作用在诱源与诱因上，符合本章研究提出的发生机理步骤。

对于夜市“喇叭大战”事件的行动机会，当事居民也曾这样说道：“夏天来了，夜市对我们的骚扰越来越严重，家里的学生晚上写作业都受影响，影响我们大人睡觉不说，你影响孩子学习这肯定不能再纵容他们。他烧烤摊在楼下摆着，我们不能直接让他们收摊，跟他们协商也没啥用。整个楼的居民一起开会，商量着不能让你商户搬走，就让你的顾客都不来，于是我们就商量出买大喇叭放录音的办法（20160707LCX）。”还有居民表示：“要说我们为啥弄大喇叭，一是夏天了天气热烧烤的影响越来越大，二是政府让我们自己跟商户协商，我们没办法只能想办法，行动机会就是这些原因（20160506XT）。”而居民在楼顶安装大喇叭的行为，也给烧烤商户提供了行动机会，他们面对小区居民的攻势，同样架起了自己的大喇叭与居民对喊。

概化信念激活与组织动员在本事件中的表现也十分明显。访谈时，研究者分别询问了小区居民和烧烤商户。他们都表示明确地认识到了自己的身份，并对自己的群体有认同、有支持，也都很清楚彼此是在一个对立面上，彼此的边界也很明显。在整个事件中，居民和商户也都有各自的行动领导者。例如，王先生是都市丽景小区居民代表，他与烧烤商户进行了数次协商、谈判都没有结果。于是，作为一号楼受污染最严重的业主，王先生不仅代表自己，也代表整个小区与烧烤商户进行博弈。在王先生的号召下，不仅临街的一号楼业主参加到群体性事件中，整个小区的居民也都参与进来，凑份子钱来购买、安装大喇叭。这是他在和平协商失败后，与大家一起商议出的对抗策略。王先生平时还承担了在居民之间传递消息的工作。业主们有自己的QQ群和微信群，用以平时沟通。王先生等也常在网上发布消息，呼吁动员更多支持者和寻找更多的途径。

在利益计算方面，我们也从访谈中了解到当事方的一些想法。例如，有受访者表示：“我们肯定是有犹豫，但是事实是我们只能采取行动，肯定有想过跟夜市商户打仗能不能成功。（但）如果不这么做，这个情况还是这样。（所以）我们只能自己行动，才有可能把他们赶走（20160626WLX）。”商户也表示面对居民的喇叭攻势，自己也想过很多方法，最终决定同样投入喇叭还击。可以看出，双方都有各自利益计算的过程，都是在衡量了行动的效用之后，才做出了行动的决定。

角色与策略的选择与行动在事件中也有所体现。以小区居民为例，受污染最严重的一号楼业主承担了群体性事件骨干分子和主要参与者的角色，因为他们是直接利益相关方。例如，组织领导者王先生就是一号楼业主，因为同属于受污染的一号楼，他在选择角色时也更有责任感和积极性。而小区的其他业主，由于没有直接受到夜市烧烤的污染，在选择角色时大多是事件的一般参与者，在行动上扮演着支持一号楼业主的角色。当然，也有业主因为身不由己等原因，是事件的被动参与者，但这也都是他们结合自身的实际情况做出的选择。而在选择了各自的角色之后，各参与方也都会进一步据此选择自己的具体策略，并采取行动。

总之，在完成以上几个步骤之后，冲突发生，居民与商户展开了“喇叭大战”。但大战又使往日繁华的美食街变得门庭冷落，更让商户受到打击，情绪变得更加激动，于是，在 2014 年 7 月 9 日，双方发生了第一次直接冲突。这也是“喇叭大战”之后的冲突升级，冲突规模开始膨胀，双方加入冲突的人越来越多，周边群众乃至整个市区都开始关注此次事件。经历了这次冲突升级，也就是完成了发生机理框架上的一个小循环，冲突进入新状态或新公共非均衡状态。到 2014 年 7 月 17 日，驻马店市经济开发区管委会开始对居民和商户的喇叭进行拆除。但是，对小区的行动因遭到居民抵抗而未能成功。随后，小区居民不但没有停止活动，还增加了 6 个喇叭，每天楼顶的 14 个喇叭同时播放音频。这次行动中，商户的喇叭被拆除，面对小区业主的喇叭声，商户就又采用敲打锅、碗、盆的方式进行还击。夜市“喇叭大战”出现第二次升级。之后驻马店市经济开发区管委会三次召集居民和商户在一起协商，探讨方案。在此期间，小区对面都市村庄的村民以喇叭噪声扰民为由，先后两次围堵都市丽景小区大门，致使小区的车辆无法进出，进而导致村民和小区居民双方发生肢体冲突。至此，居民和商户之间的双方冲突，又引来了第三方村民的加入，使事件再次升级恶化。总之，事件共经历了三次冲突升级。最终，经过调解，小区居民自愿拆除了楼顶的高音喇叭。至此，2014 年的“喇叭大战”告一段落。

然而，到了 2015 年夏天，时隔近一年，团结路再次响起了熟悉的大喇叭声。因为，夜市烧烤又开始扰民，居民又开始用大喇叭对楼下喊话。可这次冲突在发展过程中出现了僵局。双方还是之前的“套路”，各自的积极性因此出现减退；双方能使用的资源也都面临枯竭，原有的战术显然已不能让事件成功解决。事情的转机是在 6 月 14 日至 16 日，央视几个栏目播出了团结路上“喇叭大战”的节目。随后，各方媒体云集团结路，“喇叭大战”一时成了新闻热词。舆论的高度关注，使得驻马店市政府和开发区管委会开始高度重视此事。6 月 15 日，也即央视曝光后次日，驻马店综合执法局就下发了《关于城区夜市摊点规范管理的通知》，规定了夜市营业时间与相关规范。接下来，相关部门又连续几天集中整治团结路美食一条街，拆除了夜市门店的店外设施，并规定夜市店在晚上十一点之后，一律店内经营，不得扰民，否则扣押餐饮设备，并于 23 日冒雨拆除了居民楼上的高音喇叭。至此，“喇叭大战”终于宣告结束。可见，在 2015 年的事件发展过程中，出现了冲突僵局，并在媒体的推动下，导致政府强力介入，才最终促使事件成功解决。总之，河南驻马店夜市“喇叭大战”事件，作为一个持续时间长、发展过程复杂的典型案例，其发生和发展过程较好地验证了研究提出的环境群体性事件的发生机理框架（图 7-3-1）。

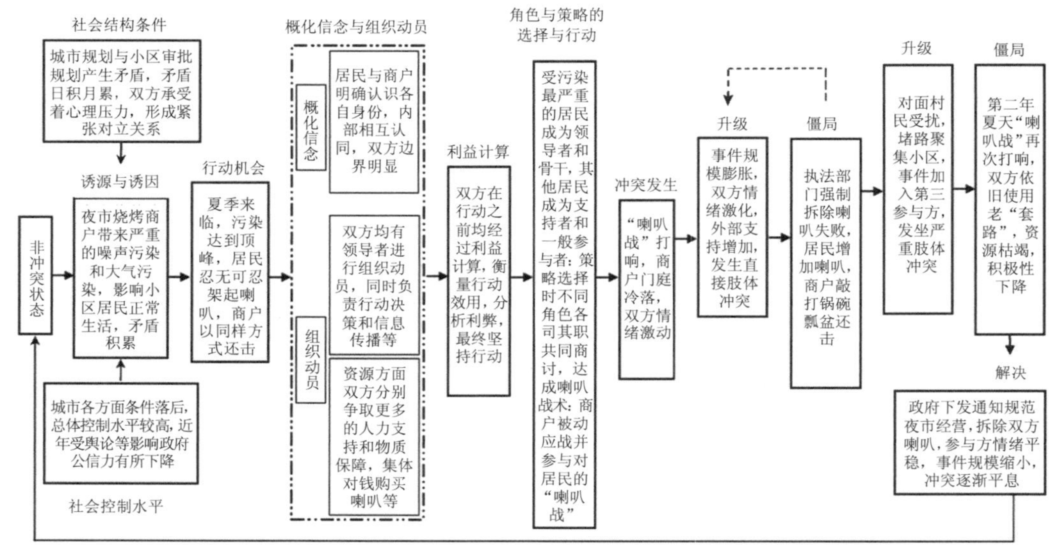

图 7-3-1 重点案例发生机理框架图

第四节 讨 论

本节要点 本节从不同角度讨论了我国环境群体性事件的特点和发生机理。

一、从不同角度分析我国环境群体性事件的特点

虽然我国环境群体性事件的发生都与已存或潜在的环境污染有关，但不同事件的具体原因和发生发展过程却各不相同，并呈现出不同的特征。本章研究主要从事件的特征、主体、环境等要素分析其特点。

（一）特征要素方面

从事件的特征要素方面来看，无论是反应型（针对环境污染已经造成的利益损害而产生的冲突）还是预防型（对潜在环境污染威胁的一种提前反抗）群体性事件，都可以从地域、规模、暴力化程度、组织化程度等方面分析，并主要有以下特点：①事件大多发生在东部经济较发达地区。由于我国工业化进程的阶段性和地域性，东部地区经济发展速度较快，因此经济发展带来的环境污染问题较为突出；同时，东部经济较发达地区的民众整体素质较高，其维权和环保意识不断增强，面对污染带来的利益损害或威胁，东部地区民众更会采取相应措施进行抗议、维权，容易形成群体性事件。②事件在规模方面相对较大，容易形成大规模冲突。当越来越多的人意识到自己面临已有的或潜在的环境污染威胁，他们也更容易受宣传和呼吁的影响，并会在群体性事件中找到参与感和责任感。同时，还有一部分人会作为支持者参与到环境群体性事件中。虽然现存的或潜在的环境污染不可能或

者不太可能危害到他们的利益，但由于群体环境、社区环境、舆论环境等影响，也会使他们积极投身到冲突中，并成为抗争的一分子。③组织化程度日益提高。随着社会的发展和事件参与主体的多元化发展，因环境污染引发的群体性事件在组织化程度上呈现日益提高的趋势。冲突主体也会更加理性地组织和动员，并会为自己争取更多的优势资源。同时，不同的群体也会发挥各自的优势，更加理性地分析其行动策略和行动方法。④暴力程度有所不同。在反应型事件中，由于参与主体主要是利益相关方，往往是受到环境污染侵害的主体与污染企业直接发生冲突，故这类事件一般暴力程度较高。而且，各方情绪比较激动，容易冲动，导致冲突升级，并最终导致产生暴力性群体性事件。而在预防型事件中，各方的表现形式相对较缓和，其暴力程度也相对较低。在这类事件中，人们往往通过采取集体上访、游行示威等方式表达不满。

（二）主体要素方面

从事件的参与主体方面来讲，主要有以下特点：①在事件发生之前，大多取道投诉、举报、信访等体制内途径，且政府对冲突解决起关键作用。也就是说，很多事件在发生之前，参与方大多会取道体制内的途径寻求解决；当未达到期望目的，民众才会转而与企业发生直接冲突，致使各方开始在各自立场上进行博弈，并在互不让步的情况下，导致冲突进一步升级，或发生暴力事件。一般而言，民众与企业、政府之间的冲突，多因为企业造成了环境污染，损害了民众利益，或因民众感到环境风险，但未得到有效沟通和回应；而个别地方政府在介入过程中如处理不当，又致使自身也成了冲突一方。当然，发展理念不科学、决策或政策执行不当、事件处置不公开透明、服务意识不足等多种原因，都可能使本应作为调解方或第三方的政府转变为直接冲突方。特别地，当面对民众的集体行为，如当地政府一味强调维稳或仅表面控制事态，也可能会激化矛盾。当然，仅有民众与政府两方的事件相对没有三方和多方冲突那么复杂。在这类事件中，当民众的利益诉求对象是政府的时候，只要处理好政府和民众两方的关系，找到矛盾根源并加以解决，就会使事件很快平息。②专家学者等多元协作主体的参与和治理给群体性事件的解决提供了新机制。进入 21 世纪以来，多元主体共同参与治理这一主张得到了越来越多的认同。专家学者既可以在事件协商解决过程中给予支援，也可以作为事件第三方直接参与其中。特别地，外部的专家学者作为非冲突主体，与事件中的利益没有直接关系，可以从更加客观的角度为群体性事件的各参与方提供行动策略和判断依据；同时，专家学者自身有着专业的知识技能和良好的社会关系，这些特质也都有利于事件的解决。

（三）环境要素方面

从群体性事件的社会环境方面来讲，不同事件的群体环境、社区环境、舆论环境、政策环境也都有各自的特征。从本章的分析可以看出：①群体环境对事件主体的影响最大。在民众与企业的冲突中，民众应对的是直接给自己造成利益损害的污染企业。故此，同受污染的一个村的村民、一个小区的居民、一个区域的民众等，在面对相同的污染和处境时，就会对自身身份有更深的认同感，也会有更深的责任感。而当他们加强了对自己身份的认知、对同类的认同，明确了与其他主体之间的边界，并通过组织动员形成事件的更广泛的参与者和支持者时，就会推动群体性事件的暴发。②舆论环境对事件的发展起着越来越重要的作用，且舆论发展日益依赖互联网。当今社会的信息传播和舆论引导，不仅通过电视、广播等途径，而且更多地以互联网为媒介。这不仅加速了信息传播的速度，也增加了信息的承载量。特别地，在网络社会，更有机会使群体性事件成为网络热点，造成全民关注，引发全民讨论。而舆论对事件的态度和关注程度也会对事件的发生、发展和解决产生重要的影响。例如，舆论对事件的关注越多、态度越偏向于一方，则这一方在冲突的对抗中，越容易处于优势地位。③社区环境和政策环境也会影响事件的发生、发展和解决，但是相对于前两种环境而言，它们的作用在整体上相对较弱一些。但是，在特定的事件类型中，这两种环境的影响也会突然显现，并被放大出来。例如，在依靠更多社区行动或受社区环境影响的事件中，社区环境的影响就至关重要；而在因政府行为不当激化的事件或依靠政府强力解决的事件中，政策环境的影响又变得至关重要。

二、我国环境群体性事件发生机理的讨论

环境群体性事件的发生原因和发展过程各不相同。但是，基于上一章发展的公共均衡与非均衡群体冲突新理论以及其他一些已有的经典理论，本章发展了一个解释事件发生机理的基本框架（图 7-4-1），并在研究中得到了验证。概括而言，事件都是从非冲突状态（或公共均衡状态）开始，由受到社会结构条件和社会控制水平影响的诱源和诱因直接触发。之后，在行动机会的发现和形成下，各参与者会通过概化信念的激活和组织动员进一步积累资源，并在完成各自的利益计算过程后，经过角色与策略的选择而采取行动，并最终导致冲突发生。而在此之后，事件发展又可以分为升级、僵局和解决三个模式，并通过三种不同的路径最终使事件逐渐平息，从而达到了公共均衡新状态。

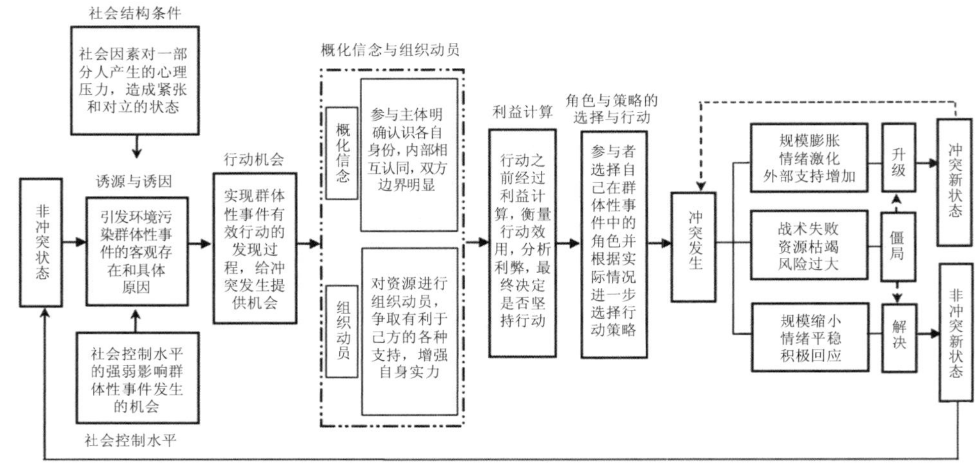

图 7-4-1 环境群体性事件发生机理基本框架

具体来看，由非冲突状态导致冲突发生的第一步是诱源与诱因的产生，并受到社会结构条件和社会控制水平的影响。诱源是可能诱发人们围观、聚集产生群体性事件的“人”

或“物”等客观存在。具体到环境群体性事件，诱源则可能是造成环境污染的企业、带来环境污染威胁的正在建设的项目、政府上马建设存在环境污染风险项目的文件等。诱因则是事件的诱发原因，例如“某人”的死亡或“某物”的产生或被破坏等。具体到环境群体性事件，诱因却往往十分复杂多样，需要综合考虑事件的触发条件、直接原因、深层原因等。本章研究在问卷调查时，结合典型案例，提出了 22 条我国环境群体性事件的发生原因，发现其重要程度不尽相同。总结来看，我国工业化与城市化加快进程中各种矛盾错综复杂、社会整合能力相对下降、个别地方政府的发展理念不科学、个别地方官员腐败和个别地方政商勾结等属于环境群体性事件产生的深层次原因。企业的污染行为或风险损害了民众利益、民众受损或损害没有得到应有的补偿、个别地方政府决策或政策执行不当、污染情况与事件处置不公开透明、民众的利益诉求渠道不通畅、民众怨恨情绪的不断积累、民众环保意识与维权意识的高涨、突发事件的刺激与引发等属于环境群体性事件的直接原因，或者可以说是事件发生的触发条件。这些原因经过一定时间的潜伏期，当矛盾暴发时就会导致产生群体性事件。诱源与诱因在宏观上又都受社会结构条件和社会控制水平的影响。社会结构条件是冲突发生的社会结构背景和条件。同时，由社会结构条件带来的心理压力也是产生群体性事件的原因之一。这种压力越大、人们的心理活动越不稳定，群体性事件的触发也就更加容易。而社会控制水平则是社会对事件发生的抑制力量。如果社会控制水平较强，就会在一定程度上阻止、延缓事件的发生；如果社会控制水平较弱，可能就会加速事件的发生与发展。

诱源与诱因的出现，就像给事件的发生提供了土壤；而行动机会的发现与形成则给事件的进一步酝酿提供了条件。在环境群体性事件中，已经造成或还未形成的环境污染是冲突各方的矛盾焦点，由于突发事件或其他原因的刺激，就会出现可供人们借机表达意见和采取行动的机会，而这就是行动机会。当矛盾方发现了这样的行动机会，并加以利用，就迈出了群体性事件发生过程中的重要一步。通常来说，行动机会的发现与形成需要突发事件、诱发因素的刺激。这样的刺激不仅造成了冲突双方或多方参与，而且会使参与者情绪激化，从而找到表达意见和采取行动的借口和时机。

在行动机会发现与形成之后，概化信念的激活与组织动员就成为事件发生机理中的下一个重要步骤。概化信念的激活不仅会使人们加强了对自己在群体性事件中身份的认识、对同类群体成员的认同，而且帮助人们发现了自身群体与其他主体之间的边界，形成各自群体中的归属感与责任感。在概化信念的影响下，群体会进一步结合自身情况进行组织动员活动，推动事件的发生和发展。如果说，概化信念的激活是事件参与主体对自身心理、信念层面的激活；组织动员则是参与主体对资源进行争取并利用的实质性行动，以利于事件参与主体增强自己的力量，更好地参与冲突。组织动员是进一步形成群体性事件参与者和支持者的重要途径，又主要涉及人和资源两个方面。具体而言，首先，组织动员需要群体中存在组织领导者，有了领导者才会让主体内部更有凝聚力，行动更有效率。其次，需要有一定的组织动员策略，不能做无谓的组织动员，且一般来说，策略也常由领导者决定或者执行。再次，组织动员工作的重要途径是信息传播。通过信息传播，参与者会呼吁更多的人加入自己的群体，并会争取有利于自己的社会大众和精英的支持，同时会积极调动参与者和支持者的相关资源，争取更大的优势。最后，组织动员的资源又包括物质资源、人力资源、货币资本（金钱）、信息、知识和技术、社会关系或资本等。参与者往往会通过对这些资源的争取，不断提高自己在冲突中的优势地位，以便更好地开展对抗活动。

参与者在经历了行动机会的发现与形成以及概化信念的激活与组织动员两个阶段之后，就会考虑自身利益情况，进行利益计算，并在利益计算的基础上，完成自己在冲突中的角色选择，对自己可能采取的策略进行选择，并根据选择采取行动。利益计算是参与主体对自己参与行动的成本与收益的综合考虑。他们不仅会考虑自己的行动是否会给自己带来预期的收益，而且会考虑带来的收益是否抵得过因参与行动而付出的成功。在完成了这样的效用计算之后，参与者才会真正投入到事件的行动之中。在群体性事件中，参与者面临的角色选择多种多样，包括事件的组织领导者、骨干分子、一般组织者、支持者、一般参与者、被动参与者等等。而且，角色选择的过程，可能是参与者的主动选择，也可能是被动选择，并存在事件发展过程中发生角色转换的情况，如从一般参与者转变成组织领导者等。总之，可选择的策略多种多样，可选择的方式也多种多样，参与者需要根据实际情况和当前面临的形势具体分析，并最终选择适当的策略，并采取行动。此外，因为角色和策略都大都基于参与者的主观选择，所以就会受多种因素的影响。例如，参与者自身的个性、情感、偏好、拥有的资源、自身所处的地位以及社会环境等都会产生影响。

完成了策略选择之后，参与者就会展开具体行动。结合社会冲突理论和典型案例分析，研究总结了之后事件发展的三种模式：升级、解决和僵局。①升级。冲突发生之后，由于没有得到及时控制，冲突规模扩大，冲突参与方情绪激化，同时外部支持（包括民众响应、媒体声援等）增加，导致冲突升级，出现了新的或者更大范围的冲突，使冲突进入新状态，也就是新的更大的非公共均衡状态。当然，冲突新状态如同又一个新冲突发生，形成了冲突发展的新循环。②解决。在冲突发生后，冲突各方及时解决（如政府、企业积极回应，以良好的态度与民众进行协商，同时民众情绪平稳，双方未出现暴力冲突），冲突规模慢慢缩小，直至冲突完全解决，最终达成冲突各方的新的公共均衡，使冲突进入非冲突新状态或新的公共均衡状态。③僵局。冲突发生后没有出现升级也没有得到解决，使得冲突出现僵局状态。这种情况的出现，或者由于冲突双方或各方战术失败，并没有达到想象中的结果；或者由于冲突风险过大，各方都没有足够信心应对风险；或者由于支持冲突的资源枯竭，冲突各方都失去了外部有力的支持等。但都导致冲突各方暂时无法采取进一步的行动，使冲突进入了相持状态。但僵局也可以进一步向升级和解决两个方向转化，从而使冲突进入冲突升级和解决的新状态，也就是更大的非公共均衡或公共均衡新状态。

当然，群体性事件的发生机理也会受到事件特点的影响；而同时，发生机理也会体现事件的特点。两者相互影响，共同作用于事件的发生、发展与解决。

第五节　结 论

本节要点　本节介绍了本章的主要结论。

研究我国环境群体性事件的特点和发生机理，对于认识环境污染矛盾，解决相关冲突或群体性事件，具有重要意义。本章采用案例分析（又包括多案例比较分析和重点案例深度分析）、问卷调查和实地调研相结合的研究方法，对我国环境群体性事件的特点和发生机理进行了详细分析，总结了我国环境群体性事件的基本特点，并归纳了其基本发生机理。本章研究不仅为本书后面的研究奠定了基础，也为我们通过更好地认识群体性事件来更好地解决冲突提供了可能。因此，本章的研究不仅具有重要的理论意义，也具有重要的政策价值。

当然，本章的研究也存在一定的不足。例如，虽然本章的研究采用了多案例比较分析、重点案例深度分析、问卷调查以及实地调研等相结合的方法，具有相对较高的有效性。但是，本章研究选择的具有代表性的 25 个案例，仍不足以非常全面地概括我国环境群体性事件的整体情况；本章研究所进行的深度案例分析的数目也仅为一个；而且，由于是作为整个大研究的初次研究，本章研究的问卷调查样本和访谈样本都还相对较少。所有这些，都需要今后的研究进一步补充扩展，以进一步验证和完善本章研究所发现的我国环境群体性事件的特点和发生机理。

第八章　事件中的参与主体及其对事件处置的影响

本章要点　全面系统地研究事件中的参与主体及其对事件处置结果产生的影响，是认识事件及处置问题的关键。基于拉斯韦尔提出的5W1H分析法（何人、何因、何事、何时、何地、如何做）及冲突治理理论，本章将事件及其处置视为各主体的参与和互动（包括参与主体及其角色类型、互动资源与诉求、互动时间地点与事项、互动方式与程度作用）的结果，并应用多案例研究法探讨了这两个方面的问题。研究发现：①事件参与主体主要有10种，其中，以城市居民或农村居民、污染制造者、政府部门的参与为主，新闻媒体、专家学者、社会组织（NGO）、社会大众的参与次之，而国际组织、宗教组织的参与又次之。各主体的参与及其承担的角色源自其拥有的资源优势及其差距、诉求差异及其对立性，而且受到互动时间、地点与事项的影响，并根据其选择的互动方式、互动程度产生的作用做出决定。②各主体在事件中通过承担相应的角色，基于其拥有的能力资源与利益诉求、互动时间地点与事项、互动方式及其程度作用，从而影响事件处置效果。其中，与农村居民相比，同样作为冲突方之一的城市居民所具有的人身与经济利益、拥有的道义与组织制度资源优势、选择急促但倾向合作的冲突方式，往往更容易引起对方的重视，进而获得更好的事件处置效果；与以上二者相比，污染制造者与政府部门的参与和互动对事件处置效果影响更大，但其影响由其选择的互动方式决定；与以上参与主体不同，新闻媒体、专家学者、国际组织等其他主体因其参与传播信息、协同处置事件等对事件处置产生正面的影响，但往往不会决定事件处置结果。进而，通过回归模型分析，发现参与主体及其角色类型、互动时间地点与事项的合适程度、选择倾向合作的互动方式及其程度作用对事件处置结果有正向影响，而各主体之间的能力资源差距与利益诉求对立程度则对事件处置结果具有负向影响。在以上基础上，通过文献对比探讨了中国语境下事件中参与主体的要素、结构与事件特点，并从参与主体的要素平衡视角提出了更好地处置事件的对策。研究结果不仅有助于丰富有关事件及其处置的理论，还可为事件的治理者提供一定的借鉴和参考。

本章将事件及其处置视为以冲突双方或多方为主的多元利益主体冲突与互动的过程。通过全面系统梳理相关文献，发现现有研究虽然在不同程度上探讨事件中的参与主体及其角色、能力资源与利益诉求、互动方式与程度作用等内容，但它们大多都是基于社会运动者、冲突处置者、冲突管理者视角出发，应用社会运动论、社会冲突论、冲突管理论研究得出的。尚未从更为全面系统的多元利益主体参与视角出发，探讨其冲突和互动对事件处置产生的影响。具体说来，其存在的问题主要包括：有关事件的研究尚处于“理论引介”

阶段；主要应用国外先进理论分析中国环境群体性事件的内在逻辑及其解决对策，大多数研究“停留在经验认知层面”[1]；低层次的期刊论文较多，而高层次、高质量、研究全面系统的期刊和硕博论文较少；研究视角单一，内容同质化程度较高[2]；跨学科研究不足[3]，而且缺乏科学的量化研究[4]等。本章将重点研究中国语境下环境群体性事件中参与主体的要素、结构与事件特点，并从参与主体的要素平衡视角提出更好地处置事件的对策。

第一节　文献综述与理论框架

本节要点　本节针对环境群体性事件中参与主体及其角色扮演、能力资源与利益诉求、互动方式与程度作用开展文献综述，进行概念界定，提出了本章的理论框架。

一、文献综述

聚焦研究问题，通过全面系统地收集和梳理得到的 1 800 篇（本）相关文献，发现现有研究或多或少探讨了环境群体性事件中的参与主体及其角色扮演、能力资源与利益诉求、互动方式与程度作用。

（一）事件参与主体及其角色

正如前言，现有研究或多或少涉及了事件参与主体及其所扮演的角色。例如，于建嵘[5]、常健[6]基于社会冲突或冲突管理视角，将环境冲突视为政府、污染企业、民众三者博弈的结果，即“地方政府为发展经济引进污染企业，民众因污染受害四处告状，再因其得不到有效回应而采取自力救济方式，地方政府则以维护社会治安为名动用警力并引发冲突”。其他研究则关注到政治精英、企业、公众、环境 NGO、新闻媒体[7]、知识分子、政协委员、建设单位[8]、污染物鉴定机构[9]、国外媒体[10]、社会大众[11]等参与主体。对于各主体所扮演的角色，现有的大多数研究都比较关注政府部门。例如，李佩菊[12]认为其是解决“邻避问题”的最重要主体；谭爽等[13]认为其存在角色错位问题；常健[14]认为其因作为基本社会服务和社

1 王奎明，于广文，谭新雨．“中国式”邻避运动影响因素探析[J]．江淮论坛，2013（3）：35.

2 尹优．我国农村环境型群体性事件研究综述[J]．学理论，2015（16）：16-17.

3 冯汝．环境群体性事件的类型化及其治理路径之思考[J]．云南行政学院学报，2016（5）：98.

4 刘晶晶．国内外邻避现象研究综述[J]．生产力研究，2013（1）：195-196.

5 于建嵘．当前农村环境污染冲突的主要特征及对策[J]．世界环境，2008（1）：58-59.

6 常健．中国公共冲突化解的机制、策略和方法[M]．北京：中国人民大学出版社，2013：26-32.

7 欧阳宏生，李朗．传媒、公民环境权、生态公民与环境 NGO 传媒[J]．新闻传播，2013：142.

8 邓鑫豪，茹伊丽．“抗争之城”：从邻避冲突解读中国城市政治[J]．城市发展研究，2016，23（5）：116.

9 张晓燕．冲突转化视角下的中国环境冲突治理[D]．天津：南开大学，2014：5-6.

10 薛可、邓元兵、余明阳．一个事件，两种声音：宁波 PX 事件的中英媒介报道研究[J]．新闻大学，2013（1）：32.

11 范铁中．社会转型期群体性事件的预防与处置机制研究[M]．上海：上海大学出版社，2014：43.

12 李佩菊．1990 年代以来邻避运动研究现状综述[J]．南京：江苏社会科学，2016（1）：45.

13 谭爽，胡象明．环境污染型邻避冲突管理中的政府职能缺失与对策分析[J]．北京社会科学，2014（5）：38-39.

14 同 6。

会保障的提供者以及社会秩序的维护者而扮演环境污染冲突方；张晓燕也认为其在事件中承担着当事方而非第三方、利益参与者而非调控者、秩序违犯者而非社会秩序保障者角色，因而应该从主要行动者、直接冲突者或潜在冲突者转变为对话者、监督者、协商谈判者、环境监测者、信息发布者[1]等干预者角色。此外，其他研究还比较关注社会组织、新闻媒体等分别扮演的缓冲者[2]、风险沟通者[3]角色。

（二）各主体拥有的能力资源与利益诉求

各主体拥有的能力资源与利益诉求也是现有研究关注的重点。例如，对于各主体拥有的能力资源，李保臣[4]认为环境污染冲突源于“公民权利”与“政府权力”（权力资源）的失衡；Shemtov（沙姆托夫）认为当地居民所拥有的网络资源是行动目标扩展的重要因素[5]；朱力等[6]认为环境群体性事件是由“人多力量大”（人力资源）造成的；卓四清等[7]认为移动互联网是引发环境污染冲突的一个重要原因（技术资源）；陆益龙[8]认为“个人与家庭经济力量（经济资源）的增强会降低人们对纠纷的容忍程度”；李伟权等[9]认为“信息资源掌握程度”对环境污染冲突双方行动预期产生重要影响；Kraft（克拉夫特）等[10]、王蓁[11]等认为抗议民众拥有理性认知与较高的知识水平；而史梁[12]、姜华[13]、李晨璐等[14]认为“普通民众”与“农村居民”的文化水平及其认知水平“有限”；任丙强[15]、王玉明[16]、张劲松[17]等更为关注政府所拥有的人、财、物与信息等资源对事件产生的影响，认为其存在“能力危机”问题。此外，其他研究者还特别关注到污染企业、新闻媒体、社会组织等主体拥有的能力资源。例如，于鹏等[18]认为企业责任是引发环境群体性事件的一个重要因素；黄月琴[19]认为新闻媒体“会根据国家权力对议题控制的程度和报道空间的大小来决定其采取的行动

1 张晓燕. 环境群体性事件的冲突转化[J]. 理论月刊，2016（2）：167.

2 梁德友，刘志奇. 社会组织参与群体性事件治理研究：功能、困境与政策调适[J]. 河北大学学报（哲学社会科学版），2016，41（3）：136.

3 项一嵚，张涛甫. 试论大众媒介的风险感知[J]. 新闻大学，2013（4）：17.

4 李保臣. 我国近五年群体性事件研究[D]. 武汉：华中师范大学，2013：2.

5 Shemtov R. Social Networks & Sustained Activism in Local NIMBY Campaigns[J].Socialogical Forum，2003（2）：215-244.

6 朱力，李德营. 现阶段我国环境矛盾的类型、特征、趋势及对策[J]. 南京社会科学，2014（10）：44-48.

7 卓四清，冯永洲，王博. 新媒体时代环境群体性事件的演化机制及治理研究[J]. 武汉理工大学学报（社会科学版），2016，29（4）：576.

8 陆益龙. 环境纠纷、解决机制及居民行动策略的法社会学分析[J]. 学海，2013（5）：86.

9 李伟权，谢景.社会冲突视角下环境群体性事件参与群体行为演变分析[J]. 理论探讨，2015（3）：158-160.

10 Kraft M E，Clary B B. Citizen Participation and NIMBY Syndrome Public Response to Radiocative Waste Disposal[J]. The Wastern Political Qarterly，1991（2）：299-328.

11 王蓁. 环境群体性事件的谣言传播与控制策略研究[J]. 新闻世界，2015（8）：285.

12 史梁. 农村环境传播的微博话语分析[J]. 新闻界，2014（15）：51.

13 姜华. 我国涉环境群体性事件的成因及应对分析[J]. 环境保护，2013，41（13）：42-43.

14 李晨璐，赵旭东. 群体性事件中的原始抵抗[J]. 社会，2012，32（5）：191.

15 任丙强. 农村环境抗争事件与地方政府治理危机[J]. 国家行政学院学报，2011（5）：98.

16 王玉明. 邻避型群体事件的特征、成因与应对[J]. 党政论坛，2015（9）：26.

17 张劲松. 邻避型环境群体性事件的政府治理[J]. 理论探索，2014（5）：20.

18 于鹏，张扬. 环境污染群体性事件演化机理及处置机制研究[J]. 中国行政管理，2015（12）：125.

19 黄月琴. 反 PX 运动的媒介建构[D]. 武汉：武汉大学，2010：144-152.

策略、框架和话语方式”；周海晏[1]认为中国民间组织在地方性、社区性议题上很容易因地方力量的干涉而无法发挥明显的社会动员作用等。

对于各主体拥有的利益诉求，学者们研究的也很多。例如，朱力等[2]认为环境群体性事件源于“人数较多的群体所具有的相同利益诉求”；毕慧[3]则将其归因于“民众的权益维护与风险预防”；张保伟[4]将其本质归纳为“生存抗争”与“发展观”的冲突；司开玲[5]比较关注农村环境冲突，认为其是“农民生存权与工业经济利益之间的断裂与失衡”造成的；顾金喜[6]、任丙强[7]等认为，认识“企业、民众和政府三者之间的利益冲突”是理解“环境维权框架”的“根本因素”。不仅如此，研究者也发现，各种参与主体往往具有多种利益诉求。例如，就“邻避运动”而言，Sellers（塞勒斯）[8]等认为抗议民众担心“邻避设施”的兴建会危及人们的生活环境（如兴建垃圾处理场带来“恶臭、蚊蝇”等）、身体健康（如兴建垃圾焚烧发电厂产生“二噁英”等有毒物质）、生命安全（如企业有可能排放致癌物质）、损害私人财产（如兴建垃圾焚烧发电厂等“邻避设施”使得房产贬值）、使当地居民产生自卑心理（“邻避设施”往往建在具有弱势地位的居住区旁边）；Morell（莫雷尔）[9]认为兴建“邻避设施”会引发当地居民心理上的“不公平感”或“相对剥夺感”；Bacow[10]认为兴建“邻避设施”不仅容易给当地居民造成交通不便，也容易因其导致外来投资减少或投资企业撤离而恶化当地经济等。与此同时，作为国家治理主体，政府部门既有满足公共需求、维护公民环境权、维护自身形象与社会稳定[11]等诉求，又具有追求 GDP、财政收入、消除贫富差距等利益诉求[12]，其行为需要综合考虑环境效益、经济效益和社会效益[13]。此外，其他研究还探讨了污染企业、新闻媒体等具体的利益诉求。例如，王申等[14]认为：企业在兴建 PX 项目后，既可获得投资收益，提升原材料利用率，提升企业地位，也可能因此招致企业口碑变差、发展环境恶化等问题。

（三）各主体互动途径与方式

现有研究还比较关注抗议居民与政府部门等主体选择的互动途径与方式、互动策略与战术以及处置机制等内容。就互动途径而言，基于其低成本、高参与度、互动性与聚众

1 周海晏.“电子动员”的异化：广东茂名 PX 项目事件个案研究[J]. 新闻大学，2014（5）：88-94.
2 朱力，李德营. 现阶段我国环境矛盾的类型、特征、趋势及对策[J]. 南京社会科学，2014（10）：44-47.
3 毕慧. 论环境群体性事件的趋势、原因与应对——基于浙江的分析[J]. 浙江社会科学，2015（12）：140.
4 张保伟. 环境冲突的生态文明视角[J]. 广西民族大学学报（哲学社会科学版），2010，32（1）：27-28.
5 司开玲. 知识与权力：农民环境杭争的人类学研究[D]. 南京：南京大学，2011：138.
6 顾金喜. 环境群体性事件的源头治理[J]. 浙江社会科学，2016（7）：84.
7 任丙强. 农村环境抗争事件与地方政府治理危机[J]. 国家行政学院学报，2011（5）：98.
8 Sellers M P. NIMBY：A Case Study in Conflict Politics[J]. Public Administration Quarterly，1993（4）：460-477.
9 Morell D. Siting and the Politics of Equity[J]. Hazardous Waste，1984，1（4）：555-571.
10 Bacow L S，Milkey J R. Overcoming Local Oppositon to Hazardous Waste Facilities：The Massachusetts Approach[J]. Harvard Environmental Law Review，1982（6）：265-305.
11 严燕，刘祖云. 风险社会理论范式下中国“环境冲突”问题及其协同治理[J]. 南京师范大学学报（社会科学版），2014（3）：31.
12 王丽珂. 地方政府污染治理与公众环境抗争的行动逻辑[J]. 北京工业大学学报（社会科学版），2016，16（3）：24-25.
13 郑君君，闫龙，周莹莹. 环境污染群体性事件中行为信息传播机制——基于心理因素的分析[J]. 技术经济，2015，34（8）：75.
14 王申，陈国秀，孙玥. 环境群体性事件中三方博弈分析[J]. 北京工业职业技术学院学报，2015，14（2）：86-87.

效应[1]，网络互动途径日益受到人们的“欢迎”。例如，李春雷等指出，“微传播构建了具有现实互动属性的关系网络，并作为微社群合意传播的基本条件”[2]。不仅如此，研究也指出，人们往往并行或交互使用网络和现实两种途径与方式进行互动。例如，李春霞等指出，抗议民众的动员一般具有线上发展至线下的特点[3]。就各主体互动策略与战术而言，大多数研究者认为环境污染冲突不仅源自抗议民众“不闹不解决”与“法不责众”[4]的抗争观，也源自个别地方政府“息事宁人”的“维稳观”[5]，从而形成“一闹就撤”[6]的固化印象或“政府拍板—居民抗议—项目搁浅”“冷漠—限制—说服—妥协对话”[7]的冲突与互动过程[8]（特别就“邻避事件”而言）。就处置时间与处置机制而言，Inhaber（因海伯）[9]、Patrick（帕特里克）[10]、Lidskog（里德斯戈夫）[11]、李保臣[12]等大多数研究者都在不同程度上探讨了事件处置机制，包括事前预防机制、事中处置机制与善后处理机制。对于各主体互动的作用，薛立强等[13]研究指出，由于地方政府所采取的“消极不作为”与“压制民意”的策略，结果导致“矛盾激化”或“更大规模的反抗”；张保伟[14]则关注地方政府采取的不当行为举措给事件处置带来的不利影响，即“把冲突政治化、刑事化而进行硬性打压的做法只能是适得其反”。其他学者则关注到新闻媒体等参与主体的互动作用。例如，邓鑫豪等[15]认为“民众较好地利用了纸质媒体与网络媒体来扩大事件范围及其影响力，从而造成了冲突的不断升级”；周海晏[16]关注到环境群体性事件中“电子动员”异化问题；肖鲁仁[17]则认为，网络舆情既能起到信息传递、引导监督和超前预警的正向作用，也因“蝴蝶效应”、地方政府部门监管不力、媒体追求“眼球效应”、民众急于维权等走向失控，造成谣言泛滥、群体极化、政府官员与民众情绪对立等负面影响。

（四）事件参与主体对事件处置产生的影响

现有研究也探讨了各主体对事件处置结果产生的影响。例如，谢岳关注抗议民众所采取的行为策略对事件处置结果产生的影响，即在促进政策变迁方面，采取“激进的抗议

1 周海晏. “电子动员”的异化：广东茂名 PX 项目事件个案研究[J]. 新闻大学，2014（5）：88-94.
2 李春雷，凌国卿. 环境群体性事件中微社群的动员机制研究[J]. 现代传播，2015（6）：65.
3 李春霞，舒瑾涵. 环境传播下群体性事件中新媒体动员机制研究[J]. 当代传播，2015（1）：52.
4 李保臣. 我国近五年群体性事件研究[D]. 武汉：华中师范大学，2013：14-60.
5 刘硕. “法不责众”的成因与矫正[J]. 东南大学学报（哲学社会科学版）[J].2016，18（6）：102-103.
6 杨雪杰. 环境问题引发的群体性事件[J]. 环境保护，2012（24）：24.
7 邓鑫豪，茹伊丽. “抗争之城”：从邻避冲突解读中国城市政治[J]. 城市发展研究，2016，23（5）：116-117.
8 薛立强，范文宇. 多元主体视域下环境群体性事件的发生成因及其治理机制[J]. 天津商业大学学报，2017，37（1）：45.
9 Inhaber H. Slaying the NIMBY Dragon[M]. Transaction Publisheres，1998.
10 Patrick D W. Public Engagement with Large-scale Renewable Energy Technologies：Breaking the Cycle of NIMBYism[J]. Wiley Interdisciplinary Reviews：Climate Changes，2011，2（1）：19-26.
11 Lidskog R. From Conflict to Communication？ Public Participation and Critical Communication as a Solution to Siting Conflicts in Planning for Hazardous Waste[J]. Planning Practice & Research，1997，12（3）：239-249.
12 李保臣. 我国近五年群体性事件研究[D]. 武汉：华中师范大学，2013：77-91.
13 薛立强，范文宇. 多元主体视域下环境群体性事件的发生成因及其治理机制[J]. 天津商业大学学报，2017，37（1）：45.
14 张保伟. 环境冲突的生态文明视角[J]. 广西民族大学学报（哲学社会科学版），2010，32（1）：27-28.
15 邓鑫豪，茹伊丽. “抗争之城”：从邻避冲突解读中国城市政治[J]. 城市发展研究，2016，23（5）：117.
16 周海晏. “电子动员”的异化：广东茂名 PX 项目事件个案研究[J]. 新闻大学，2014（5）：88-94.
17 肖鲁仁. 邻避型群体性事件中网络舆情的监测与引导[J]. 湘潭大学学报（哲学社会科学版），2016，40（1）：143.

手法激活了政府内部的控制机制—自上而下的行政压力"，因而"比和平的抗议方式更有效"[1]；邓鑫豪等[2]、沈一兵[3]等都在不同程度上关注处置者行为对事件处置结果产生的影响，指出事件有可能因"污染企业停产与搬迁、邻避设施停建、政府强制平息事件、相关责任人受到惩治"等行为举措得以平息；曾繁旭关注新闻媒体对事件处置结果产生的影响，认为它不仅发挥着"社会动员、认同建构、框架整合等"功能，也因其作为"调停者"而发挥着消除民间和官方对立框架的作用，使得民间抗争者的诉求能为政府接纳，最终带来政策回应[4]。此外，现有研究也比较关注环境群体性事件给社会带来的负面影响。例如，余光辉等[5]指出：大规模群体采取上访、抗议、集会游行、封堵交通甚至包围党政机关单位、非法占据公共场所并进行聚众打砸抢烧等行为，将影响社会治安和公共交通秩序，破坏社会稳定，引起政府信任危机，破坏经济建设甚至引发暴力犯罪等。

以上综述显示，现有研究成果大多是基于社会运动者、冲突处置者、冲突管理者视角，并应用社会运动论、社会冲突论、冲突管理论研究得出的，并没有从更为全面系统的多元利益主体的参与和互动视角来探讨环境群体性事件治理问题。而且，研究方法也比较单一，主要应用理论演绎或案例研究法进行研究。

二、理论框架

（一）基本概念

1. 参与主体

事件参与主体也即事件的"参与者"，它是基于具有主观能动性的"能为者"视角提出的。与埃莉诺·奥斯特罗姆提出的"参与者"概念[6]一样，本章研究提出的"参与主体"也是一个包括各种组织或群体及其成员在内的集合概念。基于身份背景、利益动机、情感动机[7]等因素，将环境群体性事件的参与主体划分为以下几种：①城市居民，即固定居住在以工商业为主且已经或有可能受到环境污染侵害的城市的那部分城市人；②农村居民，即固定居住在以农业生产为主且已经或有可能受到环境污染侵害的农村的那部分农村人；③污染制造者，即那些生产可独立交易产品[8]且给特定区域内居民带来环境污染的正式组织，它既包括污染企业又包括项目建设单位；④政府部门，即"拥有治理一国事务的权力的行政（内含公安机关）、立法、司法机构及其委托者"[9]；⑤社会大众，即没有直接利益关系，但因涉入事件之中，从而对事件具有潜在或实际影响力的那部分人；⑥专家学者，即经由教育或经验获得比普通公众等其他主体拥有更多专业与社会知识的人；⑦新闻媒体，即"专

1 谢岳. 从环保运动看政策变迁：比较案例分析[J]. 学习与探索，2011（5）：73.
2 邓鑫豪，茹伊丽. "抗争之城"：从邻避冲突解读中国城市政治[J]. 城市发展研究，2016，23（5）：116-117.
3 沈一兵. 从环境风险到社会危机的演化机理及其治理对策[J]. 华东理工大学学报（社会科学版），2015（6）：93.
4 曾繁旭. 传统媒体作为调停者：框架整合与政策回应[J]. 新闻与传播研究，2013（1）：37-50，126.
5 余光辉，陶建军，袁开国，等. 环境群体性事件的解决对策[J]. 环境保护，2010（19）：29-30.
6 埃莉诺·奥斯特罗姆. 规则、博弈与公共池塘资源[M]. 王巧玲，等译. 西安：陕西出版集团，陕西人民出版社，2011：30.
7 马克思·韦伯. 经济与社会（第二卷下册）[M]. 阎克文，译. 上海：世纪出版集团，上海人民出版社，2005：132.
8 杨立华. 企业：生产可独立交易产品的契约性组织[J]. 新疆社会科学，2003（3）：23.
9 约翰·J. 麦休尼斯. 社会学[M]. 11 版. 风笑天，等译. 北京：中国人民大学出版社，2013：504.

门报道各种新闻事件的宣传机构”[1]，但不包括借助自媒体“发声”那部分人群（如城乡居民）；⑧宗教组织，即具有潜在或显在的“共享某种超自然信念或仪式所构成的文化体系”[2]的那部分人；⑨社会组织也被称为社会组织、民间组织、非营利组织等，它泛指由各个不同社会阶层的公民自发成立的、在一定程度上具有非营利性、非政府性和社会性特征的各种组织形式及其网络形态[3]；⑩国际组织，即“随着国际交流与合作日益频繁，受到他国允许或默认而参与其事务的可采取某些‘能动性’行动并产生一定影响力的‘自主行为体’”[4]，如国外媒体、国外环保组织等。各主体在事件中也扮演着不同角色。基于冲突治理视角，本章也将各主体承担的角色划分为更为具体的四方：冲突方（即冲突发起方）、处置方（即冲突应对方）、干预方（即帮助解决冲突）、参与方（除以上三者之外的其他参与方）。

2．互动要素

事件中各主体是通过一系列互动要素相互影响、互相作用的。主要包括：①能力资源，它是指各主体拥有“完成工作中各项任务”[5]的各种要素。按照主客观因素划分为心理与资源两个方面，可将各主体拥有的能力资源划分为心理能力（即“从事有关思考、推理和解决问题等心理活动需要”的能力[6]）、社会网络资源（即某一主体及其成员的社会关系网络广度[7]与密切程度）、组织制度资源（即体现为群体规模及其结构、内在激励结构、沟通网络[8]与组织化程度）、物质资源[9]（包括可利用的情境与设施设备等）、资金资源[10]（即货币财富拥有量）、权力资源（即使他人服从[11]）、信息资源[12]（即事实信息的掌握程度）、知识资源（即对事实的认知和理解程度[13]）、道义资源（即受到外界认可、参与、支持与赞誉等[14]）九种。②利益诉求，它是各主体对自己的利益或者那些根本上值得拥有的事物进行理由诉说并提出请求。基于重要性与差异性，可将各主体的利益诉求划分为人身利益（如担心环

---

1 詹姆斯·麦格雷戈·伯恩斯.民治政府——美国政府与政治[M]. 吴爱民，李亚梅，等译. 北京：中国人民大学出版社，2008：276.

2 安东尼·吉登斯. 社会学[M]. 5 版. 李康，译. 北京：北京大学出版社，2010：436.

3 王名. 走向公民社会——我国社会组织发展的历史及趋势[J]. 吉林大学社会科学学报，2009（3）：5.

4 Lisa L M，Beth A S. International Institutions：An International Organization Reader（Preface）[M]. Cambridge：The MIT Press，2001：2.

5 斯蒂芬·P. 罗宾斯，蒂莫西·A.贾奇. 组织行为学[M]. 12 版. 李原，孙建敏，译. 北京：中国人民大学出版社，2010：41.

6 同上。

7 Moreno J L. Who Shall Survive？[M]. New York：Beacon House，1934.

8 MaAdam D. Political Process and the Development of Black Insurgency 1930-1970[M]. Chicago：University of Chicago Press，1982：51.

9 McCarthy J D，Zald M N. Resource Mobilization and Social Movements：A Partial Theory[J]. American Journal of Sociology，1977：1226-1227.

10 Freeman. The Politics of Women's liberation：A Case Study of an Emerging Social Movement and its Relation to the Policy Process[M]. London：Longman，1978：170-174.

11 司开玲. 知识与权力：农民环境抗争的人类学研究[D]. 南京：南京大学，2011：27-30.

12 Cress D M，Snow D A. Mobilization at the Margins：Resources，Benefactors，and the Viability of Homeless Social Movement Organization [J]. American Sociological Review，1996（61）：1094.

13 樱井哲夫·福柯. 知识与权力[M]. 姜忠莲，译. 石家庄：河北教育出版社，2001：32.

14 Edwards B，Macarthy J D. Resources and Social Movements Mobilization[M]//Snow D A，Soule S A，Kriesi H. The Blachwell Companion to Social Movements. Ma：Blackwell Pub，2004：125-129.

境污染或冲突危及其身体健康）、经济利益（如通过经济求偿或努力发展经济来谋取自身的经济利益）、政治利益（如维护其权力或权利与自身形象）和社会利益（如要求拥有良好的生活环境、维护社会稳定与秩序等）四种。③互动时间与互动事项。根据事件生命周期，将互动时间划分为事前（即冲突发生之前）、事中（即冲突发生与发展过程中）、事后（即善后处理阶段）三个阶段；将互动事项定义为各主体在不同阶段所做的事情，包括事前社会稳定风险评估（即参与评议项目有可能影响社会稳定的工作）、冲突预测与预警（即参与对环境污染冲突暴发的可能性进行“推测或测定并警告”的工作）、冲突预防（即参与事先防备环境污染冲突的各种工作），事中交流沟通（即参与将彼此的利益诉求提供给对方的工作）、信任构建（即参与建立相信其他主体“承诺的可靠性和表达的真实性的肯定性预期”[1]的工作）、利益表达与协调（即参与提供利益表达渠道并协调利益分歧的工作）、参与和领导组织应对事件（即参与领导或组织各种人财物来应对冲突的各种工作）、应急处置（即参与“综合利用各种资源”[2]处理突发事件的各种工作）、责任追究（即参与追查与惩治各主体逾越国家法律授予的权力或权利的行为）、保障处置经费与物资（即参与提供处置事件的各种资金与物资）、抚慰教育（即参与安抚与说服各种涉事主体的各种工作）、司法救济与仲裁（即参与通过中立的第三方从中救济与“提供具有约束力的终止争议的方案”[3]的各种工作）、处置监督（即参与察看并督促相关人员处理事件的各种工作）、协同处置（即参与建立各主体相互配合处理事件的各种工作）、创新处理（即参与创新处理事件的办法的各种工作）、事后监督反馈（即参与监督事后解决方案的执行及总结工作）、利益补偿（即参与建立抵消受害者损失的各种工作）、善后处理与保障（即参与事后妥善处理事件的遗留问题的各种工作）等。④互动方式与程度作用。互动方式是指“各主体相互影响、互相作用的方式”，根据资源依赖程度与协作程度将其划分为冲突方式（即各主体因为存在尖锐的利益分歧而采取对抗的方式进行互动）、顺从方式（即各主体基于其拥有资源与地位较低而选择依附的行为方式进行互动）、契约方式（即各主体基于市场交换原则而选择书面或口头的方式进行互动）、竞争方式（即各主体因部分利益存在冲突而采取监督、批评、揭露的方式进行互动）、合作方式（即各主体基于平时建立的长期稳固的合作网络关系进行互动）[4]；将互动程度定义为“互动的水平”，主要依据各主体互动的次数、频率、深度和广度等指标评价得出。互动作用是指：因各主体相互影响促使事件处置过程发生的变化。

3．处置结果

处置结果是指事件处置的最终状态。本章的研究将以切克兰德提出的效率、效益和效果（即平常所说的3E）与公平、民主、法治，共六个指标来评价事件处置结果。而且，这一评估也与后一章专门构建的事件处置绩效评估框架所强调的6个基本维度相一致。评价

1 常健．中国公共冲突化解的机制、策略和方法[M]．北京：中国人民大学出版社，2013：203.

2 常健．中国公共冲突化解的机制、策略和方法[M]．北京：中国人民大学出版社，2013：89-118.

3 常健，许尧．论公共冲突管理的五大机制建设[J]．中国行政管理，2010（9）：63-66.

4 何元增．政府、专家学者与非政府组织间的互动研究：基于草原治理的实证分析[D]．北京：北京航空航天大学，2015：50-52.

事件处置结果的经济指标体现为“耗费较少而获益较大”[1]，即事件处置花费少、效果好；效率指标体现为“单位时间内完成的工作量”，它讲究事件处置的及时、快速程度等；公平指标深受前诺贝尔经济学奖得主埃莉诺·奥斯特罗姆的推崇[2]，它体现为事情处置过程及其结果“合情合理、不偏不倚”的程度；民主指标则深受当代民主理论的推崇[3]，在本章的研究中它体现为各主体有机会“直接参与或间接参与”[4]公共事务的次数、频率、深度与广度等；法治指标是现代化法治国家进行治理的必然要求，也是建设成为公平与民主社会的重要保障，体现为各主体能够遵法、守法并根据法律法规处理事件；效果指标体现为事件处置对当事人与社会都有好的结果，且这些效果包括政治、经济、文化、社会与生态等各方面的效益与效能[5]。

（二）理论基础

研究将基于多元利益主体参与视角，综合应用拉斯韦尔提出的5W1H分析法与冲突治理理论进行探讨。

1．5W1H分析法

1932年，美国政治学家拉斯韦尔等提出了5W1H分析法。5W1H分析法也叫“六何”分析法，它从全面提出问题出发，是一套富有逻辑、全面系统、简便易懂、比较实用、富有启发性的综合性分析方法。其“事项”具体包括：一是WHO（谁来做）——明确做事的人员；二是WHY（为何做）——明确做事的原因；三是WHAT（做什么）——明确做事的内容；四是WHEN（何时做）——明确做事的时间；五是WHERE（在哪做）——明确做事的地点。[6]在此基础上，后人通过不断运用与总结又添加了1H这一要素，即HOW（如何做）——明确做事方法，由此形成一套比较科学规范的“5W1H分析法”[7]。从构成中，可看出其既是一种思考方法，也是一种创造技法。然而，5W1H分析法只是为人们认识各种社会现象或社会问题提供了一种思路，有关具体问题的研究还需要结合其他相关理论。

2．冲突治理理论

冲突治理理论将环境群体性事件视为多元利益主体参与冲突和互动的结果。它往往借助社会运动理论与社会冲突理论解释社会冲突的发生、发展及其消亡的逻辑，进而探讨“或公或私的使相互冲突或不同利益得以调和并采取联合行动的”[8]治理路径与方式方法。一般而言，社会冲突理论则经常讨论冲突概念（如“有明显相互抵触的社会力量间的争夺、竞

---

1 中国社会科学院语言研究所词典编辑室．现代汉语词典[M]．北京：商务印书馆，2015：682．

2 埃莉诺·奥斯特罗姆．规则、博弈与公共池塘资源[M]．王巧玲，任睿，译．西安：陕西出版集团，陕西人民出版社，2011：38．

3 詹姆斯·麦格雷戈·伯恩斯．民治政府——美国政府与政治[M]．吴爱民，李亚梅，等译．北京：中国人民大学出版社，2008：10．

4 科恩．论民主[M]．聂崇信，朱秀贤，译．北京：商务印书馆，1988：10．

5 中国社会科学院语言研究所词典编辑室．现代汉语词典[M]．北京：商务印书馆，2015：1438．

6 拉斯韦尔．传播在社会中的结构与功能[M]．北京：中国传媒大学出版社，2012．

7 黄利文．基于六何分析法的高职院校教学质量评价模式探析[J]．江苏高教，2015（5）：152．

8 Commission on Global Governance. Our Global Neighbourhood[M]. Oxford：Oxford University Press，1995：2.

争、争执与紧张的状态”[1]）、冲突类型（包括人际冲突、组织冲突与社会冲突）、冲突主体（包括产生利益分歧的两方及以上）、冲突根源（如有关价值、稀有地位、权力和资源等的争夺[2]）、冲突资源（如权力资源[3]）、角色扮演（包括过程干预策略、结果干预策略、低混合干预策略、中混合干预策略、高混合干预策略五种[4]）、冲突策略（包括竞争[5]、争斗、问题解决、让步与回避策略）与战术（如逢迎讨好、承诺、辩论说服、羞辱、提出苛刻要求、针锋相对、威胁、强制性任务、非暴力对抗、暴力对抗等）、冲突发展（包括冲突的扩散、升级与持续）、冲突解决（其方法包括单方压制、认知僵局、友好协商谈判、第三方的介入或转移视线等）、冲突作用（氛围积极面与消极面[6]）等内容。社会运动理论则经常讨论社会运动概念[7]、主体类型（如公众、拥护者、支持者、旁观者、反对者、受益人[8]）、运动资源（包括道义资源、文化资源、社会组织资源、人力资源、物质资源等[9]）、运动诉求（既包括自身利益与权力等理性需求又包括群体宣泄等非理性需求[10]）、运动方式（包括共识动员与行动动员[11]）、运动策略（包括非暴力不合作、静坐、游行、戏谑、控诉、扰乱、戏剧性表演、影响社会舆论等直接的、破坏性的、反制度的行动策略等[12]）、运动机制（包括我们—他们边界激活机制、对弱化与失败的压制回应机制、改变参与者面对危险的信号螺旋机制、选择性报复机制、谈判破裂的循环机制[13]或运动扩散机制[14]）、运动结果（既包括“破坏”的负面作用，又包括促使“衰老文明解体”[15]的正面作用[16]）等。在以上理论的指导和影响下，冲突治理理论认为冲突治理路径一般包括政府管理路径（以政府为主导的多元利益主体的参与[17]）、公民与社会路径（作为局内人的公民因自身利益驱动而采取自主治理的

1 拉尔夫·达仁道夫. 现代社会冲突[M]. 林荣远，译. 北京：中国社会科学出版社，2000.

2 Lewis A C. The Function of Social Conflict[M]. New York：Free Press，1956：8.

3 同上。

4 Chalmers W E. The Conciliation Process[J]. Industrial and Labor Relations Review，1948（4）：341-342.

5 Dahrendorf R. Class and Class Conflict in Industrial[M]. Society. Stanford University Press. 1959：135.

6 狄恩·普鲁特，金盛熙. 社会冲突：升级、僵局及解决[M]. 王凡妹，译. 北京：人民邮电出版社，2013：10-202.

7 冯仕政. 西方社会运动理论研究[M]. 北京：中国人民大学出版社，2013：317.

8 McCarthy J D，Zald M N. Resource Mobilization and Social Movements：A Partial Theory[J]. American Journal of Sociology，1977：1226-1227.

9 Edwards B，Macarthy J D. Resources and Social Movements Mobilization[M]//Snow D A，Soule S A，Kriesi H. the Blachwell Companion to Social Movements. Ma：Blackwell Pub，2004：125-129.

10 Tilly C. From Interactions to Outcomes in Social Movements[M]//Giugni M，McAdam D，Ttilly C. How Social Movements Matter. Minneapolis：University of Ninnesota Press，1999：269.

11 Klandermans B. Mobilization and Participation：Social-Psychological Expansons of Resource Mobilization Theory[J]. American Sociological Review，1984（49）：583-600.

12 Melucci A. A Strange Kind of Newness：What's 'New' in New Social Movements？[M]//Larana E，Johnston H，Gusfield J R. New Social Movements：From Ideology to Identity. Philadelphia：Temple University Press，1994：109-110.

13 查尔斯·蒂利. 集体暴力的政治[M]. 谢岳，译. 上海：上海世纪出版社，2011：145.

14 Snow D A，Benford R D. Alterative Types of Cross-national Diffusion in the Social Movement Arena[M]//Porta D D，Kriesi H，Rucht D. Social Movements in a Globalization World，Macmillan：St. Martin's Press，1999：23-40.

15 古斯塔夫·勒庞. 乌合之众——大众心理研究[M]. 冯克利，译. 北京：中央编译出版社，2005：1-2.

16 杨立华，杨文君. 中国大气污染冲突解决机制：一项多方法混合研究[J]. 中国行政管理，2017（11）：118-126.

17 戴维·奥斯本，特勒·盖布勒. 改革政府——企业家精神如何改革着公共部门[M]. 周敦仁，译. 上海：上海译文出版社，2010：1-260.

方式[1])、网络化治理路径（将第三方政府高水平的公私合作特性与政府充沛的网络管理能力结合起来，然后再利用信息技术将各种合作网络连接到一起[2]）三种。而冲突管理方式则包括冲突预防、冲突避免、冲突遏制、冲突转化、冲突和解（如泰勒提出的“协调”[3]）、冲突解决（如第三方干预、福列特提出的“建设性”解决方式[4]）等。

（三）理论框架

我们将基于上面讨论的拉斯韦尔提出的 5W1H 分析法与冲突治理理论构建理论框架与假设，并提炼研究变量。基于 5W1H 分析法中的参与主体、利益诉求（即参与原因）、互动事项、互动时间、互动方式，综合冲突治理论者关注的参与主体拥有的能力资源[5]、互动程度、互动作用[6]三者，本章的研究将它们提炼成探讨参与主体及其对事件处置影响的八种要素。进而，根据各主体拥有的互动资源与互动诉求对其行为产生影响，将其合并为“资源与能力”；根据各主体互动时间与事项的一体性，将其合并为“互动时间与事项”；根据各主体所选择的互动方式、互动程度与互动作用的关联性，将其合并为“互动方式与程度作用”。然后，探讨事件中的参与主体及其对事件处置结果的影响（图 8-1-1）。本章研究的核心假设是：多主体或多元利益主体的参与（包括参与主体及其角色）和互动（包括能力资源与利益诉求、互动时间地点与事项、互动方式与程度作用）不同，则它们对事件处置结果的影响也不相同。研究的自变量是参与主体及其角色、能力资源与利益诉求、参与时间地点和事项、互动方式与程度作用，因变量是事件处置结果。

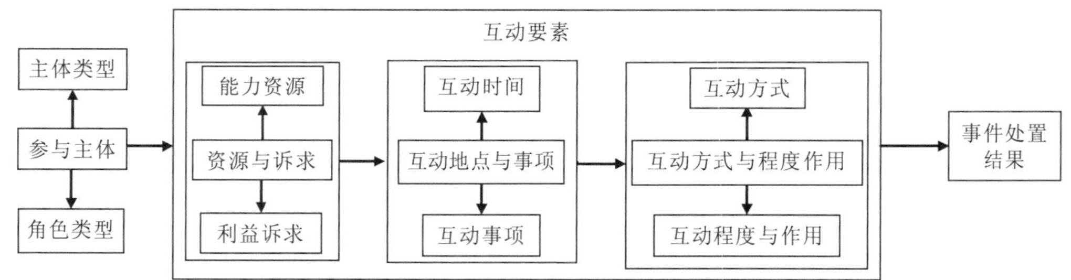

图 8-1-1 环境群体性事件中的参与主体及其对事件处置影响的理论框架

1 埃莉诺·奥斯特罗姆. 公共事务的治理之道——集体行动制度的演进[M]. 余逊达，等译. 上海：上海译文出版社，2012：11-217.

2 斯蒂芬·戈德史密斯. 网络化治理[M]. 孙迎春，译. 北京：北京大学出版社，2002：8-34.

3 弗雷德里克·泰勒. 科学管理原理[M]. 马风才，译. 北京：机械工业出版社，2007：108.

4 玛丽·帕克·福列特. 福利特论管理[M]. 吴晓波，等译. 北京：机械工业出版社，2013：20-52.

5 MaCarthy J D，Zald M N. Resource Mobilization and Social Movements：A Partial Theory[J]. American Journal of Sociology，1977：1226-1227.

6 Tilly C. From Interactions to Outcomes in Social Movements[M]//Giugni M，McAdam D，Ttilly C. How Social Movements Matter. Minneapolis：University of Ninnesota Press，1999：269.

第二节　研究设计与数据收集

本节要点　本节介绍了本章的研究方法、数据收集情况、技术路线和研究效度保障。

研究采用混合研究法及其相应的研究策略进行研究，以图通过“研究材料”将“研究问题”与“最终结论”有效衔接[1]。下面将具体阐述本章研究使用的研究方法、技术路线、研究策略与信度效度检验。

一、研究方法

（一）文献综述法

研究采用劳伦斯·马奇等提出的文献综述“六步论”（包括选择主题、文献搜索、展开论证、文献研究、文献批评、综述撰写）进行文献研究。截至 2017 年 3 月 7 日，围绕研究问题，以“环境群体性事件”“环境抗争事件”“环境冲突”“环境运动”“环境保护”“邻避事件”“邻避运动”“邻避冲突”“PX 事件”等关键词经由书店与网络两种渠道收集、下载、筛选得到 1 800 篇（本）文献（表 8-2-1）。之后，聚焦理论依据与四个研究问题（包括参与主体及其角色、互动资源与诉求、互动时间与事项、互动方式与程度作用）分类整理文献内容，并在理解现有研究成果贡献及其不足的基础上，展开本节的理论和实证研究。

表 8-2-1　有关环境群体性事件的文献收集结果

文献类型	文献来源	文献主题	总数/篇
中文文献	网络	（环境）群体性事件、环境抗争事件、环境保护、环境运动、环境冲突、邻避运动、邻避冲突、社会运动、冲突管理、冲突治理等	1 453
	图书	环境科学、环境保护、（环境）群体性事件、集体行为、集体行动、社会运动、社会冲突、冲突管理、冲突治理等	26
外文文献（含英译汉文献）	网络	Environmental Protection、Environmental Movement、Collective Action、Collective Action、Social Conflict、Social Movement、Conflict Management、Conflict Governance etc.	250
	图书	Environmental Protection、Environmental Movement、Collective Action、Collective Action、Social Conflict、Social Movement、Conflict Management、Conflict Governance etc.	71
总计			1 800

（二）多案例研究法

案例研究以典型案例为研究对象，适合回答案例“是什么”和“为什么”的问题，以

1 王金红. 案例研究法及其相关学术规范[J]. 同济大学学报（社会科学版），2007，18（3）：92.

便通过认识典型案例建构新的理论及其知识体系。因此，研究采用案例研究探讨环境群体性事件中的参与主体及其对事件处置的影响，以缩小研究范围、降低人财物资源、建构“本土化”理论。同时，为了提升研究质量，采用比单案例研究更具理论验证能力[1]、资料更为详实、研究结果更具“概推性”[2]的多案例研究法进行研究。主要设计如下：

1）采用“滚雪球法”与“事件关联法”，经由文献荟萃思路与线上线下两种路径，采取“先图书、报纸、期刊与学术论文，后其他网络文献”全面收集典型案例及其相关文献（图 8-2-1），以形成证据三角形。同时，以“发生时间-发生地-抗议人数-抗议对象”命名案例及其文档，形成案例库。

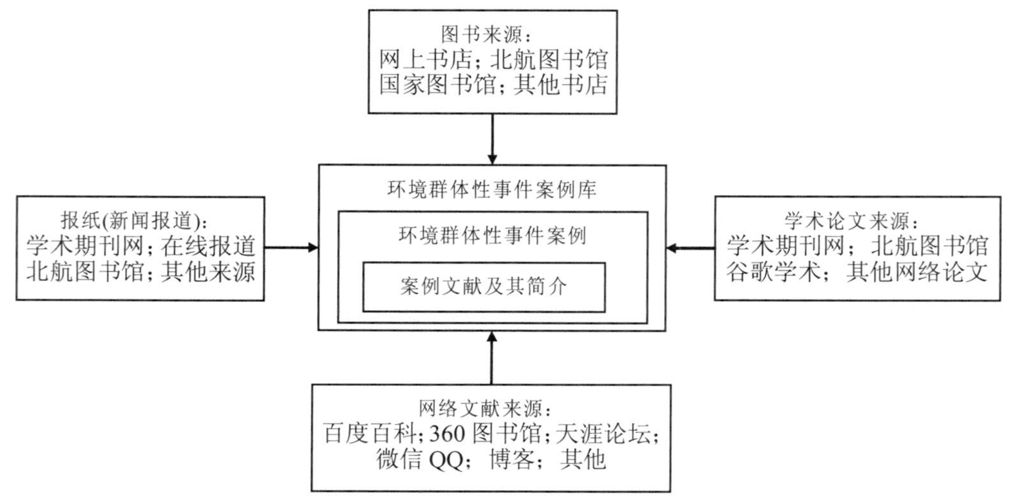

图 8-2-1 环境群体性事件案例及其文献来源

注：参考杨立华，申鹏云. 制度变迁的回退效应和防退机制：一个环境领域的跨案例分析[J]. 公共行政评论，2015（1）：53-79；罗伯特·K. 殷. 案例研究：设计与方法[M]. 3 版. 周海涛，译. 重庆：重庆大学出版社，2004：15-52。

2）截至 2017 年 11 月 30 日，总共收集得到 147 个案例（表 8-2-2 和表 8-2-3），并为每个案例找到 2～200 篇相关文献。进而，按事件发生发展及其解决过程整理案例资料，将其整理成案例简介。

表 8-2-2 环境群体性事件典型案例及其文献分布

案例	事件名称	百度	报纸	知网	图书	总计
C1	1973-06-13 河北沙河赵泗水村数百村民抗议磷肥厂排污	1	0	4	1	6
C2	1992-03-15 福建屏南县溪坪村数千人抗议化工厂排污	14	5	3	0	22
C3	1992-08-17 湖北大冶数千人抗议有色金属公司大气污染	1	0	4	0	5
C4	2001-11-21 浙江嘉兴王江泾镇两百渔民抗议水污染	6	3	1	0	10
C5	2003-08-21 深圳沿线上千居民抗建港西部通道接线工程	4	2	17	0	23

1 毛基业，张霞. 案例研究法的规范性[J]. 管理世界，2008（4）：119.

2 张建民，何宾. 案例研究概推性的理论逻辑与评价体系[J]. 公共管理学报，2011，8（2）：1-17.

案例	事件名称	百度	报纸	知网	图书	总计
C6	2003-09-04 广西富川县坪江村数千村民抗议砒霜厂排污	4	2	16	0	22
C7	2004-04-21 河南修武县数千人围堵铅污染企业排污	18	1	1	0	20
C8	2004-06-13 浙江湖州长兴县上千村民抗议天能血铅污染	12	3	13	1	29
C9	2004-07-20 北京西-上-六数千业主抗建高压线架设	14	6	11	1	32
C10	2005-04-10 浙江东阳画水镇三万人要求排污化工厂搬迁	27	7	75	2	111
C11	2005-04-10 浙江宁波北仑区数千人围困不锈钢污染企业	6	2	2	0	10
C12	2005-07-04 浙江绍兴新昌县数千农民抗议京新药业排污	13	4	7	1	25
C13	2006-05-01 广东广州上千居民抗建美景花园变电站	0	0	2	0	2
C14	2006-05-15 北京朝阳区数千居民抗议首都机场噪声扰民	6	6	0	0	12
C15	2006-05-24 山东乳山数千业主抗建红石顶核电事件	5	1	4	0	10
C16	2007-01-10 广西岑溪波塘上百村民抗议中泰富纸业污染	3	1	23	1	28
C17	2007-03-16 内蒙古包头逾百村民抗议尾矿放射性污染	0	4	4	1	9
C18	2007-04-20 福建泉港区峰尾镇数千村民抗议企业水污染	15	2	3	0	20
C19	2007-05-26 河北沧州市大化县封堵 TDI 公司	2	1	6	0	9
C20	2007-06-01 福建厦门市思明区四五市民千抗兴 PX 项目	9	15	29	4	57
C21	2007-06-05 北京朝阳区上千居民抗建六里屯垃圾焚烧厂	29	14	22	0	65
C22	2007-08-08 浙江宁波 99 名村民抗议栎社机场噪声	6	1	0	0	7
C23	2007-08-10 上海杨浦区数百居民抗建虹杨变电站	11	0	23	0	34
C24	2007-09-29 上海闵行区数百业主抗牵春申高压线	4	0	8	0	12
C25	2008-01-12 上海黄浦区上千人抗建磁悬浮	12	5	62	1	80
C26	2008-02-28 山西临汾吴家庄两百村民抗议山海化工排污	11	5	3	0	19
C27	2008-03-13 浙江舟山定海近千村民抗议化工厂大气污染	7	0	3	0	10
C28	2008-04-08 北京顺义樱花园小区数千居民抗议机场噪声	2	1	0	0	3
C29	2008-05-04 四川成都彭州 2 000 市民抗兴 PX 项目	33	7	43	0	83
C30	2008-06-21 上海松江源花城数百居民抗建涞寅路变电站	6	0	0	0	6
C31	2008-08-04 云南华坪兴泉村 300 村民抗议高源建材排污	7	3	3	1	14
C32	2008-08-24 上海普陀区隆德路 200 居民抗建变电站	9	0	1	0	10
C33	2008-08-30 北京朝阳区上千人抗建高安屯二期垃圾厂	4	4	11	0	19
C34	2008-12-16 广东广州天河区 4 000 业主抗建变电站	33	2	5	0	40
C35	2008-12-18 浙江仙居周宅村数十村民抗议新农化工污染	4	1	1	0	6
C36	2009-02-13 上海浦东新区数百业主反对移动架设发射塔	1	0	1	0	2
C37	2009-02-27 广东海珠南景街南景园数千居民抗建变电站	0	4	4	0	8
C38	2009-03-17 江苏浦口 5 000 市民抗建天井洼垃圾焚烧厂	11	1	1	0	13
C39	2009-04-11 上海普陀区 500 名抗建江桥垃圾厂	14	3	25	0	42
C40	2009-06-23 广西桂平县上千村民抗建垃圾处理厂	2	1	2	0	5
C41	2009-07-26 广西灌阳县灌阳镇福星村抗建垃圾场	7	2	3	0	12
C42	2009-07-30 湖南文坪镇横江村四五百村民抗议血铅污染	8	10	60	0	78
C43	2009-07-30 湖南长沙浏阳市镇头镇数千民众抗议镉污染	23	9	19	0	51
C44	2009-08-01 北京昌平区 100 多人抗建阿苏卫垃圾厂	3	3	5	2	13
C45	2009-08-03 陕西凤翔县长青镇上千民众冲击血铅企业	11	13	24	0	48
C46	2009-10-21 江苏吴江平望镇两三万民众抗建垃圾焚烧厂	40	20	31	2	93

案例	事件名称	百度	报纸	知网	图书	总计
C47	2009-11-15 广东广州新塘 200 业主抗建淤泥焚烧发电厂	3	2	1	0	6
C48	2009-11-23 广东番禺区上万居民抗建垃圾焚烧厂	42	83	71	4	200
C49	2009-12-09 广东梅县畲江镇叶华村四百村民抗建垃圾场	18	7	1	0	26
C50	2009-12-10 广东龙岗上百居民抗议平湖垃圾焚烧厂排污	15	10	3	0	28
C51	2009-12-10 广东深圳龙岗 300 人抗建白鸽湖垃圾焚烧厂	4	5	4	0	13
C52	2010-01-17 广东佛山邓岗黎北村 200 村民打砸鸡毛厂	2	4	5	0	11
C53	2010-01-24 广东佛山高明区 400 人抗建污泥焚烧发电厂	11	2	17	0	30
C54	2010-03-15 浙江杭州绿城翡翠城业主抗建药厂	12	1	1	1	15
C55	2010-04-10 福建闽南师大数十学生抗议万科地产污染	6	2	1	0	9
C56	2010-04-27 江苏溧阳市 200 人抗议企业排污	6	2	3	0	11
C57	2010-05-16 广东东莞 500 多村民抗建清溪镇垃圾焚烧厂	6	7	1	0	14
C58	2010-07-03 广西灵川县灵田乡 800 人抗建垃圾场	6	0	8	0	14
C59	2010-07-11 广西百色市靖西数千民众抗议信发铝厂污染	8	1	28	2	39
C60	2010-07-16 江苏盐城新兴镇新永村上百村民冲击殡仪馆	4	2	1	0	7
C61	2010-07-24 安徽六安舒城南港镇 300 名群众抗建垃圾场	15	1	2	0	18
C62	2010-08-04 浙江桐乡上莫村上千人抗议汇泰大气污染	16	1	1	0	18
C63	2010-08-10 河北保定高新区曹庄村民反映 69 硅业污染	8	2	1	0	11
C64	2010-08-10 上海松江数十居民抗议金山铁路建设	3	0	1	0	4
C65	2010-10-18 福建屏南后龙数十村民抗议垃圾填埋场污染	2	2	1	0	5
C66	2011-01-01 广东迭福区 60 名群众抗兴中石油 LNG 项目	8	5	4	0	17
C67	2011-01-13 江苏无锡锡山东港镇上万人抗建垃圾焚烧厂	39	12	10	0	61
C68	2011-04-08 江西莲花南岭乡数千民众抗议隆森公司污染	15	3	3	0	21
C69	2011-05-11 内蒙古西乌珠穆沁旗两千居民抗议草原污染	8	0	5	1	14
C70	2011-06-04 数百东部沿海养殖户状告康菲公司水污染	27	14	1	0	42
C71	2011-06-08 浙江绍兴杨汛桥镇上千工人血铅中毒请愿	7	1	3	0	11
C72	2011-06-17 广东河源市区紫金数百村民抗议血铅污染	16	5	18	0	39
C73	2011-08-03 上海虹桥机场数百民众抗议机场噪声	12	1	0	0	13
C74	2011-08-04 湖南长沙县北山镇万名村民抗建垃圾焚烧厂	48	21	2	0	71
C75	2011-08-14 辽宁大连市 12 000 人抗兴 PX 项目	30	38	36	6	110
C76	2011-09-01 广东深圳龙岗数千人抗议扩建比亚迪电池厂	18	5	1	0	24
C77	2011-09-15 浙江袁花红晓 500 名村民抗议晶科公司污染	18	19	31	1	69
C78	2011-11-01 湖北荆州长江数百师生跪求污染钢厂搬迁	10	8	12	0	30
C79	2011-11-09 北京海淀西二旗两三百居民抗建餐厨垃圾厂	17	1	10	0	28
C80	2011-11-16 河南正阳县雷寨乡抗议窑厂大气污染	10	1	1	0	12
C81	2011-11-29 广东龙岗平湖街道数百居民抗议采石场扰民	7	3	2	0	12
C82	2011-12-09 北京朝阳 8 000 居民签名抗议京沈高铁环评	41	27	16	0	84
C83	2011-12-20 广东汕头海门镇万人抗建燃煤发电站	34	22	30	0	86
C84	2012-02-12 江苏镇江市近万群众抗建排海管道	62	22	18	0	102
C85	2012-02-12 江苏镇江市近万群众抗议水污染	25	6	28	0	59
C86	2012-04-03 天津滨海新区逾万居民抗兴 PC 项目	14	2	15	0	31
C87	2012-04-06 辽宁高力房镇红星村上千村民抗议镍厂污染	4	0	1	0	5

案例	事件名称	百度	报纸	知网	图书	总计
C88	2012-04-10 海南三亚市乐东县莺歌海镇万人抗建煤电厂	6	16	5	0	27
C89	2012-05-16 湖南衡山县长江镇林场村抗建垃圾场	8	0	4	0	12
C90	2012-05-27 上海松江区数千居民抗议扩建焚烧厂	8	5	10	0	23
C91	2012-07-02 四川什邡数百人抗兴宏达钼铜项目	15	9	30	1	45
C92	2012-10-22 浙江宁波市镇海区上万市民反对 PX 项目	59	34	26	1	120
C93	2012-11-20 浙江苍南龙港镇方北村上千村民抗建变电站	17	0	1	0	18
C94	2012-12-20 广东深圳龙岗布吉镇信义社区千人抗建二站	25	1	0	0	26
C95	2013-01-19 广东深圳市南山区数百居民抗建 LCD 工厂	31	6	5	0	42
C96	2013-02-14 广东怀集坳仔镇美女村数百村民抗建垃圾场	6	0	1	0	7
C97	2013-02-20 广东云浮市云安镇安镇两千村民抗建垃圾场	14	1	1	0	16
C98	2013-02-23 山东东营仙河镇数千市民抗议亚通化工毒气	20	6	0	0	26
C99	2013-03-19 福建永泰梧桐镇埔埕村上千村民抗装高压线	15	0	1	0	16
C100	2013-03-20 河北石家庄万达小区数十居民抗建变电站	3	1	1	0	5
C101	2013-05-04 云南昆明 3 000 市民散步抗兴 PX 项目	66	39	55	0	160
C102	2013-05-11 上海松江区上千群众抗建国轩锂电池厂	15	5	19	0	39
C103	2013-07-12 广东江门数万市民抗兴核燃料项目	25	26	37	0	88
C104	2013-07-15 广东省广州花都数千名群众抗建垃圾焚烧厂	24	32	2	0	58
C105	2013-07-29 湖南长沙芙蓉区数千市民抗建中波发射塔	17	0	4	0	21
C106	2013-08-15 河北衡水武强县数千人抗议东北助剂污染	21	7	1	0	29
C107	2013-08-19 浙江舟山甬庆 200 村民抗议弘生集团水污染	3	0	1	0	4
C108	2013-09-15 四川乐山劳动乡上千村民抗议磷矿厂	10	0	1	0	11
C109	2013-10-28 广东肇庆广宁两三百名村民抗建垃圾填埋场	0	3	1	0	4
C110	2013-11-01 广东惠州博罗新作塘村数百村民抗建发电厂	5	1	1	0	7
C111	2013-11-04 广东韶关仁化县两百名村民抗建垃圾焚烧厂	9	5	1	0	15
C112	2013-11-08 福建莆田市东庄镇数千抗建高污染化工厂	22	1	1	0	24
C113	2013-11-25 广东揭阳县美德村两千村民抗建垃圾场	1	1	1	0	3
C114	2013-12-06 江西上饶居民抗议石材店粉尘和噪声污染	1	0	4	0	5
C115	2014-02-03 云南广南坝哈四五百村民抗议铁合金厂污染	9	1	1	0	11
C116	2014-02-18 湖南长沙宾馆 30 多人抗议芒果 KTV 噪声	1	1	1	0	3
C117	2014-03-15 湖北武汉永丰数百居民抗议垃圾厂污染	26	11	7	0	44
C118	2014-03-29 浙江温州市新国光广场数百住户对抗广场舞	18	9	2	0	29
C119	2014-03-30 广东茂名上千人抗建 PX 项目	12	16	34	0	62
C120	2014-04-12 广东化州市数百人抗建殡仪馆	14	6	1	0	21
C121	2014-04-17 湖南桃源县逾千村民抗议创元铝业污染	7	5	1	0	13
C122	2014-04-24 浙江余杭区中泰乡上万民众抗建垃圾焚烧厂	26	19	1	0	46
C123	2014-04-30 湖南湘潭县九华大道数万人抗建垃圾焚烧厂	27	4	6	0	37
C124	2014-07-02 河南驻马店数百居民抗议夜市污染	4	7	1	0	12
C125	2014-07-08 广东深圳市数千居民抗议建磁悬浮地铁	23	3	1	0	27
C126	2014-07-10 广东大亚湾坪山上千居民抗议环境园排污	11	7	1	0	19
C127	2014-07-22 广东岳池县数千人拦停医药产业园污水排放	3	4	1	0	8
C128	2014-09-09 河南新乡市获嘉数千人抗议中新化工厂污染	17	9	4	0	30

案例	事件名称	百度	报纸	知网	图书	总计
C129	2014-09-13 广东博罗县上万人抗建龙塘底焚烧发电厂	25	8	1	0	34
C130	2014-09-13 四川成都市数百人抗建垃圾站	7	0	1	0	8
C131	2014-09-14 江西南昌市麻丘镇数百人抗建变电站	9	1	1	0	11
C132	2014-09-18 湖南平江县数千居民抗建火电项目	23	4	3	0	30
C133	2014-10-18 浙江舟山定海区 50 市民抗议工地施工噪声	1	0	1	0	2
C134	2014-11-10 广东深圳老虎坑村环境园数十人堵路	12	13	1	0	26
C135	2014-11-18 海口三江镇数百村民抗建职业防治医院	5	2	5	0	12
C136	2015-02-11 江西九江六角垅新村十几村民抗建搅拌站	1	0	1	0	2
C137	2015-04-06 广东罗定市朗塘镇上万民众抗建垃圾焚烧厂	18	3	1	0	22
C138	2015-06-22 上海金山区上万人抗兴 PX 项目	23	4	3	0	30
C139	2015-12-09 湖北武汉黄陂居民抗建垃圾焚烧厂	16	0	1	0	17
C140	2015-12-24 广东广州普宁县数百民众抗建垃圾焚烧厂	16	2	1	0	19
C141	2016-01-11 江苏常州上百家长抗议外国语毒校事件	24	15	0	0	39
C142	2016-01-26 上海松江九亭镇 3 000 居民游行抗建变电站	14	0	1	0	15
C143	2016-04-19 江苏海安数十家长抗议有毒海安实验学校	1	1	0	0	2
C144	2016-05-19 广西南宁兴宁上万居民反对贵南高铁改线	45	3	0	0	48
C145	2016-08-06 江苏连云港数千市民抗兴核废料循环项目	115	1	0	0	116
C146	2017-04-01 北航北区基建施工噪声事件	7	0	0	0	7
C147	2017-05-09 广东清远上万民众抗建飞来峡垃圾焚烧厂	39	5	0	0	44

说明：按发生的时间将环境群体性事件排序，C136 表示收集得到的第 136 个案例。

表 8-2-3 环境群体性事件分布

省份	事件编号	数量
广东省	C5、C13、C34、C37、C47、C48、C49、C50、C51、C52、C53、C57、C66、C72、C76、C81、C83、C94、C95、C96、C97、C103、C104、C109、C110、C111、C113、C119、C120、C125、C126、C127、C129、C134、C137、C140、C147	37
浙江省	C4、C8、C10、C11、C12、C22、C27、C35、C54、C62、C71、C77、C92、C93、C107、C118、C122、C133	18
上海市	C23、C24、C25、C30、C32、C36、C39、C64、C73、C90、C102、C138、C142	13
江苏省	C38、C46、C56、C60、C67、C84、C85、C141、C143、C145	10
湖南省	C42、C43、C74、C89、C105、C116、C121、C123、C132	9
北京市	C9、C14、C21、C28、C33、C44、C79、C82、C146	9
广西壮族自治区	C6、C16、C40、C41、C58、C59、C144	7
福建省	C2、C18、C20、C55、C65、C99、C112	7
河北省	C1、C19、C63、C70、C100、C106	6
四川省	C29、C91、C108、C130	4
江西省	C68、C114、C131、C136	4
湖北省	C3、C78、C117、C139	4
河南省	C7、C80、C124、C128	4

省份	事件编号	数量
云南省	C31、C101、C115	3
山东省	C15、C98	2
内蒙古自治区	C17、C69	2
辽宁省	C75、C87	2
海南省	C88、C135	2
天津市	C86	1
山西省	C26	1
陕西省	C45	1
安徽省	C61	1

说明：按发生环境群体性事件多寡排序；C136 表示收集得到的第 136 个案例，即 CASE136，详见表 8-2-2。

3）通过多案例实地观察与访谈资料收集结果。自 2015 年 12 月 17 日至 2017 年 7 月 15 日，秉持理论抽样与实时研究法则，分三个阶段实地观察与访谈了 8 个典型案例（附录 8.2），获得大量用于研究的一手资料（表 8-2-4）。

表 8-2-4　多案例实地观察与访谈结果

序号	调查地点	音视资料	访谈群体	访谈人数	访谈成果
第一阶段（2015.12.17—2015.12.23）					
C90	3 个	0.26GB	3 种	9 人	18 千字
C138	7 个	12.9GB	6 种	10 人	71 千字
第二阶段（2016.6.9—2016.7.3）					
C42	4 个	1.09GB	4 种	30 人	50 千字
C43	5 个	1.77GB	3 种	21 人	50 千字
C121	5 个	1.79GB	4 种	21 人	126 千字
C123	5 个	1.16GB	3 种	9 人	19 千字
C144	10 个	4.96GB	6 种	39 人	155 千字
第三阶段（2017.4.1—2017.11.30）					
C146	4 个	0.66GB	3 种	15 人	879 千字

说明：C42 表示收集得到的第 42 个环境群体性事件案例，具体事件名称详见表 8-2-3。

4）以研究问题为导向，基于文献综述成果，设计访谈提纲，秉持案例研究的理论抽样法则从案例库中选择实地观察与访谈案例，采用多案例实地观察与访谈法检验经由文献荟萃所收集到的资料的正确性，并收集有关多个典型案例的更多、更为丰富的资料。

5）尽可能事先联系当地人员，准备与携带学院开具的介绍信、学生证以及纸笔、照相机、录音笔等必备物品进入案例事发地。

（三）多案例问卷调查法

基于文献综述与多案例研究结果，通过向多个典型案例事发地发放与回收调查问卷，进一步收集研究数据（附录 8.1）。主要步骤包括：①设计调查问卷。将理论框架中的类变量与子变量转换为问卷问题，根据问题类型设计“是否题”与“李克特五位量表题”；而且，通过采取间隔设计“是否题”“五位量表题”“打分题”等方式来规避共同方法偏差。②选择事件始发地发放与回收调查问卷。秉持案例研究的理论抽样法则[1]，根据事件类型、污染类型、发生地、事件规模、影响层级从案例库中选择了12个具有代表性或典型性的案例进行调查。进而，综合采用代为发放（将问卷邮寄给当地幼儿园园长、当地威望人士、大学教师、居委会主任、监狱狱警、政府工作人员等）、前往事发地发放（兼顾实地观察与访谈研究）与在线邮寄问卷（采用QQ邮箱、微信）等形式发放调查问卷，最终回收并筛选得到781份有效问卷（表8-2-5）。③采用SPSS21.0中的频率分析、一元线性回归、多元线性回归分析与交叉表等方法，统计分析各主体的参与和互动及其对事件处置结果产生的影响。

表8-2-5 多案例问卷调查数据收集结果

事件	发放份数	回收份数	回收率/%	有效份数	有效率/%
第一阶段（2017.7.15—2017.9.30）					
C42	150	100	66.67	74	74
C82	100	74	74	52	70.27
C121	150	150	100	63	42
C123	220	174	79.09	165	94.83
C144	150	123	82	123	100
C148	100	100	100	100	100
第二阶段（2017.10.1—2017.11.30）					
C37	150	102	68	82	80.39
C57	120	120	100	74	61.67
C88	5	5	100	5	100
C138	5	5	100	5	100
C146	36	36	100	36	100
C147	2	2	100	2	100
问卷发放与回收合计	1 188	991	83.42	781	78.81

说明：C42表示收集到的第42个环境群体性事件案例，具体事件名称详见表8-2-3。

二、技术路线

总结起来，研究的总体技术路线是：围绕研究问题，采用社会学方法论者华莱士提出的“科学研究环”思路[2]，综合5W1H分析法与冲突治理论预设理论与假设；接着，

1 Eisenhardt K M. 由案例研究建构理论[M]. 毛基业，等译//李平. 案例研究方法：理论与范例——凯瑟琳·埃森哈特论文集. 北京：北京大学出版社，2012：16.

2 Wallace W. 社会学中的科学逻辑[M]. 芝加哥：A. A公司，1971：18-23.

采用混合研究法[1]（将塔沙克里提出的混合研究思路[2]导入现有的“质性-实证型”案例研究法[3]中）进行研究；最后，通过对比分析本章研究与现有研究成果得出研究结论（图 8-2-2）。

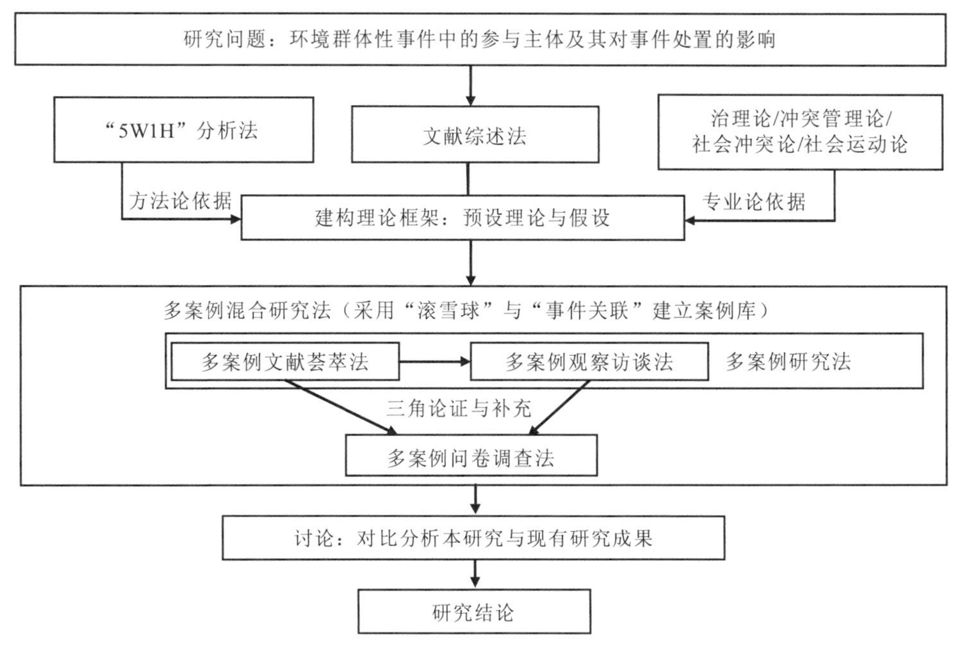

图 8-2-2　总体技术研究路线

三、研究质量保证

1. 文献综述策略

现有研究方法并未提出一套确保文献综述研究信度与效度的研究策略。基于其质性研究属性，研究采用罗伯特·K. 殷等归纳得出的确保研究质量的研究策略，并通过一系列具体的研究工作来实施（表 8-2-6）。

表 8-2-6　确保文献综述质量的策略

检验	研究阶段	确保文献综述研究效度与信度的研究工作
建构效度	概念界定	采用通俗易懂的语言来定义与研究问题、预设理论与假设及其变量有关的基本概念，以便与各种类型的理论文献对接
	资料收集	经由线上与线下两种渠道收集理论文献，特别是来自学术期刊与图书；分类整理并挑选出与研究问题有关的文献；根据相关性与权威性将所收集到的理论文献进行排序

1 唐权，杨振华. 案例研究的 5 种范式及其选择[J]. 科技进步与对策，2017，34（2）：18-24.

2 阿巴斯·塔沙克里，查尔斯·特德莱. 混合方法论：定性方法和定量方法的结合[M]. 唐海华，译. 重庆：重庆大学出版社，2012：134-161.

3 唐权. 混合案例研究法：混合研究法在质性——实证型案例研究方法中的导入[J]. 科技进步与对策，2017，34（12）：155-160.

检验	研究阶段	确保文献综述研究效度与信度的研究工作
外在效度	研究设计	系统梳理有关研究问题、预设理论与假设的相关文献及其知识体系；通过梳理得到的理论及其知识体系轮番检验预设的理论与假设，归纳一般并解释其差异性，从而建构相关理论
内在效度	文献分析	将文献观点及其知识置于研究问题、预设的理论与假设之下；富有逻辑地梳理得出理论及其知识体系；找出不同文献及其内容的异同点，并应用因果逻辑理顺其关系
信度	资料收集	根据理论依据与专业研究分类整理相关文献，进而建立层次分明的文献库

注：表中内容参考了罗伯特·K. 殷. 案例研究：设计与方法[M]. 3 版. 周海涛，译. 重庆：重庆大学出版社，2004：94-106；陈晓萍，徐淑英，樊景立.组织与管理研究的实证方法[M]. 2 版. 北京：北京大学出版社，2008：133-139；等等。下同。

2. 多案例研究法

基于其质性研究属性，采用罗伯特·K. 殷等提出的确保质性研究质量的研究策略。所做的研究工作见表 8-2-7。

表 8-2-7 确保多案例实地观察与访谈研究质量的策略

检验	研究阶段	确保多案例实地观察与访谈研究效度与信度的工作
建构效度	概念界定	使用通俗易懂的语言来定义与研究问题、预设理论与假设及其变量有关的基本概念，以便进行实证研究
	资料收集	以研究问题为导向，秉持理论抽样法则从案例库中抽取典型案例，综合应用线上与线下两种渠道收集多种形式的案例文献（包括文字与音视频等）；形成案例研究的证据链；希望证据提供者检查与核实研究资料及研究结果
外在效度	研究设计	综合使用所收集的一手文献与二手文献进行案例研究，厘清案例的来龙去脉；用理论指导单案例研究，并通过复制逻辑进行多案例研究
内在效度	证据分析	根据研究问题对接案例证据；尝试建立案例及其证据与研究问题、预设的理论与假设的内在关联；归纳多案例研究的异同点并解释其差异；尽可能使用因果逻辑解释案例逻辑
信度	案例收集	采用案例研究草案（源于案例简介与实证资料的有机结合），并在此基础上建立实地观察与访谈案例库

3. 多案例问卷调查研究策略

（1）研究策略

与多案例文献荟萃分析有所不同，除通过一系列研究工作来确保研究的建构效度、内在效度、外在效度、信度之外，还因其定量属性而通过一系列的研究工作来确保研究的统计结论效度。所做的确保其研究质量的工作见表 8-2-8。

表 8-2-8 确保多案例问卷调查研究质量的策略

检验	研究阶段	确保多案例问卷调查研究效度与信度的工作
建构效度	概念界定	使用通俗易懂的语言来定义与研究问题、预设理论与假设及其变量有关的基本概念，并将其转化为问卷中的问题（由多案例文献荟萃分析编码表转化而来）

检验	研究阶段	确保多案例问卷调查研究效度与信度的工作
建构效度	数据收集	以理论抽样选取的多个典型案例为导向，经由线上与线下两种渠道发放与回收调查问卷；根据问卷填写的空白程度与填写规律筛选有效问卷并整理编号
外在效度	研究设计	根据研究问题及预设的理论与假设设计“是否题”与“李克特五位量表题”；通过“理论抽样”法则从案例库中抽取典型案例并向其发放与回收问卷；应用 SPSS 统计分析并得出研究结果
统计效度	数据分析	应用 SPSS 统计分析多案例问卷调查结果的信度与效度
内在效度	数据分析	应用 SPSS21.0 进行分析；建立预设的理论与假设和统计结果的内在关联；尽可能解释与预设的理论和假设存在不同甚至对立的地方；使用因果逻辑模型将研究得出的理论及其差异置于同一认识框架下
信度	数据收集与分析	详细记录问卷设计、发放与回收、问卷筛选、统计分析及其结果等步骤，并在此基础上整理得出多案例问卷调查数据库

（2）信度与效度检验

采用 SPSS21.0 中的“可靠性分析”检验多案例问卷调查结果的信度。结果显示：多案例问卷调查结果的 Cronbach's α 值为 0.968，其值大于 0.7，可见多案例问卷调查结果稳定可靠；各分量表中除互动地点外，各变量“信度值”都在 0.766～0.950，问题题目对于所要测量的变量比较可靠（表 8-2-9）。

表 8-2-9　总量表与各量表的信度值（样本量 N=781）

	总量表	主体类型量表	能力资源量表	利益诉求量表	互动时间量表	互动事项量表	互动方式量表	互动程度量表	互动作用量表
Cronbach's α	0.968	0.830	0.903	0.839	0.766	0.950	0.907	0.830	0.766
项数	477	21	101	51	31	181	70	11	12

采用 SPSS21.0 中的“因子分析”，检验多案例问卷调查结果的效度。“因子共同度”分析结果表明，所选取的因子具有一定的解释性（表 8-2-10）。

表 8-2-10　因子共同度分析

	1）参与主体及其所属类型多少	2）各主体能力资源差距	3）各主体利益诉求对立程度	4）各主体参与时间合适程度	5）各主体参与事项差距	6）各主体选择的互动方式	7）各主体互动程度	8）各主体行为作用
共同度*	0.825	0.650	0.702	0.545	0.575	0.453	0.638	0.675
N	589	589	589	589	589	589	589	589

注：*变量的共同度均为 1；采用主成分提取方法。

进而，采用“因子分析”来检验其效度。结果显示，其 KMO 度量值大于 0.7，显著性小于 0.005，可见量表的题型适合进行因子分析（表 8-2-11）。

表 8-2-11 量表因子分析 KMO 和 Bartlett 检验

KMO 度量值	0.782
Bartlett 的球星度检验近似卡方	899.561
df.	28
Sig.	0.000

在此基础上，进行因子分析。结果显示，“参与主体及其所属主体类型”“各主体能力资源差距”“各主体利益诉求对立程度”这三个因子的取值都大于 1，其累计贡献率达到 63.280%，可见包含了变量的大部分信息（表 8-2-12）。

表 8-2-12 因子分析解释的总方差

序号	初始特征值			提取平方和载入			旋转平方和载入		
	合计	方差百分数/%	累计/%	合计	方差百分数/%	累计/%	合计	方差百分数/%	累计/%
1	2.862	35.774	35.774	2.862	35.774	35.774	2.129	26.607	26.607
2	1.165	14.568	50.341	1.165	14.568	50.341	1.870	23.375	49.982
3	1.035	12.939	63.280	1.035	12.939	63.280	1.064	13.298	63.280
4	0.826	10.329	73.609						
5	0.633	7.908	81.517						
6	0.528	6.606	88.123						
7	0.502	6.273	94.396						
8	0.448	5.604	100.000						

注：采用主成分提取方法。

继而，采用旋转因子分析法得出载荷系数，分析不同公共因子所反映的主要指标的区别。结果显示，旋转前，“各主体行为作用”“各主体参与地点合适程度”等因素在六个因子的载荷系数区别不大（表 8-2-13），采用因子旋转方法使因子载荷系数向 0 和 1 分化。

表 8-2-13 因子分析成分矩阵

		1）参与主体及其所属类型多少	2）各主体能力资源差距	3）各主体利益诉求对立程度	4）各主体参与时间合适程度	5）各主体参与事项差距	6）各主体选择的互动方式	7）各主体互动程度	8）各主体行为作用
成分	1	0.121	−0.700	−0.619	0.700	−0.711	0.425	0.685	0.573
	2	0.325	0.399	0.559	0.111	0.238	0.200	0.383	0.577
	3	−0.840	0.001	0.084	−0.206	0.110	0.482	0.149	0.120

注：采用主成分提取方法。

旋转后，第一主因子在“各主体能力资源差距”“各主体利益诉求对立程度”“各主体参与时间合适程度”“各主体参与地点合适程度”（综合考虑旋转前后与各主体参与的逻辑）“各主体参与事项差距”这四个影响因素上具有较大的载荷系数，可将其命名为“各主体参与能力与行为方式”。第二主因子在“各主体选择的互动方式”“各主体互动程度”“各主体行为作用”这三个因素上具有较大的载荷系数，可将其命名为“各主体互动行为与作用”。第三主因子在“参与主体及其所属类型多少”这个因素上具有较大的载荷系数（表 8-2-14）。由此可见，旋转后得出的各类影响因素更为符合预设的理论框架及其假设。

表 8-2-14　因子分析旋转成分矩阵

		1）参与主体及其所属类型多少	2）各主体能力资源差距	3）各主体利益诉求对立程度	4）各主体参与时间合适程度	5）各主体参与事项差距	6）各主体选择的互动方式	7）各主体互动程度	8）各主体行为作用
成分	1	−0.011	0.783	0.837	−0.489	0.705	−0.120	−0.250	−0.046
	2	0.049	−0.178	0.013	0.469	−0.263	0.563	0.757	0.810
	3	0.907	0.069	0.049	0.293	−0.089	−0.349	−0.047	0.128

第三节　环境群体性事件中的参与主体及其互动

本节要点　本节介绍了本章取得的研究结果，分析了环境群体性事件中参与主体及其角色类型、各主体的利益诉求与能力资源的差异性、各主体的互动时间地点与事项合适性、各主体的互动方式与程度作用以及各主体参与和互动对事件处置的影响。

一、事件中的参与主体及其角色类型

（一）环境污染冲突是以政企民为主的多元利益主体参与的结果

多案例文献荟萃编码（以下简称“文献编码”）与多案例问卷调查（以下简称“问卷调查”）结果显示，具有不同身份背景的多元利益主体参与了环境群体性事件。其中，城乡居民、政府部门、污染制造者的参与比例最高，新闻媒体、专家学者、社会大众、社会组织的参与比例居中，而国际组织与宗教组织的参与比例则较低。而且，还存在城市与农村居民同时参与同一事件的现象，其占比将近 1/3（42.4%≥X≥26.5%，见表 8-3-1）。多案例实地观察与访谈（以下简称“观察访谈”）结果也显示，所调查的事件中有 4～10 种参与主体，而城乡居民同时参与的占比更高，高达 87.5%。

表 8-3-1　环境群体性事件中的参与主体　　单位：%

	1）城市居民	2）农村居民	3）污染制造者	4）政府部门	5）社会大众	6）专家学者	7）新闻媒体	8）宗教组织	9）社会组织	10）国际组织
文献荟萃[a]	59.9	66.7	92.5	100	77.6	85.7	96.6	—[b]	63.9	24.5
问卷调查[c]	75.7	81.9	91.9	95.5	67.3	64.8	73.8	35.7	53	39.5
平均值	142.10		92.20	98	72.45	75.25	85.20	17.35	58.45	32.00
排序	1[d]		3	2	6	5	4	9	7	8

注：[a]样本量为 147，其研究对象为来自经由网络或书店收集的二手资料；[b]没有资料显示宗教组织参与了事件，但也并不意味其未参与，在此采用“—”表示；[c]样本量为 781；[d]因为有些事件主要发生在农村，有些主要发生在城市，但都是居民，故将其合并计算，且由于有些事件同时具有城市和农村居民参与，故其合计平均超过了 100。

不仅如此，文献荟萃与观察访谈结果还显示，各种参与主体的结构复杂，且其成员也具有多重身份。就各种参与主体的内部构成而言，政府部门既可能包括中央与地方各级行政机关，又可能包括司法部门等非行政机关；新闻媒体既可能包括当地媒体，又可能包括外地媒体，还可能包括国外媒体；社会组织既包括村委会或居委会等自治组织，又可能包括环保 NGO 等公益组织；社会大众则包括第三方污染检测机构、环境修复组织、医院、消防队、无关利益群众等多种组织或群体；国际组织既可能包括国外媒体与企业，又可能包括环保 NGO 等。就其身份背景而言，城乡居民既可能因其居住地而成为抗议居民，又可能因其工作单位、专业知识而成为政府工作人员、专家学者、新闻记者、环保人员甚至污染制造者（如企业员工）等。

（二）各种主体在环境污染冲突中扮演以冲突与治理为主的多重角色

文献编码结果显示，各主体主要扮演的角色依次为：城市或农村居民主要扮演冲突方，污染制造者主要扮演处置方与参与方，政府部门主要扮演处置方与干预方，社会大众主要扮演参与方，专家学者主要扮演参与方与干预方，新闻媒体主要扮演干预方与参与方，社会组织主要扮演冲突方（源于将具有自治性质的村委会或居委会、维权委员会等纳入其中），国际组织主要扮演参与方角色（角色扮演占比≥30%）。应用问卷调查结果进行检验，发现宗教组织、社会组织、国际组织这三种主体所扮演的角色方面存在不同。也即，宗教组织主要扮演干预方、参与方与处置方，社会组织主要扮演干预方与参与方，国际组织主要扮演干预方角色（基于角色扮演占比大于 20%）。

在此基础上，采用观察访谈资料进行检验与解释说明。结果显示，城乡居民主要扮演冲突方，但其中的城市居民倾向扮演干预方的角色（如 C90 中居民代表与当地政府部门及其所辖公安机关协商处置第二天抗议居民的游行示威活动）、处置方（C146 中的学生自称“高校和我们这些座谈的人就是应对者”），而农村居民还扮演着参与方等（如 C121 中经营粮油与餐饮业的老板对当地村民的抗议行为“冷眼旁观”，甚至为“做生意”而希望污染企业“留下”）角色；污染制造者除扮演处置方角色之外，还往往在事中事后扮演参与方角色（如 C90 等“风险感知型群体性事件”中的项目建设方往往在事发后将事件处置权交由扮演第三方的当地政府处置）、处置方（如 C146 中的污染制造者会同抗议居民协商解决问题）或干预方（如 C42 中的污染企业在事发后成立应急小组参与事件处置）等；政府部门往往作为项目委托方（如 C90、C138、C144 这类风险感知型群体性事件）、社会稳定与秩序的维护者（即在各类事件中出警维持社会稳定与交通秩序）或与污染企业存在“千丝万缕”的关系而在事件发生之初扮演着处置方、参与方（如 C42、C43、C121 等农村类群体性事件中当地政府部门在事件发生之初往往对抗议居民的集体上访置之不理）甚至冲突方（如 C42、C43 中当地政府阻止村民“向上”或者“对外”反映）角色，因其作为社会公平正义与秩序的维护者而在事件发生后扮演干预方角色，以便平息与解决事件（如 C42、C43、C121 这类现实污染型群体性事件）；社会大众主要扮演参与方（各类事件中旁观居民与社会大众居多）、干预方（如 C42 中抗议村民的外地亲戚建议其采取法律措施维权）、处置方（如 C90 中无关利益者万达公司因当地居民游行而取消其开业活动）或冲突方（如

C121 中当地混混帮助污染企业“为难”新闻记者）角色；专家学者主要扮演干预方（如 C42、C43 中医疗专家组受政府委派救治污染受害村民）、参与方（如 C90 中当地医院受当地政府委托调拨 120 救护车现场待命）、处置方（如事发后往往委派具有专业知识的专家参与环境污染治理或冲突处置工作）角色；新闻媒体主要扮演干预方（如 C121 等掀开了环境污染的“盖子”）、参与方（如 C121 等参与报道事件信息）、处置方（如大多数事件中的当地媒体都因为与当地政府的关系而选择“禁言”）或冲突方（如 C43、C121 中外地媒体与污染企业、当地政府大打“舆论攻防战”）角色；宗教组织参与了事件，只不过它附属于抗议居民（如 C138）扮演着带有干预性质的冲突方角色；社会组织主要扮演干预方（如 C43、C121 中曙光环保组织、402 检测机构、自然大学等环保组织在事后参与环境污染治理）、参与方（如村委会往往在事件发生之初对村民的抗议置之不理）、处置方（如 C42 等村委干部参与事件处置）或冲突方（如 C43 等村委干部组织抗议）角色；国际组织主要扮演干预方（如 C138 中国际媒体播报事件信息）与参与方角色（如事发后 C42、C121 等国际媒体参与新闻报道）（案例具体信息见表 8-2-2，下同）。

由此可见，多元利益主体在事件中扮演了以冲突方与处置方为主的多重角色。而且，与我们通常认为的政府部门扮演干预方、新闻媒体扮演其他参与方的认识有所不同。政府部门在现实的环境污染冲突中往往扮演着处置者而非干预者角色，而新闻媒体等其他主体则倾向于扮演干预方而非简单的参与者角色。

（三）参与主体及其角色类型丰富多样

以上研究已经显示，扮演各种角色的多元利益主体参与了环境群体性事件。不仅如此，另一项文献编码与问卷调查结果也检验了这一研究结果。文献编码结果显示，认为环境污染冲突中参与主体及其角色扮演类型比较多及以上的、比较少及以下的分别占 76.9%、5.4%；与之类似，问卷调查的分别为 28.9%、24.9%。

二、各主体的利益诉求与能力资源的差异性

（一）各主体拥有强烈的以对立为主的利益诉求

综合文献编码结果（利益诉求占比≥50%）、问卷调查结果（利益诉求占比≥30%）与观察访谈结果，得出扮演冲突方的城乡居民旨在维护自身的人身利益（如 C42、C43、C121 等农村类事件中抗议居民通过要求企业关闭或搬迁来阻止企业环境污染，而 C90、C123、C138、C144、C146 等城市类事件中的抗议居民则是要求“邻避设施不要建在我家门前”）、经济利益（如 C43 村民旨在防止庄稼因环境污染减产以及经济求偿，而 C123 的城市居民旨在防止房地产贬值）与政治利益（如 C123、C144 等发生在城市的“风险感知型群体性事件”中经常存在“环评被同意”问题）、环境利益（如 C90、C144 中作为冲突方的城市居民指出其“不在乎钱，在乎的是生活环境”），其中的城市居民更关注政治利益与环境利益，而农村居民更为关注经济利益。作为处置方的污染制造者因其作为市场主体而具有经济利益，而其采取的各种回避、打压、冲突、平息事件等行动也都源于此。与之不同，地方政府部门往往因其承担的发展地方经济的责任而具有经济利益，也因其承担兴

建公共设施和维护社会稳定与秩序而具有社会利益，还可能因其维护自身的形象、权威与公信力而具有政治利益。正是当地居民与污染企业、政府部门的利益分歧，才引发了环境污染冲突。

而且，文献编码与问卷调查结果统计显示，利益攸关的城乡居民、污染制造者、政府部门的利益诉求强度相对较高（表 8-3-2）。应用观察访谈资料进行解释说明，城乡居民往往因其人身利益受到侵害而具有较强的利益诉求，如 C121 与 C43 事件中当地村民因人身利益受到侵害而坚持“十年抗污”“三年抗争”；C123 事件中同时身为地方官员的当地城市居民则直言不讳地指出“不准建那个垃圾焚烧厂！一定要搬走”“谁不知道，这个是个毒啊！”；C138 事件中的当地城市居民感叹“屡战屡败，屡败屡战”；C144 中当地居民指出的“只愿高铁改道”“他们不去闹，我都要发动他们去闹才得”。相较而言，城市居民的利益诉求更强，往往在短时间之内采取多样化的行为举措（包括网络动员、集体上访、游行示威等）；与之不同，农村居民的利益诉求在事发时往往较弱，并选择长期反映与友好协商方式来解决问题，直至不得不采取暴力冲突方式来维护自身的生活与生存环境。与之相对，污染制造者与政府部门利益诉求的强度较高，前者如 C43 事件中污染企业“本来是炼锌，为了谋求非法利益炼铟”，后者如 C42 事件中农村居民透露的当地政府因为这个事“吓都吓死了”，或 C138 中当地城市居民指出的“每年都有上千个亿的财政收入”，由此参与事件处置与解决。

表 8-3-2 各主体利益诉求强度及占比 单位：%

	诉求强度	1）城市居民	2）农村居民	3）污染制造者	4）政府部门	5）社会大众	6）专家学者	7）新闻媒体	8）宗教组织	9）社会组织	10）国际组织
文献荟萃（N=147）	5 分	64.13	70	40.74	57.80	10.66	22.25	7.78	—	39.9	5.41
	4 分	34.88	27.06	48.91	36.10	42.4	45.19	55.39	—	43.13	44.79
	3 分	0	2.06	10.35	6.10	46.94	30.94	34.13	—	16.97	42.08
问卷调查（N=781）	5 分	23	23.68	22.57	17.25	8.62	7.72	7.15	3.64	6.84	8.79
	4 分	19.8	21.66	24.03	25.36	19.97	20.08	20.43	21.86	20.34	23.22
	3 分	33.33	32.55	29.15	37.47	44.13	39.61	47.64	37.04	37.44	37.87

注：C42 表示收集到的第 42 个环境群体性事件案例，详见表 8-2-2；N 为样本量；文献荟萃分析的案例为基于二手数据的案例。

除以上三者之外，社会大众、专家学者、新闻媒体、宗教组织、社会组织、国际组织等主体往往因其公共精神、能力资源、社会功能与地理临近程度而具有以社会利益为主的多种诉求，而且其强度各有不同。社会大众“事不关己，高高挂起”，往往呈现“旁观”“看热闹”等行为特征，而且其中还包括许多利益攸关但并不愿参与其中的城市居民；扮演冲突方（如抗议居民中的民间专家）与处置方（如市环保局的污染鉴定与检测专家）的专家学者的利益诉求较强，但对于没有直接利益关系的外来专家的利益诉求则较弱（如 C123 中受邀参加听证会的市规划局、环保局等专家）；新闻媒体的利益诉求强度也要基于立场分类探讨，其中的本地媒体往往因其社会网络或隶属于当地政府管辖而“禁言”，其中的外地媒体、国际媒体则因新闻价值而倾向于“积极播报”；宗教组织因其参与规模小、利益关联度低，往往以个体身份出现，而且附属于当地居民之中，利益诉求相对较弱；社会组织中的居委会、村委会因致力于追求自身利益而积极参与事件处置，而其中的环保NGO则比较热心环境污染治理工作，但其利益诉求强度一般；国际组织中的新闻媒体与外地媒体一样，热衷于新闻价值，其利益诉求相对较高。不仅如此，基于其复杂的内部构成，各种参与主体也具有多种利益诉求。例如，污染企业也具有社会利益诉求，如C42中当地村干部反映企业老板想带领村民发家致富；专家学者既有维护社会公平正义的社会利益诉求，也可能因其经济利益而服务于污染企业与政府部门，如C42、C43等通过环评“造假”而帮助污染企业落户；新闻媒体中的当地媒体往往因其政治利益而选择“禁言”（保持与当地政府的良好关系），而外地媒体则往往因为维护社会公平正义而掀开企业污染的“盖子”；社会组织中的环保NGO倾向关注社会利益，而其中的村委会或居委会则有可能更为关注人身利益（因其作为当地居民而受到环境污染侵害）、经济利益（因帮助企业落户或事件处置而获得好处）或政治利益（如维护作为政府基层组织的权威）。而且，无论是因公共精神还是私利加入，都会强化原有冲突双方或多方利益诉求的对立面，增加其对立强度。

以上研究也揭示出，以冲突双方或多方为主的利益对立程度非常高。统计分析文献荟萃编码与问卷调查结果，得出前者认为各主体利益诉求的对立程度比较高及以上、比较低及以下的分别占 76.9%、6.8%（将事发后抗议民众拥有的人财物资源也考虑在内），后者认为其分别占 57%、4%。观察访谈资料也验证了这一结果。

（二）各主体具有或可动员得到具有优势的博弈资源

文献编码结果显示，城乡居民主要拥有道义资源、社会网络与潜在的组织制度资源优势，而其中的城市居民还拥有资金资源、信息资源等多种能力资源优势；作为市场主体的污染制造者拥有作为“一般等价物”的资金资源优势，承担公权力的政府部门拥有权力资源（可动员其他类型的能力资源）、组织制度、物质资源等多种能力资源优势。其他参与主体也因其职能而拥有多种能力资源优势，如社会大众、专家学者、新闻媒体与国际组织都在一定程度上拥有社会网络与信息资源优势，而其中的社会大众还拥有组织制度资源优势（基于其参与规模或参与人数），其中的专家学者还拥有知识资源优势（还因此具有较高的逻辑思维与推理这一心理能力）。问卷调查也检验了以上结果，还显示出宗教组织具有道义资源优势。

在此基础上，应用观察访谈资料进行解释说明。就城乡居民而言，分别因自身的思维逻辑与推理、社群网络关系、受到污染侵害、拥有的物资场地、金钱等拥有一定的心理能力、社会网络、道义资源、物质资源、资金资源优势，而且还会在集体行动中获得组织制度、信息、知识等其他类型的能力资源。这也是各种事件中城乡居民能够发起维权行动，获得其他主体关心与支持，并促使事件得以处置与解决的重要原因。相较而言，与农村居民相比，城市居民拥有的能力资源种类更多。例如，C90等城市类群体性事件中往往借助社区居民的各种网络关系、信息资源、知识资源等迫使污染制造者关注其权益（如 C144 抗议社区里居住着政府工作人员与新闻记者等）。与之不同，污染制造者往往因其作为市场营利主体而拥有较为丰富的资金资源，而且可用其作为“一般等价物”转化为其他能力资源类型。污染制造者拥有的资金资源，是其平息民愤或民怨的重要资本，也是动员当地政府与社会混混加入其处置“阵营”的一种有力资源。就政府部门而言，因其自上而下、强有力的行政体系而具有组织制度资源，又因其具有“公权力”（也即权力资源）而能调动公共资金或公共物质等其他能力资源类型。拥有权力资源与组织制度，是政府部门帮助企业落地或维持社会秩序的一个重要基础。

就没有直接利益关系的社会大众而言，他们具有社会网络（拥有广泛的社会关系网络）、组织制度（具有为数众多的旁观者）等资源优势，能够通过旁观、舆论或建议来推动事件的发生、发展及其解决。就专家学者而言，他因自身的心理能力、知识资源而获得其他主体的认可，同时也具有社会网络、物质资源、信息资源等，可为冲突方与处置方答疑解惑、提供政策建议；不仅如此，抗议居民中的知识分子往往在事件中扮演着领导与组织者角色，可组织当地居民合理合法地进行抗争，进而有助于遏制事态（如 C43 等农村类群体性事件中具有一定知识的村组织）。就新闻媒体而言，他因自身具有的社会职能、录音录像设备、信息获取与传播路径而拥有社会网络、物资、信息等能力资源，既可采取“禁言”方式“遏制”事态发展（如当地媒体），也可通过广泛传播而将事件纳入公共议程（如外地媒体对事件进行全国性播报）。就社会组织而言，具有自治性质但又作为政府基层组织的村委会与居委会，因当地居民与政府的授权而具有“权力资源”，既可代表当地居民与污染制造者、政府部门谈判，也可因为其作为政府的基层组织而接受居民来访（尤其是农村类群体性事件）；与之不同，因其公益性质，环保 NGO 则会应用其心理资源、社会网络、知识资源、信息资源来帮助受害居民维权或治理环境污染（如 C43、C121 等事件中的当地环保组织）。就国际组织而言，随着国际交流日益频繁，外国企业、新闻媒体等将应用其社会网络、资金资源、知识资源、信息资源等参与事件信息的传播与处置。就宗教组织而言，通过将善念“植入”其社会网络、组织制度、物质、资金等资源，有助于平息与解决环境污染冲突。

不仅如此，各主体的能力资源拥有量也不相同。文献编码结果显示（能力资源拥有量比较高及以上者占比），各主体能力资源拥有量由高到低依次为政府部门、污染制造者、城市居民、社会组织、专家学者、国际组织、农村居民、新闻媒体、社会大众，而且前六者有效百分比都超过 50%。与之有所不同，问卷调查结果显示，新闻媒体位居第三，而宗教组织、城市居民、农村居民则分列倒数第三、第二、第一。由此可见，作为冲突方的城乡居民（尤其是农村居民）所拥有的能力与资源相对较少，而作为处置方或干预方的政府部门、污染制造者的能力资源的拥有量则较多（尤其是具有“公权力”的政府部门），其他主体的居中（表 8-3-3）。

表 8-3-3　各主体能力资源拥有量　　单位：%

	诉求强度	1）城市居民	2）农村居民	3）污染制造者	4）政府部门	5）社会大众	6）专家学者	7）新闻媒体	8）宗教组织	9）社会组织	10）国际组织
文献荟萃（*N*=147）	5 分	11.22	5.11	24.24	28.39	2.65	7.12	1.46	—	8.74	7.75
	4 分	62.87	39.79	58.87	66.41	32.45	57.18	38.51	—	59.39	47.29
	3 分	19.14	41.89	16.89	5.2	64.9	35.7	58.55	—	30.74	44.96
问卷调查（*N*=781）	5 分	2.7	1.13	15.19	33.2	3.63	4.89	6.13	2.32	2.92	12.21
	4 分	11.89	7.17	26.53	28.26	14.14	26.9	27.28	13.9	14.91	20.93
	3 分	40.32	26.79	37.15	28.06	42.15	44.29	45.68	36.49	38.74	42.25

注：*N* 为样本量；文献荟萃分析对象为基于二手资料的案例。

应用观察访谈资料进行解释：城市各种资源丰富多样，而当地居民的能力资源拥有量较高，他们往往尽可能动员得到各种能力资源（如 C90 等城市类群体性事件中的城市居民）。与之不同，农村居民能力资源拥有量相对较低。与之相对，作为处置方的污染制造者的能力资源拥有量相对较高，尤其是农村类群体性事件中的污染企业，而作为处置方或干预方的政府部门的能力资源拥有量则更高。其他主体能力资源拥有量居中，基于其在事件中发挥的功能作用由高到低依次排列为新闻媒体、专家学者、社会大众、社会组织、国际组织、宗教组织。在其他参与主体中，专家学者因其专业知识、新闻媒体因其广泛的信息收集与传播网络往往参与事件及其处置过程之中。

以上研究揭示，以冲突方与处置方为主的各主体拥有的能力资源相差较大。问卷调查结果中另一项研究也验证了这一点，即认为各主体所拥有的能力资源差距比较大及以上、比较小及以下的分别占 53.2%、8.2%。与之相同，观察访谈结果也显示，各类事件中受访居民多提到自身与企业、当地政府部门能力资源差距较大。

三、各主体的互动时间地点与事项合适性

（一）凸显各主体事中应急处置特性

文献编码与问卷调查结果显示，各主体事前事后参与比例较低，尤其是事后参与；在冲突发展过程中，除国际组织外，其他各主体在事中参与比例都高达 85%以上（各主体主要在事中参与）；在善后处理阶段，与城市居民相比，农村居民、污染制造者与政府部门参与比例较高（表 8-3-4）。应用观察访谈资料进行解释：城乡居民一般为了维护其人身利益主要在事中参与，其中的部分居民也在事前（如 C42 中农村居民在事前参与了有关企业的党员宣讲会、C123 中当地部分居民参与了有关垃圾焚烧厂的问卷调查）或事后（如 C42、C43、C121 等农村类群体性事件中当地村民因事件处置不公或污染治理不善而继续上访）参与事件。与之不同，污染制造者与政府部门因其与环境污染项目的关联性（尤其是承担环境污染责任方面）而参与整个事件及其处置过程之中。例如，C42 中污染企业在事前曾获得当地政府支持建设，但环保局也因其手续不全、未通过环评而责令企业停产；不仅如此，事后处置不善，政府部门常常接待村民上访。社会大众主要在事中旁观（如 C43 中的

村民游行“引来好多人看热闹”），当然也会在事中事后传播事件及其处置信息。专家学者因其专业知识，而在事前（如 C90 等城市类风险感知型事件中承担项目环评工作）、事中（如 C144 中中铁二院专家组织召开 2 次座谈会）与事后（如在 C43 等农村类事件中参与环境污染治理）都有可能参与。新闻媒体主要在事前、事中或事后报道消息，如 C123 中当地媒体帮助政府与项目建设单位宣传信息，而外地媒体则报道环境污染及事件处置事实。宗教组织因其信仰而在事中或事后参与事件处置，如 C138 中具有宗教信仰的抗议居民安抚辱骂维持秩序的民警的居民时说“他们也是我们身边的亲戚和朋友”。社会组织有可能在事前（如 C42 中的村委会主任与队长因收到好处而同意企业落户）、事中（如村委会或居委会参与事件处置）、事后（如环保组织参与环境污染治理）参与。国际组织主要在事中和事后参与，如国际媒体参与新闻报道。

表 8-3-4 文献荟萃与问卷调查结果中各主体参与时间

排序	1）城市居民	2）农村居民	3）污染制造者	4）政府部门	5）社会大众	6）专家学者	7）新闻媒体	8）宗教组织	9）社会组织	10）国际组织
文献荟萃（*N*=147）	事中（100）	事中（100）	事中（94.85）	事中（98.60）	事中（93.16）	事中（85.88）	事中（95.1）	—	事中（93.52）	事中（25.62）
	事前（54.67）	事前（61.66）	事前（75.86）	事前（83.70）	事后（37.47）	事前（67.97）	事后（68.82）	—	事前（25.75）	事前（9.75）
	事后（34.8）	事后（56.61）	事后（72.96）	事后（83）	事前（17.24）	事后（36.74）	事前（23.36）	—	事后（22.59）	事后（6.24）
问卷调查（*N*=781）	事中（78.27）	事中（75.91）	事中（76.23）	事中（71.49）	事中（71.69）	事中（63.88）	事中（72.33）	事中（56.43）	事中（65.6）	事中（54.58）
	事前（40.2）	事前（35.45）	事后（37.28）	事后（57.23）	事后（32.37）	事后（41.37）	事后（40.41）	事后（35.67）	事后（32.09）	事后（44.72）
	事后（21.23）	事后（25.91）	事前（34.35）	事前（29.55）	事前（21.23）	事前（25.78）	事前（16.6）	事前（25.28）	事前（23.53）	事前（25）

注：*N* 为样本量；文献荟萃分析对象为基于二手资料的案例；（）中数字为有效百分比。

（二）凸显各主体互动地点的风险性

文献编码与问卷调查结果显示，各主体选择的互动地点占比由高到低依次为社区或村庄、当地政府、网络、污染企业或项目施工地、上级政府、交通要道、中心广场等公共场所、法院（表 8-3-5）。采用观察访谈进行检验与解释，发现以冲突方与处置方为主的各主体不仅选择便捷且临近的微信、QQ、网络论坛等网络渠道进行互动，而且选择邻近的社区、污染现场、医院、新闻媒体、律师事务所、环评单位，直至选择污染企业、当地政府、交通要道、上级政府、购物广场与中心广场等影响面与冲突风险较大的现实场地进行互动。而且，以冲突方与处置方为主的各主体所选择的互动地点与其自身利益、能力资源密切相关。例如，城市居民因其丰富的能力资源而选择多个地点、多种形式进行互动。总之，事中以冲突方为主的各主体往往会选择多个地点进行互动，而且其首选地点既不是危及社会稳定与公共治安的交通要道，也不是法院这一第三方仲裁机构，而是具有一定社会影响但又相对和平的公共场所，如社区或村庄、当地政府、网络、污染企业或项目施工地等临近地。值得注意的是，以冲突方与处置方为主的各主体所选择的互动地点的冲突风险由小到大，而且往往最终选择冲突风险较大的交通要道或中心广场等公共场所进行互动。

表 8-3-5　各主体互动地点　　单位：%

	1）网络	2）社区或村庄	3）污染企业或项目施工地	4）法院	5）当地政府	6）上级政府	7）交通要道	8）中心广场等公共场所
文献荟萃（*N*=147）	81.6[4]	84.4[2]	70.1[5]	17.3[8]	100[1]	83.7[3]	68.4[6]	34[7]
问卷调查（*N*=781）	57.4[2]	69.9[1]	56.1[4]	17.1[8]	57.2[3]	26.8[6]	27.2[6]	24.3[7]
平均排序	3	1	4*	8	2	4*	6	7

注：*N* 为样本量；*平均排名相同。

（三）关注事中应急处置而非事前事后防治

1. 事前参与和互动不对称

事前互动事项给予冲突方集体行动的合理理由，而以冲突方与处置方为主的各主体事前互动较少。文献编码与问卷调查结果显示，除污染制造者、政府部门、专家学者参与的若干事项外，其他主体参与比例都低于 35%。而且，事前互动非常不对称。例如，文献荟萃编码结果显示，项目风险评估工作中污染制造者、政府部门、专家学者参与占比远远高于城乡居民的，而风险预警预测工作中城乡居民的参与占比又远远高于污染制造者（表 8-3-6）。应用观察访谈资料进行解释说明：就项目风险评估工作而言，C123 中的城市居民事后反映，建设单位事前与居民沟通不足；C144 中城市居民也指出，“我们小区统一交付，包括我在内的我们小区都没有接到现场调查，环评就是造假嘛！真没调查，都是作假”；C42、C43、C121 中企业落户只是召开“党员宣讲会”而不是“项目环评会”，而且，农村居民在暴发冲突之前，往往进行了长期反映（参与风险预警工作），但没有得到满意答复，可见污染制造者与当地政府部门在项目风险预警与预测、冲突预防等方面做得还不够，以冲突方与处置方为主的各主体的参与和互动存在形式化问题。

表 8-3-6　文献荟萃与问卷调查结果中各主体事前参与事项　　单位：%

	参与事项	1）城市居民	2）农村居民	3）污染制造者	4）政府部门	5）社会大众	6）专家学者	7）新闻媒体	8）宗教组织	9）社会组织	10）国际组织
文献荟萃（*N*=147）	项目风险评估	17.03	16.34	42.53	52.40	1.88	60.19	5.19	—	6.48	3.72
	风险预测预警	31.72	34.63	11.15	14.30	4.56	9.72	3.6	—	8.53	0
	事前冲突预防	13.69	15.29	20.89	59	8.32	7.38	8.79	—	11.85	3.72
问卷调查（*N*=781）	项目风险评估	18.44	14.88	22.43	21.42	10.65	24.47	9.92	11.65	10.83	11.46
	风险预测预警	16.01	14.40	16.52	19.96	14.20	19.94	15.92	13.67	15.16	18.85
	事前冲突预防	21.25	15.00	19.37	22.15	13.76	15.71	10.20	11.90	12.40	12.65

注：*N* 为样本量；文献荟萃分析对象为基于二手资料的案例。

2．关注事中应急处置

文献编码（参与占比≥40%）与问卷调查结果（参与占比≥20%）显示，以冲突方与处置方为主的各主体往往在冲突发生后参与了多种处置事项（尤其是参与交流沟通、利益表达与协调工作），但其侧重点不同。其中，作为冲突方的城乡居民参与的事项因其环境利益受到侵害而侧重于交流沟通、利益表达与协调、监督处置、责任追究、协同处置、信任构建等事项，如C90的在事件中质疑环评、向政府部门投诉、通过募捐制作横幅、相约示威与前往区政府上访、与区绿化和市容管理局领导谈话，而C43的农村居民则采取找企业反映污染问题并交涉，筹集上访资金，通过有序组织沿路乞讨、围着镇政府打圈圈来“营造社会舆论”，拿着尸检报告“告状”，见处置未果继续上访（总计数十次上访），建议通过“搬移毒地”治理污染等举措。而且，与农村居民相比，城市居民更加重视与对方的协同处置（如C138的提醒咒骂的大妈说警察都是我们身边的亲人）与创新处理（如C144中城市居民在事中研究得出“第三条高铁路线”）等工作。

作为处置方，除参与交流沟通、利益表达与协调工作之外，污染制造者、政府部门侧重参与事件组织应对、协同处置、抚慰教育、信任构建、风险评估等工作，而且其中承担维护社会稳定与社会秩序的政府部门比较关注应急处置、提供处置物质经费、监督事件处置、追究责任等工作。例如，C123中的项目建设单位通过《民生周刊》解释说明未批先建的原因，参与听证会及会议辩论，按照政府的指令停止施工并整改；而C144中政府部门的参与事项包括接待村民上访，组织居民代表召开座谈会并抚慰抗议居民，组织应对小区居民的静坐请愿行为，组织公安武警维持静坐请愿现场秩序，接着用大巴将其载至南宁市信访办，会同建设单位、环评单位（即中铁二院）协同接访，下发环评中止审查公函等。

作为干预方和参与方，社会大众等其他主体也基于其能力资源、利益诉求与地缘关系参与多种事项。相较而言，社会大众因其较低的利益关联度而倾向于“旁观式”交流沟通、利益表达与协调、监督事件处置等工作；专家学者除参与交流沟通、利益表达与协调工作之外，还侧重于参与风险评估、协同处置、组织应对等工作，其工作旨在为事件处置提供智力支持；新闻媒体侧重于参与交流沟通、利益表达与协调、监督处置、处置反馈等事件报道与信息公开工作；社会组织侧重于参与项目环评、交流沟通、利益表达与协调、协同处置、监督处置、责任追究、善后处理等工作；国际组织则侧重参与交流沟通、利益表达与协调、监督处置等工作。而且，基于内部构成的复杂性，各种主体所参与的事项也存在异质性。例如，社会组织中的居委会或村委会有可能帮助污染企业或政府从事环评、事件处置与善后等工作，如C121中村委会找“垃圾村民”代表环评，告知污染企业或当地政府外来调查人员的行踪，帮助政府发放征地拆迁费等；与之不同，其环保组织则有可能帮助城乡居民解决污染及其治理问题，参与善后处理与保障工作（如C121、C43）。又如，国际组织中新闻媒体的参与事项与国内媒体基本相同，其环保组织的参与事项也与国内环保组织类似。

3．事后参与和互动不足

文献编码结果显示，各主体事后参与和互动程度较低，而且参差不齐。其中，城乡居民、政府部门、新闻媒体等主体主要参与事后处置监督反馈工作，尤其是新闻媒体（占比＞50%）；与城市居民相比，作为冲突方的农村居民、作为处置方的政府部门与污染制造者更为关注事后利益补偿、善后处理与保障工作（占比＞38%）。在检验以上研究成果的基础上，问卷调查结果还显示：各主体事后互动更低，其占比都低于36%；与其他主体相比，作为处置方的政府部门关注事后处置的各项工作，而污染制造者主要关注事后利益补偿工作（表8-3-7）。应用观察访谈结果进行解释：城市居民往往因其在事中和冲突相对方协商解决事件而在事后参与事项较少，参与程度较低，主要关注事后处置监督与反馈工作。与之不同，农村居民往往因事中处置不周或事后污染治理不善而参与事后处置监督反馈、利益补偿、善后处理与保障工作，如C43事件中的农村居民在事后自筹经费体检、检测污染治理结果，要求政府部门给予村民基本的生存与生活保障，求助新闻媒体与社会各界人士关注与支持（特别是有关其生计与环境污染治理工作）。基于其污染责任，污染制造者中的污染企业主要参与事后利益补偿工作，如C42中污染企业在事后出资让政府向“血铅”超标者发放“营养费”；而其中的项目建设方则主要参与善后处理与保障工作，如C123中项目建设方按照政府指令拆除项目设施，将垃圾焚烧厂原址转交给桑德公司做锂电池生产基地。就政府部门而言，事后参与事项较多，如C144事件中当地政府通过新闻媒体发布“环评中止”信息，责令南宁市规划局勘探现场与重新规划。其他主体也在一定程度上参与了善后处理工作，如社会大众与新闻媒体因其利益诉求、信息与网络资源优势而参与事后处置监督与反馈工作。专家学者与社会组织主要参与善后处理与保障工作，如C90等城市类风险感知型事件中重新选址，C43中帮助当地居民治理环境污染（表8-3-7）。

表8-3-7　文献荟萃与问卷调查结果中各主体事后参与事项　　单位：%

	事前参与事项	1）城市居民	2）农村居民	3）污染制造者	4）政府部门	5）社会大众	6）专家学者	7）新闻媒体	8）宗教组织	9）社会组织	10）国际组织
文献荟萃（*N*=147）	处置监督反馈	53.42	54.12	35.06	72.10	18.52	26	81.67	—	30.02	11.17
	事后利益补偿	9.02	28.49	21.65	25.20	2.82	2.46	5.19	—	8.53	3.72
	善后处理与保障	23.87	38.83	67.21	81	13.83	25.18	11.02	—	15.01	11.7
问卷调查（*N*=781）	处置监督反馈	20.74	18.81	13.13	27.90	16.72	13.90	25.28	11.90	13.98	18.62
	事后利益补偿	17.16	16.79	35.34	35.42	7.69	8.61	8.80	5.57	6.69	12.17
	善后处理与保障	10.63	8.69	17.07	31.77	8.43	8.91	7.82	9.37	6.50	18.14

注：*N*为样本量；文献荟萃分析对象为基于二手资料的案例。

以上研究揭示，以冲突方与处置方为主的各主体的参与和互动事项差距较大。问卷调查也验证了这一结果，即认为以冲突方与处置方为主的各主体的参与和互动事项差距比较大及以上、比较小及以下的分别为33.5%、12%。从总体上看，正是以冲突方与处置方为主的各主体在事前（尤其是项目风险评估形式化）、事中（尤其是沟通交流与利益表达不畅、利益协调不好）与事后（尤其是环境污染治理不彻底、利益补偿不到位、善后处理与保障不善）没有参与相应的互动事项，才导致了事件的发生、发展与反复。

四、各主体的互动方式与程度作用

（一）选择以冲突为主的互动方式

结合文献编码结果（占比≥20%）、问卷调查结果（占比≥30%）与观察访谈资料三者，发现作为冲突方的城市居民主要采取以合作解决问题为导向的竞争、冲突与契约方式维护其环境权益，如 C146 中学生一开始在“群上”或向“后勤处”反映问题（即选择合作方式），反映未果就“有争斗”（即选择冲突方式），一直给市城管局、派出所打“投诉电话”，后面因为对方“让他们搬，他们就不走了”（即选择顺从与合作方式）；又如，C138 中抗议居民听说兴建 PX 项目后，就“以老年面貌吵吵闹闹”（即选择冲突方式），但也因为当地政府控制事态而“怕”（即采取顺从方式），或者因为“吵吵闹闹解决了”而采取合作方式；还如，C144 中小区居民一开始也是首先前往物业、社区“确证”高铁改道情况（采取合作互动方式），事中采取联名请愿、游行示威、向各级政府上访等竞争或冲突方式，但其中的参与者也会因为兴宁区政府的约谈没有参与政府门前静坐请愿的行动（采取合作方式）。与之略有不同，同样作为冲突方的农村居民一开始选择合作解决问题的方式，但往往因长期反映未达到期望的结果而选择竞争直至暴力冲突的方式，以便引起其当地政府关注并处置事件；不仅如此，由于事后环境污染治理或事件处置不善，农村居民还会继续选择冲突方式进行抗争，从而导致冲突周而复始，相较而言，城市居民选择的互动方式呈现出急促的“先合作解决问题、中契约与竞争甚至冲突方式、后合作解决问题”的规律，而农村居民所选择的互动方式呈现出“先通过契约与合作方式解决问题、中长期顺从或竞争直至发展成为恶性争斗、后因污染治理或处理不善继续选择冲突方式”的规律。

作为处置方，往往因其能力资源与利益诉求而在事件处置过程中选择契约、冲突、竞争与合作等多种互动方式，而且往往因事件性质与特征而异。其中，现实污染类事件中的污染企业一般先选择以交涉为主的契约与合作方式，接着选择求助于当地政府及其公安机关或出资让当地政府摆平的竞争与冲突方式，事后选择听从当地政府安排关闭污染企业并进行赔偿的顺从或合作方式，可见其选择的互动方式呈现出“先契约与合作解决问题、中竞争与冲突打压、后顺从或问题解决”的规律。与之有所不同，在所调查的 C90、C123、C138、C144 等城市类风险感知型群体性事件中，项目建设方往往选择“顺从—合作”的互动方式，呈现“先顺从、后合作”的互动方式选择规律，即先是对抗议民众的项目选址或环评质疑保持沉默，等到当地政府有“结论”以后“再出面复述一遍当地政府的处置决议”，突显其“依附”特性。结合以上二者可以看出：无论是污染企业还是项目建设方，他们在事后大多选择“顺从”政府的互动策略。虽然如此，但也不一定，如 C146 中污染制造者直接选择了合作解决问题的互动方式，包括采取安装玻璃窗、规定施工时间、制定搬迁对策等。这一行为被认为是“问题解决策略用的很到位”，但并不常见。

与污染制造者不同，作为处置方与干预方的政府部门因其能力资源与利益诉求而选择契约、合作与竞争等更为多样化的互动方式，并呈现出“先契约互动或合作、中顺从或竞争冲突、后合作”的选择规律。在中国，政府既有推动当地经济发展或建设公共设施的职责，又有维护社会稳定与公平正义的职能，从而促使其往往在事件发生之前作为企业“同盟”选择顺从企业、契约压制抗议民众的互动方式（尤其是在农村类群体性事件中），直至因事态恶化而回归其公共职责，选择与抗议居民合作的互动方式。以C42为例，市财政局局长一开始采取合作方式，跟老百姓谈了一天一夜，第二天用大巴将86名小孩及其家属送往长沙疾病防治中心检测；紧接着，当地镇政府与市政府为了平息事件而选择冲突方式，即当数百村民因环境污染问题自发组织到镇政府、市政府“讨说法”时，镇政府回应称企业手续齐全；直至当地村民通过阻塞交通“造反”时，市政府转而采取合作方式解决问题，即采取关闭工厂、赔偿村民等行为举措。

其他主体在事件处置过程中也基于其能力资源与利益诉求选择了相应的互动方式，如作为参与方的社会大众因其较弱的利益关联程度或较强的公共精神而选择顺从与合作的互动方式（如传播信息或旁观），凸显其选择合作或顺从的互动方式的特征（如C43）；作为干预方或参与方的专家学者因其立场与知识优势而选择契约、合作与竞争的互动方式（如C123中的环评专家如约参与事件处置并为其提供智力支持）；作为干预方的新闻媒体因其社会监督职能、社会网络与信息优势而选择顺从（如在大多数事件中当地媒体选择“禁言”）、竞争或冲突（如C43中凤凰卫视向全国报道事件、C121中新京报与焦点访谈“掀开”企业污染的“盖子”）的方式；作为干预方和参与方的宗教组织（同为城市居民）因其信仰与利益关联程度而选择顺从和契约方式；作为干预方和参与方的社会组织因其公益性与专业知识而选择契约、竞争与合作的方式（如环保NGO）；作为干预方和参与方的国际组织因其立场与利益诉求而选择契约、竞争与合作的方式（如国际媒体、环保NGO等）。

以上研究揭示，以冲突方与处置方为主的各主体选择偏向冲突的互动方式。文献编码与问卷调查结果显示，前者显示各主体选择以冲突、顺从、契约、竞争、合作为主的互动方式所占的有效百分比分别为20.4%、15.6%、15.6%、35.4%、12.9%，而后者显示其所占的百分比分别为22.4%、15.3%、29.2%、18.7%、14.4%。观察访谈资料也检验了这一结果，即以冲突方与处置方为主的各主体（尤其是作为冲突方的抗议居民）所选择的互动方式呈现出由合作（即事先反映问题）、契约、顺从、竞争发展至冲突的选择规律，并采取偏向冲突的互动方式。

（二）各主体互动非对称

文献编码结果显示，各主体参与程度比较高及以上的有效百分比由高到低依次为城市居民、政府部门、专家学者、社会组织、农村居民、新闻媒体、污染制造者、国际组织、社会大众。与之有所不同，问卷调查结果统计显示，新闻媒体、农村居民分别跃居第一、第四，可见城乡居民、政府部门、新闻媒体、专家学者在事件中的参与和互动程度较高（表8-3-8）。观察访谈资料也检验了以上研究结果，即总体上各主体的互动程度由高至低依次为城市居民（如C144事件“刷爆朋友圈”并“轰动南宁”）、农村居民（如C43事件中当地村民数十次向镇头镇、浏阳市、长沙市、湖南省政府、环境保护部逐级上访举报）、新闻媒体（事中事后外地媒体竞相采访与报道）、政府部门（事中事后接待上访居民并处置事件）、污染制造者（作为污染责任人组织应对当地居民的抗议）、社会组织（如事中事后居委会、村委会分别组织或打压抗议居民维权)、专家学者(如民间知识分子、政治专家或中立专家频繁参与事件处置过程)、宗教组织(如C138中基于个人信仰或善念参与事中教育与抚慰情绪化抗议居民)、社会大众(无关其利益但也倾向传播事件信息)、国际组织(因不得干预他国事务或被当地政府阻止而在一定程度上参与事件)。意味着作为冲突方的城乡居民、作为处置方或干预方的政府部门、作为干预方的新闻媒体与专家学者的互动程度较高,作为参与方的社会大众、作为处置方的污染制造者、作为干预方的社会组织次之,而作为干预方或参与方的国际组织、宗教组织的互动程度则较低。由此可见,作为处置方的污染制造者的参与和互动程度较低,而以冲突方与处置方为主的各主体之间的互动存在非对称问题。

表8-3-8 文献荟萃与问卷调查结果中各主体互动程度 单位:%

	互动程度	1)城市居民	2)农村居民	3)污染制造者	4)政府部门	5)社会大众	6)专家学者	7)新闻媒体	8)宗教组织	9)社会组织	10)国际组织
文献荟萃(*N*=147)	非常高	13.55	5.1	5.23	17.82	0.93	6.4	5.01	—	3.13	0
	比较高	44.96	32.68	25.16	35.65	14.44	37.09	30.56	—	38.34	22.02
	一般高	24.79	31.63	34.1	26.08	62.12	41.11	58.92	—	40.53	31.19
问卷调查(*N*=781)	非常高	4.47	4.16	3.69	4.13	3.06	2.18	2.65	2.99	3.23	2.53
	比较高	25.59	20.90	20.55	24.38	18.51	21.25	31.57	18.34	18.31	13.92
	一般高	35.40	37.42	35.30	40.29	42.88	44.69	41.54	42.43	41.29	48.52

注:*N*为样本量;文献荟萃分析对象为基于二手资料的案例。

从总体上看,各主体参与和互动的程度不高。虽然文献编码结果显示,各主体互动程度比较高及以上、互动程度比较低及以下所占的百分比分别为39.4%、25.8%,但问卷调查结果则显示其占比分别为21.1%、30.7%。观察访谈也支持了问卷调查结果,即无论是城市类风险感知型群体性事件,还是农村类现实污染型群体性事件,其中作为冲突方的城乡居民因其环境利益受侵害而持续向作为处置方的污染制造者或作为处置方与干预方的政府部门反映,但对方在事件中往往采取推脱、搁置与回避等互动程度较低的方式应对,由此降低了双方的互动程度。此外,其他主体的互动程度一般,对冲突方与处置方的互动也会产生一定影响,但并不起决定作用,正如C144中的抗议居民事后指出"我们找不到人,互动程度很低"。值得注意的是,在诸多其他参与主体之中,外地媒体的参与和互动程度对事件及其处置的影响较大,而且与日俱增,日益受到其他组织或群体的关注,而这也是问卷调查结果中新闻媒体互动程度位居前列的一个主要原因。

(三)各主体互动作用较高

文献编码结果显示,各主体互动作用由高到低依次为农村居民、城市居民、政府部门、污染制造者、专家学者、社会大众、社会组织、新闻媒体、国际组织。问卷调查检验了大部分研究结果,但也显示出政府部门、新闻媒体、城市居民三者的互动作用位居前三,而农村居民则降至第五。(表8-3-9)。应用C121中的观察访谈资料进行解释说明:农村居民通过十年抗争虽然取得了成功，但房屋拆迁依旧悬而未决，依旧有上百户村民生活在防护区内，当地村民也为此不断上访及寻求社会各界人士支持。与之相对，污染企业虽然通过“拆除”重污染生产线而平息了事件，但其遭受的损失也很大。政府部门虽然互动作用最大，但往往因其维护社会稳定与秩序、参与善后处理与保障等工作也会遭受一定损失（尤其是其采取的不当行为）。社会大众“事不关己，高高挂起”，其互动作用也较小，但因此遭致的损失也小。专家学者往往因其专业知识而在事件及其处置过程中作用较大，如领导与组织抗议及事件处置。新闻媒体的互动作用需要根据其身份背景分类阐述，如其中的当地媒体所采取的“禁言”方式在一定程度上有助于阻止事态扩大，但也容易因此而积压民愤，其实际作用一般；与之相比，外地媒体作用较大，如《新京报》与《焦点访谈》等国家级权威媒体往往是“掀开”企业污染盖子的“扳手”，其行为有助于维护当地居民的生存权及社会的公平正义。社会组织中某些村委干部因其在事前与事中收受污染制造者的贿赂而对事件处置产生一定负面影响，但其中的长沙曙光环保、天津榆林等环保 NGO 的参与则有助于治理环境污染，进而有助于事件处置与解决。国际组织中的英国《卫报》等国外媒体因其报道，可将其拓展为全球新闻焦点，而其中的国际环保 NGO 的参与也有助于事件的处置，因而其对事件的处置具有一定的正面作用。宗教组织及其成员的互动作用因其同为抗议居民而比较高（如 C138 事件中当地居民的信仰或善念有助于事件处置与解决）。综上所述，作为冲突方城乡居民、作为处置方的污染制造者、作为处置方或干预方政府部门的互动作用最大，新闻媒体、专家学者、社会组织的也较大，而社会大众、国际组织、宗教组织的则较小。

表 8-3-9　文献荟萃与问卷调查结果中各主体互动作用　单位：%

	互动程度	1）城市居民	2）农村居民	3）污染制造者	4）政府部门	5）社会大众	6）专家学者	7）新闻媒体	8）宗教组织	9）社会组织	10）国际组织
文献荟萃（N=147）	非常高	10.18	8.18	6.59	8.80	5.83	6.45	3.57	—	2.24	3.03
	比较高	43.24	48.48	31.68	38.10	27.02	30.11	22.9	—	29.39	14.72
	一般高	30.72	27.88	39.03	42.20	63.97	56.87	72.16	—	47.76	76.62
问卷调查（N=781）	非常高	6.14	3.82	4.52	8.92	2.07	2.30	6.16	1.99	3.54	4.83
	比较高	29.99	20.56	23.53	39.51	19.04	21.41	36.06	15.34	15.04	16.60
	一般高	43.38	35.73	45.48	31.00	48.06	49.05	38.44	42.23	50.97	44.75

注：N 为样本量；文献荟萃分析对象为基于二手资料的案例。

从总体上看，虽然各主体在事中的互动作用有所不同，但最终因事件得到解决而较高。文献编码结果显示，各主体的互动作用比较高及以上、比较低及以下所占的百分比分别为36%、8.9%，而问卷调查的分别为 25.8%、24.7%。观察访谈资料也验证了这一结果，即事件处置最终实现了各主体正当的利益诉求，尤其是作为受害方的“维权居民”的正当利益诉求。例如，C42、C43、C121 等农村类事件中选择关闭污染企业，而 C90、C123、C144 等城市类事件中决定重新选址或项目搬迁。

五、各主体的参与和互动对事件处置的影响

（一）事件冲突要素与处置结果的相关分析

问卷调查结果显示，参与主体及其角色类型与事件处置结果呈微弱的正线性相关；各主体利益诉求对立程度与事件处置结果呈低度的负线性相关；各主体互动时间合适程度、选择的互动方式、互动程度、互动作用与事件处置结果呈低度的正线性相关，而各主体能力资源差距、各主体互动事项差距与事件处置结果呈低度的负线性相关（表 8-3-10）。

表 8-3-10 各主体参与和互动与事件处置结果之间的相关关系（Pearson）

	1）参与主体及其角色类型	2）能力资源差距	3）利益诉求对立程度	4）互动时间合适程度	5）互动事项差距	6）互动方式	7）互动程度	8）互动作用
相关性	0.149**	–0.452**	–0.360**	0.382**	–0.373**	0.338**	0.431**	0.315**
显著性	0.000	0.000	0.000	0.000	0.000	0.000	0.000	0.000
N	731	682	714	764	716	741	748	750

注：**在 0.01 水平（双侧）上显著相关；***在 0.05 水平（双侧）上显著相关。

应用观察访谈资料进行检验与解释发现：对于参与主体及其角色类型，所调查的八起事件中都有四种及以上的主体参与，而且他们在事件中扮演了四种角色，可见参与主体及其扮演的角色类型都比较多，也是参与主体及其角色类型与事件处置结果呈微弱的正线性相关的主要原因。对于各主体利益诉求的对立程度，以冲突方与处置方为主的各主体在事发时都很高，但又往往因冲突一方或冲突双方的友好协商而降低，因而各主体利益诉求的对立程度与事件处置结果呈低度的负线性相关关系。与以上二者不同，各主体参与互动的其他因素，如以冲突方与处置方为主的各主体的能力资源差距、互动时间与地点的合适程度、互动事项的差距、互动方式与程度作用对事件处置结果影响明显。

（二）冲突要素对事件处置结果的回归分析

回归方程模型的分析结果显示：R^2 为 0.681，说明模型拟合效果较好；方差结果分析中，F 统计量为 63.423，P 值（0.000）小于 0.01，证明八种影响因素对事件处置结果的线性影响显著。进而，得出多元利益主体参与及其互动对事件处置结果影响的回归方程：

Y=0.100X_1–0.199X_2–0.111X_3+0.178X_4–0.138X_5+0.132X_6+0.161X_7+0.096X_8+2.266（表 8-3-11）。

表 8-3-11 多元利益主体的参与及其互动与事件处置结果的回归分析（*N*=781）

	非标准化系数		标准系数	*t*	Sig.	共线性统计量	
	B	标准误差	试用版			容差	VIF
常量	2.266	0.276	—	8.204	0.000	—	—
X_1 参与主体及其所属类型多少	0.100	0.031	0.099	3.205	0.001	0.969	1.032
X_2 各主体能力资源差距	–0.199	0.039	–0.197	–5.160	0.000	0.637	1.569
X_3 各主体利益诉求对立程度	–0.111	0.042	–0.098	–2.653	0.008	0.684	1.462
X_4 各主体参与时间合适程度	0.178	0.040	0.16	4.470	0.000	0.680	1.470

	非标准化系数		标准系数	t	Sig.	共线性统计量	
	B	标准误差	试用版			容差	VIF
X_5各主体参与事项差距	–0.138	0.042	–0.124	–3.323	0.001	0.663	1.507
X_6各主体选择的互动方式	0.132	0.021	0.202	6.248	0.000	0.889	1.124
X_7各主体互动程度	0.161	0.037	0.164	4.349	0.000	0.652	1.534
X_8各主体行为作用	0.096	0.036	0.096	2.673	0.008	0.720	1.389

而且，其残差的最小值、最大值与均值分别为-2.952、1.696、0.000，可见模型的拟合效果较好。基于回归分析结果中“各主体能力资源差距”“各主体利益诉求对立程度”“各主体参与时间合适程度”“各主体参与事项差距”与“事件处置结果”的正负关系，将因子分析中的“各主体能力资源差距”“各主体利益诉求对立程度”合并为“能力资源差距与利益诉求对立程度”，将因子分析中的“各主体参与时间合适程度”“各主体参与事项差距”合并为“互动时间与事项的合适程度”（将“各主体参与事项差距”转化为“各主体参与事项合适程度”）。采用回归系数加权平均法，得出其回归方程：Y（事件处置结果）= 0.110X_1（参与主体及其角色类型）–0.155X_2（能力资源差距与利益诉求对立程度）+0.158X_3（互动时间与事项的合适程度）+0.130X_4（互动方式与程度作用）+2.266。

应用观察访谈资料进行检验与解释：以C42为例，事件参与主体比较多（具有不同身份背景的农村与城镇居民、污染企业、当地政府与上级政府、外地亲戚与其他企业、体制内外污染监测与医疗专家、外地新闻媒体、村委等社会组织、国际媒体等多种组织或群体参与），但在事前、事中大多加入冲突方（如环境保护部与卫生部、外地媒体与国际媒体的新闻报道往往站在受害村民一边）或处置方（如村委、当地政府部门、当地媒体、体制内污染监测专家站在污染制造者一边）“阵营”，因而其参与主体及其角色类型由比较多降至一般多。冲突方与处置方拥有的能力资源差距在事前非常大（用抗议村民的话就是企业老板“一手遮天”），但作为冲突方的受害居民因道义资源、潜在的组织制度资源而减少了其与冲突方的能力资源差距，因而将能力资源差距定位为比较大。事发时，当地村民利益诉求的对立程度因庄稼损失及其反映未果而比较高，但当其“心肝宝贝”铅中毒时快速增至“非常高”；事前互动时间地点非常不合适，正如当地村民曾在事前长期向污染企业反映污染问题，但常常遭到对方的反驳与置之不理（让其“找环保局”），直到事中村民“围堵”与“打砸”当地政府、阻塞交通，反倒因此引起当地政府、上级政府乃至社会各界人士的广泛关注，从而促使市委书记与市长乃至环境保护部相关人员前往调查与解决，这又提升了各主体互动时间与地点的合适性，因而可将各主体互动时间与地点的合适性定位为比较不合适。事前互动事项差距也比较大，如企业落户只是召开党员宣讲会而不是环评工作会，事中农村居民长期反映却被“打压”，直到暴力冲突时当地政府才应急采取交流沟通、信任构建、听取村民意见、关闭工厂、进行利益补偿等事件处置措施，可将其互动事项差距、互动程度分别定位为比较大、比较低。各主体主要采取冲突的互动方式，即事前村民采取合作、契约、顺从、竞争的抗争方式无效后，不得不选择“围堵”与“打砸”当地政府、阻塞交通的暴力冲突方式，当地政府或上级政府则为了平息事件而采取合作方式，但总体上各主体主要选择偏向冲突的互动方式；各主体事前事中的互动作用（尤其是抗议村民的）比较小（村民合理的利益诉求往往因为“人力大”的污染企业与当地政府的“联合”被打压），事后因事件处置不善而导致冲突反复，因而可将其互动作用定位为一般（表 8-3-11）。由此可见，环境群体性事件处置结果不仅是参与主体及其角色类型、能力资源差距、利益诉求对立程度、互动时间合适程度、互动事项差距、互动方式、互动程度、互动作用这八种因素作用的结果，也受其选择的互动地点的合适程度的影响。

第四节　环境污染冲突特点与处置机制：要素博弈与结构转换

本节要点　本节分析了环境污染冲突与处置的特点和机制。

以上研究显示，环境污染冲突是各种冲突与处置要素博弈和结构重组的结果，凸显出冲突与处置要素博弈与结构转换的特点。与之相对应，为了更好地处置环境污染冲突，应以环境污染冲突要素及其结构为切入点，提炼得出卓有成效的环境污染冲突处置机制。

一、环境污染冲突与处置特点：要素博弈与结构转换

（一）环境污染冲突与处置特点：要素博弈

以上研究显示，环境污染冲突凸显参与主体及其角色类型、能力资源、利益诉求、互动时间、互动地点、互动事项、互动方式、互动程度、互动作用九种要素的冲突与互动博弈的特点。其中，基于“群际冲突”的冲突本质，以城乡居民与污染企业、政府部门参与为主的多元利益相关主体是引发环境污染冲突的核心，而其扮演的以冲突方与处置方为主的角色是构成环境污染冲突及其处置的核心要素。事件中，各主体拥有其利益诉求与能力资源优势，如以人身与经济利益受害为主的城市或农村居民具有道义、社会网络、组织制度等优势资源，谋求以经济利益为主的污染制造者具有先天的资金等资源优势，具有以经济与政治利益为主的政府部门则具有先天权力等资源优势，而以社会利益为主的新闻媒体、专家学者、社会组织、社会大众等其他参与主体则具有信息、知识、技能、社会网络等资源优势，从而构成环境污染冲突及其处置的两个基本要素。为了实现其利益诉求，以冲突双方或多方为主的多种主体由于互动时间与事项不对称而倾向于选择冲突风险越来越大的地点进行互动与博弈，由此构成环境污染冲突扩散与升级的三个重要因素。而且，他们往往选择以冲突为主的互动方式进行日益频繁的互动与博弈，以便实现冲突双方或多方的“合意”，由此构成促使环境污染冲突持续、平息与解决这三个关键因素。值得一提的是，倘若以冲突双方或多方为主的利益主体没有达成一致性解决方案直至“合意”（互动作用较低），环境污染冲突还会持续或周而复始。因此，可将环境污染冲突及其处置视为基于参与主体的九种要素互动与博弈的结果（图 8-4-1）。

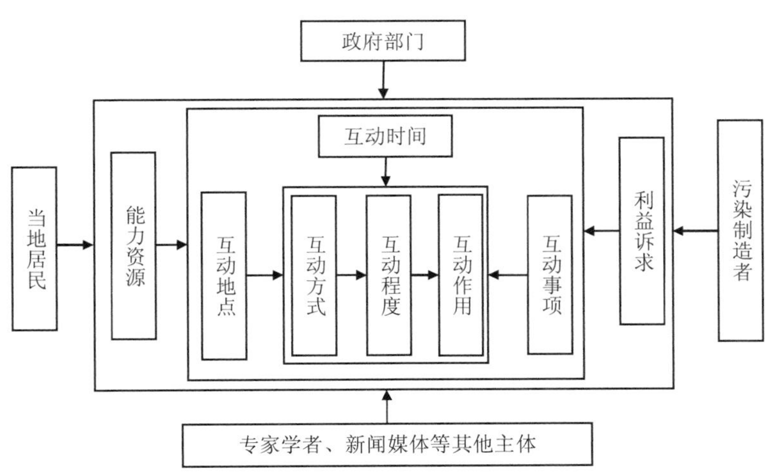

图 8-4-1 环境群体性事件及其处置的互动与博弈要素

（二）环境污染冲突与处置特点：结构转换

各种环境污染冲突与处置要素不是孤立与静态地存在着的，而是相互关联与互相影响着彼此，它们共同推动着环境污染冲突与处置结构的转换。基于参与主体及其扮演的角色，可将环境污染冲突与处置结构划分为三种类型，即“冲突-处置”二元参与结构、“冲突-处置-干预”三元参与结构、“冲突-处置-干预-参与”四元参与结构（图 8-4-2）。①“冲突-处置”二元参与结构，它主要由作为“利益受损”的城乡居民与作为“利益获益”的污染制造者构成。[1,2]也即，抗议居民往往先向污染制造者（尤其是污染企业）反映问题，而污染制造者也往往成为事件的首要处置者；与此同时，为了应对事件，冲突方与处置方（尤其是作为处置方的污染制造者）往往动员具有不同身份背景、同质化诉求[3]与能力资源的政府、村委会、新闻媒体等其他组织或群体的支持与加入，通过两级“拉人”或“裂变扩散”[4]来增加博弈资本。虽然具有不同身份背景的多元利益主体参与了事件，但其大多加入处置方“阵营”并扮演处置方角色，并没有改变“冲突-处置”这一二元参与主体的结构。②“冲突-处置-干预”三元参与结构。当冲突相持不下时，冲突方与处置方往往会寻求第三方（尤其是作为现代民主国家治理主体的政府部门、作为社会监督部门的新闻媒体）的介入，而政府、新闻媒体、专家学者、社会组织也会因其社会职能干预事件处置与污染治理，由此形成“冲突-处置-干预”三元参与结构。③“冲突-处置-干预-参与”四元参与结构。与其他社会冲突一样，环境群体性事件中的参与主体也存在着“众多的中立者与旁观者、忠于不同派别的犹豫不决的参与者”[5]。除抗议居民、污染制造者、政府部门这些直接利益相关者，以及有意干预事件的新闻媒体、专家学者等主体之外，社会大众等其他主体也有可能因地

1 朱力. 中国社会风险解析——群体性事件的社会冲突性质[J]. 学海，2009（1）：69-78.
2 邓鑫豪，茹伊丽. “抗争之城”：从邻避冲突解读中国城市政治[J]. 城市发展研究，2016，23（5）：116.
3 陈海嵩. 环境保护权利话语的范式[J]. 法商研究，2015（2）：83.
4 Bowen M. Family Theorapy and Clinical Practice[M]. New York：Jason Aronson，1978.
5 詹姆斯·C.斯科特. 弱者的武器[M]. 郑广怀，等译. 江苏：凤凰出版传媒集团，译林出版社，2013：25.

缘关系而“卷入”事件处置与污染治理过程之中，形成“冲突-处置-干预-参与”四元参与结构。

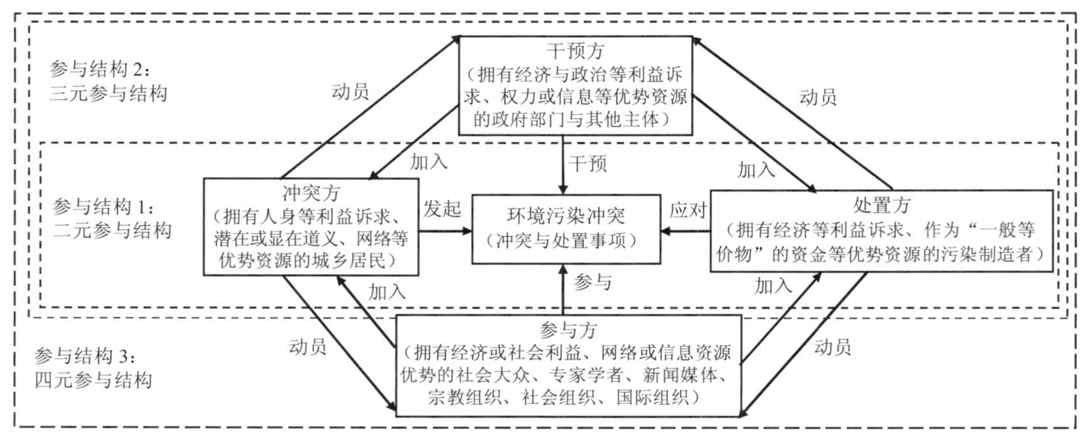

图 8-4-2 多元利益主体参与结构

二、环境污染冲突的成功处置机制：要素与结构平衡

（一）着力减少环境污染冲突要素：要素平衡

要素是构成环境污染冲突的“基元”，理应成为成功处置环境污染冲突的切入点。以上研究揭示，正是各种环境污染冲突要素的失衡，才导致事件的发生、扩散、升级、持续与升级；也正是各种参与主体推动各种要素日益均衡，才导致事件的平息与解决。为了成功处置事件，应该从作为“基元”的环境污染冲突要素着手，采取以下事件处置方式：①促使参与主体及其角色要素平衡。一方面，要鼓励作为冲突方的城乡居民、作为处置方的污染制造者与政府部门将其冲突方角色转变为合作者或和解者角色，以便促成事件的解决；另一方面，也要鼓励社会大众、专家学者、新闻媒体、社会组织、国际组织等其他主体从中干预（尤其是在冲突僵持不下时），通过其扮演的干预方角色来促使事件平息与解决；还要鼓励任一冲突方主动寻求新闻媒体等第三方的介入，以便促使事件解决。②促使各主体能力资源利益诉求要素平衡。能力资源差距积累社会怨恨，而利益诉求对立程度则直接引发冲突，应该通过采取尽可能减少冲突双方或多方的能力资源差距与利益诉求对立程度来平息与解决事件。也即，应该鼓励冲突双方或多方为主的多元利益主体以环境正义为导向，而不是以资源优势或诉求强度为导向处置事件。而且，在冲突双方或多方依靠自身资源优势与诉求强度来压制另一方时，也应该鼓励新闻媒体等其他参与主体加入正义一方，以便推动事件处置与解决。③促使互动时间地点与事项要素平衡。互动时间、地点与事项是各主体参与和互动的“落脚点”，应该鼓励以冲突方与处置方为主的多元利益主体侧重选择事前防治而不是事中应急、事后处置的对策。④促使互动方式与程度作用要素平衡。各主体选择的互动方式、互动程度及其互动作用决定其下一步行动，应该鼓励其选择合作的方式频繁互动，以便促使事件的处置与解决。

（二）促使环境污染冲突结构转换：结构平衡

各种冲突与处置要素是相互关联、互相影响的。为了成功处置事件，应将环境污染冲突及其处置视为一种基于要素构成的联动的结构，以环境污染冲突演进环节的关键要素为着力点来“解构”环境污染冲突结构，进而促使环境污染冲突结构平衡。具体说来，其应对措施包括：①以参与主体及其角色要素为核心转换事件冲突与处置结构。公共事务源于人，而其解决也应以人为着力点。为了成功地处置环境群体性事件，应以各种利益关联主体为着力点与突破口，通过鼓励其扮演和解者或干预方角色的做法来遏制或解决环境污染冲突，以便解构环境污染冲突结构。②以能力资源与利益诉求为基本要素转换事件冲突与处置结构。在环境污染冲突发生之后，以冲突双方或多方为主的能力资源差距与利益诉求对立程度是“解构”环境污染冲突结构的基本要素，应鼓励其参与主体不依仗其资源优势与诉求声势来压制另一方，而是以环境与事件处置公平正义的公共价值为导向，希冀通过削减以冲突双方或多方为主的各种利益主体能力资源差距与利益诉求对立程度来遏制或解决环境污染冲突。③以互动时间地点与事项为重要因素转换事件冲突与处置结构。在环境污染冲突发生之后，互动时间、地点与事项是以冲突双方或多方为主的各种利益主体互动与博弈的落脚点，也应鼓励其通过选择在合适的时间、地点就相应的处置事项进行沟通协商，进而解构环境污染冲突结构。④以互动方式与程度作用为关键因素转换事件冲突与处置结构。在环境污染冲突发展的过程中，各主体选择的互动方式、互动程度及其作用是促使环境污染冲突扩散、升级、持续以及冲突反复的关键，应鼓励其选择以兼顾各方利益的合作与频繁互动的方式，以便促使事件妥善与永久地解决。

第九章　事件解决绩效的评估
——VPP 整合性评估框架与指标体系的构建和应用[1]

本章要点　在借鉴公共行政理论、政府绩效评估模型、环境冲突解决评估框架、PIA 分析框架和应急管理评估指标体系等相关理论的基础上，本章采用文献分析、实地观察与访谈以及问卷调查等方法，构建了衡量我国事件解决绩效的 VPP 整合性评估框架及指标体系。VPP 整合性评估框架包含价值取向、阶段特征以及参与主体三个构面。VPP 整合性评估指标体系则涵盖六个维度，即经济性、效率性、效果性、公平性、民主性和法治性，共 131 个指标。研究通过指标隶属度分析、数理统计和结构方程模型法对 VPP 整合性评估指标体系进行检验，并应用 VPP 整合性评估指标体系对我国 5 个省（直辖市）的典型环境群体性事件进行问卷调查以检验其适用性。结果显示，源于同样地区的针对政府部门、民众、企业和其他参与群体或组织的深度访谈结果与问卷调查结果基本保持一致。

虽然国内外研究强调了冲突解决过程中的共识与协作的形成，并针对解决效果提出了相应的衡量手段。但很少有学者将研究聚焦于环境群体性事件的解决绩效并对其进行系统评估，而对于如何构建科学有效的评估指标体系来考察环境群体性事件解决绩效的研究就更是凤毛麟角，导致事件的解决缺乏一个相对普适性的标准进行比较，不仅无法对影响事件解决的关键因素与核心步骤进行厘清，一定程度上也制约了对事件成功解决经验的总结与推广。

诚如 Lan（蓝志勇）教授所言："冲突解决是当代公共管理研究不可或缺的部分，现在是时候对其进行深切关注了。"[2]评估是使我们了解（管理）成功与失败的一个重要步骤，从而改进管理技术，更好地使政策与制度回应能够适应未来不断变化的情况。[3]因此，基于我国环境群体性事件解决的现实情境，构建其解决绩效的评估框架与指标体系，不仅使得对环境群体性事件的研究拓展至"发生、发展、解决、评估"的全过程，还有助于事件的应对主体全面把握事件解决的阶段特征及其处置要点，明确工作重心、提升处置能力，避免加剧矛盾纠纷，同时，也为政府部门及其职能机构的政策制定与实施提供参考，从而更好地保障民众生活，稳定社会秩序，构建美丽中国。

---

1 本章的部分内容经精简修改已发表在《公共管理和政策评论》，具体请参阅：杨立华、程诚、李志刚. 如何衡量群体性事件的处置绩效——VPP 整体性评估框架与指标体系的建构与检验[J]. 公共管理和政策评论，2020（6）：15-32.

2 Lan Z. A Conflict Resolution Approach to Public Administration[J]. Public Administration Review，1997，57（1）：27-35.

3 Ocampo-Melgar A，Orr P J. Participatory Criteria Selection：Finding Conflictive Positions in Environmental Postassessment of Land Management and Restoration Actions[J]. Society and Natural Resources，2016（29）：119-130.

第一节　概念界定、理论基础与评估框架

本节要点　本节回顾了群体性事件解决绩效的研究现状，进行了概念界定，分析理论基础并建立了本章的评估框架。

一、概念界定

现代绩效管理制度的开端可以追溯至被誉为科学管理之父的 Taylor（泰勒），他否定了当时盛行的以合理性为准则的主观工作评价和决策方法，强调通过严格的系统的评估调查对工作成效予以客观评价，以实现组织目标[1]。回顾半个世纪以来学界对政府绩效管理的研究，其研究主题可以归纳为以下三个方面：第一是关注政府的投入和产出，从而衡量政府绩效水平；第二是强调政府管理过程中主要参与主体的能力[2]；第三是将政府绩效看作是一个综合框架。部分学者将绩效管理看作是一个包含输入（input）、输出（output）、效率（efficiency）、有效性（effectiveness）等的综合性指标。[3]基于此，本书认为环境群体性事件解决绩效评估是指基于结果导向、运用科学的方法、规范的流程、相对统一的评估框架和指标体系，对环境群体性事件的解决进行综合性测量与分析的活动，从而有助于厘清事件解决的关键问题与解决要点，实现对事件的研判、控制、引导和优化，推动事件解决政策制定的科学化进程。

二、理论基础

（一）公共行政理论

环境群体性事件解决绩效的评估应该借鉴公共行政理论的思想，其中新公共管理理论提倡引入私营部门经验做法，重视经济、效率与效果的绩效观念为评估框架构建奠定基础[4]；新公共服务理论的出现加强了政府对公民、社区以及公民社会的关注，强调公平、民主、公正等公民本位的价值理念为评估价值取向的选择提供参考[5]；治理理论强调政府、民众、企业和第三部门等多元主体参与，为指标设置和评估主体的选择提供思路[6]。

（二）绩效评估理论

为提高绩效评估的合理性、可行性和全面性，国内外学者构建了大量的评估框架，其

---

1 Taylor F W. The Principles of Scientific Management[M]. Auckland：The Floating Press，2012.

2 Pollitt C. Is the Emperor in His Underwear：An Analysis of the Impacts of Public Management Reform[J]. Public Management，2000，2（2）：181-199.

3 Ammons D N. Overcoming the Inadequacies of Performance Measurement in Local Government：the Case of Libraries and Leisure Services[J]. Public Administration Review，1995，55（1）：37-47

4 欧文·E. 休斯. 公共管理导论[M]. 3 版. 张成福，王学栋，等译. 北京：中国人民大学出版社，2007：64-71.

5 珍妮特·V. 登哈特，罗伯特·B.登哈特. 新公共服务[M]. 丁煌，译. 北京：中国人民大学出版社，2004：1-3.

6 格里·斯托克. 作为理论的治理：五个论点[J]. 华夏风，译. 国际社会科学杂志（中文版），1999（1）：19-30.

中具有代表性的包括："经济（economy）-效率（efficiency）-效果（effectiveness）"3E评估框架[1]、"综合绩效评估"框架[2]、诊断（diagnosis）、设计（design）和发展（development）3D评估框架[3]以及"管理能力-利益相关者满意-关键议题解决"框架[4]。

（三）环境冲突解决评估理论

在环境冲突解决评估理论方面，已经在实践的包括有替代性冲突解决（alternative dispute resolution，ADR）[5]、环境冲突解决（environmental conflict resolution，ECR）（图9-1-1）、基于社区的协作（community-based collaboration，CBC）[6]等。我国政府和学界大都将群体性事件归为突发事件中的一种，有学者从预防、准备、应对和恢复四个阶段出发，构建了应急管理能力评估体系[7]；有学者强调以关键点为核心的突发事件全过程评估[8]；有学者基于社会结构、应急策略和评价指标等多重维度，构建了包含"效率、公平、收敛性、稳定性和适应性"的应急管理绩效评价指标体系[9]。

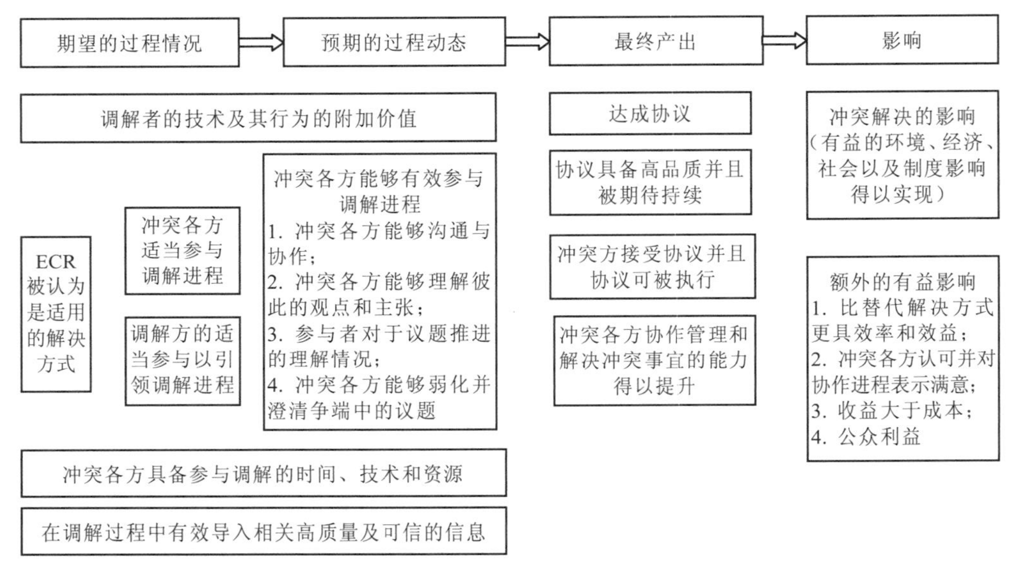

图9-1-1 ECR解决效果评估框架

资料来源：根据Orr、Emerson和Keys的ECR评估框架改制。

---

1 Boland T，Fowler A. A Systems Perspective of Performance Management in Public Sector Organizations[J]. International Journal of Public Sector Management，2000，13（5）：417-446.

2 Audit C. CPA - The Harder Test 2006 Guide to Service Assessments for Singletier and County Councils[R]. Audit Comission，2006.

3 范柏乃，段忠贤. 政府绩效评估[M]. 北京：中国人民大学出版社，2012：63.

4 吴建南，阎波. 谁是"最佳的"价值判断者：区县政府绩效评价机制的利益相关主体分析[J]. 管理评论，2006（4）：46-53.

5 Peterson L. The Promise of Mediated Settlement of Environmental Disputes：The Experience of EPA Region V[J]. Columbia Journal of Environmental Law，1992（17）：327-380.

6 Kemmis D. This Sovereign land：A New Vision for Governing the West[M]. Washington DC：Island Press，2001.

7 滕五晓. 应急管理能力评估——基于案例分析的研究[M]. 北京：社会科学文献出版社，2014：15-20.

8 张欢. 应急管理评估[M]. 北京：中国劳动社会保障出版社，2010：88-91.

9 刘德海. 基于最大偏差原则的群体性事件应急管理绩效评价模型[J]. 中国管理科学，2016，24（4）：138-147.

三、评估框架

国内外学者提出的政府绩效评估指标体系设计的逻辑模型、衡量环境冲突解决的评估框架以及应急管理评估体系对于本章研究评估框架的构建及指标体系的设计具有重要的借鉴意义。当前，西方发达国家以“SMART”原则作为绩效评估指标设计的基础；然而，该原则的局限性在于偏重于技术层面的要求，而对价值选择缺乏必要的关注。环境群体性事件解决绩效评估的指标体系除了具有指标体系的普遍特性外，还应关注多元主体参与环境群体性事件解决的成效。特定的评估主体与评价内容给环境群体性事件解决绩效评估指标体系的设计提出了新的要求、关注焦点与努力方向。因此，环境群体性事件解决绩效评估的指标体系设计不仅要遵循评估指标体系设计的一般技术原则，还应重点考量事件解决的全周期、全阶段、全过程要素以及参与事件解决的主体类型特征。本章的研究提出基于“价值取向-阶段特征-参与主体”（Value-Process-Participant，VPP）三个构面的整合性评估框架（图 9-1-2），在融合和吸收现有评估模型优势的基础上，也在一定程度上弥补了现有指标体系逻辑框架的不足之处。

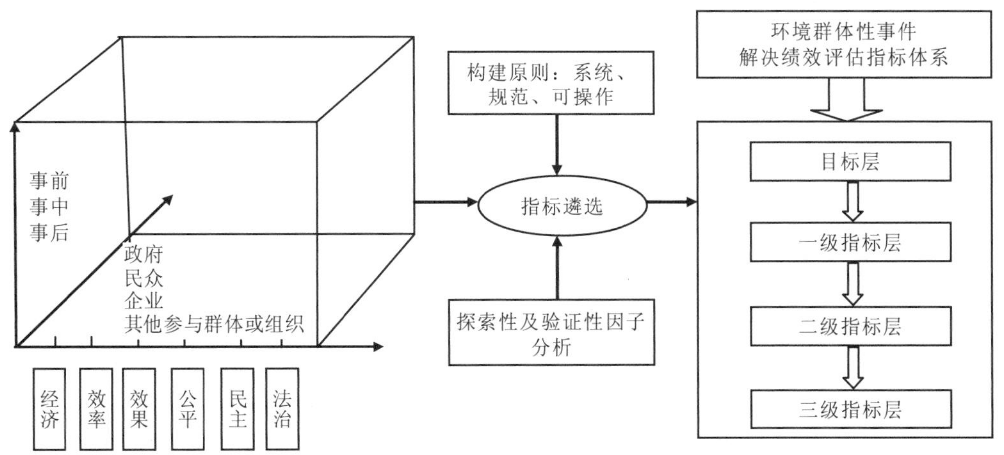

图 9-1-2　环境群体性事件解决绩效评估的 VPP 整合性评估框架

（一）VPP 整合性评估框架的价值取向维度

价值取向维度是构成环境群体性事件解决绩效评估的主要组成部分和关键领域。不同的研究方法和价值取向，可能将解决绩效评估划分为不同类别。“3E”评估框架作为绩效评估的开创性成果，可以作为环境群体性事件解决绩效评估的框架基础。从宏观上，本章的研究把环境群体性事件解决的绩效维度划分为“经济性”“效率性”“效果性”“公平性”“民主性”“法治性”。“经济性”是对以政府为首的各种主体对于事件解决的必要投入和相关收益的衡量；“效率性”则是判断各种主体在事件解决中能否做到及时、迅速；“效果性”考量的是事件解决对于各个主体乃至整个社会是否具有好的效益；“公平性”“民主性”和“法治性”则是评估整个事件解决过程中是否体现了公平、民主及法治的原则。通过对上述六个维度的评价，有助于提高环境群体性事件解决的资源配置及管理决策的质量，通过计划、监测、控制促进事件解决的有效性，通过明晰管理职能以及提供成功或失败的证据来提高责任，为成功解决事件奠定系统的基础。

（二）VPP 整合性评估框架的阶段特征维度

国务院办公厅于2014年发布的《国家突发环境事件应急预案》[1]中，将我国突发环境事件的应对体现为监测预警和信息报告、应急响应和后期工作等步骤。事实上，环境群体性事件的暴发是由于民众感知到自身的健康权和生存权受到威胁和挑战，为了维护自身的权益才通过聚众的形式表达自身的利益诉求。环境群体性事件从产生到结束是有一个过程和周期的。因而，应有一系列的指标用以体现环境群体性事件从酝酿、暴发、结束到善后整个过程的状态。由于涉及主体的多元化、处置过程的复杂性及利益诉求的多样性决定着事件的解决也不可能是一蹴而就的。环境群体性事件的解决呈现出明显的阶段性特征，在其不同的发展阶段需要进行评估的项目也不尽相同。因而，评估的阶段特征则是从过程性评估的角度入手，以各种主体应对和解决环境群体性事件的整个过程作为切入点，从事前、事中、事后三个阶段对事件解决的具体步骤进行评价。

（三）VPP 整合性评估框架的参与主体维度

随着多元主体参与治理在环境领域中的不断应用、推广与深化，加强政府与社会组织的合作、公共机构与私人机构的合作、强制与自愿的合作等[2]对于环境群体性事件的应对与解决可谓意义深远。环境群体性事件解决的参与主体指的是参与环境群体性事件解决的各个群体或组织，包括政府部门、民众、企业和其他参与群体或组织（如环保组织、专家学者及新闻媒体等）。由于各个主体在事件解决中的利益关切、行为偏好及关注重点不尽相同，因而在设计指标时既要考虑到评估内容的包容性，又要考虑到各种主体间的差异和区别。以各种主体在整个事件的应对和解决过程中对于信息与知识的获取为例，民众的关注点在于对环境污染的信息和知识的普及程度、对政府决策行为的公开程度和对企业整改行为的了解程度；而政府部门与企业则更加注重民众的利益诉求与可能采取的行动策略的相关信息等。这些问题在具体指标的设计中均应引起足够的关注与考量。

可以看出，VPP 整合性评估框架在绩效范围上力图反映出解决绩效的全部信息，在事件的解决过程中体现出不同阶段处置所关注的重点，在主体类型上能体现出参与事件解决的多元主体的偏好及意愿，从而形成一个多维度、多层次的立体网络体系。

第二节 VPP 整合性评估指标体系的构建

本节要点 本节介绍了 VPP 整合性评估指标体系构建的基本原则及具体的指标体系构建情况。

---

1 中华人民共和国中央人民政府门户网．国家突发环境事件应急预案全文[EB/OL]．[2015-04-05]．http://env.022net.com/2015/120/5/0203181941474104.html.

2 俞可平．治理和善治——一种新的政治分析框架[J]．南京社会科学，2001（9）：40-44.

一、VPP 评估指标体系构建原则

构建环境群体性事件解决绩效评估的指标体系的出发点就是把涉及事件解决中所有领域的复杂关系简单化，通过简化的评价指标，尽可能全方位地获取评估信息，从而了解和把握我国环境群体性事件的解决现状。此外，通过对评估指标体系的考察，还应该能发现影响和阻碍解决绩效提升的不利因素和短板，便于决策者分析原因，进而采取积极有效的对策。因而，评估框架的遴选应基于以下三条原则：

（一）系统性原则

环境群体性事件是社会矛盾的突出体现，其解决亦涉及经济、政治、社会、文化和环境等方方面面。因此，解决绩效的评估指标体系应达到全面覆盖的要求，能够将事件解决绩效的系统性特征得以充分体现。同时，作为一个系统，评估指标的遴选并不是指标的简单堆砌与罗列，其体系应该呈现出层次清晰且便于评价的特点，应该依据某些原则合理地呈现出结构性及层次性。系统性原则意味着指标体系应具有以下特征：一是若干个评估指标相互独立，构成一个多维空间，空间中的每个点对应解决绩效的一个方面；二是由若干个相互独立的指标构成一个指标群，反映解决绩效评估某一个层面的实质内容；三是若干个相互独立的指标群建构成一个完整的指标体系，用以评测解决绩效的整体水平。

（二）规范性原则

绩效评估对于我国而言是一个正在兴起并逐步完善的领域。当前，并没有在法律程序上强制性地要求其制定应遵循何种原则。然而，就西方发达国家而言，均有一套较为成熟和完善的法律制度或机制用以明确绩效评估的主体、程序和方法，以及规范评估中的经费使用、责任追究以及结果应用等内容。这些制度与机制为构建科学有效的评估体系奠定了坚实的基础，成为评估组织和相关人员开展评估行为的依据。因而，在进行环境群体性事件解决绩效的评估时，应该积极借鉴西方发达国家的先进经验，尽量避免评估组织和人员的偏差性导致评价的错位，确保评估能够在规范化、合理化的约束下得以实施。只有严格依照规范进行评估，才能逐步建立起相应机制，提高我国绩效评估的规范化水平。

（三）可操作性原则

评估的指标体系是为了使决策者通过评估找出不足与欠缺，进而改进环境群体性事件解决的关注重点与解决策略。因此，指标体系的构建必须具有可行性和可操作性。具体来说，指标的数据应能够便于获取，评估过程应易于实施，评估方法应便于计算，并且利于掌握和操作。评估指标体系的可操作性主要包括三个方面的内容：一是数据资料的可获得性。数据资料尽可能通过查阅全国性和地方性统计年鉴得以获取，或者通过现有资料经比较分析整理获得，或者通过问卷调查及实地访谈等方法得以获取。二是数据资料可量化。尽量选择定量指标数据，或选取能够经由相关领域的专业人士或利益相关者通过打分或赋值的方式进而可以量化的定性指标。三是指标体系的设置应简洁，避免形成庞大冗长的指标群或是繁杂的指标树。

二、VPP 评估指标体系的构建

构建环境群体性事件解决绩效评估的指标体系是研究的核心步骤，结合理论和实践的需要，本章的研究认为环境群体性事件解决绩效的评估指标体系是由多维绩效子系统构成的复杂系统。环境群体性事件解决绩效评估的指标体系包括经济性、效率性、效果性、公平性、民主性、法治性六个方面的指标。其中经济是绩效评估的基础价值，在追求评估结论客观、公正和规范化的同时，不应以过高的成本作为代价也是近代新公共管理运动兴起的最初目的。从对经济的追求到实现经济、效率、效果的统一，进而重新认识公平，最后实现对民主和法治的价值回归。

（一）经济性指标

20 世纪 70—80 年代，美国现代政府绩效评估兴起的原因就是为了减少财政支出，提高办事效率，改善政府失灵现象，从而摆脱财政危机和公共信任危机[1,2]，这一点已经得到学界的广泛共识。因而，经济性指标便成为政府绩效评估的基本价值取向。环境群体性事件的解决对于经济指标的考量主要是着眼于投入，在追求事件解决正面效果最大化的同时尽可能减少人力、物力和财力的消耗。因此，考察事件解决绩效评估的经济性就是要明确参与事件解决的主体在规定的时间内投入的资源是否符合规定程序，以及产生了何种效果。所投入的成本既包括参与事件解决的各种主体在人、财、物等方面的投入，也包括为妥善解决事件而进行策略制定与实施的目标群体的物质和精神等方面的付出。收益则是考量事件解决为相关主体带来的涉及物质、精神、有形、无形等各方面的利益（表 9-2-1）。

表 9-2-1 经济性指标及释义

一级指标	二级指标	三级指标	指标释义
经济性	成本	政府部门的成本	政府部门为解决事件而投入的人力、财政、物质等各种成本的总体衡量
		民众的成本	民众为解决事件而投入的人力、财政、物质等各种成本的总体衡量
		企业的成本	企业为解决事件而投入的人力、财政、物质等各种成本的总体衡量
		其他参与群体或组织的成本	其他参与群体或组织为解决事件而投入的人力、财政、物质等各种成本的总体衡量
		各种主体的总体成本	将政府部门的成本、民众的成本、企业的成本和其他参与群体或组织的成本都考虑在内的成本的总体衡量

1 戴维·奥斯本，等. 改革政府——企业家精神如何改革着公营部门[M]. 上海：上海译文出版社，2006：121.

2 中国地方政府绩效评估体系研究课题组. 中国政府绩效评估报告[M]. 北京：中共中央党校出版社，2009：161.

一级指标	二级指标	三级指标	指标释义
经济性	收益	政府部门的收益	通过事件解决给政府部门带来的物质、精神、有形、无形等各方面的收益的总体衡量
		民众的收益	通过事件解决给民众带来的物质、精神、有形、无形等各方面的收益的总体衡量
		企业的收益	通过事件解决给企业带来的物质、精神、有形、无形等各方面的收益的总体衡量
		其他参与群体或组织的收益	通过事件解决给其他参与群体或组织带来的物质、精神、有形、无形等各方面的收益的总体衡量
		各种主体的总体收益	将政府部门的收益、民众的收益、企业的收益和其他参与群体或组织的收益都考虑在内的收益的总体衡量
总体的经济性			指政府部门、民众、企业和其他参与群体或组织在事件应对与解决中以最小的投入获得最大的收益的程度

（二）效率性指标

效率是尽可能利用已有的金钱实现更大的公共利益[1]，其关注点在于执行能力和速度[2]。就环境群体性事件的解决绩效而言，效率性主要考量在整个事件的应对和解决过程中各个主体在事件解决不同阶段执行相应任务或履行相应职能时能否做到及时、迅速。学者 Altay 和 Green [3]认为："危机管理是指在危机发生前、危机中、危机后进行的一系列活动，其最主要目的是运用各种方法和手段来提高危机发生的预见能力、危机发生后的救援能力以及危机后的恢复能力。"《中华人民共和国突发事件应对法》将突发事件的应对分为预防与应急准备、监测与预警、应急处置与救援、事后恢复与重建四个阶段，为环境群体性事件的阶段划分提供了借鉴。基于此，本章的研究从冲突风险防范与预防的效率、信息与知识获取的效率、资源获取的效率、利益诉求表达的效率、对其他主体利益诉求回应的效率、各种主体参与冲突解决的效率和执行冲突解决方案或协议的效率七个方面来衡量事件解决的效率性（表 9-2-2）。

1 H. 乔治 • 弗雷德里克森. 公共行政的精神[M]. 张成福，等译. 北京：中国人民大学出版社，2013.

2 杰伊 • M. 沙夫里茨，E.W.拉塞尔，克里斯托弗 • P. 伯里克. 公共行政导论[M]. 6 版. 刘俊生，等译. 北京：中国人民大学出版社，2011：45.

3 Altay N，Green W G. OR/MS Research in Disaster Operations Management[J]. European Journal of Operational Research，2006，175（1）：475-493.

表 9-2-2 效率性指标及释义

一级指标	二级指标	三级指标	指标释义
效率性	冲突风险防范与预防的效率	政府部门冲突风险防范与预防的效率	政府部门在整个事件的应对与解决过程中对各种冲突风险及不稳定因素进行收集、分析、排查、监测、评估并汇报等的效率
		民众冲突风险防范与预防的效率	民众在整个事件的应对与解决过程中对各种冲突风险及不稳定因素进行收集、分析、排查、监测、评估并汇报等的效率
		企业冲突风险防范与预防的效率	企业在整个事件的应对与解决过程中对各种冲突风险及不稳定因素进行收集、分析、排查、监测、评估并汇报等的效率
		其他参与群体或组织冲突风险防范与预防的效率	其他参与群体或组织在整个事件的应对与解决过程中对各种冲突风险及不稳定因素进行收集、分析、排查、监测、评估并汇报等的效率
		各种主体冲突风险防范与预防的总体效率	将政府部门、民众、企业和其他参与群体或组织都考虑在内的冲突风险防范与预防效率的总体衡量
	信息与知识获取的效率	政府部门信息与知识获取的效率	政府部门就环境知识以及民众、企业和其他参与群体或组织在事件解决中的诉求及行为等信息和知识进行收集、分析和判断等的效率
		民众信息与知识获取的效率	民众就环境知识以及政府部门、企业和其他参与群体或组织在事件解决中的诉求及行为等信息和知识等进行收集、分析和判断等的效率
		企业信息与知识获取的效率	企业就环境知识以及政府部门、民众和其他参与群体或组织在事件解决中的诉求及行为等信息和知识等进行收集、分析和判断等的效率
		其他参与群体或组织信息与知识获取的效率	其他参与群体或组织就环境知识以及政府部门、民众和企业在事件解决中的诉求及行为等信息和知识进行收集、分析和判断等的效率
		各种主体信息与知识获取的总体效率	将政府部门、民众、企业和其他参与群体或组织都考虑在内的信息与知识获取效率的总体衡量
	资源获取的效率	政府部门资源获取的效率	政府部门在整个事件的应对与解决过程中获取人、财、物等各方面资源的效率
		民众资源获取的效率	民众在整个事件的应对与解决过程中获取人、财、物等各方面资源的效率
		企业资源获取的效率	企业在整个事件的应对与解决过程中获取人、财、物等各方面资源的效率
		其他参与群体或组织资源获取的效率	其他参与群体或组织在整个事件的应对与解决过程中获取人、财、物等各方面资源的效率
		各种主体资源获取的总体效率	将政府部门、民众、企业和其他参与群体或组织都考虑在内的资源获取效率的总体衡量
	利益诉求表达的效率	政府部门利益诉求表达的效率	政府部门在整个事件的应对与解决过程中解释自身立场，对自身需求及利益关切等进行说明的效率
		民众利益诉求表达的效率	民众在整个事件的应对与解决过程中解释自身立场，对自身需求及利益关切等进行说明的效率
		企业利益诉求表达的效率	企业在整个事件的应对与解决过程中解释自身立场，对自身需求及利益关切等进行说明的效率
		其他参与群体或组织利益诉求表达的效率	其他参与群体或组织在整个事件的应对与解决过程中解释自身立场，对自身需求及利益关切等进行说明的效率
		各种主体利益诉求表达的总体效率	将政府部门、民众、企业和其他参与群体或组织都考虑在内的利益诉求表达效率的总体衡量

一级指标	二级指标	三级指标	指标释义
效率性	对其他主体利益诉求回应的效率	政府部门对其他主体利益诉求回应的效率	政府部门在整个事件的应对与解决过程中对其他主体的利益诉求做出反应或答复的效率
		民众对其他主体利益诉求回应的效率	民众在整个事件的应对与解决过程中对其他主体的利益诉求做出反应或答复的效率
		企业对其他主体利益诉求回应的效率	企业在整个事件的应对与解决过程中对其他主体的利益诉求做出反应或答复的效率
		其他参与群体或组织对其他主体利益诉求回应的效率	其他参与群体或组织在整个事件的应对与解决过程中对其他主体的利益诉求做出反应或答复的效率
		各种主体对其他主体利益诉求回应的总体效率	将政府部门、民众、企业和其他参与群体或组织都考虑在内的对其他主体利益诉求回应效率的总体衡量
	各种主体参与冲突解决的效率	政府部门参与冲突解决的效率	政府部门在整个事件的应对与解决过程中进行组织、动员、协商、沟通及矛盾化解等各方面的效率
		民众参与冲突解决的效率	民众在整个事件的应对与解决过程中进行组织、动员、协商、沟通及矛盾化解等各方面的效率
		企业参与冲突解决的效率	企业在整个事件的应对与解决过程中进行组织、动员、协商、沟通及矛盾化解等各方面的效率
		其他参与群体或组织参与冲突解决的效率	其他参与群体或组织在整个事件的应对与解决过程中进行组织、动员、协商、沟通及矛盾化解等各方面的效率
		各种主体参与冲突解决的总体效率	将政府部门、民众、企业和其他参与群体或组织都考虑在内的各种主体参与冲突解决效率的总体衡量
	执行冲突解决方案或协议的效率	政府部门执行冲突解决方案或协议的效率	政府部门依据冲突解决方案或协议恢复社会秩序、责成排污企业整改以及对利益受损民众进行精神安抚和物质补偿等的效率
		民众执行冲突解决方案或协议的效率	民众依据冲突解决方案或协议停止聚众行为并获取精神方面及物质方面的补偿等的效率
		企业执行冲突解决方案或协议的效率	企业依据冲突解决方案或协议停止排污、对由其生产建设导致的环境污染及由冲突对民众所造成的损失进行补偿等的效率
		其他参与群体或组织执行冲突解决方案或协议的效率	其他参与群体或组织依据冲突解决方案或协议协助政府部门恢复社会秩序、责成排污企业整改以及对利益受损民众进行精神安抚和物质补偿等的效率
		各种主体执行冲突解决方案或协议的总体效率	将政府部门、民众、企业和其他参与群体或组织都考虑在内的执行冲突解决方案或协议效率的总体衡量
总体的效率性			指对政府部门、民众、企业和其他参与群体或组织进行风险防范与预防、信息与知识获取、资源获取、利益诉求表达、对其他主体利益诉求回应、参与冲突解决和执行冲突解决方案或协议的效率的综合衡量

（三）效果性指标

效果也被我国学者称作效益、效能或有效性，是指政府行为在多大程度上达到政策目标、经营目标和其他预期结果[1]。环境群体性事件解决绩效对于效果性的衡量主要是考察各种主体对于事件解决不同阶段的主要工作和关键环节的应对状况。由于一些决策或行为的效果并不能够通过短期内的观察得出结论，甚至某些合理的公共行为在短期内的效果是负面的，所以对于效果的评定需要从长远考虑，结合现实发展的需要，综合进行评定。基于此，本章的研究将从冲突风险防范与预防的效果、信息与知识获取的效果、资源获取的效果、利益诉求表达的效果、对其他主体利益诉求回应的效果、各种主体参与冲突解决的效果和执行冲突解决方案或协议的效果七个方面来衡量事件解决的效果性（表 9-2-3）。

表 9-2-3 效果性指标及释义

一级指标	二级指标	三级指标	指标释义
效果性	冲突风险防范与预防的效果	政府部门冲突风险防范与预防的效果	政府部门在整个事件的应对与解决过程中对各种冲突风险及不稳定因素进行收集、分析、排查、监测、评估并汇报等的效果
		民众冲突风险防范与预防的效果	民众在整个事件的应对与解决过程中对各种冲突风险及不稳定因素进行收集、分析、排查、监测、评估并汇报等的效果
		企业冲突风险防范与预防的效果	企业在整个事件的应对与解决过程中对各种冲突风险及不稳定因素进行收集、分析、排查、监测、评估并汇报等的效果
		其他参与群体或组织冲突风险防范与预防的效果	其他参与群体或组织在整个事件的应对与解决过程中对各种冲突风险及不稳定因素进行收集、分析、排查、监测、评估并汇报等的效果
		各种主体冲突风险防范与预防的总体效果	将政府部门、民众、企业和其他参与群体或组织都考虑在内的冲突风险防范与预防效果的总体衡量
	信息与知识获取的效果	政府部门信息与知识获取的效果	政府部门就环境知识以及民众、企业和其他参与群体或组织在事件解决中的诉求及行为等信息与知识进行收集、分析和判断等的效果
		民众信息与知识获取的效果	民众就环境知识以及政府部门、企业和其他参与群体或组织在事件解决中的诉求及行为等信息与知识等进行收集、分析和判断等的效果
		企业信息与知识获取的效果	企业就环境知识以及政府部门、民众和其他参与群体或组织在事件解决中的诉求及行为等信息与知识等进行收集、分析和判断等的效果
		其他参与群体或组织信息与知识获取的效果	其他参与群体或组织就环境知识以及政府部门、民众和企业在事件解决中的诉求及行为等信息与知识进行收集、分析和判断等的效果
		各种主体信息与知识获取的总体效果	将政府部门、民众、企业和其他参与群体或组织都考虑在内的信息与知识获取效果的总体衡量

1 朱志刚. 财政支出绩效评价研究[M]. 北京：中国财政经济出版社，2003：16-18.

一级指标	二级指标	三级指标	指标释义
效果性	资源获取的效果	政府部门资源获取的效果	政府部门在整个事件的应对与解决过程中获取人、财、物等各方面资源的效果
		民众资源获取的效果	民众在整个事件的应对与解决过程中获取人、财、物等各方面资源的效果
		企业资源获取的效果	企业在整个事件的应对与解决过程中获取人、财、物等各方面资源的效果
		其他参与群体或组织资源获取的效果	其他参与群体或组织在整个事件的应对与解决过程中获取人、财、物等各方面资源的效果
		各种主体资源获取的总体效果	将政府部门、民众、企业和其他参与群体或组织都考虑在内的资源获取效果的总体衡量
	利益诉求表达的效果	政府部门利益诉求表达的效果	政府部门在整个事件的应对与解决过程中阐释自身立场，对自身需求及利益关切等进行说明的效果
		民众利益诉求表达的效果	民众在整个事件的应对与解决过程中阐释自身立场，对自身需求及利益关切等进行说明的效果
		企业利益诉求表达的效果	企业在整个事件的应对与解决过程中阐释自身立场，对自身需求及利益关切等进行说明的效果
		其他参与群体或组织利益诉求表达的效果	其他参与群体或组织在整个事件的应对与解决过程中阐释自身立场，对自身需求及利益关切等进行说明的效果
		各种主体利益诉求表达的总体效果	将政府部门、民众、企业和其他参与群体或组织都考虑在内的利益诉求表达效果的总体衡量
	对其他主体利益诉求回应的效果	政府部门对其他主体利益诉求回应的效果	政府部门在整个事件的应对与解决过程中对其他主体的利益诉求做出反应或答复的效果
		民众对其他主体利益诉求回应的效果	民众在整个事件的应对与解决过程中对其他主体的利益诉求做出反应或答复的效果
		企业对其他主体利益诉求回应的效果	企业在整个事件的应对与解决过程中对其他主体的利益诉求做出反应或答复的效果
		其他参与群体或组织对其他主体利益诉求回应的效果	其他参与群体或组织在整个事件的应对与解决过程中对其他主体的利益诉求做出反应或答复的效果
		各种主体利益诉求回应的总体效果	将政府部门、民众、企业和其他参与群体或组织都考虑在内的利益诉求回应效果的总体衡量
	各种主体参与冲突解决的效果	政府部门参与冲突解决的效果	政府部门在整个事件的应对与解决过程中进行组织、动员、协商、沟通及矛盾化解等各方面的效果
		民众参与冲突解决的效果	民众在整个事件的应对与解决过程中进行组织、动员、协商、沟通及矛盾化解等各方面的效果
		企业参与冲突解决的效果	企业在整个事件的应对与解决过程中进行组织、动员、协商、沟通及矛盾化解等各方面的效果
		其他参与群体或组织参与冲突解决的效果	其他参与群体或组织在整个事件的应对与解决过程中进行组织、动员、协商、沟通及矛盾化解等各方面的效果
		各种主体参与冲突解决的总体效果	将政府部门、民众、企业和其他参与群体或组织都考虑在内的各种主体参与冲突解决效果的总体衡量

一级指标	二级指标	三级指标	指标释义
效果性	执行冲突解决方案或协议的效果	政府部门执行冲突解决方案或协议的效果	政府部门依据冲突解决方案或协议恢复社会秩序、责成排污企业整改以及对利益受损民众进行精神安抚和物质补偿等的效果
		民众执行冲突解决方案或协议的效果	民众依据冲突解决方案或协议停止聚众行为并获取精神方面及物质方面的补偿等的效果
		企业执行冲突解决方案或协议的效果	企业依据冲突解决方案或协议停止排污、对由其生产建设导致的环境污染及由冲突对民众所造成的损失进行补偿等的效果
		其他参与群体或组织执行冲突解决方案或协议的效果	其他参与群体或组织依据冲突解决方案或协议协助政府部门恢复社会秩序、责成排污企业整改以及对利益受损民众进行精神安抚和物质补偿等的效果
		各种主体执行冲突解决方案或协议的总体效果	将政府部门、民众、企业和其他参与群体或组织都考虑在内的执行冲突解决方案或协议效果的总体衡量
总体的效果性			指对政府部门、民众、企业和其他参与群体或组织进行风险防范与预防、信息与知识获取、资源获取、利益诉求表达、对其他主体利益诉求回应、参与冲突解决和执行冲突解决方案或协议的效果的综合衡量

（四）公平性指标

把效率和经济作为公共行政的指导方针是必要的，但仅此是不够的。必须加上社会公平作为其第三个理论支柱，使公共行政能够回应公民的需要。[1]公平是在平等的规则下实现政治利益、经济利益和其他利益在全体社会成员之间合理而平等的分配，它意味着权利平等、机会均等、分配合理和司法公正等。[2]从动态的角度来说，公平包括机会公平、过程公平和结果公平。机会公平也称为起点公平，主张人们在政治上享有平等的参与权，在法律面前人人平等，在经济上拥有平等的就业机会，并根据自己的劳动贡献均等地获取报酬。而结果公平，是指政府通过一系列分配机制，对于国民收入进行再分配，调整个人之间过大的贫富差距，使收入和财产体现一定的均等化，增加社会财富的总效用。公平的一项最为重要的内容便是遵循“同一标准”，用以防止某些社会成员以双重或多重标准来满足自身的私利，损害其他社会成员的利益，从而造成一种区别对待的不公正的社会状态。[3]而对待社会中持续性存在的少数、固定少数和弱势群体时，应通过特定制度性安排来保障少数群体的权益和政治机会。[4]因而，就环境群体性事件的解决而言，能否让民众感受到解决机会公平、解决过程公平及解决结果公平，是衡量公平与否的重要指标。基于此，本章的研究从机会公平、过程公平和结果公平三个方面来衡量事件解决的公平性（表 9-2-4）。

1 H. 乔治·弗雷德里克森. 公共行政的精神[M]. 张成福，等译. 北京：中国人民大学出版社，2013：68.
2 王佐书. 公平[M]. 北京：台海出版社，2014：76.
3 王佐书. 公平[M]. 北京：台海出版社，2014：5.
4 詹姆斯·博曼. 公共协商：多元主义、复杂性与民主[M]. 黄相怀，译. 北京：中央编译出版社，2006：90.

表 9-2-4　公平性指标及释义

一级指标	二级指标	三级指标	指标释义
公平性	机会公平	政府部门的机会公平	政府部门在整个事件的应对和解决过程中与其他主体所拥有的机会均等与公平的程度
		民众的机会公平	民众在整个事件的应对和解决过程中与其他主体所拥有的机会均等与公平的程度
		企业的机会公平	企业在整个事件的应对和解决过程中与其他主体所拥有的机会均等与公平的程度
		其他参与群体或组织的机会公平	其他参与群体或组织在整个事件的应对和解决过程中与其他主体所拥有的机会均等与公平的程度
		总体的机会公平	将政府部门、民众、企业和其他参与群体或组织都考虑在内的机会公平的总体衡量
	过程公平	政府部门的过程公平	政府部门在整个事件的应对和解决过程中与其他主体所拥有的过程公平（如程序与规则的公平）的程度
		民众的过程公平	民众在整个事件的应对和解决过程中与其他主体所拥有的过程公平（如程序与规则的公平）的程度
		企业的过程公平	企业在整个事件的应对和解决过程中与其他主体所拥有的过程公平（如程序与规则的公平）的程度
		其他参与群体或组织的过程公平	其他参与群体或组织在整个事件的应对和解决过程中与其他主体所拥有的过程公平（如程序与规则的公平）的程度
		总体的过程公平	将政府部门、民众、企业和其他参与群体或组织都考虑在内的过程公平的总体衡量
	结果公平	政府部门的结果公平	事件解决的最终结果对于政府部门而言，其公平正义的程度
		民众的结果公平	事件解决的最终结果对于民众而言，其公平正义的程度
		企业的结果公平	事件解决的最终结果对于企业而言，其公平正义的程度
		其他参与群体或组织的结果公平	事件解决的最终结果对于其他参与群体或组织而言，其公平正义的程度
		总体的结果公平	将政府部门、民众、企业及其他参与群体或组织都考虑在内的结果公平的总体衡量
总体的公平性			指对政府部门、民众、企业及其他参与群体或组织机会公平、过程公平和结果公平的综合衡量

（五）民主性指标

现代行政是民主行政。Tilly（梯利）认为，“当国家和它的公民之间的政治关系呈现出广泛的、平等的、有保护的和相互制约的协商这些特征，我们就说这个政权在这个程度上是民主的”[1]。杜威则把争议、讨论视为民主的基础[2]。有研究指出，有质量的民主需要“符合公民自由、政治平等、通过稳定制度的合法性和功能对公共政策与政策制定者控制的标

1 Tilly C. Democracy[M]. Cambridge University Press，2007：13-14.

2 陈炳辉. 国家治理复杂性视野下的协商民主[J]. 中国社会科学，2016（5）：136-153.

准”[1]。通过 Levine（勒瓦）和 Molina（莫里娜）[2]对于民主质量的界定，可以看出民主至少涵盖了自由、公正、参与、回应和责任等内容。俞可平提出的“善治”也可作为衡量政治民主的另一个参照系，善治又可分解为透明、责任、回应、有效等具体目标[3]。这些重要的理论思想也为环境群体性事件解决绩效评估指标体系中民主性指标的设计提供了重要的理论支持。基于此，本章的研究从透明度、回应性、可问责性、参与度和自由度五个方面来衡量事件解决的民主程度（表 9-2-5）。

表 9-2-5 民主性指标及释义

一级指标	二级指标	三级指标	指标释义
民主性	透明度	政府部门的透明度	在整个事件的应对与解决过程中政府部门资源与信息的公开度以及谈判与协商等的透明程度
		民众的透明度	在整个事件的应对与解决过程中民众资源与信息的公开度以及谈判与协商等的透明程度
		企业的透明度	在整个事件的应对与解决过程中企业资源与信息的公开度以及谈判与协商等的透明程度
		其他参与群体或组织的透明度	在整个事件的应对与解决过程中其他参与群体或组织资源与信息的公开度以及谈判与协商等的透明程度
		各种主体的总体透明度	将政府部门、民众、企业及其他参与群体或组织都考虑在内的透明度的总体衡量
	回应性	政府部门的回应性	政府部门在整个事件的应对与解决过程中，对其他主体所关注的问题或事项做出及时、准确的反应或答复，并形成过程性互动的程度
		民众的回应性	民众在整个事件的应对与解决过程中，对其他主体所关注的问题或事项做出及时、准确的反应或答复，并形成过程性互动的程度
		企业的回应性	企业在整个事件的应对与解决过程中，对其他主体所关注的问题或事项做出及时、准确的反应或答复，并形成过程性互动的程度
		其他参与群体或组织的回应性	其他参与群体或组织在整个事件的应对与解决过程中，对其他主体所关注的问题或事项做出及时、准确的反应或答复，并形成过程性互动的程度
		各种主体的总体回应性	将政府部门、民众、企业及其他参与群体或组织都考虑在内的回应性的总体衡量
	可问责性	政府部门的可问责性	政府部门在整个事件的应对与解决过程中承担并履行政治、法律或道义上的责任并对其失职失责行为承担相应后果的程度
		民众的可问责性	民众在整个事件的应对与解决过程中承担并履行政治、法律或道义上的责任并对其失职失责行为承担相应后果的程度
		企业的可问责性	企业在整个事件的应对与解决过程中承担并履行政治、法律或道义上的责任并对其失职失责行为承担相应后果的程度
		其他参与群体或组织的可问责性	其他参与群体或组织在整个事件的应对与解决过程中承担并履行政治、法律或道义上的责任并对其失职失责行为承担相应后果的程度
		各种主体的总体可问责性	将政府部门、民众、企业及其他参与群体或组织都考虑在内的可问责性的总体衡量

1 Diamond L，Morlino L. The Quality of Democracy：An Overview[J]. Journal of Democracy，2004，15（4）：20-41.

2 Levine D H，Molina J E. The Quality of Democracy in Latin America：Another View. Working Paper，2007[EB/OL]. [2015-06-07]. https://kellogg.nd.edu/sites/default/files/old_files/documents/342_0.pdf#：～：text=Studies%20of%20democracy%20in%20Latin%20America.

3 俞可平. 治理与善治[M]. 北京：社会科学文献出版社，2000：9-11.

一级指标	二级指标	三级指标	指标释义
民主性	参与度	政府部门的参与度	政府部门在整个事件的应对和解决过程中的参与程度（包括参与次数、频率、深度、广度等）
		民众的参与度	民众在整个事件的应对和解决过程中的参与程度（包括参与次数、频率、深度、广度等）
		企业的参与度	企业在整个事件的应对和解决过程中的参与程度（包括参与次数、频率、深度、广度等）
		其他参与群体或组织的参与度	其他参与群体或组织在整个事件的应对和解决过程中的参与程度（包括参与次数、频率、深度、广度等）
		各种主体的总体参与度	将政府部门、民众、企业及其他参与解决的群体或组织都考虑在内的参与度的总体衡量
	自由度	政府部门的自由度	政府部门在整个事件的应对和解决过程中能够独立自主地对事件解决进行辩论、商谈解决协议或方案而不受其他主体等干预的程度
		民众的自由度	民众在整个事件的应对和解决过程中能够独立自主地对事件解决进行辩论、商谈解决协议或方案而不受其他主体等干预的程度
		企业的自由度	企业在整个事件的应对和解决过程中能够独立自主地对事件解决进行辩论、商谈解决协议或方案而不受其他主体等干预的程度
		其他参与群体或组织的自由度	其他参与群体或组织在整个事件的应对和解决过程中能够独立自主地对事件解决进行辩论、商谈解决协议或方案而不受其他主体等干预的程度
		各种主体总体的自由度	将政府部门、民众、企业及其他参与解决的群体或组织都考虑在内的自由度的总体衡量
总体的民主性			指对政府部门、民众、企业及其他参与群体或组织透明度、回应性、可问责性、参与度及自由度的综合衡量

（六）法治性指标

法治是现代化社会进步与文明的标志，它以民主为基础和条件，追求权利平等、社会主体的自由与人格的完善[1]。美国学者 Fuller（富勒）认为，法治标准应兼顾七个方面，即“法律的基本要求”“依法的政府”“不许有任意权力”“法律面前人人平等”“公正地施行法律”“司法公义人人可及”和“程序公义”。[2]现代法治的内涵包括作为一种价值原则、具备形式功能和成为实践精神三方面，要求良法之治、普遍守法、限制权力和保障民主[3]。对于环境群体性事件解决绩效而言，法治性指标首先考量的是是否有必要的法律条文来约束多元主体的言论及行为，对其在事件解决中的行为选择提供依据；其次，在现行法律法规的约束下，参与事件解决的多元主体在多大程度上能够依据现行法律法规来准确表达自身诉求，并寻求一个可行的解决方案；最后，还需考量的是，我国现行的法律规章制度能否切实维护民众的基本政治权利，维持社会的正常秩序，并推进社会的公平正义。基于此，本章的研究从依法性、合法性和法律合理性三个方面来衡量事件解决的法治性（表 9-2-6）。

1 刘雪松. 公民文化与法治秩序[M]. 北京：中国社会科学出版社. 2007：1.

2 Fuller L L. The Morality of Law[M]. Connecticut：Yale University Press，1964：46-94.

3 郑方辉，邱佛梅. 法治政府绩效评价：目标定位与指标体系[J]. 政治学研究，2016（2）：67-79.

表 9-2-6 法治性指标及释义

一级指标	二级指标	三级指标	指标释义
法治性	依法性	政府部门的依法性	现行法律为政府部门在整个事件的应对与解决过程中的活动和行为等提供了必要的依据和指导的程度（即政府部门有法可依的程度）
		民众的依法性	现行法律为民众在整个事件的应对与解决过程中的活动和行为等提供了必要的依据和指导的程度（即民众有法可依的程度）
		企业的依法性	现行法律为企业在整个事件的应对与解决过程中的活动和行为等提供了必要的依据和指导的程度（即企业有法可依的程度）
		其他参与群体或组织的依法性	现行法律为其他参与群体或组织在整个事件的应对与解决过程中的活动和行为等提供了必要的依据和指导的程度（即其他参与群体或组织有法可依的程度）
		各种主体的总体依法性	将政府部门、民众、企业和其他参与群体或组织都考虑在内的依法性的总体衡量
	合法性	政府部门的合法性	政府部门在整个事件的应对与解决过程中所采取的行为的合法性程度（即政府部门依法行事的程度，也就是指其言论及行为等符合现行法律法规以及主动遵守并执行法律法规等的程度）
		民众的合法性	民众在整个事件的应对与解决过程中所采取的行为的合法性程度（即民众依法行事的程度，也就是指其言论及行为等符合现行法律法规以及主动遵守并执行法律法规等的程度）
		企业的合法性	企业在整个事件的应对与解决过程中所采取的行为的合法性程度（即企业依法行事的程度，也就是指其言论及行为等符合现行法律法规以及主动遵守并执行法律法规等的程度）
		其他参与群体或组织的合法性	其他参与群体或组织在整个事件的应对与解决过程中所采取的行为的合法性程度（即其他参与群体或组织依法行事的程度，也就是指其言论及行为等符合现行法律法规以及主动遵守并执行法律法规等的程度）
		各种主体的总体合法性	将政府部门、民众、企业和其他参与群体或组织都考虑在内的合法性的总体衡量
	法律合理性	政府部门的法律合理性	政府部门在整个事件的应对与解决过程中的行为所依据的现行法律自身的合理性（指政府部门所依据的现行法律法规本身的合理、合适程度）
		民众的法律合理性	民众在整个事件的应对与解决过程中的行为所依据的现行法律自身的合理性（指民众所依据的现行法律法规本身的合理、合适程度）
		企业的法律合理性	企业在整个事件的应对与解决过程中的行为所依据的现行法律自身的合理性（指企业所依据的现行法律法规本身的合理、合适程度）
		其他参与群体或组织的法律合理性	其他参与群体或组织在整个事件的应对与解决过程中的行为所依据的现行法律自身的合理性（指其他参与群体或组织所依据的现行法律法规本身的合理、合适程度）
		各种主体的总体法律合理性	将政府部门、民众、企业及其他参与群体或组织都考虑在内的法律合理性的总体衡量
总体的法治性			指对政府部门、民众、企业及其他参与群体或组织的依法性、合法性及法律合理性的综合衡量

本章的研究认为，环境群体性事件的解决绩效是一个可以通过评估指标来表示的构念，因而可以通过构建一个涵盖多维指标的评估指标体系对其进行测量，其构成维度可以概括为：经济性指标、效率性指标、效果性指标、公平性指标、民主性指标和法治性指标。进而，每个维度又可以通过子指标进行进一步分解，用以对构念进行准确测量（图 9-2-1）。

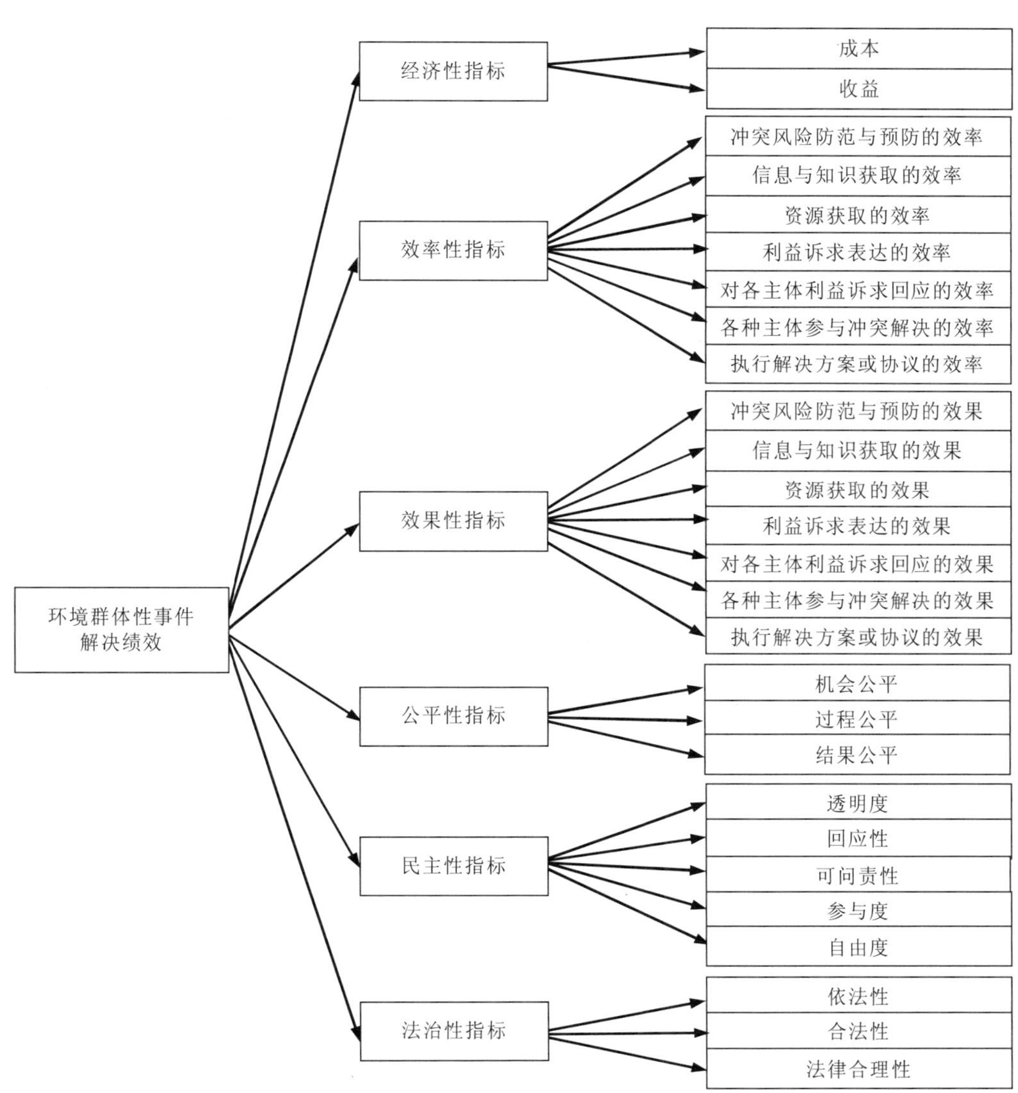

图 9-2-1　环境群体性事件解决绩效评估指标体系

第三节 研究方法与数据收集

本节要点 本节介绍本章进行评估指标体系构建与验证的具体研究方法和数据收集情况。

环境群体性事件解决的绩效评估是一个复杂的系统工程，存在着评价标准多因素性和评价指标的难确定性等特性。本章的研究主要采取访谈法、问卷调查法进行评估指标体系的构建与验证工作。

一、访谈法

为构建解决绩效的评估指标体系以及对指标体系进行隶属度评价，本章的研究进行了三个阶段的访谈。第一阶段访谈主要在 2015 年 4 月至 6 月进行，借助于北京航空航天大学公共管理学院 MPA 班集中授课讲评的机会，本着贴近事件、了解事件、熟悉事件的原则通过核对花名册的方式从 2013 级 MPA 班中选取了 30 名学员进行访谈。本次访谈基本上达到了以下功能：获取受访者对于环境群体性事件解决的程序、方式，以及原则的基本态度；明确不同政府部门工作人员在事件处置中的角色和工作职责，包括对一些事件处置的评价和经验总结；了解受访者对拟建立的指标体系及其标准的评价。第二阶段访谈主要在建立解决绩效评估指标体系之后，对参与隶属度评价的专家进行了访谈，所咨询专家来自北京航空航天大学（7 人）、中国人民大学（2 人）、中国地质大学（1 人）、中国青年政治学院（1 人）、国家开放大学（1 人）、南京大学（1 人）、湘潭大学（2 人）和西南交通大学（1 人），以进一步获取其对于指标体系修订的意见与建议。第三阶段的访谈主要于 2016 年 8 月至 9 月以及 11 月至 12 月进行。这一阶段主要从环境群体性事件典型案例（表 9-3-1）中选取北京市、湖南省 X 市、浙江省 N 市及河北省 H 市等地的利益相关者访谈。

表 9-3-1 环境群体性事件典型案例基本情况

序号	事件名称	污染类型	是否污染	事件地点	事件层级	发生时间	事件规模
1	湖南平江居民反对火电项目	大气污染	否	湖南省平江县	县级	2014.09.18	四千人
2	浙江临海抗议沙星医药化工厂排毒事件	大气污染	是	浙江省台州市临海市	市级	2014.09.16	数千人
3	广东揭阳美德村抗议垃圾场事件	大气污染	否	广东省揭阳市	村级	2013.11.24	数千人
4	浙江杭州中泰乡群众抗议垃圾焚烧厂事件	大气污染	否	浙江省杭州市中泰乡	乡镇级	2014.05.10	五千人
5	广东大亚湾上洋环境园工程污染事件	大气污染	是	广东大亚湾	跨区级	2014.05.01	数千人
6	湖南湘潭九华抗议垃圾焚烧事件	大气污染	否	湖南省湘潭市九华区	县区级	2014.04.30	数千人
7	四川乐山“9·15”村民抗议事件	大气污染	是	四川省乐山市马边彝族自治县劳动乡	乡镇级	2013.09.15	数千人
8	昆明市民散步反对 PX 项目事件	大气污染	否	云南省昆明市安宁市	地市级	2013.05.04	数千人

序号	事件名称	污染类型	是否污染	事件地点	事件层级	发生时间	事件规模
9	山东东营仙河镇市民抗议事件	大气污染	是	山东省东营市仙河镇	乡镇级	2013.02.23	两千人
10	广东云浮村民示威抗议政府兴建垃圾场事件	大气污染	否	广东省云浮市镇安镇	乡镇级	2013.02.20	数千人
11	天津大港群众反污染游行示威事件	大气污染	否	天津市	地市级	2012.04.11	上千人
12	湖南长沙村民抗议高危垃圾焚烧厂事件	大气污染	否	湖南省长沙市北山镇	乡镇级	2011.08.04	近千人
13	大连市民反对 PX 项目事件	大气污染	否	辽宁省大连市	地市级	2011.08.14	上千人
14	江苏无锡东港反垃圾焚烧厂事件	大气污染	否	江苏省无锡市	乡镇级	2011.01.13	一千人
15	四川广安岳池县医药产业园污水排放工程	水污染	是	四川省广安市岳池县	县区级	2014.07.22	数千人
16	江苏启东 7·28 群众冲击市政府事件	水污染	是	江苏省启东市	地市级	2012.07.28	上万人
17	江苏镇江 2·12 群众聚众抗议水污染事件	水污染	是	江苏省镇江市	地市级	2012.02.12	上万人
18	蒙古族学生牧民抗议游行事件	固体废物	是	呼和浩特市等多地	地市级	2011.05.23	数千人
19	民众抗议隆森实业公司污染事件	固体废物	是	江西莲花县南岭乡	乡镇级	2011.04.08	一万人
20	8 号线舆情应对事件	电磁辐射	否	广东省深圳市	地市级	2014.07.08	上千人
21	福建福州埔埕村警民冲突事件	电磁辐射	否	福建省永泰县梧桐镇	村级	2013.03.19	数千人
22	浙江温州村民反对变电工程事件	电磁辐射	否	浙江省温州市龙港镇	村级	2012.11.20	两千人
23	广东汕头万人抗议事件	混合污染	否	广东省汕头市海门镇	乡镇级	2011.12.20	近万人
24	广东鹤山燃料项目风波	混合污染	否	广东省鹤山市	地市级	2013.07.04	上千人
25	福建莆田市东庄镇抗议高污染化工厂事件	混合污染	否	福建省莆田市东庄镇	乡镇级	2013.11.08	上万人
26	河北衡水武强抗议东北助剂污染	混合污染	是	河北省衡水市武强县	区县级	2013.08.15	上千人
27	上海抗议建电池厂事件	混合污染	否	上海市	乡镇级	2014.10.31	约万人
28	广东深圳千人堵路事件	混合污染	否	广东深圳市龙岗区布吉镇	村级	2012.12.20	数千人
29	海南乐东村民反火电站抗议事件	混合污染	否	海南省乐东黎族自治县莺歌海镇	乡镇级	2012.03.10	近万人
30	红星村村民抗议镇政府招商引资镍厂	混合污染	否	辽宁省鞍山市红星村	村级	2012.04.06	上万人
31	群众抗议国轩新能源公司锂电池兴建项目	混合污染	否	上海市松江区	区县级	2013.04.24	上千人
32	浙江绍兴血铅中毒请愿事件	混合污染	是	浙江省绍兴县杨汛桥镇	乡镇级	2011.06.08	上千人
33	北京阿苏卫反对垃圾焚烧事件	混合污染	是	北京市昌平区	区县级	2009.08.01	上千人
34	上海金山反对高桥石化搬迁事件	混合污染	是	上海市金山区	区县级	2016.03	上千人
35	浙江宁波镇海反对 PX 项目事件	大气污染	否	浙江宁波市镇海区	区县级	2012.10	上千人
36	北京阿苏卫循环产业园附近村民抗议事件	混合污染	是	北京市昌平区	区县级	2014	近千人
37	浙江海宁事件	混合污染	是	浙江省海宁县	区县级	2011.07	数千人
38	河南获嘉抗议中新化工事件	大气污染	是	河南省新乡市获嘉县	区县级	2014.09	上千人

资料来源：由国家社科基金重大项目（14ZDB143）项目组整理编制。

二、问卷调查法

在指标体系的构建阶段，主要进行了环境群体性事件解决绩效评估指标隶属度评价问卷的编制工作。环境群体性事件解决绩效指标隶属度评价问卷是依据指标体系的构成而设计的（附录 9.1）。针对环境群体性事件解决绩效评估指标体系的指标隶属度评价问卷，主要采取目标抽样和滚雪球抽样相结合的方法，选取了来自高等院校或研究机构从事冲突管理、应急管理、环境工程、绩效评估等专业的专家学者进行咨询，回收问卷 16 份。

在对隶属度问卷进行分析整合的基础上，编制了环境群体性事件解决绩效评估的初始问卷，并于 2016 年 7 月 19 日至 26 日分别在北京市六里屯地区、河北省 B 市竞秀区、浙江省 H 市下城区以及山东省 L 市兰山区进行问卷发放。通过联系当地的社区工作人员或环保热心人士采用目标抽样和随机抽样相结合的方法，尽可能选取了当地政府部门工作人员、参与事件解决的民众、企业、新闻媒体和社会组织成员进行问卷填写。问卷共计发放 180 份，回收 155 份。其中，有效问卷 143 份，有效率为 92%（表 9-3-2）。

表 9-3-2 初始问卷调查对象基本情况

特征		人数及比例/%		特征		人数及比例/%		特征		人数及比例/%	
性别	男性	75	52.4	月均收入	1 500 元及以下	18	12.6	工作性质	居民	23	16.1
	女性	66	46.2		1 501～3 000 元	27	18.9		个体户	23	16.1
年龄	20 岁及以下	6	4.2		3 001～4 500 元	36	25.2		公司企业	21	14.7
	21～30 岁	37	25.9		4 501～6 000 元	30	21.0		政府部门	37	25.9
	31～40 岁	41	28.7		6 001～7 500 元	6	4.2		事业单位	27	18.9
	41～50 岁	17	11.9		7 501～9 000 元	8	5.6		宗教组织	5	3.5
	51～60 岁	23	16.1		9 001 元及以上	9	6.3		民间组织	2	1.4
	61～70 岁	12	8.4	教育程度	未曾上学	6	4.2		其他	5	3.5
	71 岁及以上	7	4.9		小学及以下	6	4.2				
政治面貌	共青团员	21	14.7		初中	16	11.2				
	中共党员	68	47.6		高中/职高/中专	32	22.4				
	民主党派	6	4.2		大学（专科和本科）	59	41.3				
	群众	48	33.6		硕士及以上	24	16.8				

注：调查问卷中的缺失项目并未统计在内。

环境群体性事件解决绩效评估正式问卷于 2016 年 9 月 12 日至 10 月 16 日进行发放。在初始问卷发放地的基础上，又选取了典型案例较为集中的上海市、湖南省 X 市、河北省 H 市和浙江省 N 市作为发放地点，并采取目标抽样和滚雪球抽样相结合的方式，力求将与环境群体性事件解决相关的各个群体都涵盖进来。正式问卷共计发放 1 000 份，回收 860 份。其中，有效问卷 747 份，有效率为 87%（表 9-3-3）。

表 9-3-3 正式问卷调查对象基本情况

特征		人数及比例/%		特征		人数及比例/%		特征		人数及比例/%	
性别	男性	428	57.3	工作性质	居民	162	21.7	月均收入	1 500 元及以下	180	24.1
	女性	316	42.3		个体户	93	12.4		1 501～3 000 元	59	7.9
年龄	20 岁及以下	121	16.2		公司企业	106	14.2		3 001～4 500 元	113	15.1
	21～30 岁	190	25.4		政府部门	103	13.8		4 501～6 000 元	179	24.0
	31～40 岁	176	23.6		事业单位	219	29.3		6 001～7 500 元	94	12.6
	41～50 岁	147	19.7		宗教组织	5	0.7		7 501～9 000 元	79	10.6
	51～60 岁	78	10.4		国际组织	2	0.3		9 001 元及以上	35	4.7
	61～70 岁	26	3.5		民间组织	28	3.7	行政级别	无行政职务	622	83.3
	71 岁及以上	9	1.2		其他	28	3.7		科级	76	10.2
民族	汉族	695	93	参与类型	听过	232	31.1		县（处）级	42	5.6
	其他民族	52	7		见过	245	32.8		司（局）级	2	0.3
政治面貌	共青团员	163	21.8		参加过	109	14.6		省（部）级	1	—
	中共党员	320	42.8		参与解决	49	6.6				
	民主党派	21	2.8		参与调解	96	12.9				
	群众	240	32.1		调查研究过	15	2				

注：调查问卷中的缺失项目并未统计在内。

环境群体性事件解决绩效评估指标权重设计问卷的发放与回收基本与指标隶属度评价问卷采取同样的方式进行，共回收 16 份。

第四节 VPP 整合性评估框架与指标体系的检验与修正

本节要点 本节基于以上研究方法和数据对 VPP 整合性评估框架与指标体系进行了检验与修正。

一、评估指标体系专家指标隶属度分析

环境群体性事件解决绩效评估的初步指标体系是基于对环境群体性事件的解决绩效内涵和特征的把握之上，以公共行政理论为基础，并借鉴国内外环境冲突评估及突发事件处置效果评估的合理成分构建的，其指标形成具有一定的主观色彩。因此，有必要对指标体系进行隶属度分析。

通过对受邀专家所做出的指标隶属度结果进行统计发现，在指标的可行性维度，专家的评价则出现了一定程度的浮动，共有 7 个指标的可行性隶属度低于 50%（表 9-4-1）。

表 9-4-1 环境群体性事件解决绩效评估专家指标隶属度评价

一级指标	二级指标	必要性/%	重要性/%	可行性/%
经济性	成本	84.6	84.6	53.8
	收益	84.6	92.3	61.5
效率性	冲突风险防范与预防的效率	92.3	76.9	38.5
	信息与知识获取的效率	84.6	76.9	53.8
	资源获取的效率	84.6	100	53.8
	利益诉求表达的效率	84.6	92.3	61.5
	对其他主体利益诉求回应的效率	84.6	84.6	69.2
	各种主体参与冲突解决的效率	84.6	92.3	53.8
	执行冲突解决方案或协议的效率	84.6	76.9	38.5
效果性	冲突风险防范与预防的效果	84.6	84.6	46.2
	信息与知识获取的效果	92.3	92.3	69.2
	资源获取的效果	84.6	100	61.5
	利益诉求表达的效果	84.6	100	38.5
	对其他主体利益诉求回应的效果	84.6	92.3	38.5
	各种主体参与冲突解决的效果	84.6	100	76.9
	执行冲突解决方案或协议的效果	92.3	100	69.2
公平性	机会公平	84.6	100	38.5
	过程公平	84.6	92.3	30.8
	结果公平	84.6	100	61.5
民主性	透明度	84.6	100	76.9
	回应性	84.6	92.3	69.2
	可问责性	76.9	84.6	76.9
	参与度	92.3	100	76.9
	自由度	84.6	100	76.9
法治性	法律合理性	84.6	100	84.6
	依法性	92.3	100	84.6
	合法性	76.9	92.3	84.6

针对上述结果，我们又对参与隶属度评价的专家进行了访谈，以进一步获取其对于指标体系修订的意见与建议。专家们主要反馈了五个方面的问题（表 9-4-2）。

表 9-4-2 专家意见汇总

序号	建议或意见	反馈人数
1	法治维度设置合理，但其下的三个指标是否可改为“法律合理性”“合法律性”及“依法度”，这样能更好地体现指标设计的初衷	1
2	“法律合理性”与“依法性”的指标是否重合？依法性与法律合理性的概念可以再明确些，而在指标释义中“法律合理性”在道义方面的阐释则可以忽略	1
3	“合法性”的释义建议再斟酌一下。“合法性”指标的设置有道理，但对其定义应进行进一步的明确与说明	3
4	指标释义应尽可能通俗易懂。当前的指标释义解释性的语句虽然很多，但是感觉还是有些晦涩，不便于理解	2
5	指标体系的确设置得比较完备，但是指标条目太多，不便于进行评价；而且在实际问卷发放中的有效性也较难保证	3
6	“参与度”是否与“各种主体参与冲突解决”重合？建议进行改进或进行概念上的区分	1

依据专家的意见与建议，对指标体系进行了修正与完善，即在保留原有指标的基础上，对存在质疑的指标名称及指标释义进行了重新修改与审定，以达到清晰、准确的要求。之所以没有对指标体系进行删减，是出于两方面原因的考虑：一是为了保证评估指标体系的完备性与指标间的一致性；二是可以通过后续数理统计的方法对存在质疑的指标进行检验，从而确定其合理性与必要性。

二、调查问卷信度和效度分析

（一）信度分析

一个良好的量表应该能够稳定、精确地测量研究中的构念。对于量表信度的测评方法有很多，目前研究中比较常用的有内部一致性信度等[1]。由于环境群体性事件解决绩效的评估指标体系涵盖多个构念，由不同的分量表得以体现。因而在进行信度分析时，不能只呈现总量表的信度系数，每个分量表或构念层面的信度也要进行检验。本章的研究通过 Cronbach's Alpha 系数对解决绩效的总量表和各分量表进行信度检验（表 9-4-3）。可以看出，总量表的 Cronbach's Alpha 值达到了 0.900，各分量表的 Cronbach's Alpha 值的范围是 0.731～0.896，对于所要测量的变量具有较高的可靠性。

表 9-4-3　初始量表总量表与各分量表的信度值

信度	项目						
	总量表	经济性量表	效率性量表	效果性量表	公平性量表	民主性量表	法治性量表
Cronbach's Alpha	0.900	0.766	0.863	0.849	0.731	0.896	0.805

（二）效度分析

效度也是在进行环境群体性事件解决绩效评估指标体系的问卷设计时需要考虑的重要问题。效度越高，表示测量结果越能显示所要测量对象的真正特征。在进行测量之前，必须确保量表的题目能够准确反映同一个理论构念。只有这样，所得出的观测值才是有意义的。测量指标的单一维度性（uni-dimensionality）是测量理论中一个最为基本和关键的假设[2]。本章的研究通过探索性因子分析来测评量表的建构效度。对数据进行 KMO 抽样适当性检验和 Bartlett 球形检验（表 9-4-4），检验结果显示，环境群体性事件解决绩效评估初始量表因子分析的 KMO 度量值为 0.777，Bartlett 球形检验的χ^2值为 2 589.409（df.=351），显著性是 0.000，小于显著水平 0.05，适合进行因子分析。

1 陈晓萍，徐淑英，樊景立. 组织与管理的实证研究[M]. 北京：北京大学出版社，2012：339.

2 Gerbing D W，Anderson J C. An Updated Paradigm for Scale Development：Incorporating Unidimensionality and its Assessment[J]. Journal of Marketing Research，1988（25）：186-192.

表 9-4-4 初始量表因子分析 KMO 和 Bartlett 检验

KMO 度量值	Bartlett 的球形度检验		
	近似卡方（χ^2）	df.	Sig.
0.777	2 589.409	351	0.000

三、VPP 评估指标体系因子分析

研究指出，量表的潜在特质表示题目间具有某种共同因子，此共同因子的特质能有效反映每个个别的题项，即量表所要测得的共同因子能有效解释量表个别题项的变异，每个题项在共同因子上应具某种程度的因子负荷量。[1]

研究遵循学者 Tabachnick 与 Fidell[2]提出的因子负荷量选取的指标准则，将挑选因子负荷量标准定为不低于 0.45，以实现同一维度指标的有效聚合。采用主成分分析和最大方差法，提取特征值大于 1 的共同因子。结果显示（表 9-4-5），共提取出六个共同因子，其特征值分别为 7.843、3.895、2.810、1.964、1.844 和 1.199。采用正交旋转的最大变异法后，这六个共同因子的特征值变为 4.414、4.331、3.844、2.850、2.371 和 1.746，可以解释所有 27 个题项 72.424%的变异量。

表 9-4-5 初始量表因子分析的解释总变异量

解释的总方差									
成分	初始特征值			提取平方和载入			旋转平方和载入		
	合计	方差的/%	累积/%	合计	方差的/%	累积/%	合计	方差的/%	累积/%
1	7.843	29.048	29.048	7.843	29.048	29.048	4.414	16.347	16.347
2	3.895	14.424	43.472	3.895	14.424	43.472	4.331	16.040	32.386
3	2.810	10.407	53.880	2.810	10.407	53.880	3.844	14.237	46.623
4	1.964	7.275	61.155	1.964	7.275	61.155	2.850	10.556	57.179
5	1.844	6.829	67.984	1.844	6.829	67.984	2.371	8.781	65.960
6	1.199	4.441	72.424	1.199	4.441	72.424	1.746	6.465	72.424

通过Kaiser标准化的正交旋转法进行因子旋转，各个因子有了比较明确的含义（表9-4-6）。为了便于辨识，本章的研究在系数显示时取消了小于 0.30 的系数。

1 吴明隆. 问卷统计分析实务——SPSS 操作与应用[M]. 重庆：重庆大学出版社，2010：160.

2 Tabachnick B G，Fidell L S. Using multivariate statistics[M]. 5th Edition. Needham Heights，MA：Allyn and Bacon，2007：649.

表 9-4-6 旋转后成分矩阵

旋转成分矩阵[a]						
	成分					
	1	2	3	4	5	6
成本	0.368					0.772
收益	0.312					0.759
执行冲突解决方案或协议的效率	0.881					
资源获取的效率	0.795					
各种主体参与冲突解决的效率	0.791					
信息与知识获取的效率	0.767					
利益诉求表达的效率	0.718		0.314			
冲突风险防范与预防的效率	0.688					
对其他主体利益诉求回应的效果	0.423	0.398		0.301		
资源获取的效果			0.834			
利益诉求表达的效果			0.828			
各种主体参与冲突解决的效果			0.809			
冲突风险防范与预防的效果			0.797			
信息与知识获取的效果		0.382	0.637			
执行冲突解决方案或协议的效果			0.612	0.377		
过程公平				0.807		
机会公平				0.755		
结果公平				0.749		
对其他主体利益诉求回应的效率		0.578		0.699		
可问责性		0.853				
透明度		0.846				
参与度		0.829				
自由度		0.772				
回应性		0.759				
合法性					0.866	
依法性					0.836	
法律合理性					0.707	

注：提取方法：主成分分析法。旋转法：具有 Kaiser 标准化的正交旋转法。

[a]. 旋转在 6 次迭代后收敛。

结果显示，题项“对其他主体利益诉求回应的效率”与题项“对其他主体利益诉求回应的效果”的聚合效果并不好。题项“对其他主体利益诉求回应的效果”在第二个共同因子和第五个共同因子维度内均未达到聚合的标准（小于 0.45），应予以删除。而题项“对其他主体利益诉求回应的效率”在第四个共同因子和第五个共同因子维度内的系数亦十分接近，分别为 0.699 和 0.578，也应予以删除。

删除两个题项后对剩余的题项再次进行因子分析，结果显示（表 9-4-7），KMO 度量值为 0.765，Bartlett 球形检验的χ^2值为 2 232.677（df.=300），显著性是 0.000，适合进行因子分析。

表 9-4-7 初始量表重测因子分析 KMO 和 Bartlett 检验

KMO 度量值	Bartlett 的球形度检验		
	近似卡方（χ^2）	df.	Sig.
0.765	2 232.677	300	0.000

在此基础上同样采用主成分分析和最大方差法，提取特征值大于 1 的共同因子。结果显示，解释变异量的累计贡献率达到 72.881%，而旋转后的题目也较好地聚合成了六个共同因子（表 9-4-8），说明删除“对其他主体利益诉求回应的效率”与“对其他主体利益诉求回应的效果”这两个题项是合理的。

表 9-4-8 初始量表重测旋转后成分矩阵

旋转成分矩阵[a]						
	成分					
	1	2	3	4	5	6
成本						0.766
收益						0.764
执行冲突解决方案或协议的效率	0.879					
资源获取的效率	0.805					
各种主体参与冲突解决的效率	0.784					
信息与知识获取的效率	0.772					
利益诉求表达的效率	0.710					
冲突风险防范与预防的效率	0.696					
利益诉求表达的效果			0.833			
资源获取的效果			0.832			
各种主体参与冲突解决的效果			0.812			
冲突风险防范与预防的效果			0.794			
信息与知识获取的效果			0.637			
执行冲突解决方案或协议的效果			0.608			
过程公平					0.789	
机会公平					0.778	
结果公平					0.735	
透明度		0.852				
参与度		0.851				
可问责性		0.850				
自由度		0.768				
回应性		0.762				
合法性				0.870		
依法性				0.839		
法律合理性				0.699		

注：提取方法：主成分分析法。旋转法：具有 Kaiser 标准化的正交旋转法。

[a].旋转在 6 次迭代后收敛。

可以看出，第一个共同因子包含六个题项，即“执行冲突解决方案或协议的效率”“资源获取的效率”“各种主体参与冲突解决的效率”“信息与知识获取的效率”“利益诉求表达的效率”“冲突风险防范与预防的效率”，对其命名为效率性；第二个共同因子包含五个题项，即“透明度”“参与度”“可问责性”“自由度”“回应性”，对其命名为民主性；第三个公共因子包含六个题项，即“利益诉求表达的效果”“资源获取的效果”“各种主体参与冲突解决的效果”“冲突风险防范与预防的效果”“信息与知识获取的效果”“执行冲突解决方案或协议的效果”，对其命名为效果性；第四个公共因子包含三个题项，即“合法性”“依法性”“法律合理性”，对其命名为法治性；第五个公共因子包含三个题项，即“过程公平”“机会公平”“结果公平”，对其命名为公平性；第六个公共因子包含两个题项，即“成本”和“收益”，对其命名为经济性。

删除两个题项后再次对环境群体性事件解决绩效评估的总量表和各分量表进行信度检验（表 9-4-9），总量表的信度值为 0.886，而效率性和效果性分量表的信度值均有所上升，达到 0.895 和 0.862。整体上来看，量表的信度是非常可靠的，其检测结果具有较好的一致性和可靠性。

表 9-4-9 初始量表重测后总量表和各分量表信度检验

量表类型	删除题目	Cronbach's Alpha	可靠性判断
总量表	对其他主体利益诉求回应的效率 对其他主体利益诉求回应的效果	0.886	好
经济性量表	无	0.766	可以接受
效率性量表	对其他主体利益诉求回应的效率	0.895	好
效果性量表	对其他主体利益诉求回应的效果	0.862	好
公平性量表	无	0.731	可以接受
民主性量表	无	0.896	好
法治性量表	无	0.805	好

四、验证性因子分析

验证性因子分析通过对已建立起来的潜在结构模型的检验，考察其与原始数据的适配度，从而验证这种结构的正确性。采用极大似然法（maximum likelihood）进行参数估计后得出环境群体性事件解决绩效的标准化估计值模型图（图 9-4-1）。

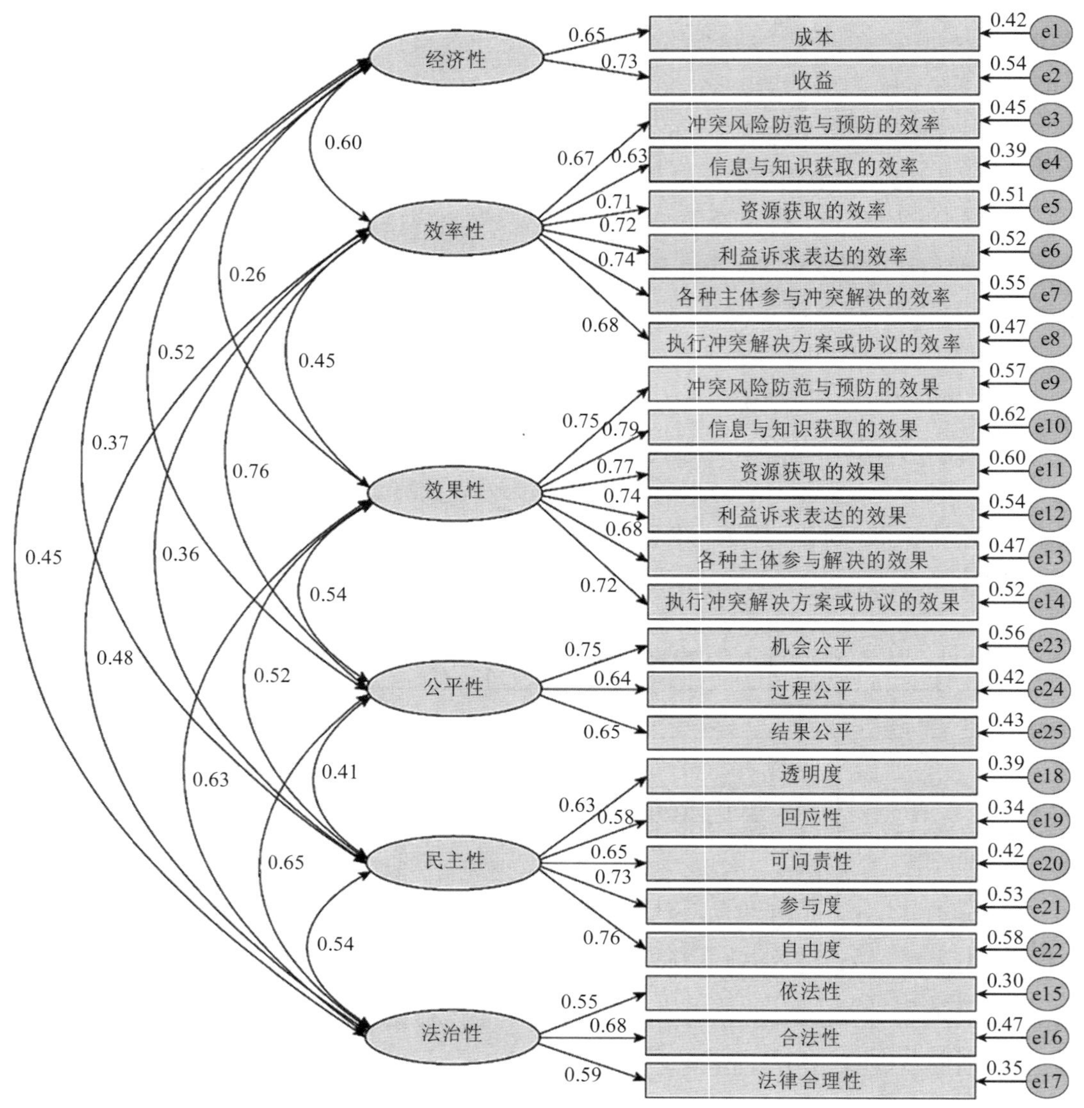

图 9-4-1 环境群体性事件解决绩效测量模型参数估计结果

资料来源：作者自绘[1]。

同样采用极大似然法对假设模型进行参数估计，所估计的未标准化回归系数如图 9-4-1 所示。预设模型的参数共有十三个，模型适配指标的具体参数值包含χ^2自由度比值（NC）、GFI、AGFI、RMSEA、NFI、RFI、IFI、TLI、CFI、PGFI、PNFI、AIC 及 CAIC。从模型适配指标数值（表 9-4-10）来看，各个指标的分值均处于适配标准范围内，符合其指标要求。由此可以判断，本章研究中理论模型与实际情况是基本相符的。

1 杨立华，程诚，李志刚. 如何衡量群体性事件的处置绩效？——VPP 整体性评估框架与指标体系的建构和检验[J]. 公共管理与政策评论，2020，9（6）：28.

表 9-4-10 模型适配摘要表

指标名称	适配标准或临界值	检验结果数据	模型适配判断
χ^2 自由度比值（NC）	3＞NC＞1 表示模型适配较好； NC＞5 表示模型需要修正	3.855	符合
RMSEA	＜0.05 表示适配非常好 ＜0.08 表示适配良好	0.062	符合
GFI	[0,1]，越接近 1 越佳	0.900	符合
AGFI	[0,1]，越接近 1 越佳	0.875	符合
NFI	[0,1]，越接近 1 越佳	0.870	符合
RFI	[0,1]，越接近 1 越佳	0.850	符合
IFI	[0,1]，越接近 1 越佳	0.900	符合
TLI	[0,1]，越接近 1 越佳	0.884	符合
CFI	[0,1]，越接近 1 越佳	0.900	符合
PGFI	＞0.5	0.720	符合
PNFI	＞0.5	0.754	符合
AIC 值	理论模型值小于独立模型值且小于饱和模型值	符合	符合
CAIC 值	理论模型值小于独立模型值且小于饱和模型值	符合	符合

第五节 环境群体性事件解决绩效评估指标体系的权重设计与应用

本节要点 本节介绍了环境群体性事件解决绩效评估指标体系的权重设计与具体应用结果，分析了其他因素对绩效评估的影响。

一、环境群体性事件解决绩效的 VPP 评估指标体系

研究论述了环境群体性事件解决绩效评估指标体系构建的理论基础和现实依据，运用定性研究和定量研究相结合的混合研究方法，构建了基于“价值取向-阶段特征-参与主体”的 VPP 整合性评估框架及其指标体系。VPP 整合性评估指标体系可分为三层：第一层为目标层，为环境群体性事件解决绩效这一评估目标；第二层为准则层，包括经济性、效率性、效果性、公平性、民主性和法治性这六个评价因素：第三层为次准则层，共包含成本、收益、冲突风险防范与预防的效率等 25 个指标。环境群体性事件解决绩效评估指标体的层次结构模型图如图 9-5-1 所示。

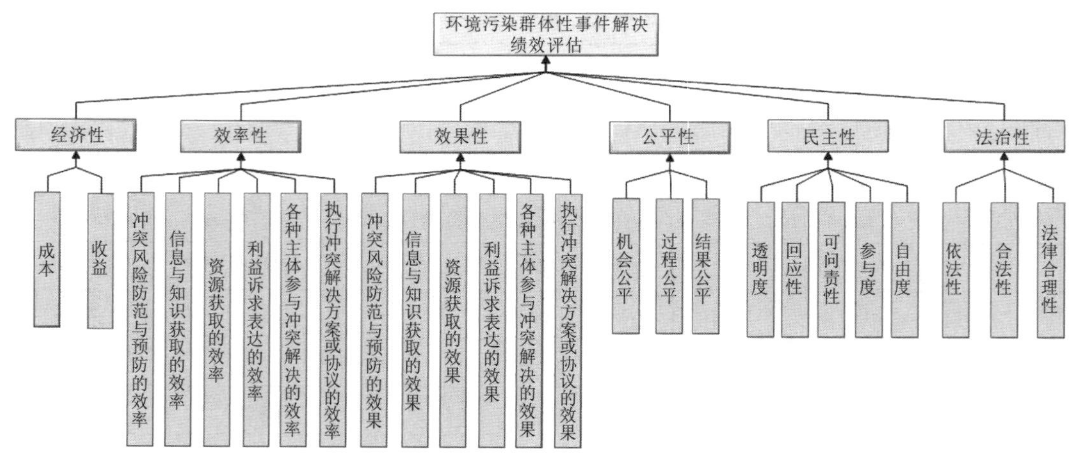

图 9-5-1 环境群体性事件解决绩效评估指标体系的层次结构模型图

二、环境群体性事件解决绩效评估指标权重的赋值

研究共邀请 15 位专家进行指标权重的赋值，根据专家咨询的结果，得出环境群体性事件解决绩效评估层次结构模型中准则层和次准则层的两两比较判断矩阵，计算得出指标的权向量，并对其进行一致性检验。最后将 15 位专家对于指标权重的赋分进行整合并采用求平均值的方法，最终得出 VPP 整合性评估指标体系的指标权重（表 9-5-1）。

表 9-5-1 环境群体性事件解决绩效评估的指标权重

目标层	准则层	权重	次准则层	权重
环境群体性事件解决绩效	经济性	0.095 8	成本	0.037 7
			收益	0.058 2
	效率性	0.145 5	冲突风险防范与预防的效率	0.042 8
			信息与知识获取的效率	0.017 3
			资源获取的效率	0.025 8
			利益诉求表达的效率	0.018 2
			各种主体参与冲突解决的效率	0.023 0
			执行冲突解决方案或协议的效率	0.018 3
	效果性	0.226 6	冲突风险防范与预防的效果	0.056 8
			信息与知识获取的效果	0.023 4
			资源获取的效果	0.030 5
			利益诉求表达的效果	0.031 5
			各种主体参与冲突解决的效果	0.043 1
			执行冲突解决方案或协议的效果	0.041 9

目标层	准则层	权重	次准则层	权重
环境群体性事件解决绩效	公平性	0.192 6	机会公平	0.060 9
			过程公平	0.050 6
			结果公平	0.081 1
	民主性	0.155 2	透明度	0.036 9
			回应性	0.028 6
			可问责性	0.028 2
			参与度	0.031 9
			自由度	0.029 7
	法治性	0.184 4	依法性	0.059 0
			合法性	0.059 0
			法律合理性	0.066 4

三、指标体系应用结果

在确定环境群体性事件解决绩效评估指标权重的基础上，研究通过模糊综合评价法的基本原理对 S 市反石化事件、B 市反焚烧事件、N 市反 PX 事件、X 市反焚烧事件和 W 县抗议事件五个事件解决绩效进行测评。为探究评估指标体系与评估结果之间的关系，对评估指标体系中的指标设置与评估结果进行相关分析。结果表明（表 9-5-2），除在 S 市反石化事件和 X 市反焚烧事件中，经济性指标与评估结果没有显著相关外，在其余案例中，各维度指标均与评估结果显著相关。

表 9-5-2　不同案例间评估指标维度设置与评估结果的相关分析（Pearson）

指标维度	S 市反石化事件	B 市反焚烧事件	N 市反 PX 事件	X 市反焚烧事件	W 县抗议事件
经济性	0.121[6]	0.268**[6]	0.311** [6]	-0.113[6]	0.469**[5]
效率性	0.518** [3]	0.555** [4]	0.331** [4]	0.247** [5]	0.568**[2]
效果性	0.571** [2]	0.560** [3]	0.622** [1]	0.824** [1]	0.661**[1]
公平性	0.353** [5]	0.574** [2]	0.312** [5]	0.277** [4]	0.485**[3]
民主性	0.354** [4]	0.339** [5]	0.477** [3]	0.587** [2]	0.484**[4]
法治性	0.642** [1]	0.666** [1]	0.507** [2]	0.526** [3]	0.381**[6]

注：**表示在置信度为 0.01 时，相关性是显著的；[　]内的数字为显著性的排序。

在 S 市反石化事件和 B 市反焚烧事件中，法治性指标与评估结果的相关性排在首位，而在 N 市反 PX 事件、X 市反焚烧事件和 W 县抗议事件中，效果性指标与评估结果的相关性则排在首位。相较而言，在 S 市反石化事件、B 市反焚烧事件和 W 县抗议事件中，效率性和效果性指标与评估结果的相关性紧随其后，而在 N 市反 PX 事件、X 市反焚烧事件中，民主性和法治性指标对于评估结果的相关性更为显著。除 W 县抗议事件外，在其余所有案例中，经济性指标与评估结果的相关系数均排名最低。

进而，研究按照排名顺序对上述维度指标进行赋分加总，用以更为清晰地说明其与事件评估结果之间的关系。指标赋分的标准是：排名第一的维度指标赋 6 分，以此类推，排名末尾的维度指标赋 1 分。结果表明（表 9-5-3），除 W 县抗议事件外，在其余案例中，公平性、民主性和法治性指标群的分值均高于经济性、效率性和效果性指标群的分值，一定程度上可以说明，公平性、民主性和法治性指标群对于评估结果的重要性要高于经济性、效率性和效果性指标群。

表 9-5-3 赋分后各维度指标统计

维度计分	S 市反石化事件	B 市反焚烧事件	N 市反 PX 事件	X 市反焚烧事件	W 县抗议事件
经济性	1[3]	1[3]	1[3]	1[3]	2[3]
效率性	4[2]	3[2]	3[2]	2[2]	5[2]
效果性	5[1]	4[1]	6[1]	6[1]	6[1]
分值小计	10	9	10	8	13
公平性	2[3]	5[2]	2[3]	3[3]	4[1]
民主性	3[2]	2[3]	4[2]	5[1]	3[2]
法治性	6[1]	6[1]	5[1]	4[2]	1[3]
分值小计	11	11	11	12	8

注：分值小计指将经济性、效率性、效果性指标群和公平性、民主性、法治性指标群分别相加的得分；[ ]内的数字为该维度指标在本指标群中的排名。

此外，统计结果也显示这样一种趋势：在 VPP 整合性评估指标体系的应用过程中，就公平性、民主性和法治性指标群而言，应首先关注法治性指标，再次关注民主性和公平性的指标。而在经济性、效率性和效果性指标群中，则首先要关注效果性指标，进而关注效率性指标，再次关注经济性指标。

实地观察与访谈的结果则基本支持了上述观点。S 市反石化事件中的环保热心人士张先生[1]就指出："已经有了 A 石化、B 石化，还有这么多小作坊，你还要把这里规划成最大的化工区？这不是钱不钱的问题，我们的生活要得到保障的呀。你有没有按照规定公示啊？有没有征求过意见？" 在 B 市反焚烧事件中，一直参与事件解决的民意代表 W 姓女士[2]就指出："……所以后来我们就从法律的角度去讲。因为这次主要问题还是在这。环保组织在这一块儿还是比较有经验的……环境条款，就是我们这次的切入点。我们走的全都是正规途径，所到之处，说句实话，基层工作作风都在改进，后来我们到的北京环保局、环境保护部等等都很热情地接待我们。我没碰到不讲理的，碰到不讲理的，我也很厉害。人家只要态度好，我们就讲理。因为你是来解决问题的，不是来情绪化发泄你内心不满的，

1 资料来源于访谈记录 EPGE2015-12-21SHJS。
2 资料来源于访谈记录 EPGE2016-08-23BJBY。

那样永远解决不了问题。”在 N 市反 PX 事件中，政府办的 Z 姓工作人员[1]说：“我们现在获取民众意见的渠道有很多的，也都是畅通的。比如说，你可以直接来信访办上访，这个我们是绝对会接待的。若是觉得不方便，你也可以打电话反映问题。每周我们还有领导现场办公，直接受理民众反映的问题……”在 X 市反焚烧事件中，几乎全程关注事件解决的 XT 大学的某位老师[2]指出：“别的我就不说了，有没有效果才是解决的关键！听证会的时候我也去了，印象很清楚。当时还下雨，我们就在酒店门口等着。还有那专家有为老百姓说话的么？就知道烧烧烧，除了建设别的办法。这叫提出了什么意见？这叫解决么？”受访者们也提出了互动在事件解决过程中的重要性。他们指出，参与者们能够形成一定的互动，对其余群体所关注的问题或事项进行答复，通过过程性的互动，从而推进事件解决的进程。在形成互动的过程中，各种主体也能够就相关事宜进行商讨、辩论，向其他社会群体传达自身的主张与建议，从而为矛盾的化解提供可行性方案。环保志愿者 C 同学[3]：“政府就是，如果你曾经去过听证会现场，或者你参与过和政府、和企业的沟通现场，或是环评方、政府和公众的座谈会，你会越来越发现一个非常明显的现象，就像媒体报道一样的道理。就是媒体上报道的你说你的，我说我的。我提出说我认为这个项目的二噁英排放很大，已经超出的安全范围，会威胁到我的生命。但是政府就会说我的技术是超高的，技术是没有问题的，可以控制它，控制得很好！就是这样，你明白了吧？就是自说自话！”

四、其他因素对绩效评估的影响

对典型案例中的事件地域分布和事件解决中的暴力冲突程度进行考察，用以探究其对于评估结果的影响。

（一）地域分布对绩效评估的影响

对事件的地域分布进行独立样本 *T* 检验，其方差的 Levene 检验 Sig 值为 0.000，在 95% 的置信区间下小于 0.05 的显著性水平，故而拒绝其方差相等的假设。进而在未假设方差相等的情况下，其 *T* 检验的 Sig 值为 0.001，小于 0.05 的显著性水平，故而拒绝其样本来自同一总体的原假设，即事件特征对于评估结果具有显著影响（表 9-5-4）。

表 9-5-4 事件地域分布的独立样本 T 检验分析结果

		方差的 LEVENE 检验		均值方程的 T 检验						
		F	Sig	t	df	Sig	均值差值	标准误差值	差分的 95%置信区间	
									下限	上限
评估结果	a	61.016	0.000	−4.828	745	0.000	−0.291 60	0.060 40	−0.410 17	−0.173 03
	b			−3.558	128.845	0.001	−0.291 60	0.081 95	−0.453 80	−0.129 41

注：a 为假设方差相等，b 为假设方差不相等。本章的研究依据案例资料和实地观察与访谈的资料，将 S 市反石化事件、B 市反焚烧事件、N 市反 PX 事件和 X 市反焚烧事件的发生地域界定为城市，将 W 县抗议事件的发生地界定为农村。

1 资料来源于访谈记录 EPGE2016-08-20ZFB。
2 资料来源于访谈记录 EPGE2016-08-04HNXT。
3 资料来源于访谈记录 EPGE2016-08-04HNXT。

从地域分布的均值对比（图 9-5-2）中可以看出，发生于城市的事件的评估结果明显低于发生于农村的事件的评估结果。相较于发生在城市的事件，发生在农村的事件中的利益诉求更为直接与具体，更多涉及的是关停污染企业并进行相应的经济补偿，且解决协议在以村为单位的行政区域内的执行与落实更为迅速，因而其评估结果的均值要高一些。正如村民李某[1]所言：“俺们能有啥要求啊？俺们的要求很简单，就是别再让它生产了！俺们老百姓也得过日子啊。你这天天排，天天排，俺们这地还怎么种啊？水还怎么喝啊？只要是让他不再生产咯，俺们就满意了！”

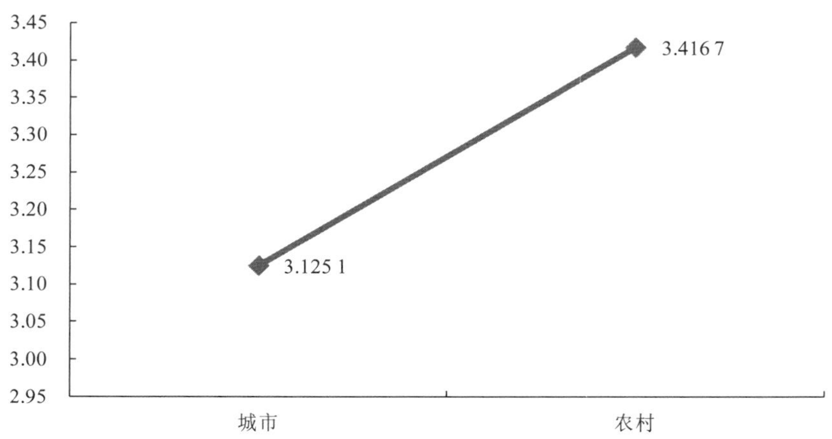

图 9-5-2 地域分布均值对比

（二）暴力冲突程度对绩效评估的影响

进而对事件解决中的暴力冲突程度进行独立样本 *T* 检验，其方差的 Levene 检验 Sig.值为 0.000，在 95%的置信区间下亦小于 0.05 的显著性水平，故而拒绝其方差相等的假设。进而在未假设方差相等的情况下，其 *T* 检验的 Sig.值为 0.000，小于 0.05 的显著性水平，故而拒绝其样本来自同一总体的原假设，即暴力冲突程度对于评估结果具有显著影响（表 9-5-5）。

表 9-5-5 暴力冲突程度的独立样本 T 检验分析结果

		方差的 LEVENE 检验		均值方程的 *T* 检验						
		F	Sig.	t	df.	Sig.	均值差值	标准误差值	差分的 95%置信区间	
									下限	上限
评估结果	a	24.145	0.000	−7.923	745	0.000	−0.338 90	0.042 78	−0.422 87	−0.254 92
	b			−7.504	510.526	0.000	−0.338 90	0.045 16	−0.427 63	−0.250 17

注：a 为假设方差相等，b 为假设方差不相等。本章的研究依据案例资料和实地观察与访谈的资料，将 N 市反 PX 事件和 W 县抗议事件认定为有暴力冲突，其余事件则没有。

1 资料来源于访谈记录 EPGE2016-11-20HBHS。

暴力冲突程度的均值对比（图 9-5-3）显示，没有暴力冲突的事件评估结果比存在暴力冲突事件的评估结果要明显偏低。在环境群体性事件的解决过程中，若是参与解决的各个主体产生了暴力冲突，其对于解决方案的制定甚至是事件解决的整个进程并无助益。然而，冲突的正面功能[1]在某种程度上也可使涉事各方短暂释放对立情绪，缓解敏感的对立局面，促使其重新投入到寻求解决方案的过程中来。同样，暴力冲突也会引起当局的关注与重视，一定程度上可以加速事件的解决。

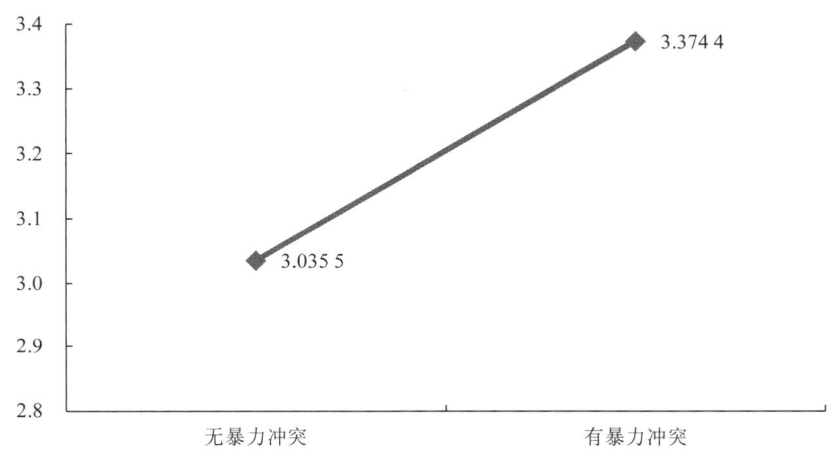

图 9-5-3　暴力冲突程度均值对比

第六节　VPP 整合性评估框架及其指标体系的讨论

本节要点　本节讨论了 VPP 整合性评估框架及其指标体系的贡献及对实际事件解决绩效评估的启示。

一、VPP 整合性评估框架及其指标体系的贡献

绩效评估在政府管理中可以发挥多种积极作用和功能：计划辅助、监控支持、激励、资源优化、公众沟通、社会监督等[2]。西方学者通过效率、效力和社会价值等概念来证明绩效评估存在的价值[3]，指出政府部门为解决某项问题而进行资源配置或内部协作时，首要关注的应是效率；而在履行公共服务职能时，则需要重点关注平等[4]。在进行绩效管理或绩效

1 刘易斯·科塞. 社会冲突的功能[M]. 孙立平，译. 北京：华夏出版社，1989.

2 周志忍. 我国政府绩效评估需要思考的几个问题[J]. 行政管理改革，2011（4）：7-41.

3 尼古拉斯·亨利. 公共行政与公共事务[M]. 9 版. 张昕，译. 北京：北京大学出版社，2006.

4 简·埃里克·莱恩. 公共部门：概念、模型与途径[M]. 北京：北京经济科学出版社，2004：132.

目标制定时，应坚持顾客导向的绩效评估原则[1,2]，考虑多元主体的需求，注重公共产品和公共服务的质量改善和提高，追求公共服务的质量和顾客满意度[3]。部分学者则强调了绩效评价标准中公平的重要性，认为除经济、效率外，还应通过财政平衡实现公平，再分配公平，责任和适应性[4]。而且，我国对于绩效评估指标体系的逻辑框架及评估模型的研究持续深入，指标体系的设计也日益精细。然而，指标设计的兼容性、指标体系的逻辑性、实施中测量的可靠性以及样本的代表性等问题仍然在其应用实践中频受质疑，能够进行全国性推广的评估体系仍旧难以寻觅[5]。研究提出了环境群体性事件解决绩效评估的 VPP 整合性评估框架，并在此基础上构建了评估指标体系，其理论创新与贡献主要体现在三个方面：

（一）构建了适用于评估环境冲突解决绩效的完整框架

科学合理的环境群体性事件解决绩效评估指标体系的构建，首先必须考虑和保障其科学性和专业化。同时，更为重要的是，绩效评估体系的构建必须斟酌在冲突解决中促进哪些目标的实现，引导冲突治理走向何种方向的问题。环境群体性事件的解决着眼于通过对决策及措施的调整化解矛盾纠纷，制定多方认同的解决协议，引导多元主体更为理性地表达利益诉求，提高其参与的能力和水平，增强其通过协作的方式达成问题解决的意识与能力，进而推进政策制定的科学化和民主化进程。因此，VPP 整合性评估框架及指标体系的构建在坚持构建方法科学性与合理性的同时，也坚持了对民众负责的价值性导向设计，强调公共责任，将传统的政府绩效评估“3E”评估框架拓展至“3E+公平+民主+法治”，使其更加符合我国的国情现实与实际需求，实现了绩效评估理论在环境治理领域和冲突解决领域的拓展和深化。该指标体系的构建亦对相关领域的理论研究具有一定借鉴意义和参考价值。

（二）推进了环境冲突解决评估指标体系的本土化发展

在社会主义市场经济体制和人民民主政治体制下，转型期中国国情的复杂性远胜于任一西方国家的任一时期。[6]与西方发达国家相比，现阶段我国的绩效评估的实施开展更多的还是依据政府部门的指示要求进行，由政府部门承担评估目标设置和指标体系构建的任务。我国的绩效评估把“提高执行力”或“保障政令畅通”作为绩效管理的主要目标定位[7]，存在独立的第三方评估发展不够完善、公民参与不足的现实问题。因而，评估体系的构建可以借鉴西方发达国家较为成熟的评估理论、原则与评价方法，而不能采用“拿来主义”的办法。我国环境群体性事件解决绩效评估体系的构建要围绕我国冲突治理的基本情境和冲突解决存在的主要问题，克服传统“官本位”文化、对 GDP 的盲目崇拜、政府部门的自

1 Hood O C. A Public Management For all Seasons? [J]. Public Administration，1991，69（1）：3-19.

2 臧乃康. 政府绩效评估价值及其实现[J]. 武汉大学学报（哲学社会科学版），2005，58（6）：850-856.

3 Hatry，H P. Tracking the Quality of Services[A]//Perry J L. Handbook of Public Administration. Second Edition. Jossey Bassinc. Publishers，1996：133.

4 埃莉诺·奥斯特罗姆，拉里·施罗德，苏珊·温. 制度激励与可持续发展[M]. 陈幽虹，等译. 上海：上海三联出版社，2000：131.

5 贠杰. 中国地方政府绩效评估：研究与应用[J]. 政治学研究，2015（6）：76-86.

6 许尧. 中国公共冲突的起因、升级与治理——当代群体性事件发展过程研究[M]. 天津：南开大学出版社，2013：19.

7 周志忍. 我国政府绩效评估需要思考的几个问题[J]. 行政管理改革，2011（4）：37-41.

利性等给绩效评估带来的观念上、价值上的扭曲和负面影响，解决民众参政意识薄弱、参政能力低下和多元主体参与不足导致绩效评估结果难以准确反映客观实际的问题。研究从经济性、效率性、效果性、公平性、民主性和法治性这六个维度构建环境群体性事件解决绩效评估的 VPP 整合性评估指标体系，一定程度上弥补了上述研究的缺憾与问题。这套指标体系又可以分为经济性、效率性和效果性指标群和公平性、民主性和法治性指标群，从而更好地对我国环境群体性事件解决的实际情况进行阐释。

（三）为明确环境群体性事件的管控重点提供参考

环境群体性事件的解决是一个复杂的系统工程，涉及参与主体、资源、正式及非正式制度的约束、处置策略等多个因素的共同作用，而所有这些因素都以单独或组合的方式通过价值取向、阶段特征和参与主体这三个构面对解决绩效产生影响。因而，对环境群体性事件解决绩效的考察也必须从上述这三个构面进行综合考量，避免研究结果有所偏颇。本章将上述这些因素及绩效构面加以综合分析，提出了一个不仅指导本章研究也可供其余学者参考借鉴的环境群体性事件解决绩效评估的 VPP 整合性评估框架及指标体系，使对我国环境群体性事件治理的考察更为系统全面。此外，本章的研究对于推动和优化当前我国环境群体性事件的解决策略也具有重要意义。冲突解决的绩效反映在行为、方式和结果三个方面，根据本章研究提出的评估指标体系，事件的应对者可以实现对环境群体性事件解决的投入、策略、产出和结果等方面的跟踪反馈，进而实现对事件解决的研判、控制、引导和优化，通过对事件解决绩效进行整合分析，为今后处置类似事件积累经验，使事件的解决向其期望的目标方向发展。

二、对实际事件解决绩效评估的再讨论

（一）完善法治，提升事件解决的民主与公平

1. 事件解决要明确以“法治”为基础

研究表明，在公平性、民主性和法治性指标群中，法治性指标对于评估结果的影响最为显著。法治具有根本性、全局性、稳定性和长期性的特点，更有利于调整、分配社会利益，规范社会行为，构建社会新秩序。对于法治性指标的考量不仅在于实现群体性事件处置相关法律的制度价值，更要实现人与自然和谐共处的环境法律的制度价值，要建立和健全多元主体参与治理的制度基础和法律保障，补充和完善环境立法，实现环境司法公正，促进行政民主化，保障民众的环境权益。本章提出的评估指标体系从“制度规范建设”及“个体行为意识”两个层面对事件解决的法治程度进行评价。通过“制度规范建设”层面，可以明晰用于指导事件解决的法律自身的合理程度以及法律体系的完善程度，便于政府部门厘清法律制度建设的薄弱环节与疏漏之处，具有针对性地对规章制度进行补充和修订。而通过“个体行为意识”层面，则可以把握参与事件解决的各种主体的意愿及行为偏好，便于具体问题具体分析，准确区分各种主体的目的倾向，从而分门别类地对不同群体施以辅助教育或进行重点防控。

2. 事件解决要依托“民主”来保障

民主性指标中的透明度、回应性、可问责性、参与度和自由度诸项指标能够提供给评估者一个全面而又具体的框架来对事件解决的民主程度进行考量。因而，通过民主性指标，也可以反映出涉及事件解决的诸多不易被察觉到的深层次问题。进入新时代后，我国部分地方政府部门对于环境群体性事件的应对也取得了一定的经验，逐步确立起民众行使表达权的规则，拓宽其表达渠道和途径，引导其通过制度内途径来表达利益诉求，促使民众行使表达权利的方式从突发的、无序的向常态的、有序的和规范化的方式转变。通过将多元主体纳入事件解决的决策过程中获取其对于事件解决的意见和建议，也为事件的有效解决奠定了基础。然而，仍需注意的是，政府部门的这种“开放”程度还是极为有限，其“开放”态度还存在一定的不确定性和回退效应。因而，要实现各种主体在事件解决过程中表达权的充分行使，还有相当长的路要走。

3. 事件解决要实现公平正义

能否平等公正地对待事件解决中的每一个群体，并保障弱势群体的权益也是评估事件解决合理与否的一个重要标志。在环境群体性事件解决中涉及的公平问题主要存在三个方面：首先，当地政府因承担经济发展职责而往往与涉事企业存在共同利益，因而在建厂选址、设备采购、排污指标方面给予支持。而个别主管单位的工作人员甚至会在出现民众举报之后，替企业遮遮掩掩，瞒报谎报真实数据，掩盖其污染的真实状况。其次，部分基层主管部门的片面认知导致事件解决的过程不公平仍有发生。在解决事件时，部分基层主管部门的工作人员采取简单粗暴的方式，以达到平息事态的目的。然而，这种处置方式往往容易引起事件升级。三是达成“绝对”结果公平的标准难以把握与实施。在涉及善后补偿时，人们的心理落差不是源于自己得到了多少补偿，而是这些补偿并不能够挽回原有的生活。基于这种比较，民众认为受到不公正的对待感持续上升。无论是主观还是客观原因导致的社会不公比比皆是，更是助长了人们的不满情绪。

（二）立足解决效果，兼顾事件解决的效率与经济

1. 事件解决要立足效果

研究表明，在经济性、效率性和效果性指标群中，效果性指标对于评估结果的影响最为显著。可以看出，在环境群体性事件的解决中，能否准确获取涉事群体的利益诉求，并且通过事件处置满足其利益诉求，是影响评估结果的一个最为直观的标准。效果性则是在考量上述两类指标的基础上，关注多元主体在事件解决的不同阶段是否达到了预期目标、具有实质性的产出或取得了相应的成果。事实上，对于事件解决效果的界定是比较困难的。此类冲突“往往涉及更多当事方，各方目标分歧更为突出，利益相关者的类型更加多样，当事方的权力和资源经常很不对称”[1]，而本章提出的评估指标体系从事件解决的全阶段、全周期进行考量，结合其阶段性特征提炼出事件解决的核心要点与关键步骤，不仅实现了同时对事件解决的进程和产出进行衡量，也使指标具有较好的鉴别力与区分度。

---

1 李亚. 中国的公共冲突及其解决：现状、问题与方向[J]. 中国行政管理，2012（2）：16-21.

2. 事件解决要注重效率

在经济性、效率性和效果性指标群中，效率性指标对于评估结果的影响仅次于效果性指标。事实上，能否迅速辨识矛盾焦点并及时进行调处，是事件解决中的关键着力点。效率性指标则较好地诠释了“时效性”的问题，其指标能够准确反映出多元主体在整个事件解决中能否做到及时、迅速地执行相应任务或履行相应职能。在事件暴发前，能否及时倾听民众利益诉求的表达、在最短的时间内通过对特定的社会现象进行分析、调查，对潜在的矛盾问题进行调处或解决，并对这些矛盾可能造成的危机事件及其后果警示相关组织和人员就显得尤为重要。就信息与知识获取的效率而言，在政府部门引导下形成及时、有效的信息互动与沟通是事件解决的基础。面对事件的暴发，只有迅速调动社会各方面可以利用的资源，促成多元主体参与共治，才可能实现快速地把危机降到最小范围之内，提升事件解决的绩效。在明确了解决方案或协议之后，政府部门通常会迅速组织实施，力求在最短的时间内解决问题，消除不良影响。

3. 事件解决要提升经济性

虽然在经济性、效率性和效果性指标群中，经济性指标对于评估结果的影响最低，然而，就事件解决的经济性而言，仍有诸多问题需要引起重视。一个主要问题是，对于环境群体性事件的定性不合理导致治理成本过高。部分基层主管单位的工作人员处于对抗性思维，倾向于将环境群体性事件定性为“一小撮别有用心的民众”向政府部门施压，进而危害人身安全，影响企业正常生产，扰乱社会秩序的事件。环境群体性事件定性上的偏差必然会影响政府部门治理目标和手段的选择进而导致高昂的治理成本。这种成本不仅包括动用力量控制事态的费用、封堵信息的费用等直接有形的经济成本，还包括政府公信力降低、行政机关负责人政治资本的损失、对民主大环境的负面影响等无形的政治成本。[1]这些成本随着多次投入的不断累积，带来高昂的维稳成本。

（三）地域分布与暴力冲突程度影响事件解决的绩效

现有研究着力分析冲突情境、参与人群的特征以及冲突解决的策略等对于冲突解决的影响，本章的研究则进一步关注了环境群体性事件的特征因素与解决绩效评估结果之间的关系，通过区分事件地域分布与暴力冲突程度的差异探讨相应的解决策略。

1. 地域分布对事件解决绩效的影响

改革开放特别是新世纪以来，我国城市化的进程不断加快，城乡差距逐步缩小，然而，我国发展的城乡二元结构仍没有打破，经济发展的水平和模式仍旧存在显著差异。相较而言，发生在城市的环境群体性事件主要是抗议诸如垃圾焚烧、PX 项目等技术相对成熟而存在一定邻避争议的项目；而发生在农村和城乡接合部的环境群体性事件则更多的是由被大城市所淘汰的污染排放高或技术相对落后的工厂排污导致。因而，对于不同污染项目的利益诉求与事件解决与否的评价标准通过地域差异得以凸显，一定程度上导致了对于城市与农村环境群体性事件评估结果的显著差异。发生在城市中的事件，涉事民众更加重视其

---

1 戚建刚. 论群体性事件的行政法治理模式——从压制型到回应型的转变[J]. 当代法学，2013（2）：24-32.

权利的维护与表达，重视在事件的决策过程中的知情权与参与权，强调在决策过程中应充分征求其意见，并对其利益诉求及关注的事项给予及时而准确的答复。因而，面对发生在城市的事件，应注重秉持法治的原则，重视善后处理，并充分让民众参与到决策中，及时获取民众的意见并予以反馈。发生在农村地区的事件，农村居民环保知识和理念缺乏，一般是污染已经发生，甚至已经发生好多年，实在忍无可忍才会起来抗争，事件一旦暴发，就会高情绪参与，很容易引发冲突暴力事件，所以在农村地区发生的环境群体性事件处置首先着重应急处置，控制事态，尽快解决矛盾焦点，同时实行安抚工作，避免更大规模的聚众表意；其次应该加强监督，对农村地区的污染情况进行监控，及时有效地化解环境污染；最后应强调多主体参与，保障农村居民的环境权益。

2．暴力冲突程度对事件解决绩效的影响

就暴力冲突程度而言，群体情绪的相互传染决定着群体特质的形成，进而影响其行为选择的倾向。相较于理智的、冷静的情绪，感性的、本能的情绪在群体中极易传导，进而控制整个群体的情感动向。此外，群体有着自动放大非理性冲动的能力，也就是说群体有引发偏执与专横的力量，只要经过集体行动和宣泄，群体表达的观点会被毫无根据地认为就是真理[1]。在格尔提出相对剥夺[2]的基础上，普鲁特和金盛熙进一步解释了其对于暴力行为的作用。在环境群体性事件中，许多都是从较为温和的抗争方式开始的，比如上访、静坐请愿、游行示威等。民众通过这些方式来表达自己诉求，希望引起政府部门的重视，解决环境污染或环境风险问题。这种情况下政府应重视事前预防，把矛盾化解于萌芽状态，并倾听民众诉求，搭建沟通平台，民主协商解决环境问题。然而当通过制度化途径无效或者由于突发事件诱发等因素，许多事件出现升级，产生暴力冲突，比如堵塞交通、围堵污染企业或政府大门甚至出现打砸抢烧等行为。有研究指出，“大部分的暴力行径既带有工具性，也带有情感性，只不过程度有差异”[3]。在事件暴发初期，民众采取暴力冲突行为，更多的是体现一种工具性意图，即将暴力冲突作为达到其目的的一种手段，其目标可能是引起更为广泛的关注，或者及时获取政府部门及相关企业对于问题的正视或回应，以期能够尽快实现平等协商与公平合作，进而解决事件。然而，面对政府部门工作人员及企业呈现出的“体制性迟钝”，当民众若干次表意无果或利益诉求没有得到明确的答复时，特别是当地方政府工作人员片面采取高压式的应对措施时，此时的暴力冲突就会呈现出工具性与情感性交织的特征，甚至情感性暴力可能成为民众为解决事件而采取的主要方式。因而，面对有暴力冲突的事件时，相关部门应保持理性和克制，以劝导疏散为主，并适时对违法行为采取管制性措施，同时应该做好善后处理，避免事件再度僵化升级。

1 古斯塔夫·勒庞. 乌合之众：大众心理研究[M]. 北京：新世界出版社，2011.

2 冯仕政. 西方社会运动理论研究[M]. 北京：中国人民大学出版社，2013：78.

3 普鲁特·狄恩，金盛熙. 社会冲突：升级、僵局及解决[M]. 王凡妹，译. 北京：人民邮电出版社，2013：99.

第七节　结　论

本节要点　本节介绍了本章的主要结论。

本章论述了事件解决绩效评估指标体系构建的理论基础和现实依据，运用定性研究和定量研究相结合的混合研究方法，构建了基于“价值取向-阶段特征-参与主体”的 VPP 整合性评估框架及其指标体系，并论述其评估主体选择、构建方法以及评估程序等问题。同时，运用 VPP 整合性评估指标体系对我国五个省（直辖市）的典型环境群体性事件的解决绩效进行了实证研究。通过研究，得出的主要结论如下：①我国环境群体性事件的解决需从“价值取向-阶段特征-参与主体”的角度构建整合性评估框架并实施绩效评估；②我国环境群体性事件的解决绩效可以通过 VPP 整合性评估指标体系进行衡量；③运用 VPP 指标体系可以对我国环境群体性事件解决绩效进行有效实证研究和实际评估。研究的不足之处是，由于缺乏可以借鉴的成熟量表，我们在 VPP 整合性评估框架及指标体系的基础上，开发出了一套全新的用于测评事件解决绩效的量表；这一量表虽然经过两次实证研究，但仍可能与实际情况存在一定的偏差，有待在今后的研究中进一步验证与修订。同时本章选取了五个典型地区的环境群体性事件进行调查，样本的代表性有待进一步拓展，从而提升研究结论应用的广泛性与适用性。

第四编

事件处置机制

第十章　事件处置机制总体分析

本章要点　如何有效遏制并妥善处置事件是有待解决的重要命题。基于问卷调查和多案例研究方法，本章探讨了事件处置机制及其对事件解决效果的影响。研究发现：①事件处置机制包括6个构成要素，分别是事前预防机制，信息沟通、信任和利益协调机制，动员、应急和权责机制，监督、法律和保障机制，协同创新机制，善后处理机制；②事件处置机制对事件解决效果影响从大到小分别是动员、应急和权责机制，事前预防机制，善后处理机制，信息沟通、信任和利益协调机制，监督、法律和保障机制，协同创新机制；③事件发生地域、规模与暴力程度对事件处置机制与解决效果之间的关系具有调节作用。这些研究发现对环境群体性事件的预防和解决具有积极意义，对其他冲突的治理也具有一定的参考价值。

学术界对环境群体性事件的处置进行了探讨。部分学者强调政府的重要性，认为政府监管不力[1]、回应不足且处置不当[2]导致环境污染和群体性事件的发生，提出替代性冲突解决[3]、环境冲突解决[4]等方案，并强调通过制度化路径[5]建立环境治理多中心治理模式[6]或环境生态民主治理模式[7]等措施来化解冲突。也有部分学者强调法治的作用。例如，Lan（蓝志勇）提出包含法律诉讼与行政命令在内的传统冲突解决方案，以避免冲突扩大升级[8]；郭倩认为处置环境集体抗争事件时应通过法律途径，遵循依法行政和人权保障原则[9]；于涛则从刑法的角度提出环境群体性事件刑事解决机制[10]。也有学者强调参与协商的重要作用。例如，托马斯·谢林强调可信承诺在冲突解决中的重要作用[11]；Patrick（帕特里克）提出建立形

---

1 Spence D B. The Shadow of the Rational Polluter：Rethinking the Role of Rational Actor Models in Environmental Law[J]. California Law Review，2001，89（4）：917-918.

2 赵鼎新. 社会与政治运动讲义[M]. 北京：社会科学文献出版社，2012：3-4.

3 Bingham G. Resolving Environmental Disputes：A Decade of Experiences[M]. Washington DC：Conservation Foundation，1986.

4 Orr P J，Emerson K，Keyes D L. Environmental Conflict Resolution Practice and Performance：An Evaluation Framework[J]. Conflict Resolution Quarterly，2008，25（3）：283-301.

5 杰克·奈特. 制度与社会冲突[M]. 周伟林，译. 上海：上海人民出版社，2010：195.

6 李雪梅. 环境治理多中心合作模式研究——基于环境群体性事件[M]. 北京：人民出版社，2015：59-71.

7 汪伟全. 环境类群体性事件研究[M]. 北京：中央编译出版社，2016：151-154.

8 Lan Z. A Conflict Resolution Approach to Public Administration[J]. Public Administration Review，1997，57（1）：27-35.

9 郭倩. 生态文明视阈下环境集体抗争的法律规制[J]. 河北法学，2014，32（2）：124-131.

10 于涛. 环境群体性事件的刑事解决机制[M]. 北京：法律出版社，2016：176-191.

11 托马斯·谢林. 冲突的战略[M]. 赵华，等译. 北京：华夏出版社，2006：19-40.

式多样的自下而上的沟通交流机制[1]；杜健勋建议构建“参与-回应”型社会治理体制[2]，从而实现增加公众对项目的认可度[3]，降低冲突发生的概率和解决成本[4]。也有学者强调多元主体的参与治理。例如，格里·斯托克等认为社会中不同主体间的界限愈加模糊，增添治理的复杂性，需要多元化主体的协同治理[5]；约翰·汉尼根指出要想使环境问题抗争成功，需要让环境问题进入政策议程和法律程序，并得到媒体的关注[6]；狄恩·普鲁特等强调第三方干预有利于解决社会冲突[7]；张成福提出“构建政府主导、多种主体参与、权责明确的公共危机管理机制”[8]。

从以上文献梳理可以发现，现有研究从不同角度分析了环境群体性事件的处置，为事件解决提供了一定的借鉴和参考，但在处置机制的系统整理方面尚存不足，影响了事件处置机制的科学构建。本章基于问卷调查和多案例研究，主要探讨：①环境群体性事件处置机制的主要内容；②环境群体性事件处置机制对事件解决效果的影响；③环境群体性事件发生地域、规模和暴力程度对事件处置机制与解决效果之间关系的调节作用。

第一节 概念界定与理论框架

本节要点 本节针对环境群体性事件处置机制进行了概念界定，并建立了本章的理论框架。

一、概念界定

在《辞海》中，机制泛指一个工作系统的组织或部分之间相互作用的过程和方式，可以理解为一种给定的制度安排[9]。王宏伟认为机制就是制度化、程序化的方法与措施[10]。詹姆斯·罗西瑙则强调机制是一种具有内在联系的工作方式和运动机理，是一系列动作进行相互协调、适应、配合完成某个活动或任务的一个过程[11]。有效的机制可以为冲突各方提供明确的行为规则和化解冲突的适当路径，从而使公共冲突得到有序地表达、协商、

1 Patrick D W. Public Engagement with Large - Scale Renewable Energy Technologies: Breaking the Cycle of NIMBYism[J]. Wiley Interdisciplinary Reviews Climate Change，2011，2（1）：19-26.

2 杜健勋. 邻避运动中的法权配置与风险治理研究[J]. 法制与社会发展，2014（4）：107-120.

3 Lidskog R. From Conflict to Communication? Public Participation and Critical Communication as a Solution to Siting Conflicts in Planning for Hazardous Waste[J]. Planning Practice & Research，2010，12（3）：239-249.

4 Inhaber H. Slaying the NIMBY Dragon[M]. Somerset，United Kingdom：Transaction Publishers，1998.

5 格里·斯托克，游祥斌. 新地方主义、参与及网络化社区治理[J]. 国家行政学院学报，2006（3）：92-95.

6 约翰·汉尼根. 环境社会学[M]. 洪大用，等译. 北京：中国人民大学出版社，2009：82.

7 狄恩·普鲁特，金盛熙. 社会冲突：升级、僵局及解决[M]. 王凡妹，译. 北京：人民邮电出版社，2013：274-275.

8 张成福. 公共危机管理：全面整合的模式与中国的战略选择[J]. 中国行政管理，2003（7）：6-11.

9 夏征农，陈至立. 辞海[M]. 6版. 上海：上海辞书出版社，2009.

10 王宏伟. 重大突发事件应急机制研究[M]. 北京：中国人民大学出版社，2010：1.

11 詹姆斯·N. 罗西瑙. 没有政府的治理：世界政治中的秩序与变革[M]. 张胜军，刘小林，译. 南昌：江西人民出版社，2001：5.

整合和化解。在本章中，我们将环境群体性事件处置机制界定为人们为了应对环境群体性事件而建立起来的一系列管理制度、治理方式、操作流程及其相互影响所形成的有机集合。

二、理论框架

环境群体性事件一般可分为三个阶段：事件潜伏期、事件暴发期和事件消退期；相应地，对事件的处置也可分为事前预防、事中解决和事后处置三个阶段。在研究初期，在前期大量文献研究和反复理论思考的基础上，为了系统研究环境群体性事件的处置机制，我们初步列举了 18 个可能影响环境群体性事件处置的机制，这些机制包括：社会稳定风险评估机制[1]、预测与预警机制、预防机制[2]、信息沟通机制[3]、信任机制[4]、利益协调机制[5]、各方参与与领导组织机制、应急机制[6]、权利义务与权力责任机制[7]、物质保障机制[8]、精神保障机制[9]、法律机制[10]、监督机制[11]、协同处置机制[12]、创新处理机制[13]、监督反馈机制[14]、利益补偿机制[15]、善后处理与保障机制[16]。我们认为，这 18 个机制概括了影响环境群体性事件处置的所有重要子机制，并希望通过对这 18 个子机制的全面系统分析，概括出影响环境群体性事件处置的主要和关键机制。

环境群体性事件具有多种类型。按照地域不同，可以分为城市、农村[17]两种类型，甚至可以划分为城市、农村和城乡接合部三种类型，但在这章我们主要划分为两种类型。按照抗议手段不同，可以分为低暴力程度、中暴力程度和高暴力程度[18]，按照规模不同，可以分为一般规模、大规模和超大规模[19]。对事件解决效果的衡量分为三种：成功（S）、半成功（SS）、失败（F）。成功即环境群体性事件中环境污染问题得到了有效解决，事件得到了有效控制，并取得了良好的社会效果；半成功即环境群体性事件得到了有效控制，但环境问题没有得到彻底解决，矛盾点依然存在，没有完全解决群体性事件；失败指事件没

1 崔亚东. 群体性事件应急管理与社会治理——瓮安之乱到瓮安之治[M]. 北京：中共中央党校出版社，2013：69.
2 王郅强，彭宗超，黄文义. 社会群体性突发事件的应急管理机制研究——以北京市为例[J]. 中国行政管理，2012（7）：70-74.
3 许尧. 中国公共冲突的起因、升级与治理[M]. 天津：南开大学出版社，2013：270.
4 常健. 中国公共冲突化解的机制、策略和方法[M]. 北京：中国人民大学出版社，2013：203.
5 华启和. 邻避冲突的环境正义考量[J]. 中州学刊，2014（10）：93.
6 殷星辰. 预防和处置群体性事件应建立六大机制[J]. 新视野，2013（4）：59-61.
7 于鹏，张扬. 环境污染群体性事件演化机理及处置机制研究[J]. 中国行政管理，2015，12：125-129.
8 王郅强，彭宗超，黄文义. 社会群体性突发事件的应急管理机制研究——以北京市为例[J]. 中国行政管理，2012（7）：70-74.
9 陈毅. 风险、责任与机制：责任政府化解群体性事件的机制研究[M]. 北京：中央编译出版社，2013：261-267.
10 常健，许尧. 论公共冲突管理的五大机制建设[J]. 中国行政管理，2010（9）：63-66.
11 秦书生，鞠传国. 环境群体性事件的发生机理、影响机制与防治措施——基于复杂性视角下的分析[J]. 系统科学学报，2018，26（2）：50-55.
12 陈毅. 风险、责任与机制：责任政府化解群体性事件的机制研究[M]. 北京：中央编译出版社，2013：112-128.
13 崔亚东. 群体性事件应急管理与社会治理——瓮安之乱到瓮安之治[M]. 北京：中共中央党校出版社，2013：302.
14 卢文刚，黄小珍. 群体性事件的政府应急管理——以广东茂名 PX 项目事件为例[J]. 江西社会科学，2014：178-185.
15 胡美灵，肖建华. 农村环境群体性事件与治理——对农民抗议环境群体性事件的解读[J]. 求索，2008：63-65.
16 陈毅. 风险、责任与机制：责任政府化解群体性事件的机制研究[M]. 北京：中央编译出版社，2013：370.
17 李国波. 农村群体性事件法律研究[M]. 广东：中山大学出版社，2010：20-34.
18 于涛. 环境群体性事件的刑事解决机制[M]. 北京：法律出版社，2016：54.
19 陈月生. 群体性突发事件与舆情[M]. 天津：天津社会科学院出版社，2005：16.

有得到有效控制，同时环境污染问题没有得到改善，或者只是得到了暂时的控制，没有从根源上解决问题（图 10-1-1）。

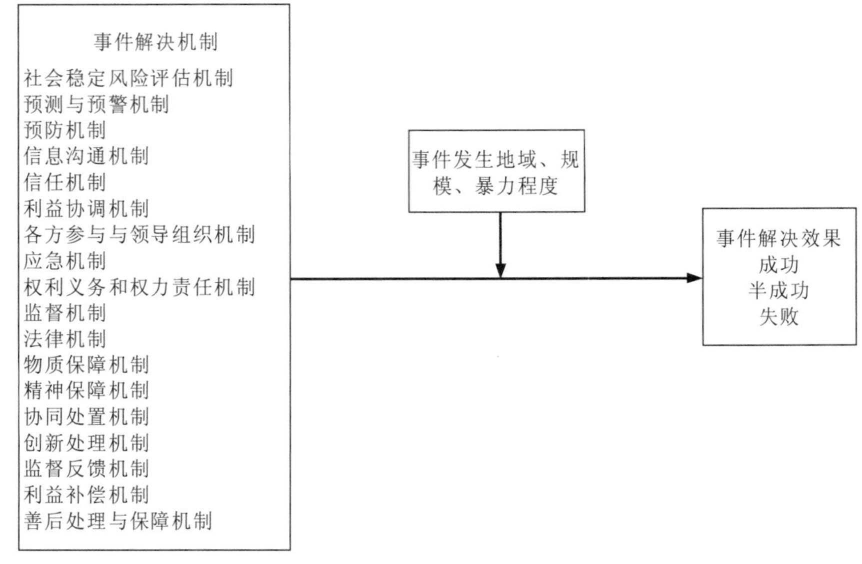

图 10-1-1 第十章理论框架

第二节 研究方法、数据收集与数据分析方法

本节要点 本节介绍了本章的研究方法、数据收集情况和数据分析方法。

一、研究方法与数据收集

（一）问卷调查法

问卷调查的目的是考察人们对环境群体性事件处置机制的看法，通过测量被调查者对各个处置机制重要程度的认同来检验处置机制的合理性。调查使用前面第六章所提到的 A 卷数据共 1 086 份，在其中剔除与未能有效回答本章研究问题的问卷，进一步得到最终有效问卷是 1 050 份，占 1 086 份问卷中的 96.69%。

（二）多案例研究法

为使研究结论更具有说服力[1]，采用多案例研究方法。在案例数据的收集方面，主要依据研究前期通过各种渠道收集到的 147 个案例。为保证研究的适用性和有效性，本章从案例所涉及的地域、规模和暴力程度上进行了筛选。案例的选择分为两个阶段。第一个阶段共 9 个案例，主要为城市、大规模和中等暴力程度的案例。第二阶段共 15 个案例，以第

1 罗伯特 •K. 殷. 案例研究——设计与方法[M]. 2 版. 周海涛，李永贤，李虔，译. 重庆：重庆大学出版社，2010：60-64.

一阶段的案例为基准，在控制两个变量的基础上，对第三个变量进行扩展。首先是控制规模和暴力程度，对地域进行扩展，这部分案例是案例 10 到案例 12；其次是控制地域和暴力程度，对规模进行扩展，这部分案例是案例 13 到案例 18；最后是控制地域和规模，对暴力程度进行扩展，这部分案例是案例 19 到案例 24。合起来共 24 个案例（表 10-2-1），这些案例涉及不同地域、规模和暴力程度，这样就探讨不同地域、规模和暴力程度的环境群体性事件处置过程中各个机制的作用。为保障资料的充分性和有效性，本章对每个案例采用期刊论文、图书专著、网络资料、新闻报道和政府文件等多种资料来源，形成资料证据三角形[1]。

表 10-2-1 环境群体性事件案例筛选（地域、规模和暴力程度）

案例编号与名称	地域	规模	暴力程度	发生时间	事件结果
C1.浙江宁波不锈钢污染企业事件	城市	大规模	中	2005 年	S
C2.广州番禺垃圾焚烧厂事件	城市	大规模	中	2009 年	S
C3.广东佛山市高明区反对垃圾焚烧	城市	大规模	中	2010 年	S
C4.北京朝阳区“京沈高速”环评事件	城市	大规模	中	2012 年	S
C5.四川成都市彭州 PX 事件	城市	大规模	中	2013 年	S
C6.深圳市抗议磁悬浮地铁事件	城市	大规模	中	2014 年	S
C7.北京阿苏卫垃圾焚烧厂事件	城市	大规模	中	2009—2010 年	SS
C8.内蒙古包头抗议尾矿污染事件	城市	大规模	中	2007 年	SS
C9.广东广州骏景花园变电站事件	城市	大规模	中	2008 年	F
C10.广西贺州富川砒霜厂事件	农村	大规模	中	2003 年	S
C11.浙江新昌抗议京新药厂污染事件	农村	大规模	中	2005 年	S
C12.陕西凤翔血铅事件	农村	大规模	中	2009 年	S
C13.厦门 PX 事件	城市	超大规模	中	2007 年	S
C14.北京六里屯垃圾场事件	城市	超大规模	中	2006—2009 年	S
C15.天津滨海新区反对 PC 项目事件	城市	超大规模	中	2012 年	S
C16.长江大学师生跪求取缔钢厂	城市	一般规模	中	2011 年	S
C17.北京西二旗抗议餐厨垃圾项目事件	城市	一般规模	中	2011 年	S
C18.河北石家庄万达小区变电站事件	城市	一般规模	中	2013 年	S
C19.浙江东阳画水镇事件	城市	大规模	高	2005 年	S
C20.四川什邡宏达钼铜项目事件	城市	大规模	高	2012 年	S
C21.河南驻马店夜市喇叭战	城市	大规模	高	2014—2015 年	S
C22.广东惠州反对兴建垃圾焚烧厂	城市	大规模	低	2014 年	S
C23.山东乳山反对建设乳山核电站	城市	大规模	低	2007 年	SS
C24.上海虹桥垃圾焚烧厂事件	城市	大规模	低	2009 年	SS

1 劳伦斯 • 纽曼. 社会研究方法：定性和定量的取向[M]. 郝大海，译. 北京：中国人民大学出版社，2012：179-181.

二、数据分析方法

（一）因子分析

因子分析是潜在公共因子的统计方法，它是从众多可观测的变量当中综合和抽取出少数几个潜在的公共因子，并使这些因子能最大程度地概括和解释原有观测变量的信息，从而解释事物本质。运用因子分析能有效实现降维，达到简化数据的目的。[1]研究以 SPSS 为分析工具，通过探索性因子分析来确认环境群体性事件处置机制的最佳因子结构，从而构建出相互独立的环境群体性事件处置机制体系。

（二）排序选择模型

多元离散选择问题普遍存在于社会生活中，通常情况下，当因变量不止具有两种选择时，需要用到多元选择模型，并且当因变量之间有明显的大小区别，存在程度上的差异时，属于排序问题，需要建立排序选择模型。[2]排序选择模型是多元选择模型的一种，它是用可观测的有序反应数据建立模型来研究不可观测的潜变量变化规律的方法。

（三）案例编码

为了减少研究者分析案例的随意性、增加研究结果的客观性与科学性，依据长期积累经验，研究采用多人参与编码的方法，以保证研究的信度与效度（图 10-2-1）。

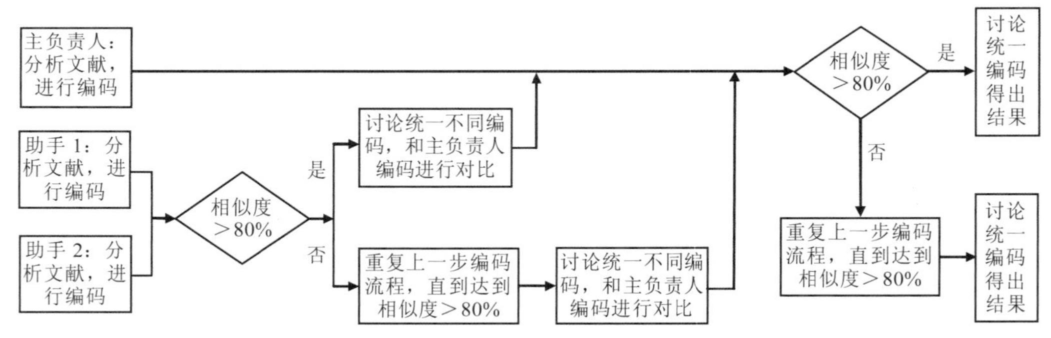

图 10-2-1 案例内容的具体编码

资料来源：改编自杨立华，程诚，刘宏福.政府回应与网络群体性事件的解决：多案例的比较分析[J].北京师范大学学报（社会科学版），2017（2）：117-131.

案例编码主要包括 5 个要素：编号与名称、地域、规模、暴力程度、解决效果。首先，对各案例赋予一定的名称和编号，案例名称是作者根据案例内容整理而成。“地域”指的是地理区域，其测量指标为“城市”和“农村”。要素“规模”以事件中参与的人数来划分，并分为一般规模（30～299 人）、大规模（300～999 人）、超大规模（1 000 人以上）。要素“暴力程度”的测量指标为“高 H”“中 M”“低 L”。对于案例中非常符合为 H，部分符合为 M，不符合为 L，资料缺失为 ND，其中非常符合是指案例完全能符合这一机制；部分符合是指案例

1 吴明隆. 结构方程模型——AMOS 的操作与应用[M]. 重庆：重庆大学出版社，2010：212.
2 樊欢欢，刘荣. EVIEWS 统计分析与应用[M]. 北京：机械工业出版社，2014：101.

并不完全体现，却在一定程度上表现与其一致的方面；不符合是指案例完全没有表现出该机制的特点；资料缺失是指各方面的资料未能显示出案例符合这一机制。对环境群体性事件解决成效的测量同样分为三个等级，分别是成功（S）、半成功（SS）、失败（F）。

第三节 研究结果

本节要点 本节介绍了本章的研究结果，对事件处置机制的构成要素、对事件解决效果的影响进行了分析。

一、事件处置机制构成要素

（一）主成分因子选取

因子分析把 KMO 检验统计量作为效度检验指标[1]。本章研究中环境群体性事件处置机制数据 KMO 度量值为 0.950（表 10-3-1），表示非常适合做因子分析。此外，Bartlett 的球形度检验的近似卡方（χ^2）值为 5 843.833（df. 153），显著值（Sig.）为 0.000<0.05，说明显著性水平高，各测试变量之间有共同因子存在，也表明非常适合做因子分析。

表 10-3-1 KMO 和 Bartlett 的检验

取样足够度的 KMO 度量值	近似卡方（χ^2）	Bartlett 的球形度检验	
		df.	Sig.
0.950	5 843.833	153	0.000

利用 SPSS20.0 软件因子分析中的主成分分析法进行抽取，得出 18 个因子的特征值和方差解释（表 10-3-2）。根据特征值选取原则，主要选取特征值大于或者等于 1 的因子，经检验解释度不高，故放宽条件，并根据研究目的综合考虑最终确定 6 个主成分因子。根据一般提取主成分因子的原则，6 个主成分因子方差解释量达到 86.099%，符合提取原则。

表 10-3-2 六个主成分因子方差解释量

主成分	初始特征值		
	合计	方差/%	累计/%
1	12.046	66.922	66.922
2	1.002	5.567	72.489
3	0.809	4.493	76.982
4	0.641	3.562	80.543
5	0.545	3.025	83.569
6	0.455	2.530	86.099

1 张红坡，张海峰. SPSS 统计分析实用宝典[M]. 北京：清华大学出版社，2012：267-268.

（二）主成分因子命名

根据 18 个因子的特征值和方差解释表的分析，最终选取 6 个主成分因子，采用最大方差法旋转的因子解进行分析，得出 18 个因子的载荷（表 10-3-3）。

表 10-3-3 旋转成分矩阵

环境群体性事件处置机制	主成分					
	1	2	3	4	5	6
监督机制	0.671					
法律机制	0.743					
物质保障机制	0.664					
精神保障机制	0.720					
信息沟通机制		0.797				
信任机制		0.779				
利益协调机制		0.650				
监督反馈机制			0.702			
利益补偿机制			0.644			
善后处理与保障机制			0.698			
社会稳定风险评估机制				0.615		
预测与预警机制				0.776		
预防机制				0.735		
协同处置机制					0.756	
创新处理机制					0.810	
各方参与与领导组织机制						0.642
应急机制						0.638
权利义务与权力责任机制						0.515

主成分因子 1 主要受监督机制、法律机制、物质保障机制和精神保障机制影响，对其命名为监督、法律和保障（物质保障与精神保障）机制；主成分因子 2 主要受信息沟通机制、信任机制和利益协调机制影响，对其命名为信息沟通、信任和利益协调机制；主成分因子 3 主要受监督反馈机制、利益补偿机制和善后处理与保障机制影响，对其命名为善后处理机制；主成分因子 4 主要受社会稳定风险评估机制、预测与预警机制和预防机制影响，对其命名为事前预防机制；主成分因子 5 主要受协同处置机制和创新处理机制影响，对其命名为协同创新机制；主成分因子 6 主要受各方参与与领导组织机制、应急机制和权利义务与权力责任机制影响，对其命名为动员、应急和权责（权利义务与权力责任）机制。

二、事件处置机制对事件解决效果的影响

运用 Eviews7. 2 的排序选择模型进行统计分析，探讨环境群体性事件处置机制对解决效果的影响（表 10-3-4）。结果如下：

表 10-3-4　排序选择模型结果

变量	影响系数	P 值
事前预防机制	0.201 876	0.025 3
信息沟通、信任和利益协调机制	0.101 738	0.001 7
动员、应急和权责机制	0.220 149	0.039 8
监督、法律和保障机制	0.089 998	0.045 9
协同创新机制	0.084 166	0.043 1
善后处理机制	0.102 674	0.048 6

注：对模型进行似然比检验，计算的 LR 统计量为 21.472 58，对应 P 值为 0.001 508，$P<0.05$，模型有效。

模型估计结果显示，这 6 个参数估计值的统计量对应的概率值都较小，统计上都是显著的，LR 统计量为 21.472 58，相应的概率值 P 小于 0.05，因此模型的估计系数是显著的，整体拟合效果较好。表 10-3-4 中显示事前预防机制，信息沟通、信任和利益协调机制，动员、应急和权责机制，监督、法律与保障机制，协同创新机制和善后处理机制的影响系数估计值分别为 0.201 876、0.101 738、0.220 149、0.089 998、0.084 166 和 0.102 674，这些系数估计值都为正，机制对潜在变量事件的解决效果影响为正，说明这些机制重要性越大，事件解决效果就越好。并且这些机制对解决效果的影响作用从大到小依次是：动员、应急和权责机制，事前预防机制，善后处理机制，信息沟通、信任和利益协调机制，监督、法律和保障机制，协同创新机制。

三、案例编码结果

将环境群体性事件处置机制的事前预防机制，信息沟通、信任和利益协调机制，动员、应急和权责机制，监督、法律和保障机制，协同创新机制和善后处理机制分别记为 F1、F2、F3、F4、F5、F6，在控制事件地域、规模和暴力程度等条件下对案例进行编码，来探讨不同地域、规模和暴力程度的环境群体性事件处置过程中各个机制所起作用（表 10-3-5）。

表 10-3-5　案例编码结果

案例编号与名称	F1	F2	F3	F4	F5	F6	事件结果
C1.浙江宁波不锈钢污染企业事件	L	M	M	M	L	M	S
C2.广州番禺垃圾焚烧厂事件	M	M	M	M	M	H	S
C3.广东佛山市高明区反对垃圾焚烧	H	H	H	H	H	H	S
C4.北京朝阳区“京沈高速”环评事件	M	M	M	M	M	M	S
C5.四川成都市彭州 PX 事件	M	M	M	M	M	M	S
C6.深圳市抗议磁悬浮地铁事件	L	M	M	M	M	M	S
C7.北京阿苏卫垃圾焚烧厂事件	M	M	M	M	M	M	SS
C8.内蒙古包头抗议尾矿污染事件	L	M	M	M	M	M	SS
C9.广东广州骏景花园变电站事件	M	M	M	M	M	M	F
C10.广西贺州富川砒霜厂事件	L	M	M	L	M	M	S

案例编号与名称	F1	F2	F3	F4	F5	F6	事件结果
C11.浙江新昌抗议京新药厂污染事件	L	M	M	M	M	M	S
C12.陕西凤翔血铅事件	M	H	M	M	H	H	S
C13.厦门 PX 事件	M	H	M	H	H	M	S
C14.北京六里屯垃圾场事件	M	M	M	M	M	M	S
C15.天津滨海新区反对 PC 项目事件	M	M	M	M	L	M	S
C16.长江大学师生跪求取缔钢厂	L	L	L	L	L	M	S
C17.北京西二旗抗议餐厨垃圾项目事件	M	M	M	M	H	M	S
C18.河北石家庄万达小区变电站事件	L	M	M	M	M	M	S
C19.浙江东阳画水镇事件	L	L	L	L	L	M	S
C20.四川什邡宏达钼铜项目事件	M	L	M	M	M	M	S
C21.河南驻马店夜市喇叭战	L	M	M	M	M	H	S
C22.广东惠州反对兴建垃圾焚烧厂	M	M	L	M	M	M	S
C23.山东乳山反对建设乳山核电站	M	M	M	M	M	M	SS
C24.上海虹桥垃圾焚烧厂事件	M	M	L	M	M	M	SS

第一阶段的 9 个案例主要是城市、大规模和中等暴力程度的案例，通过分析编码结果可以发现善后处理机制作用最大（2 个 H，7 个 M）；信息沟通、信任和利益协调机制，动员、应急和权责机制，监督、法律和保障机制作用较大（1 个 H，8 个 M）；协同创新机制作用一般（1 个 H，7 个 M，1 个 L）；事前预防机制作用较小（1 个 H，5 个 M，3 个 L）。在控制规模和暴力程度情况下，对地域进行扩展，可以发现在农村地区事前预防机制（1 个 M，2 个 L）和动员、应急和权责机制（2 个 M，1 个 L）作用较小。在控制地域和暴力程度情况下，对规模进行扩展，可以发现在超大规模事件中，信息沟通、信任和利益协调机制与监督、法律和保障机制所起作用较大（1 个 H，2 个 M），在一般规模事件中事前预防机制所起作用较小（1 个 M，2 个 L）；控制地域和规模，对暴力程度进行扩展，可以发现高暴力程度事件中，事前预防机制与信息沟通、信任和利益协调机制所起作用较小（1 个 M，2 个 L），低暴力程度事件中动员、应急和权责机制所起作用较小（1 个 M，2 个 L）。

为进一步检验案例编码结果的可靠性，对案例编码进行了卡方分析（表 10-3-6），以检验这些机制是否对不同地域、规模、暴力程度的事件解决效果有着显著影响。由表中的卡方分析结果可以看出，这些机制的卡方值均较高，且其渐进性显著水平全部小于 0.05，表明这些机制确实影响了事件解决效果。

表 10-3-6 事件处置机制卡方检验统计量

卡方检验	事前预防机制	信息沟通、信任和利益协调机制	动员、应急和权责机制	监督、法律和保障机制	协同创新机制	善后处理机制
卡方值	10.75	18.75	23.25	22.75	12.00	13.50
显著性	0.005	0.000	0.000	0.000	0.002	0.000

第四节 讨 论

本节要点 基于以上研究，本节讨论了事件处置机制的构成要素、事件处置机制对解决效果影响，以及事件发生地域、规模、暴力程度的调节作用。

一、事件处置机制构成要素的讨论

环境群体性事件的解决是一项复杂的社会活动，既涉及对冲突规模的控制，又涉及利益分歧的调解，还涉及对污染源的控制和环境的恢复以及相关利益群体的补偿。相应地，对其处置机制的构建要具有差异性和灵活性，不仅要考虑现实效果，还要考虑长远效果。因此，在环境群体性事件处置过程中应该要有一个系统性的应对与处置机制的构建和设计，并在事件中随时将相关经验教训系统化，避免出现治标不治本、疲于应付而无大效果的困境。[1]达伦多夫提出要协调好权利与供给的矛盾，达成共识[2]；奥斯特罗姆强调分析规则、制度与制度设计原则的重要性[3]；朱力从维护民众权益的视角提出构建包括利益诉求机制、利益协调机制、矛盾化解机制、利益补偿机制在内的动态化调节与化解机制[4]；许尧认为公共冲突管理包括不同主张的表达机制、对立观点的交流机制、冲突利益的整合机制、争议事项的裁决机制以及对抗行动的制动机制，这些机制彼此衔接、功能互补，构成了公共冲突管理的有机体系[5]。本章通过因子分析，探索出环境群体性事件处置机制包括事前预防机制，信息沟通、信任和利益协调机制，动员，应急和权责机制，监督、法律和保障机制，协同创新机制和善后处理机制六个机制，构成了对环境群体性事件处置的有机体系。该体系既涵盖了对环境群体性事件的“事前-事中-事后”全过程管理，又强调事件处置中的利益协调、监督与保障及各个主体的协同参与和创新发展，为环境群体性事件处置机制的研究和发展提供了一个新的思路和方向。

二、事件处置机制对解决效果影响的讨论

运用 Eviews7. 2 排序选择模型，探讨环境群体性事件处置机制对事件解决效果的影响。研究发现环境群体性事件处置机制构成要素中动员、应急和权责机制与事前预防机制对事件解决效果影响最大，善后处理机制和信息沟通、信任和利益协调机制影响次之，监督、法律和保障机制与协同创新机制影响最小。目前，有学者指出有预见性的政府要进行预防而不是进行治疗的治理范式，政府事前的预防更重于事后的补救[6]，坚持预防为主，防处结

1 陈毅. 风险、责任与机制：责任政府化解群体性事件的机制研究[M]. 北京：中央编译出版社，2013：113.

2 拉尔夫·达仁道夫. 现代社会冲突[M]. 林荣远，译. 北京：中国社会科学出版社，2000.

3 埃莉诺·奥斯特罗姆. 公共事物的治理之道——集体行动制度的演进[M]. 余逊，等译. 上海：上海三联书店，2000：81-88.

4 朱力. 走出社会矛盾冲突的漩涡：中国重大社会性突发事件及其管理[M]. 北京：中国科学文献出版社，2012：354-363.

5 许尧. 中国公共冲突的起因、升级与治理——当代群体性事件发展过程研究[M]. 天津：南开大学出版社，2013：269-274.

6 戴维·奥斯本，特德·盖布勒. 改革政府：企业精神如何改革公营部门[M]. 上海：上海译文出版社，1996：202.

合原则[1]，在危机未能发生之前就及时把产生危机的根源消除，则均衡的社会秩序能够得以有效保障，也可以节约大量的人力、物力、财力[2]，但是这些研究并没有涉及事件处置机制各个构成要素对事件解决效果的具体影响作用大小。因此，本章探讨出环境群体性事件处置机制各个构成要素对事件解决效果的具体影响，不仅有助于人们重新认识环境群体性事件处置机制，同时为进一步深入研究处置机制提供了新的逻辑起点，具有重要的理论参考价值。

三、事件发生地域、规模、暴力程度的调节作用

（一）事件发生地域调节作用

改革开放以来，我国城市化的进程不断加快，城乡差距逐步缩小，然而我国发展的城乡二元结构仍没有打破，经济发展的水平和模式仍旧存在显著差异。相较而言，发生在城市的环境群体性事件主要是抗议诸如垃圾焚烧、PX 项目等技术相对成熟而存在邻避争议的项目，涉事民众更加重视其权益的维护与表达，重视在事件的决策过程中的知情权与参与权[3]，强调在决策过程中应充分征求其意见，并对其利益诉求及关注的事项给予及时而准确的答复。因而，面对发生在城市的事件，应注重秉持法治的原则，充分让民众参与到决策中，及时获取民众的意见并予以反馈。而发生在农村的环境群体性事件更多的是由被大城市所淘汰的污染排放严重或技术相对落后的工厂排污导致。农村地区民众环保知识和理念缺乏，一般是污染已发生甚至已发生很多年，为了维护自己的生存权利[4]才起来抗争，事件一旦暴发，就会高情绪参与[5]，很容易引发冲突暴力事件，因此在农村地区发生的环境群体性事件处置应着重应急处置，控制事态，尽快解决矛盾焦点，同时实行安抚工作，避免更大规模的聚众表意，并加强对农村地区的污染情况的监控，及时有效地化解环境污染。

（二）事件发生规模调节作用

随着我国民众环保意识的觉醒，民众对自己的权益维护愿望强烈[6]，环境群体性事件呈现出扩大化趋势，并且很多非利益相关者参与，使得群体规模不断扩大，做出的决策更具有冒险性[7]。群体规模是能够改变民众与政府间权势关系的重要因素。在日常状态下，单个民众在与政府的关系中处于绝对弱势地位，一旦形成了规模性人群，这种弱势地位就会由于人数众多而改变。一方面，群体规模的扩大使得当事人偏向于情绪化和非理性[8]，另一方面，使得约束暴力的设施失效，提供了酝酿极端暴力行为的土壤[9]。彼得森曾提出安全量化

1 崔亚东. 群体性事件应急管理与社会治理——瓮安之乱到瓮安之治[M]. 北京：中共中央党校出版社，2013：54.
2 阎耀军. 论社会预警的概念及概念体系[J]. 理论与现代化，2002（5）：28-31.
3 张乐，童星. “邻避”冲突管理中的决策困境及其解决思路[J]. 中国行政管理，2014（4）：109-113.
4 詹姆斯•斯科特. 农民的道义经济学：东南亚的反叛与生存[M]. 程立显，等译. 南京：译林出版社，2001：8.
5 于建嵘. 抗争性政治：中国政治社会学基本问题[M]. 北京：人民出版社，2010：51-107.
6 冯仕政. 西方社会运动理论研究[M]. 北京：中国人民大学出版社，2013：325-338.
7 章志光. 社会心理学[M]. 北京：人民教育出版社，1996：401.
8 古斯塔夫•勒庞. 乌合之众[M]. 冯克利，译. 北京：中央编译出版社，2016：23.
9 许尧. 中国公共冲突的起因、升级与治理——当代群体性事件发展过程研究[M]. 天津：南开大学出版社，2013：188-189.

的概念，认为人越多越安全[1]。在“法不责众”心理支配下，民众会倾向于秉承“大闹大解决、小闹小解决、不闹不解决”的观念，采用体制外的利益表达手段释放心中的压力与不满[2]。因此，在处置环境群体性事件中，应该采取积极与民众进行利益沟通与协调，开展劝说、教育等抚慰方式并动员相应的物资和警力配备来防范各种冲突隐患，尽可能通过减少群体规模来降低冲突机会、缓解冲突情绪。

（三）事件暴力程度调节作用

在环境群体性事件中，很多都是从较为温和的抗争方式开始的，比如上访、静坐请愿等。民众通过这些方式来表达诉求，希望引起政府部门重视，解决环境污染或环境风险问题。这种情况下政府应重视事前预防，把矛盾化解于萌芽状态，倾听民众诉求，搭建沟通平台，民主协商解决环境问题。然而当通过制度化途径无效或由于突发事件诱发等因素，许多事件出现升级，产生暴力冲突，比如堵塞交通、围堵污染企业或政府大门甚至出现打、砸、抢、烧等行为。民众采取暴力冲突行为，更多的是体现一种工具性意图[3]，其目标是引起更广泛的关注，或者及时获取政府部门及相关企业对于问题的正视或回应[4]，以期能够尽快实现平等协商与公平合作，进而解决事件。因而，在面对有暴力冲突的事件时，相关部门应保持理性和克制，以劝导疏散为主，并适时对违法行为采取管制性措施，同时应该做好善后处理，避免事件再度僵化升级。

第五节　结 论

本节要点　本节介绍了本章的主要结论。

通过问卷调查和多案例研究方法探讨环境群体性事件处置机制，本章梳理出环境群体性事件处置机制包含六个构成要素，探讨出事件处置机制对事件解决效果的影响作用大小，还分析了事件发生地域、规模和暴力程度对事件处置机制与解决效果之间关系的调节作用，以期提高人们对环境群体性事件的认识，提供新的研究思路和方向，为政府部门决策提供借鉴和参考。同时，这也为本书中处置机制的各章内容的安排提供了研究依据。

1 罗杰·彼得森. 抵制与反抗：来自东欧的教训[M]. 吴新叶，等译. 北京：中央编译出版社，2014.
2 孟宏斌. 资源动员中的问题化建构：农村征地冲突的内在形成机理[J]. 当代经济科学，2010，32（5）：119-123，128.
3 狄恩·普鲁特，金盛熙. 社会冲突：升级、僵局及解决[M]. 王凡妹，译. 北京：人民邮电出版社，2013：99.
4 拉塞尔·哈丁. 群体冲突的逻辑[M]. 刘春荣，汤艳文，译. 上海：上海世纪出版集团，2013：177-220.

第十一章　事前预防机制

本章要点　借鉴公共危机管理理论和环境行政管理理论等相关理论，本章着重研究如何建立事件处置的事前预防机制。研究首先界定了预防机制的概念，进而按一定标准筛选了我国在过去一段时间发生的 25 个环境群体性事件作为典型案例进行比较分析。研究发现：①政府在机制构建中起中心作用，尤其在区县级行政层级对机制要素和预防效果起显著调节作用，但仍需要联合企业、NGO 组织、公众等其他主体力量，使机制系统化；②有效的预防机制的基本要素包括评估主体风险意识强、评估方法科学、评估机制有效、评估程序执行有力、预警主体反应度高、预测预警方法科学、预测预警有效、预测预警执行有力。研究同时指出，为了提高预防能力，需要做到五点：①完善风险评估机制，增强评估主体风险意识；②科学评估环境污染风险；③提高评估程序执行效率（包括组建评估小组，科学制定评估方案；积极听取群众意见，识别分析风险；判断风险类别，划清风险等级；汇总评估结果，控制评估风险）；④建立和完善预测预警系统；⑤建立科学和系统化预防机制。

在过去一段时间，因环境污染引发的群体性事件频发，各社会主体在积极处置各类突如其来的环境群体性事件的同时也意识到，与其不停地忙于突发事件的应付处置或不断地进行善后处理，还不如在完善事前预防上下功夫。但是，在我国传统的应对体系中，往往存在着“重处置轻预防”的问题；因此，完善环境群体性事件预防机制是协调环境与经济利益矛盾、预防和减轻环境群体性事件影响、保证社会稳定的关键环节和根本性工作。本章将按照以下思路展开：第一节在对相关概念进行界定的基础上，对以往关于群体性事件、环境群体性事件事前预防机制的研究进行了系统性的回顾，在冲突管理理论和危机管理理论的指导下，建立了本章的理论研究框架；第二节为实证研究设计，对本章所涉及的变量和研究假设、研究方法及数据分析方法进行了介绍；第三节对研究数据进行了分析和解读；第四节是针对结果的讨论和分析；最后是本章的研究结论。

第一节　概念界定、文献综述及理论框架

本节要点　本节介绍了事前预防机制的概念界定、现有研究情况，并建立了本章理论框架。

一、概念界定

（一）事前预防机制

美国行政学家奥斯本和盖布勒提出，有预见性的政府要进行预防而不是治疗，政府的事前预防更重于事后补救。[1]在对环境群体性事件进行研究的过程中，我们也深感建立环境群体性事件预防机制的重要性。当前的研究中学者更多着眼于对环境群体性事件的应对和处置，尚未对环境群体性事件预防机制进行准确定义。在参考环境保护、群体性事件以及机制体制等方面的资料后，结合本章研究内容，我们将环境群体性事件事前预防机制界定为：为了有效防止环境群体性事件的发生，分别从环境问题与群体性行为预防两个方面入手建立的一套包括法律制度、组织机构、社会网络、情报信息系统、预警系统等[2]在内的流程和方法。该机制通过完善环境保护规划体系，制定和完善相关法律法规，建立群众环保参与机制以及完善救济机制等方式，解决因环境污染问题引发的社会矛盾，达到有效预防和化解环境群体性事件的目的。

（二）社会稳定风险评估

德国著名社会学家贝克在《风险社会》中提出了“风险社会”的概念，认为风险具有严重程度可能超出预警监测能力的特点，需要进行精确的风险评估。实施社会稳定风险评估的目的在于根据国家和地区整体发展需求，用更完善的社会制度维持社会稳定。特别地，社会稳定风险评估一般指对一些重大或重点项目在建设之前对其各个方面可能对社会稳定造成的影响进行系统化、科学化的监测和分析，并提前提出预防或计划解决方案，以防止其对社会稳定造成的不良影响。一般而言，评估环节要注意“内、外”两个方面的因素：内部是指要查证项目自身的合法合规性，主要查验此项目是否有完整的实施依据和是否通过各部门的审批；而外部是评估此项目能否被公众、社会整体所认可。总之，项目只有在所在区域的经济、政治发展所能负担的范围内，才能够顺利开展建设。此外，社会稳定风险评估中需要特别注意的环节是对当地民众的民意调查，因为这个过程不只是分析风险的过程，更是一种与群众沟通交流的方式。这一环节也反映了社会稳定风险评估的另一个目的：通过与群众的沟通达成共识，明确利益，实现相互信任和适当规避风险。[3]

（三）预测预警

“预”字指一种超前的，并以时间为基础进行着的活动，预判某个时间状态的未来发展势头和趋势，并尽可能最早地制定相应对策。《尚书・大禹谟》曾说：“预则立，不预则废。”“警”字，具有提示、警报、告诫之意，同时隐含了规避、预防的意味。由此可知，对危机或群体性事件的产生进行预判或提前评估分析等就是预测；而通过预报进行警报、警示、告诫等以提示提高警惕、对可能的风险进行规避或预防等就是预警。

---

1 戴维・奥斯本，特德・盖布勒. 改革政府——企业精神如何改革公营部门[M]. 周敦仁，等译. 上海：上海译文出版社，2012.

2 李莹. 试析群体性事件的预防机制[A]. 社科纵横，2006.

3 江西省发展和改革委员会课题组. 构建重大工程项目社会稳定风险评估机制的研究[J]. 价格月刊，2011（12）：1-14.

二、文献综述

（一）事前预防机制现状分析

就事件预防机制的内容和构成要素而言，学术界已经进行了一些探讨。政府工作重心也逐渐从单纯地应对和处理环境群体性事件，向事前预防和化解矛盾纠纷转移。蒋俊杰[1]对我国重大事项社会风险评估机制进行了研究，提出在确保评估过程中科学测量的同时，应重视社会风险评估机制对预防环境群体性事件的重要性。罗云、宫运华[2]强调社会稳定风险评估机制中高效化信息系统的重要性，尤其是对社会心理因素的分析和考量。孙元明[3]重点分析了安全风险预警技术，包括预警监控、综合评价和信号灯等技术支持手段。此外，学者强调了预警指标体系、预警冲突预测、预警模型等在预防环境群体性事件上的作用。[4]杨立华[5]则强调预防机制中人的作用，将预防管理和人才培养相结合，通过加强风险评估的培训实现对突发性群体事件的有效抑制，使损失最小化。

（二）建立环境群体性事件预防的相关制度和机制的研究现状

虽然当前的研究尚未从全面、系统的角度，对如何建立环境群体性事件预防机制展开讨论，但从以下四个的角度，探索了建立群体性事件预防的相关制度和机制的不同方面。

第一，注重预防技术在群体性事件预防机制中的作用[6]，特别是预防知识与专业知识的应用以及专家学者的参与[7]，并探讨相关预防安排和形成与事件产生预防作用，特别是对于形成预防机制的重要作用[8]。

第二，探讨了事前预测预警机制的作用。阎耀军[9]指出，“现代社会预警应该是建立在现代的科学理论和方法及技术手段基础之上的，尤其是在采用的方法上，现代社会预警和传统社会预警的显著区别是定性分析和定量分析相结合，其重要标志是社会稳定质量指标体系的建立”。当前，对于社会稳定度量指标体系的研究尚处于起步阶段，但建立符合中国国情的群体性事件预警指标体系具有重要意义。王淼和李晨行[10]提出，对于环境污染问题引发的群体事件防控，在力求找出相关诱因，用科学的方法给予解决的同时，应做到解决过程的透明化与规范化，并对群众利益与经济利益之间的冲突进行协调。

第三，关注政府对公众诉求的回应对于环境群体性事件预防效果的影响。部分学者在对环境冲突的原因分析中，认识到公众诉求的回应能力在冲突治理中的地位和意义。薛澜[11]指

---

1 蒋俊杰．我国重大事项社会稳定风险评估机制：现状、难点与对策[J]．上海行政学院学报，2014（3）：90-96.
2 罗云，宫运华．社会稳定风险评估机制[J]．未来与发展，2014（6）：24-29.
3 孙元明．国内群体性事件发展趋势分析与预测[J]．云南师范大学学报（哲学社会科学版），2012，44（4）：71-76.
4 彭小兵，周明玉．环境群体性事件产生的心理机制及其防治——基于社会工作组织参与的视角[J]．社会工作，2014（4）：30-52.
5 杨立华．政府产品提供方式及其规范决策模型[J]．社会工作，2013（1）：3-55，152.
6 张小明．公共危机预警机制设计与指标体系构建[J].中国行政管理，2006（7）：14-19.
7 郑双怡，张劲松．民族关系评价指标体系构建及监测预警机制研究[J]．民族研究，2009（1）：21-30，108.
8 杨飞，杨爽，谷正宇．公诉环节风险评估预警机制的科学构建[J]．山西省政法管理干部学院学报，2012（3）：31-33.
9 阎耀军．超越危机：社会稳定的量度与社会预警[M]．延吉：延边大学出版社，2003.
10 王淼，李晨行．环境问题引发群体性事件的社会风险防控[J]．未来与发展，2014（6）：24-29.
11 薛澜．危机管理[M]．北京：清华大学出版社，2003.

出，产生公共危机的重要原因之一就是公民的利益未能实现，公众的需求未能得到满足。王顺等认为，环境相关设施规划决策过程中公众诉求被漠视，公众利益没有保障，难以避免冲突的产生。[1]陈俊宏提出，在现有的决策模式中，缺乏公众参与项目论证、决策，将公众这一最直接利益相关者排除在外，公众的诉求没有得以表达，这势必造成彼此之间的对抗与冲突。[2]

第四，在群体性事件预防和风险评估中，提出了新的解决思路。有学者提出风险评估应该根据政策的可操作性进行，这样才能够保证环境群体性事件事前预防机制能够更好地实施。[3]此外，探索政府与民众利益结合、经济发展与环境治理结合、预防机制与其他知识结合，以及相关其他混合知识的综合应用，已经成为当今环境污染问题，尤其是环境群体性事件中的前沿问题。[4]根据文献发表年限的纵向动态分析，不难看出在环境群体性事件中，研究者关注的视角由环境污染的相关治理问题，转向相关诱因的预防问题。从单一环境学科，引导至人文学科进行研究，甚至结合相关制度问题，从行动上给予更多协作上的处理，对政府以及群众、企业的关系给予探讨，并探索非政府的民间公众组织等其他主体的融合与协作。[5]

三、理论框架

（一）社会冲突理论

集体行为理论、集体行动理论与社会运动理论大多从抗议者角度研究集体行动发生的起因以及运作，却鲜少将集体行动或群体性事件视作一个抗议者和应对者发生博弈的互动过程。社会冲突理论则是从社会学的角度来探讨群体性事件，它源于马克思、齐美儿、刘易斯、科塞、柯林斯等[6]。社会冲突理论关注社会失序和不稳定，认为社会冲突和变迁的发生是由不平等所导致的，并关注了社会冲突的概念、冲突原因、参与主体、行动策略与战术、冲突升级及其发展、冲突解决等方面。在社会冲突理论中，参与主体扮演不同角色以及采取不同行动策略战术，而多元之间的协作性治理，可以发挥不同参与者的优势以促进冲突的有效解决。[7]

（二）危机管理理论

危机管理的4R模式由罗伯特·希斯（Robert Heath）提出，包括缩减（reduction）、预备（readiness）、反应（response）、恢复（recovery）四个阶段。[8]其中危机“缩减力”要求

---

1 王顺，张磊. 试析邻避冲突对政府的挑战[J]. 社会科学战线，2012（8）

2 陈俊宏. 邻避症候群、专家政治与民主审议[J]. 东吴政治学报，1999（10）.

3 王淼，李晨行. 环境问题引发群体性事件的社会风险防控[J]. 未来与发展，2014（6）：24-29.

4 田志华，田艳芳. 环境污染与环境冲突——基于省际空间面板数据的研究[J]. 科学决策，2014（6）：28-42.

5 黄杰，朱正威，赵巍. 风险感知、应对策略与冲突升级——一个群体性事件发生机理的解释框架及运用[J]. 复旦学报（社会科学版），2015（1）：134-143.

6 王园园. 环境群体事件的发生机理及应对机制研究[D]. 太原：太原理工大学，2014.

7 杨立华. 构建多元协作性社区治理机制解决集体行动困境——一个“产品-制度”分析（PIA）框架[J]. 公共管理学报，2007，4（2）：6-23.

8 罗伯特·希斯. 危机管理[M]. 王成，宋炳辉，金瑛，译. 北京：中信出版社，2004.

评估面临的危机及其可能造成的冲击，以降低风险，节约时间成本，减少资源浪费，以避免危机的发生及降低其造成的冲击力；“预备力”则要求建立完善的危机预警系统，以直接评估和预测出可能导致的恶性事件，提醒管理者做出快速和必要的反应和应急处置；“反应力”强调危机处理过程中的媒体管理、决策的制定、与利益相关者进行沟通等，包括信息公开与及时的诉求回应；“恢复力”则重点关注危机发生后的恢复、提升与总结，包括影响分析、制订恢复计划、修复与重建、转危为机等方面。[1]在环境群体性事件的预防机制构建上，主要涉及提升危机“缩减力”与“预备力”两个方面。

在社会冲突理论和危机管理理论的指导下，综合考虑环境群体性事件的特点以及预防所涉及的必要环节，制定了基本的理论分析框架（图 11-1-1）。

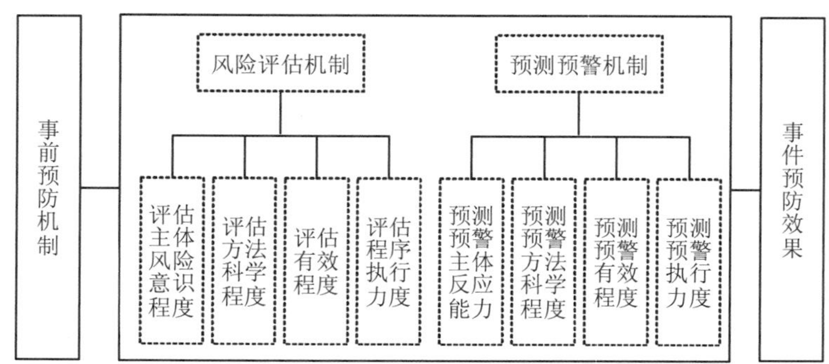

图 11-1-1 环境群体性事件事前预防机制理论分析框架

环境群体性事件事前预防机制包含风险评估机制和预测预警机制两个方面，其中风险评估机制的作用与效果受到评估主体风险意识程度、评估方法科学程度、评估有效程度、评估程序执行力度的影响；预测预警机制的作用和效果则与预测预警主体的反应能力、预测预警方法科学程度、预测预警有效程度和预测预警执行力度密切相关。在事前预防的过程中，对于风险评估机制和预测预警机制实际作用与效果的评价，都内涵了实施主体、方法科学性、有效性与执行力度四个维度。

第二节 研究设计

本节要点 本节介绍了本章的变量及假设和具体研究方法。

一、变量及假设

本章的研究问题是在解决由环境污染所引发的群体性事件的过程中，事前预防机制是否会影响事件解决效果。研究中的自变量为事前预防机制，包括风险评估机制和预测预警

1 王真，闫淑敏. 公共危机管理评估概念模型的建构与探讨[J]. 经济论坛，2009（18）：112-114.

机制两个方面；因变量为事件解决效果；调节变量为事件发生的地域、规模和暴力程度（图 11-2-1）。

基于此，本节提出以下研究假设：

假设 1：在环境群体性事件中，事前预防机制的效果影响了事件解决效果；

假设 2：环境群体性事件发生的地域对事前预防机制与事件解决效果之间的关系起到调节作用；

假设 3：环境群体性事件的规模对事前预防机制与事件解决效果之间的关系起到调节作用；

假设 4：环境群体性事件的暴力程度对事前预防机制与事件解决效果之间的关系起到调节作用。

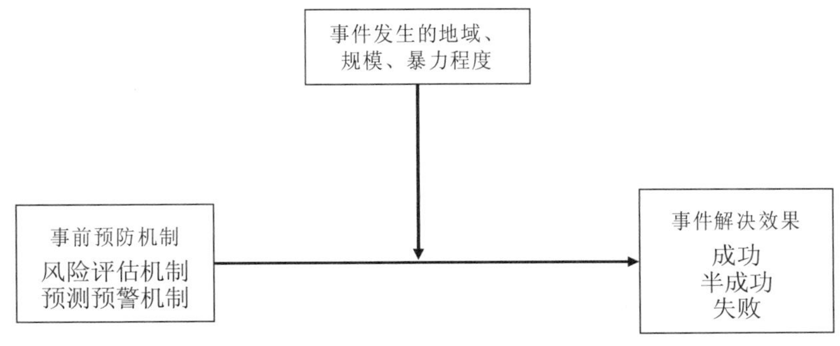

图 11-2-1　变量关系图

二、研究方法

本章的研究采用定性分析和定量分析相结合的研究方法，将文献研究法、实地访谈法与多案例研究方法运用到不同的研究阶段，对环境群体性事件中事前预防机制效果进行研究与评估。

（一）文献研究法

文献研究法有助于掌握当前研究现状，减少访谈和案例分析过程中存在的缺漏。文献资料来源主要有期刊、专著、新闻报道、政府工作总结、法律法规等，并将政府工作公报、县志、相关研究报告、历史文件记录等资料作为补充，以期全面了解研究区域的政府预防政策和措施，提升研究的严谨性。文献资料不仅可以提供相关背景知识信息和理论的支持，而且还能使研究结果的有效性得到进一步的验证。

（二）实地访谈法

实地访谈法可以获得文献和案例分析中缺少或遗漏的信息，更加关注事情发生的缘由、结局、影响等，能够获得具有针对性的详细描述。实地访谈法的数据来源于对研究对象进行观察和采访，属于结构性的文字材料。本章的研究以环境群体性事件为切入点，实地考察事件发生的地区，采访对该事件有基本了解的公众、企业、政府官员以及相关社会组织（NGO）成员等，对群体性事件发生的前因后果、事前预备方案和措施、冲突当事人对预防所起到的作用、效果的评判与意见等信息进行收集。

（三）多案例研究法

案例研究范围限定在 2000 年至 2015 年在我国发生的由环境污染所引发的群体性事件。为保证研究的科学性，对范围内具有一定数量的参考文献，并且具有一定影响力的环境群体性事件进行筛选，最后甄别出 24 个符合条件的案例（详见第 10 章）。在所筛选出的案例中包括了因电磁辐射污染、混合污染、大气污染、水污染、固体废物污染等所引发的群体性事件，并且涵盖了省、市、区县、乡镇等众多不同的行政层次级别，保证了案例的多样性。在案例资料收集中采用多重证据来源，目的是使研究的构念效度得到有效保证。收集材料的过程中，对案例要素描述得尽可能更细致。资料涉及到不同类型，其中，网络资料的范围除了集中可找到的主流网媒报道，也会涉猎别的形态的信息，如官方网站、博客、网络论坛等，尽可能使案例的全面性和真实性得到保证。

三、数据分析方法

本章通过案例编码的形式，采取定量研究方法，对案例进行数字化的分析。案例编码主要包括 5 个要素：编号与名称、地域、规模、暴力程度、处置机制作用效果、解决效果。详细编码过程及规范参照第十章。在案例编码的基础上，利用卡方检验对研究假设进行验证。

第三节 研究结果

本节要点 本节介绍了本章的研究结果，分析了预防机制要素对预防效果的影响、区县级行政层级对预防机制要素和预防效果的调节作用、中等规模事件对预防要素和预防效果的调节作用，以及低暴力程度对预防要素和预防效果的调节作用。

一、预防机制要素对预防效果的影响

以 $P<0.05$ 为有统计学差异的标准，研究结果显示，风险评估机制中评估主体风险意识程度、评估方法科学程度、评估机制有效程度、评估程序执行力度四个维度的预防效果均呈现显著影响。在预测预警机制中，预测预警方法科学程度、有效程度、执行力度对预防效果有显著影响，随着主体预警程度的增高，预防效果也逐渐变好，成功率增高；不同程度的预警主体的反应能力对预警效果有差异，随着预警主体反应能力的增高，预防效果在一定程度上变好。预测预警方法科学程度、预测预警有效程度和预测预警执行力度相对来说对于结果的影响更为明显（表 11-3-1）。

表 11-3-1 预防机制要素对预防效果的影响

	预防机制要素	χ^2	P
风险评估机制	评估主体风险意识程度	10.765	0.029
	评估方法科学程度	9.973	0.041
	评估机制有效程度	10.965	0.027
	评估程序执行力度	10.610	0.031
预测预警机制	预警主体反应能力	9.034	0.060
	预测预警方法科学程度	17.589	0.001
	预测预警有效程度	15.502	0.004
	预测预警执行力度	20.526	0.000

二、区县级行政层级对预防机制要素和预防效果起调节作用

以 $P<0.05$ 为有统计学差异的标准，当行政层级为区县时，评估方法的科学程度、预测预警主体反应能力程度、预测预警科学程度、预测预警执行能力对预防效果有影响，程度越高，预防效果越易获得成功。区县级行政层级对评估主体风险意识程度、评估机制有效程度和评估程序执行力度和预防效果之间的调节作用不明显。相对来说预测预警的科学程度和评估方法的科学程度，对预防机制和预防效果的调节作用更为明显。行政层级为乡镇级、省级等层级时，其对预防机制要素和预防效果所起的调节作用不明显（表 11-3-2）。

表 11-3-2 行政层级的调节作用

行政层级	预防机制要素	χ^2	P
区县	评估方法的科学程度	1.884	0.005
	预测预警主体反应能力程度	8.111	0.032
	预测预警科学程度	13.317	0.000
	预测预警执行能力	8.030	0.029

三、中等规模事件对预防要素和预防效果起调节作用

研究结果现显示，事件规模为中时，评估方法的科学程度、评估程序的执行力度、预测预警有效程度、预测预警科学程度、预测预警执行能力对预防效果有影响，程度越高，预防效果越易获得成功，预测预警科学程度的调节作用相对来说更为明显。事件规模为中等规模时，其对评估主体风险意识程度、评估机制有效程度和预防效果之间的调节作用不明显。事件规模为低规模和大规模时，其对预防要素和预防效果所起的调节作用不明显（表 11-3-3）。

表 11-3-3 事件规模的调节作用

事件规模	预防机制要素	χ^2	P
中等规模	评估方法科学程度	7.315	0.076
	评估程序执行力度	8.912	0.029
	预测预警有效程度	8.060	0.063
	预测预警科学程度	9.739	0.012
	预测预警执行能力	8.588	0.043

四、低暴力程度对预防要素和预防效果起调节作用

研究结果显示，暴力程度低时，评估方法的科学程度、预测预警科学程度、预测预警执行力度对预防效果有影响，程度越高，预防效果越易获得成功。低暴力程度时，评估主体风险意识程度、评估机制有效程度、评估程序执行力度，预测预警有效程度对预防效果的调节作用不明显。中等暴力程度和高暴力程度对预防效果的调节作用不明显（表 11-3-4）。

表 11-3-4 低暴力程度的调节作用

暴力程度	预防机制要素	χ^2	P
低暴力	评估方法科学程度	7.315	0.041
	预测预警科学程度	9.739	0.005
	预测预警执行能力	8.588	0.046

第四节 讨 论

本节要点 本节讨论了事前预防机制对事件解决效果的影响，并提出了加强事前预防机制的具体措施。

在环境群体性事件的处置过程中，事前预防机制显著影响了事件解决效果，且事件规模、暴力程度、行政层级都具备调节作用，一定程度上影响了预防机制对事件解决效果的影响。有效的预防可以在环境群体性事件发生前将其扼杀在摇篮中，将其负面影响减轻至最低。若事件未成功预防，也要落实到环境群体性事件发展过程中的每一个阶段中，防止事件进一步恶化，从这个角度而言，在环境群体性事件处置的每个阶段都存在着预防，预防贯穿于环境群体性事件发生前以及之后的整个过程中。在事前，我们可以针对污染类型、行政层级制定合理的预防方案，若事件发生后，事件规模和暴力程度便具有一定的参考价值。政府可以尝试建立环境群体性事件案例库，以便当同类环境问题或事件出现时，第一时间采取较优的预防措施。

一、完善风险评估机制，增强评估主体风险意识

环境群体性事件是由潜在的或者是已发生的环境污染而引发的，因此评估主体自身风险意识的提升是对风险进行合理评估、采取有效预防措施的前提。复杂性造就了适应性，社会稳定风险评估的实践，很好地说明了风险因素的复杂影响以及对管理者的适应能力要求的提升，为我们认识和理解风险和危机的影响提供了新的思路，并对政府风险意识的完整性提出了更高的要求。

增强政府和社会主体的危机意识，是政府和社会生存和发展的重要条件。系统复杂性表明任何复杂系统都处在开放的环境中，并不断面对环境的压力和挑战。其实，环境的压力和挑战本身并不是问题，问题在于系统自身及系统中的主体是否对这种压力和挑战具有敏感性和适应性。一个对环境变化反应钝化的系统本身缺乏生存能力。改革开放以来，经济体制、利益分配格局和社会阶层结构发生了深刻而又复杂的变化，这些变化都要求政府及其管理者必须具备科学的风险意识，要求我国各级政府必须强化社会风险和公共危机意识，“居安思危”，唯此，才可能“思则有备”“有备无患”。从此意义上讲，一个社会和一个政府的风险和危机意识的强弱，决定了这个社会和政府的风险和危机的敏感性，进而也直接影响其危机的应对能力及社会和政府的生存能力。

二、科学评估环境污染风险

社会稳定风险评估是一项可以为政府的科学决策提供参考的行政程序，然而目前的风险评估机制因为渗透了过多的行政因素，尤其是针对环境污染相关的评估范围、评估内容、评估方法上都存在着很大的局限性。比如在评估的过程中，风险评估的确需要由决策主体来实施，但在很多需要专业技术的项目中，这种应用会存在制度上的不足。因此，风险评估程序应该从目前的“必经程序上升为法定程序”。因为风险评估是一个需要具备科学性、技术性的领域，行政官员可能缺乏充分的专业知识储备。

关于如何衡量社会稳定风险，我国当前尚未形成针对性、特殊性的指标体系。不得不承认，我国在风险评估指标的定性和定量研究方面都是相对匮乏的，尤其是专门的、区分类型相异的风险事件的评级和估量标准建设仍处在萌芽的阶段。正因为评估标准的主体因事、因地而变以及相异状况的存在，各地评估标准无法得到统一管理和合理评判，联系更是少之又少。从定性评价的评估标准建设出发，遂宁模式仍然是定性评价的标准，最大的贡献莫过于站在了合理性、可行性、可控性等方面，对事件危险点和危害程度的可控程度以及所涉方面的缺陷进行排查。这是中国的社会稳定风险评估指标体系的主流。可以说，它仍然是一个基于定性研究的实践总结。风险评估标准，特别是在风险评估的定性评价标准方面，仍需在实践过程中得到进一步的检验和完善。由于评价标准和指标是较为广泛的，所以，风险评价指标体系更需要有针对性地关注具体领域和具体问题。

三、提高评估程序执行效率

想要提高评估的有效性，首先要做到严格规范评估流程和评估程序。在这个过程中，首先要确定评估事项。评估事项是确定风险识别内容的问题域，所以需要确保其全面性与系统性。针对环境污染问题而言，首先要确定污染的种类、污染发生的区域等，为评估打好基础。其次，要制订科学的评估方案。在确定评估事项、识别风险组合和脆弱点之后，就可以针对不同事项的风险组合和脆弱点进行有对应的方案设计，从而准确把握评估重点，做好评估的准备工作。除此之外，为了保证实际评估效果，可以通过人员访谈、问卷调查、民意测验、群众座谈会等方式，摸清风险组合和脆弱点的现实情况，并将此情况与所制定评估预案进行比照修改，以提升风险评估对象的准确性。再次，在组织专家和有关各方评估论证时，要广泛收集各种定性与定量资料（政策文件、文献资料、技术工艺等），令评估论证的每一项内容都有据可查，从而做出准确的分析。最后，要结合各方面收集的情况和资料，通过全面的社会风险研究和社会稳定研究，做出总体性的评估报告。

为了使评估的结果具有更高科学性，我们遵循一定的评估流程，具体而言包括以下步骤：

（一）组建评估小组，科学制定评估方案

为了提高评估的科学性，应组织政府相关职能部门的专业人员、专家、学者等组建评估小组，明确评估的目的、原则和指导思想以及评估的内容，突出评估重点，按照评估方法和时间要求，组织相关人员扎实开展好评估工作。

（二）积极听取群众意见，识别并分析风险

从评估的实际出发通过群众座谈、专家咨询、调查走访、网上征集等方式征求意见，以便从不同角度把握各方对该项目的反应、诉求、意见及建议，围绕重大工程项目的合法性、合理性、可行性等问题客观、全面开展评估，准确把握重大工程项目的各类不稳定因素及背后成因，明确风险类型，为重大工程项目实施做好前期基础工作。

（三）判断风险类别，划清风险等级

在全方位搜集评估资料的基础上，遵循之前制定好的评估目标，组织相关专家或委托有资质的第三方，协同法制、纪检、维稳、公安、信访等部门，进行审议核查和分析，从法律法规、维护稳定、合法合理等方面判别风险类型。分析风险的过程，也是各方沟通交流、消除分歧和统一思想的过程。在识别风险类别后，需要对每一项风险因素进行排查和检测，以增强评估结果的公正性。根据风险的事件规模、严重程度等对社会稳定因素进行管理；对可能发生的群体性事件，预测其规模大小和严重程度，以便及时做好预防措施。

（四）汇总评估结果，控制评估风险

根据评估分析资料对评估结果进行汇总，规划风险预防计划，制定初步评估报告。组织相关机构和专家学者对初步的评估报告进行论证，在听取各方意见的基础上，形成科学、全面的风险评估报告。对可控性高、风险较低的项目，在预防措施上要切中评估结果中的风险要点。在加强与公众沟通的同时，针对控制风险预案的落实情况，要进行动态的测评。

若过程中出现了新的矛盾需要快速反应，及时调整实施方案、完善工作措施，将风险扼杀在萌芽中。

四、建立完善的预测预警系统

环境群体性事件预测预警机制应遵循科学、灵敏的原则。科学性要求此类事件的预警措施需要遵循客观事实，通过科学的方法分析、评判危机的性质、范围及可能的影响，并依照科学的程序完成预警。科学性不仅表现在预警信息产生、传输上要真实可靠，更主要的是预警指标体系的设立、信息研判、预警机制的运行以及预警效果的评估均要符合科学化、规范化的要求。灵敏性体现预警活动的响应速度、预测预警主体的反应能力上。这意味着对符合预警设置的一切征兆、指标的分析等信息处理和发出警报的响应速度要快速及时。若预警无法确保这是一项有预见性的活动，缺乏足够的反应能力，那么预警也就失去了其存在价值。

为了提高环境群体性事件事前预防中预测预警的科学程度、有效性及执行力度，需要建立预测预警联合分析的技术平台，按照数据采集、数据传输和数据共享的要求形成一个完整的网络体系。各个层面上的预警系统都要有自己独立的神经末梢，通过各个渠道收集准确的情报资料，而后经过完备的信息加工与交流，使数据得到充分的利用。各层次的预警工作应当紧密结合，互相交叉，并形成有效的交流制度，尤其是在不属于国家机密的中观层面上的情报资料更是要及时通报，以便提高环境污染群体性突发事件预测的精度。

各级地方政府是我国群体性突发事件应对和处置的主体，同时也是环境群体性事件预警工作的获益方。完善环境群体性事件预测预警体系，需要实验性地探索社会态度和执行调查，并通过一些举措为预警系统推广提供示范性经验和理论的支持。环境群体性事件可以构建一个拥有平战结合管理体系的区域性预警系统，在加强行政部门预警职能的同时，进行针对社会心理的监测以此来扩充预测预警的内容。通过定期分析和预测不同的社会心理趋势，加强探究更广泛的社会问题的认知和预警，为国家的社会问题治理和决策提出不同的新方案。

环境群体性事件要依靠法律、行政管理和社会各方面的监管来提供预警和保障条件。从法律出发，需要根据此类事件的触发点以及相关特点起草相应的法律和规章制度，并建立政府危机管理体系中的预测预警机制和问责机制。从行政角度，在现有结构上新建一种保证机制，通过提供可靠的信息为预警机制服务。从社会层面出发，要在各方协调下努力展现出专业协会的预警作用。例如，政府与 NGO 要保持紧密合作，互帮互助，当然政府对于 NGO 组织也要有一定的激励政策。此外，还可以重点建立有预警信息分析技术的机构，通过研究来统一整合现有不规范的杂乱的各机构发布的信息。再者，在专业人员上要鼓励科研人员学习相关技术和知识，如情报收集和归纳技术等，建立一支高质量的科研团队和调查团队。对于科研人员的培训可以从各个层级出发，除了对专业人员进行更进一步的训练，还可以在全国范围内将党校和行政院校作为基点，在此开展社会预测预警的相关课程。

非突发性的环境群体性事件一般是从合理的环境权益诉求开始的，因此建立完整的处理环境矛盾纠纷的途径和方法是完善环境问题预警机制的关键。在遭遇环境矛盾纠纷的时候，要尽可能快地回复群众，回应他们的需求，在第一时间实施具有针对性的措施，以及完善的解决方法，避免事态恶化后导致群体性事件的发生。然后，实时跟踪、监测被严重污染的环境，确认和保证治理工作的效果，力争不反弹、不反复，从而能够在真正意义上使民众满意。为了保证环境纠纷得到完美解决，关心受到侵害的人民群众也是十分必要的，应付的赔偿款必须做到“一分不少”，并协调到位。而为了减少工作上太过于被动，需要提高对网媒发布的环境问题的敏感性、警惕性，使得环境问题在初始阶段就被“消灭”。

总而言之，良好的预测预警机制有助于满足公众对于环境问题的合理诉求，消除环境隐患，从而阻止因环境问题引起的群体性事件的发生。

五、建立科学、系统化的预防机制

对于由环境污染所引发的群体性事件，保护环境始终是成功预防环境群体性事件的根本前提。政府可以在制定相关环境保护规划时，将预防群体性事件作为一个重要方面和环节，做到防患于未然。因而政府要改变原有粗放的发展观念，提高环境保护的意识，摒弃用环境污染代价换取经济发展的错误思想，建立与群众的沟通平台，加强环境监察与管理。有污染的、对群众生产生活有影响的项目坚决不上，已经上马的项目坚决取缔。与此同时，同样重要的是政府需要研究往年来发生的环境群体性事件，根据污染类型、发生规模、暴力程度、行政层级等将其分类，了解在不同预防手段下环境群体性事件的不同特点，从而通过此案例库归纳总结得出为了更好的预防效果，建立适应不同情况的系统化的预防机制。

第五节 结 论

本节要点 本节介绍了本章的主要结论。

“水能载舟，亦能覆舟”，一个国家是不是稳定，公众在其中起着重要作用。在中国处在经济社会转型的关键时期，随着公众维权意识的逐渐增强，一些由原本粗糙的经济方式导致的社会隐患也日益暴露出来，环境矛盾和由环境污染所引发的群体性事件正是其中的一个缩影。如何处理好环境污染问题，从源头上消除环境群体性事件的隐患，是政府面临的严峻考验。当政府真正地落实为人民服务，切实从公众利益的角度看问题，在严格规范自身行为的基础上做到信息公开、科学决策等，如此一来便会赢得公众信任。与之相反，如果政府没有正确地考虑到公众利益，采取错误的政治行为，就会失去公众的信任，从而导致公众会采取反抗的态度去面对政府的引导与规范，社会便会失去稳定性。为了预防在过去一段时间频频发生的环境群体性事件，一边要不停地进行环境保护，这一直是预防环境群体性事件的第一要义；另一边要合理地处理环境矛盾，凭借风险评估、预测预警等手段，从根源上化解环境纠纷和矛盾。所以，为了保持社会的稳定，针对此类事件，我们需要用科学的方法将预防机制全面系统地落到实处。

第十二章　信息沟通、信任和利益协调机制

本章要点　本章探索如何建立环境群体性事件的信息沟通、信任和利益协调机制，分析这一机制对事件处置的作用，并提出其基本原则。信息沟通、信任和利益协调在群体性事件处置中密切相关，三方面均形成了丰富的现有理论积累。本章包含三节，分别针对信息沟通机制、信任机制和利益协调机制三项子机制展开研究。在信息沟通机制方面，本章发现成功信息沟通机制的主要要素，提出信息沟通的分析模型。在信任机制方面，本章建立了信任机制的分析框架，揭示了计算型信任、情感型信任和制度型信任三种信任框架对事件处置的不同影响，并提出提升群体性事件中信任水平的对策建议。在利益协调机制方面，本章基于案例研究揭示了利益协调对事件处置的重要作用，提出建立多元主体、全过程和多规则约束协调机制。

第一节　信息沟通机制

本节要点　基于多案例分析和问卷调查研究方法，本节从信息沟通的主体、内容、渠道以及外部环境四个方面对事件处置中的信息沟通机制进行研究。研究发现，成功的信息沟通机制包含 9 个要素：①发挥主导作用的强势沟通主体；②高效、强执行力的沟通方式；③以问题解决为导向的沟通策略；④信息内容具有准确性、时效性和完整性；⑤自然属性内容与社会属性内容的差异化管理；⑥渠道联动，多渠道信息披露；⑦监管强化，保证新闻媒体渠道报道的准确性；⑧政策环境具有强制作用，保证信息回应的主动性、速度、透明度；⑨政策环境具有约束作用，控制群体环境和舆论环境的影响强度。并在此基础上，提出信息沟通过程的十要素模型：①一个主体的主导作用；②两类内容的差异管控；③三层环境的分层约束；④四种渠道的合理定位。以期促进环境群体性事件的解决，为构建和谐社会助力。

目前国外对于信息沟通机制问题的研究多数是从公共危机整体视角出发。英国著名公关专家 Regester 提出在突发公共危机事件沟通过程中要遵循："以我为主提供情况、提供全部情况、尽快提供情况"的"3T"原则。[1] Bernstein 在其研究中指出，沟通分为包括组

---

1 Regester M. Crisis Management: How to Turn a Crisis into an Opportuneity[M]. London: Hutchison Business，1987: 44-46.

建危机沟通小组、指定发言人、发言人培训等在内的10个步骤。[1] Dolly从政府的角度出发，在对危机信息沟通进行充分的内部沟通与外部沟通的划分之后，结合南亚国家相关国情重点描述了公共卫生和灾难信息网络、互联网社区中心等确保信息沟通有效性的模式要点。[2] Fischoff也强调“以受众为中心的重要性”[3]。Dearstyne提出了信息在危机决策中的7种角色。例如，协调和沟通都是很重要的环节；信息的准确性及透明性对事态的发展起到至关重要的作用；信息沟通有助于政府决策的制定。[4] Kaman针对“非典”事件分析了香港特区政府丧失公信力的主要原因，很大程度上是政府面对危机时信息沟通不畅引起公众恐慌，造成局面混乱。[5] Janis对不同决策模式进行了总结，提出了危机决策流程的约束模型和四大步骤，阐述了信息收集在问题确认、信息资源利用、分析和方案形成以及评估和选择中的作用。[6]国内自2003年“非典事件”之后，危机状态下信息沟通问题才逐步走入公共管理学、传播学、信息管理学以及社会学等诸多学科的研究视野。李春华、龙厚仲认为“在公共危机信息传播过程中，政府是信息传播的主导者，媒体是传递者与监督者，公众则是受众与参与者，政府、媒体与公众以信息为载体发生联系，形成一个完整的信息传播系统”[7]。周海生的研究则从各主体在传播过程中负有的功能入手，他认为“政府具有制度建设及制度保障功能；媒体在信息传播中具有监测环境、引导教育、议程设置、缓释、舆论监督、反思功能；公众有参与及塑造功能，但需要一定的前提条件”[8]。陈晓剑等的研究成果则显示，“政府及时准确发布危机信息，提高网络传递效率，增加信息覆盖范围，以及有效疏通、监控各种谣言是危机信息管理的重要环节”[9]。赖英腾针对公共危机中信息沟通在主观认知、信息系统以及沟通管理方面存在的障碍因素，提出了完善危机信息沟通机制的治理路径。[10]辛立艳等基于系统动力学的视角，以信息沟通为切入点，结合2013年雅安地震公共危机事件，构建信息沟通机制“理论-实践”模型，绘制政府危机决策中信息沟通的系统动力学流图，深入剖析信息沟通机制在政府危机决策中的作用，以期为提升政府危机决策效果和效率提供有力保障。[11]汤敏轩从政府组织整合的角度出发，构建了一套信息流程的系统模型，旨在通过克服政府组织整合失灵，建立起科学的信息沟通机制，为更

---

1 Bemstein J. The 10 Steps of Crisis Communication [EB/OL]. Crisisnavigator，2000，1（9）. https://www.crisisnavigator.com/The-Ten-Steps-of-Crisis-Communications.490.0.html

2 Dolly M. Information Technology and Public Health Management of Disasters-A Model for South Asian Countries [J]. Prehosp Disaster Med，2005，20（1）：54-60.

3 Fischhoff B. Treating the Public with Risk Communications：A Public Health Perspective[J]. Science，Technology & Human Values 1987，12（3&4）：13-19.

4 Dearstyne B. The FDNY on 9/11：Information and Decision Making in Crisis [J]. Government Information Quarterly，2007（24）：29-46.

5 Kaman L. How the Hong Kong Government Trust in SARS：Insight for Government Communication in a Health Crisis[J]. Public Relations Review Short，2009（35）：74-76.

6 Janis I L. Crucial Decision：Leadership in Policymaking and Crisis Management[M]. New York：Free Press，1989.

7 李春华，龙厚仲. 公共危机信息传播模式及其运行[J]. 中国人民公安大学学报（社会科学版），2010（5）：23-27.

8 周海生. 公共危机信息传播中的政府，媒体功能及公众参与[J]. 中共南京市委党校学报，2009（5）：65-71.

9 陈晓剑，刘智，曾璠. 基于小世界理论的公共危机信息传播网络调控研究[J]. 情报理论与实践，2010（5）：80-84.

10 赖英腾. 公共危机中的信息沟通及其治理机制[J]. 马克思主义与现实，2008（5）：177-179.

11 辛立艳，毕强，王雨. 政府危机决策中信息沟通机制研究[J]. 情报理论与实践，2013，36（11）：96-100.

成功地管理危机打下良好的基石。[1]

综上所述，国内外对于信息沟通机制问题的研究多数集中于"公共危机"概念之下，但"公共危机"概念庞大，具体包含的危机类型多样、复杂，学术界缺少对特定类型危机状态下信息沟通问题的研究。针对这一现象，本节选取我国环境群体性事件作为研究对象，研究环境群体性事件处置过程中的信息沟通机制，是大数据时代背景下的必然要求。通过对环境群体性事件处置过程中信息沟通问题进行研究，对信息沟通的进程与效果加以引导，从而提高沟通效率，扫除因信息沟通不畅加剧社会危机的可能性，保持社会稳定，为今后我国的经济发展提供良好的社会环境，为全面建设社会主义现代化，实现中华民族伟大复兴保驾护航。

一、理论框架与研究假设

（一）理论框架

研究在整合信息传播理论、信息沟通过程相关理论以及社会冲突理论的基础上，对我国环境群体性事件处置过程中信息沟通的特点与方式进行归纳。美国管理学家罗宾斯认为"沟通是意义的传递与理解"[2]，是"信息凭借一定符号载体，在个人或群体间从发送者到接受者进行传递，并获取理解的过程"[3]。信息传播理论注重信息沟通要素的区分与构建，信息沟通过程理论则关注信息沟通要素间的互动关系。学者邵培仁指出："传播学研究体系的建立，以主体论（传送者与受传者）为中坚，以客体论（信息内容）为核心，以载体论为渠道，以环境论为参照"[4]，因而本节的研究在构建信息沟通机制的过程中，也极为注重信息沟通主体、客体、载体以及环境四要素的平衡。

继而，研究对信息沟通过程相关理论进行整理，探索信息沟通各要素间的互动关系。可以发现，学界对信息沟通过程的描述随着时间的推移不断地丰富，但却始终未曾脱离信息发送主体、信息、信道、信息接收主体、反馈和噪声六个基本要素。[5,6,7,8]其中，信息发送主体是指信息传播的源头，是发送信息的个人、机构或者组织。与之相对应，信息接收主体则是接收信息的个人、组织或者机构；信息，是信息发送主体欲传达和扩散的内容；信道，是信息内容传达和扩散的渠道；反馈则是信息接收主体对信息做出的反应，并将该反应传递给发送者的过程。实质上，反馈是信息接收主体将身份转换为信息发送主体，继而将信息内容通过信息渠道进行传递的另一个完整的过程，也正是因为反馈的存在，信息沟通才突破传统单一线性传播的形式，将信息接收主体与信息发送主体之间的角色关系进

1 汤敏轩. 危机管理体制中的信息沟通机制——基于组织整合的流程分析[J]. 江海学刊，2004（1）：105-111.

2 斯蒂芬・P.罗宾斯. 管理学[M]. 7 版. 北京：中国人民大学出版社，2004：295.

3 苏勇，罗殿军. 管理沟通[M]. 上海：复旦大学出版社，1999：13.

4 邵培仁. 传播学[M]. 北京：高等教育出版社，2000：11-13，77-84.

5 哈罗德・拉斯韦尔. 社会传播的结构与功能[M]. 谢金文，译. 上海：复旦大学出版社，2003：15-25.

6 香农. 通讯的数学原理[M]. 编译馆，译. 上海：上海市科学技术编译馆出版社，1970：75.

7 Schramm W. How Communication Works[M]//Schramm W（Ed）. The Process and Effects of Mass Communication. Urbana：University of Illinois Press，1954：33.

8 德弗勒，丹尼斯. 大众传播通论[M]. 颜建军，译. 北京：华夏出版社，1989：36-38.

行了转换，同时转换频率之高、转换幅度之大、转换速度之快，令二者几乎随时处于同一“角色阵营”，因而本节的研究将信息发送主体、信息接收主体、反馈三要素进行统一处理，整体定义为“信息沟通主体”。最后，噪声是存在于信息传递各环节内的一个干扰因素，它会对信息的准确性产生影响，从而造成信息的遗失和乱码，是信息沟通的外部环境的总和。在信息沟通过程中，信息被发送主体通过信道传送给信息接收主体，并产生一定的反馈效果。在整个信息沟通的过程中，噪声始终存在，噪声会对信息、信道以及主体三个环节产生一定的干扰，影响发送主体与接收主体之间对信息理解的准确程度。

通过对以上理论的整理，研究归纳了我国环境群体性事件处置过程中信息沟通机制的构建原则，并构建了具体理论框架（图 12-1-1）。

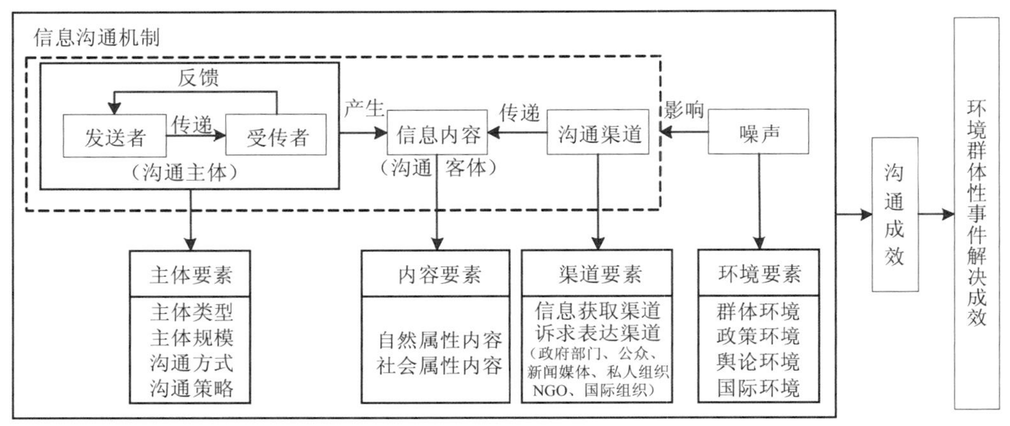

图 12-1-1 我国环境群体性事件处置过程中信息沟通机制的理论框架

（二）研究假设

在对信息沟通的现状与特征的研究当中，我们主要从主体要素（信息发送主体、信息接收主体、反馈）、内容要素（信息）、渠道要素（信道）以及外部环境要素（噪声）四个方面展开讨论。主体要素包括主体类型（政府、公众、媒体、NGO、学者等[1]）、主体规模（一般规模、大规模、超大规模以及特大规模等[2]）、沟通方式（座谈[3]、协商、谈判[4]等）、沟通策略（争斗、让步、问题解决、回避[5]）四个维度。内容要素从自然属性内容（起止时间、暴力程度、污染类型、规模、地域等）与社会属性内容（损失程度、牵涉主体、国际影响、事件处置进展等）两个维度入手。[6]渠道要素包括信息获取渠道和诉求表达渠道，具

1 杨立华. 构建多元协作性社区治理机制解决集体行动困境——一个“产品-制度”分析（PIA）框架[J]. 公共管理学报，2007，4（2）：6-23.

2 陈月生. 群体性突发事件与舆情[M]. 天津：天津社会科学院出版社，2005：16.

3 张晓燕. 冲突转化视角下的中国环境冲突治理[D]. 天津：南开大学，2014：52.

4 狄恩·普鲁特，金盛熙. 社会冲突：升级、僵局及解决[M]. 王凡妹，译. 北京：人民邮电出版社，2013：5-7.

5 同上。

6 辛立艳. 面向政府危机决策的信息管理机制研究[D]. 长春：吉林大学，2014：80-84.

体分为政府部门、社会组织、新闻媒体、公众及私人组织以及国际性组织等六种渠道[1]。信息获取渠道是实现“获得原始信息”[2]这一目的所依托的途径。另外，所谓诉求，即指为了自身发展（包括精神方面、物质方面）所提出的一系列的愿望、要求。而诉求表达渠道正是表达这些愿望、要求的正当、合理的途径。具体而言：第一，政府部门，即通过政府组织结构和管理层次来传递信息进行沟通的渠道；第二，社会组织，即通过维权组织、行业协会、公益组织等对信息进行收集和传递的渠道；第三，新闻媒体，广播、电视、报纸、网络以及各类自媒体组成的沟通渠道；第四，私人组织，即公司企业等组成的沟通渠道；第五，公众，特指群体性事件的当事人，第一时间目击、了解事件实情，通过微博、微信朋友圈等社交媒体，利用舆论影响信息的沟通并因此成为相关沟通的重要渠道；第六，国际性组织，即其他国家或地区的区域性、国际性组织对信息沟通的参与。

外部环境要素情况较为复杂，主要包括群体环境、政策环境、舆论环境与国际环境。首先，个人的生存和发展受周围群体的影响，群体内部的大部分成员有相同目标。同样，参与冲突的人员受周围人群的影响，群体对他们的影响力越大，他们对群体的认可度也会越高，他们也会有意识地认为自己是群体的一员，更觉得自己有责任为群体的存在和发展出谋献策，因而信息沟通会受到来自群体环境的影响。其次，制度带有根本性、全局性、稳定性和长期性，是现代社会运行的基石。制度是社会有效运行的规则、准则等的总和，在一般情况下，制度以政府的行政行为为依托，也即是说政策环境在信息沟通过程中有着重要的地位。再次，舆论是针对各种社会现象而产生的态度、意见和情绪的综合表达，其中混杂着理智和非理智的成分。舆论是具有共同性、一致性且公开表达后的多数人的意见。与此同时，制造“舆论”的群体往往是与环境冲突没有必然联系的公众，这部分公众出于“社会公民”的视角对事件加以评述，对信息进行“二次扩散”，并呈现出一定的态度，而这些态度便构成了舆论环境。最后，随着全球化、一体化格局的逐步推进，信息沟通的发酵与扩散就仿佛置于一个“地球村”，来自国际的影响也会对事件的发展产生相当严重的作用效果。群体环境、政策环境、舆论环境和国际环境共同组成了信息沟通的外部环境。

综上所述，本节的研究提出以下假设：

①主体要素方面：

假设 H1a：信息沟通主体类型多元化与事件解决成效呈正相关关系；

假设 H1b：信息沟通规模可控程度与事件解决成效呈正相关关系；

假设 H1c：主体沟通方式、沟通策略多样化与事件解决成效呈正相关关系。

②内容要素方面：

假设 H2a：自然属性信息内容的清晰度与事件解决成效呈正相关关系；

假设 H2b：社会属性信息内容的清晰度与事件解决成效呈正相关关系。

③渠道要素方面：

假设 H3：政府部门、社会组织、新闻媒体、私人组织、公众以及国际性组织等多渠

1 邵培仁. 传播学[M]. 北京：高等教育出版社，2000：11-13，77-84.

2 南长森. 社会舆情传播的运行机制及其演进规律[J]. 现代传播（中国传媒大学报），2017，39（6）：73-76.

道的协同作用与事件解决成效呈正相关关系。

④环境要素方面：

假设 H4：群体环境、政策环境、舆论环境以及国际环境等环境作用与事件解决成效呈正相关关系。

二、研究方法与数据收集

（一）案例选择

为保持与整体课题的一致性，在案例数据的收集方面，主要依托于研究进行时团体整体整理的 178 个案例。为保证研究的适用性与有效性，本节的研究首先将按照污染类型要素、事件规模要素、区域层级要素以及时间要素，“四维一体”的方式对案例进行初步筛选；继而以相关度高、影响力强、资料丰富易获取为原则，对初步筛选的案例进行二次选择。

从污染类型要素入手，环境污染的类型可划分为“水污染”“大气污染”“固体废物污染”“土壤污染”“放射性污染”“电磁辐射污染”“光污染”“热污染”[1]以及“混合污染”9 种类型，按照此标准对现有 178 个案例进行分类，“水污染”22 个、“大气污染”59 个、“固体废物污染”11 个、“土壤污染”5 个、“放射性污染”4 个、“电磁辐射污染”16 个、“混合污染”40 个，其他污染 21 个。选取案例时，将各类型案例占总体的比例作为筛选案例的一个数量要求，以确保最终筛选出的案例在类型方面具有一定的覆盖性（图 12-1-2）。

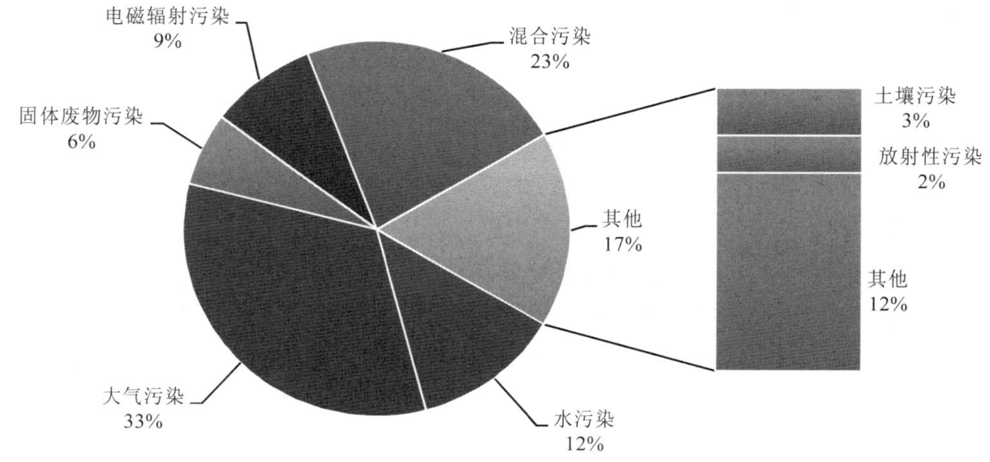

图 12-1-2 案例污染类型统计图

研究继而着眼于事件规模要素。事件规模根据学者陈月生的划分标准，分为小规模（5～29 人）、较大规模（30～299 人）、大规模（300～999 人）和超大规模（1 000 人及以上）[2] 以及特大规模（10 000 人以上）五等；根据案例研究数据的实际状况，本节的研究将在此基础上对事件规模的划分进行一定调整，调整后分为一般规模（5～299 人）、大规模（300～

1 左玉辉. 环境学[M]. 2 版. 北京：高等教育出版社，2010：164-168.

2 陈月生. 群体性突发事件与舆情[M]. 天津：天津社会科学院出版社，2005：16.

999 人）、超大规模（1 000～9 999 人）以及特大规模（10 000 人以上）四等。在确定案例规模的划分标准后，在污染类型划分结果的基础上，进行筛选。再综合考虑事件层级（事件发生的地理范围级别），其测量指标由小到大为“村级”“乡镇（包括街道）”“区县”“市级”“省级（包括自治区和直辖市）”和“国家级”与时间跨度，对所选案例进行一定的调整，挑选出第一轮筛选的全部案例，共计 39 个。在进行二次筛选时，根据相关度高、影响力强、资料丰富易获取的原则，对已选取的 39 个案例进行二次筛选，最终挑选出“信息沟通”细节突出、适用于本节研究的案例共计 22 个。

为了保证分析的内部效度，本节研究所选取的案例将被分成两个阶段。第一阶段，有案例 7 个。根据对实验室 178 个案例的数量统计，发现案例库中，污染类型为大气污染的案例 59 个，占总比 33.1%；事件规模为“超大规模”案例 58 个，占总比 32.6%；事件层级为区县级案例 51 个，占总比 28.7%。以上三种要素，在要素内各类型中均占比最高，故第一阶段案例均选取污染类型为大气污染，事件规模为超大规模，事件层级为区县级的案例。第二阶段，有案例 15 个。选取时，以第一阶段案例为依据，在控制“污染类型”“事件规模”“事件层级”三个要素中两个的基础上，放开第三个变量，由此形成参照组，从而考察结论在更大范围内的适用性。首先，在控制事件规模和层级的基础上，放开污染类型要素，选取案例 8 至案例 12，共 5 个；其次，控制污染类型和事件层级，放开事件规模要素，选取案例 13 至案例 17，共 5 个；最后，控制污染类型和事件规模，放开事件层级要素，选取案例 18 至案例 22，共 5 个。从而挑选出本节研究的全部案例，共计 22 个。如此，研究在内容上涉及到污染类型、事件规模、事件层级，从而增强讨论的有效性。同时，所选案例的分布，横跨 9 个省级行政单位；时间也包含 2005—2015 年，共计 11 年，案例选择在空间和时间上均具有一定的覆盖性。情况见表 12-1-1。

表 12-1-1　环境群体性事件案例简表

案例名称		污染类型	事件规模	区域层级	年份
第一阶段：主体案例					
	案例 01.广东番禺抗议垃圾焚烧厂事件	大气污染	超大规模	区县级	2009
	案例 02.上海松江区抗议扩建焚烧厂事件	大气污染	超大规模	区县级	2012
	案例 03.浙江镇海区反对 PX 项目事件	大气污染	超大规模	区县级	2012
	案例 04.湖南湘潭县抗议垃圾焚烧事件	大气污染	超大规模	区县级	2014
	案例 05.广东惠州抗议焚烧发电厂事件	大气污染	超大规模	区县级	2014
	案例 06.湖南平江县火电项目遭反对事件	大气污染	超大规模	区县级	2014
	案例 07.河南获嘉县化工厂抗议污染事件	大气污染	超大规模	区县级	2014
第二阶段：补充案例					
其他类型	案例 08.浙江长兴蓄电池厂污染事件	土壤污染	超大规模	区县级	2005
	案例 09.上海黄浦反对磁悬浮事件	电磁辐射污染	超大规模	区县级	2008
	案例 10.湖南镇头镇抗议镉污染事件	混合污染	超大规模	区县级	2009
	案例 11.北京西二旗抗议垃圾厂事件	固体废物污染	超大规模	区县级	2011
	案例 12.广东广安拦停污水排放事件	水污染	超大规模	区县级	2014

案例名称		污染类型	事件规模	区域层级	年份
其他规模	案例 13.广东龙岗抗议垃圾焚烧厂事件	大气污染	一般规模	区县级	2009
	案例 14.广东韶关反垃圾焚烧厂事件	大气污染	一般规模	区县级	2013
	案例 15.北京朝阳高安屯垃圾焚烧事件	大气污染	大规模	区县级	2008
	案例 16.北京昌平抗议 B 市反焚烧事件	大气污染	大规模	区县级	2009
	案例 17.上海金山 PX 事件	大气污染	特大规模	区县级	2015
其他层级	案例 18.辽宁大连市反对 PX 项目游行	大气污染	超大规模	市级	2013
	案例 19.广东上洋环境园工程抗议事件	大气污染	超大规模	市级	2014
	案例 20.江苏东港镇反垃圾焚烧事件	大气污染	超大规模	乡镇街道级	2009
	案例 21.海南莺歌海抗议煤电厂事件	大气污染	特大规模	乡镇街道级	2012
	案例 22.广东美德村抗议建垃圾场事件	大气污染	超大规模	村、社区级	2013

为补充跨案例分析的信度，研究还重点开展典型案例分析。研究使用了实地调查法，针对典型案例发生地的人群，采取随机抽样调查。研究对典型案例的选取以“案例相关程度高”与“调研可行性强”作为选取依据，一方面，考虑案例中关于“信息沟通”细节的典型程度、完备程度；另一方面，考虑案例发生地经济发展水平、城乡属性以及案例暴力程度等客观因素，进行综合选取。最终选取北京、天津、湖南与辽宁 4 省（自治区、直辖市）的 7 个案例作为本节研究拟选取的典型案例（表 12-1-2）。

表 12-1-2 环境群体性事件典型案例简表

案例名称	年份	污染类型	省份	经济	城乡属性	暴力程度
1. 北京昌平区抗议 B 市反焚烧事件	2009	大气	北京（内陆）	发达区	城	中
2. 北京西二旗餐厨垃圾项目事件	2011	固体废物	北京（内陆）	发达区	城	低
3. 天津滨海新区居民反对 PC 事件	2012	大气	天津（沿海）	发达区	城	低
4. 湖南湘潭县抗议垃圾焚烧事件	2014	大气	湖南（内陆）	开发区	乡	低
5. 湖南镇头镇抗议镉污染事件	2009	混合	湖南（内陆）	开发区	乡	高
6. 辽宁大连市反对 PX 项目游行	2011	大气	辽宁（沿海）	振兴区	城	高
7. 辽宁红星村抗议镍厂招商事件	2012	混合	辽宁（边疆）	振兴区	乡	高

在研究的实际推进过程中，研究也注重竞争性理论的应用。根据案例解决成效的区分状况，在 7 个拟选取案例中，挑选出解决成效具有强烈对比关系（解决成效为成功、半成功与失败）的 3 个案例，即案例 04“湖南湘潭县抗议垃圾焚烧事件”（失败）、案例 10“湖南镇头镇抗议镉污染事件”（半成功）与案例 16“北京昌平区抗议阿苏卫厂事件”（成功），形成参照组，进而开展调研；通过典型案例分析，聚焦信息沟通的细节，突出研究重点。

（二）问卷调研和访谈

按照本书前面已提到的项目的总体要求和问卷制作细则，研究制作问卷《环境群体性事件处置过程中信息沟通机制研究调查问卷》（附录 12.1.1），并进行实地访谈。问卷和访谈内容的设计紧密围绕环境群体性事件背景下，“信息沟通”这一主题，从沟通主体、沟通内容、沟通渠道以及沟通的外部环境四个方面入手，进行具体的问题设计。

对于问卷的发放，将网络发放与实地发放相结合。首先，网络上进行为期 15 天的公开数据收集。在此过程中，为保证数据的有效性，通过问题设置，将“未接触过环境群体性事件”的样本进行剔除。其次，进行实地发放。实地发放过程中，以调研地当事人为主要发放对象。问卷分发数、回收数、回收率，问卷的有效数和有效率情况如表 12-1-3 所示。被调查者的基本情况如表 12-1-4 所示。

表 12-1-3　问卷发放、回收情况一览表

序号	发放方式	发放数	回收数	回收率/%	有效数	有效率/%	无效数
1	网络发放	1 306	1 306	100.00	198	15.16	1 108
2	实地发放	350	338	96.57	268	79.29	70
总计		1 656	1 644	99.28	466	28.35	1 178

表 12-1-4　问卷被调查者基本情况一览表

序号	内容	基本情况							
1	性别	男性	女性						
		218	248						
2	年龄（岁）	≤20	21～30	31～40	41～50	51～60	61～70	71～80	≥81
		30	199	106	62	37	28	0	0
3	政治面貌	共青团员	中共党员	民主党派	无党派人士	公众			
		121	182	0	6	158			
4	教育程度	未上学	小学及以下	初中	高中	大学	硕士	博士	
		0	39	78	70	156	100	23	
5	单位性质	农民	个体工商户	公司企业	政府部门	事业单位	民间组织		
		122	70	75	12	153	34		
6	月均收入（元）	≤1 000	1 001～2 000	2 001～3 000	3 001～4 000	4 001～5 000	≥5 001		
		158	75	78	33	23	99		
7	宗教信仰	不信教	佛教	道教	儒教	伊斯兰教	基督教	天主教	其他
		424	28	2	0	13	3	1	5

实地访谈过程中，采用半结构化访谈与非结构化访谈相结合的方式，对调研地政府工作人员、公众、邻近村落公众进行访谈，访谈内容以事件处置过程中信息沟通的主体、内容、渠道等信息为主，受访人员信息见表 12-1-5。

表 12-1-5 受访人员信息一览表

地点	受访者	编号	地点	受访者	编号
阿苏卫	1.小卖店夫妇	0421ASWFF	镇头	12.宾馆工作人员	0627ZTFYLG
	2.照顾孩子妇女	0421ASWFN		13.村口马路大姐	0628ZTMLDJ
	3.接孙子的大爷	0421ASWDY		14.普迹镇夫妇	0628ZTCMFF
	4.村委会副书记	0421ASWFSJ		15.普迹镇长妻子	0628ZTZZQZ
	5.村口擦车大哥	0421ASWCC		16.双桥村口大哥	0628ZTCKDG
	6.装修店二人	0421ASWZXD		17.双桥楼房大姐	0628ZTDYD
湘潭	7.河东区谭、李	0701XTJM		18.双桥组长杨某	0628ZTZZ
	8.科大公务员	0701XTGWY		19.早餐大姐	0628ZTZC
	9.旅馆老板	0701XTLG		20.交界处大哥	0628ZTJJC
	10.出租车陈师傅	0701XTCCC		21.镇头镇副镇长杨某	0629ZTFZZ
	11.博士罗某	0702XTLM		22.镇头镇卫生院医生	0629ZTWSY

注：编号=日期+地区+字母简称。

（三）案例编码与变量测量

研究案例编码紧紧围绕环境群体性事件处置过程中信息沟通的过程模型以及影响信息沟通的外部环境要素展开。案例编码是案例与各因子间匹配对应、量化评级的过程，为避免由于个人主观因素造成的偏见和误差，本节研究的案例编码由多人共同完成，实际操作过程中，编码者共三位，包括作者本人，二号编码者和三号编码者。首先，确定案例编码规则。作者本人以前期对文献的梳理作为基础，确定案例编码准则、程序和注意事项。然后，编码。三人在编码规则的指导下，分别进行编码，编码过程中彼此不做任何交流。第三，编码结果比较。以作者本人的编码结果为标准，分别与二号编码者、三号编码者的编码结果进行比较。分别就编码结果的不同部分进行商讨，得出两个相对统一的结果。最后，再将两个经过一轮对比的结果进行第二轮的对比，从而确定最终的编码结果。

本次研究中，共进行两次编码。其一，是对环境群体性事件处置过程中信息沟通的渠道要素进行编码。将渠道分为“信息获取渠道”和“诉求表达渠道”，进而确定 12 个渠道要素，分别为：G1、G2、G3、G4、G5、G6；E1、E2、E3、E4、E5、E6。其二，对环境群体性事件处置过程中信息沟通机制要素整体进行编码。从沟通主体要素、沟通内容要素、沟通渠道要素、外部环境要素四个方面入手，区分出 14 个编码要素，分别记为：C1、C2、C3、C4、C5、C6、C7、C8、C9、C10、C11、C12、C13 和 C14。在这部分编码中，同时对案例中体现的信息沟通效果与事件解决成效进行编码，将信息沟通效果区分成三个维度：成功、半成功和失败，并分别给予不同的标记符号和内容定义：成功，记为 S，即沟通内容清晰，沟通渠道通畅，沟通双（多）方诉求得以表达；群体冲突得到有效控制，污染情况得以改善。半成功，记为 SS，沟通过程基本实现，但仍存在沟通困境，沟通困境具有改善可能；群体冲突得到缓解，但存在持续冲突的隐患。失败，记为F，沟通内容模糊，沟通渠道不畅；群体冲突未得到化解。

对12个渠道要素和14个机制要素的编码，都区分出4种程度，由高到低依次记为H、M、L和ND。在渠道要素编码过程中，H—非常符合，M—部分符合，L—不符合，ND—无证据支持；在机制要素编码过程中，H—满足，M—部分满足，L—不满足，ND—无证据支持。其中，H代表案例中所体现的内容与该要素所表述内容相符或满足该要素内容的要求；M代表案例中所体现的内容与该要素所表述内容部分相符或满足该要素内容的部分要求；L代表案例中所体现的内容与该要素所表述内容部分不相符或不满足该要素的要求；ND代表案例中无足够内容证明其与要素要求内容之间的关联性。

三、研究结果

（一）信息沟通过程对环境群体性事件的影响分析

随着互联网技术的逐步发展，信息量骤增，信息传递速度明显加快，信息沟通也早已摆脱了传统意义上“一对一”线性沟通模式，而呈现出网状循环式的新型方式。信息沟通是一个复杂的过程，环环相扣，在多种因素的共同作用下，表现出明显的特征。但无论沟通的定义如何发展，其始终无法脱离拉斯韦尔“五W模式”[1]中对信息沟通基本过程的描述，将“五W模式”运用于现今“网状循环”式的沟通之中，可以明确，任何沟通的基本过程都建立在信息沟通主体、信息沟通内容、信息沟通渠道以及信息沟通的外部环境（噪声）的基础之上。

1. 不同类型、规模的主体对沟通方式、沟通策略有不同的选择

（1）信息沟通主体的五种类型

问卷调查以杨立华教授提出的PIA框架[2]为依据，将环境群体性事件处置过程中的信息沟通发生时涉及到的沟通主体分为11种类型。问卷数据显示，就受访人对各主体实际参与到信息沟通中的同意程度而言，累计同意百分比过半的共有5个主体，分别为公众［由农（牧）民、家庭、社区、普通社会大众组成，以下简称公众］60.51%、公司企业61.37%、政府65.67%、专家学者50.21%以及新闻媒体69.71%。其中，公众、公司企业、政府、新闻媒体四种主体累计同意百分比均在60%以上，体现出较强的影响作用。除此之外，宗教组织、社会组织以及国际组织虽也参与到信息沟通过程之中，但就统计结果而言，实际发挥作用较小。由此初步分析，11种主体虽均在不同程度上参与到信息沟通的过程之中，但对事件发展起到主导作用的主体主要包含公众、公司企业、政府、专家学者以及新闻媒体，共计五种类型，详见图12-1-3。

1 哈罗德·拉斯韦尔. 社会传播的结构与功能[M]. 谢金文，译. 上海：复旦大学出版社，2003：15-25.

2 杨立华. 构建多元协作性社区治理机制解决集体行动困境——一个“产品-制度”分析（PIA）框架[J]. 公共管理学报，2007，4（2）：6-23.

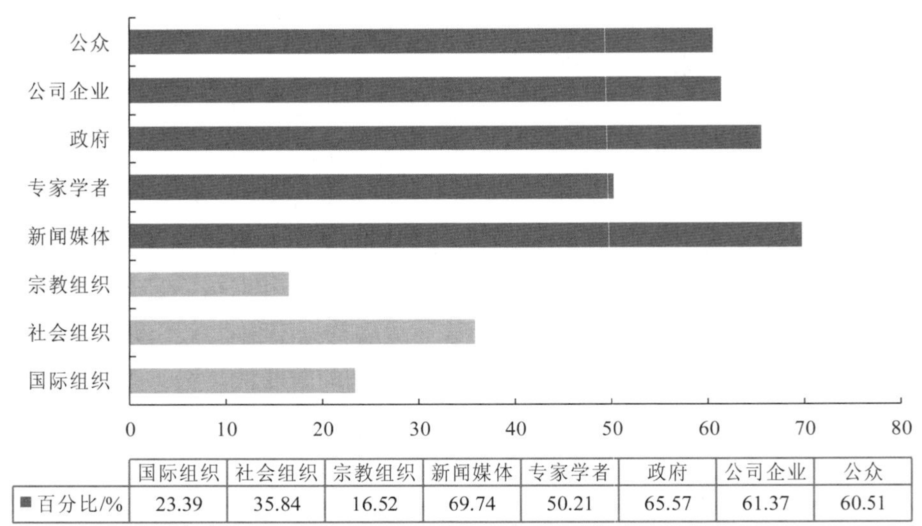

	国际组织	社会组织	宗教组织	新闻媒体	专家学者	政府	公司企业	公众
■百分比/%	23.39	35.84	16.52	69.74	50.21	65.57	61.37	60.51

图 12-1-3 信息沟通主体参与程度统计图

注：深色部分为参与程度超过 50%的主体。

另外，研究所选取的 22 个案例，涉及的沟通主体类型同样以公众、公司企业、政府、专家学者、新闻媒体为主。其中，第一阶段 7 个案例中，有 4 个案例沟通主体是“公众—政府”，第二阶段 15 个案例中，有 8 个沟通主体是“公众－政府”。可以看出，环境群体性事件在其处置过程中，信息沟通主要发生于公众与政府部门之间。其余案例中，部分案例的沟通一方或沟通双方同时存在两种或两种以上主体。其中政府和企业作为沟通一方的案例有 5 个，该部分案例的发生多数是因为政府批准项目工程，但缺少环评以及公众调查等必要程序，企业落实项目工程的过程中，危及环境。例如，广东龙岗抗议垃圾焚烧厂事件中，政府在明显缺少“公众调查”的情况下，筹建垃圾焚烧厂，公众出于对焚烧厂潜在危害的担忧，请求与政府和厂商进行沟通。还有部分案例是公众联合媒体、学者或者政府等，与污染企业进行沟通。当然，环境群体性事件处置过程中信息沟通的主体也并不必然包含“公众”，例如浙江长兴蓄电池厂污染事件中，政府主动了解血铅对公众产生的危害，并在第一时间责令企业对公众利益负责，是一则政府与污染企业进行沟通的案例，详见表 12-1-6。

表 12-1-6 信息沟通主体类型及规模一览表

案例	沟通主体	规模
第一阶段：主体案例		
案例 01	公众-政府	大
案例 02	公众/媒体/学者-政府/企业	大
案例 03	公众-政府	中
案例 04	公众/学者-政府/企业	大
案例 05	公众-政府	大
案例 06	公众/政府-企业	小
案例 07	公众-政府	大

案例	沟通主体	规模
第二阶段：补充案例		
案例 08	政府-企业	小
案例 09	公众-政府	小
案例 10	公众-企业	中
案例 11	公众-政府	小
案例 12	公众/媒体-政府	小
案例 13	公众-政府/企业	中
案例 14	公众-政府/企业	中
案例 15	公众/学者-政府	小
案例 16	公众-政府	小
案例 17	公众-政府/企业	大
案例 18	公众/媒体-政府/企业	中
案例 19	公众-政府/企业	中
案例 20	公众-政府	中
案例 21	公众-政府	中
案例 22	公众-政府	大

注：案例名称见表 12-1-1，下同。

在对案例进行分析的基础上，增加对信息沟通主体类型与事件沟通成效两要素的交叉分组分析，分析结果见表 12-1-7。在沟通成效为“成功”的案例中，沟通类型倾向于两个主体的沟通（60.0%），而在沟通成效为“失败”的案例中，沟通类型倾向于三个或者多个主体的沟通（57.2%）。

表 12-1-7 “主体类型与事件沟通成效”交叉表

			沟通成效			总计
			成功（S）	半成功（SS）	失败（F）	
主体类型	双沟通主体	计数	6	3	3	12
		占主体类型的百分比/%	50.0	25.0	25.0	100.0
		占沟通成效的百分比/%	60.0	60.0	42.9	54.5
		占总计的百分比/%	27.3	13.6	13.6	54.5
	三个沟通主体	计数	3	2	2	7
		占主体类型的百分比/%	42.9	28.6	28.6	100.0
		占沟通成效的百分比/%	30.0	40.0	28.6	31.8
		占总计的百分比/%	13.6	9.1	9.1	31.8
	多个沟通主体	计数	1	0	2	3
		占主体类型的百分比/%	33.3	0.0	66.7	100.0
		占沟通成效的百分比/%	10.0	0.0	28.6	13.6
		占总计的百分比/%	4.5	0.0	9.1	13.6
总计		计数	10	5	7	22
		占主体类型的百分比/%	45.5	22.7	31.8	100.0
		占沟通成效的百分比/%	100.0	100.0	100.0	100.0
		占总计的百分比/%	45.5	22.7	31.8	100.0

综上所述，环境群体性事件的处置涉及主体众多，但在信息沟通环节，发挥实质作用的主体主要包含公众、公司企业、政府、专家学者以及新闻媒体。因而，研究将以上五种主体作为重点，后续的研究也紧密围绕这五种主体开展。

（2）信息沟通主体的三种规模

根据案例数据的实际状况，研究对事件规模的划分进行一定调整，共分为一般规模（5～299 人）、大规模（300～999 人）、超大规模（1 000～9 999 人）以及特大规模（10 000 人以上）四等[1]。环境群体性事件的规模与其处置过程中信息沟通的规模有相通之处，但两者之间又存在一定的差异。信息沟通往往发生在群体冲突之后，很多时候，冲突一方会选派代表通过座谈会、协商会、谈判会等方式与另一方进行沟通，因而对沟通规模的划分，以代表冲突双方参与实际沟通的人数为准，将其规模划分为小规模（30 人及以下）、中规模（31～299 人）和大规模（300 人及以上）。对研究所选取的 22 个案例进行规模特征的划分可以发现，大规模沟通案例有 7 个，其中 4 个案例是公众与政府之间的沟通，另外 3 个案例沟通一方是政府和企业，另一方则是公众或者由公众与媒体、学者共同组成。中规模案例 8 个，该部分案例的沟通主要发生在公众与政府和企业之间，但有一个案例，辽宁省大连市反对 PX 项目游行事件当中，沟通建立在媒体和公众的共同努力之下，媒体和公众均积极寻求与厂商和政府的沟通，可以说，在沟通推进的过程之中，媒体也发挥了巨大的作用。最后，小规模案例共 7 个，多数直接发生于公众与政府之间。详见表 12-1-6。

（3）沟通主体对高效、强执行力的沟通方式具有倾向性

通过对案例资料的梳理发现，在沟通过程中，主体所采取的沟通方式主要涉及面谈（座谈、协商、谈判、会议）、电话、命令、文件、做报告（工作报告）、宣传栏、举办宣传活动、意见箱、传统媒体（电视、广播、纸媒）以及新媒体（网络、微博、微信等），共计 10 种方式。故将以上 10 种沟通方式记入问卷，进行实地调查。

调查结果显示，被调查者认为各主体在沟通过程中采用面谈（座谈、协商、谈判、会议）、文件、传统媒体（电视、广播、纸媒）、新媒体（网络、微博、微信等）四种沟通方式的频率较高，高频累计百分比均接近或超过半数，其中对新媒体的应用频率最高，为 74.25%，认为“新媒体方式”使用频率较低的受访者总计 44 人次，不足总数的 10.00%。在其他方式中，命令、宣传栏、举办宣传活动三种方式被采用频率处于中游；电话、作报告、意见箱三种方式被采用频率较低，均不足 30%（图 12-1-4）。

总体而言，各沟通方式在实际沟通过程中，依然会发挥一定作用，但由于受到政策环境、科学技术、生活方式等因素的影响，信息沟通主体对效率高、速度快、执行力强的沟通方式有一定的偏向性，以新媒体、传统媒体、面谈和文件作为主要的沟通方式。

1 陈月生. 群体性突发事件与舆情[M]. 天津：天津社会科学院出版社，2005：16.

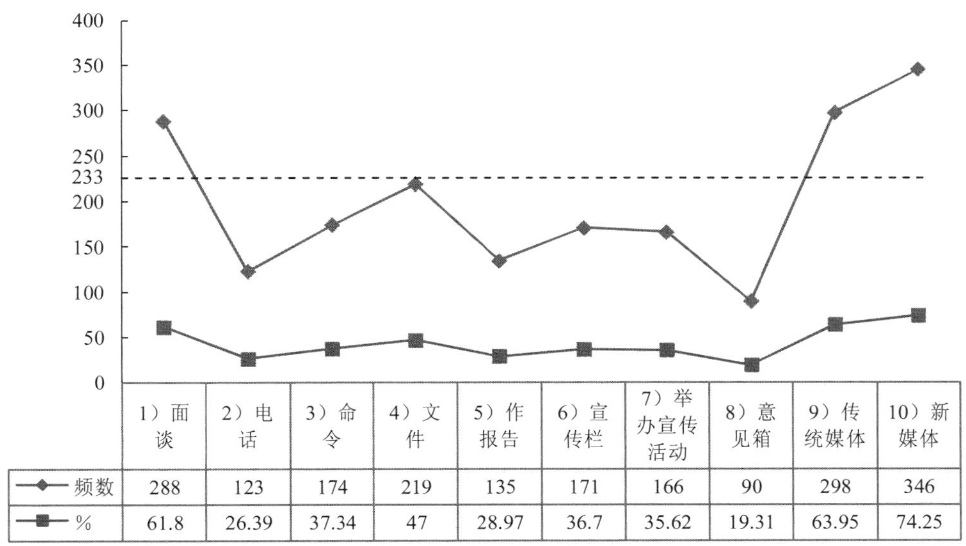

图 12-1-4　信息沟通方式使用频率统计图

（4）不同主体具有不同的沟通策略倾向

在信息沟通的过程中，各主体面临沟通策略的抉择。本节的研究沿用普鲁特对沟通策略的四种划分[1]，同时根据信息沟通的细节，给予四种策略更详尽的定义。其中，争斗是指各主体在沟通过程中态度强硬、坚决，始终坚持自身提出的要求，对另一方或第三方提出的折中方案不予考虑；让步，即沟通主体态度适中、坚定，可接受对自身提出的要求进行标准降低的处理；问题解决，即沟通主体态度缓和，对另一方或第三方提出的折中方案给予考虑，寻求双（多）方可接受的调解方案；最后，回避则是指沟通主体不作为，撤退。各主体所使用的各种沟通策略，具体如表 12-1-8 所示。

表 12-1-8　主体沟通策略一览表

主体	策略										
	争斗		让步		问题解决		回避		不清楚		无效
1）公众	221	47.63%	112	24.14%	80	17.24%	44	9.48%	59	12.71%	2
2）公司企业	82	17.59%	107	22.96%	94	20.17%	198	42.49%	60	12.88%	0
3）政府	39	8.37%	112	24.03%	200	42.92%	122	26.18%	53	11.37%	0
4）专家学者	54	11.69%	39	8.44%	201	43.51%	68	14.72%	94	20.35%	4
5）新闻媒体	102	21.89%	46	9.87%	199	42.70%	46	9.87%	80	17.17%	0

注：深色部分区分出同意程度较高的沟通策略。

1 狄恩·普鲁特，金盛熙. 社会冲突：升级、僵局及解决[M]. 王凡妹，译. 北京：人民邮电出版社，2013：11.

横向分析来看，47.63%的受访者认为公众在沟通过程中采取的主要策略为“争斗”，这与公众作为利益受损者的冲突角色相一致；同时，24.14%的受访者认为“让步”是公众采取的较为常见的策略，凸显出公众在沟通过程中的弱势地位。对于公司企业而言，42.49%的受访者认为其主要采取“回避”策略，对其他主体的沟通诉求不予理会；少部分受访者认为，争斗、让步、问题解决等策略也在一定程度上被公司企业运用，比例均在 20.00%左右，由此可见，以上三种策略使用频率均较低。受访者认为“问题解决”是政府在信息沟通过程中最常采用的沟通策略，有 42.92%的受访者同意这一情况；仅有 8.37%的受访者认为政府曾采取“斗争”策略。由此可见，政府作为信息沟通过程中最为重要的主体之一，解决问题态度积极，对沟通进程的推进起到了极大的作用。除此之外，专家学者和新闻媒体也被认为是“问题解决”的主动方，同意程度分别为 43.51%和 42.70%。另外，20.35%的受访者“不清楚”专家学者在信息沟通过程中发挥作用的情况，专家学者在信息沟通过程中的作用仍有待被进一步重视和发现（图 12-1-5）。

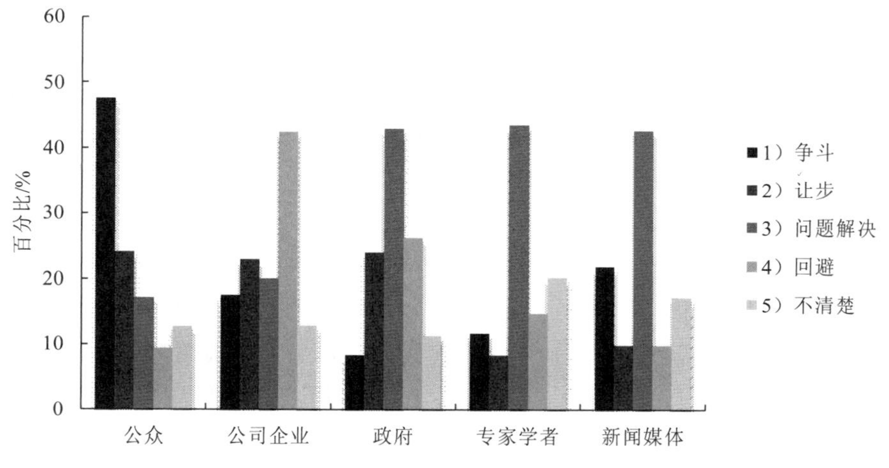

图 12-1-5 沟通策略横向分析统计图

注：深色为各主体采取的主要策略。

从纵向角度分析来看，“争斗”是公众在沟通过程中主要采取的策略（47.63%），公众通过“争斗”争取更多沟通的机会；同时，公众、公司企业和政府均可接受“对自身提出的要求进行标准降低的处理”，受访者同意程度分别为 24.14%、22.96%和 24.03%。以“问题解决”策略为导向的主体主要包含政府（42.92%）、专家学者（43.51%）和新闻媒体（42.70%），公众在这一策略下的积极性偏低，为 17.24%，公众在沟通过程中理性程度有待增强。最后，42.49%和 26.18%的受访者分别认为公司企业和政府采取了“回避”策略，这与信息沟通事件中诉求表达一方欲建立沟通的愿望相违背，沟通渠道的通畅性有待提高（图 12-1-6）。

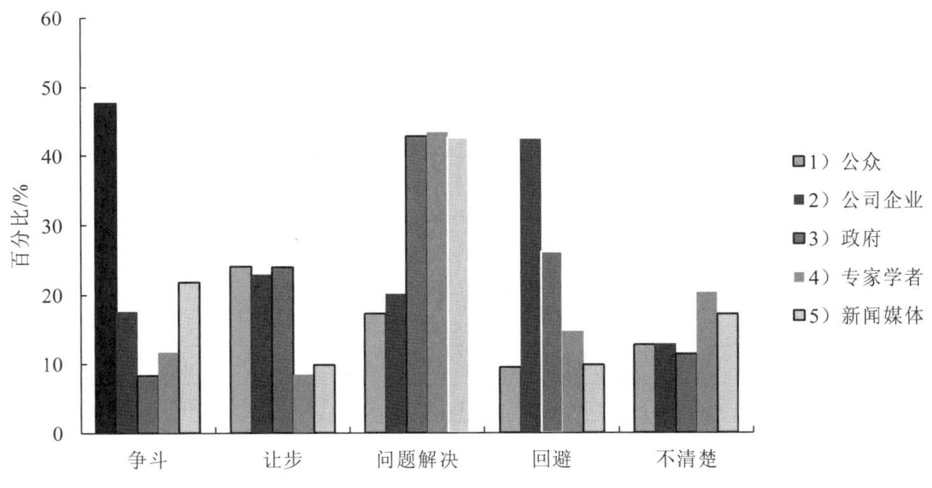

图 12-1-6　沟通策略纵向分析统计图

注：深色为采取相应策略比例较高。

2．不同属性的信息内容具有不同的清晰程度

信息沟通的内容是以信息流的形式表现，是在多主体、多层级之间交互传递的具有特定主题事件本身属性特征的信息。[1]事件本身属性特征包含自然属性和社会属性两个方面，只有同时具备两种属性，才能构成完整的“信息沟通内容”。

结合环境群体性事件的实际情况，研究将信息沟通内容的自然属性划定为：(1) 环境群体性事件的开始和结束时间；(2) 存在（或不存在）诸如打、砸、抢、烧等暴力情节；(3) 存在（或不存在）诸如集会游行、静坐请愿、罢市罢课等非暴力情节；(4) 环境污染的类型（如：水污染、大气污染、固体废物污染、土壤污染、放射性污染、电磁辐射污染、光污染、热污染以及混合污染）(5) 规模，即参与人数；(6) 地域，即城镇或者乡村。将信息沟通内容的社会属性划定为：(7) 社会经济损失情况；(8) 事件涉及的组织或者个人；(9) 境外媒体或其他境外组织对事件的报道情况；(10) 事件处置进展。

根据调查数据，将“非常清楚”与“比较清楚”两项频数累加，计算两者之和在有效问卷总数中所占的百分比，记为 T1；将“比较不清楚”和“非常不清楚” 两项频数累加，计算两者之和在有效问卷总数中所占的百分比，记为 T2。如此，通过 T1 与 T2 的比较，就可判断出环境群体性事件处置过程中信息沟通内容属性的清晰程度（表 12-1-9）。

图 12-1-7 也显示，无论是自然属性内容还是社会属性内容，均同时存在清楚与不清楚两种倾向；而从整体出发，自然属性更倾向于“清楚”（Y∶N＝5∶1），而社会属性则更倾向于“不清楚”（Y∶N＝1∶3）。

1 辛立艳. 面向政府危机决策的信息管理机制研究[D]. 长春：吉林大学，2014：80-84.

表 12-1-9 内容属性清楚程度一览表

属性		程度								
		非常清楚	比较清楚	累计 T1	一般	比较不清楚	非常不清楚	累计 T2	累计倾向	
自然属性	（1）事件起止时间	102	93	41.85%	121	105	45	32.19%	T1＞T2	Y
	（2）（不）存在暴力情节	96	74	36.48%	119	111	66	37.98%	T1＜T2	N
	（3）（不）存在非暴力情节	101	83	39.48%	124	97	61	33.91%	T1＞T2	Y
	（4）环境污染的类型	111	118	49.14%	119	90	27	25.11%	T1＞T2	Y
	（5）规模，参与人数	89	76	35.41%	142	108	51	34.12%	T1＞T2	Y
	（6）地域，城镇乡村	123	108	49.57%	112	84	39	26.39%	T1＞T2	Y
社会属性	（7）社会经济损失情况	84	39	26.39%	144	123	76	42.70%	T1＜T2	N
	（8）事件涉及主体	103	58	34.55%	153	104	48	32.62%	T1＞T2	Y
	（9）境外报道情况	49	57	22.75%	122	114	124	51.07%	T1＜T2	N
	（10）事件处置进展	64	71	28.97%	145	102	84	39.91%	T1＜T2	N

注：T1＝（非常清楚＋比较清楚）/有效问卷总数×100%；T2＝（比较不清楚＋非常不清楚）/有效问卷总数×100%；“Y”代表“清楚”，“N”代表“不清楚”。

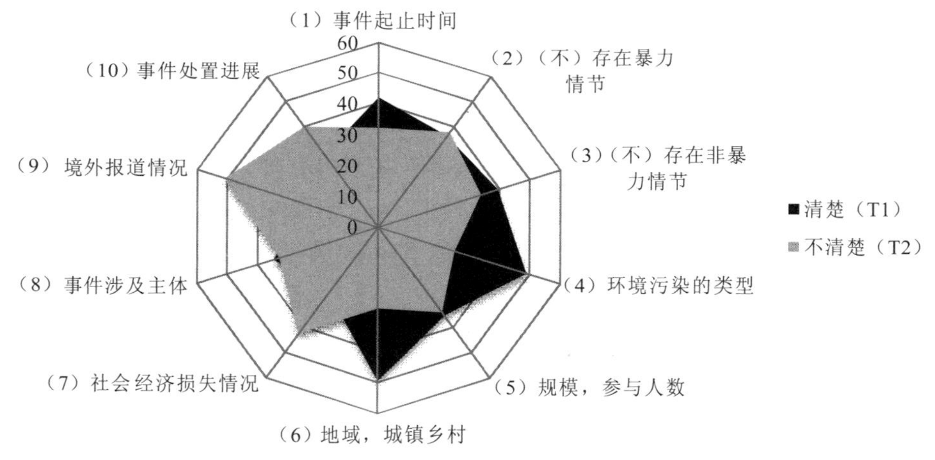

图 12-1-7 内容属性清晰程度对比图

在内容的自然属性方面：（1）环境群体性事件的开始和结束时间；（3）存在（或不存在）诸如集会游行、静坐请愿、罢市罢课等非暴力情节；（4）环境污染的类型（如水污染、大气污染、固体废物污染、土壤污染、放射性污染、电磁辐射污染、光污染、热污染以及混合污染）；（5）规模，即参与人数；（6）地域，即城镇或者乡村，均倾向于“Y：清楚”，即 T1 值＞T2 值。其中，（6）地域要素“累计清楚”比例最高，为 49.57%。而（2）存在（或不存在）诸如打砸抢烧等暴力情节成为自然属性内容方面唯一“不清楚”比例较高的要素，但｜T1−T2｜＝1.30%，数据差较小，由此可见，在环境群体性事件中，自然属性内容信息具有较高的清晰度。

社会属性内容信息总体趋势与自然属性内容相反，其中仅（8）事件涉及的组织或者个人呈现“Y：清楚”倾向，且｜T1–T2｜=1.93%，差值较小，其余各项均倾向于“N：不清楚”。在属性（9）境外媒体或其他境外组织对事件的报道情况中，更是有高达 51.07% 的受访者表示不清楚相关情况，相对较高。

3．政府部门、社会组织、新闻媒体、公众是四种重要传播渠道

研究综合信息获取渠道与诉求表达渠道，对以政府部门、社会组织、新闻媒体、私人组织、公众以及国际性组织为主的六种渠道进行分析。

（1）信息获取渠道

图 12-1-8 展示了受访者对通过政府部门、社会组织、新闻媒体、私人组织、公众以及国际性组织作为信息获取渠道的同意程度。通过累计同意百分比结果来看，累计同意程度最高的信息获取渠道是新闻媒体，比例高达 70.38%，紧随其后的分别是政府部门、社会组织、公众、国际性组织，比例分别为 63.09%、52.14%、44.64%和 31.97%，排在最后的是私人组织，比例仅为 29.61%。

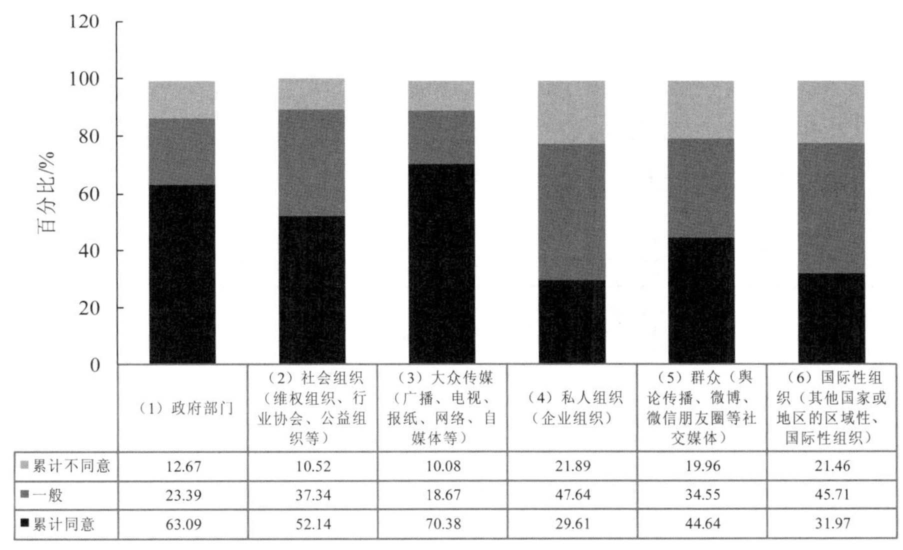

	（1）政府部门	（2）社会组织（维权组织、行业协会、公益组织等）	（3）大众传媒（广播、电视、报纸、网络、自媒体等）	（4）私人组织（企业组织）	（5）群众（舆论传播、微博、微信朋友圈等社交媒体）	（6）国际性组织（其他国家或地区的区域性、国际性组织）
■累计不同意	12.67	10.52	10.08	21.89	19.96	21.46
■一般	23.39	37.34	18.67	47.64	34.55	45.71
■累计同意	63.09	52.14	70.38	29.61	44.64	31.97

图 12-1-8　信息获取渠道同意程度统计图

为进一步区分出在信息获取过程中，各渠道的重要程度，研究对各渠道进行得分统计并排序。分数统计规则如下：首先，依托于问卷选项，给予“非常同意”项 2 分，“比较同意”项 1 分，“一般”项 0 分，“比较不同意”项–1 分，“非常不同意”项–2 分；然后，将分数与相应频数相乘，记结果为 T1 至 T5；最后，以渠道为单位，将乘积累加，得出各渠道最终得分并进行排序，各渠道得分情况如表 12-1-10 所示。结果显示“新闻媒体”渠道依旧排首位，593 分；“政府部门”与其相差不大，517 分，排名第二；其后分别为“社会组织”和“公众”，分数分别为 420 分和 311 分；分数较低的是“私人组织”和“国际性组织”，分数在 200 分以内，分别为 166 分和 146 分，末位由“国际性组织”替代了“私人组织”（表 12-1-10）。

表 12-1-10 信息获取渠道累加得分一览表

渠道 数值	T1 值	T2 值	T3 值	T4 值	T5 值	得分累加	排序
（1）政府部门	396	192	0	–47	–24	517	2
（2）社会组织（维权组织、行业协会、公益组织等）	258	228	0	–32	–34	420	3
（3）新闻媒体（广播、电视、报纸、网络、自媒体等）	446	210	0	–31	–32	593	1
（4）私人组织（企业组织）	144	132	0	–74	–56	146	5
（5）公众（舆论传播、微博、微信朋友圈等社交媒体）	234	182	0	–81	–24	311	4
（6）国际性组织（其他国家或地区的区域性、国际组织）	122	176	0	–68	–64	166	6

注：累加得分=T1+T2+T3+T4+T5，深色部分为得分最高的渠道；T1、T2、T3、T4、T5 指各渠道非常同意、比较同意、一般、比较不同意、非常不同意选项下对应的频数与该选项赋分值相乘的结果。

表 12-1-11 总结了案例分析中的信息获取渠道（政府部门、社会组织、新闻媒体、私人组织、公众和国际性组织六种，分别用 G1～G6 表示）和诉求表达渠道（和信息获取渠道的分类相同，但分别用 E1～E6 表示）的统计信息。

表 12-1-11 所选案例信息沟通渠道编码统计表

案例	途径											
	信息获取渠道						诉求表达渠道					
	G1	G2	G3	G4	G5	G6	E1	E2	E3	E4	E5	E6
第一阶段：主体案例												
案例 01	H	M	H	L	L	L	H	M	H	L	H	L
案例 02	H	ND	H	H	L	ND	H	ND	H	H	H	ND
案例 03	H	ND	H	L	H	ND	H	ND	H	L	H	ND
案例 04	L	ND	L	H	L	L	M	ND	H	H	H	L
案例 05	H	H	M	L	L	ND	H	L	M	L	H	ND
案例 06	M	M	L	L	M	ND	H	M	H	L	H	ND
案例 07	H	L	M	L	L	ND	L	L	M	H	H	ND
第二阶段：补充案例												
案例 08	ND	ND	L	M	M	ND	ND	ND	L	L	M	L
案例 09	M	M	M	L	M	L	M	M	H	L	H	ND
案例 10	H	M	H	L	M	ND	H	M	H	L	H	ND
案例 11	M	L	H	L	L	ND	L	L	H	L	M	ND
案例 12	H	M	M	L	L	ND	L	H	H	L	H	ND
案例 13	L	L	M	L	M	ND	H	L	M	L	H	ND
案例 14	L	M	M	L	L	L	H	M	H	L	H	L

案例	途径											
	信息获取渠道						诉求表达渠道					
	G1	G2	G3	G4	G5	G6	E1	E2	E3	E4	E5	E6
案例 15	L	M	H	L	M	ND	M	M	H	L	H	ND
案例 16	H	ND	H	L	H	M	H	L	H	L	H	M
案例 17	M	M	H	L	M	ND	H	H	M	L	H	M
案例 18	M	H	H	L	H	L	M	H	H	L	H	L
案例 19	L	ND	H	M	H	L	L	ND	H	M	H	ND
案例 20	L	L	L	L	L	ND	L	L	L	L	M	ND
案例 21	H	ND	H	L	H	ND	L	L	H	L	H	ND
案例 22	L	H	L	L	H	ND	L	M	L	L	H	ND

注：H—非常符合；M—部分符合；L—不符合；ND—无证据支持。

取渠道方面：G1=政府部门；G2=社会组织；G3=新闻媒体；G4=私人组织；G5=公众：G6=国际性组织。

在诉求表达渠道方面：E1=政府部门；E2=社会组织；E3=新闻媒体；E4=私人组织；E5=公众：E6=国际性组织。

表 12-1-12 对案例分析中的信息获取渠道进行了排序。其中，信息获取渠道 G1 对应的 H 值由表 12-1-11 中渠道 G1 对应 H 的个数加总获得；信息获取渠道 G1 对应的 M 值由表 12-1-11 中渠道 G1 对应 M 的个数加总获得。其他信息获取渠道 G2、G3、G4、G5、G6 所对应的 H 值、M 值统计方式同上；得分=2×H 值+1×M 值+0×L 值。继而，根据得分高低，对其进行排序。

表 12-1-12　所选案例信息沟通渠道排序一览表

得分 / 途径			案例渠道排序			
			H 值	M 值	得分	排序
信息获取渠道	G1	（1）政府部门	9	5	23	2
	G2	（2）社会组织	3	8	14	4
	G3	（3）新闻媒体	11	6	28	1
	G4	（4）私人组织	2	2	6	5
	G5	（5）公众	6	7	19	3
	G6	（6）国际性组织	0	1	1	6
诉求表达渠道	E1	（1）政府部门	10	4	24	3
	E2	（2）社会组织	3	7	20	4
	E3	（3）新闻媒体	15	4	34	2
	E4	（4）私人组织	3	1	7	5
	E5	（5）公众	19	3	41	1
	E6	（6）国际性组织	0	2	2	6

注：得分=2×H 值+1×M 值+0×L 值；L 值记 0 分，不影响“得分”栏计算结果，故不予统计。

综合表 12-1-11 和表 12-1-12 中统计数据发现：单就信息获取渠道而言，渠道 G3 统计得分排在首位，体现出“新闻媒体”在信息获取过程中的重要性；渠道 G1、G5、G2 的得分紧随其后；而渠道 G4 和 G6 的得分则相对靠后，且均在 10 分以下，表明这两种渠道在信息获取过程中发挥的实质作用较弱。

综合问卷数据与案例资料的分析结果可以发现：“新闻媒体”与“政府部门”是信息沟通主体获取信息内容的主要渠道；“社会组织”与“公众”两渠道所能发挥的作用紧随其后，对事件解决依旧具有较强的影响作用；而“私人组织”与“国际性组织”的作用则明显较弱，对事件影响较小。

（2）诉求表达渠道

图 12-1-9 展示了受访者对通过政府部门、社会组织、新闻媒体、私人组织、公众以及国际性组织作为诉求表达渠道的同意程度。结果显示：在诉求表达渠道方面，“政府部门”依旧是群体冲突当事人希望借以表达诉求的主要渠道，分数排在首位；与其不相上下的渠道依旧是“新闻媒体”，足以见得媒体的力量有多大；位列末位的是“国际性组织”，同时其分值呈现出负值，可见“国际性组织”在诉求表达过程中实际发挥作用较小（图 12-1-9）。

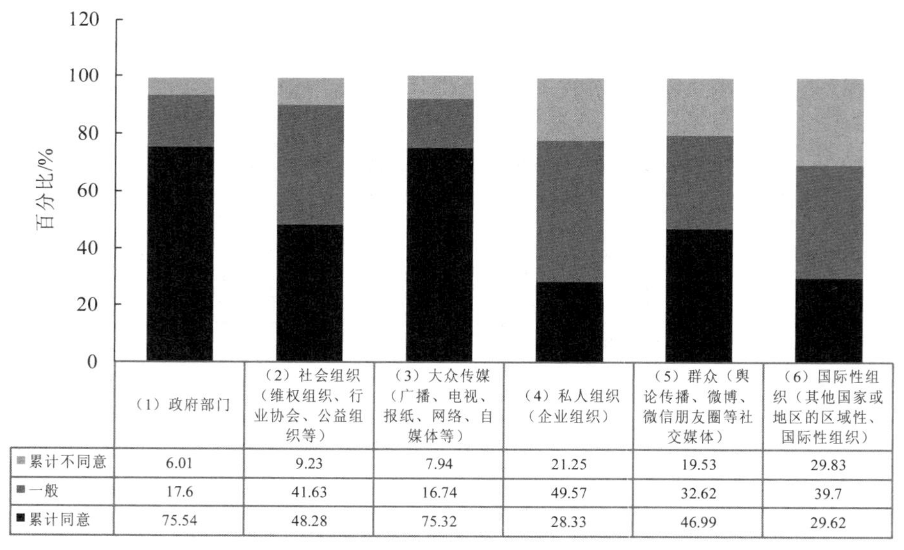

	（1）政府部门	（2）社会组织（维权组织、行业协会、公益组织等）	（3）大众传媒（广播、电视、报纸、网络、自媒体等）	（4）私人组织（企业组织）	（5）群众（舆论传播、微博、微信朋友圈等社交媒体）	（6）国际性组织（其他国家或地区的区域性、国际性组织）
■累计不同意	6.01	9.23	7.94	21.25	19.53	29.83
■一般	17.6	41.63	16.74	49.57	32.62	39.7
■累计同意	75.54	48.28	75.32	28.33	46.99	29.62

图 12-1-9 诉求表达渠道同意程度统计图

同时，研究根据调查数据对诉求表达渠道进行得分统计，分数统计和排序方式与对信息获取渠道进行统计的方式相同。根据计算结果，具体得分及排序如下：（1）政府部门：548 分；（3）新闻媒体：513 分；（2）社会组织：299 分；（5）公众：244 分；（4）私人组织：75 分；（6）国际性组织：–19 分（表 12-1-13）。

表 12-1-13　诉求表达渠道累加得分一览表

渠道＼数值	$T1$ 值	$T2$ 值	$T3$ 值	$T4$ 值	$T5$ 值	得分累加	排序
（1）政府部门	466	119	0	−19	−18	548	1
（2）社会组织（维权组织、行业协会、公益组织等）	258	96	0	−31	−24	299	3
（3）新闻媒体（广播、电视、报纸、网络、自媒体等）	424	139	0	−24	−26	513	2
（4）私人组织（企业组织）	156	54	0	−63	−72	75	5
（5）公众（舆论传播、微博、微信朋友圈等社交媒体）	276	81	0	−69	−44	244	4
（6）国际性组织（其他国家或地区的区域性、国际性组织）	120	78	0	−61	−156	−19	6

注：累加得分=$T1+T2+T3+T4+T5$，深色部分为得分最高的渠道；$T1$、$T2$、$T3$、$T4$、$T5$ 为各渠道非常同意、比较同意、一般、比较不同意、非常不同意选项下对应的频数与该选项赋分值相乘的结果。

案例方面，同样综合表 12-1-11 和表 12-1-12 中的统计数据来分析，并对各渠道得分累加排序，位列首位的渠道由“新闻媒体”更换为“公众”，“公众”渠道累计得分 41 分，在所有渠道当中的分值最高，足以见得该渠道在诉求表达过程中的重要性；位于后两位的依旧是“私人组织”和“国际性组织”，得分依旧在 10 分以下。

总之，无论是问卷数据，还是案例资料，都明显体现出“私人组织”与“国际性组织”两渠道对事件呈现较弱的影响结果，其余四种渠道对事件产生了较为显著的影响作用。这一点与前文对“信息获取渠道”的分析结果相一致，故政府部门、社会组织、新闻媒体以及公众四种渠道共同构成信息沟通过程中最为重要的四种“诉求表达渠道”。

4．信息沟通外部环境类型及其对环境群体性事件的影响

外部环境是指个体、群体或组织存在和发展所依赖的各种条件的总和，主要包括政治、经济、文化和社会等方面，这些环境对个体或组织以及他们所开展的活动起着积极或消极的作用。对于环境群体性事件处置过程中的信息沟通而言，外部环境要素同样具有重大的影响。

研究将信息沟通的外部环境共分为群体环境（公众、社会组织、私人组织等）、政策环境（政府部门）、舆论环境（新闻媒体、公众等）以及国际环境（国际组织）四类。根据调查问卷，对于在信息沟通过程中，“是否存在以上四种环境要素对环境群体性事件的解决产生影响”这一问题，累计有 52.15%的受访者同意群体环境对信息沟通存在影响，仅有 10.73%的受访者不同意群体环境影响的存在；53.65%的受访者同意政策环境对信息沟通存在影响，另有 10.19%的受访者持明显反对意见；同意程度最高的是舆论环境对信息沟通的影响，占比 61.37%，持反对意见者仅有 11.37%；最后，同意国际环境对信息沟通产生影响的受访者数量较少，仅占 43.28%，而认为国际环境影响较小或没有影响的受访者数量最多，占比 21.96%（图 12-1-10）。

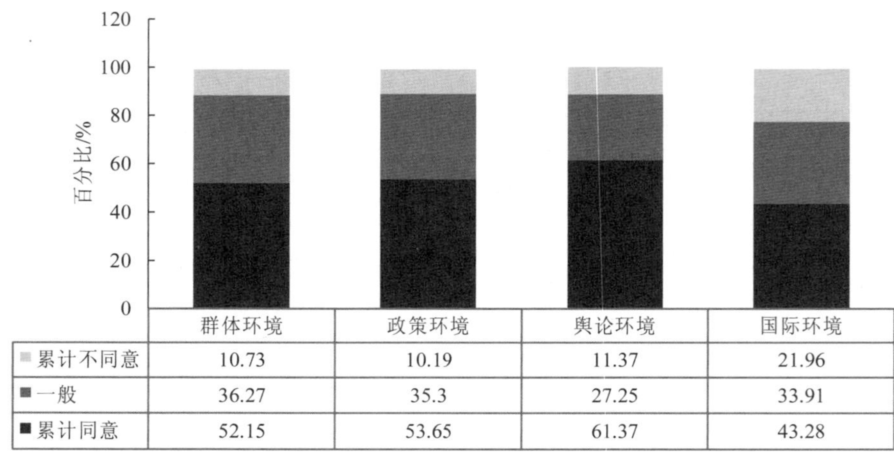

图 12-1-10 外部环境影响同意程度统计图

案例方面，研究同样对所选案例进行了外部环境影响要素的编码，编码结果如表 12-1-14 所示。

表 12-1-14 信息沟通外部环境影响编码统计表

案例编号	年份	群体环境	政策环境	舆论环境	国际环境
案例 01	2009	1	1	1	1
案例 02	2012	1	1	1	0
案例 03	2012	1	1	1	1
案例 04	2014	1	1	0	0
案例 05	2014	1	0	1	0
案例 06	2014	1	1	1	0
案例 07	2014	0	1	0	0
案例 08	2005	0	1	0	0
案例 09	2008	1	0	1	0
案例 10	2009	1	0	0	0
案例 11	2011	1	0	0	0
案例 12	2014	0	1	1	0
案例 13	2009	—	—	—	—
案例 14	2013	1	0	1	1
案例 15	2008	1	0	1	0
案例 16	2009	1	0	1	1
案例 17	2015	1	1	1	1
案例 18	2013	1	0	1	1
案例 19	2014	1	1	1	0
案例 20	2009	1	0	0	0
案例 21	2012	1	0	1	0
案例 22	2013	0	1	1	0
总计		17	11	15	6

注：1=存在该种环境的影响；0=不存在该种环境的影响。

研究对表 12-1-14 中的编码数据进行统计分析（图 12-1-11），结果显示：77.27%的案例中存在群体环境对信息沟通的影响；50.00%的案例中体现出政策环境对信息沟通的影响；舆论环境对信息沟通产生影响的案例所占比例更是高达 68.18%；而直接体现出国际环境影响作用的案例仅占案例总数的 27.27%。

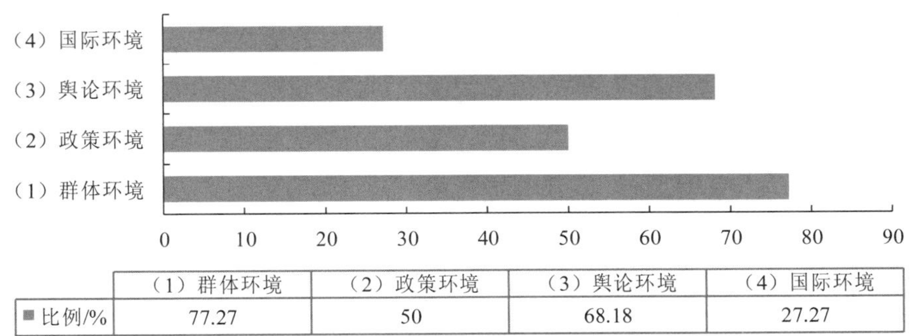

图 12-1-11 外部环境编码结果比例统计图

案例编码的数据结果与问卷调查的结果之间体现出一定的一致性，都显示：对信息沟通过程产生影响的环境因素主要以群体环境、政策环境和舆论环境为主，国际环境的影响作用相对较弱。

（二）环境群体性事件处置过程中的信息沟通机制分析

1. 信息沟通机制要素构建

如前文所述，在文献资料整理和实地调研的基础上，研究从信息沟通主体要素、内容要素、渠道要素、外部环境要素四个方面归纳出 14 个会对环境群体性事件沟通成效产生影响的要素（表 12-1-15）。

表 12-1-15 环境群体性事件处置过程中信息沟通机制要素一览表

要素	因素
（1）主体要素	C1：有效的多元主体参与
	C2：可控的信息沟通规模
	C3：高效、迅速、强执行力的沟通方式
	C4：以“问题解决”为导向的沟通策略
（2）内容要素	C5：自然属性内容具有准确性
	C6：社会属性内容具有时效性
	C7：社会属性内容具有完整性
（3）渠道要素	C8：政府部门对信息的接收与公开
	C9：社会组织对真相的询问与披露
	C10：新闻媒体对事实的曝光与报道
	C11：公众之间的传播
（4）外部环境要素	C12：群体环境中较高的群体支持
	C13：政策环境中完善的诉求表达与反馈法律法规
	C14：舆论环境中高度一致的舆论态度

这 14 个要素分别来自于信息沟通过程中的四个环节，彼此相互联系，但同时又都具有各自鲜明独特，在本节的研究中暂不考虑各要素之间的影响，只对单一要素同沟通效果、事件解决成效之间的影响进行讨论。同时，研究力求突破个案的限制，追求多案例中具有共性的因素，并验证其有效性。

2. 信息沟通机制成功促进群体性事件解决的要素验证

为确认各因素在不同类型、不同特征案例中是否能够发挥共性作用，围绕以上所说的 14 个因素在所选取案例中进行编码。在编码中，将案例对各因素的满足程度进行区分：H－满足；M－部分满足；L－不满足；ND—无证据支持。同样，对案例沟通效果进行区分：S－成功，即沟通内容清晰，沟通渠道通畅，沟通双（多）方诉求得以表达；群体冲突得到有效控制，污染情况得以改善。SS－半成功，沟通过程基本实现，但仍存在沟通困境，沟通困境具有改善可能；群体冲突得到缓解，但存在持续冲突的隐患。F－失败，沟通内容模糊，沟通渠道不畅；群体冲突未得到化解（表 12-1-16）。

表 12-1-16 信息沟通机制要素多案例编码结果一览表

案例编号	主体要素				内容要素			渠道要素				环境要素			沟通成效	解决成效
	C1	C2	C3	C4	C5	C6	C7	C8	C9	C10	C11	C12	C13	C14		
案例 01	H	L	H	H	M	H	H	M	H	H	M	H	H	H	S	S
案例 02	H	L	H	H	H	H	M	ND	H	H	M	H	H	H	S	S
案例 03	M	M	H	H	H	M	M	ND	H	H	H	H	H	H	S	SS
案例 04	H	L	L	M	L	M	L	ND	L	M	M	M	M	ND	F	F
案例 05	L	L	M	H	L	H	M	M	H	M	M	M	L	M	SS	SS
案例 06	H	H	H	H	H	H	H	M	H	M	H	H	H	H	S	S
案例 07	M	L	M	M	H	M	M	L	M	M	M	ND	M	ND	F	F
案例 08	L	H	H	H	H	H	H	ND	ND	L	M	ND	H	ND	S	S
案例 09	H	H	L	M	M	L	L	M	M	H	H	H	M	H	SS	SS
案例 10	M	M	M	M	M	L	L	M	H	H	H	H	L	L	SS	F
案例 11	H	H	L	L	L	L	L	L	L	H	L	M	L	ND	F	F
案例 12	M	H	M	H	H	H	H	H	M	H	M	ND	H	H	S	S
案例 13	L	M	M	M	L	M	L	L	M	M	H	L	L	ND	F	SS
案例 14	L	M	L	H	L	L	L	M	M	H	M	H	M	H	SS	F
案例 15	H	H	H	M	M	L	M	M	L	H	H	H	L	H	SS	S
案例 16	M	H	H	H	M	M	H	ND	H	H	H	H	M	H	S	S
案例 17	M	L	M	H	L	H	M	H	H	H	H	H	H	H	S	F
案例 18	H	M	M	H	M	H	L	H	M	H	H	H	M	H	S	S
案例 19	M	M	L	L	M	L	M	ND	L	H	H	M	M	M	F	SS
案例 20	L	M	L	L	L	L	L	L	L	L	L	M	L	L	F	F
案例 21	L	M	L	H	H	L	H	ND	M	H	H	H	M	H	S	S
案例 22	L	L	M	H	L	M	M	H	L	L	H	H	M	ND	S	S

注：C1～C14 表示 14 种要素，具体内容见表 12-1-15；H—满足；M—部分满足；L—不满足；ND—无证据支持；S—成功；SS—半成功；F—失败。

为检验以上 14 个要素的有效性，进一步探究这些要素同事件解决成效之间的相互作用关系，研究首先采用 SPSS23.0 对以上要素进行相关性分析，并对“H－满足”赋值 3 分，“M－部分满足”赋值 2 分，“L－不满足”赋值 1 分，“ND－无证据支持”为缺失值。同样，对“事件解决成效”赋值，“S－成功”赋值 3 分，“SS－半成功”赋值 2 分，“F－失败”赋值 1 分。需要说明的是，本次相关性分析共分为两步，第一步，就以上 14 个要素同沟通成效进行相关性分析，第二步，就沟通成效同事件解决成效进行相关性分析。

首先，在对“信息沟通机制要素*沟通成效”的相关分析结果中，要素 C1 和要素 C2 相关系数最低，分别为 0.050 和 0.000，要素 C10 相关系数也较低，为 0.191，以上三者与事件沟通成效之间的相关性是不显著的。从结果来看，除要素 C1、C2、C10 以外，其余各要素均呈现出不同程度的相关性。要素 C4、C5、C6、C7、C8、C9、C12、C13、C14 与沟通成效之间的相关程度均在 0.500 以上，要素 C4、C8、C12、C13、C14 的相关程度远超 0.700，其中 C4：以“问题解决”为导向的沟通策略相关程度达到峰值，为 0.884**，这说明以上要素对环境群体性事件处置过程中的信息沟通具有极强的影响。要素 C3、C11 相关程度较低，但也已经显示出显著的相关性（表 12-1-17）。由此，可以初步判断，除要素 C1、C2、C10 以外，其余各要素均对事件解决成效产生重要影响。

表 12-1-17 “信息沟通机制要素*沟通成效”Spearman 分析一览表

因素	相关系数	显著水平	有效值
主体要素			
C1：有效的多元主体参与	0.050	0.827	22
C2：可控的信息沟通规模	0.000	1.000	22
C3：高效、迅速、强执行力的沟通方式	0.462**	0.030	22
C4：以“问题解决”为导向的沟通策略	0.884**	0.000	22
内容要素			
C5：自然属性内容具有准确性	0.557**	0.007	22
C6：社会属性内容具有时效性	0.617**	0.002	22
C7：社会属性内容具有完整性	0.693**	0.000	22
渠道要素			
C8：政府部门对信息的接收与公开	0.851**	0.000	20
C9：社会组织对真相的询问与披露	0.594**	0.005	15
C10：新闻媒体对事实的曝光与报道	0.191	0.395	22
C11：公众之间的传播	0.309*	0.039	22
外部环境要素			
C12：群体环境中较高的群体支持	0.824**	0.000	19
C13：政策环境中完善的诉求表达与反馈法律法规	0.742**	0.000	22
C14：舆论环境中高度一致的舆论态度	0.734**	0.001	16

注：**.在置信度（双侧）为 0.01 时，相关性是显著的；

*.在置信度（双侧）为 0.05 时，相关性是显著的；

“边框”区分不显著因素。

其次，在对“沟通成效*事件解决成效”的相关分析结果中，两要素之间的相关系数为0.698，显著性水平为0.000，显著性水平低于0.01（表12-1-18），说明事件沟通成效与事件解决成效之间具有极强的相关关系。

表12-1-18 “沟通成效*事件解决成效”Spearman分析表

	事件沟通成效		事件解决成效	
	相关系数	显著水平	相关系数	显著水平
事件沟通成效	—	—	0.698**	0.000
事件解决成效	0.698**	0.000	—	—

注：**.在置信度（双侧）为0.01时，相关性是显著的。

3. 成功信息沟通的典型案例分析

研究以事件解决成效为区分依据，依次选取案例04“湖南湘潭县抗议垃圾焚烧事件”（解决成效：失败F）、案例10“湖南镇头镇抗议镉污染事件”（解决成效：半成功SS）以及案例16“北京昌平抗议B市反焚烧事件”（解决成效：成功S）为典型案例，力求通过对典型案例细节进行分析，确认各因素对事件解决成效产生的影响作用。

（1）典型案例编码结果比较——编码结果与事件解决成效正相关

表12-1-19是对典型案例编码结果进行的集中呈现。三个典型案例分别表现出不同的解决成效，即案例04—失败；案例10—半成功；案例16—成功。

表12-1-19 典型案例编码结果比较一览表

案例编号	主体要素				内容要素			渠道要素				环境要素			沟通成效
	C1	C2	C3	C4	C5	C6	C7	C8	C9	C10	C11	C12	C13	C14	
案例04	H	L	L	M	L	M	L	L	ND	M	M	M	M	ND	F
案例10	M	M	M	M	M	L	L	H	M	H	H	H	L	L	SS
案例16	M	H	H	H	M	M	H	H	ND	H	H	H	M	H	S

注：满足程度：H—满足；M—部分满足；L—不满足；ND—无证据支持；S—成功；SS—半成功；F—失败。

与之相对应，在案例编码结果中，案例对各要素的满足程度也表现出水平上的差异。如图12-1-12所示：在案例04中，表现为H的要素仅有1个；而在事件解决成效相对较好的案例10和案例16中，表现为H的要素分别有4个和9个。对于表现为L的要素数量而言，沟通成功的案例16中没有表现为L的要素。而随着沟通效果的逐步降低，表现为L的要素数量开始逐步增多，例如。案例04和案例10中L的数量分别为5个和4个。案例04中各要素满足水平趋于M和L，案例16中要素满足水平以H为主，而案例10中表现出的要素水平分布则相对均匀。由此不难发现，随着事件解决成效的逐步提升，表现为H的要素数量逐步增加，表现为L的要素数量开始减少。因而就总体而言，沟通成效与各要素满足程度之间呈现出正向的相关关系。

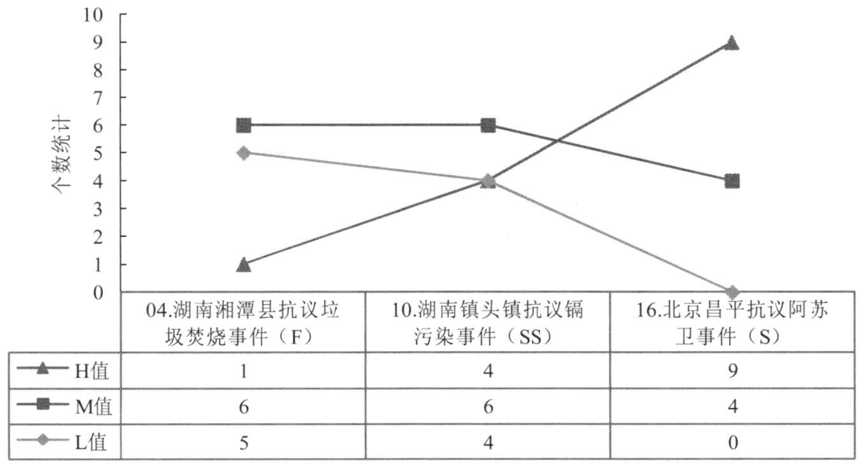

	04.湖南湘潭县抗议垃圾焚烧事件（F）	10.湖南镇头镇抗议镉污染事件（SS）	16.北京昌平抗议阿苏卫事件（S）
H值	1	4	9
M值	6	6	4
L值	5	4	0

图 12-1-12　典型案例编码结果统计图

（2）信息沟通的主体要素验证分析

案例 04 是三个案例中参与主体最为多元化的一个案例，在沟通发展的过程中，公众与学者（湖南科技大学、湘潭大学的教师）均发出与政府（湘潭市政府）和企业（桑德公司）之间建立沟通的诉求。而在案例 10 和案例 16 中，沟通主体则主要包括公众与企业（长沙湘和化工厂）或者公众与政府（北京市政府），沟通主体多元程度明显降低。

就实际参与沟通的规模而言，三个案例呈现出规模递减的趋势，案例规模的可控性逐步提高。案例 04 中，据受访者介绍学者、公众等社会群体，“大概是”8 000 人（湖南科技大学学生）联合签名抗议，要求相关部门给予正面回应。而案例 16 中，沟通诉求表达主体则以村民为主，同时随着事件的发展，沟通的开展多以“选代表”的方式进行，沟通规模可控程度明显增强。

在对案例 16 中阿苏卫村村委会某负责人进行访谈时了解到，在处理上级政府部门反馈的信息时，“……就是开村民代表会、党员会，向村民发一封公开信，喇叭、广播……”。在赔偿落实阶段，为更好宣传搬迁赔偿政策，相关部门也使用了文件、协议等文字资料，同时采取家访等方式宣传相关内容。从访谈结果来看，案例 16 中体现出的沟通方式满足高效、迅速、强执行力的要求。案例 04 中，在沟通实施阶段，虽然采取了与案例 16 具有同样效果的沟通方式，但实际沟通效果不甚理想。由此，在采取高效、迅速、强执行力的沟通方式时，还必须注重沟通内容的有效性。

案例 04 和案例 16 在沟通策略方面有一个共同点，两者均采取了选派代表赴外地实地考察垃圾处理技术的沟通策略，该策略的选取体现出相关部门“问题解决”的决心，但两者在考察后的持续宣传方面存在些许差异。案例 16 中，B 市村民表示，虽未参与实地考察，但对考察地、考察时间、考察内容都有一定程度的了解；而案例 04 中，受访者则对“考察”相关内容了解较少。另外，在案例 10 中，沟通策略方面也体现出一定的“问题解决”导向，可见各案例在沟通策略方面，虽都以“问题解决”为导向，但体现出不同的程度。

综上所述，通过对典型案例的实际分析可以发现，高效、迅速、强执行力的沟通方式以及以“问题解决”为导向的沟通策略与事件解决成效之间呈现正相关关系，信息沟通参与主体的多元性与事件解决结果之间的相关关系较弱，以上三点同案例编码中表现出的结果相一致，而要素“可控的信息沟通规模”却表现出与案例编码相左的结果。

（3）信息沟通的内容要素验证分析

案例 04 中，在实施垃圾焚烧项目前，曾进行“环境影响评价”，但环评实施的推进情况、环评的连续性、环评结果的影响效果均没有作为垃圾焚烧项目实施的参考意见。垃圾焚烧项目的直接利害关系人——公众，对环评相关信息的了解存在不准确、不及时、不全面的状况。

案例 16 中，政府部门对于信息回复与扩散（宣传）反应迅速、灵敏，依托村民代表大会、党员会、村民公开信、喇叭、广播等途径，同时采取逐户沟通的方法，宣传“赔偿、拆迁”等相关信息。碍于行政效率的影响，实际走访虽存在一定的延后，但在信息内容上仍体现出一定的准确性、时效性和完整性。

（4）信息沟通渠道要素验证分析

渠道方面，由于案例 04、案例 16 在要素“社会组织的询问与披露”方面缺少相关证据，因而本部分分析以“政府部门对信息的接收与公开”“新闻媒体对事实的曝光与报道”“公众之间的传播”为主。

首先，各案例中体现最为明显的，是政府部门对信息的把控。案例 04 中，政府部门“封锁”相关信息，在项目施工之后才公开相关信息或者直接“避而不谈”。

案例 10 中，政府部门在维护公众利益方面表现出一定的执行力，政府部门出于执政形象等因素的考虑，对污染信息的曝光采取强制力进行阻止，但对公众的诉求还是及时、有效地进行回应并予以弥补。

案例 16 中，政府部门表现出更强的信息公开与回应能力，并对公众利益损失进行补偿。

其次，新闻媒体的曝光与报道。媒体是信息沟通过程中一个至关重要的环节，一方面作为真相的揭露者，向社会公众曝光事实真相；另一方面又是政府发言的窗口和平台，负责政府决策信息、政府反馈信息的实时报道。仔细分析三个典型案例可以发现，无论案例沟通成效好坏，新闻媒体的活跃度均贯穿事件始末。

最后，公众之间的传播。随着互联网技术的发展与普及，公众之间信息传播的渠道已不同于往昔的“口口相传”，如今更多的是借助于微信、邮箱、论坛等通信工具，令公众之间信息传播的速度与范围不断扩大。案例 04 中，就有受访者提及此途径下的信息沟通，“……反正你没见过，就给你发的 QQ 邮件，确实是有，像这种帖子……比如说益阳市论坛或者是怎么之类的……”。

在信息沟通渠道方面，政府部门对信息的公开程度会直接影响到沟通效果的好坏，这与案例编码呈现出的结果一致；而新闻媒体的曝光与报道虽然可以推进事实真相的曝光，但也可能进行错误报道，从而使沟通效果恶化。同时，新闻媒体多处于中立状态，扩散信息是新闻媒体的责任。无论何种沟通效果下，新闻媒体活跃度都维持在较高的水平，因而无法判断其与沟通成效之间是否存在必然关系，但可以确定的是，新闻媒体是沟通过程中必不可少的信息传播工具。最后，公众之间的传播同新闻媒体一样，作用于信息的扩散和传播，但公众之间的信息传播往往无序且混乱。

（5）信息沟通的外部环境要素验证分析

外部环境要素主要划分为群体环境、政策环境以及舆论环境。其中，较为突出的是政策环境对信息沟通的影响。三个典型案例的受访者均表露出曾采取上访的方式进行诉求表达，上访机制和上访渠道具有公开性、透明性。群体环境和舆论环境中存在许多不确定因素，公众（包括事件当事人和事件旁观者）会广泛参与到对事件的表态和评论之中，但群体环境中的当事人较舆论环境中的旁观群体而言，较难达成一致的态度，而舆论环境中的旁观群体则更易就某观点形成一致的舆论态度。

另外，各环境之间并不是彼此隔绝的，环境之间的相互影响同样会对环境产生不同方向的作用。案例 04 中，政策执行得不严谨（政策环境）导致中间企业非法牟利，从而损害了公众利益，公众带动社会舆论向着非理性的方向发展（舆论环境），不仅增加了公众与政府部门之间沟通的难度，更易导致群体冲突的暴发。

通过对三个典型案例的分析，已部分验证编码结果的有效性，同时表明注重要素之间互动关系的重要性。最后，有效的信息沟通并不是单一要素发挥作用的结果，而是主体、内容、渠道以及外部环境等多要素共同作用的产物。

四、讨论

（一）对群体性事件产生影响的信息沟通过程四要素

1．强势主体的沟通行为需具有针对性

环境群体性事件涉及主体众多，从问卷调查的结果来看，受访者十分认同环境群体性事件的多主体参与。对于信息沟通环节，受访者当中有超过半数认为公众、公司企业、政府、新闻媒体以及专家学者等主体参与其中。同时，对于政府部门和新闻媒体参与信息沟通的认同率最高，均超过了 65%。从对案例进行分析的结果发现，以“公众－政府”为沟通双方的案例共有 12 个，占到全部案例的 55%以上；其余案例均是在“公众－政府”双主体参与的基础上，增加媒体、学者、企业等其他沟通主体。案例分析的结果与问卷调查的结果相同，即信息沟通过程中涉及的主体以公众、公司企业、政府、新闻媒体以及专家学者为主。同时，沟通规模也始终徘徊于小、中、大三种规模之间（详见表 12-1-6）。继而，对所选案例与事件解决成效进行交叉分组分析，依据案例解决成效将所选案例分为成功、半成功、失败三种，解决成效为“成功”的案例中沟通类型倾向于两个主体的沟通（60.0%），而在解决成效为“失败”的案例中沟通类型倾向于三个或者多个主体的沟通（57.2%）。这说明，环境群体性事件本身虽呈现多主体共同参与的特征，但在信息沟通的过程中，主体过度复杂并不必然增强沟通的便利性。相反，沟通主体数量的精减，强势沟通主体主导作用的突出，成为信息沟通成功的关键。

通过对“有效的多主体参与”（C1）、“可控的信息沟通规模”（C2）与案例解决成效之间进行相关性检验，结果未见这两要素同案例解决成效之间存在显著的相关关系。而在对案例的进一步分析中发现，信息沟通成功与否并不必然要求参与主体的多样性，也不要求主体具有特定的规模，而是需要重点突出特定主体在信息沟通过程中的主导作用。例如在案例 01“番禺抗议垃圾焚烧厂事件”中，公众（番禺大石的居民）与政府部门（番禺区政府）之间进行直接沟通，政府邀请市民代表参加座谈会，并就项目选址进行探讨和评价。政府部门在沟通过程中发挥了极强的主导作用，从而使事件以最高效的方式得到化解。而在案例 02“上海松江抗议扩建焚烧厂事件”中，公众、学者联合通过新闻媒体发起对政府官员、企业负责人以及第三方组织（施工单位）的“人肉搜索”，该事件参与主体情况极其复杂，政府部门没有凸显自身的主导作用，从而导致短期内舆情井喷，一时之间情况难以控制，局势十分混乱。案例 01 与案例 02 之间的对比再次印证强势沟通主体对信息沟通的重要作用。

另外，由于受到政策环境、科学技术、生活方式等因素的影响，信息沟通主体对效率高、速度快、执行力强的沟通方式与沟通策略具有一定的倾向性。而在实际沟通的过程中，沟通主体往往“头痛医头，脚痛医脚”，面对群体性矛盾，行为方式具有极大的随意性。在选择沟通方式时往往不考虑事件的现实状况，而是笼统地将各种沟通方式进行随机组合，或者“以不变应万变”，无论面对何种状况，都采取相同的沟通方式，缺少对具体问题的针对性分析。例如，在案例 16“B 市反焚烧事件”中，为保证信息的时效性，村委会第一时间就村民关注的信息通过“开村民代表会、党员会，向村民发一封公开信”，甚至“喇叭、广播”（传统媒体）的方式进行公开，同时采取“挨家挨户”面谈的沟通方式下达政府部门的协调信息，以最直接的方式稳定村民情绪，及时化解矛盾问题。由此可见，具有针对性的行为方式是进行高效沟通的必然选择。

问卷调查的数据同样支持了上述观点。受访者在对沟通方式进行选择的过程中同样倾向于高效、强执行力的沟通方式。其中 74.25%的受访者认为新媒体方式是信息沟通过程中最为重要的沟通方式；其次是传统媒体、面谈和文件等方式，这三种方式均有接近或超过半数的受访者认可其在信息沟通过程中的重要作用。

综上所述，对于主体要素方面的假设而言，研究结果证明，假设 H1a、H1b 不成立，假设 H1c 需要进行修正。首先，在环境群体性事件的处置过程中，社会主体的多元参与虽然为塑造更为全面、包容的信息沟通平台带来便利，但主体过度复杂也将导致传播渠道失序、信息内容混乱。同时，研究结果也显示主体规模与事件解决成效之间无相关关系，因而假设 H1a、H1b 不成立。但研究发现，强势沟通主体的主导作用对事件解决成效具有重要影响。其次，对于沟通方式和沟通策略而言，具有多样性固然重要，但同时必须高度重视沟通方式的效率和执行力，以及以问题解决为导向的沟通策略的使用，唯有具有针对性的沟通方式、沟通策略，才能提升事件处置过程中的沟通效率。

2. 信息内容需同时具备准确性、时效性和完整性

在问卷调查的过程中，依据事件本身的属性特征对信息沟通的内容进行了自然属性内容与社会属性内容的类型划分[1]。环境群体性事件处置过程中的信息内容，包含事件起止时间、暴力程度、污染类型等自然属性内容以及社会经济损失情况、事件处置进展等社会属性内容。从问卷调查的结果来看，无论是自然属性内容还是社会属性内容，均同时存在内容细节"清楚"与"不清楚"两种倾向；而从整体出发，自然属性内容更倾向于"清楚"（Y∶N=5∶1），而社会属性内容则更倾向于"不清楚"（Y∶N=1∶3）（见表 12-1-9）。

问卷结果在一定程度上体现出公众在社会属性信息内容方面存在的盲区。公众作为群体性事件的"当事人"之一，对于事件发展过程中是否掺杂暴力因素，是否产生环境污染、产生何种环境污染以及污染程度等基本情况都具有十分直观的了解，即对自然属性因素了解较多；相较于自然属性而言，社会属性的内容则较为复杂，特别是在部分主体采取"回避"策略的情况下，公众以及新闻媒体等主体无法获取相关信息内容。与此同时，对于类似于经济损失的总体情况、事件处置进展等内容而言，信息较为抽象，更多依赖于政府主管部门的统计与发布，公众对社会属性内容的了解存在较大的困难，由此导致社会属性内容清晰度的缺失，致使信息内容缺乏完整性，会加重事件混乱程度。

信息沟通内容的准确性、时效性以及完整性对群体性事件的处置具有较强的影响。[2]研究在结果部分根据 22 个案例的实际情况，就信息内容自然属性的准确性、社会属性的时效性以及社会属性的完整性进行了初步分析。结果发现，以上三个要素同事件解决成效之间具有正向相关关系，即高准确性、快时效性、强完整性的信息内容会促使群体性事件得到更高效的解决。例如案例 08"浙江长兴蓄电池厂污染事件"，政府部门直接介入污染工厂与公众之间的矛盾冲突之中，以政府的强制力保证信息内容的准确性，提升了公众（煤山镇居民）对政府的信任程度；案例 06"湖南平江县火电项目遭反对事件"依托网络等新媒体方式传递信息，使得信息内容扩散速度快、范围广，具有极佳的时效性，公众（横槎村村民）在第一时间了解了事件的处置进展；案例 12"广东广安拦停污水排放事件"中，政府部门（县水务局）通过召开社员大会等方式，全面回应公众（窑罐村村民）诉求，保证了信息内容的完整性，冲突事件在第一时间得到化解。以上案例解决成效均表现为"成功"，信息内容具有准确性、时效性以及完整性的特征。

环境群体性事件的处置十分复杂，多主体的共同参与增加了系统博弈的困难程度。在寻求博弈平衡的过程中，信息沟通显得尤为重要，而信息内容作为沟通的基础，必须使其准确性、时效性和完整性得到保证。只有高准确性、快时效性、强完整性的信息内容才会让各主体的利益诉求表意明确，也才能让冲突双（多）方更快地实现博弈平衡。因而，内容要素方面的两个假设全部得到验证，即自然属性内容与社会属性内容的清晰度与事件解决成效之间呈正相关关系。

3．沟通渠道间需体现优势互补

信息沟通渠道是信息沟通的载体，是信息得以表达和传递的通道，包括现代化的传递

1 辛立艳. 面向政府危机决策的信息管理机制研究[D]. 长春：吉林大学，2014：80-84.

2 邵培仁. 传播学[M]. 北京：高等教育出版社，2000：11-13，77-84.

工具、多样化的传递渠道和专业化的信息人员等各种要素[1]。问卷调查的结果显示，无论是在信息获取渠道方面，还是在诉求表达渠道方面，受访者对私人组织以及国际性组织的认同程度均接近或低于 30%，而政府部门、社会组织、新闻媒体以及公众四种渠道的累计支持程度却均接近或超过 50%。其中，新闻媒体、政府部门成为受访者心中最为重要的信息渠道，排名始终处于前两位。这说明，受访者认为私人组织与国际性组织在信息沟通过程中发挥的渠道作用较弱，而政府部门、新闻媒体、社会组织以及公众共同构成了信息沟通的四种主要渠道。

案例分析的结果也揭示，私人组织与国际性组织的渠道作用依旧较弱，渠道得分均低于 10 分。新闻媒体依旧是最为重要的信息获取渠道，公众成为具有最强渠道作用的诉求表达渠道。就问卷调查结果而言，政府部门、新闻媒体、社会组织以及公众四种渠道在案例中体现出的渠道作用排序虽然发生了变化，但以上四种渠道依旧位于渠道排序的前四名。这说明，在本节研究所涉及的六种信息渠道当中，“私人组织”与“国际性组织”两渠道对事件呈现较弱的影响，政府部门、社会组织、新闻媒体以及公众渠道共同构成信息沟通过程中最为重要的四种传播渠道[2]。

政府部门作为强势沟通主体，处于核心的领导地位，需要综合考虑利益平衡、社会稳定，统筹政治、经济、文化等各种要素，对信息的接收与公布进行一定的筛选，同时应对其他渠道进行相应的管控。而社会组织（专家学者）与新闻媒体则相对灵活，是对政府部门信息传播的重要补充，最后公众之间的传播相对较为集中，是群体内部的小范围传播，同时也是政府部门、社会组织、新闻媒体了解事实真相，获取事件“一手资料”的重要来源。各渠道在信息沟通的过程中具有不同的分工与优势，只有相互协作才能确保信息沟通秩序的稳定。目前信息沟通渠道间协作作用不突出，一方面出现官方渠道缺位，致使自媒体等渠道散布虚假信息的状况，另一方面出现新闻媒体等渠道未对权威信息进行传播，致使信息反馈不及时等状况，信息渠道作用混乱。案例 18“大连反对 PX 事件”体现了官方渠道缺位的现象。案例中，市委、市政府虽对 PX 泄漏问题高度重视，但未能及时就事件处置进展进行官方信息的发布。与此同时，新闻媒体却对相关工厂以及 PX 泄漏的危害性进行了大篇幅的报道，由此造成极其严重的市民恐慌。另外，案例 16“抗议 B 市反焚烧事件”在事件后期体现出新闻媒体渠道作用的缺失。事件后期，在相关部门“挨家挨户”落实赔偿安置工作后，新闻媒体未对事件处置进展进行充分纠正与报道，致使“阿苏卫村从地图上消失”等谣言严重混淆视听，信息传递渠道间协作作用的缺失导致渠道整体作用混乱。这说明，有效的信息沟通并不是单一渠道发挥作用的结果，而是通过综合多渠道的优势，实现渠道联动的结果。同时，以上分析也部分验证了前文对于渠道要素方面的假设，即政府部门、社会组织、新闻媒体以及公众等多渠道的协同作用与事件解决成效之间呈正相关关系。

需要特别说明的是，“新闻媒体对事实的曝光与报道”是群体性事件利益相关主体信

1 孙华程. 基于信息沟通模型分析的公共危机管理组织模式研究[J]. 情报理论与实践，2009，32（4）：33-36.

2 邵培仁. 传播学[M]. 北京：高等教育出版社，2000：11-13，77-84.

息获取与诉求表达的重要渠道，特别是随着媒体媒介的更新与发展，新闻媒体对信息沟通产生的影响逐步扩大，凭借报道速度快、传播范围广、信息内容多样等特点成为左右社会公众信息获取的重要渠道。但与社会组织渠道对信息内容具有补充效果不同，统计分析显示，"新闻媒体对事实的曝光与报道"与事件解决成效之间并不存在显著的相关关系。诚然，新闻媒体在对事件进行报道的速度、广度上存在的优势显而易见，但当下新闻媒体在对信息报道的准确度方面却存在极大的缺陷。媒体平台数量巨大、信息内容缺少必要的监管，导致信息质量差强人意。目前，公众对于媒体报道内容的甄别意识与甄别能力也在逐步提高，公众也逐渐发现新闻媒体在信息传播过程中的缺陷，因而对于普通媒体的报道内容只做"参考"，而不会将其作为促使利益群体做出决策的重要依据。

"……新闻偶尔看看，关心一下，但主要还是得等政府怎么说（政府公告）……"（案例 16：北京昌平抗议 B 市反焚烧事件）

"……新闻也说（报道）不了什么啊，这些它能说（报道）吗？就得等着县里人来（县政府工作人员）……"（案例 04：湖南湘潭县抗议垃圾焚烧事件）

可见，新闻媒体渠道对事件沟通产生双向作用效果。一方面新闻媒体由于自身缺乏约束等原因，逐步成为社会公众的"参考平台"，从而不会对事件解决产生具有决定性的影响；另一方面，"新闻媒体对事实的曝光"对事件的发生具有极强的"催生"作用。新闻媒体的种类具有多样性，对社会问题关注的角度，进行新闻报道的切入点也极其丰富，善于并勇于报道各类社会问题。对于部分污染源头极其隐蔽的污染事件，经由新闻媒体的曝光与"发酵"，得到社会各界的关注，进而催发一系列群体性事件。这说明，新闻媒体渠道对信息的曝光与报道仍是左右群体性事件发展方向的重要渠道，其重要性不容忽视。但新闻媒体渠道报道内容繁杂，利益相关群体在获取信息时，需要对信息内容进行甄别筛选，媒体自身需要加强自律，而政府部门则应加强对媒体内容的监管，营造有序、健康的新闻媒体信息交流渠道。

4．政策环境强制约束作用是环境秩序的保障

在环境群体性事件的信息沟通过程中，不同类型的外部环境会对群体性事件的处置产生不同的影响。信息沟通的外部环境主要包含群体环境、政策环境、舆论环境以及国际环境等[1]。从问卷调查结果来看，群体环境、政策环境、舆论环境在群体性事件信息沟通过程中的作用得到了肯定，对以上三种环境要素的肯定程度均在 50%以上。相对影响较弱的是国际环境的作用，有 56.72%的受访者持有中立或者否定的意见。这说明对于受访者而言，他们对群体环境、政策环境和舆论环境在群体性事件沟通中的作用抱有较大的期待。

在对所选案例进行分析后发现，直接体现国际环境对事件解决成效产生影响的案例数量仅占案例总数的 27.27%，远远低于其他环境要素对群体性事件产生影响的比例（群体环境 77.27%、政策环境 50.00%、舆论环境 68.18%）。碍于目前对国内环境群体性事件处置过程中信息沟通产生影响的国际环境因素资料较为匮乏，且国际影响力对国内群体冲突事

1 邵培仁. 传播学[M]. 北京：高等教育出版社，2000：11-13，77-84.

件的实际解决成效影响较弱等原因的考虑，本节仅就群体环境、政策环境以及舆论环境三个维度进行讨论。

群体环境是个体进行信息交互的主要环境，对个体间信息沟通的影响作用较大，群体成员之间会产生相互影响，具体体现为对信息沟通渠道——“公众之间的信息传播”的影响。群体环境内，群体成员拥有共同的目标，个人的生存和发展受周围群体的影响，同样，个体的沟通行为也会在一定程度上展现出与群体相同的价值取向[1]。个体对群体的认可度越高，群体对他们的影响力便会越大。公众作为环境群体性事件中的利益受损群体，同时也是弱势一方，会对群体产生依赖，特别是当群体是由有共同利益诉求的个体组成时，个体对群体的依赖性便会增强，群体环境对个体，以及公众信息沟通有效性的影响作用便也会加强。群体环境会对特定区域内的利益相关者产生“凝聚作用”，而舆论环境则会将更大范围内的社会公众“纳入”到群体性事件处置过程中的信息沟通环节中来。舆论的“制造者”往往是与环境冲突没有必然联系的公众，这部分公众出于“社会公民”的视角对事件加以评述，往往融入了特定群体的信念、态度、意见和情绪，具有相对的一致性和持续性[2]，会对事件当事人一方产生极大的冲击作用，是对事件“热度”的“二次加温”。实际案例中体现为沟通一方在沟通渠道相对闭塞，无法直接实现信息沟通的情况下，借助新闻媒体的力量，对事件进行扩散，在舆论压力下，沟通对话得以建立，如案例 02（上海松江区抗议扩建焚烧厂事件）、案例 07（河南获嘉县化工厂抗议污染事件）和案例 17（上海金山 PX 事件等）。

但与此同时，群体环境和舆论环境存在很大程度的“自发性”，在缺少调控的情况下极易造成环境秩序的混乱。相比于群体环境和舆论环境，政策环境则具有较强的强制作用和约束作用，同时是带有根本性、全局性、稳定性和长期性的制度的总和[3]，是强势沟通主体——政府部门协调利益相关者之间矛盾关系的主要依据。政府部门通过其在政策环境中所拥有的“强制力”，以法律制度为准绳，从法律层面严格控制各主体参与沟通的主动性、速度、方式、透明度，同时增强自身在处置环境群体性事件过程中的公正性。但在环境群体性事件处置的实际过程中，制度不完善导致政策环境强制约束作用缺位，缺少对群体环境和舆论环境的管控，从而产生环境秩序的失控。同样参考案例 18“大连反对 PX 事件”，市委、市政府迟迟未就事件处置进展进行官方信息的发布，是政策环境缺位的表现，而与此同时，新闻媒体却对相关工厂以及 PX 泄漏的危害性进行了大篇幅的报道，由此造成的市民恐慌正是舆论环境缺少强制约束的结果。政策环境强制约束作用缺位，极易导致环境秩序的失控。

环境群体性事件的处置是一个复杂的过程，处置过程中信息沟通的外部环境同样复杂多样。群体环境、舆论环境、政策环境具有不同的作用机理和作用效果，每一种环境机制都会对相应范围内的主体产生一定的影响，既不能“一刀切”，彻底杜绝各环境要素的作

1 王丽珂，谢振忠. 县域不同群体环境行为绩效的差异检验与分析[J]. 贵州社会科学，2009（4）：34-37.
2 谢新洲，肖雯. 我国网络信息传播的舆论化趋势及所带来的问题分析[J]. 情报理论与实践，2006（6）：645-649，669.
3 陈娟. 社会主体民主参与公共服务供给：参与类型、制约因素与实现路径[J]. 长春市委党校学报，2012（6）：23-27，76.

用，也不能过于放任，任由其对信息沟通产生影响，而是应该努力寻求环境要素内部的制衡。通过发挥政策环境的强制约束作用，控制群体环境和舆论环境的影响力度，保障外部环境秩序。

总体而言，研究结论已验证前文假设 H4，即环境作用与群体性事件的解决呈现正相关关系。但不同的环境要素对事件解决成效的影响强度存在一定的差异，其中政策环境的影响作用最为突出，需强化政策环境在事件处置过程中的强制约束作用；国际环境的影响作用较弱；其余环境影响作用居中，是对政策环境作用效果的补充。

（二）成功信息沟通机制的制度设计原则

根据构建的影响信息沟通机制的 14 个要素，在综合分析的基础上，研究概括了环境群体性事件解决过程中成功的信息沟通机制的 9 条制度设计原则（表 12-1-20）。

表 12-1-20　环境群体性事件处置过程中成功的信息沟通机制表

G1：沟通主体行为方式具有针对性
P1：发挥主导作用的强势沟通主体
P2：高效、强执行力的沟通方式
P3：以问题解决为导向的沟通策略
G2：信息内容完整，不同属性内容差异化管理
P4：信息内容具有准确性、时效性和完整性
P5：自然属性内容与社会属性内容的差异化管理
G3：渠道监管强有力，多渠道信息披露
P6：渠道联动，多渠道信息披露
P7：监管强化，保证新闻媒体渠道报道的准确性
G4：政策环境发挥强制约束作用
P8：政策环境具有强制作用，保证信息回应的主动性、速度、透明度
P9：政策环境具有约束作用，控制群体环境和舆论环境的影响强度

注：G1～G4 代表四组原则；P1～P9 代表原则 1～原则 9。

信息沟通是一个连续的过程，信息沟通的主体通过信息传播渠道对信息内容进行发送和接收，同时整个过程都会受到外部环境的影响。信息沟通主体[1]、信息沟通内容[2]、信息沟通渠道[3]以及信息沟通的外部环境[4]，共同组成了一个闭合且循环往复的信息沟通过程。

1．构建行为方式具有针对性的主体参与机制

“行动者”在一定的行动情景之下，会产生一系列的互动行动，包括获取资源、竞争与合作、冲突、监督、协商等，最后这些互动行动会在集体行动中产生重要的作用。[5]多元

1 邵培仁. 传播学[M]. 北京：高等教育出版社，2000：11-13，77-84.
2 孟伟根. 关于建立翻译传播学理论的构想[J]. 绍兴文理学院学报（哲学社会科学版），2004（2）：86-91.
3 郁文. 不同沟通方式影响设计创新效能的比较研究[D]. 杭州：浙江工业大学，2013：117-120.
4 陈龙，栾永玉. 在新的传播环境下如何拓展科技传播[J]. 科技传播，2010（4）：114-116.
5 李文钊. 多中心的政治经济学——埃莉诺·奥斯特罗姆的探索[J]. 北京航空航天大学学报（社会科学版），2011，24（6）：1-9.

主体的共同参与对塑造更加全面、包容的信息沟通平台具有重要的作用，但同时，通过前文的分析发现，沟通主体、沟通规模的过度复杂也会降低信息沟通的效率。因此，在信息沟通发生的过程中，必须对沟通主体类型与规模进行有效的控制，突出强势主体的主导作用，采取具有针对性的沟通行为。

（1）发挥强势沟通主体的主导作用

当下，环境群体性事件是多元主体共同参与的事件，其处置过程中的信息沟通更是存在多个主体的共同作用。[1]主体种类日益多元化、复杂化有利于加强对信息内容的关注与传播，但同时，也会对信息传播渠道的秩序产生影响，并不利于群体性事件的解决。在环境群体性事件的处置过程中，各主体之间信息沟通的发生，是以满足各主体自身利益需求为导向的。公众的利益诉求以了解事实真相、弥补相关损失为主，公司企业则以减少损失补偿为主，政府以社会稳定、经济发展为目标，新闻媒体则追求客观事实[2]，专家学者致力于对合理高效的解决方案的提出[3]。五种主体的利益诉求存在一定差异，公众、企业往往具有相反的诉求，专家学者与媒体则处于事件第三方的角度。而政府部门则不同于前四者，作为拥有合法“暴力武器”的沟通主体，政府部门在信息沟通的过程中具有绝对的强势地位。政府部门成为信息沟通过程中的强势主体，应发挥自身的主导作用，凭借其自身的“政治便利”，发挥在信息搜集、处理、公开等方面的优势，协调各主体的沟通行为。典型案例16“B市反焚烧事件”中，政府部门的主导作用相当突出。面对村民的“堵路”行为，政府部门第一时间出面维护，保证垃圾运送的正常秩序，继而通过村委会以“村民代表会、党员会，向村民发一封公开信，喇叭、广播”等直接的方式进行信息沟通，了解村民诉求，最后“带着村里的头儿（村中有威望的人），挨家挨户，去宣传”。事件处置的整个过程，政府部门都发挥了极强的主导作用，并顺利推进冲突事件的有效化解。

（2）使用高效、强执行力的沟通方式

环境群体性事件的暴发、升级具有明显的不稳定性，暴发之突然，升级之迅速，对信息沟通主体采取的沟通方式提了出巨大的挑战。为应对群体性事件的突然暴发，信息沟通必须及时、准确，这便对沟通方式的效率与可行性提出了新的要求，在信息沟通过程中应采取沟通效率高、执行力度强的沟通方式。通过前文的分析发现，传统媒体、新媒体、面谈以及文件是符合上述要求的四种高效的信息沟通方式。首先，以电视、广播、纸媒为主的传统媒体仍是社会公众获取信息的重要来源，虽然受到无线网络的冲击，但其主体地位依旧不可动摇；而新兴发展起来的微博、微信等新媒体，突破性地采取“片段化”的信息传播方式，以短讯、图文等形式快速传播信息。[4]传播速度迅猛是新媒体方式的优势，极大程度上满足快速生活节奏下公众对核心信息捕捉的需求，但该方式在全面还原信息真相方面存在一定缺陷，因而应对传统媒体与新媒体进行优势互补，两者的有效组合应成为信息

---

1 杨立华. 多元协作治理：以草原为例的博弈模型和实证研究[J]. 中国行政管理，2011（4）：119-124.

2 周海生. 公共危机信息传播中的政府，媒体功能及公众参与[J]. 中共南京市委党校学报，2009（5）：65-71.

3 杨立华，李晨，陈一帆. 外部专家学者在群体性事件解决中的作用与机制研究[J]. 中国行政管理，2016（2）：121-130.

4 韦路，丁方舟. 论新媒体时代的传播研究转型[J]. 浙江大学学报（人文社会科学版），2013，43（4）：93-103.

沟通的首选方式。[1]其次，“面谈”的沟通方式多发生于暴力冲突的“后半程”，受到环境污染影响的公众会以群体或选举代表的方式与政府主管部门、污染企业进行面对面的“谈判”，争取第一时间表达诉求。最后，“文件”形式是政府部门在反馈阶段采取的主要方式，以文件作为依托，表达具有一定法律效力的沟通内容，增强说服力与执行力。同时，群体性事件的信息沟通复杂多样，在对沟通方式进行选择时，需结合群体性事件的具体情况，挑选出具有针对性的最佳沟通方式组合。在案例 21“海南莺歌海抗议事件”中，面对当地群众的“围堵”“打骂”，乐东县环保局第一时间发布声明（文件），以最快的方式稳定群众情绪，继而召开“意见征询会”（面谈），了解群众关心的问题所在，最后组织“实地参观”，化解群众内心的疑虑，是将文件、面谈、实地走访等强执行力的沟通方式加以结合的典型案例。在案例 20“东港镇反对垃圾焚烧”事件中，政府部门采用草率的“口头回应”方式“敷衍”群众，政府部门不作为情况严重，沟通方式效率低下，最终导致事件升级，致使媒体对事件进行曝光，造成严重的社会影响。

（3）推广以问题解决为导向的沟通策略

普鲁特对行动策略进行了争斗、让步、问题解决以及回避四种类型的划分[2]，本节的研究沿用该划分标准，并依据信息沟通细节，给予四种策略更加详尽的定义（表 12-1-8）。综合分析结果来看，“争斗”是公众在沟通过程中主要采取的策略，公众通过“争斗”争取更多沟通的机会；与之相对应，污染的制造方——企业或政府部门，则在相当高的程度上采取了“回避”的沟通策略，这与信息沟通事件中诉求表达一方欲建立沟通的愿望相违背，沟通渠道的通畅性有待提高。“争斗”策略会增强事件自身的暴力程度，“回避”策略则将延长事件解决的时间，均不利于事件的良性发展。另外，“让步”的策略虽可以有效降低事件的冲突程度，但对于事件的化解并无帮助。最后，以“问题解决”策略为导向的主体主要包含政府、专家学者和新闻媒体，唯有“问题解决”的策略，是寻求双（多）方可接受的调整方案的必由之路，也是利于沟通达成的必然选择。案例 11“西二旗抗议垃圾厂事件”中，政府部门在项目的公示阶段采取回避策略，对于项目细节问题，负责人未能及时给出明确的答案，致使项目的启动面临阻力。而在案例 12“广安污水排放事件”中，排污渠路线走向与规划有出入等问题一经媒体曝光，相关部门就立即组织“社员大会”，并就赔偿问题给予正面回应（问题解决策略），事件很快就得到了解决。案例 11（失败）与案例 12（成功）是解决成效截然相反的两个案例，案例中相关部门分别采取了“回避”和“问题解决”的沟通策略，致使事件的走向产生了巨大的差异。可以看出，以问题解决为导向的沟通策略应在信息沟通过程中加以推广。

2．构建信息内容的属性差异管控机制

在环境群体性事件的信息沟通过程中，通过对典型案例（案例 04、案例 10、案例 16）的分析发现，随着事件解决成效的提升，以上三种内容属性的强度也在逐步增高，这说明，高准确性、快时效性、强完整性的信息内容会促使群体性事件得到更高效的解决。另外，

1 张一文. 突发性公共危机事件与网络舆情作用机制研究[D]. 北京：北京邮电大学，2012：180-188.

2 狄恩·普鲁特，金盛熙. 社会冲突：升级、僵局及解决[M]. 王凡妹，译. 北京：人民邮电出版社，2013：11.

案例 08“长兴蓄电池厂污染事件”中，面对电池厂周边环境及居民受到严重污染的现实状况，以及超过 700 名儿童血铅检测超标的结果，相关政府雷厉风行，以群众利益和环境可持续发展为核心，开展整治工作，并第一时间了解公众诉求，关停相关企业。信息回应体现出极强的准确性、时效性和完整性，事件得到成功的解决。由此可见，准确、完整且具有时效性的信息内容是信息沟通的基础。同时，完整的信息内容是由自然属性内容与社会属性内容共同组成的，问卷结果在一定程度上体现出公众在社会属性信息内容方面的盲区。相较于自然属性而言，社会属性的内容则较为复杂，特别是在部分主体采取“回避”策略的情况下，公众以及新闻媒体等主体无法获取相关信息内容。由此可见，自然属性内容与社会属性内容在准确性、时效性以及完整性方面存在一定的差异，故需因“属性”而异，针对不同属性的信息内容采取不同的管控方式，构建信息内容的属性差异管理机制，保证信息内容的准确性、时效性以及完整性。

（1）对不同属性内容进行管控的侧重点要有差异

自然属性内容与社会属性内容共同构成了完整的信息内容。在对不同属性信息内容进行管控时，侧重点要有差异。对社会属性内容的统计与发布需要注重内容的完整性与全面性，而对自然属性内容的管控则可以进行内部的“细分”。对于公众及其他社会主体而言，自然属性的内容虽更易获取，但由于外部环境作用的存在，信息内容的准确性会受到一定影响，即使针对同一条信息，不同主体通过不同渠道获得的具体内容也会存在较大的差别。对于部分无碍于事件处置结果、无关乎沟通成效的内容差别，可以淡化对其管控的力度，将关注度投入到那些对事件解决成效产生重要影响、具有较强社会影响力的内容之上，即强势主体并不需要对信息沟通过程中的全部自然属性内容进行干涉，而是依据社会舆论，矫正舆论影响力较大的自然属性内容即可。

（2）对不同属性内容进行管控的持续性要有差异

对自然属性内容与社会属性内容管控的另一区别存在于管控时间的持续性上。社会属性内容不是一成不变的，随着事件处置的推进，社会属性内容也会跟进变化，如“事件处置进展”内容要素会随着污染企业的妥协、政府部门的介入而产生新的内容，因而强势主体需要对社会属性信息内容进行持续性、长期性的管控与发布。随着社会属性内容的更新，强势主体必须及时公布最新进展，才能保证社会属性内容的时效性。而对于自然属性内容而言，“管控”更接近于“一次性”发布。与社会属性内容相比，自然属性内容的最大特征是“历史既定”，即自然属性内容一旦形成，就不会随着时间的推进、事件的发展而产生新的变化。

为保证信息自然属性内容与社会属性内容同时具有准确性、时效性、完整性，对于内容的发布与矫正必须区分对待。对于自然属性内容，应采取一次性、必要性的“矫正”方法，即对于舆论影响力较大、有必要公布澄清的自然属性内容采取一次性公布的方式，完整呈现内容的全部信息；对于社会属性内容，则依据事件进展，及时更新社会关心的实质内容，注重自然属性内容与社会属性内容的平衡与全面。最终，达成提高信息沟通效率、化解群体冲突的目标。

3．构建监管强有力的渠道联动机制

通过前文的讨论，信息沟通的渠道保障主要包括政府部门对信息的接收与公开、社会组织对真相的询问与披露[1]、新闻媒体对事实的曝光与报道[2]以及公众之间的信息传播等[3]，多渠道的相互协调，共同组成信息渠道的联动机制。

（1）完善多渠道信息披露功能，打造渠道联动平台

作为信息沟通强势主体的政府部门，在群体性事件处置的过程中，需要承担调节各方利益诉求的责任[4]，因而政府部门对信息的接受与公开成为保障信息沟通有效性的重要途径，与事件解决成效之间具有极强的相关性。政府部门的“中枢”渠道地位，使其成为环境群体性事件处置过程中各主体诉求表达的重要渠道之一。在信息获取方面，政府部门作为“公权力”的使用者，拥有强大的信息获取来源和专业的信息收集处理优势。同时，政府部门又掌握着控制事件处理的方向与速度等核心权力，因而通过政府部门这一渠道获取信息，具有极强的公信力与震慑作用。政府部门需要统筹考虑利益平衡、社会稳定，统筹政治、经济、文化等多项内容的协调发展，故而应对需要发布的信息内容进行一定的筛选，极力保证社会整体的稳定与协调。

“社会组织（专家学者）对真相的询问与披露”与“新闻媒体对事实的曝光与报道”是政府部门渠道的重要补充，同时又是政府部门需要制衡与矫正的两种信息沟通渠道。社会组织即维权组织、行业协会、公益组织等[5]，社会组织作为事件的第三方，不牵涉群体冲突中的利益关系，往往出于公益目的、组织目标达成等因素的考虑介入群体性事件的沟通之中。社会组织凭借其组织优势，可以获取官方公布信息以外的内容，是对政府部门信息公开的补充与完善，但同时，在部分较为敏感的事件沟通过程之中，碍于政府部门的管控，社会组织也面临巨大阻力，在群体性事件调解过程中应在自己权限范围内进行信息的询问与披露。案例 04“湘潭抗议垃圾焚烧事件”就是专家学者成功介入事件的案例。案例中，学者（湖南科技大学、湘潭大学师生等）以及相关第三方组织介入事件，利用自身的学术背景对项目规划提出专业性的质疑，对事件的进一步发展产生巨大推动作用。相较于社会组织，新闻媒体则具有更强的灵活性，以及更为广泛的影响范围。而且，随着媒体体系的逐步壮大，媒体工作者的触角已延伸至社会的各个角落，对事件的全面了解使新闻媒体成为信息沟通及时性的有力保证。但同时，新闻媒体信息内容质量良莠不齐的状况逐步凸显，而这也成为制约其影响力的主要原因。[6]新闻媒体在对群体性事件进行曝光和报道的过程中应发挥其在时效性方面的优势，同时规避自身局限，提高内容的质量。案例 18“大连反对 PX 事件”中，新闻媒体对 PX 泄漏负面影响的夸大报道煽动了市民对 PX 项目泄漏威胁

---

1 邵培仁．传播学[M]．北京：高等教育出版社，2000：11-13，77-84.

2 南长森．社会舆情传播的运行机制及其演进规律[J]．现代传播（中国传媒大学学报），2017，39（6）：73-76.

3 张红．论大学生诉求表达机制的科学构建[D]．洛阳：河北科技大学，2010：16.

4 黄伟．完善政府应急机制 提高政府应急执行力[J]．黑龙江对外经贸，2007（5）：74-75.

5 杨立华．构建多元协作性社区治理机制解决集体行动困境——一个“产品-制度”分析（PIA）框架[J]．公共管理学报，2007，4（2）：6-23.

6 谈婷婷．公共危机情境下政务新媒体舆论引导探析[J]．新媒体研究，2017（22）：14-15.

性的担忧，一度造成群众的恐慌。新闻媒体必须增强报道的客观性，发挥信息传递桥梁的作用，谨防夸大虚假的信息流出。

最后，公众之间的信息传播也成为群体性事件处置过程中信息沟通的重要渠道。公众之间的口口相传具有较强的说服作用，在区域范围内具有足够的影响力，但由于其传播范围有限，无法产生较大的社会影响。公众之间的信息传播在相互影响的同时，也会成为政府部门、社会组织、新闻媒体了解事实真相，获取公众诉求的重要渠道，是对群体性事件进行还原的重要“一手资料”来源。

总之，不同的沟通渠道具有不同的特点，需要综合考虑各渠道的优势，通过优势互补与渠道间的相互限制，完善“政府部门-社会组织-新闻媒体-公众”多渠道信息披露功能，打造渠道联动平台。

（2）强化监管，提升新闻媒体渠道报道的准确性

随着新媒体、自媒体队伍的逐步壮大，新闻媒体的社会影响力逐年增强。新闻媒体在对事件报道的速度、广度等方面具有极强的优势[1]，内容的丰富程度也是其他渠道无法比拟的。通过调查发现，70.38%的受访者将新闻媒体作为信息获取的首选渠道，75.32%的受访者将新闻媒体作为诉求表达的渠道之一。然而，一段时期，媒体报道质量下降的现实状况却堪忧，信息报道内容夸大，重点不突出，信息混乱等状况，广为社会诟病。因而提升新闻媒体渠道信息报道的准确性将成为优化社会整体信息沟通状况的重中之重。

新闻媒体对事件的报道，可以加速舆论环境中各种观点的碰撞，是事件发展的“助推剂”。具体而言，新闻媒体对事件进行报道的作用一方面体现于社会对某问题的关注，引起官方对该问题的重视，从而促使官方以更高效、更直接的方式直面问题症结；另一方面，则体现为对采取“回避”策略的沟通主体造成较大的压力，加速该主体信息回复的速度，优化沟通状态。而新闻媒体若想实现这两个功用，则必须提升自身信息的准确性。案例 12“广安污水排放事件”中媒体对“排污线路走向与规划存在出入”的问题进行了准确的报道，第一时间引起官方的重视，召开社员大会，承诺赔偿标准，助力事件的高效化解。案例 18“大连反对 PX 事件”中，新闻记者通过对当事企业的走访与报道，加速了舆论压力暴发的速度，将企业推至“风口浪尖”，督促企业主动配合政府对事件解决决定的执行。由此可见，具有准确性的新闻报道是推动事件良性发展的重要保证，提升新闻媒体渠道信息报道的准确性更是提升新闻媒体渠道沟通作用的当务之急。

4. 构建政策环境强制约束机制

奥斯特罗姆认为，在行动情境的解决过程中，“操作规则”具有重要的作用[2]。所以在环境群体性事件中，不同环境因素的作用范围需要遵循一定的秩序。前文通过对问卷调查

1 尹韵公，刘瑞生. 新媒体发展的全球视野与中国特色——2009 年中国新媒体发展态势与前沿问题[J]. 中国报业，2010（8）：25-30.

2 埃莉诺・奥斯特罗姆. 公共事物的治理之道——集体行动制度的演进[M]. 余逊达，陈旭东，译. 上海：上海译文出版社，2012.

和案例分析发现，对信息沟通产生影响较强的环境内容主要包括群体环境、舆论环境和政策环境三种，且三种环境的覆盖范畴呈现依次递进的状态。群体环境作用于涉事主体内部，舆论环境影响社会公众对事件的关注，最后，政策环境是对前两者的调控与保障。在实现多元环境协同作用的过程中，必须凸显政策环境的强制作用与约束力。

首先，政策环境应发挥自身的强制作用，完善法律法规，为信息沟通各个主体的沟通行为制定一定的标准，并以“强制力”保障该标准的效力，对违反标准的行为进行制裁，从而增强信息发送与回应的主动性、速度以及信息的透明度。其次，政策环境的约束力是控制环境系统的重要手段方式，在对信息沟通主体的沟通行为加以限制的同时，还需兼顾对群体环境、舆论环境等其他环境要素影响力的控制，避免其他环境要素对沟通行为以及群体性事件的处置产生不良影响。政策环境的“强制作用”与“约束力”不是两个单独的作用形式，在各自发挥作用的同时，还需保证两者的相互照应。在限制环境要素影响范围的同时，一定要谨防对沟通行为的过度“打压”，避免信息沟通行为不畅，信息内容缺乏完整性等状况的出现，必须将两者辩证统一，合理把握对沟通行为的限制与刺激。

在案例 16“抗议 B 市反焚烧事件”中，政府部门对相关新闻报道的拦截与删选，在一定程度上控制了舆论环境的作用程度，但同时刺激了群体环境中利益受损者的维权意向，也增加了外界对该事件的关注程度，从而产生极其恶劣的社会影响。随着事件的逐步发展，政府部门在限制舆论环境发酵的同时，敦促村委会采取“开村民代表会、党员会，向村民发一封公开信，喇叭、广播”等方式保障信息沟通，既增强了信息回应的主动性、速度与信息的透明度，又对舆论环境的影响力进行了有效的控制，是积极发挥政策环境强制约束作用的表现。

（三）信息沟通过程十要素模型

通过对案例资料以及实地访谈内容的整理，本节重点分析了会对环境群体性事件的处置产生影响的信息沟通过程四要素，即信息沟通的主体、内容、渠道以及外部环境。在整合分析信息沟通过程四要素对群体性事件的影响后，或可提出信息沟通过程的十要素模型，即“一个主体、两类内容、三层环境、四种渠道”。

“十要素模型”最初由美国品牌研究者 Aaker D 提出，他以品牌资产管理为核心，将消费者与市场结合，针对五个相关维度提出对品牌资产进行评估的十要素模型[1]。本节研究引用该模型的构建思路，将环境群体性事件与信息沟通结合，以会对群体性事件产生影响的信息沟通过程四要素（主体、内容、渠道、外部环境）为维度，提出信息沟通过程的十要素模型（图 12-1-13）。

---

1 Aaker D A. Building Strong Brands[M]. New York，Free Press，1996：28.

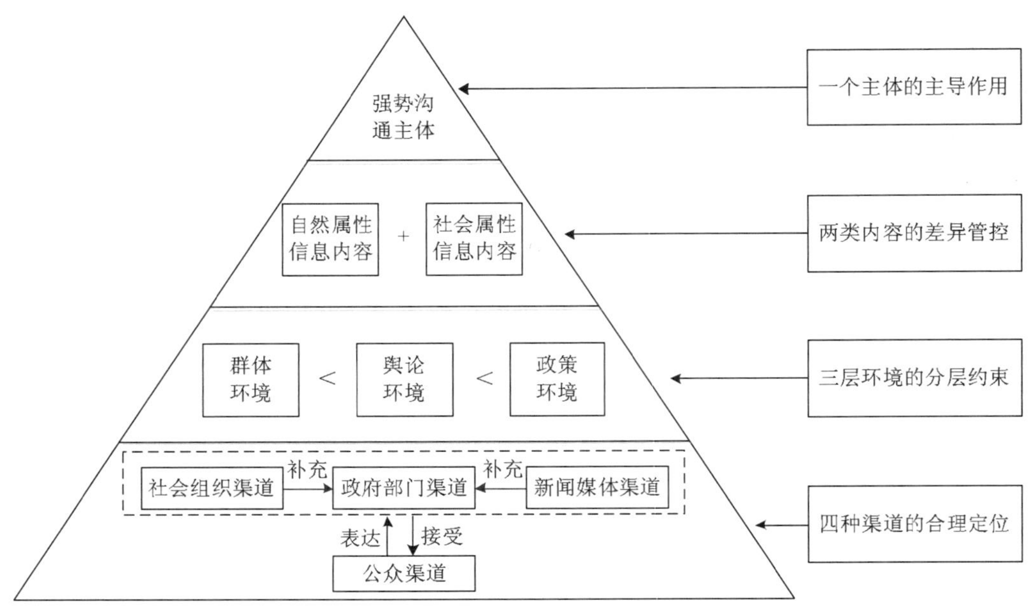

图 12-1-13 信息沟通十要素模型

1．一个主体的主导作用

科恩指出社会主体民主参与“可以产生科学的政策民主，保证社会成员几个阶层获得公正的特征，消除以暴政为手段解决社会内部争端的必要性；培养公民对国家深厚而持久的忠诚；促进公民的言论自由和才智的发展”等。[1]由此可见，社会主体的多元参与是塑造更为全面、包容的信息沟通平台的必然选择。对于信息沟通的参与主体而言，信息沟通有赖于沟通主体对信息内容进行发送、接收，对沟通渠道进行筛选、排查，可以说沟通主体是“信息沟通过程”运行的源动力，沟通主体存在多样性，有利于加强对信息内容的关注与传播，在促使“信息沟通过程”的运行方面具有极强的推动作用。这一点，与科恩对社会主体民主参与的分析相一致。但同时，沟通主体过度复杂化，各主体以自身利益为出发点，依托自身具有优势的信息传播渠道，寻求并传播符合自身利益导向的信息内容，如此一来，会产生以下两点影响：第一，对信息传播渠道秩序产生影响；第二，造成信息内容混乱。而这种失序的信息沟通将无益于群体性事件的解决。另外，需要特别强调的是，环境群体性事件的规模与其处置过程中信息沟通的规模是两个不同阶段的概念，两者存在相通之处，但又具有一定的差异。信息沟通往往发生在群体冲突之后，很多时候，冲突一方会选派代表与另一方进行沟通，采取诸如座谈会、协商会、谈判会等形式，大大缩小了参与沟通的实际规模。正如帕金森认为，官员数量增加与工作量并无关系。[2]同时由于复杂的

1 科恩. 论民主[M]. 聂崇信，朱秀贤，译. 北京：商务印书馆，1988.

2 尹钢，梁丽芝，等. 行政组织学[M]. 北京：北京大学出版社，2005（6）：75-93.

利益关系，决策委员会的非必要成员越来越多，以至于会议开始变质，变得效率低下。[1]信息沟通同样是一个类似于“决策委员会”的地方，主体数量、规模的增加并非由于信息沟通的需要而产生的，同样主体的多元化也并不必然会为群体性事件的解决带来便利。在信息沟通发生的过程中，必须对主体类型与主体规模进行有效的控制。在强调民主参与对塑造更加包容的信息沟通平台的作用同时，必须清楚意识到“效率低下的决策委员会”的存在。在这种情况下，采取具有针对性的沟通行为，是突出强势主体主导作用的必然选择。最后，需要说明的是，本模型所述“一个主体”并非“数量”概念，而是“集合”概念，特指在群体性事件信息沟通过程中发挥主导作用的强势主体的集合。

2．两类内容的差异管控

信息内容准确、及时、完整是信息沟通的重要基础。斯蒂芬认为：“沟通的本质是信息的分享和意义的理解。”[2]分享和理解发生在信息沟通的不同时间节点，两者的一致程度将共同构建信息内容的准确性。而对于信息内容的时效性和完整性而言，英国公关专家Regester M提出“3T”原则并指出，在突发公共危机事件沟通过程中，信息内容的发布要遵循以下三条原则：①以我为主提供情况；②尽快提供情况；③提供全部情况。[3]而后两条原则刚好是对信息内容时效性和完整性提出的要求。信息沟通的内容是以信息流的形式表现，是在多主体、多层级之间交互传递的具有特定主题事件本身属性特征的信息。同时，完整的信息内容是由自然属性内容与社会属性内容共同组成的[4]，唯有自然属性与社会属性两类内容同时具有准确性、时效性和完整性，才能保证信息内容整体具有以上三种特性。通过前文的分析发现，事件的社会属性内容与自然属性内容在准确性、时效性和完整性方面均存在一定的差异。对于公众及其他社会主体而言，自然属性内容更易获取，具有一定的完整性和时效性，但信息的准确程度却无法得到保障；而社会属性的内容更多依赖官方的统计与发布，具有较强的准确性，但在时效性方面却大打折扣，同时碍于官方对所发布信息的筛选，社会属性内容的完整性也有待提高。故需因“属性”制宜，将信息内容按照自然属性内容与社会属性内容划分为两类，并进行差异管控，即对不同属性内容进行管控的侧重点要有差异，对不同属性内容进行管控的持续性也要有差异。

3．三层环境的分层约束

奥斯特罗姆认为，在行动情境的解决过程中，“操作规则”具有重要的作用。[5]所以在环境群体性事件中，不同环境因素的作用范围需要遵循一定的秩序。信息沟通的环境机制按照沟通主体的覆盖程度，可以将其划分为三层依次递进的范畴。其一，涉事主体内部的沟通。该范围内的沟通需要群体环境发挥作用，增强群体的凝聚力，以群体的方式表达利益诉求。其二，社会公众的普遍参与。社会公众的参与既会对“回避”主体造成压力，同

1 段巨. 帕金森定律[J]. 冶金企业文化，2012（3）：21.

2 斯蒂芬・P. 罗宾斯. 管理学[M]. 7版. 北京：中国人民大学出版社，2004：295.

3 Regester M. Crisis Management: How to Turn a Crisis into an Opportuneity[M]. London: Hutchison Business, 1987: 44-46.

4 辛立艳. 面向政府危机决策的信息管理机制研究[D]. 长春：吉林大学，2014：80-84.

5 埃莉诺・奥斯特罗姆. 公共事物的治理之道——集体行动制度的演进[M]. 余逊达，陈旭东，译. 上海：上海译文出版社，2012.

时又会增强政府部门参与沟通的强度，对加速事件的化解具有重要作用，是舆论环境作用于信息沟通的直接表现。其三，法律制度的强制保障。法律制度是政策环境发挥作用的依托，政策环境以更加客观的标准对沟通环节的程序与内容加以规定，是信息沟通得以实现的有力保障，同时约束了群体环境与舆论环境的影响范围，保障了社会秩序的稳定。三层环境的覆盖范畴依次递进，需要进行分层约束，既要保证每层环境在其内部的灵活性，又需兼顾环境要素彼此之间的相互制衡。

4. 四种渠道的合理定位

托马斯•戴伊认为合理有序的参与过程，是集体行动获得合法性的必要阶段。[1]在信息沟通的过程中，政府部门是信息传播的主导渠道，新闻媒体和社会组织则更像信息传播的补充渠道，而公众则处于接受渠道和参与渠道的地位。[2]在环境群体性事件中，各种沟通渠道在发挥信息传递作用的过程中，必须实现渠道间的“合理有序”。一般来讲，在较为成功的环境群体性事件的信息沟通过程中，政府部门渠道会对需要发布的信息进行一定的筛选，极力保证社会整体的稳定与协调，因而政府部门渠道对信息的接收与发布具有极强的公信力；而新闻媒体渠道和社会组织渠道则相对自由，会在政府部门发布信息前进行“预热”，在政府部门发布信息后进行“解读”，是政府部门渠道的重要补充；最后，公众渠道则更多地作用于群体性事件的“第一现场”，是冲突事件最原始的信息收集与发送渠道。各种渠道具有不同的渠道优势，但也存在一定的不足，需明确各种渠道的作用定位，同时增强渠道监管力度，确保渠道间的优势互补。

总之，“一个主体、两类内容、三层环境、四种渠道”共同构成了信息沟通的十要素模型。该模型的提出有利于帮助人们从更加立体的视角认识信息沟通的过程，同时为进一步的理论研究提供了新参考。

（四）政策启示

1. 应该增强强势沟通主体沟通行为的针对性

研究发现和信息沟通十要素评价模型指出，成功的信息沟通首先要具有一个主导作用突出的强势沟通主体。通常而言，政府部门作为拥有合法“暴力武器”的沟通主体，在信息收集与信息公开方面具有一定的优势，会成为多数沟通过程中的强势主体。其主导作用的实现，除依靠自身的强制优势外，还使用高效、强执行力的沟通方式，通过前文分析，主要包括新媒体、传统媒体、面谈、文件等方式；在沟通策略方面，要规避会增加事件自身暴力程度的“争斗”策略，以及不作为的“回避”策略和“让步”策略，在沟通过程中应推广积极投身事件化解的“问题解决”策略。通过对高效、强执行力沟通方式的使用和对以“问题解决”为导向的策略的推广，增强强势沟通主体沟通行为的针对性。

2. 应该依据信息内容属性，实行差异化管理

为保证信息自然属性内容与社会属性内容同时具有准确性、时效性、完整性，对于内容的发布与矫正必须区分对待。对于自然属性内容，应采取一次性、必要性的“矫正”方

1 杨成虎.《理解公共政策》的方法论剖析[J]. 中共郑州市委党校学报，2012（3）：45-49.

2 李春华，龙厚仲. 公共危机信息传播模式及其运行[J]. 中国人民公安大学学报（社会科学版），2010（5）：23-27.

法，即对于舆论影响力较大、有必要公布澄清的自然属性内容采取一次性公布的方式，完整呈现内容的全部信息；对于社会属性内容，则依据事件进展，及时更新社会关心的实质内容，注重自然属性内容与社会属性内容的平衡与全面。最终，达成提高信息沟通效率、化解群体冲突的目标。

3．应该加强完善相关法律制度

前文讨论道，信息沟通的外部环境，依次可以划分为群体环境、舆论环境以及政策环境。三种环境拥有递进的覆盖关系。群体环境作用于信息沟通当事人内部，舆论环境是将更大范围内的公众纳入到对事件的关注当中，而政策环境是对前两者以及其他更大范围内环境影响进行调控的环境要素。政策环境强制约束作用的实现，有赖于法律制度的完善。另外，仅仅拥有完善的法律制度还远远不够，必须做到有法必依、执法必严，加强政策的宣传与执行。

4．应该明确政府部门的渠道定位，引导社会组织与大众传媒力量的参与

政府部门作为强势沟通主体对信息的接收与公开拥有“公权力”的保障，具有较高的公信力，应以政府部门渠道为主。继而，让渡部分沟通空间，让社会组织渠道和新闻媒体渠道凭借自身优势发挥一定的补充作用。既可以缓解政府部门在信息沟通中的压力，又可以动员社会力量为环境群体性事件的化解助力。但同时，必须对社会组织渠道以及新闻媒体渠道进行强有力的管控，避免信息传递的混乱，增强信息补充作用的可靠性。最后，充分发挥公众渠道的群体性事件“风向标”的作用，及时了解并高效回应公众诉求，避免群体性事件的暴发。

五、结论

本节研究通过案例分析、问卷调查以及实地访谈等方法，对环境群体性事件处置过程中的信息沟通机制问题展开研究。综合案例分析、问卷调查以及实地访谈的资料，研究发现了 14 个对群体性事件解决中的信息沟通机制产生影响的因素，概括了成功信息沟通机制的 9 条制度设计原则，发展了信息沟通过程的十要素模型，并提出了相应的对策建议。研究可以帮助人们从更加立体的视角认识环境群体性事件解决中的信息沟通过程，可以为进一步的理论研究提供参考，也具有较丰富的政策价值。

当然，本节研究也存在一定的不足。在研究方法上，虽然综合运用了案例分析与实地调查等方法，但这些案例所涵盖的内容还不足以反映我国环境群体性事件的整体样貌，今后的研究需要加强对更大范围内的案例的比较研究。同时，14 个影响因素的发现、9 条制度设计原则的概括、信息沟通过程十要素模型的发展等，也都是以本节研究所选案例为基础的，其外部有效性还有待进一步验证。期待后续研究可以继续丰富和推进环境群体性事件信息沟通机制方面的研究。

第二节 信任机制

本节要点 信任式微也是环境群体性事件暴发的根源之一，因此提升事件中的信任对于促进环境类群体性事件的解决乃至整个社会信任的提升都至关重要。本节以信任为出发点，结合中外学者的信任理论和我国现实状况，通过案例研究方法和问卷调查法构造和验证了事件处置信任机制的基本框架：信任双方借助过往经历和即时信息的媒介作用根据另一方的信任具体内容（计算型信任、情感型信任、制度型信任）作出对方是否可信的认知判断，且信任通过合作的中介作用促进事件的解决。研究还发现：在三种信任类型中，计算型信任对于事件解决效果的影响最大，且合作意愿对这一影响的中介作用最大；情感型信任对事件解决效果的影响次之；制度型信任由于嵌入在法律规章制度中，影响最小。研究建议以政府-企业-公民这三个核心利益相关者为切入点，通过过往经历和即时信息的媒介作用构建信任客体的正面形象，以计算型信任为核心、情感型信任为跟随、制度型信任为基础全方位提升环境群体性事件中的信任；同时，要利用信任促进合作，降低合作风险和成本，融洽合作氛围，提升相关主体之间的合作意愿，以信任与合作交叉联动促进事件的解决向正向发展。

公民对政府、新闻媒体、污染企业等事件相关者的信任缺失和下降与环境群体性事件的发生密切相关。很多环境污染虽尚未发生，但民众的恐慌心理导致大规模环境群体性事件暴发，如2007年厦门PX事件、2011年辽宁大连PX事件，以及2013—2015年暴发的成都PX事件、昆明PX事件、茂名PX事件和上海PX事件等，就很好地说明了这一点。在这些事件中，PX项目从在当地立项开始，便遭到越来越多的各界人士的质疑。人们担心PX会危及健康，无论政府和企业如何劝说和科普，如何告知公民PX的无害性，公民都始终不买账，不相信政府对项目的承诺与保证，反而对于各地流传的未经证实的谣言深信不疑。同样地，在很多因实际污染发生而引发的群体性事件中，不信任的情绪也到处滋生蔓延。如2005年浙江东阳画水镇事件暴发过程中，村民不相信当地政府部门，认为环保部门和污染企业相互勾结，置百姓生死于不顾；2009年广州番禺垃圾场事件中，市民质疑政府请来的四位环评专家的身份和意图；2016年连云港反核循环厂事件中，市民听信网络谣言，助长事态的恶化。在环境群体性事件中到处散播的谣言背后隐藏的实际是事件相关方互相的不信任和政府公信力的衰微。以此映射到更大的社会背景中，据2013年中国社会科学院发布的《社会心态蓝皮书》，中国社会已经陷入了信任危机。风险社会、冲突频发、专家发表不实言论、网络谣言满天飞、政府与企业唯GDP至上、信访机构形同虚设等等，无疑都降低了中国社会的信任度，使人人都在心里筑起一道墙，本能地选择不信任的保守态度。环境群体性事件接二连三地暴发既是官民不信任的结果，也在暴发中进一步恶化了双方的不信任程度。因此，本节将对环境群体性事件处置中的信任机制进行系统研究。

一、概念界定和变量关系

（一）信任和信任机制的概念界定

霍尔认为，信任是我们依赖一个人、公司、产品或服务实现某种结果的能力。[1]肯尼斯・纽顿等[2]则认为信任是在最坏的情况下，他人不会故意或愿意伤害行为者；在最好的情况下，他人的行为符合行为者的利益。具体到政治领域，陈朋[3]将信任定义为：在政治生活中，政治参与主体基于直接或间接的行为而对政治系统所产生的相信、托付和期待、支持等积极性的政治心理，它通常体现为肯定性的政治态度、信念和评价。如将信任视作一种态度或一种信心，可将信任区分为人对人的信任与人对物的信任。综上所述，本节将信任定义为一种人们对他人或他物（例如团体、组织和政府）等所具有的一种抱有期望和信息、充满期待和希望且相信对方具有某些能力或会采取某些行为等，并据此来决定自己的行为或行动等的积极的心理、态度或信心和评价。

无论是将机制看作是实现功能的运作方式和原理[4]，还是功能的组合以及使综合功能得以发挥的规则、秩序和联动循环过程[5]，机制在更广泛的意义上都被看作是一种秩序、规则和激励性安排。因此，在本节，我们将信任机制简单定义为帮助人们构成相互间信任的各种秩序性、规则性或机理性安排。

（二）变量关系

在大量前期研究和反复设计的基础上，研究刻画出最基本的研究变量关系图（图 12-2-1）。从图 12-2-1 中可以看出：在整体上，研究的自变量为信任机制；因变量为环境群体性事件的解决效果；中介变量为合作意愿。此外，研究的控制变量又包括两个方面：一方面是事件的客观属性，包括经济发展水平、城乡属性、抗争类型、行政层级、规模、污染类型、冲突类型、暴力程度；另一方面是相关主体的主观属性，包括年龄、性别、教育、职业、收入、政治面貌等。

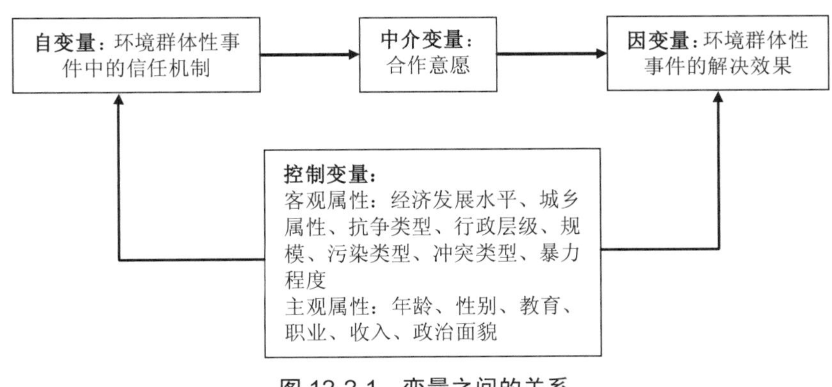

图 12-2-1　变量之间的关系

1 瓦妮莎・霍尔. 信任的真相[M]. 宫照丽，译. 北京：东方出版社，2010：43.
2 肯尼斯・纽顿，于宝英，索娟娟. 信任、社会资本、公民社会与民主[J]. 国外理论动态，2012（12）：58.
3 陈朋. 政治信任的理论建构：从内涵到功能[J]. 贵州社会科学，2014（10）：17-18.
4 姚启和. 体制・机制・规律——论高等教育与社会主义市场经济的关系[J]. 高等教育研究，1994（1）：29.
5 关西普，杜铠汉. 体制、机制、规律及其相互关系问题[J]. 科学学与科学技术管理，1992（1）：6.

二、文献综述

（一）信任研究的三个视角

1. 心理学对信任的研究

心理学是很早开展信任研究的学科，研究者们很早用信任来研究人际关系。心理学主要认为信任源于个人的心理，强调个人人格在信任中的作用。在心理主义看来，一个人的信任主要源于早期生活经历，尤其是幼年生活经历；认为幼年时期成功的信任经历，往往会给他带来一种对他人可信性的积极期望，从而更加愿意信任他人，即使这些人与他素不相识。并且，这种信任的人格一旦形成，就相当稳固；除非以后遇到重大欺骗事件，否则很难改变。

例如，Deutsch（多伊奇）[1]通过“囚徒困境”来研究信任，认为信任属于个体的心理层面。他认为：信任是个体主观上预期某件事会发生，并根据自己的预期采取行动，尽管这件事实际上可能并不发生，并且采取行动带来的坏处要比好处大。而且，信任是个体在有风险的情景下，以某种方式（假设另一方会按照其期望而行为）行动的意愿，是个体对于外界刺激所作出的反应，是由情境刺激所决定的心理和行为。Rotter（罗特）[2]将信任定义为个体或者群体持有的对另外一个个体或者群体的言语、承诺、口头或书面陈述的可靠性的普遍期望。Erickson（埃里克森）[3]认为一个人的基本信任在他婴儿时期就已经形成，并且相当稳定，且基本信任是一个人健康人格的核心。Wrightsman（怀特曼）[4]也认为，“信任是个体特有的一种对他人的真诚、善意及可靠的信念”。认为信任是个人特质的一部分表现，具有高信任的人总是倾向于认为别人是善意的、诚实的，通常对他人的人性抱有积极的态度。Sabel（萨贝尔）[5]认为：信任是交往双方共同持有的、对于双方都不会利用对方之弱点的信心，并且具有一定程度的风险性。Hosmer（霍斯默）[6]认为，信任是个体在面临一个预期损失可能大于预期收益的不可预料的事件时所作出的一种非理性选择行为。

比较以上论述可以看出，Deutsch（多伊奇）和Hosmer（霍斯默）都认为信任面临着损失可能大于收益的风险，是非理性的选择行为；Erickson（埃里克森）和Wrightsman（怀特曼）都认为信任与个人的人格特质有关。总之，心理学对于信任的解读都侧重于从感性视角出发，认为信任与个体的人格特质和心理密不可分，突出了人格对信任的影响，认为个体的人格不同会产生不同程度的信任。但是，心理学过于强调个体的人格，殊不知，个体也是不同程度地嵌入在社会结构中的，会形成一定的群体，而群体内部又会衍生出不同于个体的信任方式。

---

1 Deutsch M. Trust and Suspicion[J]. Journal of Conflict Resolution，1958（2）：266.

2 Rotter J B. A New Scale for the Measurement of Interpersonal Trust[J]. Journal of Personality，1967（4）.

3 Eickson E H. Childhood and Society[M]. New York：Norton，1963.

4 Wrightsman L S. Interpersonal Trust and Attitudes toward Human Nature[A]//Robinson J P，Shaver P R，Wrightsman L S. Measures of Personality and Social Psychological Attitudes，Measures of Social Psychological Attitudes. San Diego，CA：Academic Press，1991（1）.

5 Sabel C F. Studied Trust：Building New Forms of Cooperation in a Volatile Economy[J]. Human Relations，1993，46（9）：1133-1170.

6 Hosmer L T. Trust：The Connecting Link between Organizational Theory and Philosophical Ethics[J]. Academy of Management Journal，1995，20（2）：379-403.

而且，个体的信任水平也会受到社会环境的影响。另外，虽然心理学视角的研究也提出了信任会面临预期损失大于收益的风险，但更多考虑的还是感性因素。为此，越来越多的理性主义学者开始对心理学视角的信任研究提出批判和质疑，从而导致了理性主义信任研究的兴起。

2．经济学对信任的研究

经济学对信任研究的假定是：人是理性的动物，人的行为都是有目的性的，在做出选择时会计算自己的利益得失，尽可能使自己的利益最大化。

理性主义对于信任的研究最早是从博弈论开始的，博弈论者认为合作就是一种信任，人都是理性的，往往会首先考虑自己的利益。Axelrod（阿克赛尔罗德）[1]进行了“重复囚徒困境”的游戏。在这个游戏中，双方都可以进行选择，每一次选择都有可能得到合作的好处和遭到背叛的坏处。这个游戏是以“囚徒困境”作为原型的，游戏最终胜利者是“一报还一报”的程序。这个程序为：依据对方上一次的选择而进行选择，如果对方选择合作，那么另一方也进行合作，直到有一方选择背叛为止。博弈论者认为，增加信任的一个有效途径就是增加博弈链条。经济学家 Arrow（阿罗）[2]认为，信任具有重大的实用价值，是社会系统和经济交换的润滑剂，可以提高系统的效率，许多经济落后的社会所共有的特点之一便是缺乏相互信任。且认为，各种类型的集体事件，也是因为缺乏信任而导致了明显的经济损失。Dasgupta（达斯古普塔）[3]认为，对一个人的信任和组织的信任是相互联系的，决定是否信任一个人的时候就必须看看他过去关于协议的历史。信任取决于个体所知道的信息，对方的行为以及自己的期望。人在选择是否信任之前也会通过信息搜寻来进行判断：如果认为对方可信的概率比较高，那么就会付出信任；如果结果证实如预期一样，那么对另一方信任的程度就会得到加强，反之就会降低。Gambetta（甘贝塔）[4]也认为，“信任（或不信任）是一个行动者评估另外一个或一群行动者将会进行某一特定行动的主观概率水平”。和达斯古普塔一样，他认为信任是对于另一方采取某种行为的概率估计，对概率的判断决定了是否付出信任。与上述两位学者不同，科尔曼[5]认为信任的条件是：获胜概率 P 与失败概率（$1-P$）的比例大于可能遭受的损失 L 与可能获得的利益 G 之比。他不仅考虑到概率的作用，还包含了对预期损失和收益的评估。科尔曼将信任的双方称作委托人和受托人，信任的给予通常意味着委托人把某些资源给予受托人，使受托人利用这些资源为自己谋取利益。科尔曼认为在各种条件下，人们不同程度地了解 P、L、G 的数值，P 最难搞清楚，但是信息影响人们对成功概率的估计。除了可能遭受的损失与可能获得的利益之比以及受托人是否值得信任的概率影响着委托人的行动，可能的损失和利益究竟有多大，也影响着委托人寻求信息的范围和努力程度。寻求信息付出的代价应当小于最终的收益，最终的收益在数量上与可能获得的利益与可能遭受

1 Axelrod R. The Evolution of Cooperation[M]. New York：Basic Books，1984.

2 Arrow K J. The Limits of Organization[M]. New York：Norton，1974：19-23.

3 Dasgupta P. Trust as a Commodity[A]//Gambetta D. Trust：Making and Breaking Cooperative Relations. New York：Blackwell 1988.

4 Gambetta D. Can We Trust Trust[A]//Gambetta D. Trust：Making and Breaking Cooperative Relations. New York：Blackwell，1988.

5 詹姆斯・科尔曼. 社会理论的基础（上）[M]. 邓方，译. 北京：社会科学文献出版社，1999：93-97.

的损失之和成正比。Williamsion（威廉姆森）[1]提出三种信任机制，分别是基于计算的信任机制、基于制度的信任机制和基于个人的信任机制。基于计算的信任主要进行的是成本利益的计算；基于制度的信任源于所建立的制度规范；基于个人的信任则依据的是个体的人格特征。Zucker（祖克尔）[2]在其研究中将信任的产生机制分为来源于过程的信任、来源于特征的信任以及来源于制度的信任三类。来源于过程的信任指信任来源于个人屡次参与交换的经历；来源于特征的信任指信任来源于建立合作的基础之上；来源于制度的信任指信任依赖于具体的规章制度和法律法规。Miles（米尔斯）和 Creed（雷德）[3]则认为，来源于特征的信任和来源于制度的信任相互渗透嵌入在了广阔的社会关系脉络中。此外，Lewikci 和 Bukner [4,5]等又提出了交易关系中的三种信任建立机制：基于计算的信任、基于知识的信任和基于认同的信任。他们认为整体信任表现为三种信任累加的结果，但三种信任建立机制开始起作用的时间是不同的。交易初期产生的信任主要来自基于计算的信任。随时间的推移，通过相互之间的沟通和互动，信任主体增强了对于交易伙伴的了解，同时增强了自身对伙伴行为表现的预测能力，此时基于知识的信任建立机制开始发挥作用，整体信任也开始表现为前两种信任的累积。随着双方交互的进一步发展，相互之间的了解和关系也进一步加深，此时如果信任主体赞同对方的行为动机和行为方式，就产生了基于认同的信任，同时整体信任也表现为三种信任建立机制共同作用的结果。

总之，经济学对于信任的考量更多是从利益的角度出发，认为人都是理性的，会为自身的利益得失进行计算，如果认为付出信任对于自身是有利的，或者至少是无害的，那么便会付出信任，反之亦然。理性主义学者对于信任的最大贡献就是弥补了心理学角度过于感性的缺陷。但是，正如科尔曼提出的，在与陌生人交往时很难去估计概率 P，因此完全理性的人是不存在的，必然也会考虑到感性和文化的因素。

3．社会学对于信任的研究

社会学对于信任的理解相对比较多元，但较为集中的是从社会资本和文化的角度进行探索，而且社会学认为信任的衡量必须要考虑具体的社会环境。

一般认为，社会学最早展开信任研究的是齐美尔[6]，他在《货币哲学》一书中首次提到了“信任”。虽然在这本书里，齐美尔并没有大篇幅地专门探讨信任，但他的观点却开创了社会学研究信任的先河。齐美尔认为，社会交换是形成社会关系的非常重要的形式，而信任在货币交换中起到了支柱的作用，且社会交换的前提就是彼此之间的信任。齐美尔还认为，信任是社会中最重要的力量之一，没有人们相互间享有的普遍的信任，社会本身将

1 Williamson O E. Calculativeness，Trust，and Economic Organization[J]. Journal of Law and Economics，1993，36（1）：453-486.

2 Zucker L G. Production of Trust：Institutional Sources of Economic Structure.1840-1920[M]//Organizational Behavior，Greenwich，CT：JA I Press，1986：53-111.

3 Miles R E，Creed W E D. Organizational Forms and Managerial Philosophies：A Descriptive and Analytical Review[J]. Research in Organizational Behavior，1995（17）：333-372.

4 Lewicki R J，Bmiker B B. Trust in Relationships：A Model of Trust Development and Decline[A]//Jossey-Bass. Conflict，Cooperation and Justice. San Francisco，CA，1996：133-173.

5 Lewicki R J，Bunker B B. Developing and Maintaining Trust in Work Relationships[A]//Kramer R M，Tyler T R. Trust in Organizations：Frontiers of Theory and Research，Thousand Oaks. CA：Sage Pubilications，Inc.，1996，（7）：114-139.

6 齐美尔. 货币哲学[M]. 朱桂琴，译. 北京：光明日报出版社，2009.

瓦解。而且因为几乎没有一种关系是完全建立在他人的确切了解之上的，因此如果信任不能像理性证据或亲自观察一样，或更为强有力，几乎一切关系都不能长久。韦伯[1]将信任分为特殊信任和普遍信任：特殊信任是基于血缘和地缘关系的；普遍信任则是基于宗教信仰对大多数人的信任。Luhmann（卢曼）[2]认为，信任是用来减少社会生活和社会交往复杂性的简化机制，且货币、真理和权力是信任交换的重要媒介。他还把信任分为人际信任和制度（系统）信任两种：人际信任是建立在人与人之间的感情关系和熟悉程度的基础上；而制度信任则是建立在法律、制度等预防性和惩戒性的措施和机制的基础上。科尔曼[3]从功利层面解释了信任，他认为信任在互动过程中建立，是社会资本的一种形式，表现为一方自愿和甘冒风险地转出资源或权利的控制权。作为社会资本的信任存在于社会关系之中，其重要贡献在于能够开发信息潜能，帮助人们扩大交往范围。科尔曼还将信任划分为相互信任、中介人信任和第三方信任，认为现在的大众媒介充当了信任的中介，向委托人和受托人提供了各种信息来源。福山[4]认为信任是由文化决定的，它产生于宗教、伦理、习俗等文化资源，依赖于人们共同的价值观、共同遵守的规则和群体成员的素质。尽管契约与私利是人们结合在一起的重要因素，但是最有效的组织都是建立在拥有共同的道德价值观的群体之上的，道德上的默契为群体成员的相互信任打下了坚实的基础。他提出“所谓信任，是在一个社团之中，成员对彼此常态、诚实、合作行为的期待，基础是社团成员共同拥有的规范，以及个体隶属于哪个社团的角色。”[5]所以，在他看来，信任应当是一种重要的社会资本。因为，在一个高信任的社会中，人们的自发交往能力较强，由非血缘关系构成的大型企业组织就容易形成，因而可以创造整个社会经济的普遍繁荣。与福山相近，帕特南[6]也认为信任是一种重要的社会资本，对社会稳定和社会发展具有重要意义。且认为信任这种社会资本属于公共物品，人们之间相互展示的信任越多，他们之间的相互信任水平也就越高。我国学者郑也夫[7]认为，信任是一种态度，相信某人的行为或周围的秩序符合自己的愿望。它可以表现为三种期待：对自然与社会的秩序性，对合作伙伴承担的义务，对某角色的技术能力。信任也是交换与交流的媒介。且信任关系具有三个特征：时间差与不对称性、不确定性、主观倾向性。总之，社会学对于信任的研究侧重强调人的社会性，注重将信任放在社会环境中，考察文化、社会制度和人际关系对于信任的作用。

此外，还必须指出的是，上面从三种学科视角入手梳理对信任的研究，也只是大概的分类，并不是完全相互独立的，而且很多学者的研究本身就带有交叉性质，这是必须注意的。

（二）对信任和合作关系的研究

Deutsch（多伊奇）[8]的囚徒困境实验表明，当参与者能够互相沟通各自的期望以及参

1 韦伯. 新教伦理与资本主义精神[M]. 于晓，陈维纲，译. 北京：生活·读书·新知三联书店，1987.

2 Luhmann N. Trust and Power[M]. New York：John Wiley &Sons Vhichester，1979：8.

3 詹姆斯·科尔曼. 社会理论的基础（上）[M]. 邓方，译. 北京：社会科学文献出版社，1999：91，164.

4 弗朗西斯·福山. 信任：社会道德与繁荣的创造[M]. 李宛蓉，译. 呼和浩特：远方出版社，1998：35.

5 弗朗西斯·福山. 信任：社会道德与繁荣的创造[M]. 李宛蓉，译. 呼和浩特：远方出版社，1998.

6 罗伯特·D.帕特南. 使民主运转起来[M] 王列，赖海榕，译. 南昌：江西人民出版社，2001：200.

7 郑也夫. 信任论[M]. 北京：中国广播电视出版社，2001：19.

8 Deutsch M. Trust and Suspicion[J]. Journal of Conflict Resolution，1958（2）：266.

与者始终贯彻其威胁或承诺时，合作会增加。Luhmann（卢曼）[1]也指出，当信任存在的时候，人们参与和行动的可能性增加了。Gambetta（甘必大）[2]的研究也指出信任能够促进合作。福山[3]则认为信任度越高，人们越是愿意参与社会交换以及合作互动。Morgan（摩根）和 Hunt（亨特）[4]的实证研究也表明，信任能促进交易双方的合作。而且，他们认为信任是一种治理机制，可以消除交换关系中的机会主义，促进合作关系。Mayer（迈耶）等[5]的研究则发现，“信任”可有效降低管理成本与对未来的不确定性，它不但能影响组织绩效，同时也在组织内或跨组织之间的合作、协调与控制上扮演重要角色。Nahapiet（纳比特）和 Ghoshal（戈沙尔）[6]的研究也证明，在存在高度信任的前提下，人们更愿意在知识交换中承担风险。Payan（帕扬）和 Svensson（斯文森）[7]则认为信任是产生合作的前提，信任预示着正面的关系。特别地，弗雷德里克森[8]也指出，如果公众对政府失去信任，对民选的官员和任命的官员失去信任，公众就会对政府决策的执行持不合作的态度。特别是，在出现危机或资源短缺的时候，如果这些决策的执行需要某些牺牲，那么公众就不会合作。

我国学者也对这一问题进行了较多的研究。例如，张康之[9]认为，由于信任的消解，在日常社会生活的层面，人们之间的交往正在付出越来越高的成本代价；但如信任与合作联系在一起，不仅能为合作提供基本的资源，而且会在组织内部以及整个社会中生成一种合作的秩序。康均心和张晶[10]则指出，信任与合作之间存在着时间差顺序，信任表示一种合作的期望，可以简化人们的判断确定过程，以一种非政府的力量促使人们合作，稳定社会秩序。汪大灿和张成龙[11]也认为信任存在于互动之中，是合作的基础，是社会参与者之间相互博弈的助推剂，同时信任合作可以进一步增进互动双方之间的信任。杨静[12]通过回顾相关文献认为，信任对企业间合作的建立、发展以及合作类型都有显著影响，是企业间合作的必不可少的要素之一。但同时，她也指出，信任只是合作的一个必要条件，但并不是充分条件。曲纵翔[13]也认为，虽然信任并非必然带来合作，但合作行为必然是不能缺乏信任的；换言之，行动者之间缺乏信任是不会有合作行为的产生的，因此治理行动者之间的

---

1 Luhmann N. Trust and Power[M]. New York：John Wiley &Sons Vhichester，1979：8.

2 Gambetta D. Trust：Making and Breaking Cooperative Relations[M]. New York：Blackwell，1988.

3 弗朗西斯·福山. 信任：社会道德与繁荣的创造[M]. 李宛蓉，译. 呼和浩特：远方出版社，1998.

4 Morgan R M，Hunt S C. The Commitment-Trust Theory of Relationship Marketing[J]. Journal of Marketing，1994（58）：20-38.

5 Mayer R C，Schoorman F D，Davis J H. An Integrative Model of Organization Trust[J]. Academy of Management Review，1995（3）：709-734.

6 Nahapiet J，Ghoshal S. Social Capital，Intellectual Capital，and The Organizational Advantage[J]. Academy of Management Review，1998，23（2）：242-266.

7 Payan J M，Svensson G. Co-operation，Coordination，and Specific Assents in Inter-Organisational Relationships[J]. Journal of Marketing Management，2007，23（7-8）：797-814.

8 乔治·弗雷德里克森. 公共行政的精神[M]. 张成福，等译. 北京：中国人民大学出版社，2013：33-34.

9 张康之. 论组织管理中的信任与合作[J]. 浙江学刊，2007（2）：127.

10 康均心，张晶. 信任与合作：犯罪原因的一种解释[J]. 武汉科技大学学报（社会科学版），2004（4）：59-60.

11 汪大灿，张成龙. 现代性视域下的信任与合作[J]. 环球市场信息导报，2016（3）：106.

12 杨静. 供应链内企业间信任的产生机制及其对合作的影响——基于制造业企业的研究[D]. 杭州：浙江大学，2006：42-63，76-85，110-121.

13 曲纵翔. 信任、合作与政策变迁：一个实现政策终结的逻辑阐释[J]. 学海，2018（5）：71.

信任关系是合作治理模式建构的必要条件。此外，严进[1]也认为信任不仅是群体合作的基础，也是社会经济得以良好运行的前提条件。

总之，以上研究都指出并且论证了信任与合作之间的关系。特别地，尽管学者们观点各异，但基本上都认为，虽然信任不一定带来合作，但信任是合作的前提，这也就是说，信任是合作的必要非充分条件。此外，以上学者们的观点，也特别强调了这么几点：①信任程度能够减少合作中的监督成本；②建立在信任基础上的合作因为不具有强制性，往往基于主观意愿；③信任程度越高，冲突越少，合作的风险越低；④信任不仅可以增进个人之间的合作，也能改善组织的网络关系，增进组织之间的沟通，改善合作氛围。

（三）对群体性事件中的信任的研究

彭小兵、谭志恒[2]将信任看作是社会资本的核心要素，认为信任缺失是一段时间以来我国群体性事件产生的文化根源。且认为，信任关系是积累社会资本等要素禀赋的关键，因此有关民间参与网络与互惠信任关系的社会资本理论为解决环境群体性事件提供了基础。而且，由于每个人既是环境污染的终极生产者和直接或者间接制造者，因此构建高信任度的社会关系是环境群体性事件治理的先决条件。薛芳芳[3]认为社会资本包含社会信任，社会资本的匮乏是群体性事件发生的根源。因此，预防群体性事件的重要途径就是增加社会资本存量，促进社会信任的产生。辛文卿[4]认为信任是一种社会资本，认为信任在群体性事件的不同阶段起着不同的作用，应该构建诚信政府，进而使其对群体性事件解决起主导作用。此外，他还将信任分为政府、民众和社会组织之间的信任；认为信任是社会资本的本质，而群体性事件暴发的深层原因是人们对政府施政和决策缺乏信任所致。江明俊[5]也认为社会信任缺失是县域群体性事件突发的心理根源，且社会信任的不足体现为公民相互之间的信任缺失以及公民对政府的信任缺失。胡洪彬[6]也指出社会信任的不足是群体性事件的重大诱因。不足体现在两个方面：一是政府自身的自利性和权力的腐败；二是社会系统内部信任不足，体现为传统信任社会资本比重大，而现在信任社会资本不足。

赵永波[7]则指出政治信任不足会导致公民的极端、不妥协行为，且政治不信任的心理具有弥散性，一旦这种心理广为扩散便会诱发群体性事件。邹育根[8]认为针对地方政府的群体性事件可以看成是由于民众对地方政府及其工作人员的怀疑、不信任而采取的对抗行为及状态，是政治不信任的突出表现形式。因此，刘孝云[9]认为构建政治信任是预防群体性事件发生的前提。刘细良、刘秀秀[10]则认为：政府公信力=政府行政能力×公众满意度。公信力包

1 严进. 信任与合作：决策与行动的视角[M]. 航空工业出版社，2007：7.

2 彭小兵，谭志恒. 信任机制与环境群体性事件的合作治理[J]. 理论探讨，2017（1）：141-147.

3 薛芳芳. 从社会资本角度分析反思我国当前群体性事件[J]. 市场周刊（理论研究），2016（2）：82-84.

4 辛文卿. 信任社会资本的培育与群体性事件治理[J]. 新疆社科论坛，2011（3）：71-74.

5 江明俊. 社会资本视角下的县域群体性事件分析[J]. 法制与社会，2015（29）：172-173.

6 胡洪彬. 社会资本与群体性事件的有效治理[J]. 武汉理工大学学报（社会科学版），2010，23（1）：6-12.

7 赵永波. 基于社会资本视角的群体性突发事件研究[J]. 办公室业务，2015（22）：66-67.

8 邹育根. 针对地方政府的群体性事件之特点、趋势及治理——政治信任的视角[J]. 学习与探索，2010（2）：66-69.

9 刘孝云. 群体性事件中的政治信任问题分析[J]. 探索，2009（5）：76-80.

10 刘细良，刘秀秀. 基于政府公信力的环境群体性事件成因及对策分析[J]. 中国社会科学，2013，21（11）：153-158.

括政府的诚信程度、服务、依法行政、民主程度，且政府公信力还可分为理念公信力、制度公信力、行为公信力等。陈业华、王立山[1]则具体研究了PX造成的群体性事件中信任的作用。

此外，辛文卿[2]认为群体性事件中信任的主体与客体主要包括政府、民众与社会组织。张萍、杨祖婵[3]认为群体性事件中涉及的相关者主要有政府、污染企业、底层民众、信访机构、警察、农村基层行政组织、外部精英、环保组织、法律咨询组织和公益团体；张乐、童星[4]指出群体性事件的涉及者主要有政府、专家、企业和公众。

综上所述，当前对我国群体性事件中的信任研究主要具有这样几个特点：①研究多集中于政府信任和政治信任的层面。如刘孝云考察了政治信任和环境群体性事件之间的关系，细分了群体性事件中政治信任的不同类型。刘细良、刘秀秀[5]从政府公信力角度对环境群体性事件进行成因分析。姚亮、彭红波、辛文卿[6]认为群体性事件暴发的诱因是政府信任的缺失。②将信任看作是社会资本，从静态的角度探讨信任和环境群体性事件之间的关系。如彭小兵、谭志恒[7]将信任看作是社会资本，认为是环境群体性事件暴发的文化根源。辛文卿[8]也认为信任作为一种社会资本，左右着群体性事件的暴发和解决。胡洪彬[9]认为传统社会和现代社会的社会资本储量不同，之所以暴发环境群体性事件是由于现代社会信任作为社会资本的一种形式，已经发生匮乏。③将环境群体性事件中的信任划分为多个角度来进行探讨，关注点比较分散。例如，既有从新闻媒介的角度探讨谣言在群体性事件中所起的作用，也有将信任分为人际信任和政治信任去分析群体性事件的发生，还有学者则从风险和博弈的视角来进行分析，认为信任就是一种基于风险感知的博弈。④多为点的研究，没有从环境群体性事件整个发生发展过程出发的系统研究。很多研究只注重对环境群体性事件的静态研究，强调环境群体性事件的处置，而忽视了环境群体性事件发展过程中的化解和转化，没有从更全面的视角去探讨冲突的解决。

三、理论框架和研究假设

（一）理论框架

根据以上文献综述，在本节我们将信任机制看作是这样一个过程规则：信任双方首先通过自身的过往经历[10,11]和即时信息形成对对方的认知判断，并在认知判断的基础上确定

---

1 陈业华，王立山. 信任视角下公众对PX项目的风险感知及对抗研究[J]. 燕山大学学报（哲学社会科学版），2016，17（3）：8-14.

2 辛文卿. 信任社会资本的培育与群体性事件治理[J]. 新疆社科论坛，2011（3）：71-74.

3 张萍，杨祖婵. 近十年来我国环境群体性事件的特征简析[J]. 中国地质大学学报（社会科学版），2015，15（2）：53-61.

4 张乐，童星. 邻避冲突管理中的决策困境及其解决思路[J]. 中国行政管理，2014（4）：109-110.

5 刘细良，刘秀秀. 基于政府公信力的环境群体性事件成因及对策分析[J]. 中国社会科学，2013，21（11）：153-157.

6 姚亮，彭红波，辛文卿. 提高政府公信力与群体性事件之消除[J]. 中国党政干部论坛，2009（9）：35-36.

7 彭小兵，谭志恒. 信任机制与环境群体性事件的合作治理[J]. 理论探讨，2017（1）：141-147.

8 辛文卿. 信任社会资本的培育与群体性事件治理[J]. 新疆社科论坛，2011（3）：71-74.

9 胡洪彬. 社会资本与群体性事件的有效治理[J]. 武汉理工大学学报（社会科学版），2010，23（1）：6-12.

10 李艳霞. 何种信任与为何信任——当代中国公众政治信任现状与来源的实证分析[J]. 公共管理学报，2014（2）：16-26.

11 Dasgupta P. Trust as a Commodity[A]//Gambetta D. Trust：Making and Breaking Cooperative Relations. New York：Blackwell，1988：51.

对方的可信内容[1]，形成自己的合作意愿，并最终对事件处理结果产生影响。当然，信任也有可能不通过合作意愿，直接影响事件的解决。其中，信任内容既可能是基于成本收益和守信概率[2]的计算型信任，也可能是基于亲密关系和情感认同的情感型信任[3]，还有可能是基于正式和非正式制度[4]的制度型信任[5]。同时，这一机制和影响也会受到诸如污染类型（何种领域的污染）、冲突类型（本节主要指污染发生或未发生）、暴力程度、抗争类型、规模、行政层级、地域（主要指城市还是乡村）经济发展水平等多种因素的影响（图 12-2-2）。此外，需要说明的是，本节研究中考虑的信任各方主要是政府、企业、新闻媒体、专家学者、社会组织、公众这六个方面。

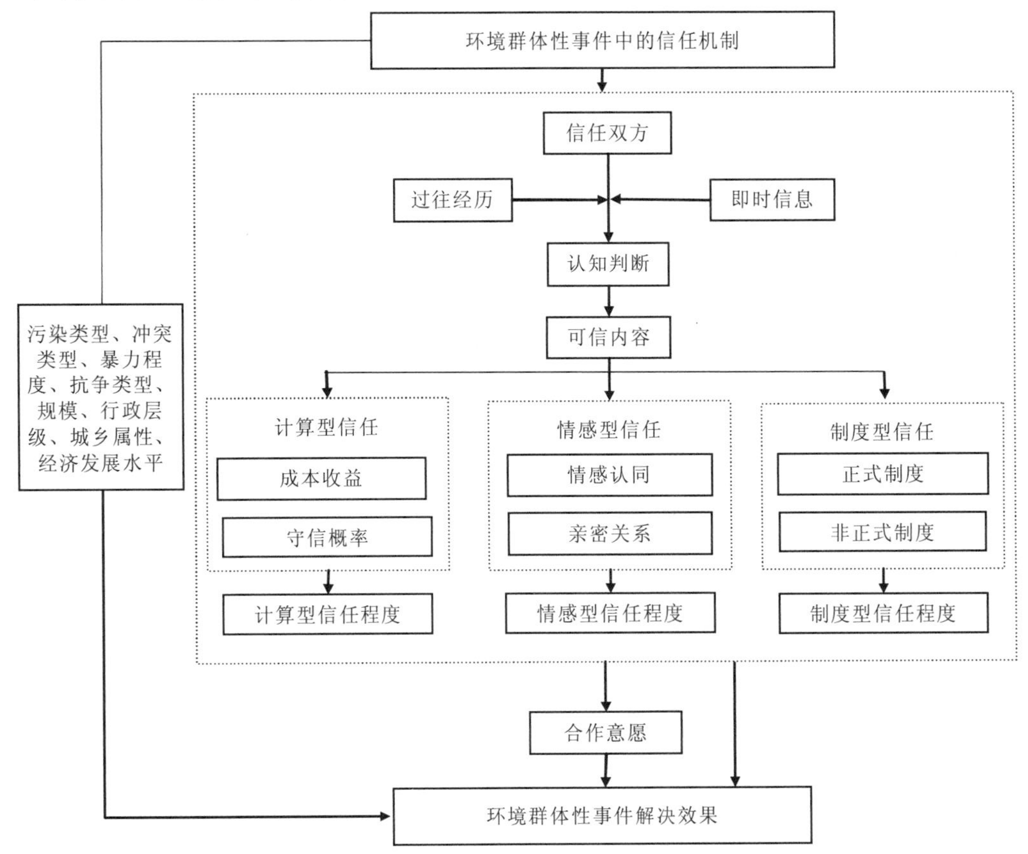

图 12-2-2　信任机制理论框架

资料来源：作者自制。

1 Mayer R C，Schoorman F D，Davis J H. An Integrative Model of Organization Trust[J]. Academy of Management Review，1995（3）：709-734.

2 詹姆斯·科尔曼. 社会理论的基础（上）[M]. 邓方，译. 北京：社会科学文献出版社，1999：93.

3 Zucker L G. Production of Trust：Institutional Sources of Economic Structure.1840-1920[M]//Organizational Behavior，Greenwich，CT：JAI Press，1986：53-111.

4 North D C. Institutional Change：A Framework of Analysis[M]//Sjöstrand，S（Ed.）. Institutional Change：Theory and Empirical Findings. New York：Routledge，1993：35-36.

5 Williamson O E. Calculativeness，Trust，and Economic Organization[J]. Journal of Law and Economics，1993，36（1）：453-486.

（二）研究假设

1．过往经历和即时信息对信任程度影响的假设

学者们普遍认为过往历史与信任之间显著关联：过往历史中对方展示的行为和形象越正面，则越有利于对其的可信度预测，反之，则会在交往初期形成较低的可信度。例如，Williamson（威廉姆森）[1]指出，两个人之间的信任发展必然会包括很多次的相遇，包含他们过去的经历和记忆。Boon（布恩）和 Holmes（霍姆斯）[2]也指出，经验是影响信任形成的一个重要因素。Doney（多尼）等[3]则认为交往的历史不仅能减少机会主义行为，而且能够增加双方行为的可预测性。我国学者彭泗清[4]通过实证研究也证明，信任双方互动交往的历史直接影响着二者的信任。而邹育根[5]则指出，公众会通过以往的交往经验来对政府进行判断，如果过去的经验中政府公务人员总是诚实、公正的，政府政策是以人民利益为导向的，政府行为是合法合理的，那么公众就会对政府付出信任。因此，我们可以认为过往历史能够影响信任的形成，与信任有显著的正相关关系。故提出以下假设：

H1-a：过往经历显著正向影响计算型信任程度。

H1-b：过往经历显著正向影响情感型信任程度。

H1-c：过往经历显著正向影响制度型信任程度。

同时，人们也普遍认为，即时的信息交流会影响人们的信任。例如，科尔曼[6]认为委托人要想作出对受托人是否信任的判断就必须要借助信息，并且尽可能多地收集信息。Ferrin（费林）等[7]也认为，第三方可以通过两种途径影响信任：一种是直接通过双方的人际行为；另一种是作为信息的来源。Burt（伯特）和 Knez（克内兹）[8]的研究认为，组织中的第三方通过闲谈传播的与信任相关的信息是组织中信任的重要渠道，但由于个体偏好传播与接受者期望一致的信息，因此闲谈对信任判断的作用很复杂。如果一个人与潜在被信任方的关系很近，第三方则倾向于传播能够加强或确认这种关系的信息，进而可增强信任方对此人可信度判断的准确性。伍麟和臧运洪[9]指出，在制定制度信任框架时，制度受众是在信息和经验的综合作用下进行理性分析，从而形成自己的信任态度。因此，我们也认为，即时信息交流状况影响着信任的形成，与信任有显著的正相关关系。故而，提出以下假设：

H2-a：即时信息交流状况显著正向影响计算型信任程度。

---

1 Williamson O E. Calculativeness，Trust，and Economic Organization[J]. Journal of Law and Economics，1993，36（1）：453-486.

2 Boon S D，Holmes J G. The Dynamics of Interpersonal Trust：Resolving Uncertainty in the Face of Risk[M]. Cooperation and Prosocial Behavior. Cambridge University Press，1991：441.

3 Doney P M，Cannon J P，Mullen M R. Understanding the Influence of National Culture on the Development of Trust[J]. Academy of Management Review. 1998，23（3）：601-620.

4 彭泗清. 信任的建立机制：关系运作与法制手段[J]. 社会学研究，1999（2）：55-68.

5 邹育根. 当前中国地方政府信任危机事件的型态类别、形成机理与治理思路[J]. 中国行政管理，2010（4）：68.

6 詹姆斯·科尔曼. 社会理论的基础（上）[M]. 邓方，译. 北京：社会科学文献出版社，1999：95，101.

7 Ferrin D L，Dirks K T，Shah P P. Direct and Indirect Effects of Third-Party Relationships on Interpersonal Trust[J]. Journal of Applied Psychology，2006，91（4）：870-883.

8 Burt R，Knez M. Kind of Third-Party Effects on Trust. Journal of Cross-cultural Psychology，1996（50）：68-69.

9 伍麟，臧运洪. 制度信任的心理逻辑与建设机制[J]. 华中师范大学学报（人文社会科学版），2017，56（6）：172-180.

H2-b：即时信息交流状况显著正向影响情感型信任程度。

H2-c：即时信息交流状况显著正向影响制度型信任程度。

2．信任对合作意愿影响的假设

我们前面已经对信任对合作影响的文献做了较多梳理，一个基本结论是：学者们普遍认为信任是合作的必要但不充分条件。基于此，我们可以认为：双方之间的信任程度越高，相互之间的合作意愿越强。基于此，提出以下假设：

H3-a：计算型信任显著正向影响合作意愿。

H3-b：情感型信任显著正向影响合作意愿。

H3-c：制度型信任显著正向影响合作意愿。

3．合作意愿对事件解决效果影响的假设

既然群体性事件的本质是冲突，那么各参与方的合作意愿越强，则这种冲突被解决的可能性越大。基于此，又提出以下假设：

H4：信任双方之间的合作意愿越强，群体性事件的解决效果越好。

4．信任对事件解决效果影响的假设

由于在有些情况下，信任也可能不经过对合作意愿的影响直接影响环境群体性事件的解决，且人们之间的信任程度越高，其对事件解决的效果越好。基于此，又可提出以下假设。

H5-a：计算型信任显著正向影响事件解决效果。

H5-b：情感型信任显著正向影响事件解决效果。

H5-c：制度型信任显著正向影响事件解决效果。

四、研究方法、案例选择与技术路线

本节研究主要采用文献荟萃分析法、案例研究法、访谈法、实地调查法、问卷调查法等方法对我国环境群体性事件信任机制加以研究，通过多方法间的混合交叉运用，保证研究结果的有效性（图 12-2-3）。

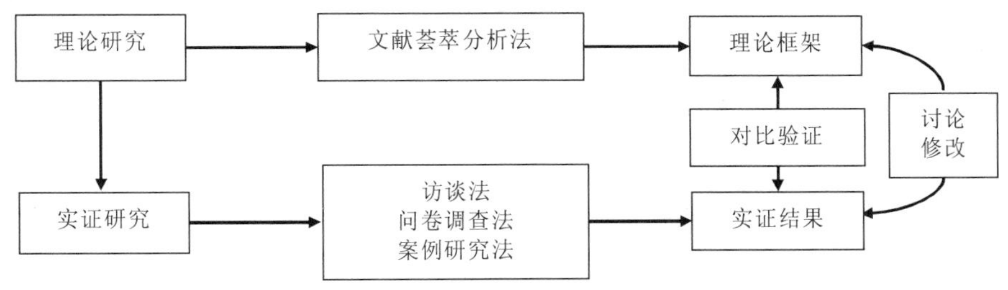

图 12-2-3　研究方法示意

（一）案例选取

案例研究法是本节研究的主要研究方法，为保证案例研究的有效性，从案例资料的获取和案例的选取两个环节进行了控制。首先，为了保证案例资料的有效性和全面性，通过多种渠道搜集每一个案例的资料，包括图书专著、期刊论文、学位论文、会议论文、网络资料、新闻报道、政府公文等。其次，为了保证案例研究方法的有效性，对案例收集过程进行了控制。由于无法囊括所有环境群体性事件案例，着重选取了 30 个典型案例进行分析。在选取案例时着重考虑了以下几个因素：①事件暴发过程中信任危机表现比较明显的案例。例如，根据这一原则，我们选取了 12 个污染已实际发生的群体性事件，18 个是邻避型事件。之所以选择的邻避型案例更多一些，主要是因为邻避型事件的暴发多数是由事件相关主体之间的猜疑和不信任所导致的，更多地体现了信任的问题。②尽可能多地囊括控制变量的不同维度。例如，为了避免在研究过程当中出现样本选择偏差，我们在案例选择时综合考虑了案例发生的层级、规模、暴力程度、抗争类型、冲突类型、污染类型以及环境群体性事件发生地的经济水平和城乡属性等。③案例的时间跨度。例如，不同事件发生的时间为 2003—2016 年，既有年代稍远但较为典型的群体性事件，也有后来发生的关注度比较高的事件（表 12-2-1）。

表 12-2-1 案例事件的选取

序号	年份	事件名称	污染类型	冲突类型	暴力程度	抗争类型	规模	行政层级	地域	经济发展水平
1	2016	湖北仙桃生活垃圾焚烧发电站	混合污染	未污染	高	均有	数千人	市级	城市	中
2	2015	江西乐平工业园区污染事件	混合污染	已污染	低	非暴力型	数千人	市级	城市	中
3	2013	广东花都垃圾焚烧厂事件	混合污染	未污染	低	非暴力型	数百人	区县级	城市	高
4	2015	上海金山 PX 事件	大气污染	未污染	低	非暴力型	数万人	市级	城市	高
5	2014	广东茂名 PX 事件	大气污染	未污染	高	均有	1 000 多人	市级	城市	高
6	2014	广东惠州博罗县垃圾焚烧厂事件	混合污染	未污染	低	非暴力型	数千人	县级	城市	中
7	2013	云南昆明 PX 事件	大气污染	未污染	低	非暴力型	3 000 人	市级	城市	高
8	2013	上海松江电池厂污染事件	混合污染	未污染	低	非暴力型	近千人	市级	城市	高
9	2013	广东江门核燃料事件	大气污染	未污染	低	非暴力型	数千人	市级	城市	中
10	2012	四川什邡事件	固体废物污染	未污染	高	均有	数万人	市级	城市	中
11	2012	江苏省启东市拟批造纸企业排海工程	水污染	未污染	高	均有	数万人	市级	城市	中
12	2012	天津市 PC 项目事件	大气污染	未污染	低	非暴力型	数千人	市级	城市	高
13	2011	北京西二旗垃圾焚烧厂事件	混合污染	未污染	低	非暴力型	200 多人	区级	城市	高
14	2011	辽宁大连 PX 事件	大气污染	已污染	低	非暴力型	12 000 人	市级	城市	中
15	2011	浙江海宁市红晓村晶科能源污染事件	混合污染	已污染	低	非暴力型	500 人	村镇级	乡村	低
16	2011	广州汕头市潮阳区海门镇发电厂事件	混合污染	未污染	高	暴力型	数万人	乡镇级	城市	低
17	2010	广西靖西县新甲乡铝业污染事件	混合污染	已污染	高	均有	数百人	乡镇级	农村	低

序号	年份	事件名称	污染类型	冲突类型	暴力程度	抗争类型	规模	行政层级	地域	经济发展水平
18	2010	浙江桐乡市崇福镇汇泰废气污染事件	大气污染	已污染	高	均有	数千人	乡镇级	农村	中
19	2009	河南济源血铅事件	混合污染	已污染	高	均有	数千余人	县级	农村	低
20	2009	湖南浏阳长沙湘和化工厂镉污染	混合污染	已污染	高	均有	数千人	市级	农村	低
21	2009	广州番禺垃圾焚烧厂事件	大气污染	未污染	低	非暴力型	数千人	市级	城市	高
22	2009	陕西凤翔县血铅事件	混合污染	已污染	高	均有	数百人	县级	农村	低
23	2008	云南丽江兴泉村	水污染	已污染	高	均有	数百人	县级	农村	低
24	2007	山东威海市乳山县核电站事件	大气污染	未污染	低	非暴力型	数千人	县级	城市	中
25	2007	福建厦门 PX 事件	大气污染	未污染	低	非暴力型	数千人	市级	城市	高
26	2006	内蒙古包头钢厂尾矿库污染	大气污染	已污染	中	非暴力型	数千人	乡镇级	农村	中
27	2005	浙江东阳画水镇化工厂污染事件	混合污染	已污染	高	均有	2 万～3 万人	市级	农村	低
28	2003	湖南长沙山北镇垃圾焚烧厂	混合污染	未污染	中	暴力型	数千余人	乡镇级	农村	低
29	2003	河南焦作修武血铅事件	混合污染	已污染	高	均有	数千人	县级	农村	低
30	2014	浙江余杭区垃圾焚烧事件	混合污染	未污染	高	暴力型	数千人	市级	城市	高

（二）案例编码

案例编码标准是在项目负责人指导下，由第一作者和其他两位研究参与者一同制定，三人经过讨论与核对，最终制定出了案例的编码标准。在案例编码标准制定出来以后，第一阶段由第一作者和第三位参与者按照编码标准一起编码，形成初始编码结果；第二阶段由第二位参与者按照标准对已有案例编码再次进行独立编码，形成中期编码结果；第三阶段则是三位编码者对初始和中期编码结果共同核实和校对，形成最终编码结果。

编码要素主要分为四类。第一类是有关信任的要素的编码，主要包括过往经历、即时信息、守信概率、成本收益、情感认同程度、亲密关系程度，以及正式制度完备性与有效性，正式制度公平性与正义性，非正式制度完备性与有效性，非正式制度公平性与正义性等。第二类是有关合作的要素的编码，主要包括合作风险、合作氛围、合作成本、合作意愿等。第三类是实践解决效果的编码，就一个。第四类是各种控制要素的编码，包括案例发生的层级、规模、暴力程度、抗争类型、冲突类型、污染类型以及环境群体性事件发生地的经济水平和城乡属性等。

具体而言：污染类型划分为混合污染、大气污染、固体废物污染、水污染四种类型；冲突类型划分为已污染、未污染两种类型；暴力程度划分为高、中、低三种类型；抗争类型划分为暴力、非暴力和均有三种类型；规模根据资料的可获得程度和详细程度具体描述为 200 多人、500 人、数百人、近千人、1 000 多人、3 000 人、数千人、数千余人、12 000 人、数万人等（有具体数据的尽可能具体，没有则按资料已有表述等描述）；行政层级按实际情况分为乡镇级、县级、区县级、区级、市级等；地域分为城市和农村两种（表 12-2-1）；

过往经历、即时信息、计算型信任、情感型信任、制度型信任、总体信任程度、合作意愿（包括合作成本、合作风险和合作氛围）等划分为高、中、低三个等级；事件处置结果主要从这三个方面来衡量：成功（达成一致协议，冲突平息）、半成功（冲突平息，未达成一致意见）、失败（事件未平息）（表 12-2-2）。

表 12-2-2 案例具体编码情况

序号	年份	事件名称	P1	P2	P3	P4	P5	P6	P7	P8
1	2016	湖北仙桃生活垃圾焚烧发电站	H	H	H	H	H	M	H	S
2	2015	江西乐平工业园区污染事件	H	M	L	M	M	L	L	F
3	2013	广东花都垃圾焚烧厂事件	H	H	H	H	H	M	H	S
4	2015	上海金山 PX 事件	H	L	M	M	H	M	M	SS
5	2014	广东茂名 PX 事件	H	H	M	H	H	M	H	S
6	2014	广东惠州博罗垃圾焚烧厂事件	L	H	H	H	H	M	H	S
7	2013	云南昆明 PX 事件	H	H	H	H	H	M	H	S
8	2013	上海松江电池厂污染事件	H	H	M	M	H	H	H	S
9	2013	广东江门核燃料事件	H	H	H	H	H	M	H	S
10	2012	四川什邡事件	L	L	L	L	L	L	L	F
11	2012	江苏省启东造纸企业排海工程	H	H	H	H	H	M	H	S
12	2012	天津市 PC 项目事件	M	M	H	M	H	L	M	S
13	2011	北京西二旗垃圾焚烧厂事件	H	M	H	H	H	M	H	S
14	2011	辽宁大连 PX 事件	H	L	M	M	H	H	M	SS
15	2011	浙江海宁市红晓村晶科能源污染事件	H	H	M	M	H	H	H	S
16	2011	广州汕头市潮阳区海门镇发电厂事件	M	M	M	M	M	M	M	SS
17	2010	广西靖西县新甲乡铝业污染事件	M	M	M	M	H	H	H	S
18	2010	浙江桐乡市崇福镇汇泰废气污染事件	M	H	L	L	M	M	L	F
19	2009	河南济源血铅事件	M	M	M	L	H	M	H	S
20	2009	湖南浏阳湘和化工厂镉污染	L	L	L	M	L	L	L	F
21	2009	广州番禺垃圾焚烧厂事件	M	H	H	H	H	M	H	S
22	2009	陕西凤翔县血铅事件	M	M	M	L	M	M	M	SS
23	2008	云南丽江兴泉村	M	M	M	M	H	M	H	S
24	2007	山东威海市乳山县核电站事件	M	M	M	M	M	M	M	SS
25	2007	福建厦门 PX 事件	H	H	H	H	H	M	H	S
26	2006	内蒙古包头钢厂尾矿库污染	M	M	M	M	M	M	M	SS
27	2005	浙江东阳画水镇化工厂污染事件	M	M	M	M	M	M	M	SS
28	2003	湖南长沙山北镇垃圾焚烧厂	H	H	H	H	H	H	H	S
29	2003	河南焦作修武血铅事件	L	L	L	L	L	L	L	F
30	2014	浙江余杭区垃圾焚烧事件	M	H	H	H	M	M	M	S

注：P1=过往经历；P2=即时信息；P3=计算型信任；P4=情感型信任；P5=制度型信任；P6=合作意愿（包括合作成本、合作风险和合作氛围）；P7=总体信任程度；P8=事件解决效果；S=成功；SS=半成功；F=失败。

（三）实地调研与访谈

我们选取了河南焦作修武血铅事件和北京西二旗垃圾焚烧厂事件作为深入调研案例展开实地调研。这两个事件一个是环境污染已经实际产生的群体性事件，另一个则是污染未发生的邻避性群体性事件；一个发生在经济欠发达的农村，另一个则发生在经济发达的城市；一个案例的解决效果良好，得到各界认可，另一个则迟迟未给予各界满意答复。选取的案例具有典型性，也具备本研究内容的核心要素，因而我们对此展开了实地调研。

对于西二旗垃圾焚烧厂事件，作者走访了西二旗拟建垃圾焚烧厂周围涉事小区：铭科苑、领秀硅谷小区和万科金玉华府三个小区。一共采访到了 16 位访谈者，其中有 2 名专家学者、1 名环保部门负责人、1 名社区街道负责人、12 位小区居民。走访过程中，我们先问“您了解西二旗垃圾焚烧厂事件吗？”在确认对方了解的前提下，继续访谈。起初，我们只是简单地询问：“您能否给我们描述下事件的发生过程”“这个事件大概持续了多久才平息呢？”“事件发生过程中是否涉及到打砸抢等暴力行为呢？”问题比较简单，不涉及主观情绪，在他们打开对事件谈论话题的时候，进一步询问：“您认为是什么原因导致了事件的暴发？”“您认为政府在公布信息方面做得怎样？哪些地方让您觉得还有改进的地方？”“您认为是什么样的原因导致了您在这起事件中的不信任？”等比较深入的话题，完成对事件的全方面了解。

对于河南焦作修武血铅事件，走访了涉事村庄，一共采访了 10 位访谈者，其中有 1 名对事件作过报道的媒体人员、1 名专家学者、1 名环保局的工作人员、7 名村民。访谈时，我们也是在确认对方了解事件的前提下展开访谈的。访谈之初，我们先询问了案例的背景信息。进一步又问了“您认为在事件过程中哪些主体之间的相互信任程度是最高的呢？”“您认为他们之间的信任主要是建立在什么样的基础上的，是利益往来、情感交流还是法律保障呢？”“您在此次事件之前有没有经历或者是听说过类似的事件呢？”最后以“综合来看，您对事件的解决效果还满意吗？”来结束我们的访谈。

（四）问卷调查法

问卷调查法是比较典型的实证研究方法，能够获得大量一手数据。问卷调查的目的在于对案例研究的结果进行验证，将定性与定量的研究结论进行对比验证，得出最终的结论。本研究制作问卷《环境群体性事件处置中的信任机制调查问卷》（附录 12.2.1）问卷一共包括三个部分：①调查对象基本信息（包括性别等 5 个问题）；②事件性质特征（包括事件发生地等 9 个问题）；③环境群体性事件信任过程要素（包括即时信息获取状况等 8 个问题）。本次问卷调查采取实地发放和网络发放相结合的方法，一共发放了 620 份问卷，其中网络发放数为 410 份，实地发放问卷数为 210 份，回收的问卷数量为 580，回收率为 93.5%，在剔除无效回答后得到最终有效问卷数为 561，有效率为 96.7%。网络发放问卷主要是面向研究环境群体性事件的学者以及借助实地访谈接触到的社区居民在社区微信群里的转发而接触到的其他了解事件的公民。实地发放问卷则面向焦作修武血铅事件发生的村庄（发放 80 份问卷）和北京西二旗垃圾焚烧厂的居民区（发放 130 份问卷），通过实地走访，采取目标抽样和滚雪球抽样相结合的方法，向接触到事件的村民、居民、环保组织负责人、社区中心工作人员、政府工作人员和专家学者等了解事件相关情况。被调查者的基本情况如表 12-2-3 所示。

表 12-2-3 问卷被调查者基本情况

特征		比例/%	特征		比例/%
性别	男性	54.3	职业	普通居民	26.3
	女性	45.7		个体工商户	2.7
年龄	20 岁及以下	7.1		公司企业员工	28.1
	21～30 岁	36.8		政府人员	18.3
	31～40 岁	25.6		事业单位人员	18
	41～50 岁	14.8		社会组织成员	2.3
	51～60 岁	14.1		其他	4.3
	61～80 岁以上	1.6	受教育程度	未曾上学	0.7
政治面貌	共青团员	16.6		小学及以下	11.7
	中共党员	43.5		初中	13.5
	民主党派人士	2.6		高中/职高/中专/技校	19.6
	群众	37.3		大学	23.1
				硕士	21.5
				博士及以上	9.9

（五）研究技术路线

在以上介绍的基础上，可以将本节的技术路线简单描述如下：

（1）研究的初期信息主要建立在文献收集和整理的基础上。初步的档案资料等的收集主要通过到实地收集、索取以及从当地相关机关或部门购买的方式实现。在此基础上确定详细研究方案和访谈问卷以及具体观察方法。

（2）从中国期刊网等文献数据库大量下载有关我国环境群体性事件的文献资料，从网络搜索大量案例的电子资料，对文献资料和案例资料进行整合分析，形成初步的研究假设和对研究问题的初步认识。

（3）结合本节研究对不同具体内容的考察，对重点案例进行实地调查，得到访谈资料和问卷调查资料。

（4）通过整理所选的案例资料和访谈资料，形成初步完整的有关环境群体性事件的数据库资料。这些数据资料包括大容量的案例数据和大量的访谈资料。

（5）采用 SPSS 软件对调查问卷的数据资料进行定量分析，重点分析信任机制对于环境群体性事件解决效果的作用，形成初步研究结果。

（6）将定性分析与定量分析的结果结合起来，从理论和实证两个角度研究我国环境群体性事件信任机制，形成最终研究。

归纳起来，可简单图示为如下技术路线（图 12-2-4）。

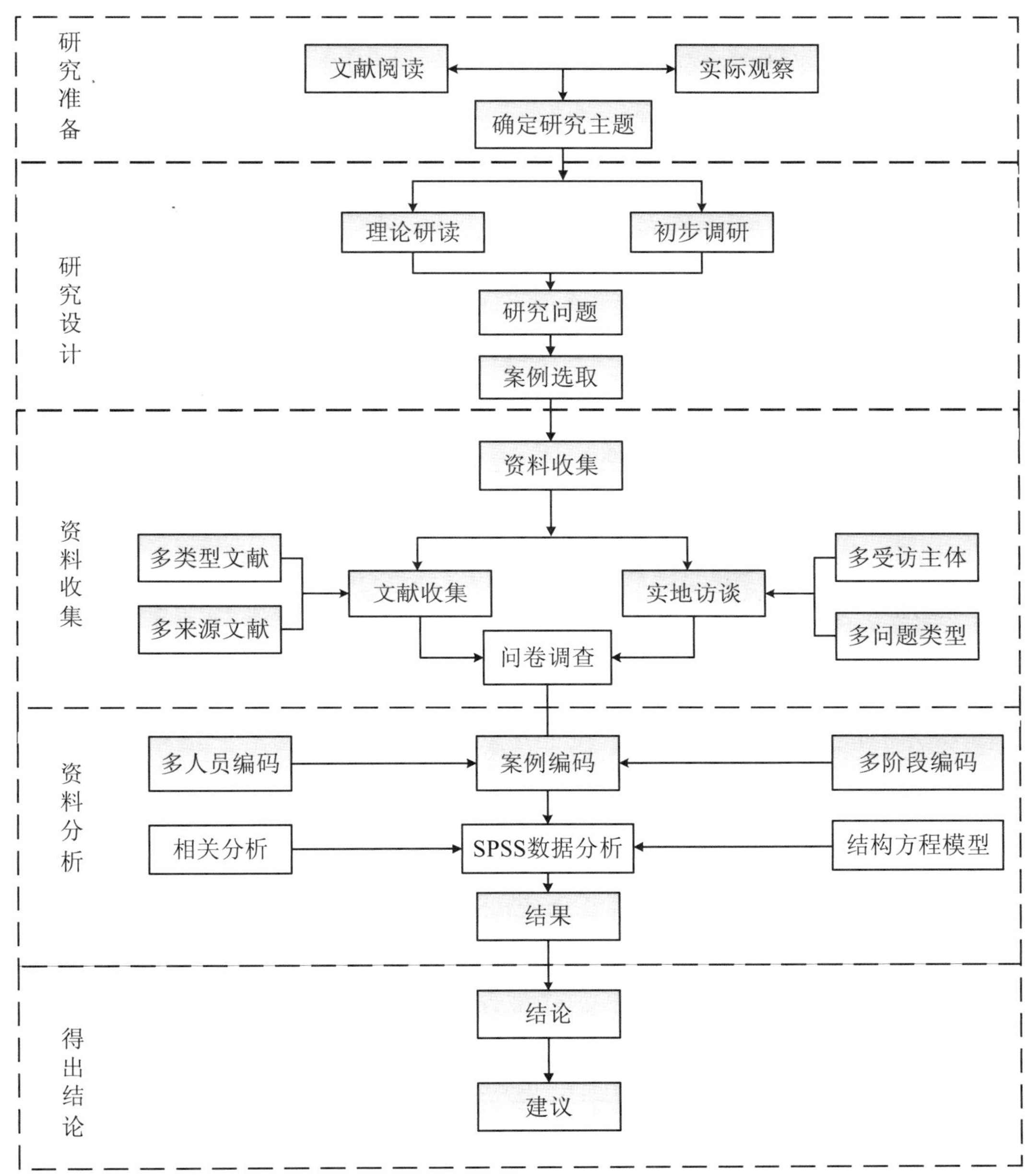

图 12-2-4　研究技术路线图

五、结果

（一）环境群体性事件中的信任机制构成内容

1. 案例数据的非参数检验和相关分析

为了检验环境群体性事件的解决效果与信任的各个要素之间是否存在相关关系，我们先对其进行非参数检验。非参数检验的目的是验证事件各个信任要素取不同值是否会导致事件的解决效果不同。原假设为“不论信任各个要素取值如何，事件的解决效果都是相同的”，如果显著性小于 0.05，则可以拒绝原假设。为此，我们对 30 个案例进行非参数检验。非参数检验的结果如表 12-2-4 所示。

表 12-2-4 案例数据的非参数检验

30 个案例数据的非参数检验						
结果	分组变量	P1	P2	P3	P4	
	卡方	5.937*	14.081**	19.899**	14.755**	
	显著性	0.049 1	0.001	0.000	0.001	
结果	分组变量	P5	P6	P7		
	卡方	24.289**	23.356**	22.254**		
	显著性	0.000	0.000	0.000		

注：K-W 检验：*表示在 0.05 水平（双侧）上显著相关；**表示在 0.01 水平（双侧）上显著相关。

结果表明，环境群体性事件的解决效果与 P1 过往经历的非参数检验的统计显著性小于 0.05，因而可以认为过往经历的好坏对于事件解决效果具有显著影响，同理，可以推断，其他 5 个信任要素均对环境群体性事件的解决效果具有显著影响。即信任过程的 6 个信任要素的不同取值均会显著影响环境群体性事件的解决效果。为了进一步验证它们之间的相关关系，我们对它们进行了相关分析。分析结果如下（表 12-2-5）：

表 12-2-5 案例数据的相关性分析

30 个案例数据的 Pearson 相关性分析				
与效果的相关系数	P1	P2	P3	P4
	0.480**	0.660**	0.862**	0.704**
	0.007	0.000	0.000	0.000
与效果的相关系数	P5	P6	P7	
	0.916**	0.861**	0.926**	
	0.000	0.000	0.000	

注：*表示在 0.05 水平（双侧）上显著相关；**表示在 0.01 水平（双侧）上显著相关。

结果显示 P1 过往经历、P2 即时信息、P3 计算型信任程度、P4 情感型信任程度、P5 制度型信任程度、P6 合作意愿、P7 总体信任程度与事件解决效果呈显著正相关关系，与我们的假设互相验证。

2. 信任机制的主体要素

（1）主体的人员类型

通过对北京西二旗垃圾填埋场事件、河南焦作修武血铅事件进行研究，我们发现北京西二旗垃圾填埋事件暴发是 2011 年 11 月，事件主体涉及的人员类型主要有：政府、公民、企业、新闻媒体、专家学者。其中，公民在这起事件中主要是利益诉求方，政府和企业则是利益回应者，而新闻媒体和专家学者则是在事件暴发过程中随着事情的演变和政府、公民对于事情的处理状况，介入进来协助解决事件和推动事件发展的。在问到为何会暴发这一事件时，当地一位业主 X 表示："真不明白海淀区 430 km^2 的地方，为什么偏偏选择在这儿建垃圾站。我们支持这个项目，但反对选址定在这儿。""这附近都是高新企业，还有那么多小区和学校，为什么要选址在这样的地方，为什么我们要去承担损失，坚决不同意。"领袖新硅谷的一位业主 Y 介绍说，"之前在石景山区计划建设过同类型、同规模的垃圾站，但因为地处永定河一级保护区而被否定，重新选址了。如果说对居民没有危害，为什么在水源地不能建，在居民区就可以建设呢？"而政府代表人员则反映："有硬性规定的，垃圾填埋场的安全距离是 500 m，焚烧站国内现阶段要求的是不少于 300 m，含有医疗垃圾焚烧的要求距离是 800 m，但生物降解型餐厨垃圾处理站目前没有硬性要求。"海淀区市政市容的郑主任介绍说，西二旗垃圾站是按照距离周边小区 150 m 的要求设计的，这高于国家要求，但是当地居民认为政府的回应并无根据，他们认为划定的安全距离并不是可靠的，万一出事，承担损失的还是居民自己。为了打消居民的疑虑，政府公开进行了项目的公示，还邀请居民参与，并联系企业和专家对垃圾焚烧厂的技术进行解释和回应。专家学者回应称："垃圾焚烧并不是一个禁忌性话题，如果垃圾焚烧厂的建设标准足够先进，政府能够严格监管，企业能够自律经营，那就可以接受。"

专家指出："禁止原生垃圾填埋，资源回收+焚烧回收能量+残余惰性物填埋处置，这是解决生活垃圾难题的最优战略方案。生活中很少有接触垃圾而得癌症的，如果垃圾焚烧厂达到欧盟 2000 的排放标准，落到地面的二噁英物质需连续累积数万年才可能致人中毒。而且，在大部分发达国家，垃圾焚烧对二噁英的贡献，低于所有行业贡献值的百分之一，其他 99%并不是垃圾焚烧产生的。"

同样是作为对于垃圾焚烧厂的技术性回应，企业的回应则是拿出实例向居民证明垃圾焚烧并没有传闻中那么可怕，"我们公司有专业的技术进行垃圾焚烧，在奥运会期间的生活垃圾都是我们企业进行承包的，项目进展顺利，没有产生负面影响"。但是学者、企业的回应并没有打消居民的疑虑，居民始终认为西二旗的垃圾焚烧厂选址处于人群密集区，很难保证不出现负面影响，政府的承诺并不能规避风险，由于西二旗地区有很多互联网企业，属于"码农"的聚集地，很快经过当地居民的奔走相告，事件逐步发酵，在社交媒体上出现了各种关于西二旗垃圾焚烧厂的新闻，事件的继续发酵、居民的疑虑未消、居民的诉求始终得不到回应，最终导致 11 月 9 日 200 名居民扯着横幅到海淀区政府示威。事件暴发后，政府积极回应，并在 12 月中旬，召开了第二次环评公示，地点在领秀硅谷社区居委会，共接待群众来访 3 445 人次，来电 182 人次，邮件 97 封，现场发放问卷 7 620 份，回收问卷 6 552 份。经过近半年的协调，政府最终决定重新选址。

相较于北京西二旗事件，河南焦作修武血铅事件的暴发则更为持久，当中的矛盾也更加深远。修武血铅事件涉及的主体人员类型有政府、企业、公民、专家学者、新闻媒体。事件最开始起源于政府与企业签订的建厂合同，需要采集征地，因为征地手续的不合法，政府和当地村民暴发了征地冲突。

政府在第一次征地不合法之后，又展开了第二次征地，征地过程激怒了村民，当地村民便展开了漫漫维权路，与此同时企业展开了生产，长时间的生产，导致当地的生态环境遭到严重破坏，当地的河水散发着难闻的气味，当地村民的身体也出现诸多不适，在经过检查后发现多名村民体内血铅含量超标。于是村民在诉求无门后与政府和企业展开了激烈的冲突，规模从最初的一千多人上升到将近上万人，村民们将企业包围得水泄不通，企业无法正常生产。大规模的冲突引来新闻媒体的争相报道，媒体的报道使得事件进入公众视野，事件最后得到了政府和企业的回应，双方承诺对村民进行补偿，事件慢慢平息。

（2）主体采取的行动方式

学者将游行、示威、散步等称为制度内的行动方式，将暴力冲突、打砸抢、冲击政府等行为称为制度外的行为方式。在西二旗的事件发生过程中，居民采取的是制度内的行动方式，冲突暴发最激烈的时候是200名居民联合举着横幅到海淀区政府寻求利益的满足。而修武血铅事件的过程中，所采取的行为方式则比较复杂，在事件暴发的前期，利益相关方尚处于征地冲突阶段时主要采用的是制度内的行为方式，村民不满企业和政府的做法，就征地问题进行上访，“我们几个人组队去上访，上访的诉求就是为了拿回自己被非法征用的土地，想向上级政府讨个公道。”而到了后期，企业正式生产，身体血铅超标后则采用制度内行动方式和制度外行动方式。2004年12月7日，在与铅厂交涉无果的情况下，M村村民到国土资源部上访，提出关闭D铅厂、制止土地征收行为、彻底解决污染问题、严惩违法者并赔偿村民损失的诉求。国土资源部将此次上访转送到河南省接洽处理。在上访之后，政府和企业尚未作出补偿，双方暴发了激烈的冲突，这时主要是制度外的行为方式。

3. 信任双方的互动过程要素

（1）过往经历状况

过往经历会对双方之间的信任造成影响，为了考察信任，我们对利益相关方之间的过往经历进行了研究。在西二旗地区进行访谈时，我们发现，当问到“在与对方过去的交往中是否有过被欺骗或者被伤害的负面经历”时，许多居民都表示：“我们在与居民交往中很少会有被伤害的经历，就算有也不会有太大的影响”“人和人之间的交往难免会有不愉快的经历，但是伤害是谈不上的。”

同样的问题在修武血铅事件的访谈中，也得到了体现。当地村民表示：“这次事不是一次就造成嘞，2003年我们就进行过上访，但是没有用啊，后来才跑到北京上访嘞。”可见在这两个群体性事件中，利益相关方都在以往的交往中有受到不公正对待或者其他负面的经历，有一些负面经历是在与村民的相处中造成的，有些则是在与政府、企业或者媒体的接触中造成的。

（2）即时信息状况

群体性事件的暴发不是一蹴而就的，很多时候都经历了漫长的相关方之间的博弈和交流，交流结果的好坏，交流过程获取信息的多少，直接影响着相关方对于各自之间的态度和事件的处理成效。在西二旗事件中，在事件暴发前的9月，政府对拟建餐厨垃圾处理站项目进行公示，到 11 月之前，公民对于此事一直都是处于浑然不知的状态，直到此时公民与其他相关方之间的交流渠道仍处于关闭状态，只有政府和企业之间的内部交流。而11月，当地居民意识到这个项目后，才开始进入到政府、企业之间的交流渠道。居民开始对政府的举措、对企业的技术进行表态。居民表示："既然要建垃圾场，就应该让大家都知道，这个事应该公开讨论，为啥我们到现在才知道？""第二次公示只有老硅谷居委会有资格参加，离得最近的新硅谷居民、西城区定向安置居民、万科金域华府居民都没有资格发表意见。某部门可以轻易而举地操纵老硅谷居委会，前一阵若干老硅谷业主被老硅谷居委会拉到朝阳垃圾站进行体验并被强迫签字的事情就可以不对二次公示抱任何希望了。"而对于企业，居民的态度则是："但是我们不明白为什么你们要把厂建在众多居民小区的环抱中，也许你们会说你们的处理工艺先进，不会对周边居民的身体健康产生影响，奥运会就是一个例子，可是现在建这么大一个厂，垃圾不可能达到快速处理，到你们厂的垃圾一定都是腐败变质的，那些腐败变质的垃圾在发酵、干燥等等过程中一定会产生对人体有害的气体。""你们为老百姓办好事，就应该采取一个合理的让老百姓能接受的方式，为啥要选择建在这里，居民都不能接受，你说这项目再好也是白搭。"直到项目的中后期阶段，才有源源不断的新闻媒体和更多范围的学者、政府人员、公民进行信息交流。

而在修武血铅事件中，征地冲突阶段，这时很多村民对于事件还是处于知之甚少的状态。县政府和乡政府人员之间的信息交流采取的是单向灌输方式。第一次征地冲突暴发以后，政府就征地问题与当地村民进行沟通，从M村离开之后，X县政府考虑到征地冲突事件的不良影响，决定进行M村村民的抚慰工作，当地信访办开始挨家挨户对M村村民进行安抚。X县主管维稳工作的一位主任和X县正副书记，包括县长都跟着一家一家地入户疏导群众思想，安抚情绪，这个时候信息交流的内容尚局限于征地问题。

而到了后期企业展开生产，村民发现铅厂造成严重污染，血铅超标以后，才开始不断越级上访，寻求利益补偿。这时当地县政府也并未及时地与村民交流沟通。等到事件暴发，政府才通过媒体和专家，开展了村民与政府、政府与企业、村民与企业、村民与专家之间的多渠道多内容的交流。去北京的村民F在信访办排队上访时遇见了前来寻找新闻线索的《焦点访谈》记者B，M村的事件引发了B记者的关注，并承诺会想办法帮助村民解决问题。村民F这样回忆当时的情景："俺在北京上访，在那坐着呢，他（B记者）就去了。咱不知道他是记者，怕他和铅厂一伙，人家（铅厂）要是有同伙的话，咱们不也告不赢？所以我们也不敢和人家多说话。人家问你们是干啥的，我们说俺是上访的，告铅厂，告这个污染厂建厂的。他（B记者）又问，你们有材料没有？我们就这样递给人家一份材料，后来人家说不要管了，我会给你一个交代的，就说个这，人家（B记者）就走了。"大概在5—6月，B记者来M村进行调查采访，也受到了当地人的阻拦，在村民F的护送下安全离开M村。

4．三种类型信任因素

在环境群体性事件的暴发中，涉及多方利益主体，他们之间的互动关系复杂，在互动过程中相互之间赖以形成信任的来源也各不相同。为了弄清楚信任的来源和原因，我们设置了这样的问题：在您决定信任对方时，情感、利益、制度这三者哪一个会是您最看重的因素？

在西二旗垃圾焚烧厂事件中，我们采访到了不同的利益相关者，他们对于问题的回应都各不相同。

小区居民 C 先生跟我们说道："建设垃圾厂首先要考虑的是对周边居民是不是有害，政府跟我们保证说肯定不会有害，但是环保组织和国际组织对此事都没有明确的结论，政府那边却给出这样的承诺，我们哪里会信？我们失去了对政府有关部门的信任。"

周边的居民对于此事的回应虽然不完全相同，但是都深感自己的知情权和健康权受到了侵害，W 女士："建了垃圾焚烧厂，服务的更多是别人，但是承受伤害的却是距离垃圾焚烧厂最近的我们小区居民，我们自身的利益受到了侵害，谁来补偿我们？"我们在采访中发现，西二旗垃圾焚烧厂事件中他们失去的主要是对政府的信任，在这一过程中他们认为自己的利益受到了侵害。所以，在此事件中，居民和政府之间建立的信任主要是基于利益的计算带来的。

但是在问及对于其他群体时的看法时，居民们的态度则与对政府的态度截然不同。业主 W 先生表示："我们对于附近的居民还有环保组织还是很信任的，我觉得我们居民都是同一条战线上的，我们的利益是一致的，并且长时间的相处，我们也了解我们的邻居，但是对于媒体，他们报道新闻时总喜欢夸大其词，他们追求的不是真相，而是关注度。""事情发酵过程中，政府一直找专家科普垃圾焚烧厂的科学性，出事了才拿专家出来说话，早干嘛了，我们宁愿相信自己找的专家，他们说的才靠谱。"由此可见，群众不是不信任专家，而是在特定环境中，他们认为专家代表的是政府，在他们对政府产生怀疑之后，会连带地怀疑由政府联络的专家。在走访过程中我们也采访了一位专家学者，学者 Z 先生指出："西二旗垃圾焚烧厂这个事件就是因为居民对于垃圾焚烧厂可能存在威胁自身利益的恐慌以及事先被蒙在鼓里的不满造成的，我相信居民不是想要闹事，他们只是想要一个合理的交代，政府和民众其实是一条心的，都是希望能把事情妥善解决好，就是这个过程中存在了一些信息壁垒，存在了一些隐瞒，所以才会造成一些居民去维权。"而参与处理这件事情的区政府人员 Z 先生则表示："一开始，我们也是经过审核的，认为这个事情可行，才会决定批准，可能就是在公示环节没有纳入居民参与吧，以至于他们认为政府欺骗了他们，但是在接收到居民的反馈后，我们也尽全力地去解决这个问题。"而在焦作修武血铅事件中，相关群体更多考虑的是自身与政府和企业之间的信任，虽然不同的村民在面对利益受到损害时他们会齐心协力一起想办法应对，对于所属群体内部的人员会更多一种情感的依赖与信任，但是真正可以促进事件解决的并不主要是这种类型的信任，相反，村民们都表示实实在在的利益上的补偿和法律、制度带给他们的保障更能促进他们心理上对政府、企业和其他相关群体付出信任。

在村民自身的健康权益和其他方面的利益受到侵害的情况下，在村民不断上访的压力下，2007 年 4 月 20 日，W 乡政府迫于压力开始出面协调事件解决方案，并形成了具体的书面处理意见。其中，确认将 14 周岁以下儿童的营养补偿由每人每月 30 元上调至每人每月 90 元；确定了铅厂对污染较重的 9 家住户的搬迁事宜，并达成对 M 村整体搬迁的方案；

铅厂同意出资为 M 村建设寄宿制学校，彻底解决上学问题；但更为重要的是，因意见中并未明确铅厂对中毒儿童的治疗责任，故铅厂仅仅出钱让村委会代办，给予患病儿童家庭每年一箱牛奶、油米等微薄补助。

但是实际上在走访中我们发现：

村民 2：不这样弄的话，占地的钱老是不给。地是租的，还不是买的。

村民 2：没有补贴。

村民 1：那都不给钱，啥也没有。有的地都给占完了。

村民 3：一家一户那地全都给人家占完了，最后一分钱都没有。

补贴并不到位，原本已经受到侵害的利益并未得到相应的补偿，反反复复的“承诺—失信—上访—承诺—失信”的循环已经彻底让村民丧失了对企业和政府的信任，在身体健康已经受到损害的前提下，利益的补偿是村民的核心利益诉求，而政府和企业在对利益补偿方面做出承诺后的欺瞒行为则破坏了村民的利益（计算型）信任机制，进而诱发了后续反反复复地上访、聚众闹事的行为。

（二）问卷调查对环境群体性事件中的信任机制的验证

1．试测样本分析结果

良好的量表应该能够稳定、精确地测量研究中的假设，因为本节研究主要采用 Likert 七分量表，即 1=完全不同意，2=部分不同意，3=略微不同意，4=中性，5=略微同意，6=部分同意，7=完全同意，因此在量表信度测评时选取针对 Likert 式量表开发的 Cronbach's α 系数，如果测量指标间的相关性高，则说明量表的信度较为理想。关于量表内部一致性信度系数指标的评判，学者们已经形成了较为统一的原则。一般而言，若内部一致性信度系数值高于 0.9，则说明整体量表和分量表均非常理想；若内部一致性信度系数值在 0.8～0.9，则说明整体量表和分量表均理想；若内部一致性信度系数值在 0.7～0.8，则说明分量表为佳而整体量表可以接受；若内部一致性信度系数值在 0.6～0.7，则说明分量表为尚佳而整体量表勉强接受，但建议修改题目；若内部一致性度系数值在 0.6 以下，则建议修订或重新编制问卷。由此看来，对于研究问卷而言，整体量表的内部一致性信度系数应在 0.8 以上，分量表的内部一致性信度系数应在 0.7 以上。

为了研究的科学性与有效性，在正式发放问卷前，特地进行了小规模范围的试测。试测一共发放了 60 份问卷，实际收取了 60 份问卷，有效性和回收率达 100%。问卷发放范围仅局限于北京市发生过环境群体性事件的一个区域。在收取数据的基础上，对问卷的数据进行了分析，试测仅仅做了问卷的信度、效度和相关性分析。数据显示，整体问卷的信度系数为 0.836，信度良好，各个分量表的信度数据见表 12-2-6。

根据表 12-2-6 的数据，我们发现，即时信息量表的信度偏低，在删掉 Q2 后的信度大幅提升，我们将 Q2 删掉，并查阅文献，将其他问题的表述更加合理化。其他维度量表的分析也如此，删掉会显著降低量表信度的问题，并将其他不合适的问题表述更加合理化。

表 12-2-6 试测数据信度分析结果

删掉下述问题后的信度	信度系数					
	过往经历	即时信息	计算型信任	情感型信任	制度型信任	合作意愿
Q1	0.87	0.47	0.791	0.82	0.897	0.72
Q2	0.81	0.69	0.811	0.80	0.895	0.88
Q3	0.74	0.25	0.716	0.77	0.877	0.864
Q4	0.77	0.5	0.814	0.869	0.893	0.83
整体信度	0.846	0.58	0.83	0.86	0.91	0.85

效度能够准确地检验测量对象特征和测量结果之间的关系，效度越高，则测量结果越能够准确地反映测量对象的特征。本节研究的变量已经进行了维度的划分，因此我们用因子分析来检验问卷的效度，一般而言，如果 KMO 值大于 0.7 则表明适合做因子分析。结果表明：除了因子计算型信任的 KMO 值低于 0.7 外，其余均大于 0.7，Bartlett 球形检验显著性也均为 0.000，小于显著性水平 0.05，因此适合做因子分析（表 12-2-7）。

表 12-2-7 KMO 抽样适当性检验和 Bartlett 球形检验

		过往经历	即时信息	计算型信任	情感型信任	制度型信任	合作意愿
KMO 统计值		0.733	0.727	0.516	0.737	0.749	0.786
Bartlett 球形检验	近似卡方（χ^2）	64.167	69.217	34.084	55.577	69.954	61.836
	df.	6	6	6	6	6	6
	显著性（Sig.）	0.000	0.000	0.000	0.000	0.000	0.000

为了进一步验证每个维度量表的效度和为了之后对信任机制进行更方便的分析，本节研究运用主成分因子分析并通过方差最大正交旋转进行分析。因子分析结果显示（表 12-2-8），在过往历史方面，按照特征值大于 1 的标准共分离出一个因子，并且该因子的贡献率为 68.911%，即该因子可以解释 68.911%的变异量；在即时信息方面，按照特征值大于 1 的标准共分离出一个因子，并且该因子的贡献率为 69.449%，即该因子可以解释 69.449%的变异量；在计算型信任方面，按照特征值大于 1 的标准共分离出一个因子，并且该因子的贡献率为 48.810%，即该因子可以解释 48.810%的变异量；在情感型信任方面，按照特征值大于 1 的标准共分离出一个因子，并且该因子的贡献率为 66.581%，即该因子可以解释 66.581%的变异量；在制度型信任方面，按照特征值大于 1 的标准共分离出一个因子，并且该因子的贡献率为 70.862%，即该因子可以解释 70.862%的变异量；在合作意愿方面，按照特征值大于 1 的标准共分离出一个因子，并且该因子的贡献率为 69.271%，即该因子可以解释 69.271%的变异量。

表 12-2-8　因子分析解释的总方差

		过往经历	即时信息	计算型信任	情感型信任	制度型信任	合作意愿
初始特征值	总计	2.756	2.778	1.952	2.663	2.834	2.771
	方差百分比/%	68.911	69.449	48.810	66.581	70.862	69.271
	累积百分比/%	68.911	69.449	48.810	66.581	70.862	69.271
提取载荷平方和	总计	2.756	2.778	1.952	2.663	2.834	2.771
	方差百分比/%	68.911	69.449	48.810	66.581	70.862	69.271
	累积百分比/%	68.911	69.449	48.810	66.581	70.862	69.271

为了使问卷中收集的数据更为易用，也为了研究的科学性，我们在对试测数据进行分析后，根据分析的结果，调整了一些问题的表述，并删去了显著影响问卷信度的部分问题。经过修订版的问卷，我们先收集小部分数据再次进行信度和效度分析后，数据检测效果良好，开始正式问卷的发放。

2.　正式问卷对于信任机制各要素的分析

本次调查一共发放了620份问卷，其中网络发放410份，实地发放210份，回收上来的问卷为580份，回收率为93.5%，在剔除部分存在缺失值和回答有明显规律的问卷后，有效问卷数量为561份，有效问卷数量占发出问卷数量的96.7%。

（1）问卷的信度和效度分析

分析结果显示，问卷总体和分量表的信度系数均大于0.8，说明问卷内部具有一致性，问卷较为理想（表12-2-9）。

表 12-2-9　问卷的信度分析

信度系数						
总体信度	过往经历	即时信息	计算型信任	情感型信任	制度型信任	合作意愿
0.886	0.872	0.845	0.881	0.891	0.905	0.923

正式问卷数据的效度分析见表12-2-10。

表 12-2-10　问卷的效度分析

		过往经历	即时信息	计算型信任	情感型信任	制度型信任	合作意愿
KMO统计值		0.741	0.728	0.837	0.841	0.843	0.856
Bartlett球形检验	近似卡方（χ^2）	842.985	706.281	1 155.285	1 261.085	1 427.594	1 690.293
	df.	3	3	6	6	6	6
	显著性（Sig.）	0.000	0.000	0.000	0.000	0.000	0.000

从表12-2-10中可以看出，所有分量表的KMO统计值均大于0.7，Bartlett球形检验显著性也均为0.000，小于显著性水平0.005，因此适合做因子分析（表12-2-11）。

表 12-2-11 因子分析结果

		过往经历	即时信息	计算型信任	情感型信任	制度型信任	合作意愿
初始特征值	总计	2.391	2.296	2.947	3.018	3.119	3.256
	方差百分比/%	79.716	76.532	73.667	75.449	77.965	81.402
	累积百分比/%	79.716	76.532	73.667	75.449	77.965	81.402
提取载荷平方和	总计	2.391	2.296	2.947	3.018	3.119	3.256
	方差百分比/%	79.716	76.532	73.667	75.449	77.965	81.402
	累积百分比/%	79.716	76.532	73.667	75.449	77.965	81.402

研究运用主成分因子分析并通过方差最大正交旋转进行分析。因子分析结果显示，在过往历史方面，按照特征值大于 1 的标准共分离出一个因子，并且该因子的贡献率为 79.716%，即该因子可以解释 79.716%的变异量；在即时信息方面，按照特征值大于 1 的标准共分离出一个因子，并且该因子的贡献率为 76.532%，即该因子可以解释 76.532%的变异量；在计算型信任方面，按照特征值大于 1 的标准共分离出一个因子，并且该因子的贡献率为 73.667%，即该因子可以解释 73.667%的变异量；在情感型信任方面，按照特征值大于 1 的标准共分离出一个因子，并且该因子的贡献率为 75.449%，即该因子可以解释 75.449%的变异量；在制度型信任方面，按照特征值大于 1 的标准共分离出一个因子，并且该因子的贡献率为 77.965%，即该因子可以解释 77.965%的变异量；在合作意愿方面，按照特征值大于 1 的标准共分离出一个因子，并且该因子的贡献率为 81.402%，即该因子可以解释 81.402%的变异量。

（2）信任程度和不信任因素的解释

数据调查结果显示，大家最为信任的群体身份是专家学者，占比为 76.84%，最不信任的对象是企业，占比为 91.7%（图 12-2-5）。

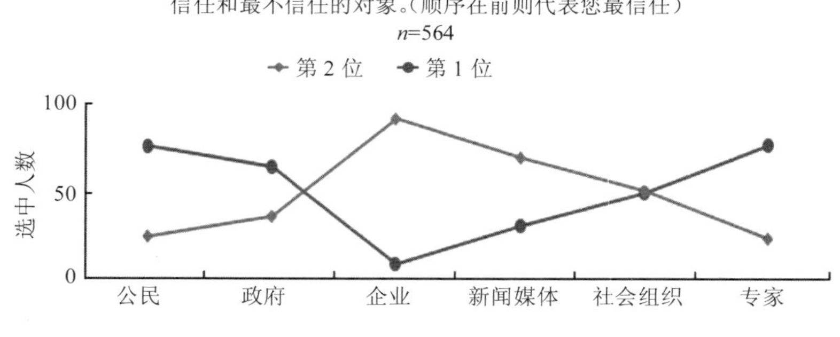

图 12-2-5 信任对象比较

而在环境群体性事件的实际状况中，相关群体对于其他群体的信任情况与我们所得出的数据如出一辙。比较合理的解释是：大家会对与自己切身利益密切相关的关系对象给予更多的期望，也希望从他们那里得到更多的回应，一旦回应无法满足自身的诉求，那么这种不信任的感觉将会被放大，影响他们的信任判断。在环境群体性事件的发生中，政府、公民与企业是关系最为密切的三者，他们之间的互动往往伴随着事情的发生—发展—结束整个过程。在这个过程中，公民会向政府和企业表达自身的利益或者情感方面的诉求，希望能得到回应，弥补自己的损失，在这个过程中，冲突的直接制造者往往是产生污染的企业，政府在多数时扮演的是调停者的角色，所以公民更多的会将不信任的态度放置于企业身上。而相对于事件的第三方，如新闻媒体、专家学者、社会组织等，公民对他们的态度相对缓和，他们所起的作用多是协调者，在这三者中又属专家学者的威望和知识含量最高，因此大家会寄希望于利益不相关的专家学者，认为他们可以做出公正客观的评判。

为了更加清楚地知道，环境群体性事件的暴发与解决的过程中是什么因素导致了不信任的加剧，我们特此进行了调查。数据显示针对企业的选项所占比重最大，程度最深，其次是政府和新闻媒体。我们针对企业设置的选项是：①企业生产不合法，侵犯了公民的合法权益；②企业没有履行自己的承诺，补偿利益受损的民众。针对政府设置的选项是：①政府纵容企业的非法排污行为，环保评估造假；②政府官员腐败，滥用权力处理事件；③政府总是不愿意及时主动地公开相应的信息。针对新闻媒体设置的选项是：①新闻媒体传播的信息充斥着谣言；②新闻媒体没有公正客观地报道信息。具体情况如图 12-2-6 所示。

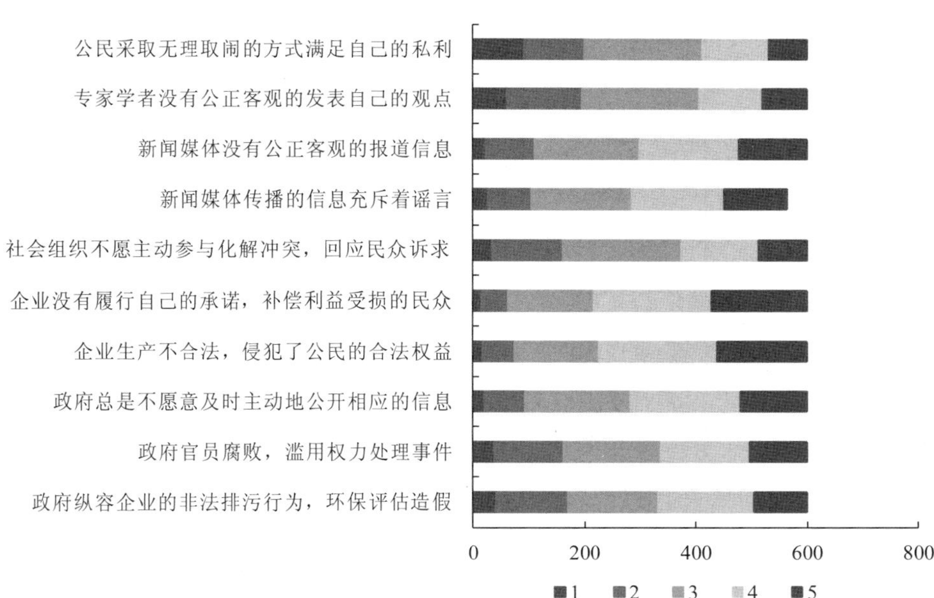

图 12-2-6　不信任的原因

（3）结构方程模型对于信任机制的检验

1）模型分析评估

在对数据进行完信度和效度分析后，我们认为采集的数据符合结构方程模型的要求，故进行了验证性因素分析，目的在检验探索性因子分析的稳定性和有效性，保证模型较好地拟合（表 12-2-12），验证性因素分析结果如下：

表 12-2-12 验证性因素分析结果

			未标准化	S.E.	C.R.	*P*	标准化
Q18_A5	<---	过往经历	1.000				0.849
Q18_A6	<---	过往经历	1.052	0.047	22.355	***	0.836
Q18_A4	<---	过往经历	0.980	0.046	21.516	***	0.813
Q19_A3	<---	即时信息	1.000				0.785
Q19_A5	<---	即时信息	1.048	0.056	18.864	***	0.809
Q19_A4	<---	即时信息	1.172	0.062	18.983	***	0.813
Q20_A7	<---	计算型信任	1.000				0.792
Q20_A8	<---	计算型信任	1.047	0.051	20.628	***	0.821
Q20_A9	<---	计算型信任	1.037	0.051	20.348	***	0.803
Q20_A10	<---	计算型信任	1.040	0.052	19.998	***	0.801
Q21_A3	<---	情感型信任	1.000				0.802
Q21_A4	<---	情感型信任	1.004	0.048	20.936	***	0.815
Q21_A5	<---	情感型信任	0.962	0.044	22.020	***	0.836
Q21_A6	<---	情感型信任	1.054	0.050	21.235	***	0.825
Q22_A3	<---	制度信任	1.000				0.844
Q22_A4	<---	制度信任	1.033	0.044	23.422	***	0.836
Q22_A5	<---	制度信任	1.015	0.042	24.082	***	0.841
Q22_A6	<---	制度信任	1.097	0.046	23.947	***	0.839
Q23_A3	<---	合作意愿	1.000				0.881
Q23_A4	<---	合作意愿	1.004	0.035	28.303	***	0.868
Q23_A5	<---	合作意愿	1.009	0.035	28.779	***	0.869
Q23_A6	<---	合作意愿	1.014	0.038	26.651	***	0.837

经过验证性因素分析各个观测变量解释其所在潜变量的路径均显著，通过了显著性检验。因此我们运用 AMOS 导入数据，在信任理论的指导下，选取绝对拟合指数、相对拟合指数、简约拟合指数三大指标作为参考依据，对模型进行评价，然后根据模型的具体情况进行修正，以便得到最优模型。

结构方程模型的具体指标数目很多，不同的研究人员在各自的研究中选取的标准各不相同。本节在借鉴其他学者的前提下，结合自己的实际研究情况，选取卡方、RMR、SRMR、GFI、AGFI、RMSEA、TLI、CFI、NFI、AIC、CAIC 为重点检查指标（表 12-2-13）。

表 12-2-13　模型评价标准

指数名称		评价标准
绝对拟合指数	（卡方）	显著性概率值 $P>0.05$
	GFI	大于 0.9
	RMR	小于 0.05，适配良好，小于 0.08 适配合理
	SRMR	小于 0.05，越小越好
	RMSEA	小于 0.05，适配良好，小于 0.08 适配合理
	AGFI	大于 0.9
	IFI	大于 0.9，越接近 1 越好
	RFI	大于 0.9，越接近 1 越好
相对拟合指数	NFI	大于 0.9，越接近 1 越好
	TLI	大于 0.9，越接近 1 越好
	CFI	大于 0.9，越接近 1 越好
简约拟合指标	AIC	越小越好
	CAIC	越小越好
	PNFI	大于 0.05
	CMIN/DF	小于 2.0

根据理论部分提出的理论模型，以及测量模型与结构模型的理论，利用 AMOS 导入数据，绘制模型。6 个潜变量下的每个观察变量的测量指标分别是问卷中的具体问题 Q18～Q22，而 e1～e27 为相应的残差（图 12-2-7）。

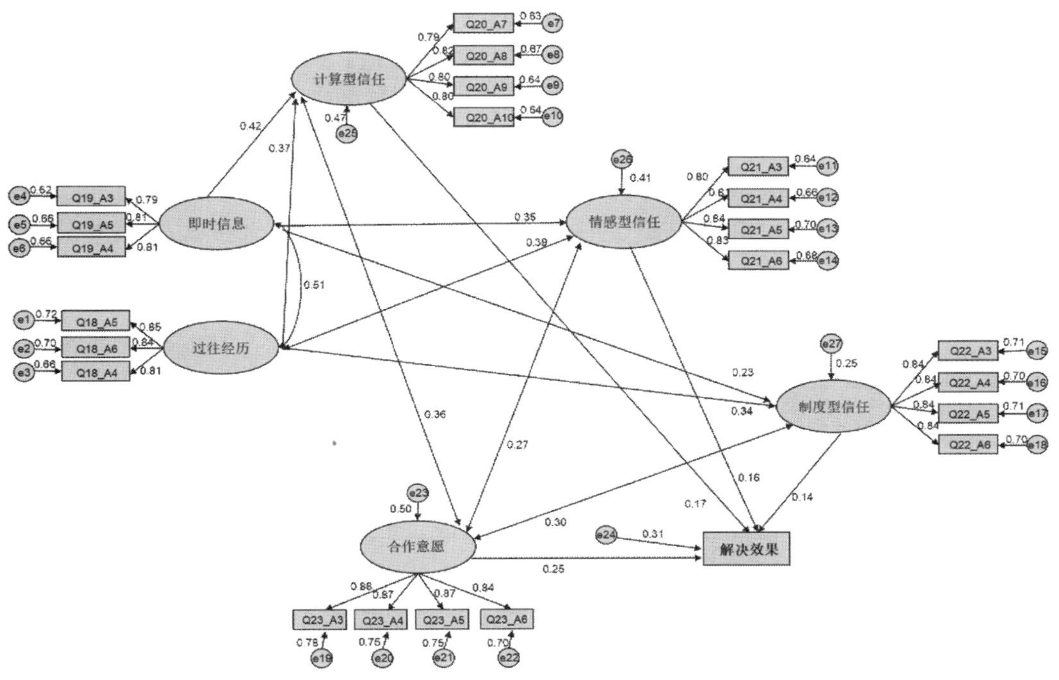

图 12-2-7　初始结构方程模型图

研究的数据符合结构方程模型的基本要求，因此适于运用结构方程模型。结构方程模型分为三个步骤：首先是基于文献的梳理和理论框架构建模型；然后导入数据，进行模型的检验和修正；最后，从中选择最优模型进行模型的分析。

整体模型适配度指标包括了绝对拟合指数、相对拟合指数和简约拟合指数。绝对拟合指数反映了理论模型与选取的样本数据之间的拟合程度。主要包括卡方值、RMR 值、RMSEA 值、GFI 值和 AGFI 值等。卡方值用来检验数据之间的相关性，卡方检验适用的样本量为 100～200，当样本量大于 200 时，需要参考其他适配指标，本节的样本量超过 200，因此需要参考其他指标。卡方自由度比（CMIN/DF）是卡方值与模型自由度的比值，能够检验模型契合度，同样受到样本量的影响。RMR 为残差均方和平方根，代表选取样本的方差协方差矩阵与理论模型隐含的方差协方差矩阵之间差异的大小。RMSEA 为渐进残差均方和平方根，其值大小能够显著反映模型适配状况。当 RMSEA 的值小于 0.05 时表示模型非常良好，RMSEA 值在 0.05～0.08 表示模型基本适配。GFI 是一个很好的拟合指标，它用来表示观测矩阵中的方差和协方差的大小，这些方差和协方差可以由复制矩阵进行预测。GFI 值越大，理论构建的复制矩阵对样本数据的解释力越大，两者的拟合度越高。AGFI 是调整后的 GFI 值，它不受单位的影响，与 GFI 之间呈正相关关系。

相对拟合指数反映了理论模型与基线模型之间的适配情况，包括 NFI 值、RFI 值、IFI 值、TLI、NNFI 和 CFI 值等。NNFI 的样本波动性较大，NFI 易受样本量影响。CFI 指标、TLI（NNFI）指标是对 NFI 指标的修正，TLI 指数考虑了模型的自由度，CFI 指数代表了从最约束模型到最饱和模型测量时非集中参数的改进状况。

简约拟合指标是前两类指标的派生指标，包括 PGFI 值、PNIF 值、CN 值、AIC 值以及 CAIC 值等，AIC 能够比较两个具有不同潜在变量的模型的简化程度。CAIC 指数是 AIC 指数的调整值。PNIF 指标考虑了自由度，采用自由度较低的模型获得较高的适应度，说明简化程度较高。CN 值是临界样本数，临界样本数是指在统计检验的基础上获得理论模型拟合所需的最小样本量。当 CN 值大于 200 时，表明理论模型能够真实反映实际样品的性质。模型的整体适用性和参考值如表 12-2-14 所示。

表 12-2-14 模型适配情况

指数名称		评价标准	检验结果数据	模型适配判断
绝对拟合指数	（卡方）	显著性概率值 $P>0.05$	0.000	
	GFI	大于 0.9	0.946	是
	RMR	小于 0.05，越小越好	0.117	是
	SRMR	小于 0.05，越小越好		
	RMSEA	小于 0.05，越小越好	0.035	是
	AGFI	大于 0.9	0.932	是
	IFI	大于 0.9，越接近 1 越好	0.982	是
	RFI	大于 0.9，越接近 1 越好	0.951	是

指数名称		评价标准	检验结果数据	模型适配判断
相对拟合指数	NFI	大于 0.9，越接近 1 越好	0.958	是
	TLI	大于 0.9，越接近 1 越好	0.979	是
	CFI	大于 0.9，越接近 1 越好	0.982	是
简约拟合指标	AIC	越小越好	484.131	
	CAIC	越小越好	798.584	
	PNFI	大于 0.05	0.822	是
	CMIN/DF	小于 2.0	1.687	是

在经过分析后发现，除了卡方、AIC、CAIC 不符合标准外，其他数值都符合标准，我们考虑以上三个指标不符合标准的原因可能是样本量太大导致的，总体上来说模型的适配性良好。各变量之间的路径系数如表 12-2-15 所示。

表 12-2-15　变量之间的路径系数

			未标准化	S.E.	C.R.	*P*	标准化
计算型信任	<---	过往经历	0.338	0.045	7.488	***	0.369
情感型信任	<---	过往经历	0.347	0.050	6.927	***	0.348
制度信任	<---	过往经历	0.230	0.053	4.350	***	0.229
计算型信任	<---	即时信息	0.419	0.051	8.263	***	0.423
情感型信任	<---	即时信息	0.422	0.056	7.515	***	0.392
制度信任	<---	即时信息	0.367	0.059	6.234	***	0.338
合作意愿	<---	计算型信任	0.384	0.052	7.406	***	0.357
合作意愿	<---	情感型信任	0.269	0.045	6.042	***	0.273
合作意愿	<---	制度信任	0.292	0.040	7.337	***	0.298
解决效果	<---	计算型信任	0.205	0.064	3.225	0.001	0.173
解决效果	<---	情感型信任	0.172	0.054	3.200	0.001	0.158
解决效果	<---	制度信任	0.149	0.049	3.037	0.002	0.138
解决效果	<---	合作意愿	0.273	0.062	4.432	***	0.247

由表 12-2-15 可知，测量模型中的标准误差 S.E.取值介于 0.046 到 0.064 之间，且未出现负值现象；由表 12-2-11 与表 12-2-13 可知，模型的标准化系数估计值介于 0.138 至 0.881 之间，低于 0.95 潜变量计算型，但从模型参数的显著性检验（见表 12-2-4）看，关于计算型信任、情感型信任、制度型信任与解决效果之间的路径系数小于 0.05，依然具有统计上的显著意义。由此表明模型具有可靠的理论支撑。可见，模型的“违犯估计”检验通过，可以展开下一步的模型评价。

2）误差方差

模型基本适配的指标之一就是模型中不能出现负的误差方差。表 12-2-16 为外因潜变量“过往经历”“即时信息”和 27 个误差变量的方差，方差的估计值没有出现负值，且全部达到 0.05 显著水平，说明此因果模型符合该基本适配条件。

表 12-2-16 误差方差值表

	Estimate	S.E.	C.R.	*P*		Estimate	S.E.	C.R.	*P*
过往经历	1.937	0.164	11.829	***	e9	0.965	0.074	12.966	***
即时信息	1.666	0.160	10.409	***	e10	0.983	0.076	13.011	***
e25	0.859	0.088	9.722	***	e11	1.072	0.081	13.247	***
e26	1.136	0.112	10.175	***	e12	0.987	0.077	12.888	***
e27	1.480	0.129	11.480	***	e13	0.770	0.063	12.191	***
e23	0.940	0.079	11.900	***	e14	1.004	0.080	12.587	***
e1	0.753	0.071	10.629	***	e15	0.794	0.064	12.403	***
e2	0.921	0.082	11.280	***	e16	0.899	0.071	12.650	***
e3	0.955	0.079	12.160	***	e17	0.834	0.067	12.459	***
e4	1.036	0.085	12.203	***	e18	0.995	0.079	12.547	***
e5	0.963	0.084	11.503	***	e19	0.542	0.045	12.015	***
e6	1.174	0.103	11.381	***	e20	0.621	0.049	12.558	***
e7	0.965	0.073	13.241	***	e21	0.624	0.049	12.610	***
e8	0.861	0.069	12.454	***	e22	0.825	0.061	13.562	***
e9	0.965	0.074	12.966	***	e24	1.575	0.096	16.413	***

注：e1～e27 为数据残差。

3）模型修正

经过上面的检验后，发现模型的适配性良好，整体模型较好，但为了更好构造模型，使模型整体更加适配和优良，我们根据修正指标 MI 来对模型进行修正。e7⟷e8 之间的 MI 指数为 23.088，e8⟷e9 之间的 MI 指数为 19.932，e11⟷e12 之间的 MI 指数为 10.185，e13⟷e14 之间的 MI 指数为 13.145，说明在它们之间建立路径可以减少相应的残差值，从理论与实践来看，计算型信任与制度型信任二者本就存在着相互影响的关系，因此我们增加计算型信任路径 e7⟷e8 和 e18⟷e19，增加制度型信任路径 e11⟷e12 和 e13⟷e14。修正后的模型达到了整体最优（图 12-2-8）。

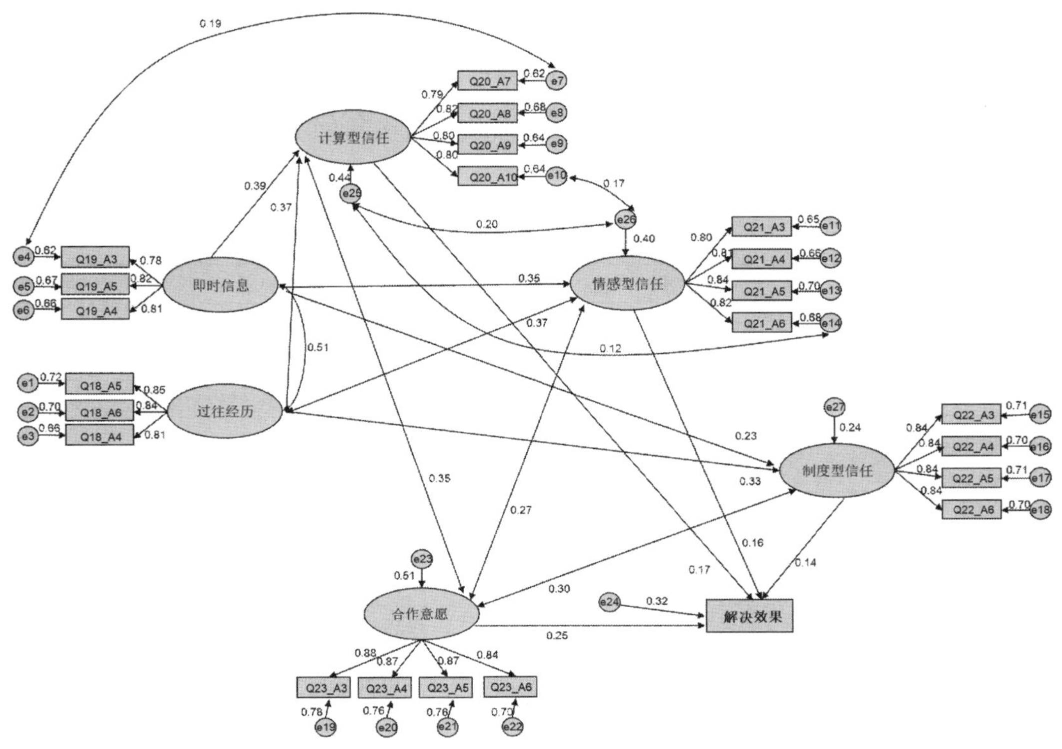

图 12-2-8　修正后的结构方程模型图

修正后的模型评价指标见表 12-2-17。

表 12-2-17　修正后的模型评价指标

指数名称		修正前结果数据	检验结果数据	模型适配判断
绝对拟合指数	（卡方）	0.000	0.000	
	GFI	0.946	0.954	是
	RMR	0.117	0.098	是
	SRMR			
	RMSEA	0.035	0.029	是
	AGFI	0.932	0.941	是
	IFI	0.982	0.988	是
	RFI	0.951	0.957	是
相对拟合指数	NFI	0.958	0.964	是
	TLI	0.979	0.986	是
	CFI	0.982	0.988	是
简约拟合指标	AIC	484.131	437.597	
	CAIC	798.584	773.369	
	PNFI	0.822	0.812	是
	CMIN/DF	1.687	1.463	是

4）假设检验

通过前述分析可知，通过修正模型取得了较高的拟合度。本节在前面针对研究的核心内容提出了 13 个研究假设，下面将根据 AMOS 的输出结果对这些假设进行验证。基于模型运行，结果见表 12-2-18。

表 12-2-18 假设检验情况

编号	研究假设	路径系数	显著水平	检验结果
H1-A	过往经历显著正向影响计算型信任	0.373	***	假设成立
H1-B	过往经历显著正向影响情感型信任	0.350	***	假设成立
H1-C	过往经历显著正向影响制度型信任	0.232	***	假设成立
H2-A	即时信息显著正向影响计算型信任	0.394	***	假设成立
H2-B	即时信息显著正向影响情感型信任	0.374	***	假设成立
H2-C	即时信息显著正向影响制度型信任	0.330	***	假设成立
H3-A	计算型信任显著正向影响合作意愿	0.352	***	假设成立
H3-B	情感型信任显著正向影响合作意愿	0.272	***	假设成立
H3-C	制度型信任显著正向影响合作意愿	0.298	***	假设成立
H4	合作意愿显著正向影响事件解决效果	0.248	***	假设成立
H5-A	计算型信任显著正向影响解决效果	0.173	0.001	假设成立
H5-B	情感型信任显著正向影响解决效果	0.156	0.002	假设成立
H5-C	制度型信任显著正向影响解决效果	0.138	0.002	假设成立

具体分析如下：

过往经历对信任有显著的正向影响

过往经历对计算型信任的影响（路径系数）为 0.373，对情感型信任的影响为 0.350，对制度型信任的影响为 0.232，说明过往经历每增加一个标准差，计算型信任、情感型信任、制度型信任分别会增加 0.373 个、0.350 个、0.232 个标准差，说明过往经历会显著正向影响计算型信任、情感型信任和制度型信任，假设 H1-A、H1-B、H1-C 成立。对于路径系数的评价，科恩（Cohen）[1]认为路径系数在 0.2 以下的属于小效应，0.2～0.5 的属于中效应，0.5 以上的属于大效应。按照科恩的分类标准，可以认为过往经历对于信任的影响全部属于中效应。

过往经历的状况能在一定程度上反映人们对于事物未来的评价与看法，过去的经历越正面，对方的行为越符合自身的期望、双方的目标越一致，则越倾向于对对方作出积极的评价。而且，过往经历趋好，人们也更倾向于寻找对方可信的积极信息，主观上提升对方的可信概率判断，认为付出信任能够给自己带来回报。这就是说，过往经历可以提高人们的计算型信任。同样，由于计算型信任关注的是成本-利益等要素的认知，情感型信任关注的是情感-关系等要素的感知，制度型信任关注的是正式和非正式的规则-制度-规范等，除

1 Cohen J. Statistical Power Analysis for the Behavioral Sciences（2nd ed.）[M]. Hillsdale，NJ：Lawrence Erlbaum Associates，Inc.，1988.

计算型信任外，过往经历中所建立的双方的亲密关系和情感联结也经常支撑人们做出积极的情感评价与情感认同，提高情感型信任；而且，过往的正面经历也会促使人们认为建立在法律制度上的政策环境和社会保障等是可信的，进而可以提高制度型信任。

即时信息对信任有显著的正向影响

即时信息对计算型信任的影响（路径系数）为 0.394，对情感型信任的影响为 0.374，对制度型信任的影响为 0.330，说明即时信息每增加一个标准差，计算型信任、情感型信任、制度型信任分别会增加 0.394 个、0.374 个、0.330 个标准差，也说明即时信息会显著正向影响计算型信任、情感型信任和制度型信任，假设 H2-A、H2-B、H2-C 成立。

即时信息的交流和获取状况相较于过往的经历更加具有及时性，反映事件发生过程中的当下情况。计算型信任、情感型信任对于信息的依赖程度很高，因为二者需要信息反馈来更替人们对于信任客体的印象；虽然制度型信任相较于其他两类信任，对于信息的依赖程度稍微低一些，但是人们在对法律、法规和其他社会规范的认知上，除需要以往的知识积累外，也需要不断获取信息以更新印象。总之，即时信息获取越便捷，获取得越全面，信任双方越能够经常交流共享信息，且双方之间互通的信息内容里谣言越少，则双方的信息交流状况越好，越有利于对对方作出可信的积极评价。

信任对合作意愿有显著的正向影响

计算型信任对合作意愿的影响（路径系数）为 0.352，情感型信任对合作意愿的影响为 0.272，制度型信任对合作意愿的影响为 0.298，说明计算型信任、情感型信任、制度型信任每增加一个标准差，合作意愿分别会增加 0.352 个、0.272 个、0.298 个标准差，也说明计算型信任、情感型信任和制度型信任会显著正向影响合作意愿，假设 H3-A、H3-B、H3-C 成立。

合作成本、合作风险、合作氛围构成合作意愿，当组织内部的合作成本低、合作风险低、合作氛围良好的时候，成员的合作意愿和合作积极性更高。同时，由于计算型信任涉及到成本利益的核算，情感型信任涉及情感上的亲密关系，制度型信任涉及对于制度的认可；当这三种类型的信任程度高时，信任能作为组织中的润滑剂，可以降低不确定性，加强组织内部成员之间的关系，促进合作意愿。

合作意愿和信任对事件解决效果有显著的正向影响

合作意愿对事件解决效果的影响为 0.248，说明合作意愿每增加一个标准差，事件解决效果会增加 0.248 个标准差，说明合作意愿会显著正向影响事件解决效果，假设 H4 成立。

计算型信任对事件解决效果的影响为 0.173，情感型信任对事件解决效果的影响为 0.156，制度型信任对事件解决效果的影响为 0.138，说明计算型信任、情感型信任、制度型信任每增加一个标准差，事件解决效果分别会增加 0.173 个、0.156 个、0.138 个标准差，也说明计算型信任、情感型信任和制度型信任会显著正向影响事件的解决效果，假设 H5-A、H5-B、H5-C 成立。

总之，研究验证了研究假设，并且说明：①过往经历与即时信息显著地正向影响计算型信任、情感型信任和制度型信任，且对计算型信任的影响最大；②计算型信任、情感型信任和制度型信任显著地正向影响合作意愿，且计算型信任对于合作意愿的影响作用最大，其次是制度型信任；③计算型信任、情感型信任、制度型信任显著地正向影响事件的解决效果，其中计算型信任对于事件的解决效果影响最大，其次是情感型信任。

5）中介效应分析

研究同时揭示，信任机制对环境群体性事件解决效果结构方程模型的效应值如表12-2-19所示。

表12-2-19 中介效应情况

变量关系	直接效应	间接效应	总效应
过往经历与计算型信任	0.373	0.000	0.373
过往经历与情感型信任	0.350	0.000	0.350
过往经历与制度型信任	0.232	0.000	0.232
即时信息与计算型信任	0.394	0.000	0.394
即时信息与情感型信任	0.374	0.000	0.374
即时信息与制度型信任	0.330	0.000	0.330
计算型信任对合作意愿	0.352	0.000	0.352
情感型信任对合作意愿	0.272	0.000	0.272
制度型信任对合作意愿	0.298	0.000	0.298
合作意愿对事件解决效果	0.248	0.000	0.248
计算型信任对解决效果	0.173	0.105	0.260
情感型信任对解决效果	0.156	0.074	0.224
制度型信任对解决效果	0.138	0.080	0.212

由模型运算结果可以得到各类型的信任对于解决效果的直接效应、间接效应以及总效应。直接效应是自变量直接对因变量影响的效应值，间接效应是自变量通过中介变量对因变量产生影响的效应值，总效应是直接效应和间接效应的总和。

通过分析发现，研究结果验证了我们的假设，只有信任-合作-解决效果三者之间存在中介作用，故此进一步检验中间变量间接作用是否统计显著。第一步，用中间变量（合作意愿）对外生变量计算型信任、情感型信任、制度型信任三个变量进行回归；第二步，用内生变量（解决效果）对第一步中的四个变量进行回归；第三步，用解决效果对第一步中的四个变量以及中间变量合作意愿进行回归。

结果显示每条路径都具有显著意义，故此认为合作意愿在信任与解决效果之间所起的作用是部分中介作用，中介效应显著。其中计算型信任对于合作意愿的标准化路径系数为$a1=0.352$，情感型信任对于合作意愿的标准化路径系数为$a2=0.272$，制度型信任对于合作意愿的标准化路径系数为$a3=0.298$；合作意愿对于事件解决效果的标准化路径系数为$b=0.248$，计算型信任对于解决效果的标准化路径系数为$c1=0.173$，情感型信任对于事件解决效果的标准化路径系数为$c2=0.156$，制度型信任对于事件解决效果的标准化路径系数为$c3=0.138$。进一步计算，可以得出合作意愿对于三种类型信任对事件解决效果的部分中介效应值分别是：

a. 计算型信任：$ab/c=(a1\times b1)/c1=(0.352\times 0.248)/0.173=50.4\%$

b. 情感型信任：$ab/c=(a2\times b2)/c2=(0.272\times 0.248)/0.156=43.2\%$

c. 制度型信任：$ab/c=(a3\times b3)/c3=(0.298\times 0.248)/0.138=53.6\%$

合作的中介作用揭示，信任与事件解决效果之间的关系除通过自身之间的相互影响之外，部分是通过合作起作用的。这就是说：一方面，计算型信任、情感型信任和制度型信任能显著地正向影响事件的解决；另一方面，信任与事件解决效果之间的关系也部分受到合作意愿的影响。因此，我们在关注环境群体性事件的解决时，除需要制定措施提升社会群体之间的相互信任之外，也要注重资源的分配和需求的关注，提升群体之间的合作意愿，这样将大幅度地改善事件的解决，促使事情向更加优良的方向发展。

六、讨论

（一）环境群体性事件处置过程中的信任机制重建

1. 以多主体参与、政府-公民-企业为核心，提升相互之间的信任

环境群体性事件涉事主体比较复杂，事件波及范围广泛，一旦暴发事件处置难度很大，这也就是为什么相对于其他类型的群体性事件，环境群体性事件更受学者的重视，更受群众和政府的关注。为了避免事件暴发为社会各界带来严重的损失，应把环境群体性事件的处置关口前移，在事件酝酿阶段就掐断其导火索，防止其向更广阔的范围蔓延。而关口前移的关键便是找到涉及的主要群体和涉及的主要利益。虽然事件暴发中会不断地涌现出许多群体，如青少年儿童、社会组织、境外组织、专家学者等；但是，我们必须要清楚事件的主要涉及群体，只有找到最关键最核心的部分，才不至于在事件暴发时不知所措，拿着最重的锤子去击打最强硬的部分，得不偿失。在前述数据调查部分和理论文献部分已经指出，环境类群体性事件最主要的其实是政府-公民-企业三者之间的博弈。[1]政府在这之间是主要的协调者，公民是主要的利益诉求方，而企业则是主要的担负责任方。为了促进事件的解决，为了避免事件的恶化，首先必须明确三者主要的责任是什么。

作为利益协调者、权力掌握者的政府，无疑在群体性事件的处置中扮演着至关重要的角色。实践表明，政府一言堂式的处置方式并不是化解矛盾的最优解，已经无法满足相关群体的诉求。群体性事件的发生有错综复杂的原因，事件的处置方式也大相径庭。学者们提出，不同群体性事件的处置方式必须因时因地制宜，考虑事件的特殊性，做到对症下药。因此作为关键决策者和协调者的政府必须充分考虑到民众的呼声、媒体的曝光、企业的诉求、社会组织的协助、专家的质疑，协调和组织好各方之间的关系。首先，政府要树立服务意识。研究发现，在事件暴发时有不少地方政府都采取了武力镇压，虽然武力镇压能够以强制性的方式给闹事群众以震撼，但是如利用不好这一手段，只会在群众心中树立政府猖獗，不为民所谋的印象。因此，政府在树立服务意识的时候，需要从政府的工作人员入手，做到对内和对外的一致统一，以人民利益为己任，心系百姓。其次，政府应该鼓励和

1 陈秀梅，于亚博. 环境群体性事件的特点、发展趋势及治理对策[J]. 中共天津市委党校学报，2015（1）：84-89，106.

倡导社会组织参与事件处理，提倡多主体治理。社会组织作为政府和外界沟通的桥梁，发挥的作用不容小觑。但是，在我国当前社会，社会组织发挥的作用很受限制。而且，我国推行的协商民主也需要社会组织发挥自身才能和力量，因此政府可以给相应的社会组织分配一定的权限，鼓励他们关注相关领域的活动。这一方面能够弥补政府在信息获取方面的滞后，另一方面也可以让社会组织更主动地参与其中。另外，政府还可以利用社会组织进行监督，借助社会组织对事件进行回应，及时洞察事件走向，跟进事件处理，维持社会秩序和稳定。

当然，作为利益诉求者的公民，也必须要积极转变自己的观念，不要将自身看作是政府和企业的对立者，而应是合作方。这样的态度转变则能使公民更愿意也更加积极地去参与到政治事务中，在政府与企业的事件解决中发挥更大的促进作用。我国公民一直强调政府的权力过于集中，公民在对于涉及自身利益上的事情仅有很少的话语权。殊不知，话语权也是可以靠着理性的行动争取来的。其实，研究也发现，政府迟迟不愿意放权的原因之一便是怕少数暴民的无理取闹，扰乱了整个社会的稳定与和平。因此，在整个事件中，相对被动的公民也可以以手中笔、嘴上话作为利器去捍卫属于自己的权益。这一方面可以让政府看到自己的理性与自身的诉求，另一方面也可以让企业明白群众力量的强大。

同时，作为承担责任的企业，也必须要明白在整场事件中，公民的诉求是什么？是什么导致了事件的暴发和事态的恶化。为了能够配合政府去化解公民与企业之间的冲突，企业首先要拿出诚实和有作为的态度，让主导的政府和殷切的群众看到企业的诚意。正所谓“冰冻三尺，非一日之寒”，之所以那么多群体性事件最终恶化到不可收拾的地步，很重要的一环便是企业长期无视公民的诉求，将经济利益放在社会利益之前，总以为给社会带来经济的提升就是对党和人民最大的回报。殊不知，21 世纪的今天早已是“绿水青山就是金山银山”的时代，过往的粗犷式发展，以牺牲群众利益、生态利益为代价的时代早已一去不返，一意孤行的做法只会让政府-企业-公民三者都受到损伤。因此，企业必须在申报项目时就实事求是，公开进行环保公示，进行环保审批，让当地群众知道企业项目的真实申报情况，将公众的知情权真正纳入到项目审批中。而且，在后续生产阶段，也应时常向社会公示可以公开的数据，如各项环保指标等。事实证明，透明化的操作相对于暗箱操作更加深得人心，也可以有力地避免不必要的冲突。

总之，只有政府有作为、公民有理性、企业有责任，才能真正将事件的暴发遏制在萌芽中，才能真正使事件的解决更畅通、更有效。

2. 以“过往经历-塑造声誉”“即时信息-增进了解”构造信任客体的正面形象

过往经历和即时信息作为三种类型信任的前置影响因素所起的作用是不同的：相对于信息交流的即时性，过往经历更多的是作为一个回忆，在信任主体的心中留下初步印象，作出对信任客体初步是否可信的判断；而即时信息则是一个不断互动、交流的过程，在这个过程中，不断有信息流入，也有信息流出，在整个群体之间形成信息流，贯穿着整个过程，连接着多个主题。研究结果揭示了过往经历和即时信息分别对三种类型的信任都具有显著正向影响。其中，二者对于计算型信任的影响又是最大，而且即时信息对计算型信任的影响比过往经历的影响还要大。因此，为了提升计算型信任，除注重过往经历之外，还必须加强信任主体与客体之间的即时信息交流，通过即时信息交流不断强化彼此的正面形象，进而进一步促成更为正向的过往经历。

而信息交流关键的步骤则是信息的公开。因此，必须坚持权威、透明的信息公开制度。政府在面对群体性事件时，要充分明确信息公开透明在回应的过程中的重要性。特别地，对地方政府来说，处理群体性事件最重要的环节就是对于信息的发布以及如何使民众相信。为此，又要注意做到五点：第一，要注重消息的时效性，坚持第一时间原则。这就是说，政府必须通过第一时间将回应信息及时准确发布出去，以此防止事件影响持续扩大。第二，政府不仅可以通过权威媒体来扩大影响力，而且要注意时间的选择。特别地，在必要时，要在黄金 24 小时内不断公布信息，扩大消息的影响力，确保民众都可以看到，从而既达到信息发布的目的，也可以有力防止谣言扩散。第三，在必要时，还要做出澄清型回应，特别要对谣言中的信息做出及时回应，确保政府信息的权威性。第四，政府还应注意通过多种方式，包括召开记者会、新闻发布会，使用新兴媒体等迅速发布权威信息。第五，其他相关群体也可以通过多种渠道，如微信、微博、公众号、论坛等理性地表达自己的观念，让信息交流的内容更加丰富，渠道更加畅通，最终形成过往经历和即时信息作用下正面的形象，促进信任水平的上升。

3．构造“理性考量的计算型信任”“柔性治理的情感型信任”“强制约束的制度型信任”全面提升的信任机制

在结果部分已经提到：三种类型的信任均正向影响事件的解决效果。其中计算型信任对于事件的解决效果影响最大，其次是情感型信任。在三种类型的信任中，相对而言，制度型信任建构在正式制度和非正式制度的基础上，更加稳固；情感型信任建立在双方之间的情感关联上，更加感性；而计算型信任则是双方之间的理性计算和感性判断的结合，更加复杂，因此也更具综合意义。

计算型信任由守信概率判断和成本收益分析构成。之所以在研究的数据检验结果中，计算型信任对事件的解决效果作用最大，也是因为相对于其他类型的信任，计算型信任是以利益为核心的，而环境群体性事件则是以利益为主导的，虽然有的事件中诉求的是身体健康方面的利益，有的事件中则是以物质利益作为主要诉求。既然计算型信任以利益的计算作为核心，那么为了提升计算型信任，就必须进行利益的均衡与补偿。[1]为了使利益的划分更加均衡，首先要明确各方利益主体的利益诉求，将他们的利益诉求合理化，然后将利益的划分纳入公众的视野，使他们能够参与到利益调解的部分。在不同事件中，不同的利益主体拥有不同的话语权，但事件的解决必须通过话语权的掌握均衡地划分利益，因此必须建立资源共享、信息公开的制度。也只有这样，利益均衡的承诺才不会是空头支票。此外，利益补偿紧跟利益均衡之后，二者相辅相成。但要进行利益补偿，首先要明确相关主体的利益需求是什么，以及在利益均衡机制的划分下尚还缺失的部分是什么？在明确这两

---

1 沈焱，邹华伟，刘德海，等. 经济补偿与部署警力：环境污染群体性事件应急处置的优化模型[J]. 管理评论，2016，28（8）：54.

部分之后，政府和企业才可以针对性地进行利益切割和补偿。必要的时候，政府也可以制定环境补偿金，环境补偿金是目前针对环境污染一条非常有效并成熟的措施，在不少国家已经得到大力的推崇应用。环境补偿金的具体规定和相关的惩处力度可以根据实际造成的环境污染程度以及对公民权益的损伤程度进行弹性调整。将这项措施纳入到正式的环境保护规定中，可以使环境立法和民事侵权立法相呼应。当然，环境损害补偿基金作为最后一道安全阀，所发挥的作用总体还是有限的，且补偿金的资金来源目前主要来自于国家的财政收入。但根据我国目前的现状，单靠财政收入是无法保障其具有稳定的资金来源的。因而，也需要依靠环境征税和对环境污染企业的罚款等进行补充，促使其稳定发展。

Crawford（克劳福德）[1]曾提出，信任建立以及冲突后的和平进程应该把情感因素系统性地考虑在内。美国政治学教授 Jonathan Mercer（乔纳森•默瑟）[2]也认为，信任是一种情绪性信念，情绪构成信任的基础与本质。我们的研究也显示情感型信任对于事件解决效果的作用仅次于计算型信任。事实上，在实际的案例中，我们也可以看到，经常是情绪起伏的公民群体向政府、企业等讨要说法，所以在这个过程中情感的支配占据了很大的比例。而且，环境群体性事件中还经常充斥着各种谣言。谣言通常具备两个特点：一是相关谣言内容中旗帜鲜明的对立身份和对立冲突；二是谣言和真相的参半传播，造成公众很难识别真实信息。而谣言在很大程度上激发了相关群体的情感表达，容易使他们的情感倾向愤怒、怨恨、失望等负面方向发展。因此，为了提升信任主体的情感信任，各相关主体必须建立起一种良好的总体印象。例如，政府、企业、媒体等可以通过塑造自身的积极形象，打破民众以往对自身的误解，消除他们的顾虑。其次，相关主体还应对彼此的内心感受进行照顾和关切。例如，政府、企业、专家学者和新闻媒体也可以采用积极的情感动员策略，对民众进行心理疏导，积极地倾听他们的心理诉求，并根据他们的诉求有针对性地、有目的性地回应，以弥补他们的心理落差，消除他们的不满足感。

制度型信任的构建体现在正式制度和非正式制度的公平性、正义性、完善性与有效性等方面。研究发现，虽然制度型信任与事件的解决效果之间有正向影响作用，但其影响相对较小。从实际访谈中也发现，虽然制度构成社会的大环境，事件的暴发和解决也都是在制度的大框架下进行的，但是，相对于利益的直接性和情感的易感性而言，制度相对比较遥远和不可视化。这也许是制度型信任的影响相对较小的原因。为了提升制度型信任，除了要在制度制定上更加完善有效和公平之外，也要更多地关注制度的执行。因为，好的制度离不开良好的执行。制定再完善的制度，如在实际执行时出现制度变形，实际的效果也会与理想效果相去甚远。具体而言，在制度制定上，可以在衡量经济指标的前提下，加大绿色 GDP 所占的比重，虽然目前的制度制定中已经纳入了环境指标，但是其所占的比例过小，使得环境保护的作用依然得不到重视和保障。在发展这条道路上，不能走“先污染后治理”的老路。污染治理的成本高昂，污染损害的不可逆使得我们必须要将污染治理的

---

1 Crawford C N. The Passion of World Politics: Propositions on Emotion and Emotional Relationships[J]. International Security，2000，4（24）：116-156.

2 Mercer J. Rationality and Psychology in International Politics[J]. International Organization，2005，1（59）：77-106.

关口前移，采取源头治理、清洁生产的原则。在经济考核指标上，必须加大绿色 GDP 占比，将传统的经济考核指标转换为节约的生态经济指标。在招商引资上，必须注重环境评估、考虑经济与社会的和谐发展。在干部评选上，除考察经济增长外也加入环保效果的考量，全方位多措施地在制度制定上进行保障。在制度的执行上，可以设置专门的监管机构，监督政策是否走样，及时地跟踪制度执行动态。解决环境监管渎职失职问题，应该建立完善的法律机制。例如，应重新确定政绩评价机制；变事前的企业引进行政审批制度为行政许可制度；环境监管过程中还应当建立环境行政公益诉讼制度和执行令制度；在环境污染事件发生后应当启动行政赔偿制度、激活行政追偿责任、确定政策制定者的责任等。

（二）环境群体性事件中信任与合作的互助

1. 构造“合作氛围好-合作成本低”“合作风险低-合作意愿强”的合作环境

法约尔最早提出提高工作效率的原则之一就是在企业内部建立和谐与团结的氛围。良好的氛围能够提升工作效率，改善员工彼此之间的关系。我们在此提出的合作氛围也是为了提升合作的愉悦性，改善群体性关系。综观群体性事件的解决，所有剑拔弩张的实践双方，最后都两败俱伤；而多数解决效果良好的群体性事件到最后都实现了良好的合作，相互之间达到一种和谐的氛围，促使合作的关系不再紧张。合作成本指的是合作过程中所要付出的人力、物力和财力等成本，合作需要人、财、物的结合，良好的合作一定是用最小的成本实现最优的解决，而糟糕的合作则正与之相反，花费最大的时间成本和人力财力成本，却只化解了一小部分矛盾，或者是使事件向更加恶化的方向发展。但凡合作，均有风险的存在。风险是一种不确定性，是一种沉淀成本。在不可预知的结果出现之前，都会面临着或大或小的风险，只不过有能力的领导者和合作者善于转换和化解合作的风险，使得事态的发展更加可控。而合作氛围、合作成本、合作风险最终都是要归结到合作意愿上去，合作意愿即是合作的可能性，当事件暴发时各方都各执一词，争执不下，没有人愿意为了事件的解决而退让和妥协，那么事件便会陷入僵持的局面，合作的可能性会大大降低。而我们所倡导的促进事件解决的沟通、利益协调、信任等，归结到最后就是希望各方能够合作起来去促成事件的化解。

首先，政府必须与企业建立“以政府主导，市场参与，平等协商，公正公平”的合作伙伴关系，使政府在保障自己主体地位的前提下、能够鼓励企业积极参与。企业作为事件中重要的利益相关者，与公民之间存在根深蒂固的矛盾。矛盾的调和除他们自身的作用外，也需要政府与企业的协作。其次，政府需要加强对企业社会意识的培育，让企业积极地承担社会责任，使企业能够自愿地出让自身资源去奉献和服务社会。最后，企业在事件的处置中决不能置身事外，政府需要明确企业在事件处置中的角色和义务，这不仅是在帮企业化解危机，也可借此为企业树立良好的企业形象。

除此之外，“政府-社区-个人”的合作路径也可以作为合作治理的补充。合作过程是集多人之力共同解决一件事情，合作治理是新时代社会治理的重要一环。合作人员数目多、合作费时费力、群体人员构成的复杂都为事件的解决提供了更多风险和不确定性，加大事件处置难度。而我们提出的“政府-社区-个人”的合作治理路径不仅能够弥补政府单一治理的局限，也能关注到更多群体的需求，促进政府内部多部门之间的相互协作，促进政府与社会组织和公民之间的联结，增进外界对政府的认知和了解，提升政府的公信力。

2．根据不同信任类型，充分发挥合作作用，有的放矢地促进事件的解决

研究发现合作在信任与事件的解决效果中间起到部分中介作用，并且合作在不同类型的信任中所起到的中介作用是不同的。其中，合作在制度型信任对事件的解决效果中的中介作用最大，对计算型信任的中介作用次之，对情感型的中介作用最小。而信任对于事件解决效果的影响属于小效应，有关这一结果的合理解释是：信任更多地体现为主观心理过程，体现为一种态度，但是行为的形成只是部分受到态度的影响，除此之外还会受到资源和外界环境的干扰。主观心理上的信任并不完全支撑我们去采取行动化解群体性事件，其中需要各方力量和资源的支持。而信任到合作这一环节中包括了因为信任而产生的合作成本的降低、主观判定的合作风险的减小以及心理感知的合作氛围的愉快，这些都会成为事件解决的助推剂。所以我们的研究显示信任对事件的解决效果的作用没有合作对事件解决效果的影响作用显著。通过研究，我们认为，把握好合作在信任与事件解决效果中所起的作用至关重要。

首先，我们要从大至小，把握好合作在计算型信任对事件解决效果之中的作用。计算型信任是对守信概率和成本-利益要素的核算，那么在组织关系中就要注重对于合作成本和合作风险要素的考量，注重信息的输出，使信任双方能够及时地获取想要搜集的信息，增强对对方可信概率判断的准确性。另外，信息量越大，则对于另一方能否给自己带来收益的分析也越准确。人往往都是在不确定的时候容易处在慌乱中，采取不理智的行为，把握住这一点，对于信任-合作-事件解决关系的建立非常重要。其次，情感型信任核心诉求是情感的联结，情感认同和亲密关系的建立不是一蹴而就的，需要双方投入相当的时间和精力去构建和维系。研究表明，组织内部的情感联结越紧密，组织的气氛越融洽，越有利于形成互相之间的信任，形成和谐的组织文化，促进组织内部的团结协作。我们在解决环境群体性事件的时候可以抓住这一点，在进行物质补偿的时候多进行心理疏导和人文关怀，关注利益受损者的心理和情感诉求。并不是所有的利益受损者所要的都是经济上的补偿，在诸多 PX 事件等邻避型环境群体性事件中更多的是民众与政府、企业等其他利益相关者之间的情感疏通通道被阻塞了，政府忽视了民众要求尊重的呼喊，民众也无法理解政府和企业为了经济发展的呕心沥血，其实双方并无根本性的矛盾。在这类事件中，如果能够把情感通道打开，诉求的回应、事件的解决会更顺畅，更容易建立融洽的合作关系。最后，由于制度型信任建构在法律法规等大的背景下，具有稳定性，不像其他两类信任一样容易被影响。但是，我们依然不能忽视它的作用。法律法规的制定不是一人之力，规章制度的执行也需要社会的遵行，因此合作的力量在此依然凸显。相较于正式的制度，非正式的社会规范更加具有弹性和人文情怀，在人与人相处的过程中处处彰显，因此我们可以利用非正式制度的弹性特点，在处理事件时对相关群体进行道德上的约束，并加之正式制度的惩罚性特点，对涉事主体进行严厉打击，为相关主体提供合作的可能性和合作的主观意愿。

（三）研究的理论价值和政策贡献

1. 理论价值

民无信而不立，信任是经济社会有效运行的基石。[1]现如今个人诉求膨胀，政府应接不暇，整个社会的信任度下降，造成社会的信任危机。环境群体性事件中的信任危机问题存在已久，亟须解决。本节根据案例资料以及问卷数据的验证，从环境群体性事件的信任双方、互动过程、信任内容构建了信任机制（如图 12-2-9 所示）。同时，本节研究选取合作意愿作为信任与事件解决效果的中介变量，探讨几个变量之间的相互关系。

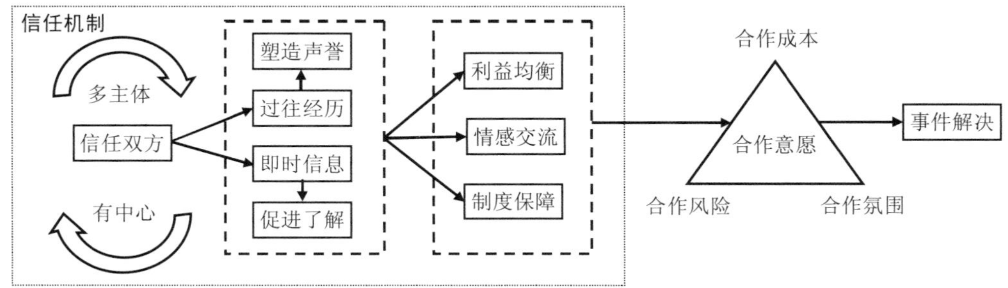

图 12-2-9　环境群体性事件中的信任机制

环境群体性事件中的信任既包括理性成分，如计算型信任和制度型信任，也包括感性成分，如情感型信任[2]。环境群体性事件中的信任机制是信任双方[3]，通过交往互动过程的作用[4]，包括过往经历[5]和即时信息交流[6]的作用对于信任的另一方的具体信任内容（计算型信任、情感型信任、制度型信任）作出的信任判断。研究从理论层面上提出了环境群体性事件中的信任机制：

首先，信任双方包括环境群体性事件中的多个主体：政府、公民、企业[7]、新闻媒体[8]、社会组织[9]、专家学者[10]。多主体参与是环境群体性事件处置的难点，诸多学者从不同角度探讨了各主体在事件暴发和处置中的作用，但很少有学者能够囊括所有主体，研究他们在事件中的综合作用，多主体参与事件化解是挑战也是机遇。政府-公民-企业作为事件的核

1 雷宇. 脆弱的信任：危机中信任的损坏与恢复[J]. 广东财经大学学报，2015，30（5）：4-15.

2 程德俊. 组织中的认知信任和情感信任及构建机制[J]. 南京社会科学，2010（11）：57-63.

3 詹姆斯·科尔曼. 社会理论的基础（上）[M]. 邓方，译. 北京：社会科学文献出版社，1999：90.

4 Rousseau D M，Sitkin S B，Burt R S，et al. Not so Different after all：Across-discipline View of Trust[J]. Academy of Management Review，1998，23（3）：393-404.

5 Robinson L. Trust and Breach of The Psychological Contract[J]. Administrative Science Quarterly，1996（41）：574-599.

6 张权. 当代中国“就事论事”的政治信任：结构、形成与变化——一个分析框架的初步建构[J]. 浙江社会科学，2017（5）：43-51，156.

7 秦书生，鞠传国. 环境污染群体性事件的发生机理、影响机制与防治措施——基于复杂性视角下的分析[J]. 系统科学学报，2018，26（2）：50-55.

8 郑君君，闫龙，周莹莹. 环境污染群体性事件中行为信息传播机制——基于心理因素的分析[J]. 技术经济，2015，34（8）：71-78.

9 于鹏，张扬. 环境污染群体性事件演化机理及处置机制研究[J]. 中国行政管理，2015（12）：125-129.

10 杨立华，何元增. 专家学者参与公共治理的行为模式分析：一个环境领域的多案例比较[J]. 江苏行政学院学报，2014（3）：105-114.

心利益相关者构成事件的中心主体，起着主导作用。“多主体-有中心”的多元协作路径能够补充现有的治理理论，促进治理理论根据不同事件和现状找到治理中心。

其次，我们在综合前人研究基础上所提出的信任互动过程包括过往历史和即时信息，以往学者多是从历史作用或信息交流的单一作用下考察对信任形成的影响，而本节研究将过往经历和即时信息都当作信任双方进行信任判断的媒介，将二者合并为信任互动过程，弥补了原有理论研究的不足。

再次，信任包括计算型信任、情感型信任和制度型信任。计算型信任考察的是成本收益和守信概率；情感型信任考察的是情感认同和亲密关系；制度型信任考察的是正式制度和非正式制度的公平正义性和完备有效性。以往的学者虽然基于信任的构成机制和组成内容提出了这三类信任构成内容，但是并没有明确划分每一类信任的内部组成成分，并且以往对制度型信任的研究考察的多是法律规范等正式制度，而忽略了非正式制度的作用。本节在此基础上不仅深入研究了非正式制度在制度型信任中的作用，也明确地剖析了每种信任的内部组成内容，最后提出了“利益均衡-情感交流-制度保障”的信任内容，对信任理论的发展完善起到了一定的推动作用。

最后，本节还研究了合作在信任和事件解决效果中的中介作用，不单单是考察了信任，也研究了事件解决中的关键因素——合作的影响，完善相关研究。

2．政策价值

研究的发现和结论也具有一定的政策价值。首先，我们所提倡的“多主体-有中心”的多元治理协作路径能够给政府提供参考，要抓住政府-公民-企业的核心利益诉求去制定政策。在事件的环境公示、环评阶段可以促使公众参与，同时在抓住中心的前提下，促使政府考虑多元主体的作用来制定和执行政策，集多元主体之力使政策执行效果最好。其次，通过“过往经历塑造良好声誉-即时信息促进双方了解”，能够给相关主体提供政策借鉴，在主体互动过程中，多塑造正面的过往经历，借此打造信任各方的正面形象和良好的声誉。同时通过信息公开-信息交流的即时信息沟通渠道构造双方之间联系的桥梁，让信息交流更加广泛，信息公开更加及时，以增进彼此的了解，减少为获取信息所负担的成本。成熟的信息公开机制和声誉传播机制能够促进双方之间的信任。再次，通过弥补利益受损者的利益损失，进行各方之间的利益均衡，通过情感互动建立彼此的情感关系，构建公平正义完善有效的法律规范和各种社会规范，实现“利益均衡-情感交流-制度保障”的效果，达到各方之间利益、情感和制度上的充分信任，促进政策方案的制定更加科学，执行更加顺畅，监督更加有力。最后，本节研究中介变量合作的作用，也可促使管理者在政策过程中提倡多主体的参与，形成多主体的合作，促使科学有效地化解事件冲突。

七、结论

本节在综合多学科信任理论的基础上，采取了理论研究和实证研究相结合的方法，并选取了 30 个典型案例进行分析，构建了环境群体性事件中的信任机制。在对北京西二旗垃圾填埋场事件、河南修武血铅事件两个正反案例对比分析并进行实地访谈和调查后，根据实际发放的561份问卷数据的统计分析结果，验证了所构建的信任机制的合理性。通过研究，本节得出以下结论：环境群体性事件中的信任机制包括“多主体-有中心的信任双方”“过往经历-即时信息的信任媒介”“利益均衡-情感交流-制度保障”等信任内容。首先，在事件全过程中吸纳多主体的参与化解，形成“多主体参与-有中心治理”的信任规范。以“政府-公民-企业”为核心的冲突协调者和利益相关者，应起到良好的主导化解冲突的作用，多元主体的参与也是协商民主的体现，并为事件解决提供更多机会和途径；而有中心的治理能够抓住矛盾所在，有针对性地化解冲突。其次，要借助“过往经历-塑造声誉”“即时信息-促进了解”形成信任各方之间的积极形象，满足各方的信任期待，回应彼此的诉求，为今后的合作和冲突化解提供正面借鉴。再次，要利用计算型信任中的利益计算促进信任各方之间的利益均衡，进行利益补偿和弥补；利用情感型信任中的情感关系实现信任各方之间的情感交流，进行心理疏导和柔性治理的情感搭建；利用制度型信任中正式制度（如法律法规等）和非正式制度（如社会习俗规范等）的公平正义性和完善有效性，形成稳定的制度保障。最后，根据各方的诉求，合理利用资源，降低合作中的风险和成本，形成良好的合作氛围，促进合作意愿的提升。

本节的研究依然存在一些不足。首先，本节仅选取了30个案例进行研究，无法囊括所有的环境群体性事件。其次，访谈案例仅选取了两个，所选取的案例是否能代表所有类型的环境群体性事件仍有待研究，我们从案例分析中得到的结果是否适用于所有的环境群体性事件也有待进一步的验证。最后，主体部分的数据采用的是问卷调查方法，但是问卷调查方法本身在测量主观态度方面存在一定的偏差。信任作为主体的感受，在基于问卷调查方法得到的数据上存在一定的瑕疵，仍需更加科学的方法进行补充验证。但整体上看，本节研究依然为环境群体性事件中的信任问题、为事件的解决提供了有意义的参考。

第三节　利益协调机制

本节要点　利益矛盾和利益冲突是引发环境群体性事件的重要原因，因此研究事件中的利益协调机制对解决社会冲突、维护社会稳定具有重要意义。在现有理论基础上，本节初步构建了利益协调机制；之后通过对北京3个典型案例的实地调研和访谈对利益协调机制进行修正；最后通过问卷调查数据进行验证。研究主要发现：①利益协调主体、利益协调过程和利益协调规则在环境群体性事件的利益协调中发挥了重要作用。②成功的事件利益协调机制应满足12个要素：利益协调主体具有较高的知识和信息资源，组织化程度高，采取渐进式方法制定促进问题解决的行动策略，各主体间彼此信任、相互合作，提供多样通畅的利益表达渠道并进行合乎理性的表达，及时积极地对诉求做出回应，明确根本利益冲突点并进行和平对话，制定出双方均较满意的解决方案并贯彻执行，对利益协调各方的行为进行合理的引导和约束，均衡利益协调各方的博弈资源，对利益受损者进行一定的利益补偿，方案执行过程中加强监督。③在事件利益协调中应做到三点：首先，构建“有资源-有组织-有理性-有信任”的多元主体协调机制；其次，构建“利益表达-诉求回应-和平对话-解决执行”的全过程协调机制；最后，构建“行为引导-资源均衡-利益补偿-执行监督”的多规则约束协调机制。④利益客体的类型和事件的发生区域、行政层级、规模和暴力程度会影响利益协调机制和利益协调结果之间的关系，利益一致时协调主体的作用更大，利益部分一致时协调过程的作用更大，利益对立时协调规则的作用更大；农村、大规模或高暴力程度时协调主体的作用更显著，市级以下、中高暴力程度时协调过程的作用更显著，城市、中小规模时协调规则的作用更显著。本节研究的发现不仅对环境群体性事件利益协调的研究有一定的理论指导作用，也对我国环境群体性事件中利益矛盾的协调有现实的政策指导价值。

环境群体性事件暴发的根本原因是利益矛盾和利益冲突[1]，而“利益冲突是人类社会一切冲突的最终根源，也是所有冲突的实质所在”[2]。因此，对环境群体性事件中的利益关系和利益矛盾进行有效的协调是处置环境群体性事件的重要手段。

关于利益协调的研究主要从不同主体展开，认为利益协调机制是一种综合的作用机制。[3]具体而言，政府协调强调制度的保障作用，制度是人们行为的规范体系[4]；社会组织协调从社会网络视角进行研究[5]，强调第三部门在利益协调中的特殊作用，认为利益协调需要健全、完善的社会组织体系[6]；法律协调认为法律控制是整合和协调利益观的最恰当选择[7]，能够对人们的利益追求起到规范和约束作用，是协调利益的有力手段[8]；道德协调关注利益协调的内在层面，从伦理角度进行理解[9]，认为可以借助教育引导、道德感召消除利益冲突和对立，建立多元利益协调共赢的方法论框架[10]；协同治理主张通过多元主体的协商民主化解各种社会矛盾，提出通过沟通机制推动公众参与以降低环境群体性事件发生的可能[11,12]。陈振明等[13]认为群体性事件的根本原因是利益冲突，而构建利益协调机制是解决群体性事件问题的有效途径，并提出利益协调机制包括利益导向机制、利益诉求机制、利益分配机制、利益调节机制、利益约束机制以及利益补偿机制。刘建华[14]认为利益协调不力是影响

---

1 陈振明，马骁，朱梅，等. 群体性事件的成因与对策研究[J]. 东南学术，2010（5）：40-50.

2 张玉堂. 利益论：关于利益冲突与协调问题的研究[M]. 武汉：武汉大学出版社，2001：1.

3 王伟光. 利益论[M]. 北京：中国社会科学出版社，2010：243-258.

4 丹尼尔 •W.布罗姆利. 经济利益与经济制度：公共政策的理论基础[M]. 陈郁，等译. 上海：上海人民出版社，1996：263-264.

5 Shemtov R. Social Networks and Sustained Activism in Local NIMBY Campaigns[J]. Sociological Forum，2003（2）：215-244.

6 范铁中. 西方国家治理理论对我国构建和谐社会的启示[J]. 理论前沿，2007（13）：18-20.

7 李庆钧. 社会利益关系的法律控制与和谐社会的构建[J]. 南京社会科学，2005（11）：81-86.

8 夏民，张蓉. 法律的利益调整功能与和谐社会的构建[J]. 苏州大学学报（哲学社会科学版），2008（4）：32-35.

9 Helene H. The Ethics of NIMBY Conflicts[J]. Ethical Theory and Moral Practice，2007，10（1）：23-34.

10 李亚，李习彬. 多元利益共赢方法论：和谐社会中利益协调的解决之道[J]. 中国行政管理，2009（8）：115-120.

11 Popper F J. Siting of LULUs[J]. Planning，1981（47）：12-15.

12 Lidskog R. From Conflict to Communication：Public Participation and Critical Communication as a Solution to Siting Conflicts in Planning for Hazardous Waste[J]. Planning Practice＆Research，1997，12（3）：239-249.

13 同 1。

14 刘建华. 维护边疆民族地区社会稳定的利益表达机制[J]. 西南民族大学学报（人文社会科学版），2015（8）：54-60.

社会稳定和群体性事件的主要原因，建立公平合理的利益协调机制是维护社会稳定的有效途径。刘红凛[1]认为科学的利益协调机制是由利益表达机制、利益分配机制、利益平衡机制、利益矛盾调处机制、利益约束引导机制、公民权益保障机制等构成的有机统一体。吴建华等[2]将利益协调机制具体化为利益表达机制、利益综合机制、利益决策机制。殷焕举[3]提出利益协调机制建设应该包括建立健全利益分配机制、利益均衡机制、利益诉求机制、工作机制等内容。现有研究都强调了利益协调在环境群体性事件处置中的重要作用，并认为利益协调机制的构建需要从多个方面考虑，但依然缺乏较为系统和深入的理论和实证研究，也没有问卷调查、田野研究等定性和定量的分析数据作为支持。

本节将环境群体性事件中的利益协调问题作为研究对象，主要讨论以下两个问题：第一，环境群体性事件处置中成功的利益协调机制是什么，以及利益协调机制如何影响环境群体性事件的处置效果；第二，利益客体特征和事件特征如何影响环境群体性事件处置中的利益协调机制和处置效果的关系。本节研究不仅对环境群体性事件的研究具有一定的理论指导作用，也对我国环境群体性事件的解决具有现实的政策指导价值。

一、概念界定、理论基础与框架

（一）概念界定

利益是人类社会生活中的重要社会现象，马克思和恩格斯揭示了利益的社会经济关系本质[4]，认为人的利益源于人的需要，这种需要在内容上表现为人们对外部环境的能动反映[5]，同时需要的满足在本质上是人们通过一定的途径获得所欲求的对象[6]，为了实现这种满足，人们需要在特定的社会范围内进行生产和生活，进而发生一定的社会联系和社会关系，这种社会关系本质上制约着人们需要的满足和实现[7]。从马克思主义来看，利益由三方面因素构成[8]：第一，利益的主观基础是需要，需要的无限性和广泛性决定了利益内容的多样性；第二，利益是人们企图借助生产来满足的需要；第三，利益反映和体现着人与人之间的社会关系。

（二）理论基础与框架

马克思将利益作为一种主要的社会关系，并认为利益由利益主体、利益客体和利益中介三个要素构成[9]；其中，利益主体是在一定社会关系下从事生产活动或其他社会活动的个体或群体；利益客体是利益主体追求并实现满足的客观对象；利益中介是连接利益主体和

1 刘红凛. 构建和谐社会背景的利益协调机制[J]. 重庆社会科学，2010（5）：47-52.

2 吴建华，王孝勇. 社会转型期协商民主视野下的利益协调机制探讨[J]. 江苏行政学院学报，2014（6）：86-89.

3 殷焕举. 社会利益协调机制建设的四个重点[J]. 理论前沿，2005（23）：33-34.

4 马克思恩格斯全集（第46卷）[M]. 北京：人民出版社，1979：196-197.

5 马克思恩格斯选集（第46卷）[M]. 北京：人民出版社，1979：168.

6 马克思恩格斯选集（第2卷）[M]. 北京：人民出版社，1995：9.

7 马克思恩格斯选集（第6卷）[M]. 北京：人民出版社，1965：486.

8 王浦劬. 政治学基础[M]. 北京：北京大学出版社，1995：53.

9 马克思恩格斯选集（第1卷）[M]. 北京：人民出版社，1995：84

利益客体的媒介，是指人的实践活动[1]。同时，利益作为一种主要的社会关系，包括人与物的关系、人与人的关系和物与物的关系[2]。马克思的“利益观”为本节研究思考环境群体性事件利益协调提供了一个思路，对利益协调的思考应该从利益协调主体、利益协调客体和利益协调过程（即为了实现利益协调所进行的行动或活动）三个方面考虑。同时，利益协调主体间的关系、利益协调客体间的关系以及利益协调主客体间的关系也影响着利益协调的结果。此外，诺斯认为正式和非正式的制度“提供了有助于交易治理的规则、限制和动机”[3]，奥斯特罗姆也十分强调非正式规则的重要性，并提出七种影响行动情景的规则[4]。综合马克思主义利益观和奥斯特罗姆等对规则的强调，本节认为应该从利益协调主体、利益协调过程、利益协调规则、利益协调客体以及事件特征五个方面探讨环境群体性事件利益协调机制。

从利益协调内部机制来看，主要包括利益协调主体、利益协调过程以及利益协调规则三个子系统。在利益协调主体子系统，奥斯特罗姆的IAD分析框架提到了行动者数量、行动者占有的职位、行动者所面临的行动选择数量、行动者在决策点所拥有的信息、行动者能够集体影响结果的类型、连接行动者及行动和结果的函数以及行动和结果的收益和成本。[5]杨立华的PIA分析框架强调了参与者、参与者的类型、行动战略类型、资源、动机、行为选择、效用方程、信息等。[6]整合IAD分析框架和PIA分析框架，本节的研究从类型和特质两个角度出发讨论利益协调机制中的主体系统对环境群体性事件处置效果的影响。在利益协调过程子系统，阿尔蒙德等的政治过程理论提出利益表达、利益综合、政策制定和政策执行四个过程[7]，但是正如常健等指出的，“利益得到表达并不代表一定得到倾听，还需要建立相应的交流平台，对利益诉求进行回应”[8]。因此综合不同学者的观点，本节将环境污染利益协调过程分为利益表达、诉求回应、利益综合、方案制定与方案执行五个阶段。具体来说，利益表达是利益协调过程的开始，是利益主体的需要和诉求的输入；诉求回应是对利益表达的反应和回馈，利益表达和诉求回应的过程就是不同主体间不断交流和沟通的过程；利益综合是利益在不同主体之间的协商和博弈过程，以协调不同主体之间的利益矛盾；方案制定是形成利益矛盾的协调方案；方案执行是对方案的实际操作，是利益协调结果的输出。在利益协调规则子系统，本节认为在利益表达和诉求回应阶段应特别注意利益的引导与约束，在利益综合和方案制定阶段应特别注意利益的平衡补偿，在方案执行阶段应特别注意利益的监督与保障。综上所述，本节研究的分析框架如图12-3-1所示。

---

1 焦娅敏. 利益范畴与社会矛盾[M]. 上海：复旦大学出版社，2013：68-69.

2 洪远朋. 利益理论比较研究[M]. 上海：复旦大学出版社，2007：52-53.

3 道格拉斯·诺斯. 制度、制度变迁与经济绩效[M]. 杭行，译. 上海：上海人民出版社，2012：3.

4 李文钊. 多中心的政治经济学——埃莉诺·奥斯特罗姆的探索[J]. 北京航空航天大学学报（社会科学版），2011（6）：1-9.

5 Elinor O. Understanding Institutional Diversity[M]. NJ：Princeton University Press，2005：1-29.

6 杨立华. 构建多元协作性社区治理机制解决集体行动困境——一个“产品-制度”分析（PIA）框架[J]. 公共管理学报，2007，4（2）：6-15，17-23，121-122.

7 加布里埃尔·A.阿尔蒙德，G.宾厄姆·鲍威尔. 比较政治学：体系、过程和政策[M]. 曹沛霖，等译. 北京：东方出版社，2007：179.

8 常健，许尧. 论公共冲突管理的五大机制建设[J]. 中国行政管理，2010（9）：63-66.

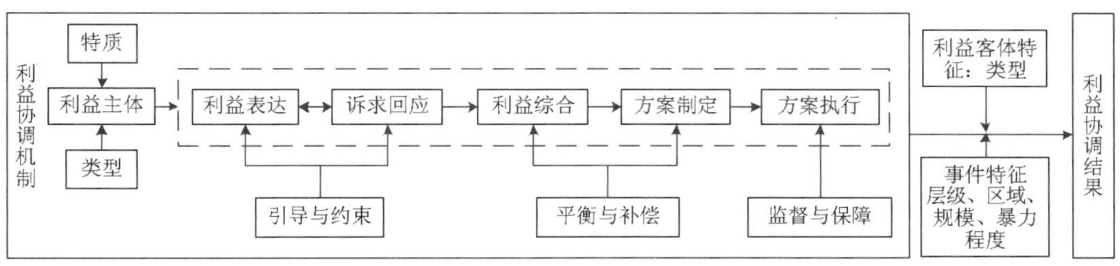

图 12-3-1 理论框架

利益客体本身的类型也作为调节变量影响着利益协调机制和处置效果间关系的方向和强弱。战略管理提出“一致性”这一概念[1]，随着理论的不断发展，一致性理论在不同的领域有不同的应用。关于利益的一致性问题，Davis 等在讨论制度变迁时指出，利益团体之间能否达成利益的一致与协调将直接影响制度变迁与创新的发生[2]。周振等通过实证调研发现利益一致性是不同组织合作的重要条件，且利益一致性越高，越有利于合作的形成[3]。由此可见，环境群体性事件中的利益客体越一致，利益协调中合作的可能性越大，利益冲突越容易得到成功处置。

此外，事件本身的特征作为控制变量影响着环境群体性事件利益协调的效果，例如事件的层级、规模、地域和暴力程度。事件层级指群体性事件所在地的行政层级，包括乡镇级、区县级、市级、省级和国家级。事件规模是指群体性事件参与的人数的多少，勒庞认为群体比个体更具有急躁、冲动、情绪化、偏执等非理性特点[4]，更容易“根据他人做出行为或信念的改变”[5]；社会认同理论认为，群体比个体更容易产生冲突，同时与个体相比，群体间的矛盾和冲突比个体间的冲突更容易升级[6]，因此事件的规模也会影响环境群体性事件处置的效果。事件地域包括农村和城市，农村是指在农村区域发生的环境群体性事件，城市是指在城市中发生的环境群体性事件，不同地域中参与主体的特征不同，环境群体性事件利益矛盾的处置效果也会有所不同。暴力程度可根据利益协调主体行动方式的不同分为高、中和低。高暴力程度指事件中各方采取过激行动，造成了人员伤亡和较大财产损失；中暴力程度指各方采取了集体上访、静坐、游行、聚集等行为，但未造成人员伤亡和较大财产损失；低暴力程度是指未造成人员伤亡和财产损失。

二、研究方法与数据获取

（一）研究方法

本节研究是关于环境群体性事件处置中的利益协调机制的理论与实证研究，主要采用

1 Ansoff H I，Strategic Management[M]. London：Macmillan，1979.

2 Davis L E. North D C. Institutional Change and American Economic Growth[M]. London：Cambridge University Press，1971：253.

3 周振，孔祥智，穆娜娜. 农民专业合作社的再合作研究——山东省临朐县志合奶牛专业合作社联合社案例分析[J]. 当代经济研究，2014（9）：63-67.

4 古斯塔夫•勒庞. 乌合之众——大众心理研究[M]. 冯克利，译. 北京：中央编译出版社，2005：3-130.

5 戴维•迈尔斯. 社会心理学[M]. 8 版. 张志勇，乐国安，侯玉波，等译. 2010：153.

6 狄恩•普鲁特，金盛熙. 社会冲突：升级、僵局及解决[M]. 王凡妹，译. 北京：人民邮电出版社，2013.

定性和定量相结合的混合研究方法。首先，在大量经典文献和书籍的基础上对相关研究和理论进行综述，初步构建本节研究的分析框架；之后，选取北京阿苏卫 3 个环境群体性事件作为典型个案，在初步了解这一事件的基础上进行实地调研和访谈，并根据调查和访谈结果对分析框架进行修正，从而形成适用于中国国情的本土化分析框架；最后，进行问卷调查，通过问卷数据对分析框架进行验证。据此，本节研究的研究方法如图 12-3-2 所示。

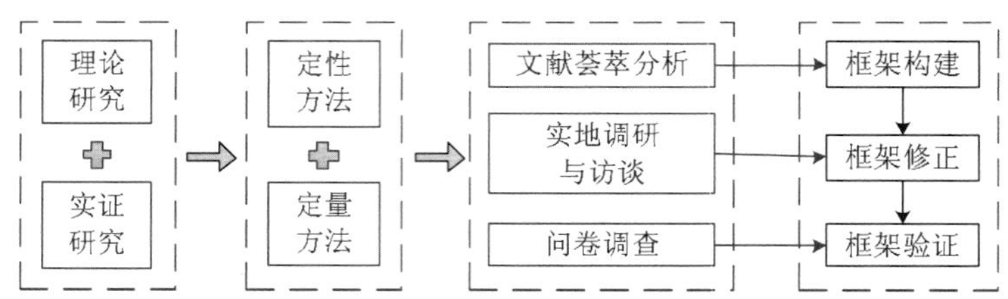

图 12-3-2 研究方法示意

（二）文献荟萃

文献荟萃分析的主要目的是了解当前环境群体性事件中的利益协调机制的研究现状、发现现有研究的不足以及寻找本节研究的理论支撑材料。本节研究涉及“利益协调”“群体性事件处置”“环境污染”等核心问题，其关键词可以分解为“利益”“协调”或“合作”“群体性事件”或“集体行动”或“冲突解决”。首先，本节研究将上述关键词的不同组合作为检索词进行“主题”搜索，对检索结果中的核心期刊文献和被引频次高的文献进行全文阅读，重点分析这些文献的理论基础和研究结论；之后，根据已读文献的参考文献进行回溯检索，并对有价值的文献及书籍进行全文阅读并分析其理论基础和研究结论。通过上述两个步骤的不断循环，本节研究不仅获取到了有关“利益协调”和“群体性事件处置”的经典图书专著、《中国知网全文数据库》中已经发表的优秀期刊论文、重要会议论文、优秀硕博论文以及部分英文文献，并对利益理论、协调和合作理论、群体性事件处置理论以及其他相关理论（如政策过程理论）有了较为全面的了解，这为本节的分析框架及机制构建提供了一定的理论基础。

（三）实地调研与访谈

1．调研案例及访谈对象的选取与确定

调研案例的确定主要分两步进行：首先，在案例选取标准的约束下收集了 40 个环境群体性事件典型案例（表 12-3-1）；其次，在这 40 个典型案例的基础上，考虑现实约束条件与自身资源，进一步选取了 3 个典型案例作为实地调研和访谈的案例。在典型案例的选取过程中，主要遵循以下几个标准：第一，在该案例中，群体性事件的发生是由环境污染问题引起的，并存在利益矛盾和利益冲突；第二，该环境群体性事件的处置具有明确的结果；第三，该环境群体性事件的资料丰富且容易获取，即在作者的能力范围内能够通过网络收集和实地调研获取该事件较为详细、真实的信息。在对上述典型案例整合分析的基础上，最终选取“C01：北京百善镇抗议阿苏卫垃圾填埋场臭味”“C18：北京奥北社区反建阿苏卫垃圾焚烧厂”“C40：北京居民起诉阿苏卫循环经济园”作为实地调研和访谈的案例。

表 12-3-1　环境群体性事件典型案例基本情况

编号	名称	发生时间	地域	层级	规模	类型	是否污染
C01	北京百善镇抗议阿苏卫垃圾填埋场臭味	2000	A1	乡镇	数百村民	T1	Y
C02	深圳抗议西部通道测线工程	2003.08	A2	市级	数百居民	T4	N
C03	湖南镇头镇抗议镉污染	2004.04	A1	乡镇	数百村民	T6	Y
C04	北京西上六抵制高压线架建设	2004.04	A2	区县	数千居民	T4	N
C05	浙江画水镇抗议环境污染	2005.04	A1	乡镇	数万居民	T6	Y
C06	浙江新昌抗议京新药厂污染	2005.07	A1	乡镇	数百村民	T6	Y
C07	广东广州反建美景变电站	2006.03	A2	市级	数百居民	T4	N
C08	上海闵行反建春申高压线	2006.04	A2	区县	数百居民	T4	N
C09	山东乳山反建乳山核电站	2007	A2	市级	数千居民	T5	N
C10	厦门反建 PX 项目	2007.06	A2	市级	数千居民	T6	N
C11	上海杨浦区反建虹杨变电站	2007.08	A2	区县	数百居民	T4	N
C12	山西吴家庄跪求化工厂停工	2008.02	A1	乡镇	数百村民	T6	Y
C13	四川彭州反对 PX 项目	2008.04	A2	市级	数千居民	T6	N
C14	上海嘉定区反建江桥垃圾焚烧厂	2009.04	A2	区县	数百居民	T1	N
C15	广东深圳龙岗区反建白鸽湖垃圾焚烧厂	2009.05	A2	区县	数百居民	T1	N
C16	广西桂平下湾镇反建垃圾处理厂	2009.05	A1	乡镇	数千村民	T1	N
C17	湖南文坪镇司马冲镇抗议血铅污染	2009.07	A1	乡镇	数百村民	T6	Y
C18	北京奥北社区反建阿苏卫垃圾焚烧厂	2009.07	A2	区县	数百居民	T1	N
C19	广西桂林福星村反建垃圾填埋厂	2009.08	A1	乡镇	数百居民	T1	N
C20	陕西凤翔抗议血铅事件	2009.08	A1	乡镇	数百居民	T6	Y
C21	广东广州番禺反建垃圾焚烧厂	2009.10	A2	区县	数千居民	T1	N
C22	广东紫金县抗议电池厂血铅污染	2011.05	A1	区县	数千村民	T6	Y
C23	湖南北山镇反建医疗垃圾场	2011.07	A1	乡镇	数千村民	T1	N
C24	浙江红晓村抗议晶科能源污染	2011.09	A1	乡镇	数百村民	T6	Y
C25	湖北荆州长江大学师生跪求取缔钢厂	2011.11	A2	市级	数十师生	T1	Y
C26	海南乐东县反建火电厂	2012.02	A1	区县	数千村民	T1	N
C27	天津滨海新区反建 PC 项目	2012.04	A2	区县	数千居民	T6	N
C28	上海松江反对垃圾焚烧厂扩建	2012.05	A2	区县	数百居民	T1	N
C29	四川什邡反对钼铜项目	2012.06	A2	市级	数百市民	T6	N
C30	江苏启东反对王子纸业排海项目	2012.07	A2	市级	数千居民	T6	N
C31	浙江宁波镇海区反对 PX 项目	2012.10	A2	区县	数千居民	T6	N
C32	上海松江反对国轩新能源项目	2013.04	A2	区县	数千居民	T6	N
C33	河北武强县抗议东北助剂污染	2013.07	A1	乡镇	数千村民	T6	Y
C34	广东江门鹤山反对核燃料加工厂	2013.07	A2	市级	数千居民	T5	N
C35	广东美德村反建垃圾中转站	2013.11	A1	乡镇	数千村民	T1	N
C36	云南广南八宝镇抗议铁合金厂污染	2014.02	A1	乡镇	数百村民	T6	Y
C37	广东茂名反对 PX 项目	2014.03	A2	市级	数百市民	T6	N
C38	湖南平江县反对火力发电厂	2014.09	A1	区县	数千居民	T1	N
C39	广东深圳抗议企业排臭	2014.05	A2	市级	数百居民	T1	Y
C40	北京居民起诉阿苏卫循环经济园	2015.04	A2	区县	数十居民	T1	N

注：A1 代表农村，A2 代表城市；T1 代表大气污染，T2 代表土壤污染，T3 代表水污染，T4 代表电磁辐射污染，T5 代表放射性污染；T6 代表混合污染；Y 代表“是”，N 代表“否”。

访谈能够提供更为真实、丰富和广泛的材料[1]，能够帮助揭示事件发生的机理和解释事件发展的逻辑。本节研究选取的访谈对象主要为参与事件的当事方，包括利益诉求方、利益被诉求方以及第三方。在访谈对象的选取过程中，先根据现有的二手资料界定访谈对象的范围。例如在“C01：北京百善镇抗议阿苏卫垃圾填埋场臭味”事件中，笔者通过网上资料了解到北京昌平区二德庄村村民、牛方圈村村民、阿苏卫村村民是该群体性事件的主要参与者。在确定了访谈对象的范围之后，开始通过邮件、微博私信等方式尝试联系这些当事人。其中，部分人员接受了作者的采访请求，还有一部分因“时间冲突、不在国内”等理由拒绝了作者的采访请求。由此，访谈对象名单确定。

2．调研与访谈的实施

调研和访谈的实施主要围绕案例进行。对于案例“C01：北京百善镇抗议阿苏卫垃圾填埋场臭味”的调研与访谈，于 2017 年 4 月 21 日至 22 日走访了北京市昌平区百善镇阿苏卫村、二德庄村、牛方圈等村庄，并和村庄的十余名村民进行了深入的交流。以阿苏卫村为例，先表明自己的身份和来意，如果村民愿意接受访谈，则以“请问您在阿苏卫村住了多久了？”“您知道 2000 年、2001 年拦截阿苏卫垃圾场车的事情吗？”两个问题切入，如果该村民了解该事件，则进一步围绕“您能详细地讲一下当时的情况吗？”“您当时对该事件利益调节的结果满意吗？”“作用如何？”等问题展开。

对于案例“C18：北京奥北社区反建阿苏卫垃圾焚烧厂”的访谈，联系到了环保社会组织的 C 女士、业主 W 女士和纳 H 先生，与其就反对建设阿苏卫垃圾焚烧厂进行了深入的交流，并在他们的帮助下，联系到了另外几位参与者。在与他们进行访谈的过程中，采用结构化访谈和非结构化访谈相结合的方式，先围绕“您认为怎样才能有效地协调各方的利益，成功地解决冲突？”展开访谈，让受访者自由表达对利益协调的看法，再围绕本节研究框架中“您认为利益表达在协调过程中的作用如何？”等问题展开结构化访谈，了解当事人对这几个方面的看法和态度。对于案例“C40：北京居民起诉阿苏卫循环经济园”的访谈和前两个案例调研和访谈的方式相似，此处不再赘述。本节研究的访谈人员如表 12-3-2 所示。

表 12-3-2 调研案例访谈人员

案例	访谈人员
C01：北京百善镇抗议阿苏卫垃圾填埋场臭味	村民：14 人 政府人员：2 人
C18：北京奥北社区反建阿苏卫垃圾焚烧厂	社会组织成员：1 人 奥北社区业主：5 人 专家学者：1 人 政府代表：2 人
C40：北京居民起诉阿苏卫循环经济园	环保律师：1 人 社会组织成员：1 人 居民代表：2 人 政府代表：1 人
总计	30 人

1 罗伯特•K.殷. 案例研究方法的应用[M]. 重庆：重庆大学出版社，2014：13.

（四）问卷调查方法

问卷调查的目的在于验证环境群体性事件的利益协调机制框架。采用目标抽样和滚雪球抽样相结合的方法，对接触过环境群体性事件利益协调的村民居民、政府人员、社会组织成员、个体工商户、媒体记者、专家学者、事业单位人员等进行问卷调查。针对本节研究所要探讨的问题，问卷共包括两个部分。第一部分是被调查者的基本信息，包括性别等 11 个问题；第二部分是环境群体性事件的基本情况及利益协调机制，包括污染类型、层级、规模、区域、暴力程度，处置结果等 12 个问题（附录 12.3.1）。

问卷主要由两个途径进行发放，一是在对发生的因阿苏卫垃圾焚烧项目而导致的三次环境群体性事件进行实地调研和访谈的过程中，将问卷发放给受访谈者，并借助受访者的帮助将问卷发放给其他参与该事件但未被访谈的对象；二是借助周边亲友的资源和帮助，通过“滚雪球”的方式将问卷发放给未参与过或看见过或研究过或见过环境群体性事件的公民。总体而言，环境群体性事件的问卷共发出 500 份，收回 455 份，问卷回收率为 91%，在剔除选项缺失值较多、选项有明显规律等无效问卷后，回收有效问卷 413 份，有效问卷占发出总问卷的 82.6%。问卷结构表见表 12-3-3。

表 12-3-3 调查问卷结构表

特征		比例/%	特征		比例/%
性别	男性	48.9	职业	普通居民	27.1
	女性	51.1		个体工商户	10.7
年龄	20 岁以下	1.2		公司企业员工	24.0
	21～30 岁	23.5		政府部门人员	13.3
	31～40 岁	29.5		事业单位人员	22.8
	41～50 岁	19.4		社会组织成员	0.7
	51～60 岁	23.2		其他	1.5
	61～70 岁	3.1	受教育程度	未曾上学	1.2
政治面貌	共青团员	15.3		小学及以下	14.0
	中共党员	41.2		初中	11.6
	群众	40.4		高中/职高/中专/技校	18.9
	其他	3.1		大学	23.2
				硕士	22.0
				博士及以上	9.0

三、结果

（一）北京阿苏卫项目三次环境群体性事件中的利益协调分析

1．利益协调的主体要素

（1）主体类型及人员结构

在北京有关阿苏卫垃圾焚烧的三次环境群体性事件中，涉及的利益协调主体主要包括居民（或村民）、企业、各级政府、社会组织、新闻媒体和专家学者。在案例“C01：北京百善镇抗议阿苏卫垃圾填埋场臭味”中，利益诉求方是当地村民，他们当中有男有女、有老有少，但对阿苏卫垃圾填埋场的认识程度和对相关知识的了解程度较低。当问及“当初为什么同意阿苏卫垃圾填埋场的选址”时，村民们表示：

“没地儿建，就建在阿苏卫。我们还以为这是什么好厂子，就建在这了。而且他们给钱啊，当时农民也没什么收入。”（ASW-20170421-CM05[1]）

“那会儿应该是八几年，那会儿谁知道有臭味啊，知道的话就不让建了。”（ASW-20170421-CM07）

在该事件中，利益被诉求方主要是企业和当地镇政府，当地镇政府是主要的冲突解决和利益协调的主体，而企业（阿苏卫垃圾填埋场）因为早已支付完相关费用因而在利益协调过程中几乎未出面参与。第三方，主要指与利益冲突无关但致力于帮助协调利益矛盾的一方，例如新闻媒体、社会组织、专家学者等，因被阻拦未能参与到该事件中。当与村民谈到这一问题时，阿苏卫村的村民表示：

“一开始厂子（阿苏卫垃圾填埋场）已经把买地这个钱还有其他的钱给了。一闹完了是镇政府协调，具体钱从哪儿出来的谁都不知道。口头允诺之后就按月打，这倒没落下过，这还是比较靠谱的。”（ASW-20170421-CM05）

“（环保组织、记者）都给拦截回去了，没听说来过记者。我们那年堵门，来了三波记者，有新闻，新华的，青年的，但是都回去了，半路给截了，怕影响不好。”（ASW-20170421-CM10）

在案例“C18：北京奥北社区反建阿苏卫垃圾焚烧厂”中，利益诉求方主要是位于北京市昌平区小汤山镇的奥北社区业主，这些业主大多是企业高管、投资银行家、知识分子、律师、外地富商等[2]，参与到该事件的业主有男有女、有老有少，但坚持参与到最后的大多是老同志。对此，一名来自奥北社区的业主表示：

“我们这一帮人，我看坚持到最后的都是老同志，年轻的都很少。年轻的开始参与得挺多，一开会就 20 多个，之后人越来越少。”（BLLS-20170510-YZ02）

在该事件中，利益被诉求方主要是政府，包括小汤山镇政府、昌平区政府、北京市政府；第三方主要包括新闻媒体、社会组织和专家学者。新闻媒体主要帮助扩大该事件的社会影响力，督促事件的解决，并致力于呼吁理性地解决问题；社会组织主要为利益诉求方提供专业的帮助和有利的资源，例如帮助社区居民与政府进行对话；专家学者主要提供技术方面的知识和信息，例如垃圾焚烧技术的发展现状、垃圾焚烧方式的优劣势等。对于第三方的参与与帮助，来自奥北社区的业主表示：

“他们（社会组织）是主动参与的，我们也非常需要他们的帮助。他们的帮助和作用很多，主要是帮助我们了解如何申请信息公开以及环境保护方面的知识。”（BLLS-20170510-YZ01）

“各个媒体也都来采访、报道，他们主张政府与民众的对话，也认为沟通得好。”（BLLS-20170510-YZ02）

---

1 为保护受访者信息，本研究对被访人员做匿名处理，并按照“地点—时间—受访对象”格式对访谈记录进行编码。例如“ASW-20170421-CM02”代表 2017 年 4 月 21 日在阿苏卫村对第二位村民的访谈。

2 王强，徐海涛. 博弈阿苏卫[J]. 商务周刊，2010（7）：28-39.

在案例“C40：北京居民起诉阿苏卫循环经济园”中，利益诉求方主要是环保公益律师、环保组织和昌平区奥北社区的部分居民代表，利益被诉求方包括北京市环保局、环境保护部，第三方包括北京市海淀区人民法院。对此，一位参与事件的社会组织成员表示：

“(我们)有环保公益律师、环保组织。这次走的是比较正规的法律途径，官方途径。这次主要和行政部门沟通，直接找北京市行政诉讼，做了行政诉讼这方面的工作。”(FZFZZ-20170513-ZRDX01)

北京阿苏卫项目三次环境群体性事件的主体类型及人员结构如表12-3-4所示。

表12-3-4　北京阿苏卫项目三次环境群体性事件中的主体类型及人员结构表

	C01：北京百善镇抗议阿苏卫垃圾填埋场臭味	C18：北京奥北社区反建阿苏卫垃圾焚烧厂	C40：北京居民起诉阿苏卫循环经济园
利益诉求方	主体类型：当地村民（北京昌平区二德庄村民、牛方圈村民、阿苏卫村民等） 年龄结构：各年龄阶段都有 性别结构：男女均衡 政治面貌：以群众为主 知识与教育结构：低	主体类型：周边居民（北京市昌平区小汤山镇奥北社区业主） 年龄结构：前期各年龄阶段都有，后期以中老年为主 性别结构：男女均衡 政治面貌：以党员为主 知识与教育结构：高	主体类型：社会组织、居民（环保组织、环保公益律师、奥北社区部分居民） 年龄结构：青年、中年 性别结构：男女均衡 政治面貌：以党员为主 知识与教育结构：高
利益被诉求方	主体类型：当地政府（百善镇政府、昌平区政府）	主体类型：当地政府（小汤山镇政府、昌平区政府、北京市政府）	主体类型：政府行政部门（北京市环保局、环境保护部）
第三方	无	新闻媒体、社会组织、专家学者	司法机关（北京市海淀区人民法院）

（2）组织化程度

组织化程度是衡量组织内目标是否统一、行动是否一致、是否有带头人等的一个重要变量。在环境群体性事件的利益协调过程中，利益被诉求方，例如政府，面临的往往是成百上千名群众，因此，利益诉求方中是否有带头人、是否具有较高的组织化程度尤为重要。在案例“C01：北京百善镇抗议阿苏卫垃圾填埋场臭味”中，参与抗议的村民们并没有明确的带头人，也没有核心领导层，他们的堵车行为是自发的，是村民们的“一拍即合”，并没有事先进行计划。对此，有村民表示：

“也不知道怎么的，就说截车去，截车要钱，然后大伙儿就一起去了。”(ASW-20170421-CM01)

“看到旁边那个村儿的人去了，我们也就去了。嗯，大家一起去的。没怎么商量吧，就直接去了。”(ASW-20170421-CM03)

在案例“C18：北京奥北社区反建阿苏卫垃圾焚烧厂”中，利益诉求方的组织化程度较高。他们以业主委员会为核心，有较为明确的带头人，他们在行动之前也会有明确的计划和打算。对此，有业主称：

“然后我们业委会向政府呈上去了一个总体的建议书。业委会就在我们全体小区的大会上说这个事情，我们大家全部都反对。于是我们小区就以业委会的名义向镇政府和北京市政府郑重地递交了我们的这个意见书，坚决地反对在这块儿建造这个房产。之后我们业委会就一直在牵头，包括我们后来到农展馆去，搞活动。”（BLLS-20170510-YZ01）

在案例“C40：北京居民起诉阿苏卫循环经济园”中，利益诉求方的组织化程度较高。他们之中有明确的利益诉求代表，在进行具体行动之前也会进行充分的准备和计划。对此，有受访者表示：

“我们 11 个人打头，请的专家呀、律师都特别棒，我们请的这个团队真是不错。一般来说我们讨论事情，我只要一发出通知，大家都聚到一起，抽出时间来讨论。”（BLLS-20170510-YZ02）

（3）行动方式

不同事件的利益诉求主体在利益协调过程中采取的行动方式也有所差异。在利益诉求方进行利益表达的过程中，他们选择的行动方式可以分为两种。一种是制度内的行动方式，例如听证会、调解、仲裁、诉讼等方式，属于理性的利益协调方式；另一种是制度外的行动方式，包括堵塞交通、静坐示威、暴力攻击等行为，这种利益协调方式更偏向于非理性解决。在案例“C01：北京百善镇抗议阿苏卫垃圾填埋场臭味”中，当地村民采取的行动方式主要是制度外的行动方式，包括堵塞交通等。据访谈者称，他们在进行堵车行动前，并没有和当地的政府，例如村干部、镇政府等，进行沟通与协调，而是直接采取了堵车行动。而问及这一原因，当地村民表示，他们认为和政府部门沟通和协调并没有任何帮助，这也体现了当地村民对当地政府的不信任。有村民称：

“你真正去请愿是白请的，没啥用。就去截停垃圾车，不让它进，就只能用这个办法。”（NFJ-20170422-CM01）

在案例“C18：北京奥北社区反建阿苏卫垃圾焚烧厂”中，周边业主采取的行动既包括制度外行为，也包括制度内行为。具体而言，在得知要建设阿苏卫垃圾焚烧厂的消息之后，业主们首先进行电话咨询、信访申诉，却被各种理由拒之门外；在申诉未果的情况下，他们采取网上维权的方式，开设论坛、广发抗议帖，但最终被强行关闭；之后，他们采取线下维权方式，进行开车巡游；业主们的巡游让该事件得到了政府的重视，政府和业主的第一次对话随之而来，这次对话让政府重新进行了项目公示，征求公众的态度和意见；在业主们担忧公众的反对意见不被政府采纳的情况下，业主们开始和平游行示威，并产生一定程度的冲突；游行运动后，业主和政府都转变了态度，政府设立接访办公室以回答市民疑问，业主开始自主调研形成调研报告，并将报告送至市政府等相关人手中；业主们的报告得到了市领导的重视，并经考察，阿苏卫垃圾焚烧发电厂项目得到暂停。由此可见，在该案例中，业主们的行动方式经过了“制度内行动未果”—“制度外行动引起重视”—“制度内行动解决问题”的过程。对于当时所采取的行动，有业主表示：

“我们觉得 2009 年开着车出去闹了以后，确实是不理智的。但它的作用是一个催化剂的作用。群众的问题有的时候需要理智，有的时候理智是解决不了的，但最终还是走向理智。开始是表达情绪，最后收尾的时候还是会理智地解决这些问题。”（BLLS-20170510-YZ03）

在案例“C40：北京居民起诉阿苏卫循环经济园”中，利益诉求方主要采取了制度内行动方式。具体而言，在得知阿苏卫循环经济园的建设消息后，他们先向北京市环保局申请召开环境行政许可听证会，之后向环境保护部提出行政复议，再后向北京市海淀区人民法院提出行政诉讼。对于在该事件中的行动，一位参与事件的业主表示：

“我们这次从法律的角度去讲，走的都是正规途径，我们到的北京环保局、环境保护部都很热情地接待我们。我们也是非常理性的，以至于有的业主开始没参与，后来他们也都参与了。”（PNXG-20170510-YZ02）

北京阿苏卫项目三次环境群体性事件中主体的具体行动如表 12-3-5 所示。

表 12-3-5　北京阿苏卫项目三次环境群体性事件中主体的行动

案例	具体行动
C01：北京百善镇抗议阿苏卫垃圾填埋场臭味	制度外行动：堵车
C18：北京奥北社区反建阿苏卫垃圾焚烧厂	制度内行动：电话咨询、信访申诉（未果） 制度外行动：网上维权、开设论坛发帖抗议（强行关闭）—线下维权、开车巡游 制度内行动：政府与业主第一次对话—重新进行项目公示、征求公众意见 制度外行动：游行示威、小范围冲突 制度内行动：政府设立接访办公室、业主自主调研形成报告—各代表赴日考察—项目暂停
C40：北京居民起诉阿苏卫循环经济园	制度内行动：听证会—行政复议—行政诉讼

（4）主体间信任

信任是合作的基础，为了考察主体间的信任对环境群体性事件利益协调结果的影响，本节研究对信任进行分析。在案例“C01：北京百善镇抗议阿苏卫垃圾填埋场臭味”中，当地村民对政府和企业的信任态度经历了从“信任”到“不信任”的转变，而这种转变的原因主要包括两个：一是政府对项目危害的故意隐瞒；二是政府个别人员的腐败行为。同时，也正是因为对政府的不信任，当地村民在表达自身利益诉求时并没有先与当地政府或企业进行交流与沟通，反而采取直接截停垃圾车的方式。对此，有村民表示：

“他们也明白这东西对身体不好，行里的人都明白。就是说好多事情都压着，好多事儿不能让老百姓知道。有些事情老百姓可以知道，有些事情不能让老百姓知道。最后老百姓知道的原因也是因为个别同志懂点，慢慢地就知道了。”（ASW-20170421-CM05）

“那年修的高速，700 多万，不知道到哪里去了。有人查账，推脱忙呢。”（ASW-20170421-CM09）

“你真正去请愿是白请的，没啥用。就去截停垃圾车，不让它进，就只能用这个办法。”（NFJ-20170422-CM01）

在该案例中，当地村民对政府的不信任并非涵盖全部政府，而是表现为对基层政府的不信任，对国家和中央政府而言村民表示仍然是信任的。对此，有村民表示：

“国家政策是好政策，但是下面做的可不行啊。政策是好政策，但是下面执行不行，对得起老百姓吗？”（GNF-20170422-CM01）

在案例“C18：北京奥北社区反建阿苏卫垃圾焚烧厂”中，业主们对政府的信任态度经历了从“信任”到“不信任”再到“重建信任”的转变。具体而言，业主在得知消息后，是抱着与政府沟通与合作的态度进行合理维权，在维权未果业主表示对政府失望，但之后政府积极的态度又让双方间的信任获得重塑，最终促进了《北京市生活垃圾管理条例》的出台。在该事件中，参与事件的利益诉求方多是高档别墅区的业主，他们具有较高的教育和知识水平，因此他们对政府的信任态度很大程度上取决于政府对他们利益诉求的回应以及回应信息的真实性。但从整体上来看，在该案例中，周边业主对政府的态度更多的是对政府行为的失望。对此，来自奥北社区的业主表示：

“通常我们都没有那么容易轻信，你告诉我，我就相信，这不太可能。我都会上网查一查，自己再去判断。”（BLLS-20170510-YZ01）

“他们的态度就好像在说，一切方法都没有用。按理说，听证会就是让大家发表意见的。但是（现实是）他首先宣布，我们准备批准，我们已经决定了。意思就是说，开与不开，没有用。然后（民众代表）再发言。”（PNXG-20170510-YZ01）

“政府听证会就是那样，你说你的，我说我的。不管你表达什么，我就按照我的那一套。”（BLLS-20170510-YZ03）

在案例“C40：北京居民起诉阿苏卫循环经济园”中，利益诉求方对政府和司法机关的信任态度经历了从“一丝期待”到“不信任”的变化。在利益诉求方参与听证会和向环境保护部提出行政复议之时，他们仍然相信通过这两种途径会改变项目建设决定，但听证会和行政复议的结果让利益诉求方感到失望，他们表示会继续进行行政诉讼，但之前的经历也开始让他们对司法机关不再完全信任。在访谈过程中，周边业主表达了他们对北京市环保局、环境保护部以及北京市海淀区人民法院的失望。对此，有业主表示：

“坦白讲，我们在向环境保护部提出复议申请的时候，心里也没有抱太大的希望。但我们还是觉得环境保护部在对待公众意见上应该会更积极、更公正、更超然一些，所以还是抱有一丝期待的。”（YJFT-20170518-HBLS01）

“你们知道海淀法院是怎么开庭么。我跟大家说开庭也没用，必败。他们肯定是看完了以后，支持政府的项目有效，符合规定然后有效。然后呢，就这么结束了。”（BLLS-20170510-YZ02）

2．利益主体的利益诉求

在环境群体性事件利益协调过程中，不同利益主体的利益诉求不同。就政府而言，一方面，作为国家的管理者，政府不得不解决日益突出的“垃圾围城”问题以及维持社会的稳定；另一方面，作为社会利益的代表者，政府有责任确保民众的基本利益不受到损害。民众在此类事件中的利益诉求一般包括两个：一是物质利益，要求进行污染补偿；二是非物质利益，要求环境保护、公民参与、健康权利等。社会组织和环保个体的利益诉求一般为环境保护和公民基本权益。企业的利益诉求一般为经济利益最大化。而在北京阿苏卫项目三次环境群体性事件中，各利益主体的利益诉求如表 12-3-6 所示。

表 12-3-6　北京阿苏卫项目三次环境群体性事件中主体的利益诉求

案例	利益诉求
C01：北京百善镇抗议阿苏卫垃圾填埋场臭味	附近村民：物质利益（污染补偿费） 当地政府：维持稳定
C18：北京奥北社区反建阿苏卫垃圾焚烧厂	附近居民：非物质利益（健康权利、公民参与、环境保护） 政府：处理生活垃圾
C40：北京居民起诉阿苏卫循环经济园	社会组织、环保个体、居民：非物质利益（健康权利、公民参与、环境保护） 政府：项目建设，处理垃圾

在案例“C01：北京百善镇抗议阿苏卫垃圾填埋场臭味”中，作为利益诉求方的当地村民的利益诉求主要是空气污染补偿费，他们抗议的原因主要是阿苏卫垃圾填埋场散发的臭味严重影响了日常生活，他们要求进行污染补偿；而作为利益被诉求方的政府的利益诉求主要是维持社会稳定。可见，两者的利益诉求并非完全对立。

在案例“C18：北京奥北社区反建阿苏卫垃圾焚烧厂”中，作为利益诉求方的业主的利益诉求主要是拒绝环境污染、保护环境、要求健康权，他们担心垃圾焚烧厂项目会产生有毒物质二噁英，从而危害周边居民的身体健康；而作为利益被诉求方的政府的利益诉求主要是处理日益增多的生活垃圾，他们选取的方式是在阿苏卫垃圾填埋场的基础上新建垃圾焚烧发电厂。可见，政府和业主的利益诉求并非完全对立，虽然从表面来看，两者的利益冲突焦点都是垃圾焚烧厂项目，但业主的真正利益诉求是拒绝污染，而政府的真正利益诉求是处理生活垃圾。关于业主对该项目的态度，一位参与该事件的业主表示：

“我认为它不是一个基础设施，它就是一个污染项目。在这个事情上，政府要考虑垃圾怎么办，他认为产生的后果周边的老百姓必须要承担。‘我们要牺牲自己，保证北京这个垃圾得到解决。’但你又不能够保证他们这些排放是没问题的，这就有污染的可能。你说你能够控制住污染，那么你能控制得住么？控制不了怎么办？那么在这种情况下，谁能够保证烧的东西能够达标呢？”（PNXG-20170410-YZ02）

在案例“C40：北京居民起诉阿苏卫循环经济园”中，作为利益诉求方的环保组织、环保律师和部分业主的利益诉求依然是要求项目停建，他们质疑项目开工建设中的多项违规违法问题。

3．利益协调的过程要素

在环境群体性事件中，利益协调的过程就是各利益主体不断谈判和博弈的过程。根据已有文献的综述，本节研究发现在利益协调的相关研究中，利益表达、利益补偿、利益平衡、利益约束、利益分配、利益整合等得到学者们不同程度的强调。为了明晰环境群体性事件中利益协调的过程要素，本节研究设置“您认为在利益协调过程中，哪些因素是比较重要的？或者哪些因素应被重视？”等问题并对受访者进行提问。访谈得到的部分相关信息如表 12-3-7 所示。

表 12-3-7 北京阿苏卫项目三次环境群体性事件利益协调的过程要素访谈结果

访谈示例	观点	要素
C01：北京百善镇抗议阿苏卫垃圾填埋场臭味		
“要钱啊。你占地不给钱啊，地全都没了，我们吃什么啊。” “给补偿啊。我这边身体不好，你就该给我点儿补偿。”	应对造成的污染进行经济赔偿	利益补偿
“去政府不管用，不管谁去，去了白说，没有效果。”	应该致力于解决问题	问题解决
“说给解决，一点影都没有。”	应该实现承诺	方案执行
“堵了好几天，政府没办法了才来的。”	应该对利益诉求方的诉求做出答复	诉求回应
C18：北京奥北社区反建阿苏卫垃圾焚烧厂		
“我们当时开车游行也是因为这，我们找不到其他渠道可以诉讼了。”	应有利益表达的渠道	利益表达
“我们已经充分地表达了自己的诉求，关键在于政府如何对待这种诉求。”	应对利益诉求方的诉求做出令他们满意的回应	诉求回应
“我当时就开始思考，我们反对垃圾焚烧厂，捍卫自己的健康权、财产权，但我们每天依然在产生垃圾，这些垃圾怎么办？我们为了自己的权利反对政府建立这个垃圾焚烧厂，这是不是忽略了我们应该承担的义务？所以我觉得还是得基于问题，理性地沟通。”	应该发现造成矛盾的根本问题，然后理性地解决问题	寻找问题、理性解决
“你比如说，这个项目在征求公众意见，他说他征求了群众的意见，有76%的民众是同意的。那我们就要问了，你们把这同意的人的名单拿出来给我看一看。他却不给，他不给看，后来又说没有。”	应实现信息的公开，避免欺瞒	信息公开
“垃圾处理不单纯是一个技术问题，他需要全民参与，每个人都是垃圾处理的一个环节。解决垃圾问题需要的是公众参与。” “政府和居民能站在同一层面、同一范围、去实现同一目标，才有可能解决利益矛盾。”	应该要全民参与来解决问题	多元参与
“我们老百姓关心的不是项目是否可行，不是补偿，我们关心的是项目在这个地方建设是否可行。我们诉求的是撤销这个批复。” “在我们这个队伍里面，有的人坚决反对焚烧，我认为你坚决反对焚烧，那就永远解决不了问题。我是觉得，我不是反对焚烧，可能有的垃圾是需要烧，问题是烧什么，怎么烧，在哪儿烧。”	应发现造成冲突和矛盾的根本问题	寻找问题
“还是沟通。跟政府沟通，要求召开听证会。这次沟通，说句实话，有作用。包括跟北京市环保局沟通，北京市环保局的态度也都很好，之后也会倾听民众。”	应态度平和地进行交流和沟通	交流沟通
“我们都在这个诉求范围内。我觉得环保局、环境保护部能够很认真地对待我们的诉求，也跟我们那么理智地去分析它有关系。如果我们写的都是一些不理智的话语，那么他们肯定是不会回复我们的。我们从法律的各个方面去分析，说的是有理有据有节，他们都很佩服。”	应理性地分析、平和地交流	理性沟通、理性解决
“我认为我们最大的一个收获在于我们拿到了环境保护部的批文，我们给环境保护部写信，环境保护部副部长又给我们写了一封信。”	应对利益诉求方的诉求做出答复	诉求回应
“还有就是监督问题。群众怎么样介入到这个监督过程里面去。”	应对项目进行监督	公民监督

在案例“C01：北京百善镇抗议阿苏卫垃圾填埋场臭味”中，当地村民认为利益补偿、问题解决、方案执行和诉求回应是利益协调过程中较为重要的因素。其中，他们认为利益

补偿最为重要，他们希望政府和企业能够对他们忍受的空气污染损害进行经济赔偿。从该事件利益协调的整个过程来看，村民们采取“截车”这种制度外的利益表达方式，并且无论对村民的制度内的利益表达，还是制度外的利益表达，当地政府在事件初始阶段采取的是回避的策略，可见利益表达和诉求回应的程度都是较低的；随着事态的严重，当地政府承诺给村民们进行经济补偿，但补偿款只有很少一部分发到村民手中，这加剧了村民的不满，于是继续进行截车抗议，可见方案执行的效度是较低的；最终，村民获得补偿款，事件得以平息。但整个事件的产生与发展加剧了村民对当地政府的不信任，所以该事件的利益协调结果从短期来看，解决了眼前问题，但从长期来看，是失败的。

在案例“C18：北京奥北社区反建阿苏卫垃圾焚烧厂”中，周边业主认为利益表达、诉求回应、寻找问题、理性解决、信息公开和多元参与是利益协调过程中较为重要的因素。从该事件利益协调的整个过程来看，在事件的前期，周边业主缺乏合适的利益表达渠道，并且他们的利益表达也没有得到回应，例如信访未果、网站被强行关闭，但业主们制度外的利益表达方式得到了政府的重视和回应，双方由此进行了较为理性的沟通与对话，因此从整体上看，业主们经历了“电话、信访未果—网络维权被封—开车巡游引重视—第一次官民对话—有组织集体行动表达反对—自主调研撰写报告”的利益表达过程，而政府的回应行为也实现了“拒见业主—被动沟通—主动约见业主—官民良性合作”的转变，可见利益表达和诉求回应的程度是较高的，但仍存在不足。2009 年 9 月 4 日，业主们趁北京环境卫生博览会之际上街游行表达诉求（即“9•4 事件”），“9•4 事件”之后，业主们开始思考自身采取的反对形式的合理性以及他们维权的根本原因，他们将重心放在垃圾焚烧前的垃圾处理工作上，并致力于以理性、科学的方式与政府进行沟通。业主们充分利用自身的知识和社会资本，经过调研和分析形成研究报告，而政府也改变了之前的行为，开始与其他利益相关者合作，信息共享、共同学习。此外，在该事件的利益协调过程中，新闻媒体的曝光使得其他主体，例如社会组织，关注并参与促进该事件的解决，同时，新闻媒体也为政府和居民的沟通提供了桥梁。由此可见，该事件中多元主体的参与情况是较好的。最终，项目被暂停，并且此次事件使得“垃圾焚烧”“垃圾分类”等问题得到广泛关注，也促进了《北京市生活垃圾管理条例》的出台，因此该事件的利益协调结果是成功的。

在案例“C40：北京居民起诉阿苏卫循环经济园”中，利益诉求方认为诉求回应、寻找问题、理性沟通、理性解决、公民监督是利益协调过程中较为重要的因素。从该事件利益协调的整个过程来看，利益诉求方的利益表达程度是较好的，主要通过三种渠道表达自身利益诉求，分别是环评审批听证会、行政复议和行政诉讼。利益被诉求方，例如北京市环保局，也对利益诉求方的利益诉求做出了及时的回应。在该事件中，无论是利益诉求方，还是利益被诉求方，都采取了合理、理性的方式进行沟通和解决矛盾，因此双方在理性沟通和理性解决方面表现是较好的。正如受访者所言，利益诉求方考虑的是项目选址建设的可行性，而被诉求方看中的是项目的可行性，可见在该事件中，双方针对利益矛盾的根源问题尚未达成共识。但如受访者所言，他们在整个事件中得到了重视和收获。因为当前诉讼结果尚未公布，所以该事件的利益协调结果尚未得知，但从整体来看是偏向于成功的。

4．利益协调的规则要素

在环境群体性事件利益协调过程中，规则的制约必不可少，这些规则不仅包括正式的规则，例如法律法规，也包括非正式的规则，例如道德约束。在案例“C01：北京百善镇抗议阿苏卫垃圾填埋场臭味”中，作为利益诉求方的村民的利益表达行为并没有得到更好的约束和引导，反而村民按照自己认为有效的“截车”方式进行利益表达。同时，地方政府的强势也导致当地村民和政府的博弈资源不均衡，村民难以获得信息，同时村民的利益诉求也很难得到应有的重视和回应。

在案例“C18：北京奥北社区反建阿苏卫垃圾焚烧厂”中，对于利益诉求方的利益表达行为，政府最开始采取的是“回避”“压制”的态度，例如不接见业主、强行关闭维权网站等，并没有对利益诉求方的利益表达行动进行良好的引导和约束，这也导致利益诉求方采取集体行动表达反对，例如开车巡游、街头抗议。然而经过双方的不断沟通、博弈和协商，双方最终达成一致，周边业主的利益诉求得到实现，该项目暂停建设，而政府也对该项目的技术和污染等问题重新考察，可见利益双方的利益诉求均实现了均衡。

在案例“C40：北京居民起诉阿苏卫循环经济园”中，作为利益诉求方的社会组织、环保律师、部分居民等采取的是体制内的利益表达方式，他们的行动受到了正式规则的引导和约束，例如周边社区居民在环保社会组织的帮助下向北京市环保局申请召开环境行政许可听证会。然而在该事件中，容易受到忽略的规则就是监督，对此，有业主也表达了自身的担心：

“还有就是监督问题。群众怎么样介入到这个监督过程里面去。”（BLLS-20170510-YZ02）

5．环境群体性事件利益协调机制的修正

通过对北京阿苏卫项目三次环境群体性事件的实地调研和分析，本节对根据经典文献和理论构建的利益协调机制进行了完善和改进。通过实地调研和访谈的分析，本节从利益协调主体、利益协调过程、利益协调规则三个方面，将环境群体性事件利益协调机制归结为 12 个要素（表 12-3-8）。从利益协调的主体方面考虑，利益协调主体需要对相关的知识和信息有一定的了解，在有力的组织领袖的带领下进行有组织的、理性的、制度内的行动，各主体间也应建立信任机制。从利益协调的过程考虑，利益诉求方应该有通畅的、多样的表达渠道充分地表达自身合理的利益诉求，利益被诉求方也需要对接收到的利益诉求进行及时且正向的积极回应，以免利益诉求方采取制度外的行动从而扩大事件的严重性，利益协调主体间应进行和平的对话，以明确所要协调的利益矛盾，并通过协商的途径对根本矛盾做出各方均比较满意的解决方案，并确保该方案得到有效的执行。从利益协调的规则考虑，在利益主体进行利益表达和诉求回应的过程中应特别注意对各方行为的引导和约束，避免各方采取激烈的、不利于问题解决的行为；在各主体进行协商对话的过程中，应注意平衡各方资源，使各方能够平等地进行利益博弈；在制订方案的过程中，应注意对利益受损者进行合理程度的利益补偿；在方案执行的过程中，要注意监督的规则。

表 12-3-8　环境群体性事件中的利益协调机制

F1："有资源-有组织-有理性-有信任"的多元主体参与
P1：利益协调主体具有较高的知识和信息资源
P2：组织化程度高，存在有力的组织领袖和有计划的组织行动
P3：利益协调主体采取渐进式方法制定促进问题解决的行动策略
P4：各主体间彼此信任，相互合作
F2："利益表达-诉求回应-和平对话-解决执行"的全过程协调
P5：提供多样、通畅的利益表达渠道，合理地、理性地进行表达
P6：利益被诉求方及时、积极地对诉求做出回应
P7：明确根本利益冲突点，进行和平对话
P8：制定出双方均较满意的解决方案并贯彻执行
F3："行为引导-资源均衡-利益补偿-执行监督"的多规则约束协调
P9：对利益协调各方的行为进行合理的引导和约束
P10：均衡利益协调各方的博弈资源
P11：对利益受损者进行一定的利益补偿
P12：方案执行过程中加强监督

（二）问卷结果对环境群体性事件利益协调机制的验证

1．环境群体性事件利益协调机制的验证

（1）问卷的信度分析和效度分析

良好的量表应该能够稳定、精确地测量研究中的假设，因为本节的研究主要采用 Likert 五分量表，即非常不符合、比较不符合、一般、比较符合、非常符合，因此在量表信度测评时选取针对 Likert 式量表开发的 Cronbach's α系数，如果测量指标间的相关性高，则说明量表的信度较为理想。关于量表内部一致性信度系数指标的评判，学者已经形成了较为统一的原则，一般而言，若内部一致性信度系数值（Cronbach's α）高于 0.9，则说明整体量表和分量表均非常理想；若内部一致性信度系数值在 0.8～0.9，则说明整体量表和分量表均理想；若内部一致性信度系数值在 0.7～0.8，则说明分量表为佳而整体量表可以接受；若内部一致性信度系数值在 0.6～0.7，则说明分量表为尚佳而整体量表勉强接受，但建议修改题目；若内部一致性信度系数值在 0.6 以下，则建议修订或重新编制问卷。由此看来，对于研究问卷而言，整体量表的内部一致性信度系数应在 0.8 以上，分量表的内部一致性信度系数应在 0.7 以上。在本节研究中，环境群体性事件利益协调机制由利益协调主体、利益协调过程和利益协调规则三部分组成，因此在进行信度分析时，既要对利益协调机制总量表进行检验，也要对三个分量表进行检验。从信度分析结果来看（表 12-3-9），整体问卷的 Cronbach's α 值为 0.972，各部分的 Cronbach's α 也均高于 0.9，表明研究所使用的量表内部一致性非常理想，具有较高的可靠性。

表 12-3-9 整体量表和分量表的信度分析

	整体量表	利益协调主体量表	利益协调过程量表	利益协调规则量表
Cronbach's α	0.972	0.929	0.956	0.958

效度是检验测量结果和测量对象真正特征之间关系的重要变量，效度越高，表示测量结果越能够表示测量对象。因为本节的研究已经对研究变量做出分类和假设，所以通过进行验证性因子分析来测量问卷的效度。在进行因子分析之前，本节的研究首先需要对问卷数据进行 KMO 抽样适当性检验和 Bartlett 球形检验，一般而言，如果 KMO 统计量值大于 0.7，那么该问卷就适合进行因子分析。结果表明（表 12-3-10），各子问卷的 KMO 值均大于 0.8，Bartlett 球形检验显著性也均为 0.000，小于显著性水平 0.005，因此适合进一步做因子分析。

表 12-3-10 KMO 抽样适当性检验和 Bartlett 球形检验

	KMO 统计值	Bartlett 球形检验		
		近似卡方（χ^2）	df.	显著性（Sig.）
利益协调主体量表	0.859	1 398.243	10	0.000
利益协调过程量表	0.911	2 300.976	10	0.000
利益协调规则量表	0.844	2 524.132	10	0.000

从北京阿苏卫项目三次环境群体性事件的实地调研中，本节研究通过实证调查与理论的结合，从利益协调主体、利益协调过程和利益协调规则三个方面构建了环境群体性事件利益协调机制的 12 项原则，为了进一步验证每个方面下原则的效度和为了之后对利益协调机制进行更方便的分析，本节研究运用主成分因子分析并通过方差最大正交旋转进行分析。因子分析结果显示（表 12-3-11），在利益协调主体方面，按照特征值大于 1 的标准共分离出一个因子，并且该因子的贡献率为 73.558%，即该因子可以解释 73.558%的变异量；在利益协调过程方面，按照特征值大于 1 的标准共分离出一个因子，并且该因子的贡献率为 85.079%，即该因子可以解释 85.079%的变异量；在利益协调规则方面，按照特征值大于 1 的标准共分离出一个因子，并且该因子的贡献率为 85.540%，即该因子可以解释 85.540%的变异量。

表 12-3-11 因子分析解释的总方差

	初始特征值			提取载荷平方和		
	总计	方差百分比/%	累积百分比/%	总计	方差百分比/%	累积百分比/%
利益协调主体	3.678	73.558	73.558	3.678	73.558	73.558
利益协调过程	4.254	85.079	85.079	4.254	85.079	85.079
利益协调规则	4.277	85.540	85.540	4.277	85.540	85.540

提取方法：主成分分析。

（2）利益协调机制与结果的非参数检验与相关性分析

为了检验环境群体性事件的利益协调结果与利益协调机制的 12 个原则之间是否存在相关关系，本节研究进行非参数检验。非参数检验可以检验在不同的条件下，结果是否一样，在非参数检验中，原假设为“结果在不同的条件下是相同的”，因此，如果显著性概率小于 0.05，应拒绝原假设，即我们应认为，在不同的条件下，解决结果是不同的。本节研究分别对北京阿苏卫项目三次环境群体性事件利益协调问卷数据、其他案例环境群体性事件利益协调问卷数据以及全部问卷做非参数检验，非参数检验的结果如表 12-3-12 所示。结果表明，利益协调结果与原则 1“利益协调主体具有较高的知识和信息资源”的非参数检验显著性概率小于 0.001，故可以认为不同程度知识和信息资源的利益协调结果差异有统计学意义，即知识和信息资源的拥有程度对利益协调结果有显著影响。同理可知，环境群体性事件利益协调机制中的 12 个原则均对利益协调结果有显著影响。同时结果发现，虽然其他案例环境群体性事件利益协调问卷数据中非参数检验的卡方值相对偏小，但非参数检验数据仍表明环境群体性事件利益协调机制中的 12 个原则的不同取值会显著影响利益协调结果，进一步验证了环境群体性事件利益协调机制中的 12 个原则均对利益协调结果有显著影响。

表 12-3-12　利益协调结果与利益协调机制的非参数检验

（1）北京阿苏卫项目三次环境群体性事件数据的非参数检验							
	分组变量	P1	P2	P3	P4	P5	P6
结果	卡方 （显著性）	123.125** （0.000）	125.420** （0.000）	124.878** （0.000）	122.705** （0.000）	134.873** （0.000）	130.082** （0.000）
	分组变量	P7	P8	P9	P10	P11	P12
结果	卡方 （显著性）	129.229** （0.000）	128.909** （0.000）	128.137** （0.000）	128.446** （0.000）	127.285** （0.000）	120.506** （0.000）
（2）其他案例数据的非参数检验							
	分组变量	P1	P2	P3	P4	P5	P6
结果	卡方 （显著性）	75.049** （0.000）	89.472** （0.000）	105.301** （0.000）	68.989** （0.000）	113.650** （0.000）	116.029** （0.000）
	分组变量	P7	P8	P9	P10	P11	P12
结果	卡方 （显著性）	125.847** （0.000）	99.813** （0.000）	83.810** （0.000）	104.516** （0.000）	100.572** （0.000）	84.413** （0.000）
（3）全部数据的非参数检验							
	分组变量	P1	P2	P3	P4	P5	P6
结果	卡方 （显著性）	202.320** （0.000）	221.828** （0.000）	239.607** （0.000）	198.103** （0.000）	255.683** （0.000）	254.691** （0.000）
	分组变量	P7	P8	P9	P10	P11	P12
结果	卡方 （显著性）	263.355** （0.000）	232.492** （0.000）	216.637** （0.000）	241.261** （0.000）	222.278** （0.000）	210.047** （0.000）

注：K-W 检验；*表示在 0.05 水平（双侧）上显著相关；**表示在 0.01 水平（双侧）上显著相关。

为了进一步分析环境群体性事件的利益协调结果与利益协调机制的 12 个原则之间存在何种相关关系，本节研究分别对北京阿苏卫项目三次环境群体性事件利益协调问卷数据、其他案例环境群体性事件利益协调问卷数据以及全部问卷进行 Spearman 相关性分析。结果如表 12-3-13 所示：利益协调结果与环境群体性事件利益协调机制中的 12 个原则之间的显著性均小于显著性水平 0.05，表明这 12 个原则均与利益协调结果有显著的正向相关关系。同时，在其他案例环境群体性事件利益协调问卷数据中，利益协调结果与环境群体性事件利益协调机制中的 12 个原则之间的显著性也都小于显著性水平 0.05，进一步验证了环境群体性事件利益协调机制中的 12 个原则均与利益协调结果有显著正向相关关系。

表 12-3-13 利益协调结果与利益协调机制的 Spearman 相关性分析

（1）北京阿苏卫项目三次环境群体性事件数据的 Spearman 相关性分析						
	P1	P2	P3	P4	P5	P6
与结果的相关系数	0.889** （0.000）	0.903** （0.000）	0.903** （0.000）	0.899** （0.000）	0.941** （0.000）	0.921** （0.000）
	P7	P8	P9	P10	P11	P12
与结果的相关系数	0.920** （0.000）	0.915** （0.000）	0.916** （0.000）	0.914** （0.000）	0.910** （0.000）	0.887** （0.000）
（2）其他案例数据的 Spearman 相关性分析						
	P1	P2	P3	P4	P5	P6
与结果的相关系数	0.475** （0.000）	0.567** （0.000）	0.623** （0.000）	0.485** （0.000）	0.639** （0.000）	0.644** （0.000）
	P7	P8	P9	P10	P11	P12
与结果的相关系数	0.684** （0.000）	0.578** （0.000）	0.537** （0.000）	0.602** （0.000）	0.525** （0.000）	0.518** （0.000）
（3）全部数据的 Spearman 相关性分析						
	P1	P2	P3	P4	P5	P6
与结果的相关系数	0.684** （0.000）	0.727** （0.000）	0.757** （0.000）	0.687** （0.000）	0.779** （0.000）	0.776** （0.000）
	P7	P8	P9	P10	P11	P12
与结果的相关系数	0.793** （0.000）	0.741** （0.000）	0.718** （0.000）	0.755** （0.000）	0.710** （0.000）	0.695** （0.000）

注：*表示在 0.05 水平（双侧）上显著相关；**表示在 0.01 水平（双侧）上显著相关

（3）利益协调机制与结果的回归性分析

在因子分析部分，本节研究通过对全部问卷的分析得到，利益协调主体分离出的因子可以解释利益协调主体 73.558%的变异量，利益协调过程分离出的因子可以解释利益协调过程 85.079%的变异量，利益协调原则分离出的因子可以解释利益协调原则 85.540%的变异量，因此本节研究用分离出的三个因子的数值分别代表利益协调主体、利益协调过程和利益协调原则的数值。同理，也可以得到北京阿苏卫项目三次环境群体性事件利益协调问卷数据和其他案例问卷数据中利益协调主体、利益协调过程和利益协调原则的数值。本节研究的因变量是环境群体性事件利益协调结果满意度，因此适合进行有序多分类 Logistic 回归模型分析。本节研究分别对北京阿苏卫项目三次环境群体性事件利益协调问卷数据、其他案例环境群体性事件利益协调问卷数据以及全部问卷进行有序多分类 Logistic 回归模型分析，分析结果如表 12-3-14 所示：三个模型的模型拟合信息的显著性均小于 0.001，说明至少有一个自变量的回归系数不为零，即包含利益协调主体、利益协调过程、利益协调原则的模型的拟合优度好于仅包含常数项的无效模型；参数估计中三个自变量的显著性均小于 0.01，表明利益协调结果与利益协调主体、利益协调过程和利益协调原则三个因素关系显著。对比三组模型也可以发现，虽然在非调研案例的问卷数据中，利益协调主体、利益协调过程和利益协调原则与利益协调结果的回归系数相对较小，但显著性水平仍然小于 0.01，进一步验证了本节研究结果的外部适用性。OR 值是自变量每改变一个单位，因变量提高一个及一个以上等级的比数比[1]，通过 OR 值可以发现，自变量每增加一个单位，利益冲突的协调结果的满意度均得到提高。

表 12-3-14　利益协调结果与利益协调机制的有序多分类 Logistic 回归分析

模型	M1			M2			M3		
（a）拟合优度似然比检验									
卡方（χ^2）	336.677			234.574			583.500		
显著性（Sig.）	0.000			0.000			0.000		
（b）参数估计									
位置	利益协调主体	利益协调过程	利益协调规则	利益协调主体	利益协调过程	利益协调规则	利益协调主体	利益协调过程	利益协调规则
B	2.757	3.622	2.435	1.421	0.858	0.509	1.832	1.294	0.865
OR 值	15.75	37.41	11.41	4.14	2.36	1.66	6.25	3.65	2.37
S.E.	0.731	0.860	17.731	0.203	0.224	0.182	0.214	0.232	0.189
Wald	14.233	17.731	10.046	48.756	14.670	7.861	73.383	31.100	20.900
显著性（Sig.）	0.000	0.000	0.002	0.000	0.000	0.005	0.000	0.000	0.000

注：M1 为北京阿苏卫项目三次环境群体性事件的利益协调结果与利益协调机制的有序多分类 Logistic 回归模型；M2 为其他案例利益协调结果与利益协调机制的 Logistic 回归模型；M3 为全部问卷数据的利益协调结果与利益协调机制的 Logistic 回归模型。

2．利益客体类型和事件特征的调节作用分析

（1）利益客体类型的调节作用分析

通过北京阿苏卫项目三次环境群体性事件的实地调研可知，在环境群体性事件的利益协调过程中，不同的主体有着不同的利益诉求，根据利益诉求的一致性原则，环境群体性事件利益协调中的利益客体可以分为一致利益、部分一致利益和对立利益。为了探讨利益客体的不同类型是否会影响利益的协调，本节研究采用分组回归分析的方法，对利益客体

1 张文彤，董伟. SPSS 统计分析高级教程[M]. 北京：高等教育出版社，2013：181.

类型和利益协调间的关系做调节作用分析。SPSS 分析结果（表 12-3-15）显示：一致利益、部分一致利益和对立利益三组有序 Logistic 方程中，利益协调机制中的利益协调主体、利益协调过程与利益协调规则三个变量与利益协调结果的参数估计值的显著性水平均小于 0.05，表明利益客体类型对利益协调机制与利益协调结果间的关系具有显著调节作用。对比参数估计值以及 OR 值可以发现，在一致利益中，利益协调主体的参数估计值和 OR 值最大，表明在一致利益类型中，利益协调主体对利益协调结果的作用更大，同时，利益协调主体与协调结果间的关系得到加强，利益协调过程与结果间的关系得到加强，利益协调规则与结果间的关系相对减弱。在部分一致利益中，利益协调过程的参数估计值和 OR 值最大，表明在部分一致利益类型中，利益协调过程对利益协调结果的作用更大，同时，利益协调主体与结果间的关系相对减弱，利益协调过程与结果间的关系得到加强，利益协调规则与结果间的关系相对减弱。在对立利益中，利益协调规则的参数估计值和 OR 值最大，表明在对立利益类型中，利益协调规则对利益协调结果的作用更大，同时，利益协调主体与结果间的关系得到加强，利益协调过程与结果间的关系变为负相关，利益协调规则与结果间的关系得到加强。

表 12-3-15　利益客体类型的调节作用分析

利益客体类型	一致利益			部分一致利益			对立利益		
（a）拟合优度似然比检验									
似然比卡方（χ^2）	180.705			237.646			60.494		
显著性（Sig.）	0.000			0.000			0.000		
（b）参数估计									
	X1	X2	X3	X1	X2	X3	X1	X2	X3
B	2.111	1.440	0.750	1.301	2.422	0.532	1.918	-1.579	2.940
OR 值	8.26	4.22	2.12	3.67	11.27	1.70	6.81	0.21	18.91
S.E.	0.406	0.457	0.355	0.320	0.367	0.276	0.538	0.587	0.676
Wald	27.067	9.935	4.458	16.519	43.597	3.721	12.702	7.228	18.894
显著性（Sig.）	0.000	0.002	0.035	0.000	0.000	0.054	0.000	0.007	0.000

注：X1 为利益协调主体；X2 为利益协调过程；X3 为利益协调规则。

（2）事件发生区域、层级、规模、暴力程度的调节作用分析

在环境群体性事件中，因事件的发生区域不同、行政层级不同、规模不同、暴力程度不同，环境群体性事件中的利益协调可能存在或多或少的差异（表 12-3-16）。对此，本节分别对环境群体性事件的发生区域、行政层级、规模、暴力程度在利益协调机制与结果间关系的协调作用做分层回归分析。结果显示，发生区域对利益协调主体与结果间的关系、利益协调规则与结果间的关系具有调节作用，发生在农村的环境群体性事件中的利益协调主体与协调结果间的正向相关关系比发生在城市的更强烈，发生在城市的环境群体性事件中的利益协调规则与协调结果间的正向相关关系比发生在农村的更强烈。发生层级对利益

协调过程与结果间的关系具有调节作用，发生在乡镇级和区县级的环境群体性事件中的利益协调过程与协调结果间的正向相关关系得到加强，而发生在市级及以上的环境群体性事件中的利益协调过程与协调结果间的正向相关关系相对减弱。规模对利益协调主体与结果间的关系、利益协调规则与结果间的关系具有调节作用，在中小规模的环境群体性事件中的利益协调主体与协调结果间的正向相关关系相对减弱、利益协调规则与协调结果间的正向相关关系得到加强，而大规模的环境群体性事件中的利益协调主体与协调结果间的正向相关关系得到加强、利益协调规则与协调结果间的正向相关关系相对减弱。暴力程度对利益协调主体与结果间的关系、利益协调过程与结果间的关系具有调节作用，高暴力程度的环境群体性事件中的利益协调主体与协调结果间的正向相关关系比中低暴力程度的更强烈，中高暴力程度的环境群体性事件中的利益协调过程与协调结果间的正向相关关系比低暴力程度的更强烈。

表 12-3-16　事件的发生区域、层级、规模、暴力程度的调节作用

区域	农村			城市					
（a）拟合优度似然比检验									
似然比卡方（χ^2）	290.670			219.436					
显著性（Sig.）	0.000			0.000					
（b）参数估计									
	X1	X2	X3	X1	X2	X3			
B	2.067	1.693	0.712	1.875	0.690	1.332			
OR 值	7.90	5.43	2.04	6.52	1.99	3.79			
S.E.	0.315	0.306	0.256	0.332	0.396	0.325			
Wald	43.011	30.655	7.747	31.975	3.036	16.743			
显著性（Sig.）	0.000	0.000	0.005	0.000	0.081	0.000			
层级	乡镇级			区县级			市级及以上		
（a）拟合优度似然比检验									
似然比卡方（χ^2）	209.899			208.805			123.750		
显著性（Sig.）	0.000			0.000			0.000		
（b）参数估计									
	X1	X2	X3	X1	X2	X3	X1	X2	X3
B	1.080	2.716	1.583	3.960	1.421	1.179	1.338	0.721	0.562
OR 值	2.94	15.12	4.87	52.46	4.14	3.25	3.81	2.06	1.75
S.E.	0.602	0.608	0.448	0.656	0.700	0.693	0.262	0.283	0.223
Wald	3.220	19.934	12.501	36.495	4.124	2.897	26.000	6.480	6.346
显著性（Sig.）	0.073	0.000	0.000	0.000	0.042	0.089	0.000	0.011	0.012
规模	小			中			大		
（a）拟合优度似然比检验									
似然比卡方（χ^2）	167.567			263.533			123.571		
显著性（Sig.）	0.000			0.000			0.000		

区域	农村			城市					
（b）参数估计									
	X1	X2	X3	X1	X2	X3	X1	X2	X3
B	1.416	1.628	1.068	1.594	2.904	0.878	1.976	0.190	0.785
OR 值	4.12	5.09	2.91	4.92	18.25	2.41	7.21	1.21	2.19
S.E.	0.427	0.510	0.433	0.476	0.492	0.343	0.324	0.347	0.316
Wald	10.985	10.207	6.092	11.230	34.872	6.569	37.132	0.300	6.154
显著性（Sig.）	0.001	0.001	0.014	0.001	0.000	0.010	0.000	0.584	0.013
暴力程度	低			中			高		
（a）拟合优度似然比检验									
似然比卡方（χ^2）	116.830			256.345			78.539		
显著性（Sig.）	0.000			0.000			0.000		
（b）参数估计									
	X1	X2	X3	X1	X2	X3	X1	X2	X3
B	1.060	0.872	0.640	1.437	2.703	1.913	3.986	2.047	-0.459
OR 值	2.89	2.39	1.89	4.21	14.92	6.77	53.84	7.74	0.63
S.E.	0.267	0.278	0.212	0.547	0.652	0.571	0.849	0.988	0.853
Wald	15.738	9.853	9.106	6.899	17.185	11.201	22.038	4.291	0.289
显著性（Sig.）	0.000	0.002	0.003	0.009	0.000	0.001	0.000	0.038	0.591

注：X1 为利益协调主体；X2 为利益协调过程；X3 为利益协调规则。

四、讨论

（一）基于“主体-过程-规则”的利益协调机制

1. 构建“有资源-有组织-有理性-有信任”的多元主体协调机制

“行动者”在环境群体性事件的利益协调中起到了重要的作用。多元主体参与能够对很多社会实际问题的解决提供有效的帮助已经得到了诸多研究成果的证明。[1]在大多数学者看来，多元主体参与就是多个主体参与以及各主体之间互动与合作[2,3]，多元主体的参与可以为环境群体性事件中利益矛盾的协调提供一个更为广阔、包容、开放与互动的协商与对话平台，从而促进各个主体之间相互沟通、博弈与合作，进而促进环境群体性事件中的利益矛盾得到较为快速和有效的解决。

首先，利益协调主体需要具备充足的知识和信息资源，包括对环境污染以及群体性事件的相关知识和信息的掌握。杨立华在 PIA 框架中提出了影响行动者行为的六种资源或资本，即物质资源、人力资源、货币资源、知识资源、社会资源和组织制度资源[4]，并认为这

1 Dibble R，Gibson C. Collaboration for the Common Good：An Examination of Challenges and Adjustment Processes in Multicultural Collaborations[J]. Journal of Organizational Behavior，2013，34（6）：764-790.

2 Stoker G. Governance as Theory：Five Propositions[J]. International Social Science Journal，2002，50（155）：17-28.

3 俞可平. 国家治理评估——中国与世界[M]. 北京：中央编译出版社，2009.

4 杨立华. 构建多元协作性社区治理机制解决集体行动困境——一个“产品-制度”分析（PIA）框架[J]. 公共管理学报，2007，4（2）：6-15，17-23，121-122.

些资源都会对行动者的行为产生影响，但并没有继续深入地分析这些资源如何影响行动者的行动。此外，资源依赖理论认为每个行动者的行为都会受他们所拥有的资源以及他们之间资源依赖关系的限制[1]。从这一角度来看，关注并探讨利益协调主体的资源拥有程度是必要且重要的。

其次，利益协调主体，尤其是利益诉求方，需要具有较高的组织化程度，需要强有力的组织领袖发挥组织引领作用，需要有计划的组织行动。组织是协调和整理各种利益的有力工具[2]，组织领袖是组织战略和战略执行中最重要的确定者和监督者。利益集团理论[3]阐述了高组织化在政治参与中的有利作用，提出规模适中、组织程度高、能量大的组织更容易表达自身的利益诉求。诸多研究也已经关注组织化在群体性事件中的功能，尽管也有学者提出"去组织化"策略[4]，但这种策略要求参与主体资源禀赋，且本质上仍然注重行动纪律的重要性。

再次，利益协调主体采取渐进式的方法制定理性的、促进问题解决的行动方式至关重要。利益协调主体行动策略和行动方式的选择与运用也已被证明对利益协调和冲突解决有着显著的影响[5]，不同的行动方式和策略会带来不同的结果[6]。采取理性的、问题解决导向的行动策略化解矛盾已经得到了诸多学者的支持[7]。同时，行动策略的制定并非一蹴而就，而是根据现实情况不断调整行动策略，即采用渐进式的方法制定合理的行动策略。"渐进式"这一概念已普遍存在于社会治理和改革研究中[8]，但较少有学者明确将渐进式方法与行动选择和利益协调相结合，而本节研究率先提出采取渐进式方法制定理性的、促进问题解决的行动策略，是对现有理论的补充，也得到了实践的验证。

最后，多元主体的参与也离不开彼此之间的信任。信任对突发事件的解决至关重要[9]，信任具有促进社会稳定和社会团结的功能。信任是合作的基础[10]，奥斯特罗姆曾指出信任、声誉和互惠是合作行为产生的关键[11]。信任有助于利益协调双方采取合作性的、积极的、促进问题解决的行动方式。信任建立在双方行为和信息的基础上[12]。信任产生于可信赖行为，当双方的行为展现了诚实、一致等特质时，信任就会产生；信任也依赖于信息，这种信息可以直接从双方的互动中获得，也可以从第三方获得[13]。

---

1 孙健，张智瀛. 网络化治理：研究视角及进路[J]. 中国行政管理，2014（8）：72-75.

2 李琼. 民间组织的利益协调功能及其实践机制[J]. 深圳大学学报（人文社会科学版），2009，26（5）：88-91.

3 谭融. 美国利益集团政治研究[M]. 北京：中国社会科学出版社，2002：35-37.

4 陈晓运. 去组织化：业主集体行动的策略——以G市反对垃圾焚烧厂建设事件为例[J]. 公共管理学报，2012，9（2）：67-75，125.

5 Gamson W A. The Strategy of Social Protest[M]. Belmont：Wadsworth Publishing，1990.

6 李亚. 创造性地解决公共冲突[M]. 北京：人民出版社，2015：33-35.

7 杨立华，杨文君. 中国大气污染冲突解决机制：一项多方法混合研究[J]. 中国行政管理，2017（11）：118-127.

8 苏敬勤，崔淼，张竞浩. 外部取向管理创新模式——一个探索性案例研究[J]. 管理科学，2011，24（1）：31-39.

9 尤薇佳，李红，刘鲁. 突发事件Web信息传播渠道信任比较研究[J]. 管理科学学报，2014，17（2）：19-33.

10 张康之. 在历史的坐标中看信任——论信任的三种历史类型[J]. 社会科学研究，2005（1）：11-17.

11 Ostrom E. Building Trust to Solve Commons Dilemmas：Taking Small Steps to Test an Evolving Theory of Collective Action[M]//Simon L. Games，Groups and the Global Goody. New York：Springer，2008.

12 张宁，张雨青，吴坎坎. 信任的心理和神经生理机制[J]. 心理科学，2011，34（5）：1137-1143.

13 邹宇春，敖丹，李建栋. 中国城市居民的信任格局及社会资本影响——以广州为例[J]. 中国社会科学，2012（5）：131-148，207.

2. 构建“利益表达-诉求回应-和平对话-解决执行”的全过程协调机制

全过程管理是现代企业质量管理体系标准中的一种非常重要的方法，该方法强调企业应在管理中对每一个节点进行质量控制。[1]当前也有不少学者从各个角度提出构建利益协调机制[2]，但较少有学者将利益协调机制与全过程管理相结合。本节研究认为环境群体性事件是一个渐进性、周期性的活动，因此在利益协调中也需要注重阶段特征，从全过程角度进行分析。

利益的表达和诉求的回应是密不可分的、需要不断进行的利益诉求的首要过程。“当某个集团或个人提出一项政治要求时，政治过程就开始了”[3]，利益表达是利益协调过程的开始，但利益得到表达并不代表一定得到倾听[4]，还需要对利益诉求进行回应[5]。不通畅的利益表达和消极无结果的诉求回应往往会导致利益诉求方更倾向于选择破坏性的行动方式[6]，进而导致冲突的进一步扩大。因此，建立顺畅的渠道使一些相冲突的利益得以有效表达至关重要[7]。如果受害方正当利益的表达受到无视或者压制，他们会自发采取更加激进的手段和方式，这导致冲突解决变得更加困难[8]，因此利益被诉求方需要及时地对利益诉求做出积极和正向的回答。

针对根本问题的和平对话与协商是环境群体性事件利益协调中的关键所在。从现有研究看，“对话”一词较多地应用于国际关系和国际利益协调研究中[9]，而本节研究认为即使在环境群体性事件利益协调这一相对较小的领域内，也应该用和平对话的视角考虑利益协调主体之间的博弈与协商。同时，这种对话是明确根本问题下的对话，是针对根本利益冲突点的对话。利益多种多样，把握利益系统中的根本利益、明确根本冲突点是协调利益关系的前提条件[10]。

环境群体性事件中利益协调的成功也得益于解决方案的有效制定和执行。冲突是冲突双方实现利益诉求的工具，一旦这种利益诉求得以实现，冲突双方就不再有利可图[11]。政策制定和执行是紧密相连的[12]，政策的有力执行是解决问题的关键，然而现实中，政策执行效能低的问题仍然存在[13]，这就可能导致冲突愈演愈烈。相对剥夺理论揭示了期望与实

---

1 李奕，张英华. 战略与执行——基于价值创新战略的企业过程管理能力研究[J]. 科技进步与对策，2011（23）：114-119.

2 吴建华，王孝勇. 社会转型期协商民主视野下的利益协调机制探讨[J]. 江苏行政学院学报，2014（6）：86-89.

3 加布里埃尔•A.阿尔蒙德，G.宾厄姆•鲍威尔. 比较政治学：体系、过程和政策[M]. 曹沛霖，等译. 北京：东方出版社，2007：14-16.

4 常健，许尧. 论公共冲突管理的五大机制建设[J]. 中国行政管理，2010（9）：63-66.

5 翁士洪，叶笑云. 网络参与下地方政府决策回应的逻辑分析——以宁波 PX 事件为例[J]. 公共管理学报，2013（4）：26-36，138.

6 孙德厚. 村民制度外政治参与行为是我国农村政治、经济体制改革的重要课题[J]. 中国行政管理，2002（6）：35-37.

7 西摩•马丁•李普塞特. 共识与冲突[M]. 张华青，等译. 上海：上海人民出版社，2011：127.

8 任丙强. 农村环境抗争事件与地方政府治理危机[J]. 国家行政学院学报，2011（5）：98-102.

9 郑先武. 东亚“大国协调”：构建基础与路径选择[J]. 世界经济与政治，2013（5）：88-113，158-159.

10 洪远朋，高帆. 关于社会利益问题的文献综述[J]. 社会科学研究，2008（2）：73-81.

11 刘易斯•科塞. 社会冲突的功能[M]. 孙立平，等译. 北京：华夏出版社，1989：199.

12 刘小康. 论公共政策执行力及其影响因素[J]. 新视野，2013（5）：60-63.

13 彭向刚，向俊杰. 论生态文明建设视野下农村环保政策的执行力——对“癌症村”现象的反思[J]. 中国人口•资源与环境，2013，23（7）：13-21.

际之间的落差对集体行动的影响[1]，因此需要制订并实施令各方满意的解决方案，尽可能地缩小冲突各方的价值期望与实际之间的落差。

3．构建“行为引导-资源均衡-利益补偿-执行监督”的多规则约束协调机制

在环境群体性事件中，规则的制约必不可少，规则能够协调利益主体之间的利益关系[2]，利益协调规则贯穿利益协调的全过程。利益协调并不单单意味着解决当前的利益矛盾，利益问题本质上是价值问题[3]，而利益协调规则有助于潜移默化地对利益主体的价值和行为做出改变，在于促使个人或群体形成正确的价值观，引导和规范利益行为。因此在利益协调的过程中应建立健全利益协调规则机制，具体而言包括利益引导和约束、资源均衡、利益补偿和利益监督。

利益的引导和约束意味着通过道德和法律加强对利益主体的利益追求和利益行为的引导和约束。[4]道德是引导利益主体合理选择行动方式的内在约束性力量，加强思想教育建设，引导人们科学采取合理的利益诉求方式，正确处理利益矛盾关系。法律代表着最广大人民的根本利益，是协调环境群体性事件中利益矛盾的重要依据，法律的权威性、公正性和强制性意味着完善立法和公正执法在环境群体性事件利益协调中具有重要的作用。因此，要通过法律手段加强对利益协调的法律引导和约束，既要确保利益主体有合法的途径表达利益诉求，又要保证利益主体能够尽可能地在法律规范的途径内进行利益表达。

利益均衡是现代民主社会中社会和谐的必然要求，是维护和实现社会公平正义、进行利益协调的必然要求。[5]在社会经济发展不平衡、区域差距大的今天，环境群体性事件的利益协调过程尤其需要注重利益均衡。利益均衡原则意味着要对利益主体自身具有的资源进行平衡，在环境群体性事件中，不同类型的主体具有的资源不同，导致各利益主体在利益协调过程中的话语权也有所不同。因此，利益均衡原则要求利益协调主体在知识、信息等资源方面实现均衡，要求相关信息和资源能够实现公开和共享，这也呼应了本节提出的要构建有资源、有组织的多元主体协调机制。

对利益受损者进行利益补偿是利益协调中的关键。利益补偿是指以政府为主导的利益补偿主体，以追求利益共享和社会公正为价值目标，通过制度规范，采用多种方式对利益受损群体给予适当补偿的过程。[6]外部性理论显示了应该对生态保护区域存在的外部性进行补偿，生态资本论的基本原理也为利益补偿提供了可以对比和量化的理论基石。[7]对利益受损者进行利益补偿是利益协调和矛盾解决过程中的关键，并应适度地、循序渐进地以及兼顾公平与效率地形成政府与社会合力的利益补偿机制。[8]

---

1 Gurr T R. Why Men Rebel[M]. Princeton，N J：Princeton University Press，1970：24.

2 洪远朋，陈波，卢志强. 制度变迁与经济利益关系演变[J]. 社会科学研究，2005（3）：43-49.

3 杨耕. 价值、价值观与核心价值观[J]. 北京师范大学学报（社会科学版），2015（1）：16-22.

4 张宏华. 建立健全化解社会矛盾的利益协调机制[J]. 新视野，2007（4）：80-81.

5 刘红凛. 构建和谐社会背景的利益协调机制[J]. 重庆社会科学，2010（5）：47-52.

6 吕建华，郑洁. 对我国围海造地管理中失海渔民利益补偿问题的探究[J]. 中国行政管理，2013（6）：46-49.

7 高国力，丁丁，刘国艳. 国际上关于生态保护区域利益补偿的理论、方法、实践及启示[J]. 宏观经济研究，2009（5）：67-72，79.

8 陈波，卢志强，洪远朋. 弱势群体的利益补偿问题[J]. 社会科学研究，2004（2）：33-37.

在环境群体性事件的利益协调过程中，利益监督原则主要作用于解决方案的执行阶段。一项有效的解决方案若没有得到良好的执行，利益诉求方现实中没有获得允诺上的回应，冲突就容易升级。利益监督需要多元主体的共同参与，需要社会舆论发挥相应的作用，尤其是随着互联网的快速发展[1]，网络的监督能够促使相关部门改变不作为或者慢作为，推动着方案的有效落实。

（二）利益一致时协调主体的作用更大，利益部分一致时协调过程的作用更大，利益对立时协调规则的作用更大

通过问卷数据的分析结果可以发现，利益客体的类型会影响利益协调机制和利益协调结果间的关系。有学者曾指出，不同类型的冲突事件有着本质的区别，必须采取不同方式予以化解；如果对不同事件采取同一方式，则容易激化原有的矛盾和冲突[2]。而对于不同利益客体类型的环境群体性事件的利益协调也是如此，利益协调中的侧重点也应有所不同。

这一发现为管理者有效协调环境群体性事件中的利益冲突带来以下启示。第一，管理者和利益协调者需要不断地交流与沟通，明确利益冲突各方的利益客体类型，发现环境群体性事件中的冲突双方的利益矛盾在本质上是对立的或一致的或部分一致。第二，管理者和利益协调者需要对不同利益客体类型的环境群体性事件有针对地进行利益协调。当利益矛盾本质上是一致利益时，需要对利益协调主体加以引导；当利益矛盾是部分一致利益时，要注重利益协调过程；当利益矛盾是对立利益时，要更加重视利益协调规则。

（三）农村、大规模或高暴力程度时协调主体的作用更显著，市级以下、中高暴力程度时协调过程的作用更显著，城市、中小规模时协调规则的作用更显著

环境群体性事件的发生区域、行政层级、规模和暴力程度也会影响利益协调机制和利益协调结果间的关系。这一发现为管理者有效协调环境群体性事件中的利益冲突带来如下启示。第一，针对发生在农村的环境群体性事件利益协调问题，管理者应更加关注利益协调主体；针对发生在城市的环境群体性事件利益协调问题，管理者应更注重规则约束。“自救式维权”是村民在环境维权方面采取的主要手段[3]，而政府的环境理念和态度关系到事件的发生和发展，因此针对发生在农村的环境群体性事件利益协调问题，改变利益协调主体的理念、构建主体间的信任是关键。城市环境问题的根本原因在于社会权力与资源分配的不平等[4]，因此城市环境问题的解决要强化规则约束。第二，针对发生在乡镇层级的环境群体性事件利益协调问题，管理者应更加重视协调过程。已有研究表明[5]，地方政府为了GDP的增长与企业形成合作，变环境保护为“污染保护”，对利益诉求也倾向于采取拖延、欺骗、“截访”等不当的“维稳”行为[6]，因此针对乡镇层级的环境群体性事件利益协调问题，

1 彭长华. 大数据时代网络舆论监督机制的现状及对策分析[J]. 新疆社会科学（汉文版），2016（5）：13-18.
2 于建嵘. 当前我国群体性事件的主要类型及其基本特征[J]. 中国政法大学学报，2009（6）：114-120，160.
3 于建嵘. 当前农村环境污染冲突的主要特征及对策[J]. 世界环境，2008（1）：58-59.
4 杜玉华，文军. 城市环境问题的成因与治理策略——以社会冲突理论为视角[J]. 上海城市管理职业技术学院学报，2008，17（5）：44-46.
5 杨立华，杨文君. 中国大气污染冲突解决机制：一项多方法混合研究[J]. 中国行政管理，2017（11）：118-127.
6 温铁军，郎晓娟，郑风田. 中国农村社会稳定状况及其特征：基于100村1765户的调查分析[J]. 管理世界，2011（3）：66-76，187-188.

管理者应加强对利益协调过程的规范，包括及时正向地对利益诉求做出回应等。第三，针对小规模的环境群体性事件利益协调问题，管理者应加强规则约束，防止冲突规模扩大[1]。而针对大规模的环境群体性事件利益协调问题，管理者应更加关注利益协调主体。第四，要预防和避免暴力性环境群体性事件，地方政府是关键[2]，因此在暴力程度较高的环境群体性事件利益协调中，管理者更应该注意利益协调主体和利益协调过程对利益协调结果的影响。

（四）研究的理论价值和政策贡献

利益问题是人们现实生活中的重要问题，人们所争取的一切都与自身的利益相关。本节的研究通过三个案例的实地调研以及问卷数据的验证，从利益协调主体、利益协调过程和利益协调规则三个方面构建了环境群体性事件利益协调机制。同时，研究从利益客体类型以及环境群体性事件的发生区域、行政层级、规模和暴力程度层面分析了这五个变量对利益协调机制与利益协调结果间关系的影响（图 12-3-3）。

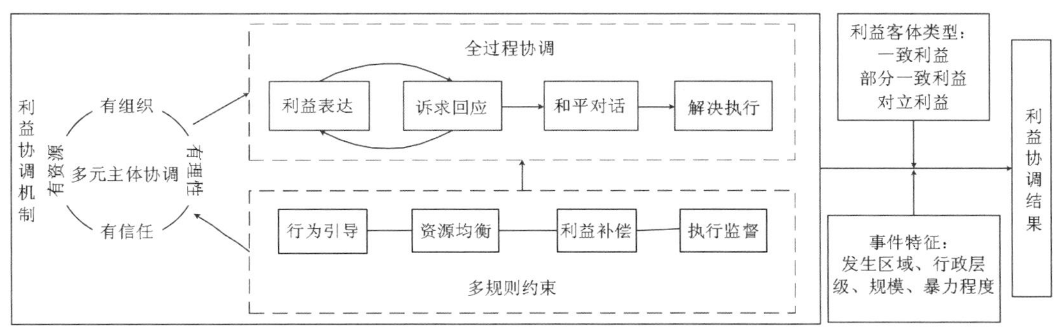

图 12-3-3　环境群体性事件中的利益协调机制

从理论层面上来看，本节研究拓展和深化了利益协调以及群体性事件解决领域的相关理论和研究。首先，本节研究从多元主体自身特征出发，提出多元主体参与并不仅仅意味着参与主体的多元化与良好合作[3]，还应具备较高的知识和信息资源、有力的组织领导和有计划的行动、能够采取渐进式方式制定促进问题解决的行动策略、彼此信任，丰富了多元协作性治理、协同治理[4]等治理理论，也为治理理论的发展提供了新的思考点。其次，本节研究将利益协调与全过程管理相结合，构建了“利益表达-诉求回应-和平对话-解决执行”的全过程协调机制，并将根本问题分析法和对话机制引入环境群体性事件利益协调问题的研究中，拓宽了理解利益协调问题的思路。再次，研究构建的环境群体性事件利益协调机制由利益协调主体、利益协调过程和利益协调规则三个方面构成，为理解环境群体性事件中的利益协调问题提供了一个更为系统和全面的路径。最后，以往研究一直将事件的类型、

1 狄恩•普鲁特，金盛熙. 社会冲突：升级、僵局及解决[M]. 王凡妹，译. 北京：人民邮电出版社，2013：150-152.
2 王玉明. 暴力环境群体性事件的成因分析——基于对十起典型环境冲突事件的研究[J]. 四川行政学院学报，2012(3)：62-65.
3 Stoker G. Governance as Theory：Five Propositions[J]. International Social Science Journal，2002，50（155）：17-28.
4 叶大凤. 协同治理：政策冲突治理模式的新探索[J]. 管理世界，2015（6）：172-173.

层级、规模视为冲突事件的自身特征，也有学者发现不同类型的冲突具有不同的特征[1]，但并没有再进一步地讨论。而本节研究率先探讨利益客体类型对利益协调机制与利益协调结果间关系的影响，以及环境群体性事件的发生区域、行政层级、规模和暴力程度对利益协调机制和协调结果间关系的影响，不仅丰富了对环境群体性事件利益协调问题的研究，也拓展了对利益客体类型和事件发生区域、行政层级、规模和暴力程度的讨论。

本节研究的发现也对环境群体性事件利益协调具有一定的政策指导价值。第一，本节研究从利益协调主体、利益协调过程和利益协调规则三个方面提出利益协调机制的 12 条原则，政策制定者和管理者可以根据这三个方面和 12 条原则采取相关的行动和制定相关的政策。这 12 条原则具体包括利益协调主体具有较高的知识和信息资源，组织化程度高，采取渐进式方法制定促进问题解决的行动策略，各主体间彼此信任、相互合作，提供多样通畅的利益表达渠道并进行合理理性的表达，及时积极地对诉求做出回应，明确根本利益冲突点并进行和平对话，制订出双方均较满意的解决方案并贯彻执行，对利益协调各方的行为进行合理的引导和约束，均衡利益协调各方的博弈资源，对利益受损者进行一定的利益补偿，方案执行过程中加强监督。第二，本节研究提出管理者和利益协调者需要对不同利益客体类型的环境群体性事件有针对地进行利益协调。从这一点出发，管理者和利益协调者需要不断地交流与沟通，以明确利益冲突各方的利益客体类型，从而有针对性地进行利益协调。第三，本节研究分析了不同区域、不同行政层级、不同规模和不同暴力程度的环境群体性事件利益协调中哪些变量的作用更显著，管理者和利益协调者可以根据这一发现有针对性地协调环境群体性事件中不同利益主体的利益矛盾。

五、结论

利益问题是人们现实生活中的重要问题，人们所争取的一切都与自身的利益相关。利益矛盾和利益冲突也是环境群体性事件暴发的根本原因，因此研究环境群体性事件中的利益协调机制对处置社会冲突、维护社会稳定具有重要意义。本节的研究采用理论和实证相结合、定性和定量相结合的方法，首先根据已有的理论和文献初步构建环境群体性事件的利益协调机制。之后，选取了 3 个案例作为典型个案进行实地调研，通过观察与走访搜集第一手资料，通过对一手资料的分析，完善了利益协调机制。最后，本节研究针对构建的利益协调机制，对参与和了解环境群体性事件的人进行问卷调查，并通过问卷结果对研究的理论构建进行验证。通过一系列的调查和分析，本节研究得到以下结论：第一，利益协调主体、利益协调过程和利益协调规则在环境群体性事件的利益协调中发挥重要作用。为了更有效地协调环境群体性事件中的利益矛盾和利益冲突，利益协调主体应具有较高的知识和信息资源、应具备有力的组织领袖和有计划的组织行动、应采取理性的行动方式、应加强彼此间的信任与合作；利益矛盾双方在利益协调的具体过程中应进行充分合理的利益表达和及时正向的诉求回应、应针对矛盾的根本问题进行和平对话与博弈、应制订各方均

---

1 汪伟全. 风险放大、集体行动和政策博弈——环境类群体事件暴力抗争的演化路径研究[J]. 公共管理学报，2015（1）：127-136，159.

较为满意的解决方案并保证方案的有效执行；在整个利益协调过程中，需要注意对各方的行为进行引导和约束、均衡各方的利益资源、对利益受损者进行合理补偿并加强监督。第二，利益客体类型和环境群体性事件的发生区域、行政层级、规模和暴力程度会影响利益协调机制和利益协调结果之间的关系。

本节的研究也存在着些许不足。第一，选择北京阿苏卫项目三次环境群体性事件作为研究的典型个案，虽然这三个案例确实具有一定的代表性，但这三个典型个案都属于混合污染类型的环境群体性事件，因此由这三个案例得到的结论是否能够应用于其他类型的环境群体性事件的利益协调还需要进一步的验证。第二，本节研究采用的调查问卷虽然已经尽可能地致力于获取环境群体性事件的客观真实数据，但问卷仍然偏向于调查被调查者感知层面的信息，因此本节研究所得到的结论还需要更加客观的数据进一步验证。但从整体上来看，本节研究的发现仍然为环境群体性事件中利益协调问题提供了重要信息和价值。

第十三章　动员、应急和权责机制

本章要点　基于动员理论、社会冲突理论、应急管理理论和公民、政府权利义务理论等相关理论，本章研究如何建立环境群体性事件中的动员、应急和权责机制。本章包含三节，分别对动员机制、应急机制和权利义务与权力责任机制三项子机制进行针对性研究。动员、应急和权责机制是环境群体性事件发生后，事件处置过程中的关键机制，对事件解决效果具有重大影响。在动员机制方面，本章发现事件处置中成功动员需要满足的关键要素。在应急机制方面，本章建立了环境群体性事件应急管理的框架，提出其成功要素，并分析了事件特征对应急机制有效性的影响。在权责机制方面，本章明确了群体性事件处置中公民的权利、义务，政府的权力、责任，以及权利义务和权力责任在现实案例不同阶段中的呈现情况和保障程度，提出了从权责机制角度解决群体性事件的 10 条建议。

第一节　动员机制

本节要点　环境群体性事件发生以后，如何动员各方力量积极参与事件的处置是经常会遇到的一个难题。采用跨案例聚类分析法和访谈法，基于国内近十年发生的 30 个典型案例，本节集中探讨了事件处置中的动员机制及其影响，并有三个重要发现。第一，事件处置中的动员机制对事件处置结果发挥着重要作用；第二，对于事件处置的动员主客体而言，事件的成功处置必须在两者之间满足六项要素，分别为明确的动员目标、社会资源优势的充分利用、稳定的组织网络支持、参与式动员方式的选择与运用、有效行动共识的形成、较高的响应和参与程度；第三，事件的类型、形式、层级等特征具有一定的调节作用。研究的这些发现不仅为环境群体性事件的实际处置提供了必要的参考，而且也为与之相关的理论研究提供了有意义的启发。

“群体性事件的治理是一项复杂的系统工程，需要多种社会主体和社会资本的参与互动才能取得良好治理效果”[1]，但社会主体、社会资本等因素也并不会总是自发性地参与治理过程。因而，如何动员各方力量有序参与环境群体性事件的处置，使事件冲突的相关主体均获得满意的处置结果，就成为一个亟待克服和解决的重要议题。

1 杨立华，李晨，陈一帆. 外部专家学者在群体性事件中的作用与机制研究[J]. 中国行政管理，2016（2）：121-130.

近几年来，中西方学界基于集体行动和社会运动等相关理论，相继对动员问题展开了广泛的探讨与解释。在集体行动层面，道格•麦克亚当认为，集体归因、社会利用以及居间联络构成了基本的动员机制，而这些构成要素被激活的次序、组合、互动与情境则决定着动员的最终结果。[1]于建嵘也认为，共同的身份认同及利益诉求是集体行动发生的先决条件，情绪感染与行为模仿贯穿了群体性事件的始终。[2]在社会运动层面，学界对于动员问题的理解也存在多个角度。从动员心理角度来看，查尔斯•蒂利指出，当动员对象意识到自身与其盟友之间具有相似性特征，那么认同改变将发挥着重要的动员作用。[3] Klandermans（克兰德曼斯）也指出，所有社会运动的参与都需要共识动员与行动动员两个阶段，前者在于凝聚共识，后者在于推动实际参与。[4]从组织网络角度来看，西德尼•塔罗认为，组织和网络是社会运动动员的两个关键因素，动员组织能够创造一些组织模式，集合与社会网络互相联系的非正式关系，号召人们加入社会运动。[5]冯仕政进而认为，城镇居民遭受环境污染危害时，究竟是选择沉默还是选择抗争，完全取决于其所处的社会关系网络以及该网络的疏通能力。[6]从动员资源角度来看，约翰•麦克阿瑟等提出，动员所需的资源来自社会外部，参与主体被卷入了一场争夺支持者的竞赛。[7]从社会动员角度来看，郝晓宁认为，社会动员是政治主体如政党、国家调动、引导本阶级、集团及其他社会成员共同参与社会活动的过程。[8]而郑永廷则认为，传媒动员、竞争动员及参与动员是当代社会动员的三种方式，其中参与动员在现代社会的发展最为迅速。[9]

经过上述的文献梳理可以看出，现有研究对动员问题的讨论仍比较分散，至今尚未形成一个较为系统的分析框架。由于“传统理论长期忽视对集体行动社会动员机制的说明”[10]，导致学界对动员机制尤其是环境群体性事件处置中的动员机制依然缺乏应有的关注，对这一重要问题还需深入地思考分析。本节研究试图通过跨案例聚类分析法和访谈法，旨在回答三个主要科学问题：①环境群体性事件处置中的动员机制是否影响到事件处置结果？②在环境群体性事件的处置中，动员机制促成事件妥善处置应该具备哪些要素？③环境群体性事件特征是否也会产生一定的调节效应？通过对以上问题的深刻剖析，本节研究意在加深对环境群体性事件处置中动员机制的理解，为事件的处置提供理论依据与决策参考，加快环境群体性事件及处置机制方面的研究步伐。

---

1 道格•麦克亚当，西德尼•塔罗，查尔斯•蒂利. 斗争的动力[M]. 屈平，李义中，译. 南京：译林出版社，2006.

2 于建嵘. 集体行动发生的原动力机制研究[J]. 学海，2006（2）：26-32.

3 查尔斯•蒂利，西德罗•塔罗. 抗争政治[M]. 李义中，译. 南京：译林出版社，2010.

4 Klandermans B. Mobilization and Participation：Social-Psychological Expansons of Resource Mobilization Theory[J]. American Sociological Review，1984（49）：583-600.

5 西德尼•塔罗. 运动中的力量[M]. 吴庆宏，译. 南京：译林出版社，2005.

6 冯仕政. 沉默的大多数：差序格局与环境抗争[J]. 中国人民大学学报，2007（1）：122-132.

7 Macarthy J D，Zald M N，Mayer N Z. The Enduring Vitality and the Resource Mobilization Theory of Social Movements[A]//Turner J H. Handbook of Sociological Theory. Springer US，New York，2001：533-565.

8 郝晓宁，薄涛. 突发事件应急社会动员机制研究[J]. 中国行政管理，2010（7）：62-66.

9 郑永廷. 论现代社会的社会动员[J]. 中山大学学报（社会科学版），2000，40（2）：21-27.

10 薛澜，张扬. 构建和谐社会机制治理群体性事件[J]. 江苏社会科学，2006（4）：112-117.

一、概念界定与理论框架

（一）概念界定

动员一词最早出现于军事领域，克劳塞维茨最早提出了战争动员的概念。[1]《辞海》将动员定义为“国家或政党把武装力量从平时状态转入战争状态，将一国范围内一切可以利用的资源用来支持和服务于战争需要”[2]。随着经济社会的发展与变迁，动员一词频繁出现在政治、经济、社会等领域，政治动员、社会动员等概念相继诞生。但动员该词的本质性内涵并没有随之改变，只是在原有基础上扩展了应用的空间与边界。因此，学界对于动员机制的概念界定也并没有存在较大的差异，普遍认为其是“动员主体与动员客体之间通过动员因素相互作用的方式”[3]、“社会主体通过合理化的组合将各种要素形成稳定的联系并转化为一种稳定的活动模式”[4]、“发动人们参加某项活动并形成秩序的具体机制、策略或规范”。[5]可见，目前学界对动员机制的关注普遍聚焦于动员主客体间的相互关系。基于对上述定义的分析与整合，本节研究紧密联系所要解决的问题，将动员机制界定为，动员主体为了实现特定目标，运用一系列的策略、方法和手段，不断激发、引导动员客体响应并参与某项活动，从而在动员主客体之间形成的一种相互作用、相互影响的关系。

（二）理论框架

环境群体性事件作为集体行动的一种形式，现有研究为其处置过程当中的动员机制提供了诸多分析框架。Turner（特纳）等指出，集体行动具有组织性和结构性，为参与者提供了一个临时性的共同理解，赋予了集体行动一定的秩序和规范。[6]故而可知，环境群体性事件处置的动员过程也不是混乱无序发生的，其不仅具备稳定的组织架构，而且遵循特定的运行规则。首先，在参与者方面，龙太江认为，社会动员是政府为实现特定目标而对群众进行的发动和组织工作。[7]何海兵也认为，政治动员是党和政府为实现各项方针、政策而大规模组织群众投入政治运动的过程。[8]由此可见，动员主体、客体、目标是任何动员活动都必须具备的基本要素，以作为对“Who、Whom、Why”等问题的系统回应，动员主体、动员客体、动员目标是任何一项动员活动都必须具备的基本要素。其次，在动员过程方面，克兰德曼斯认为，动员连接了运动参与者的“需求”与动员组织者的“供给”，社会影响、运动宣传等方式或内容决定着动员的效果，进而对社会运动的规模产生重要影响。[9]动员者

1 克劳塞维茨. 战争论：第三卷[M]. 北京：解放军出版社，2005.

2 辞海：上卷[M]. 上海：上海辞书出版社，1979：673.

3 吴开松. 当代中国动员机制转化形态研究[J]. 内蒙古社会科学，2007（3）：5-10.

4 朱力，谭贤楚. 我国救灾的社会动员机制探析[J]. 东岳论丛，2011，32（6）：40-46.

5 张剑源. 新动员机制与“另类亲密”——对发展干预实践本土适应性的一项反思性研究[J]. 中国农业大学学报（社会科学版），2015，32（3）：5-13.

6 Turner R H，Killian L M. Collective Behavior[M].Englewood Cliffs，NJ：Prentice-Hall，1957.

7 龙太江. 社会动员和危机管理[J]. 华中科技大学学报（社会科学版），2004（1）：39-41.

8 何海兵. 我国城市基层社会管理体制的变迁：从单位制、街居制到社区制[J]. 管理世界，2003（6）：52-62.

9 Klandermans B. The Demand and Supply of Participation：Social Psychological Correlates of Participation in a Social Movement[J]. Revista Psicologia Politica，2002（2）：83-114.

对具体动员方式的选择和使用，则取决于其本身在社会资源和组织网络等方面的情况。[1]最后，在动员结果方面，勒庞认为，共识是扎根于群体成员内心深处的某种观念，能够促使群体内部保持思维和行动上的一致性。[2]价值观、认同感等因素所产生的群体共鸣度，则有利于群体成员的心理趋于一致，从而达成一定程度的行动共识。[3]Croteau 和 Hicks 也认为，发起者所建构的文化背景共鸣度，深刻决定了集体行动的效果。[4]蒂利进一步认为，集体行动的发生其实是人类之间的对话过程，且主要为了回应两个问题，分别是社会对动机的控制和社会所形成的表达动机。[5]

基于对以上分析的整合与提升，本节研究将从动员目标、动员主体、社会资源、组织网络、动员客体、动员方式、行动共识、响应和参与等几个方面的相互关系着手，系统考察环境群体性事件处置的动员机制及其对处置结果的影响。此外，环境群体性事件的特征（事件类型、表现形式、城乡层级）也制约了其处置过程当中动员机制所能发挥的作用，进而影响到事件的处置结果。事件类型可能影响到动员目标的确定，如预防类事件处置的动员目标也许只是为了降低或防范污染发生的风险；而事件表现形式则体现了对动员方式的选择和使用，如暴力类事件处置时政府可能采取强制性的动员措施，以维护经济和社会的稳定；事件发生的城乡层级则影响动员范围，如城市发生的事件涉及面较广，动员主体需要调动各方力量才能控制事态的蔓延。本节研究据此认为，环境群体性事件的类型、表现形式和城乡层级在事件处置中对动员机制及处置结果具有调节作用，故将这三项特征作为动员机制与处置结果的调节变量，进而提出了本节研究的理论框架（图 13-1-1）。

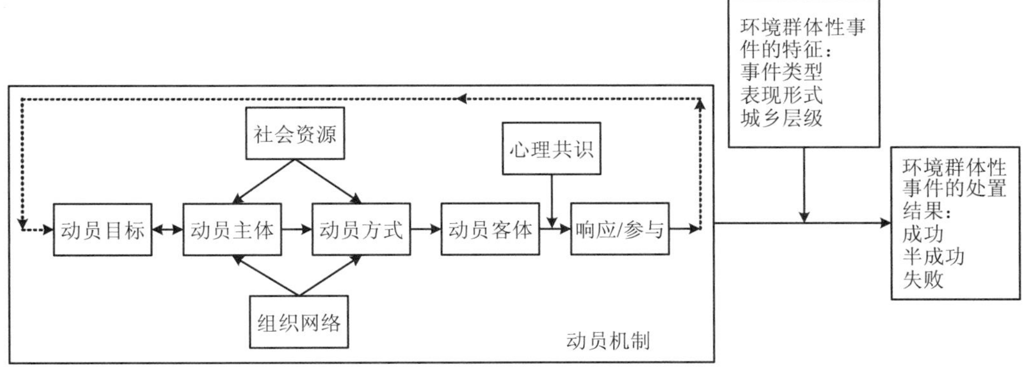

图 13-1-1 第十三章第一节理论框架

1 冯仕政. 西方社会运动研究：现状与范式[J]. 国外社会科学，2003（5）：66-70.

2 古斯塔夫•勒庞. 乌合之众——大众心理研究[M]. 冯克利，译. 北京：中央编译出版社，2005.

3 Le Bon. The Crowd：A Study of the Popular Mind[M]. London：T. F. Unwin，1897.

4 Croteau D，Hicks L. Coalition Framing and the Challenge of a Consonant Frame Pyramid：the Case of a Collaborative Response to Homelessness[J]. Social Problems，2003（50）：251-272.

5 查尔斯•蒂利. 集体暴力的政治[M]. 谢岳，译. 上海：上海世纪出版社，2011：7.

二、研究方法与数据

（一）研究方法

为深入考察环境群体性事件处置中的动员机制及其影响，本节研究主要采用了跨案例聚类分析法和实地访谈法。在运用跨案例聚类分析法的过程中，研究采取了方便抽样的方式来选择案例，但为了最大限度地保证研究的效度，选择案例时也充分考虑到每一个案例的时间、地域、类型、层级、规模等特征。在实地访谈的过程中，研究者以结构化和半结构化的方式，对参与事件处置的部分当事者和旁观者进行了相关的提问，从而获得了大量的第一手实证数据，进一步验证了研究所取得的初步成果。

（二）案例选择与数据来源

本节研究共分为两阶段选取了 30 个环境群体性事件的案例，案例选择的标准主要有：①所选案例都是由于环境污染（大气、固体废物、电磁辐射等）所引发的群体性事件；②案例具有较多的相关资料支持，确保了定性研究数据的编码测量；③案例处置中的参与主体进行了明显的动员活动，如座谈会、集体签名等；④案例处置结果各不相同，使案例之间可以进行横向比较；⑤案例涵盖了不同的类型（预防型、反应型）、表现形式（暴力、非暴力）、发生层级（城市、乡村），以分析事件类型、表现形式、发生层级对处置结果的调节作用。此外，鉴于 2004 年 11 月出台的《关于积极预防和妥善处置群体性事件的工作意见》为群体性事件的处置提供了依据，本节研究所选择的 30 个案例均发生于 2005—2015 年，这十年也是我国环境群体性事件的高发期（表 13-1-1）。

表 13-1-1 环境群体性事件案例基本情况简表

案例名称		发生时间	发生地点	资料来源						
				学术论文	图书专著	新闻报刊	网络资料	学位论文	政府文件	总计
第一阶段案例（15 个）										
1	东阳画水事件	2005	浙江	26	2	7	8	11	2	56
2	上海磁悬浮事件	2008	上海	32	3	5	12	10	0	62
3	吴江垃圾焚烧厂事件	2009	江苏	25	2	13	11	7	1	59
4	浏阳镉污染事件	2009	湖南	18	1	15	18	2	3	57
5	靖西信发铝厂事件	2010	广西	17	0	2	15	9	0	43
6	锡东垃圾焚烧厂事件	2011	江苏	7	1	9	13	2	1	33
7	锡林郭勒盟事件	2011	内蒙古	4	0	0	5	4	2	15
8	长沙北山危废处置中心选址事件	2011	湖南	2	0	18	11	0	1	32
9	海宁晶科能源污染事件	2011	浙江	21	1	10	15	12	1	60
10	启东水污染事件	2012	江苏	17	2	15	17	14	3	68
11	朝阳京沈高铁事件	2012	北京	9	0	16	11	4	1	41
12	昆明 PX 事件	2013	云南	20	2	20	13	20	0	75
13	松江电池厂事件	2013	上海	19	0	5	15	19	0	58
14	平江火电厂事件	2014	湖南	3	0	4	23	0	1	31
15	茂名 PX 事件	2014	广东	16	1	10	12	18	2	59

案例名称		发生时间	发生地点	资料来源						
				学术论文	图书专著	新闻报刊	网络资料	学位论文	政府文件	总计
第二阶段案例（15 个）										
16	厦门 PX 事件	2007	福建	11	10	15	9	11	3	59
17	成都彭州 PX 事件	2008	四川	21	0	7	33	0	1	62
18	凤翔血铅事件	2009	陕西	15	3	13	11	9	0	51
19	广州番禺垃圾焚烧厂事件	2009	广东	21	6	20	10	12	2	71
20	大连 PX 事件	2011	辽宁	20	5	12	12	15	0	64
21	汕头海门事件	2011	广东	16	1	6	10	14	1	48
22	荆州师生下跪事件	2011	湖北	10	0	8	10	2	0	30
23	乐东莺歌海事件	2012	海南	5	0	16	6	4	0	31
24	宁波 PX 事件	2012	浙江	19	5	17	13	7	1	62
25	大港 PC 事件	2012	天津	10	0	0	11	4	1	26
26	什邡钼铜事件	2012	四川	19	4	9	15	11	0	58
27	江门反核事件	2013	广东	32	0	18	20	15	0	85
28	获嘉化工扰民事件	2014	河南	8	0	4	17	1	2	32
29	广南环保冲突事件	2014	云南	2	0	1	10	0	0	13
30	金山 PX 事件	2015	上海	3	1	2	9	1	0	16
总计				448	50	297	395	238	29	1 457

上述 30 个案例的数据资料主要通过文献荟萃和实地调研两种方式来获得。文献荟萃分析法是将多渠道、多形式、多类型的案例资料进行归纳、整合以后，形成系统丰富的案例数据。通过网络、图书馆、政府机关等多种渠道，可以获得以电子、纸质、图片、影音等多种形式存储的案例资料，其中包含了报刊、媒体报道、学术论文、图书、政府工作报告、公告、通报以及年鉴等多种类型的文献资料。这种方式能够从多个角度验证并补充案例数据，构建了案例证据的三角形，最大限度地保证了案例数据的真实性与完整性。[1]实地调研分别在上海、湖南、广西、云南四地展开，研究者先后访谈了“金山 PX”“浏阳隔污染”“昆明 PX”等事件的部分参与者与旁观者，以获取他们对事件处置及效果的切身体会与看法（附录 13.1.2）。

（三）数据测量

1．案例编码与数据测量

本节的研究分别从事件特征、动员要素及处置结果三个方面对 30 个案例进行了编码。其中，事件类型包括反应型环境群体性事件和预防型环境污染群体事件，前者是指既成的环境污染引发的群体性事件，后者则是指对可能造成污染的事实进行抵制所引发的群体性事件。[2]事件的表现形式以抗议方式作为划分标准，可将其分为暴力型群体性事件和非暴力

1 罗伯特•K.殷. 案例研究——设计与方法[M]. 2 版. 周海涛，李永贤，李虔，译. 重庆：重庆大学出版社，2010.

2 钟其. 环境受损与群体性事件研究——基于新世纪以来浙江省环境污染群体性事件的分析[J]. 法治研究，2009（1）：44-51.

型群体性事件。[1]事件的发生层级参考行政层级的划分标准，将发生在区县及以上的事件层级定义为城市，将发生在乡镇及以下的事件层级定义为乡村；动员要素是在理论框架的基础上，先由第一阶段案例归纳总结得出，再经过第二阶段案例检验与修正后才得以确定，分别记为 F1、F2、F3、F4、F5、F6，本节研究将其分为非常符合、部分符合、不符合、资料缺失四个标准。"非常符合"是指案例完全体现某一要素，记为 H，赋值为"3"；"部分符合"是指案例没有足够的证据显示完全符合某一要素，但在一定程度上勉强符合某一因素，记为 M，赋值为"2"；"不符合"是指案例有足够证据表明完全不符合某一因素，则记为 L，赋值为"1"；"资料缺失"是指案例资料中没有找到符合或不符合某一因素的任何证据，则记为 ND，赋值为"0"。在结束动员要素的编码工作后，本节研究继续对 30 个案例的处置结果进行了编码，以进一步探讨动员要素与处置结果之间存在的关系。如果环境群体性事件得到妥善处置，冲突得以化解，就记为成功（S），并赋值为"3"；如果事件在处置过程中进一步恶化或升级，或者再次发生冲突，则记为失败（F），并赋值为"1"；如果事件处置结果介于两种情况之间，那么就记为半成功（HS），并赋值为"2"。

本节研究为最大限度地减少因个人偏见、喜好等原因导致的编码误差，由三人共同独立展开编码工作，且采用了"札记式"的编码方式。三位编码人基于案例资料和编码标准形成初步的编码结果之后，将各自独立的编码结果进行对照，若是编码信度高于 80%，则确定为最终编码结果，否则便重新开始编码[2]。在重新编码过程当中，三位编码人就争议的问题展开反复讨论，寻找并解决编码信度低于 80%的原因，直到将编码的信度提高到 80%以上，才形成了案例的最终编码结果。

2．实地访谈

本节研究分别对 17 名参与处置环境群体性事件的当事人进行了半结构化访谈（附录 13.1.1）。这些访谈对象包括 4 名事发地村民，5 名政府公务员，2 名个体工商户，1 名退休市民，1 名高校学生，2 名高校教师，1 名卫生院护士，1 名无业市民。访谈主要围绕动员要素对事件处置的作用与影响展开，包括"您觉得动员主体是否具有明确的目标？这对事件处置产生了怎么样的影响？"等 12 个问题。为保护访谈对象的隐私，研究对所有被访者做了匿名处理，访谈记录的编码由三部分信息组成，前四位字母为所依托的科研项目英文缩写，中间八位数字为访谈的日期，随后的字母为访谈对象代码。

三、研究结果

（一）事件处置中的动员机制及其影响

根据案例编码结果（表 13-1-2）可以发现，本节研究所提出的六项动员要素（表 13-1-3）能够正确区分环境群体性事件处置的不同结果，因而可以确定这些要素是有效的。编码结果表明，在处置成功的 11 个案例当中，每个案例满足各项动员要素的程度普遍较高，且没有出现满足程度为低的动员要素，故不管一个案例的类型、形式以及层级如何，其符合

---

1 燕道成. 群体性事件中网络舆情研究[M]. 北京：新华出版社，2009：30-31.

2 迈尔斯，休伯曼. 质性资料的分析：方法与实践[M]. 张芬芬，译. 重庆：重庆大学出版社，2005：91.

六项动员素的程度越高，处置结果就越成功，如“吴江垃圾厂”“启东水污染”等事件；而在处置失败的 18 个案例当中，每个案例至少会有两项动员要素的满足程度为低，故如果案例符合六项动员要素的程度越低，那么就越容易造成失败的处置结果，如“东阳画水”“上海磁悬浮”等事件；另外，由于“5·12”地震的原因，“彭州 PX”事件的处置过程很快就被搁置，故而将其处置效果确定为半成功。据此可以认为，环境群体性事件处置中的动员机制对处置效果发挥重要的正向作用。

表 13-1-2　环境群体性事件案例编码表

案例名称		类型	形式	层级	动员要素						处置效果
					F1	F2	F3	F4	F5	F6	
第一阶段案例（15 个）											
1	东阳画水事件	反应型	暴力	乡村	H	ND	M	M	L	L	F
2	上海磁悬浮事件	预防型	非暴力	城市	L	M	M	M	L	L	F
3	吴江垃圾焚烧厂事件	预防型	非暴力	乡村	H	H	H	H	M	H	S
4	浏阳镉污染事件	反应型	暴力	乡村	M	M	L	M	L	L	F
5	靖西信发铝厂事件	反应型	暴力	乡村	L	L	M	M	ND	L	F
6	锡东垃圾焚烧厂事件	反应型	暴力	乡村	L	M	M	M	L	L	F
7	锡林郭勒盟事件	反应型	非暴力	乡村	H	H	H	H	H	H	S
8	长沙北山危废处置中心选址事件	预防型	暴力	乡村	M	H	H	H	M	H	S
9	海宁晶科能源污染事件	反应型	暴力	乡村	L	H	H	M	L	L	F
10	启东水污染事件	预防型	暴力	城市	H	H	H	H	M	H	S
11	朝阳京沈高铁事件	预防型	非暴力	城市	H	M	H	H	H	H	S
12	昆明 PX 事件	预防型	非暴力	城市	M	H	H	H	L	L	F
13	松江电池厂事件	预防型	非暴力	城市	ND	L	M	M	ND	L	F
14	平江火电厂事件	预防型	非暴力	城市	H	H	H	H	M	H	S
15	茂名 PX 事件	预防型	暴力	城市	H	H	H	H	ND	M	S
第二阶段案例（15 个）											
16	厦门 PX 事件	预防型	非暴力	城市	H	H	H	H	H	H	S
17	成都彭州 PX 事件	预防型	非暴力	城市	L	M	H	H	L	ND	HS
18	凤翔血铅事件	反应型	非暴力	乡村	M	M	M	H	ND	M	F
19	广州番禺垃圾焚烧厂事件	预防型	非暴力	城市	M	M	M	H	M	M	S
20	大连 PX 事件	预防型	非暴力	城市	H	H	ND	H	ND	H	S
21	汕头海门事件	预防型	暴力	乡村	L	L	H	M	L	L	F
22	荆州师生下跪事件	反应型	非暴力	城市	L	L	L	M	L	L	F
23	乐东莺歌海事件	预防型	暴力	乡村	L	L	L	L	L	L	F
24	宁波 PX 事件	预防型	非暴力	城市	M	L	M	H	L	L	F
25	大港 PC 事件	预防型	非暴力	城市	H	H	H	H	ND	H	S
26	什邡钼铜事件	预防型	暴力	城市	L	L	H	M	L	L	F
27	江门反核事件	预防型	非暴力	城市	M	M	M	M	L	L	F
28	获嘉化工扰民事件	反应型	非暴力	城市	L	L	L	M	L	L	F
29	广南环保冲突事件	反应型	暴力	乡村	L	M	L	M	L	L	F
30	金山 PX 事件	预防型	非暴力	城市	L	M	L	M	L	L	F

注：H=非常满足；M=基本满足；L=不满足；ND=数据缺失。

S=事件处置成功；F=失败；HS=半成功。

此外，本节研究在编码结果的基础上，使用 SPSS19.0 继续对六项动员要素进行了卡方检验。结果显示（表 13-1-3），各项动员要素的显著性水平均小于 0.05，这表明每项动员要素均对环境群体性事件的处置结果产生了显著影响。其中参与式动员方式的运用（0.000）、较高的响应和参与程度（0.000）两项因素影响最大，其次为有效行动共识的达成（0.001）、明确的动员目标（0.002）、社会资源优势的充分利用（0.003），而稳定的组织网络支持（0.023）的作用则较弱。因此可以进一步说明，这些动员因素确实左右了环境群体性事件的处置结果。

表 13-1-3 环境群体性事件处置中的六项动员因素

	卡方值（χ^2）	显著性（Sig.）
F1：明确的动员目标	20.741	0.002
环境群体性事件发生后，动员主体在公开场合或通过公开形式明确表明动员要实现什么目标？动员要达到什么程度？		
F2：社会资源优势的充分利用	17.946	0.006
动员主体在动员时可以调用权力资源（如政治、行政等）、智力资源（知识、科技等）、文化资源（新闻、媒体等）等只有少数社会主体才能掌握和控制的资源		
F3：稳定的组织网络支持	14.709	0.023
动员主体所在的组织网络是依靠正式关系缔结而成的，且该网络由不少于 2 种类型的社会主体所组成，能够给予动员主体稳定、持久的援助和支持		
F4：参与式动员方式的选择与运用	20.000	0.000
动员主体通过走访、座谈、讨论、投票、参观等活动与动员客体展开了广泛的交流和互动，双方在动员过程中保持了密切联系		
F5：有效行动共识的形成	23.722	0.001
动员主体所倡导的行动和价值观契合了动员客体的利益诉求，双方在口头或行为（签名等）上达成了约定		
F6：较高的响应和参与程度	57.071	0.000
动员主客体采取了步调一致的行动，此前混乱或冲突的局面及时得到有效化解，没有再出现明显的争议或矛盾		

（二）事件的特征对其处置动员与处置效果的调节作用

本节研究为进一步探讨事件处置中的动员要素如何产生影响，通过分别控制事件类型、表现形式、发生区域三个特征，以观察各项动员要素与处置效果的相关关系变化（表 13-1-4）。偏相关分析结果显示，在控制事件类型后，事件处置的各项动员要素相关系数均下降，这表明事件类型对动员机制与处置效果间的关系具有明显的调节作用；在控制事件表现形式后，除稳定的组织网络支持要素的相关系数上升以外，其余各项动员要素的相关系数均有所下降，这表明事件表现形式对动员机制与处置效果间的关系具有明显的调节作用；在控制事件发生区域后，明确的动员目标、稳定的组织网络支持、有效行动共识的形成、较高的响应和参与程度四项要素的相关系数有所上升，而社会资源优势的充分利用、参与式动员方式的选择与运用两项要素的相关系数下降，这表明事件发生区域对动员机制与处置效果间的关系具有明显的调节作用。

表 13-1-4　环境群体性事件特征对其处置动员与处置结果的相关分析

动员因素	事件处置结果			
	相关系数	控制类型后的偏相关	控制形式后的偏相关	控制层级后的偏相关
F1	0.760** （0.000）	0.759（0.000）↓	0.751（0.000）↓	0.761（0.000）↑
F2	0.687** （0.000）	0.657（0.000）↓	0.674（0.000）↓	0.685（0.000）↓
F3	0.416** （0.022）	0.326（0.084）↓	0.439（0.017）↑	0.421（0.023）↑
F4	0.762** （0.000）	0.727（0.000）↓	0.756（0.000）↓	0.747（0.000）↓
F5	0.494** （0.006）	0.485（0.008）↓	0.476（0.009）↓	0.507（0.005）↑
F6	0.876** （0.000）	0.872（0.000）↓	0.870（0.000）↓	0.885（0.000）↑

注：（1）**表示在置信度（双侧）为 0.01 时，相关性是显著的；（2）↑数值上升，↓数值下降。

基于上述结果，本节研究又分别按事件类型、表现形式、发生地域计算出各项动员要素和处置效果的均值（表 13-1-5）。结果表明，就事件类型而言，预防型事件处置中的各项动员要素均值全部高于反应型事件，且处置效果也最好；就事件表现形式而言，除稳定的组织网络支持度略低于暴力型事件以外，非暴力型事件的各项动员要素均值最高，且处置效果最好；就事件发生区域而言，除社会资源优势的充分利用程度略低于乡村以外，城市发生的事件在处置时的各项动员要素均值最高，且处置效果也最好。

表 13-1-5　不同特征环境群体性事件处置中的动员要素与处置结果间的关系

事件特征	类型	数量	F1	F2	F3	F4	F5	F6	效果
事件类型	预防型	20	2.00	2.20	2.40	2.60	1.25	1.85	2.05
	反应型	10	1.60	2.10	1.80	2.30	1.00	1.30	1.20
表现形式	暴力型	12	1.67	2.08	2.25	2.25	1.00	1.42	1.50
	非暴力型	18	2.00	2.22	2.16	2.67	1.28	1.83	1.94
发生层级	乡村	12	1.75	2.25	2.17	2.33	1.17	1.58	1.50
	城市	18	1.94	2.11	2.22	2.61	1.17	1.72	1.94

注：①数据为每种类型事件动员要素及处置结果的平均值；②计算方法是将编码结果赋值后求其平均值。

（三）访谈数据的进一步验证

本节研究在实地访谈的过程中发现，明确的动员目标、社会资源优势的充分利用、稳定的组织网络支持、参与式动员方式的选择与运用、有效行动共识的形成以及较高的响应和参与程度均对环境群体性事件的处置产生了一定影响。通过访谈结果进一步发现，动员主客体如果能够保持一种协作与互动的关系，将会有利于事件的处置与解决（表 13-1-6）。

表 13-1-6 环境群体性事件处置机制的访谈结果

部分内容	发现
“事发第一天区政府前聚集了很多的人，第二天人更多，人们喊着要区长出来，过了两天，人越来越多。”（EPGE20151218ZLS） “这个事件需要反思，本来应该第一天、第二天就能结束，政府不应该让事件闹大，你看这次弄得这么大，很被动，为什么？就是一开始没有重视。”（EPGE20151217DY）	清晰、明确的动员目标可以避免事件的升级与蔓延，且有利于动员主体在事件处置时抢得先机
“他们是有组织的，反正是有能力的人很多，像他们法学院的老师，就组织了一个专门委员会，专门去跟这个——我已经不记得垃圾焚烧厂那个人的名字，然后跟那个企业方进行沟通吧！”（EPGE20160630LL） “有啊！群里边有人啊，议论过！网络争议过！”（EPGE20160616YSL） “我们已经开了一个协调会，在这里召集有关部门，进行了接待，当然是请有关部门参加进来，具体的责任部门——刚才说的这些环保局、政法办，就是让他们面对面，我们就是提供一个平台而已，因为我们不是直接处理这些问题的责任单位，我们这个是叫作联合接访。”（EPGE20160621QXFMW）	动员主体凭借组织网络来扩大自身的影响，动员主客体以一定形式进行互动，有利于双方就争议问题达成共识
“反正后来，说句良心话，素质比较低，如果你违法了，损害了公共财物，肯定是要坐牢了。”（EPGE20160701LLS） “后来就补偿了每人 300 元的营养费！”（EPGE20160630DSDJT） “维稳，那个晚上可能也过来千把两千人！”（EPGE20160630LMS）	动员主体动员时会调动和使用其所掌握的一切有利资源
“出了这个事，他们说我们可以解决这个事！他说，我们来给你们解决，但是说给你们解决，又没有什么东西给你们！”（EPGE20160628YJF） “简单地说，有了这个参与的面，有了这种参与的技术、这种工具，就是参与这个事、表达这个事的人就更多了，这个声势就更好大一点。”（EPGE20160615XYZ）	动员主体使用一定方式作用于动员客体，以对其产生影响，并与其建立某种联系
“这样的禾苗都是红的，这个禾种不出来，都是红的！出线出不出来了！出只出来一半！这样损失很大了啦！”（EPGE20160630TYAY） “但是你村民就怕我开业，对吧？你就怕我重新开工，是吧？我重新开工，就会产生污染，对吧？那你要开工，肯定要原材料，那我之前一直是什么样子（受到污染损害）嘛！”（EPGE20150514CHJ）	如果在心理层面无法达成共识，动员客体很难对动员主体产生认同感和信任感
“市长又说搞（建）的是炼油项目，不生产‘PX’，还要接着搞（建）下去，不管搞（建）哪样（什么）我们都不同意。”（EPGE20150907SW） “还是要搞（建）这么大的石化，让我们咋个整（怎么办），以后西边都住不得（无法生活）了，这种事情搞不成噻，我们就是要反对嘛。”（EPGE20150307FZG）	共识是行动的潜在动力和诱因 情绪感染 剥夺感
“虽然已经动工了，后面还是没搞成！那个当地人啊，不准搞！”（EPGE20160701DJ） “那个厂比较大，肯定要进进出出啊！确实呢，也有蛮多回，这些村民把那个车开去一堵，然后走了！没人的，也有！直接开这个车子堵住门口！”（EPGE20160611CSJ）	动员客体的响应和参与是动员成功的关键 逆动员、反动员

四、讨论

（一）动员目标的明确性

目标设置理论认为目标是行动的直接动力。[1]“没有事先设置的目标作为衡量绩效的标

1 Locke E A，Latham G P. Theory of Goal Setting & Task Performance[J]. Academy of Management Review，1991，16（2）.

准，人们很难判断自己做得怎样，以及自己的能力如何”[1]。对于动员主体而言，制定清晰、可行的动员目标，不但是其利益主张的体现，也是其衡量动员成效的标准和依据。动员主体围绕动员目标所构建的集体认识，也促进了动员客体对其认同感的提升。不过，动员目标并不会轻易就能引起目标群体的理解或接受。[2]动员主体必须使动员目标具有可行性，并以一种更容易被接受的形式来实施。因此，在环境群体性事件的处置过程中，清晰、可行的动员目标为动员主、客体指明了行动的方向，是双方凝聚共识的基础，奠定了事件处置的整体基调。这在本节研究选择的30个案例中有明显的反映，例如，“京沈高铁”事件处置的动员者事前就制定了明确的目标，即“‘京沈高铁’改线”“重新组织环评”，此举迅速获得了周边居民的热烈响应与支持，并引起政府有关部门的高度重视，最终使“京沈高铁”的方案得到了社会各界的广泛认可。相反，“金山PX”事件发生后，上海金山区政府的态度一直处于模棱两可的地步，既没有对市民诉求做出任何的回应，也没有及时采取针对性的应对措施，由于广大市民无从得知政府的真实意图，于是组织了更大规模、更大范围的游行抗议活动。

（二）社会资源优势与利用

社会资源是动员主体从事动员活动所必需的各类资源要素总和。“社会运动的发起，从受害事实的确认到诉求目标的实现、制度变革的成功，需要行动者有效地动员各种社会资源。”[3]“除物质资源以外，社会资源还包括文化资源、价值资源、智力资源、权力资源等因素。”[4]社会资源的占有权和使用权并非密不可分，动员主体都希望最大限度地调动各类资源，以加强自身的立场与话语权。[5]社会资源论认为，获取社会资源的能力在很大程度上取决于社会主体的地位强度，而社会资源对地位获得也同样具有显著影响。[6]因而可知，社会资源不可能在所有主体之间进行平均分配，社会主体的资源禀赋是存在差距的。动员主体只有充分利用其自身所具有的社会资源优势，才能对动员客体施以更强的影响力。这一方面的典型案例比较常见，比如在“茂名PX项目”事件处置过程当中，同样是为了消除市民的疑虑，茂名市政府可以依托“焦点访谈”、《人民日报》等新闻媒体，而“清华学子”却只能借助“网络百科全书”等网络平台。显然，前者产生的影响和效果要远大于后者，因为政府具有其他任何主体都无法比拟资源优势。也正因为如此，政府在环境群体性事件处置中往往发挥着关键乃至决定性的作用。

（三）组织网络结构与规模

每个动员主体都处于特定组织网络之中，即便在同一个组织网络，不同的动员主体所处的位置也可能存在差别。组织网络确保了组织结构的稳定性，建立并保持了组织成员之

1 张鼎昆，方俐洛，凌文辁. 自我效能感的理论及研究现状[J]. 心理学动态，1999，7（1）：39-43.

2 Snow D A，Rochford E B，Worden S K，et al. Frame Alignment Processes，Micro-Mobilization，and Movement Participation[J]. American Sociological Review，1986，51（4）：254-258.

3 陈映芳. 行动力与制度限制：都市运动中的中产阶层[J]. 社会学研究，2006（4）：1-20.

4 王沪宁. 社会资源总量与社会调控：中国力量[J]. 复旦学报（社会科学版），1990（4）：2-11.

5 季卫东. 程序比较论[J]. 比较法研究，1993，7（1）：1-46.

6 林南，俞弘强. 社会网络与地位获得[J]. 马克思主义与现实，2003（2）：46-57.

间的信任、权威、规范等关系，使嵌入网络中的各类资源能够在动员中发挥作用。[1]动员主体可以通过组织网络传递信息、传播声望，以扩大自身的影响力。[2]地亲缘、地缘和业缘等关系是组建、维系组织网络的重要纽带，这个组织网络的规模越大、密度越高、异质性越强，其成员就越能得到强有力的支撑与保障。[3]在环境群体性事件的处置中，动员主体所处的组织网络都在一定程度上给予其某种方式的支持。"吴江垃圾焚烧厂"事件处置中，当地民众依靠其周边广泛的地缘关系，通过手机、网络等通信工具，不断号召外地平望籍居民返乡参与抗议，以对政府决策部门施加更大的压力，意图阻止垃圾焚烧项目的"落地生根"；而在调查"东阳画水"事件所产生的污染问题时，环境保护部牵头成立的调查小组汇集了环保、林业、国土、农业等部门专家，迅速展开了对"竹溪工业功能区"周边环境的综合测评，希望能尽快消除当地村民的疑虑与恐慌。显而易见，在这两起事件的处置过程当中，动员主体所处的组织网络都发挥了重要作用。但是，由于前一个主要依靠成员的自愿性水平来维系，组织网络的结构较为松散，一段时间过后便渐趋于松散和消失，因此没有为动员主体提供持续性帮助；而后一个是依托国家强制力来组建和维系的，组织网络保持了较高的稳定性与权威性，能够有力支持"调查小组"的各项工作，故而可以产生令人信服的调查结果。

（四）参与式动员方式

动员方式是动员主客体产生联系的媒介和载体，它是动员主体在动员过程中所使用的全部工具、方法、策略的总和。"命令—动员"是"单位制"社会的主要动员方式，由于动员者掌握了被动员者所必需的资源，所以动员者可以轻易使被动员者服从自己的命令。[4]但是，随着"'单位人'逐渐转化为'原子人'"[5]，这种"命令—动员"方式也开始向"动员—参与"方式转变。"动员—参与"式动员注重动员客体的个体选择与自我认同，"看似调动起了普通民众的参与自主性，实质上是唤起了普通民众与其真实意愿的积极性"[6]，故而能够对动员客体产生经常、持久性的影响。此外，尽管威权国家能够限制独立组织和网络的发展，但却无法打破同一居住环境下的人际交往，以生态环境为基础的动员方式经常可以发挥关键性的作用。[7]符合上述情况的案例有很多，如"长沙北山危废处置中心选址"事件发生后，长沙县政府为了让当地村民充分参与"项目"可行性的论证环节，先后派遣 40 余位当地干部常驻事发村落，面对面地与村民展开沟通和交流，广泛收集"项目"建设的意见。而又由于驻村干部与村民有着相似的生活背景，所以能够在短时间内获得村民的信任，有效地化解村民因误解而产生的紧张情绪，村民的态度也从"抵制"逐步转化为"支持"。

---

1 Coleman J S. Social Capital in the Creation of Human Capital[J]. American Journal of Sociology，1988（94）：95-120.

2 张文宏. 中国的社会资本研究：概念、操作化测量和经验研究[J]. 江苏社会科学，2003（7）：142-149.

3 李强. 社会支持与个体心理健康[J]. 天津社会科学，1998（1）：67-70.

4 杨敏. 公民参与、群众参与与社区参与[J]. 社会，2005（5）：78-94.

5 费爱华. 新形势下的动员模式研究[J]. 南京社会科学，2009（8）：53-56，68.

6 应星. 评村民自治研究的新取向——以《选举事件与村庄政治》为例[J]. 社会学研究，2005（1）：210-223.

7 赵鼎新. 西方社会运动与与革命理论发展述评[J]. 社会学研究，2005（1）：168-202.

（五）共识与行动

动员主体通过思想动员与动员客体达成心理共识，或者就动员本身形成一致看法，可以赢得动员客体态度与意识形态上的认同和支持。[1]“群体认同使群体目标内化为了个人目标”[2]，由此形成的群体精神动力，唤醒并激发了动员客体的积极性，促使动员客体从个体向群体的转变。[3]而情绪感染尤其是积极情绪的感染，加快了这个“去个体”化的自发过程。[4]因此，组织者只有彻底激活动员客体，才能将“潜在”参与者变成“实际”参与者。[5]这一心理演变过程在部分案例中都有所体现，例如，在“锡林郭勒盟”事件的处置中，为了安抚牧民的激动情绪，自治区、盟、旗三级党政主要领导于第一时间看望、慰问了受害者家属，并与当地师生进行了广泛的友好交谈，同时也加快了“案件”的审理速度。通过这些举动，广大牧民学生对政府的认同感和信任感迅速提升，双方因此而达成了高度的心理共识，不仅成功安抚了牧民原本激动的情绪，而且进一步打消了自治区在校师生的思想疑虑。同样，在“厦门 PX”事件处置中，厦门市政府通过一系列举措所体现出的科学、民主精神，使市民深信自身的合理诉求将会得到及时回应。这使得政府和市民在事件处置的每一个环节，都始终保持着高度的心理共识，双方能够围绕争议问题进行有序的互动，因而并没有再次发生非理性的混乱行为。

（六）响应和参与程度

响应和参与既是动员客体反作用于动员主体的过程，也是实现动员目标的关键步骤。动员机制的运行不仅是动员主体采取各种手段、方式对动员客体施加影响，以实现预期目标的过程，也是动员客体在动员主体的影响之下做出响应，并参与活动的过程。[6]其中，动员客体之所以能够响应动员和参与行动，是出于对“稀缺资源的需要和现实利益的摄取”[7]。而动员客体参与和响应的范围、程度和持久性则是衡量动员绩效的标志。[8]例如，在“平江火电厂”事件发生后，抗议活动的组织者通过免费发放横幅、标语、胸牌等方式，号召当地居民加入“反对火电，保卫绿水青山” 的队伍。此举不仅获得了其他居民的响应，而且也获得了许多在职公务员的响应，参与抗议活动签名的人也越来越多，从而产生了明显的动员效果。最后，平江县政府迫于巨大的压力，将该项目暂时搁置。相反，什邡市政府虽然发出了“钼铜”项目的停建公告，但因其公信力遭到了居民的普遍质疑，所以并没有获得有效的响应，聚众抗议的人群也并未及时疏散，结果引发了暴力冲突事件；此外，

1 Klandermans B，Tarrow S. Mobilization into Social Movements：Synthesizing European and American Approaches[A]// Klandermans B，Kriesi H，Tarrow S. International Social Movement Research（1）：From Structure to Action：Comparing Social Movement Research Across Culture[C]. Greenwich，Conn：JAI Press，1988：1-40.

2 张书维，王二平. 群体性事件集群行为的动员与组织机制[J]. 心理科学进展，2011，19（12）：1730-1740.

3 黄荣贵，桂勇. 互联网与业主集体抗争：一项基于定性比较分析方法的研究[J]. 社会学研究，2009（5）：29-56.

4 陈潭，黄金. 群体性事件多种原因的理论阐释[J]. 政治学研究，2009（6）：54-61.

5 何艳玲. 后单位制时期街区集体抗争的产生及其逻辑[J]. 公共管理学报，2005，2（3）：36-54.

6 郝晓宁，薄涛. 突发事件应急社会动员机制研究[J]. 中国行政管理，2010（7）：62-66.

7 刘岩，刘威. 从“公民参与”到“群众参与”——转型期城市社区参与的范式转换与实践逻辑[J]. 浙江社会科学，2008（1）：86-92.

8 甘泉. 社会动员的本质探析[J]. 学术探索，2011（12）：24-28.

上海市闵行区政府与“散步”市民展开了多轮对话，试图说服其消除对“磁悬浮”项目的抵触情绪。尽管对话起到了一定的沟通作用，“规划区”内市民的情绪也曾在短时间内处于趋于平静和理性。但由于政府未提供更有说服力的证据，所以无法延续市民的响应时间。在连续多轮会谈无果之后，市民迅速将“散步”的区域扩大至徐家汇地区。因而，此次动员并没有产生具有实质性的效果。

五、结论

本节通过跨案例聚类分析法与访谈法，结合 30 个环境群体性事件案例，分别从动员目标、动员主体、动员客体、社会资源、组织网络、动员方式、行动共识、响应和参与等角度，对环境群体性事件处置中的动员机制进行了深入探讨。本节基于理论框架，从所选择的案例中归纳出了良好动员机制应该具备的六项因素，且发现越是满足这六项动员要素的案例，其处置的效果就越成功。此外，环境群体性事件的类型、形式、层级等特征也在其中产生了不同程度的调节作用。这一研究结果不但有助于我们理解动员机制的作用过程，而且也能够为环境群体性事件的处置主体提供实际参考。不过，本节研究也只是对环境群体性事件处置中的动员机制进行了初步探索，对动员效果及其评价指标等相关问题的认识，仍需要后继研究来予以补充与完善。此外，本节选择案例时采用了方便抽样原则，在一定程度上影响到案例的代表性与典型性，但随着案例资料库的逐步扩充与丰富，这一遗留问题也将“迎刃而解”。

第二节　应急机制

本节要点　研究事件应急机制对有效预防和处置纷繁复杂的事件、解决社会冲突和维护社会稳定具有十分重要的意义。在梳理现有理论的基础上，本节初步构建了环境群体性事件应急机制，之后通过对我国三个典型案例进行实地调研和访谈对事件应急机制进行检验和修正，最后通过问卷调查数据进行验证。本节的主要发现是：①事件的应急管理要从预防与准备、监测与预警、处置与救援、恢复与重建四个阶段进行。②成功的事件应急机制包含 12 个要素，分布于应急机制的四个阶段：其中，贯穿于四个阶段的要素包括多元主体参与事件的解决、各主体在事件中发挥不同程度作用、各主体运用不同手段参与事件解决、完善的相关法律法规作为各主体行动依据；预防与准备阶段的要素包括各主体内部和主体之间的行动具有良好的组织性与协调性、可能导致冲突隐患得到认知；监测与预警阶段的要素包括各主体内部与主体之间进行及时有效信息沟通、对产生的问题积极采取行动；处置与救援阶段要素包括根据现场情况选择合适决策、事态发展得到有效控制；恢复与重建阶段要素包括根据各主体表现与诉求给予补偿和奖惩、解决方案能顺利执行。③事件的类型、城乡属性、暴力程度、规模以及发生层级会影响应急机制和解决效果之间的关系，不同种类环境群体性事件要采取不同的应对策略。本节希望通过对事件应急机制进行研究，为相关事件的合理解决提供一定的参考价值，为维护社会的长治久安助力。

加强环境群体性事件的应急管理也是解决社会冲突、化解社会矛盾、维护社会稳定的要求。相关研究证明，在社会急剧变革时期，社会骚乱和暴力事件会因为既有政治体制发展缓慢无法容纳新兴社会团体政治参与而增多[1]，因此建立常规化、制度化的冲突化解机制成为应对众多冲突，避免大规模动荡的有效策略。然而尽管在党的十八届三中全会上，党中央曾明确指出要“创新有效预防和化解社会矛盾体制。健全重大决策社会稳定风险评估机制。建立畅通有序的诉求表达、心理干预、矛盾调处、权益保障机制，使群众问题能反映、矛盾能化解、权益有保障”[2]，但在实际运行的层面，地方政府却无法有效处理好层出不穷的群体性事件。一方面，在冲突处于日常非对抗性阶段，地方政府冲突采取消极不作为的应对方式导致冲突能量不断聚集；另一方面，在社会冲突激化而呈现出暴力对抗性阶段，地方政府又因为缺乏有效的应对策略而使得冲突迅速扩大而造成巨大破坏；此外，常态与非常态的衔接不到位也导致基层政府无法有效应对复杂、多变的社会冲突，从而陷入了“起因很小—基层反应迟钝—事态升级暴发—基层无法控制—震惊高层—迅速处置—事态平息”的“体制性迟钝”的怪圈。[3]如何实现正常状态下社会纠纷的化解以及在非常态状态迅速抑制冲突，并加强常态与非常态的有效衔接，建立有效的应对机制成了我国政府跳出冲突解决“体制性迟钝”怪圈时需要考虑的重要问题。因此，加强环境群体性事件的研究势在必行。

一、概念界定、文献综述与理论框架

（一）概念界定：应急管理与群体性事件的应急管理

应急管理的界定包括理论和实际两个层面，从实践上来说，应急管理包括涵盖各种灾害的全灾害管理方法、涵盖从减缓到恢复各个阶段的应急周期以及整合的应急管理信息系统三个层面。[4]从理论上说，应急管理“是为了应对突发事件而进行的一系列有计划有组织的管理过程，主要任务是如何有效地预防和处置各类突发事件，最大限度地减少突发事件的负面影响”[5]，应急管理是管理公共危机的主要手段[6]。此外，应急管理还涉及有效集成社会各方面的资源。[7]通过对上述概念的梳理，我们认为，应急管理是应对公共危机的手段，应急管理的主体包括政府、民众、企业、社会组织、新闻媒体、专家学者，应急管理的对象为各种类型的突发事件（包括自然灾害、事故灾难、公共卫生事件以及社会安全事件），应急管理的过程涵盖从事前到事后的各个阶段。环境群体性事件是突发事件的一种，属于应急管理的范畴。

---

1 塞缪尔•P. 亨廷顿. 变化社会中的政治秩序[M]. 王冠华，刘为，等译. 上海：上海世纪出版社，2008：3-4.

2 中华人民共和国中央人民政府. 中共中央关于全面深化改革若干重大问题的决定[EB/OL]. [2013-11-15]. http://www.gov.cn/jrzg/2013-11/15/content_2528179.htm.

3 黄豁，朱立毅，肖文峰，等. “体制性迟钝”的风险[J]. 瞭望，2007（24）：6-7.

4 张海波. 应急管理与安全治理：理论趋同与制度整合[J]. 北京行政学院学报，2016（1）：1-8.

5 中国行政管理学会课题组. 建设完整规范的政府应急管理框架[J]. 中国行政管理，2004（4）：8-11.

6 胡象明，张智新. 应急管理研究：理论探讨与政策创新的统一——“应急管理与政策创新”学术研讨会综述[J]. 理论探讨，2007（1）：111-112.

7 唐承沛. 中小城市突发公共事件应急管理体系与方法[D]. 上海：同济大学，2007：4.

（二）文献综述

1. 理论视角

国内外对环境群体性事件的管理研究主要集中于社会冲突理论和应急管理理论。社会冲突理论主张通过科学认识冲突的产生、发展变化把握冲突的演变规律，从而提高冲突处置的科学性。应急管理理论主要主张通过建立组织制度和流程提高组织的适应性。

（1）社会冲突理论

社会冲突理论以社会中广泛存在的冲突为研究对象，对社会冲突的含义、类型、功能、起因、产生机制以及解决策略等方面进行研究。社会冲突理论的发展大致经历了冲突理论源起、当代冲突理论产生以及冲突理论延续和扩展三个不同的阶段。[1]

1）冲突理论源起时期

早期冲突理论处于冲突理论的形成期，主要代表人物及其代表成果主要包括卡尔•马克思的阶级冲突理论，齐美尔功能冲突理论以及马克斯•韦伯多元分层冲突理论。[2]早期冲突理论由于处在萌芽时期，大多见于研究者的一些论述当中，较少出现理论性的专著。

2）当代冲突理论时期

随着经济社会的不断发展，新的社会矛盾和冲突现象层出不穷，早期社会冲突理论受到严重挑战，当代西方研究社会冲突的学者开始系统研究冲突的产生，并从社会学的宏观层面研究冲突，认为社会冲突与宏观社会结构有密不可分的关系。该阶段具有代表性的研究者及其研究成果主要包括达伦多夫的“冲突辩证理论”，柯林斯的“冲突根源论”，李普塞特的“冲突一致论”以及科塞的“冲突功能论”[3]。科塞将冲突看作社会化的形式之一而非社会病态，一定程度的冲突可能会起到群体形成与持续、增强群体内部凝聚力、保持社会内部联合与平衡等的积极作用。并主张通过建立允许适当敌对情绪释放的“社会安全阀”制度来阻止其他方面冲突的产生或者减少冲突造成的破坏性从而维持社会的稳定。[4]达伦多夫则认为，现代社会冲突主要表现在应得权利与供给、政治、经济以及公民权利和经济增长之间的对抗，即提出要求的群体与需求得到满足的群体之间的冲突。[5]并认为这种冲突具有对抗性[6]，要解决冲突需要建立一系列“冲突的制度化调节”的社会政策，这主要包括：第一，冲突双方对于冲突必然性达成共识；第二，建立如裁判、仲裁以及调停等的机构；第三，约定规则，即冲突双方要为处理利益矛盾建立正式的游戏规则，以此作为有效解决社会冲突的依据。[7]

3）冲突理论扩展时期

冲突理论发展到延续和扩展时期，心理学、组织学、政治学等学科纷纷加入了冲突的

1 于建嵘. 抗争性政治：中国政治社会学基本问题[M]. 北京：人民出版社，2010：21-22.
2 潘新宇. 从早期冲突理论看构建和谐社会的必要性[J]. 辽宁大学学报（哲学社会科学版），2008（1）：29-32.
3 张卫. 当代西方社会冲突理论的形成及发展[J]. 世界经济与政治论坛，2007（5）：117-121.
4 刘易斯•科塞. 社会冲突的功能[M]. 孙立平，译. 北京：华夏出版社，1989：135-137.
5 拉尔夫•达伦多夫. 现代社会冲突[M]. 北京：中国人民大学出版社，2016：3.
6 Dahrendorf R. Class and Class Conflict in Industrial[M]. Society. Stanford University Press，1959：135.
7 朱玲琳. 从阶级冲突到社会冲突——马克思与达伦多夫的冲突理论比较[J]. 兰州学刊，2013（8）：19-23.

研究当中，同时，冲突研究的方法也越发多元。此阶段，研究者更多地将注意力放在冲突微观的动态演变过程，产生机理以及解决方式与策略。普鲁特、金盛熙从心理学角度将冲突当事者的策略选择划分为争斗、让步、问题解决和回避四种。[1]激发冲突产生的条件包括冲突的情境特征、冲突双方的特点、冲突双方的关系特点以及冲突双方所在的社区特点。冲突的发展过程经历了冲突升级、僵局和解决三个阶段。冲突升级表现在群体心理变化、群体构成变化和外部社区极化三个方面。冲突僵局出现的条件是一方是否成功压制另一方、一方能否占据单方面的优势、双方极力避免发生进一步的冲突或停止争斗商定特定的解决方案，双方摆脱困境的主要努力包括接触沟通，在其他问题上合作，单方调解和去升级化螺旋。问题解决是指双方通过联合，找到一种相互均可接受的解决方案。冲突解决的结构包括妥协和整合式的解决方案。[2]冲突的有效解决方式是与冲突无关的第三方的对冲突干预。Louis（路易斯）从组织学的视角，将组织中的冲突分为利益集团之间的协商冲突、组织上下级之间的纵向冲突以及横向之间的系统冲突三种，这三种冲突都会经历潜伏、感知、感受、显现以及后续五个阶段。有效的冲突应对策略主要包括退出、转变关系或在现存关系背景下，改变其行为与价值。[3]

对于冲突的解决路径研究，按照冲突解决目的可以将冲突的解决路径划分为冲突处置、冲突化解和冲突转化三个层次。[4]蓝志勇将冲突解决方案划分为包括法律诉讼和行政命令、对冲突行为的惩罚性处分、避免冲突的扩大升级的传统冲突解决方案和以确立共同目标、达成共识、联合解决问题、谈判协商、非正式仲裁、调解、非强制性审判、冲突扩大、冲突遏制、合作联盟、情感发泄等为主的替代性冲突解决方法两种。[5]我国政府常用处置公共冲突的策略分传统策略和新策略。传统策略包括牺牲某方利益、片面维稳、施压并促成妥协、快速决断；新策略包括专家咨询、公共参与听证和多轮征询各方意见。并指出常规冲突解决策略存在的不足，主张构建以共赢为目标、基于利益的协商、真诚有效的对话沟通和增强创造性为核心理念的新型协商制度来解决公共冲突。[6]

（2）应急管理理论

应急管理理论起源于西方，西方的应急管理理论主要包括风险管理理论和危机管理理论。风险社会理论系统地批判了现代性带来的各种风险，而危机管理理论则主要关注的是如何处理风险社会的实践性后果：社会危机。[7]

1）风险社会理论

风险社会理论诞生于20世纪80年代末，在经济、科技高速发展的欧洲，切尔诺贝利

1 狄恩•普鲁特，金盛熙. 社会冲突：升级、僵局及解决[M]. 王凡妹，译. 北京：人民邮电出版社，2013：5-6.

2 狄恩•普鲁特，金盛熙. 社会冲突：升级、僵局及解决[M]. 王凡妹，译. 北京：人民邮电出版社，2013：146-269.

3 Pondy L R. Organizational Conflict：Concepts and Models[J]. Administrative Science Quarterly，1967，12（2）：296-320.

4 Reimann C. Assessing the State-of-the-art in Conflict Transformation[M]. Transforming Ethnopolitical Conflict. VS Verlag Für Sozialwissenschaften，2004：41-66.

5 Lan Z. A Conflict Resolution Approach to Public Administration[J]. Public Administration Review，1997，57（1）：27-35.

6 李亚. 创造性地解决公共冲突[M]. 北京：人民出版社，2015：38-55.

7 张海波. 风险社会与公共危机[J]. 江海学刊，2006（2）：112-117.

核电站事件使部分学者表达了对于现代社会的隐忧。风险社会理论主要分为制度主义和建构主义流派，两派观点差异主要在于风险社会中的风险到底是作为一种客观存在随着社会变迁不断增加，还是既有风险由于公众的主观感知而被放大。[1]制度主义流派主要认为现代性本身带来了客观的社会风险，其代表人物是贝克和吉登斯。乌尔里希•贝克主要关注技术与生态风险。他认为现代社会在过度发展生产力的同时也在释放超出人们想象的破坏，我们的社会已经进入了制造财富和风险的风险社会形态。在这种社会形态中，社会从财富分配逻辑向现代性的风险分配逻辑转变。[2]吉登斯则着重论述人类社会制度带来的社会风险，这些社会风险有：核战争、各种生态灾害、人口爆炸、全球性的经济崩溃，以及其他各种潜在的灾难。[3]并且，现代性的制度之主本身就在制造各种风险主要有：民族国家体系引发的极权主义、世界资本主义体系造成的全球经济崩溃、国际劳动分工体系带来的生态恶化以及军事极权主义引起的核战争等。[4]建构主义认为社会风险源于人们的主观的放大，代表人物主要有 Douglas M（玛丽•道格拉斯）、Wildavsky A（阿隆•维达斯基）。玛丽•道格拉斯和阿隆•维达斯基的研究认为，现代社会的风险并没有被增加，只是被察觉和意识到的风险增加了，这些风险分散于社会政治、经济以及自然领域。[5]而拉什则提出风险文化时代的概念，该时代风险不再是物质化生产过程中产生的风险，而是产生于信息、生物技术、通信和软件领域产生的新的危险与风险。与风险社会相区别的另一个特质在于风险的处置方式上，在风险文化时代，人们更多的是通过具有象征意义的运作方式，例如亚政治运动，来规避风险，而不是通过理性的精确计算的方式来化解风险。[6]

2）危机管理理论

风险社会理论主要是对于现代性造成后果的批判，并且因为缺乏实践性而备受质疑。危机管理理论考虑的是研究危机处置流程、策略。

危机可以被界定为一种情境，这种情境威胁决策主体的根本目标，改变情境的反应时间相当有限，并且具有很高的不确定性。[7]也可被界定为一种事件，即“对社会系统的基本价值和行为准则架构产生严重威胁，并且在时间紧迫和不确定性极高的情况下必须做出关键决策的事件。[8]”危机会产生巨大的破坏性，并且处理的时间有限，面对的情景不确定性极高，对于危机管理的核心在于决策。

危机根据不同的标准可以划分为不同的类型。根据危机中不同主体间态度差异可将危机分为一致性危机和分歧性危机，一致性危机当中，不同主体有一致的利益诉求，例如灾

1 张海波. 社会风险研究的范式[J]. 南京大学学报（哲学•人文科学•社会科学版），2007（2）：136-144.

2 乌尔里希•贝克. 风险社会[M]. 何博闻，译. 南京：译林出版社，2004.

3 安东尼•吉登斯. 现代性的后果[M]. 田禾，译. 南京：译林出版社，2000：125.

4 安东尼•吉登斯. 现代性的后果[M]. 田禾，译. 南京：译林出版社，2000：4-9.

5 Douglas M，Wildavsky A. Risk and Culture：A Essay in the Selection and Interpretation of Technological and Enviromental Dangers[M]. Berkley：University of California Press，1982.

6 斯科特•拉什，王武龙. 风险社会与风险文化[J]. 马克思主义与现实，2002（4）：52-63.

7 Hermanm C. Crises in Foreign Policy：A simulation Analysis [M]. Indianapolis：Bobbs-Merrill，1969：14.

8 Rothental U. Coping with Crisis：the Management of Disasters，Riots and Terrorism[M]. Springfield：Charles C. Thomas，1989：10.

害和事故，冲突性危机中不同利益主体当中存在利益诉求的差异，例如战争、恐怖袭击、群体性事件等。[1]按照危机发展的速度差异分为蔓延性危机、周期性危机和突发性危机三种。[2]危机可根据其产生的领域差异将危机分为突发灾害性危机和重大社会危机两类；也可根据其问题的性质结构、结构的性质和控制可能性的差异将危机分为结构不良性危机和结构非不良性危机。[3]除以上单个维度的划分方式之外，危机还可以根据其产生的诱因和范围交叉分类，包括人为直接因素，外部风险引起的公共危机，人为直接因素、内部风险引起的公共危机，非人为直接因素、外部风险引起的公共危机，非人为直接因素、内部风险引起的公共危机四种。[4]危机类型划分的差异性表明了危机处置的复杂性，管理者在处置不同类型的危机时会面临截然不同的危机情景，因此，危机的管理者面对危机时要根据其面临的具体情境采取恰当的应对方式，做到具体问题具体分析。

危机的发展演化具有动态的过程，不同阶段会呈现出各自的特点，根据危机演变的过程建立起动态化的管理过程是危机管理研究的重要发现，管理者在管理危机时需要针对特定阶段危机的特点采取不同的策略手段。按照危机的时间变化顺序来动态地管理危机是学术界的共识，学者们纷纷根据危机的特点建立危机管理的时间序列模型，其中较为有名的有芬克的四阶段模型、罗伯特•希斯的“4R”模型以及米特洛夫的五阶段模型。芬克将危机分为征兆期、发作期、延续期和痊愈期四个阶段。危机在征兆期并不会发生，但是会表现出特定的线索；在触发事件发生后危机引发，进入发作期；危机在持续期影响会持续，并且这也是管理者清除危机的主要阶段；危机的痊愈期标志着危机的解决。罗伯特•希斯将危机管理划分为缩减（reduction）、准备（readiness）、响应（responsiveness）和恢复（recovery）四个阶段。[5]缩减阶段需要风险评估与管理，准备阶段的任务主要有预警、培训、演习，反应阶段的要素包括影响分析、计划、技能要求和审计评估，恢复阶段主要包括影响分析、计划、技能要求和审计与评估。Mitroff（米特罗夫）将危机管理分为五个阶段，按照时间先后顺序分别为信号侦测阶段、探测预防阶段、控制损害阶段、恢复阶段以及学习阶段。在这五个阶段中各自的目标和任务分别是：收集危机信号阻止危机发生；探查危机诱因并加以预防；控制危机的传播，避免危机扩散；尽快恢复常态；回顾批判之前危机管理的不足，提高后续的危机管理能力。[6]危机管理阶段的划分主要根据危机的时间序列进行划分，尽管根据不同的标准可以将危机划分为多种阶段，但总体上危机分事前、事中和事后三个阶段，研究者可以根据自身研究需要在这三个阶段增加或减少一些子阶段。

---

1 Quarantelli L Q，Dynes R R. Response to Social Crisis and Disaster[J]. Annual Review of Sociology，1977，3（5）：23-49.

2 Booth S A. Crisis Management Strategy：Competition and Change in Modern Enterprise[M]. London：T.J.Press Ltd.，1993：86-88.

3 马小军. 当代社会危机的类型分析与变量分析[J]. 理论前沿，2003（2）：15-17.

4 孙晓晖，唐明勇. 风险社会视域下公共危机的类型学论析[J]. 内蒙古大学学报（哲学社会科学版），2010（6）：10-15.

5 罗伯特•希斯. 危机管理[M]. 王成，宋炳辉，金瑛，译. 北京：中信出版社，2004.

6 Mitroff I I. Crisis Management and Environmentalism：A Natural Fit[J]. California Management Review，1994，36（2）：101-113.

3）我国的危机管理理论

改革开放之后，事故灾难、自然灾害、公共卫生事件以及社会安全事件等各类突发事件在中国层出不穷。由于风险社会理论和危机管理理论难以满足我国政府应急管理的需求，学术界在系统引进危机管理和应急管理理论的基础上，进行系统的整合分析，建立适合我国实践的应急管理理论。

应急管理提出突发事件的概念，突发事件具有瞬间产生、偶然暴发、可能向危机发展和严重危害性的特点。[1]不同类型、规模的突发事件以及突发事件的不同阶段都需要人们采取不同的手段管理，这是我国应急管理制度建设的前提。[2]

突发事件是连接风险与危机的接点，前者是社会蕴含破坏性的可能性，而后者则是风险实现的后果。以是否具有公共性可以将具有公共性的风险和危机界定为社会风险和公共危机。[3]突发事件是社会风险向公共危机蔓延的重要关口，从社会风险到突发事件再到公共危机的演变遵循的是"连续统"的逻辑，因此政府部门的应急管理要注意平衡好社会风险、突发事件、公共危机三者之间的关系，从根源上减少公共危机的产生。[4]

应急管理主要包括"政治—社会"层面的社会变革，"组织—制度"层面的组织制度设计以及"工程—技术"层面对于各种具体事件的处理三个层面。[5]综上所述，我国应急管理理论以突发事件为核心来追溯突发事件前端的风险治理和防范公共危机的产生，该理论整合了风险管理和危机管理两大范式，并且其核心是通过建立应急管理的预案、法制、体制、机制加强对不同类型、不同级别的突发事件进行分级、分类、分期管理。

2．研究现状

当前我国应急管理理论的主要有"政治—社会"层面、"组织—制度"层面和"工程—技术"层面三个层次。[6]"政治—社会"层面主要从宏观层次强调构建多元主体参与的公共危机的治理网络，变革社会风险治理的方式；"组织—制度"层面强调通过构建应急管理的"一案三制"，即应急管理的预案、法制、体制、机制强化应急管理的组织化程度；"工程—技术"层面强调应急管理具体的技术，如信息沟通、应急决策以及激励强调从技术手段上提高应急能力。

（1）"政治—社会"层面的环境群体性事件的应急管理网络

当前从理论和现实实践两个层面都表明单独依靠政府已经难以有效应对日益繁多并且复杂的公共危机，应当构建制度化，常规化、贯穿整个危机过程的多元主体协作网络来应对危机。[7]在环境群体性事件的应急管理过程当中存在多个主体，例如，有些学者将环境群体性事件的主要群体包括排污者（企业）、管理者（政府）以及受害者（居民），并由此

1 朱力．突发事件的概念、要素与类型[J]．南京社会科学，2007（11）：81-88.

2 薛澜，钟开斌．突发公共事件分类、分级与分期：应急体制的管理基础[J]．中国行政管理，2005（2）：102-107.

3 童星．社会学风险预警研究与行政学危机管理研究的整合[J]．湖南师范大学社会科学学报，2008，37（2）：66-70.

4 刘晋．"社会风险—公共危机"演化逻辑下的应急管理研究[J]．社会主义研究，2013（6）：100-104.

5 童星，张海波．基于中国问题的灾害管理分析框架[J]．中国社会科学，2010（1）：132-146.

6 童星，张海波．中国应急管理：理论、实践、政策[M]．北京：社会科学文献出版社，2012：50-52.

7 刘霞，向良云．公共危机治理：一种不同的概念框架[J]．新视野，2007（5）：50-53.

衍生出企业与政府、企业与居民以及居民与政府之间的三种冲突，三者之间利益没有达到均衡造成了环境群体性事件的发生。[1]而另外的研究表明，除了上述三个核心的冲突方，与冲突无关的第三方也会对群体性事件的发展、演变、解决带来影响，这些第三方包括专家学者、社会组织以及新闻媒体等。[2]通过文献的整理发现，我国目前对于环境群体性事件应急管理主体的研究主要集中于社会公众、专家学者、媒体、政府部门、社会组织以及企业。关于应急管理主体的相关研究如下：

1）政府部门。政府是公共产品的主要提供者，非常态的公共事务管理也是政府部门的重要职能之一。[3]在具体的群体性事件管理的过程中，政府部门应当居于核心地位。[4]政府部门要根据冲突类型以及处置目标层次，采用不同的介入手段和程度。[5]

政府部门并不总是积极参与到环境群体性事件的解决当中，例如，政府部门在维稳压力巨大和维稳能力有限的情况下，可能秉承“不出事”逻辑采取非制度化的策略应对群体性事件，制造社会风险以及偏离环境正义。[6]

在社会治理社会化、现代化的大背景下，政府部门在应急管理当中所扮演的角色也发生了巨大的变化。政府部门需要与其他的社会部门加强合作，共同应对层出不穷的环境群体性事件[7]，实现管理角色从全能者到领导者再到协调者的转变。[8]

2）社会公众。社会公众作为环境污染的利益受损者，在环境群体性事件当中主要扮演着旁观者、当事方，公民的有序参与可以提高应急管理决策的科学性、可行性和合理性，并且有利于促进政府与民众的沟通，减少应急管理过程当中民众与政府之间的冲突。[9]

社会公众可以通过提高预警能力、自救能力以及互助能力[10]，并参与到应急管理的强化（reinforce）、救援（rescue）、恢复（recovery）各个阶段，更好地发挥发现隐患和提供建议的预防者、危机应对服务的直接提供者、信息反馈者、监督者以及恢复工作的具体承担者等的作用。[11]

同时，当公民的有效参与难以得到保证时，公民可能会采取更加激进的生态政治行为[12]来维护自身环境权利，实现其政治参与的目的。[13]因此，民众对于环境群体性事件的解决具有重要的推动作用，有序的、高效的公民参与可以促进环境群体性事件的解决，而公民的无序参与可能会导致事态的进一步恶化。

---

1 吴向阳. 环境冲突的成因及对策[J]. 科技创新导报，2010（19）：140-141.

2 于鹏，张扬. 环境污染群体性事件演化机理及处置机制研究[J]. 中国行政管理，2015（12）：125-129.

3 戚建刚. 应急行政的兴起与行政应急法之建构[J]. 法学研究，2012（4）：24-26.

4 王玉良. 公共冲突管理中的政府责任及其机制建构[J]. 理论导刊，2015（8）：21-24.

5 徐祖迎，常健. 公共冲突管理中行政权力介入的效果及其限度[J]. 理论与现代化，2012（1）：32-36.

6 严燕，刘祖云. 地方政府应对“环境冲突”的现实策略及其路径选择[J]. 行政论坛，2016（1）：67-71.

7 常健，田岚洁. 中国公共冲突管理体制的发展趋势[J]. 上海行政学院学报，2014（3）：67-73.

8 夏美武. 公共危机管理中政府角色定位与重塑[J]. 江淮论坛，2012（3）：76-80.

9 韦朋余. 政府危机管理中公民有序参与的路径选择[J]. 理论与改革，2006（4）：17-18.

10 杨宇，王子龙. 社会公众应急能力建设途径研究[J]. 生产力研究，2009（16）：95-97.

11 侯保龙. 公民参与公共危机治理研究[M]. 合肥：合肥工业大学出版社，2013：44-46.

12 覃冰玉. 中国式生态政治：基于近年来环境群体性事件的分析[J]. 东北大学学报（社会科学版），2015（5）：495-501.

13 于鹏，黑静思. 环境污染型邻避冲突中的公民参与研究[J]. 中国行政管理，2017（12）：79-83.

3）专家学者。学者，指“在知识和信息方面具有比较优势的个人”[1]，专家学者通过扮演信息提供者、政府部门的代理人、自我利益的追求者[2]等的角色来克服公共治理当中的集体行动困境。专家学者在公共治理当中采用的策略包括冷眼旁观、对公共问题开展学术活动、公开发表观点、为其他群体提供信息、受其他群体委托代理处理相关事务、组织民众进行治理活动以及发起民众展开社会运动七种。[3]

除此之外，学者良好的专业技能和个人素质，可以促进冲突双方信息沟通、保证信息的及时反馈、提供理性有效的组织策略、在对立双方中保持中立，因此提供专业真实的谈判证据、与内部学者良好的互动以及对其他社会主体的支持是保证专家学者在群体性事件解决过程中发挥积极作用的重要条件。[4]

专家学者在公共事务治理活动中的作用越发显著，专家学者参与不同路径会对环境群体性事件产生或积极或消极的影响，通过加强制度安排可以有效地提高专家学者在环境群体性事件中的积极作用。

4）媒体。社会媒体是危机当中群体之间进行信息沟通的重要渠道，也是政府信息公开的要求。媒体在应急管理过程中主要承担报道准确信息、引导舆论、加强政府和民众沟通、普及科学知识、监督政府不当的言行等职责。[5]新兴社会化媒体由于具有传播速度更快、用户制造内容、意见领袖作用明显以及互动性强的新特点，对政府的风险沟通造成新的挑战[6]，使得环境群体性事件升级、失序[7]。面对新的挑战，媒体应当增加在群体性事件中的报道空间，并通过增加媒体对社会问题与社会矛盾报道数量和尺度[8]的方式，缓慢释放冲突的能量，发挥积极作用。

5）社会组织。社会组织是介于政府与企业间的组织[9]，具有组织性、民间性、非营利性、自治性、志愿性和非政治性的特征。[10]社会组织在环境群体性事件中可以帮助公民实现有序参与、合理表达利益诉求，从而在环境群体性事件中发挥加压阀和稳定器的积极作用。[11]但是，当前我国社会组织参与环境群体性事件解决的空间、层次、范围和阶段都十分有限[12]，在应急管理建设中，政府应当不断提高社会组织的应急能力并为二者的合作构

1 杨立华. 学者型治理：集体行动的第四种模型[J]. 中国行政管理，2007（1）：96-103.

2 Yang L，Wu J. Scholar-participated Governance as an Alternative Solution to the Problem of Collective Action in Social-Ecological Systems[J]. Ecological Economics，2009，68（8-9）：2412-2425.

3 杨立华，何元增. 专家学者参与公共治理的行为模式分析：一个环境领域的多案例比较[J]. 江苏行政学院学报，2014（3）：105-114.

4 杨立华，李晨，陈一帆. 外部专家学者在群体性事件解决中的作用与机制研究[J]. 中国行政管理，2016（2）：121-130.

5 陈婕. 公共突发事件中的媒体角色及应急管理[J]. 学习与实践，2014（1）：113-120.

6 许静. 社会化媒体对政府危机传播与风险沟通的机遇与挑战[J]. 南京社会科学，2013（5）：98-104.

7 彭小兵，邹晓韵. 邻避效应向环境群体性事件演化的网络舆情传播机制——基于宁波镇海反PX事件的研究[J]. 情报杂志，2017（4）：150-155.

8 曾凡斌. 群体性事件中的媒体报道的存在问题、成因与对策[J]. 科学经济社会，2011（3）：151-158.

9 Andreasen A. Profits for Nonprofits：Find a Corporate Partner[J]. Harvard Business Review，1996（November-December）：55-59.

10 Anderson J C，Narus J A. Capturing the Value of Supplementary Services[J]. Harvard Business Review，1995，73（1）：75-83.

11 范铁中. 社会组织在预防和处置群体性事件中的作用分析[J]. 中共福建省委党校学报，2011（12）：75-80.

12 韦长伟. 社会组织融入社会冲突管理的时机找寻[J]. 重庆社会科学，2015（5）：49-56.

建紧密结合的应急管理体系。[1]

6）企业。企业在环境群体性事件中是冲突的核心当事方之一[2]，其日常的违法排污行为或者对邻避设施的修建都有可能导致环境群体性事件的产生。

企业在环境群体性事件的应急管理中也发挥着积极作用。以企业为代表的市场机制也能够储备一部分应急资源与能力，从而普及公共应急产品和服务并引导公共应急资源的分配与流转。[3]企业是应急管理的风险制造者，也是突发事件发生之后的第一应对主体，并且以企业为代表的市场力量具有在资金、公共产品的提供方面具有政府不具备的优势，也对应急管理起到重要的作用。

根据现有的文献回顾，环境群体性事件的应急管理有多种主体参与，不同的主体在环境群体性事件的各个阶段会发挥各自的作用。然而，各主体如若不能有效参与，也可能出现“三个和尚没水吃”的集体行动困境，造成应急管理工作的混乱与失序。因此，各主体的参与还应当加强“组织—制度”层面以及“工程—技术”等层面的各项建设，保证环境群体性事件的有效解决。

（2）“组织—制度”层面的环境群体性事件的“一案三制”建设

在“组织—制度”层面，研究核心主要是“一案三制”，通过应急预案、应急法制、应急机制、应急体制来加强应急管理的组织化、规范化程度。

1）环境群体性事件的法律规范建设。环境群体性事件反映了多元利益之间冲突的激烈性和诉求的正当性，并且公民将其多元利益诉求诉诸集体行动也有利于多元主体之间的理性沟通，因此从长远来看，应当通过立法建立制度对利益表达形式予以确认，将群体性事件管理纳入法制化轨道[4]，从而让冲突各方对冲突的程序、自己违规行为可能要承担的责任后果、行为选择、冲突结果产生合理预期[5]，降低群体性事件的破坏性。除官方产生的法律、规章制度文件外，国家和省级的应急预案也补充了很多的法律规范，用于弥补应急立法的缺陷，因此应急预案也应当算作应急法律体系的一部分。[6]应急管理的法律规范体系主要包括立法和执行，即应急法律法规和应急预案两部分。[7]

应急管理法制是“关于突发事件引起的公共紧急情况下如何处理国家权力之间、国家权力与公民权利之间、公民权利之间等各种社会关系的法律规范和原则的总和”[8]。应急管理的法律规范体系主要包括宪法中有关紧急状态的规定、应急管理的基本法、涉及突发事

1 王光星，许尧，刘亚丽. 社会力量在应急管理中的作用及其完善——以2009年部分城市应对暴雪灾害为例[J]. 中国行政管理，2010（7）：67-69.

2 邓鑫豪，茹伊丽. “抗争之城”：从邻避冲突解读中国城市政治[J]. 城市发展研究，2016，23（5）：113-118.

3 林鸿潮. 公共应急管理中的市场机制：功能、边界和运行[J]. 理论与改革，2015（3）：112-115.

4 许章润. 多元社会利益的正当性与表达的合法化——关于“群体性事件”的一种宪政主义法权解决思路[J]. 清华大学学报（哲学社会科学版），2008（4）：113-119.

5 常健，田岚洁. 公共领域冲突管理的制度建设[J]. 国家行政学院学报，2013（5）：61-67.

6 林鸿潮. 论应急预案的性质和效力——以国家和省级预案为考察对象[J]. 法学家，2009（2）：22-30.

7 张海波，童星. 中国应急管理结构变化及其理论概化[J]. 中国社会科学，2015（3）：58-84.

8 韩大元，莫于川. 应急法制论[M]. 北京：法律出版社，2005：27.

件的应急管理单行法、应急管理的相关法以及相关的应急管理预案[1]，除此之外，还应当包括与《中华人民共和国突发事件应对法》配套的地方性法规。[2]当前应急管理法律体系的系统性不足、协调性较差以及实效性欠缺的问题是学界普遍认可的问题[3]，完善我国应急管理体系主要应从完善应急管理法律体系增强系统性、减少法律之间的矛盾冲突以增强协调性以及增强应急管理法律的实际操作性为出发点进行。

应急预案是指“根据国家、地方法律法规和各项规章制度，综合本部门、本单位的历史经验、实践积累以及当时当地特殊的地域、政治、民族、民俗等实际情况，针对各种突发事件而事先制订的一套切实、迅速、有效、有序解决问题的行动计划或方案”[4]。由此可知，应急预案是对应急管理法律法规的补充以及执行方案。应急预案体系在“立法滞后，预案先行”和“横向到底，纵向到边”的形成过程当中，除可以增强预防与准备的优点之外，还具有保持应急行动灵活性的潜功能以及成为免责工具的负功能，需要通过加强依法行政和属地管理的方式来进一步加强应急预案体系的建设[5]，完善应急预案对应急法律法规的执行作用。

2）环境群体性事件的组织化建设。应对环境群体性事件应当建立权责统一的应急管理体制和科学化、系统化的应急管理机制。[6]应急管理的体制是应急管理的组织，而机制则影响体制，弥补体制的不足并促进体制的发展和完善，两者相互作用共同促进了应急管理能力的提高。[7]因此，应急管理体制、机制可以作为提高环境群体性事件的组织化程度的重要工具。

应急管理体制设计应当正确解决好与其他公共权力主体的外部关系，上下级政府之间的纵向关系以及一级政府与其部门间、部门与部门之间的横向关系[8]，政府部门权责的高度分散化和非制度化导致了其组织内部出现了“条块分割”的问题，阻碍了政府部门的反应效率。[9]打破政府内部条块分割，提高组织化程度的主要方式是建立具有迅速果断决策能力、综合协调能力、统一指挥的行动能力、整合各职能部门应急职能的“准大部制”体制。[10]在外部应急管理的关系方面，为了实现主体间的有效治理，需要整合现有的预案体系，建立公共危机治理网络核心机构，完善治理网络的制度框架以及应急平台建设[11]，即要增强主体协同的正式化和制度化。

---

1 闪淳昌，薛澜. 应急管理概论——理论与实践[M]. 北京：高等教育出版社，2012：356-375.

2 丛梅. 加强中国应急管理体系的法制建设[J]. 理论与现代化，2009（5）：119-122.

3 李学同. 我国应急法制建设中的问题与对策研究[J]. 理论前沿，2009（1）：19-21.

4 钟开斌. 回顾与前瞻：中国应急管理体系建设[J]. 政治学研究，2009（1）：78-88.

5 张海波. 中国应急预案体系：结构与功能[J]. 公共管理学报，2013（2）：1-13.

6 王郅强，彭宗超，黄文义. 社会群体性突发事件的应急管理机制研究——以北京市为例[J]. 中国行政管理，2012（7）：70-74.

7 闪淳昌，周玲，钟开斌. 对我国应急管理机制建设的总体思考[J]. 国家行政学院学报，2011（1）：8-12.

8 林鸿潮. 论我国公共应急体制的再改革及其法律问题[J]. 行政法学研究，2010（2）：72-80.

9 钟开斌. 国家应急管理体系建设战略转变：以制度建设为中心[J]. 经济体制改革，2006（5）：5-11.

10 胡象明，魏庆友. 非常态治理：关于建立“准大部门制”应急管理体制的思考——来自烟台市的调研报告[J]. 北京行政学院学报，2010（3）：12-15.

11 刘霞，向良云，严晓. 公共危机治理网络：框架与战略[J]. 软科学，2009（4）：1-6.

应急管理机制是“实现系统目标的各要素在制度环境中相互作用和影响的有机活动过程”。[1]应急机制应当贯穿于缩减、预防、响应和事后恢复四个阶段，主要包括利益诉求、舆情引导，信息公开和媒体引导、政府运作、沟通协商、社会动员、矛盾冲突化解、心理干预与思想引导、事前预警与事后问责八大机制。[2]通过机制的建设可以保证应急体制的规范、有效运转。

（3）“工程—技术”层面环境群体性事件应急管理的决策效果、信息沟通和激励

1）决策方式。环境群体性事件演变的复杂性要求处置主体要根据具体的情境选择适当的方式，以确保环境群体性事件能够有良好的处置效果。[3]公共决策的决策方式根据决策的程序包括程序性的常规决策和非程序性的危机决策。[4]相比于常规决策，非常规决策的目标更加动态多变、面临的环境更复杂多变、信息残缺和滞后以及失真、步骤更加非程序化。[5]并且决策者在此情境中需要具有更多的经验直觉等隐性知识以及保持警觉心理状态。[6]有效的信息系统的支持有助于提高决策的效率。[7]除此之外，有效的组织机构可以帮助参与应急处置的众多行为体有序协调，提高处置主体的行动力。[8]

2）信息沟通效率。信息沟通在环境群体性事件的解决与演变过程中起到了重要的作用。在环境群体性事件中，信息上报、交流和通报[9]的方式实现了政府与媒体之间、政府部门与社会主体间以及政府与公民间[10]的沟通。良好的信息沟通可以减少环境群体性事件中各主体之间的对抗性，从而提高环境群体性事件的解决效果；而信息沟通不畅则会导致冲突的进一步激化升级，使得局面更为混乱。[11]良好的信息沟通策略主要有迅速成立新闻小组、确定新闻发言人、动态更新新闻、掌握新闻发布程序、重视互联网对于公众舆论的引导等。[12]

3）合作激励程度。对应急管理主体在突发事件中的行为进行激励也是应急管理中的重要部分。多元主体作为应急管理的利益相关人参与到应急管理当中具有不同的利益取向。在应急管理这一集体行动过程当中，应当注意通过建立有效的制度来界定突发事件的利益相关者及其利益，并有效平衡好群体利益和公共利益之间的关系，从而为有效的集体

---

1 钟开斌. 应急管理“机制”辨析[J]. 中国减灾，2008（4）：30-31.

2 陈毅. 风险、责任与机制：责任政府化解群体性事件的机制研究[M]. 北京：中央编译出版社，2013：34.

3 刘德海. 政府不同应急管理模式下群体性突发事件的演化分析[J]. 系统工程理论与实践，2010（11）：1968-1976.

4 薛澜，张强，钟开斌. 危机管理：转型期中国面临的挑战[M]. 北京：清华大学出版社，2003：162.

5 郭瑞鹏，孔昭君. 危机决策的特点、方法及对策研究[J]. 科技管理研究，2005（8）：151-153.

6 曹蓉，王淑珍. 危机状态下管理者应急决策的一个分析框架[J]. 上海行政学院学报，2014（2）：79-84.

7 叶光辉，李纲. 多阶段多决策主体应急情报需求及其作用机理分析——以城市应急管理为背景[J]. 情报杂志，2015（6）：27-32.

8 刘丹，王红卫，祁超，等. 基于多主体的应急决策组织建模[J]. 公共管理学报，2013（4）：78-87.

9 王宏伟. 重大突发事件应急机制研究[M]. 北京：中国人民大学出版社，2010：62.

10 杨秋菊. 政府应急管理中的整合沟通研究[J]. 学术论坛，2009（6）：49-52.

11 刘德海，陈静锋. 环境群体性事件“信息—权利”协同演化的仿真分析[J]. 系统工程理论与实践，2014（12）：3157-3166.

12 林如鹏，张碧红. 应急状态下的信息公开与传播策略[J]. 暨南学报（哲学社会科学版），2011（4）：150-155.

合作提供动力。[1]

（三）理论框架

本节的研究在整合社会冲突理论、应急管理理论的基础上，对我国环境群体性事件应急机制进行梳理与归纳。社会冲突理论将群体性事件看作客观存在的社会现象，注重研究这种现象产生的原因，从产生到升级再到消退的客观规律，以及冲突解决的方式方法等。社会冲突理论主要包括宏观和微观两个主要的层次。宏观层次的社会冲突理论将社会冲突与特定的社会结构联系起来。社会冲突是群体之间的冲突，根源在于经济与政治、应得权力与供给之间的矛盾[2]，社会冲突的出现也产生于社会治理结构的失败[3,4]；但是社会冲突同样具有一定的“正功能”，通过建立“安全阀”的方式可以有效释放部分冲突能量，发挥冲突的积极作用，维持社会稳定[5]。社会冲突的微观层次更多关注冲突自身的发展规律，社会冲突经历了从升级到僵局再到解决的演变过程[6]。政府应当对社会冲突建立起常规化的管理[7]，包括专门化的冲突管理机构[8]，以及新的冲突解决模式，例如第三方调解制度[9]、民主协商制度[10]等。

应急管理理论则将环境群体性事件看作突发性事件或者公共危机，主张通过建立一系列的流程（如缩减、预防、响应和恢复[11]）以及一系列体制机制的建设（如应急管理的“一案三制”[12]建设）来提高事件处置主体的适应能力。目前我国应急管理主要包括“政治—社会”“组织—制度”以及“工程—技术”三个层次，除此之外，由于应急管理具有较强的动态性，本节研究又增加“事件—阶段”层次。“事件—阶段”层次根据《中华人民共和国突发事件应对法》将应急管理划分为预防与准备、监测与预警、处置与救援、恢复与重建四个阶段[13]。“政治—社会”层面主要强调多元主体的参与对于应急管理的作用[14]，主要包括公众[15]、政府部门[16]、新闻媒体[17]、社会组织[18]以及企业[19]。“组织—制度”层面的建设

---

1 贾学琼，高恩新. 应急管理多元参与的动力与协调机制[J]. 中国行政管理，2011（1）：70-73.

2 拉尔夫•达伦多夫. 现代社会冲突[M]. 北京：中国人民大学出版社，2016：3.

3 任丙强. 农村环境抗争事件与地方政府治理危机[J]. 国家行政学院学报，2011（5）：98-102.

4 徐勇. “接点政治”：农村群体性事件的县域分析——一个分析框架及以若干个案为例[J]. 华中师范大学学报（人文社会科学版），2009（6）：2-7.

5 刘易斯•科塞. 社会冲突的功能[M]. 孙立平，译. 北京：华夏出版社，1989：135-137.

6 狄恩•普鲁特，金盛熙. 社会冲突——升级、僵局及解决[M]. 王凡妹，译. 北京：人民邮电出版社，2013：5-6.

7 韦长伟. 社会冲突的常规化管理：必要性、障碍与路径选择[J]. 河南大学学报（社会科学版），2012（4）：8-12.

8 常健，杜宁宁. 中外公共冲突化解机构的比较与启示[J]. 上海行政学院学报，2016（3）：19-26.

9 顾金喜，吴杰. 群体性事件中的第三方干预——基于媒体干预的视角[J]. 浙江学刊，2015（5）：117-123.

10 李亚. 创造性地解决公共冲突[M]. 北京：人民出版社，2015：38-55.

11 罗伯特•希斯. 危机管理[M]. 王成，宋炳辉，金瑛，译. 北京：中信出版社，2004.

12 高小平. “一案三制”对政府应急管理决策和组织理论的重大创新[J]. 湖南社会科学，2010（5）：64-68.

13 突发事件应对法[EB/OL].（2007-08-30）. http://www.gov.cn/ziliao/flfg/2007-08/30/content_732593.htm.

14 威廉•L.沃，格利高里•斯特雷布，王宏伟，等. 有效应急管理的合作与领导[J]. 国家行政学院学报，2008（3）：108-111.

15 韦朋余. 政府危机管理中公民有序参与的路径选择[J]. 理论与改革，2006（4）：17-18.

16 刘刚，李德刚. 环境群体性事件治理过程中政府环境责任分析[J]. 学术交流，2016（9）：62-65.

17 陈婕. 公共突发事件中的媒体角色及应急管理[J]. 学习与实践，2014（1）：113-120.

18 肖磊，李建国. 非政府组织参与环境应急管理：现实问题与制度完善[J]. 法学杂志，2011（2）：124-126.

19 薛澜，张强，钟开斌. 危机管理：转型期中国面临的挑战[M]. 北京：清华大学出版社，2003.

主要包括“一案三制”，即应急管理的预案、体制、机制、法制。其中，由于应急预案和应急法制都起到了规范作用[1]，因此我们将其作为应急管理的法律体系。而由于体制机制是事物的一体两面，相互影响[2]，共同促进不同主体之间的相互合作，从而促进社会应急水平的整体提高，此处将体制、机制合并为组织化程度。突发事件发生之后如果没有进行有效的信息沟通可能会产生谣言，加剧不同主体之间的对立与冲突[3]，因此信息沟通的效率影响到监测预警的效果。突发事件由于具有极高的突发性、不确定性和紧迫性，因此突发事件的核心是决策问题[4]，在突发事件的处置过程中，决策的方式会影响事件的解决效果。利益的协调有序是不同主体合作的基础[5]，在事情发生之后，还要根据各个主体在突发事件当中的行为反应，进行针对性地激励。

通过对上述应急管理理论的梳理，结合所要研究的具体问题，本节研究在系统整合社会冲突理论、应急管理理论研究成果的基础上，提出解决我国环境群体性事件的应急机制模型（图 13-2-1）。

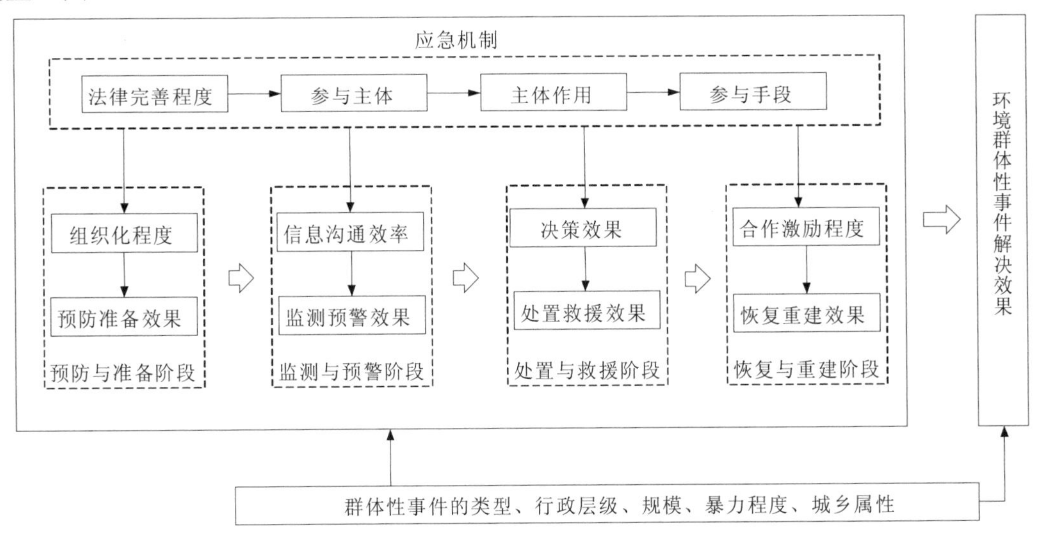

图 13-2-1　环境群体性事件应急机制理论框架

本节研究构建的环境群体性事件应急机制根据群体性事件的发展脉络展开，包括预防与准备阶段的预防与准备机制、监测与预警阶段的监测与预警机制、处置与救援阶段的处置与救援机制以及恢复与重建阶段的恢复与重建机制。

环境群体性事件的处置主要包括预防与准备、监测与预警、处置与救援、恢复与重建四个阶段。参与应急管理的主体分为政府、企业、民众、社会组织、新闻媒体以及专家学者六种，六种主体分别在不同的阶段发挥各自的作用，并且每个阶段参与应急管理的手段

1 张海波，童星. 中国应急管理结构变化及其理论概化[J]. 中国社会科学，2015（3）：58-84.
2 闪淳昌，周玲，钟开斌. 对我国应急管理机制建设的总体思考[J]. 国家行政学院学报，2011（1）：8-12.
3 常健，金瑞. 论公共冲突过程中谣言的作用、传播与防控[J]. 天津社会科学，2010（6）：65-68.
4 薛澜，张强，钟开斌. 危机管理：转型期中国面临的挑战[M]. 北京：清华大学出版社，2003：6-12.
5 贾学琼，高恩新. 应急管理多元参与的动力与协调机制[J]. 中国行政管理，2011（1）：70-73.

也各不相同。影响环境群体性事件应急机制的要素经过现有理论的梳理包括 12 个要素，贯穿于应急管理的不同阶段。其中，参与主体、各主体作用发挥程度及主体不同手段、法律完善程度 4 个要素贯穿于应急管理的整个过程；组织化程度、预防与准备效果 2 个要素作用于预防与准备阶段；信息沟通效率和监测与预警效果 2 个要素作用于监测与预警阶段；决策效果、处置与救援效果 2 个要素作用于处置与救援阶段；最后，合作激励程度、恢复与重建效果 2 个要素作用于恢复与重建阶段。

各个应急阶段需要考虑不同的要素并不意味这一阶段其他要素并不用考虑，而是某种要素在该阶段具有相对重要的地位。在预防与准备阶段，组织化程度占据重要地位，各行为主体通过提高组织化程度来提高各主体应对群体性事件的应急能力。组织化程度包括群体内组织化程度，即组织内部横向与纵向关系的协调性，以及群体间合作的组织化程度，例如群体间的合作网络的构建。在监测与预警阶段，信息沟通占据相对重要的地位，信息沟通主要包括组织之间的组织沟通、组织与媒体之间的大众沟通，以及组织直接与民众交流的大众沟通三个方面。在应急处置与救援阶段，决策方式占据相对重要地位，需要迅速有效地对环境群体性事件采取恰当的决策方式，决策方式主要包括遵循日常决策程序的常规决策以及打破程序规则的非常规决策两种。在恢复与重建阶段，合作激励程度占据较为重要的地位，主体间合作的激励会影响恢复重建的速度并对以后处置类似的事件起到重要的作用。主体间合作的激励既有对主体违法不合作行为进行惩罚的惩罚性激励，也包括补偿主体在应急工作利益损失的补偿性激励，还包括奖励积极有效应对人员的奖励性激励。

各个主体在不同的阶段采取不同的应急手段并与各个阶段的主导相互作用影响每个阶段的应急效果，上一阶段的应急效果对下一阶段的应急效果造成影响，并最终影响到环境群体性事件的解决。在环境群体性事件应急管理过程当中，各个主体及其手段、各个要素的有效发挥都受到法律完善程度的影响，法律不仅包括国家立法机关制定的正式法律，还包括地方立法机关、行政部门制定的法规规章，也包括各主体之间为有效执行应急法律法规而起草的应急预案。

环境群体性事件本身的性质对应急机制中各要素也会产生影响，这些事件自身的特征包括事件发生的层级、规模、事件类型、事件的暴力程度以及事件的城乡属性。

二、研究方法与数据收集

（一）研究方法选择

本节研究采取理论研究与实证研究、定性研究与定量研究相结合的方法对环境群体性事件应急机制进行深入的探讨。

首先，在研究的起步阶段，本节研究对相关的文献进行了阅读、比较和梳理，在此基础上，参考风险社会理论、危机管理理论以及应急管理等经典理论初步构建本节研究的分析框架。

其次，理论研究之后为实证研究阶段。实证研究阶段的研究主要分为修正框架和验证框架两个阶段。框架修正阶段，本节研究主要选取了河南省修武县血铅事件、河南省济源市血铅事件以及湖南省花垣县血铅事件。在对这三个事件的背景资料进行了解的基础上，进行了访谈和调研，根据访谈和调研的结果对研究的理论框架进行了修正，从而提升理论框架的解释效力。

最后，本节研究根据案例调研结果编制问卷，进行调研，对研究思路进行验证。由此，本节研究的框架如图 13-2-2 所示。

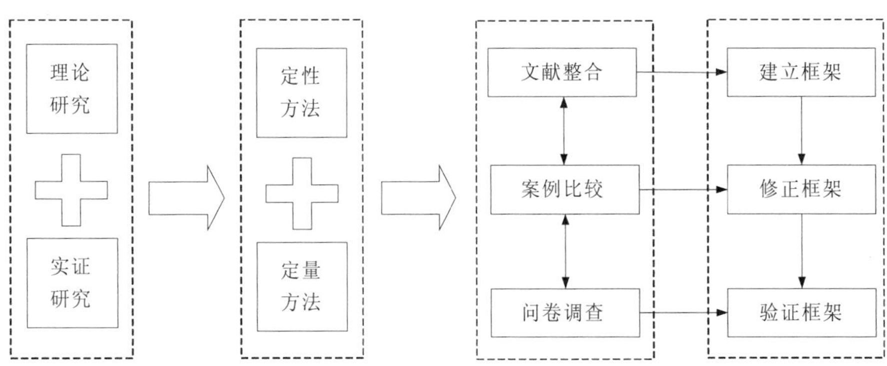

图 13-2-2　研究方法示意图

（二）文献研究

文献研究主要采用模糊检索、滚雪球查阅文献的方式查阅相关的研究，目的是为研究框架的建立提供理论基础。首先，在模糊检索阶段，本节研究在中国知网上搜索相关的期刊论文，建立起对于研究的初步认识。检索的关键词为“应急管理”“危机管理”“风险管理”“环境冲突”“群体性事件”等词汇。确定好检索关键词后，本节研究将上述词汇不断进行交叉组合，搜索相关的期刊、会议、硕博士论文，并剔除其中非核心刊物或被引频率较低的文献，将留下的论文进行逐步地阅读从而加深对研究问题的了解。在对研究问题有初步把握之后进入滚雪球查阅文献的阶段。这一阶段，将论文当中被引频率较高的经典理论书籍以及期刊论文进行进一步的检索，不断地阅读、梳理、比较与分析，在此基础上提出本节研究的研究问题、构建理论框架。通过以上步骤的不断循环，本节研究阅读了大量的理论文献，并在此基础上提出了较为完善的理论研究框架。

（三）比较案例研究

在结束理论研究、提出初步研究框架之后，本节研究采取比较案例研究和问卷调查两种方法收集资料，对我国环境群体性事件的实际运行过程进行观察，从而对初步形成的理论框架进行验证、调整和补充，从而提高本节研究框架的解释效力。

1. 案例抽样方法

质性研究的优势在于能够帮助人们了解事件发展的过程，得到更多细节，以及深入了解事件发生、发展的具体机制。基于以上研究要求，本节研究采取了理论抽样的方式，根据研究要求来选择具有代表性的环境群体性事件案例，并且考虑到笔者自身资源、现实条件等因素，最终选择了三个有代表性的血铅事件作为本节研究的典型案例进行研究。这三个案例分别为 C1：2005 年河南修武县血铅事件、C2：2009 年河南济源市血铅事件、C3：2017 年湖南省花垣县血铅事件（表 13-2-1）。

表 13-2-1 案例情况

案例	发生时间	发生层级	城乡属性	地域	污染类型
C1：修武县血铅事件	2005 年	区/县	农村	中部	铅污染
C2：济源市血铅事件	2009 年	区/县	农村	中部	铅污染
C3：花垣县血铅事件	2017 年	区/县	农村	中部	铅污染
案例	事件规模	参与主体		城乡属性	
C1：修武县血铅事件	上千人	政府、企业、民众、媒体		农村	
C2：济源市血铅事件	上千人	政府、企业、民众、媒体		农村	
C3：花垣县血铅事件	上千人	政府、企业、民众、媒体、NGO、专家学者		农村	

在理论抽样的过程中，本节研究主要遵循以下标准对案例进行选择：第一，案例的典型性。在该案例当中，群体性事件必须由环境污染所引起，并且各主体之间确实存在利益冲突。在三个案例当中，群体性事件的起因均为当地民众与污染企业之间的对立，这种对立既包括二者在环境问题上的对立，也包括具体利益上的对立。第二，案例的影响力。作为典型案例，该事件也要有一定的社会关注度，在新闻媒体上被报道，并引起过社会公众的广泛关注，从而便于人们了解。案例 C1、案例 C2、案例 C3 在事发之时均被各大门户网站报道并转载，甚至案例 C1 曾经被焦点访谈报道，并引发了极大的社会关注。第三，案例的资料可获取性。研究案例在具备典型性和高关注度的同时，其资料须具备可获取性。案例 C1、案例 C2 均发生在研究者的籍贯地，研究者通过当地的社会关系逐步联系到了事件当中的各种当事人，对于案例 C3 研究者通过报道该事件的新闻记者逐步地接触到了参与事件的当事人，并对事件进行进一步的访谈，获取一手资料。第四，案例的相似性。案例的发生类型、行政层级、城乡属性需要有一定的相似性，从而尽可能地避免外部因素对于案例解决效果的干扰以及对研究信度和效度造成的影响。案例 C1、案例 C2、案例 C3 的事件类型都属于由于血铅超标引发的群体性事件、均发生在农村地区、主要处理的政府均以县一级的政府为主。第五，案例内部的差异性。案例内部在解决主体、处置方式、解决效果等方面需要具有一定的差异性，从而便于本节研究进行不同案例之间的比较。例如，在参与主体上，案例 C1、案例 C2 的主要主体均为政府、企业、民众、媒体四个，而案例 C3 则还有社会组织以及专家学者的参与。第五，案例具有明确解决结果。案例需要有较为明确的处置结果，便于对案例的评估与比较。案例 C1、案例 C2、案例 C3 均有较为明确的处置结果，分别为失败（冲突并未解决）、成功（冲突得到解决并且很好地执行）、成

功（冲突得到解决并且很好地执行）。

2．案例比较方式

本节研究着重比较不同案例之间各种因素的差异性，而非解释各种变量之间的演进机制。对每个变量之间编码比较时，均要在案例资料当中找到明确的依据，并在资料展示部分列出。编码完成之后，对各案例之间进行比较，在每个变量罗列之后，要运用表格的方式对每个案例情况进行简单的总结与概括。

3．案例资料的构成

关于案例资料的来源，本节研究通过多种渠道对案例资料进行收集，形成完整的案例证据链。具体的文字资料包括：①新闻报道。新闻报道的收集主要采取新闻检索方式，将网络、电视以及报刊上与案例相关的新闻报道收集起来。②档案资料。此类文献主要包括村民书写的上访请愿书、政府发布的公开信、判决书、信访办的上访批复等。这些文件主要通过与村民、政府官员、社会组织工作人员沟通的过程中索要而得。③访谈记录。访谈记录是访谈录音的文字版。访谈录音是研究者在与群体性事件的当事人（包括参与过事件的普通群众、村干部、政府工作人员、社会组织工作人员、记者等）进行面对面或电话交流的时候用录音笔记录而得。④田野笔记。田野笔记的内容来源于研究者的直接观察与参与式观察。在案例 C1：修武县血铅事件和案例 C2：济源市血铅事件当中，作者深入实地进行直接观察，在案例 C3：花垣县血铅事件中，研究者加入到社会组织与新闻记者组建的合作群中，并且在网络上不断跟进事件的进展，对事件进行非参与式观察。在每次的观察结束之后，研究会形成田野调查笔记，作为研究的备选资料。

通过以上资料的相互交叉印证，形成了案例研究的证据三角形，主要包括资料三角形（新闻报道、政策档案、访谈记录、田野笔记）、研究方法三角形（访谈法、文献法、直接观察法、非参与式观察法）、研究者三角形（民众、政府官员、记者等）、理论三角形（当事人维度、旁观者维度、研究者维度）。通过多重证据链的相互印证提高了案例研究资料来源的信度。

4．访谈对象的选取

为防止出现因为被访者偏差而导致信息收集有误，本节研究选取了多种身份的被访者进行访谈与交流（附录 13.2.1），以此达到扩大案例信息来源、减少人为偏误以及了解不同涉事主体立场差异的目的。本节研究的访谈对象主要包括两大类，一类是事件的主要涉事主体——当地民众，包括参与过群体性事件的一般民众、群体性事件的组织者以及与企业和政府斗争的上访户；另一类群体为事件的其他相关主体，主要包括政府官员、村干部、社会组织工作人员以及媒体记者。

第一类群体的访谈对象主要通过“滚雪球”的方式对被访谈对象进行选取，具体操作方式如下：研究者到达案例的发生地，在当地村子里，寻找人群、消息聚集的地方（这些地方包括但不限于小卖部、村口小广场、有村民聚集的火堆、扑克摊旁），这些地方通常是一个村子的信息交汇点，村子内各种事情都可以在此处了解到，并且里面的村民多为当地消息灵通或见多识广的“能人”，具有较高的沟通价值。在找到人群的聚集点之后，研究者对当地村民说明身份与来意，开始与“能人”闲聊，在获取村民的信任与同意之后开始访谈，并进行记录。在访谈结束之后，将这些村民发展为带领研究者深入现场的“中间人”，请求他们帮忙寻找事件的核心当事人，即村干部、上访者、主要闹事者和组织者等。通过“中间人”介绍有两点好处：首先，通过“中间人”的信息、人脉资源可以尽快地寻找到研究想要寻找的访谈对象，提高访谈的组织效率；其次，线人作为链接访谈对象和研究者的桥梁，可以更快地获取被访者的信任。通过以“中间人”为中心的“滚雪球”抽样方式，本节研究选取了当事人中具有访谈价值的访谈对象。

第二类访谈对象的抽样思路与第一类有所不同。研究者主要通过以下几种渠道与有访谈价值的访谈对象取得联系并进行访谈：①通过熟人关系。由于案例 C1：修武县血铅事件、案例 C2：济源市血铅事件均发生在研究者的籍贯所在地，研究者利用当地的社会资源找到了当年负责处理该类事件、参与到决策的政府部门负责人，并与其预约，进行面对面或者电话访谈。②公开渠道联系。在案例 C3：花垣县血铅事件当中，研究者与报道此事件的 B 报以微博私信的方式联系到了报道此事件的记者 Z，并与其进行访谈。③“滚雪球”抽样，在案例 C3：花垣县血铅事件案例当中，通过 B 报的关系，联系到了负责调查此类事件的国际社会组织 L 工作人员 Z 女士，并与其进行了深度的访谈。本节研究通过与这类群体的交流，了解不同主体的行动策略、认知角度、具体立场以及事件发展更为细节的信息。本节研究的访谈人员构成如表 13-2-2 所示。

表 13-2-2 访谈对象人员构成

案例 C1：修武县血铅事件	村民：14 人 政府工作人员：1 人	2018 年 1 月 20—23 日，到河南省修武县五里源乡马坊村、修武县政协访谈
案例 C2：济源市血铅事件	村民：13 人 村干部：4 人 政府工作人员：1 人	2018 年 1 月 24—27 日，于河南省济源市柿槟村、佃头村以及通过电话访谈
案例 C3：花垣县血铅事件	记者：1 人 社会组织人员：1 人	2018 年 4 月 20 日，于北京市朝阳区绿色和平组织总部进行访谈
总计	35 人	

5. 访谈实施过程

访谈的实施主要分为准备阶段、实地访谈阶段、资料整理阶段、随后再准备进行第二轮的访谈的问题，直到研究者收集到想要的资料为止。

在研究最开始的准备阶段，研究者根据理论框架梳理出访谈提纲，并且阅读相关的案例报道，从而对事件发展的整体脉络有一个大致的把握。

在实地访谈阶段，研究者开始与访谈对象进行访谈。访谈方式为半结构式的访谈，即围绕访谈提纲进行，但是又根据现场访谈对象的反应灵活应变。提问的问题包括主要问题、探测性问题、追踪式问题和验证性问题四类。主要问题即访谈提纲当中梳理出的问题，通过对于该类问题的问答，了解概念、变量的实际运行机制。探测性问题，主要在被访谈对象对于问题没有交代清楚时进行的补充提问，这种问题可以帮助研究者获得更为完整的回答。追踪式问题主要用在访谈对象说出自己的观点、概念或者出人意料的想法之时，帮助研究者深入挖掘新的理论命题。验证性问题用来检验被访者是否说谎以及对于矛盾之处的观点。通常在访谈对象所说的内容与研究者掌握的情况相反的时候使用。通过在访谈过程中对以上四种问题的交叉使用，本节研究对案例情况进行进一步的梳理，对理论框架进行进一步的检验与修正，从而提高访谈的信度与效度。

在访谈资料整理阶段，研究者的工作是将白天的录音逐字地转换为文字版，在转换的过程中对访谈录音进行分析，寻找可以进一步追问的概念、命题与观点，并将其转化为可以进一步追问的问题，列入访谈提纲，指导下一步的访谈工作。

通过上述过程的循环往复，本节研究完成了对于三个案例的访谈工作，确保了访谈的信度与效度。

（四）问卷调查

1. 问卷样本构成

通过问卷调查的方法，对初步梳理出的环境群体性事件应急机制研究框架进行了进一步的验证与总结。本节研究主要采用滚雪球抽样和目标抽样相结合的方法，对曾经接触过环境群体性事件的农村或城市居民、个体工商户、企业职员、政府部门及事业单位工作人员、社会组织成员、媒体记者等人员进行了问卷调查（附录 13.2.2）。根据本节研究所要讨论的具体问题，本问卷分为四个部分：第一部分包括受访者的个人信息（如性别、年龄、职业、收入等）；第二部分主要包括环境群体性事件的基本信息，包括事件的类型、污染类型、城乡属性、行政层级、地域属性、抗争方式、规模、暴力程度等变量；第三部分为主体与手段问题，这部分问题主要包括各主体在事件当中发挥的作用大小、参与阶段以及各种主体所使用的手段。第四部分则是具体因素问题以及解决效果的评估。

本节研究主要通过网络问卷的形式对问卷进行发放，通过手机问卷和实地调研的形式，将问卷发放给听说过，见过、了解过、参与过、研究过环境群体性事件的公民。环境群体性事件应急机制研究调查问卷总共发出 2 292 份，最后回收 735 份有效问卷，问卷的回收率为 32%，在剔除选项前后逻辑矛盾较多的无效问卷之后，回收有效问卷 640 份，问卷有效率为 88.3%。问卷结构见表 13-2-3。

表 13-2-3 问卷结构

特征名称	特征	比例/%	特征名称	特征	比例/%
性别	男性	44.04	政治面貌	共青团员	33.27
	女性	55.96		中共党员	36.54
年龄	20 岁以下	7		民主党派	0.96
	21～30 岁	33		群众	29.23
	31～40 岁	27	受教育程度	未曾上学	0.19
	41～50 岁	20		小学及以下	0.38
	51 岁以上	13		初中	0.38

特征名称	特征	比例/%	特征名称	特征	比例/%
工作单位	普通居民	4.23	受教育程度	高中/职高等	4.04
	个体工商户	2.88		大学	59.23
	公司企业	30		硕士	32.12
	政府部门	14.62		博士及以上	3.65
	事业单位	38.85	地区分布	东部	28.85
	社会组织	1.91		中部	56.54
	其他	7.5		西部	14.62

2．问卷信度和效度分析

科学合理的量表应当具有较高的信度与效度。信度指测量的可靠性，包括测量的稳定性和一致性。里克特量表的信度高低程度可以根据该量表的 Cronbach's α值判断。Cronbach's α值介于 0～1 通常情况下，当 α 值在 0.9～1 时，则表明量表的信度非常理想；若 α 值位于 0.7～0.9，则说明量表的信度可以接受；若 α 值介于 0.5～0.7，则意味着量表需要修改其中的项目；若 α 值低于 0.5，则说明量表不可信。由此可知，量表的信度应当在 0.7 以上，本节研究对应急机制的构成聚类并进行相关性检验，主要包括预防与准备机制、监测与预警机制、救援与处置机制以及恢复与重建机制四个部分。在进行信度分析时，研究对这四个阶段机制量表信度进行检验。从分析结果（表 13-2-4）来看，整体问卷的 Cronbach's α为 0.874，各部分的 α 值水平均在 0.8 上下，因此本节研究的问卷信度理想。

表 13-2-4 整体量表和分量表信度分析

	预防与准备机制	监测与预警机制	处置与救援机制	恢复与重建机制
α 值	0.838	0.854	0.881	0.882

效度指测量工作的正确性，即所测量的显变量是否能够正确反映研究希望测量的构念。在效度测量部分，本节研究对问卷数据进行了 KMO 抽样适当性检验和 Bartlett 球形检验。通常情况下，如果 KMO 统计值大于 0.7，则问卷适合做因子分析，效度检测结果表明（表 13-2-5），各量表的 KMO 值均高于 0.7，Bartlett 球形检验显著性也均为 0.000，小于显著性水平 0.05，可以进行因子分析。

表 13-2-5 KMO 抽样适当性检验和 Bartlett 球形检验

机制	KMO 统计值	Bartlett 球形检验		
		近似卡方（χ^2）	df.	显著性（Sig.）
预防与准备机制	0.728	2 299.122	15	0.000
监测与预警机制	0.785	1 970.573	15	0.000
处置与救援机制	0.785	2 422.584	15	0.000
恢复与重建机制	0.838	2 315.023	15	0.000

通过三次环境群体性事件的实地案例调研，本节研究通过实证调查与理论的结合，从预防与准备、监测与预警、救援与处置、恢复与重建四个阶段构建了环境群体性事件应急机制的 12 项原则，为了进一步验证每个阶段机制的效度和为了之后对应急机制进行更方便的分析，本节研究运用主成分因子分析并通过方差最大正交旋转进行分析。因子分析结果显示（表 13-2-6），在预防与准备机制方面，按照特征值大于 1 的标准共分离出一个因子，并且该因子的贡献率为 57.237%，即该因子可以解释 57.237%的变异量，同理可推知其他因子的贡献率。

表 13-2-6　因子分析解释的总方差

机制	初始特征值			提取载荷平方和		
	总计	方差百分比/%	累积百分比/%	总计	方差百分比/%	累积百分比/%
预防与准备机制	3.434	57.237	57.237	3.434	57.237	57.237
监测与预警机制	3.542	59.032	59.032	3.542	59.032	59.032
处置与救援机制	3.832	63.869	63.869	3.832	63.869	63.869
恢复与重建机制	4.722	85.420	85.420	4.722	85.420	85.420

提取方法：主成分分析。

三、研究结果

（一）各阶段普遍要素分析

环境群体性事件应急机制中有些因素贯穿于事件的预防与准备、监测与预警、救援与处置、恢复与重建四个阶段。在这四个阶段中，不同的主体需要在完善的法律法规指导下广泛参与环境群体性事件的各个阶段并发挥差异化的作用，使用不同的应急手段，从而促进环境群体性事件的解决。

1．各主体的参与情况及其参与的阶段

案例比较的结果和问卷调查的结果均说明，环境群体性事件的参与主体种类丰富，各主体在参与环境群体性事件时，具有不同的阶段偏好。

（1）案例比较结果

综合起来，三个血铅案例的参与主体包括政府、当地民众、污染企业、新闻媒体、社会组织以及专家学者六大类。但是具体到每个案例当中时，每个案例的参与主体种类和每个主体的参与阶段又有所不同。

案例 C1：修武县血铅事件当中，主要参与的主体包括政府（修武县政府）、民众（马坊村、五里源村、蒋村）、企业（东方金铅）、新闻媒体（焦点访谈）四种。事态发展主要通过民众的上访、集体行动向前推进。专家学者只是在村民到北京上访的时候普及过血铅超标的知识，对事件的解决没有实质性的影响，因此其参与程度基本可以忽略不计，社会组织没有参与环境群体性事件的解决。

在参与主体当中，当地村民参与了从预防与准备到恢复与重建的全部阶段。政府主要参与到了环境群体性事件的处置与救援阶段。污染企业除处置与救援阶段没有参与外，其他阶段均有参与。新闻媒体一直到处置与救援阶段才得以开始参与。

案例 C2：济源市血铅事件的参与主体主要包括政府（济源市政府）、当地民众（柿槟村，佃头村，青多村村民）、企业（豫光金铅）、新闻媒体、专家学者。社会组织并未参与此事件的解决。与案例 C1 不同，此案例的事态发展从一开始就是在政府的主导下不断推动，并且专家学者为事件的解决提供了不少的支持。

此案例中，各主体均较为积极地参与到了事件发展的各阶段。根据案例资料，政府、企业与民众之间从预防与准备阶段开始直到恢复与重建阶段均有较为积极有效的互动。专家学者除了以调研员、建议者身份分别参与到了环境群体性事件的预防与准备阶段、监测与预警阶段，还以发言者的身份参与到处置与救援阶段。新闻媒体的参与主要从监测与预警阶段，济源市出现大量血铅超标儿童开始对事件进行关注，随后对持续跟进事件的发展。

案例 C3 花垣县血铅事件的参与主体包括政府（花垣县政府）、当地村民、污染企业（企业群体）、新闻媒体（北青报）、社会组织（L 组织、Z 组织等）、专家学者（疾控中心专家学者）。与之前的案例不同，此案例事态主要在不同主体的共同作用之下不断发展。例如，专家学者为如何促进事件的解决提供了较为明确的策略建议。

“他采访的跟我们联系的是两回事，就我们推荐他们去采访，他们那帮人就去采访，但是在整个做这个的时候，就是你到底落在什么地方，当你做这个东西的时候，你看到这个问题很严重，但你落脚点是强调人权，是说这些农村人他跟城市里的人一样有人权，还是你应该强调政府应该履职但没有履职，还是应该强调当地的污染事实太严重，还是应该强调当地的食物都不能吃，它是有很多不同的落脚点的。所以在当时我们具体选择落脚点到哪块的时候，就是以及说到什么样程度的时候，这些老师是我们咨询的对象，然后他们给了一些意见。……所以说当时我们就是说在没有发布的时候，我们做这个项目的时候，我们是问了一些专家，那些专家是告诉我们的一些建议，对我们后来其实也有很大帮助，就落脚点在哪里。”（C3-2018042001-FT）

该案例中，各主体的参与阶段具有较大的差异。污染企业主要在环境群体性事件的预防与准备阶段、处置与响应阶段以及恢复与重建阶段参与到事件解决。当地民众参与到了环境群体性事件解决的全过程。政府部门在监测与预警阶段开始介入当地的环境冲突，并且在内部矛盾和外部压力的综合作用之下不断推动事件的解决。社会组织、新闻媒体和专家学者的参与主要从处置与响应阶段开始介入。在与 L 组织进行访谈的时候他们说道：

“2017 年的四五月份吧。那个时候找到了我们，说自己在调查当中找到了这个案例，他觉得当地人十分希望要一些水样的检测，虽然环保局做了一些水样的检测，但是没有发现什么结果。L 去当地调查了以后发现污染确实很严重。就说，既然我们能够做检测，能不能我们去给当地做一个检测。……那我们七八月的时候就出差去当地，第一个去核实一些情况是否和我们想的一样，第二是说，这里面包括和一些相关当事人的采访啊，还有一些可能的当地其他人。”（C3-2018042001-FT）

“北京青年报报道 11 月说了，他们在当地做了一些记者采访，然后就很快。采访过程中也和我保持沟通，他们的采访也印证了我们之前说的这些情况。”（C3-2018042001-FT）

“在整个这个过程中，我们是一直跟专家有联系的，就包括联系了当时我记得南京大学的一个土壤污染的专家，联系了中国科学院的做这个。”（C3-2018042001-FT）

三个案例的主要参与主体及其参与阶段如表 13-2-7 所示。

表 13-2-7　案例主体及参与阶段

案例	预防与准备	监测与预警	处置与救援	恢复与重建
C1：修武县血铅事件	企业、民众	企业、民众、	政府、民众、媒体	企业、民众、媒体
C2：济源市血铅事件	企业、政府、民众	企业、政府、民众、媒体、专家学者	企业、政府、民众、媒体、专家学者	政府、企业、民众、媒体、专家学者
C3：花垣县血铅事件	民众、企业	民众、政府	政府、企业、民众、媒体、专家学者、社会组织	政府、企业、媒体、专家学者、社会组织

（2）问卷数据

根据第一阶段的文献梳理结果将环境群体性事件的主要解决主体分为政府部门、当地民众、污染企业、新闻媒体、社会组织、专家学者六种。各主体的参与频率和参与阶段差异主要通过多选题矩阵测量而得，每个主体的参与阶段选项包括未参与、预防与准备阶段、监测与预警阶段、处置与救援阶段、恢复与重建阶段五个选项。选项“未参与”和后四个阶段选项互斥，当受访者选择“未参与”时，无法选择主体参与阶段，而当受访者选择参与阶段时，无法选择“未参与”选项。通过这一矩阵，可以测得各主体的未参与率和各主体在环境群体性事件中的具体参与阶段。

通过调查问卷，我们了解到，各主体在环境群体性事件的参与频率存在较大的差异性（图 13-2-3）。用 1 减去各主体的未参与率可知各主体的参与率。数据显示，在所有个案当中，主体参与度呈现出梯度差异：政府部门、当地民众两主体出现频率最高，均在 80%以上；污染企业、新闻媒体出现的频率次之，参与度维持在 70%；专家学者和社会组织出现频率最低。以上数据说明，在环境群体性事件应急管理过程中，当地政府和民众作为利益相关方，对于环境群体性事件的参与程度最高；新闻媒体和污染企业作为第三方和参与者对环境群体性事件的应急管理起到了重要的推动作用；而社会组织和专家学者对于环境群体性事件的参与程度最低，发挥的作用也相对有限。

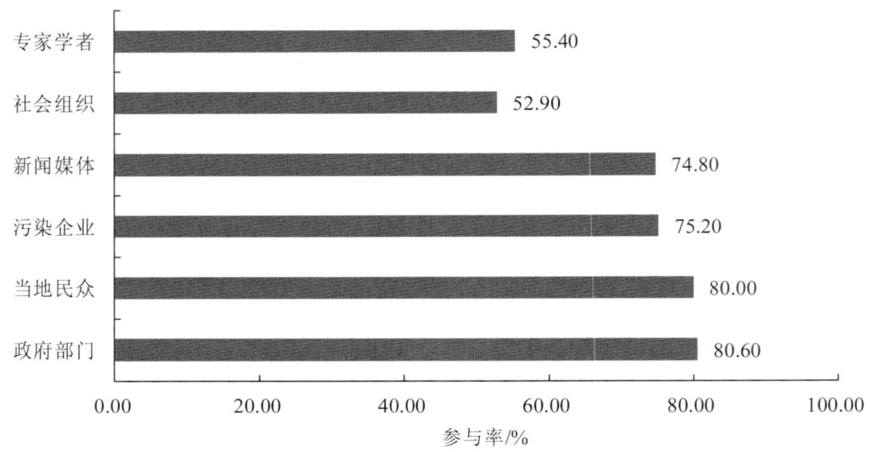

图 13-2-3 各主体参与频率差异图（样本量 *N*=640 份）

各主体参与应急管理的阶段偏好也存在差别。通过对各阶段数据进行多重响应分析（图 13-2-4），我们了解到当地民众、社会组织、专家学者在预防与准备阶段的参与频率较高，均高于 30%；在监测与预警阶段，除污染企业（22.90%）参与频率较低，政府部门、专家学者、新闻媒体、当地民众、社会组织的参与水平相差不大，该阶段各主体参与度较为平均；处置与救援阶段，新闻媒体、政府部门、污染企业为主要参与主体，参与度在 25% 以上；而在恢复与重建阶段，主要的参与主体则变为污染企业及专家学者。通过上述分析得出两个结论：首先，当前不同主体参与环境群体性事件存在阶段偏好差异；其次，各主体参与的阶段差异并不是特别大，这意味着不同主体需要广泛参与不同的阶段。

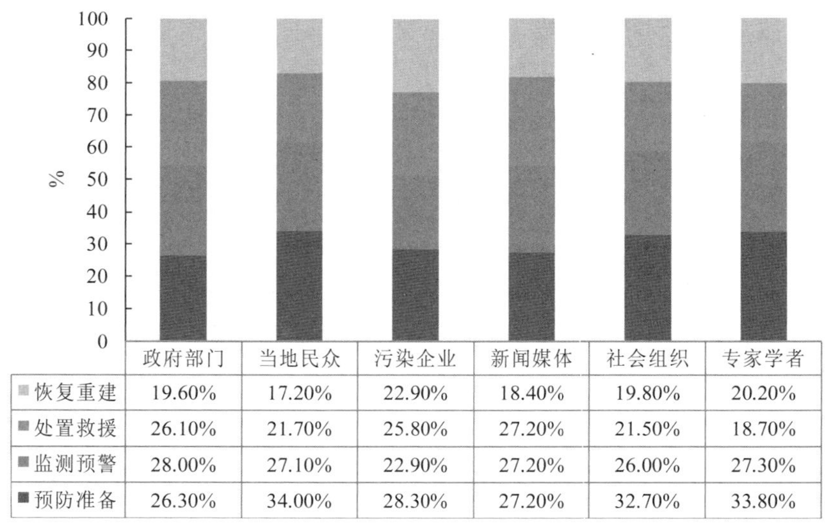

	政府部门	当地民众	污染企业	新闻媒体	社会组织	专家学者
恢复重建	19.60%	17.20%	22.90%	18.40%	19.80%	20.20%
处置救援	26.10%	21.70%	25.80%	27.20%	21.50%	18.70%
监测预警	28.00%	27.10%	22.90%	27.20%	26.00%	27.30%
预防准备	26.30%	34.00%	28.30%	27.20%	32.70%	33.80%

图 13-2-4 各主体参与阶段的差异（样本量 *N*=640 份）

2．各主体应急手段及其使用阶段分析

问卷数据和案例比较的结果均表明，不同的应急主体具有不同的应急手段，并且每种手段使用的阶段也存在差异。

（1）案例比较结果

在三个血铅事件的案例当中，各主体所运用的手段以及每种手段使用的阶段均存在差异。

案例 C1：修武县血铅事件中，政府部门在预防与准备阶段未对可能引起的问题进行，没有重视预防铅厂可能造成的污染和可能带来的危害；监测与预警阶段未采取有效措施平息冲突，反而在村民呼吁监测血铅的时候阻挠监测，回避冲突；在处置与救援阶段，政府主要运用暴力镇压的方式对民众的聚集进行强行驱散；最后恢复与重建阶段，政府对村民进行维稳，未对事件的解决起到实质的作用。访谈记录可作为佐证材料：

“2004 年，铅厂建成后以试机的名义正式投产，并且在生产过程向空气中排放废气，向河流当中排放废水废渣。村民用这样的水浇地，污染土壤和庄稼，导致马坊村的土地减产，儿童在这样的环境当中血铅超标，开始表现出厌学、多动、成绩下滑、注意力不集中的情况。正好当时有一份报纸上说血铅超标对身体的危害，在这则新闻的启发之下，村民开始陆陆续续地去做血铅检测，并在检测的过程中发现了儿童血铅超标。随后，村民在向政府上访时，除了原有的征地问题，又加上了一个血铅超标的事情。”（C1-20180122001-BJ）

民众作为当地污染的受害者以及冲突的第一响应者，参与了该事件的全过程。在预防与准备阶段，村民采用的手段主要包括上访以及暴力抗争；在监测与预警阶段，因为血铅事件的暴发，村民采取上访；在处置与救援阶段，村民采取了围堵企业的方式参与事件的解决；在恢复与重建阶段，企业又再次排污，并且赔偿没有完全落实，村民的参与手段包括上访与网络发文的形式抗争。上访贯穿了整个事件的全过程。以下的档案资料、访谈记录以及媒体报道均可作为佐证材料：

“一开始就去上访了。……都没有和人家联系人家都过来，因为人家蒋村白菜卖不出去，人家说铅污染了，卖白菜还得跟俺村一起，还不敢说是蒋村的菜。蒋村菜都没人要。”（C1-2018012201-FT）

“国土资源部群众来访介绍信。河南省焦作市修武县五里源乡 G 等 5 人来部上访反映 2003 年修武县政府非法占用 300 亩基本农田，建设又占了 300 亩农田问题，现介绍前往你处，请接谈处理。2004 年 12 月 17 日国土资源部人民来信来访专用章。”（C1-201812205-DA）

新闻媒体在处置与救援阶段开始参与血铅事件的报道，主要是焦点访谈节目，使得修武县血铅事件获得公众关注，并且在随后的恢复与重建阶段不断有其他媒体跟踪报道事件，监督事件的后续处置。该阶段的报道已在上文引用此处不做重复。下文是有关焦点访谈报道的情况：

“上访到中央。赶后来，只有一回访到地方了。访对地方了，焦点访谈不是就开始来调查了，焦点访谈报罢了，只广播了一遍，给封杀了。把这焦点访谈给封杀了。”（C1-2018012001-FT）

案例 C2 济源市血铅事件中，政府是该案例事态的主要推动者，其在血铅事件的各个阶段当中，运用了多种手段促进事件的解决。在预防与准备阶段，由于村民的反应以及当年

“陕西凤翔血铅事件”的发生，济源市政府采取了关停污染企业、组织环境调查、儿童血铅水平检测三种方法了解当地的污染情况；在监测与预警阶段，政府部门积极组织儿童进行“避铅”“排铅”行动，制订解决方案；在处置与救援阶段，政府部门运用谈判、秩序维护的方法来控制、化解冲突。在恢复与重建阶段，政府部门对受到影响的村民进行赔偿，并组织搬迁。通过以下访谈记录以及新闻报道可以得到证明。

“当国际期货市场的铅价走势处于新的上升周期时，8 月 20 日，济源市主动作出了看似悖论的决定：下令关停当地全部小冶炼厂和烧结机炼铅工艺产能。4 天后，该市全部铅冶炼厂受到“牵连”——32 家铅厂全面停产，最大三家铅冶炼厂豫光金铅、金利、万洋的烧结机也已停工。这让济源的铅产能一下收缩了近半。

……

市政府常务会议决定，区域内，富氧底吹生产工艺以外的铅冶炼设备一律停产整顿。

……

从 8 月 26 日开始，济源市专门购置了国际最先进的检测仪器，对区内 14 岁以下少年儿童进行免费血铅检测。10 月 14 日，济源市完成对 3 个重点镇中 10 个重点村的儿童血铅检测工作: 3 108 名 14 岁以下儿童中，血铅值在 250μg/L 以上需立即接受驱铅治疗的有 1 008 人，占 32.4%。无情的数据印证了又一个‘血铅’事件。”（C2-2017122701-XW）

“咱们当地呀，咱们河南省环保厅啊，以及咱们济源环保局啊，对土壤，这个地下水，以及周边这个什么农作物，是吧？（嗯）哎～进行这个抽样（村民附和：抽样检查）。抽样检查之后，主要说哪些有害，这地方就不允许群众在那里居住了，不宜居住。（村民想说什么被打断）所以说市政府让村民搬迁，一个是政府对村民的关心嘛，爱护，在这种情况下，啊～”（C2-2018012401-FT）

“截至 10 月 14 日，已检测的 3 108 名儿童中，有 1 008 人血铅值在 250 μg/L 以上。面对大量儿童‘血铅超标’的报告，济源市采取排铅医疗措施，所有费用由市政府统一协调解决，确保铅超标儿童得到及时治疗。其中，血液中铅含量在 100～249 μg/L 的，在卫生专家指导下，给予为期三个月的营养和行为干预。”（C2-2017122702-XW）

“济源市政府按照《环境影响评价技术导则 大气环境》第 10 条大气环境防护距离的规定：计算各无组织源的大气环境防护距离，是以污染源中心点为起点的控制距离，并结合厂区平面布置图，确定控制距离范围。”（C2-2017122702-XW）

“济源市卫生局局长卫宗长告诉记者，济源市专门配备了最先进的检测仪器，并已指定济源市人民医院、市第二人民医院和妇幼保健医院为定点医院，为患儿提供免费的驱铅治疗。”（C2-2017122705-XW）

企业在预防与准备阶段对村民的诉求进行赔偿；在监测与预警阶段停业整顿；在处置与救援阶段企业与村民进行协商；在恢复与重建阶段，企业改进生产技术，转变发展方式并协助村民搬迁。监测与预警阶段的停业整顿、处置与救援阶段的协商以及恢复与重建阶段对村民搬迁的材料在参与主体及其参与阶段部分已有展示，此处不作赘述，以下主要是关于预防与准备阶段赔偿村民、改进技术的佐证材料：

“嗯，前边是前边污染过以后是没有，那个啥没有去，直接找到厂里那啥，那个厂里面也协调，也说过。从 2006 年是零几年这个，前面是啥，前面不是因为老百姓种的蔬菜嘛，种的蔬菜都给污染啦，找过咱们厂里嘛，环保局也找过。没有协调好，市政府没有处理。就是我们是直接住厂里边。”（C2-2018012408-FT）

“近年来，资源产品价格迅速上涨，这无疑对本身并不占据资源优势的豫光金铅的经营业绩构成了极大的威胁。”中投顾问冶金行业研究员苑志斌对本报记者表示。

在这种情况下，豫光金铅把宝“押”在再生铅业务上，该公司在建二期废旧蓄电池综合利用工程项目，似乎就是为了解决原材料铅精矿完全外购的问题。”（C2-2017122704-XW）

民众在预防与准备阶段采取了上访、与企业沟通的方式表达利益诉求；在监测与预警和处置与救援阶段，民众主要通过围堵企业的方式表达自己的利益诉求；在恢复与重建阶段，民众出资搬迁。

专家学者从预防与准备阶段开始对环境进行评估，组织血铅检测，监测与预警阶段提供解决方案与治疗方案，在处置与救援阶段专家学者对具体的解决方案进行解读。专家学者参与环境评估资料上述已提及，不再赘述，以下是提供解决方案、治疗方案以及解读解决方案的佐证材料：

“市政府邀请专家分析研究，确定 3 家粗铅企业（即豫光、万洋、金利）大气环境防护距离以企业各主要生产单元为面源，以面源中心为起点，就近外延 1 千米，确定为该企业的大气环境防护距离。面源中心点确定后，防护距离具体位置划定由有资质的测绘部门勘测界定。”（C2-2017122703-XW）

“宣传嘛！这个宣传它也是市里面有个宣传组（追问：有个宣传组是吧？）宣传组市里面打印材料，血铅之后这个人，血铅之后人中毒了嘛！再一个市里制订的方案，专家解释的有些材料。”（C2-2018012401-访谈记录）

新闻媒体从血铅事件出现开始就持续关注，在监测与预警阶段和处置与救援阶段，对现场进行采访与报道，之前的引用资料均出自这些报道；在恢复与重建阶段，新闻媒体持续跟进事件的进展，评估事件状态。

案例 C3 花垣县血铅事件中，政府在监测与预警阶段，按照村民的要求对儿童血铅水平进行了检测，并且提出了搬迁方案，但是这些方案并没有得到严格贯彻；在响应与处置阶段，花垣县政府针对新闻媒体的报道进行了回应；而在恢复与重建阶段县政府加大了对于环境的治理力度，并且邀请参与过事件解决的社会组织举办座谈会，接受社会的监督。

北青网发布的新闻记录了血铅检测和搬迁的过程：

“检测风波始于 2014 年。村里唯一的外来人口，专做运矿车补胎生意的温州人，发现孩子发育晚，2014 年到医院检查后，发现是血铅超标。

至此，村里人才觉察到危险。洞里村的一名村民王恩泽回忆，当时总共有 54 个孩子做了检查，结果显示血铅全部超标。

意识到问题严重之后，花垣县疾控部门曾派人到村里为儿童抽血检验。政府两次包车组织儿童前往湖南省职业病防治院附属医院治疗，并承担了医疗费用。

……

火焰土村村口，一张搬迁方案效果图贴在墙上，预计 2018 年整村人口将搬离，但村民们不确定哪一天搬。李建军明白，他们村位于采空区，不搬不行。但他注意到，方案中并没有出现跟矿有关的字眼，上面注明的是‘易地扶贫安置工程’。”（C3-2017120501-XW）

而花垣县政府在看到北青网发布的报道之后，也主动在网络上进行发文回应，主要内容分为两个部分，第一部分是对报道当中提及的问题回应，第二部分则是县政府下一阶段的工作计划。主要内容提纲摘录如下：

“关于北青报‘湘西采矿遗毒’报道相关问题情况汇报

……

一、关于报道反映的几个具体问题调查情况

（一）关于“铅中毒儿童”问题

……

二、关于矿产资源开发综合治理情况

（一）努力推动资源开发由无序向规范、合法转变

（二）努力推动企业发展由粗放向集约转变”（C3-2017120601-DA）

在 2018 年 5 月 30 日，花垣县政府向各社会组织发放邀请函，邀请社会组织参加座谈会，加强与社会的交流，具体邀请函的正文内容如下：

“贵中心关于花垣县环境污染的有关材料已收悉，近来我县在环境污染治理工程中，做了大量工作，取得了显著成效，为进一步加强沟通，增加了解，经研究，定于 2018 年 6 月 6 日，在花垣县环境保护局召开座谈会，恭请贵中心派员参加。”（C3-2018053001-DA）

在 6 月 6 日座谈会之后通过社会组织成员的照片分享和社会组织成员的聊天记录整理，研究者的观察记录如下：

“通过去年和今年的照片对比，部分尾矿库已经开始被清理，去年灰色矿渣堆积的地方今年已经覆盖了厚厚的一层黄土，村民当街拦车收取过路费的情况已经不复存在。虽然花垣县的环境治理还有很长一段的路要走，但是通过这些照片可以看出，近一年里，花垣县政府确实有进行实质性的付出。”（C3-2018060601-BJ）

污染企业在事件的预防与准备阶段的与民众展开了械斗，处置与救援阶段，企业的应对手段是默许拦车的方式避免冲突的扩大。

在北青报的报道当中可以看到企业对民众拦车行为的默许：

“搬迁效果图正对着一条马路，运输铅锌粉的卡车经过时，村民们就在这里拦住车，找司机收取每车次 250 元的‘水土流失费’。‘运矿车不拦，只拦运产品（铅锌粉）的车’，对其原因，李建军不解释，只说矿企老板已经向司机授意交费。一天下来，能拦几趟不是个定数。村民自愿参与，最多的时候有 40 多人，一辆车的钱分到每个人手中不会超过 10 块。”（C3-2017120501-XW）

村民在预防与准备阶段主要采取暴力对抗的方式与企业之间进行抗争；在监测与预警阶段，村民的主要手段为上访；村民在救援与处置阶段主要采取的是堵路拦车的方式，向

过往车辆收取“水土流失费”表达其诉求；而在恢复与重建阶段村民无行为。村民的暴力抗争以及堵路拦车的行为在上述资料中已经体现，不作赘述，其上访过程可以从信访办的公开资料当中找到：

“信访人吴某，男，湖南省湘西土家族苗族自治州花垣县猫儿乡人。2014 年 7 月 18 日吴某等人通过网上投诉反映，2014 年 6 月 14 日太阳山矿业有限公司尾砂库泄漏，导致基本农田 6 亩被污染，堵塞水塘 4 亩、河沟 3 000 余米，下坝 70 余亩基本农田无法灌溉，群众饮水困难等问题，要求解决。”（C3-2017121001-DA）

新闻媒体在处置与救援阶段参与事件的调查，并对事件进行中立的报道。在恢复与重建阶段，媒体对后续的进度进行监督。这在与社会组织的访谈记录以及笔者的田野笔记均有印证：

“对对对，他们（北青报记者）是做过现场，他们觉得水有必要重新做检测，因为我做了饮用水的检测，但只是涉及其中的几项，饮用水实际上是一百二十多项。那就是说我们检测的这几项没问题，不代表饮用水达标。然后北青报 Z 又多加了几项，那几项后来也有问题，所以他那个水到底有什么问题我们到现在也不清楚，但是不可能是好的。然后呢，Z 在现场做了很多的工作。”（C3-2017121201-FT）

“12 月 4 日，北青报发表了一篇名为‘湘西采矿遗毒：除了‘边城’这里还有铅中毒儿童’一文，在发布之后，被百度、腾讯、网易、凤凰以及澎湃新闻等媒体平台不断地转发，12 月 7 日《北京青年报》又发表了一个题为‘湘西病人：被尾矿库包围的村寨’这一图片故事集，主要记录了湘西当地村民因为环境污染得尿毒症、肾结石、血铅超标的惨状，也同样被凤凰网、搜狐、腾讯等各大门户网站转载并推上头条。”（C3-2017120801-BJ）

“央视经济三十分栏目又专门用了七分钟的时间讲述了花垣县政府没有严格执行国家政策，没有积极解决环境污染问题的情况。”（C3-2018062501-BJ）

专家学者在处置与救援阶段对社会组织的行动策略进行了建议。专家学者向社会组织提供了哪些帮助前面已有提及（C3-2017121201-FT）

社会组织在处置与救援阶段主要的手段有组织调查、监督政府行、与政府沟通，在恢复与重建阶段主要行为包括通过座谈会的形式与政府沟通、监督政府行为。在与社会组织工作人员问到他们的调查以及上访情况时，他们答道：

“那我们七八月的时候就出差去当地，第一个去核实一些情况是否和我们想的一样，第二是说，这里面包括和一些相关当事人的采访啊，还有一些可能的当地其他人。还有就是涉及我如果去采样的话，到底采什么样品。那大概就是这样。

……

我同时还在那个 12369 的网站上进行了环境举报，所以按照它这个举报的流程呢，它是需要在调查完之后给我一个书面的回复，那后来他们就给了我个书面的回复。就是后来我也在知乎和我微博上都写了，我可以发给你。”（C3-2017121201-FT）

三个血铅事件案例当中每个主体在各阶段所采用的手段如表 13-2-8 所示。

表 13-2-8 各主体手段差异对比

		预防与准备	监测与预警	处置与救援	恢复与重建
政府部门	C1	无	阻挠检测	暴力镇压	截访
	C2	组织环评、体检、关停企业	组织血铅儿童治疗、制订解决方案	维持秩序、出面调解	组织搬迁、赔偿
	C3	无	组织体检、提出解决方案（未执行）	回应新闻媒体	治理污染、组织座谈会
当地民众	C1	暴力对抗、上访	上访	围堵企业	上访、网络发文
	C2	上访、与企业交涉	围堵企业	围堵企业	出资搬迁
	C3	暴力对抗	上访	拦路	无
污染企业	C1	无	封锁消息、暴力对抗	无	继续污染、赔偿、截访
	C2	补偿损失	停业整顿	沟通协商	改进技术，协助搬迁
	C3	暴力对抗	无	经济补偿	
新闻媒体	C1	无	无	中立报道	中立报道、监督政府与企业
	C2	无	中立报道	中立报道	中立报道、监督政府与企业
	C3	无	无	中立报道、表达民众诉求	监督政府与企业
社会组织	C1	无	无	无	无
	C2	无	无	无	无
	C3	无	无	组织调查、监督政府行为、与政府沟通	监督政府行为、与政府沟通
专家学者	C1	无	无	无	无
	C2	参与环评、体检	治疗血铅儿童、提出解决方案	解读解决方案	无
	C3	无	无	提出行动策略	无

（2）问卷数据

通过案例梳理以及文献阅读，本节研究总结归纳了各主体在应急管理过程中可以运用的手段，并设置成为问卷问题，进行问卷调研。问卷数据结果如下：

政府部门手段可运用的应急手段包括社会稳定风险评估、召开听证会、调停调解纠纷、暴力压制、组织调查、宣传、普及政策知识以及其他手段。在这些手段中，使用率超过 70%的手段从高到低分别为社会稳定风险评估、宣传普及政策知识、调停调解纠纷、组织调查四种；其余手段使用率在 50%左右浮动，从高到低分别为召开听证会、暴力压制以及其他手段。由此可知，政府部门在处理环境群体性事件时倾向的手段为互动性较低、较为平和的手段，具体数据见图 13-2-5。

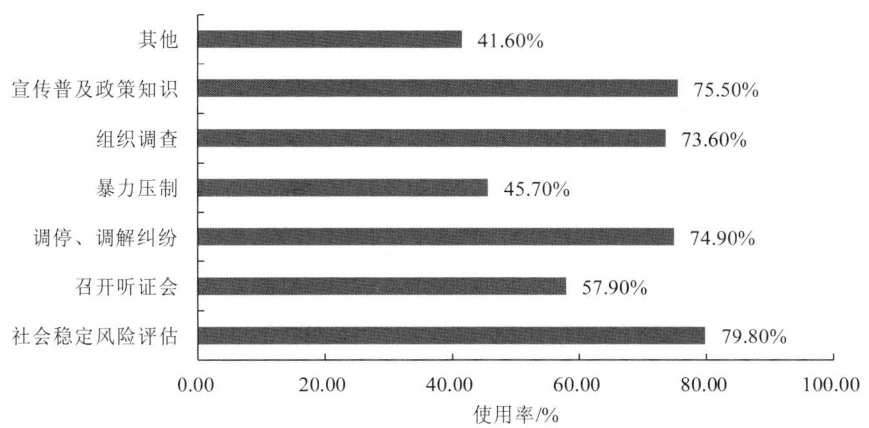

图 13-2-5　政府应急手段差异图（样本量 N=640 份）

政府部门在应急管理的不同阶段倾向于使用不同的手段。通过对问卷数据进行多重响应分析，本节研究计算出政府部门各手段在不同阶段当中的使用比例（图 13-2-6）。在预防与准备阶段，政府部门使用频率较高的手段是其他手段和宣传与普及政策知识，用率高于 40%，明显高于使用率在 30%左右的暴力压制、召开听证会、组织调查、社会稳定风险评估以及调停、调解纠纷等手段。在监测与预警阶段，政府部门主要使用的手段包括组织社会稳定风险评估和召开听证会，使用率在 30%；处置与救援阶段，政府部门更偏好运用暴力压制和调停、调解纠纷的方式处置群体性事件，这说明该阶段矛盾凸显，压力增大，政府部门必须运用软硬兼施的手段迅速处置事件、平息事态；恢复与重建阶段政府部门的主要措施为组织调查和宣传普及政策知识，通过更为温和的手段平复民众心态，尽量避免事件的反复发生。

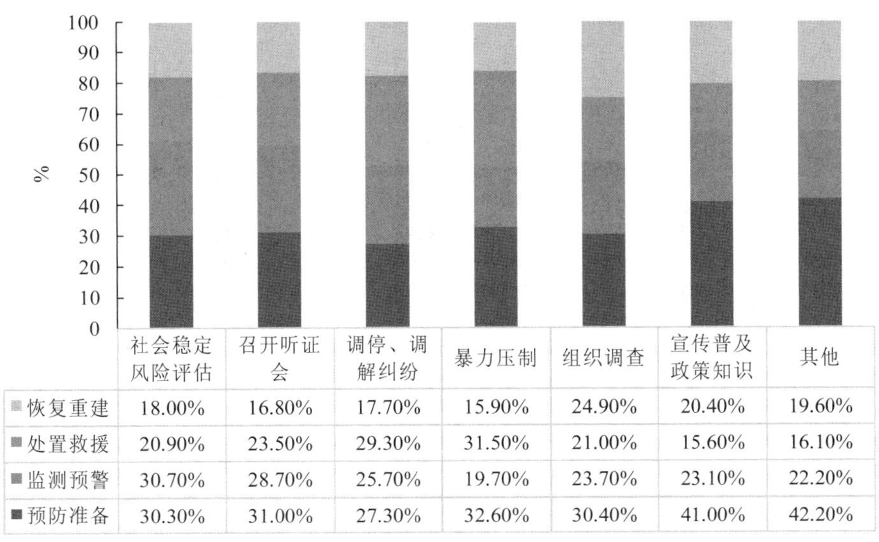

	社会稳定风险评估	召开听证会	调停、调解纠纷	暴力压制	组织调查	宣传普及政策知识	其他
恢复重建	18.00%	16.80%	17.70%	15.90%	24.90%	20.40%	19.60%
处置救援	20.90%	23.50%	29.30%	31.50%	21.00%	15.60%	16.10%
监测预警	30.70%	28.70%	25.70%	19.70%	23.70%	23.10%	22.20%
预防准备	30.30%	31.00%	27.30%	32.60%	30.40%	41.00%	42.20%

图 13-2-6　政府应急手段使用阶段差异图（样本量 N=640 份）

数据显示（图 13-2-7），当地民众最偏好的手段为向执法部门投诉，其他使用频率在70%～80%的手段包括自发调查、获取外部支持、网络发言和上访，相对使用较少的手段为提起诉讼以及其他手段。以上数据表明，当地民众首选的还是通过向执法部门投诉这样体制内手段表达利益诉求，其次才会选择上访、网络发言等相对体制外的形式。

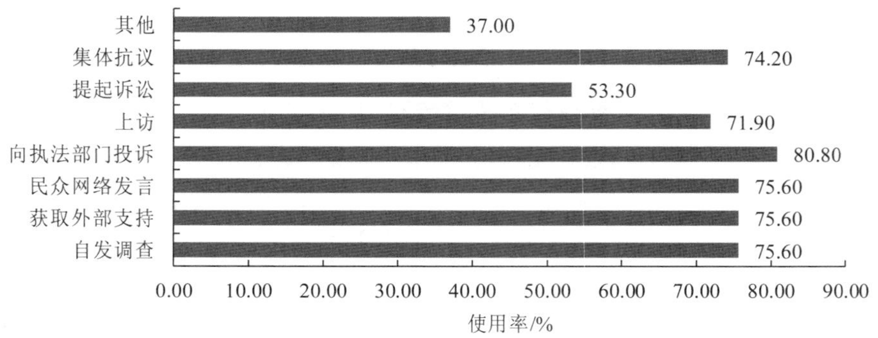

图 13-2-7 当地民众应急手段差异图（样本量 N=640 份）

民众在环境群体性事件应急管理的各个阶段倾向于使用不同的手段。通过多重响应分析计算之后，得到如下结果（图 13-2-8）：在预防与准备阶段使用频率相对较高的手段为自发调查、其他、向执法部门投诉；在监测与预警阶段，使用频率较高的手段包括获取外部支持、向执法部门投诉、网络发言，使用率大概在30%；在处置与救援阶段，民众偏好使用集体抗议、网络发言、上访和提起诉讼四种，此阶段民众参与手段较为激烈；在恢复与重建阶段，民众会优先考虑上访、提起诉讼、自发调查等手段。以上的发现也表明，民众在事件的早期和晚期通常采取较为温和的手段参与到环境群体性事件的解决过程中，而在冲突外显，矛盾激化的阶段则采取相对激进的手段维护自身权益。

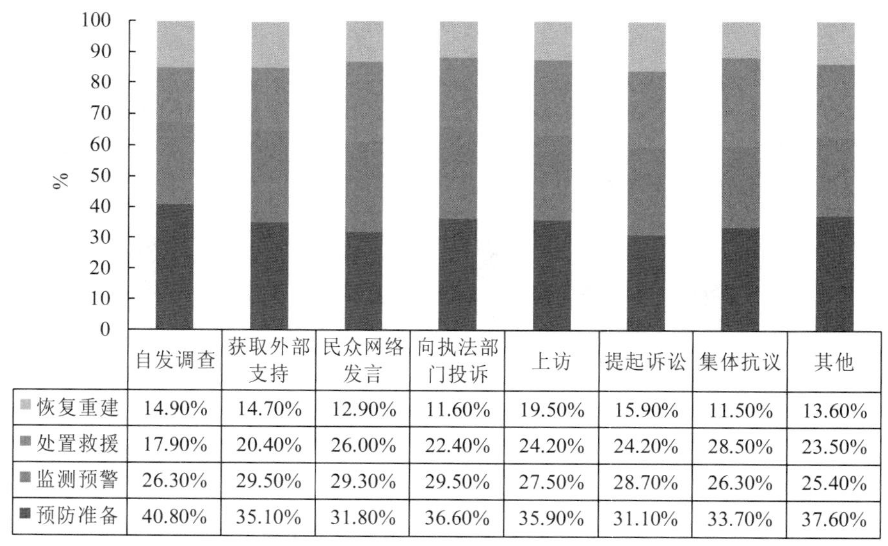

	自发调查	获取外部支持	民众网络发言	向执法部门投诉	上访	提起诉讼	集体抗议	其他
恢复重建	14.90%	14.70%	12.90%	11.60%	19.50%	15.90%	11.50%	13.60%
处置救援	17.90%	20.40%	26.00%	22.40%	24.20%	24.20%	28.50%	23.50%
监测预警	26.30%	29.50%	29.30%	29.50%	27.50%	28.70%	26.30%	25.40%
预防准备	40.80%	35.10%	31.80%	36.60%	35.90%	31.10%	33.70%	37.60%

图 13-2-8 民众应急手段使用阶段差异图（样本量 N=640 份）

污染企业在选择手段当中倾向于使用与其他主体沟通、参与调查和排查隐患、改进技术，其使用频率均高于 80%，同时也会对污染问题提供物品、资金等补偿，较少使用的手段为运用暴力拒绝合作和其他（图 13-2-9），可见企业对环境群体性事件的解决主要集中于提供技术、资金和信息等方面的支持，并且需要与民众、政府不断地进行沟通，从而增进相互之间的互信与合作。

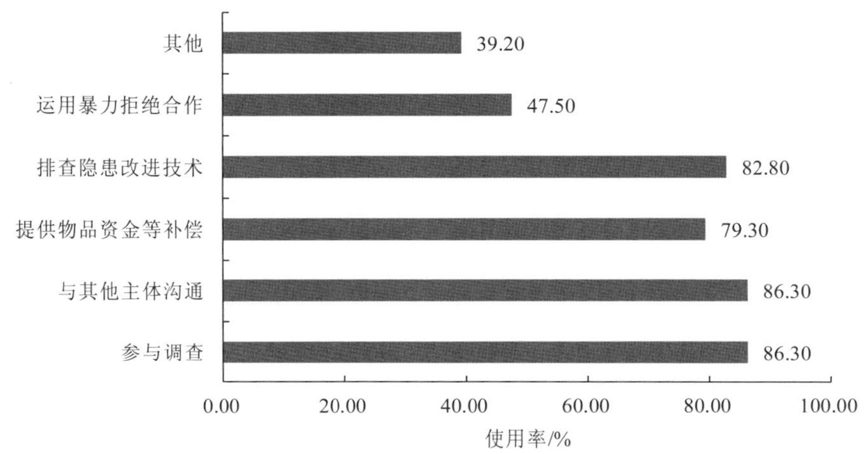

图 13-2-9　污染企业应急手段差异图（样本量 *N*=640 份）

污染企业在不同的阶段也有不同的手段使用偏好。经过多重响应分析之后的数据（图 13-2-10）显示，在预防与准备阶段，使用频率较高的手段为其他和运用暴力拒绝合作，在污染尚未出现时，企业出于盈利本性，主动沟通解决冲突的动机并不强；在监测与预警阶段使用频率较高的手段主要包括参与调查、与其他主体沟通，此时矛盾显现，企业需要运用克制的手段来澄清责任，并与其他主体协作解决矛盾，其余可运用的手段从高到低分别为其他、运用暴力拒绝合作、排查隐患改进技术、提供物品，资金等补偿；在处置与救援阶段，污染企业倾向于使用运用暴力拒绝合作、与其他主体沟通，这说明在高度不确定的环境下，企业要么会选择通过暴力与民众对抗以保证自身安全，要么选择与民众沟通，从而化解冲突，避免冲突的激化，这就需要政府在其中做好调停调解工作，避免民众和企业在该阶段运用较为激烈的手段参与环境群体性事件从而增大事件的破坏性；在恢复与重建阶段，企业为解决冲突，更多采取提供物品资金等补偿、排查隐患、改进技术等手段，其余依次为与其他主体沟通、其他、参与调查等。

新闻媒体的各种应急手段的使用频率存在差异但是差异较小（图 13-2-11）。中立报道、引导公众反思、宣传普及政策知识为使用相对较多的手段，其他使用率在 80%以上的手段为提供建议、表达群体诉求，其他手段使用频率较少，这说明新闻媒体在环境群体性事件当中较好地发挥了自身的功能。

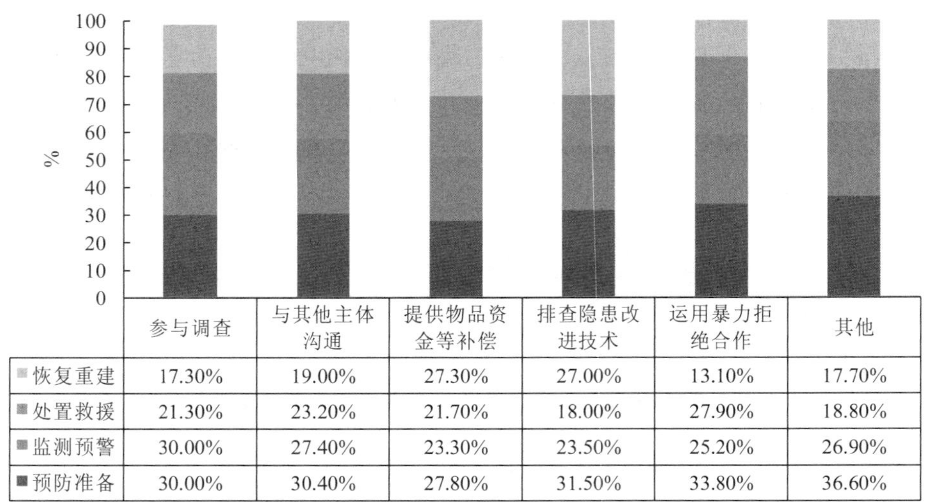

	参与调查	与其他主体沟通	提供物品资金等补偿	排查隐患改进技术	运用暴力拒绝合作	其他
恢复重建	17.30%	19.00%	27.30%	27.00%	13.10%	17.70%
处置救援	21.30%	23.20%	21.70%	18.00%	27.90%	18.80%
监测预警	30.00%	27.40%	23.30%	23.50%	25.20%	26.90%
预防准备	30.00%	30.40%	27.80%	31.50%	33.80%	36.60%

图 13-2-10 污染企业应急手段使用阶段差异图（样本量 *N*=640 份）

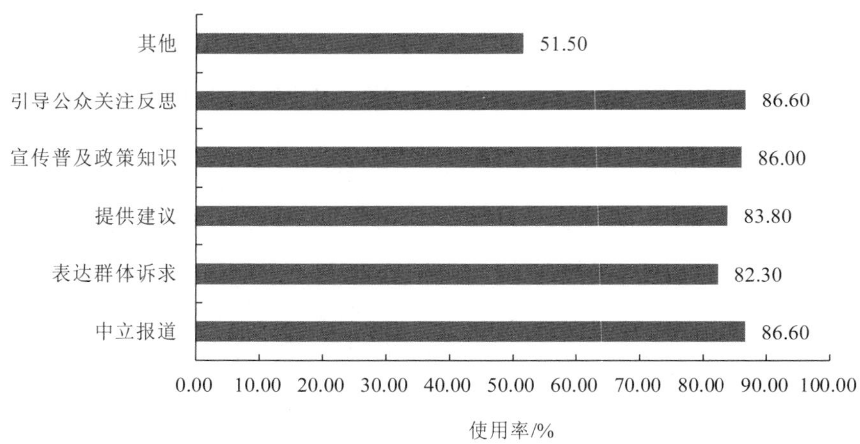

图 13-2-11 新闻媒体应急手段差异图（样本量 *N*=640 份）

尽管总体上新闻媒体对各手段的使用频率差异不大，但是在各阶段中，各手段仍然存在差异。多重响应分析的数据显示（图 13-2-12），新闻媒体通常在预防与准备阶段使用其他和宣传普及政策知识参与环境群体性事件的应急管理中，帮助冲突各方了解冲突领域的政策规定与参与规则，对其他主体起到了宣传教育的作用；在监测与预警阶段，冲突外显，各主体之间的对抗与合作已开始通过外在行动展现，此时新闻媒体的主要应急手段包括中立报道、表达群体诉求，其余手段按使用率从高到低分别为提供建议、其他、引导公众关注反思、宣传普及政策知识；处置与救援阶段，新闻媒体为促进群体之间的理性对话优先采用的手段是表达群体诉求，提供建议，保证群体性事件能够更为理性、平和地进行解决；恢复与重建阶段，新闻媒体优先考虑的手段是引导关注公众反思、宣传普及政策知识来总结环境群体性事件当中存在的诸多问题，引发各界反思，从而避免类似事件的发生，促进应急管理的教育工作，提高各主体的应急能力。

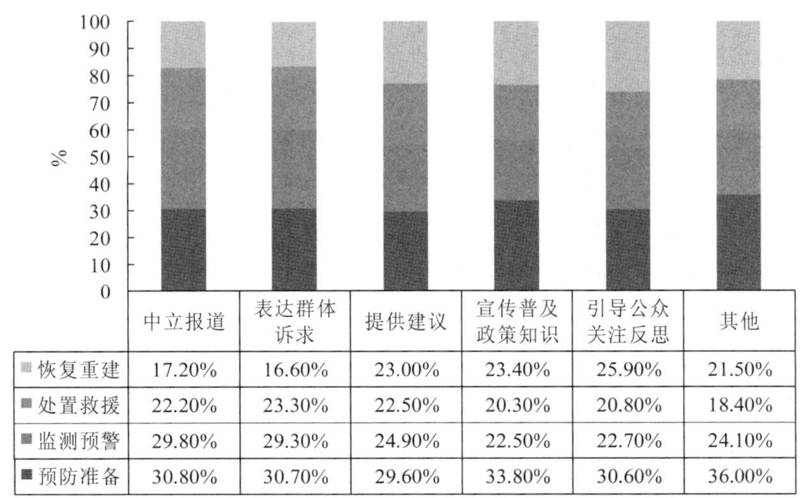

	中立报道	表达群体诉求	提供建议	宣传普及政策知识	引导公众关注反思	其他
恢复重建	17.20%	16.60%	23.00%	23.40%	25.90%	21.50%
处置救援	22.20%	23.30%	22.50%	20.30%	20.80%	18.40%
监测预警	29.80%	29.30%	24.90%	22.50%	22.70%	24.10%
预防准备	30.80%	30.70%	29.60%	33.80%	30.60%	36.00%

图 13-2-12　新闻媒体应急手段使用阶段差异图（样本量 *N*=640 份）

社会组织对各手段的使用频率较为稳定。除了其他手段使用率低于 60%，其余各种手段使用率均在 70%～80%（图 13-2-13）。使用率在 75%以上的应急手段为表达群体诉求、参与调查和监督政府、企业言行，使用率在 70%～75%的手段有提供法律援助、作为第三方调解。相比于其他主体，社会组织能够较为有效地参与到环境群体性事件的解决当中，运用更为专业、娴熟的工作方法来促进群体之间的沟通与交流，减少冲突的对抗性，实现群体性事件的有效解决。

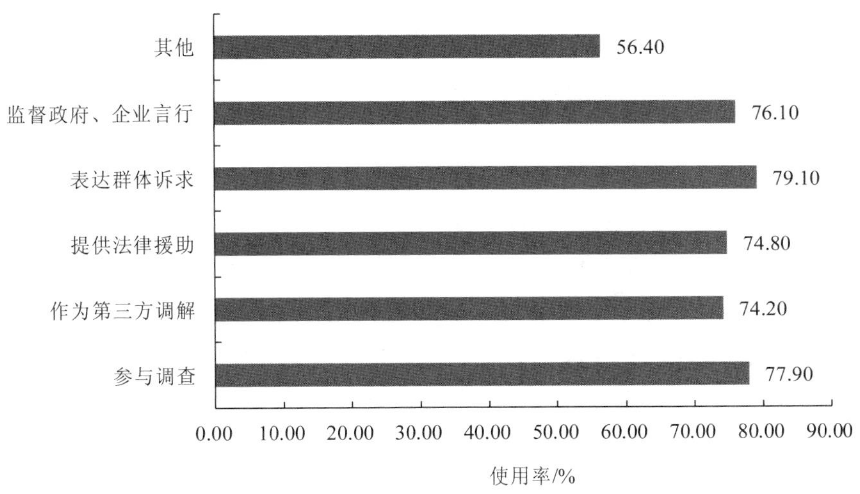

图 13-2-13　社会组织应急手段差异图（样本量 *N*=640 份）

社会组织各项手段使用的阶段也具有一定的差异。预防与准备阶段，其主要运用其他和参与调查两种手段，社会组织在该阶段更多地通过参与调查来为各主体的风险沟通和决策提供有效的依据；监测与预警阶段，社会组织通常运用的手段有提供法律援助和监督政府、企业言行两种，这也说明冲突外显之后，社会组织可以为相对弱势的群体发声，并且监督强势主体的行为，保证各主体行为的克制，维持各主体之间话语的均衡性；处置与救援阶段，社会组织使用率较高的手段为作为第三方调解、表达群体诉求和提供法律援助，通过有效组织相对弱势群体进行利益诉求的表达，争取利益，社会组织可以有效地帮助减少环境冲突的烈度，避免群体性事件的进一步升级；在恢复与重建阶段，社会组织选择最多的两种手段分别为监督政府、企业言行和参与调查，通过这些手段来有效地督促解决方案的进一步落实，推动事件的圆满解决（图 13-2-14）。

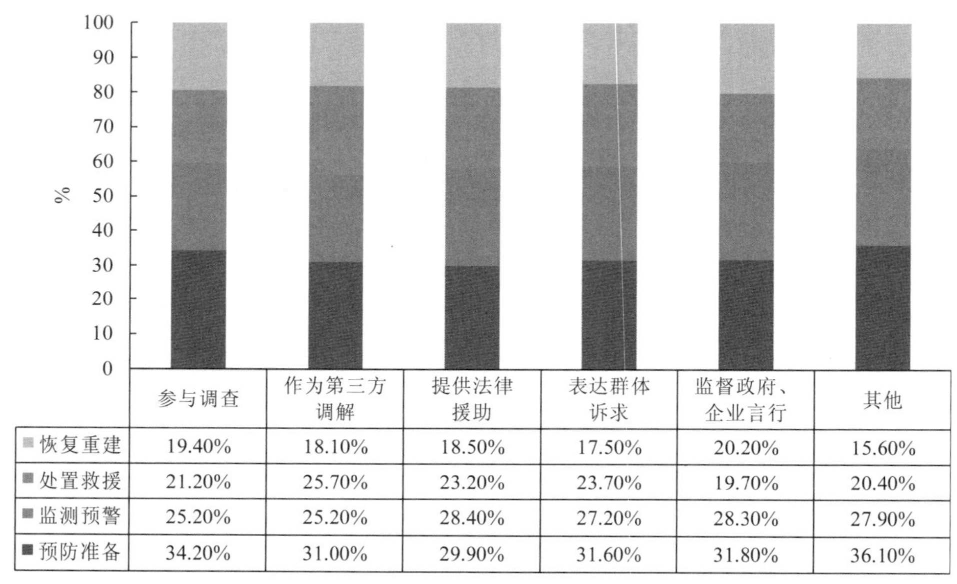

	参与调查	作为第三方调解	提供法律援助	表达群体诉求	监督政府、企业言行	其他
恢复重建	19.40%	18.10%	18.50%	17.50%	20.20%	15.60%
处置救援	21.20%	25.70%	23.20%	23.70%	19.70%	20.40%
监测预警	25.20%	25.20%	28.40%	27.20%	28.30%	27.90%
预防准备	34.20%	31.00%	29.90%	31.60%	31.80%	36.10%

图 13-2-14 社会组织应急手段使用阶段差异图（样本量 N=640 份）

专家学者对各不同手段的使用率差异相较于新闻媒体和社会组织来说比较大，根据使用率的差异（图 13-2-15），专家学者的应急手段可以分成三个梯度，使用频率在 80%以上的应急手段为一个梯度，包括提供建议与解决方案、参与事件调查、提供智力技术支持、利用媒体网络发表意见；使用频率在 70%～80%的应急手段为一个梯度，主要手段有提供援助、监督各方言行；其他手段为一个梯度，使用率为 54%。通过此类数据可以看出，专家学者对环境群体性事件的参与主要集中于专业技术领域，社会活动能力仍然有限。

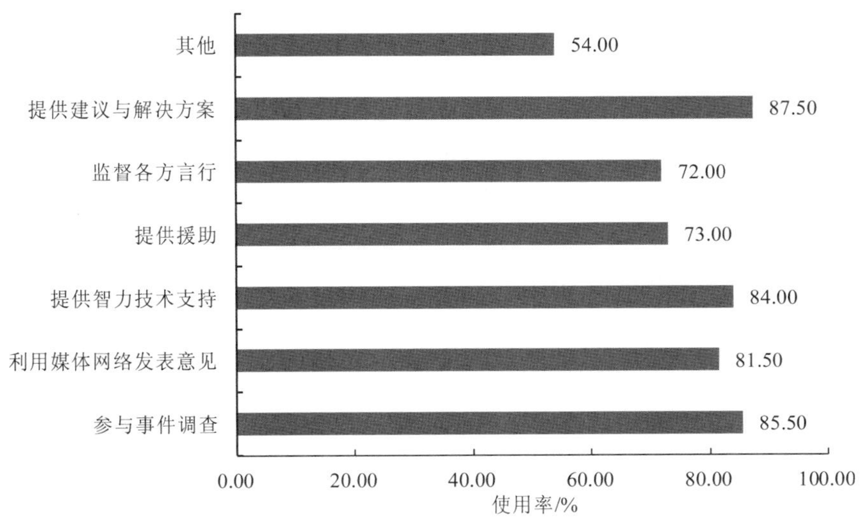

图 13-2-15　专家学者应急手段差异图（样本量 *N*=640 份）

专家学者的使用手段在不同阶段也具有差异性（图 13-2-16）。预防与准备阶段，专家学者的主要运用其他和参与事件调查为各主体提供智力技术支持，集中于技术领域；而在监测与预警阶段，专家学者社会性活动参与度有所提高，使用率最高的手段为利用媒体网络发表意见、参与事件调查和监督各方言行三种；在处置与救援阶段，专家学者倾向于使用监督各方言行、提供援助，通过这两种手段来稳定秩序，解决事件；在恢复与重建阶段，专家学者通常会参与调查事件并为之提供解决方案，对整起事件进行交代，使事件的解决方案更加完善。

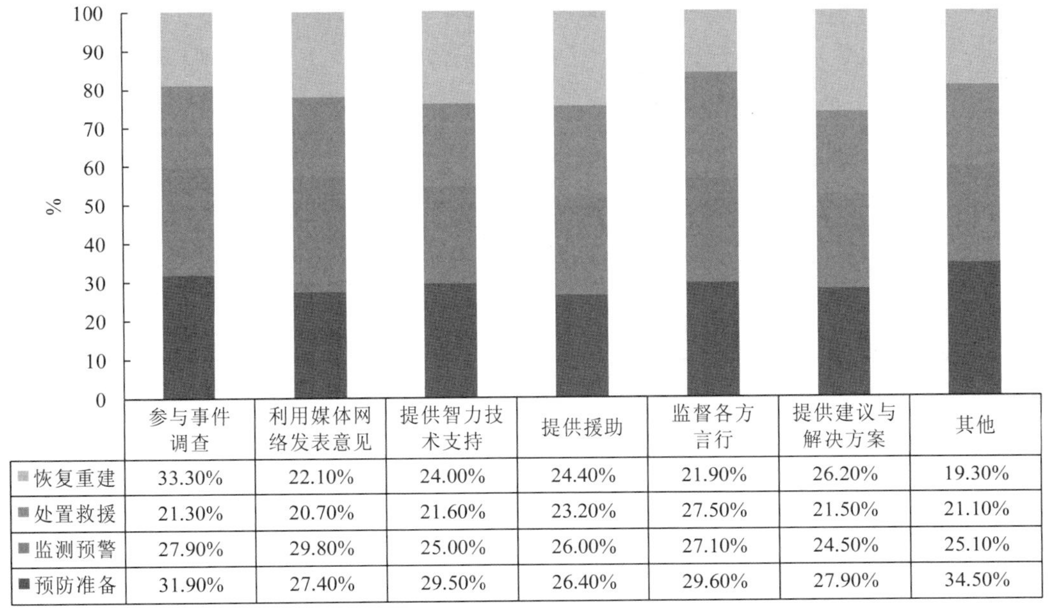

	参与事件调查	利用媒体网络发表意见	提供智力技术支持	提供援助	监督各方言行	提供建议与解决方案	其他
恢复重建	33.30%	22.10%	24.00%	24.40%	21.90%	26.20%	19.30%
处置救援	21.30%	20.70%	21.60%	23.20%	27.50%	21.50%	21.10%
监测预警	27.90%	29.80%	25.00%	26.00%	27.10%	24.50%	25.10%
预防准备	31.90%	27.40%	29.50%	26.40%	29.60%	27.90%	34.50%

图 13-2-16　专家学者应急手段使用阶段差异图（样本量 *N*=640 份）

由上述问卷数据分析可知，各主体在使用应急手段时会有不同的选择偏好，并且各主体会根据事件发展具体阶段的特点，选择适合的手段参与到环境群体性事件的解决过程中。

3. 法律完善程度

问卷数据和案例比较结果均显示，完善的法律法规为各主体的行动提供了明确的边界，在事件的解决中起到了非常重要的作用。

（1）案例比较结果

法律规范包括法律、法规以及地方性的应急预案等。较为清楚明确的法律法规可以为冲突的解决提供行动依据。

案例 C1：修武县血铅事件中，法律法规水平相对较弱，不利于环境群体性事件的解决。这主要体现在两个方面：一方面，国家政策上并未禁止这类铅矿企业的立项；其次，根据研究者的观察，血铅事件发生在 2005 年，《中华人民共和国突发事件应对法》还未出台，这对政府处理群体性事件的行为缺乏明确的约束力。

案例 C2：济源市血铅事件法律法规的规范水平较高。主要表现在，居民安全区的划定标准是根据国家政策——环境保护部的《环境影响技术 评价导则》确定；政府对于污染企业的关停也依据早先济源市政府出台的《关于电解铅企业深化治理的意见》；并且，此案例发生在 2009 年，此时《中华人民共和国突发事件应对法》已经出台两年，济源市也出台了《工业系统群体性事件处置预案》，指导该事件的解决。相关媒体报道资料有过叙述。

案例 C3：花垣县血铅事件的法律规范程度介于案例 C1 与案例 C2 之间，程度为中等。主要表现在：现存的环境举报热线 12369 为社会组织的监督提供了有效的制度渠道；环境保护部、农业部联合下发的《农用地土壤环境管理办法》为媒体质疑政府行为提供了依据。但是不足之处在于，数据公开上没有具体的政策依据，无法得到清楚的污染数据。

通过上述分析，三个案例法律规范性程度及其作用阶段差异如表 13-2-9 所示，研究结果显示，法律规范性程度作用阶段与其有效性的发挥成正比。

表 13-2-9 案例法律规范性程度差异

	C1：修武县血铅事件	C2：济源市血铅事件	C3：花垣县血铅事件
法律规范性	低	高	中
作用阶段	无	预防与准备、监测与预警、处置与救援、恢复与重建	监测与预警、处置与救援、恢复与重建
主要依据	无有效法律处置冲突	《环境影响技术 评价导则》《关于电解铅企业深化治理的意见》《中华人民共和国突发事件应对法》《工业系统群体性事件处置预案》	12369 举报网络、《农用地土壤环境管理办法》、《信息公开条例》

（2）问卷调查结果

法律的完善性在群体性事件的解决中起到了比较重要的作用。在所有个案当中，法律法规完善程度对于事件的解决不重要的样本占总体的 10.60%，一般占比 38.60%，起到重要作用的样本比例为50.80%，占总体的一半以上（图13-2-17）。通过问卷数据可知，法律法规的完善程度在环境群体性事件的解决过程中具有非常重要的作用。

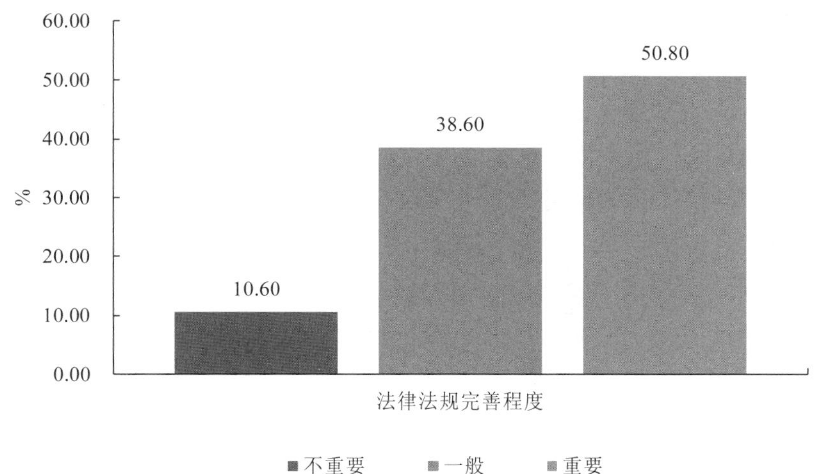

图13-2-17　法律完善程度作用分布图（样本量N=640）

（二）各阶段特殊要素分析

应急机制中还有部分要素作用于特定的环境群体性事件应急管理的特定阶段，例如组织化程度、信息沟通效率、决策方式、合作激励程度以及各阶段处置效果。

1. 组织化程度的差异

问卷数据和案例数据均表明，各案例中，各主体内部以及主体之间的组织化程度存在差异。有些案例中，各主体内部和主体之间的行动可以有效地组织起来，产生高效有序的行动。

（1）案例比较结果

组织化程度主要指主体内部的和不同主体之间的组织化程度。主要主体（如民众、政府、社会组织等）的内部是否团结协作以及主体之间能否有效协作，共同解决问题，对环境群体性事件的解决起到至关重要的作用。

案例C1：修武县血铅事件无论从主体内部的组织化程度还是主体之间的组织化程度都相对较低。民众内部的行为具有较高的自发性，缺乏统一的领导与动员，这首先表现在民众上访主要依靠群众代表的自愿、自费，马坊村上访户对于上访过程这样回忆：

"L：那咱们当时和其他村民都有过交流么？作为村民代表去上访。

F：都没有和人家联系人家都过来，因为人家蒋村白菜卖不出去，人家说铅污染了，卖白菜还得跟俺村一起，还不敢说是蒋村的菜。蒋村菜都没人要。

……

L：那叔叔，咱们这几个人是怎么样被选为村民的代表过去了呢？

F：都是自费的。（L：就等于是自愿的对吧？）都是自愿去的。"（C1-2018102201-FT）

除此之外，民众的聚集行为具有明显的自发性。

“一开始都是马坊村，后来停了一天，全都过来了。管庄的，蒋村的，五里源的。”（C1-2018012203-FT）

政府内部组织化程度也偏低，各个部门各行其是，缺乏协调，面对村民诉求，通常采取被动式的应对，没有主动采取协调行动。研究者与当时县政府维稳工作的Z局长进行访谈，问及“当时对于民众的诉求，政府如何处理”这一问题时，该官员这样回答：

“他也来政府反映，但是信访是县委县政府的信访，那是个接待场所。他不知道的它来政府嘞，政府来再给他解释，去信访局。信访就是县委县政府哩一个信访（就是代表政府来接待民众的），接待咧。根据接待问题需要哪个领导，是哪个领导分管的部门解决问题的，搁哪个领导，给他反馈。”（C1-2018012301-FT）

该案例中，不同主体之间的组织化程度也较低，主体之间未能有效合作，以实现环境问题的解决。在村民围堵过后，尽管政府勒令企业整改，但是企业仍然偷偷排放污水废气，污染环境。并且，村民的补偿方案因为企业停产而无法落实。

案例C2：济源市血铅事件的群体内组织化程度和群体间组织化程度均较高。民众内部具有较强的组织性。在预防与准备阶段，村民面对企业污染，通过村干部与企业交涉并成功讨要到赔偿。而在处置与救援阶段，民众分工较为明确，大部分村民围堵在企业门口，但是还在与企业、政府进行交涉、协商，在方案达成之后就自然散去，围堵行为具有较高的策略性。此内容在前文探讨政府部门的应急手段时提及，此处不作赘述。

政府内部的组织化程度较高，成立了“血铅专项小组”，各部门之间结合较为紧密，并对于事件的解决形成较为明确的指导原则与行动策略。

“此次，济源对可能存在的铅超标问题进行调查研究，本着‘一切为了问题的妥善解决，一切为了群众的健康安全’的目标，对各项工作超前考虑，主动应对，及时采取一系列措施，赢得了主动。”（C2-2017122701-XW）

该案例中，政府、民众、企业、专家学者、新闻媒体之间的合作网络逐步搭建起来，各主体之间的合作程度在三个案例当中最高。主要表现在解决方案由政府、企业、民众根据各自资源能力共同完成。专家学者通过环境评估、组织检测、提供建议咨询等方式有效参与到事件的解决过程中。新闻媒体可以持续对事件进行持续跟进报道。以上资料均在上文有所提及，此处不作赘述。

案例C3：花垣县血铅事件的群体内不同主体组织化程度不高，群体间的组织化程度相对较高。当地民众的内部组织化程度不高，无环境诉求意识，并且与企业抗争的过程也是时断时续，通常在个人利益受到侵犯的时候，被动地反应。在与社会组织成员的访谈当中了解到：

“当地人，因为好多人发现情况这样之后，他们并没有这样的利益诉求，就是说我一定要怎么样，所以他们很多的选择是外出打工，所以并没有表现出来这边死扛着，你一定要把土地还回来什么的。村民要是还有其他的出路的话，他对抗的成本也很高，对抗的成本远大于企业去反抗的成本对吧？所以他们可能去外面打工一类的，没有一个越来越坏的趋势。没有这种冲突啊变成一年发生好几起，规模越来越大。并没有。一开始有械斗，械

斗之后就出去打工，这是我了解的情况。”（C3-2017121201-FT）

政府部门的组织化程度也不高，主要表现在前期对于事件的解决停留在“花垣变花园”这样的口号上，其实际行动上并没有有效的效果。在与北青报的访谈调查当中也印证了这一事实：

“2013 年，当地政府提出‘花垣变花园’城乡建设治理目标，曾经混乱无序的矿山开采也在系列行动中得到整合。近日实地调查发现，作为县域经济的支柱产业，采矿加工中一些不合规的现象仍然存在。连片的矿洞和尾矿库下，遗毒远未荡清，污染还在继续。”（C3-2017120501-XW）

社会组织内部之间具有较强的组织协调性，不同组织之间可以相互配合，以保证事件的解决。L 组织在访谈过程中这样说道：

“那就是前后吧！就大概几家都表示感兴趣，然后就拉了个群。因为他们本土的 NGO 就是尤其是在湖南本地的，就相比我们来说，他们有很多优势。就不用像我们，做什么事情，因为毕竟国际组织还是障碍在里面。”（C3-2017121201-FT）

就不同主体间的组织化程度而言，前期的组织化程度较低，民众、政府、企业之间并未形成解决环境问题的集体行动，相互之间都是在被动应对。在社会组织介入之后，政府开始逐步与媒体、社会组织沟通，并采取有效手段对环境进行治理，上文的访谈记录已有提及，此处不作赘述。

通过上述分析，各案例的组织化程度及其作用阶段差异如表 13-2-10 所示，越是在预防准备阶段进行组织化程度的建设，该因素越能发挥出良好的效果。

表 13-2-10　案例组织化程度差异

案例	C1：修武县血铅事件	C2：济源市血铅事件	C3：花垣县血铅事件
组织化程度	低	高	中
作用阶段	无	预防与准备阶段	处置与救援阶段、恢复与重建阶段
主要依据	主体内：政府、民众内部未能有效组织； 主体间：不同主体之间协调性较差，对于问题解决未能达成共识	主体内：政府、民众内部均能有效组织，有序行动； 主体间：不同主体形成了有效合作网络	主体内：政府、民众内部未能有效组织，社会组织内形成有效网络； 主体间：前期未能有效配合，后期逐步合作

（2）问卷数据

组织化程度对群体性事件的解决也发挥着重要的作用。组织化程度在事件解决过程中发挥重要作用的个案占总体的 40%；42.4%的个案中组织化程度发挥的作用一般，二者相加已超过总样本数的 80%；只有将近一成的个案受到组织化程度的影响较小（图 13-2-18）。问卷数据证明，在多数个案当中，组织化程度在环境群体性事件的解决中发挥着重要作用。

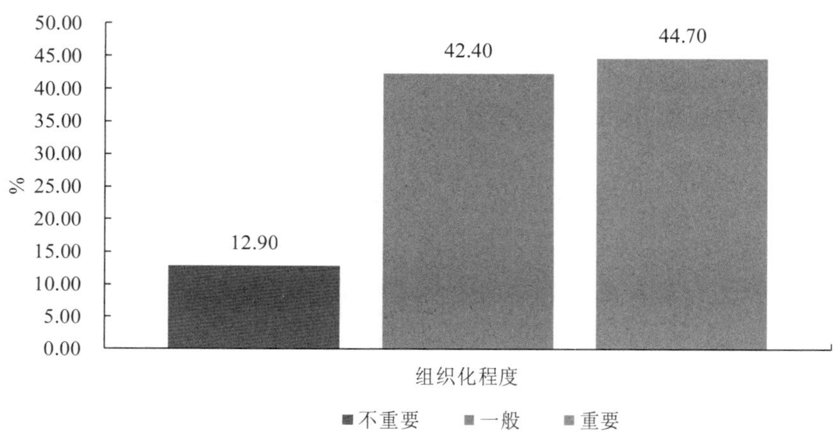

图 13-2-18 组织化程度作用分布图（样本量 N=640 份）

2. 信息沟通效率

问卷数据以及访谈数据均表明，信息沟通效率对环境群体性事件的解决具有重要作用，良好的信息沟通效率可以促进不同主体间的了解与交流，从而减少矛盾的对抗性。

（1）案例比较结果

信息沟通指不同主体之间对于污染问题交换信息的效果。良好的信息沟通效果可以减少不同主体之间的对立，而不良的信息沟通效果会对事态的发展产生消极的影响。

案例 C1：修武县血铅事件当中，不同主体间的沟通效果较差。主要体现在，企业封锁血铅超标的消息；县政府回避民众上访诉求；县政府在回应村民时，立场偏颇。在村民检测儿童血铅水平时，企业隐瞒儿童血铅的真实水平：

“铅厂拿的钱去做检查，北京一次，山西一次，做的都是假的。人家都安排好的把你拉过去，结果一检查血铅不高，老百姓都受骗了。”（C1-2018012201-FT）

案例 C2：济源市血铅事件信息沟通效率最高，主要体现在：济源市领导面对污染情况主动组织血铅检测并公开检测结果；在群众聚集时，深入基层与群众沟通；济源市政府采取公开的形式与媒体互动。这些资料在与村民和村干部的访谈资料当中均能体现：

“村民：民众围堵他是因为这个事刚发生的时候，就是，你刚得知我孩子这血铅含量高，即时的情绪是可以理解的吧，这是人性。政府积极引导，积极给群众做工作，市委市政府的主要领导，亲自下村，给群众解释。

……

书记：这个政府，是正确面对（媒体），不管是记者还是上层，最终都是群众，面对群众做些解释工作。我们怎样去应对？一个是换环境，二个是我们给学生发这个食疗的苹果、奶、梨，这是在实际解决这个问题。”（C2-2018012401-FT）

案例 C3：花垣县血铅事件，信息沟通介于案例 C1 和案例 C2 之间。主要表现在处置与救援阶段、监测与预警阶段信息沟通不通畅，未主动公开信息，而在社会组织、新闻媒体以及专家学者介入之后，政府与不同主体之间沟通程度显著提高。上文的访谈记录已有体现，此处不作赘述。

通过上述分析，三个案例的沟通程度及其作用阶段的差异如表 13-2-11 所示，信息沟通较为成功的案例发生在监测与预警阶段。

表 13-2-11 信息沟通程度差异

案例	C1：修武县血铅事件	C2：济源市血铅事件	C3：花垣县血铅事件
信息沟通程度	低	高	中
作用阶段	无	监测与预警阶段	处置与救援阶段
主要依据	隐瞒真实信息、回避民众诉求、回应立场偏颇	主动公开信息、与民众当面沟通、与媒体开放互动	未主动公开信息，在外部压力之下，对质疑进行回复并公开信息

（2）问卷数据

信息沟通在群体性事件的解决过程中扮演了重要角色。整理后的问卷数据表明，在将近一半的环境群体性事件中，信息沟通起到了重要作用，40.20%的事件中，信息沟通效果一般；只有 12.50%的个案解决受到信息沟通效果因素的影响较少（图 13-2-19）。由上可知，环境群体性事件中，信息沟通在其解决过程中发挥的作用较大。

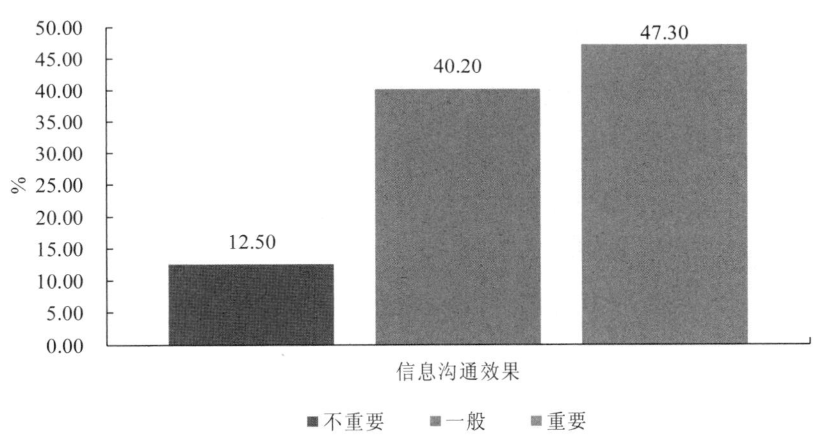

图 13-2-19 信息沟通效果作用分布图（样本量 N=640 份）

3．决策效果差异

实证资料显示，决策效果对于环境群体性事件的解决具有重要作用，良好的决策水平可以有效控制事态，避免事态恶化。

（1）案例比较结果

此处的决策水平指事件发生时，作为应急主体的政府可以采取合理、有效的方式正确处置，平息事态。决策水平可以引导事件的发展方向，好的决策水平可以使事件解决向良好的方向发展，而较差的决策水平可能会让事态进一步恶化。

案例 C1：修武县血铅事件的决策水平最低。修武县政府在村民围堵污染企业时，作为不当导致事件失控。

案例 C2：济源市血铅事件的决策水平最高。在当地民众因为恐慌围堵之后，济源市政府主要采取谈判与治安维持并行的方式：一方面针对村民的利益诉求与村民代表商量搬迁方案；另一方面维持治安，防止事件出现失控状态。在政府下达搬迁方案的红头文件之后，村民逐渐散去，事件得到解决，因此并未出现冲突升级的情况。政府部门参与情况上文已有所介绍，此处不作赘述。

案例 C3：花垣县血铅事件决策水平介于案例 C1 和案例 C2 之间。主要表现在村民堵路收取“水土流失费”时，政府采取默许的态度，并未出面干预。因此拦车行为持续两年，虽然没有散去，但冲突规模也并未升级，始终保持稳定的发展态势。上文案例资料中的民众参与部分已有描述，此处不作赘述。

通过上述分析，三个案例的决策效果及其作用阶段差异具体如表 13-2-12 所示，决策效果发挥作用较高的时期为处置与救援阶段。

表 13-2-12 案例决策效果差异

案例	C1：修武县血铅事件	C2：济源市血铅事件	C3：花垣县血铅事件
决策效果	低	高	中
作用阶段	无	处置与救援阶段	处置与救援阶段
主要依据	煽动民众骚乱，对民众进行暴力镇压，加剧对抗性	回应民众诉求，出台搬迁方案，同时维持秩序	默许村民堵路，未正面进行干涉

（2）问卷数据

决策效果同样在环境群体性事件解决中发挥着较大作用。55.80%的被访者认为决策效果对环境群体性事件的解决起到较为重要的作用；32.90%的个案中，决策效果的作用为一般；11.3%的案例中，决策效果的作用不重要。决策效果对于环境群体性事件的解决具有较强的影响（图 13-2-20）。

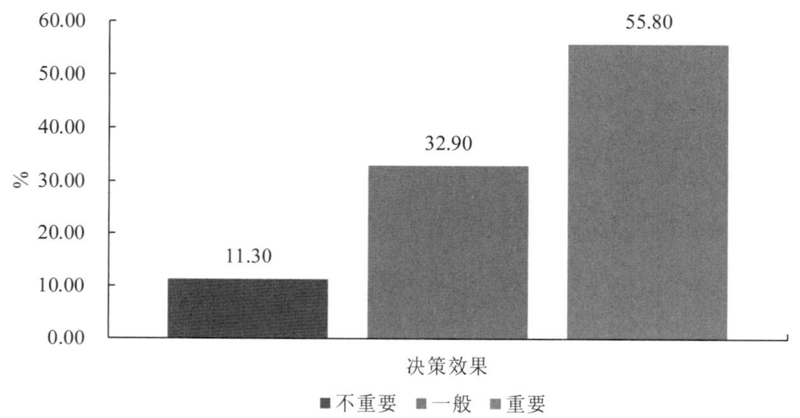

图 13-2-20 决策效果作用分布图（样本量 N=640 份）

4．合作激励程度

调研信息表明，各主体合作受到的激励程度对环境群体性事件的解决起到了重要的作用，良好的合作激励程度可以满足各主体的利益诉求，从而提高其继续合作的积极性。

（1）案例比较结果

合作激励程度主要指民众利益诉求的满足程度。在民众的利益诉求得到满足之后，其对抗行为会逐渐减少，如果民众利益诉求没有得到满足，则会继续出现抗议的行为。

案例 C1：修武县血铅事件的合作激励程度最差。在解决方案出台之后，污染企业依然偷偷排放废气、废水。并且，在 2013 年污染企业因为资金链断裂之后，村民的征地补偿没能得到落实，而现有的土地也没有办法复耕，在这样的情况下，村民继续上访，并与企业发生冲突。上文资料已经展示，此处不作赘述。

案例 C2：济源市血铅事件的合作激励程度最高。村民搬迁村子，治疗血铅儿童的利益诉求均得到了满足，并且搬迁工作基本已经落实，村民的满意度较高，对抗行为没有再次出现。村民在访谈过程中完全没有任何负面表述。

案例 C3：花垣县血铅事件的合作激励程度介于案例 C1 和案例 C2 之间。政府通过环境治理之后，环境状态得到了一定的改善，村民拦车收费的现象不再存在。

通过上述分析，三个案例间合作激励程度及其作用阶段差异如表 13-2-13 所示，结果表明，通常在恢复与重建阶段，合作激励程度能够发挥较大作用。

表 13-2-13　案例合作激励程度差异

案例	C1：修武县血铅事件	C2：济源市血铅事件	C3：花垣县血铅事件
合作激励程度	低	高	中
作用阶段	恢复与重建阶段	恢复与重建阶段	恢复与重建阶段
主要依据	赔偿标准无法确定，铅厂停产，搬迁、征地补贴、污染赔偿难以落实	血铅儿童得到治疗，安置搬迁小区完工，村民顺利搬迁	土地完成了整改工作

（2）问卷数据

主体间的合作激励程度对环境群体性事件的解决也发挥着重要的作用。在 53.4%的群体性事件中，主体间合作的激励程度对事件的解决具有重要的作用；合作激励程度作用为一般的频率为 33.2%；13.40%的环境群体性事件中，合作激励程度对事件解决的作用较小（图 13-2-21）。通过数据分析可知，合作激励程度对于环境群体性事件的解决也起着重要的作用。

5．各阶段处置效果比较

（1）案例比较结果

三个案例各阶段的处置效果有较大的差异，通过访谈资料、档案文献、新闻报道以及田野调查笔记的综合整理，本节研究对每个案例在各阶段的处置效果进行了评估，各阶段的处置效果及依据如表 13-2-14 所示。

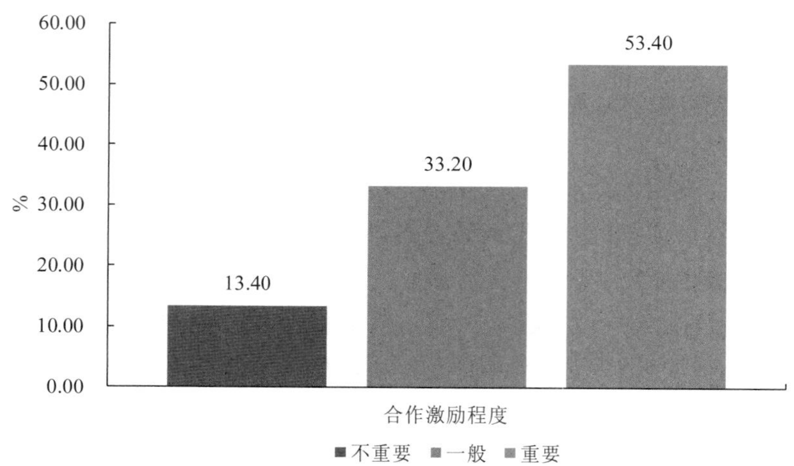

图 13-2-21 合作激励程度作用效果分布图（样本量 N=640 份）

表 13-2-14 各阶段处置效果

案例	C1：修武县血铅事件	C2：济源市血铅事件	C3：花垣县血铅事件
预防与准备效果	中（只有村民意识到污染风险，采取各种手段干预）	高（村民、政府均认识到了污染风险）	低（只有村民认识到污染风险，但未采取过多行动干预）
监测与预警效果	低（真实污染情况被掩盖，民众诉求未得到回应）	高（血铅儿童受到治疗，搬迁方案被提上政府日程）	中（血铅儿童受到检测，搬迁方案被政府提出，但未执行）
处置与救援效果	低（事态扩大，冲突由围堵企业升级为暴力对抗）	高（事态未扩大，村民诉求得到满足）	中（事态处于僵局，未扩大但也未得到彻底解决）
恢复与重建效果	低（污染依然存在，民众因为诉求未得到满足继续上访）	高（搬迁工作已经完毕，民众满意度较高，未出现民众的抗议）	中（污染得到一定程度的解决，民众拦车行为不再存在）

预防与准备阶段，案例 C2：济源市血铅事件效果最好，在此阶段，民众与政府均认识到了当地可能存在的环境风险，并积极组织环境质量评估和监测，预防可能出现的冲突。案例 C1：修武县血铅事件的处置效果居中，该案例只有民众在预防与准备阶段认识到了铅厂可能存在的环境污染风险，并且不断上访抗议，希望问题得到解决，因此预防与准备阶段效果介于案例 C2 和案例 C3 之间。而案例 C3：花垣县血铅事件中，民众因为尾矿库的污染问题时不时与企业抗议，但是这些抗议活动并不持续，因此案例 C3 的处置效果最弱。

监测与预警阶段，案例 C2：济源市血铅事件的处置效果最好，血铅儿童得到治疗，搬迁方案在逐步制订，搬迁村落也在逐步核算。案例 C3：花垣县血铅事件当中政府积极组织血铅检测，并提出搬迁方案，但是检测过后的治疗以及出台方案的具体执行并未有持续的跟进，因此该案例的处置效果为中。案例 C1：修武县血铅事件中，血铅监测的数据被隐瞒，并且村民上访始终得不到回应，因此该案例的处置效果最低。

处置与救援阶段，案例 C2：济源市血铅事件的处置效果最好，在该阶段，搬迁方案得到完全的达成，冲突也并未升级。案例 C3：花垣县血铅事件的效果次之，政府对于拦车行为采取默许的态度，事态陷入僵局，并未进一步升级，但是也没有得到解决。案例 C1：修武县血铅事件的处置效果最低，在该阶段中，冲突由围堵企业升级到暴力对抗，冲突进一步加剧。

恢复与处置阶段，案例 C2 处置效果最高，政府、企业、民众共同努力完成了村落的搬迁与儿童的治疗，民众的满意度较高，事件未出现反复。案例 C3：花垣县血铅事件处置效果次之，环境污染得到了初步治理，民众拦车行为消失。案例 C1：修武县血铅事件的处置效果最弱，企业依然污染环境，并且随后的赔偿方案因为企业的停产而搁置，村民继续上访。

（2）问卷数据

处置效果差异主要通过处置效果测量量表测量而得，该量表将处置效果由低到高划分为五个层级，处置效果由低到高分别赋值 1 分到 5 分。为便于数据展示，本节研究将 2 分及以下的得分统一编码为“较差”处置水平，3 分及以上为“较好”处置水平。数据结果显示，预防与准备阶段以及监测与预警阶段处置效果较差的频率分别为 31.20%、27.30%，高于处置与救援阶段（20.20%）和恢复与重建阶段（19.40%）的频率；而处置情况“较好”的频率则是预防与准备阶段（58.90%）和监测与预警阶段（72.70%）低于处置与救援阶段（88.30%）和恢复重建阶段（80.60%）的出现频率。因此，在环境群体性事件的解决过程中，处置与救援阶段、恢复与重建阶段的处置效果高于预防与准备阶段和监测与预警阶段的处置效果，这也进一步印证了我国环境群体性事件“重处置，轻预防”的特点（图 13-2-22）。

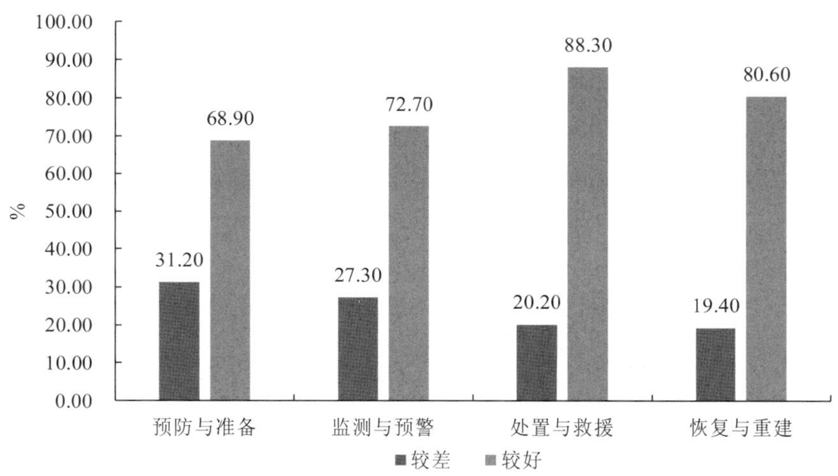

图 13-2-22 各阶段处置效果差异图（样本量 N=640 份）

（三）环境群体性事件应急机制

1. 环境群体性事件应急机制要素构建

在前期文献研究和随后的问卷调查以及实地访谈的基础上，本节研究从预防与准备、监测与预警、处置与救援、恢复与重建四个阶段构建了环境群体性事件应急机制。预防与准备阶段，环境群体性事件的解决需要多元主体的参与、各主体发挥不同的作用、各主体使用不同的手段参与事件解决、完善的法律法规作为各主体行动的依据、各主体内部和主体之间具有良好的组织性与协调性、可能导致冲突的隐患得到认知。监测与预警阶段，环境群体性事件的解决需要多元主体的参与、各主体发挥不同的作用、各主体使用不同的手段参与事件解决、完善的法律法规作为各主体行动的依据、各主体内部以及主体之间进行及时有效的信息沟通、对产生冲突的问题采取积极有效的行动。处置与救援阶段，环境群体性事件的解决需要多元主体的参与、各主体发挥不同的作用、各主体使用不同的手段参与事件解决、完善的法律法规作为各主体行动的依据、根据现场的情况做出合适的决策、事态的发展得到有效的遏制。恢复与重建阶段，需要多元主体的参与、各主体发挥不同的作用、各主体使用不同的手段参与事件解决、完善的法律法规作为各主体行动的依据、根据各主体的表现给予适当的补偿或奖励与惩罚、解决方案得到有效的落实。具体如表 13-2-15 所示。

表 13-2-15 环境群体性事件应急机制

S1：预防与准备阶段机制
S1.1 多元主体的有效参与
S1.2 各主体在事件中发挥不同的作用
S1.3 各主体运用不同的手段参与事件的解决
S1.4 完善的相关法律法规作为各主体行动依据
S1.5 各主体内部和主体之间的行动具有良好的组织性与协调性
S1.6 在预防准备阶段，可能导致冲突的隐患得到认知
S2：监测与预警阶段机制
S2.1 多元主体的有效参与
S2.2 各主体在事件中发挥不同的作用
S2.3 各主体运用不同的手段参与事件的解决
S2.4 完善的相关法律法规作为各主体行动依据
S2.5 各主体内部与主体之间进行及时、有效的信息沟通
S2.6 在监测预警阶段，对产生冲突的问题积极采取行动
S3：处置与救援阶段机制
S3.1 多元主体的有效参与
S3.2 各主体在事件中发挥不同的作用
S3.3 各主体运用不同的手段参与事件的解决
S3.4 完善的相关法律法规作为各主体行动依据
S3.5 根据现场情况做出合适的决策
S3.6 在处置与救援阶段，事态发展得到有效控制
S4：恢复与重建阶段机制
S4.1 多元主体的有效参与
S4.2 各主体在事件中发挥不同的作用
S4.3 各主体运用不同的手段参与事件的解决
S4.4 完善的相关法律法规作为各主体行动依据
S4.5 根据各主体的表现与诉求给予补偿、奖励与惩罚
S4.6 在恢复与重建阶段，解决方案顺利执行

通过上述因素的分析，本节研究发现，有些因素贯穿了环境群体性事件的全过程，例如参与主体的种类、发挥不同的作用、使用不同的手段、法律完善程度，有些因素则作用于环境群体性事件应急管理的特定阶段，例如组织化程度、信息沟通程度等其他的因素。由此，本节研究对环境群体性事件应急机制的各项因素与阶段的关系进行深入的讨论。其中，信息沟通程度以及预防与准备效果主要在预防与准备阶段发挥作用；信息沟通效率和监测与预警效果在监测与预警阶段发挥作用；决策效果和处置与救援效果在处置与救援阶段发挥作用；合作激励程度和恢复与重建效果在恢复与重建阶段发挥作用。具体关系如表 13-2-16 所示。

表 13-2-16　各因素关系

阶段	预防与准备阶段	监测与预警阶段	处置与救援阶段	恢复与重建阶段
参与主体种类	S1.1	S2.1	S3.1	S4.1
参与主体作用	S1.2	S2.2	S3.2	S4.2
参与手段	S1.3	S2.3	S3.3	S4.3
法律完善程度	S1.4	S2.4	S3.4	S4.4
组织化程度	S1.5			
预防与准备效果	S1.6			
信息沟通效率		S2.5		
监测与预警效果		S2.6		
决策效果			S3.5	
处置与救援效果			S3.6	
合作激励程度				S4.5
恢复与重建效果				S4.6

通过上述分析，本节研究归纳出成功的环境群体性事件应急机制所应当具备的 12 个要素，具体如表 13-2-17 所示。

表 13-2-17　环境群体性事件应急机制要素

F1：各阶段普遍要素
P1：多元主体参与事件的解决
P2：各主体在事件中发挥不同程度的作用
P3：各主体运用不同的手段参与事件的解决
P4：完善的相关法律法规作为各主体行动依据
F2：预防与准备阶段特别要素
P5：各主体内部和主体之间的行动具有良好的组织性与协调性
P6：可能导致冲突的隐患得到认知
F3：监测与预警阶段特别要素
P7：各主体内部与主体之间进行及时、有效的信息沟通
P8：对产生冲突的问题积极采取行动

F4：处置与救援阶段特别要素
P9：根据现场情况做出合适的决策
P10：事态发展得到有效控制
F5：恢复与重建阶段特别要素
P11：根据各主体的表现与诉求给予补偿、奖励与惩罚
P12：解决方案顺利执行

2．环境群体性事件应急机制的验证

为了检验环境群体性事件的处置效果和应急机制的12个原则之间是否存在相关关系，本节研究对其进行了非参数检验。非参数检验可以检验在不同的条件下，结果是否一样，在显著性水平小于0.05的条件下应当认为在不同的条件下结果是不同的。本节研究对所收集到的问卷进行了非参数检验，检验结果如表13-2-18所示。结果表明，环境群体性事件解决效果与原则1“各主体在事件中发挥不同程度的作用”的非参数检验显著性水平小于0.001，故可以认为不同程度的主体作用对环境群体性事件处置效果差异的影响具有统计学意义，即主体作用对环境群体性事件处置结果产生显著的影响。同理可知，环境群体性事件应急机制的12个原则对环境群体性事件处置结果有显著影响。

表13-2-18　环境群体性事件应急机制与处置效果的非参数检验（样本量 N=640份）

		P1	P2	P3	P4	P5	P6
结果	卡方	555.116**	683.774**	491.166**	229.505**	237.164**	473.130**
	显著性	0.000	0.000	0.000	0.000	0.000	0.000
		P7	P8	P9	P10	P11	P12
结果	卡方	201.121**	648.454**	423.436**	695.486**	323.938**	821.195**
	显著性	0.000	0.000	0.000	0.000	0.000	0.000

注：K-W检验：*表示在0.05水平（双侧）上显著相关；**表示在0.01水平（双侧）上显著相关。

为了进一步分析环境群体性事件的处置效果与应急机制的12个原则之间是否存在相关关系，本节研究又对问卷调研的数据进行了Spearman相关分析（表13-2-19）。统计结果表明，环境群体性事件处置结果与应急机制的12个原则显著性均小于显著性水平0.05，这表明这12个原则均与环境群体性事件解决结果具有显著的正向相关关系。

表13-2-19　环境群体性事件应急机制与处置结果的Spearman相关性分析（样本量 N=640份）

		P1	P2	P3	P4	P5	P6
结果	相关系数	0.503**	0.593**	0.486**	0.385**	0.392**	0.559**
	显著性	0.000	0.000	0.000	0.000	0.000	0.000
		P7	P8	P9	P10	P11	P12
结果	相关系数	0.404**	0.627**	0.438**	0.631**	0.434**	0.640**
	显著性	0.000	0.000	0.000	0.000	0.000	0.000

注：Spearman检验：*表示在0.05水平（双侧）上显著相关。**表示在0.01水平（双侧）上显著相关。

本节研究分离出来的四个因子分别代表预防与准备阶段的预防与准备机制、监测与预警阶段的监测与预警机制、处置与救援阶段的处置救援机制以及恢复与重建阶段的恢复与重建机制。将四个机制的因子与环境群体性事件处置结果进行 Spearman 相关性检验可知，四个阶段机制的显著性水平都低于 0.05，这表明预防与准备、监测与预警、处置与救援、恢复与重建四个阶段的机制均与环境群体性事件解决效果具有显著的正向相关关系（表 13-2-20）。

表 13-2-20　环境群体性事件各阶段的处置 Spearman 分析（样本量 N=640 份）

变量	S1	S2	S3	S4
相关系数	0.652**	0.652**	0.635**	0.631**
显著性	0.000	0.000	0.000	0.000

注：Spearman 检验：*表示在 0.05 水平（双侧）上显著相关；**表示在 0.01 水平（双侧）上显著相关。S1 代表预防与准备机制，S2 代表监测与预警机制，S3 代表处置与救援机制，S4 代表恢复与重建阶段。

3．环境群体性事件应急机制和事件特征的调节作用分析

环境群体性事件的类型、城乡属性、暴力程度、规模以及发生层级均会对环境群体性事件应急机制的作用产生影响。基于上述考量，本节研究分别对环境群体性事件的类型、城乡属性、暴力程度、规模以及发生层级在应急机制与解决结果间关系的协调作用作分组 Spearman 分析（表 13-2-21）。

表 13-2-21　事件发生的暴力程度、规模、地域、类型的调节作用（样本量 N=640 份）

事件类型	现实污染型事件				风险感知型事件							
	S1	S2	S3	S4	S1	S2	S3	S4				
相关系数	0.661	0.658	0.652	0.646	0.601	0.582	0.505	0.499				
显著性	0.000	0.000	0.000	0.000	0.000	0.000	0.000	0.000				
城乡属性	城市				城乡接合部				农村			
	S1	S2	S3	S4	S1	S2	S3	S4	S1	S2	S3	S4
相关系数	0.670	0.677	0.651	0.661	0.701	0.712	0.704	0.689	0.558	0.507	0.501	0.503
显著性	0.000	0.000	0.000	0.000	0.000	0.000	0.000	0.000	0.000	0.000	0.000	0.000
暴力程度	低				中				高			
	S1	S2	S3	S4	S1	S2	S3	S4	S1	S2	S3	S4
相关系数	0.678	0.675	0.662	0.657	0.520	0.540	0.517	0.502	0.562	0.546	0.511	0.533
显著性	0.000	0.000	0.000	0.000	0.000	0.000	0.000	0.000	0.000	0.000	0.000	0.000
事件规模	小				中				大			
	S1	S2	S3	S4	S1	S2	S3	S4	S1	S2	S3	S4
相关系数	0.664	0.638	0.617	0.599	0.622	0.647	0.632	0.616	0.703	0.689	0.656	0.685
显著性	0.000	0.000	0.000	0.000	0.000	0.000	0.000	0.000	0.000	0.000	0.000	0.000
事件层级	乡镇级				区县级				市级及以上			
	S1	S2	S3	S4	S1	S2	S3	S4	S1	S2	S3	S4
相关系数	0.590	0.543	0.565	0.582	0.675	0.699	0.673	0.643	0.678	0.682	0.647	0.661
显著性	0.000	0.000	0.000	0.000	0.000	0.000	0.000	0.000	0.000	0.000	0.000	0.000

注：Spearman 检验：*表示在 0.05 水平（双侧）上显著相关；**表示在 0.01 水平（双侧）上显著相关。S1 代表预防与准备机制，S2 代表监测与预警机制，S3 代表处置与救援机制，S4 代表恢复与重建阶段。

结果显示，环境群体性事件的类型对环境群体性事件的各阶段机制与结果间的关系均具有显著的调节作用。风险感知型环境群体性事件的预防与准备机制与事件解决效果之间的相关关系相对较高，而现实污染型环境群体性事件的监测与预警机制、救援与处置机制、恢复与重建机制与解决效果之间的相关性要偏高。

环境群体性事件的城乡属性也对应急机制与处置结果之间的相关关系有显著的调节作用。发生在城乡接合部的环境群体性事件的预防与准备机制、监测与预警机制、处置与救援机制以及恢复与重建机制与结果之间的正相关关系强于发生在城市的环境群体性事件，而发生于城市的环境群体性事件各阶段应急机制与结果之间的相关关系强度高于发生在农村的环境群体性事件。

环境群体性事件的暴力程度也影响应急机制与结果之间相关关系的强度。暴力程度小和较大的环境群体性事件中各阶段应急机制与结果之间相关关系的强度要高于规模为中的环境群体性事件。

环境群体性事件的规模对环境群体性事件的各阶段机制与结果间的关系具有显著的调节作用。除预防与准备机制与结果之间相关关系强度变化随着规模增大呈现 V 形变动外，监测与预警机制、处置与救援机制、恢复与重建机制与结果之间的相关性强度随着规模的增大而增大，这说明规模越大越需要有效的应急机制对环境群体性事件进行有效的控制。

环境群体性事件的发生层级对预防与准备机制、恢复与重建机制与解决效果之间的相关关系具有显著的调节作用。随着环境群体性事件发生层级的提高，预防与准备机制和恢复与重建机制与解决效果之间的相关性强度显著提高。

四、讨论

（一）基于“预防—预警—处置—恢复”四阶段的应急机制

环境群体性事件应急管理是一个持续演进的过程，贯穿于群体性事件的事前、事发、事中和事后各个阶段。根据机制发挥作用的阶段，可以将应急机制划分为预防与准备阶段的预防与准备机制、监测与预警阶段的监测与预警机制、处置与救援阶段的处置与救援机制以及恢复与重建阶段的恢复与重建机制。其中，有些因素，例如主体种类、主体作用、应急手段以及法律完善程度贯穿于每个阶段，有些因素例如组织化程度、预防与准备效果则存在于特定的应急管理过程之中。

1. 各阶段普遍应急机制要素分析

多种主体在法律法规框架下有序参与环境群体性事件的应急管理，对事件解决发挥着非常重要的作用。相关的学术研究已经表明，多元主体的有序参与可以更好地推动公共问题的有效解决。[1,2,3]一方面，多元主体的有序参与是政府应急管理职能转型的客观要

1 杨立华. 构建多元协作性社区治理机制解决集体行动困境——一个“产品-制度”分析（PIA）框架[J]. 公共管理学报，2007，4（2）：6-15.

2 张康之. 走向合作治理的历史进程[J]. 湖南社会科学，2006（4）：31-36.

3 滕世华. 公共治理理论及其引发的变革[J]. 国家行政学院学报，2003（1）：44-45.

求[1,2]，政府部门通过与企业、民众、媒体等其他主体建立有效的合作网络，可以有效发挥各主体的优势，有效弥补政府在环境群体性事件应急管理中存在的能力不足问题，进而更好地解决环境群体性事件。另一方面，企业、民众等社会力量也是环境群体性事件的参与者与当事方，这些力量参与构成了灵活、韧性、蓬松以及组织化分布的应急管理网络，克服官僚制应急管理体制中存在的响应迟缓问题，提高社会对于环境群体性事件的响应效率[3]。本节研究在问卷调查与实地访谈的基础上发现，多元主体的有序参与不仅意味着参与主体的多元化，还意味着各参与主体要发挥不同的作用、多阶段的参与以及使用多种应急手段。最后，多元主体的参与权利与义务，可以运用的方案与策略均需要通过法律规范的形式予以规范、保障和确认。

（1）确保各主体积极参与环境群体性事件的各个阶段

相关研究已表明，各种应急主体的作用贯穿于突发事件从预防到事后的各个阶段[4,5,6]，而非人们以往所认知的“碎片化”参与。[7]因此，多元主体的应急管理应当在政府的统一领导下实现涵盖全主体、全风险、全要素、全过程以及不断学习的应急管理框架[8,9]，从应急管理的准备阶段就要注意对多元主体的广泛动员[10]，从最大限度上动员各种力量，更大程度上发挥环境群体性事件应急管理网络的灵活性与延展性，提高社会对于环境群体性事件的应对能力。在问卷调查的数据中，各主体参与的阶段明显存在较大的差异，民众、社会组织以及专家学者的参与多集中于事件发生前，在预防与准备和监测与预警阶段的参与率基本稳定在60%左右；而政府部门、企业、新闻媒体的参与则更多偏向事后，在预防与准备和监测与预警阶段的参与率在50%左右，这也表明了我国环境群体性事件中，各主体没能被广泛动员到环境群体性事件的各个阶段。三个血铅事件案例也表现出不同主体的参与阶段具有明显的差异性，这一方面表现在同一主体在不同事件中的参与阶段具有较大的差异性。例如，在修武县血铅事件中，政府部门只在事件的中后期进行了参与，在济源市血铅事件中，政府部门在预防与准备阶段就积极参与，而花垣县血铅事件中，政府部门在血铅超标的问题出现之后开始积极组织体检，参与阶段为监测与预警阶段。另一方面表现在不同主体的参与阶段也存在较大的差异。例如，民众通常参与到了整个事件的全过程，而

1 王宏伟，董克用. 应急社会动员模式的转变：从“命令型”到“治理型”[J]. 国家行政学院学报，2011（5）：22-26.
2 威廉•L.沃，格利高里•斯特雷布，王宏伟，等. 有效应急管理的合作与领导[J]. 国家行政学院学报，2008（3）：108-111.
3 Neal D M，Phillips B D. Effective Emergency Management：Reconsidering the Bureaucratic Approach[J]. Disasters，1995，19（4）：327-337.
4 梁德友，刘志奇. 社会组织参与群体性事件治理研究：功能、困境与政策调适[J]. 河北大学学报（哲学社会科学版），2016（3）：136-142.
5 Merchant R M，Elmer S，Lurie N. Integrating Social Media into Emergency-preparedness Efforts[J]. The New England Journal of Medicine，2011，365（4）：289-291.
6 Kapucu N. Collaborative Emergency Management：Better Community Organising，Better Public Preparedness and Response[J]. Disaster，2008，32（2）：239-261.
7 马红. 公共安全应急管理谨防“碎片化”[J]. 人民论坛，2017（33）：84-85.
8 刘霞. 公共危机治理：理论建构与战略重点[J]. 中国行政管理，2012（3）：116-120.
9 薛澜，周玲，朱琴. 风险治理：完善与提升国家公共安全管理的基石[J]. 江苏社会科学，2008（6）：7-11.
10 王莹，王义保. 基于整体性治理理论的城市应急管理体系优化[J]. 城市发展研究，2016（2）：98-104.

新闻媒体的介入通常偏向事件的后端。这都表明了目前环境群体性事件中，各主体无序、混乱、碎片化的参与严重制约了应急管理网络有效性的进一步发挥。

（2）保证各主体在环境群体性事件的应急管理中起到差异化作用

各主体在环境群体性事件中有不同的动机、能力、责任，因此，不同的处置主体在环境群体性事件的应急管理中存在差异化的作用。政府部门虽不再是应急管理的唯一主体，不能继续采取命令式的管理方式，但是仍需通过制定战略以及转换过的强制力来对社会上的应急治理网络进行有效的协作与领导[1]；而民众作为环境群体性事件的利益受损方，往往具有很强的动机采取生态政治行为维护自己的环境权利，此外，组织化的公民队伍在群体性事件的不同阶段也发挥着不同的作用[2]，因此政府部门和当地民众是环境群体性事件应急管理的主要处置者和当事方；企业制造的环境污染是冲突产生的根源所在，因此企业对生产技术可能产生的环境风险进行评估和管理[3]可以有效地预防可能存在的环境风险，减少冲突的产生；媒体则可以通过报道环境群体性事件来构建公共议题、表达当事方诉求并动员民众的参与[4,5,6]，对环境群体性事件的应急管理产生重要的影响；专家学者与社会组织具有较强的专业性，对事件的解决具有很大的影响力，但是受制于参与渠道以及行动能力的有限性，此两种主体对环境群体性事件解决的作用有限，因此在事件的解决当中位于从属地位。从问卷调查的结果证明了本节的观点，在受访者接触到的环境群体性事件里，政府部门和民众的参与率最高，均超过了 80%，新闻媒体和污染企业的参与率次之，稳定在 75%左右，而专家学者和社会组织的参与程度最低，不足 60%。本节研究在三个血铅事件的案例同样发现，各主体的参与度存在差异。在三个案例当中，政府部门和当地民众是事态发展的主要推动者，企业在政府的协调下参与了事件解决，媒体对整个事件进行报道并对各方行为监督，从而推动了事态的发展，但不是主要的处置力量。社会组织和专家学者并不一定参与到事件的解决当中，但是当这些主体参与到事件解决时，会利用已有的专业知识帮助事件的主要当事方采取更为科学有效的行动策略，对事件的解决起到了重要的辅助作用。

（3）各主体在环境群体性事件中采用多元的手段

不同的应急管理主体在应急管理的实际过程中因具有不同的行为动机、行动能力以及可动员的资源而具有各自的优势与劣势[7]，这种差异要求各主体要有选择地使用其多种应急

1 Waugh W L，Streib G. Collaboration and Leadership for Effective Emergency Management[J]. Public Administration Review，2006，66（1）：131-140.

2 Stallings R A，Quarantelli E L. Emergent Citizen Groups and Emergency Management[J]. Public Administration Review，1985，45（1）：93-100.

3 毛剑英，袁鹏，冯晓波，等. 开展企业环境风险评估 完善环境风险管理制度[J]. 环境保护，2012（Z1）：40-42.

4 戴海波，杨惠. 论社会冲突性议题建构中的媒体公共性[J]. 新闻界，2017（3）：57-64.

5 李春雷，舒瑾涵. 环境传播下群体性事件中新媒体动员机制研究——基于昆明 PX 事件的实地调研[J]. 当代传播，2015（1）：50-54.

6 戴海波，杨惠. 论社会冲突性议题建构中的媒体公共性[J]. 新闻界，2017（3）：57-64.

7 王莹，王义保. 基于协同治理理论视角的城市应急管理模式创新[J]. 理论与现代化，2016（3）：121-125.

手段[1,2]，发挥各自的长处，避免自身的不足，从而推动环境群体性事件的应急管理。在问卷数据中，各主体选择积极手段参与应急管理的倾向高于采取消极手段的意向，但是积极行为的使用频率差别不大。例如，政府部门在环境群体性事件中使用暴力压制手段这一消极手段的使用频率明显低于使用宣传普及政策知识、调停调解纠纷等积极手段的使用频率；企业拒绝合作的使用频率也明显低于其他的积极行为；而社会组织的几种积极职能均能够得到有效的使用。另外，各主体的不同手段使用的阶段也存在差异。例如，政府部门普及政策知识的行为更多集中在预防准备阶段，而调停、调解纠纷的行为更多出现在处置救援阶段。通过梳理三个血铅事件案例，也可看出各主体不同阶段使用手段的差异性，并且这种手段的差异性对该主体优势的发挥产生了重要的影响。以政府部门为例，在河南修武县血铅事件中，县政府首先向民众普及各种政策知识，在监测与预警阶段组织血铅事件的调查，随后在处置与救援阶段，政府部门主要是驱散民众，维持秩序，最后恢复与重建阶段，县政府组织环评，并对村民的损失进行补偿；济源县血铅事件当中，济源市政府从预防与准备阶段就积极组织环评，体检并关停企业，在监测与预警阶段统一组织血铅儿童治疗并制订村子的搬迁方案，在群体性事件发生之后，积极维持现场秩序，同时出面调解纠纷，最大程度上疏散了民众，最后在恢复与重建阶段积极执行各项搬迁方案从而促进了事件的解决；花垣县血铅事件中，县政府在预防与准备阶段没有行动，而在监测与预警阶段组织体检并制订搬迁方案，在处置与救援阶段，积极回应新闻媒体并推动补偿的发放，消除了拦车行为，事情解决后，又积极引入了社会力量进行监督视察，从而推动事件的解决。

（4）加强环境群体性事件的应急管理法律规范建设

应急管理的法律规范建设包括法律法规和应急预案即立法和执行两个层面的建设。应急预案的建立可以帮助处置主体针对可能出现的问题建立起清晰的规划和程序规范，从而避免突发事件发生过后由于疏漏而产生的不足，提高应急管理处置主体在突发事件情景下的响应能力。[3]但是，应急预案积极作用的发挥需要建立在立法完善的前提下，立法的空白或不足会对应急管理的实际运行起到一定的消极作用。[4]从宪法到单行法的应急法制作为应急管理法律规范的立法层面，在应急管理组织制度建设当中起到了根本的作用。[5]一方面，应急管理法律规范体系可以对相关处置主体的权力与责任进行清楚明确的规定，保证各主体间的有效合作[6,7]；另一方面，应急管理的法律法规体系还能够对政府内部的横向、纵向分工进行规范化的规定，从而避免体制机制建设出现执行错位的现象。[8]加强应急管理法律

1 李菲菲，庞素琳．基于治理理论视角的我国社区应急管理建设模式分析[J]．管理评论，2015（2）：197-208.

2 林冲，赵林度．提升非政府组织在城市危机管理中作用的对策[J]．华东经济管理，2008，22（9）：23-26.

3 钟开斌，张佳．论应急预案的编制与管理[J]．甘肃社会科学，2006（3）：240-243.

4 肖文涛，许强龙．基层政府应急预案管理：困境与出路[J]．理论探讨，2016（1）：12-16.

5 刘冰，刘瑛．构建突发事件应急管理法律机制的思考——兼谈河北省应急管理法律机制的完善[J]．河北法学，2014（10）：96-103.

6 莫纪宏．《突发事件应对法》及其完善的相关思考[J]．理论视野，2009，110（4）：47-49.

7 冯仕政．社会冲突、国家治理与“群体性事件”概念的演生[J]．社会学研究，2015（5）：63-89.

8 莫于川．我国的公共应急法制建设——非典危机管理实践提出的法制建设课题[J]．中国人民大学学报，2003（4）：94-99.

法规的建设应当增强政府立法的整体性，从而减少不同种类和不同层级法律规范存在的交叉重复和管理分散的问题[1]，为处置主体提供清晰的制度规范。问卷调查的数据也印证了法律法规完善程度在环境群体性事件的处置当中扮演了重要的角色，法律法规的完善程度在50.8%的环境群体性事件中扮演了重要的角色，只有一成左右的个案当中，法律法规的完善程度发挥的作用有限。三个血铅事件反映了法律规范对事件处置效果的影响。案例 C1 修武县血铅事件由于发生的时间较早，当时河南省的政策规定当中没有明确污染项目安全距离范围，这导致了企业在建厂时没有组织村民进行搬迁，为后续的冲突埋下隐患。除此之外，建厂阶段职业病风险评估落实不到位导致了马坊村儿童的血铅超标问题，为后续冲突的产生埋下了隐患。此外，当时由于“应急管理法”没有出台，导致政府在村民静坐时采取了不恰当的处置方式，激化了冲突。案例 C2 济源市血铅事件发生时，济源市政府依照《中华人民共和国突发事件应对法》统一召开分工协调会，做好各种应急预案，最大限度地整合各部门资源，实现血铅事件的整体治理，并根据相关政策规定的安全距离划定搬迁区。一系列清楚明晰的法律规范保障了当地血铅事件的有效解决。最后，案例 C3 花垣县血铅事件，政府部门也能够有效地采取行动安排血铅儿童进行体检和治疗，但是由于土壤管理法的不足，政府部门缺少对污染土壤进行治理的明确指导方针，污染问题得不到根本的解决，但是在相关土壤法律出台之后，县政府也开始积极清理辖区内的尾矿库，解决当地村民与企业的纠纷。

2．各阶段特殊应急机制要素分析

除上述贯穿于环境群体性事件应急管理各个阶段的四大要素外，还有部分要素在环境群体性事件的特定阶段发挥作用，这包括组织化程度、决策效果、合作激励程度以及各个阶段的处置效果。

（1）通过体制机制建设提高组织化程度

组织化程度首先意味着群体内部组织化。群体内部的组织化程度的提高有利于减少极端行为的出现。对民众来说，群体内组织规约程度与其在环境群体性事件中行为的暴力程度呈负相关关系，组织的规约程度越高，民众的表达越有可能被纳入组织化渠道，其在事件中的行动越克制，破坏性越小[2,3]；对政府内部的各个层级与部门，设计科学、合理的组织制度[4]，清晰的横向与纵向分工有助于克服政府部门应急管理“碎片化”的问题[5]，提高政府在复杂多变的环境中的反应效率。另外，组织化程度还意味着不同群体间形成有效的配合。民众针对环境污染而出现的集体行为表明政府部门传统自上而下单向化的冲突管理模式已经难以适应当下复杂的环境。[6]在后现代化的社会发展阶段，社会力量日益崛起，面

---

1 王革，庄晓惠. 完善我国公共危机管理法律体系研究[J]. 天津师范大学学报（社会科学版），2013（3）：63-67.

2 尹利民，陈陇洁. 组织化与非组织化：群体性事件的后果及其控制——几个典型案例的组织学分析[J]. 理论与改革，2014（2）：117-120.

3 常健，张雨薇. 公共冲突中的组织化类型及其应对方式研究[J]. 中国行政管理，2017（4）：125-130.

4 陈安，上官艳秋，倪慧荟. 现代应急管理体制设计研究[J]. 中国行政管理，2008（8）：81-85.

5 王宏伟. 美国的应急协调：联邦体制、碎片化与整合[J]. 国家行政学院学报，2010（3）：124-128.

6 常健，田岚洁. 中国公共冲突管理体制的发展趋势[J]. 上海行政学院学报，2014（3）：67-73.

对这种环境，政府部门不仅应当加强组织内部的组织建设[1]，还应当积极利用现有的信息技术[2]和体制机制建设[3]与兴起的社会力量建立合作关系，形成治理网络，共同应对存在的社会危机[4,5,6]。预防与准备阶段时间较为充足，各主体内部以及主体之间可以通过沟通、配合从而提高内部与外部行动的协调性、组织性，从而为后期事发之后的处理做好准备。问卷数据也表明，在将近一半的环境群体性事件中，组织化程度发挥着重要的作用；组织化程度在其中扮演的重要性较低的环境群体性事件个案数只占总体的 12%。三个血铅事件案例的分析结果也表明组织化程度的高低与环境群体性事件的处置效果密切相关。案例 C1 修武县血铅事件的组织化程度最低，一方面，政府与村民内部组织的松散导致群体在面对征地、环境污染等冲突诱因时难以形成有效的组织，以采取行动应对可能产生的冲突；另一方面，污染、征地问题产生后，政府、企业、村民以及媒体之间始终不能有效地配合，环境污染和血铅超标问题始终得不到解决，进而造成了冲突拖延，愈演愈烈，并最终失控的局面。案例 C2 济源市血铅事件中，政府内部从预防与准备阶段开始进行组织分工协调会，集合各部门的力量集中解决辖区内的污染、搬迁以及赔偿问题，民众的静坐具有明确的组织性，利益诉求明确，有统一的领导，政府、民众、媒体以及专家学者也通过新闻发布会、协调会等一系列方式良好的互动。在多方一致努力的配合下，共识达成，冲突得到了快速、妥善的解决。案例 C3 湖南省花垣县血铅事件中，政府部门与民众虽采取了一系列行动对存在的冲突进行反应，但其行动策略的选择均是依据外部环境的变化，没有形成十分高效的组织。而政府、村民、企业、专家学者、社会组织、村民等在事件发生引发外界关注之后，也有通过书面沟通、召开座谈会等方式推动问题的解决，因此，该案例的组织化程度介于修武县血铅事件和济源市血铅事件之间，事件的解决效果也介于修武县和济源市血铅事件之间。

（2）注意监测与预警阶段的信息沟通

群体内部有效的信息沟通可以帮助群体内部不同的个体与部门之间交换意见，并形成共识，最终做出更为正确的决策，提高群体内行动的一致性，减少群体行为的不确定性[7,8]；而群体之间及时高效的沟通可以减少民众、政府、企业等主体间的猜忌[9]，推动环境群体性事件从压制型的治理方式向回应型的治理方式转型[10,11]，从而降低冲突的对抗性[12]。除此之

1 程惠霞. “科层式”应急管理体系及其优化：基于“治理能力现代化”的视角[J]. 中国行政管理，2016（3）：86-91.

2 赵林度，方超. 基于电子政务的城际应急管理协同机制研究[J]. 软科学，2008（9）：57-64.

3 曾正滋. 社会管理创新：基于公共治理的分析[J]. 上海行政学院学报，2012（1）：73-80.

4 张康之. 走向合作治理的历史进程[J]. 湖南社会科学，2006（4）：31-36.

5 张康之. 分析社会及其治理的分工——协作体制[J]. 国家行政学院学报，2016（6）：65-72.

6 刘英基. 地方政府的社会冲突协同治理模式构建与政策建议[J]. 暨南学报（哲学社会科学版），2015（3）：34-40.

7 于建嵘. 利益、权威和秩序——对村民对抗基层政府的群体性事件的分析[J]. 中国农村观察，2000（4）：70-76.

8 刘成良. 农民集体行动的动员机制分析——对桂北一个宗族村落的考察[J]. 南京农业大学学报（社会科学版），2015（4）：131.

9 王玉良. 猜忌型公共冲突：内涵、诱因及其化解——基于一个典型样本的现实剖析[J]. 社会主义研究，2016（5）：76-82.

10 刘力锐. 抗争事件的政府治理转型：从应对到回应[J]. 中共浙江省委党校学报，2014（3）：82-88.

11 汪伟全. 风险放大、集体行动和政策博弈——环境类群体事件暴力抗争的演化路径研究[J]. 公共管理学报，2015（1）：127-136.

12 刘德海，陈静锋. 环境群体性事件“信息—权利”协同演化的仿真分析[J]. 系统工程理论与实践，2014（12）：3157-3166.

外，群体间的信息沟通也是公民政治参与的一项重要渠道，政府部门也可利用民众的诉求表达情况预见可能产生的公共危机。[1]在监测与预警阶段，冲突已经存在，但是尚未公开化并且未升级为暴力对抗，此时通过群体内部以及群体之间的信息沟通，可以帮助各方充分认识到冲突的存在以及各群体之间的利益诉求，帮助各主体对产生的问题尽早采取行动。在问卷数据统计的个案当中，47.3%的环境群体性事件都需要信息沟通在其中扮演重要的角色，信息沟通作用不重要的个案数只占到总数的 12.5%。三个血铅事件的信息沟通效率对处置效果也有重要的影响。案例 C1 修武县血铅事件中，政府部门内部没有进行良好的信息沟通，使其难以对社会冲突产生敏锐的认知。另外，群体之间的沟通也存在严重的失误，县政府与民众的沟通方式主要是自上而下式的沟通，没有能够对村民提出的污染、征地、血铅超标等质疑提出有效的回应，导致谣言的产生以及上访行为的出现。案例 C2 济源市血铅事件当中，政府部门内部通过召开分工协调会实现了群体内部的信息沟通与交流，对基本形势形成了初步的判断。群体之间也通过召开新闻发布会、领导安抚以及现场的多方谈判完成了较为紧密的沟通，促进了冲突各方之间的了解、信任并最终达成了解决方案。案例 C3 花垣县血铅事件当中，信息沟通也对事件的演变起到了重要的影响。政府部门的一些积极回复方式，有效控制了事态的蔓延。例如，县政府积极回应村民诉求，组织儿童进行血铅体检并积极治疗儿童的行为控制了事态的蔓延，并且在问题引发媒体关注后，通过发表媒体回应、召开新闻发布会与座谈会的形式，接受社会监督，积极向媒体沟通自身的工作，从而消除了村民拦车行为的继续演化。同时，政府部门的消极沟通方式也导致了花垣县环境群体性事件的反复。例如，村民的被污染的农田赔偿诉求因为得不到政府的回复而走上了上访的道路，并且在由于政府没能够及时回应搬迁方案的落实，导致了村民堵路拦车的行为出现。

（3）处置与救援阶段注意决策质量的提高

应急管理的核心是决策问题[2]，应急决策的环境是复杂、不确定性的，处置主体在这样的条件下需要提高决策方案质量以抵抗各种潜在的风险并避免为事件制造新的风险，导致环境群体性事件的进一步恶化。[3]因此，应急决策者需要在平时建立起良好的信息系统和决策机制以及能力储备[4,5,6]，以提高在危机情境下，应急决策方案的质量与效果。根据现有的信息、资源、能力等条件，选择最为满意而非最优的解决方案，将事件的损失降为最小；错误的或者迟疑不决的决策都会使得处置主体失去最佳的处置时机，造成事件解决失去最佳时机、解决的成本进一步升高的问题。问卷调查数据中，在超过半数的个案中决策效果的好坏对事件的解决起到了重要的作用，只有 11.3%的被访者认为，决策效果的好坏没有对他们所接触的环境群体性事件产生重要的影响。本节研究所选取的三个案例同样可表明

1 王金水. 公民网络政治参与与政治稳定[J]. 中国行政管理，2011（5）：74-77.
2 郭瑞鹏，孔昭君. 危机决策的特点、方法及对策研究[J]. 科技管理研究，2005（8）：151-153.
3 熊贤培. 群体性事件处置中的政府决策风险[J]. 武汉理工大学学报（社会科学版），2015（2）：153-157.
4 陈璐，陈安. 提高应急管理的临机决策效率——基于天津危化品爆炸事件的分析[J]. 理论探索，2016（1）：80-84.
5 马怀德. 完善北京城市应急决策指挥机制[J]. 法学杂志，2012（9）：1-6.
6 叶春森，汪传雷，梁雯. 面向应急决策行为的知识管理能力研究[J]. 情报理论与实践，2013（12）：35-38.

决策效果的好坏对环境群体性事件的解决效果产生了差异化影响。案例 C1 修武县血铅事件中，修武县政府在村民静坐围堵铅厂时，通过煽动村民闹事的方式强行抓捕并驱赶村民，这种不恰当的处置方式激怒了村民，进而造成了村民行为由静坐升级到暴力打砸抢，现场进一步混乱；而案例 C2 济源县血铅事件中济源市政府在村民出现围堵、静坐等非理性行为时，采取较为温和的方式处置：一方面，运用警力维持现场秩序避免失控；另一方面，在村民与企业之间扮演起了调解者的角色，最大限度地降低了环境群体性事件的对抗性，促进了事件的快速、有效解决。而案例 C3 花垣县血铅事件中，花垣县政府在村民围堵道路时，采取默许的态度，导致群体性事件持续了较长时间一直没有得到有效解决，进一步加大了后期事件的解决成本。

（4）恢复与重建阶段确保有效的合作激励

如何通过更好地激励行动中的个体，克服集体行动的困境，实现集体物品的有效供给，成为集体行动领域关注的重要问题。[1]环境群体性事件的成功解决同样需要有效的合作激励。这要求应急管理过程中要根据各主体的具体表现来对其进行相应的奖励、惩罚或补偿，这是因为：第一，作为个体的应急管理人才具有其特定的需求，管理者应当根据应急队伍人才的需求建立激励评价体系，对表现优秀的个体进行奖励以提高其积极性[2]；第二，需要加强对表现消极主体的惩罚，通过建立适当的问责机制[3]，以避免基层政府因规避责任[4]而在环境群体性事件处置中秉承着“不出事”逻辑[5]；第三，民众的集体行为背后有其深层次的环境利益诉求[6]，这需要在应急管理过程中，对民众的受损诉求进行补偿，从根本上实现环境群体性事件的冲突转化。[7]正如问卷数据所示，53.4%的环境群体性事件中的合作激励程度起到重要的作用，只有 13.4%的个案中，合作激励程度的影响不重要。案例 C1 修武县血铅事件从 2003 年产生一直难以解决的一个重要原因在于村民受损的利益没有得到实质性的补偿，导致 15 年来马坊村始终上访、闹事不断的局面。除此之外，县政府与企业未因污染行为受到过严重的惩罚也是企业与政府行动能力不足的原因所在。案例 C2 济源市血铅事件中的村民因为治疗方案与赔偿方案达成一致而停止了对抗，不再闹事，市政府和企业因为生产技术的革新顺利完成了产业的升级转型，并在此过程中得到了额外利益。在各方的合作都得到了有效激励的前提下，济源市血铅事件得到了较为圆满的解决。而案例 C3 湖南省花垣县血铅事件中，治疗与搬迁方案虽达成一致，但是一直未能有效落实，这是事件在前期未能有效解决的重要原因，而媒体以及社会组织的监督为花垣县政府以及铅厂带来源自社会与上级政府的压力，从而提高了政府与企业行动的动力，促进了事件的圆满解决。

1 曼瑟尔•奥尔森. 集体行动的逻辑[M]. 陈郁，译. 上海：格致出版社，2014：2-3.

2 唐华茂. 我国应急管理人才激励问题研究[J]. 经济管理，2011（4）：96-101.

3 张海波，童星. 公共危机治理与问责制[J]. 政治学研究，2010（2）：50-55.

4 文宏. 突发事件管理中地方政府规避责任行为分析及对策[J]. 政治学研究，2013（6）：52-60.

5 贺雪峰，刘岳. 基层治理中的“不出事逻辑”[J]. 学术研究，2010（6）：32-37.

6 卢文刚，黎舒菡. 基于利益相关者理论的邻避型群体性事件治理研究——以广州市花都区垃圾焚烧项目为例[J]. 新视野，2016（4）：90-97.

7 张晓燕. 环境群体性事件的冲突转化[J]. 理论月刊，2016（2）：167-171.

3．以分阶段管理的思维注意各阶段处置效果的控制

每个阶段系统内部的混乱无序会加剧社会系统的“熵”值，即社会系统的混乱无序程度，一个阶段的“熵”值的积累会对下个阶段社会系统的演变产生影响，从而循环往复，在这样一个过程中，社会系统逐渐走向重组、混乱或者崩溃。[1]因此，在环境群体性事件的应急管理中，需要对事件发展的预防与准备、监测与预警、处置与救援以及恢复与重建的每个阶段的处置效果进行严格的控制[2]，避免因每个阶段冲突能量的不断积累而产生巨大的破坏力。此外，对事件发展各个阶段的管理也意味着各主体要尽可能地在事件产生之前就具有足够的风险意识，避免群体性事件从社会风险逐步演化为社会危机[3]，从而为后续的事件处置赢得更多的主动权，这也是我国下阶段应急管理流程变革的重要方向[4]。预防与准备阶段，环境群体性事件尚未发生，各主体需要将环境群体性事件视为威胁社会稳定的潜在风险进行预防。此时，各主体之间的利益对立处于潜在阶段，各主体之间首先要通过召开听证会、协调会等方式进行风险、利益方面的沟通与协调，从而认识到相互之间的利益对立；其次，各主体还应当根据实际情况出台关于环境污染的条例、法规，并且针对具体的情况制定应急预案，从而对各主体在环境群体性事件中所具有的权利与义务进行明确的规定，为环境群体性事件的应急管理提供明确的规则，提高环境群体性事件的规范程度；再次，各主体通过相互之间的组织与配合演练，可以提高主体内部以及相互之间的组织化程度，通过以上三点使得潜在的环境群体性事件得到控制。在监测与预警阶段，各主体之间的利益矛盾与对立已经出现但是尚未演变为大规模的对抗事件，此阶段各主体的内部以及各主体之间需要运用网络、报纸、新闻等媒介进行有效的信息沟通与交流。通过信息沟通与交流，了解彼此之间冲突的根本所在以及事态的具体进展，由此实现对环境群体性事件的有效监测与预警，识别有可能导致事态扩大的因素迅速采取行动，将群体性事件扼杀在萌芽状态中，避免事态的扩大。在处置与救援阶段，此时各主体之间已经从利益上的对立与矛盾上升为公开的对抗与冲突，此时环境群体性事件已经难以做到冲突解决或者冲突转化，首要目标还是冲突处置。因此，从决策方案的选择上，各主体此时应当打破正常状态下寻求最优解的常规决策模式，转而采取寻求最满意解决方案的危机决策模式，选用恰当的方式有效控制冲突，避免群体性事件进一步扩大升级。最后，在恢复与重建阶段，虽然骚乱已经散去，但是如果引发群体性事件的问题得不到解决，各主体之间的利益对抗依然存在，事件反复发生的可能性依然存在。因此，各主体在此阶段应当进一步推进解决方案的顺利实施与执行，从而确保环境群体性事件的有效解决，避免冲突的重现。问卷数据中，处置与救援阶段和恢复与重建阶段处置效果较好的个案数高于预防与准备阶段和监测与预警阶段的处置效果较好的个案数，这表明我国当时环境群体性事件的处置仍然停留在

---

1 牛文元．社会物理学与中国社会稳定预警系统[J]．中国科学院院刊，2001（1）：15-20.

2 Henstra D. Evaluating Local Government Emergency Management Programs：What Framework Should Public Managers Adopt？[J]. Public Administration Review，2010，70（2）：236-246.

3 沈一兵．从环境风险到社会危机的演化机理及其治理对策——以我国十起典型环境群体性事件为例[J]．华东理工大学学报（社会科学版），2015（6）：92-105.

4 钟开斌．风险管理：从被动反应到主动保障[J]．中国行政管理，2007（11）：99-103.

“重处置，轻预防”的层面，需要进一步进行关口的前移，注意环境风险的防护。本节研究的案例对比表明，注重事件的前端管理对事件的解决效果具有积极的影响。案例C1修武县血铅事件当中，县政府和企业在预防与准备阶段和监测与预警阶段没能提前做好环评、搬迁以及补偿工作，导致后期污染的产生，造成了后期群体性事件的激化与升级。而案例C2济源市血铅事件中，济源市政府受到其他几个血铅事件的影响，主动召开分工协调会，排查辖区内的污染与疾病风险，积极组织儿童体检，为后期的处置赢得了更多的主动权。并且，处置与救援阶段以及恢复与重建阶段的处置效果也因为前期各主体之间的充分合作协调而得到了极大提高。案例C3花垣县血铅事件中，各主体早期风险意识缺乏，没有积极组织环境治理以及村民搬迁工作是后期村民与企业对立的主要原因。早期的处置效果的不足也使得后期污染治理、搬迁赔偿等的成本过高而影响后一阶段的处置效果。

（二）根据事件的具体类型进行有针对性的应急管理

环境群体性事件的类型、城乡属性、暴力程度、规模以及发生层级均会对环境群体性事件应急机制的作用产生影响。

从事件的类型来看，风险感知型环境群体性事件中预防与准备机制与解决效果的相关性更强，而现实污染型环境群体性事件的监测与预警机制、处置与救援机制以及恢复与重建机制与解决效果之间的相关性更强。这说明处置主体需要加强风险型环境群体性事件的事前防护工作，而对于现实污染型环境群体性事件需加强在具体处置阶段的处置。

环境群体性事件的城乡属性也对应急机制与处置结果之间的相关关系有显著的调节作用。发生于城乡接合部的环境群体性事件的应急机制与解决效果之间的相关性程度要高于城市和农村，这说明城乡接合部的环境更为复杂，需要加强城乡接合部地区的应急机制建设。

环境群体性事件的暴力程度也影响应急机制与结果之间的相关关系强度。暴力程度小和较大的环境群体性事件中各阶段应急机制与结果之间的相关关系强度要高于规模为中的环境群体性事件。环境群体性事件的暴力程度也影响应急机制与结果之间的相关关系强度。暴力程度小和较大的环境群体性事件中各阶段应急机制与结果之间的相关关系强度要高于规模为中的环境群体性事件。这说明对于暴力程度较低和较高的环境群体性事件，需要通过应急机制加以处置并进行解决，而暴力程度中等的环境群体性事件的不确定性更大，还需要加强沟通、利益协调等机制的综合运用实现事件的解决、避免暴力程度的升级。

环境群体性事件的规模对环境群体性事件的各阶段机制与结果间的关系均具有显著的调节作用。随着事件规模的扩大，处置主体应当注重环境群体性事件的监测与预警、处置与救援以及恢复与重建机制的建设，尽量提高对于事件的实际控制能力，从而推动事件的解决。

环境群体性事件的发生层级对预防与准备机制、恢复与重建机制与解决效果之间的相关关系具有显著的调节作用。随着环境群体性事件发生层级的提高，预防与准备机制和恢复与重建机制与解决效果之间的相关性程度显著提高。这说明随着事件层级的扩散，处置主体更需要注重的是对事件前后端进行管理的应急机制建设。

（三）理论的研究价值和政策贡献

环境群体性事件的应急管理是我国转型时期需要着重解决的问题，它不仅关系到我国社会治理结构的转变，更影响到我国社会的长治久安。本节研究通过三个案例的实地调研以及问卷数据的验证，分别从预防与准备阶段、监测与预警阶段、处置与救援阶段、恢复与重建阶段构建了环境群体性事件应急机制（图 13-2-23）。

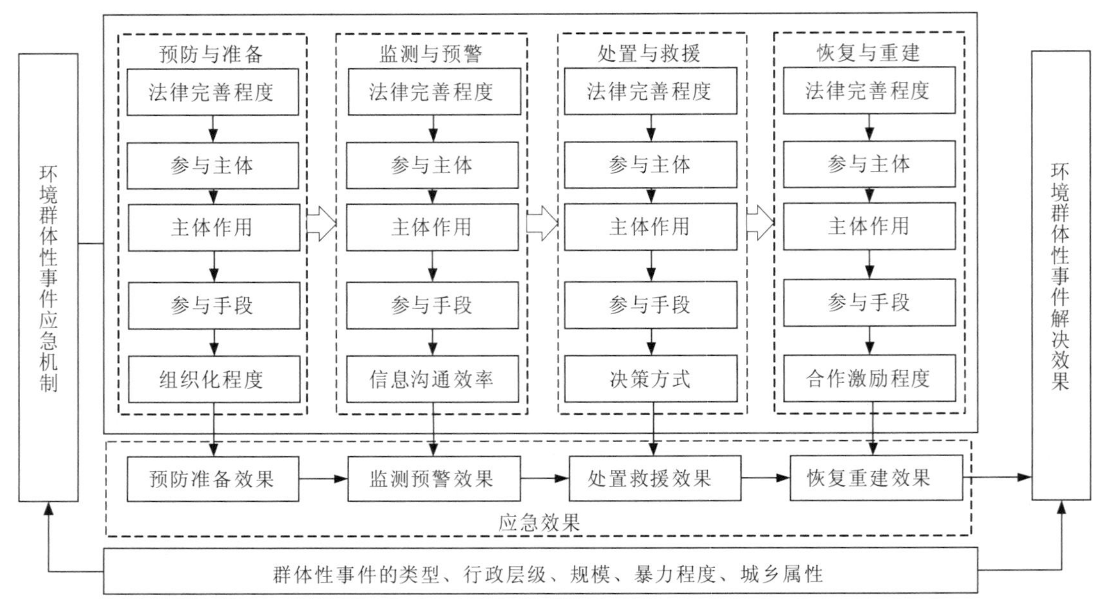

图 13-2-23 环境群体性事件应急机制图

1. 理论研究价值

从理论层面上来看，本节研究整合并完善了应急管理以及冲突管理方面的相关理论。首先，研究在风险社会理论、危机管理理论以及应急管理等理论基础上，整合现有的相关研究成果，提出在实际的事件处理中注意预防与准备、监测与预警、处置与救援、恢复与重建每个阶段的处置效果，从而深化了应急管理理论的发展。其次，本节研究结合了冲突管理理论与应急管理理论，分析并探讨了不同社会主体、冲突管理方式、技术、制度对环境群体性事件应急管理效果的影响，推动了应急管理理论在群体性事件领域的运用与发展，拓宽了应急管理理论在不同领域的适用性和精确性。最后，从研究方法层面来说，以往应急管理理论方面的研究过于注重理论分析，实证研究也多集中于单案例分析，缺少多案例之间的比较研究以及大规模的问卷调研。本节研究实地走访了三个典型血铅事件，并发放了大量的问卷，在实证资料的基础上检验并完善现有理论，从而在一定程度上提高了研究的内部效度和外部效度。

2. 实际政策贡献

本节研究的发现也对环境群体性事件应急管理具有一定的政策指导价值。首先，本节研究从预防与准备、监测与预警、处置与救援以及恢复与重建四个阶段提出环境群体性事件的 12 条原则，政策制定者和管理者可以根据这四个阶段 12 条原则制定相关的政策和采取相关的措施。这 12 条原则包括：各主体积极参与事件的发展、各主体在事件中发挥不同程度的作用、各主体运用不同的手段参与事件的解决、完善的相关法律法规作为各主体行动依据、各主体内部和主体之间的行动具有良好的组织性与协调性、各主体内部与主体之间进行及时有效的信息沟通、良好的决策效果、根据各主体的表现与诉求给予补偿奖励与惩罚、预防与准备阶段可能导致冲突的隐患得到认知、监测与预警阶段对产生的问题积极采取行动、在处置与救援阶段事态发展得到有效控制、在恢复与重建阶段解决方案顺利执行。其次，本节研究所构建的环境群体性事件应急机制对其他领域的应急管理具有借鉴意义。本节研究在现有的理论和实践基础上进一步丰富和完善了现有的应急管理模型，因此，该模型对于政策制定者与管理者处理其他领域的突发事件也具有一定的指导与借鉴意义。最后，本节研究探讨分析了环境群体性事件的具体处置方法，从而使群体性事件的处置与管理更具操作化，便于政策制定者和处置者的操作与执行，进而为更有效地预防和处置层出不穷的群体性事件、维护我国社会的长治久安提供决策支持。

五、结论

环境群体性事件的处理不仅涉及公共安全与公共秩序的维护问题，还涉及生态文明建设、政府公信力以及公民参与多方面问题。因此，研究环境群体性事件应急机制不仅在理论研究上有着重要意义，还在政府维护社会稳定、促进应急体系建设、促进和谐社会起到重要的推动作用。

本节研究采取理论研究与实证研究相结合、定性研究与定量研究相结合的方法，首先根据现有的经典理论文献初步构建了环境群体性事件应急机制。之后在 50 个环境群体性事件典型案例中筛选了三个具有代表性的血铅事件作为案例进行实地调研，通过观察、访谈等方式收集了大量第一手资料，通过对一系列一手资料的系统研究分析，对环境群体性事件应急机制进行了检验与修正。最后，对接触过（包括参与和了解）环境群体性事件的人进行问卷调查，并采用问卷调查结果对已构建的环境群体性事件应急机制进行了验证。通过大量的调查分析，本节研究得出以下结论：①环境群体性事件应急管理包括四个阶段：预防与准备阶段、监测与预警阶段、处置与救援阶段、恢复与重建阶段。②成功的环境群体性事件应急机制包含 12 个要素，分布于环境群体性事件应急机制的四个阶段：在环境群体性事件应急管理的每个阶段均要保证多元主体参与事件的解决、各主体在事件中发挥不同程度作用、各主体运用不同手段参与事件解决、完善的相关法律法规作为各主体行动依据；在预防与准备阶段，需要注意各主体内部和主体之间的行动具有良好的组织性与协调性以及可能导致冲突隐患得到认知；在监测与预警阶段，要实现各主体内部与主体之间进行及时有效信息沟通、对产生的问题积极采取行动；在处置与救援阶段，要根据现场情况选择合适决策、事态发展得到有效控制；在恢复与重建阶段，要做到根据各主体表现与诉求给予补偿和奖惩、解决方案能顺利执行。③环境群体性事件的类型、城乡属性、暴力程度、规模以及发生层级会影响应急机制和解决效果之间的关系，不同种类环境群体性事件要采取不同的应对策略。

本节的研究也存在些许不足。一方面，研究选择了修武县、济源市、花垣县三个环境群体性事件作为典型案例研究，尽管这三个案例具有较高的代表性，但是这三个典型案例均属于血铅环境群体性事件。因此，这三个案例是否能够应用其他类型环境群体性事件的应急管理还需要进一步的检验。另一方面，本节研究在问卷调查时虽然致力于尽可能地获取更为客观的群体性事件信息，但是，问卷调查仍然难以完全避免被调查者主观判断的影响。因此，在后续研究中，还需要收集更为客观的数据以减少主观性带来的误差。但从总体上来看，本节研究的发现，仍然为环境群体性事件中的应急管理问题提供了重要信息和参考。

第三节 权利义务与权力责任机制

本节要点 依据对所选择的我国2000—2015年的20个典型事件案例相关资料的收集与描述分析，本节首先界定了事件中公民权利、公民义务、政府权力、政府责任的概念，分析公民和政府在环境群体性事件中各个阶段的行为，并且对案例进行了编码。其次，通过上述分析，明确在这一过程中公民需要受到保障的六项权利、公民需要履行的四项义务、政府应当合理行使的五种权力、政府应当承担的五种责任的类型、呈现阶段和合理程度。在公民需要受到保障的六项权力中，生命健康权在事后受到保障，程度较低；知情权在事前受到保障，程度较低，事中事后较高；监督权和言论自由在事前和事后受到保障，程度低；游行示威与集会自由事中受到保障，程度中等；求偿权在事中和事后受到保障，程度高。公民义务的履行均呈现在事中阶段，尊重他人生命健康权、爱护公共财产、不妨碍正常社会秩序和尊重他人财产权的履行程度都较低。行政执法权的行使贯穿各个阶段，成功、半成功案例中合理程度高，失败案例中合理程度低；行政立法权没有行使；管理权主要行使在事后，合理程度为中；监督权主要行使在事前和事后，合理程度较低；领导权行使在事后，合理程度高。道德责任在事前承担，承担程度低；行政责任和政治责任的承担贯穿全过程，承担程度较低；诉讼责任和侵权赔偿责任的承担主要在事后，承担程度中。最后，基于分析结果对环境群体性事件的解决提出了10条建议：①政府决策以公民的意志和利益为目标，以保障公民的生命健康权为前提；②提高事件各个阶段特别是事前阶段相关信息公开的深度及广度，更充分地保障公民知情权；③为公民建设畅通的诉求表达渠道，提高行政执法效率，保障公民监督权；④充分利用多种媒体及网络平台，发挥其优势，维护公民言论自由；⑤保护公民游行示威与集会的自由，简化其申请批准程序；⑥建立事件预防机制，充分行使行政立法权；⑦提高公民义务相关法律法规的宣传力度，规范公民行为，在公民不听劝阻故意不履行义务时采取强制手段，行使社会管理职权；⑧培养公民运用法律维权的意识，同时对公民合法权益的损害进行及时补偿；⑨加强对污染项目的审批监督，保证环评的合理性与可靠性；⑩树立政府权威，增强政府公信力，有效行使领导权，承担道德责任和政治责任。

对于解决机制的研究，学者或从政府处置角度出发，或从公民参与的角度出发进行阐述，但并没有明确在此过程中公民权利与义务、政府权力责任包括什么，他们之间的相互关系怎样。正如狄恩·普鲁特等在《社会冲突——升级、僵局及解决》一书中所提到的，当冲突的双方都一厢情愿地认为自己比对方更强大，即对权力大小的判断模糊不清时，那么就更有可能产生冲突。[1]因此，明确作为冲突的表现形式之一的事件中公民的权利与义务和政府的权力责任十分有必要，有助于推动事件解决机制的相关研究。

本节研究将以往被学者分离开来研究的公民与政府结合起来，明确环境群体性事件中公民应当受到保护的权利与应尽的义务。通过案例显示的问题，概括总结环境群体性事件解决的建议，为事件解决做出参考。研究环境群体性事件中的公民权利与义务和政府权力责任机制，一方面，是中国公民社会不断发展、公民意识觉醒的必然要求；另一方面，这些机制也可以为更好地规范公民与政府的行为进行补充与指导，促进环境群体性事件的解决，减少或避免环境群体性事件的产生。从实践方面来看，本节所提出的建议可以对事件中公民和政府的行为加以指导，规范政府对环境群体性事件的治理，为相关法律、法规、政策的制定提供依据。例如对于政府而言，其行政权力的高效行使要求遵循权责一致的原则。[2]通过研究明确政府在环境群体性事件中的权力、责任是什么，公民权利义务与它们之间存在怎样的关系，找出环境群体性事件过程中政府权力行使存在的问题，提出相应的制度建议，有助于提高政府依法行政的效率，增加对公民合法权利的保护。

一、概念界定与文献综述

（一）概念界定

1. 公民权利、义务

对于权利概念的界定，米尔恩从法律、习俗、道德三个角度定义，认为权利是一种资格，洛克的自然权利学说认为生命、财产和自由是人类自然状态之下的三种基本权利，霍菲尔德则进一步将权利划分为四类，分别为要求权、权力权、特权或自由权以及豁免权。[3]基于康德对人的内在权利以及权利、义务、责任三者的讨论，同时在不同国家政治形态的影响下，目前西方学者对于公民权利最具代表性的观点是马歇尔的权利三分法。马歇尔基于英国的历史与现实经验，提出公民权利包含“民事权利”“政治权利”和“社会权利”三个方面的要素，认为公民权利的三个要素按照历史时序，呈线性化向前演进发展。[4]

许多学者认为马歇尔的公民权理论往往较少关注中国公民权利的发展，因而在中国不具有什么适用性，但是其对公民权利的基本解释和分类可以适用于环境群体性事件。正如马歇尔的公民权理论所论述的那样，权利为人们提供了能力、潜在能力以及机会，同时也显示了其所有者的不同社会地位。因此，当事件涉及权利争端之时，发生冲突的双方大都

---

1 狄恩•普鲁特，金盛熙. 社会冲突——升级、僵局及解决[M]. 3 版. 北京：人民邮电出版社，2014：28.

2 赵晶晶. 政府环境管理权责一致性研究[D]. 上海：上海交通大学，2010.

3 徐宗良. 权利、义务、责任的内涵探讨[J]. 道德与文明，2009（4）：38-42.

4 肖滨. 改革开放以来中国公民权利成长的历史轨迹与结构形态[J]. 广东社会科学，2014（1）：70-72.

不容易让渡部分权利达成妥协。[1]在环境群体性事件中，环境污染威胁公民的生存权、健康权、环境权，在事件应对过程中，政府在信息公开方面也可能侵犯公民知情权。信息充分公开导致政府行政成本的增加，同时可能损害某些既得利益者的收益，这与保障公民权利产生冲突，双方为了自身的利益都不容易做出退让。

双方的利益分歧产生后，公民认为其自身的权利应当得到保障，且作为公权力的授权者，公民有权利要求公权力行使者，即政府，采取措施保障公民生存权、健康权、环境权。研究收集的环境群体性事件案例信息显示，政府在环境群体性事件发生前通常对公民表达诉求的行为（如上访、递交建议书等）反应很小或根本置之不理，导致公民情绪更为沮丧和激动，激化矛盾，进而产生冲突更加激烈的环境群体性事件。

对于改革开放后中国公民权利的发展，西方学者主要有两种代表性观点。一种是以迈克尔·基恩（Michael Keane）为代表的观点，他们认为中国公民权利是以社会权利的形式存在，不存在政治权利。因此，迈克尔·基恩认为中国通过马克思主义中国化的过程，将公民权利转变成社会大众作为一个整体的目标，而不是将公民权利赋予每个单独的个体。另一种观点则认为，中国公民的政治权利没有得到发展。但事实是，中国在经济改革的同时，伴随着相当程度的政治变革，只是他们表现出来的时间晚于经济改革罢了。默尔戈·德曼（Merle Goldman）指出，在中国知识分子由“同志”转向“公民”的过程中，中国的政治权利意识在越来越多的不同质群体间扩展。[2]然而，我们可以看出上述观点只是片面且浅显地看到中国公民权利发展的一部分，并不能构成中国近代公民权利发展的全貌。

尽管西方学者对中国公民权利的发展没有完整的阐述，但中国对于公民权利的认知并非空白。中国的权利观念很早便有了渊源，封建时代《周礼》中重要的嫡长子继承制一方面是血缘政治的重要体现，另一方面也明确规定了嫡长子这一特定对象所享有的继承君王地位等诸多权力。然而这一权力的概念的主体受到当时政治制度、经济发展水平以及思想文化等诸多因素的限制，并没有普及为现在所说的公民权利。近代以来，伴随西学东渐的社会发展浪潮，权利意识也在一些知识分子、政治家等群体中不断增强，并开始以立法的形式加强。[3]进入 21 世纪，我国学者在引入西方对权利的传统研究的基础上，以中国改革开放之后的经济发展为背景进行了大量的讨论。

改革开放之后，中国法律制度的建设逐渐从“义务本位”向“权利本位”转变。随着社会主义市场经济的引入和持续发展，发挥市场的基础性作用越来越成为政府发展的社会主义市场经济的重要一环，这就促进了与市场、企业等相关的《物权法》《侵权责任法》等一系列以权利为核心的法律的快速建立。在社会生活中，公民越来越多地参与到市场经济活动中，其权利意识也在逐渐觉醒。[4]

当代学者不仅从哲学和伦理学的角度阐述论证权利，也在实证规范的方面对其进行分

---

1 王诗玉. 马歇尔公民权理论研究[J]. 东方企业文化，2013（11）：164.

2 肖滨. 改革开放以来中国公民权利成长的历史轨迹与结构形态[J]. 广东社会科学，2014（1）：70-72.

3 夏伟.《走向权利的时代》的评析——以法律社会学为视角[J]. 法律社会学评论，2015（0）：381.

4 夏伟.《走向权利的时代》的评析——以法律社会学为视角[J]. 法律社会学评论，2015（0）：381-387.

析和解释。[1]从国内学者的研究来看，国内对于公民权利的研究呈现出“点”—“线”—“面”三个角度的拓展。首先，“点”的方面是从公民权利中的具体权利，如财产权、知情权等进行详细的研究，主要集中在法学领域。其次，“线”的方面是着眼于包括弱势群体在内的特定主体公民权利的研究，主要集中在社会学与政治学领域。最后，“面”的方面是指对中国公民权利整体框架与发展格局的研究，它涉及公民权利与社会政治结构、经济结构、文化结构等多方面之间的互动。[2]

权利是法治进程的核心，公民是权利的重要主体，因此公民权利的保障是环境群体性事件处置过程中依法行政所必须研究的重要问题。基于国内外学者对公民权利的研究，研究中的公民权利涉及民事权利、政治权利和社会权利三个部分，具体内容主要包括生命健康权、知情权、监督权、言论自由、游行示威与集会自由、求偿权六项权利。

民事权利即公民的生命健康权，它包括生命权、身体权和健康权。生命权即公民享有维持其性命并保障自身安全的人格权利，它不同于身体权，前者是必须产生死亡才能加以认定，后者是身体组织受到创伤即可判定。[3]在环境群体性事件中，公民的生命权不一定会受到侵犯。身体权即公民享有保证自身身体组织之完整性，并通过自我支配保护自己不受到他人非法侵犯的权利。研究中公民的身体权受到侵害可能是在群体性事件过程中受到政府工作人员的胁迫、殴打等直接或间接损害其身体组织，依据法律规定，这种侵害是可诉讼的。[4,5]健康权即公民享有利用政府创造的条件保障自身身心健康的权利，世界卫生组织认为政府所创造的条件必须确保公民可以获得卫生服务以及健康和安全的工作条件。[6]在本节研究中，通常公民的健康权因环境污染而受到损害，政府没有创造出健康安全的工作生活条件。我国原民法通则第九十八条，现民法典第四编第二章规定了公民享有的生命健康权[7,8]，这里的生命健康权概括了生命权、身体权和健康权，因此研究将涉及的这三种权利整合为生命健康权。

政治权利包括知情权、监督权、言论自由、游行示威与集会自由。知情权即公民享有从官方或非官方知悉和获取信息的自由权利。在环境群体性事件中，知情权主要指公民有获得政府决策文件、与环境相关的评估报告等政府公开信息的权利。监督权即公民有对一

1 夏伟. 走向权利的时代[M]. 北京：社会科学文献出版社，2007：32-33.

2 肖滨. 改革开放以来中国公民权利成长的历史轨迹与结构形态[J]. 广东社会科学，2014（1）：72.

3 法律教育网.生命权包括哪些具体内容？[EB/OL].（2011-01-05）. http://www.chinalawedu.com/new/21604a23304aa2011/201115wangyo173016.shtml.

4 法律教育网. 侵害身体权的七种方式[EB/OL].（2014-03-14）. http://www.chinalawedu.com/web/169/pa2014031414241790394559.shtml.

5 中华人民共和国全国人民代表大会. 中华人民共和国民法通则[DB/OL]. 国家法律法规数据库.（1986-04-12）. https://flk.npc.gov.cn/detail2.html？MmM5MDlmZGQ2NzhiZjE3OTAxNjc4YmY2NzQ3MTA0MTU%3D.

6 世界卫生组织.健康权[EB/OL]. [2013-11]. http://www.who.int/mediacentre/factsheets/fs323/zh/.

7 中华人民共和国全国人民代表大会. 中华人民共和国民法通则[DB/OL]. 国家法律法规数据库.（1986-04-12）. https://flk.npc.gov.cn/detail2.html？MmM5MDlmZGQ2NzhiZjE3OTAxNjc4YmY2NzQ3MTA0MTU%3D.

8 中华人民共和国全国人民代表大会. 中华人民共和国民法典[DB/OL]. 国家法律法规数据库.（2020-05-28）. https://flk.npc.gov.cn/detail2.html？ZmY4MDgwODE3MjlkMWVmZTAxNzI5ZDUwYjVjNTAwYmY%3D#：～：text=%E4%B8%AD%E5%8D%8E%E4%BA%BA%E6%B0%91%E5%85%B1%E5%92%8C.

切国家机关及其工作人员的工作进行批评、建议、检举和监督的权利。《中华人民共和国宪法》第四十一条明确规定了中国公民对任何国家机关和国家工作人员，都有提出批评、建议的权利，对其违法失职的行为，在事实正确的情况下，有权向有关的国家机关提出申诉、控告或者检举。而有关的国家机关必须对公民提出的问题进行调查，尽快处理，且被调查者不能对举报人进行打击报复。由于国家机关和国家工作人员的不当行为而导致自身合法权益受到侵犯且产生损失的公民，有权依法获得相应的赔偿。[1]言论自由即公民有按照自由意志表达自身真实意愿的权利。游行示威与集会自由即公民有依法参与或组织游行示威活动的权利。

社会权利指求偿权。广义的环境权覆盖的范围十分广泛，包括在环境受到污染破坏过程中的经济求偿权、知情权等。求偿权是指公民享有在安全的环境中生存发展并因受到环境污染的影响而寻求经济赔偿的权利。我国环境保护法第六条规定："一切单位和个人都有保护环境的义务，并有权对污染和破坏环境的单位和个人进行检举和控告"[2]。在环境群体性事件中，政府对于公民通过上访等途径反映的环境污染状况存在反应慢，甚至不予理睬的状况，使得公民的环境求偿权难以实现。

《中华人民共和国宪法》第三十三条规定了国家尊重保障人权的同时，要求公民履行相应义务的"权利义务一致性原则"[3]。所以，公民在享有上述权利的同时，还应履行相应的义务。任何超越权利界限的行为，不仅侵犯他人权利，也同时违反自身应尽的义务。早在数千年前，苏格拉底就提出了有名的政治义务论。他认为，公民的政治义务是服从，服从国家权威所做出的决定或者用正义说服国家做出正确的决定。他认为一个真正的公民运用理性思考，选择留在一个城邦之内，就意味着他认同这个城邦所构建的法律与权威，与国家订立了一种社会契约，在这一契约形成后，他便自然地选择了尊重国家的法令。公民的服从是自愿的，体现着法律的公平原则，即适用于所有公民。而正是因为有这种公正，公民才自然地有责任执行国家的要求。[4]

法理学上常常把义务归为"应当"，是法律规定必须做的事。[5]凯尔森认为，从道德层面来讲，"义务"是等同于"应当"的，某个人履行道德义务是其遵守道德规范所应当产生的行为。[6]迪亚斯也称，义务并不是描述人们的行为，而是对行为形成一种约束与规范。姜涌认为，义务是法律规定要做或者道德上应尽到的责任，这种行为是无偿的、没有报酬

1.中华人民共和国全国人民代表大会. 中华人民共和国宪法（2004 年）[DB/OL]. 国家法律法规数据库.（2004-03-14）. https://flk.npc.gov.cn/xf/html/xf4.html.

2 中华人民共和国全国人民代表大会. 中华人民共和国环境保护法[DB/OL]. 国家法律法规数据库.（2014-04-24）. https://flk.npc.gov.cn/detail2.html？MmM5MDlmZGQ2NzhiZjE3OTAxNjc4YmY3NmMxZDA3MTc%3D.

3 中华人民共和国全国人民代表大会. 中华人民共和国宪法（2004 年）[DB/OL]. 国家法律法规数据库.（2004-03-14）. https://flk.npc.gov.cn/xf/html/xf4.html.

4 唐慧玲. 公民服从与政治义务——《克里托篇》中公民服从思想的政治学分析[J]. 河南科技大学学报（社会科学版），2015（1）：26-29.

5 张芃. 法律义务条款及其规范设计研究[D]. 济南：山东大学，2015：54-58.

6 凯尔森. 法与国家的一般理论[M]. 沈宗灵，译. 北京：中国大百科全书出版社，1996：67.

的。[1]这种“应当”在罗素看来，是由人构成的社会对行为者的行为期望，它既有“主观应当”，又有“客观应当”。然而表现为社会客观规则的法律，使这种主观上的“应当”，成为强制约束人们行为的规则。现代公民社会当中，国家权力由公民赋予，公民为了获得能够使其生存并更好发展的资源要素而不断要求公权力保障其公民权利，但是却少有人对于自身承担的义务表现积极。但是，义务从外部机制层面来看，是全社会的共同利益，公民个人利益的实现与社会的整体利益并不应存在冲突，公民义务的履行能够更好地实现其个人权利。[2]在公民意识逐渐觉醒的情况下，公民对权利的要求不断增加，我们在研究中也对如何保障公民的权利十分重视，但对公民义务的履行却很少强调。

本节研究中公民的义务与权利相对应，一般包括尊重他人生命健康权、尊重他人财产权、不妨碍正常社会秩序、爱护公共财产的义务。尊重他人生命健康权是指不能够因为保障自身权利而危害他人的健康乃至生命。尊重他人财产权是指不能够随意损坏他人的财产。不妨碍正常社会秩序是指在表达利益诉求的过程中，公民不能够妨碍正常的生产、生活等各项活动。爱护公共财产是指不能够故意损坏基础设施等公共财产。

2．政府权力、责任

权力是西方政治学研究的焦点，也是政治学区别于社会学的重要特点。西方政治学对权力的研究由来已久，自古希腊时期开始，亚里士多德就在其对国家的讨论中认为，人天生就是一种政治性动物，因本能而产生领导者与被领导者的划分。而在城邦政治家的治理体系之中，统治者要“先行研习受命和服从的品德”[3]。这一说法表明统治者所掌握的权力是可以对被统治者发号施令，并迫使其按照统治者意志行事的。类似地，尼科洛•马基雅维里在对君主国的产生与维持的讨论中认为，君主国是君主通过自身或他人的武力以及能力而建立的，君主通过对君主国的统治获得权力[4]，可见权力是带有一定的强制性与压迫性的。

近代以来学者对权力的定义更是层出不穷，代表性人物有霍布斯、伯兰特•罗素、马克斯•韦伯、托马斯•戴伊、帕森斯、布劳、罗伯特•达尔、[5]斯蒂芬•卢克斯等。

霍布斯将权力定义为行动者与行动对象之间的一种因果联系，他认为行动者的权力等同于其有效动因[6]。罗素把权力解释为“若干预期结果的产生”[7]，可定义为“有意努力的产物”[8]。托马斯•戴伊也指出，权力是承担某种职务的人所拥有的做决定时的能力与潜力。马克斯•韦伯定义权力为“社会关系中的主体在面临抵抗的条件下仍具有的强行执行其自身意愿的可能性”[9]，他认为权力只是行动者实现个人意志的手段，并不一定总能够达成，

1 姜涌．论公民责任与公民义务[J]．中国海洋大学学报（社会科学版），2005（5）：21-24.
2 张亚君．当代中国公民社会的公民义务研究[D]．泉州：华侨大学，2009：18-28.
3 亚里士多德．政治学[M]．吴寿彭，译．北京：商务印书馆，2012：127.
4 尼科洛•马基雅维里．君主论[M]．潘汉典，译．北京：商务印书馆，2012：24-44.
5 马丁，罗述勇．权力社会学：定义和测量的问题[J]．现代外国哲学社会科学文摘，1989（7）：25-26.
6 李军．权利含义探微[J]．北京市政法管理干部学院学报，2003（2）：43.
7 伯特兰•罗素．权力论[M]．吴友三，译．北京：商务印书馆，2014：26.
8 李军．权利含义探微[J]．北京市政法管理干部学院学报，2003（2）：42.
9 韩真．在全球化环境下重新定义和测量权力[J]．社会科学，2014（6）：4.

这体现一种机会主义倾向。[1]但是事实是，政府权力的强制性决定其意志一直被贯彻执行。韦伯对权力的定义派生出许多学者对权力的定义，帕森斯认为权力是一种系统的资源，“当集体组织系统中的单位对集体目标有影响的义务被合法化时，权力是确保这些单位履行这些有约束力的义务的一般性能力；在不服从的状态下就利用消极情境制裁来进行强制”。布劳认为，“个人或群体不顾抵制，以停止提供合乎规定的报酬的方式，或者以处罚的方式来进行威胁（因为前者和后者都构成消极制裁），将自己的意志强加于他人的能力”[2]。罗伯特•达尔定义权力为“A 能够让 B 去做 B 本身不感兴趣或者原本就不会去做一件事的能力”，不同于罗素模糊地表述 A 有这种能力，他强调了 B 对这件事的看法。但这仍是不全面的，彼得•巴克拉赫和莫顿•巴拉茨对此做出了补充，他们认为，存在一种情况，那就是当 B 感兴趣的话题最初便没有进入 A 的选择范围时，B 虽然感兴趣，但是也只能无奈地服从。斯蒂芬•卢克斯在此基础上，提出三维权力定义，拓展了对权力的实证主义研究。他认为权力定义包含四个方面：①作为保有能力的权力；②行使保有权力的能力和决心；③制约权力效果的外部环境；④作为最终结果的影响力。[3]

此外，管理学、社会心理学也对权力的概念进行了定义，都认为权力可以控制他人的行为。法约尔强调权力在管理中的控制作用，他认为权力就是“下达命令的权力和强使他人服从的力量”。弗兰奇和雷温同样认为，权力是一个人所拥有并施加于人的控制力。社会心理学家巴克认为权力是“在个人或集团的双方或多方之间发生利益冲突或价值冲突的形势下执行强制性的控制”[4]。

中国对权力的研究更是贯穿于长久的历史之中，自封建时代起，历代帝王便没有停止过对权力的争夺。近代中国学者也对权力进行了定义，以下仅对有代表性的观点进行列举。首先，陈振明、万斌、李景鹏都认为权力是一种强制力，是迫使相对人采取某种行动的力量。陈振明认为这种强制力基于对特定资源的支配，且会迫使相对人的不服从丧失正当的作用效力。李景鹏则认为，权力可以造成某种特定的局面或者结果。[5]

伯特兰•罗素说，法律的终极权力即国家的强制权力。[6]又如洛克所说：“政府之所以为政府，不是因为政府这个名称本身，而是因为与之密不可分的权力的行使与运用。” 本节研究中的政府权力，是指政府作为一个整体，作为一个行政机关所享有的权力，也可以称作政治权力，它既包括政府强制力，也包括行政权力，是指政府作为行政机关，可以要求公民执行其政策，遵从其意志的能力。在环境群体性事件中，依据中华人民共和国宪法、行政法、环境保护法等法律的规定，政府享有行政执法权、行政立法权、决策权、领导权、监督权、管理权。

---

1 李军．权利含义探微[J]．北京市政法管理干部学院学报，2003（2）：43.
2 马丁，罗述勇．权力社会学：定义和测量的问题[J]．现代外国哲学社会科学文摘，1989（7）：25-27.
3 韩真．在全球化环境下重新定义和测量权力[J]．社会科学，2014（6）：4-7.
4 李军．权利含义探微[J]．北京市政法管理干部学院学报，2003（2）：43.
5 李军．权利含义探微[J]．北京市政法管理干部学院学报，2003（2）：44.
6 伯特兰•罗素．权力论[M]．吴友三，译．北京：商务印书馆，2014：26-37.

社会契约论认为，政府在拥有一定的行政权力的同时，还应当承担相应的行政责任[1]，因而在对权力进行界定后，我们必须对责任的范围与类型进行界定。政府的责任，又称作公共责任（public responsibility）、行政责任。行政学研究者都不得不承认，责任的问题极为复杂，很难给出明确的界定。[2]但是对于政府的探究都离不开对责任的讨论，不论是传统行政学、新公共管理理论，还是新公共服务理论，都对行政责任进行了探讨。在传统公共行政学的行政责任观中，弗里德里克认为，大多数的行政官员会在大多数时间内遵循责任道德，即做自己应该做的工作。芬纳将公共责任区分为“责任感”和“有效责任”两类，它们分别是主观上的责任道德与客观上对于责任的外部约束。芬纳认为，行政责任应当是承担没有做好本职工作而造成的不良后果，强调必须通过外部约束来实现行政责任[3]。行政管理学者斯塔林认为，尽管很难界定其概念边界，政府责任必然涵盖六种基本价值：一是回应，即政府必须要对民众的要求做出相应的反应，及时解决政策过程中出现的问题；二是弹性，即政策制定与执行过程中应考虑条件变化情况下的适用性问题；三是能力，即政策行为的可行性与有效性；四是正当程序，即政府行为应当受到法律法规、规章制度的约束，符合程序正义的原则；五是责任，即为不作为或作为不当引发的不良后果受到惩罚；六是诚实[4]。欧文•休斯认为责任可分为政治责任和官僚责任。戴维•罗森布鲁姆则从政治、法律和管理三个视角剖析公共行政中的责任伦理问题。他认为可以把伦理视为公共行政人员对其行为的“自我责任”或内部控制形式，但这种形式可能要通过遵循一定的外部干预标准来实现。马歇尔•迪莫克和拉迪斯•迪莫克寻求责任主客观特性的平衡，认为责任既是一个可以从内部实施，又是一个可以从外部施加强制的法律与道德问题。赫伯特•斯皮罗的观点是，责任有三种不同的含义：负有责任、理由和职责[5]。巴巴拉•罗姆泽克将责任划分为等级责任、法律责任、政治责任和职业责任四种类型，至于这四种责任应当对应何种政府行为，需要在行政实践中根据具体情况和条件来决定[6]。随着新公共服务学派的兴起，形成了以登哈特夫妇为代表的新公共服务理论视角下的行政责任观。他们认为，“法律原则、宪政原则以及民主原则是负责任的行政行动无可辩驳的核心内容”，“公共行政官员的权威来源于公民”。责任要求他们经过授权，通过不断增强公民在民主治理过程中的参与增进政府与民众的互动，了解公民的真正需求。新公共服务的责任观要求政府将实现公民的诉求作为目标，不仅做好职责所要求的工作，更要实现政府作为公共部门的职能，同时遵守道德与法律的约束[7]。

---

1 孙健. 论我国的政府行政责任[J]. 法治与经济，2012（2）：167.

2 珍妮特•V.登哈特，罗伯特•B.登哈特. 新公共服务：服务而不是掌舵[M]. 丁煌，译. 北京：中国人民大学出版社，2010：86.

3 张成福. 责任政府论[J]. 中国人民大学学报，2002（2）：75-76.

4 格罗弗•斯塔林. 公共部门管理[M]. 上海：上海译文出版社，2003：187.

5 珍妮特•V.登哈特，罗伯特•B.登哈特. 新公共服务：服务而不是掌舵[M]. 丁煌，译. 北京：中国人民大学出版社，2010：92.

6 蔡婕. 从弗里德里克到登哈特：行政责任观的演变及其启示[D]. 长沙：湖南师范大学，2012：17-23.

7 珍妮特•V.登哈特，罗伯特•B.登哈特. 新公共服务：服务而不是掌舵[M]. 丁煌，译. 北京：中国人民大学出版社，2010：95-99.

国内学者也对行政责任进行了一系列的研究。孙彩虹将行政责任定义为行政机关及其工作人员，因公权力的地位和公职身份而获得的，对授权者、行政相对方和法律与行政法规所承担的法律义务，以及违反行政法律法规和侵害相对方的合法权益所应承担的法律责任。[1]相似地，韩志明认为行政责任的含义至少包括主体、客体、范围、事由四个方面，即行政责任是行政机关及其工作人员因公权的地位以及公职人员的身份而能够对授权者、法律法规和社会价值等负有政治、法律、道德和行政等方面的责任。[2]张文显[3]认为责任有三层基本含义：一是角色义务，即分内应做的事情；二是特定的人对于特定事物的帮助义务，例如担保责任等；三是由于没有做好分内之事或助长义务而导致的不利后果或强制性的义务。对于政府而言，掌有权力就必须履行相应的公共责任[4]。刘丹将政府责任划分为政治责任和法律责任两大类。她认为政治责任是政府在行使权力过程中违反政治义务所要向选民承担的否定性后果，而法律责任则包括行政法律责任、侵权赔偿责任和刑事法律责任。[5]本节研究所涉及的责任采用张成福的观点，将政府的责任划分为道德责任、行政责任、政治责任、诉讼责任和侵权赔偿责任五种。[6]道德责任是指政府及其工作人员的行为必须符合社会道德规范和标准；行政责任是指政府官员对其权限范围内的行为及行为后果负责；政治责任是指政府的措施必须与人民的意志和利益相符合；诉讼责任是指行政相对人认为政府损害其合法权益并依法向司法机关提起诉讼，由法院审理并依法追究的法律责任；侵权赔偿责任是指对因政府行政行为导致其合法权益受到损害的行政相对人进行赔偿的责任。

（二）文献综述

1. 环境群体性事件公民参与的研究现状

大多数研究都表明，环境群体性事件中的公民参与是不足的[7]，这表现在事件发生的各个阶段。在现有事件中，公众在事前决策的参与度较低，事中维权渠道不畅通[8]，其参与多集中于事后阶段。何晓荣认为，公众往往很难获得政府审批项目的环评报告。公众在参与的过程中，参与主体主要是有直接利益关系的公民，法人及社会组织很少参与。同时，由于法律与制度的双重不完整性，公众的参与有效性大打折扣，过程本身也存在很大的风险。[9]根据了解，许多事件中都是在项目上马后或者产生的污染已经严重威胁他们的身体健康之后，公众通过集体施压或者寻求相关专家的帮助来得到对环境的评估。而必须让公众参与到环境影响的评价过程中来，才能更好地解决环境群体性事件。[10]

1 孙彩虹．全球化背景下我国行政责任问题的探讨[J]．云南行政学院学报，2001（2）：37-38.
2 韩志明．行政责任：概念、性质及其视阈[J]．广州行政学院学报，2007（3）：11-12.
3 张文显．论司法责任制[J]．中州学刊，2017（1）：47.
4 张凤阳．政治哲学关键词[M]．南京：江苏人民出版社，2014：191-192.
5 刘丹．责任政府与政府责任[J]．湖南行政学院学报，2000（3）：32-37.
6 张成福．责任政府论[J]．中国人民大学学报，2002（2）：77-82.
7 王玉华．基于公众参与视角的环境群体性事件[J]．经济师，2014（6）：39.
8 王海成．协商民主视域中的环境群体性事件治理[J]．华中农业大学学报（社会科学版），2015（3）：118-119.
9 何晓荣．环境群体性事件中公众参与的现状及完善[J]．福建师大福清分校学报，2014（4）：32-33.
10 吴满昌．公众参与环境影响评价机制研究——对典型环境群体性事件的反思[J]．昆明理工大学学报（社会科学版），2013（4）：18-19.

从公民参与环境群体性事件的方式来看，网络、媒体发挥着重要作用。一方面，网络问政作为公民政治参与的新形式开始发展起来，在网络普及程度不断提高的当今社会，政府与公民之间的交流与沟通方式也在潜移默化地发生改变。[1]另一方面，伍玲认为，环境群体性事件越来越呈现出新媒体时代的特征[2]，因此，公民参与的重要平台便是新媒体。

还有许多学者从不同的理论角度分析了环境群体性事件中的公民参与行为或制度。白艳茹从公民中的特定群体农民参与环境群体性事件的角度，提出农民对环境问题的关注度提高，应当完善信息公开和农民参与环境群体性事件的制度。[3]王海成从协商民主的角度剖析公众参与中存在的问题，并提出建立环境群体性事件的协商民主治理模式。[4]谢景从社会冲突的角度，分析环境群体性事件中公民参与行为的演变过程与特征，认为政府的不当压制或妥协是刺激公民负面情绪进而选择暴力行为的重要原因。[5]

《中华人民共和国宪法》第二条规定："中华人民共和国一切权力属于人民……人民依照法律规定，通过各种途径和方式，管理国家事务，管理经济和文化事业。"因此，宪法赋予公民中隶属于政治范畴的人民参与治理环境群体性事件的权利。与此同时，罗豪才教授所提出的作为行政法基础的"平衡论"，强调行政权和公民权之间的平衡，既要保证其实现，又要对双方均加以约束。"平衡论"进一步拓展为"互动论"，"互动论"认为公权力与公民权利的平衡应该通过二者间的互动来实现，它要求保证作为行政相对人的公民的独立主体地位的同时，必须约束公权力，以促使双方能够以协商而非强迫的方式解决问题。[6]"互动论"也是本节研究提出的四种机制的重要依据，但是它并没有强调在这一过程中公民同时应该履行相应的义务，也没有表明政府承担责任的重要性。

要实现公民权利的保障、义务履行，政府权力的约束、责任的承担，就需要制度建设形成行为规范。群体性事件中的公民参与呈现非制度化的特征，应当通过制度的设计和构建，引导群体性事件转化成为和平化、常态化的公民表达利益诉求的集体行为。[7]而环境群体性事件作为群体性事件的类型之一，必然也会走向制度化、规范化。

2. 环境群体性事件政府处置的研究现状

对于环境群体性事件中政府处置的研究，既有从政府工作的不同角度进行的单一研究，也有对其处置模式整体性的讨论。

刘细良和刘秀秀将政府公信力与环境群体性事件结合起来进行研究，认为在环境群体性事件中，政府公信力不仅关系到公民对政府的信任，更是冲突发生和激化的防火墙。同

1 金毅. 当代中国公民网络政治参与研究——网络政治参与的困境与出路[D]. 长春：吉林大学，2011.

2 伍玲. 新媒体时代环境群体性事件公众参与研究——以"云南 PX 事件"为例[D]. 重庆：西南大学，2014.

3 白艳茹. 我国农村环境群体性事件的法治研究——以行政法视野下的农民参与为视角[J]. 山西农业大学学报（社会科学版），2014（5）：470-472.

4 王海成. 协商民主视域中的环境群体性事件治理[J]. 华中农业大学学报（社会科学版），2015（3）：120-122.

5 谢景. 社会冲突视角下环境群体性事件中公众参与行为演变分析[D]. 广州：暨南大学，2015.

6 白艳茹. 我国农村环境群体性事件的法治研究——以行政法视野下的农民参与为视角[J]. 山西农业大学学报（社会科学版），2014（5）：470-472.

7 吴锦旗. 群体性事件中非制度化公民参与的逻辑[J]. 吉首大学学报（社会科学版），2011（1）：99.

时，政府的公信力高低也受到环境群体性事件发生数量和频率的影响。他们认为，在政府公信力视角之下，环境群体性事件的成因可归为政府政绩观不合理、管理制度不完善以及行政行为不当。政府管理制度的不完善又主要表现在三个方面：一是利益诉求表达的渠道不畅通，导致公民与政府间的矛盾越积越多，最后公民不再信任政府设置的制度；二是环境信息公开不足，公民对环境状况知之甚少；三是环境的法律体系不完善，环境部门独立性差，使得环境监督不彻底，企业没有为其污染行为付出巨大成本，因而变本加厉，进一步增加了环境群体性事件发生的可能。[1]

王政、洪芳认为，信息传播是环境群体性事件处置中的重要环节，提高政府传播能力是国家治理能力现代化的重要方面。他们认为，政府在处理环境群体性事件时，必须站在公民的角度来考虑问题，增加对环境风险的认知。同时还要建立利益补偿机制，提高政府工作及信息的公开透明度，增强对公民利益诉求的回应，推进从“公民参与”的决策向“共同”决策转变。[2]

李冬平和陈菲认为，环境群体性事件中的政府环境责任缺失主要表现为责任理念缺失，忽视公众参与，重经济责任，忽视环境责任，内部问责机制不完善，不出大事不问责。他们提出，要完善环境的基本法，明确政府在环境责任中的核心地位，细化管理程序和负责人。同时，还要建设国有自然资源产权法律，明确国家是自然资源的产权所有者，因而政府必须在享有资源用益权的同时，对自然环境的质量进行管理和监督。设置政府环境绩效考核和环境责任问责机制，一方面实行“环境保护一票否决”制，将污染物总量控制、环境质量改善、环境风险防范纳入绩效考核标准之中；另一方面将环境责任落实到地方政府的主要领导，实行严格的追责。[3]

王越从公安机关的角度出发，认为应从事前、事中、事后三个阶段对环境群体性事件进行预防和处置。他认为公安机关应事前及时收集信息，加大法律宣传力度，落实应急预案；事中讲究策略，快速控制局面；事后维持秩序，防止反复，利用媒体引导舆论，同时寻找原因，打击违法犯罪行为。[4]

彭小霞认为，政府对环境群体性事件治理的模式经历了由压制到回应的转变。她认为，政府对环境群体性事件的治理模式，由最初的单方面采用强制性行政手段镇压，逐渐引入了经过新公共管理理论发展的“回应型政府”概念，通过积极回应并增强公众参与来缓和政府与公民之间的矛盾，增强事件应对的合法性，维护公民的权利。对此，她从环境信息公开制度、政府政绩考核制度、政府生态责任问责制、公众参与环境治理制度、公众环境利益表达机制五个方面提出了制度建设的建议。[5]

治理理论认为，应当突破政府结构，将政府看作治理过程中的主体之一，向社会共同管理转变。通过多元主体参与，增加各主体之间的互动，从而有效地解决冲突。杨立华进

1 刘细良，刘秀秀. 基于政府公信力的环境群体性事件成因及对策分析[J]. 中国社会科学，2013，21（11）：153-158.
2 王政，洪芳. 群体性事件的信息传播与政府治理能力现代化——以环境群体性事件为例[J]. 新闻界，2014（7）：13-16.
3 李冬平，陈菲. 政府环境责任缺失与对策——基于环境群体性事件的视角[J]. 党政干部学刊，2013（9）：48-51.
4 王越. 公安机关对环境群体性事件的预防与处置策略[J]. 法治与社会，2014（11）：83-85.
5 彭小霞. 从压制到回应：环境群体性事件的政府治理模式研究[J]. 广西社会科学，2014（8）：126-131.

一步提出多元协作型治理，分析了各参与主体在治理过程中的协作与合作行为，认为在适当的条件下，多元主体的参与可以发挥各主体的优势，促进问题解决。[1]

现有的研究认为政府处置环境群体性事件中存在的问题主要有以下几个方面：一是治理过程以维护社会稳定、促进经济发展和维稳为目标，忽视了对公民权利的保障；二是缺乏与公民真诚深入的交流沟通，干群关系紧张，政府公信力不高；三是信息公开深度和广度低，政务不够公开透明；四是利益诉求表达渠道不畅通，政府反应迟缓；五是对生态环境保护的重视程度不够，现有排污标准不合理，污染企业监管与转型升级不到位；六是权责不明确，缺乏环保问责机制。

二、理论框架、研究方法与案例分析

（一）理论框架

杨立华在“定义特定研究时决策或政策制定的动态博弈理论框架”中提出，决策的问题包括行为者、类型、策略集或策略空间、行动、博弈黑箱、博弈结果和决策结果七个主要要素，资源资本、正式或非正式规则、动机和偏好、效用以及信息和知识影响着行为者的策略及其行为选择，从而产生相应的政策结果[2]。中国环境群体性事件中的主体类型有很多，本节研究选择政府和公民两个行为者，探讨公民权利的保障、公民义务的履行、政府权力的行使以及政府责任的承担之间的相互关系及其对环境群体性事件解决结果的影响。近代以来，社会契约论中“主权在民”的观点明确论证了国家公权力来源于公民私权利的让渡，公民主要通过纳税为国家公权力的运行提供物质基础，这种权利让渡的期望是政府所掌握的公权力能够有效保障公民的权利和自由，政府应当承担维护社会公平和正义的责任。[3]

随着学科间理论的交叉运用与发展，已有许多学者将经济学中的信息不对称理论引入管理学领域之中。依据该理论，信息不对称存在于社会经济生活的各个方面，它主要表现为事前主体的逆向选择和事后的道德风险，要解决由信息不对称带来的一系列问题，需要增加信息公开程度，同时增加监督和激励。[4]环境群体性事件中，公民与政府之间的信息是不对称的，主要表现为行政信息的不对称，这也是当时我国政府信息公开化制度建设中存在的重要问题。信息的不对称导致权利义务与权力责任的不对称。公民为了收集足够的信息，维护自身的权利，在制度化渠道达不到目的时便会选择诸如暴力等的行为，相对应地无法履行维护社会正常秩序等义务。政府在具有信息方面相对优势的情况下，为了降低成本，减少政策推行受到公民短视效应的影响，从更有利于自身利益的角度行使权力，便不会完全公开信息，这使得他们无法承担保障公民知情权的责任。罗豪才在对现代行政法发展的讨论中提出行政机关与行政相对人权利义务关系的“平衡论”，认为行政机关不仅应行使强制力，保障公民的权利，促进义务履行，更应与公民居于平等地位，受到限制与约

---

1 杨立华. 多元协作性治理：以草原为例的博弈模型构建和实证研究[J]. 中国行政管理，2011（4）：119-124.

2 杨立华. 专家学者参与型治理——荒漠化及其他集体行动困境问题解决的新模型[M]. 郑薇，杨佳丽，张云，译. 北京：北京大学出版社，2015：46-69.

3 刘祖云. 政府与公民关系：契约与责任之张力[J]. 南京工业大学学报（社会科学版），2008（1）：5-9.

4 张鸿海. 私营企业与农民工权利义务的非对称性研究——以郴宁高速公路为例[D]. 长沙：中南大学，2013.

束，承担与权力相一致的责任。[1]因此，为更好地解决环境群体性事件，基于《中华人民共和国宪法》规定权利义务的一致性、权利义务和权力责任的信息不对称理论以及“平衡论”，需要实现公民权利与义务、政府权力与责任的对称，这种对称表现为类型、呈现阶段、合理程度三个方面的对称（图 13-3-1）。

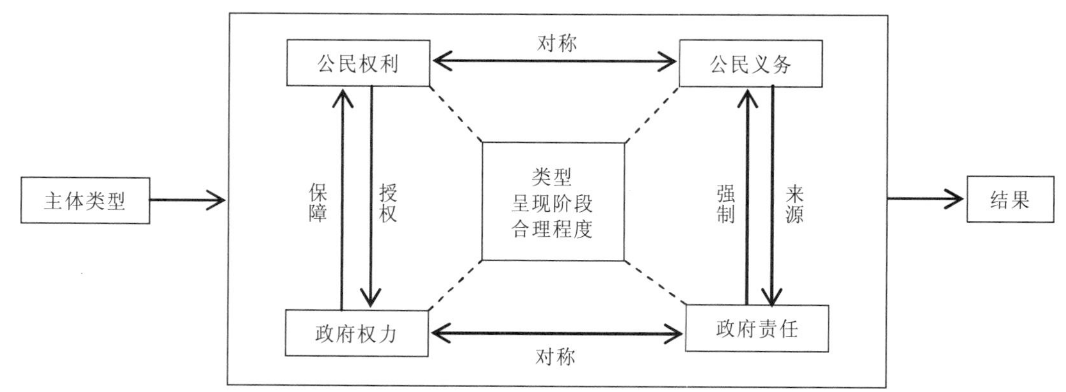

图 13-3-1　第十三章第三节理论框架

（二）研究方法与案例分析

本节研究采用定性分析和定量分析相结合的研究方法，将多案例研究法和文献荟萃法结合起来，运用到研究的不同阶段，选用这种研究方法的原因主要有以下几点。

首先，本节研究的目的和问题满足了使用定性、定量研究方法使用的条件。对定性研究而言，它更擅长对过程问题进行探讨，目的是获取丰富细致的描述，体现其中发生的事件的结果、影响等一系列相关要素。定性研究的数据是结构性的文字材料，需要对研究的对象进行访谈和观察。[2]而本节要探讨的解决机制不仅是从理论的描述中来，更是需要采取阅读文献资料，通过对环境群体性事件进行细致的过程探讨，从而发现其中的权利义务与权力责任的类型、呈现阶段以及它们之间的相互关系，并在这一基础上，进一步提出制度机制层面的建议。对定量研究而言，它的主要目的是验证理论的假设，可以通过对大量数据的分析，研究变量间的相互关系，通过对多个数据的分析得到更具普适性的结论[3,4]。本节研究在对案例进行编码分析的过程中，通过定量研究的方法，不仅对通过文献荟萃方法得到的观点进行检验，更希望运用多个案例的数字化分析，得到更多的发现。选择定量研究的方法可以充分发挥其长处，加深研究的深度。

其次，为了保证研究的科学性与严谨性，必须对所得到的结论进行验证。研究的科学性很大程度上取决于方法论使用的正确性与合理性，定性与定量研究方法各有特点，又存在各自的局限性。因而在研究中，我们更希望将这两种方法相结合，既密切结合环境群体

1 罗豪才. 现代行政法的理论基础——论行政机关与相对一方的权利义务平衡[J]. 中国法学，1993（1）：52-59.
2 杨立华，何元增. 公共管理定性研究的基本路径[J]. 中国行政管理，2013（11）：101-104.
3 张鸣，范柏乃. 公共管理定量研究的基本路径与质量研究[J]. 行政与法，2015（11）：1-5.
4 王印红. 论公共管理研究中定量分析方法的地位[J]. 山东社会科学，2015（3）：172-176.

性事件发生的实际情况，又充分发挥定量研究方法量化研究精确可靠的优势，优势互补，尽量做到研究的科学正确。[1,2]

最后，本节研究的目标是寻找具有普遍性的规律与原则，为政府政策的制定与相关立法及其修订提供一定的建议和指导。既不能够脱离实际案例进行研究，又不能仅仅进行定量研究，缺乏理论的支撑。因此，为了摆脱理论与数据的单一性可能带来的偏见，必须采用定性与定量研究相结合的方法进行研究。

1．案例选择与编码

收集并筛选中国环境群体性事件典型案例。案例选择的基本标准有三个方面：①事件必须是中国范围内发生的，符合本节研究所定义的环境群体性事件；②事件发生的时间范围在 2000—2015 年；③事件有一定影响力，因而可以找到一定数量的可靠文献。在案例选择的过程中，为了保证科学性，我们选择了 2000—2015 年的 20 个案例（表 13-3-1）。为了保证案例污染类型和地域选择的合理性，案例覆盖了包括混合污染、水污染、大气污染、固体废物污染、电磁辐射污染在内的多种污染类型，以及省、市、区县、乡镇等多种行政层级。为了保证研究的构念效度，本节研究选择多重证据来源。在案例资料收集的过程中，为了对案例要素进行尽可能详细的描述，案例资料的来源主要包括期刊、学位论文、网络资料三种。其中，网络资料以网络可搜索到的媒体新闻报道为主，也涉及官方网站、博客、网络论坛等形式的信息，尽量保证对案例了解的真实性与全面性。为了保证研究的外在效度和信度，我们选择了表 13-3-1 中不同发生时间、不同地域、不同层级、不同污染类型、不同解决结果的 20 个案例进行研究。

表 13-3-1　案例基本要素

序号	案例名称	起止时间	地点	行政层级	污染类型	结果	资料来源		
							期刊	学位论文	网络资料
1	深圳深港西部通道环保维权事件	2000—2005 年	广东深圳	区县	混合污染	S	10	3	7
2	浙江东阳画水镇事件	1999—2005 年	浙江东阳	乡镇	混合污染	S	9	11	10
3	厦门 PX 事件	2006—2007 年	福建厦门	市级	大气污染	S	15	12	10
4	上海反磁悬浮事件	2008 年	上海	市级	电磁辐射	SS	3	5	6
5	广东番禺事件	2009 年	广东番禺	区县	大气污染	S	4	5	6
6	陕西凤翔血铅事件	2009 年	陕西凤翔	区县	混合污染	SS	8	5	11
7	北京六里屯反建垃圾厂事件	2006—2009 年	北京海淀	区县	混合污染	SS	5	2	6
8	广东紫金血铅超标事件	2011 年	广东紫金	区县	混合污染	S	8	9	16
9	大连 PX 事件	2011 年	辽宁大连	市级	大气污染	F	12	10	3
10	康菲污染事件	2011—2015 年	河北乐亭	区县	水污染	S	8	10	12

1 程文广. 管理学中的定量与定性方法比较研究[J]. 商业现代化，2007（31）：160-161.

2 姜国兵. 公共管理定量研究方法刍议[J]. 广东行政学院学报，2012（2）：5-10.

序号	案例名称	起止时间	地点	行政层级	污染类型	结果	资料来源		
							期刊	学位论文	网络资料
11	海南莺歌海镇反火电站抗议事件	2012 年	海南	乡镇	大气污染	S	1	0	5
12	什邡钼铜项目事件	2012 年	四川什邡	市级	固体废物污染	SS	3	7	10
13	江苏启东事件	2012 年	浙江启东	市级	水污染	F	2	8	6
14	广东深圳南山区居民抗议 LCD 工厂事件	2013 年	广东深圳	区县	混合污染	F	1	4	9
15	福建莆田抗议拟建高污染化工厂事件	2013 年	福建莆田	乡镇	混合污染	F	0	1	7
16	广东惠州博罗县抗议焚烧发电厂事件	2014 年	广东惠州	区县	大气污染	S	2	3	11
17	广安岳池村民拦停污水排放工程事件	2014 年	四川广安	乡镇	水污染	S	0	0	5
18	广东惠州反对垃圾焚烧厂事件	2014 年	广东惠州	市级	大气污染	F	0	0	20
19	黄陂居民反建垃圾焚烧厂事件	2015 年	湖北武汉	区县	大气污染	S	0	0	14
20	广州普宁民众反建垃圾焚烧厂事件	2015 年	广州普宁	市级	大气污染	SS	1	0	14

依据现有的对环境群体性事件成因、主体、基本特征、表现形式、后果等全面的研究，以及所定义的公民权利义务、政府权力责任及其相互关系，对所选择的案例进行了以下编码。

案例的“起止时间”是指环境群体性事件开始和结束的时间。环境群体性事件的开始时间指矛盾开始明显表现出来的时间，结束时间指环境群体性事件出现一定解决结果的时间。“发生地点”是事件发生地的具体位置。“行政层级”是指事件发生地所属的行政级别，根据我国地方政府行政级别的划分，将案例的行政层级划分为乡镇、区县、市级、省级四种。其中，“乡镇”的级别包括社区、街道、村落等可能存在地域交叉的较小单位。“主体类型”是指环境群体性事件的参与主体，本节研究主要分析公民和政府两者。“权利类型”包括生命健康权、知情权、监督权、言论自由、游行示威与集会自由、求偿权六种；“义务类型”包括尊重他人生命健康权、爱护公共财产、不妨碍正常社会秩序、尊重他人财产权四种；“权力类型”包括行政执法权、行政立法权、管理权、监督权、领导权五种；“责任类型”包括道德责任、行政责任、政治责任、诉讼责任、侵权赔偿责任五种。对于权利义务和权利责任，编码时涉及保障公民权利、公民义务履行、政府行使权力、承担责任时记为 1，不涉及记为 0。为了对不同类型的权利、义务、权力、责任进行描述，我们用各个要素的呈现阶段和合理程度来衡量它们在环境群体性事件中的表现。“呈现阶段”是指某种类型的权利是否受到保障、义务是否履行或权力是否行使、责任是否承担时所处的主要时间阶段，可划分为环境群体性事件发生之前（before）、发生过程之中（during）和发生之后（after）。三个阶段的划分以大规模的集体行为（如静坐、游行示威、暴力冲突等）发生和结束为临界点，事前为集体行为发生之前，事中为集体行为发生过程中，事后为集体行为平息后。[1]“合理程度”是指公民和政府各种行为客观、适度与理性的程度，可以分为高（high）、中（middle）、低（low）三种程度。杨立华认为，冲突解决成功意味着，解决结果相对公平合理且取得良好的社会效益，引发冲突的问题至少是部分的解决，公民利益和权利得到相对保障，这种状态可将其视为冲突成功解决。其中必须指出的是，如果冲突受到阻挠或者压制，那么不能视为成功解决。反之，冲突结果不公平，没有解决问题，公民利益和权利不能被保障，那么冲突解决被视为失败。[2]据此，本节研究将环境群体性事件的解决结果划分为成功（S）、半成功（SS）和失败（F）三种类型，成功（S）是指事件最后达成了一致的意见，引发事件的问题得到解决，公民的权利得到保障，履行了相应的义务，政府合理行使权力，承担相应的责任；反之，则认为事件解决失败（F）；在成功（S）与失败（F）之间还存在一种中间状态，事件最后达成了一致意见，但是对公民权利的保障，公民义务的履行，政府权力的行使，政府责任的承担程度相对较低，将其解决结果定义为半成功（SE）。对于案例中未涉及的要素项，统计时记为依据 NM（not mentioned）。基于以上界定，形成如下案例要素编码表（表 13-3-2），并据此对案例进行编码。

表 13-3-2 案例要素编码表

案例要素	测量指标
起止时间	×年—×年
发生地点	事件发生的地点（×省×市×区县×乡镇×村）
行政层级	乡镇/区县/市级/省级
主体类型	政府、公民
权利类型	生命健康权、知情权、监督权、言论自由、游行示威与集会自由、求偿权
义务类型	尊重他人生命健康权、爱护公共财产、不妨碍正常社会秩序、尊重他人财产权
权力类型	行政执法权、行政立法权、管理权、监督权、领导权
责任类型	道德责任、行政责任、政治责任、诉讼责任、侵权赔偿责任
权利义务、权力责任的呈现阶段	事前（B）/事中（D）/事后（A）
权利义务、权力责任的合理程度	高（H）/中（M）/低（L）
事件结果	成功（S）/半成功（SS）/失败（F）

为了对案例分析进行进一步的补充，研究还对大量文献进行了荟萃分析，主要是对收

1 何哲. 群体性事件的演化和治理策略——基于集体行为和西方社会运动理论的分析[J]. 理论与改革，2010（4）：105-109.

2 Yang L，Lan Z，He S. Roles of Scholars in Environmental Community Conflict Resolution：A Case Study in Contemporary China[J]. International Journal of Conflict Management，2015，26（3）：316-341.

集到的期刊文献、学位论文、新闻报道、法律条文等进行简单的分析和描述，通过对以往相关资料的整合，了解环境群体性事件的发生发展背景，加深对环境群体性事件、公民权利义务、政府权力责任的理解。同时，这些文献作为案例研究的文献支撑和描述信息来源，是对本节研究的补充和完善。

2．赋值检验

为了对案例编码进行进一步的分析，本节研究将案例的编码进行了进一步的赋值和检验。本节研究将行政层级、权利义务和权力责任的类型、合理程度和解决结果进行了简化表示和赋值。行政层级中的“市级”赋值为3，“区县”赋值为2，“乡镇”赋值为1。各项权利义务和权力责任按照生命健康权、知情权、监督权、言论自由、游行示威与集会自由、求偿权、尊重他人生命健康权、爱护公共财产、不妨碍正常社会秩序、尊重他人财产权、行政执法权、行政立法权、管理权、监督权、领导权、道德责任、行政责任、政治责任、诉讼责任、侵权赔偿责任的顺序分别用1～20代表。各项权利义务和权力责任的合理程度按照呈现阶段和前面的类型进行表示与赋值：事前阶段分别用B1～B20表示，事中阶段分别用D1～D20表示，事后阶段分别用A1～A20表示；其合理程度的高（H）、中（M）、低（L）分别赋值为3、2、1；事件解决结果成功（S）、半成功（SS）、失败（F）分别赋值为3、2、1。

三、研究结果

（一）公民权利、义务分析

1．公民权利

通过对中国环境群体性事件案例（以下简称案例）的统计发现（表13-3-3），95%的案例涉及公民生命健康权的保障，所有的案例均涉及知情权和监督权的保障，85%的案例涉及游行示威和集会自由的保障，但是涉及言论自由和求偿权的案例所占比重均未达到案例总数的一半。在所收集到的案例中，只有4个案例涉及公民求偿权的保障，其余案例中政府均未对公民求偿权的实现采取任何行动（表13-3-4）。

表13-3-3 公民权利在案例中的表现及呈现阶段

序号	案例名称	公民权利在案例中的表现类型						解决结果
		生命健康权	知情权	监督权	言论自由	游行示威与集会自由	求偿权	
1	深圳深港西部通道环保维权事件	A	B/D/A	D	A	D	—	S
2	浙江东阳画水镇事件	B/D/A	A	B/D/A	—	D	—	S
3	厦门PX事件	A	B/D/A	A	B/D/A	D	—	S
4	上海反磁悬浮事件	A	B/A	A	—	D	—	SS
5	广东番禺事件	A	B/D/A	A	—	D	—	S
6	陕西凤翔血铅事件	B/D/A	B/D/A	A	—	D	A	SS

序号	案例名称	公民权利在案例中的表现类型						解决结果
		生命健康权	知情权	监督权	言论自由	游行示威与集会自由	求偿权	
7	北京六里屯反建垃圾厂事件	A	B/D/A	B/D/A	B/D/A	D	—	SS
8	广东紫金血铅超标事件	B/D/A	B	B/A	—	D	A	S
9	大连 PX 事件	A	B	B/A	B	D	—	F
10	康菲污染事件	—	B	B/A	—	—	D	S
11	海南莺歌海镇反火电站抗议事件	A	B	B	B/D/A	D	—	S
12	什邡钼铜项目事件	A	B	B/A	B/D/A	D	—	SS
13	江苏启东事件	D	B/D	B/A	B	D	—	F
14	广东深圳南山区居民抗议 LCD 工厂事件	A	B/A	B/A	A	D	—	F
15	福建莆田抗议拟建高污染化工厂事件	A	B/D/A	B/D/A	A	D	—	F
16	广东惠州博罗县抗议焚烧发电厂事件	A	B	B	A	D	—	S
17	广安岳池村民拦停污水排放工程事件	A	A	B	—	—	A	SS
18	广东惠州反对垃圾焚烧厂事件	A	B	B/D/A	—	D	—	F
19	黄陂居民反建垃圾焚烧厂事件	A	B/D/A	B/D	B	—	—	SS
20	广州普宁民众反建垃圾焚烧厂事件	A	B/A	B	—	D	—	SS

注：表中的字母 B、D、A 表示公民权利得到保障的阶段，B—事前阶段，D—事中阶段，A—事后阶段。表中的 S、SS、F 表示事件的解决结果，S—成功，SS—半成功，F—失败。其中，“—”表示资料缺失。下同。

表 13-3-4 公民权利在案例中保障的合理程度

序号	案例名称	公民权利在案例中的表现类型						解决结果
		生命健康权	知情权	监督权	言论自由	游行示威与集会自由	求偿权	
1	深圳深港西部通道环保维权事件	H	L/H/H	H	H	H	—	S
2	浙江东阳画水镇事件	L/L/H	H	L/L/H	—	L	—	S
3	厦门 PX 事件	H	H/H/H	H	H/M/H	H	—	S
4	上海反磁悬浮事件	L	L/M	M	—	H	—	SS
5	广东番禺事件	H	L/L/M	H	—	H	—	S
6	陕西凤翔血铅事件	L/H/H	L/H/H	L	—	L	H	SS
7	北京六里屯反建垃圾厂事件	H	H/H/H	L/M/M	H/H/H	H	—	SS

序号	案例名称	公民权利在案例中的表现类型						
		生命健康权	知情权	监督权	言论自由	游行示威与集会自由	求偿权	解决结果
8	广东紫金血铅超标事件	L/L/M	L	L/M	—	L	L	S
9	大连 PX 事件	L	L	L/L	L	H	—	F
10	康菲污染事件	—	H	H/H	—	—	H	S
11	海南莺歌海镇反火电站抗议事件	H	H	H	H/H/H	H	—	S
12	什邡钼铜项目事件	H	M	L/M	H/H/H	L	—	SS
13	江苏启东事件	L	M/H	L/L	H	H	—	F
14	广东深圳南山区居民抗议 LCD 工厂事件	L	L/L	L/L	M	L	—	F
15	福建莆田抗议拟建高污染化工厂事件	M	L/L/L	L/L/L	L	L	—	F
16	广东惠州博罗县抗议焚烧发电厂事件	M	L	M	H	L	—	S
17	广安岳池村民拦停污水排放工程事件	M	L	M	—	—	M	SS
18	广东惠州反对垃圾焚烧厂事件	H	M	L/L/L	—	L	—	F
19	黄陂居民反建垃圾焚烧厂事件	H	L/M/M	L/M	M	—	—	SS
20	广州普宁民众反建垃圾焚烧厂事件	L	L/L	L	—	L	—	SS

注：表中的字母 L、M、H 表示公民权利得到保障的程度，L—低，M—中，H—高。表中的 S、SS、F 表示事件的解决结果，S—成功，SS—半成功，F—失败。其中，“—”表示资料缺失。

各种类型公民权利受到保障的阶段和保障的程度分析如下列各表所示。

生命健康权的保障主要发生在事后阶段，在事后阶段保障生命健康权的案例有 75%，且有 15%的案例同时涉及了三个阶段（表 13-3-5）。在卡方检验中，三个阶段的显著性水平均低于 0.05，且事中阶段的卡方值最高（表 13-3-6），这表明在事中阶段保障生命健康权最重要。40%的案例中受到保障的程度为低（L），表明在事件解决后对引发事件的根源处理不足，无法很好地保障公民的生命健康权。通过表 13-3-7 中的统计结果可以看出，在各个阶段的保障中，对生命健康权的保障程度越高，环境群体性事件的解决越倾向于成功。

表 13-3-5 公民权利类型——保障阶段分析

呈现阶段	公民权利类型											
	生命健康权		知情权		监督权		言论自由		游行示威与集会自由		求偿权	
	数量	比例/%	数量	比例/%	数量	比例/%	数量	比例/%	数量	比例/%	数量	比例/%
事前	—	—	7	35	4	20	3	15	—	—	—	—
事中	1	5	—	—	1	5	—	—	17	85	1	5
事后	15	75	2	10	4	20	4	20	—	—	3	15
事前和事中	—	—	1	5	1	5	—	—	—	—	—	—
事前和事后	—	—	3	15	6	30	—	—	—	—	—	—
事中和事后	—	—	—	—	—	—	—	—	—	—	—	—
事前、事中和事后	3	15	7	35	4	20	4	20	—	—	—	—
未提及	1	5	—	—	—	—	9	45	3	15	16	80
总计	20	100	20	100	20	100	20	100	20	100	20	100

表 13-3-6 卡方检验结果

	B1	D1	A1
卡方（χ^2）	9.800[a]	24.100[b]	8.400[c]
df 值	1	2	3
显著系数	0.002	0.000	0.038

注：a. 0%概率下期望频率小于 5，最小期望频率为 10.0；
b. 0%概率下期望频率小于 5，最小期望频率为 6.7；
c. 0%概率下期望频率小于 5，最小期望频率为 5.0。

表 13-3-7 生命健康权保障程度——结果分析

生命健康权保障程度	结果					
	成功（S）		半成功（SS）		失败（F）	
	数量	比例/%	数量	比例/%	数量	比例/%
高	5	41.7	3	37.5	1	20
中	2	16.7	2	25	1	20
低	4	33.3	3	37.5	3	60
未提及	1	8.3	—	—	—	—
总计	12	100	8	100	5	100

知情权受到保障的阶段主要集中在事前阶段（表 13-3-5），在 90%的案例中知情权在事前阶段得到保障，但仅有 25%的事件知情权在事前得到了较好的保障。有 7 个案例在事中和事后阶段的知情权也受到了保障，在解决成功的案例中，事中和事后阶段知情权往往得到较好的保障，保障程度为中（M）或高（H）。在卡方检验中，事前和事中阶段的显著性水平低于 0.05，事中阶段的卡方值最高，在事中阶段要更好地保障公民的知情权（表 13-3-8）。在成功的案例中，57.1%的知情权受到高程度保障，在失败的案例中，62.5%的知情权保障程度低（表 13-3-9）。

表 13-3-8 卡方检验结果

	B2	D2	A2
卡方（χ^2）	10.000[a]	14.800[a]	2.800[a]
df 值	1	2	3
显著系数	0.019	0.002	0.423

注：a. 0%概率下期望频率小于 5，最小期望频率为 5.0。

表 13-3-9 知情权保障程度——结果分析

知情权保障程度	结果					
	成功（S）		半成功（SS）		失败（F）	
	数量	比例/%	数量	比例/%	数量	比例/%
高	8	57.1	5	33.3	1	12.5
中	1	7.2	4	26.7	2	25
低	5	35.7	6	40	5	62.5
未提及	—	—	—	—	—	—
总计	14	100	15	100	8	100

监督权的实现在三个阶段中均有且比例相近（表 13-3-5），卡方检验显示，事前和事中阶段的显著性水平均低于 0.05，且事中阶段的卡方值更高，需在事中阶段对监督权进行保障（表 13-3-10）。在解决失败的事件中，对监督权的保障程度明显都很低，在成功和半成功的案例中，均有超过 50%的案例中对公民监督权的保障程度为中和高，表明要提高对公民监督权的保障程度以促进事件的成功解决（表 13-3-11）。

表 13-3-10 卡方检验结果

	B3	D3	A3
卡方（χ^2）	10.800[a]	21.600[a]	0.800[a]
df 值	1	2	3
显著系数	0.013	0.000	0.849

注：a. 0%概率下期望频率小于 5，最小期望频率为 5.0。

表 13-3-11 监督权保障程度——结果分析

监督权保障程度	结果					
	成功（S）		半成功（SS）		失败（F）	
	数量	比例/%	数量	比例/%	数量	比例/%
高	7	58.3	—	—	1	20
中	2	16.7	6	54.5	1	20
低	3	25	5	45.5	2	40
未提及	—	—	—	—	1	20
总计	12	100	11	100	5	100

言论自由的实现主要发生在事前和事后阶段（表 13-3-4、表 13-3-5），但是卡方检验的结果表明事中阶段的卡方值最高（表 13-3-12），这表明在事件解决的事中阶段对言论自由的保障也很重要。在解决失败的事件中，对言论自由的保障程度明显都很低，表明要提高对公民言论自由的保障程度以促进事件的成功解决。在成功和半成功的案例中，对言论自由保障程度高的比重均超过了 50%（表 13-3-13）。

表 13-3-12 卡方检验结果

	B4	D4	A4
卡方（χ^2）	19.200[a]	19.900[a]	16.400[a]
df 值	1	2	3
显著系数	0.000	0.000	0.001

注：a. 0%概率下期望频率小于 5，最小期望频率为 5.0。

表 13-3-13 言论自由保障程度——结果分析

言论自由保障程度	结果					
	成功（S）		半成功（SS）		失败（F）	
	数量	比例/%	数量	比例/%	数量	比例/%
高	7	58.3	6	54.5	1	20
中	1	8.3	1	9.1	1	20
低	—	—	—	—	2	40
未提及	4	33.4	4	36.4	1	20
总计	12	100	11	100	5	100

游行示威与集会自由的保障全部发生在事中阶段，但其卡方检验未达到显著性水平（表 13-3-14）。资料显示，在有游行示威或集会活动的 17 个案例中，有 9 个案例没有很好地保障公民这一自由权利。在三种解决结果的案例中，对这一权利的保障没有明显的特点，有高有低。但是在案例的整理中我们发现，事件中，游行示威与集会的程序很少被执行，有的案例中公安机关在公民未事前向有关部门提交申请的情况下出动警力维护秩序或者采取暴力（表 13-3-15）。

表 13-3-14 卡方检验结果

	D5
卡方（χ^2）	3.100[a]
df 值	2
显著系数	0.212

注：a. 0%概率下期望频率小于 5，最小期望频率为 6.7。

表 13-3-15 游行示威与集会自由保障程度——结果分析

游行示威与集会自由保障程度	结果					
	成功（S）		半成功（SS）		失败（F）	
	数量	比例/%	数量	比例/%	数量	比例/%
高	4	50	2	28.6	2	40
中	—	—	—	—	—	—
低	3	37.5	3	42.8	3	60
未提及	1	12.5	2	28.6	—	—
总计	8	100	7	100	5	100

求偿权的保障主要发生在事中和事后阶段（表 13-3-5），卡方检验也证明了这一点（表 13-3-16）。事件中对求偿权的保障程度较高，且对这一权利进行保障的案例解决结果均为成功或半成功（表 13-3-17），这体现了对公民受损利益进行补偿的重要性。

表 13-3-16 卡方检验结果

	D6	A6
卡方（χ^2）	16.200[a]	38.400[a]
df 值	1	3
显著系数	0.000	0.000

注：a. 0%概率下期望频率小于 5，最小期望频率为 10.0；

b. 0%概率下期望频率小于 5，最小期望频率为 5.0。

表 13-3-17 求偿权保障程度——结果分析

求偿权保障程度	结果					
	成功（S）		半成功（SS）		失败（F）	
	数量	比例/%	数量	比例/%	数量	比例/%
高	1	12.5	1	14.3	—	—
中	—	—	1	14.3	—	—
低	1	12.5	—	—	—	—
未提及	6	75	5	71.4	5	100
总计	8	100	7	100	5	100

2. 公民义务

案例的统计结果显示（表 13-3-18），涉及尊重他人生命健康权、爱护公共财产和尊重他人财产权的案例均不超过 40%，85%的案例均涉及不妨碍正常的社会秩序这一义务（表 13-3-19）。

表 13-3-18　公民义务在案例中的表现及呈现阶段

序号	案例名称	公民义务在案例中的表现类型				解决结果
		尊重他人生命健康权	爱护公共财产	不妨碍正常社会秩序	尊重他人财产权	
1	深圳深港西部通道环保维权事件	—	—	—	—	S
2	浙江东阳画水镇事件	D	D	D	—	S
3	厦门 PX 事件	—	—	D	—	S
4	上海磁悬浮事件	—	—	D	—	SS
5	广东番禺事件	—	—	D	—	S
6	陕西凤翔血铅事件	D	—	D	D	SS
7	北京六里屯反建垃圾厂事件	—	—	D	—	SS
8	广东紫金血铅超标事件	D	—	D	—	S
9	大连 PX 事件	D	—	D	—	F
10	康菲污染事件	—	—	—	—	S
11	海南莺歌海镇反火电站抗议事件	D	D	D	—	S
12	什邡钼铜项目事件	D	D	D	—	SS
13	江苏启东事件	—	—	D	—	F
14	广东深圳南山区居民抗议 LCD 工厂事件	—	—	D	—	F
15	福建莆田抗议拟建高污染化工厂事件	—	—	D	—	F
16	广东惠州博罗县抗议焚烧发电厂事件	—	—	D	—	S
17	广安岳池村民拦停污水排放工程事件	—	—	—	—	SS
18	广东惠州反对垃圾焚烧厂事件	—	—	D	—	F
19	黄陂居民反建垃圾焚烧厂事件	D	D	D	—	SS
20	广州普宁民众反建垃圾焚烧厂事件	D	D	D	—	SS

表 13-3-19 公民义务在案例中履行的合理程度

序号	案例名称	公民义务在案例中的表现类型				解决结果
		尊重他人生命健康权	爱护公共财产	不妨碍正常社会秩序	尊重他人财产权	
1	深圳深港西部通道环保维权事件	—	—	—	—	S
2	浙江东阳画水镇事件	L	L	L	—	S
3	厦门 PX 事件	—	—	H	—	S
4	上海反磁悬浮事件	—	—	H	—	SS
5	广东番禺事件	—	—	H	—	S
6	陕西凤翔血铅事件	L	—	L	L	SS
7	北京六里屯反建垃圾厂事件	—	—	M	—	SS
8	广东紫金血铅超标事件	L	—	L	—	S
9	大连 PX 事件	H	—	M	—	F
10	康菲污染事件	—	—	—	—	S
11	海南莺歌海镇反火电站抗议事件	L	L	M	—	S
12	什邡钼铜项目事件	L	L	L	—	SS
13	江苏启东事件	—	—	H	—	F
14	广东深圳南山区居民抗议 LCD 工厂事件	—	—	L	—	F
15	福建莆田抗议拟建高污染化工厂事件	—	—	L	—	F
16	广东惠州博罗县抗议焚烧发电厂事件	—	—	M	—	S
17	广安岳池村民拦停污水排放工程事件	—	—	—	—	SS
18	广东惠州反对垃圾焚烧厂事件	—	—	L	—	F
19	黄陂居民反建垃圾焚烧厂事件	L	L	L	—	SS
20	广州普宁民众反建垃圾焚烧厂事件	L	L	L	—	SS

在所选案例中，公民义务的履行都呈现在事中阶段（表 13-3-20）。

表 13-3-20　公民义务类型——履行阶段分析

呈现阶段	公民义务类型							
	尊重他人生命健康权		爱护公共财产		不妨碍正常社会秩序		尊重他人财产权	
	数量	比例/%	数量	比例/%	数量	比例/%	数量	比例/%
事前	—	—	—	—	—	—	—	—
事中	8	40	5	25	17	85	1	5
事后	—	—	—	—	—	—	—	—
事前和事中	—	—	—	—	—	—	—	—
事前和事后	—	—	—	—	—	—	—	—
事中和事后	—	—	—	—	—	—	—	—
事前、事中和事后	—	—	—	—	—	—	—	—
未提及	12	60	15	75	3	15	19	95
总计	20	100	20	100	20	100	20	100

卡方检验结果表明（表 13-3-21），事后阶段公民履行尊重他人生命健康权的义务较为重要。在产生较为激烈冲突的案例中，公民在大多数情况下情绪激动，容易产生肢体冲突等危害公务人员及其他人生命健康的举动，没有履行尊重他人生命健康权的义务。如表 13-3-22 所示，在有资料可查的案例中，对尊重他人生命健康权的履行程度均为低。

表 13-3-21　卡方检验结果

	D7
卡方（χ^2）	9.100[a]
df 值	2
显著系数	0.011

注：a. 0%概率下期望频率小于 5，最小期望频率为 6.7。

表 13-3-22　尊重他人生命健康权履行程度——结果分析

尊重他人生命健康权履行程度	结果					
	成功（S）		半成功（SS）		失败（F）	
	数量	比例/%	数量	比例/%	数量	比例/%
高	—	—	—	—	1	20
中	—	—	—	—	—	—
低	3	37.5	4	57.1	—	—
未提及	5	62.5	3	42.9	4	80
总计	8	100	7	100	5	100

卡方检验结果表明，事后阶段公民履行爱护公共财产的义务较为重要（表 13-3-23）。同时，在公民将冲突的矛头指向政府时，有资料显示中，公民有推翻或打砸警车、打砸政

府办公物品以及一些基础设施等的不良行为，对公共财产没有尽到爱护义务，表 13-3-24 表明公民对爱护公共财产的义务履行程度均为低。

表 13-3-23 卡方检验结果

	D8
卡方（χ^2）	5.000[a]
df 值	1
显著系数	0.025

注：a. 0%概率下期望频率小于 5，最小期望频率为 10.0。

表 13-3-24 爱护公共财产履行程度——结果分析

爱护公共财产履行程度	结果					
	成功（S）		半成功（SS）		失败（F）	
	数量	比例/%	数量	比例/%	数量	比例/%
高	—	—	—	—	—	—
中	—	—	—	—	—	—
低	2	25	3	42.9	—	—
未提及	6	75	4	57.1	5	100
总计	8	100	7	100	5	100

在不妨碍正常社会秩序的义务履行阶段中，卡方检验未达到显著性水平（表 13-3-25），所以事中阶段履行该义务的作用不明显。在 17 个有记录的案例中，有 52.9%的案例中公民的抗争行为影响了社会秩序，对正常社会秩序妨碍程度为中或高的案例有 8 个。公民为引起政府的注意经常采取堵路、围堵工厂阻止其正常生产等行动，但是这也妨碍了正常的社会秩序，影响了其他社会人的正常生产生活。但是表 13-3-26 表明，在成功和半成功的案例中，公民对这一义务的履行程度较为平均，而在失败的案例中，对这一义务的履行程度较低的案例则占 62.5%，明显较高。

表 13-3-25 卡方检验结果

	D9
卡方（χ^2）	4.400[a]
df 值	3
显著系数	0.221

注：a. 0%概率下期望频率小于 5，最小期望频率为 6.7。

表 13-3-26　不妨碍正常社会秩序履行程度——结果分析

不妨碍正常社会秩序履行程度	结果					
	成功（S）		半成功（SS）		失败（F）	
	数量	比例/%	数量	比例/%	数量	比例/%
高	2	25	1	14.3	1	20
中	2	25	1	14.3	1	20
低	2	25	4	57.1	3	60
未提及	2	25	1	14.3	—	—
总计	8	100	7	100	5	100

卡方检验结果表明，事后阶段公民履行尊重他人财产权的义务较为重要（表 13-3-27）。案例中仅有 1 个涉及尊重他人财产权的义务且履行程度为低。公民在表达利益诉求的抗争行动中，应当保持理智，维护自己权益的同时尊重他人的财产安全（表 13-3-28）。在履行义务方面，公民的意识不强，为了维护权利可能违背应当履行的义务。

表 13-3-27　卡方检验结果

	D10
卡方（χ^2）	16.200[a]
df 值	1
显著系数	0.000

注：a. 0%概率下期望频率小于 5，最小期望频率为 10.0。

表 13-3-28　尊重他人财产权履行程度——结果分析

尊重他人财产权履行程度	结果					
	成功（S）		半成功（SS）		失败（F）	
	数量	比例/%	数量	比例/%	数量	比例/%
高	—	—	—	—	—	—
中	—	—	—	—	—	—
低	—	—	1	14.3	—	—
未提及	8	100	6	85.7	5	100
总计	8	100	7	100	5	100

3. 公民权利与义务

公民权利的行使贯穿在各个阶段。其中，生命健康权在事前和事中阶段的保障均十分重要，现有案例中保障程度均不高；知情权的保障在事前和事中阶段需要提高；监督权的保障在事件发展的全过程都要重视，在事中阶段尤为重要；言论自由和游行示威与集会自由的保障阶段特征不明显；求偿权的保障在事中和事后较为重要。但公民义务的履行主要发生在冲突集中暴发的事中阶段，且履行的合理程度都不高，其中爱护公共财产的义务没有通过卡方检验。从类型方面来看，生命健康权和尊重他人生命健康权的义务、游行示威与集会自由和不妨碍正常社会秩序的义务可以相对应，其他的权利与义务并不对称。公民权利和义务在呈现阶段和合理程度方面也各有特点。因此，要想更好地解决环境群体性事件，必须要实现权利与义务的对等，在事中阶段提高对公民权利的保障程度，同时督促公民更好地履行义务。

（二）政府权力、责任分析

1. 政府权力

在所选案例中（表 13-3-29），有 90%以上的案例都涉及行政执法权、管理权和监督权的行使，只有 35%的案例涉及领导权的行使，没有案例涉及行政立法权的行使（表 13-3-30）。

表 13-3-29 政府权力在案例中的表现及呈现阶段

序号	案例名称	政府权力在案例中的表现类型					解决结果
		行政执法权	行政立法权	管理权	监督权	领导权	
1	深圳深港西部通道环保维权事件	A	—	B/D/A	D	—	S
2	浙江东阳画水镇事件	D/A	—	A	B/A	A	S
3	厦门 PX 事件	A	—	A	B/A	—	S
4	上海反磁悬浮事件	D	—	B/A	A	A	SS
5	广东番禺事件	B/A	—	A	B/A	A	S
6	陕西凤翔血铅事件	B/D/A	—	A	B/A	A	SS
7	北京六里屯反建垃圾厂事件	B/D/A	—	A	B/A	A	SS
8	广东紫金血铅超标事件	D/A	—	A	B/A	—	S
9	大连 PX 事件	B/A	—	A	B/A	—	F
10	康菲污染事件	B	—	B	B	—	S
11	海南莺歌海镇反火电站抗议事件	B/D/A	—	A	B	—	S
12	什邡钼铜项目事件	B/A	—	B/A	—	—	SS
13	江苏启东事件	B	—	B	B/A	—	F
14	广东深圳南山区居民抗议 LCD 工厂事件	B/D/A	—	A	B	—	F
15	福建莆田抗议拟建高污染化工厂事件	B/D/A	—	A	B/A	—	F
16	广东惠州博罗县抗议焚烧发电厂事件	D/A	—	A	—	—	S
17	广安岳池村民拦停污水排放工程事件	A	—	A	B	—	SS
18	广东惠州反对垃圾焚烧厂事件	B/D/A	—	A	B/A	A	F
19	黄陂居民反建垃圾焚烧厂事件	D	—	A	B	—	SS
20	广州普宁民众反建垃圾焚烧厂事件	B/D	—	A	A	D	SS

表 13-3-30　政府权力在案例中行使的合理程度

序号	案例名称	政府权力在案例中的表现类型					解决结果
		行政执法权	行政立法权	管理权	监督权	领导权	
1	深圳深港西部通道环保维权事件	H	—	M/H/H	M	—	S
2	浙江东阳画水镇事件	M	—	H	L	H	S
3	厦门 PX 事件	H	—	M	L/M	—	S
4	上海反磁悬浮事件	H	—	M/L	L	L	SS
5	广东番禺事件	M/H	—	H	L/M	L	S
6	陕西凤翔血铅事件	L/M/H	—	H	L/M	H	SS
7	北京六里屯反建垃圾厂事件	L/M/M	—	M	M/M	H	SS
8	广东紫金血铅超标事件	L/M	—	M	L/M	—	S
9	大连 PX 事件	L/M	—	M	L/M	—	F
10	康菲污染事件	L	—	L	L	—	S
11	海南莺歌海镇反火电站抗议事件	L/L/L	—	M	M	—	S
12	什邡钼铜项目事件	M/H	—	L/M	—	—	SS
13	江苏启东事件	M	—	M	L/M	—	F
14	广东深圳南山区居民抗议 LCD 工厂事件	L/L/L	—	L	L	—	F
15	福建莆田抗议拟建高污染化工厂事件	L/L/L	—	L	L/L	—	F
16	广东惠州博罗县抗议焚烧发电厂事件	M/H	—	H	—	—	S
17	广安岳池村民拦停污水排放工程事件	M	—	L	L	—	SS
18	广东惠州反对垃圾焚烧厂事件	L/L/M	—	M	L/M	M	F
19	黄陂居民反建垃圾焚烧厂事件	L	—	L	L	—	SS
20	广州普宁民众反建垃圾焚烧厂事件	L/L	—	L	L	H	SS

各种类型政府权力的行使阶段和行使的合理程度分析如下列各表所示。

案例中，行政执法权的行使贯穿于环境群体性事件的各个阶段（表 13-3-29、表 13-3-31），但是这些阶段都没有通过卡方检验（表 13-3-32）。在成功或半成功的案例中，行政执法权行使的合理程度多为中和高，在失败的案例中则以低为主。但是如表 13-3-33 所示，不论解决结果如何，都有相当一部分案例中行政执法权行使的合理程度为低。

表 13-3-31 政府权力类型——行使阶段分析

呈现阶段	政府权力类型									
	行政执法权		行政立法权		监督权		管理权		领导权	
	数量	比例/%	数量	比例/%	数量	比例/%	数量	比例/%	数量	比例/%
事前	2	10	—	—	2	10	5	25	—	—
事中	2	10	—	—	—	—	1	5	1	5
事后	3	15	—	—	15	75	2	10	6	30
事前和事中	1	5	—	—	—	—	10	50	—	—
事前和事后	3	15	—	—	2	10	—	—	—	—
事中和事后	2	10	—	—	—	—	—	—	—	—
事前、事中和事后	6	30	—	—	1	5	—	—	—	—
未提及	—	—	20	100	—	—	2	10	13	65
总计	20	100	20	100	20	100	20	100	20	100

表 13-3-32 卡方检验结果

	B11	D11	A11
卡方（χ^2）	3.100[a]	6.000[b]	1.200[b]
df 值	2	3	3
显著系数	0.212	0.112	0.753

注：a. 0%概率下期望频率小于 5，最小期望频率为 6.7；

b. 0%概率下期望频率小于 5，最小期望频率为 5.0。

表 13-3-33 行政执法权行使合理程度——结果分析

行政执法权行使合理程度	结果					
	成功（S）		半成功（SS）		失败（F）	
	数量	比例/%	数量	比例/%	数量	比例/%
高	4	30.8	3	23	—	—
中	4	30.8	5	38.5	3	25
低	5	38.4	5	38.5	9	75
未提及	—	—	—	—	—	—
总计	13	100	13	100	12	100

政府缺乏对行政立法权的行使，没有资料显示环境群体性事件中通过经验总结进行行政立法的过程，对环境群体性事件解决的相关制度建设不完善（表 13-3-34）。

表 13-3-34　行政立法权行使合理程度——结果分析

行政立法权行使合理程度	结果					
	成功（S）		半成功（SS）		失败（F）	
	数量	比例/%	数量	比例/%	数量	比例/%
高	—	—	—	—	—	—
中	—	—	—	—	—	—
低	—	—	—	—	—	—
未提及	8	100	7	100	5	100
总计	8	100	7	100	5	100

管理权的行使主要呈现在事中和事后阶段，行使的合理程度以中为主。政府在事件之后多以暂停或取消项目建设平息民愤，但是也为具有长远利益的项目继续进行做出了重新环评论证、民意调查等努力。成功案例中，管理权行使合理程度高案例的占比达到了 50%，失败的案例中，没有管理权行使合理程度为高的案例（表 13-3-35）。

表 13-3-35　管理权行使合理程度——结果分析

管理权行使合理程度	结果					
	成功（S）		半成功（SS）		失败（F）	
	数量	比例/%	数量	比例/%	数量	比例/%
高	5	50	1	11.1	—	—
中	4	40	3	33.3	3	60
低	1	10	5	55.6	2	40
未提及	—	—	—	—	—	—
总计	10	100	9	100	5	100

监督权的行使主要发生在事前和事后阶段（表 13-3-31），但事后阶段并没有通过卡方检验，因而应着重加强对事前阶段监督权的行使，防患于未然（表 13-3-36）。监督权行使的合理程度多为中和低（表 13-3-37）。政府没有在事前对可能产生的环境污染进行监督和阻止，是对监督权的荒废，也是对公民的不负责任。

表 13-3-36　卡方检验结果

	B14	D14	A14
卡方（χ^2）	9.700[a]	16.200[b]	1.600[a]
df 值	2	1	2
显著系数	0.008	0.000	0.449

注：a. 0%概率下期望频率小于 5，最小期望频率为 6.7；

b. 0%概率下期望频率小于 5，最小期望频率为 10.0。

表 13-3-37 监督权行使合理程度——结果分析

监督权行使合理程度	结果					
	成功（S）		半成功（SS）		失败（F）	
	数量	比例/%	数量	比例/%	数量	比例/%
高	—	—	—	—	—	—
中	5	45.5	3	33.3	3	33.3
低	5	45.5	5	55.6	6	66.7
未提及	1	9	1	11.1	—	—
总计	11	100	9	100	9	100

领导权的行使主要发生在事后阶段（表 13-3-31），卡方检验的结果也表明了这一点（表 13-3-38）。事件事后产生的问题需要上级领导机关对下级政府进行帮助或指示，一方面促进事件的解决和善后工作，另一方面为地方政府提供强有力的支撑，增强公民对问题解决的信心。案例中，上级政府对领导权的行使都十分及时和有效。在有资料显示的案例中，领导权行使合理程度低的比重很小，成功和半成功的案例中管理权行使合理程度均较高（表 13-3-39）。

表 13-3-38 卡方检验结果

	D15	A15
卡方（χ^2）	16.200[a]	22.000[b]
df 值	1	3
显著系数	0.000	0.000

注：a. 0%概率下期望频率小于 5，最小期望频率为 10.0；
b. 0%概率下期望频率小于 5，最小期望频率为 5.0。

表 13-3-39 领导权行使合理程度——结果分析

领导权行使合理程度	结果					
	成功（S）		半成功（SS）		失败（F）	
	数量	比例/%	数量	比例/%	数量	比例/%
高	1	12.5	3	42.9	—	—
中	—	—	—	—	1	20
低	1	12.5	1	14.2	—	—
未提及	6	75	3	42.9	4	80
总计	8	100	7	100	5	100

2. 政府责任

在所选案例中（表 13-3-40），涉及行政责任和政治责任的案例均在 95%以上，而道德责任、诉讼责任和侵权赔偿责任都不足 30%，只有 1 个案例中政府承担了诉讼责任，2 个案例中承担了侵权赔偿责任（表 13-3-41）。

表 13-3-40 政府责任在案例中的表现及呈现阶段

序号	案例名称	政府责任在案例中的表现类型					解决结果
		道德责任	行政责任	政治责任	诉讼责任	侵权赔偿责任	
1	深圳深港西部通道环保维权事件	B	B/D/A	B/D/A	—	—	S
2	浙江东阳画水镇事件	A	B/A	B/A	—	—	S
3	厦门 PX 事件	B	B/D/A	B/A	—	—	S
4	上海反磁悬浮事件	—	B/A	B/D/A	—	—	SS
5	广东番禺事件	—	B/D/A	B/A	—	—	S
6	陕西凤翔血铅事件	B	B/D/A	A	—	A	SS
7	北京六里屯反建垃圾厂事件	—	B/D/A	B	—	—	SS
8	广东紫金血铅超标事件	B/D	B/D/A	B/D/A	—	—	S
9	大连 PX 事件	B	B/D/A	B/D/A	—	—	F
10	康菲污染事件	—	B	B	A	A	S
11	海南莺歌海镇反火电站抗议事件	—	B/D/A	B/D/A	—	—	S
12	什邡钼铜项目事件	—	B/D/A	B	—	—	SS
13	江苏启东事件	—	B/D/A	B/D/A	—	—	F
14	广东深圳南山区居民抗议 LCD 工厂事件	—	B/D/A	B/D/A	—	—	F
15	福建莆田抗议拟建高污染化工厂事件	—	B/D/A	B/D/A	—	—	F
16	广东惠州博罗县抗议焚烧发电厂事件	—	B/D/A	A	—	—	S
17	广安岳池村民拦停污水排放工程事件	—	B/A	B	—	—	SS
18	广东惠州反对垃圾焚烧厂事件	—	B/D/A	A	—	—	F
19	黄陂居民反建垃圾焚烧厂事件	—	B/D/A	A	—	—	SS
20	广州普宁民众反建垃圾焚烧厂事件	—	B/D/A	—	—	—	SS

表 13-3-41 政府责任在案例中的表现及呈现阶段

序号	案例名称	政府责任在案例中的表现类型					解决结果
		道德责任	行政责任	政治责任	诉讼责任	侵权赔偿责任	
1	深圳深港西部通道环保维权事件	L	L/H/H	L/H/H	—	—	S
2	浙江东阳画水镇事件	H	L/H	L/H	—	—	S
3	厦门 PX 事件	L	M/H/H	L/M	—	—	S
4	上海反磁悬浮事件	—	L/M	L/L/L	—	—	SS
5	广东番禺事件	—	M/H/H	L/M	—	—	S
6	陕西凤翔血铅事件	L	L/M/H	H	—	M	SS
7	北京六里屯反建垃圾厂事件	—	L/M/M	L	—	—	SS
8	广东紫金血铅超标事件	L/L	L/L/M	L/L/M	—	—	S
9	大连 PX 事件	L	L/L/M	L/M/L	—	—	F
10	康菲污染事件	—	L	L	H	M	S
11	海南莺歌海镇反火电站抗议事件	—	L/L/M	L/L/L	—	—	S
12	什邡钼铜项目事件	—	L/M/M	L	—	—	SS
13	江苏启东事件	—	L/M/H	L/M/H	—	—	F
14	广东深圳南山区居民抗议 LCD 工厂事件	—	L/L/L	L/L/L	—	—	F
15	福建莆田抗议拟建高污染化工厂事件	—	L/L/L	L/L/L	—	—	F
16	广东惠州博罗县抗议焚烧发电厂事件	—	L/H/H	H	—	—	S
17	广安岳池村民拦停污水排放工程事件	—	L/M	L	—	—	SS
18	广东惠州反对垃圾焚烧厂事件	—	L/M/M	M	—	—	F
19	黄陂居民反建垃圾焚烧厂事件	—	L/M/M	H	—	—	SS
20	广州普宁民众反建垃圾焚烧厂事件	—	L/M/M	—	—	—	SS

各种类型政府责任的承担阶段和承担的合理程度如下列各表所示。

政府承担道德责任主要呈现在事前阶段（表 13-3-42），但是卡方检验表明事中和事后阶段道德责任承担的作用更为重要（表 13-3-43）。政府对相关项目审批、环评报道等工作没有做好，没有承担起为人民服务的道德责任，承担度低，均会加剧环境群体性事件的发生。在所有案例中，政府仅在一个案例中较好地承担了道德责任（表 13-3-44）。

表 13-3-42　政府责任类型——承担阶段分析

呈现阶段	政府责任类型									
	道德责任		行政责任		政治责任		诉讼责任		侵权赔偿责任	
	数量	比例/%	数量	比例/%	数量	比例/%	数量	比例/%	数量	比例/%
事前	4	20	1	5	4	20	—	—	—	—
事中	—	—	—	—	—	—	—	—	—	—
事后	1	5	—	—	4	20	1	5	2	10
事前和事中	—	—	3	15	3	15	—	—	—	—
事前和事后	1	5	—	—	—	—	—	—	—	—
事中和事后	—	—	—	—	—	—	—	—	—	—
事前、事中和事后	—	—	16	80	8	40	—	—	—	—
未提及	14	70	—	—	1	5	19	95	18	90
总计	20	100	20	100	20	100	20	100	20	100

表 13-3-43　卡方检验结果

	B16	D16	A16
卡方（χ^2）	5.000[a]	16.200[a]	16.200[a]
df 值	1	1	1
显著系数	0.025	0.000	0.000

注：a. 0%概率下期望频率小于 5，最小期望频率为 10.0。

表 13-3-44　道德责任承担合理程度——结果分析

道德责任承担合理程度	结果					
	成功（S）		半成功（SS）		失败（F）	
	数量	比例/%	数量	比例/%	数量	比例/%
高	1	11.2	—	—	—	—
中	—	—	—	—	—	—
低	4	44.4	1	14.3	1	20
未提及	4	44.4	6	85.7	4	80
总计	9	100	7	100	5	100

行政责任和政治作用责任的承担贯穿于整个事件的全过程（表 13-3-40），但是行政责任在事中阶段的作用并没有通过卡方检验（表 13-3-45），因此应着重加强事前和事后阶段

行政责任的承担；而政治责任则是事后阶段没有通过（表 13-3-46），因此应注重事前和事中阶段对政治责任的承担。政府在工作过程中一方面没有完成好其职能的客观要求，另一方面在决策的过程中没有站在从公民的意志和利益角度出发的立场，因而承担的程度均较低。由表 13-3-47 和表 13-3-48 中也可以看出，不论是何种解决结果的案例，这两种责任承担程度较低的案例均占有很大的比重。

表 13-3-45 行政责任卡方检验结果

	B17	D17	A17
卡方（χ^2）	12.800[a]	1.200[b]	10.800[b]
df 值	1	3	3
显著系数	0.000	0.753	0.013

注：a. 0%概率下期望频率小于 5，最小期望频率为 10.0；
b. 0%概率下期望频率小于 5，最小期望频率为 5.0。

表 13-3-46 政治责任卡方检验结果

	B18	D18	A18
卡方（χ^2）	5.000[a]	14.800[b]	0.400[b]
df 值	1	3	3
显著系数	0.025	0.002	0.940

注：a. 0%概率下期望频率小于 5，最小期望频率为 10.0；
b. 0%概率下期望频率小于 5，最小期望频率为 5.0。

表 13-3-47 行政责任承担合理程度——结果分析

行政责任承担合理程度	结果					
	成功（S）		半成功（SS）		失败（F）	
	数量	比例/%	数量	比例/%	数量	比例/%
高	9	42.9	1	5.3	1	7.1
中	4	19	11	57.9	4	28.6
低	8	38.1	7	36.8	9	64.3
未提及	—	—	—	—	—	—
总计	21	100	19	100	14	100

表 13-3-48 政治责任承担合理程度——结果分析

政治责任承担合理程度	结果					
	成功（S）		半成功（SS）		失败（F）	
	数量	比例/%	数量	比例/%	数量	比例/%
高	4	23.5	2	22.2	1	7.7
中	3	17.6	—	—	3	23.1
低	10	58.9	6	66.7	9	69.2
未提及	—	—	1	11.1	—	—
总计	17	100	9	100	13	100

诉讼责任和侵权赔偿责任的承担主要是在事后阶段（表 13-3-40），卡方检验也证明了这一点（表 13-3-49、表 13-3-50）。在有资料可查的案例中，政府合理承担了诉讼责任，对公民其不恰当行政行为的质疑给予了回应。在仅有的一个有资料可查的案例中，其承担程度为高且事件成功解决（表 13-3-51）。侵权赔偿责任承担的合理程度为中，并且这些案例的解决结果均为成功或半成功（表 13-3-52）。上述结果证明了政府承担这两种责任的必要性。

表 13-3-49　诉讼责任卡方检验结果

	A11
卡方（χ^2）	16.200[a]
df 值	1
显著系数	0.000

注：a. 0%概率下期望频率小于 5，最小期望频率为 10.0。

表 13-3-50　侵权赔偿卡方检验结果

	A20
卡方（χ^2）	12.800[a]
df 值	1
显著系数	0.000

注：a. 0%概率下期望频率小于 5，最小期望频率为 10.0。

表 13-3-51　诉讼责任承担合理程度——结果分析

诉讼责任承担合理程度	结果					
	成功（S）		半成功（SS）		失败（F）	
	数量	比例/%	数量	比例/%	数量	比例/%
高	1	12.5	—	—	—	—
中	—	—	—	—	—	—
低	—	—	—	—	—	—
未提及	7	87.5	7	100	5	100
总计	8	100	7	100	5	100

表 13-3-52　侵权赔偿责任承担合理程度——结果分析

侵权赔偿责任承担合理程度	结果					
	成功（S）		半成功（SS）		失败（F）	
	数量	比例/%	数量	比例/%	数量	比例/%
高	—	—	—	—	—	—
中	1	12.5	1	14.3	—	—
低	—	—	—	—	—	—
未提及	7	87.5	6	85.7	5	100
总计	8	100	7	100	5	100

3. 政府权力与责任

从政府权力和责任的类型来看，五项权力均可以与行政责任相对应，领导权可与政治责任相对应，管理权可与诉讼责任和侵权赔偿责任相对应。由此可见，权力与责任的关系并不完全是一对一地对称。从呈现阶段来看，政府权力的行使除行政立法权外，都在事后阶段有所体现，而责任的承担也都在事后阶段进行，二者在这一点上是对称的。因此，应加强在事后阶段对权力的行使和责任的承担。从合理程度来看，政府各项权力行使的合理程度均高于其责任承担的程度，应当加强对责任的承担，实现权力与责任的对称。

四、讨论

（一）保障公民权利

根据对案例中各种公民权利的呈现阶段和保障程度的分析，环境群体性事件是由潜在或已经发生的环境污染引发的，所以在这一过程中首先要加强事后对公民生命健康权的保护，寻找危害公民生命健康的根源，停建污染项目，关停、改造或搬迁污染企业，加强对污染源的监督和控制。同时积极对公民的健康危害进行补偿，帮助其恢复健康。如不能改善污染，则应对污染范围内的居民进行搬迁，防止其生命健康继续受到威胁。

事前信息不公开或公开程度低、知情权得不到保障是激化矛盾、引发公民不满情绪和激烈群体性事件的重要原因。在环境群体性事件的发生和发展过程中，公民在信息公开方面的要求较高，案例中多位公民向政府施压讨要相关文件等信息来源，更加增加了公民的不满情绪。因此，应当提高事前阶段的信息公开度，从源头上减少或缓和冲突。信息的公开同时也能够促进公民监督权的保障，增加公民对环境污染的监督，减少污染。

此外，在事件解决过程中要注意保护公民的言论、游行示威和集会的自由，为公民的利益诉求表达提供畅通的渠道，完善信访制度，增加政府与公民的沟通。在多数案例中，公民通过论坛、博客等网络平台发表言论，同时也分享了事件相关信息，促进公民间信息的沟通交流。而对于游行示威、集体抗议、签名维权等集体行为，则少有通过公安机关的合法申请。一方面，公民事前认为申请不会被批准，因而自行组织活动；另一方面，对进行了申请的集体活动，其被批准的时间和程序比较复杂，不能够满足公民及时表达诉求的需要。在公民合法权益受到损害时，充分保障其求偿权也十分必要。公民求偿权的保障一方面能够稳定公民的情绪，避免冲突的反复；另一方面求偿权的保障能够提高政府的公信力，促使公民日后通过制度化的渠道规范维权，也可以推动有助于长远发展的公共项目的建设。

（二）引导公民履行义务

随着公民意识的觉醒，人们要求权利的呼声越来越高，但是对义务的履行却很少提及。在环境群体性事件中，尽管在40%的案例中公民没有严重扰乱正常的社会秩序，但是公民很少注重履行其应尽的义务。公民在行使游行示威、抗议集会等权利的同时，伴随着许多不尊重他人生命健康权、财产权和不爱护公共财产的行为。例如，四川什邡钼铜事件中，部分公民攻击市委办公场所，打砸公共财物，同时还对工作人员和警察施加暴力。这些行为不但不能解决问题，反而会使矛盾不断加深。因此，在保障公民权利的同时，政府应当引导公民履行相应的义务，实现公民权利与义务的对等。

（三）约束与合理使用政府权力

在环境群体性事件中，政府注重对行政执法权、管理权和监督权的行使，但是三者集中于事中和事后阶段，对事件采取被动回应的策略，致使其不能在事件解决中掌握主动权。因此，政府应当在事前阶段有所作为，提高事前行政审批、环评等执法工作的效率，对污染企业、污染项目等进行有效的监督。领导权的行使在案例中体现较少，上级政府对下级政府所辖事务的参与较少。此外，政府缺乏对行政立法权的行使。事件的解决结果往往停留在大规模的集体行动平息、项目停工或企业受到处罚的结果上，对事件经验的反思以及后续的制度构建与完善不足，容易导致冲突事件的反复发生，同时可能导致其他地区公民对事件行为的效仿，激发类似的事件。对此，政府应总结经验，深入了解当地公民的实际情况，建立环境群体性事件事前预警机制，在事件发生前及时舒缓矛盾，减少甚至避免大规模环境群体性事件的发生。

（四）建设“责任政府”

政府在行使公权力的同时，必须承担相应的责任。案例结果显示，政府在环境群体性事件中过于注重行使权力，忽视了对责任的承担。在事前阶段，大部分案例中政府审批信息公开度低，监督不足，对履行政治责任的内在驱动力不足。在事中阶段，政府以维稳为主要目标，往往难以真正解决问题。在事后阶段，政府的处置方式通常是对相关人员或企业进行惩罚，暂停未上马的项目，以暂时平息公民的愤怒。但是，这样的解决方式虽然承担了行政责任，但是并没有从根本上实现公民的利益。政府应当对污染企业进行强有力的监督，促进企业的转型升级。对可能产生污染的项目，政府应进行反复论证，寻找更为可行的方案。如果必然会产生一定的污染而现阶段必须通过建设该项目推动经济发展，则应建设相应的防护措施，保障公民的生命健康权。同时，还应承担侵权赔偿责任，对公民受到的损害加以补偿。案例中较少涉及诉讼责任和侵权赔偿责任，一方面反映了政府没有对公民权益损失进行及时的补偿，而是注重维护社会稳定；另一方面反映了公民没有通过法律诉讼途径维权。政府是国家行政机关，应当以公民的意志和利益为重，在解决环境群体性事件的过程中要多站在公民的角度上考虑问题。

（五）对策建议

针对上述四个方面的讨论，为促进环境群体性事件更好地解决，必须注意以下几点：

（1）政府决策以公民的意志和利益为目标，以保障公民的生命健康权为前提。这是政府必须承担的政治责任，也是政府权力更好行使的重要保障。这样的决策能够为公民提供最根本的对生命健康的安全感，更加顺应民意，增强公民对政府的信任，为可能产生的矛盾提供一定的缓冲。

（2）提高各个阶段尤其是事前阶段信息公开的深度和广度，充分保障公民的知情权。信息的充分公开有助于降低博弈成本，促使公民以更加理性的方式思考和解决问题，可以有效地促进政府与公民之间的沟通交流，避免产生激烈的争斗。

（3）为公民建设畅通的诉求表达渠道，提高行政执法效率，保障公民监督权。环境群体性事件中公民过激行为的发生，很大程度上是因为诉求得不到回应和解决。许多案例中政府办公室、信访部门等接收公民的意见书之后不予回应，致使公民对事件的反映越来越强烈，增加了其不满情绪。因此，政府应为公民的诉求表达提供合理的出口，一方面关注公民所提出的问题，另一方面缓解其负面情绪，为问题的解决寻求体制内的方法，同时也节省了维稳带来的行政成本。

（4）充分发挥多种媒体及网络平台的优势，保护公民言论自由。媒体网络不仅是传播信息的平台，更为公民表达观点、提出建议提供了重要途径。政府一方面要保障公民言论自由，另一方面也要防范和警惕不法分子的恶意造谣和破坏，防止事态的恶化。

（5）保护公民游行示威与集会的自由，简化其申请批准程序。我国的集会游行示威法详细规定了集会、游行、示威的适用条件和申请程序，政府应当加以宣传，引导公民按照法律规定的合理方式表达意愿。

（6）加强事后行政立法优化，建立环境群体性事件事前预警、事中应对和事后妥善安置机制。环境群体性事件的解决是一个系统的过程，政府在事后阶段要反思工作中的问题和不足，对事件发生发展的过程进行梳理，针对事件建立模拟系统，设置多套紧急预案，为以后类似事件的解决提供参考。

（7）提高公民义务法律法规的宣传力度，规范公民行为，在公民不听劝阻故意不履行义务时采取强制手段，行使社会管理职权。现阶段公民义务的履行主要依靠公民的自觉意识，法律规范的模糊性以及公民行为的利己性，致使公民注重维权的同时弱化了对义务履行的认知。政府引导公民履行义务可以使环境群体性事件有序进行，使公民的集体行动既表达其意愿，又不会对社会产生负面影响。

（8）培养公民运用法律维权的意识，对公民合法权益的损害进行及时补偿。鉴于法律维权的成本，公民在维护自身权利时少有通过诉讼途径进行。在依法治国理念的推进下，政府应加强对法律知识的普及和宣传力度，为公民提供成本低的法律咨询、援助等服务，促进环境群体性事件解决的法治化。同时，政府应当对公民受到损害的利益进行及时的补偿，对污染地周边的居民进行妥善的安置。

（9）增强对环境污染项目审批的监督，保证环评的合理可靠。这一方面可以减少污染，另一方面可以提高公民对环评报告的信赖度，减少事件可能产生的冲突点。

（10）树立政府权威，增强政府公信力，有效行使领导权，承担道德责任和政治责任。在责任政府的建设中，道德责任是政府行为的内部约束力，是提高政府公信力的重要内容。要承担起道德责任，首先，要求政府官员树立自觉的道德意识，强化实现公共利益的工作目标；其次，要建立道德责任考察制度，对忠于职守、工作勤奋等体现道德责任的行为进行奖励，让公民对此进行满意度评价并作为考核标准；最后，要加强文化建设，摒弃传统的官僚主义等作风，发挥领导的带头作用，逐步建立与公民共同决策的民主行政理念。

五、结论

随着中国经济的快速发展，在经济社会改革进入深水区的中国，由环境污染引发的群体性事件比较多。因此，要维护社会的稳定发展，推动改革的进程，就必须探求解决环境群体性事件的方法。本节研究从权利义务和权力责任的角度入手，选取了 20 个不同时间、地域、行政层级、污染类型和解决结果的案例进行编码和统计分析，同时借助文献荟萃法，对中国环境群体性事件的解决机制进行了探讨。研究对环境群体性事件案例中公民应受到保障的六种权利、公民应履行的四项义务、政府行使的五项权力和政府承担的五项责任的类型、呈现阶段、合理程度进行了分析，并针对案例反映的现状进行讨论，提出了对策建议。

本节的研究也存在一定的不足。首先，本节研究所选取的 20 个案例虽然依照案例研究的有效性原则进行选择，具有一定的代表性，但是仍不能够全面地概括中国环境群体性事件的全貌，仍然需要更多的案例对研究的结果进行不断的验证；其次，对案例本身没有进行充分的访谈，缺少感性的认识；最后，案例编码中难以避免主观判断所造成的误差，还有待进一步地完善和改进。

第十四章　监督、法律和保障机制

本章要点　本章着重研究如何建立环境群体性事件处置的监督、法律和保障机制。根据相应的理论基础，本章分别从监督机制、法律机制和保障机制三项子机制展开研究。在监督机制方面，本章重点分析了事件解决中监督的过程、主体、客体和规则，提出事件处置中应当关注的监督重点。在法律机制方面，本章基于经典案例研究、问卷调查和深度访谈，发现了事件处置中法律机制存在的主要问题并提出了对策建议。在保障机制方面，本章验证了全面的保障机制对事件处置的重要作用，并对政府保障机制的建立提出建议。

第一节　监督机制

本节要点　结合我国的 27 个典型案例、问卷调查和实地访谈的结果，本节讨论了事件解决中监督机制的监督过程要素、正式和非正式规则、事件特征要素的特点，以及它们与事件解决结果间的相关关系。研究显示，在我国环境群体性事件监督机制中：①从监督过程来看，在主体方面，应采用政党与政府监督相结合，增进新闻媒体和社会组织的监督参与；在方式方面，增加对公民监督的回应，强化政党和立法监督方式；在客体方面，应增强对企业的监督，引导企业主动接受监督，缓和矛盾；在内容方面，应着重关注政府执法、环评、信息公开、企业社会和环境责任及公民诉求表达方式，对此应保证政府对环评论证的科学性、合理性，增加环评审批工作的透明度，抓紧地方政府对污染的监管执法，落实企业环境治理责任，引导公众通过合法手段解决问题；在结果反馈方面，外部反馈效果更好，应外为主，内修正。②从规则来看，非正式规则对结果的影响略大于正式规则，需细化环境监督立法，着重增强科普宣传，增强公民的环保意识和监督意识并重。③从特征要素来看，解决结果成功的环境群体性事件多发于经济发展水平高的东部地区，多发于城市，多发于市和区县层面，其抗争多以非暴力方式进行。污染类型集中于混合污染、大气污染和水污染，邻避冲突相对较多。事件的暴力程度越高，事件解决越容易失败。本节研究对我国环境群体性事件中的监督重点进行了分析，一方面突出了事件中监督过程构建的侧重点，另一方面也显示了环境群体性事件的多发特征，对更好地解决环境群体性事件具有一定的参考意义。

环境群体性事件作为冲突的表现形式之一，不仅要从源头对环境污染进行预防，更要在事件解决的过程中建设完善的监督机制。随着参与环境群体性事件治理的主体的类型、数量的不断增加，为了使治理有序有效地推进，减少事件解决过程中的交易成本[1]，对各参与主体的行为进行约束和规范显得尤为重要。

本节研究通过文献梳理、问卷调查以及典型案例分析，以政治监督理论为基础对中国环境群体性事件治理过程中的监督过程进行剖析，寻找其中的关键主体及行为方式，整合了监督机制的过程性框架，为环境群体性事件解决中的制度建设提供支持。

一、文献综述与理论框架

（一）环境群体性事件中对监督的相关研究

一段时期以来，针对环境群体性事件及其处置机制的研究层出不穷，其中对监督的研究主要集中在政府对污染企业和项目的监管、公民参与和新闻媒体的监督三个方面。因此，本节研究主要对这三个方面进行文献综述。

1. 环境群体性事件中的政府监管与监督

由于环境群体性事件是由企业排污或公众对未来可能会产生的污染危害的不良预期所引发的，所以许多学者对环境治理中政府对污染项目和企业的监管进行了研究。

政府是环境群体性事件参与的核心主体，对其进行监督是十分必要的。很多环境群体性事件发生都是政府对环境治理监管不力造成的，因此要对政府进行监督，首先就要从环境治理监管的问题入手。董志明等[2]的研究发现，环境治理监管中存在诸多问题：一是部分环保部门违反国家法律法规的规定，违规收费与收费不到位并存，只收费不检测环境的现象多发；二是治理经费不足，治理资金被违规使用；三是缺乏有效的监管手段，没有具体的法律细则规定监管的过程及标准，对环境污染的事前监督十分缺乏；四是法律责任不明确，企业的责任仅停留在交排污罚款，对污染或即将产生的污染所造成的环境破坏及民众损失等不闻不问；五是项目审批及环评结果把关不严，存在大量“假环评”“不环评”现象；六是环境治理设施及其运行严重不足。冯思羽等[3]在对个别地区的环境执法研究中认为，环境行政执法监督十分必要，这不仅有赖于相关的法律规范，也需要不同地区与主体之间的相互协作。对此，董志明等[4]提出要强化政府和公民的环保责任意识，增强对企业的监督；增加对农村环保和城市排污问题的重视，合理规划和使用环境治理资金；实行建设项目环保“一票否决”制度，对不符合环保标准的项目在事前监督中实施严格的环境评价和准入制度，对屡犯不改的污染企业强制执行市场退出机制；建立环境监管“目标责任制”，将环境监管目标纳入行政考核之中，明确管辖范围和相关责任人；加强环境治理收费监管，建立重点监督联系制度，随时掌握监管中存在的新问题、新动向。对于政府在环境群体性

1 奥利佛•威廉姆森，斯科特•马斯滕，威廉姆森，等. 交易成本经济学[M]. 北京：人民出版社，2008.

2 董志明，陈志江，桑毅. 环境治理监管中存在的问题及对策[J]. 中国价格监督检查，2007（4）：11-12.

3 冯思羽，谭力. 论行政边界区域环境行政执法监督——基于湘渝黔边区“锰三角”环境污染治理的法律思考[J]. 赤峰学院学报（哲学社会科学版），2016，37（3）：154-156.

4 董志明，陈志江，桑毅. 环境治理监管中存在的问题及对策[J]. 中国价格监督检查，2007（4）：11-12.

事件中的处置行为，不仅公众等对其有所质疑，其群体内部也存在疑惑的声音。例如，在启东事件中，不仅公众十分忧心污染带来的灾难，甚至一些参与事件处置过程的警察也对排污所造成的损失和危害有所疑惑[1]。因此，在环境群体性事件中必须加强对政府的监督。

对政府的监督固然重要，但是政府作为公权力使用者对公民、新闻媒体等其他主体的重要监督能力也不可忽视。[2]许多环境群体性事件中存在暴力冲突、堵路等威胁他人生命财产安全与社会秩序的非法行为，不仅会进一步激化矛盾，对事件的解决无益，还造成人员伤亡和巨大的经济损失。[3]因此，在环境群体性事件中，政府作为社会秩序的主要维护者，有权且应当督促公民以合法的形式进行抗争。在某些涉及网络的环境群体性事件中，谣言与不实报道也使冲突升级且阻碍着事件的有效解决，这就要求政府对公众及新闻媒体言论的真实性进行监督，减少因错误信息的传递而增加的事件解决成本。

2．环境群体性事件中的公民参与

公民参与到环境群体性事件的监督过程中，既是监督的一股重要力量，又要接受监督，以合法的方式促进环境群体性事件得到更好解决。

公民作为环境群体性事件的重要参与主体[4]，对污染企业、政府、新闻媒体以及环保社会组织的不良行为都要进行监督。申娜认为，“公众有享有适宜自身生存和发展的良好生态环境的法律权利，因此，对于任何开发环境的行为都有监督及获知相关信息的权利”[5]。刘岩在其研究中发现，公民参与的主要方式包括“在网络上发表自己的看法，表达反对意见”“向环保组织反映”“联络更多的人，集体向政府施压”“向媒体反映”等。[6]李蒙在其专题报道中通过对两个具体案例（什邡钼铜事件和江苏启东事件）的过程描述，分析了事件解决的核心问题，即环评过程的公开与各利益方的充分参与。[7]他认为只有将环评过程规范化，接纳公民的参与和监督，才能取信于民。这表明环境群体性事件的解决不仅需要加强对产生污染企业的监管，更要增进公民对政府行为的监督。王秀云[8]也十分认同公民对政府和企业的监督是其参与环境群体性事件的重要内容。

公民对环境污染及自身维权的抗争行为也存在不合理和违法的风险，需要接受监督。Liu 研究发现，在城市工业污染引发的群体性事件中，居民存在三种行为：无作为、合法行为和极端行为。他研究了影响居民行为的因素，其中补偿满意度、污染对健康的危害风险以及谣言的传播速度极大影响着公民的行为，居民法律意识的增强对其行为有微弱的影响，政府介入的时机以及企业对环境不满的反应速度对居民行为没有明显的影

1 李蒙.《环境保护的民间视角》专题报道之二：环境群体性事件启示录[J]. 民主与法制，2012（33）：18-21.

2 郭研，Haripriya G. 监督和激励合约在环境治理中的应用[J]. 山西财经大学学报，2004（4）：26-31.

3 王玉明. 暴力环境群体性事件的成因分析——基于对十起典型环境冲突事件的研究[J]. 四川行政学院学报，2012（3）：62-65.

4 Zhu Q. Analysis on the Group Incidents of Environmental Pollution Conflict[J]. Environment & Sustainable Development，2013.

5 申娜. 完善环境群体性事件中风险沟通机制[J]. 人民论坛，2016（17）：59-61.

6 刘岩. 强行动意愿/群体化倾向：环境污染风险中公众的行动选择——基于北京、长春、湘潭三地的调查分析[C]//中国社会学博士后论坛，2009.

7 李蒙.《环境保护的民间视角》专题报道之二：环境群体性事件启示录[J]. 民主与法制，2012（33）：18-21.

8 王秀云. 环境法公众参与制度研究——从近年来涉环境群体性事件分析入手[D]. 上海：复旦大学，2014.

响。[1]因此，对政府和企业是否对公民进行合理补偿、企业或项目已造成或可能造成的污染以及公民和新闻媒体言论真实性的监督尤为必要。与此同时，由于公民可能采取非法的极端活动，其抗争行为也应受到监督。胡美玲和肖建华[2]在对农村环境群体性事件研究的案例描述中就写道产生暴力抗争的广西岑溪市波塘镇事件，“一百多名村民聚集到了中泰公司，用木头、石块设置障碍物，堵塞该公司的大门，要求整治该公司环境污染等问题”，由此可见公民自身的非法抗争也十分常见，应当对其进行监督。

3．环境群体性事件中的新闻媒体监督

新闻媒体作为环境群体性事件中的重要信息传递者和监督者，在协调各主体间关系，促进信息沟通方面具有重要的作用。彭小兵和杨东伟[3]在对环境群体性事件中有关政府购买服务的研究中指出，“传媒对于我国环境群体性事件的暴发与化解均有重要影响，事件的解决多因传播于公众间的媒体信息，影响广泛，进而倒逼当地政府进行正面、公开、合法的回应，最终有效解决事件。传媒最根本的职责就是传播真实信息，协调社会关系，发挥监督功能”。因而传媒作为信息传播者、社会监督者，在环境群体性事件发生时，必须对所传播的信息负责，起到矛盾疏解、力量平衡与关系协调的作用，担负起被赋予的社会责任，以防止事件的失控。与此同时，新闻媒体作为信息传播的重要使者也存在报道不实等弊端。郑君君等[4]就在研究中发现，在考虑信息交互的情况下，“监管部门加强舆情引导、避免发布错误信号、提高其公信力均有助于环境污染事件冲突的规避和解决”。

4．环境群体性事件中的社会组织监督

社会组织在环境群体性事件的作用研究集中于应急管理和事件处置机制研究之中，许多研究都提到了其在事件解决中的重要监督作用。彭晓伟认为，社会组织不仅十分有必要参与到环境群体性事件中来，而且发挥着社会服务与社会监督的重要功能，加强了对“政府公权力运作的社会监督”。[5]胡海提出社会组织参与群体性事件的机制中包括监管机制。[6]辛香在其研究中建议，应加强立法工作，通过法律形式促进各政府部门、各社会组织之间的相互监督。[7]正如王德明所阐述的那样，社会组织的社会监督功能在“厦门PX事件”等典型的环境群体性事件中发挥得淋漓尽致。但是他也认为，社会组织由于自身能力有限，其行动也受到一定制约。[8]

（二）政治监督理论

本节研究针对监督的基本概念与特征，中国古代、近代以及现代的监察制度的发展，

---

1 Liu Y. Industrial Pollution Resulting in Mass Incidents：Urban Residents' Behavior and Conflict Mitigation[J]. Journal of Cleaner Production，2017：166.

2 胡美灵，肖建华. 农村环境群体性事件与治理——对农民抗议环境污染群体性事件的解读[J]. 求索，2008（12）：63-65.

3 彭小兵，杨东伟. 防治环境群体性事件中的政府购买社会工作服务研究[J]. 社会工作，2014（6）：16-27.

4 郑君君，闫龙，张好雨，等. 基于演化博弈和优化理论的环境污染群体性事件处置机制[J]. 中国管理科学，2015，23（8）：168-176.

5 彭晓伟. 非政府组织参与群体性事件治理的功能、原则及意义初探[J]. 云南行政学院学报，2010，12（3）：73-75.

6 胡海. 非政府组织参与群体性事件治理的机制研究[J]. 湖南财政经济学院学报，2010，26（2）：22-25.

7 辛香. 非政府组织参与群体性事件治理研究[J]. 管理观察，2012（9）：146-147.

8 王德明. 非政府组织参与群体性事件治理的功能研究——以浙江晶科能源环境污染事件为例[D]. 上海：上海交通大学，2013.

西方政治监督理论和近现代监察制度进行简要梳理。

首先，监督是由国家权力机关、公民以及社会组织等多种主体对公权力掌握或使用者所进行的行为制约。它不仅是对客体行为进行的监察，更是对客体改正不良行为的督促。[1,2,3]

其次，自古以来的监督体系有一些公认的基本特征：①监督具有权威性与权力依附性。②监督具有外在性。监督是主体对客体行为的控制与约束，外力的推动是有效监督的重要保证。即便是行政机关的自我监督，其监督的主体也是平行或级别高于客体的监察机关，从行政权力行使行为的外部对其工作人员及行为进行监督。但是，毛宏升[4]认为，所谓的自我监督只是一种自我约束，“并不属于严格意义上的监督”，因为它一定程度上取决于“两位一体”的监督主体和客体的公共精神和自觉性。③监督具有强制性。不论被监督者主观上是否自愿，他们均要受到监督，而当监督主体被赋予某种处置不合理或不合法行为的权力时，这种强制性则被更强地体现出来。④监督具有相对独立性。这一点主要是指组织独立性，二者间如果存在上下级等利益关系，则很难保证监督的有效性。⑤监督具有多样性。在网络信息技术迅猛发展的时代，监督的多样性不仅表现为监督主体的多样性，也表现为监督手段、监督方式的多样化，例如网络监督等。[5,6]

再次，从历史发展的角度来看，中西方的监督理论与制度发展各具特色。从中国古代监察制度的发展历程来看，大致可分为上古、秦汉、唐宋、元明清四个阶段。在中央集权的专制皇权统治之下，中国古代的监察制度按照监察对象可分为对皇帝的监察和对官员的监察。而在对皇帝的监察方面，由于其监督主体（“天”和官员）要么是虚无的，要么权力位阶低于被监督的皇帝，因而监察最终是否奏效，很大程度上取决于皇帝的个人才德以及是否秉持对“天”这一超自然力量的敬畏。从整个古代历史来看，对皇帝的监督有效性不高，服务于专制皇权的监察制度主要是对官员进行监督。在对官员的监察方面，可从横向和纵向两个维度进行阐述。从横向维度来看，历朝历代对监察制度的设计无外乎监察机构的设置和监察法规的制定。监察机构的设置划分为中央和地方两个层次，在各自层次下又划分为不同级别的部门并设置相应的官员。监察法规的制定分为两种：一是成文的诏书，规定监察官员的职责；二是皇帝临时赋予检察官的权力职责，不构成常设条款。从纵向维度来看，中国古代监察制度的发展在探索过程中不断严密起来，在机构设置上经历了台谏分开到台谏合一、科道分开到科道合一的分和过程；在官员上除中央和地方的常规设置外，皇帝还随时派出临时的巡抚或总督等，对地方事务进行监察；在监察官职权上，早期监察官的职位较高，后来监察官的品级职位有所下降，呈现专业化趋势。中国古代监察制度虽逐步发展完善成配适于中央集权体制的严密体系，但仍存在许多问题：①以法家皇帝御下之术中的“督责之术”和儒家的中庸道德为理论依据，没有明确系统的监督理论作为指引。

---

1 陈奇星. 行政监督新论[M]. 北京：国家行政学院出版社，2008：1-3.

2 蔡林慧. 我国行政权力监督体系的完善和发展研究[M]. 上海：上海三联出版社，2014：14.

3 毛宏升. 当代中国监督学[M]. 北京：中国人民公安大学出版社，2013：1-3.

4 毛宏升. 当代中国监督学[M]. 北京：中国人民公安大学出版社，2013：3.

5 侯志山. 论监督的本质特征[J]. 廉政文化研究，2014（1）：35-39.

6 毛宏升. 当代中国监督学[M]. 北京：中国人民公安大学出版社，2013：3-4.

②监督的目的是维护专制王权，而非促使权力廉洁高效运行，导致监督的无效。③专制色彩浓重导致对言论自由的限制，缺乏舆论监督。除“风闻议事”中出现的民谣之外，百姓没有表达态度与想法的意识和途径，只能被动服从统治或实在不堪忍受时出现暴乱。④监察官员设置混乱，监察机构冗杂。⑤监督条令少且不完善，重人治，没有充分发挥监督法规的作用。实际执行过程中往往人大于法，难以贯彻。⑥独立的地方监察官员多在工作一段时间之后职权扩大，向地方行政官员转化，丧失了应有的监督功能，监督作用大大降低。这些问题的存在也为后来监督制度的建立与监督实践的发展提供了大量的借鉴。

中国的监督制度发展到近代，进行了具有明显西方特征的尝试。清末进行宪政改革，清政府兴办谘议局和资政院，虽有议政权，却无权监督政府。[1]民国初期由于立法仓促，并没有对监督具体制度作详细的说明，袁世凯攫取革命果实上台后，“公布《纠弹条例》，设置平政院肃政厅，专司监察”，对袁世凯负责，而后军政府予以撤销。孙中山对监察进行过明确设计，他从“五权宪法”理论出发，设立监察院，主张监察权的独立，认为应由监察院向国民大会弹劾和罢黜。同时，依据他的“权能分立”说，地方基层强调人民对政府有监督权，主张利用人民直接参政的方式对政府实行监督。南京国民政府建立之后，虽设置监察院，设正副院长和监察委员，但在蒋介石的独裁统治下并没有发挥实际效应，都由蒋介石为首的国民党进行党内控制，有名无实。虽现实并无监督之效，但国民政府的监察院有一套监察法律体系，包括《国民政府检察院组织法》、《治权行使之规律案》、《中华民国国民政府组织法》之“监察院”章、《五五宪草》、《中华民国宪法》等，都有对监察院及其工作的规定。其中，检察院作为最高的监察机关，可以行使同意、弹劾、纠举、审计等权力。不论是清政府的改革还是国民政府向西方学习，都存在一个问题，“换汤不换药”，仅在条文上学习西方监督制度的外表，没有改变专制独裁的人治本质，在实践上没有践行，使其难以避免腐败与权力制约的无效率。

当代中国的监察制度则更多继承了苏联的党政监督体制。列宁设立了党内监督和党外监督的双重监督体系。[2]党内监督设置中央监察委员会和检察委员会，监察委员会由党的全国代表大会选举产生，可参与到党政决策中，检察委员会则负责检查和监督日常工作；党外监督是人民群众的监督，重视群众的来信与来访，提出“政治公开性”，要求对群众的意见给予足够重视并做出迅速的反应。[3,4]在斯大林执政之后，权力高度集中，监督机构形同虚设，造成很大的僵化问题。虽然赫鲁晓夫和戈尔巴乔夫后来为改变腐败状况做出了努力，但并未能挽回苏联的颓势。勃列日涅夫则对检察监督机制“心口不一”，“唱高调、放空炮”[5]，本人便存在严重的腐败问题，可见监督要从根源抓起。值得一提的是，戈尔巴乔夫在舆论监督方面放弃了对报刊媒体监督的控制，批评无禁区，致使新闻媒体失控，无法

1 吴丕，袁刚，孙广厦. 政治监督学[M]. 北京：北京大学出版社，2007：79.

2 Dong X H. On Lenin’s Theory and Practice of Establishing the Supervision System for a Political Party[J]. Journal of Southeast University Philosophy & Social Science Edition，2002.

3 吴丕，袁刚，孙广厦. 政治监督学[M]. 北京：北京大学出版社，2007：96-107.

4 王桂五. 列宁法律监督理论研究[J]. 中国刑事法杂志，1993（3）：14-26.

5 吴丕，袁刚，孙广厦. 政治监督学[M]. 北京：北京大学出版社，2007：115.

站在客观的立场发挥对权力的监督作用。

现代中国的行政监督已初步构建了一个相对完整的制度体系，吴丕等[1]将其分为国家监督、政党监督以及社会监督三大部分。国家监督包括行政机关、立法机关和司法机关的监督，政党的监督则包括中国共产党的监督和政协的监督，社会监督包括公民监督、社会团体与组织监督和舆论监督。一段时间以来，我国对监督的研究集中于行政监督和舆论监督，同时不断强化政党监督。[2] 2016 年，党的十八届六中全会通过了《中国共产党党内监督条例》的修正案，进一步加强党内的监督。[3]对政府监督的代表性理论是“回应性监管理论”，Braithwaite（布雷斯维特）认为“回应性”的政府监管可以概括为九项原则。[4]阎德民认为，中国特色的权力监督机制分为两部分：一是体制内监督，即人大及其常委会的监督、司法机关的监督、行政机关的监督、政党的监督；二是体制外监督，包括民主党派监督、公民监督和舆论监督。[5]

西方监督制度的发展源自对权力制约的讨论，主要代表性理论有分权制衡理论和人民主权理论。西方对于权力监督的思想起源于古希腊、古罗马时期对权力制约的思考，柏拉图认为君主应当学会自制；亚里士多德认为权力一旦不加限制便会被滥用，提出了权力分立的想法；西塞罗提出了共和制的控权理论。[6]西方国家的监督理论研究中心是对行政的监督，依据主体类型可划分为利益集团的监督、在野党的监督、监察机构的监督和公民的监督。西方行政监督体制较为完善，监督机构独立性强。例如瑞典，其行政监察专员及工作机构均独立于政府机构之外，只对议会负责，其任免、任期均不由政府决定。同时，西方行政官员的职业伦理意识较强，对腐败的控制更为容易。此外，与监督机构设置相匹配的完备监督法制是西方行政监督的又一大重要特征，这一方面源于市场经济的法治内涵，另一方面有宪法的规定作为依据。最后，其舆论监督力度较大，尤其是新闻媒体的力量。西方新闻媒体对政府行为的独立及时报道，给政府以无形的行为约束力的同时，还为公民监督政府行为提供了信息渠道，一举两得地促进了舆论监督和公民监督的双繁荣。[7]

依据人民主权理论，国家的权力来源于公民，公权力是公民通过让渡一部分私权利而组织起来的。因此，公民有权利对公权力的运行进行监督。我国法律中对公民的监督权进行了规定，其中，《中华人民共和国宪法》第四十一条规定“公民有权对国家机关和国家工作人员的违法失职行为进行批评、建议、申诉、控告或检举”[8]，《中华人民共和国环境保护法》第五十七条也规定“公民对任何单位和个人有污染环境和破坏生态行为的，有权

---

1 吴丕，袁刚，孙广厦. 政治监督学[M]. 北京：北京大学出版社，2007.

2 任建明，杜治洲. 腐败与反腐败：理论、模型和方法[M]. 北京：清华大学出版社，2009.

3 中国政府网. 中国共产党党内监督条例（试行）[EB/OL].（2016-10-27）. https://www.chinacourt.org/article/detail/2016/11/id/2334454.shtml.

4 Braithwaite J. The Essence of Responsive Regulation[R]. University of British Columbia Law Review，2011：44.

5 阎德民. 中国特色权力制约和监督机制构建研究[M]. 北京：人民出版社，2011.

6 同上。

7 郭英. 西方行政监督体制的特点及启示[J]. 成都大学学报（社会科学版），2009（2）：28-31.

8 中华人民共和国全国人民代表大会. 中华人民共和国宪法（2004 年）[DB/OL]. 国家法律法规数据库.（2004-03-14）. https:// flk.npc.gov.cn/xf/html/xf4.html.

向环境保护主管部门或者其他负有环境保护监督管理职责的部门举报”[1]。公民监督也被称作“公众监督”，常健认为它是指公民依据宪法和法律规定，行使对公共机构及其成员进行监督、检查、督促，并形成一定规模行为的权利。他还把公民监督划分为个体与集体两类[2]，本节研究主要将公民监督看作集体的监督。

最后，从学者对监督机制的研究来看，监督类型主要包括六种，即行政监督、立法监督、司法监督、新闻舆论监督、公民监督、其他社会团体组织的监督。[3]

现有的环境群体性事件中监督的相关研究比较分散，多是提到需要进行监督，发挥不同主体在实践参与过程中的监督功能或作用，而没有对环境群体性事件的监督进行一个单独的整合研究。与此同时，这些研究往往从某一主体或处置机制的角度入手，在方法上多采用定性的方法进行研究，缺少多种研究结果的相互印证。由于有效的监督是促进各参与主体合理合法行动的必要条件，因此，本节研究将运用多元治理理论，分析在环境群体性事件解决中，监督主体的参与、监督方式与手段的选择、监督反馈的执行、监督效果以及正式和非正式制度与事件解决结果的关系，找到环境群体性事件解决中监督环节应重点注意的问题，促进环境群体性事件的更好解决。

（三）理论框架

正如刘易斯•科塞认为的那样，社会时刻处在一种不平衡的状态之中，社会冲突不可避免。[4]科林斯认为，社会冲突根源于控制他人的主观愿望、占有资源的不平等和强制力量的威胁。人总是追求个人利益的最大化，这种最大化是通过对资源的拥有而实现的，资源分配的不平等导致社会的分化与冲突。为了得到更多的资源，占优势的一方便会通过强制力控制其他人，来达成目标，但是在这一过程中，他们又试图摆脱拥有比他们强制力更大的人的控制，从而形成一个从“个人利益”到“资源分配”到“强制力”再到“个人利益”这样一个不断循环的过程，冲突在这样的过程中不断发生。[5]既然我们无法避免个人或他们组成的群体追求自身利益最大化的过程，那么就需要对他们在环境群体性事件中追求利益最大化的行为进行规范监督，使其采取更为合法有效的手段达成目标。

20 世纪 90 年代以来，治理理论和实践逐渐兴起。越来越多的学者认为，在市场和政府均暴露出其在社会管理中缺陷的情况下，社会有序的条件已发生了变化。在这种背景下，许多学者对治理做出了不同的定义。罗西瑙（J. N. Rosenau）将治理定义为一系列活动领域里的管理机制，尽管他们未获得正式的授权，但是能有效发挥其作用。不同于统治的是，“治理指的是一种由共同的目标支持的活动，这些管理活动的主体未必是政府，也无须依靠国家的强制力量去实现”。范•弗利埃特（M. Van Vliet）和库伊曼（J. Kooiman）认为，治理所要创造的结构或秩序不能从外部强加，其作用的发挥需依靠多种统治依据进行相互

---

1 中华人民共和国全国人民代表大会. 中华人民共和国环境保护法[DB/OL]. 国家法律法规数据库.（2014-04-24）. https://flk.npc.gov.cn/detail2.html？MmM5MDlmZGQ2NzhiZjE3OTAxNjc4YmY3NmMxZDA3MTc%3D.

2 常健. 社会治理创新与诚信社会建设[M]. 北京：中国社会科学出版社，2015.

3 尤光付. 中外监督制度比较[M]. 北京：商务印书馆，2013.

4 王明霞. 西方社会建设理论对构建和谐社会的启示——功能论和冲突论的视角[J]. 社会科学论坛，2007（12）：57.

5 廖梦园，程样国. 西方社会冲突根源理论及其启示[J]. 南昌大学学报，2014（6）：54.

影响的行为者的互动。格里•斯托克（Gerry Stocker）则认为治理包括五个重要的方面：从治理的主体来看，它包括且不限于政府，也可以是其他的非政府社会机构、团体或者公民组织；全球治理委员会认为，“治理是各种公共或私人的个人和机构管理其共同事务的诸多方式的总和。它是使相互冲突或不同的利益得以调和并且采取联合行动的持续的过程。这既包括有权迫使人们服从的正式制度和规则，也包括各种人们同意或以为符合其利益的非正式的制度安排”。[1]在不断发展的过程中，治理理论形成了民主治理、多中心治理、合作式治理、数字治理等多种治理模式，它们被广泛地运用于腐败治理、城市治理、环境治理、社区治理、贫困治理，甚至是全球治理等领域之中，成为当代西方主流学术话语。当代西方治理的理论与实践表明，良好的治理既需要国家、社会与公民等治理主体的能力发展，同时又是国家治理体系整合的结果，需要有良好的本土化能力。[2]我国对环境群体性事件处置机制的研究在一段时期内也受到了极大的关注，对环境群体性事件的定义、特征、原因、发生机理、治理创新等方面的研究层出不穷。然而，这些研究少有单独从监督的角度分析如何通过规制各主体的不良行为提高事件解决的效率，促进环境群体性事件的更好解决。因此，本节研究的目标是在多中心治理理论指导下，通过研究监督机制，以完善环境群体性事件“善”的处置机制。

要对监督机制进行研究，首先需明确监督的概念。对于“监督”，我们常将其与“监察”一词混用，甚至有的学者用两者互为解释。从词语本身的含义角度解释，监督（supervision）被认为是监察督促。[3,4,5]大多数学者认为，“监督”的范围比“监察”更为广泛。这一点仅从宪法中的词频统计便可看出，《中华人民共和国宪法》中十多次使用“监督”一词，仅有两处使用监察。[6]二者的区别可从三方面进行考量：一是在主体方面，监督的主体可以是国家权力机关，也可以是公民以及社会组织，而监察的主体仅限国家的法定监察机关；二是客体方面，监督比监察更广，但均是对国家公权力的掌握或使用者；三是与权利、权力关系方面，监督常与权利相联系，而监察则多与权力相联系。[7]从本质上讲，正如毛宏升[8]所说，“监督既是政治的范畴，也是法律的范畴，其实质是对公共权力的制约”。政治学和法学研究者认为“监督”是对公权力的制约与控制，它是“一定的主体根据法律规定的职责、权力、程序，按照一定的标准对对象的违法或不当行为所进行的监视、察看、检查、督促、纠偏，以促使对象行为合乎规范的活动”。[9]其背后体现着“委托—代理”关

1 俞可平，薛晓源. 治理与善治[M]. 北京：社会科学文献出版社，2000：36.
2 佟德志. 当代西方治理理论的源流与趋势[J]. 人民论坛，2014（14）：6-10.
3 陈奇星. 行政监督新论[M]. 北京：国家行政学院出版社，2008：1-3.
4 蔡林慧. 我国行政权力监督体系的完善和发展研究[M]. 上海：上海三联出版社，2014：14.
5 毛宏升. 当代中国监督学[M]. 北京：中国人民公安大学出版社，2013：1-3.
6 中华人民共和国全国人民代表大会. 中华人民共和国宪法（2004 年）[DB/OL]. 国家法律法规数据库.（2004-03-14）. https://flk.npc.gov.cn/xf/html/xf4.html.
7 吴丕，袁刚，孙广厦. 政治监督学[M]. 北京：北京大学出版社，2007：3-5.
8 毛宏升. 当代中国监督学[M]. 北京：中国人民公安大学出版社，2013.
9 侯志山. 论监督的本质特征[J]. 廉政文化研究，2014（1）：35-39.

系，即授权人与权力使用者之间的权利义务关系。[1]一般认为监督包含五种要素，即为主体、客体、内容、标准和方式。[2]本节研究所考量的是环境群体性事件中对多元主体行为进行的“监督”而非“监察”，且将监督的五个基本要素纳入研究框架之中。

由此，本节研究得到如下理论框架（图 14-1-1）。依据“产品—制度”分析（PIA）框架[3]中决策过程所包含的要素以及影响这些要素的外部变量，同时参考五个监督基本要素，包括主体、客体、内容、标准和方式[4]，为实现环境群体性事件的“善治”，其必不可少的监督过程包含监督主体、监督方式、监督客体、监督内容、监督效果以及反馈机制（内部反馈和外部反馈）六个要素，而正式和非正式规则作为监督的标准影响整个监督过程进而影响环境群体性事件的解决结果。该研究框架的基本假设是监督机制在环境群体性事件解决中发挥着重要作用，在环境群体性事件中，不同的监督主体通过选择适合自身角色的监督方式，采取其认为最有效的监督手段，对监督客体施压，使监督客体对其即将进行或已产生的不当行为做出反省并加以规范修正，从而实现监督的效果。监督完成后，对于客体行为的监督效果进行反馈，使监督主体对其监督的效果有所了解，并据此决定是否要重新进行监督方式、内容或强度的改变。在监督过程中，监督的手段受到监督相关法律法规的约束，同时，监督主体进行监督的意识、长期以来形成的监督传统，都会对监督及反馈行为产生影响。上述过程是否能够顺畅且有效地运行，又最终影响着环境群体性事件的解决。

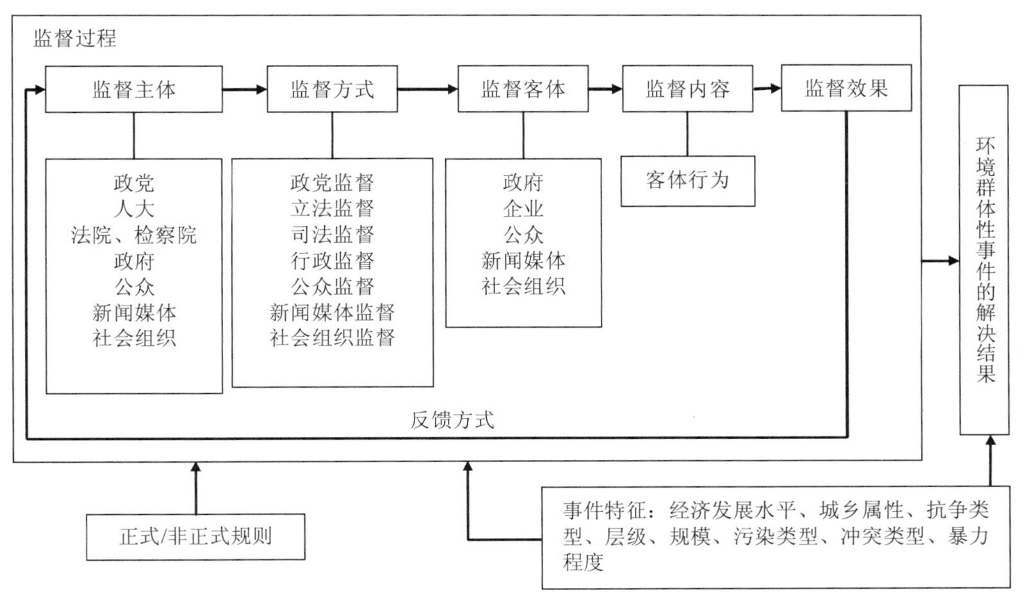

图 14-1-1 第十四章第一节理论框架

---

1 侯少文. 监督的含义及其与制约的区别[J]. 中国党政干部论坛，2003（9）：32-34.

2 吴丕，袁刚，孙广厦. 政治监督学[M]. 北京：北京大学出版社，2007：19.

3 杨立华. 专家学者参与型治理——荒漠化及其他集体行动困境问题解决的新模型[M]. 郑薇，杨佳丽，张云，译. 北京：北京大学出版社，2015：53-58.

4 吴丕，袁刚，孙广厦. 政治监督学[M]. 北京：北京大学出版社，2007：19.

本节研究的自变量包括监督主体、监督方式、监督客体、监督内容、监督效果（优 E、劣 B）、反馈方式、正式规则、非正式规则，控制变量是事件特征，包括经济发展水平、城乡属性、抗争类型、层级、规模、污染类型、冲突类型、暴力程度八种，因变量是环境群体性事件的解决结果（成功 S、半成功 SS、失败 F）。其中，奥斯特罗姆认为，“在公共事务治理的过程中，需要多中心的治理结构，将不同的治理主体纳入到政策制定中来，以期实现最优的目标”。[1]所以本节研究选取的监督主体既包括国家的立法、司法、行政三类机关，也包括社会中可能参与到环境群体性事件中的民众及社会组织，具体分别为政党、人大、法院、检察院、政府、公民、新闻媒体、社会组织。监督方式则与各主体类型相对应，包括政党监督[2]、立法监督、司法监督、行政监督、公民监督、新闻舆论监督[3]、社会组织监督。依据以往研究中环境群体性事件的主要冲突参与者，监督客体选择了政府、企业、公民、新闻媒体、社会组织。监督内容是包括所有监督客体在环境群体性事件治理中可能违法或产生问题的行为，依据现有文献研究中提出的问题，本节研究针对不同的监督客体选择了相应重点接受监督的行为。从政府的方面来说，其接受监督的主要行为包括对企业污染治理的监管执法是否到位、对企业及污染项目的环评是否合理合法、是否对企业污染的处理结果和涉及污染的项目进行公示或听取公众意见、政府工作人员是否在涉及环保的工作中存在腐败这四类。从企业的方面来说，其接受监督的主要行为主要有两个：一是是否承担环境治理责任；二是是否存在为逃避污染处理而进行行贿等腐败行为。从公民的方面来说，其接受监督的行为主要是抗争的方式是否合法。从新闻媒体的方面来说，其接受监督的行为是新闻报道等内容是否真实客观。从社会组织方面来看，其接受监督的行为是是否以合法的方式参与环境群体性事件。监督效果划分为优（E）、劣（B）两类。反馈机制主要是将监督客体受到监督后不良行为是否改善的结果反馈给监督主体，以便监督主体判断是否应当继续进行监督或者采取哪种方式进行监督。由于监督主体和客体存在重叠，因此监督反馈机制分为内部反馈（自我反馈）和外部反馈两类。[4,5]正式规则是指是否有以及有多少与环保监督相关的法律法规、规章制度以及政策作为行动的指导办法，从数量和合理程度两方面进行衡量。依据新制度经济学所言，“非正式制度存在的传染延续性，使得其约束力通常比正式制度更加明显”[6]。因此，非正式规则对监督行为、监督方式的选择以及监督效果均有十分重要的影响。本节研究中，非正式规则[7,8]的作用是指各种主体是否受到公民意识、监督传统等环保监督方面的意识形态与价值认知等主观因素的影响，具体从两个方面衡量：一是公民环保意识的强弱；二是是否有对政府进行监督的传统。环境

1 俞可平，薛晓源. 治理与善治[M]. 北京：社会科学文献出版社，2000.
2 李罡. 人民政协民主监督反馈机制建设研究[J]. 广州社会主义学院学报，2016（4）：14-22.
3 陈相雨. 媒体舆论监督和公众政治参与[J]. 西南民族大学学报（人文社科版），2009，30（7）：146-150.
4 沈广国，于进. 建立反馈机制 提高民主监督实效——扬州市政协推进民主监督的实践与思考[J]. 江苏政协，2007（12）：39-40.
5 张延黎. 完善社会监督评价机制提高机关服务水平[J]. 中共青岛市委党校青岛行政学院学报，2003（3）：75-77.
6 胡珺，宋献中，王红建. 非正式制度、家乡认同与企业环境治理[J]. 管理世界，2017（3）：76-94.
7 张全忠，吕元礼. 非正式规则的涵义、特征及作用[J]. 社会科学家，2003（3）：57-60.
8 孔泾源. 中国经济生活中的非正式制度安排[J]. 经济研究，1992（7）：70-80.

群体性事件的解决结果是衡量事件解决是否达到管理目标的重要标准，受到监督过程诸多因素的影响。此外，由于该机制的研究是在环境群体性事件的解决之中，而 MaAdam（麦克亚当）的“政治过程模型”提出影响社会运动的五个因素包括组织力量、集体归因、政治机会、社会经济过程、社会运动的水平与社会控制[1]，所以本节研究选择了包括经济发展水平、城乡属性、抗争类型、层级、规模、污染类型、冲突类型、暴力程度在内的环境群体性事件基本特征作为控制变量。

二、研究方法与数据收集

（一）研究方法

为尽量保证数据收集的完整性、证据的相互印证以及研究发现的可靠性，本节研究主要采用将定性与定量研究方法相结合的混合研究方法[2,3,4]，运用文献荟萃分析法[5]、问卷调查法、多案例比较分析法[6]、访谈法对环境群体性事件的监督机制进行研究，通过多重证据的相互印证来保证研究的可靠性。[7]

多案例比较分析

多案例比较分析法是本节研究采用的方法之一，通过选择典型案例进行相关资料收集和编码，对研究提出的理论框架进行验证。依据所构建的理论框架（图 14-1-1），同时为保证案例研究的科学性，典型案例的选择依据以下几个标准进行：①事件符合本节研究对于环境群体性事件的概念界定；②事件发生在中国范围内，且不局限于某一地区；③事件发生时间在 2002—2017 年；④事件具有较大影响，可收集到充足的与监督相关的文献资料。本节研究选取了 27 个发生在不同时间、不同地域、不同层级、不同污染类型、不同抗争类型的案例，保证案例对环境群体性事件总体的代表性，进而保证研究的外部效度。[8]为保证案例的广泛性，选择案例时对我国东部、中部和西部地区均有涉及（表 14-1-1）。

在案例的编码方面，本节研究依据如下编码标准（表 14-1-2），对所选取的案例进行逐一编码，尽量对每个编码都找到相关资料一对一支撑，以保证案例编码的合理性和科学性。

1 McAdam D. Political Process and the Development of Black Insurgency 1930-1970[M]. Chicago：University of Chicago Press，1982：52.

2 杨立华，何元增. 公共管理定性研究的基本路径[J]. 中国行政管理，2013（11）：101-104.

3 朱迪. 混合研究方法的方法论、研究策略及应用——以消费模式研究为例[J]. 社会学研究，2012（4）：146-166.

4 臧雷振. 政治社会学中的混合研究方法[J]. 国外社会科学，2016（4）：138-145.

5 哈里斯•库珀. 如何做综述性研究[M]. 重庆：重庆大学出版社，2010.

6 罗伯特•K.殷，周海涛. 案例研究方法的应用[M]. 重庆：重庆大学出版社，2004.

7 罗伯特•K.殷. 案例研究——设计与方法[M]. 2 版. 周海涛，李永贤，李虔，译. 重庆：重庆大学出版社，2010.

8 陈晓萍，徐淑英，樊景立. 组织与管理研究的实证方法[M]. 2 版. 北京：北京大学出版社，2012.

表 14-1-1 典型案例基本情况表（自制）

案例名称	时间	地域	层级	污染类型	抗争类型	结果
1.河南修武五里源血铅事件	2004—2009 年	河南修武	区县	混合污染	暴力	F
2.厦门 PX 事件	2006—2007 年	福建厦门	市级	大气污染	非暴力	S
3.上海反磁悬浮事件	2008 年	上海	市级	电磁辐射	非暴力	SS
4.广东番禺事件	2009 年	广东番禺	区县	大气污染	非暴力	S
5.济源血铅事件	2009 年	河南济源	市级	混合污染	非暴力	S
6.陕西凤翔血铅事件	2009 年	陕西凤翔	区县	混合污染	非暴力	SS
7.湖南长沙抗议镉污染事件	2009 年	湖南浏阳	区县	混合污染	非暴力	SS
8.北京六里屯反建垃圾厂事件	2006—2009 年	北京海淀	区县	混合污染	非暴力	SS
9.广东紫金血铅超标事件	2011 年	广东紫金	区县	混合污染	非暴力	S
10.大连 PX 事件	2011 年	辽宁大连	市级	大气污染	暴力	S
11.汕头海门电厂事件	2011 年	广东海门	乡镇	水污染、大气污染	暴力	F
12.康菲污染事件	2011—2015 年	河北乐亭	区县	水污染	非暴力	S
13.海南莺歌海镇反火电站抗议事件	2012 年	海南	乡镇	大气污染	暴力	SS
14.什邡钼铜项目事件	2012 年	四川什邡	市级	固体废物污染	暴力	S
15.江苏启东事件	2012 年	浙江启东	市级	水污染	暴力	F
16.深圳南山区居民抗议 LCD 工厂事件	2013 年	广东深圳	区县	混合污染	非暴力	F
17.湖南桃源创元铝业污染事件	2013 年	湖南桃源	区县	混合污染	非暴力	SS
18.莆田抗议拟建高污染化工厂事件	2013 年	福建莆田	乡镇	混合污染	暴力	F
19.广东惠州博罗抗议焚烧发电厂事件	2014 年	广东惠州	区县	大气污染	非暴力	S
20.湖南湘潭抗议垃圾焚烧厂事件	2014 年	湖南湘潭	市级	大气污染	非暴力	F
21.湖南花垣铅污染事件	2014 年至今	湖南花垣	区县	混合污染	非暴力	F
22.黄陂居民反建垃圾焚烧厂事件	2015 年	湖北武汉	区县	大气污染	非暴力	S
23.广州普宁民众反建垃圾焚烧厂事件	2015 年	广州普宁	市级	大气污染	非暴力	SS
24.上海金山反 PX 事件	2015 年	上海	市级	大气污染	暴力	S
25.广东河源反发电厂事件	2015 年	广东河源	区县	大气污染	非暴力	S
26.赣州王母渡垃圾焚烧厂事件	2016 年	江西赣州	市级	大气污染	暴力	F
27.安徽砀山暴力抗拒环境监管事件	2017 年	安徽砀山	区县	水污染、大气污染	暴力	SS

表 14-1-2 要素编码表（自制）

变量	测量指标
监督主体	政党/人大/法院、检察院/政府/公众/新闻媒体/社会组织
监督方式	政党监督/立法监督/司法监督/行政监督/公众监督/新闻媒体监督/社会组织监督

变量		测量指标
监督客体		政府/企业/公众/新闻媒体/社会组织
监督内容		政府对企业污染治理的监管执法是否到位/政府对企业及污染项目的环评是否合理合法/政府是否对企业污染的处理结果和涉及污染的项目进行公示或听取公众意见/政府工作人员是否在涉及环保的工作中存在腐败/企业是否承担环境治理责任/企业是否存在为逃避污染处理而行贿等腐败/公众抗争的方式是否合法/新闻媒体的新闻报道等内容是否真实客观/社会组织是否以合法的方式参与事件解决
监督效果		优（E）/劣（B）
反馈方式		有效（E）/无效（N）
正式规则		有（E）/无（N）
非正式规则		高（H）/中（M）/低（L）
事件特征	经济发展水平	高（H）/中（M）/低（L）
	城乡属性	城市（C）/乡村（V）
	抗争类型	暴力（V）/非暴力（I）
	层级	乡镇/区县/市级/省级
	规模	小/中/大/特大
	污染类型	大气污染、水污染、固体废物污染、电磁辐射污染、混合污染
	冲突类型	污染发生（H）/邻避（N）
	暴力程度	高（H）/中（M）/低（L）
环境群体性事件的解决结果		成功（S）/半成功（SS）/失败（F）

本节研究的编码要素如表 14-1-2 所示有 17 个方面，即监督主体、监督方式、监督客体、监督内容、监督效果、反馈方式、正式规则、非正式规则、经济发展水平、城乡属性、抗争类型、层级、规模、污染类型、冲突类型、暴力程度以及环境群体性事件的解决结果。

监督主体是参与到环境群体性事件监督过程中的监督者，即监督的实施者，可能的类型包括政党、人大、法院、检察院、政府、公众、新闻媒体、社会组织。监督方式是监督者在约束和规范被监督者行为时采用的方法或手段，共分为政党监督、立法监督、司法监督、行政监督、公众监督、新闻媒体监督、社会组织监督六类。依据《政治监督学》[1]一书的分类，本节研究列出了各分类下的具体手段：政党监督包括中国共产党的监督和民主党派及无党派人士的监督；立法监督包括人大审查和批准政府工作、人大改变和撤销政府做出的错误决定、人大调查和视察政府工作、人大对政府的决议提出疑问并要求其作出解释、人大听取政府工作报告；司法监督包括检察院监督政府的日常行为是否符合法律、检察院向法院起诉政府及其工作人员的犯罪行为、法院以国家的名义起诉政府不恰当的行为、法院审理被告人是政府的行政案件、刑事审判监督（法院对政府等的犯罪行为进行量刑）、行政诉讼中对政府工作是否合法进行监督；行政监督包括上级部门列席政府部门有关会议、政府处理群众举报、政府经常对其工作认真度和有效度进行检查、政府调查其工作人员不合理不合法的行为、就政府工作提出检察建议、受理群众就政府工作提出的申诉；公众监督包括批评建议（对政府工作不当之处提出建议）、检举（对腐败等不良行为进行举报）、信访（到信访办要求解决问题）、

1 吴丕，袁刚，孙广厦. 政治监督学[M]. 北京：北京大学出版社，2007.

申诉控告（到法院起诉政府）、游行示威（集体在街道上表达诉求）、静坐请愿（通过聚集静坐的方式对政府施压）；新闻媒体监督包括传统媒体的报道（如报纸、电视等）、网络媒体的报道；社会组织监督包括游说谈判（环保组织与政府或企业进行协商等交涉）、调查取证（拍照及污染物检验等）、申请信息公开（申请看政府相关文件）、提起环保诉讼。监督客体是在环境群体性事件中的主要参与者，包括政府、企业、公众、新闻媒体和社会组织。监督效果是被监督者行为受到规范的程度，分为优（E）和劣（B）两种。反馈是监督效果对监督者行为的指导，通过有效（E）和无效（N）来衡量。

正式规则是案例中涉及的关于监督的法律法规、规章制度，分为有（E）和无（N）。非正式规则是指公众环保意识、对政府进行监督的传统和意识，公众有较强的环保意识和监督传统的案例记为高（H），有环保意识但没有监督传统的记为中（M），完全没有环保意识和监督意识的记为低（L）。

经济发展水平按照案例发生地所属的经济地区进行划分，东部地区为高（H），中部地区为中（M），西部地区为低（L）。其中，依据国家统计局标准进行的划分，东部地区包含的省份有：上海、江苏、北京、天津、河北、海南、辽宁、浙江、福建、山东、广东；中部地区包含的省份有：山西、湖北、湖南、吉林、黑龙江、安徽、江西、河南；西部地区包含的省份有：内蒙古、重庆、贵州、四川、云南、广西、西藏、陕西、青海、甘肃、宁夏、新疆。城乡属性是环境群体性事件主要发生地的性质，分为城市（C）和乡村（V）。抗争类型是事件是否在最初就以暴力的形式进行，分为暴力（V）和非暴力（I），当事件进行过程中有多次反复聚集发生时，以初次发生的集体行为性质为准。层级是案例主要发生地的行政层级，分为乡镇、区县、市级和省级。规模是指事件的参与人数，分为小规模、中规模、大规模和特大规模，人数在 10 人及以下的记为小规模，在 11 人以上 100 人以下的记为中规模，在 101 人以上 1 000 人以下的记为大规模，超过 1 000 人的记为特大规模。污染类型是引发事件冲突的主要环境污染类型，主要包括但不限于大气污染、水污染、固体废物污染、噪声污染、土壤污染、电磁辐射污染、放射性污染、热污染（如企业冷却水、水蒸气等的排放等）、光污染（如高层建筑玻璃幕墙反射阳光造成的眩光等）。冲突类型是冲突发生的形式，分为污染发生（H）/邻避（N）。暴力程度分为三类：出现打、砸、抢、烧等暴力事件记为高（H）；堵塞公共交通，围堵政府、企业，阻碍执行公务等，记为中（M）；罢工、罢市、静坐、下跪、网络声讨、集体上访、集体散步、公开集会等不产生肢体接触的行为，记为低（L）。依据杨立华对冲突解决结果类型的划分标准[1]，本节研究认为成功解决的环境群体性事件，“解决结果相对公平合理且取得良好的社会效益，引发冲突的问题得到至少是部分的解决”，各主体行为均受到监督且合法，因此记为成功（S）；反之，则事件解决记为失败（F）；其中存在一种中间状态，在这种情况下，各主体行为可能并不完全合法，但是引发的问题得到部分解决，本节研究将其记为半成功（SS）。

此外，这一部分运用文献荟萃分析法对文献的收集和分析，为案例的描述及编码提供

1 Yang L，Lan Z，He S. Roles of Scholars in Environmental Community Conflict Resolution：A Case Study in Contemporary China[J]. International Journal of Conflict Management，2015，26（3）：316-341.

支撑。在案例资料收集方面，本节研究针对所选典型案例收集与监督过程相关的电子与纸质文献，电子文献主要包括期刊论文、硕博论文、网络新闻报道、博客与论坛留言等，纸质文献主要包括相关书籍、报刊、杂志等，尽可能地将案例本身的特征及其中的监督过程进行深入描述，为编码提供多重证据支持。

（二）问卷调查法

一方面，本节研究依据理论框架，设计与各自变量、控制变量、调节变量以及因变量一一对应的问题，并与进行环境群体性事件研究的其他研究者讨论修改，以保证问卷的合理性和可操作性，调查问卷详见附录 14.1.1。另一方面，调查问卷共发放了 600 份。问卷发放包括线上网络问卷和少量线下问卷两部分。线上问卷通过问卷网问卷收集平台，将本节研究的问卷题目录入，然后通过滚雪球的方式进行转发和填写，线下问卷主要是访谈时尝试发放和个人通过亲友发放，但是由于当地访谈村民文化水平等限制，线下问卷有效性低，问卷有效数据主要为线上回收问卷数据。其中，回收的有效问卷数量为 507 份，有效率为 84.5%。在问卷的被调查者中，有 64.9%的被调查者听过环境群体性事件，29.8%的被调查者见过环境群体性事件，37.9%的被调查者参加过（包括参与解决或调解）环境群体性事件，而研究过（包括实地调研等多种形式）环境群体性事件的被调查者占 4.3%。最终问卷的信度系数（Cronbach's α）为 0.979，表明其内部一致性较高，且 KMO 和 Bartlett 球形度检验中 KMO 值大于 0.9，具有较高的效度。

问卷有效数据的筛选尽量保证被调查者的多样性。依据问卷被调查者的基本信息（图 14-1-2），从性别比例来看，男、女所占比重分别为 43.6%和 56.4%，相对较为均匀；从年龄来看，男女的年龄均接近正态分布。

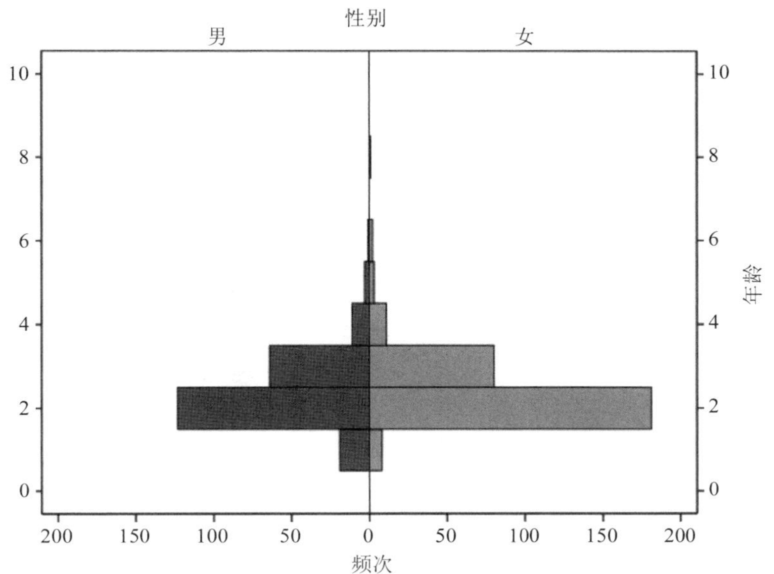

图 14-1-2 被调查者性别及年龄分布

注：图中年龄每 1 个单位代表 10 岁，由下到上第一个柱状图代表 20 岁及以下的人数，第二个柱状图代表 21～30 岁的人数，依此类推，最上层为 81 岁及以上人数。

从民族分布情况来看，本次被调查者主要为汉族，占比 95.1%。此外，还有白族、藏族、朝鲜族、回族、满族、蒙古族、土家族、维吾尔族、瑶族、彝族和壮族等少数民族，受到问卷发放的地域限制，各少数民族被调查者人数所占比重较小。

从宗教信仰、受教育程度和政治面貌方面来看（图 14-1-3），超过 60%的被调查者不信教，信仰其他宗教的人群也较少；图 14-1-4 显示，被调查者中半数以上的人接受过中高等教育，具有较高的辨识力和了解环境群体性事件的可能；图 14-1-5 显示，被调查者中既有党员，也有团员、民主党派及无党派人士和普通群众，涉及类型较多。

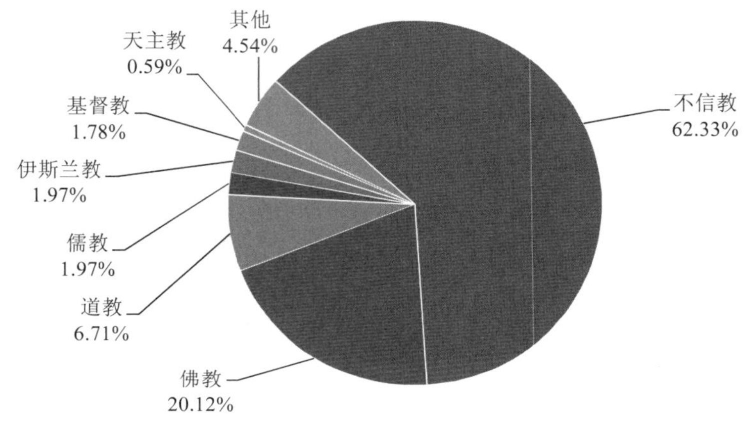

图 14-1-3 被调查者宗教信仰分布

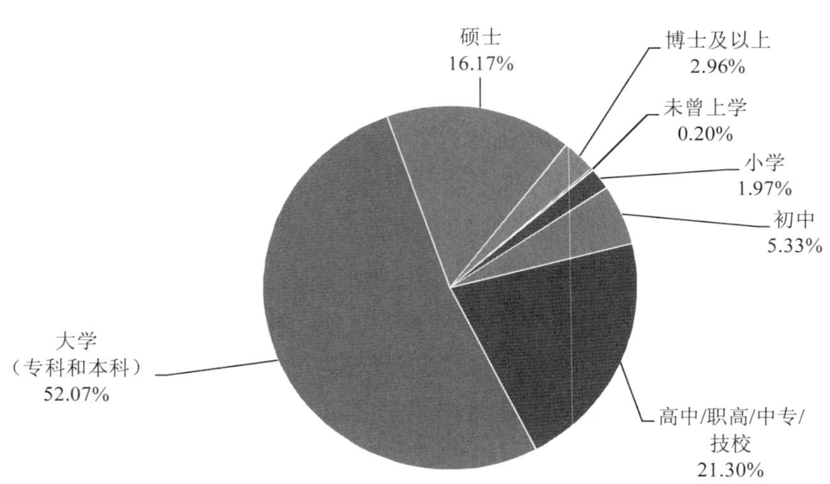

图 14-1-4 被调查者受教育程度分布

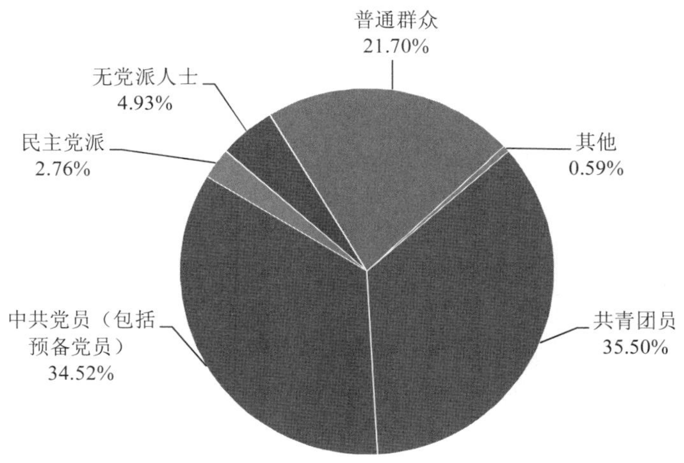

图 14-1-5　被调查者政治面貌分布

从工作单位性质和月均收入水平来看，被调查者的工作单位涉及政府机构、企业、社会组织及无业者，但社会组织成员相对较少（图 14-1-6）；图 14-1-7 显示，被调查者月均收入水平整体呈正态分布，较为合理。

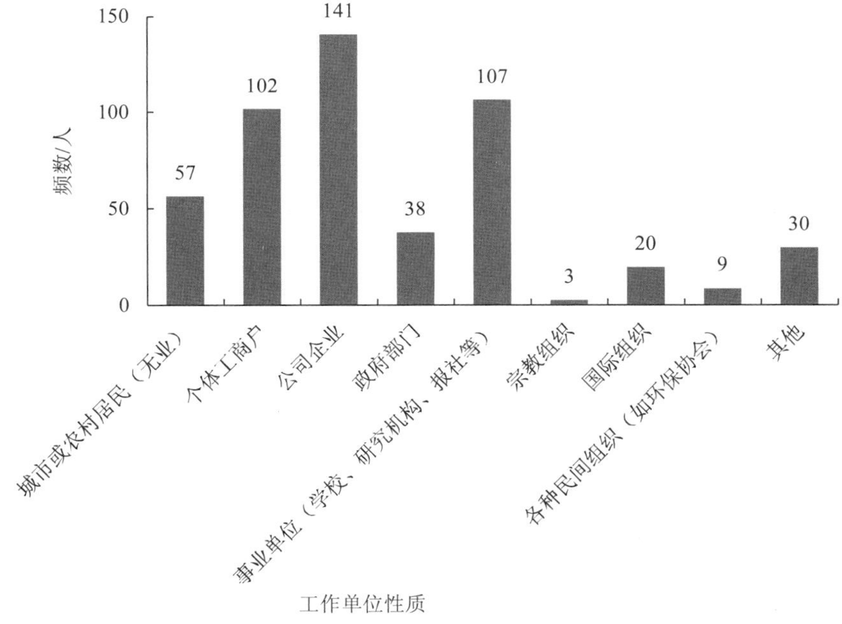

图 14-1-6　被调查者工作单位性质分布

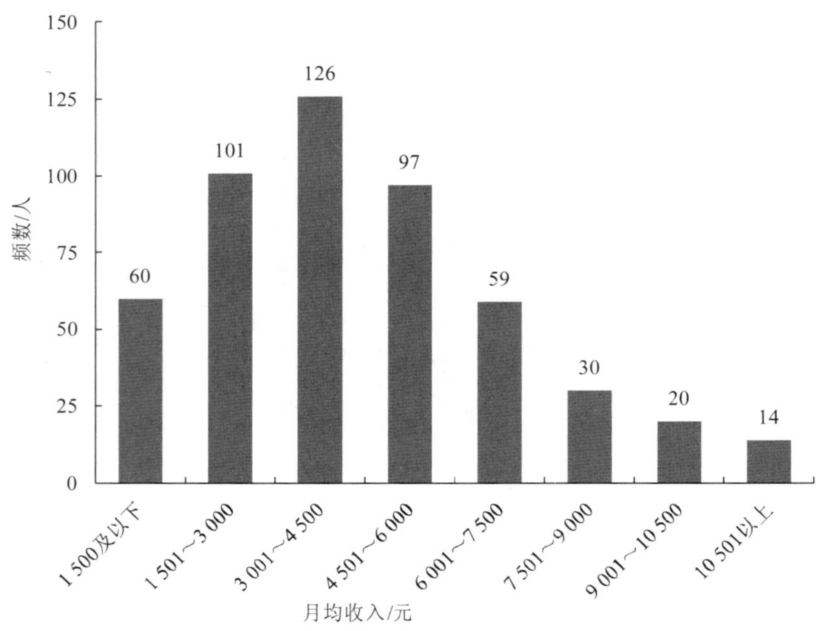

图 14-1-7 被调查者月均收入水平分布

（三）访谈法

访谈资料主要是对案例研究及问卷数据结果进行验证和适当的补充，通过对三种不同方法的调查结果进行比较与印证，使其既相互支撑，又能够形成研究的证据链。本节研究依据前文提出的研究框架设计访谈提纲，选取了 3 个典型案例进行实地访谈，但是由于湖南省花垣县的案例仍在进行当中，且同伴经过沟通和了解，当地的情况并不安全，于是仅对河南省的两个血铅案例（河南修武五里源血铅事件和济源血铅事件）进行了实地的访谈，对湖南省花垣县的案例，仅通过环保组织进行了了解。在访谈对象的选择上，本节研究随机选取了企业员工、当地周边居民、环保社会组织成员以及当地政府和基层自治组织成员，以期从多种参与者的角度，通过半结构化及开放式的访谈（附录 14.1.2），对事件及参与者的认知情况进行调查。在河南修武五里源血铅事件的访谈中，访谈随机选取了十几名马坊村村民进行群访。然后通过滚雪球的方式，由村民介绍，我们访谈了事件中的带头人及主要的参与者。同时，我们还联系了当时的某信访局成员，对事件的发生发展过程进行了不同侧面的了解。在济源血铅事件的访谈中，我们随机选取了几名企业员工和受污染抗议村子的村民，同时向其中两个村的村委会成员了解了当时的情况。其中，访谈对象包括 8 名村民、1 名政府工作人员、4 名村委会成员、3 名企业员工及 1 名社会组织工作人员。

三、研究结果

（一）监督过程要素及效果分析

1. 监督主体

参与环境群体性事件的主体有许多类型，当前学者研究较多的包括政府、公众、新闻媒体、社会组织等，但是作为监督者的主体包含但不限于此，本节研究选取了 7 个可能在监督中发挥重要作用的主体进行讨论。

从典型案例的编码结果（表 14-1-3）来看，政党、政府、公众和新闻媒体参与监督的过程最多，人大、法院/检察院和社会组织的监督相对较少。群体性事件发生发展过程离不开当地及其上级党委和政府有关部门的处置，中国共产党的领导作用不可忽视，政府环保、信访等诸多部门的监督时机和执法力度也直接影响其他事件参与者的行动策略。无论是在环境群体性事件发生前还是发生后，不论是污染发生前的主动关注还是污染发生后的被动进行，公众作为事件的利益受损方，其监督在环境群体性事件的监督过程中的参与度都很高。随着新媒体时代的发展，新闻媒体以越来越快的速度捕捉社会事件，成为监督的重要主体。而人大、法院/检察院和社会组织作为非直接利益相关方，很难直接参与到事件的直接监督中。

表 14-1-3 监督主体类型案例分布表（N=27）

监督主体类型	典型案例数/个	占比/%
政党	11	40.7
人大	1	3.7
法院、检察院	2	7.4
政府	25	92.6
公众	27	100.0
新闻媒体	26	96.3
社会组织	2	7.4

同时，根据典型案例中各类监督主体与事件调查结果的交叉统计表 14-1-4 发现，当环境群体性事件监督主体只有政府和公民时，事件解决容易失败，而新闻媒体的监督参与很大程度上提高了事件解决成功的概率，即使此过程中政府没有参与也同样如此。与之相反的是，社会组织参与监督对事件的解决反而没有起到太大作用。尤其值得注意的是，政党和政府同时进行监督在很大程度上促进了事件的成功解决。

表 14-1-4 监督主体与事件解决结果交叉表（*N*=27）

监督主体	环境群体性事件解决结果		
	失败（F）	半成功（SS）	成功（S）
政府、公众	0	0	1（100%）
政府、公众、新闻媒体	0	0	1（100%）
公众、新闻媒体	1（100%）	0	0
公众、新闻媒体、社会组织	0	1（100%）	0
人大、政府、公众、新闻媒体	1（100%）	0	0
政党、政府、公众、新闻媒体	1（10%）	2（20%）	7（70%）
政党、法院、政府、公众、新闻媒体	1（100%）	0	0
法院、政府、公众、新闻媒体、社会组织	4（40%）	5（50%）	1（10%）

在问卷调查中，本节研究将政党划分为中国共产党与其他民主党派和无党派人士两类。卡方检验结果（表 14-1-5）显示，八种监督主体发挥作用的程度均与事件解决结果存在相关性，但政府和新闻媒体相关度较低，这表明民众认为各类主体在事件的监督过程中都发挥着重要的作用，但政府和新闻媒体作为监督主体所发挥的作用没有得到民众的信任。与典型案例显示结果有所不同的是，从问卷调查结果的相关性检验来看，人们认为政府、公众和新闻媒体的监督作用与事件解决结果相关程度比其他主体略低。这证明在事件解决的实际过程中，直接参与监督程度相对低的主体，如立法机关、司法机关等，反而被人们寄予厚望，认为其在事件监督机制中的作用将对事件的成功解决有较大的推动作用。

表 14-1-5 监督主体发挥作用程度与事件解决结果相关表（*N*=507）

监督主体类型		中国共产党	各民主党派及无党派人士	人大及其常务委员会	法院和检察院	政府	公民	新闻媒体	社会组织
事件解决结果	卡方（χ^2）	3.33	3.42	2.74	3.22	1.74	2.18	1.91	2.34
	显著性（Sig.）	0.000	0.000	0.000	0.000	0.000	0.000	0.000	0.000

从监督主体类型及其发挥作用的程度与结果的相关性来看，中国共产党作为中国的政治领导核心，不仅在国家与社会发展方向上发挥着举足轻重的作用，在环境群体性事件的解决中也扮演着重要的角色。中国共产党以其凝聚力和代表性集思广益，对事件发生发展过程中不合理、不合法的行为进行监督。同时，随着法治社会的建设和政府政治体制改革的不断深化，立法机关和司法机关在民众心中的地位越来越高，作用越来越大。这表明，通过二者监督作用的发挥，将环境群体性事件的处置引入制度化和法治化的轨道具有一定的社会基础。公众作为环境群体性事件中的直接利益相关主体，其利益诉求表达的过程也是对其他主体进行监督的过程。案例编码结果也表明，公众是事件监督不可或缺甚至必然存在的主体。此外，新闻媒体尽管在监督中也发挥着重要的作用，但也存在新闻媒体不发声或传递错误信息的情况，案例的相关网络舆情分析研究和典型案例的结果均证明了这一

点。在“互联网+”迅猛发展的今天，新闻媒体越来越成为信息传递的重要平台，在政府项目审批公示、企业环评以及环境监管方面都十分活跃。新闻媒体一方面可以主动报道客观事实，另一方面也会在某些特定的情况下成为政府的“传话筒”，甚至发布信息、发表言论受到政府的制约。从一些其他研究者的访谈资料中也可以看出，新闻媒体的监督也存在一定风险，相关研究者认为，“如果是电视或是纸质媒体，一般说实话会更多一点！网络媒体可能就会带来一个——因为你不知道虚实，他们就不那么保守！”（EPGE2015-5-21LL）。但是相较于这些发挥主要作用的监督主体，社会组织的作用发挥往往被认为是最小的。典型案例的结果也显示，参与到环境群体性事件监督过程中的社会组织少之又少，参与程度低。尽管我国环保 NGO 及其活动在环境保护方面越来越活跃且有法可依，但在环境污染的群体性事件中，其监督作用并不强。然而，一些相关研究者仍认为，环保 NGO 的介入对环境群体性事件的解决有很大的助益，如“据我所知，直接发动的不多，但真正实践起来以后他们会介入到里面，会帮助解决！”（EPGE2015-5-21LL）。环保 NGO 的工作人员在访谈中也表现出其活动受到合法性等因素限制的无奈。

“因为在这个整个过程中，我们是一直跟专家有联系的，就包括联系了当时我记得南京大学的一个土壤污染的专家，联系了中国科学院做这个的。”（FT20180420-XC）

“当地我们没有和政府沟通，我们调研的时候，不会用××组织的身份，因为对于很多地方政府来说，我们身份太敏感了。对于他们来说，××组织首先怀疑的是你是不是间谍，所以我们调研的时候不会用××组织的身份调研。所以我们调研的时候实际上被政府抓住了。我们都出去了，然后又被这些人抓回去，又反复盘问我们是什么身份。实际上我们没有跟他们说我们是什么身份，但是我们和村民接触的时候我们说我们到底是做什么的，和医生接触的时候也都说了我们这个组织是做什么的，我们这个组织是怎么回事儿。他们其实都还能理解的。”（FT20180420-XC）

“至于你说的媒体、国际组织和各种民间组织，他们肯定对这个环境群体性事件是比较热心的！这种社会组织一般来说是帮助居民来组织冲突，一般是帮助这些居民进行——不是冲突吧——对这个事件的一个反映吧！或者发动民众的积极性，或者号召他们去维护权益！”（EPGE2015-5-21LL）

从访谈的结果不难看出，很多时候除申请信息公开、积极对真实情况进行调查等促进活动外，环保组织很难争取到环境群体性事件发生地政府、民众的信任与支持，许多实地调研也存在安全风险，只能与其他专家学者、环保组织和媒体人等进行合作推进，实际参与到监督过程的机会并不多。

2. 监督方式

本节研究将环境群体性事件的监督方式分为六大类，典型案例中涉及的监督方式（表 14-1-6）以政党监督、行政监督、公众监督和新闻媒体监督为主，其他监督方式次之，没有很大差异，这与案例的主体类型结果有所关联。

表 14-1-6 监督方式类型案例分布表（*N*=27）

监督方式类型	典型案例数/个	占比/%
政党监督	11	40.7
立法监督	1	3.7
司法监督	2	7.4
行政监督	24	88.0
公众监督	27	100.0
新闻媒体监督	26	96.3
社会组织监督	2	7.4

从问卷调查的结果来看，在监督方式的选择上，认为政党监督和立法监督最有效的被调查者分别占 21.7%和 27.6%。其次，被认为相对比较有效的监督方式是司法监督、行政监督和新闻媒体监督。由此可见，公众对于自身监督作用的发挥认同度很低，同时对社会组织也不是非常信赖。

关于各监督方式的具体手段，本节研究用使用频率和有效程度测量被调查者对不同手段的态度。如表 14-1-7、表 14-1-8 所示，在政党监督手段中，被调查者对中国共产党的监督频率和有效程度的认同均相对较高，也同时印证了中国共产党在监督中的重要作用。在立法监督手段中，虽然人大调查和视察政府工作以及听取政府工作报告的监督方式使用频率较高，但人大对政府的决议提出疑问并要求其作出解释这一方式的监督有效程度最高。由此可见，人大对政府工作的监督十分重要。在司法监督手段中，被调查者认为行政诉讼中对政府工作是否合法进行监督使用频率最高且最有效。另外，法院以国家的名义起诉政府不恰当的行为这一方式对政府的监督最为有效。在行政监督的手段中，被调查者认为政府处理群众的举报是使用频率最高且最为有效的监督方式，虽然政府也经常由上级部门对下级部门进行监督，以及政府对其工作人员不合法行为进行监督，但是效果都不及处理群众举报来得好。由此可见，政府增强对公众利益诉求的回应、直面和解决问题更加有利于事件在制度内部解决，可以避免冲突的升级。在公众监督的手段中，被调查者认为检举和信访的使用频率高且有效，案例也显示了这一点。在本节研究的 27 个典型案例中，大部分案例中民众都采取过检举或者信访的方式对污染企业或政府行为进行监督，由此可见，这是除暴力外民众较常使用的监督手段，对于环境污染问题公众采取的行动是倾向于先通过合法的渠道解决问题的。在新闻媒体监督手段中，被调查者认为网络的报道较之传统媒体使用更为频繁和有效，这也是网络迅猛发展的必然。网络平台不仅是新闻媒体对环境群体性事件中各参与者的行为和事件进程进行客观报道、传递信息的重要媒介，更是公众获取信息、发表言论表达观点的平台。在社会组织监督的手段中，被调查者认为环保 NGO 更多的是调查取证和申请信息公开，事实上在访谈和对湖南花垣县铅污染事件的观察中，我们也看到以绿色和平组织为代表的环保 NGO 成员以及一些新闻人士，行事都极为谨慎小心，严格遵守社会组织管理的相关法律法规，主要进行污染地的样本采样取证，在网上申请信息公开和举报等，以及通过向当地村民了解来获取信息，以期促进当地污染的改善和环境冲突的解决。在环保 NGO 与湖南当地的政府官员接触时，其参与事件说明会的人数以及人员身份都受到了限制，同时当地政府还拒绝新闻媒体参与和报道，由此可见游说谈判及诉讼的有效性极低。

表 14-1-7 各监督方式使用频率比较表（N=507）

监督方式		使用频率/%					
		非常低	比较低	一般	高的统计	比较高	非常高
政党监督	中国共产党的监督	2.6	3	24.1	**70.30**	31.2	39.1
	民主党派及无党派人士的监督	6.9	4.7	28.8	**59.40**	28.4	31
立法监督	人大审查和批准政府工作	4.1	5.7	24.7	**65.30**	28.4	36.9
	人大改变和撤销政府做出的错误决定	5.1	5.7	26	**62.90**	27	35.9
	人大调查和视察政府工作	4.1	3.7	24.1	**67.90**	31	36.9
	人大对政府的决议提出疑问并要求其作出解释	4.1	3.7	26.6	**65.30**	30.6	34.7
	人大听取政府工作报告	3	4.3	25.4	**67.00**	32.5	34.5
司法监督	检察院监督政府的日常行为符合法律	3.4	4.1	25.8	**66.40**	32.1	34.3
	检察院向法院起诉政府及其工作人员的犯罪行为	4.1	4.3	26	**65.30**	31.8	33.5
	法院以国家的名义起诉政府不恰当的行为	5.3	5.7	23.9	**64.90**	31.2	33.7
	法院审理被告人是政府的行政案件	4.3	3.6	27	**64.90**	29	35.9
	刑事审判监督（法院对政府等的犯罪行为进行量刑）	5.1	3.6	26.6	**64.50**	29.6	34.9
	行政诉讼中对政府工作是否合法进行监督	3.6	3.4	24.9	**68.10**	30.6	37.5
行政监督	上级部门列席政府部门有关会议	4.5	4.7	25.4	**65.10**	30.6	34.5
	政府处理群众举报	3.6	5.7	24.5	**66.10**	28.8	37.3
	政府经常对其工作认真度、有效度进行检查	3.7	5.1	26.6	**64.30**	28	36.3
	政府调查其工作人员不合理不合法的行为	3.4	4.9	26	**65.50**	29	36.5
	就政府工作提出检察建议	3.6	5.1	27.4	**63.80**	31.8	32
	受理群众就政府工作提出的申诉	3.2	4.3	27.6	**64.70**	31.8	32.9
公众监督	批评建议（对政府工作不当之处提出建议）	3.2	4.5	28.8	**63.30**	30	33.3
	检举（对腐败等不良行为进行举报）	2.6	4.5	25.6	**67.00**	33.1	33.9
	信访（到信访办要求解决问题）	3	5.3	26.4	**65.10**	34.1	31
	申诉控告（到法院起诉政府）	5.1	7.5	26.8	**60.30**	27.4	32.9
	游行示威（集体在街道上表达诉求）	5.9	6.3	25	**62.60**	31.4	31.2
	静坐请愿（通过聚集静坐的方式对政府施压）	6.9	7.7	27.8	**57.40**	27	30.4
媒体监督	传统媒体的报道（如报纸、电视等）	1.6	4.3	25.2	**68.60**	32.5	36.1
	网络媒体的报道	1.6	2.6	20.5	**75.10**	34.7	40.4
社会组织监督	游说谈判（环保组织和政府或企业进行协商等交涉）	3.2	6.7	30.6	**59.40**	30.2	29.2
	调查取证（拍照及污染物检验等）	2.4	6.5	24.5	**66.40**	32.7	33.7
	申请信息公开（申请看政府相关文件）	3.9	3.9	26.8	**65.00**	32.3	32.7
	环保组织提起环保诉讼	3	4.1	28.4	**64.30**	30	34.3

表 14-1-8 各监督方式有效程度比较表（N=507）

监督方式		有效程度/%					
		非常低	比较低	一般	高的统计	比较高	非常高
政党监督	中国共产党的监督	1.6	4.3	24.5	**69.50**	31.6	37.9
	民主党派及无党派人士的监督	4.1	7.3	25.8	**62.60**	31	31.6
立法监督	人大审查和批准政府工作	3.2	5.1	27.8	**63.70**	30.8	32.9
	人大改变和撤销政府做出的错误决定	3.4	6.5	26.8	**63.20**	32	31.2
	人大调查和视察政府工作	3.6	4.9	28.2	**63.10**	28.4	34.7
	人大对政府的决议提出疑问并要求其作出解释	3.2	5.3	26	**65.20**	32.1	33.1
	人大听取政府工作报告	3.2	6.5	26.6	**63.50**	29.2	34.3
司法监督	检察院监督政府的日常行为符合法律	3.2	4.7	27.6	**64.30**	31.6	32.7
	检察院向法院起诉政府及其工作人员的犯罪行为	3.7	5.9	26.4	**63.70**	32.5	31.2
	法院以国家的名义起诉政府不恰当的行为	4.3	4.9	25.8	**64.70**	30.6	34.1
	法院审理被告人是政府的行政案件	3.7	4.7	28.6	**62.70**	29.4	33.3
	刑事审判监督（法院对政府等的犯罪行为进行量刑）	3.6	3.7	29.2	**63.30**	32.3	31
	行政诉讼中对政府工作是否合法进行监督	2.8	5.9	26.4	**64.60**	32.1	32.5
行政监督	上级部门列席政府部门有关会议	3	4.9	27.6	**64.30**	30.2	34.1
	政府处理群众举报	2.8	4.1	28.2	**64.60**	32.3	32.3
	政府经常对其工作认真度、有效度进行检查	3.2	5.3	27.4	**63.90**	31.6	32.3
	政府调查其工作人员不合理不合法的行为	3.2	6.1	26.6	**63.90**	31	32.9
	就政府工作提出检察建议	3.6	7.1	25	**64.10**	31.6	32.5
	受理群众就政府工作提出的申诉	3.2	5.9	27	**63.70**	32.3	31.4
公众监督	批评建议（对政府工作不当之处提出建议）	3.4	5.5	27.8	**63.10**	29.8	33.3
	检举（对腐败等不良行为进行举报）	3.2	4.9	26.4	**65.30**	32	33.3
	信访（到信访办要求解决问题）	3.6	4.9	25.6	**65.60**	32.9	32.7
	申诉控告（到法院起诉政府）	3.9	4.5	27.6	**63.70**	27.8	35.9
	游行示威（集体在街道上表达诉求）	4.7	6.3	25.2	**63.50**	32.3	31.2
	静坐请愿（通过聚集静坐的方式对政府施压）	5.3	6.9	27.2	**60.40**	30.2	30.2
媒体监督	传统媒体的报道（如报纸、电视等）	2	4.5	27.2	**66.00**	32.7	33.3
	网络媒体的报道	1.4	3.9	25	**69.50**	31.4	38.1
社会组织监督	游说谈判（环保组织和政府或企业进行协商等交涉）	4.3	6.3	30.8	**58.40**	28.6	29.8
	调查取证（拍照及污染物检验等）	2.4	4.1	32	**61.30**	28.8	32.5
	申请信息公开（申请看政府相关文件）	3.7	6.1	27.8	**62.10**	32.9	29.2
	环保组织提起环保诉讼	3	5.3	28	**63.60**	32	31.6

3. 监督客体

在我国环境群体性事件典型案例中（表 14-1-9），政府、企业、公众是受到监督的主要客体，新闻媒体和社会组织则相对较少，这与各类群体在事件中的参与程度也是相对应的。政府作为事件中冲突的一方，由于参与程度较深，出现问题的可能性较高，因此在事件实际发生过程中受到的监督也较多。企业受到监督较多，一方面，因其是污染发生的源头，应当承担的环境责任没有完成；另一方面，它也是事件发生的主要责任人，典型案例中的有些冲突的升级，就是由企业的逃避回应和不作为引发的。公众是环境群体性事件中的主要利益诉求表达方和抗争者，无论是暴力还是非暴力的方式，公众的行为均有可能对社会产生不良影响。例如，平和的集会规模较大时，可能会对交通等产生阻碍，而暴力的肢体冲突不仅不能解决问题，也会威胁参与者的生命健康。因此，监督公众对优化事件解决结果十分必要。尽管新闻媒体在典型案例中被监督的较少，但是其信息传播速度快，作用发挥也具有两面性，如谣言等不真实或错误信息的传递，会对事件的解决产生不良影响，需要监督。由于环保 NGO 的参与度不高，对其监督也显得并不十分重要。

表 14-1-9　监督客体类型案例分布表（*N*=27）

监督客体类型	典型案例数/个	占比/%
政府	26	96.30
企业	19	70.40
公众	15	55.60
新闻媒体	4	14.80
社会组织	1	3.70

本节研究的五个监督客体均为环境群体性事件的主要参与者和矛盾冲突方，从问卷调查的结果来看，本节研究的五种客体都被认为是有必要进行监督的。其中，接近半数的人（表 14-1-10）认为，企业非常需要被监督。在诸多典型案例中，污染企业作为矛盾冲突的一方，多采取回避的策略，不主动回应环境污染引发的冲突，等待政府解决。而政府为了维护社会稳定，平衡冲突方的利益，往往成为促进事件解决的主要参与者。企业的这种行为一方面不能从根本上解决污染问题，另一方面企业的这种“缩头乌龟”行为，容易激起公众的不满情绪，甚至会导致冲突的升级。因此，在环境群体性事件的监督机制中，要着重加强对企业的监督，增强企业的回应。此外，政府作为公权力的使用者和主导方，也应当受到监督，防止在事件解决过程中产生腐败等行为，阻碍群体性事件的解决。

表 14-1-10 监督客体接受监督的必要度表（N=507）

监督客体	需要程度/%				
	非常不需要	不需要	不清楚	需要	非常需要
政府	0.8	2	18.1	32.1	46.7
企业	0.6	2.2	19.3	28	49.7
公众	0.4	3.6	23.5	32.7	39.6
新闻媒体	0.8	2.6	17.9	34.9	43.6
社会组织	1	4.1	22.7	32	40

4. 监督内容

目前，典型案例的编码结果（表 14-1-11）表明，监督内容主要为政府对企业污染治理的监管执法是否到位、政府对企业及污染项目的环评是否合理合法、政府是否对企业污染的处理结果和涉及污染的项目进行公示或听取公众意见、企业是否承担环境治理责任、公众抗争方式是否合法五项，与监督客体的分布一致。从政府方面来看，监督内容包括环保监管执法、环评、信息公开三个方面，对环保方面公务人员的腐败监督较少。从企业方面来看，环境责任是监督重点，腐败行为很少受到关注。从公众方面来看，抗争方式需接受监督，以促进其采取合理合法的方式表达利益诉求，间接提升其法律意识。

表 14-1-11 监督内容案例分布表（N=27）

监督内容类型	典型案例数/个	占比/%
政府对企业污染治理的监管执法是否到位	14	51.9
政府对企业及污染项目的环评是否合理合法	19	70.4
政府是否对企业污染的处理结果和涉及污染的项目进行公示或听取公众意见	17	63.0
政府工作人员是否在涉及环保的工作中存在腐败	1	3.7
企业是否承担环境治理责任	18	66.7
企业是否存在为逃避污染处理而行贿等腐败	4	14.8
公众抗争的方式是否合法	14	51.9
新闻媒体的新闻报道等内容是否真实客观	7	25.9
社会组织是否以合法的方式参与事件解决	2	7.4

从问卷中被调查者对监督内容的态度（表 14-1-12）来看，超过 70%的人认为本节研究所列的监督内容应当受到规范。其中，认为应该对企业和污染项目的环境评价以及社会组织与政府互动进行监督的被调查者最多，这表明信息公开的必要性。一方面，环境评价是邻避事件中的重要参考，另一方面，信息公开可以增加参与者间的信任感，促使各方采取更温和的方式解决事件。同时，被调查者关注社会组织与政府的互动，这表明人们对政府和社会组织的信任程度仍有待提高。其次是对企业的监管执法、企业环境治理责任的承担和新闻媒体报道真实性的监督，与案例结果相同的是，人们对事件解决中的腐败行为关注度不高。

表 14-1-12 调查者对监督内容的态度表 单位：%

	非常不应该	不应该	不清楚	应该	非常应该
对企业污染治理的监管执法	0	3.2	17.6	31.8	47.3
对企业及污染项目的环境评价	0	3	15.8	32.7	48.3
对污染企业及项目处理公示	0.2	2.6	18.5	32.1	46.4
政府环保工作人员腐败问题	0.8	3.2	18.5	31.4	46.0
企业环境治理责任的承担	0.2	3	15.4	33.7	47.5
企业因环保行贿等腐败行为	1.4	3.4	17	31.2	46.9
公众抗争方式的合法性	0	3.2	20.7	32.9	43.0
新闻媒体报道的真实性	0	3.2	17.6	31.8	47.3
社会组织与政府互动	0	3	15.8	32.7	48.3

注：N=27。

5. 反馈机制与监督效果

从案例结果（表 14-1-13）来看，反馈机制越优，事件的解决结果越倾向于成功；反之则事件的解决结果越容易失败。因此，环境群体性事件中对监督结果的反馈十分必要。

表 14-1-13 反馈机制与事件解决结果交叉表（N=27）

反馈机制	环境群体性事件解决结果			
	失败（F）	半成功（SS）	成功（S）	总计
无效	6（54.55%）	3（27.27%）	2（18.18%）	11
有效	2（12.5%）	5（31.25%）	9（56.25%）	16
总计	8	8	11	27

从问卷数据来看（表 14-1-14），37.9%的被调查者认为，监督反馈机制是有必要的。在被调查者中，认为外部反馈更有效的人数与认为内部反馈更有效的人数占总人数的比重十分相近，且认为二者均很有效的人数接近总人数的 1/3，更可见二者均是反馈机制不可或缺的方式，应当在监督过程中共同使用。

表 14-1-14 不同反馈方式有效程度比重表（N=507）

反馈方式	百分比/%	累计百分比/%
外部反馈（其他监督者告知）	34.7	34.7
内部反馈（监督者自身调查反馈）	35.5	70.2
都很有效	27.6	97.8
都没有效果	2.2	100.0

在监督效果方面，如表 14-1-15、表 14-1-16 所示，案例和问卷数据均表明，监督效果越好，事件的解决结果越倾向于成功。其中，卡方检验（χ^2）显示对各监督客体的监督与否对结果的影响不存在显著的差别，然而问卷中监督整体效果与事件解决结果的 Pearson

相关系数为 0.741，显著性水平为 0.000，监督效果与事件解决结果有较高的相关性且十分显著，证明了监督对事件解决的必要性和重要性。

表 14-1-15 监督效果与事件解决结果交叉表（*N*=507）

监督效果	环境群体性事件解决结果			
	失败（F）	半成功（SS）	成功（S）	总计
劣	8（53.33%）	4（26.67%）	3（20.00%）	15
优	0	4（33.33%）	8（66.67%）	12
总计	8	8	11	27

表 14-1-16 对各客体监督效果与事件解决结果相关度表（*N*=507）

		政府及其工作人员	企业	公民	新闻媒体	社会组织
事件解决结果	卡方（χ^2）	1.85	1.84	1.86	1.22	2.08
	显著性（Sig.）	0.000	0.000	0.000	0.000	0.000

（二）监督中的正式、非正式规则分析

许多学者对环境群体性事件解决的法律法规[1,2]等正式规则以及社会差序格局[3]等非正式规则进行了研究，本节研究也认为其对监督过程和事件的解决结果有一定影响。

从案例结果来看，存在正式规则指导的事件，其解决结果更倾向于成功；反之，缺乏正式规则指导时，事件解决则出现更多的失败（表 14-1-17）。

表 14-1-17 正式规则与事件解决结果交叉表（*N*=27）

正式规则	环境群体性事件解决结果			
	失败（F）	半成功（SS）	成功（S）	总计
有	4（21.05%）	6（31.58%）	9（47.37%）	19
无	4（50.00%）	2（25.00%）	2（25.00%）	8
总计	8	8	11	27

在非正式规则方面，当非正式规则的存在程度越高，事件的解决结果也明显更倾向于成功。其中，当参与者有环保意识但缺少监督时，也存在解决相对成功的案例，但是在参与者既有环保意识又存在监督的案例中，事件的解决更成功（表 14-1-18）。

1 魏小乐，谢大欣. 环境群体性事件的环境法对策[J]. 法制与社会，2017（21）.
2 王文博. 环境群体性事件法治化对策研究[D]. 开封：河南大学，2016.
3 冯仕政. 差序格局与环境抗争[C]//首届中国环境社会学学术研讨会，2006.

表 14-1-18 非正式规则与事件解决结果交叉表（*N*=27）

非正式规则	环境群体性事件解决结果			
	失败（F）	半成功（SS）	成功（S）	总计
低	3（50.00%）	2（16.67%）	1（33.33%）	6
中	5（45.45%）	3（27.27%）	3（27.27%）	11
高	0	3（70.00%）	7（30.00%）	10
总计	8	8	11	27

由此可见，正式、非正式规则的支持对事件的解决结果有一定影响。

然而与案例显示的实际情况不同，问卷调查结果（表 14-1-19）显示，仅 1/4 的被调查者认为，正式、非正式规则对监督效果和环境群体性事件的解决结果有大的影响，且非正式规则的影响略大于正式规则。同时，正式、非正式规则对监督结果和解决结果的影响程度与结果间不存在明显的相关。这两点均表明，人们认为正式和非正式规则对环境群体性事件的监督及解决机制没有什么影响。这种被调查者对规则的忽视，反而表明了在事件监督中应强化正式、非正式规则的作用。

表 14-1-19 正式、非正式规则对监督效果和解决结果的影响程度表（*N*=507）

影响因素		认知/%					
		非常小	比较小	一般	大的统计	比较大	非常大
正式规则的影响	对监督效果	21.90	26.20	25.20	**26.60**	19.10	7.50
	对解决结果	19.10	23.90	26.40	**30.60**	22.50	8.10
非正式规则的影响	对监督效果	14.80	21.90	29.20	**34.20**	24.90	9.30
	对解决结果	13.60	23.70	29.40	**33.30**	22.30	11

（三）事件特征对监督机制和事件解决结果的影响分析

在环境群体性事件的众多特征中，本节研究主要从经济发展水平、城乡属性、抗争类型、层级、规模、污染类型、冲突类型和暴力程度 8 个方面进行分析，观察其对事件的解决是否存在影响，结果如表 14-1-20 所示。

表 14-1-20 典型案例事件特征编码表

案例编号	经济发展水平	城乡属性	抗争类型	层级	规模	污染类型	冲突类型	暴力程度	结果
1	中	乡村	暴力	区县	大	混合污染	污染发生	高	F
2	高	城市	非暴力	市级	特大	大气污染	邻避	低	S
3	高	城市	非暴力	市级	特大	电磁辐射	邻避	低	SS
4	高	城市	非暴力	区县	大	大气污染	邻避	低	S
5	中	乡村	非暴力	市级	特大	混合污染	污染发生	中	S
6	低	乡村	非暴力	区县	特大	混合污染	污染发生	低	SS
7	中	乡村	非暴力	区县	大	混合污染	污染发生	低	SS

案例编号	经济发展水平	城乡属性	抗争类型	层级	规模	污染类型	冲突类型	暴力程度	结果
8	高	城市	非暴力	区县	特大	混合污染	邻避	低	SS
9	高	城市	非暴力	区县	大	混合污染	污染发生	高	S
10	高	城市	暴力	市级	特大	大气污染	邻避	高	F
11	高	乡村	暴力	乡镇	大	水污染、大气污染	邻避	高	S
12	高	城市	非暴力	区县	大	水污染	污染发生	低	S
13	高	乡村	暴力	乡镇	特大	大气污染	邻避	高	S
14	低	城市	暴力	市级	中	固体废物污染	邻避	高	SS
15	高	城市	暴力	市级	特大	水污染	污染发生	高	F
16	高	城市	非暴力	区县	大	混合污染	邻避	中	F
17	中	乡村	非暴力	区县	特大	混合污染	污染发生	低	SS
18	高	乡村	暴力	乡镇	特大	混合污染	邻避	高	F
19	高	城市	非暴力	区县	特大	大气污染	邻避	低	S
20	中	城市	非暴力	市级	特大	大气污染	邻避	低	F
21	中	乡村	非暴力	区县	小	混合污染	污染发生	中	F
22	中	城市	非暴力	区县	大	大气污染	污染发生	低	S
23	高	城市	非暴力	市级	大	大气污染	邻避	高	SS
24	高	城市	暴力	市级	特大	大气污染	邻避	高	S
25	高	城市	非暴力	区县	特大	大气污染	污染发生	低	S
26	中	城市	暴力	市级	大	大气污染	邻避	高	F
27	中	乡村	暴力	区县	小	水污染、大气污染	污染发生	高	SS

从事件特征要素本身（表 14-1-21）来看，典型案例多发生于经济发展水平相对较高的东部地区，城市比乡村多发，事件的发生集中于区县级和市级地区。抗争倾向于以非暴力的方式进行，人数往往超过千人，规模较大。环境群体性事件多起源于混合污染、大气污染和水污染，邻避冲突和污染已发生且危害到当地民众安全的案例均有发生，但周围公众感知到污染风险的邻避事件略多于污染已发生的事件，事件的暴力程度没有明显地倾向于高或者低。

表 14-1-21 典型案例事件特征统计表（*N*=27）

事件特征	测量指标	案例数量/个	占总体的百分比/%
经济发展水平	低	2	7.4
	中	9	33.3
	高	16	59.3
城乡属性	城市	17	63
	乡村	10	37
抗争类型	暴力	10	37
	非暴力	17	63

事件特征	测量指标	案例数量/个	占总体的百分比/%
层级	乡镇	3	11.1
	区县	14	51.9
	市级	10	37
	省级	0	0
污染类型	大气污染	11	40.7
	电磁辐射污染	1	3.7
	固体废物污染	1	3.7
	混合污染	10	37
	水污染	4	14.8
冲突类型	邻避	15	55.6
	污染发生	12	44.4
暴力程度	低	12	44.4
	中	3	11.1
	高	12	44.4
规模	小	2	7.4
	中	1	3.7
	大	10	37
	特大	14	51.9

其次，由于事件特征和环境群体性事件的解决结果均为定类变量，因此采用交叉列联表的方法分析其相关性。

1．事件发生地经济发展水平对各监督要素的调节作用

依据案例数量的交叉分析，从监督主体类型来看，各类地区呈现最多的监督主体类型为政党、政府、公民、新闻媒体，同时这种组合也是经济发展水平高的地区最多的监督主体组合类型。其次是政府、公众、新闻媒体，经济发展水平低的地区没有这种组合，而经济发展水平高的地区，事件中均有相当数量的监督主体组合为这一类型。从监督方式来看，行政、公众、新闻媒体监督的组合和政党、行政、公众、新闻媒体监督的组合相对较多，且后者不仅在经济发展水平高的地区被更多使用，经济发展水平低的地区也有涉及。从监督客体来看，经济发达地区多侧重对政府、企业和公众的监督。从监督内容、效果与反馈情况来看，经济发展水平与其没有显著的关联。从正式、非正式规则来看，经济水平高的地区正式规则的支持较多，受到非正式规则的影响也比经济水平低的地区大。经济发展水平与各监督要素的卡方检验（表 14-1-22）也表明，经济发展水平与监督主体、监督方式、监督客体和正式、非正式规则相关，与监督的内容、效果和反馈机制并不存在明显相关性。

表 14-1-22 经济发展水平与监督要素相关性检验（N=27）

监督要素		监督主体	监督方式	监督客体	监督内容	监督效果	反馈机制	正式规则	非正式规则
经济发展水平	卡方（χ^2）	14.47	16.65	20.40	47.75	2.73	1.49	0.66	5.67
	显著性（Sig.）	0.000	0.000	0.000	0.134	0.256	0.476	0.000	0.000

2. 事件发生地城乡属性对各监督要素的调节作用

依据案例数量的交叉分析，从监督主体来看，城乡地区监督主体组合最多的均为政党、政府、公民、新闻媒体和政府、公众、新闻媒体，但城市参与监督的主体类型更加多样。从监督方式来看，行政、公众、新闻媒体监督的组合和政党、行政、公众、新闻媒体监督的组合呈现与监督主体相同的特征。从监督客体来看，城市地区对可能的事件参与者均有所关注，而乡村地区对公众自身行为的监督意识较低。从监督内容来看，城市地区的监督内容较为广泛，而乡村地区可能由于信息受限，只有少数监督内容多元。从监督效果来看，城市反而出现了监督效果差的情况，乡村地区不存在显著差异。从反馈机制来看，城市的反馈相较乡村更为有效。从正式、非正式规则来看，正式规则的缺失较为严重，缺少具体的监督指引，城市中非正式规则的影响较大。城乡属性与各监督要素的卡方检验（表 14-1-23）表明，城乡属性与监督主体、监督方式、监督客体具有一定相关性，而城乡地区的监督效果、反馈机制、监督内容多元性和正式、非正式规则的倾向虽在案例统计中存在一定差异，但并不相关。

表 14-1-23 城乡属性与监督要素相关性检验（N=27）

监督要素		监督主体	监督方式	监督客体	监督内容	监督效果	反馈机制	正式规则	非正式规则
城乡属性	卡方（χ^2）	6.41	6.42	9.46	27	0.20	0.759	0.001	0.65
	显著性（Sig.）	0.000	0.000	0.000	0.105	0.656	0.384	0.974	0.724

3. 事件抗争类型对各监督要素的调节作用

依据案例数量的交叉分析，从监督主体来看，非暴力抗争倾向于主体组合为政府、公众、新闻媒体和政党、政府、公众、新闻媒体时发生，前者更多，监督方式也与其呈现相似特征。从监督客体来看，政府、公众、企业两两组合是非暴力抗争的主要倾向形式。从监督内容来看，内容涉及数量越少时，人们越倾向于采取非暴力的方式进行抗争。从监督效果来看，不存在显著差别。从反馈机制来看，有效的反馈与非暴力的抗争形式往往联系在一起。从正式、非正式规则来看，不存在正式规则支持的案例反而更多地采取了非暴力的抗争，非正式规则与抗争类型也不存在明显的关系。抗争类型与各监督要素的卡方检验（表 14-1-24）表明，抗争类型与监督主体、监督方式、监督客体存在一定相关性，而与监督内容、监督效果、反馈机制和正式、非正式规则不相关。

表 14-1-24　事件抗争类型与监督要素相关性检验（N=27）

监督要素		监督主体	监督方式	监督客体	监督内容	监督效果	反馈机制	正式规则	非正式规则
抗争类型	卡方（χ^2）	7.3	7.27	7.86	22.00	0.127	0.004	3.16	0.08
	显著性（Sig.）	0.000	0.000	0.000	0.284	0.722	0.952	0.075	0.963

4．事件发生地所属行政层级对各监督要素的调节作用

依据案例数量的交叉分析，从监督主体来看，乡镇和市级层面发生的事件，其监督主体组合主要为政党、政府、公众、新闻媒体，而区县级则为政府、公众、新闻媒体，监督方式也存在相同特征。从监督客体来看，区县和市级主要监督政府和企业，而乡镇级别在此基础上也对公众行为进行监督。从监督内容来看，二者没有显著的特征关系。从监督效果来看，事件发生层级越高，监督效果越好，但是在区县一级，监督效果相对较差。从反馈机制来看，对监督信息的反馈在区县一级最有效。从正式、非正式规则来看，正式规则在各地方层级普遍不足，但区县一级受非正式规则的影响较大。事件发生地层级与各监督要素的卡方检验（表 14-1-25）表明，事件层级与监督主体、监督方式、监督客体、监督效果存在一定相关性，但与监督内容、反馈机制、正式和非正式规则并不存在相关关系。

表 14-1-25　发生层级与监督要素相关性检验（N=27）

监督要素		监督主体	监督方式	监督客体	监督内容	监督效果	反馈机制	正式规则	非正式规则
层级	卡方（χ^2）	10.4	10.4	10.24	43.2	1.57	0.096	2.43	2.72
	显著性（Sig.）	0.000	0.000	0.000	0.259	0.000	0.953	0.297	0.606

5．事件冲突规模对各监督要素的调节作用

依据案例数量的交叉分析，从监督主体来看，冲突规模越大，政党、政府、公众、新闻媒体作为监督主体的数量越多，监督方式也具有相同的特征。从监督客体来看，对政府和企业进行监督的事件冲突规模相对较大。从监督内容和效果来看，二者没有显著的特征关系。从反馈机制来看，当事件规模越大时，由于受到的关注更多，其监督反馈相对更有效。从正式、非正式规则来看，无论正式规则存在与否，事件规模越大，涉及的案例数量越多，而非正式规则的影响越大，冲突的规模就越大。事件冲突规模与各监督要素的卡方检验（表 14-1-26）表明，冲突规模与监督主体、监督方式、监督客体、反馈机制、非正式规则间存在相关关系，而与监督内容、效果和正式规则不相关。

表 14-1-26 事件冲突规模与监督要素相关性检验（N=27）

监督要素		监督主体	监督方式	监督客体	监督内容	监督效果	反馈机制	正式规则	非正式规则
冲突规模	卡方（χ^2）	22.32	22.87	45.46	74.83	1.08	1.67	3.23	5.00
	显著性（Sig.）	0.000	0.000	0.002	0.057	0.782	0.000	0.936	0.000

6．引发事件的污染类型对各监督要素的调节作用

依据案例数量的交叉分析，从监督主体来看，在大气污染、水污染和大气污染以及固体废物污染引发的事件中，政党、政府、公众、新闻媒体作为监督主体出现次数最多；在电磁辐射污染和混合污染引发的事件中，政府、公众、新闻媒体作为监督主体出现最多；而水污染引发的事件中涉及的监督主体类型则比较多元。与此同时，监督方式的选择与主体呈现相同特征。从监督客体来看，在大气污染引发的事件中，被监督者主要是政府和公众，对企业监督不足；混合污染引发的事件则主要对政府和企业进行监督；其他污染类型没有显著的分布特征。从监督内容来看，在大气污染引发的事件中，监督内容聚焦于环评合理性、公众参与；在混合污染引发的事件中，监督内容主要为政府监管执法有效性和企业环境责任的承担；其他污染类型的分布较为分散。从监督效果来看，大气污染类事件监督效果往往较好，而混合污染类事件的监督效果则较差，反馈机制的有效性也呈现相同特征。从正式、非正式规则来看，各种污染类型事件都较缺乏正式规则，而非正式规则在大气污染类事件中影响较强，在混合污染类事件中影响较小。引发事件的污染类型与各监督要素的卡方检验（表 14-1-27）表明，污染类型与监督主体、监督方式、监督客体、反馈机制、正式规则、非正式规则具有一定相关性，而与监督内容和监督效果不相关。

表 14-1-27 污染类型与监督要素相关性检验（N=27）

监督要素		监督主体	监督方式	监督客体	监督内容	监督效果	反馈机制	正式规则	非正式规则
污染类型	卡方（χ^2）	38.39	38.34	50.09	1.17	7.45	5.95	4.28	8.50
	显著性（Sig.）	0.001	0.000	0.047	0.064	0.189	0.000	0.000	0.001

7．事件冲突类型对各监督要素的调节作用

依据案例数量的交叉分析，从监督主体来看，邻避冲突中的监督主体类型主要为政党、政府、公众、新闻媒体，污染发生冲突的主体类型主要为政府、公众、新闻媒体，监督方式与其特征相同。从监督客体来看，邻避冲突中被监督者主要为政府、公众、企业，污染发生冲突中被监督者往往是政府和企业。从监督内容来看，邻避冲突注重对环评合理性、公众参与和企业环境责任承担的监督，而污染发生冲突则在此基础上增加了对政府监管有效性的监督。从监督效果来看，两类冲突的监督效果均较差。从反馈机制来看，邻避冲突中，监督信息的反馈更加有效。从正式、非正式规则来看，污染发生冲突中正式规则不存在的情况较多，两类冲突均受到非正式规则的影响，但邻避冲突受到其影响更大。事件冲

突类型与各监督要素的卡方检验（表 14-1-28）表明，冲突类型与监督主体、监督方式、监督客体、监督内容存在一定相关性，但其与监督效果、反馈机制、正式、非正式规则不相关。

表 14-1-28 事件冲突类型与监督要素相关性检验（N=27）

监督要素		监督主体	监督方式	监督客体	监督内容	监督效果	反馈机制	正式规则	非正式规则
冲突类型	卡方（χ^2）	6.75	6.65	5.88	24.3	0.068	0.01	1.74	1.38
	显著性（Sig.）	0.000	0.000	0.001	0.001	0.795	0.930	0.187	0.503

8．事件暴力程度对各监督要素的调节作用

依据案例数量的交叉分析，从监督主体来看，当组合为政党、政府、公众、新闻媒体时，事件的暴力程度较高，而在政府、公众、新闻媒体的组合下，事件的暴力程度没有明显差别。同时，监督方式的组合也呈现相同的特征。从监督客体来看，仅对政府和企业进行监督的事件中，其暴力程度相对较低，而在政府、企业、公众三者进行监督的事件中，其暴力程度较高。从监督内容来看，各类事件不存在显著差异。从监督效果来看，监督暴力程度高的事件监督效果差，反之监督效果相对较好。从反馈机制来看，暴力程度低的事件反馈机制更有效。从正式、非正式规则来看，暴力程度受正式、非正式规则影响不显著。暴力程度与各监督要素的卡方检验（表 14-1-29）表明，事件暴力的程度仅与监督主体、监督方式、监督客体相关，其他各项虽在案例统计分布中存在微小差异，但卡方检验结果不相关。

表 14-1-29 事件暴力程度与监督要素相关性检验（N=27）

监督要素		监督主体	监督方式	监督客体	监督内容	监督效果	反馈机制	正式规则	非正式规则
暴力程度	卡方（χ^2）	16.65	16.65	20.57	35.63	0.337	1.11	1.82	5.77
	显著性（Sig.）	0.000	0.000	0.000	0.580	0.845	0.573	0.402	0.217

9．事件特征要素对事件解决结果的调节作用

由编码结果的交叉分析可知（表 14-1-30），当事件发生地的经济发展水平越高时，环境群体性事件的解决结果越倾向于成功。但是在问卷数据的 Spearman 分析中，人们并不认为事件的解决结果和事发地的经济发展水平相关。

城市中，事件成功解决的案例数量较多，但是城乡属性并没有表现出与事件解决结果间的明显相关性。问卷将城市、城乡接合部和乡村分别赋值为 1、2、3，城乡属性与事件解决结果的 Spearman 相关系数为-0.210^{**}，显著性水平为 0.000，因此大部分人认为城市中的环境群体性事件解决结果相对成功。

表 14-1-30 典型案例事件特征与结果交叉表（*N*=27）

事件特征	测量指标	结果		
		失败（F）	半成功（SS）	成功（S）
经济发展水平	低	0	2（100%）	0
	中	4（44.44%）	3（33.33%）	2（22.22%）
	高	4（25.00%）	3（18.75%）	9（56.25%）
城乡属性	城市	5（29.41%）	4（23.53%）	8（47.06%）
	乡村	3（30.00%）	4（40.00%）	3（30.00%）
抗争类型	暴力	5（50.00%）	2（20.00%）	3（30.00%）
	非暴力	3（17.65%）	6（35.29%）	8（47.06%）
层级	乡镇	1（33.33%）	0	2（66.67%）
	区县	3（21.43%）	5（35.71%）	6（42.86%）
	市级	4（40.00%）	3（30.00%）	3（30.00%）
	省级	0	0	0
规模	小	1（50.00%）	1（50.00%）	0
	中	0	1（100.00%）	0
	大	3（30.00%）	2（20.00%）	5（50.00%）
	特大	4（28.57%）	4（28.57%）	6（42.86%）
污染类型	大气污染	3（27.27%）	1（9.09%）	7（63.64%）
	电磁辐射污染	0	1（100.00%）	0
	固体废物污染	0	1（100.00%）	0
	混合污染	4（40.00%）	4（40.00%）	2（20.00%）
	水污染	1（25.00%）	1（25.00%）	2（50.00%）
冲突类型	邻避	5（33.33%）	4（26.67%）	6（40.00%）
	污染发生	3（25.00%）	4（33.33%）	5（41.67%）
暴力程度	低	1（8.33%）	5（41.67%）	6（50.00%）
	中	2（50.00%）	0	2（50.00%）
	高	5（45.45%）	3（27.27%）	3（27.27%）

从抗争类型来看，非暴力的抗争方式更容易促进事件的成功解决。暴力抗争产生的负外部性在一定程度上增加了事件解决成本和难度，容易导致冲突应对方的“以暴制暴”行为，不利于事件的成功解决。

在层级方面，区县级别的环境群体性事件比较多地被成功或半成功解决，这与基层政府直接接触民众，执法活动较多不无关系。问卷结果中将由低到高的行政层级分别赋值为1～5，层级与解决结果的 Spearman 相关系数为–0.080*，显著性水平为 0.037，二者呈显著负相关，这也表明了事件发生的层级越低，事件解决的可能性就相对较大。但是在实地调研中我们也发现，早期一些村镇层级的事件往往受到镇压，往往不了了之，并没有解决污染和冲突。

从案例特点来看，冲突规模越大，事件越倾向于成功解决。但是问卷的结果并没有显示冲突规模与事件解决结果的相关性。因此，事件的解决是否成功可能不在于参与人数的多少，而可能在于参与者沟通效率的高低。

从污染类型来看，大气污染引发的环境群体性事件解决得最成功，混合污染的解决结果则相对较差，其余污染类型事件没有突出的特征。这一方面与一段时期内我国政府对空气质量的关注有着不可分割的联系，另一方面混合污染相较于大气污染对人体危害大、范围广、不易改善，也一定程度上阻碍了由此引发的冲突的缓和。同时，超过半数的被调查者认为，他们接触到的引发群体性事件的污染，多为大气污染、水污染和固体废弃物污染。

从冲突类型来看，事件无论是风险感知的邻避冲突还是污染发生冲突，都没有在事件解决结果上表现出明显的差异。采用问卷数据就其与结果的独立样本 t 检验也表明，二者间并不存在显著差异。

从暴力程度来看，环境群体性事件的暴力程度越高，其解决结果就越倾向于失败；反之，其解决结果则倾向于成功。问卷结果也显示，二者的相关系数为-0.263^{**}，显著性水平为 0.000，证明事件暴力程度与解决结果间具有负相关关系。事件暴力程度越高，也就意味着打、砸、抢等对社会财产和人民生命安全造成危害的行为越多，社会的损失和负面影响也就越大，必然会影响事件的有效解决。

（四）典型案例分析

本节研究选择两个典型案例进行分析，主要有以下几点原因。首先，案例发生时间较近，可收集到的资料时效性较强。其次，案例中的参与人数达到上万人，规模特大，产生的影响大，更容易反映出事件解决结果的成功与否。再次，案例参与主体多元，监督方式多样，能够充分反映变量的有效程度。此外，案例的污染类型为以大气污染为主的混合污染，是引发环境群体性事件较多的一种污染类型。最后，这两个案例的分析具有多重资料支持，不仅包括网络资料、期刊论文等，而且参考了相关研究者的一手访谈资料，能够较为真实全面地反映事件的发生发展过程。

1．湖南湘潭抗议垃圾焚烧厂事件

该案例为 2014 年在湖南湘潭九华大道进行的抗议垃圾焚烧厂事件，接下来本节研究将按时间进程对案例进行描述和分析。2014 年，湖南省湘潭市拟建立九华静脉园垃圾焚烧发电厂，并于当年 4 月 30 日到 5 月 20 日进行公示。然而在进行公示的第一天，便发生了大规模的抗议事件。据报道，随着公示的开始以及湘潭大学倪教授的网文发表，居民开始重视垃圾焚烧厂的建设。结果发现，在公示开始前，该项目的投资方桑德建设已经开始施工，且进程已达四层楼高，由此引发了一系列的环境维权活动。[1]九华垃圾焚烧站周边既有村庄社区，又有大学校园，其中距离湖南科技大学校区外国语楼仅 2.6 km，距湖南软件学院约 4.2 km，垃圾焚烧产生的污染对当地的居民和学生有着极大的威胁[2]。

该案例中涉及的监督主体为人大代表、政协委员、公众和新闻媒体；监督的方式为政党监督、立法监督、行政监督、公众监督和新闻舆论监督；直接的监督客体是政府，忽略

---

1 民生网.湘潭垃圾焚烧厂选址风波[EB/OL].（2014-09-22）. http://www.msweekly.com/show.html？id=2061.

2 唐久芳，王文博，罗喜英. 湘潭邻避设施环评规划中公众参与困惑研究——以湘潭垃圾焚烧厂规划为例[J]. 经济研究导刊，2015（12）：167-169.

了对企业、公众、新闻媒体的监督；监督内容包括监督反馈主要是外部反馈。事件监督有环境保护相关法律和环评标准的支持，当地的民众也有较高的环保和监督意识，主动参与到信息公开和听证会中。

此事引发关注，最早源自湘潭大学倪教授质疑该项目合法合理性的网文发表。该篇文章从垃圾焚烧项目应当进行的程序、批文以及项目展开时间等几个方面，提出了对该垃圾焚烧项目的质疑，希望政府公开关于项目投资建设方获得投资建设权的过程、垃圾焚烧项目的选址依据和可行性分析报告、该垃圾焚烧项目的决策程序是否严格执行重大决策程序、项目所使用土地的国务院批准文件、垃圾焚烧项目的环境评估文件以及垃圾的后续处理方式是否无污染等一系列相关工作过程及文件。倪教授也在文中根据自己所涉专业知识，对垃圾处理厂的危害进行了分析，对垃圾焚烧项目的建设提出了自己的质疑。不仅如此，教授还对垃圾焚烧厂建设项目可能会引发的群体性事件进行了考虑，从技术、市场、监管、对外宣传、居民参观、志愿者表达意愿、信息公开、补偿机制等多个方面做出了考量，以预防或缓和可能发生的群体性事件。[1]当时，当地新闻媒体并未对这篇文章进行响应，甚至起初拒绝报道群众的请愿活动以及项目的相关事宜。在对现有的网络新闻报道进行搜索时，仍有许多在事件发生时的网络资料、新闻报道被删除。[2]

此后，人大代表、政协委员联名抗议该垃圾焚烧项目的建立，公众也向政府施压，要求信息公开并反对建设垃圾焚烧厂。

“为了安抚民众的激动情绪，湘潭市政府决定，针对该垃圾焚烧厂建设项目举办项目听证会。听证会到会代表共 25 名，其中随机抽选 5 名公众参加。另有旁听人员 5 名，通过随机抽选确定，过程通过公证监督，由政府新闻办负责其中新闻媒体记者参与。此外，10 名各方的直接代表受邀参加此次听证会，如市人大代表、市政协委员，上海环境卫生工程设计院院长、湖南科技大学校长、湖南软件学院副处长、湖南工程学院党政办公室主任、湖南大学湘江办公室主任、北京大学环境科学与工程学院教授、湖南省建筑设计院城市规划研究设计院副总规划师、湘潭大学工会主席。还有委托代表 10 名。”[3]

“2014 年 8 月 12 日上午 8 点，上千名居住于九华街道附近的居民冒雨自发聚集于听证会举办地铭鸿酒店外，以支持听证会中的居民代表，并为此拉起了反对九华建立垃圾焚烧站的横幅。项目听证会共进行了 2 个小时，每位代表发言不超过 5 分钟，具体过程并没有允许除代表外的其他当地市民参与。最终，受邀代表张某支持该垃圾焚烧厂的建设，他认为垃圾焚烧处理相较其他垃圾处理方式优点颇多：一是用地面积少，二是处理速度快，三是减容效果好，四是污染可控制，五是能源利用好。大家认为垃圾分类并不是焚烧进行的前提，二噁英排放并不会因焚烧厂建设而增加。有 3 名专家主张焚烧厂的建设，2 名村民

---

1 湘潭市政府投诉直通车.投诉主题：反对湘潭建立九华静脉园垃圾焚烧发电厂[EB/OL]. [2014-05-17]. http://ts.voc.com.cn/question/view/172548.html.

2 尹瑛. 冲突性环境事件中公众参与的新媒体实践——对北京六里屯和广州番禺居民反建垃圾焚烧厂事件的比较分析[J]. 浙江传媒学院学报，2011（6）：28-32.

3 湘潭市政府投诉直通车.投诉主题：反对湘潭建立九华静脉园垃圾焚烧发电厂[EB/OL]. [2014-05-17]. http://ts.voc.com.cn/question/view/172548.html.

也表示可以有条件地同意建厂，其余听证会各方代表均反对该垃圾焚烧厂的建设。尤其是大学代表，他们坚决反对的理由是垃圾焚烧厂会阻碍湘潭人才的引进，影响大学招生，进而导致人才流失，最终不利于湘潭经济的可持续发展。参会代表绝大多数反对的原因在于此项目违规在先，在正规手续不全的情况下强行开工，项目仍在公示期间便已动工，而且还违规征用土地，擅自改变土地使用的用途，且引致黄良兵等百人联名投诉，民众基础差。”[1,2]由此可见，尽管政府举办了听证会接受监督，但是由于之前的环评和监管不力，难以取得公众的信任，听证会效果不佳。

同时，此过程中的民主党派及无党派人士代表和公众一直较为理智，主要采取三种相对平和的形式进行了监督：①联合签名：以湘潭大学、湖南科技大学的专家、学者和全国人大代表及政协委员为首的数千人联名抗议垃圾焚烧厂建设，将反对湘潭垃圾焚烧厂项目作为运动目标，通过抗议的形式向政府施压。②静坐请愿与游行示威：在 2014 年 5 月 25 日，以湖南科技大学及湘潭大学的师生为代表的群众试图通过静坐、示威等方式争取自身环境权益。湘潭大学和湖南科技大学师生员工共 8 000 人签名表示反对此项目，而与此同时，当地媒体却拒绝对此进行报道，湖南科技大学、湘潭大学的师生不得以向环境保护部进行举报。至此，湘潭市主要领导才紧急邀请了两所高校的负责人举行了以“维稳”为主题的会议。③论坛等网络平台的意见表达：由于当地多家媒体拒绝报道反建垃圾焚烧厂的活动，群众选择在天涯论坛、红网等网络平台上表达自己对于垃圾焚烧厂建设的意见。据本研究收集的网络资料以及他人的访谈资料得知，大部分发言群众对垃圾焚烧厂项目的建设持反对意见，通过网络舆论引发政府的关注。[3]由此可见，政党和公众监督在环境群体性事件解决中发挥着重要作用，而新闻媒体除其传递信息的客观中立性外，也十分容易受到控制，制约其监督作用的发挥。

事件的结果分为两个阶段，第一阶段中，群众对垃圾焚烧项目的建设进行了联名反对以及静坐示威后，“2014 年 5 月 20 日，湘潭经济开发区被迫下达了《停工整改通知书》和《责令停止建设通知书》，并采取措施强制其停工，查封相关塔吊等施工机械。尽管该项目并未正式取得建设工程的规划许可证，但是截至停工时，项目建筑工程已完成 70%，安装工程也完成 30%，项目总体建设进度完成了近 30%，甚是惊人。此后，当地民众仍十分担心，一旦高校放暑假，师生对项目的关注度相对降低，桑德环境随时可能复工。一位曾与湘潭市环保局沟通过的群众代表表示，目前湘潭并不具备对二噁英进行实时监测和样本检测的技术。在这种情况下，既有前车之鉴，又无自身完善的程序、技术，必然引起民众恐慌”[4]。在这一阶段，各监督主体主要提出质疑和抗议，对被监督者的行为进行检查。第二

---

1 湘潭市政府投诉直通车.投诉主题：反对湘潭建立九华静脉园垃圾焚烧发电厂[EB/OL]. [2014-05-17]. http://ts.voc.com.cn/question/view/172548.html.

2 刘超. 城市邻避冲突的协商治理——基于湖南湘潭九华垃圾焚烧厂事件的实证研究[J]. 吉首大学学报（社会科学版），2016，37（5）：95-100.

3 天涯社区.强烈抗议在湘潭九华建垃圾焚烧场（转载）[EB/OL]. [2014-05-22]. http://bbs.tianya.cn/post-828-624219-1.shtml.

4 湘潭市政府投诉直通车.投诉主题：反对湘潭建立九华静脉园垃圾焚烧发电厂[EB/OL]. [2014-05-17]. http://ts.voc.com.cn/question/view/172548.html.

阶段中，人大代表、政协委员代表、居民委托代表、大学生代表以及新闻媒体代表对政府工作进行了听证，由于以大学生代表为主的部分代表强烈反对，该听证会后，决定停止进行九华垃圾焚烧厂项目的建设。在这一阶段，各监督主体主要对监督客体政府的行为进行纠正。

事件中的监督尽管存在许多波折和意见不合，也有新闻媒体没有充分发挥其作用，但最终迫使政府停止建设垃圾焚烧厂项目，纠正了政府的错误决策，监督过程合理合法，可认为促成了环境群体性事件的解决。

案例中的监督过程存在许多问题，既有监督主体监督作用发挥的不足，也有客体作为被监督者接受监督时机和效果的缺陷。在监督主体方面，主体类型多样，但是新闻媒体没有客观中立地对政府和企业进行监督，同时缺乏政府的自我监督以及环保 NGO 的监督。在监督方式方面，司法监督、行政监督和社会组织监督不足。正如倪教授在其网文中分析的那样，政府缺少内在的决策监督，导致其程序以及决策过程受到质疑，一味地应对社会公众的监督。在监督客体方面，监督的主要客体为政府和企业，但是事件解决过程中政府成了与监督者沟通的主要应对方，缺少对建设投资方桑德公司的监督以及对没有及时发声的新闻媒体的监督。在监督效果方面，第一阶段结束后，政府便停建了该项目，效果较为显著。在反馈方面，监督的效果主要是各参与方不再抗议施压等外部反馈，政府自身缺乏反思。在规则支持方面，一方面有环境保护法和环评标准要求的支撑，另一方面包括居民、学生、专家学者等在内的当地公众有较强的环保意识和监督意识，主动促进政府召开一系列会议和听证会，最终阻止了该垃圾焚烧项目的建设，取得了较好的成效，推动事件解决（图 14-1-8）。

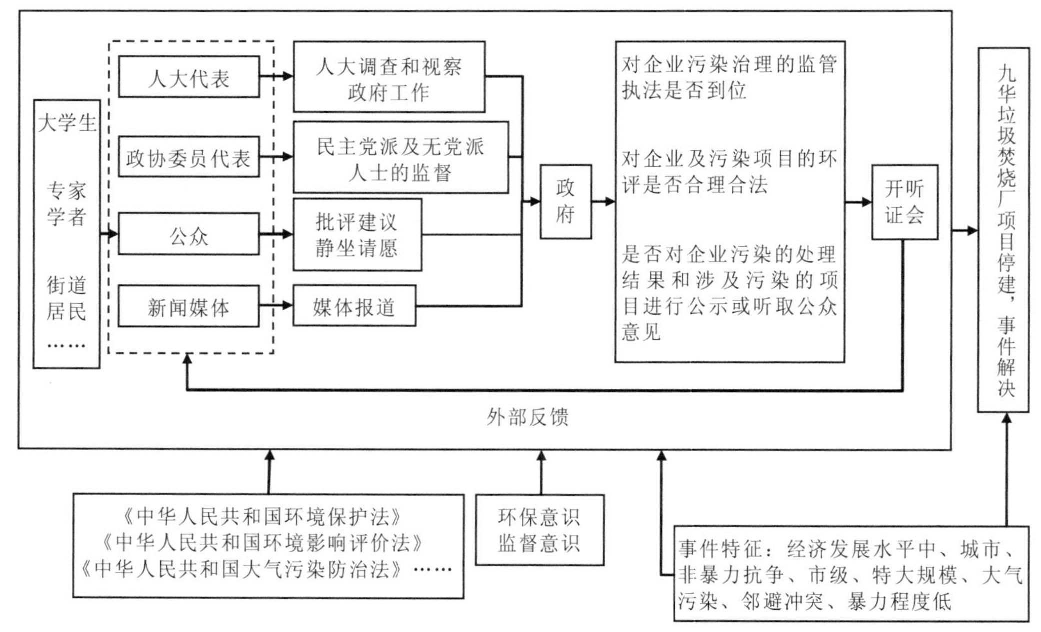

图 14-1-8 湖南湘潭九华大道抗议垃圾焚烧厂事件监督过程

2．济源血铅事件

该案例为 2009 年发生在河南省济源市数个村落的血铅事件，本节研究对该事件进行了实地调研，采访包括柿槟村和佃头村在内的村民、村委会工作人员等。

首先，从监督过程来看，监督主体以政党、政府、公众和新闻媒体监督为主。事件源自柿槟村、青多村、佃头村等地的村民在体检中发现血铅含量高，但是当地的污染已持续多年。当地的污染类型主要为铅锌工厂引发的大气污染和土壤污染，早期的监管执法并不完善，尽管百姓有对污染进行抗议，但当地的污染问题并没有得到解决。随着时间的发展，污染企业规模扩大，污染物积累，污染对人体健康的危害逐渐显现出来。

为了抗议铅锌工厂排污带来的健康危害和经济损失，工厂周边村落的村民自发在工厂门口聚集，引起当时市委、市政府的重视。政府开始介入进来，邀请专家对当地的土壤等进行污染监测，对当地的儿童进行集中的血铅检查。

“2009 年，村里面去把厂门堵住以后，市政府出面协调，就是这个意思。”（FT20180124-DT-CWH）

“发生以后，政府也很重视，对这个当然国家咱们这个省环保厅也很重视这个事。啊，政府很重视，所以说双方的嘛！老百姓也要维护自己的权益，是吧？老百姓带着孩子也化验，几下缠搅在一起的。济源市委、市政府很重视也很主动解决问题，群众呐也有一部分化验就是血铅非常高嘛！”（FT20180324-SHB-LZR）

同时，当地及其他媒体均进行了报道，政府也积极面对，主动进行信息沟通。

“那都是开始。这个是惊动全国的这个。刚开始也是那各地的媒体都来这报道。”

“这个市委呀人家市委、市政府开过会，专门对这个事呀就正确对待。现在就是说媒体呀，公众媒体，正确去面对，要把这个问题说清楚，来把我们市委、市政府采取什么措施，第二个就是群众抓紧就是采取治疗，一个就是食疗等等，第三个就是宣传报道这个东西不是平时没有办法，实际上能治疗。”（FT20180324-SHB-LZR）

在客体方面，主要是政府接受监督，与民众进行沟通和协商。污染企业并没有对民众的抗议做出明确的回应，只是顺从政府的要求和协调结果，这也是民众大规模围堵工厂大门的重要原因之一。

“那才是多少钱，那冶炼厂补很少，都不给多少钱，太少。”

“都是去冶炼厂那里面闹，我们都参加，村民都去。我们村整个都去了”（FT20180124-DT-CM4）

在内容方面，政府尽管在群体性事件发生后积极了解污染情况，帮助村民进行排铅治疗、搬迁及补贴等，但是在污染发生的早期，政府也存在对污染视而不见，对民众上访进行压制，污染监管执法不严等问题。其中，在政府的维护下，污染企业并没有很好地承担环境责任、社会责任，早期的工艺和污染治理设施也没有进行及时的改进。事件发生后尽管改进了生产工艺减少了污染排放，但当地的环境状况仍没有得到改善，调研过程中路过的周边排水渠等散发着刺鼻的味道，天空呈灰色，呼吸能明显感觉到不适。正如古斯塔夫•勒庞所说，当事件不触及某个群体的直接利益时，他们可能对此毫不关心。众多村民情绪的暴发并不是一时兴起，而是在诸多矛盾积累后，合法的利益诉求表达渠道难以实现维权的诉求，才转而采取其他方式引发政府和企业的注意，从而产生类似于“会哭的孩子有奶吃”的效仿行为。

在结果反馈方面，政府的监督反馈主要是通过外部反馈进行。村民在接受治疗、搬迁及补偿后，如柿槟村整村搬迁建立新柿槟社区，民众的抗争行为便得到平息。由此，政府对此事的关注度便下降了。

“当时都是那个啥，当时都是市政府出面以后就是一说把这几个村，这几个村不是污染嘛，污染以后搬迁，自从搬迁以后就没有人再上访，再去找。”（FT20180124-DT-CWH）

其次，从规则来看，正式规则为监督提供了法律支撑，非正式规则对结果的影响略大于正式规则，民众的环保和监督意识的高低对事件发生的规模、方式及解决结果有重要的影响。

“这个地方是让群众搬迁。国家环保政策有个一千米以内（对对对，不能居住），因为这么个规定，市委、市政府才出这个（政策）。”

“国家有一个指标，是吧？二氧化硫排放污水的排放它有个指标。政府响应国家环保管理部门的这个要求。”

最后，从该案例的特征要素来看，事件发生于经济发展水平中等的乡村地区，属于已发生的混合污染，但处置该事件的是市委、市政府。群体性事件以非暴力的方式进行，参与人数有数千人，规模大，但暴力程度低。由此可见，要实现有效监督，引导可能及已经发生的环境群体性事件通过制度化的方式解决，一方面要提高当地的经济发展水平，另一方面也要增强上级政府对地方政府工作的关注和支持，权力下放的同时进行监督。同时，对当地的民众也要进行及时的科普和宣传教育，提升其科学文化素养和守法意识，引导其运用合理合法的方式进行利益诉求的表达和抗争。

四、讨论

（一）环境群体性事件监督机制的过程要素构建重点

环境群体性事件的监督过程包含五个基本要素，但每个要素中发挥作用的侧重点均有所不同，事件实际发生中的处置与人们的认知存在一定差异，因此本节研究从这些要素的角度分别进行探讨。

1. 政党、政府、公众、新闻媒体是主要的监督主体，政党与政府监督相结合，应增进新闻媒体和社会组织的监督参与

在监督的主体方面，在多元主体参与理论的指导下，机制的监督者应以政党、政府、公众和新闻媒体等直接参与者为主，增强其主动监督的意识。尽管多元协作治理理论认为，多元主体的参与对治理绩效的提升具有重要作用，但是在环境群体性事件的监督过程中，并非监督主体越多越好，最重要的是发挥主体间的共同作用。其中，案例研究结果表明，政党、政府、公众和新闻媒体的互动监督，既可以得到公众的信任，也能够覆盖监督客体。一方面，政党与政府监督的结合，能够有效提升监督的可信度和执行力。这种结合不仅能够提高监督的效率，也能迅速向民众展示对污染及民众诉求的重视，增进参与主体间的信任，从而促进事件的解决。另一方面，当政府和民众僵持不下时，新闻媒体对政府的监督能够增强双方的交流与信息传递，有效缓和矛盾。政党、政府可以对政府、企业、公众、新闻媒体、社会组织进行自上而下的监督，公众可以对各被监督者进行纵向和横向监督，而新闻媒体作为信息传递者，不仅是降低事件解决的外部交易成本的平台，也是报道各方动态的监督者。同时，其他监督者也应受到重视。需积极引导环保NGO参与进来，充分发挥其知识、联络等方面的资源优势。社会组织在环境保护领域扮演着越来越重要的角色[1]，而在环境群体性事件的监督中其参与度却不高，因此在环境群体性事件的多元治理中仍需将其纳入进来。

2．行政监督、公众监督和新闻媒体监督是主要监督方式，同时应增加对公民监督的回应，强化政党监督和立法监督方式

在监督方式方面，案例研究结果表明，行政、公众和立法监督是事件解决中使用频率最高的方式。与此同时，政党监督和立法监督的公众认可度较高，且政党监督和立法监督既可在群体性事件发生前减少环境污染预期及事件发生的可能性，也可以在事后对冲突各方进行有效安抚，因而应着重进行。典型案例统计结果显示，事件解决实际依赖的监督方式主要是行政监督、公众监督和新闻媒体监督，所以应解决这些方式中存在的问题，以间接优化解决结果。对行政监督而言，一方面要增强政府内部上下级间的监督，另一方面要抓住监督的时机，防患于未然。对公众监督而言，被调查者之所以对其有效程度的认同度低，主要可能的原因是信访、批评建议、要求信息公开等手段并没有得到有效的回应。尽管阳光政务、电子政务的推行如火如荼，政府的办事效率提高了很多，但仍存在对公众诉求表达的回应形式化、不能解决问题等现象。这不仅对公众参与监督的积极性是一种打击，更将公众和其他社会群体推向了制度外不合理甚至不合法的行为方式的选择。对新闻媒体监督而言，需要顺应互联网时代的发展，充分发挥网络媒体的作用。

3．政府、公众、企业是主要的监督客体，应更多引导企业主动回应，接受其他参与者监督，缓和矛盾

在监督客体方面，正如环境群体性事件研究者所论述的利益主体[2]那样，环境群体性事件中受到监督最多的是政府、公众和企业，而污染的源头企业却往往缺乏积极的应对，被动接受政府的处罚。尽管对污染企业的整治关停等处罚能够在一定程度上对公众有所交代，但正因为如此，一方面要让企业主动出面，承担应有的社会责任和环境治理责任，不仅能缓和矛盾，也能树立良好的企业形象；另一方面要增强公众、新闻媒体等监督主体对企业进行监督的意识，不能把注意力全部放在对一个客体行为的监督上，这样也能促进企业勇于承担，树立责任意识。此外，对公众、新闻媒体和社会组织的监督，主要是规范其行为，使他们的参与合理合法。

4．保证政府对环评论证的科学性、合理性，增加环评审批工作的透明度，抓紧地方政府对污染的监管执法，落实企业环境治理责任，引导公众通过合法手段解决问题

在监督内容方面，典型案例中主要强调的是对政府环境监管执法能力、环境影响评价

---

1 杨朝晖. 中国非政府组织在环境问题中的角色扮演[J]. 法制与社会，2017（33）.

2 于鹏，张扬. 环境污染群体性事件演化机理及处置机制研究[J]. 中国行政管理，2015（12）：125-129.

能力和信息公开的监督，这就要求政府不断提升业务能力，增强公务人员的技能素质。首先，政府要做好内部监督，增强对工作人员工作效率和质量的监管，同时进一步推进环境监管执法和环境评价审批流程的透明化建设。其次，政府应增强对企业承担环境治理责任的监督，而不是一味地追求企业经济效益带来的财政增长。正如习近平总书记所言，要实现经济社会高质量发展。为降低成本而不建设配套治污设施或只在来检查时才开启治污设备的情况十分普遍，湖南花垣的尾矿库便是最典型的例子，当地村民多次向环保组织的工作人员反映过当地污染企业的虚假治污情况，却没有得到妥善解决。对新闻媒体的监督最重要的是强化传递信息的真实性以及发声的独立性，对新闻媒体人要在保证信息真实的同时保障其言论的自由。对信息真实性的严格审查固然重要，但是要避免因其可能发生负面影响便阻止其发布的情况产生，只有政府和企业真正面对问题，表现出解决问题的诚意，冲突参与者才能够采取更平和的行动方式解决问题。

5．外部反馈为主，内部反馈修正

在监督反馈方面，应建设外为主、内修正的监督反馈机制。正如李罡[1]所说，民主监督不仅要提高对反馈机制的重视程度，更要促进其多元化发展，因此环境群体性事件中的监督反馈机制需内外兼修。外部反馈包含其他参与者的意见，为监督主体未来的行为选择提供更多的参考视角。监督效果的反馈一方面评价了监督的有效程度，另一方面也是监督主体后续采取行动的参考，只有将对自己监督的反思与其他监督者的评价相结合，才能更全面地了解在不同情况下该如何进行监督。因此，内部反馈对监督者行为选择的修正作用也不可忽视。

（二）环境群体性事件监督机制的规则支持

当前我国对环境保护及环境影响评价的相关法律法规体系已相对比较健全，除《中华人民共和国环境保护法》外，还有针对水污染、大气污染以及各种突发污染事件应对的法律法规，因而环境群体性事件中的监督有法可依。但是由于各地方的实际状况不同，排污权交易规章制度尚不完善，环境治理的具体实施中仍缺少行之有效的行动指南，因此仍需建立一些地方性的规章制度，以确保有针对性地进行环境群体性事件中的监督。

正如古斯塔夫•勒庞所言，“制度是观念、情感、习俗的产物”[2]，因而要建立切实有效的制度对环境群体性事件进行规范，离不开对非正式规则的建设和引导。同时，群体运动的产生除了矛盾随时间进程的累积外，也受到传统（过去观念）的影响。就非正式规则而言，我国公民的环保意识呈不断上升的趋势[3]，促使其不断参与到与环境相关的监督中来，从监督意识的角度来讲也是如此。随着法治化进程的发展，人们法律意识增强，再加上科学文化素质的提升，监督意识也随之上升。但是，我们仍不能忽视对环保和监督知识的普及。总之，在规则方面，应细化环境监督立法，着重增强科普宣传，增强公民的环保意识和监督意识并重。

（三）环境群体性事件特征对监督机制构建的影响

尽管政治过程模型认为组织力量、集体归因、政治机会、社会经济过程、社会运动的

---

1 李罡. 人民政协民主监督反馈机制建设研究[J]. 广州社会主义学院学报，2016（4）：14-22.

2 古斯塔夫•勒庞. 乌合之众：大众心理研究[M]. 戴光年，译. 北京：新世界出版社，2012.

3 闫国东，康建成，谢小进，等. 中国公众环境意识的变化趋势[J]. 中国人口•资源与环境，2010，20（10）：55-60.

水平与社会控制这五个因素会影响社会运动[1]，同时本节研究的各特征要素除经济发展水平外都与事件整体解决结果有一定关联，但是在环境群体性事件的监督中，并非所有事件特征都会对监督过程的各要素产生影响。有些特征要素尽管从直观的案例数量分布上看似存在差异，但其与监督过程要素的相关性仍不能完全确定。

首先，经济发展水平高的地区，尽管其事件解决成功的可能性更高，但这并不意味着在其监督过程中所有要素都能得到满足。例如，研究通常认为，公民的法律意识是在经济基础之上建立的[2]，监督和环保意识也是如此。但我国经济发展水平高的地区，不乏环保监督意识低的状况，这对于公众在环境群体性事件监督过程中参与度的提升和监督效果的增强十分不利。

其次，城乡属性在环境群体性事件中监督过程的影响不大。这与我们通常认为的城乡分化导致城乡环境群体性事件间具有特征差异不同，这存在两种可能的原因，即乡村的进步或城市的“沉默”。我国的城乡差异固然存在，但随着城镇化的发展和后来乡村振兴战略（党的十九大）的提出，乡村获得越来越多的关注，乡村地区不再沉默寡言。地方政府、专家学者以及社会组织对乡村环境群体性事件的重视和研究，网络时代便利的信息传播方式让乡村的公众不断了解更多信息和表达欲增强，促进了公众参与，诸如此类因素缩小了城乡地区在环境群体性事件处置方面的差距。但这仅是一个开始，仍应继续关注乡村地区的环境群体性事件，承认农村地区环境保护的价值。[3]正如学者们在农村环境群体性事件研究[4]中所说的那样，在发展城镇化、缩小城乡差距的同时，有针对性地提升乡村地区的法律意识，从而增强基层群众的环保和监督意识。还有一个可能的原因，或许如冯仕政[5]在差序格局与环境抗争关系研究中所提到的那样，受到社会经济地位和社会关系网络等因素的影响，城市居民在抗争成本的阻碍下减少了诉求的表达，从而削弱了城乡属性在事件监督过程中的影响。

再次，抗争类型与谁监督、怎么监督、监督谁有关，与其他要素关联不大。公众采用暴力还是非暴力的手段对污染进行抗争，很大程度上与合法利益诉求表达的有效性有关。当监督主体消极怠工，公众投诉上告无门，污染企业无动于衷的时候，公众的怒火难免累积暴发，其采取暴力方式表达抗议的可能性便不断攀升。抗争类型也是环境污染前期处置是否合理的重要表现，采用非暴力的方式表达利益诉求以及暴力程度越低时，事件的解决结果更成功。因此，应提醒参与者采取更温和的合法手段进行监督。

然后，层级低的地区，政党发挥监督作用较低，需增强基层党建。基层党组织监督作用的发挥，是地方政府工作改进的强大促进力量，党领导作用的发挥不仅要在层级高的地区，只有贴近基层，贴近群众，才能真正实现党的目标。同时，由于区县和市级地区的环境群体性事件解决结果最成功，所以可以借助这些层级的行政区，为层级较低的地区提供

---

1 McAdam D. Political Process and the Development of Black Insurgency 1930-1970[M]. Chicago：University of Chicago Press，1982：52.

2 吴一裕. 论经济发展与公民法律意识的培养[J]. 中共四川省委党校学报，2011（1）：103-107.

3 雷俊. 农村环境抗争的动因分析及治理路径选择——基于环境正义的视角[J]. 行政论坛，2016，23（3）：8-13.

4 白阿力玛，刘兴波. 农村环境污染群体性事件发生原因及治理对策[J]. 阴山学刊，2017，30（5）：23-27.

5 冯仕政. 差序格局与环境抗争[C]//首届中国环境社会学学术研讨会，2006.

利益诉求表达和维权的良好典范，引导他们用合理合法的方式维权抗争。与此同时，将环境污染处置权力下放，可以使不同发展水平、不同地域、不同层级及可能发生不同污染类型的政府在中央政府的领导下，建立“因地制宜”“因民制宜”的环境群体性事件监督制度，细化责任归属。

同时，事件规模越大时，仅对政府和企业进行监督的案例较多。由此可见，不仅监督主体应遵循多元的原则，被监督者的覆盖范围也需扩展。大多数案例中，事件规模之所以大，一方面是因为最初涉及的利益受损者多，另一方面也有许多案例中参与人数随着呼吁和串联等方式不断增加。当事件规模越大时，产生负面影响的可能就越大，因此对公众和新闻媒体进行监督以尽量避免冲突的升级和事件规模的扩大也十分必要。

此外，从污染类型和冲突类型来看，水污染中涉及的监督主体较为多元。这一方面因为水污染的扩散性，随着水的流动，污染范围扩大可能会影响更多的人；另一方面，水对人们的生产生活而言必不可少，因而人们对它的污染更加敏感。大气污染引发的群体性事件也是如此。其中，大气污染的邻避事件相对较多，水污染已产生污染的事件较多。大气污染引发的冲突除了企业污染物的排放外，近几年较多的是垃圾焚烧项目可能引发的污染带来的邻避冲突。由于垃圾焚烧项目多用于城市垃圾的处理，其建设规划多位于城区，市民对健康的关注度本身较高，因此引发邻避事件的可能性高。水污染在未发生时人们往往很难有预判，只有当污染发生时才能被人们发现其影响，因而水污染发生后引发群体性事件的案例较多。

最后，暴力程度越高，事件的解决结果越差，但是暴力程度与监督客体的相关性最高。不难发现，被监督者的行为选择直接影响事件的暴力程度。同时，暴力程度与监督主体及其监督方式也有一定相关性。监督主体作用发挥越早越充分，矛盾就容易在事发初始阶段得到缓和，政府、公众或企业采取暴力手段应对冲突的可能性就会下降，从而提升事件解决的整体效果。

（四）政策建议

本节研究对环境群体性事件监督过程及可能对其产生影响的规则和特征要素进行了分析，对增进环境群体性事件中的监督效果及事件整体解决的优化有一定参考价值。依据上述研究结果及讨论，研究对环境群体性事件监督机制的构建提出以下建议。

首先，促进政党监督与政府监督的结合，提升对公众环保诉求表达的回应度。本节认为，事件发生层级低的地方，政党监督的作用没有得到充分发挥，某种程度上限制了政府监督作用的发挥，且公众之所以采取暴力的方式抗争，多是由于在正式规则的框架内“诉求无门”。与之相通的是，学者们对农村环境抗争的研究认为，地方政府对公众诉求的无视与压制和农民对政府的不信任，是环境抗争事件表现出高冲突性的重要原因[1]。政党监督与政府监督的结合，能够增强公众对政府的信任，而公众环保诉求的表达不仅是抗争，也是公众参与监督的重要方面，只有得到有效的回应，才能及时缓和冲突，引导事件采取非暴力的方式解决。

其次，加大对企业监管力度的同时，引导企业主动承担环境与社会责任。正如申亮[2]在

1 任丙强. 农村环境抗争事件与地方政府治理危机[J]. 国家行政学院学报，2011（5）：98-102.
2 申亮. 我国环保监督机制问题研究：一个演化博弈理论的分析[J]. 管理评论，2011，23（8）：46-51.

政府对企业环保监督的博弈分析中所说，政府不仅应当对企业进行监督，提高环境治理的效果，从而避免环境群体性事件的发生；更应当提高做好环保的企业的声誉，从而增强企业承担环保责任的主动性，带动企业在环境治理方面、更在群体性事件的监督中展现主动。企业参与主动性的提高，不仅能够增进企业与公众的信息沟通，让公众的诉求得到更直接的表达，而且可以给予公众更多情绪释放的渠道，降低冲突可能的暴力程度。

最后，加强公民的环保宣传教育，提升公民监督意识。监督机制的构建需重视非正式规则的作用，张扬金[1]对农村民主监督中非正式制度的探讨，表明非正式规则的正效应有助于监督的进行。环保是公民的义务，监督是公民的权利。增强公众的环保和监督意识，增进公众的理解力和敏感度，一方面可以提高他们在环境群体性事件中监督的效率，另一方面也可促使他们遇到环境问题时冷静分析，采取合法、非暴力的方式抗争，从而减少甚至避免大规模冲突的产生和升级。

五、结论

在我国社会治理现代化的发展过程中，对环境污染引发的群体性事件的处置越来越成为深化改革必须直面的难题。同时，党的十九大以来，我国不仅在机构设置上建立了国家监察委员会，习近平总书记还在党的十九大报告中提出了“国家监察体制改革”的新思维，以求对国家公职人员进行全面监察，足见监督对实现社会治理的重要作用。因此，本节研究结合 27 个环境群体性事件的典型案例、问卷调查以及访谈的结果，对环境群体性事件的监督机制进行了分析。研究结果发现了我国环境群体性事件监督机制构建的三个重点：①从监督过程来看，政党、政府、公众、新闻媒体是主要的监督主体，政党监督与政府监督相结合，能够增进新闻媒体和社会组织的监督参与；行政监督、公众监督和新闻媒体监督是主要监督方式，同时应增加对公民监督的回应，强化政党监督和立法监督方式；政府、公众、企业是主要的监督客体，应更多地引导企业主动回应，接受其他参与者监督，缓和矛盾；保证政府对环评论证的科学性、合理性，增加环评审批工作的透明度，强化地方政府对环境污染的监管执法，落实企业环境治理责任，引导公众通过合法手段解决问题；反馈机制以外部反馈为主，内部反馈修正。②从规则来看，非正式规则对结果的影响略大于正式规则，应增强人们的环保意识和监督意识。③从特征要素来看，事件多发于经济发展水平高的东部地区，多发于城市，多发于市和区县层面；抗争多以非暴力方式进行，规模大；环境污染类型集中于混合污染、大气污染和水污染；事件的暴力程度越高，事件解决越难以成功。

尽管研究中收集了大量资料进行分析，但仍存在一些不足。一方面，面对我国一段时期内多发的环境群体性事件，本节研究所选案例尽管典型，但仍不能说完全反映了事件监督的现状。另一方面，本节研究对环境群体性事件监督的实地调研仍有不足，访谈过程中被访者的描述也不可避免地带有主观色彩，难以排除。因此，研究仍有待进一步深入。

---

1 张扬金. 农村民主监督中的非正式制度效应探讨[J]. 广州大学学报（社会科学版），2016，15（4）：13-18.

第二节 法律机制

本节要点 本节从立法、执法、监察和司法四个方面研究中国环境群体性事件中的法律机制，为环境群体性事件的研究提供全面的法律视角。研究对环境群体性事件的32个经典案例进行了案例对比分析，也对相关法律条文以及司法立案和审判分析进行了具体的文本分析；并从方式、强度、合理性以及合法性四个角度对环境群体性事件中的立法、执法、监察和司法四个方面进行了问卷调查和访谈。在32个经典案例分析、1 354份问卷调查以及20份深度访谈的基础上，研究发现当时环境群体性事件处置中的法律机制存在以下问题：立法主体对环境群体性事件关注低，现行法律制度不能完全适用于环境群体性事件处置；执法机构对利益关系的处理欠妥，执法方式、执法程序的合理及合法性有待提高；环境监察机构的监察缺乏对行政执法人员的监察，监察的力度也有待提高；环境公益诉讼的原告资格影响环境公益诉讼的立案，环境污染群体性诉讼对行政执法人员的审判力度有待提高。因此，研究认为，环境群体性事件法律机制的完善应当基于以下几个方面：①充分保证环境群体性事件中的公众参与，完善相关法律；②环境群体性事件中执法主体应该选择合适的执法方式处理相关利益关系，具体表现在执法主体应选取合理的执法方式和执法程序以及惩处要有理有据从而提高政府公信力两方面；③要提高环境群体性事件中监察机构的独立性和权威性，加强监察力度；④保证环境群体性事件处置中司法的独立性，充分利用人民调解制度，完善环境公益诉讼司法立案的标准，保证判决的公平性。

法律途径是环境群体性事件处置过程中最有说服力、强制力和效力的解决方式，强化法律机制对环境群体性事件的成功处置至关重要。2015年，各级环保部门下达行政处罚决定9.7万余份，罚款超过42.5亿元，分别比2014年增长17%和34%；公安机关共破获各类环境污染犯罪案件6 033起，抓获犯罪嫌疑人1.2万余人，分别比上年增长16%和42%。[1]虽然对于环境群体性事件的执法初见成效，但是仍然存在一些问题。执法力度不够、执法监管和监察机制的不完善以及司法过程中的非司法化，仍然是需要解决的迫切问题。

在环境群体性事件的执法过程中仍然存在一系列问题。2012年短短4个月，全国接连暴发了3起环境群体性事件，而自1996年以来，这类事件以29%的年增速困扰中国。2012年中国环境重大事件增长120%，重特大环境事件高发、频发。2005年以来，国家环保总局直接处置的事件共927起，重特大事件72起，其中2011年重大事件比上年同期增长120%。[2]“十一五”期间，环境信访30多万件，行政复议2 614件，而相比之下，行政诉讼只有980件，刑事诉讼只有30件。杨朝飞[3]认为，环保官司难打是环保问题的主要成因之一。据调查，真正通过司法诉讼渠道解决的环境纠纷不足1%。一方面群众遇到环境纠纷，宁愿选择信

1 崔静，朱基钗，宋张琴. 执法•司法•追责——新环保法实施一年喜与忧[N]. 新华社，2016-11-02.

2 冯杰，汪韬. “开窗”求解环境群体性事件[N]. 南方周末，2012-11-29（9）.

3 杨朝飞. 我国环境法律制度与环境保护[J]. 中国人大，2012（21）：35-42.

访或举报投诉等途径解决，也不愿选择司法途径；另一方面司法部门也不愿意受理环境纠纷案件。[1]行政机关主要运用行政命令和行政强制等手段对环境群体性事件进行打击和压制。[2]这种治理方式无疑会加剧警民矛盾，不仅不能解决环境群体性事件，还会加剧环境群体性事件的恶劣影响。简单回应型治理是指这样一种套路：地方政府上马项目—民意反对—博弈、升级—政府妥协—项目下马或暂时中止。[3]虽然这种解决方式能够在一定程度上平息群体性冲突，但是地方经济发展失去合法的项目支撑。这不仅重创了地方经济，还使得地方政府对投资方失去了公信力。表面上的民意胜利却没有制度上的保障，也为下一次群体性冲突埋下了伏笔。

本节研究通过对环境群体性事件处置中法律机制的研究，明确当时法律机制存在的问题以及未来出路，针对当时环境群体性事件频发并且法律机制没起到应有作用的现状，提出一定的改进意见或建议。从立法、执法、监察和司法四个方面研究中国环境群体性事件中的法律机制，为环境群体性事件的研究提供全面的法律视角。

一、相关概念界定及理论框架

法学词典里对法律机制的解释是“法律调整机制”。孙国华[4]对法律调整机制则有广义和狭义之分。广义的法律调整机制是指法律发挥作用的全部联系，包括法律调整的专门法律机制、法律调整的社会机制和法律调整的心理机制；狭义的法律机制仅指法律调整的专门法律机制。环境法要遵循经济社会发展与环境保护相协调的原则、预防原则、公众参与原则、损害者（受益者）负担原则。[5]环境执法要遵循合法性原则、合理性原则和效率原则。[6]司法的判决具有最终性和不谬性。[7]环境立法需要尊重和体现生态规律的规则，坚持以可持续发展为导向的原则，突出运用经济学方法的原则。[8]环境执法的方式主要有环境行政处罚、环境行政许可、环境行政强制执行、环境行政奖励、环境监督检查等几种方式。[9]

在环境的法律责任上主要有环境行政责任、环境民事责任和环境刑事责任[10]，与此相对应的则是环境行政诉讼、环境民事诉讼和环境刑事诉讼。由于环境群体性事件利益主体的复杂性，环境公益诉讼目前备受学者们关注。环境公益诉讼的创新之处就在于以法律明文规定的方式允许“任何人”针对违反环境法律的行为提起诉讼。[11]只是目前中国的环境公益诉讼法迟迟没有出台。环境公诉是环境公益诉讼的保障，所谓的环境公诉是指国家机

1 王丽，李惊亚，胡星，等. 诉讼渠道解决的环境纠纷不足1%[N]. 新华每日电讯，2015-03-15（3）.
2 彭小霞. 从压制到回应：环境群体性事件的政府治理模式研究[J]. 广西社会科学，2014（8）：126.
3 李昌凤. 当前环境群体性事件发展态势及其化解的法制途径[J]. 行政与法，2014（5）：33-38.
4 孙国华. 法理学[M]. 北京：法律出版社，1995：206.
5 金瑞林. 环境法学[M]. 北京：北京大学出版社，2016：35-43.
6 张文显. 法理学[M]. 北京：高等教育出版社，2007：250-251.
7 哈特. 法律的概念[M]. 张文显，译. 北京：中国大百科全书出版社，1995：140.
8 金瑞林. 环境法学[M]. 北京：北京大学出版社，2016：57-65.
9 史学瀛. 环境法学[M]. 北京：清华大学出版社，2010：87-94.
10 史学瀛. 环境法学[M]. 北京：清华大学出版社，2010：100-115.
11 汪劲. 中国的环境公益诉讼：何时才能浮出水面[M]//别涛. 环境公益诉讼. 北京：法律出版社，2007：41-50.

关以国家名义对环境污染者或破坏者提起的排除危害之诉或损害赔偿之诉。[1]

2016 年 11 月《关于在北京市、山西省、浙江省开展国家监察体制改革试点方案》出台，监察作为对机关或工作人员监督的一种方式，也是法律机制中重要的一部分。于学强认为监察体制存在的问题是监察定位不高、监察体系不完善以及监察执行力度不够。[2]因此，监察定位、监察体系以及监察执行力度也将是本节研究的几个主要方面。而姚文胜则提出监察对象应该摒弃“身份标准”，确立“契约标准”，事业单位、国有企业及其员工都属于监察对象，而不是局限于公务员。[3]

本节研究的主要问题是法律机制对环境群体性事件解决成效的影响。对于法律机制，本节研究从立法、行政、监察、司法四个方面进行研究。立法方面主要是研究目前关于环境群体性事件的法律机制下的法律类型、法律完善程度、法律合法性和法律合理性；执法主要研究执法方式、执法强度、执法合法性和执法合理性；监察主要看监察方式、监察强度、监察合法性和监察合法性；司法方面主要是研究司法方式、司法强度、司法合法性和司法合理性。通过对法律、执法、监察和司法的研究，探究法律机制对环境群体性事件的解决效果。

在立法效果测量中[4]，主要考虑的是能够在环境群体性事件中适用的法律类型或规范性文件；法律完善程度则是看这些法律文件是否全面覆盖了可能出现的情况及其针对性，以及其能否在司法阶段完美适用[5]；法律合法性和合理性则是看法律本身是否为良法及其合理程度。在执法效果测量中，执法方式主要包括压制、回应[6]以及妥协[7]的方式；执法强度则是看其出动的人力、物力和重视程度；执法合法性和合理性测量则是看其执法行为合乎法律的程度以及被接受的程度如何。在监察效果的测量中，监察方式主要包括纪委、上级和相关部门的监察；监察的强度则从监察的及时性、独立性等方面去测量[8]；监察的合法性和合理性也是从其合乎法律的程度和被接受程度进行测量。在司法效果测量中，司法方式主要包括自诉、国家追诉[9]和公益诉讼[10]三种方式；司法强度则是从司法途径的利用来考虑；司法合法性和合理性也是从其整个司法程序的合法性和被接受程度来测量。

在整个研究过程中，环境群体性事件的类型、规模、暴力程度、地域和层次是作为控制变量存在的。对于环境群体性事件的解决效果，主要从成功（达成一致协议，冲突平息）、半成功（冲突平息，未达成一致意见）、失败（事件未平息）三个维度进行测量（图 14-2-1）。

---

1 吕忠梅，吴勇. 环境公益实现之诉讼制度构想[M]//别涛. 环境公益诉讼. 北京：法律出版社，2007：20-40.

2 于学强. 制度视角下纪检监察工作存在的问题与对策[J]. 湖南师范大学社会科学学报，2014（4）：21-25.

3 姚文胜. 论《行政监督法》立法的缺陷与完善[J]. 深圳大学学报（人文社会科学版），2000（6）：58-64.

4 吴泽勇. 群体性纠纷的构成与司法政策的选择[J]. 法律科学（西北政法大学学报），2008（5）：148-151.

5 汪庆华. 通过司法的非司法解决：群体性争议中的行政诉讼[J]. 政法论坛，2010（4）：37.

6 彭小霞. 从压制到回应：环境群体性事件的政府治理模式研究[J]. 广西社会科学，2014（8）：126.

7 Li Y W，Verweij S，Koppenjan J. Governing Environmental Conflicts in China：Under What Conditions Do Local Governments Compromise？[J]. Public Administration 2016，94（3）：806-822.

8 于学强. 制度视角下纪检监察工作存在的问题与对策[J]. 湖南师范大学社会科学学报，2014（4）：21-25.

9 彭清燕. 环境群体性事件司法治理的模式评判与法理创新[J]. 法学评论，2013（5）：120-121.

10 赵立新. 论环境群体性纠纷中的司法救济机制[J]. 江汉大学学报（社会科学版），2009（4）：66-67.

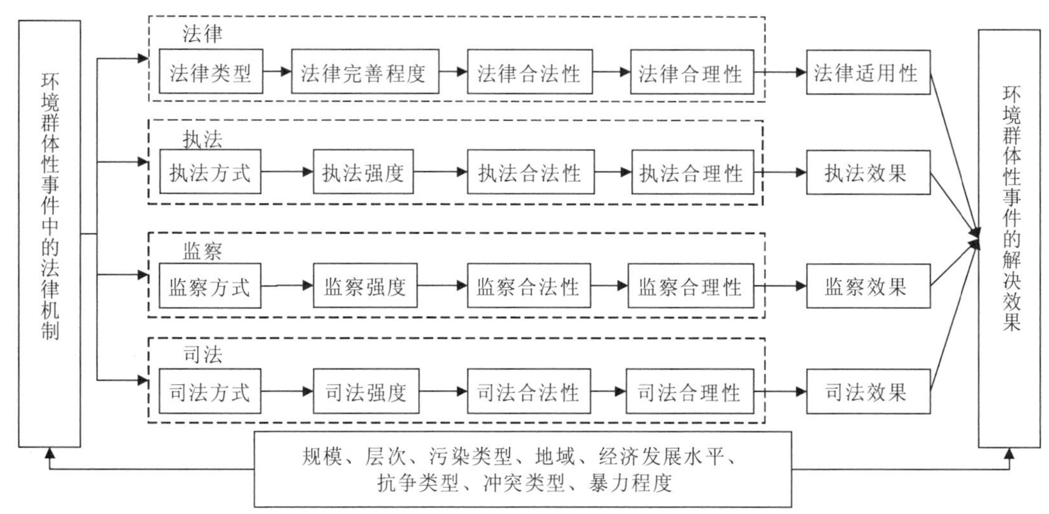

图 14-2-1　第十四章第二节理论框架

二、文献综述

（一）关于环境群体性事件解决的现行法律的研究现状

现行法律对环境群体性事件的相关规定不够完善在学者们看来是一种共识，但是就代表人诉讼制来说却存在分歧。在吴泽勇看来，各地区处理群体性纠纷的实际做法千差万别，其原因就是最高人民法院迄今没有发布针对所有群体性诉讼的一般性规范性文件。[1]汪庆华承认现行法律不够完善，但是在他看来，我国的代表人诉讼制度规定代表人必须是起诉群体的成员，也避免了利益无涉者制造案件、操纵原告和侵害当事人利益的情形。[2]而王灿发却认为正是这一制度使得环境公益诉讼的立法难以破网。[3]彭清燕也认为，要以代表人诉讼为中心建立示范诉讼、群体性应急诉讼等可供民众选择的多元诉讼模式。[4]现行法律对于环境群体性事件解决的相关规定确实不够完善，王灿发和彭清燕关于环境公益诉讼中有关代表人诉讼制度的观点是有其合理性的，环境公益诉讼的发展能在一定程度上改变法律规定不完善的状况。

（二）关于环境群体性事件中执法的研究现状

行政手段是目前我国污染环境群体性事件的主要解决方法，但是行政手段并没有做到有法必依，这也是影响政府公信力的重要因素。王灿发指出，在中国，当权力和法律出现冲突时，“权力高于法律”或“权大于法”的现象司空见惯。[5]彭小霞[6]认为，地方政府用对抗性手段打压公众，将参与群体性事件的公众视为是管理客体和应防范、打击的对象，忽

1 吴泽勇. 群体性纠纷的构成与司法政策的选择[J]. 法律科学（西北政法大学学报），2008（5）：148-151.
2 汪庆华. 通过司法的非司法解决：群体性争议中的行政诉讼[J]. 政法论坛，2010（4）：37.
3 王灿发. 环境法的辉煌、挑战及前瞻[J]. 政法论坛，2010（3）：113.
4 彭清燕. 环境群体性事件司法治理的模式评判与法理创新[J]. 法学评论，2013（5）：120-121.
5 王灿发. 环境法的辉煌、挑战及前瞻[J]. 政法论坛，2010（3）：113.
6 彭小霞. 从压制到回应：环境群体性事件的政府治理模式研究[J]. 广西社会科学，2014（8）：128.

视公众作为权利主体的权利诉求，违背了比例原则的适当性要求。两位学者都表明了环境群体性事件中的行政手段没有做到有法必依，而这也会影响到政府的公信力。政府维护企业或项目利益的背后是 GDP 至上的政绩观[1]，这导致对企业违反环保法规、造成严重环境后果的行为听之任之，甚至采取“大事化小，小事化了”的办法，帮助企业逃避法律制裁。[2]有的项目更是政府已经决定要实施的，并且能带来较大的财政收入，若改变早先的决定来推进辩论项目的经济代价是昂贵的。因此，地方政府倾向于坚持他们早先的决定。[3]不管是不合理的打压方式还是为经济利益护短，抑或是滥用行政权力，行政执法行为在环境群体性事件中都没有做到有法可依，因此需要明确行政人员的责任和义务，开始综合使用不同的策略应对环境群体性事件。[4]

（三）关于环境群体性事件中监察的研究现状

当前关于环境群体性事件中环境监察的研究相对薄弱。环境监察工作主要是对环境制度的执行情况进行监察，调查与环境有关的事故和纠纷，对排污进行收费。但是当前环境监察还是侧重于对环境污染和排污的监督和监测，在环境群体性事件频发的情况下，这种环境监察对相关环境执法人员的监察就相对薄弱。[5]环境监察机构只是受环境保护行政主管的委托，受其领导，对环境执法人员并没有相应的监察权力。学者杨立华等从全国支出项目、中央支出、全国执法监察支出、执法监督体系投资总体构成情况和执法监督体系分领域投资情况等五个方面，对环境监察的财权事权划分进行了相关研究。[6]但是这些内容只是对环境监察本身的具体介绍与分析，并没有涉及环境群体性事件中监察的作用。陈振对我国纪检监察体制改革的评析对环境监察有些许借鉴意义，他认为学界的提高地位说、提高独立性说和组建专门机构说三种学说各有利弊，但是当前环境群体性事件中的环境监察机构却需要提高独立性、地位和组建专门机构，以排除地方干扰、增强监察机构对相关执法人员的监督作用。[7]

（四）关于环境群体性事件中司法的研究现状

当前研究认为，环境群体性事件司法审判存在困难，司法审判的过程和对法律的充分运用也存在一定的问题。赵立新从环境群体性事件本身的特点出发，认为司法审判存在困难主要表现在以下几个方面：利益牵涉面广，当事人范围不确定；因果关系复杂，证据收集难度大；隐性矛盾多，容易激化成严重的社会冲突。[8]代杰则是从司法机制的角度出发，认为环境司法困难的主要原因是：司法受地方干扰，审判能力局限，体制机制不顺。[9]虽然

1 刘细良，刘秀秀. 基于政府公信力的环境群体性事件成因及对策分析[J]. 中国社会科学，2013，21（11）：153-157.

2 王曦，秦天宝. 中国环境法的实效分析：从决策机制的角度考察[J]. 法制与管理，2000（8）：8-10.

3 Li Y W，Verweij S，Koppenjan J. Governing Environmental Conflicts in China：Under What Conditions Do Local Governments Compromise？[J]. Public Administration，2016，94（3）：806-822.

4 Li Y W，Homburg V，Jong M D，et al. Government Responses to Environmental Conflicts in Urban China：the Case of the Panyu Waste Incineration Power Plant in Guangzhou[J]. Journal of Cleaner Production，2015（134）：354-361.

5 国家环保总局. 环境监察[M]. 北京：中国环境科学出版社，2002：6-18.

6 杨立华，鲁春晓，唐璐，等. 中国环境监察监测之事权财权划分研究[M]. 北京：北京大学出版社，2015：37-48.

7 陈振. 我国纪检监察体制改革评析[J]. 中共天津市委党校学报，2013（6）：79-86.

8 赵立新. 论环境群体性纠纷中的司法救济机制[J]. 江汉大学学报（社会科学版），2009（4）：66-67.

9 代杰. 论环境群体性事件司法化解之道[J]. 理论月刊，2014（6）：120-123.

两位学者是从不同的角度对环境司法困难进行论述，但是却更能表现出环境司法的困难程度。在司法审判的过程上，汪庆华认为，民众的诉求进入了行政诉讼这一司法机制，但其解决完全是一个非司法的过程。[1]代杰从目前司法机制对于法律的应用方面认为当前环境司法存在的问题有：未能充分利用公益诉讼、代表人诉讼、调解等机制；基本的环境司法规则没有得到良好运用；滥用刑事手段压制群众的利益诉求。[2]综合两位学者的观点可知，目前环境司法不仅在司法程序上存在问题，对法律的应用也存在不足。崔永东对这一现状也持同意态度，并提出司法管理的行政化是司法改革的重点。[3]

环境司法的解决模式——公益诉讼备受学者们关注，公众参与应当得到保证。彭清燕按照诉讼主体的不同将司法化解模式分为国家追诉模式、当事人诉讼模式与公益诉讼模式[4]，并强调了公益诉讼的重要性。赵立新也提出通过特定主体代表受害群体提起公益诉讼，发挥社会力量来推动环境司法接近正义。[5]除了公益诉讼模式的关注，也有学者认为要通过法律途径解决环境群体性事件，应当提高利益相关者的参与度，注意参与方式和参与时机，从而更好地解决环境群体性事件。[6]除了有效的公众参与，全面的环评报告和社会回应机制也是减少环境冲突的重要应对策略。[7]也有学者在论述德国地方环境规划中的四个决策过程之后认为：规划者和过程组织者必须开放到不同的途径，以成功地完成参与性规划过程。[8]

三、研究方法

（一）研究方法的选择

本节研究的研究对象主要是中国的环境群体性事件。研究对象多选自进入 21 世纪以来在我国发生的环境群体性事件。案例来自互联网、期刊文章和相关报道以及自己实地调研的事件。

研究采用混合研究方法，属于确证性研究，目的在于确证环境群体性事件中的法律机制与环境群体性事件的解决效果之间的关系。但是研究数据收集和分析却采用定量和定性相结合的方法。这属于伯克•约翰逊所论述的主从关系——顺序混合研究方法[9]，即研究以定量研究为主，但是涉及定性研究的过程，并且是按照定性—定量顺序进行的。研究的第一阶段采用定性研究方法，得到初步的推论；第二阶段在第一阶段的基础上采用定量研究方法，以验证和补充第一阶段的推论。

---

1 汪庆华. 通过司法的非司法解决：群体性争议中的行政诉讼[J]. 政法论坛，2010（4）：29.

2 代杰. 论环境群体性事件司法化解之道[J]. 理论月刊，2014（6）：120-123.

3 崔永东. 司法改革与司法管理机制的去行政化[J]. 政法论丛，2014（12）：19-25.

4 彭清燕. 环境群体性事件司法治理的模式评判与法理创新[J]. 法学评论，2013（5）：120-121.

5 赵立新. 论环境群体性纠纷中的司法救济机制[J]. 江汉大学学报（社会科学版），2009（4）：66-67.

6 Sun L，Zhu D，Chan E H W. Public Participation Impact on Environment Nimby Conflict and Environmental Conflict Management：Comparative Analysis in Shanghai and Hong Kong[J]. Land Use Policy，2016（58）：208-217.

7 Sun L，Yung E H K，Chan E H W，et al. Issues of Nimby Conflict Management from the Perspective of Stakeholders：a Case Study in Shanghai[J]. Habitat International，2016（53）：133-141.

8 Fergadiotis A D G. Public Participation and Local Environmental Planning：Testing Factors Influencing Decision Quality and Implementation in Four Case Studies from Germany[J]. Land Use Policy，2015，46（9）：211-222.

9 伯克•约翰逊. 教育研究：定性、定量和混合研究方法[M]. 马健生，等译. 重庆：重庆大学出版社，2015：398.

研究第一阶段主要采用定性研究方法，主要选取相应的案例和相关文本资料。研究的每一个案例都涉及网络资料、期刊、新闻报道等多种来源，以保证资料的可靠性。研究选取了在我国境内发生的 32 个环境群体性事件作为样本，对多样本案例进行对比分析。在对案例进行编码以后，对多样本案例进行了定量分析与研究，通过定量分析自变量和因变量之间的关系。在多案例分析结束以后，选取比较有代表性的典型案例进行经典案例分析。通过访谈、问卷调查等方式对一个典型案例进行深入的调查研究。通过访谈来补充多案例研究中的细节与不足之处，访谈有主要对象溪南阻止拆坝事件的人员、济莱高铁参与人员以及山东泰安部分公职人员等 20 人（附录 14.2.1）。然后，通过问卷调查方法对第一阶段所得出自变量和因变量之间的关系进行验证。

研究第二阶段主要采用定量研究方法，选取溪南阻止拆坝等具体案例进行问卷调查，然后对回收数据进行定量分析。问卷发放采用联系事件参与人的方式，通过参与人发放问卷，问卷更具有真实性和代表性。研究共回收问卷 1 354 份，问卷来源包括济莱高铁事件民众、溪南水污染事件民众以及部分网络问卷。对于司法机制的测量主要是通过立法、执法、监察、司法四个方面，而对于这四个方面的测量则是通过案例分析和实地调研进行。对于所有案例都以类型、规模、层次、地域和暴力程度五个变量为控制变量。而对于立法、执法、监察和司法四个自变量则是从其方式、强度、合法性和合理性方面进行编码测量。

（二）有效性的保证

1. 内部效度

本节研究所使用的经典案例取自 2005—2015 年的环境群体性事件，通过对 4 个案例的分析，确定法律机制与环境群体性事件解决之间的关系。所选取的 4 个案例涉及中国的多个省市，并且事件规模也不尽相同，具有一定的代表性。典型案例的层级全部取自县级，控制了不同级别可能导致的误差，因此具有一定的内部效度。

2. 外部效度

本节研究在环境污染群体性冲突频发的实际背景下研究法律机制对环境群体性事件解决的影响。在对典型案例进行对比分析得出结论之后，再使用多案例比较分析，选取不同层级的群体性事件分别从低一层级和高一层级的事件中各选 1 个案例，力求所选取的样本能够在结构上与整体相一致，以提高研究结果的可推演程度和研究的外部效度。

3. 构念效度

构念效度是指一个测量实际测到所要测量的理论结构和特质的程度，或者说测量能够说明测量的理论结构和特质的程度。本节研究在研究法律机制时，主要从立法、执法和司法三个方面入手。对于立法这个概念，通过当前立法的需要、当前法律的适用情况以及当前法律的完备情况三个变量进行测量；对于执法则是通过执法的合理性、合法性以及执法效率三个变量进行测量；司法是通过行政诉讼、民事诉讼和刑事诉讼的合法性测量，这里的合法性既包括法律规范合法又包括法律程序合法。通过对这些变量的测量，真实反映所要研究的对象。

（三）数据收集方法

本节研究的每一个案例都涉及网络资料、期刊、新闻报道等多种来源，以保证资料的可靠性。研究共选取32个案例，涉及的行政层级有县级、市级和乡镇级。其中事件发生在县级的案例12个，发生在市级的和乡镇级的案例各5个。由于各个案例的选取来源中可能没有涉及案例的具体判决结果信息，因此本节研究拟采用搜索相关的法院判决来弥补这一缺点。

研究的第一步通过对二手资料的筛选和相关文献的阅读获取相应的数据；研究的第二步通过对选取的案例进行编码来获取数据，进行多案例的比较分析；研究的第三步通过实地访谈与调研获取相应的问卷数据，进行多案例的数据分析。

（四）变量测量

对于司法机制的测量主要分为立法、执法、监察、司法四个方面，而对于这四个方面的测量则是通过案例分析和实地调研进行。对于所有案例都以类型、规模、层次、地域和暴力程度五个变量作为控制变量。而对于法律、执法、监察和司法四个自变量则是从其方式、强度、合法性和合理性方面进行编码测量。具体的编码及测量方式如下（表14-2-1）。

表14-2-1　变量的测量及编码

规模		小规模（1，5～29人）、较大规模（2，30～299人）、大规模（3，300～999人）、超大规模（4，1 000～9 999人）以及特大规模（5，10 000人及以上）
层级		国家级（10）、省级（9）、跨市级（8）、市级（7）、跨区县级（6）、区县级（5）、跨乡镇级（4）、乡镇级（3）、跨村级（2）、村级（1）
污染类型		水污染（1）、大气污染（2）、固体废物污染（3）、土壤污染（4）、放射性污染（5）、电磁辐射污染（6）、噪声污染（7）、光污染（8）、热污染（9）、混合污染（10）
地域		（1）城镇、（2）乡村（3）冲突实际地点
暴力程度		H（3，高：暴力冲突且有伤亡）/M（2，中：围堵机关，阻塞交通）/L（1，低：无重大影响）
法律	类型	1.突发事件应对法2007；2.环境影响评价法2003—2016
	完善程度	未批先建的惩罚；审批的程序；非暴力的处置
	合法性	与上级法律之间（H/M/L）
	合理性	对现实适用是否合理（H/M/L）
执法	方式	1.回应 2.压制 3.妥协
	强度	根据出动的警力资源、回应度等来评价（H/M/L）
	合法性	方式和程序的合法性（H/M/L）
	合理性	执法行为得到认可的程度（H/M/L）
监察	方式	1.上级 2.相关部门 3.监察机构 4.纪委
	强度	监察的及时性和监察效果（H/M/L）
	合法性	监察的程序与方式合法性（H/M/L）
	合理性	监察得到认可的程度（H/M/L）
司法	方式	1.自诉 2.国家追诉 3.公益诉讼
	强度	是否运用司法手段，及其处理结果（H/M/L）
	合法性	司法程序和方式的合法程度（H/M/L）
	合理性	司法判决及司法本身的合理程度（H/M/L）
事件处理结果		3.成功（S）（达成一致协议，冲突平息） 2.半成功（SS）（冲突平息，未达成一致意见）1.失败（F）（事件未平息）

四、研究结果

通过变量测量标准，对所选案例进行初步编码，编码表如表14-2-2所示。

表 14-2-2 环境群体事件法律机制多案例编码

环境群体性事件	类型	规模	暴力程度	地域	层级	法律适用性				执法效果				监察效果				司法效果				事件解决效果
						类型	完善程度	合法性	合理性	方式	强度	合法性	合理性	方式	强度	合法性	合理性	方式	强度	合法性	合理性	
1.2005 年 4 月浙江东阳画水镇环境群体性事件	1	5	3	1	7	2	2	3	2	3	3	2	1	2	3	3	3	2	3	3	3	3
2.2012 年 2 月镇江市民抗议水污染事件	1	3	1	1	7	2	2	3	2	2	1	3	1	2	2	3	3	2	3	3	3	3
3.2009 年 10 月广州番禺垃圾焚烧选址事件	3	4	2	2	1	1	3	3	3	2	3	3	3	1	3	3	3	—	—	—	—	3
4.2014 年 4 月湖南湘潭九华大道万人抗议垃圾焚烧厂	2	5	1	1	5	2	2	3	2	2	2	2	1	2	1	3	3	—	—	—	—	2
5.2003 年 9 月广西贺州富川县上千村民抗议砒霜厂污染	10	2	2	2	2	1	3	3	3	3	3	2	1	1	1	1	1	—	—	—	—	2
6.2006 年 5 月广东广州 400 人抗议美景花园变电站事件	10	3	2	1	7	2	2	3	2	3	3	2	1	—	—	—	—	—	—	—	—	3
7.2007 年 1 月广西岑溪波塘镇中泰富纸业污染事件	10	2	2	2	1	1	3	3	3	3	3	1	1	—	—	—	—	1	3	3	1	2
8.2007 年 3 月内蒙古包头逾百村民抗议尾矿放射性污染	10	2	2	2	1	1	3	3	3	2	2	3	2	1	3	3	3	—	—	—	—	2
9.2007 年 9 月上海春申高压线事件	6	2	2	1	5	2	2	3	3	3	3	2	1	1	1	3	1	1	1	3	1	2
10.2008 年 1 月上海市民散步反对磁悬浮事件	6	2	1	1	5	1	3	3	2	1	2	3	2	1	3	3	2	—	—	—	—	1
11.2008 年 2 月山西临汾 60 人大气污染下跪事件	10	2	1	2	1	1	3	3	2	2	3	3	3	2	3	3	3	—	—	—	—	3
12.2009 年 4 月上海江桥垃圾焚烧厂事件	2	2	1	1	5	2	2	3	2	4	3	3	3	—	—	—	—	—	—	—	—	3

环境群体性事件	类型	规模	暴力程度	地域	层级	法律适用性				执法效果				监察效果				司法效果				事件解决效果
						类型	完善程度	合法性	合理性	方式	强度	合法性	合理性	方式	强度	合法性	合理性	方式	强度	合法性	合理性	
13.2009年6月广西桂平垃圾焚烧事件	2	3	2	2	2	2	2	3	2	3	3	1	1	—	—	—	—	—	—	—	—	1
14.2009年7月广西灌阳县福星村抵制垃圾厂事件	10	2	1	2	1	2	2	3	2	3	3	1	1	2	2	3	3	—	—	—	—	1
15.2009年7月湖南浏阳镇头镇数千人抗议镉污染事件	10	4	2	2	2	1	3	3	3	3	3	3	1	4	3	3	1	2	2	3	3	1
16.2009年8月湖南武冈市文坪镇横江村血铅污染事件	10	3	3	2	2	2	2	3	2	3	3	1	1	4	2	3	3			—	—	1
17.2010年5月广东东莞数百人抗议垃圾焚烧厂事件	3	3	1	2	2	1	3	3	3	2	2	3	3	—	—	—	—	—	—	—	—	3
18.2010年7月广西灵川县灵田乡反对垃圾场上访事件	3	2	1	2	1	1	3	3	3	2	3	3	3	1	3	3	3	—	—	—	—	2
19.2010年7月广西靖西环境群体性事件	10	3	3	1	3	2	2	3	2	3	3	2	1	1	3	3	3	—	—	—	—	2
20.2011年8月辽宁大连市12 000人反对PX项目游行	10	5	2	1	7	2	2	3	2	2	3	3	3	1	1	3	3	—	—	—	—	3
21.2011年10月甘肃徽县宝徽锌冶公司铅锌污染事件	5	3	1	2	3	2	2	3	2	2	3	3	3	1	3	3	3	—	—	—	—	3
22.2011年12月广东汕头海门镇万人抗议燃煤发电站	1	5	3	1	7	1	3	3	3	4	3	1	1	—	—	—	—	—	—	——	—	3
23.2012年4月天津滨海新区数千居民反对PC事件	2	4	1	1	5	2	2	3	3	4	3	3	3	—	—	—	—	—	—	—	—	3
24.2012年4月辽宁鞍山红星村上千村民抗议建镍厂	5	4	3	2	1	1	2	3	3	1	3	1	1	—	—	—	—	—	—	—	—	2

环境群体性事件	类型	规模	暴力程度	地域	层级	法律适用性				执法效果				监察效果				司法效果				事件解决效果
						类型	完善程度	合法性	合理性	方式	强度	合法性	合理性	方式	强度	合法性	合理性	方式	强度	合法性	合理性	
25.2012年4月海南三亚莺歌镇万人抗议煤电厂兴建	10	5	3	1	3	2	3	3	2	3	3	1	1	1	1	3	3	—	—	—	—	1
26.2013年5月四川成都彭城市反对PX项目事件	10	4	1	1	7	2	2	3	2	3	3	2	1	—	—	—	—	—	—	—	—	2
27.2013年7月长沙市民反对中波发射塔编码	10	5	3	1	7	2	2	3	2	3	3	1	1	1	1	1	1	—	—	—	—	2
28.2013年8月河北衡水武强县抗议东北助剂化工公司	10	4	1	1	6	1	3	3	3	1	3	3	3	3	1	1	1	—	—	—	—	2
29.2014年3月广东茂名近百市民抗议兴建PX项目事件	5	2	2	1	7	2	2	3	2	2	3	3	3	1	3	3	3	—	—	—	—	3
30.2014年7月广东岳池县数千人拦停医药产业园排污	1	4	2	2	1	2	2	3	2	2	3	3	3	—	—	—	—	—	—	—	—	3
31. 2014年10月上海松江区4 000人抗议兴建电池厂	10	4	1	1	6	2	2	3	2	2	1	2	2	—	—	—	—	—	—	—	—	3
32. 2015年6月上海金山PX事件	2	5	1	1	6	2	2	3	2	2	3	2	1	1	3	3	2	—	—	—	—	2

（一）定性为主的研究结果

1. 现行法律关于环境群体性事件的解决没有针对性

第一阶定性研究并没有发现法律的完善程度对环境群体性事件的解决有影响。现有与环境群体性事件有关的法律中，《中华人民共和国突发事件应对法》自 2007 年开始施行；《中华人民共和国环境影响评价法》则是 2003 年开始实施，直到 2016 年才进行修订。法律的修订并没有根据实际情况及时进行，针对性的法律也并没有出台。现有的相关法律中也存在一些不完善的地方（表 14-2-3）。

表 14-2-3 环境群体性事件的特点与现行法律的情况

	环境群体性事件中的利益受损主体	环境群体性事件中的污染主体	环境群体性事件中的执法主体
环境群体性事件的特点	当事人范围不确定；涉事主体较多	利益牵涉面广；因果关系复杂，证据收集难度大；隐性矛盾多	污染主体与地方政府的利益息息相关
现行法律相关规定	当事人一方人数众多的共同诉讼，可以由当事人推选代表人进行诉讼；对污染环境、侵害众多消费者合法权益等损害社会公共利益的行为，法律规定的机关和有关组织可以向人民法院提起诉讼（民事诉讼法第五十三条、第五十五条）	一切环境和个人都有保护环境的义务；排污许可管理；因污染环境造成损害的，按侵权法规定执行；因污染环境发生纠纷，污染者应当就法律规定的不承担责任或者减轻责任的情形及其行为与损害之间不存在因果关系承担举证责任（环境法、侵权法）	地方各级人民政府、县级以上人民政府环境保护主管部门和其他负有环境保护监督管理职责的部门有违法行为，对直接负责的主管人员和其他直接责任人员处分（环境法）
群体性诉讼的规范性文件	无	无	无

2. 执法对环境群体性事件解决的影响

在环境群体性事件的法律机制中，执法与环境群体性事件的解决效果之间具有相关性（表 14-2-4）。执法的方式、强度、合法性以及合理性都与环境群体性事件的解决效果相关。无论是什么类型、规模、地域或者层级的环境群体性事件，冲突的开始阶段都是由执法部门进行处理。执法作为环境群体性事件中最直接参与的一个过程，不管是其方式、强度还是合法性、合理性，都直接影响事件参与者的行为和心理，从而影响事件的发展和解决。

表 14-2-4 法律机制与环境群体性事件解决效果的关系

法律机制	卡方值（χ^2）	显著性（Sig.）
执法方式	13.234	0.001
执法强度	9.545	0.049
执法合法性	15.698	0.003
执法合理性	17.080	0.002

3．监察机构没有独立的结构定位，执行强度较低

当前，包括环境监察局在内的环境监察机构都从属于人民政府的环保部门，受环境保护行政主管部门的领导，并没有形成独立的监察体制对相关环境行为进行监察。并且，因为环境监察机构由同级行政部门领导，其监察区域也近乎局限于本辖区，一般情况下不能直接跨越同级辖区进行监察执法。在环境保护部官网上，在环境监察局板块，除内设机构外，还有排污收费、案件督办以及行政处罚三个公示栏目。就监察机构的监察目的而言，不管是排污收费、案件督办还是行政处罚都倾向于守法监察，环境监察局虽然也负责重大环境监察事件的监督工作，但是实际工作却依然倾向于守法监察，执法监察的工作力度相对薄弱（表 14-2-5）。

表 14-2-5　环境监察机构的相关规定与情况

	同级行政部门	监察区域	监察目的	监察时间
环境监察机构	被领导	本辖区，不能直接越区	守法监察；执法监察	事前监察、事中监察和事后监察

4．司法程序启用率和执行强度较低

虽然有些环境群体性事件涉及了监察和司法程序，但是从整体上来说还是以执法为主。大多数环境群体性事件都在执法阶段就已经解决，涉及监察和司法程序的很少。在所选取的案例中，涉及司法程序的仅占所有案例数目的 11%。在前面分析中可知，2016 年第一季度遭受行政处罚的企业，在 10 月时整治达标率只有 64%，而对于没有达标的企业也没有移送相关的司法机关。司法机关并没有接到相应的诉讼案件，环境群体性事件大多被行政机关处理，解决方式也多以罚款和停止施工等行政处罚为主，移送司法机关的事件较少，多被行政干预。腾格里沙漠污染事件在最初污染阶段激起民愤，但是并没有诉诸司法程序，当地行政机关通过行政手段对此进行了处理（图 14-2-2）。

图 14-2-2　腾格里沙漠环境污染事件解决过程

（二）定量方法的研究结果

这一阶段主要是对广东溪南的环境群体性事件进行问卷调查，为了保证外部效度，也对不同地区的环境群体性事件进行了调研以实现案例的多样性。本次共发放问卷 300 份，回收 294 份，回收率 98%。采用 SPSS 对问卷进行分析，得出以下结果。

1．法律、执法、监察和司法效果对环境群体性事件的解决效果影响显著

法律、执法、监察和司法对环境群体性事件的解决都有显著相关。由表 14-2-6 可知，由此可以看出，法律、执法、监察和司法四个方面对环境群体性事件的解决都有影响，并且法律规定对环境群体性事件解决效果的影响较大，监察对环境群体性事件解决效果的影响较小。

表 14-2-6　法律、执法、监察和司法对环境群体性事件解决的影响

项目	皮尔逊系数	Sig.（双尾）
法律对环境群体性事件解决的影响	0.735**	0.000
执法对环境群体性事件解决的影响	0.504**	0.000
监察对环境群体性事件解决的影响	0.364**	0.000
司法对环境群体性事件解决的影响	0.411**	0.000

2．法律的完善程度、合理性和合法性对环境群体性事件的解决效果影响显著

法律的完善程度对环境群体性事件的解决效果影响较大。由表 14-2-7 可知，法律的完善程度、合理性和合法性都与环境群体性事件的解决效果显著相关，但是三者的影响强度存在差异。其中，法律的完善程度对环境群体性事件的解决效果影响最大，其次是法律的合法性和法律的合理性。

表 14-2-7　法律完善程度、合理性与合法性对环境群体性事件解决效果的影响

项目	皮尔逊系数	Sig.（双尾）
法律完善程度对环境群体性事件解决的影响	0.812**	0.000
法律的合法性对环境群体性事件解决的影响	0.544**	0.000
法律的合理性对环境群体性事件解决的影响	0.533**	0.000

3．执法的强度、合法性、合理性对环境群体性事件的解决效果影响显著

执法的强度与环境群体性事件的解决效果之间的相关性更强。在这一部分，执法的强度主要从及时性和关注度衡量，执法的合法性和合理性主要是从其执法的方式和程序两个方面衡量。由表 14-2-8 结果可知，执法的强度、合法性、合理性与环境群体性事件的解决效果显著相关，并且执法的强度对环境群体性事件的解决效果影响较大；执法程序的合法性比其合法性影响大；执法方式的合理性对环境群体性事件解决效果的影响则大于其合法性。

表 14-2-8　执法强度、合法性、合理性对环境群体性事件解决效果的影响

项目	皮尔逊系数	Sig.（双尾）
执法及时性对环境群体性事件解决的影响	0.858**	0.000
执法关注度对环境群体性事件解决的影响	0.771**	0.000
执法程序合法性对环境群体性事件解决的影响	0.590**	0.000
执法方式合法性对环境群体性事件解决的影响	0.458**	0.000
执法程序合理性对环境群体性事件解决的影响	0.415**	0.000
执法方式合理性对环境群体性事件解决的影响	0.496**	0.000

4．监察的强度、合法性、合理性与环境群体性事件的解决效果显著相关

监察的强度与环境群体性事件的解决效果之间的相关性更强。在这一部分，监察的强度主要从及时性和关注度衡量，监察的合法性和合理性主要是从其执法的方式和程序两个方面衡量。由表 14-2-9 结果可知，监察的强度、合法性、合理性与环境群体性事件的解决效果显著相关，并且监察的强度对环境群体性事件的解决效果影响较大。监察的程序和方式的合法性对环境群体性事件解决效果的影响均大于其合理性。

表 14-2-9　监察强度、合法性、合理性对环境群体性事件解决效果的影响

项目	皮尔逊系数	Sig.（双尾）
监察及时性对环境群体性事件解决的影响	0.789**	0.000
监察关注度对环境群体性事件解决的影响	0.784**	0.000
监察程序合法性对环境群体性事件解决的影响	0.667**	0.000
监察方式合法性对环境群体性事件解决的影响	0.611**	0.000
监察程序合理性对环境群体性事件解决的影响	0.415**	0.000
监察方式合理性对环境群体性事件解决的影响	0.525**	0.000

5．司法的强度、合法性、合理性与环境群体性事件的解决效果显著相关

司法的强度与环境群体性事件的解决效果之间的相关性更强。在这一部分，司法的强度主要从及时性和关注度衡量，司法的合法性和合理性主要是从其执法的方式和程序两个方面衡量。由表 14-2-10 结果可知，司法的强度、合法性、合理性与环境群体性事件的解决效果显著相关，并且司法的强度对环境群体性事件的解决效果影响较大；司法方式的合法性对环境群体性事件解决效果的影响小于其合理性；而司法程序的合法性则大于其合理性对事件解决效果的影响。

表 14-2-10　司法强度、合法性、合理性对环境群体性事件解决效果的影响

项目	皮尔逊系数	Sig.（双尾）
司法及时性对环境群体性事件解决的影响	0.823**	0.000
司法关注度对环境群体性事件解决的影响	0.731**	0.000
司法程序合法性对环境群体性事件解决的影响	0.581**	0.000
司法方式合法性对环境群体性事件解决的影响	0.421**	0.000
司法程序合理性对环境群体性事件解决的影响	0.538**	0.000
司法方式合理性对环境群体性事件解决的影响	0.592**	0.000

五、讨论

（一）环境群体性事件中立法主体的参与和相关法律的完善

出台关于环境群体性事件的一般性法律规范。由于环境群体性事件有其特有的特点，现有法律并不能完全适用于环境群体性事件的解决。我国突发环境事件应对立法存在法律

概念模糊、立法模式错位、法律体系缺损、管理机制滞后等问题。[1]鉴于当前环境群体性事件频发的现实，出台一部针对环境群体性事件的一般性法律规范是有必要的。法律作为法律行为的依据，法律本身必须是合乎宪法并且合乎现实的，只有法是良法，法律才能真正为法律行为提供行动的准绳。当前环境群体性事件的法律依据依然是《中华人民共和国突发事件应对法》，难以应对当前环境群体性事件取证困难、利益关系复杂等特点。我国法律中一直奉行的是原告必须是与本案有直接利害关系的公民、法人或其他组织，这一传统惯性难以轻易改变，阻碍了环境公益诉讼的立法和有法不依局面的转变。[2]彭清燕也认为，要以代表人诉讼为重心建立示范诉讼、群体性应急诉讼等可供民众选择的多元诉讼模式。鼓励公众、环保组织、行政机关、检察机关提起环境公益诉讼，并设定包括行政公益和民事公益在内的适用群体诉讼的公益诉讼程序。[3]本节也认为，早日完善环境公益诉讼是完善相关法律的重要组成部分。周江等则从冲突法理论的角度分析，认为外国法在某些情况下可以适用国内的事实，中国的冲突法可以借鉴国外法律。[4]冲突立法也应当保证明确性与灵活性的适度平衡，对冲突规范要能够软化处理，使法官享有灵活解释冲突规范的自由裁量权，能以社会利益为法律选择的导向。[5]法律是其他法律行为的前提和依据，没有完善的法律，执法、监察和司法也就无从谈起。当前中国并没有关于环境群体性事件的针对性法律，相关的治安法在环境群体性事件的解决中也没有针对性，完善相应的法律是后续研究中应当重点关注的内容。

（二）环境群体性事件中执法主体执法方式的选择和利益关系的处理

1．执法主体应选取合理的执法方式和执法程序

环境群体性事件本身就是一种冲突，对冲突问题的解决需要合理的执法方式和执法程序。合理合法的执法方式和执法程序有利于环境群体性事件的解决，在这里合理合法的执法方式是指执法的时候不能以暴制暴，不能包庇护短，既要遵循合法性原则，又要遵循合理性原则，在不违背法律的前提下使用让冲突主体能够接受的执法方式。合理合法的执法程序是指不滥用执法主体所掌握的权力，这既表现在对污染主体的审批和监督上，又表现在对群体性冲突的处置上，程序合法是遵循法律的重要表现。在政府应对“环境冲突”的行动选择上，地方政府通常遵循的是“不出事”逻辑与“策略式”应对，在具体的策略上主要是“运动式”应对、“利益共谋式”应对与“变通”应对并存。[6]不管是不合理的打压方式还是为了经济利益护短，抑或是用滥用行政权力、行政执法行为等，在环境群体性事件中都没有做到有法可依，因此需要明确行政人员的责任和义务，保证执法主体选取合理的执法方式和执法程序。当前，政府在环境群体性事件的治理中存有的执法方式和程序问题，是管理理念滞后、“效率优先”考核方式的误导乃至追责体制不健全等原因导致的。

1 韩从容. 突发环境事件应对立法研究[M]. 北京：法律出版社，2012：114-127.

2 王灿发. 环境法的辉煌、挑战及前瞻[J]. 政法论坛，2010（3）：113.

3 彭清燕. 环境群体性事件司法治理的模式评判与法理创新[J]. 法学评论，2013（5）：120-121.

4 周江. 冲突法理论的中国阐释——关于为何适用外国法的思考[M]. 北京：法律出版社，2013：23-25.

5 贺万忠. 冲突法的理念嬗变与立法创新[M]. 北京：世界知识出版社，2012：102-103.

6 严燕，刘祖云. 地方政府应对“环境冲突”的现实策略及其路径选择[J]. 行政论坛，2016（1）：67-71.

为此，应当鼓励公民积极参与、调整官员考核方式、强化政府环境问责力度，进而促进环境群体性事件的有效治理。[1]并且，通过反思地方政府治理群体性事件的经验和教训，认为建立一种新的群体性事件治理模式——“回应型”治理模式势在必行。“回应型”治理模式以相对人有序参与为手段，以“平衡论”作为理论基础，将维护社会“韧性稳定”作为终极目标。[2]程序和方式合理都是维护社会“韧性稳定”的重要保证。

2. 惩处有理有据是提高政府公信力的重要途径

执法主体对执法客体的惩处要有理有据。执法主体对环境群体性事件的解决虽然需要满足冲突民众的意愿，但是也要有自己的原则，不能一味地满足民众的意愿而使得一切项目都不能开展。民众有权为自己的生命健康维权，但是民众也有自身认识的局限，也有可能受别有用心的人驱使。因此民众所反对的项目并不一定都是有问题的，执法人员在执法过程中应当有甄别的能力，不能一味地满足民众意愿而关停所有项目。执法主体对污染主体的惩处要依法办事，不能包庇徇私。有些民众反对的或者造成污染的项目是与执法主体的自身利益相关的。在这种情况下，执法主体应当根据实际情况和相关法律法规，对污染主体进行依法处理。既不能为了自身的利益包庇污染主体的污染行为，也不能为了自身利益一味打压冲突民众。对污染主体应当依法办事，必要情况下移送司法机关，杜绝行政地方化等一系列包庇徇私行为。政府具有公共性和自利性双重属性，企业虽然以盈利为主要目的，但是仍然要承担社会责任。环境群体性事件的解决需要政府抑制自利性，实现从“政企合谋”到“政企合作”的转变。[3]刘细良等则从政府公信力的理念、制度、行为对其成因予以剖析，认为治理环境群体性事件应着力提高政府公信力，即树立正确政绩观以切实转变经济增长方式，畅通利益诉求渠道以保障公民参与，加强环境执法监管以完善环境法律体系，规范政府行政行为方式以提高相关人员素质。[4]环境群体性事件中执法的创新模式研究相对较多。执法中的出现的问题是最容易受大众关注的，当前关于环境群体性事件中执法的研究虽然认识到了现存的一些问题，考虑到了新型治理模式，但是就执法行为本身的研究尚有欠缺，仍需进一步进行研究。

（三）环境群体性事件中监察机构的定位

1. 提高监察机构独立性和权威性

当前，环境监察机构从属于各级行政单位，受各级政府领导，环境监察机构的任务也倾向于案件督办、污染收费和相关的行政处罚。环境监察机构对环境执法人员没有强有力的监察权力，这是由其独立性和权威性的缺乏导致的。提高监察机构的独立性就是要使监察机构摆脱同级行政机关的领导，独立地行使监察权力。而要保证其能够独立地行使监察权力，还需要提高其权威性，在权力上应该高于同级的行政人员，或者有既定的不受同级行政机关约束的监察权。政府要善于利用舆情，引导舆论，将引起事件发生的主要原因及

1 刘刚，李德刚. 环境群体性事件治理过程中政府环境责任分析[J]. 学术交流，2016（9）：62-65.
2 戚建刚. 论群体性事件的行政法治理模式——从压制型到回应型的转变[J]. 当代法学，2013（2）：24-32.
3 聂军，刘建文. 环境群体性事件的发生与防范：从政企合谋到政企合作[J]. 当代经济管理，2014（8）：49-53.
4 刘细良，刘秀秀. 基于政府公信力的环境群体性事件成因及对策分析[J]. 中国社会科学，2013，21（11）：153-157.

应对措施及时向社会公布，防止以讹传讹；要利用事实真相破除谣言，从而始终掌握信息发布和信息公开的主动权，及时进行客观舆情分析，并充分利用舆论化解民怨。[1]因此，在监察工作中，提前做好损失预补方案和舆论疏导工作，有助于降低环境群体性事件发生的概率。具体说来，主要可以通过建立环境类信息公开机制了解民众的诉求，确保沟通渠道畅通；在信息公开的基础上，积极拓展并完善舆情监测与舆论引导机制，避免舆论因缺乏引导而持续发酵，引导舆论走向正面。[2]

2．全面覆盖监察对象，加强监察力度

环境监察的监察对象既要覆盖原有的案件和企业，又要覆盖环境执法的所有公务员。习近平总书记在党的十八大会议上强调，反腐中监督的对象不要仅局限于领导干部，要覆盖所有的公务员。监察对象应该摒弃“身份标准”，确立“契约标准”，事业单位、国有企业及其员工都属于监察对象，而不是局限于公务员。[3]环境监察也应如此，环境群体性事件频发的一个重要原因就是执法人员的执法不严和自身的贪腐，环境监察也应加大对环境执法人员的监察。此外，要加强监察机构的监察力度。不管是对相关的企业的处罚还是停改整顿，都应该尽快核实监察处理的结果，不能让监察只是一种处罚结果和形式，必须落实到实处。行政问责作为一项重要的责任追究制度，在当前环境群体性事件处置中被广泛采用。但在取得一定成效的同时，仍处于非制度化问责阶段。要使行政问责能够在预防、妥善处置群体性事件中起到应有的警示作用，就必须实现行政问责的制度化，从“风暴问责”向“制度问责”的转变。[4]环境污染群体性中的监察工作并没有引起重视。随着国家监察法的出台，监察在环境群体性事件的问责研究中将更受关注。监察工作的完善能够在很大程度上减少环境群体性事件的发生，因此对监察工作是否缺位的研究至关重要。

（四）环境群体性事件的司法程序和司法立案与判决

1．要保证司法的独立性，充分利用人民调解制度

环境群体性事件的司法解决率不到 1%，导致这一现象的重要原因是司法的行政化。地方政府对司法的干预导致司法行政化、地方化，很多环境群体性事件本应移交司法程序，却都被地方政府处理。地方政府与环境群体性事件本身就有着千丝万缕的利益关系，处理这类事件可能存在徇私和程序不合法的现象。而行政干预司法本身就是程序上的不合法，因此必须保证司法的独立性，杜绝行政司法化现象，严格监督地方政府的权力，确保司法程序的正当化，司法的公正合理。进入 21 世纪以后，我国人民调解无论在立法上，还是在实务中，都出现了比较大的创新。人民调解组织不再局限于村委会和居委会的人民调解委员会；人民调解员不再局限于村民委员会成员、居民委员会成员及群众选举产生的公民；人民调解协议具有合同效力；人民调解与诉讼实现了有效衔接与对接。[5]环境谈判也是解决

---

1 杨海坤．我国群体性事件之公法防治对策研究[J]．法商研究，2012（2）：76-82.

2 赵树迪，周易，等．邻避冲突视角下环境群体性事件的发生过程及处理研究[J]．中国人口•资源与环境，2017，27（6）：171-176.

3 姚文胜．论《行政监督法》立法的缺陷与完善[J]．深圳大学学报（人文社会科学版），2000（6）：58-64.

4 黄毅峰．群体性事件行政问责的现状及对策思考[J]．求实，2012（2）：67-70.

5 刘敏．人民调解制度的创新与发展[J]．法学杂志，2012（3）：59-65.

环境问题的一种正规方式。[1]作为一种创新型的司法方式，人民调解制和环境谈判的实践应当结合冲突转化理论。Väyrynen（瓦伊吕宁）认为冲突转换可以通过以下方式发生：角色转换、问题转换、规则转换和结构转换。[2]环境群体性事件中司法的改革与创新是目前急需解决的一环。司法虽说是解决环境群体性事件最为有效和最权威的途径，但是却存在行政干预司法的行为，司法并不能发挥其应有的作用。并且囿于现有法律的规定，环境群体性事件中诉讼主体的条件限制影响了事件的解决，环境公益诉讼的研究仍需深入。

2. 完善环境公益诉讼司法立案的标准与判决

虽然环境公益诉讼案件逐渐增多，但是当前环境公益公诉的原告还是有严格要求。环境公益诉讼的创新之处就在于以法律明文规定的方式允许“任何人”针对违反环境法律的行为提起诉讼。[3]只是目前中国的环境公益诉讼迟迟没有出台。环境公诉是环境公益诉讼的保障，所谓的环境公诉是指国家机关以国家名义对环境污染者或破坏者提起的排除危害之诉或损害赔偿之诉。[4]赵立新提出通过特定主体代表受害群体提起公益诉讼，发挥社会力量来推动环境司法接近正义。[5]环境公益诉讼的原告只能是社会组织，对社会组织的职务范围要求也很严格，这样虽然能避免一些不必要的诉讼立案，但是也导致将一些致力于环境公益诉讼而本身职务范围有限的社会组织排除在外。并且，环境公益诉讼的原告不能以个人名义提起诉讼，也使得环境公益诉讼将个人排除在外。因此，应当完善环境公益诉讼的司法立案标准。在环境污染群体性诉讼中，受处罚或者被定罪判刑的多是相关污染企业及其负责人，追究行政执法人员罪责的案例并不多。而环境群体性事件中相关行政人员受处罚的，多是党内处罚和行政处罚，很少移交司法机关。因此，要完善司法判决与司法程序，对于触犯法律甚至已经犯罪的行政执法人员应当移送司法机关，依法审判。

六、结论

环境群体性事件已成为当今社会不可忽视的问题，虽然相关的法律规范已经做出了相应修改，但是仍存在与现实不相适应的地方，执法的方式和程序也影响环境群体性事件的升级和解决。虽然环境污染群体性冲突的解决需要满足冲突民众的诉求，但是执法也要有自己的原则，不能只为了平息冲突而停止一切项目。监察机构在环境群体性事件中所起的作用不是很大，可以借助监察体制改革的契机对此进行完善。虽然环境群体性事件的司法立案与判决方面仍存在一定问题，但是当前防止司法的行政化，促进环境群体性事件进入司法化解的程序更为重要和迫切。

---

1 赵闯，黄粹. 环境谈判：解决环境冲突的另一方式[J]. 大连理工大学学报（社会科学版），2017（2）：120-127.

2 Väyrynen R. New Directions in Conflict Theory: Conflict Resolution and Conflict Transformation[M]. London: Sage, 1991: 1-25.

3 汪劲. 中国的环境公益诉讼：何时才能浮出水面[M]//别涛. 环境公益诉讼. 北京：法律出版社，2007：41-50.

4 吕忠梅，吴勇. 环境公益实现之诉讼制度构想[M]//别涛. 环境公益诉讼. 北京：法律出版社，2007：20-40.

5 赵立新. 论环境群体性纠纷中的司法救济机制[J]. 江汉大学学报（社会科学版），2009（4）：66-67.

第三节　保障机制

本节要点　在现有理论基础上，本节构建了环境群体性事件保障机制的理论框架，然后基于30个典型案例和实地调研所获得的资料，以及538份问卷数据进行分析。结果发现：①环境群体性事件的保障机制是由物质保障和精神保障两个部分构成；②人力资源、物力资源、财力资源、政府提供的精神保障和社会组织提供的精神保障这五个要素都与环境群体性事件的处置结果有正向相关关系；③环境群体性事件的城乡属性、暴力程度和抗争类型会影响保障机制和事件处置结果之间的关系。因此，政府要在环境群体性事件中：①构建强调"阶段-主体"的人力资源保障机制；②构建"多渠道-精细化"的物力资源保障机制；③构建兼顾"充足性-公平性"的财力资源保障机制；④构建"政府主导-社会组织积极参与"的精神保障机制；⑤根据事件特征的不同，例如城乡属性、暴力程度和抗争类型，构建有针对性的物质保障与精神保障机制。本节希望通过研究环境群体性事件的保障机制，完善环境群体性事件的处置机制。

加强环境治理是提升我国国家治理体系和治理能力现代化的内在要求。[1]而且，随着人民群众环保意识和维权意识不断增强，党和政府也越来越重视环境问题，新的《中华人民共和国大气污染防治法》[2]、《中华人民共和国海洋环境保护法》[3]、《中华人民共和国水污染防治法》[4]等法律的相继出台，为保护环境提供了坚实的法律基础。但由于环境群体性事件自身的复杂性，涉及利益群体众多，当前环境群体性事件的解决机制仍有待进一步完善。因此，环境群体性事件处置中物质能否得到充足的保障，精神保障是否能够顺利落实，环境群体性事件的保障机制能否建立并发挥作用已成为当前亟待解决的问题。

本节主要探究保障机制对于我国环境群体性事件解决结果的影响和作用，具体而言，首先研究环境群体性事件的事前、事中和事后三个阶段中物质保障与精神保障分别发挥怎样的作用。然后再提出相应的对策建议，希望能够为环境群体性事件的解决提供保障机制方面的解决途径。主要研究问题包括以下三个方面：

（1）保障机制在环境群体性事件的事前、事中和事后三个阶段的具体要素分别包括哪些？

（2）规模、层次、污染程度、冲突类型等事件属性在保障机制的作用过程中具有什么样的调节作用？

（3）保障机制在环境群体性事件解决结果中的影响和作用是什么样的？

---

1 张文明. "多元共治"环境治理体系内涵与路径探析[J]. 行政管理改革，2017（2）：31-35.

2 高桂林，陈云俊. 评析新《中华人民共和国大气污染防治法》中的联防联控制度[J]. 环境保护，2015，43（18）：42-46.

3 全国人民代表大会常务委员会关于修改《中华人民共和国海洋环境保护法》的决定[EB/OL].（2016-11-07）. https://www.gov.cn/xinwen/2016-11/07/content_5129793.htm.

4 新修改的水污染防治法将于2018年开始实施[J]. 环境经济，2017（13）：6.

一、概念界定、文献综述和理论框架

（一）概念界定

1. 机制

机制一般是指系统内部各要素及内部要素与外部要素之间的相互联系、相互作用的过程和方式。把机制的本义引申到不同的领域，就产生了不同的机制。“机制”这个概念在生物学和医学中用于表示有机体内发生的生理或病理变化时，各器官之间相互联系、作用和调节的方式。在社会学中“机制”可以表述为“在正视事物各个部分的存在的前提下，协调各个部分之间关系以更好地发挥作用的具体运行方式”[1]。虽然不同学科对于机制的表达不尽相同，但无论在哪一学科，其中基本的含义都是类似的。因此，在牢牢抓住机制一词的基本含义上，我们对于环境群体性事件处置中保障机制的研究主要包括三个部分的内容：①组成结构；②组成部分间的相互关系；③各部分之间是如何联系和运作的。另外，对于机制的研究应该能够从现象上升到本质，仅仅停留在对已有现象加以分析的阶段不能够被称为机制研究。

2. 保障机制

在现代汉语词典中“保障”一词是保护（如生命、财产、权利等），使不受侵犯和破坏，也指起到保障作用的事物。保障机制一词最早起源于战斗保障，到目前为止战斗保障机制的建设也最为完善和全面。战斗保障是指军队安全遂行机动和战斗任务时所采取的保障措施。战斗保障的内容是随着武器装备和战术、技术的不断发展而发展的。军队在进行战斗、行军和宿营时都离不开全面及时的战斗保障。机制可以从功能上分为三大部分：激励机制、制约机制和保障机制。其中，激励机制是调动管理活动主体积极性的一种机制；制约机制是一种保证管理活动有序化、规范化的一种机制；保障机制是为管理活动提供物质和精神条件的机制。[2]保障机制是一种“系统粮食”，没有它系统就没办法正常运作。

因此，根据以上对“机制”“保障”和“保障机制”概念的梳理与分析，研究将环境群体性事件的保障机制定义为：在环境群体性事件当中，为环境群体性事件的处置和解决提供物质和精神条件的机制。具体分为物质保障与精神保障两个部分。

（二）文献综述

1. 环境群体性事件处置中的物质保障研究

“物质决定意识”是马克思主义哲学的基本原理，强调了物质第一性，意识第二性。在政治学中我们也强调“经济基础决定上层建筑”。因此，在突发事件的应急管理中，物质保障应是最基础的保障。然而，目前中国的应急资源匮乏，国内的应急产业仍属于灾害推动型产业。[3]张永理和冯婕指出我国的突发事件应对中存在一个突出问题，就是在突发事

1 周海炜. 战略管理中的企业谋略及运作机制研究[D]. 南京：河海大学，2004.

2 寇尚乾. 教师学习权及其学校保障机制研究[D]. 成都：四川师范大学，2005：6.

3 郑胜利. 我国应急产业发展现状与展望[J]. 经济研究参考，2010（28）：10-17.

件的预防与应急准备、应急处置与救援中，先进、适用的科技装备相当匮乏。[1]2009 年，工业和信息化部出台的《加强工业应急管理工作指导意见》中明确提出：提高应对突发事件的综合水平以及对突发事件进行预防、处置和恢复等工作，需要加大应急管理投入、加强工业应急管理人才队伍建设、加大工业应急技术改造以保障应急产品和应急设施。可以看出，在对突发事件的应急管理中，已经强调了“人力资源”“财力资源”和“物力资源”的重要性。环境群体性事件作为一种社会突发事件，在事前、事中和事后三个阶段的应急管理中，“人力资源”“财力资源”和“物力资源”也应该得到保障。

2．对环境群体性事件处置中“人力资源”的研究

对环境群体性事件处置中的“人力资源”进行研究，首先需要清楚环境群体性事件中的参与主体有哪些。一般认为参与主体包括政府、企业和民众。但环境群体性事件涉及利益群体众多，参与主体应该包括居民个体、家庭、企业、社区、政府、学者、社会组织、新闻媒体、宗教组织、社会大众、国际组织 11 种。[2]

基于不同参与主体的角度，学者们都指出了环境群体性事件中“人力资源”的缺乏。张萍、杨祖婵通过对截至 2015 年的十年间我国环境群体性事件的特征进行研究，发现环保 NGO 的参与情况非常少，只有十余起环境群体性事件中有环保 NGO 的影子出现，不到事件总数的 5%。环境维权需要社会精英力量的关注和参与，以组织、有序的形式呈现诉求，以规范、理性的手段保护权益，这是现实中环境维权抗争的最佳途径。这就需要各类环保组织、法律咨询组织以及公益团体在环境维权方面发挥更重要的作用。[3]张晓燕也指出应该在环境群体性事件中加大专家学者和民间组织的参与。[4]商磊认为引导民间环保组织有序参与环境决策的协商，可以为公众搭建对话与交流的广阔平台，有利于及时化解和预防利益纠纷以及由此引发的环境群体性事件。[5]卢韬在对江苏“7・28”事件的研究中发现，由于当地公安部门警力布置不当，导致市政府办公楼被“占领”，大量警察也受到不同程度的损伤，警车遭到破坏。而随后在省公安厅布置警力充足之后，事件随即得以平息。[6]陈秀梅认为环境群体性事件一旦暴发，应该对警力、物力等资源的调度、部门之间的协调等引导工作整体把控，全面负责，以便迅速控制现场，平息事态。[7]

3．对环境群体性事件处置中“财力资源”的研究

对于“财力资源”的研究，国内学者强调了补偿在环境群体性事件处置中的重要作用。何艳玲认为在环境群体性事件中，补偿是一种重要的解决方式。补偿强调分享成本、重新分配收益以及解决公平和公正的问题，通常有六种补偿机制，包括直接金钱补偿、同类型

1 张永理，冯婕．“十二五”时期我国应急产业发展的重点[J]．经济，2011（7）：75.

2 杨立华，周志忍，蒙常胜．走出建筑垃圾管理困境——以多元协作性治理机制为契入[J]．河南社会科学，2013，21（9）：1-6.

3 张萍，杨祖婵．近十年来我国环境群体性事件的特征简析[J]．中国地质大学学报（社会科学版），2015，15（2）：53-61.

4 张晓燕．环境群体性事件的冲突转化[J]．理论月刊，2016（2）：167-171.

5 商磊．由环境问题引起的群体性事件发生成因及解决路径[J]．首都师范大学学报（社会科学版），2009（5）：126-130.

6 卢韬．公安机关处置群体性事件的对策研究[D]．宁波：宁波大学，2015.

7 陈秀梅．提高现场处置环境群体性事件的能力[N]．贵州日报，2018-09-18（015）.

奖偿、应急基金、好处保证和经济友好奖励。补偿机制往往被当作冲突过程之中的博弈手段，以求双方能在尽量理性的框架下进行谈判。[1]王奎明等介绍了台湾地区回馈金制度，是指给予邻避设施周边民众的金钱回馈制度。他指出，邻避设施存在潜在风险这是不争的事实，周边民众必然感觉自身利益面临风险，回馈金的提供就是为了平复民众的心理落差，从而规避邻避冲突。[2]黄汇娟从对 2009 年 G 市 P 区反对垃圾焚烧厂选址的个案分析中，发现邻避冲突产生的诱因主要源于公众的心理因素、经济因素、社会信任、公平性问题以及决策的公正性，从而提出政府要厘清自身角色，通过协调多方利益、扩大公民参与、科学选址及提供风险保障和合理补偿等方式来消除、疏导公众的邻避情结。[3]此外，刘德海等[4]、张向和等[5]、刘小峰等[6]、周亚越等[7]国内学者都认为经济补偿可以有效缓解邻避设施引发的群体性事件。程启军[8]提出应该在科学化、民主化和透明化基础之上，避免人为化和短期化的生态补偿行为，形成生态补偿的法定规章，以此来规范环境利益相关各方的行为。沈焱、邹华伟等[9]构建了地方政府应急处置环境群体性事件的效用函数，其中包括经济补偿和部署警力两种途径的成本收益，并在不同情境下得出了最优的理论解。然后，结合数值分析更加直观地揭示地方政府部门各种情境下不同应急处置方案的处置效果。

4. 对环境群体性事件处置中“物力资源”的研究

赵树迪、周易和蔡银寅[10]认为环境群体性事件的本质是环境的负面影响没有得到有效的补偿，激烈冲突的根本原因是利益诉求受阻。并且，补偿形式除了直接的经济补偿外，还应该重视为居民提供某些需要的基础设施的社会公益补偿。秦书生和鞠传国认为政府部门处理环境群体性事件需要做好人员培训、资金储备、科技储备、装备储备等“硬件”建设，基层政府应当结合本地区的具体情况，制订切实可行的应急处置方案。[11]刘晓亮、蒋薇提出成立专业化的应急处置队伍，提供充足的设备和物资保障，准备好应急预案，做好各种极端情况的危机应对准备。[12]

总而言之，物质保障是最基本的保障，无论是在环境群体性事件发生之前、发生过程中还是在事后，“人力资源”“财力资源”和“物力资源”对于环境群体性事件的处置、解

1 何艳玲. “中国式”邻避冲突：基于事件的分析[J]. 开放时代，2009（12）：102-114.

2 王奎明，张贤桦. 邻避设施回馈金制度：重塑政府公信力的路径借鉴——来自台湾的经验[J]. 台湾研究集刊，2018（1）：64-72.

3 黄汇娟. 邻避情结与邻避治理——番禺垃圾焚烧厂设置的个案分析[J]. 广东广播电视大学学报，2012，21（2）：99-104.

4 刘德海，赵宁，邹华伟. 环境群体性事件政府应急策略的多周期声誉效应模型[J]. 管理评论，2018，30（9）：239-245.

5 张向和，彭绪亚，刘峰，等. 重庆市垃圾处理场的邻避效应分析[J]. 环境工程学报，2011，5（6）：1363-1369.

6 刘小峰. 邻避设施的选址与环境补偿研究[J]. 中国人口•资源与环境，2013，23（12）：70-75.

7 周亚越，俞海山. 邻避冲突、外部性及其政府治理的经济手段研究[J]. 浙江社会学，2015（2）：54-59，156-157.

8 程启军. 环境群体性事件的后控：发挥“正范立行”的核心作用[J]. 理论导刊，2017（8）：28-31.

9 沈焱，邹华伟，刘德海，等. 经济补偿与部署警力：环境污染群体性事件应急处置的优化模型[J]. 管理评论，2016，28（8）：51-58.

10 赵树迪，周易，等. 邻避冲突视角下环境群体性事件的发生过程及处理研究[J]. 中国人口•资源与环境，2017，27（6）：171-176.

11 秦书生，鞠传国. 环境群体性事件的发生机理、影响机制与防治措施——基于复杂性视角下的分析[J]. 系统科学学报，2018，26（2）：50-55.

12 刘晓亮，蒋薇. 环境维权群体性事件的博弈路径及对策分析[J]. 华东理工大学学报（社会科学版），2013，28（1）：89-95.

决都起到了至关重要的作用。

5．对环境群体性事件处置中的精神保障研究

人类的精神需求是以物质需求为基础，但是又高于物质需求的更高层次的需求。狄恩•普鲁特，金盛熙在《社会冲突：升级、僵局及解决》一书中提到，乐观精神对于防止冲突进一步升级至关重要，这种乐观精神会让双方感到能够找到一种双方都可以接受的解决方案。[1]现代心理学的基本原理也告诉我们，人的心理是需要维持某种平衡的。当主体的消极情绪上升到一定程度，威胁到这种平衡或者已经打破了这种平衡，而自身又无力调节实现平衡状态之后，就需要外界参与干预，利用风险沟通消除群众心中的恐惧、担忧；通过信息公开给予群众更多的信心、信任感；用精神鼓励、抚慰等手段补充主体的心理能量，消除其悲观沮丧情绪，促成新的平衡。这是精神保障的基本理论依据。如果在这种情况下不使用精神抚慰手段促使对象的心理平衡，就会造成严重的心理倾斜和扭曲，其结果必然是精神滑坡或心理崩溃。环境群体性事件不仅给受害者身体上带来损伤，更重要的是在其心理上留下了不可逆转的痛苦。事件发生之后，受害者内心普遍会存在各种消极的社会心理，这种心理主要表现为缺少生活的信心与勇气，消极等待救援思想的产生与泛化，行为规范约束力的弱化及丧失等。所以，除物质方面的保障之外，我们应该对环境群体性事件处置中精神方面的保障进行更深入的研究。通过整理现有文献，发现国内相关学者一般都是从政府或者非政府的角度来研究提供精神保障。因此，我们将精神保障分为政府提供的精神保障和非政府提供的精神保障两部分。

6．政府提供的“精神保障”研究

政府作为环境群体性事件中的主体之一，在事件处置中具有不可替代的主导作用。于鹏和张扬认为环境群体性事件之后的较长时间内，作为直接利益相关者的群众都难以恢复到之前的生活状态，包括经济利益的损失、精神上的恢复等。因此，地方政府需要制订科学合理的补偿方案，从物质和精神两个层面对群众予以安抚。[2]

首先，环境群体性事件发生之前的风险沟通和信息公开能够消除群众精神上的恐惧、担忧，从而给予他们更多的信心。郭红欣认为，缺乏有效的风险沟通而导致有关风险的“妖魔化”，常常是预防型环境群体性事件发生的直接诱因。[3]申娜认为风险社会的到来已经使政府的执政环境发生了翻天覆地的变化，政府必须抛弃之前陈旧的执政理念，站在新的视角和高度，积极应对环境风险所带来的机遇和挑战。因此，政府需要搭建合理有效的环境风险沟通平台，构建全面完善的环境风险沟通制度，促进社会、经济和环境的协调发展。[4]华智亚认为，由于风险型环境群体性事件的冲突基础在于公众与企业、政府及专家对环境风险有着不一致的认识，所以通过企业、政府、专家和普通公众之间的有效沟通，消除风

1 狄恩•普鲁特，金盛熙．社会冲突：升级、僵局及解决[M]．王凡妹，译．北京：人民邮电出版社，2013：215-216.

2 于鹏，张扬．环境污染群体性事件演化机理及处置机制研究[J]．中国行政管理，2015（12）：125-129.

3 郭红欣．论环境公共决策中风险沟通的法律实现——以预防型环境群体性事件为视角[J]．中国人口•资源与环境，2016，26（6）：100-106.

4 申娜．完善环境群体性事件中风险沟通机制[J]．人民论坛，2016（17）：59-61.

险认知上的差异，可以预防和应对风险型环境群体性事件。[1]在环境群体性事件中，政府往往对环保信息不够公开，从而引起谣言传播。张治国、吴杰认为，环境群体性事件发生的直接原因往往是民众对某项可能威胁生态环境的项目、规划予以抵制，民众惧怕环境污染的恶果而阻碍此类项目或规划的实施，而造成这种现象的原因就是缺乏信息公开。[2]魏庆坡、陈刚通过对比分析中美在环境信息披露、公共参与等方面的差异，结合中国实际提出了推动环境信息公开、保护公众环境知情权等建议。[3]赵树迪、周易和蔡银寅从邻避冲突视角在微观上分析了环境群体性事件的发生过程、特点和内在机理，论述了邻避冲突引发的环境群体性事件的处置机制和政策措施。结果表明，舆情酝酿是引发环境群体性事件的关键，而解决舆情酝酿的关键则是参与人群边界的确定和恰当的信息公开。[4]

其次，在环境群体性事件发生过程中进行积极的现场沟通往往能避免冲突进一步升级。陈秀梅在如何提高现场处置能力中提出，如果领导干部能根据群众对环境利益的诉求，进行现场说服、引导、劝解和教育，并及时告知当事人，怎样通过合法手段和途径维护自己的权益，甚至进行必要的承诺，冲突可能因解释到位而化解，否则矛盾升级，事态会进一步恶化。[5]

最后，环境群体性事件发生之后对于受到伤害的人进行精神抚慰，对违法违纪，对于违法违纪的政府官员、企业、闹事群众等进行惩戒教育，都能够起到精神保障的作用。精神抚慰，或称精神援助，心理救助，是指在重大灾难后对受灾人群所提供的应对因灾难引发的各种心理困扰、心理创伤，以及逐步恢复正常心理状态的所有心理帮助的途径与方法。[6]通常环境群体性事件带来的危机恢复类型是多样的，分为"物质恢复、经济恢复、心理恢复和业务恢复"[7]。高欣通过对环境群体性事件的善后机制进行研究指出，大多数情况下，经济恢复和物质恢复是政府比较经常做的，但是很多情况下，心理恢复往往是政府比较容易忽视的。但心理恢复对民众来说却十分重要，因为心理恢复做不好，可能还会造成衍生的危害。[8]张婧飞从法律的角度探讨事件产生的制度性原因，认为环境司法领域规则运用不当、司法机制不畅以及对侵权行为追究乏力、问责机制不健全是事件频发的主要动因。[9]刘晓亮、蒋薇建议从政府角度进行约束，建立官员环境问责制度，防止官员在设立项目以及项目运行过程中出现权力寻租，从而以行政手段阻断企业的盲目逐利行为。[10]刘刚和李德刚认为正是由于追责体制不健全等原因，才造成了当前政府在环境群体性事件的治理中存有缺失

1 华智亚. 风险沟通与风险型环境群体性事件的应对[J]. 人文杂志，2014（5）：97-108.

2 张治国，吴杰. 信息不对称理论视野中的环境群体性事件分析[J]. 人民检察，2015（5）：64-66.

3 魏庆坡，陈刚. 美国预防和应对环境群体性事件对中国的启示[J]. 环境保护，2013，41（22）：65-67.

4 赵树迪，周易，等. 邻避冲突视角下环境群体性事件的发生过程及处理研究[J]. 中国人口•资源与环境，2017，27（6）：171-176.

5 陈秀梅. 提高现场处置环境群体性事件的能力[N]. 贵州日报，2018-09-18（015）.

6 贾晓明. 从社会工作入手进行心理援助——四川地震灾后的实践与反思[J]. 四川"5·12"地震后心理援助第二届国家论坛论文集，2009：371.

7 张成福，唐钧，谢一帆. 公共危机管理理论与实务[M]. 北京：中国人民大学出版社，2009.

8 高欣. 公共危机视角下环境群体性事件治理研究[D]. 大连：大连海事大学，2017.

9 张婧飞. 农村邻避型环境群体性事件发生机理及防治路径研究[J]. 中国农业大学学报（社会科学版），2015，32（2）：35-40.

10 刘晓亮，蒋薇. 环境维权群体性事件的博弈路径及对策分析[J]. 华东理工大学学报（社会科学版），2013，28（1）：89-95.

现象。为此，我们需要从维护社会和谐、促进社会发展的视角出发，努力探讨行之有效的治理措施，鼓励公民积极参与，强化政府环境问责力度，进而促进环境群体性事件的有效治理。[1]彭小霞提出回应型治理才能有效预防和治理环境群体性事件，维护公众的合法权利。而完善环境信息公开制度、革新政府政绩考核制度、完善政府生态责任问责制是实现环境群体性事件回应型模式构建关键。[2]程启军认为在环境群体性事件中，政府应建立公开透明的信息制度，严惩官员隐瞒、谎报信息的行为。[3]郑君君等也提出对群众进行适当的补偿以及对工厂进行适当的处罚均有利于环境群体性事件的解决。[4]

7. 社会组织提供的“精神保障”研究

除了政府外，社会大众传媒、社会组织等主体也在精神保障方面发挥着重要的作用。例如在一些技术性问题上，直接利益方（当地政府及项目企业）通常无法取得当地居民的信任，而一些具有社区性、专业性、草根性、无利害关系的社会组织反而容易取得信任，从而更容易组织民众进行理性决策，防止环境群体性事件的发生。[5]

一方面，大众媒体作为社会舆论的引导者，在向大众传播知识、对其进行思想教育中发挥着重要的作用。无论是电视媒体还是网络媒体，都起着舆论导向的作用，有正面作用也有负面作用。如果媒体的报道歪曲事件本身并夸大部分内容，就可能造成群众认知误区，加深群众与政府的隔阂。因此，要积极发挥媒体的正面作用，以客观真实的报道引领舆论方向，有助于民众客观看待诱发事件，降低冲突扩大化的可能。[6]针对群众关心的各种环境问题，利用广播、电视、网络等多媒体手段开展广泛的环保科普知识宣传，及时给群众以正确的解答和引导。[7]廖梦夏基于 20 个典型环境群体性事件，运用定性比较研究分析（QCA）方法进行“事件属性”和“传播属性”的双重模型建构，探寻此类事件暴发和演变的内在机制与传播逻辑。研究发现，相比事件属性，传播属性对环境群体性事件的抗争结果发挥了更显著的作用，因此政府和企业要高度重视对媒体的有效运用，并提升自身的媒介素养能力。[8]王灿发等认为，在社会化媒体盛行的情境下，应当充分利用此类新兴媒体，把握信息传播规律，建立预警机制，并主动引导舆论，实现疏通。[9]

另一方面，环境 NGO 在环境群体性事件中起到了“社会安全阀”的作用，为基层群众提供专业咨询，帮助其以合法合理的手段进行维权，从而缓解了现实矛盾，达到预防和

1 刘刚，李德刚. 环境群体性事件治理过程中政府环境责任分析[J]. 学术交流，2016（9）：62-65.

2 彭小霞. 从压制到回应：环境群体性事件的政府治理模式研究[J]. 广西社会科学，2014（8）：126-131.

3 程启军. 环境群体性事件的后控：发挥“正范立行”的核心作用[J]. 理论导刊，2017（8）：28-31.

4 郑君君，闫龙，张好雨，等. 基于演化博弈和优化理论的环境污染群体性事件处置机制[J]. 中国管理科学，2015，23（8）：168-176.

5 彭小兵. 环境群体性事件的治理——借力社会组织“诉求-承接”的视角[J]. 社会科学家，2016（4）：14-19.

6 刘家彤. 群体性事件的社会心理分析[J]. 中学政治教学参考，2015（33）：31-34.

7 毕慧. 论环境群体性事件的趋势、原因与应对——基于浙江的分析[J]. 浙江社会科学，2015（12）：140-144，139，160.

8 廖梦夏. 媒介属性和事件属性的双重建模：媒介与环境群体性事件的关联研究——基于 20 个案例的清晰集定性比较分析（QCA）[J]. 西南民族大学学报（人文社科版），2018，39（10）：151-156.

9 王灿发，李婷婷. 群体性事件中微博舆论领袖意见的形成、扩散模式及引导策略探讨——以 2012 年“宁波 PX 事件”为例[J]. 现代传播（中国传媒大学学报），2013，35（3）：148-149.

解决群体性事件的目的。[1]在环保维权方面，环境社会组织可以向政府和企业表达公众的利益诉求和主张，能够以原告的身份依法提起环境公益诉讼，解决了个人名义提起公益诉讼的重重障碍。[2]利用社会组织中相关领域专家丰富的专业知识对与邻避设施相关的环保知识进行正确有效的宣传教育，避免民众在不明真相的情况下由于无知盲目做出过激行为，能够有效预防环境群体性事件的发生。

8．研究评述

通过对大量文献、案例的整理和分析，国外学者基于不同视角对环境群体性事件进行了深入而丰富的研究，形成了一系列的理论范式，如风险社会理论、集体行动理论、冲突管理理论等，为我国开展类似研究提供了大量研究素材和研究方法。而国内对环境群体性事件的研究，虽起步较晚，但经过学者们的多年努力，本土化进程也正不断推进。在对于环境群体性事件的认知方面，主要集中在对其自身的探讨，如定义与特点、事件的分类、事件的发生原因及危害等方面。在环境群体性事件的处置机制方面，逐渐形成了事前预防、事中处置和善后处理三种处置方式。虽然没有提出环境群体性事件的保障机制这一概念，但不论是从事前还是事中和事后，都强调了物质保障与精神保障在环境群体性事件的处置中的作用。

虽然对环境污染群体性的处置机制研究已经取得了一些成果，但目前仍然有需要进一步完善的地方。首先，研究内容不够全面与系统性。一方面，虽然国内在邻避设施的经济补偿，群体性事件发生的警力部署等方面有所研究，但是对于物质保障与精神保障的研究都太过碎片化，尚未形成物质保障这个概括性的概念，对于物质保障的不同要素在环境污染群体性的事前、事中和事后不同时间段的不同作用并没有一个清晰的认识；另一方面，现行的《公安机关处置群体性事件治安事件规定》只进行大的方向性、原则性的指导，是比较模糊的，在具体的操作过程方面并没有详细的规定。当前国内很多专家学者都指出环境群体性事件事前缺乏风险沟通，政府信息公开不充分，这些问题固然存在，但是真正把关注点放到那些受环境污染影响的人群的却很少，那些受到环境污染伤害的人群属于“弱势群体”，他们缺乏话语权，在受到生理或心理伤害之后更缺乏精神抚慰和专业的生理心理治疗，对于那些“不作为”或有违法违规行为的政府官员的惩戒教育同样不容忽视。另外，研究方法比较单一。目前，有关环境群体性事件处置的相关研究，大多采用定性分析方法，对事件本身进行描述，并以此来吸取教训，却很少采用定量实证的研究方法。

综上所述，当前学界对环境群体性事件处置机制的研究，无论是在广度、深度上仍有瑕疵，研究成果相对零碎，尤其是对环境群体性事件保障机制的研究上还没有进行深入的探究，存有较大的研究空间。我们提出环境群体性事件的物质保障和精神保障的概念，希望分别对物质保障和保障在事前、事中和事后三个不同阶段的表现和作用进行研究，从而对环境群体性事件的保障机制形成全面系统的认识。同时，在借鉴前人研究成

1 刘潇阳. 环境非政府组织参与环境群体性事件治理：困境及路径[J]. 学习论坛，2018（5）：67-71.

2 聂军，刘建文. 环境群体性事件的发生与防范：从政企合谋到政企合作[J]. 当代经济管理，2014（8）：49-53.

果的基础上，经过实地访谈，设计相关问卷，采用可有效衡量物质保障与精神保障效果的分析因素，探究保障机制在环境群体性事件中的作用及影响，从而促进环境群体性事件的成功解决。

（三）理论框架

环境群体性事件的不同阶段有着不同的特征，应当采取不同的处置手段，这已经在当前学界达成了共识。于鹏和张扬基于环境群体性事件的动态演化机理，把环境群体性事件分为事前酝酿阶段、事件触发阶段、全面暴发阶段和事件平息四个阶段，各个阶段的演化特征存在显著差异，因此对应的处置机制也不尽相同，只有分阶段的处置机制才能准确、有效地应对环境群体性事件。[1]詹承豫、赵博然从风险沟通的角度出发，以环境群体性事件暴发的时间点为关键节点，将环境群体性事件分为群体性事件暴发前和暴发后两个阶段。[2]经过系统梳理文献，本节研究按照时间维度把环境群体性事件分为事前、事中和事后三个阶段。每个阶段中都包括物质保障和精神保障，其中物质保障包含“人力资源”“财力资源”和“物力资源”三个要素，精神保障包括“政府提供的精神保障”和“非政府提供的精神保障”两个要素。最终，构建出环境群体性事件处置的保障机制的理论分析框架（图 14-3-1），并对其中的要素进行了解释（表 14-3-1）。

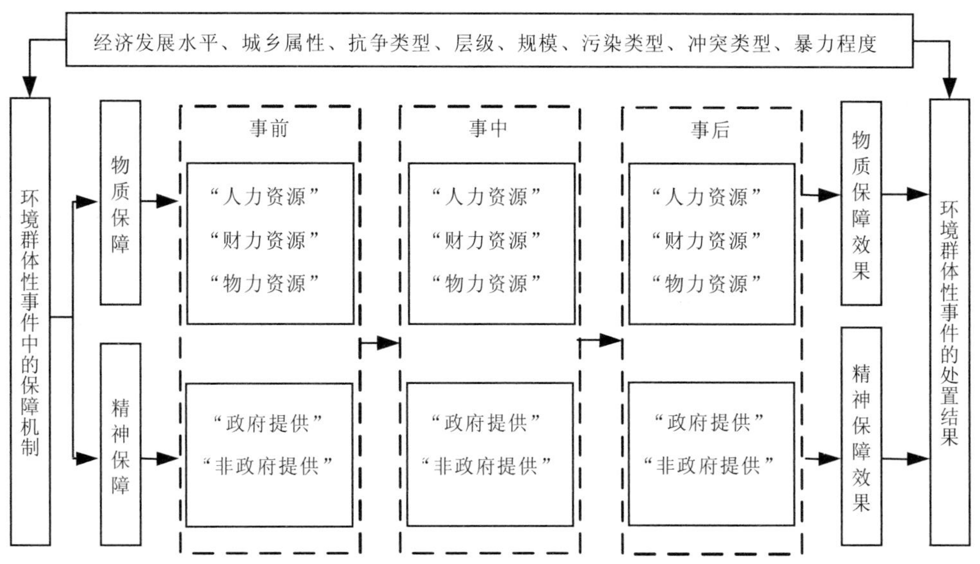

图 14-3-1 理论分析框架

1 于鹏，张扬. 环境污染群体性事件演化机理及处置机制研究[J]. 中国行政管理，2015（12）：125-129.

2 詹承豫，赵博然. 风险交流还是利益协调：地方政府社会风险沟通特征研究——基于 30 起环境群体性事件的多案例分析[J]. 北京行政学院学报，2019（1）：1-9.

表 14-3-1 环境群体性事件的物质保障与精神保障的要素及解释

要素	解释
P1 事前物质保障	事件发生之前为事件解决提供物质条件方面的保障
（1）人力资源	事前为防止事件发生提供的人力资源（如协商人员、专家学者等）
（2）财力资源	事前为防止事件发生提供的财力资源（如金钱补偿、回馈金等）
（3）物力资源	事前为防止事件发生提供的物力资源（如环保设施等）
P2 事中物质保障	事件发生过程中为防止冲突进一步升级提供物质条件方面的保障
（1）人力资源	事中为防止冲突进一步升级提供的人力资源（如警察等执法人员）
（2）财力资源	事中为防止冲突进一步升级提供的财力资源（如储备资金等）
（3）物力资源	事中为防止冲突进一步升级提供的物力资源（如警车、盾牌等警械）
P3 事后物质保障	事件发生之后为善后工作提供物质条件方面的保障
（1）人力资源	事后为善后工作提供的人力资源（如救援医生等）
（2）财力资源	事后为善后工作提供的财力资源（如抚恤金、赔偿金等）
（3）物力资源	事后为善后工作提供的物力资源（如医疗救护设施等）
P4 事前精神保障	事件发生之前为事件解决提供精神条件方面的保障
（1）政府提供的精神保障	事前政府为事件解决提供的精神保障（如风险沟通、信息公开等）
（2）非政府提供的精神保障	事前非政府为事件解决提供的精神保障（如社会舆论、宣传教育等）
P5 事中精神保障	事件发生过程中为防止冲突进一步升级提供精神条件方面的保障
（1）政府提供的精神保障	事中政府为防止冲突进一步升级提供的精神保障（如现场承诺等）
（2）非政府提供的精神保障	事中非政府为防止冲突进一步升级提供的精神保障（如现场沟通等）
P6 事后精神保障	事件发生之后为善后工作提供精神条件方面的保障
（1）政府提供的精神保障	事后政府为善后工作提供的精神保障（如惩戒教育、精神抚慰）
（2）非政府提供的精神保障	事后非政府为善后工作进行的精神保障（如心理救助等）

二、方法、数据、测量与假设

（一）研究方法的选择

1. 文献荟萃法

文献资料是交换和储存信息的专门工具或载体，包括各种书籍、报刊、档案、信件、日记、图像等，文献研究是一种传统的研究方法，它通过规范的方法收集、分析文献资料，对研究对象进行深入的历史考察和分析。[1]采用文献荟萃法主要完成下面两个方面的工作。一是通过对电子、纸质、图片和影音等资料的收集、归纳和整理，形成选择案例所需的案例库，保证案例数据的真实性和完整性。本节研究涉及“群体性事件”“环境群体性事件”“环境群体性事件”“保障机制”“物质保障”“精神保障”等核心问题，便以此为主题检索中外学术期刊数据库、学位论文数据库及专著等，共检索到 1 719 篇（表 14-3-2）。二是基于相关理论构建各个研究变量，同时保证各个研究变量是可测量的。通过对已有环境群体性事件研究理论的概述，从邻避理论、集体行动理论和冲突管理理论等视角对环境群体性

1 仇立平. 社会研究方法[M]. 重庆：重庆大学出版社，2015：284.

事件进行分析，尤其是对事件中涉及物质保障与精神保障的部分进行整理分析，最终形成环境群体性事件中保障机制研究的理论框架，从而加深对环境群体性事件保障机制相关研究和具体案例的理解。

表 14-3-2　文献来源类型和数量

文献来源类型					总数
期刊论文	学位论文	图书专著	新闻报道	政府文件	1 719
1 337	177	52	128	25	

注：期刊论文为 CSSCI 论文。

2．多案例统计分析

相较于单案例研究，多案例统计分析更加的严格与科学，应用其进行研究也更具有理论验证能力，并能够为所构建的理论提供更坚实的基础。[1]本节研究首先围绕环境群体性事件中的保障机制研究这一主题，采用方便抽样的方法选择在我国境内发生的 100 个环境群体性事件作为样本。然后，以代表性强、资料丰富易获取为原则，同时能够保证案例涵盖不同区域、冲突类型、规模和暴力程度，以分析事件的发生区域、冲突类型、规模和暴力程度对事件解决效果的影响，对初步筛选的案例进行第二阶段的筛选，最终筛选出 30 个案例。最后，对案例的定性数据进行编码，运用 SPSS 数据分析软件对其进行统计分析。根据研究问题，本节研究采取 5 人独立编码的方式对环境群体性事件的案例情况进行编码，并且这 5 位编码人员都对环境群体性事件及其解决具有深入了解，以保证案例编码的科学性。案例编码完成以后，通过定量的方法分析自变量和因变量之间的关系。再根据收回的问卷进行统计分析，进行验证。

3．问卷调查法

问卷调查是指利用设计好的问卷对大量样本进行调查，以收集数据资料并对所收集的资料进行统计分析的一种社会调查方式。问卷调查的发放范围主要是在环境群体性事件发生的区域，发放人群包括接触过环境群体性事件的政府部门人员、涉及群众、事业单位人员和专家学者等人员。问卷调查分为两个阶段，第一阶段先把设计好的问卷进行预调查，根据回收的预调查问卷反馈信息以及实地访谈掌握的内容对问卷进行修正；第二阶段在第一阶段的基础上，发放问卷进行正式调查。

本节研究的正式问卷主要包括五个部分（附录 14.3.2）。第一部分是被调查者的基本信息，一共涉及 10 个方面；第二部分是环境群体性事件的基本情况及原因；第三部分是环境群体性事件中的物质保障情况；第四部分是环境群体性事件中的精神保障情况；第五部分是环境群体性事件的解决效果。总体而言，问卷共发出 550 份，收回 538 份，问卷回收率为 97.8%，在剔除选项缺失值较多、选项有明显规律等无效问卷后，回收有效问卷 481 份，有效问卷占发出总问卷的 87.5%。最后利用 SPSS22.0 分析工具，对问卷结果进行

1 李平．案例研究方法：理论与范例——凯瑟琳•埃森哈特论文集[M]．北京：北京大学出版社，2012：1.

了可靠性检验，得出整体问卷的 Cranach's Alpha 值为 0.970，可见问卷质量符合要求。问卷具体情况及被调查表信息见表 14-3-3、表 14-3-4。

表 14-3-3 问卷发放、回收情况

问卷发放地	发放数	回收数	回收率/%	有效数	有效率/%
山东省 T 市	100	100	100	96	96
山东省 X 市	100	100	100	97	97
山东省 J 市	350	338	96.6	288	82.2
总计	550	538	97.8	481	87.5

表 14-3-4 被调查者基本信息情况

序号	内容	基本情况						
1	性别	男				女		
		260				221		
2	年龄	≤20	20～30	30～40	40～50	50～60	60～70	≥70
		0	233	178	65	4	1	0
3	政治面貌	共青团员		中共党员	民主党派		无党派人士	群众
		55		87	0		4	335
4	教育程度	未上学	小学及以下	初中	高中	大学	硕士	博士
		0	23	78	202	86	15	0
5	单位性质	民众	个体工商户	公司企业	政府部门	事业单位	民间组织	其他
		56	15	281	55	20	32	22
6	月均收入	≤1 500	1 501～3 000	3 001～4 500	4 501～6 000	≥6 000		
		45	86	196	102	25		
7	专业职称	无职称		初级职称	中级职称	副高级职称		高级职称
		442		24	12	2		1
8	行政级别	无行政职务		科级	县（处）级	司（局）级		省部级及以上
		468		12	1	0		0
9	宗教信仰	不信教	佛教	道教	儒教	伊斯兰教	基督教	其他
		378	2	0	0	21	78	2

4. 实地研究与访谈法

实地研究也叫实地调查、田野调查，与“调查研究”方式相对应，实地研究是一种质性研究方法，在文化人类学研究中得到广泛的应用。[1]因此，为了确保研究资料的真实性与可靠性，需要到事件发生地进行实地调研，获取更多的一手资料，以便深入了解环境群体性事件中的保障机制情况。根据实地调研的可行性，作者分别对山东省三个市进行了实地调研，以便接触被调查对象并获取研究资料。

访谈法是实地研究收集资料最常用的方法，它是一种研究性交谈方法，是研究者通过

1 仇立平. 社会研究方法[M]. 重庆：重庆大学出版社，2015：161.

口头谈话的方式从被研究者那里收集（或者建构）第一手资料的一种研究方法[1]，包括“结构化访谈”“非结构化访谈”“半结构化访谈”三种类型。首先，在进行访谈之前要确定好访谈对象，访谈对象一般是按照研究课题的内容与目的，由研究者根据主观判断去选择访谈对象。本节研究的访谈对象包括发生环境群体性事件地区的政府人员（包括环保部门、公安部门等）、涉及的当地居民等，同时也需要注意访谈对象的背景，以便能从各个不同的方面去了解环境群体性事件的实际情况。其次，访谈技术也是需要注意精心准备，在进行访谈之前根据整理的文献知识设计了访谈提纲，并且学习访谈中的谈话技巧以及访谈记录等。由于本节研究涉及一些敏感性问题，在访谈时需要采取迂回或旁敲侧击的方法进行提问。最后，在做好充分的访谈准备工作之后，综合采用半结构化访谈与非结构化访谈，对发生环境群体性事件地区的政府人员（包括环保部门、公安部门等）、涉及的当地居民等访谈对象进行访谈（附录 14.3.1）。具体访谈对象信息如表 14-3-5 所示，每个人访谈时间为 1 个小时左右。最终一共访谈 29 人，得到的访谈资料包括录音 15 个小时和大量访谈笔记等。随后，根据整理的访谈资料进一步修正调查问卷，以确保最终调查问卷的科学性。

表 14-3-5　调研访谈对象信息

山东省 T 市	环保局处级干部：1 人 环保局科级干部：5 人 环保局其他工作人员：2 人 群众：2 人
山东省 X 市	公安局应急指挥中心干部：1 人 群众：2 人
山东省 J 市	A 小区居民：8 人 B 小区居民：5 人 售楼部人员：3 人
总计	29 人

（二）区域样本选择

为了保证研究的信度和效度，首先采用方便抽样的方法选择在我国国内发生的 100 个环境群体性事件作为总体样本，然后按照下述原则选取 30 个环境群体性事件为样本进行研究。

第一，所选案例的代表性，即案例事件本身具有一定的影响力。例如，在 2012 年，宁波 PX 事件、四川什邡事件和江苏启东事件都被列入年度国内十大环境新闻当中[2]，这些事件对社会造成的影响的同时也引起了学术界的关注。以“宁波 PX 事件”“四川什邡事件”“江苏启东事件”为篇名在知网上进行搜索，仅以其为案例研究的论文就分别有 10 篇、16 篇和 11 篇。第二，根据事件发生的时间、地点、抗争类型、污染类型、暴力程度等条

---

1 陈向明. 质的研究方法与社会科学研究[M]. 北京：教育科学出版社，2011：165.

2 林爱珺. 在信息公开中建构政府、媒体、公众之间的良性互动关系[J]. 现代传播-中国传媒大学学报，2009（2）：51-54.

件、尽可能使样本案例均匀分布。2005 年的浙江东阳画水镇事件是已经成为学界公认具有影响力的全国第一起环境群体性事件[1]，所以选择的案例时间跨度确定为 2005—2018 年，从这 15 年中发生的环境群体性事件当中筛选案例。第三，所选案例研究资料的可获得性，包括获取资料的详细程度与难易程度。一般影响广泛的环境群体性事件的信息都有各类新闻媒体的报道，微信、微博以及政府官方网站上的公开信息，但并不是所有案例涉及物质保障与精神保障的详细资料都容易获取，因此使用的文献类型主要是来自当前出版的学术专著，官方工作报告、公告、统计数据和统计年鉴，报纸报道、网络媒体报道、访谈报道及时评等，将同一事件的各个方面信息进行整合。并且在收集案例的过程中，尽量收集事件信息较为完整的，以免由于信息缺失降低研究的信度和效度。最终，采用上述原则选取了案例资料较为详细可靠、容易获取的 30 个案例（表 14-3-6）。

表 14-3-6 30 个案例具体情况

事件	经济发展水平	城乡属性	抗争类型	层级	规模	冲突类型	污染类型	暴力程度
浙江东阳画水事件	发达	城市	暴力型	县（区）	上万人	已污染	混合污染	高
浙江长兴“天能事件”	发达	城市	非暴力型	县（区）	数百人	已污染	混合污染	低
厦门 PX 事件	发达	城市	非暴力型	市	数千人	未污染	大气污染	低
北京朝阳区高安屯垃圾厂事件	发达	城市	非暴力型	乡镇街道	数百人	已污染	大气污染	低
上海磁悬浮事件	发达	城市	非暴力型	市	上万人	已污染	电磁辐射	低
广西靖西抗议污染事件	欠发达	农村	暴力型	乡镇街道	数千人	已污染	水污染	高
北京阿苏卫垃圾厂事件	发达	城市	非暴力型	县（区）	数百人	已污染	大气污染	低
四川彭州 PX 事件	发达	城市	非暴力型	市	数千人	未污染	大气污染	低
陕西凤翔“血铅”事件	欠发达	农村	暴力型	乡镇街道	数百人	已污染	水污染	高
内蒙古包头抗议事件	欠发达	农村	非暴力型	乡镇街道	数百人	已污染	水污染	低
广州番禺垃圾焚烧厂事件	发达	农村	暴力型	乡镇街道	数千人	未污染	大气污染	低
上海市抗议电池厂事件	发达	城市	非暴力型	县（区）	数千人	未污染	混合污染	低
广西桂平居民示威事件	欠发达	农村	暴力型	乡镇街道	数千人	已污染	大气污染	高
江苏无锡抗议垃圾场事件	发达	农村	暴力型	乡镇街道	数百人	未污染	大气污染	高
河南获嘉县抗议污染事件	欠发达	农村	暴力型	县（区）	数千人	已污染	大气污染	低
浙江海宁事件	发达	城市	暴力型	乡镇街道	数百人	已污染	水污染	高
大连 PX 事件	发达	城市	非暴力型	市	上万人	已污染	大气污染	低
广东大亚湾污染事件	发达	城市	非暴力型	县（区）	数千人	已污染	混合污染	低
河北武强县污染事件	欠发达	农村	非暴力型	乡镇街道	数千人	已污染	混合污染	低
江苏启东事件	发达	城市	暴力型	市	上万人	已污染	水污染	高
四川什邡项目	欠发达	城市	暴力型	市	数千人	未污染	混合污染	高
宁波 PX 事件	发达	城市	非暴力型	县（区）	数千人	未污染	大气污染	低

1 毕慧. 论环境群体性事件的趋势、原因与应对——基于浙江的分析[J]. 浙江社会科学，2015（12）：140-144，139，160.

事件	经济发展水平	城乡属性	抗争类型	层级	规模	冲突类型	污染类型	暴力程度
昆明 PX 项目	欠发达	城市	非暴力型	市	数千人	未污染	大气污染	低
洛阳钢铁厂环境污染事件	欠发达	农村	非暴力型	乡镇街道	数百人	已污染	混合污染	低
福建莆田东庄镇抗议事件	发达	城市	暴力型	乡镇街道	数千人	未污染	混合污染	高
浙江绍兴请愿事件	发达	城市	非暴力型	乡镇街道	数千人	已污染	混合污染	0.
江苏吴江垃圾焚烧厂事件	发达	城市	非暴力型	县（区）	上万人	未污染	大气污染	低
天津滨海新区 PC 事件	发达	城市	非暴力型	县（区）	数千人	已污染	大气污染	低
海口三江镇抗议医院环境污染事件	欠发达	农村	暴力型	乡镇街道	数百人	已污染	水污染	高
山东抗议高铁事件	发达	城市	非暴力型	乡镇街道	数百人	未污染	噪声污染	低

（三）变量测量及关系

保障包括物质保障和精神保障两个方面，本节研究将物质保障和精神保障及其包含的要素为自变量，环境群体性事件的解决效果为因变量。调节变量包括：经济发展水平、城乡属性、抗争类型、层级、规模、污染类型、冲突类型和暴力程度。中介变量包括物质保障效果和精神保障效果，如图 14-3-2 所示。

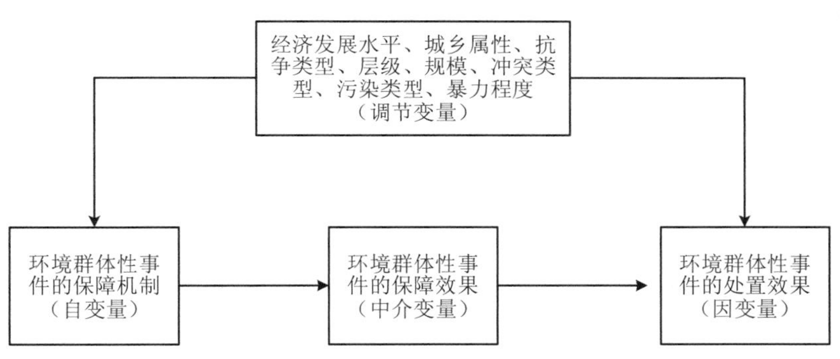

图 14-3-2　变量关系图

在变量测量方面，本节研究主要根据事件的经济发展水平、城乡属性、抗争类型、层级、规模、冲突类型、污染类型和暴力程度八个方面，以及环境群体性事件的解决效果来对案例进行编码测量。具体而言，经济发展水平是指环境群体性事件的发生地经济水平，分为发达和欠发达；城乡属性是指事件发生的区域，分为城市和农村；抗争类型分为暴力型和非暴力型；层级是以行政层级为划分标准，分为乡镇街道、县（区）和市；规模按照事件参与人员的数量来划分，其中 1～999 人为小规模、1 000～9 999 人为中等规模、10 000 人及以上为大规模；冲突类型分为已污染和未污染两种；污染类型包括大气污染、水污染、固体废弃物污染、噪声污染、土壤污染、电磁辐射污染、放射性污染、热污染（如企业冷却水、水蒸气等的排放）、光污染（如高层建筑玻璃幕墙反射阳光造成的眩光等）、混合污染一共 10 种；暴力程度分为高、低两种。环境群体性事件的解决效果分为成功（S）、半成功（SS）和失败（F）三种，其中成功代表事件得到顺利解决，并达成公平合理的正面社会效益；半成功是指部分解决了导致冲突的问题，有一定的正面社会效益；失败是指事件并没有得到解决，也没有产生正面的社会效益。

案例中的变量测量是按照时间维度把环境群体性事件分为事前、事中和事后三个阶段，其中物质保障主要测量指标是人力资源、财力资源和物力资源，人力资源主要包括事前与受环境群体性事件影响的群众进行沟通的协商人员、应急管理的救援人员等；事中的警察等执法人员；事后的利益协调人员、心理安抚人员、医生等。财力资源指事前、事后对于受影响群众的经济补偿。物力资源主要指事前的环保设施建设、监测设备、应急管理所需的物资等；事中的警车警械等执法工具；事后的物力方面的保障。精神保障的测量指标包括政府提供的精神保障和非政府提供的精神保障两部分，政府提供的精神保障包括事前开展听证会或者对受影响群众的风险知识普及、信息公开、疏导劝说工作、专家答疑等；事中进行现场沟通协商；事后对身心受到环境污染群体性损害的人，从精神方面给予的安抚、慰藉，对于不作为或者有违法违纪行为人员进行惩戒教育等；而非政府提供的精神保障主要包括事前的社会舆论、宣传教育等，事中的现场沟通等，事后对受伤群众的心理救助等。

（四）研究假设

根据已有研究与上述变量之间的关系，提出以下研究假设（表 14-3-7）。

表 14-3-7　研究假设

	假设内容
假设 1	a. 环境群体性事件发生之前，人力资源的充足程度与事件解决成效呈正相关关系 b. 环境群体性事件发生过程中，人力资源的充足程度与事件解决成效呈正相关关系 c. 环境群体性事件发生之后，人力资源的充足程度与事件解决成效呈正相关关系
假设 2	a. 环境群体性事件发生之前，物力资源的充足程度与事件解决成效呈正相关关系 b. 环境群体性事件发生过程中，物力资源的充足程度与事件解决成效呈正相关关系 c. 环境群体性事件发生之后，物力资源的充足程度与事件解决成效呈正相关关系
假设 3	a. 环境群体性事件发生之前，财力资源的充足程度与事件解决成效呈正相关关系 b. 环境群体性事件发生过程中，财力资源的充足程度与事件解决成效呈正相关关系 c. 环境群体性事件发生之后，财力资源的充足程度与事件解决成效呈正相关关系
假设 4	a. 环境群体性事件发生之前，政府提供的精神保障的充足程度与事件解决成效呈正相关关系 b. 环境群体性事件发生过程中，政府提供的精神保障的充足程度与事件解决成效呈正相关关系 c. 环境群体性事件发生之后，政府提供的精神保障的充足程度与事件解决成效呈正相关关系
假设 5	a. 环境群体性事件发生之前，非政府提供的精神保障的充足程度与事件解决成效呈正相关关系 b. 环境群体性事件发生过程中，非政府提供的精神保障的充足程度与事件解决成效呈正相关关系 c. 环境群体性事件发生之后，非政府提供的精神保障的充足程度与事件解决成效呈正相关关系
假设 6	a. 环境污染群体性的事件的城乡属性会对环境群体性事件处置机制和处置效果间的关系具有调节作用 b. 环境污染群体性的事件的规模会对环境群体性事件处置机制和处置效果间的关系具有调节作用 c. 环境污染群体性的事件的暴力程度会对环境群体性事件处置机制和处置效果间的关系具有调节作用 d. 环境污染群体性的事件的抗争类型会对环境群体性事件处置机制和处置效果间的关系具有调节作用

三、结果

（一）案例分析的结果

1．保障机制的分析

依据物质保障和精神保障中包含的要素，对 30 个案例进行了依次编码，编码结果如表 14-3-8 所示。此外，为了更准确地描述变量之间的关系，对环境群体性事件中的定性描述进行数量化处理，即根据要素的充足程度分别记为高（H）、中（M）、低（L），对应的分值分别是 3 分、2 分和 1 分，数据缺失则记为 N。环境群体性事件的处置结果分为成功（S）、半成功（SS）和失败（F），分别赋值为 3 分、2 分、1 分。30 个案例具体编码情况如表 14-3-8 所示。

表 14-3-8 30 个案例具体编码情况

案例	物质保障			精神保障		结果
	人	财	物	政府提供	社会提供	
浙江东阳画水事件	H	L	M	M	L	SS
浙江长兴“天能事件”	H	M	M	H	M	S
厦门 PX 事件	H	M	M	H	M	S
北京朝阳区高安屯垃圾厂事件	H	H	M	H	M	S
上海磁悬浮事件	H	M	H	H	M	S
广西靖西抗议污染事件	M	L	L	M	L	F
北京阿苏卫垃圾厂事件	H	M	M	H	M	S
四川彭州市反对 PX 项目事件	H	H	M	H	M	S
陕西凤翔“血铅”事件	M	L	L	M	L	F
内蒙古包头抗议事件	H	H	H	H	M	S
广州番禺事件	H	M	M	H	H	S
上海市民抗议电池厂事件	H	M	M	H	M	S
广西桂平居民示威事件	M	L	L	L	L	F
江苏无锡抗议垃圾厂事件	M	L	L	L	L	F
河南获嘉县抗议污染事件	H	M	M	H	M	S
浙江海宁事件	M	L	L	M	L	F
大连 PX 事件	H	M	L	M	L	SS
广东大亚湾污染事件	H	M	M	H	M	S
河北武强县污染事件	M	M	M	H	L	SS
江苏启东事件	M	L	L	H	M	SS
四川什邡项目	M	L	L	L	L	F
宁波 PX 事件	H	M	M	H	M	S
昆明 PX 项目	H	M	M	H	M	S
洛阳钢铁厂环境污染事件	M	L	L	M	M	SS
福建莆田市东庄镇抗议事件	M	L	L	L	L	F
浙江绍兴请愿事件	L	L	L	M	L	F
江苏吴江垃圾焚烧厂事件	M	L	L	M	L	F
天津滨海新区 PC 事件	M	L	M	M	L	SS
海口三江镇抗议医院污染事件	L	L	L	M	L	F
山东抗议高铁事件	H	M	H	H	H	S

人、财、物、政府提供的精神保障和社会提供的精神保障这五个要素分别记为 X1、X2、X3、X4 和 X5。为了具体检验环境群体性事件物质保障和精神保障中五个要素的不同满足程度对解决环境群体性事件污染结果的结果是否有显著差异，我们采用了非参数检验的统计分析方法［表 14-3-9（a）］。结果表明，在 0.01 的显著性水平下，对五个要素的不同满足程度会导致不同的环境群体性事件解决结果。Spearman 相关分析结果［表 14-3-9（b）］也显示，在 0.01 的显著水平下，五个要素都与环境群体性事件解决结果有非常显著的正相关关系。为了从整体上考察物质保障机制（三个要素）和精神保障（两个要素）对环境群体性事件解决效果的影响，我们分别选择均值作为机制的综合指标，由人、财、物三个要素之和的平均数得到物质保障这一变量记为 X6，同理，由政府提供的精神保障和非政府提供的精神保障得到精神保障变量 X7，并对其和环境群体性事件解决结果进行了线性回归分析。结果表明：物质保障和精神保障整体上都对冲突解决结果有显著正向影响［表 14-3-9（c）］，即物质保障和精神保障越充足，环境群体性事件解决成功的概率越高。

表 14-3-9 环境群体性事件保障机制与结果的分析

（a）非参数检验

分组变量	X1	X2	X3	X4	X5
卡方（χ^2）	10.400	7.400	7.400	7.200	9.600
K-W 显著性	0.000	0.000	0.000	0.000	0.000

（b）Spearman 相关性

	X1	X2	X3	X4	X5
结果	0.862**	0.829**	0.831**	0.868**	0.839**
（Sig.）	（0.000）	（0.000）	（0.000）	（0.000）	（0.000）

（c）线性回归分析

		R^2	调整后 R^2	F	非标准化系数	T	显著性
模型		0.940	0.936	212.085			
系数	X6				0.830	6.929	0.000
系数	X7				0.678	6.025	0.000

注：X1～X7 分别是指人、财、物、政府提供的精神保障、社会提供的精神保障、物质保障、精神保障；**代表的是置信区间在 1%上的显著性水平（双尾）。

2．调节作用的分析

在环境群体性事件中，因事件发生的城乡属性不同、规模不同、暴力程度和冲突类型不同，环境群体性事件中的物质保障与精神保障可能存在或多或少的差异。对此，本节研究分别把环境群体性事件发生的区域、规模、暴力程度和冲突类型作为调节变量来进行分析，调节作用的效应一般都比较小，在显著性检验中就不太容易被发现，所以在检验其调节作用的时候对于统计功效的要求就更高[1]，再加上本节研究的自变量是连续变量，而调节变量都是类别变量，因此本节研究采用分组回归进行分析。[2]在调节变量中，事件规模达到“数百人”“数千人”“上万人”分别对应“小”“中”“大”。结果显示（表 14-3-10）：农村和城市两组回归方程均具有显著效应，显著性系数都小于 0.05，表明城乡属性对环境群体性事件的解决具有显著的调节作用；同样，暴力程度和冲突类型都具有显著的调节作用；规模作为调节变量时，小规模和中等规模调节作用显著，但是大规模的调节作用并不显著。

表 14-3-10 事件的城乡属性、暴力程度、抗争类型和规模的调节作用

		调整后 R^2	F	非标准化系数	显著性
城乡属性	农村	0.697	21.739	1.111	0.002
	城市	0.770	64.748	1.111	0.000
暴力程度	低	0.408	7.200	0.632	0.028
	高	0.793	73.684	1.192	0.000
冲突类型	已污染	0.857	96.610	1.534	0.005
	未污染	0.848	67.977	1.539	0.000
规模	小	0.776	32.164	1.273	0.000
	中	0.792	54.283	1.021	0.000
	大	0.500	5.000	0.625	0.111

（二）调研访谈与问卷数据的结果

1. 访谈数据的验证

实地调研访谈主要是针对山东 J 市，数个小区周围修建高铁，并由此引发的环境群体性事件作为访谈事件。经过数次对多名受访者进行访谈，获取录音和文字记述，对环境群体性事件中的保障机制形成了深刻的认识，同时也对其中的五个要素进行了验证分析。

（1）人力资源要素验证分析

奥斯特罗姆在讨论公共池塘资源的时候认为事件的“参与主体”是一个包括各种组织或群体及其成员在内的集合概念。[3]结合杨立华教授提出的 PIA 框架[4]，研究将环境群体性事件中涉及的参与主体分为 10 种，分别是城市居民、农村居民、污染制造者、政府部门人员、社会大众、专家学者、新闻媒体人员、社会组织、国际组织、宗教组织。这 10 种参与主体不会全部参与到整个环境群体性事件的全过程中，当问及整个事件的参与者有哪

1 陈晓萍，徐淑英，樊景立. 组织与管理研究的实证方法[M]. 2 版. 北京：北京大学出版社，2012：431.

2 温忠麟，侯杰泰，张雷. 调节效应与中介效应的比较和应用[J]. 心理学报，2005，37（2）：268-274.

3 埃莉诺•奥斯特罗姆. 规则、博弈与公共池塘资源[M]. 王巧玲，等译. 西安：陕西出版社，陕西人民出版社，2011：30.

4 杨立华. 构建多元协作性社区治理机制解决集体行动困境——一个“产品-制度”分析（PIA）框架[J]. 公共管理学报，2007，4（2）：6-23.

些时，被访问居民表示：

“在我们去‘散步’之前，没有见过这些民警，每次去街道办问高铁到底会不会有很大噪声和辐射的时候，也都没见过这些人。然后那天我们带着传单在马路上‘散步’的时候就来了很多民警，不让我们‘散步’，说是违反规定。”（JN-20181117-JM03）

同时在对环保局工作人员进行访谈时，他们也表示：

“我们每天都会接到群众好几百条举报信息，外面马路上我们还有工作人员开车出去巡逻，巡逻人员只是接受居民的举报，还有对企业的污染监测人员，平时都有机器对各个企业的排放进行实时监测，也会不定期对一些企业进行突击检查，去监测的人员也不是固定的。但是如果因为环境污染问题引发了群众的抗议，我们就只能报警了，因为这些事不在我们的职权范围内。”（TA-20181029-HB04）

在对市公安局应急指挥中心的工作人员进行访谈时，他们说：

“（我们）应对这种群体性事件也不只有表面的这些警察、武警，其实我们还有好多后面的信息情报分析、处理人员。还有平时对这种群体性事件的报警，也是先派几个警察去现场确认一下情况，如果现场不容易控制，会再汇报，然后再根据现场情况增派人手过去，特殊情况我们也会派武警、带上装备（盾牌等），通知医护人员等，防止特殊情况，但是我不能告诉你具体情况，这是规定，防止闹事人员知道警察的对策而做出危害社会的事情。”（XT-20181029-JC01）

根据已有的理论文献，结合实地调研访谈掌握的一手资料，能够看出在环境群体性事件的三个时间段（事件发生之前、事件发生过程中、事件发生之后）的参与主体并不完全一致。在环境群体性事件发生之前，环保部门工作人员参与度相对较高，而在环境群体性事件发生过程中，他们并没有执法的权利和义务；警察作为环境群体性事件中主要的人力资源，和环保部门人员一样都属于 10 个参与主体中的政府部门人员，只是在事件发展的不同阶段，作为政府部门不同的执法者参与。据此，环境群体性事件不同阶段的不同主体如表 14-3-11 所示。

表 14-3-11　环境群体性事件不同时间段的人力资源

	事件发生之前	事件发生过程中	事件发生之后
人力资源	民众 政府部门人员 污染制造人员 污染监测人员 协商谈判人员 专家学者 新闻媒体人员 社会组织	民众 政府部门人员 保安、警察等执法人员 污染制造者 协商谈判人员 专家学者 新闻媒体人员 社会组织 医疗救护人员	民众 政府部门人员 保安、警察等执法人员 污染制造者 协商谈判人员 专家学者 新闻媒体人员 社会组织 医疗救护人员 心理抚慰、康复人员

（2）财力资源要素验证分析

“天下熙熙，皆为利来；天下攘攘，皆为利往”[1]，无论是环境群体性事件的起因，还是事件的协商解决，根本上都是围绕财力资源展开的，财力资源在环境群体性事件的处置中也有着不可替代的作用。民众在此类事件中的利益诉求一般包括两个，一是物质利益，要求进行污染补偿；二是非物质利益，要求环境保护、公民参与、健康权利等。企业的利益诉求一般是经济诉求，谋求利润。在一些环境群体性事件中，就是因为财力资源不足，没有合理分配，才造成政府和民众双输的结果。当地的小区居民抗议在旁边建设高铁线路的利益诉求主要是经济补偿和健康权，他们认为这严重影响了他们的日常生活。在被问到为什么去发传单，一起到马路上“散步”时，他们表示：

“这个（高铁）建完，肯定会有噪声的啊，而且还听说高铁线路周围会有辐射，我家房子就靠着最边上，我还有小孙子，不说晚上睡觉怕吵着，辐射什么的怎么办？”（JN-20181117-JM01）

“这个（高铁）就在我们小区旁边，连一百米都不到，我的房子是去年刚买的，买之前没听说要建高铁，要是知道我肯定不会买了啊，现在都知道旁边要走高铁，房子也不好转手卖了，政府一点补偿也没，现在只能在这放着，也不敢装修。对于这些损失，我去问过物业，他们也只是说不会影响居住，敷衍了事。”（JN-20181117-JM05）

售楼部的人员被问小区旁边建高铁的事的时候，他们表示：

“从咱们（小区）旁边要建高铁以后，买房子的好多都问这件事，还有之前都已经说好了要订房（买房）的顾客都说担心房子会贬值，或者住着不舒服，然后又不买了的，你说这个楼盘开发的时候也没说要建（高铁），本来可以卖两万一平的房子，现在都一万八了，这些损失政府又不会赔偿，只能自认倒霉呗！”（JN-20181117-SL01）

与居民不同，售楼部的人员可以看成是企业的利益代表方，同样地，他们也是努力追求自身的利益最大化。通过金钱或非金钱等方式补偿民众因设施建设所承受的风险、不确定的心理压力、财产权自由开发的限制或房地产的下跌等损失，增进地方福祉，是一种极其重要的解决策略。[2]我国台湾地区的回馈金制度目前就是应对邻避事件做得比较完善的制度，主要体现为：在事前进行包括全民健康保险费补助，医疗保健事项或生活补助金，相关地区内一般住（租）户水、电费或社会福利之补助，教育奖助学金，环境监测鉴定事项，提升生活环境质量或教育文化水平事项，公共设施兴设及管理维护事项，执行回馈金使用计划所必需的人事费用及业务费用。具体如表 14-3-12 所示。

---

1 出自司马迁《史记》的第一百二十九章“货殖列传”。

2 杨芳．邻避运动治理：台湾地区的经验和启示[J]．广州大学学报（社会科学版），2015，14（8）：53-58.

表 14-3-12 环境群体性事件不同时间段的财力资源

	事件发生之前	事件发生过程中	事件发生之后
财力资源	政府给予应对环境群体性事件的财政资金； 对受影响群众的拆迁补偿款； 对受影响群众给予生态补偿（如污染赔偿费、健康医疗保险费、生活补助金、教育奖学金、水电或税收等减免福利）； 项目实施经费（包括环保设施、安保设施的资金投入等）	政府给予应对环境群体性事件的财政资金； 对受影响群众给予经济补偿（如污染赔偿费、健康医疗保险、生活补助金、教育奖学金等）； 企业自身安保投入的资金	对受影响群众给予的金钱补偿（如污染赔偿费、身心损失赔偿等）； 对受影响群众给予的拆迁补偿款； 给予受影响群众的生态补偿（健康医疗保险费、生活补助金、教育奖学金、水电或税收等减免福利）

（3）物力资源要素验证分析

上述的我国台湾回馈金中也包含一些物力资源，这些都是在环境群体性事件发生之前涉及的部分。实际上在整个环境群体性事件的发展过程中，还有更多的物力资源。在事件发生之前主要包括污染处理设施等，事件发生过程中主要提供充足的设备和物资保障以应对极端情况的危机，如警车、警察的盾牌、警棍等执法工具，事件发生之后的医疗救护设施等。在居民被问到小区的应对措施的时候，他们表示：

"要是（高铁）真的建成了，只能把家里的玻璃全换成那种双层隔音的吧，（政府）说是要在6号、7号、8号楼那边围上隔音墙，但是我们4号、5号这边怎么办呢？只能尽量争取吧，虽然隔音墙效果不一定有多好，但是肯定比没有强。"（JN-20181117-JM10）

在居民看来，隔音墙作为污染处理设施是必不可少的，在隔音墙覆盖的三栋楼房的居民抗议的声音明显比4号和5号楼的小，正是缺乏物力资源的保障，事件的处置面临一些阻碍。

针对环境群体性事件发生过程中的一些情况，在访问应急指挥中心的时候，工作人员表示：

"咱们（警察）在处理这种事件（群体性事件）的时候，肯定得有充足的装备，因为啥样的情况都有可能发生，万一有不法分子趁机做出伤害老百姓的事情，我们肯定立马制止，这时候就得用一些警械了，你们上网也能查到，有基本的盾牌、警棍，有时候也为了防止群众聚集太多，影响正常的社会秩序，我们会用催泪弹驱散人群，防止事态失控，控制现场是我们最大的任务，不能让现场失控。"（XT-20181029-JC01）

警察作为社会秩序的维护者，在应对环境群体性事件的时候，最重要的任务就是控制现场，这个过程少不了警用设备和物资保障。同时，在群体性事件发生过程中，为了应对各种突发情况，保障警民双方的健康安全，医疗救护设施也是必不可少的。

根据访谈资料，结合相关文献，环境群体性事件不同时间段的物力资源如表14-3-13所示。

表 14-3-13　环境群体性事件不同时间段的物力资源

	事件发生之前	事件发生过程中	事件发生之后
物力资源	环保设施（如污染处理设施、处理设备、清洁车辆、大片绿地等）； 为受影响的群众修建公共设施（如健身设施、图书馆、医院、养老公寓等）； 对受影响群众给予的实物补偿（如隔音玻璃等）	警车、盾牌、警棍、催泪弹等警械； 救护车、医疗救护设备等； 媒体详细的报道资料（如图片、录音、视频等）	环保设施（如污染处理设施、处理设备、清洁车辆、大片绿地等）； 为受影响的群众修建公共设施（如健身设施、图书馆、医院、养老公寓等）； 医疗救护设备等； 媒体详细的报道资料（如图片、录音、视频等）

（4）政府提供的精神保障要素验证分析

实际上，很多环境群体性事件遭到民众强烈的抵抗，是由于对于未知风险的感知，在精神上抵触这些项目。而政府有关部门并没有及时地意识到问题的存在，继续开展工作，等到环境群体性事件发生的时候已经形成了不可逆转的情形。环境群体性事件发生之后对于受到伤害的人进行精神抚慰，对违法违纪的政府官员、企业、闹事群众等进行惩戒教育，都能够起到精神保障的作用。而政府作为权力主体，应当在环境群体性事件的整个过程中起着主导作用。在提到政府部门在面对这些问题时怎么处理的时候，被询问的政府工作人员表示：

"平时我们（警察）只能说防范这种群体性事件，哪个地方有出现这种事件的预兆我们才开始行动，因为还有很多警务需要处理。一旦有这种事情发生，我们（应急指挥中心）会现场去指挥、控制这些事件。现场都有指挥人员的，会让群众控制自己的情绪，劝说他们不要继续对抗，具体怎么处理还得根据现场情况来定。在事件发生之后，我们也会根据情况对民众进行心理康复，这种情况一般在自然灾害发生后运用得比较多，但现在其他类型的事件也需要。"（XT-20181029-JC01）

在环境群体性事件发生之前，公安部门在职权范围内能做的工作十分有限，他们更多的工作是在环境群体性事件发生过程中安抚群众的情绪，促进事件平息。

在被问到政府部门有没有事先进行意见征询的时候，居民表示：

"在小区旁建高铁之前也没听说开什么会（听证会），就是网上发了一个告示（通告），说是符合国家的环保规定，不会有什么影响。我们也不知道会不会吵到，就听别人说的，以后别想安安静静睡觉，然后就感觉这件事肯定是真的，大家就都抗议起来了。"（JN-20181117-JM01）

"我们肯定不信（通告）啊，怎么可能不受影响呢？离我们房子这么近，本来离这不远就有高速公路，都感觉有点吵了，现在还要修（高铁），以后咋住啊。"（JN-20181117-JM10）

能够看出，在居民"散步"之前，他们并没有得到官方正式的征询意见，在毫不知情的情况下就直接被告知自己的小区旁边要建高铁，信息公开的不足导致大众对政府的不信任，他们也并不确定高铁修完之后会不会带来不利的影响，只是对于这种风险的担忧才一起抗争。

（5）社会组织提供的精神保障验证分析

除政府外，社会大众传媒、社会组织等主体在环境群体性事件中起到了“社会安全阀”的作用。环保组织能够运用自身专业知识为基层群众提供专业咨询，帮助其以合法合理的手段进行维权，而社会媒体更是能够运用其自身优势，帮助民众发表意见，使事件得到更多的社会关注，从而缓解了现实矛盾，达到预防和解决环境群体性事件的目的。在被问到是否有社会力量帮助他们的时候，居民表示：

“没有啥（环境保护）组织来帮我们，我们也没指望有这些组织，即使有，还不知道他们能有啥帮助呢，现在（高铁）还没建成，污染还没开始（影响我们），有这种组织肯定也不会现在帮我们。”（JN-20181117-JM10）

在被问到有没有新闻媒体参与事件解决的时候，居民表示：

“他们（新闻媒体）如果来了可能会报道这件事，要是知道的人多了，没准能一起提出来（抗议），引起上面的重视，我们现在一共就几百个人关注这个事情，没人帮我们说话，新闻媒体也没报道。”（JN-20181117-JM06）

虽然新闻媒体和环保组织能够针对群众关心的各种环境问题，利用广播、电视、网络等多媒体手段开展广泛的环保科普知识宣传，及时给群众以正确的解答和引导。但是在现实中，社会媒体和社会组织也并不是参与到每一件环境群体性事件中，只有到达一定程度，才会引起他们的关注。而普通民众则是处于相对弱势地位，自己的利益诉求没有人替他们向上反映，采取制度内的途径进行向上反映无果之后只能采取其他的方式进行维权。

2．问卷数据的验证

（1）问卷的信度分析和效度分析

根据调查目的设计的调查问卷是问卷调查法获取信息的工具，其质量高低对调查结果的真实性、适用性等具有决定性的作用。因此，为了保证问卷的信度和效度，本节研究在形成正式问卷之前进行了试测，并对问卷问题进行筛选和调整。问卷主要采用 Likert 五分量表，目前，学界已经形成了较为统一的原则，Cronbach's α 信度系数是量表最常用的内部一致性的评判指标，对于研究问卷而言，整体量表的内部一致性信度系数应在 0.8 以上，分量表的内部一致性信度系数应在 0.7 以上。对于本节研究而言，环境群体性事件保障机制是由物质保障与精神保障两个部分组成，因此在进行信度分析时，既要对保障机制总量表进行内部一致性检验，又要对两个分量表进行检验。

从信度分析结果来看（表 14-3-14），整体问卷的 Cronbach's α 值为 0.970，物质保障和精神保障量表的 Cronbach's α 分别为 0.980、0.938，表明所使用的量表内部一致性非常理想，具有较高的可靠性。

表 14-3-14　整体量表和分量表的信度分析

	整体量表	物质保障量表	精神保障量表
Cronbach's α	0.970	0.980	0.938

效度是检验测量结果与测量对象真正特征之间关系的重要变量，效度越高，表示测量结果越能够表示测量对象。效度分析最好的方法就是利用因子分析测量量表或整个问卷的结构效度。在进行因子分析之前，本节研究首先需要对问卷数据进行 KMO 抽样检验和 Bartlett 球形检验，一般而言，如果 KMO 统计量值大于 0.7，那么该问卷就适合进行因子分析。结果表明（表 14-3-15），各子问卷的 KMO 值均大于 0.9，Bartlett 球形检验显著性均为 0.000，通过显著性水平检验，因此适合进一步做因子分析。

表 14-3-15　KMO 抽样适当性检验和 Bartlett 球形检验

	KMO 值	Bartlett 球形检验		
		近似卡方（χ^2）	df.	显著性（Sig.）
物质保障量表	0.951	6 284.754	1 035	0.000
精神保障量表	0.911	729.541	15	0.000

（2）五要素的因子得分

问卷数据的统计分析结果表明，有超过 60%的被调查者认为“人力资源”“财力资源”“物力资源”“政府提供的精神保障”和“社会提供的精神保障”这五个要素“非常重要”或者“重要”。将“非常同意”赋值为 2、“比较同意”赋值为 1、“一般” 赋值为 0、“比较不同意” 赋值为–1、“非常不同意”赋值为–2，然后将各个选项所代表的分数乘以选择对应选项的人数，得到五个数值，最后把这五个值相加则得出了因子得分。结果如表 14-3-16 所示，要素 X4（政府提供的精神保障）被认为是最关键的因素，而要素 X5（非政府提供的精神保障）则被认为是最不重要的因素。

表 14-3-16　问卷调查因子得分

要素	非常重要	比较重要	一般	比较不重要	非常不重要	因子得分
X1	23.49	40.54	28.07	0.05	0.03	370
X2	25.99	42.00	24.53	0.04	0.03	401
X3	27.65	39.71	25.57	0.05	0.03	406
X4	31.4	40.75	21.00	0.04	0.03	482
X5	20.37	40.33	18.71	17.67	0.03	277

注：表中“非常重要”到“非常不重要”5 列中的数值为百分比，如 X1 有 23.49%的被调查者选择“非常重要”。

四、讨论

（一）环境群体性事件处置中的物质保障机制

1．构建“人力充足”的物质保障机制

物质保障对于解决环境群体性事件有着基础性的作用，人力资源则是构成物质保障的一个重要部分。在 30 个案例中，人力资源充足的案例共有 16 个，比例占总数的 53%，在这 16 个案例中没有一件处置失败的环境群体性事件。其中，环境群体性事件得到成功处

置的有 14 个，只有 2 个事件的处置结果是半成功。而在人力资源程度为中等的 12 个案例中，只有 4 个事件的处置结果是半成功，其余的 8 个事件的处置结果全部为失败，在人力资源程度很低的 2 个事件中，事件处置结果都是失败。由此能看出人力资源在环境群体性事件解决中起到了重要的作用，充足的人力资源是环境群体性事件得到成功处置的必要条件。在得到这一结论之后，需要再继续讨论在环境群体性事件发生之前、事件发生过程中和事件发生之后三个不同阶段中，人力资源具体起到的是什么样的作用。

多元主体的参与能够有效帮助解决社会实际问题。[1]在环境群体性事件发生之前，多元主体的参与能够促进各个主体之间相互沟通、博弈与合作，从而使各个主体之间的利益矛盾得到较为快速和有效的解决。在事件发生之前，所涉及的人力资源包括涉及民众、政府部门人员、污染监测人员、污染制造者、协商谈判人员、外部专家学者、新闻媒体人员、社会组织人员。当然也有可能有些人扮演了其中多个角色，例如有些人既是政府部门人员，同时扮演了协商谈判人员的角色，有些人是污染监测人员，但也是社会组织人员，但这些人员都可以被统一地视为环境群体性事件发生之前的人力资源。

凡事预则立，不预则废。在环境群体性事件发生之前，如果能够及时发现问题，并且采取措施解决，政府和企业都能够极大地减少自己的损失。例如，在 2007 年的厦门 PX 事件中，在宣布 PX 项目落户厦门海沧区之后，由于担心化工厂建成后危及民众健康，该项目遭到百名政协委员联名反对，部分厦门市民也以“散步的形式”，集体在厦门市政府门前表达反对意见。为成功解决事件，厦门市政府开启多元主体参与的市民座谈会。人大代表、政协委员等 97 人参加，并且邀请包括新华社、《人民日报》、《光明日报》等，以及厦门本地的新闻媒体人员入内旁听，厦门大学袁教授作为外部专家学者，用数据及专业知识对 PX 项目表示反对。2012 年 12 月，福建省政府针对厦门 PX 项目问题召开专项会议，决定迁建 PX 项目，最终，厦门 PX 事件得到了成功解决。由此看出，这次事件得到成功处置的关键在于政府召开的市民座谈会，并且参与主体非常广泛，这样就得到了充足的人力资源保障，从而使各主体能够利用市民座谈会这个平台进行沟通协商，最终达成共识促进事件的成功解决。反之，如果忽视这些问题，最终引发群体性事件，则会对政府和社会带来巨大的冲击。比如在海口三江镇抗议医院环境污染事件中，在事件发生之前，政府并未组织人力资源同居民进行沟通交流，忽视建设医院造成的环境污染问题，最终导致事件造成 5 名行政执法队员、1 名公安民警和 2 名群众受轻伤，10 余台行政车辆和执法车辆车窗被砸并被掀翻，造成了极其恶劣的社会影响。

综上所述，对于环境群体性事件发生之前的人力资源研究结果表明，假设 1-a 成立，在事件发生之前，人力资源的充足程度与事件解决成效呈正相关关系。充足的人力资源对于预防环境群体性事件发生、促进事件成功解决，具有关键性的作用。

在环境群体性事件发生过程中，这一阶段是通过正式渠道反映利益诉求失败后发生的演化路径转向阶段。在事件发生之前，由于种种原因，问题并没有被解决。随着矛盾进一

1 杨立华，鲁春晓. 中国航空应急管理困境解决的多元协作性治理模型[M]//龙卫球. 航空航天法律与管理专刊（第 1 卷）. 北京：中国法制出版社，2011.

步激化，当地群众确认通过正常渠道表达诉求的希望极为渺茫，从而转向非理性的途径，群体性行为转向暴力型，一般会出现如围堵党政机关、破坏公共设施、警民肢体冲突等行为，从而对地方政府构成极大的挑战，如果不对现场进行控制，则会对社会造成不可挽回的危害。在环境群体性事件发生过程中的人力资源包括涉及民众、政府部门人员、污染制造者、警察等执法人员、协商谈判人员、专家学者、新闻媒体人员、社会组织、医疗救护人员等。有专家研究表明，在事件发生阶段需要控制公众影响和传播渠道，加强与群众的协商沟通。[1]那么就需要现场控制的政府人员组织协商谈判，或者进行现场承诺等，稳定住现场参与者的情绪，从而使事件平息，避免更大规模的冲突。例如，在江苏启东事件发生之前，情报信息显示 7 月 28 日可能会发生群体性事件，当地公安部门已经提前布置警力防止群体性事件的发生，但是在市政府办公楼只安排了 60 名警力，因此当群众迅速汇集至政府办公楼时，现场警力部署明显不足，调取警力也已经太晚。事件暴发后省公安厅和南通市公安局立刻调动 2 000 余名特警、4 000 名武警和 2 000 多名警察赶到现场，对现场局势加以控制。下午 2 点左右，汇集的群众渐渐散去，事件也得到了平息。

所以，现场的警力部署对于环境群体性事件的解决有着重要的作用，警力不足就很有可能导致情况失去控制，危害社会秩序的稳定，在省公安厅和市公安局派出充足的警力资源之后群体性事件很快被平息。因此，对于环境群体性事件发生过程中的人力资源研究结果表明，假设 1-b 成立，在群体性事件发生过程中，人力资源的充足程度与事件解决成效呈正相关关系。充足的人力资源对于环境群体性事件的现场控制，促进事件成功解决，具有重要的作用。

环境群体性事件事后，并不代表一个事件的结束，也很有可能是一个更大的环境群体性事件的开始。环境群体性事件并不是一个单独的事件，很多事件都是由于之前就存在矛盾，环境污染的情况没有得到解决，民众在诉求无果之后采取了非制度内途径，最终导致了群体性事件的暴发。在江苏启东事件暴发之前，日本王子造纸厂就受到当地居民的强烈抵制，但并未得到领导层的重视。在矛盾始终未得到解决的情况下，项目强行上马，最终导致矛盾暴发。在江苏吴江垃圾焚烧厂事件中，吴江市早在 2006 年就开始建设垃圾焚烧发电项目，由于担心健康受到威胁，自建设之初以来就遭到周边群众的反对，但当地政府以具备所有审批手续为由，长期忽视群众的呼声。所以在长期诉求无果之后，群众在 2009 年 10 月 21 日采取大规模的抵制行动，住在外地的平望居民开始纷纷返乡，人群已至近万人，多名民众冲进了电厂，在撕碎了几本本子后被驱逐出了工厂，拥挤的人们又涌上了国道，围住了前来协调的副市长。这说明，在处置环境群体性事件的时候，要重视事件暴发之前的潜藏矛盾，同时并不能因为还未发生群体性事件而轻视或忽视事件发生的可能性，在群众向政府部门表达反对意见的时候，就应该重视事件，防止制度内的诉求演变成制度外的暴力事件。2009 年 11 月 23 日，广州市居民因担心垃圾焚烧项目引起污染发生了

1 于鹏，张扬. 环境污染群体性事件演化机理及处置机制研究[J]. 中国行政管理，2015（12）：125-129.

集体上访和散步事件。事后，番禺区四大班子邀请市民代表，联合召开座谈会，和约 30 多名小区业主进行面对面谈话，就垃圾焚烧项目进行探讨和评价。最终项目被终止，实现了居民利益、政府决策的双赢局面。

在环境污染群体事件发生之后，人力资源主要包括涉及民众、政府部门人员、污染制造者、协商谈判人员、专家学者、新闻媒体人员、社会组织、医疗救护人员和心理抚慰康复人员等。在这一阶段，充足的人力资源对于环境群体性事件的成功解决有重要作用。广东番禺垃圾焚烧厂事件就是得到多元主体参与，有充足的人力资源保障，最终促成了事件的成功解决。

综上所述，对于环境群体性事件发生之后的人力资源研究结果表明假设 1-c 成立，在事件发生之后，人力资源的充足程度与事件解决成效呈正相关关系。充足的人力资源对于防止后续更大事件的发生，促进事件成功解决，具有重要的作用。

2．构建“物力充足”的物质保障机制

物力资源的充足与否与环境群体性事件的解决效果之间有着紧密的联系。在选取的 30 个案例中，物力资源充足和一般的案例一共有 17 个，占所有案例的 56.7%，物力资源不足的案例一共有 13 个，占所有案例的 43.3%，而在这 13 个物力资源不足的事件中，结果为失败的有 11 个，只有 2 个事件结果是半成功，失败的比例为 84.6%。另外，江苏吴江垃圾焚烧厂事件和天津滨海新区 PC 事件的人力资源、财力资源、政府提供精神保障和非政府提供的精神保障这四个要素完全一致，只有物力资源不同，江苏吴江垃圾焚烧厂事件的物力资源不足，而天津滨海新区 PC 事件的物力资源一般，最终前者的结果是失败而后者的结果为半成功。所以，环境群体性事件处置过程中的物力资源对于事件的处置结果有很大的影响。

首先，在环境群体性事件发生之前物力资源主要包括环保设施（污染监测设备、污染处理设施、清洁车辆、绿地等）、为当地受影响的居民修建的公共设施（如图书馆、学校、医院、养老公寓、健身设施等）和对受影响的群众给予的其他实物补偿。在所有暴发的环境群体性事件中，事件前的环保基础设施都存在不同程度的问题。例如，在云南丽江兴泉村水污染事件和陕西凤翔的“血铅事件”中，都是缺乏污染物的处理设施，造成大规模的水污染，进而危害附近居民身体健康。北京六里屯垃圾厂事件中，建设之前承诺的是垃圾的气味能控制在 100 米之内，但是结果却让附近的居民生活在充满臭味的环境之中，显然是环保的基础设施不完善。

其次，事件过程中的安全维护对环境群体性事件的结果有重大影响。在环境群体性事件发生过程中的物力资源主要包括执法工具（警车、警棍、盾牌、催泪弹等）、医疗救护设备、媒体的报道资料（图片、视频等）。2013 年 5 月 11 日，数千名上海松江区市民聚集游行，抗议电池厂项目落户松江。针对如此严峻的现场情况，政府公安部门立马派出大批警察携带装备到现场维持治安，现场指挥人员用扩音器呼吁群众要理性处理问题，最终在数百名警察的控制之下，集会人群慢慢散去，正是由于事中警械、警车等物力资源的保障，事件并没有演变成暴力型。5 月 15 日，在上海市松江区居民强烈的反对声中，公司决定收回松江项目全部投资，并表示将把土地退还政府，不要求任何赔偿[1]，事件最终得到成功处置。相反，在江苏启东群体性事件暴发期间，各地区的警力支援除特警配备了头盔、警棍、盾牌等防暴设备之外，其余民警基本缺少基本的防护装备，造成处理事件的多名民警不同程度受伤。

最后，在环境群体性事件发生之后的物力资源主要包括环保设施（污染监测设备、污染处理设施、清洁车辆、绿地等）、为当地受影响居民修建的公共设施（如图书馆、学校、医院、养老公寓、健身设施等）、媒体的报道资料（图片、视频等）以及医疗救护设施。2015 年，北京阿苏卫垃圾焚烧厂新建日处理能力 3 000 t 的生活垃圾焚烧发电厂、日处理能力 1 200 t 的残渣填埋场、日处理能力 850 吨的垃圾渗沥液处理站、日处理能力 340 t 的浓缩液等其他环保设施。并且将建设焚烧飞灰处理、炉渣综合利用及其他垃圾处理设施，最终形成一个垃圾处理的全产业链，这些环保设施作为物力资源能够有效保障事件得到成功处置。[2]再加上新闻媒体的报道，使民众对垃圾焚烧厂的情况得到更加深入的了解，新修建的环保设施能够处理服务区内所产生的生活垃圾，从根本上解决了垃圾填埋方式带来的污染隐患，解决了长期以来阿苏卫垃圾焚烧厂对周围群众的影响。

综上所述，对于环境群体性事件发生之前、发生过程中、发生之后三个阶段的物力资源研究结果表明，假设 2-a、2-b 和 2-c 都成立，三个阶段中物力资源的充足程度与事件解决成效都呈正相关关系。充足的物力资源对于预防环境群体性事件的发生、防止群体性事件进一步扩大、促进事件成功解决，具有重要的作用。

3．构建“财力充足”的物质保障机制

《说文》中载：财，人所宝也。马克思在《资本论》中提出：经济基础决定上层建筑。可见，财力资源是处理解决任何事物中最基本的物质基础。一方面，财力资源是政府行政能力行使的先决条件之一，政府行政职能的有效履行和目标的实现，必须以一定的财力资源作为经济基础。[3]另一方面，经济补偿作为一种补偿方式，也可以有效缓解邻避引发的群体性事件。[4]如果环境群体性事件中的财力资源不足，那么事件处置的结果则很难成功，财力资源为不足的案例一共有 14 个，所占比例为 46.7%，而在这 14 个案例中，事件处置结果为成功的一个也没有，结果失败的有 10 个，结果是半成功的有 4 个，事件处置结果为失败的可能性是半成功的 2.5 倍。

具体来说，在环境群体性事件发生之前，财力资源主要包括政府对应对群体性事件所给予的财政补贴、对受影响群众给予的拆迁补偿款、对受影响群众给予的生态补偿（如污染赔偿费、健康医疗保险、生活补助金、教育奖学金、水电或税收等减免福利等）、项目实施经费（包括环保设施、安保设施的资金投入等）。其中后三项财力资源的主体可以是政府，也可以是企业。在北京村民抗议阿苏卫垃圾焚烧厂的案例中，环境污染和经济赔偿

---

1 杨朝飞. 创新应对重大环境事件思维 推动环保战略转型[J]. 全球化，2014（6）：43.

2 韩慧. 阿苏卫循环经济园年中开工[N/OL]. 北京日报，2015-04-30. http://bjrb.bjd.com.cn/html/2015-04/30/content_275848.htm.

3 陈康团. 政府行政能力与政府财力资源问题研究[J]. 中国行政管理，2000（8）：56-59.

4 刘德海，赵宁，邹华伟. 环境群体性事件政府应急策略的多周期声誉效应模型[J]. 管理评论，2018，30（9）：239-245.

不平衡导致村民和当地政府的冲突，虽然政府答应定期给受影响村民一定的经济补偿，但是最终还是由于经济补偿的力度不够，使得村民长期抗议垃圾焚烧厂的建立，无法从根本上化解村民与政府之间的矛盾。相反，在内蒙古包头抗议事件当中，由于担心环境污染对当地居民造成危害，当地政府和企业决定对当地居民进行集体搬迁，最终使事件得到成功处置。因此，在事件发生之前，通过对利益受损者进行补偿的办法，消除或减轻其损失，从而使其转向支持或默许改革的进行能够避免事件暴发。[1]

环境群体性事件发生过程中的财力资源主要包括政府对处理群体性事件提供的财政资金对受影响群众给予的经济补偿、企业对自身安保资金的投入等。在事件发生过程中，如果有充足的财力资源，能够在很大程度上帮助警察等人员控制现场状况，维持社会正常秩序。但是如果财力资源不足，很有可能会使政府和群众中间产生矛盾，使群体性事件难以解决。在浙江绍兴请愿事件当中，受影响群众认为政府的血铅中毒标准不合理，治疗费用和营养费用低廉，特别是对于后续的工作环境问题只字未提。6 月 13 日，千余名工人及其家属从杨汛桥镇出发，徒步前往浙江省政府门前静坐。6 月 14 日凌晨，浙江省信访办的工作人员前往绍兴，给予工人答复，提高补偿标准。6 月 15 日一些杨汛桥镇本地工人开始陆续前往村委会领取相关补助，而大部分外地农民工则认为相关补偿额仍然未达到他们的心理预期，从而拒绝领取。

环境群体性事件发生之后的财力资源主要包括对受影响群众给予的金钱赔偿（如污染赔偿费等）、对受影响群众给予的拆迁补偿款、对受影响群众给予的生态补偿。环境群体性事件发生之后，往往会造成群众财产及精神方面的损伤，这时财力资源的补偿作用就显得异常重要。在陕西凤翔血铅事件发生之后，陕西省凤翔县政府拿出 100 万元来治疗患病儿童。[2]并且出资免费全面核查相关儿童血铅超标问题，一经确认有血铅超标情况的儿童，全部免费予以及时有效的治疗，而且规划相关搬迁工作。这些不仅能够对受损伤的群众给予经济上的赔偿，保证身体上的健康，而且还是对他们精神伤害的一种慰藉。

综上所述，对环境群体性事件发生之前、发生过程中、发生之后三个阶段的财力资源研究结果表明，假设 3-a、3-b 和 3-c 都成立，在这三个阶段中财力资源的充足程度与事件解决成效都呈正相关关系。充足的财力资源不仅能够有效阻止“邻避运动”，而且还能够帮助控制现场，维持社会秩序，促进环境群体性事件得到有效解决。

因此，应该加大对于环保工作的投入，这并不是单纯指环境保护的基础设施建设，也应该包括对于受到环境污染影响的群众的经济补偿。一方面，严格按照要求建设用于环境保护的基础设施，对周围群众提供安全保障，有效阻止“避邻运动”；另一方面，对于涉及群众给予一定的经济补偿，尤其是对于利益诉求型环境群体性事件，能够极大地预防环境群体性事件的发生。由于环境群体性事件是属于人民内部矛盾，因此提供充足的经济补偿，对于解决环境群体性事件来说是非常重要的。

案例对比发现浙江海宁事件和广东番禺事件在规模、层级和事件类型上都是一致的，

1 陈波，卢志强，洪远朋. 弱势群体的利益补偿问题[J]. 社会科学研究，2004（2）：33-37.

2 乌尔里希•贝克. 风险社会[M]. 何博闻，译. 南京：译林出版社，2004.

但是浙江海宁事件中，居民与警察等执法人员发生了冲突，导致共有 8 辆汽车和 4 辆警车受损，部分人员乘机实施“打砸”等违法犯罪行为，严重扰乱社会秩序。海宁市公安局依据调查掌握了部分人员的违法犯罪事实，共刑事拘留 14 人，行政拘留 17 人，对其余 100 名情节轻微人员进行法制教育。广东番禺事件却没有造成冲突，并且在事后，番禺区政府表示暂停项目，进行重新评估。2011 年 4 月，番禺区政府召开“番禺垃圾综合处理（焚烧发电厂）”新闻发布会，提出了垃圾分类、垃圾减排、分拣压缩和科学焚烧相结合的综合处理方案，赢得群众的广泛理解。造成两个事件结果不同的原因就是在事件过程中安排的安全维护措施不一样，浙江海宁事件是在村民冲入浙江晶科能源公司，将停放在公司内的 8 辆汽车掀翻，造成部分办公用品及财物受损之后，政府才出动公安控制现场秩序，安全维护保障明显缺失，警力部署不足，而广东番禺则不存在这个问题，因此造成了截然不同的结果。

（二）环境群体性事件处置中的精神保障机制

1．构建政府与非政府共同作用的精神保障机制

Gurr 认为相对剥夺感（relative deprivation）是冲突产生的必要条件[1]，相对剥夺感是指当人们将自己的处境与某种标准或某种参照物相比较而发现自己处于劣势时所产生的受剥夺感，这种感觉会产生消极情绪，可以表现为愤怒、怨恨或不满。Merton（默顿）认为，当个人将自己的处境与其参照群体中的人相比较并发现自己处于劣势时，就会觉得自己受到了剥夺。这种剥夺因人们不是与某一绝对的或永恒的标准相比，而是与某一变量相比，因此这种剥夺是相对的，这个变量可以是其他人，其他群体，也可以是自己的过去。相对剥夺感会影响个人或群体的态度和行为，并可造成多种后果，其中包括压抑、自卑，也会引起集体的暴力行动。[2]狄恩•普鲁特和金盛熙认为接触与沟通是摆脱这种困境的有效办法，接触与沟通可以由冲突一方或双方实施，也可以由欲伸出援手的第三方实施。[3]在环境群体性事件当中，通常是政府或者企业与受影响群众之间的冲突，因此，政府作为行政主体，无论是冲突的一方还是冲突的中立方，都应该施以援手，致力于冲突的解决。

新闻媒体不仅具有普及知识、宣传教育的功能，还具有“社会排气阀”的作用，即不同利益群体可以借助媒体表达自己的观点看法，借助媒体发泄情绪，不致使社会情绪和愤懑积累太多，最终导致群体性事件的暴发。例如，在四川什邡事件发生之前，网络上便充斥着负面信息，而政府新闻媒体并没有重视起来，只是简单地封锁信息，这造成了群众与政府之间的不信任，一些不法分子趁机在网络上宣传不良信息，误导群众，最终暴发了大规模的暴力事件。同样，在厦门 PX 事件发生之前，不少市民的手机上就收到这样一条信息“翔鹭集团已经在海沧区动工投资（苯）项目，这种剧毒化工品一旦生产，意味着在厦门放了一颗原子弹，厦门人民以后的生活将在白血病、畸形儿中度过。我们要生活，我们要健康！国际组织规定这类项目要在距离城市 100 千米之外开发，厦门距此项目才 16 千米啊！

1 Gurr T R. Why Men Rebel[M]. Princeton，N. J.：Princeton University Press，1970.

2 Merton R K. Social Theory and Social Structure[M]. New York：The Free Press，1968：216.

3 狄恩•普鲁特，金盛熙. 社会冲突：升级、僵局及解决[M]. 王凡妹，译. 北京：人民邮电出版社，2013：218.

为了我们的子孙后代，将短信群发给厦门所有朋友！”[1] 厦门市政府为了防止这种不实信息继续在群众中间传播带来的不良影响，立马组织召开听证会，最终借助新闻媒体控制了社会舆论，给环境群体性事件的处置树立了一个成功的典范。在群体性事件发生过程中，公众会比平时更依赖媒体，他们了解信息的最主要途径就是新闻媒体。这时候大众传媒恰当、适时的报道有助于安抚民心，消除谣言，澄清事实，满足民众的信息需求，有助于社会秩序的恢复和稳定。

在环境群体性事件发生之前，精神保障主要包括环保评估、风险沟通、专家论证会、公众听证会、座谈会，政府公开回应等信息公开，还有社会媒体的公开报道、宣传教育等。在厦门 PX 事件中，厦门市政府在充分接受民众的意见之后，委托新的权威环评机构在原先的基础上扩大环评范围，进行整个化工区的规划环评。同时，启动“公众参与”程序，广开短信、电话、传真、电子邮件、来信等渠道，充分倾听市民意见，并且免费发放了图文并茂的科普读本《PX 知多少》25 万册。2007 年 5 月 28 日，厦门市环保局局长用答记者问的形式在《厦门日报》上解答了关于 PX 项目的环保问题。次日，负责 PX 项目的腾龙芳烃（厦门）有限公司总经理林英宗博士同样以答记者问的形式在《厦门晚报》发表长文，解释了 PX 工厂的一些科学问题，政府提供的精神保障与非政府提供的精神保障共同作用，对民众起到了宣传教育的功能，并最终共同促进事件的成功解决。

精神保障对于解决环境污染群体性有着协调、教育借鉴和预防的作用，这需要政府与非政府共同提供精神保障，共同合作致力于环境群体性事件的解决。环境污染问题最终演化为环境群体性事件的一个重要原因在于，利益受到侵害的地方群众通过理性合法途径无法反映诉求，公众环境参与的权利并没有得到足够的重视。因此，健全公众参与机制，建立阳光政府，增强政府工作透明度是防控环境群体性事件的关键环节。首先，地方政府和项目建设方必须提前向公众公开环境风险信息，接受公众监督，保障公众的知情权；其次，在环评的整个过程中，积极听取民意、通过听证会等形式搭建民众、企业和政府之间的沟通平台，使利益各方能进行充分的民主协商，落实民众的参与权；最后，鼓励并支持公益环保组织的良性发展，积极向群众宣传相关环境保护、环境维权知识。对于企业等社会组织来说，也需要积极响应政府，参加座谈会等，努力与当地群众积极沟通，使群众充分了解信息，避免双方相互质疑。新闻媒体也要保障信息的真实性和时效性，发挥自身传播信息、宣传教育和“社会排气阀”的功能，履行传媒自身的社会使命。

2．构建“事前-事中-事后”全阶段的精神保障机制

首先，在环境群体性事件发生之前对于民众的宣传教育工作是十分必要的，使公民在提升自身维权意识的同时逐步提升个人素质和法制意识。例如，厦门 PX 项目和上海磁悬浮事件中的涉及人群主要是城市市民，一般来说，对于市民的教育宣传工作是比较到位的，因此即使参与人数达到数万人也并未造成人员冲突等损失较大的结果，反而是采取一些理性的方式来表达抗议，最终使环境群体性事件得到令人满意的结果。政府信息公开能够带

1 欧东衢. 突发性事件媒体与受众的“调和”——以《贵州日报》对“瓮安 6•28 事件”的报道为例[J]. 新闻爱好者，2008（12）：4-5.

动公共参与，从而提高决策的民主性和可接受性，能够从源头上防治环境群体性事件。[1]

其次，在事件发生过程中的沟通协商工作具有关键性的作用。四川什邡市发生的群体性事件很重要的原因在于政府忽视了网络民意诉求和流言传播的舆论引导，在上马类似的高污染项目时，应该本着公开透明的原则，充分满足公众的知情权、参与权、表达权、监督权，从根本上消除矛盾和怨气滋生的土壤。针对这次什邡事件，什邡市委书记在 2012 年 7 月 3 日接受采访时也承认了此前和民众的沟通“不到位”，造成了部分群众对钼铜项目不了解、不理解、不支持。

最后，在环境群体性事件发生之后的相关善后工作也值得关注。尤其是已经造成污染的事件，常常伴随着当地居民付出惨痛的代价，这时候需要政府、媒体等对民众的心理进行抚慰，这不仅表达对于他们遭遇的同情，更能给他们提供继续生活下去的信心。环境群体性事件的责任方不仅仅是污染企业，还可能涉及环保部门和地方政府，落实责任追究也不仅仅是损害赔偿，还包括追究制度、公益诉讼等相关法律和制度的完善。对于污染企业，只要是没有通过环保验收的一律不允许投入生产，如果发现违规企业必须依法处理，严格追究污染企业的责任。对于环保部门来说，必须加大环境保护的监管力度，增加对排污企业的监测频率，积极回应民众的相关疑虑和利益诉求。同时发挥大众传媒的正向教育宣传工作，对于环境群体性事件进行详细的报道，并且从中总结经验，吸取教训。

五、结论

环境群体性事件的处置关乎社会稳定，环境群体性事件保障机制是为环境群体性事件的处置和解决提供物质保障和精神保障，研究环境群体性事件中的保障机制对处置社会冲突、维护社会稳定具有重要意义。本节采用理论和实证相结合、定性和定量相结合的方法，首先根据已有的理论和文献初步构建环境群体性事件的保障机制。之后，本节对 30 个环境群体性事件典型案例，进行实地调研，通过观察与走访收集第一手资料，通过对一手资料的分析，完善了保障机制的理论框架。最后，本节研究针对构建的保障机制，对参与和了解环境群体性事件的人进行问卷调查，通过问卷结果对研究的理论构建进行验证。通过一系列的调查和分析，本节研究得到以下结论：第一，环境群体性事件的保障机制由物质保障和精神保障两个部分构成，物质保障分为人力资源、物力资源和财力资源，精神保障分为政府提供的精神保障和非政府提供的精神保障；第二，人力资源、物力资源、财力资源、政府提供的精神保障和非政府提供的精神保障这五个要素都与环境群体性事件的处置结果有正相关关系，因此需要构建强调“阶段-主体”的人力资源保障机制，“多渠道-精细化”的物力资源保障机制，兼顾“充足-公平合理”的财力资源保障机制和“政府主导-非政府积极参与”的精神保障机制；第三，环境群体性事件的城乡属性、暴力程度和抗争类型会影响保障机制和事件处置结果之间的关系，所以要根据事件特征的不同，有针对性地进行物质保障与精神保障。

1 蒋莉，刘维平. 我国环境信息公开制度的实施及其完善[J]. 行政论坛，2013（1）：89-93.

当然，本节也存在一定的不足。第一，有些案例资料的内容可能存在一定的缺失。由于环境群体性事件中包含的物质保障与精神保障要素繁多，且在事件发生的不同阶段涉及的要素不完全一致，所以这 30 个案例的要素信息并不都是完整的。第二，虽然本节研究选取了 30 个具有代表性的案例，但这些案例所涵盖的内容还不足以反映我国环境群体性事件的整体情况，仍需要更多的案例来确保研究结论的外部有效性。虽然有以上的不足之处，但随着后续研究的深入，将进一步解决本节研究中存在的一些问题，以此来完善环境群体性事件的处置机制研究。

第十五章　协同创新机制

本章要点　协同创新机制是群体性事件或冲突事件得以妥善解决的制度框架和运行载体，在我国的公共事务治理实践中得到了广泛运用和创新。环境群体性事件作为公共事务中的典型问题，其解决模式即环境群体性事件妥善处置的实现方式，直接决定着这类事件的治理绩效。但是，目前我国在处置环境群体性事件过程中，协同创新机制未能充分发挥作用，还需进一步完善。为此，本章在集体行动的理论框架内，对环境领域的多个案例进行案例编码和分析，梳理出环境群体性事件协同创新机制的四个方面：参与系统、行动策略、信息系统、激励回报，并总结出成功的环境群体性事件协同创新机制所包含的八个要素：吸引不同类型的主体参与、主体介入时期要恰当、各个主体能独立发挥作用、建立完备的行动计划、采取有效的行动方式、及时的行动反馈、畅通的信息沟通与信息反馈、完善的激励回报反馈措施。

学术界对如何创新环境群体性事件的治理手段进行了多方面探索。托马斯•谢林强调可信承诺在冲突治理中的重要作用[1]；格里•斯托克提出社会中不同主体间的界限愈加模糊，增加了治理的复杂性，需要中央、地方、民众等多元化主体的协同[2]；约翰•汉尼根提出要想使环境问题抗争成功，需要让环境问题进入政策议程和法律程序，并得到媒体的关注[3]；Sandman（桑德曼）提出通过风险沟通来寻求公众与专家等利益相关者在风险认识上实现一致是避免邻避运动的关键[4]；Stephen（斯蒂芬）等用发生在香港的几个案例分析了信任在环境集体决策中的重要性，指出主体之间要保持信任关系[5]；张成福提出要构建政府主导、多种主体参与、权责明确的公共危机管理机制[6]；刘德海从信息传播和利益博弈协同演化的视角，解构了环境群体性事件的演化过程[7]；卢春天、齐晓亮强调各主体协商参与环境群体性事件的预防治理，构建“政府+公众+第三方组织”的协商沟通平台，推动政府单向环境

1 托马斯•谢林. 冲突的战略[M]. 赵华，等译. 北京：华夏出版社，2006：19-40.

2 格里•斯托克，游祥斌. 新地方主义、参与及网络化社区治理[J]. 国家行政学院学报，2006（3）：92-95.

3 约翰•汉尼根. 环境社会学[M]. 洪大用，等译. 北京：中国人民大学出版社，2009：82.

4 Sandman P M. Rask Communication：Facing Public Outrage[J]. EPA Journal，1987：21-22.

5 Stephen T，Margarett B，Peter，et al. Trust，Public Participation and Environmental Governance in Hong Kong[J]. Environmental Policy and Governance，2009，19（2）：99-114.

6 张成福. 公共危机管理：全面整合的模式与中国的战略选择[J]. 中国行政管理，2003（7）：6-11.

7 刘德海. 环境污染群体性突发事件的协同演化机制——基于信息传播和权利博弈的视角[J]. 公共管理学报，2013（4）：102-113，142.

整治转向“多元主体协商治理”[1]；陈静、石殊妹从协同创新的视角，重新审视和构建了福建省突发事件应急管理机制[2]；范如国则在复杂科学管理范式指导下构建社会治理的协同创新机制。[3]

综上所述，学术界从不同视角分析了环境群体性事件的治理，为政府处置提供了一定的借鉴和参考，但学术界对环境群体性事件处置中的协同创新机制还未普遍展开，相关研究尚待深入，究其原因，主要是协同创新这一崭新的治理形态在我国的发展尚属初创或者即使存在也较为薄弱，这就限制了协同创新机制在环境群体性事件中的作用发挥。因此，本章的研究基于多案例分析方法对发生的 30 个环境群体性事件典型案例进行分析，旨在回答环境群体性事件协同创新机制包含哪些内容，以及成功的环境群体性事件协同创新机制构成要素是怎么样。

第一节 概念界定与理论框架

本节要点 本节介绍了环境群体性事件治理协同创新的概念界定和理论框架。

一、概念界定

概念是构建理论、假说、解释和预测的基石[4]，清晰的概念界定有助于我们理解研究的问题。麻省理工学院的彼得•葛洛最早对协同创新进行界定：“由自我激励的人员所组成的网络小组形成集体愿景，借助网络交流思路、信息及工作状况，合作实现共同的目标”[5]。近些年来，随着社会治理网络化和民众参与主体意识不断增强，公共事务的协同治理模式在实践过程中逐渐形成，协同创新和协同机制创新受到学术界的广泛关注。有关协同创新机制的概念，不同的学者基于不同的研究视角进行了界定。如陈劲、阳银娟从整合维度与互动强度两个维度认为协同创新是各个知识主体与非知识主体之间形成网络化的模式，并进行深入合作。[6]骆毅、王国华强调当前中国社会协同治理机制创新的实质就是要应用互联网技术平台，变革传统的政府治理模式，推进社会信息公开，实现由社会广泛参与和多元合作的“多元治理”，改善政府在多元治理结构中的宏观调控作用。[7]范如国指出社会治理协同创新机制是将社会复杂网络系统的各个要素进行系统优化、整合、调节与控制，实现社会治理目的所应遵循的制度性安排和规则。[8]而机制泛指一个工作系统的组织或部分之间

1 卢春天，齐晓亮. 公众参与视域下的环境群体性事件治理机制研究[J]. 理论探讨，2017（5）：163-168.
2 陈静，石殊妹. 福建省突发事件应急管理机制——基于协同创新视角[J]. 管理观察，2016（21）：62-66.
3 范如国. 复杂网络结构范型下的社会治理协同创新[J]. 中国社会科学，2014（4）：98-120，206.
4 乔纳森・格里斯. 研究方法的第一本书[M]. 孙冰洁，王亮，译. 大连：东北财经大学出版社，2011：20.
5 Collaborative Innovation Network[EB/OL]. http://en.wikipedia.org/wiki/Collaborative Innovation network.
6 陈劲，阳银娟. 协同创新的理论基础与内涵[J]. 科学研究，2012：161-164.
7 骆毅，王国华. “开放政府”理论与实践对中国的启示——基于社会协同治理机制创新的研究视角[J]. 江汉学术，2016，35（2）：113-122.
8 范如国. 复杂网络结构范型下的社会治理协同创新[J]. 中国社会科学，2014（4）：98-120，206.

相互作用的过程和方式，可以理解为一种给定的制度安排。[1]有效的机制可以为冲突各方提供明确的行为规则和化解冲突的适当路径，从而使公共冲突得到有序地表达、协商、整合和化解。[2]此外，张立荣、冷向明[3]基于协同理论的视角提出了我国公共危机管理中的协同治理模式创新，强调当今社会公共危机管理具有复杂性和多样性，协同实施系列性的控制活动能够有效预防、处置和消除危机。

综上所述，可以看出，协同创新机制强调社会的广泛参与、治理模式的网络化以及对系统的协同控制作用，同时，从概念界定当中可以发现协同创新机制的基本内容主要包括：协调主体及其相互关系、不同治理体制下的协调手段、协调制度、协调组织及运行机制等，并且在公共危机管理处置过程中对事件的处置结果产生较大的影响。因此，本章的研究将协同创新机制界定为围绕实现治理新目标、新任务，各个创新主体突破旧的思维模式和边界壁垒，通过对话协商、谈判、妥协等集体选择和集体行动，形成资源共享、彼此依赖、互惠和相互合作的机制与组织结构的行为和过程。

二、理论框架

集体行动是各利益主体解决环境群体性事件的前提，因此，需要对环境群体性事件中的集体行动进行分析。而对于集体行动的逻辑，不少学者提供了可参考的分析框架。埃莉诺•奥斯特罗姆从公共池塘资源困境入手，提出了长期存续的公共池塘资源自主治理设计原则，进而发展出制度分析和发展分析框架（IAD 框架）。[4]行动者在集体行动中有着重要作用，行动策略是一个系统性的工程，在行动过程中，行动目标、行动信息传递、行动计划和行动回馈各个要素都不可缺少。[5]信息的沟通和传递在解决群体性事件中发挥着重要的作用，信息沟通和传递是理解力与期望，同时组织沟通也创造需求。[6] Olson（奥尔森）则强调有着完备的组织激励措施才能促进集体行动有效进行。[7]基于对上述文献的分析，结合研究内容，得到如下理论分析框架（图 15-1-1）。在该理论框架中，主要是对环境群体性事件中不同主体的行动逻辑进行研究，从而发现成功的环境群体性事件协同创新机制要素。

在本章研究中，将环境群体性事件的参与主体分为政府、民众、环保 NGO、新闻媒体和专家学者等五类，并从参与系统、行动策略、信息系统、激励回报这几个方面进行分

1 夏征农，陈至立. 辞海[M]. 6 版. 上海：上海辞书出版社，2009.

2 常健，许尧. 论公共冲突管理的五大机制建设[J]. 中国行政管理，2010（9）：63-66.

3 张立荣，冷向明. 协同治理与我国公共危机管理模式创新——基于协同理论的视角[J]. 华中师范大学学报（人文社会科学版），2008（2）：11-19.

4 埃莉诺•奥斯特罗姆. 公共事物的治理之道——集体行动制度的演进[M]. 余逊达，陈旭东，译. 上海：上海译文出版社，2012.

5 Frese M. Zapf D. Action as the Core of Work Psychology：A German Approach[C]//Triandis H C，Dunnette M D，Hough L M. Handbook of Industrial and Organizational Psychology，vol.4，Palo Alto：Consulting Psychologists Press，1994，chap.6：271-340，2nd ed.

6 Skapedas S. On the Formation of Allinances in Conflict and Contests[J]. Public Choice，1998（96）：25-42.

7 Olson M. The Logic of Collective Action[M]. Harvard University Press，1965.

析。同时，通过案例最终的结果（成功、半成功和失败）总结概括出成功的环境群体性事件协同创新机制要素。

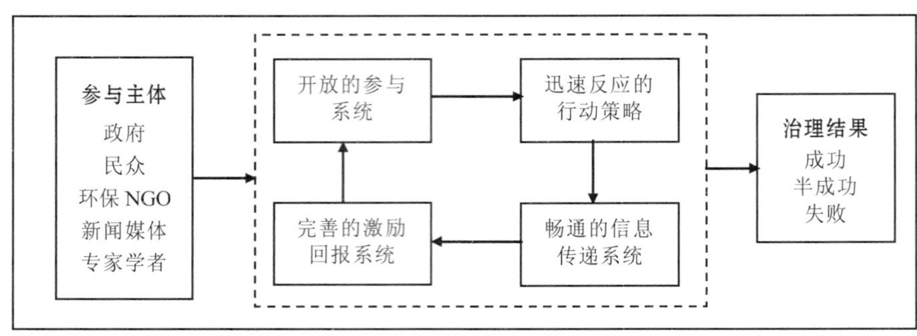

图 15-1-1 理论框架图

第二节 研究方法与数据收集

本节要点 本节介绍了本章采取的多案例研究方法以及案例选取与编码方法。

一、研究方法与案例选择

采取多案例研究方法[1]，为增加研究的信度和效度，选取不同地点、不同层级、污染类型的具有多主体参与的 30 个典型的环境群体性事件作为主要的案例研究对象（表 15-2-1）。从研究区域来看，既有东部沿海发达地区的案例，也有中部省市的案例，同时也有西部地区的案例；既有北京直辖市的案例，也有像云南等少数民族集聚区的案例。从案例层级来看，既有中俄边境跨国的环境群体性事件，也有渤海湾沿岸省际之间的环境群体性事件，同时还有大量市级、县级和社区级别的环境污染群体事件，增加了研究的可行度和适用性。从污染类型来看，既有水污染、化工污染、重金属污染、垃圾污染等已经造成实质性危害的群体性事件，也有以厦门 PX 事件为代表的潜在环境威胁引起的群体性事件。为保证资料的充分性和有效性，每个案例均采用期刊文章、图书专著、网络资料、新闻报道和政府文件等多种资料来源，形成资料证据三角形。[2]

表 15-2-1 30 个典型案例的情况

事件	层级	污染类型	发生地点	发生时间
第一阶段				
（1）鹿港反杜邦事件	县级	化工污染	台湾彰化	1985—1987 年
（2）浙江东阳画水事件	县级	化工污染	浙江东阳	2005 年

1 罗伯特·K. 殷. 案例研究——设计与方法[M]. 2 版. 周海涛，李永贤，李虔，译. 重庆：重庆大学出版社，2010：77.
2 劳伦斯·纽曼. 社会研究方法：定性和定量的取向[M]. 郝大海，译. 北京：中国人民大学出版社，2012：179-181.

事件	层级	污染类型	发生地点	发生时间
（3）甘雨沟事件	县级	化工污染	河北唐山	2005—2010 年
（4）台湾国光事件	县级	化工污染	台湾彰化	2008—2011 年
（5）汉源事件	县级	环境补偿	四川汉源	2004 年
（6）汕尾“红海湾事件”	县级	环境补偿	广东海丰	2005 年
（7）屏南事件	县级	重金属污染	福建屏南	2001—2005 年
（8）陕西凤翔血铅事件	县级	重金属污染	陕西宝鸡	2003—2006 年
（9）浙江长兴“天能事件”	县级	重金属污染	浙江长兴	2005 年
（10）江阴污染门事件	县级	重金属污染	江苏江阴	2009 年
（11）湖南浏阳市镉污染事件	县级	重金属污染	湖南浏阳	2009 年
（12）嘉兴市桐乡汇泰污染事件	县级	重金属污染	浙江嘉兴	2009 年
（13）新昌事件	县级	水污染	浙江新昌	2005 年
第二阶段				
（14）北京望京变电站事件	社区	居住环境潜在威胁	北京	2007—2008 年
（15）月亮湾垃圾焚烧厂案例	社区	垃圾污染	广东深圳	2002 年
（16）北京六里屯垃圾场事件	社区	垃圾污染	北京	2006—2009 年
（17）广州番禺事件	社区	垃圾污染	广东广州	2006—2009 年
（18）西二旗垃圾厂事件	社区	垃圾污染	北京	2011—2012 年
（19）圆明园事件	社区	水污染	北京	2005 年
（20）怒江水电站环评事件	市级	居住环境潜在威胁	云南怒江	2003—2004 年
（21）厦门 PX 事件	市级	居住环境潜在威胁	福建厦门	2007 年
（22）上海磁悬浮列车事件	市级	居住环境潜在威胁	上海	2008 年
（23）石竹隔街变电站事件	市级	居住环境潜在威胁	广东东莞	2009 年
（24）什邡钼铜事件	市级	重金属污染	四川什邡	2012 年
（25）大连 PX 事件	市级	水污染	辽宁大连	2011 年
（26）启东王子事件	市级	水污染	江苏启东	2012 年
（27）金光 APP 纸品事件	省级	森林破坏	云南	2004—2005 年
（28）太湖蓝藻事件	省级	水污染	江苏	2007 年
（29）康菲溢油事件	省际	海洋环境污染	渤海湾	2011—2012 年
（30）松花江水污染事件	跨国	水污染	中俄	2005 年

二、案例编码

为了增加研究的信度，本章研究将 30 个案例划分到归纳和验证两个阶段（表 15-2-1）。第一阶段包括 13 个案例，用于归纳环境群体性事件处置中的协同创新机制要素；第二阶段包括 17 个案例，用于验证前一阶段归纳的协同创新机制要素是否正确。案例编码主要包括协同创新机制要素和事件处置结果，将梳理出的环境群体性事件协同创新机制要素分别记为 F1、F2、F3、F4、F5、F6、F7、F8。协同创新机制要素在案例中非常符合为 H，部分符合为 M，不符合为 L，资料缺失为 ND。其中非常符合是指案例完全能符合这一机制；部分符合是指案例并不完全体现，却在一定程度上表现出与其一致；不符合是指案例完全没有表现出该机制的特点；资料缺失是指各方面的资料未能显示出案例符合这一机制。对环境群体性事件解决成效的测量同样分为三个等级，分别是成功（S）、半成功（SS）、失败（F）。成功即环境群体性事件中的环境污染问题得到了有效解决，群体性事件得到了有效控制，并取得了良好的社会效果；半成功即环境群体性事件得到了有效控制，但环境问题没有得到彻底解决，矛盾点依然存在，没有完全解决群体性事件；失败指群体性事件没有得到有效控制，同时环境污染问题没有得到改善，或者只是得到了暂时的控制，没有从根源上解决问题。为了减少研究者分析案例的随意性、增加研究结果的客观性与科学性，采用多人参与编码并达到基本一致的编码结果（图 15-2-1）。

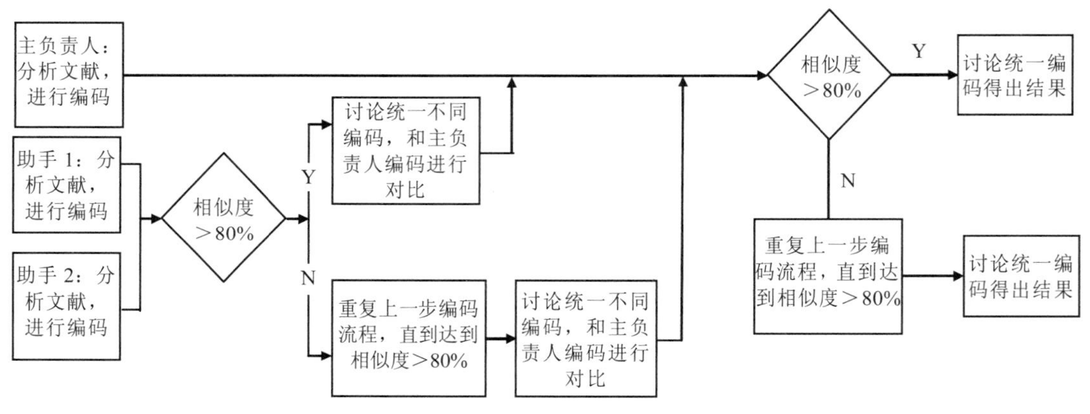

图 15-2-1 案例内容的具体编码

资料来源：改编自杨立华，程诚，刘宏福.政府回应与网络群体性事件的解决：多案例的比较分析[J].北京师范大学学报（社会科学版），2017（2）：117-131.

第三节 研究结果

本节要点 本节介绍了本章的研究结果，揭示了建立完备的行动计划、采取有效的行动方式、及时的行动反馈、畅通的信息沟通与反馈和完善的激励回报反馈措施与群体性事件解决效果的显著关联。

依据理论框架，对第一阶段的 13 个案例进行逐一分析，得出成功的环境群体性事件协同创新机制要素（表 15-3-1）。

表 15-3-1　成功的环境群体性事件协同创新机制要素

开放的参与系统 F1：吸引不同类型的主体参与 F2：各个主体介入时期要恰当 F3：各个主体能独立发挥作用
迅速反应的行动策略 F4：建立完备的行动计划 F5：采取有效的行动方式 F6：及时的行动反馈
畅通的信息传递系统 F7：畅通的信息沟通与信息反馈
完善的激励回报系统 F8：完善的激励回报反馈措施

为验证成功的环境群体性事件协同创新机制要素，依据分析资料对 30 个案例进行依次编码。编码结果（表 15-3-2）如下：

表 15-3-2　案例编码结果

事件	满足的 8 个要素								治理结果
	F1	F2	F3	F4	F5	F6	F7	F8	
（1）鹿港反杜邦事件	H	H	H	H	H	H	H	H	S
（2）浙江东阳画水事件	H	M	M	M	L	L	M	M	SS
（3）甘雨沟事件	H	M	M	M	H	M	M	H	S
（4）台湾国光事件	H	H	H	H	H	H	H	H	S
（5）汉源事件	M	M	L	L	L	L	L	L	F
（6）汕尾“红海湾事件”	L	L	L	L	L	L	L	L	F
（7）屏南事件	H	H	M	M	M	M	H	M	SS
（8）陕西凤翔血铅事件	M	M	M	L	L	L	M	M	F
（9）浙江长兴“天能事件”	M	M	H	H	M	M	H	M	SS
（10）江阴污染门事件	M	M	M	M	M	M	H	H	S
（11）湖南浏阳市镉污染事件	L	M	L	M	M	M	M	M	SS
（12）嘉兴市桐乡汇泰事件	L	M	L	L	L	L	L	L	F
（13）新昌事件	M	M	M	L	L	L	M	L	F
（14）北京望京变电站事件	M	M	H	H	H	L	H	L	SS
（15）月亮湾垃圾焚烧厂案例	H	H	H	M	H	H	H	H	S
（16）北京六里屯垃圾厂事件	H	H	H	H	H	H	H	H	S
（17）广州番禺事件	M	H	H	H	H	H	H	H	S
（18）西二旗垃圾厂事件	H	H	H	H	H	H	H	H	SS
（19）圆明园事件	H	H	H	H	H	H	H	H	S
（20）怒江水电站环评事件	M	H	H	H	H	H	H	M	S

事件	满足的 8 个要素								治理结果
	F1	F2	F3	F4	F5	F6	F7	F8	
(21) 厦门 PX 事件	H	H	H	H	H	H	H	H	S
(22) 上海磁悬浮列车事件	M	M	H	M	H	M	H	M	SS
(23) 石竹隔街变电站事件	L	M	H	H	H	H	H	H	S
(24) 什邡钼铜事件	M	L	M	M	L	M	H	M	SS
(25) 大连 PX 事件	M	M	M	M	M	M	H	M	SS
(26) 启东王子事件	M	L	L	L	L	L	H	L	SS
(27) 金光 APP 纸品事件	H	H	H	H	H	H	H	H	S
(28) 太湖蓝藻事件	H	M	H	H	H	H	H	H	S
(29) 康菲溢油事件	H	M	H	M	H	H	H	H	SS
(30) 松花江水污染事件	M	M	M	M	M	M	M	M	SS

注：1. H=非常满足；M=基本满足；L=不满足。2. S=成功；SS=半成功；F=失败。

为进一步检验案例编码结果的可靠性，对案例编码进行了卡方分析（表 15-3-3），以检验这些机制对事件解决效果有显著影响。由卡方分析结果可以看出，这些要素的卡方值均较高，且其显著水平全部小于 0.05，表明这些要素与事件解决效果显著相关，并且建立完备的行动计划、采取有效的行动方式、及时的行动反馈、畅通的信息沟通与反馈和完善的激励回报反馈措施与环境群体性事件解决效果的相关性尤为显著。

表 15-3-3 事件协同创新机制要素卡方检验统计量

卡方检验	F1	F2	F3	F4	F5	F6	F7	F8
卡方（χ^2）值	5.400	8.600	6.200	11.750	13.500	12.750	18.600	18.750
显著性	0.047	0.014	0.045	0.000	0.000	0.000	0.000	0.000

第四节 讨论

本节要点 基于以上研究结果，本节讨论了环境群体性事件治理中创新协同机制的重要性和具体原则。

一、需要构建一个开放的多元主体参与系统

传统的公共事务管理系统，以政府为管理主体，“条块分割”的管理体制使政府部门之间、政府与社会组织之间的协调合作受阻，而现代政府所面临的公共事务日趋复杂多变，政府部门之间的协同主要通过上级命令展开，没有形成自主合作的机制，同时，民众、环保 NGO、新闻媒体和专家学者的主动参与环境群体性事件的协同创新机制并不完善甚至尚未建立起来，这使得解决环境群体性事件等危机管理的成本往往过于高昂。除此之外，政府决策需考虑多方利益主体诉求，同时政府科学合理的决策对知识技术的专业性，专业

经验的积累以及不同意见的合作参与提出了更高的要求。因此，要成功解决环境群体性事件，就需要吸引更多的主体参与到事件的解决过程中，更多的社会主体参与可以提供更为广阔和包容的公共事务讨论与解决的平台形成一个开放的多元主体参与系统。[1]

多元主体参与的治理模式是我国在治理实践探索过程中逐渐形成的要求和制度创新，在各方面的公共事务处置和应急管理等方面应用广泛。在该治理模式中，各个主体被给予较大的自主性，能够激发各主体参与公共事务的积极性，合理有序地参与，并充分发挥自己的作用[2]，促进各个主体之间积极地由零和博弈向非零和博弈转化，通过搭建更加开放的协商平台，推动各项事件高效解决。如在“厦门 PX”事件中，可以看到政府、当地民众、媒体大众、专家学者、社会组织等多方主体都深度参与了该事件，在该事件的处置过程中，各个主体之间通过辩论达成合作意见，共同促进了该事件的有效解决，使其成为解决这类事件的标杆与旗帜。[3]而在“嘉兴市桐乡汇泰污染事件”中，只有政府和利益诉求者参与，并没有第三方缓解对立双方的矛盾，冲突不断升级，最终造成了当地政府和居民之间的对峙和暴力冲突，事件没有得到妥善解决。[4]

由此可见，多元主体参与系统在这类环境群体性事件中，更易于协调各方利益，降低治理成本，同时，在推动政府职能的转变，缓解公共需求不断增长与政府公共服务供给严重不足之间的矛盾方面也发挥着重要的作用。

二、需要采取迅速反应的行动策略

迅速反应的行动策略是环境群体性事件处置过程中的核心环节。这是因为，环境群体性事件往往牵扯到多方利益，涉及领域众多，具有突发性和较大的负影响力，并且由于事件的演化瞬息万变、不确定性强，这就要求管理主体应根据实际需要，打破常规，大胆创新，力求反应迅速和高效。在一定情况下，事件处置主体可以适当简化处置程序，迅速控制事态发展，减少不必要的损失。

首先，要构建完备的行动计划。[5]环境群体性事件的处置通常需要跨部门调动资源，因而必须形成完备的行动计划，完备的行动计划能够提高处置事件的人力、物力组织化程度，集中力量并有条不紊地应对各种突发情况，更易于达成预期目标。其次，要采取有效、理智和克制的行动方式。在处置过程中，事件处置主体应充分利用和借鉴各方面的意见，尤其是专家学者等的智力支持，利用专业知识理智处置实践，避免因盲目蛮干而导致事件负面影响的进一步扩大。案例分析结果也可以充分说明，采用有效、理智和克制的行动方式是推动环境群体性事件的解决的有效手段，而拖延和暴力的行动方式只会进一步激化矛盾导致冲突升级。最后，同一参与主体内部要有及时的行动反馈机制，实时掌握事件处置过程信息，针对处置过程中出现的偏差及时做出调整和反馈，避免出现更大的错误，保证事

1 陈娟. 社会主体民主参与公共服务供给：参与类型、制约因素与实现路径[J]. 长春市委党校学报，2012（6）：23-27，76.

2 托马斯・戴伊. 理解公共政策[M]. 北京：北京大学出版社，2008.

3 吴锦旗. 公共政策过程中的公民有序参与问题研究——以厦门 PX 事件为例证[J]. 南都学坛，2009，29（6）：105-109.

4 曲建平，应培国. 环境污染引发的群体性事件成因及解决路径[J]. 公安学刊，2011（5）：24-28.

5 计雷，池宏，陈安. 突发事件应急管理[M]. 北京：高等教育出版社，2006.

件按照预期计划顺利解决，此外，在不同主体之间，应及时进行交流与沟通，减少信息失真、迟滞而引发的信息不对称现象的出现。如在“北京六里屯垃圾厂”事件中，当地居民就制订了较为完备的行动计划，采取理智有效的行动方式，运用网上发帖、联系官员与专家学者、和平抗议、法律诉讼等多种途径推动了这一事件朝着他们计划预期的方向发展。[1]而在“汉源事件”中，对立双方没有一个完备的行动计划，都主要采用暴力手段进行对抗，最终该事件的解决结果也令人失望。[2]

由此可见，合理完备的行动计划，理智克制的行动方式以及及时准确的行动反馈机制是解决环境群体性事件的主要行动策略。

三、需要建立畅通的信息传递系统

信息的沟通和传递在解决环境群体性事件中发挥着重要作用，这是因为及时、准确、全面的信息报送有利于环境群体性事件的处置主体把握事件发展态势，进而适当地投放人力、物力、财力。环境群体性事件能否得到合理妥善的处置，在很大程度上取决于参与主体之间能否实现良好的信息沟通。同一主体之间的内部信息共享和不同主体之间沟通反馈，是有效促进环境污染群性事件顺利解决的前提条件和过程保障。一方面，同一主体内部信息沟通对于组织行动有着重要的影响。[3]对于同一主体内部的个体来讲，要想高效地争取权益，需要建立各种渠道实现内部消息的及时共享，沟通和指挥下一步的行动的目标和策略。对于内部信息传递途径来讲，一般采用开会、社会 BBS、QQ 群、微信群、短信等手段进行消息共享。另一方面，不同主体之间要有畅通的信息沟通渠道与信息反馈机制。要拓宽信息沟通和反馈渠道，建立不同参与主体之间的信息共享机制，加强信息互通互达，促进信息沟通和反馈，形成良好的互动关系，打破信息孤岛，减少因信息失真、不对称而造成的冲突和误解，从而提高环境群体性事件的解决效率。除此之外，环境群体性事件处置现场的发展情况和处置的信息应及时上报给有关政府部门，将处置的最新信息发布给社会公众，避免谣言，做好社会舆论引导工作。如在“石竹隔街变电场事件”中，当地政府组织的听证会充分发挥了信息桥的作用，在双方的充分准备之下，居民充分表达了自己的利益诉求，政府通过一系列的手段解释了变电场的选址依据，虽然最终并没有改变变电场的选址，但双方都对事件处理结果较为满意。[4]而在“新昌事件”中，不同主体之间的信息传递非常不及时，仅靠当地村民的多次上访与围堵与企业政府交换信息，导致该事件最终解决失败。[5]

---

1 尹瑛. 冲突性环境事件中公众参与的新媒体实践——对北京六里屯和广州番禺居民反建垃圾焚烧厂事件的比较分析[J]. 浙江传媒学院学报，2011（6）：28-32.

2 刘能. 当代中国的群体性事件：形象地位变迁和分类框架再构[J]. 江苏行政学院学报，2011（2）：53-59.

3 肖振南. 试论现代企业内部信息沟通机制的构建[J]. 北方经济，2007（3）：52-53.

4 南方日报. 石竹新花园变电站环评报告公布[EB/OL]. [2018-05-03]. http://epaper.nfdaily.cn/html/2009-09/03/content_6777994.htm.

5 王玉明. 暴力型环境群体性事件的成因分析——基于对十起典型环境群体性事件的研究[J]. 珠海市行政学院学报，2012（3）：37-42.

由此可见，需要建立畅通的信息传递系统，使信息及时准确地上传下达、互联互通是解决环境群体性事件及其他类似冲突事件得以妥善解决的关键。

四、需要具备完善的激励回报反馈措施

在环境群体性事件中，应给予各利益主体更大的自主性空间，发挥各利益主体的主观能动性，充分调动其积极性，使其可以发挥自身最大的作用和影响力推动该事件的解决。此外，应建立完善的激励回报反馈机制，从激励手段入手，使各参与主体充分了解其参与后可能得到的激励回报，强调各利益主体与该事件的关联程度，使其明白自身在参与解决该事件过程中的重要性，鼓励各个不同的主体共同参与到事件的解决过程中。如在“月亮湾垃圾焚烧场事件中”，总体上各个主体之间的回报激励都较高。该事件也取得了较为圆满的解决结果。当地民众保护了自己的生存环境；内部学者获得一定的社会资本回报，成为小区的领导人物；政府也在此过程中获得了解决群体性事件的一些经验教训和工作启示。而在“中华环保联合会起诉江阴集装箱有限公司事件”中，虽然这是中国社会组织环保公益诉讼第一案，具有极其重要的社会影响和极其重要的参考价值，但该案中涉及的当地居民态度始终比较暧昧，其原因就是在这一案件中，社会组织提出的解决方案和当地居民的关联性并不大，没有完善的激励回报反馈措施，导致当地民众的参与程度并不高。[1]

由此可见，应充分发挥激励回报反馈措施的催化作用，激发多元利益主体参与的积极性，使环境群体性事件及其他类似冲突事件的处置结果尽可能地满足多方利益诉求。

第五节 结论

本节要点 本节介绍了本章的主要结论。

环境问题实际上是社会问题的延伸[2]，环境群体性事件则可看作一种由环境污染或环境风险所引发的社会冲突。拥有一个基于社会信任、共同参与、互利互惠基础之上的环境群体性事件协同创新机制，是环境群体性事件真正得到有效解决的重要基础。能否找准环境群体性事件协同创新机制影响事件解决效果的关键要素，在某种程度上决定着环境群体性事件协调的难易程度，直接影响着环境群体性事件协同的效率与效果。因此，对环境群体性事件的协同创新机制进行深入的分析与研究，找出关键要素，从而推动事件妥善解决显得至关重要。

研究基于对环境领域的 30 个典型案例的关键要素进行分析，发现环境群体性事件协同创新机制的建立和完善应从环境群体性事件参与系统、行动策略、信息系统、激励回报等四个方面入手，并总结出成功的环境群体性事件协同创新机制所包含的 8 个要素：吸引

---

1 法制日报. 中华环保联合会诉江苏江阴港集装箱有限公司环境污染案[EB/OL]. [2009-09-13]. http://www.enlaw.org/xsxk/alfx/201301/t20130115_31336.html.

2 拉塞尔·哈丁. 群体冲突的逻辑[M]. 刘春荣，汤艳文，译. 上海：上海世纪出版集团，2013.

不同类型的主体参与、主体介入时期要恰当、各个主体能独立发挥作用、建立完备的行动计划、采取有效的行动方式、及时的行动反馈、畅通的信息沟通与信息反馈、完善的激励回报反馈措施。这 8 个要素都是环境群体性事件处置过程中的重要组成部分，直接影响事件的解决效果。然而，当前政府、民众、环保 NGO、新闻媒体、专家学者在环境群体性事件处置过程中并未充分发挥各自的作用，并且在事件处置过程中，仍存在没有明确的事件处置计划，信息沟通渠道闭塞，缺乏激励回报反馈等问题。通过进一步的研究分析发现，环境群体性事件解决效果不佳的原因在于缺乏完善的协同创新机制，使各关键要素发挥最大效用。针对上述绩点问题，研究者提出环境群体性事件应当构建一个开放的多元主体参与系统，采取迅速反应的行动策略，建立畅通的信息传递系统，具备完善的激励回报反馈措施。

以上是本章研究通过案例分析结果总结出来的环境群体性事件协同创新机制的主要方面和关键要素，以期有助于制定环境群体性事件治理策略，促进社会经济健康有序发展。研究也存在一些不足需要进一步完善。首先，选取了 30 个典型案例进行分析，但这些案例不足以代表中国环境群体性事件整体情况，需要进一步增加案例样本，提高研究结论的适用性。其次，总结出的 8 个环境群体性事件协同创新机制要素之间的关系还需要进一步挖掘，使得环境群体性事件协同创新机制更加明晰。

第十六章　善后处理机制

本章要点　为更好地解决因环境问题引发的政府、企业和公民之间的矛盾，除了做好事前的预防和事中的应对工作外，在事件平息后做好善后处理工作也是防止事件二度暴发的关键所在。但是，目前我国环境群体性事件的善后处理机制尚不健全，有待进一步完善。为此，本章通过典型案例分析、问卷调查以及访谈分析三种研究方式，发掘目前我国政府在应对环境群体性事件善后处理工作中存在的问题以及原因，并探索影响善后处理工作效果和满意度的重要因素。研究发现，完善的利益补偿机制、监督与反馈机制、企业惩治机制、政府责任追究机制、安抚机制、总结与评价机制六大善后处理机制对善后处理工作的效果和满意度都有重要影响。并且，在不同污染类型、不同居民诉求所引发的环境群体性事件中，在善后处理机制中，企业惩治机制、政府责任追究机制、安抚机制以及总结与评价机制这四大机制发挥着较为重要的作用。在以上基础上，提出针对性建议，以期能对完善环境群体性事件的善后处理机制有所贡献。

总结一段时期内我国发生的环境群体性事件可以看出，从根源上抑制环境群体性事件的萌芽，预防环境群体性事件的发生或在事中采取紧急高效的应对措施固然重要，在事件平息做好各项善后工作也不可忽视。缺乏完善的善后处理机制，往往引起群体性事件的二度暴发。为最大限度地减少环境群体性事件带来的负面效应，减低对群众和社会产生的危害，做好环境污染污染群体性事件的善后处理工作必须被提上日程。环境群体性事件在政府处置平息过后，民众的情绪会得到暂时的稳定，但这种平息具有短暂性和表面性，若未能妥善处理事后的善后工作，如利益补偿承诺未能兑现、惩治缺乏公正性、缺乏监督与有效反馈等都容易激起公众的不满情绪，导致环境群体性事件的再次发生。因此，建立环境群体性事件的善后处理机制以维护社会的稳定就显得至关重要。

本章旨在从相关案例的研究入手，通过问卷调查以及访谈等研究方式，挖掘目前我国在环境群体性事件的善后处理工作中存在的不足，分析其中的原因，探究影响环境群体性事件善后处理工作效果的因素，并对建立和完善环境群体性事件的善后处理机制提出几点建议。

第一节　概念界定、文献综述及理论框架

本节要点　本节进行了环境群体性事件善后处理机制的概念界定，回顾了研究现状并建立了本章理论框架。

一、相关概念界定

善后处理机制：首先是关于“善后”的定义，据《现代汉语词典》，其是指妥善地料理和解决事件发生以后遗留的问题。“处理”是指安排事务、解决问题。而“机制”在社会学中的内涵可以表述为“在正视事物各个部分的存在的前提下，协调各个部分间的关系以更好地发挥作用的具体运行方式。”综上所述，可将善后处理机制定义为：事情发生之后，为保证管理活动的顺利进行而提供物质上以及精神上支持的机制，具体包括利益补偿机制、监督反馈机制以及包含企业惩治机制、政府责任追究机制、安抚机制、总结评价机制在内的其他善后处理与保障机制。

二、国内外研究综述

目前国内外对群体性事件的善后处理机制的研究还相对较少，尤其是在环境污染领域，少数涉及此领域的研究，更多的也是从环境群体性事件的全过程入手，善后处理机制仅作为其中一部分，且常从理论层面进行论述，缺乏针对性的实证研究。如学者张有富以应对环境群体性事件机制为核心，提出了预防机制、控制处理机制和善后处理机制等解决方案，其中关于善后处理机制方面的内容包括安抚、调查反馈、惩治和评价总结四个子机制，但相关论述多从理论角度，无详细分析。[1]学者王园园则使用生命周期理论，提出在环境群体性事件发生前、过程中以及平息后全过程进行监控的应对机制，但事后处置机制仅作为其中一部分。[2]学者李娅等则将我国群体性事件的处置机制分为事前预警、事中控制和事后化解三个阶段，并对每个阶段的处置机制进行了分析。其中，在事后应对机制方面，其提出了事后恢复机制，包括：恪守承诺，提高公信力；积极主动，防患于未然；总结经验，优化处置之道三个方面的内容。[3]

国内对于环境群体性事件的善后处理机制的研究明显不足，研究多侧重在对群事件处置过程中保障机制的研究。国内对于环境污染污染群体性事件的研究，主要从综合治理、群众上访、群体性械斗入手，重点多放在原因、特点以及预防和应对机制方面。如曲建平等[4]侧重于分析群体性事件的形成原因及预防机制。多数学者将环境群体性事件的形成原因归结于直接原因、制度原因以及深层原因等几个方面，注重从不同角度对环境群体性事件的成因进行探讨。如学者彭小兵等[5]就从心理机制角度分析了环境群体性事件的产生、预防及治理。而对于环境群体性事件的善后处理机制的研究则更显不足，多侧重在对事件处置过程中保障机制的研究。如学者易军等就指出强有力的保障机制是为处置工作提供保

---

1 张有富. 地方政府应对环境群体性事件机制研究[D]. 昆明：云南民族大学，2012.

2 王园园. 环境群体性事件的发生机理及应对机制研究[D]. 太原：太原理工大学，2014.

3 李娅，张梅玲. 群体性事件的理性差异与处置的制度优化[J]. 上海城市管理，2010，19（5）：70-75.

4 曲建平，应培国. 环境污染引发的群体性事件成因及解决路径[J]. 公安学刊（浙江警察学院学报），2011（5）：24-28.

5 彭小兵，周明玉. 环境群体性事件产生的心理机制及其防治——基于社会工作组织参与的视角[J]. 社会工作，2014（4）：30-40，152.

障。[1]刘容筝对事件处置的保障机制进行分析，提出处置保障工作的基本原则，指出其包含了法律、警力、后勤等保障机制。[2]综合来看，我国关于环境群体性事件善后处理机制的研究尚显不足，并且不够深入。

国外关于善后处理机制的研究主要集中于对善后恢复的概念进行定义，美国应急管理署在《全风险应急运行规划指南》中定义，恢复是指社区的基础设施和社会、经济生活恢复到正常的活动，但它应当将减缓作为一个目标。而关于环境群体性事件的研究则多集中于从源头上消除环境群体性事件和现场处置的措施和方法研究。国外研究中的环境群体性事件集中在罢工、游行等与政治经济相关联的群众性骚乱，在理论研究上，亚当斯提出的六个处置步骤较具代表性，即围堵、勒令解散、武力驱散、现场管制、逮捕行动、建立行动六个步骤。而在实际的处理过程中，综观各国关于群体性事件的处置策略的研究，大多集中在两部分：一是事前的防范措施，二是现场处置，且多有限度地采用武力措施，注重策略的灵活运用。如英国通过组建警察支援部队，并提出群体性事件的处置策略，即收集情报，掌握动态；全面布控，震慑骚乱；快速反应，平息骚乱；亲近友善，处置骚乱。就总体来看，国外学者对于群体性事件的研究还是比较深入、全面的，但更多地集中于事前防范以及事中的处置，对于善后处理的研究还相对匮乏。

三、理论框架

对引发环境群体性事件二度暴发的原因做出判断是深入研究善后处理机制的基础。研究将环境群体性事件的善后处理机制划分为三个主要部分：监督与反馈机制、利益补偿机制以及其他善后处理与保障机制。

目前，在关于群体性事件防治的研究中，监督反馈机制已成为重点分析的内容。从国内对监督与反馈机制的研究现状来看，多侧重于对公共权力的监督与管理，而关于监督效果的反馈则较少涉及。如学者赵大鹏和蒋建新都将强化对政府公共权力的监督机制作为防治群体性事件的关键方式之一。其中，赵大鹏指出，完善基层公共权力监督机制是预防基层官员腐败行为频发的有力保障，更是化解农村群体性事件的关键，为此要构建多层次多途径的监督网络，包括人大监督、上级行政部门监督、社会监督以及舆论监督等。[3]蒋建新则主张通过构建有效的权力运行体制、强化国家权力机关监督、完善民众监督机制等方面完善监督机制。[4]而学者陈晓景则分析了流域水污染防治监督管理存在的缺陷，并提出通过成立独立的管理机构、完善司法审查制度以及确立“自我治理”模式三个方面完善监督管理机制，以防止环境污染行为的发生。[5]虽然对于公共权力的监督与管理的研究已较为完

1 易军，蔡坤，任顺国. 群体性事件处置机制建设[J]. 湖南警察学院学报，2000（4）：15-18.

2 刘容筝. 群体性事件的处置保障机制研究[J]. 赤峰学院学报（哲学社会科学版），2012（4）：88-89.

3 赵大鹏. 当前我国农村群体性事件的成因及基层政府的预防策略[J]. 内蒙古大学学报（哲学社会科学版），2010，42（5）：21-25.

4 蒋建新. 社会整合视域中的制度建设——应对社会转型期群体性事件的政治学思考[J]. 南京政治学院学报，2012，28（1）：52-56.

5 陈晓景. 流域水污染防治监督管理机制浅论[J]. 人民黄河，2006，28（4）：39-40.

善，但对于监督效果主动反馈的研究则相对较少。但是，政府部门对监督效果的及时反馈、被监督企业的主动反馈等也是完善监督管理、防止群体性事件发生的关键因素，因此，研究将对此进行更为深入的分析。

在西方对于利益补偿问题的研究中，其思想根源可追溯到亚里士多德矫正补偿的思想。他指出，人们交往活动中的不公平行为应该受到裁决和惩罚，以矫正并使之趋于公平，其补偿需要借由仲裁人来实现。仲裁人通过剥夺不法者的所得以及补偿受害者的损失来恢复均等，他将此比喻为两条分割不均的线段，通过从较长的线段中取出超过一半的那部分去弥补较短的那部分，就能使得两条线变得均匀。[1]亚里士多德同时提出关于利益补偿的方法，即“让穷人也能使用富人的财产”。同时，他还指出补偿要适度，他说如果大家反复获取，定然会无休止地想再次得到，这种周济穷者的方法就像是往漏杯中注水。[2]罗尔斯在谈及利益补偿问题时，则从差别原则为切入点，他指出在利益补偿方面不仅要考虑平等原则，而且社会必须要更多关注那些天赋较低和出生于较不利的社会地位的人。[3]我国学者对利益补偿问题也进行了一些研究，例如西部生态建设的利益补偿机制[4]，西部生态经济开发的利益补偿机制[5]等。可见，作为保障机制的一个重要部分，对利益补偿进行深入研究有利于完善我国环境群体性事件的事后保障机制。根据学者马艳的定义，利益补偿是指补偿主体以各种方式适度补偿利益补偿客体的损失，从而维护利益受损或弱势群体的利益。而按照不同标准可有不同分类，如按照补偿内容可分为直接补偿和间接补偿。利益补偿主要有以下几个原则：一是公平效率原则；二是以间接补偿为主，直接补偿为辅的原则；三是适时、适度的原则。[6]

研究旨在通过案例分析、问卷调查以及访谈的方式，探寻造成环境群体性事件在平息后再次发生的原因，检验诸如承诺、沟通、补偿、监督等因素是否为关键原因。并针对调查研究结果，以保障机制为切入点，首先从保障主体间的关系出发，挖掘影响事后保障效果的因素，其中包含了利益补偿机制所达到的补偿效果、监督与反馈机制达成的监督效果以及其他善后处理与保障机制的实施效果，研究在通过对大量文献的梳理与实际观察中发现，补偿与监督反馈的形式、内容都直接影响到最后的保障效果及满意度。在此分析基础上，建立起具体研究理论框架，如图 16-1-1 所示。

1 亚里士多德选集：伦理学卷[M]. 北京：中国人民大学出版社，1999：109-110.
2 亚里士多德全集：第 9 卷[M]. 北京：中国人民大学出版社，1999.
3 罗尔斯. 正义论[M]. 北京：中国社会科学出版社，1998：102.
4 陈金龙. 西部生态建设利益补偿机制研究[D]. 成都：四川大学，2005.
5 胡仪元. 西部生态经济开发的利益补偿机制[J]. 社会科学辑刊，2005（2）：81-85.
6 马艳，张峰. 利益补偿与我国社会利益关系的协调发展[J]. 社会科学研究，2008（4）：34-38.

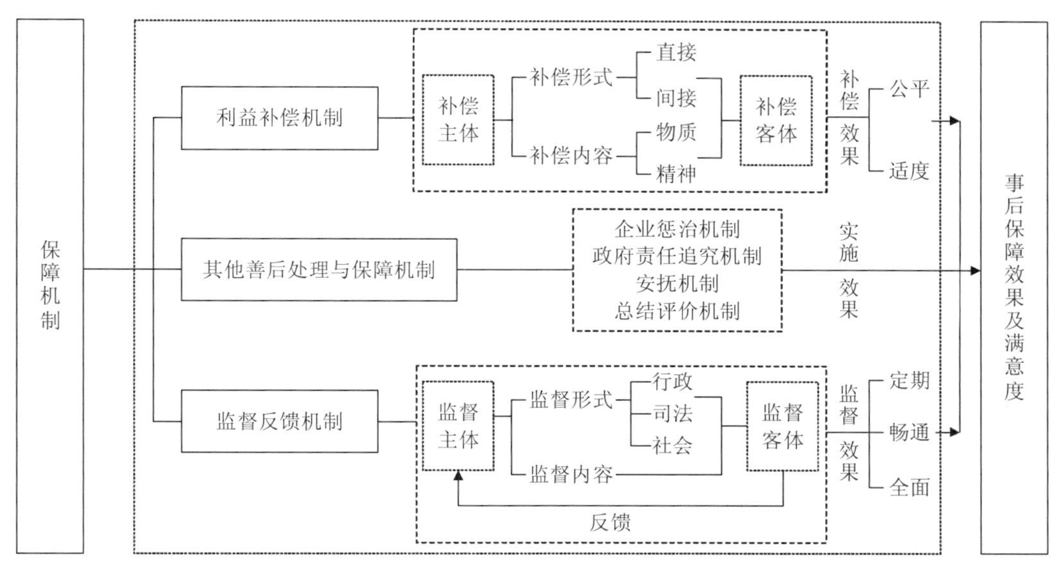

图 16-1-1 理论框架图

第二节 研究方法与数据收集

本节要点 本节介绍了本章的具体研究方法和研究数据收集情况。

一、研究方法

（一）案例比较分析方法

将选取环境群体性事件的典型案例进行分析，研究侧重于环境群体性事件发生后政府保障工作实施情况，从利益补偿、监督反馈以及其他保障措施入手进行分析，对不同案例的保障措施及效果进行比较。具体操作方法包括案例选择、数据收集、数据分析等环节。

（二）问卷调查法

将根据框架和案例分析所获取的初步内容设计问卷，通过对问卷数据的统计分析，验证框架的合理性。首先，在问卷的设计上，主要以案例分析和文献分析中建立的研究框架中的变量为主要要素进行问卷设计，主要包括补偿的形式、内容、对象、效果，监督的形式、内容、对象、效果等测量要素，检验补偿效果、监督效果以及其他善后处理与保障机制的效果对事后保障效果及满意度是否有影响；其次，进行问卷试测，将设计好的问卷先发给本校学生试填，检验问卷的信度和效度，删除信度不符合标准的题目；再次，正式发放问卷进行调查。本章研究从选取的典型案例中选择几个典型案例进行问卷调查，将问卷发放给以不同形式接触过环境群体性事件的群众；最后，进行问卷录入和数据分析，研究将主要采用 SPSS 分析工具对问卷数据进行定量分析。运用描述性分析、相关分析、卡方分析、回归分析以及因素分析等方法检验各种保障机制方法与保障效果和满意度的相关性以及对其的影响程度。主要自变量是“保障机制”，包括利益补偿机制、其他善后处理与保障机制以及监督与反馈机制三个部分，主要因变量是“事后保障的效果和满意度”。

（三）访谈法

为了弥补前三种研究方法的缺陷，与其形成证据三角形，将进一步选择几个典型案例，对环境群体性事件的参与人，尤其是受害居民进行较为深入的访谈分析，了解其对事后保障工作的看法，实际获得的补偿以及对政府保障工作的观点和建议。通过调查、访谈和实地观察相结合的方式，使研究更为透彻。以问卷调查选取的典型案例为基础进行实地访谈，访谈对象包括污染企业、政府、居民、社会大众、新闻媒体等各类主体。其中，参与环境群体性事件的居民将作为重点访问对象。采用实地访谈方法的目的是弥补问卷调查这类封闭型调查的不足，通过定性与定量分析方法的结合才能提高研究的科学性及合理性。

二、数据收集及测量

（一）案例选择

首先，在案例的选择上，从收集到的 133 个环境群体性事件案例中选择 30 个具有典型性和代表性的案例进行分析。选取的标准包括污染类型、事件发生的时间和地点、事件层级、事件规模、是否有利益补偿、监督反馈及其他善后处理方式、冲突反复次数等。其中，污染类型包括大气污染、水污染、固体废物污染、放射性污染、电磁辐射污染以及混合污染等；在事件发生的时间上，考虑到与后面涉及的问卷调查、访谈等数据分析结果进行比较，本章研究选取 2010 年后发生的环境群体性事件；事件发生的地点包括东、中、西部的市级、区级、县级以及乡镇等级别地区；事件规模考虑到后续分析的可行性将其限定为百人以上；利益补偿包括补偿的内容、形式及效果；监督反馈包括监督的形式及效果；其他善后处理方式包括企业的惩治、政府责任追究、安抚措施以及总结评价机制等；冲突的反复次数包括无反复、多次反复等。

（二）数据收集

案例数据的收集主要通过网络、图书馆等渠道，从期刊文献、图书专著、新闻报道、政府文件等多种资料来源中收集相关数据。在案例资料的选择上，主要采用文献荟萃法和访谈法。其中，文献荟萃法主要通过关键词在网络上进行检索和在书报上查阅。例如，通过关键词如“环境群体性事件”等在中国知网、万方数据库、百度学术等网站上进行数据收集，或通过图书馆查阅相关书籍等。而实地访谈对象则在所选取案例涉及的当事人中选取，包括社会大众、政府工作人员及受害者等。通过实地访谈，可以提高对案例的了解和认识，从而进一步完善案例资料。

（三）案例编码及分析

最后是对案例数据的分析，这一部分内容包括数据的编码以及测量。从案例分析中提取相关的研究变量，即影响环境群体性事件事后保障效果的因素，为后续的调查问卷设计做准备。案例编码是案例与各变量间相互匹配、量化评级的过程，其中最可能发生的错误是将个人主观性带入编码过程中。因此，为了避免此误差，将采取以下步骤对案例进行编码：①由研究者以及有相关研究经验的人针对案例资料共同商讨出初始的评价标准；②由研究者本人以及两名有相关研究经验的人在互不通气的情况下按先前制定的评价标准进行案例编码，产生初步结果；③将各个编码的最终结果进行对比，根据编码情况显示重合率达到 70%以上的结果，对其中差异的大部分由三名编码者共同讨论确认最终结果。

案例编码的要素包含编号、名称、污染类型、层级、时间、规模、利益补偿机制、其他善后处置机制、监督与反馈机制以及事后保障的效果及满意度 10 个要素。首先，对各案例赋予名称并进行编号，类型为污染类型，层级指事件发生的地理范围级别，时间是事件发生的时间，规模是指参与到群体性事件中的人数。而利益补偿机制、其他善后处置机制、监督与反馈机制以及事后保障的满意度是建立在上述理论框架的基础上，通过讨论分析修改而成的。其中，将 10 个影响环境群体性事件事后保障效果及满意度的因素分别记为：利益补偿机制影响因素共 3 个，包括补偿的形式、内容、效果，记为 F1、F2、F3；其他善后处理机制共 4 个，记为 P1、P2、P3、P4；监督与反馈机制为 3 个，记为 H1、H2、H3，进而根据案例对应影响因素的符合情况进行对应的填写。而事后保障的效果及满意度则记为 E。

对于各案例事后保障机制各影响因素表现出来的符合性，将其定为四种标准，即非常符合、部分符合、不符合以及资料欠缺。其中，“非常符合”表示案例能完全满足这一因素，记为 H；“部分符合”表示案例并不能完全满足这个因素，但也在一定程度上呈现出与其相同的方面，记为 M；“不符合”则指案例完全没有满足这一要素，记为 L；“资料欠缺”是指由于资料的缺失无法证明案例是否符合这一因素，记为 ND。将事后保障效果及满意度分为四档，即满意、比较满意、一般满意以及不满意，分别记为 A、B、C、D。各案例的事后保障机制编码表如表 16-2-1 所示。

表 16-2-1　案例编码表

编号	名称	利益补偿机制			其他善后处置机制				监督与反馈机制		效果及满意度	
		F1：补偿形式	F2：补偿内容	F3：补偿效果	P1：企业惩治	P2：责任追究	P3：安抚制度	P4：总结评价	H1：监督形式	H2：监督内容	H3：监督效果	E
C1	浙江绍兴县杨汛桥镇血铅中毒请愿事件	M	M	M	H	L	H	L	M	H	M	B
C2	湖北荆州沙市区长江大学师生下跪事件	H	M	M	H	L	M	L	M	M	M	B
C3	广东汕头 12.20 万人抗议事件	M	M	M	H	L	H	L	M	M	M	B
C4	湖南桃源县铝工业污染事件	M	L	L	L	L	M	L	M	L	L	D
C5	广东东莞“3・28”抗议垃圾焚烧厂事件	L	L	L	H	L	H	L	H	H	H	B
C6	江苏溧阳“4・27”村民围堵道路事件	H	H	H	H	L	H	L	M	H	H	A

编号	名称	利益补偿机制			其他善后处置机制				监督与反馈机制		效果及满意度	
		F1：补偿形式	F2：补偿内容	F3：补偿效果	P1：企业惩治	P2：责任追究	P3：安抚制度	P4：总结评价	H1：监督形式	H2：监督内容	H3：监督效果	E
C7	江西上饶百合家园居议粉尘和噪声事件	L	L	L	H	L	H	L	H	M	M	C
C8	四川乐山“9・15”村民抗议磷矿厂事件	H	H	H	H	L	H	L	H	H	H	A
C9	江苏无锡市东港镇反垃圾焚烧厂事件	L	L	L	H	L	H	L	M	M	M	C
C10	云南昆明市反对 PX 项目事件	L	L	L	H	L	H	L	H	M	M	C
C11	河南正阳县抗议窑厂污染	L	L	L	L	L	L	L	M	M	L	D
C12	西安派瑞半导体公司污染抗议事件	L	L	L	M	L	M	L	M	M	M	C
C13	浙江宁波“10・22”市民反对 PX 项目事件	L	L	L	H	L	H	L	M	M	M	C
C14	天津大港“4・11”群众反污染游行示威事件	L	L	L	H	L	H	L	M	H	H	B
C15	四川成都反对 PX 项目事件	L	L	L	H	L	M	L	M	M	M	C
C16	广东惠州博罗县抗议焚烧发电厂事件	M	M	H	H	L	H	L	M	H	H	A
C17	广东深圳惠州反对垃圾焚烧厂事件	L	L	L	H	L	H	L	M	M	M	C
C18	浙江桐乡崇福镇上莫村污染	M	M	L	L	L	L	L	M	L	M	C
C19	广西梧州抗议中缅天然气管道工程修建	L	L	L	L	L	L	L	M	L	L	D
C20	广东广安岳池县拦停医药产业园污水排放工程事件	L	L	L	H	L	L	L	H	M	M	C
C21	江苏启东“7・28”群众冲击市政府事件	M	M	M	H	L	M	L	M	M	M	B
C22	内蒙古蒙古族学生牧民抗议游行事件	M	M	H	H	H	H	L	M	M	H	A
C23	江西莲花县南岭乡抗议隆森实业公司污染事件	L	L	L	H	L	H	L	M	M	M	C
C24	甘肃徽县宝徽锌冶公司因铅锌污染致使周围柳林等村庄村民极度恐慌	M	M	M	H	L	H	L	M	H	M	B
C25	海口三江镇村民抗议 3 家职业病防治医院造成环境污染事件	M	M	H	H	L	H	L	M	M	H	A
C26	浙江温州市区新国光商住广场抗议广场舞噪声事件	M	M	M	H	L	H	L	H	H	H	A

编号	名称	利益补偿机制			其他善后处置机制				监督与反馈机制		效果及满意度	
		F1：补偿形式	F2：补偿内容	F3：补偿效果	P1：企业惩治	P2：责任追究	P3：安抚制度	P4：总结评价	H1：监督形式	H2：监督内容	H3：监督效果	E
C27	广东深圳“11·29”居民堵路泄愤事件	L	L	L	L	L	L	L	L	L	L	D
C28	浙江杭州环城东路抗议工地噪声事件	M	M	M	M	L	H	L	M	M	H	B
C29	广东鹤山燃料项目风波	H	H	H	H	L	H	L	H	H	H	A
C30	海南乐东“4·16”反火电站抗议事件	L	L	L	L	L	L	L	L	L	L	D

注：C1～C30 代表案例 1～案例 30。

第三节　研究结果

本节要点　本节介绍了本章的研究结果，发现善后处理机制对善后处理的效果及满意度具有显著影响，并具体分析了利益补偿机制等六个机制对善后处理工作的重要作用。

为检验编码数据的可靠性，首先通过 SPSS 统计分析软件对各案例的 11 个变量进行了信度分析，其结果显示可靠性统计量 Cronbach's α 值为 0.913，标准化 Cronbach's α 值为 0.902，两个系数值均大于 90%，可见该数据编码表具有很高的内在一致性，可靠性较强。

在文献分析以及案例分析的基础上，为了更深入地了解一般大众对环境群体性事件事后保障机制的看法及建议，研究者对以不同形式接触过环境群体性事件的群众进行了问卷调查，并对问卷结果进行了分析。问卷主要分为五大部分，第一部分是基本信息，第二部分是对环境群体性事件总体参与情况和看法的调查，第三部分是关于利益补偿机制的调查，第四部分是关于监督与反馈机制的内容，第五部分则是关于其他善后处理与保障机制的调查。本次问卷调查共发放问卷 240 份左右，回收问卷 215 份，其中有效问卷 213 份，有效率为 99%。为检验问卷数据的信度，研究者对其进行可靠性分析，结果显示 Cronbach's α 值为 0.911，数据的可靠性较强。

一、善后处理机制对善后处理的效果及满意度具有明显影响

利益补偿的形式、内容以及效果，企业惩治机制，安抚机制，监督与反馈的内容、形式以及效果 8 个因素都与事后保障的效果以及满意度显著相关，并且监督反馈的效果、利益补偿的效果、企业惩治机制、安抚机制与善后处理的效果及满意度的相关性尤为显著（表 16-3-1）。利益补偿的形式和内容与最后的补偿效果具有显著相关性，相关系数分别达 0.829 和 0.894，而监督的内容和形式与监督效果也同样具有显著相关性，相关系数分别为

0.777 和 0.509，由此可见，利益补偿和监督反馈机制在环境群体性事件的善后处理中发挥着关键作用。两者与群众的满意度显著相关，关系到环境群体性事件在平息后是否有二度暴发的可能性。而 P2 政府责任追究和 P4 总结评价机制与事后保障的效果与满意度的相关性不显著，因而可暂且排除。

表 16-3-1　善后处理机制与善后处理效果的相关性分析

Pearson 相关性	F1 补偿形式	F2 补偿内容	F3 补偿效果	P1 企业惩治机制	P2 政府责任追究	P3 安抚机制	P4 总结评价机制	H1 监督形式	H2 监督内容	H3 监督效果
E 效果及满意度	0.676**	0.774**	0.847**	0.730**	0.255	0.700**	b	0.376*	0.761**	0.907**

注：b 表示结果不存在。

案例的编码以及初步分析结果表明，上述 8 个因素能直接影响到善后处理的效果和满意度，且越是符合这几个因素，就越能提高善后处理工作的效果及满意度。为进一步检验上述自变量与因变量间关系的可靠性，进一步运用 SPSS 对各变量进行卡方分析。从卡方检验的结果来看，这些因素的卡方值均较大，且除 P4 外，各因素的显著水平基本都小于 0.05，由此可见，这些自变量确实影响了事后保障的效果及满意度，具体结果如表 16-3-2 所示。

表 16-3-2　善后处理机制与善后处理效果的可靠性分析

检验统计量	卡方（χ^2）值	渐近显著性
F1 补偿形式	6.200	0.045
F2 补偿内容	8.600	0.014
F3 补偿效果	7.400	0.025
P1 企业惩治机制	18.600	0.000
P2 政府责任追究	26.133	0.000
P3 安抚机制	12.200	0.002
H1 监督形式	19.400	0.000
H2 监督内容	6.200	0.045
H3 监督效果	6.200	0.045

研究进一步运用多个独立样本非参数 Kruskal-Wallis 检验，推断总体分布是否有差别，检验各变量间的总体分布。分析结果显示，除 P2 政府责任追究和 P4 总结评价机制结果不显著外，其余各个分组变量的检验结果卡方值均较大，且显著性小于 0.001，因此认为补偿效果、企业惩治机制、安抚机制以及监督效果的不同使得善后处理的效果及满意度产生差别。具体分析结果如表 16-3-3 所示。

表 16-3-3 Kruskal-Wallis 检验

检验统计量	卡方（χ^2）值	渐进显著性
F3 补偿效果	21.518	0.000
P1 企业惩治机制	14.724	0.001
P2 政府责任追究	1.889	0.168
P3 安抚机制	13.750	0.001
H3 监督效果	23.192	0.000

二、利益补偿机制、监督反馈机制和企业惩治机制对善后处理效果尤为重要

研究发现，监督反馈的效果对善后处理工作的满意度有重要影响，其次是利益补偿和企业惩治机制。由于所选的 30 个典型案例以混合污染和大气污染类型的案例居多，其次为水污染、固体废弃物污染和噪声污染，案例数量有限导致部分分析结果不显著。综合以上分析发现，在环境群体性事件的善后处理机制中，利益补偿机制、企业惩治机制、政府责任追究、安抚机制以及监督机制这 5 个变量对善后处理的效果及满意度有较为显著的影响。并且从利益补偿机制来看，最终的补偿效果又受到补偿内容的影响。而从监督反馈机制来看，监督的效果则受到监督内容的影响，可见利益补偿机制与监督反馈机制在善后处理机制中发挥了关键作用。总结评价机制虽最终被排除。此外，在对几种污染类型进行分组检验时发现（表 16-3-4），分析结果基本与综合分析相同，尤其在混合污染和大气污染两种较为常见的污染类型分析中，监督反馈的效果对善后处理工作的满意度有重要影响，其次是利益补偿和企业惩治机制。这三大机制往往是群众较为重视的三点。

表 16-3-4 分组相关分析

与 E 效果及满意度 Pearson 相关性	F3 补偿效果	P1 企业惩治机制	P2 政府责任追究	P3 安抚机制	P4 总结评价机制	H3 监督效果
混合污染	0.795*	0.795*	b	0.513	b	0.834*
大气污染	0.813**	0.654*	b	0.654*	b	0.904**
水污染	0.816	0.707	b	0.816	b	0.816
固体废物污染	1.000**	b	0.522	b	b	0.905
噪声污染	0.945	0.982	b	0.945	b	0.982

注：** 在 0.01 水平（双侧）上显著相关。* 在 0.05 水平（双侧）上显著相关。
b 表示结果不存在。

三、利益补偿机制等六个机制对善后处理工作具有重要作用

在关于目前环境群体性事件的善后处理工作总体成效的调查中，受调查者给予的均分为 3.79 分，总分为 7 分，可见居民对政府善后处理工作的效果和满意度还不高。并且，调查结果显示，绝大多数被调查者认为善后处理机制非常重要，均值为 3.77，其中最大值为

5，最小值为 1。此外，对各个具体机制的重要性进行了描述性统计分析，包括最大值、最小值、平均值以及标准差，结果如表 16-3-5 所示。企业惩治机制、政府责任追究机制、安抚机制、监督与反馈机制、总结评价机制以及利益补偿机制的均值依次降低，可见企业惩治机制最为重要。而且均值皆大于 3.8，可见大部分受调查者都认为以上六个机制较为重要。

表 16-3-5 机制重要性描述性统计量

机制	最小值	最大值	平均值	标准差
利益补偿机制	1	5	3.87	0.932
监督与反馈机制	1	5	3.97	1.066
企业惩治机制	1	5	4.12	0.986
政府责任追究机制	1	5	4.06	1.024
安抚机制	1	5	3.99	1.007
总结与评价机制	1	5	3.94	1.005

（一）利益补偿机制的公平性深受关注

对利益补偿机制的调查显示，在满分 7 分的评价中，利益补偿工作效果平均得分为 3.18 分，可见大部分群众对利益补偿工作并不太满意，只达到中等水平。对利益补偿内容、形式以及衡量维度的重要性与利益补偿效果进行相关性分析结果如表 16-3-6 所示。

表 16-3-6 利益补偿机制相关性分析

Pearson 相关性	补偿内容		补偿形式		补偿效果衡量维度	
	物质性	精神性	间接补偿	直接补偿	公平	适度
利益补偿效果	−0.468	−0.432	−0.499	−0.414	−0.537	−0.530

结果所示，补偿内容、形式和效果衡量维度涉及的六个要素的重要性与利益补偿效果均呈现负相关，可见在受调查者看来这些要素都较为重要，正是受调查者对这些要素看得较为重要，但是实际的利益补偿效果却不理想，因此所达到的补偿效果满意度就越低。并且，在利益补偿的内容中，物质性补偿比精神性补偿对补偿效果的影响更大，补偿形式中间接补偿比直接补偿影响大。而关于利益补偿效果的衡量维度，公平和适度两个都十分重要，尤其是补偿是否公平公正是大多数群众所重视的。

（二）监督反馈机制以行政监督为主，定期性最为重要

在关于监督反馈机制的调查中，受调查者给出的监督反馈机制的均分为 3.03 分，分数较低，可见目前政府在监督与反馈工作中的表现还存在一定问题。关于监督形式是否影响监督反馈效果的调查结果显示，大多数群众认为会影响反馈效果。此外，研究者对监督形式、监督内容、监督反馈效果三者的重要性与监督反馈效果进行了相关性分析发现，监督形式、内容以及衡量维度的重要性均与最终的监督效果呈负相关关系。其中，司法监督、

行政监督和社会监督对监督效果的影响程度依次递减。而关于监督与反馈效果衡量维度的分析结果显示，监督的定期性最为重要，其次是畅通性，最后是监督的全面性，但三者都是不可忽视的。呈现负相关关系说明受调查者对监督反馈机制的重视程度与实际的效果是相悖的，对监督形式、内容及其定期性、畅通性、全面性越是重视，与实际效果产生的落差越大，满意度也随之减低。具体结果如表 16-3-7 所示。

表 16-3-7　监督反馈机制相关性分析

Pearson 相关性	监督形式			监督内容	监督反馈效果衡量维度		
	行政监督	司法监督	社会监督		定期性	畅通性	全面性
监督反馈效果	−0.507	−0.526	−0.422	−0.572	−0.577	−0.570	−0.541

（三）其他善后处置中，企业惩治和安抚机制对善后处理工作的满意度影响最大

最后，关于其他善后处理机制的调查结果显示企业惩治和安抚机制是居民认为对事后保障工作满意度影响最大的因素，均值均为 3.85，其次是总结评价机制，最后是政府责任追究机制。可见污染企业是否真正进行整治，从根本上解决污染问题才是民众最关心的善后处理结果。

综合上述调查问卷分析结果可知，群众普遍认为环境群体性事件的善后处理机制较为重要，但对善后处理工作的效果和满意度还有待提升，利益补偿效果与监督反馈效果皆不太理想，尤其是监督反馈工作存在较大不足。对利益补偿的调查结果显示，居民认为公平和适度是衡量其补偿效果的重要指标，并且补偿的内容以及形式皆对最终补偿效果有重要影响。此外，企业惩治机制是群众认为最为重要且对善后处理工作的满意度影响较大的机制。

第四节　讨论

本节要点　基于以上研究结果，本节对我国环境群体性事件善后处置机制的进一步发展提出建设性意见。

上述案例分析、问卷调查和访谈分析的研究结果显示，目前我国政府在环境群体性事件的善后处理工作方面还存在诸多需要完善的空间。首先，根据案例分析的结果可以看出利益补偿机制、监督反馈机制以及其他善后处理机制对事后保障效果和满意度有显著影响，并且利益补偿、监督反馈以及企业惩治机制是最重要的三大因素。其次，根据问卷调查的结果可以看出，目前群众对善后处理工作的满意度还不高，尤其利益补偿和监督反馈工作还存在许多不足，而企业惩治机制则是民众认为最重要且直接影响到最终满意度的机制。最后，访谈分析则显示，企业污染未得到根治是导致环境群体性事件二度暴发的主要原因，而这往往是由于监督不到位、反馈不及时等多方面因素造成的。综合上述分析结果可以看出，在善后处理工作中，利益补偿、监督反馈以及企业惩治往往是善后处理机制的三个重要组成部分，而企业善后处理保障机制，如政府责任追究、安抚机制和总结评价机制，也发挥着重要的作用，只是这些机制在目前的政府工作中经常被忽视或者工作不到位。

诸多环境群体性事件的平息往往只是暂时性的，倘若未能做好善后处理工作，则事件极有可能再度暴发，这也是政府应当重视善后处理工作的原因所在。但是，从本文的分析中不难看出，目前我国政府在应对环境群体性事件中，其善后处理工作还存在许多问题与不足，最主要的因素在于我国目前在应对环境群体性事件中，尚缺乏完善的善后处理机制。因而，建立起完善的环境群体性事件善后处理机制就显得极其重要。通过上文的案例分析、问卷调查以及访谈分析，我们发现在善后处理机制中，利益补偿机制，监督与反馈机制以及其他善后处理与保障机制都直接影响到善后处理的效果及满意度，并且对于不同类型的事件其影响程度也不同。因此，研究者从这三个角度出发，对建立完善的环境群体性事件善后处理机制提出建设性意见，以期能为更好地防止群体性事件的二度暴发，也更好地保护群众利益和维护生态环境。

一、利益补偿机制应力求公平，满足群众需求

当前缺乏完善的利益补偿机制，没有明确的补偿标准与规定。环境群体性事件的发生对群众的身体健康和心理健康造成了极大的危害，而对于受害群众的利益补偿，仅仅依靠政府的口头承诺是不够的，在事件平息后极有可能出现未能兑现承诺的情况。并且，对于群众利益的补偿，物质上的补偿虽然是最为直接的，但精神上的补偿也不容忽视。对于补偿的标准，目前还缺乏相关性规定，这极易导致补偿的不公平以及不合理。利益补偿发挥的作用往往是最为直接的，尽管这可能并不是受害群众最根本的诉求，但建立起完善的利益补偿机制却能够更好地保障群众利益，并且提高群众对善后处理工作的满意度。因而，地方政府要健全环境利益补偿机制，保护群众利益。

健全利益补偿机制，就利益补偿的内容而言，主要包括对民众的精神补偿和物质补偿。首先，从精神层面上来看，环境污染的发生，常导致民众产生健康恐惧心理。受环境污染的影响，易导致畸形儿出生率的上升、适龄青年征兵体检不合格、癌症村的出现和死亡率的上升等生存危机，这将对民众的心理造成极大的负面影响。因此，在事件平息后，地方政府应及时为环境利益受损的民众提供免费的心理咨询服务，做好群众的安抚工作，减少民众的心理恐惧，同时提升群众应对环境风险的心理承受能力。其次，从物质层面上看，环境污染现象的产生会对民众的身体健康造成极大危害，因此地方政府应组建专门的支援医疗团队或物质支援组，对受害群众进行及时的治疗。尤其在一些重金属污染或其他化学污染等污染事件中，在群体性事件暴发时，往往是由于群众的身体健康已经受到严重的负面影响，此刻及时的治疗才能保障群众的健康，也防止病情的进一步恶化。此外，应该要给予民众相应的物质补偿，补偿受害群众的经济损失。

健全利益补偿机制，就利益补偿的形式而言，直接性的补偿措施往往更能让群众感受到政府或污染企业积极应对的态度，更能起到安抚群众情绪的作用。但是，间接的利益补

偿措施也不能忽视，如环保设施的建设、医疗基础设施的建设等。因此，从不同的补偿主体出发，直接的物质性补偿往往是污染企业应该承担的责任及义务，补偿受污染群众的治疗费用和精神损失费用等。而从政府角度来看，则应该更加关注间接的补偿形式。例如增加环境设施建设，包括环境监测设备等，或是提高基础医疗保障水平，均可增强应对环境问题的能力，更有利于长远的社会发展。

此外，无论采取何种补偿形式或者补偿内容，都应当遵循利益补偿的公平性和适度性原则，保证给予每个补偿客体的补偿是公平公正的。并且，补偿并不是无上限的，应该适度且适当。为此，应该确立一套严格的利益补偿标准，使得补偿更具公正性，切实保障公民利益。

二、监督反馈机制应确保多形式、有效性，加强沟通

在当前的监督反馈机制中，监督与反馈不及时，且形式较为单一，常导致事件的再次发生。行政、司法与社会监督这三种监督形式在环境群体性事件中发挥着重要作用。就目前我国环境群体性事件的事后监督机制来看，其监督形式还较为单一，更多采取行政监督的形式，但这一监督形式往往在事件平息过后就没能很好地履行。根据案例分析和问卷调查的结果发现，事后监督反馈的效果并不令人满意，尽管群众皆表示其发挥着重要作用。从问卷调查的结果中就可看出，群众对于监督的定期性、畅通性和全面性更为重视。而社会监督力量则主要集中在新闻媒体，群众未能很好地发挥监督作用。这一方面是由于监督渠道不畅通，民众往往缺乏向上级部门反映的直接且正式的渠道；另一方面是由于群众缺乏主动监督的意识。而司法监督则更为缺乏，未能在事件结束后吸取教训，完善相关法律法规，以更好地规范企业生产。总体而言，监督的效果不容乐观，不仅缺乏畅通的监督与反馈渠道，且监督缺乏全面性，无法从根本上防止污染事件的再次发生。

政府、群众与企业之间的沟通渠道不畅通。政府与群众间的沟通极为重要，一些环境群体性事件多次发生的主要原因就在于，政府没有深入群众之中倾听民众的心声，以促进经济发展为由而不顾群众意愿，引入或是包庇污染企业，导致群众生活环境遭到极大危害，甚至影响民众身心健康，而环境群体性事件也再度暴发。例如，在江苏无锡东港反垃圾焚烧厂事件中，就是由于政府在村民未知晓实情的情况下开发建造垃圾厂，对居民的身体造成危害才导致群体性事件的发生。但此后镇政府仍然未积极与居民沟通，而是采用警力镇压，召开听证会却未给民众合适的答复，最终导致群体性事件反复多次暴发，其根源就在于政府与群众之间缺乏良好的沟通机制。

监督反馈机制的构建主要在于保证污染企业切实得到惩治，按照要求进行整改，从而保障污染不会再度发生，并将信息及时反馈给民众，能在一定程度上抚慰民众的情绪，感受政府应对事件的积极立场以及切实保障公众利益的决心。

从监督方面来看，应当从政府、公民和媒体以及法律等层面考虑。首先，就政府而言，应该定期对相关单位进行追踪调查和考核，切实保证污染企业有按照规定和要求进行整改或搬迁等。对于目前存在的缺乏监督意识和监督能力的问题，政府可通过建立环境问责机制，将责任落实到有经验及能力的个人身上。例如，委派指定人员定期进行环境追踪调查

和考核等，既可降低政府人员懈怠事后监督工作的可能性，也可保证监督工作的高效进行。除了定期的监督，在监督的内容上也应该做到全面，不仅加强对污染企业的环境监测，对于同类企业，为防止类似污染事件的发生，也应该加强对其进行环境监测。对于作风良好的企业应给予表彰，在行业中树立绿色企业的标杆。其次，公民和媒体等社会力量的监督作用也不容忽视。民众一定要提高自主监督意识，遇到问题及时反映。对此，政府可通过推进相关宣传教育，增强民众的环保意识。最后，应该建立起完善的法律法规，发挥司法机关的监督作用，让监督有法可依。为此，需要颁布配套的法律规范，对监督的程序、范围、责任追究等进行更为明确的规范，如此才能真正确保监督工作的落实。

从反馈方面来看，应从公民和企业两个方面考虑。首先，应当完善与公民的对话协商反馈机制。保持沟通渠道的畅通性是极其重要的，只有充分听取民意，才能了解民众真正的需求。并且，民众作为整个事件的直接接触者，更能发现问题。发挥民众力量，也更有利于问题的解决，所谓“众人拾柴火焰高”，正是这个道理。其次，应建立起企业定期汇报与反馈制度。企业应该定期汇报与反馈整改情况以及真实的环保数据等，如此才能提高企业的环保意识，降低污染事件再度发生的可能性。

总而言之，监督与反馈机制的建立需要政府、民众以及企业三方的合力，仅仅依靠一方的力量是无法保证监督工作的顺利进行的。只有充分发挥行政、司法以及社会监督力量，才能建立起完善的环境群体性事件事后监督反馈机制，从根本上防止企业污染行为的再度出现，从而保证公民的生存环境和生命健康权。

三、其他善后处理与保障机制

善后处理与保障机制是在事件平息过后，对相关事项处理的一系列政策、举措、流程，以及对原因、责任追究、处理结果进行分析的运作机制[1]。环境群体性事件在事态平息后，也应及时进行后期的沟通、安抚、化解和总结工作，这也是善后处理工作的重点所在。通过上述调查研究发现，在善后处理与保障机制中，企业惩治机制、政府责任追究机制、安抚机制以及事后总结和评价制度这四大机制发挥着较为重要的作用，并且在目前的政府工作中，这方面的工作还存在较多的不足和问题，有待进一步提高和改进。

（一）企业惩治机制要综合考虑惩罚和治理两个方面

当前的惩治机制缺乏公正性，企业、相关事件联系人、政府相关负责人未得到相应的惩处。在诸多环境群体性事件中，虽然污染企业最终受到一定的惩处，但主要受罚的往往是环境群体性事件的发动者，而对于与事件相关的政府负责人却往往没有受到相应的处分，最多以行政处分告终。而在整个环境群体性事件善后处理过程中，群众最为关注的往往是污染企业是否真正得到惩治，保证污染得到根治。从案例的访谈中可看出，群众表现出了对污染治理的重视，其关注点并不仅是利益的补偿，而是污染真正得到治理，惩治污染企业和相关责任人。如一位受访者就表示“我们最在意的不是赔偿，而是希望政府能够

1 朱鹏倩. 建立稳妥的群体性事件善后处置机制[J]. 辽宁行政学院学报，2012（6）：10-11.

从大局出发，以对群众负责的态度，令工厂远离居民聚集区”。环境污染行为是否得到遏制，污染企业是否受到应有的惩治，往往是受污染群众最为关心的问题。因此，一定要建立起完善的企业惩治机制，对有违规违法行为的污染企业一定要严加惩治，保障污染行为不再发生。对此，可通过完善相关法律法规，对违规的污染行为严格按照法律规定进行惩治。如此，才能起到良好的警示作用，防止企业污染行为的再次出现。

企业惩治机制可分为惩罚和治理两大板块。首先，从惩罚的层面上看，对于导致环境群体性事件发生的污染企业及其企业责任者应当给予严肃处罚。根据污染事故的严重性，除了经济上的处罚，如罚款等，对由于企业的污染行为造成重大事故或导致群众生命健康受到严重危害的，还应给予刑事处罚。尤其对于一些屡教不改的企业，更应该重罚，以起到警示作用。其次，从治理层面来看，污染企业应该承担起责任，按要求进行整改，对于已经造成的污染，更应该迅速采取有效措施进行治理，并防止污染扩大化。当然，一切治理费用应该由污染企业自行承担，政府和民众则主要起到监督其治理的作用。

（二）应从法律层面完善政府责任追究制

法律层面的缺失以及行政问责的不完善导致惩治的不公正。在环境群体性事件平息过后，除了对相关企业的惩治外，对政府官员的责任追究往往被忽视，除在事态极为严重的情况下，政府官员可能受到行政处分外，其行政违法行为很少被追究。这就直接导致了政府官员在应对环境群体性事件中不作为或是无视群众需求行为的发生。因为环境群体性事件发生的源头多是政府官员为了追求政绩，在招商引资的过程中不惜牺牲环境以及民众利益引进污染企业。并且，还有滥用权力、压制民众的环境维权行动的行为。对于此类因自身工作失职或是管理不当导致环境群体性事件暴发或是事态严重化的政府人员都应该给予严惩，如此才能平息民愤，对其他人员起到良好的警示作用。因此，应该完善相关的法律法规，强化行政问责，一切以法律为准绳。但是，目前我国尚缺乏相关方面的法律法规，就目前我国所颁布的监督方面的法律规范来看，主要包括《建立健全惩治和预防腐败体系实施纲要》《中国共产党内部监督条例（试行）》等。这些法律并无法满足监督工作的需要，尤其是在应对环境群体性事件的过程中，并无直接适用的法律规范。只有做到有法可依才能实现真正的法治。

（三）建立长久性的安抚机制

就安抚机制而言，目前政府在处理环境群体性事件过程中往往会采取较为及时的措施安抚群众情绪，但是也存在一定的问题，主要在于这种情绪的安抚更多的是暂时性的，政府以口头形式承诺解决会给予利益补偿等，但事后若未及时履行承诺，往往使得群众不满情绪再次激化。因此，就安抚机制而言，应该建立起长久性的安抚机制，从长远角度出发，应该及时履行承诺，倾听民意，了解民众需求，才能更好地安抚民众情绪。当然，这不是要求政府一定要为了安抚民众情绪而满足群众的一切诉求，对于民众的合理诉求，政府定要按照承诺真正落实，真正保障民众的合法权益。而对于一些不合理的诉求，例如不符合政策规定的诉求，政府应当通过与群众的沟通和宣传，告知其相关的政策规定，化解民众的对立情绪，使其真正心悦诚服。

（四）事后总结与评价机制

事后的总结与评估往往被忽视，缺乏经验性总结。这一工作在上述的案例分析中看似并不影响最终的保障效果和满意度，但其重要性却是不可忽视的。因为只有在环境群体性事件平息后及时进行总结评价，才能更好地完善相应的后续保障工作，也更能从中吸取经验及教训，为今后更好地应对此类事件积累经验。但就目前我国政府在处理环境群体性事件中的措施来看，往往缺乏及时的总结与评价，这也是导致事后保障工作往往被忽视的原因所在。但根据问卷调查的结果来看，群众对于该项机制还是较为重视的，都认为其比较重要。虽然有受访者表示缺乏该项机制并不会降低满意度，但是政府若能重视这方面的工作则可进一步提高满意度。

尽管总结与评价机制往往被忽略，但其作用却是不容忽视的。建立完善的事后总结与评价机制，应该对整个环境群体性事件处理工作中的经验进行总结，全面分析事件发生的深层原因、处理情况和结果、民众诉求等，反思不足，发扬优点。此外，可以建立完善的评价体系，对整个应对环境群体性事件过程中的各项工作进行评价，包括对事前的预防机制、事中的应对机制和事后的保障机制等各方面工作的处理情况、效果、满意度等进行评价。通过定量与定性分析方法的结合客观评价政府的工作表现，在此基础上进行总结与分析，才能推进环境群体性事件处置机制的完善，为之后应对同类事务奠定基础，同时让民众看到政府在应对该类事件中所表现出来的积极性，在一定程度上也能提升公众对政府工作的满意度。

综合上述问题及原因分析，研究认为，尽快建立起完善的环境群体性事件的善后处理机制尤为重要，其主要包括利益补偿机制、监督与反馈机制以及其他善后处理与保障机制三大部分内容。此外，应该在实际运用中灵活应对，针对不同的诉求目的有所侧重地采取保障措施，以提高居民对善后处理工作的满意度。在建立起完善的环境群体性事件善后处理机制后，最为重要的便是如何灵活运用不同的保障机制有针对性地处理不同的环境群体性事件。因此，政府应该在不同的事件处理中真正了解受污染群众的诉求，有所侧重地采取保障措施。例如，在一般的大气污染事件中，居民的诉求一般是惩治污染企业，并根治污染，因此在善后处理工作中应重点侧重于企业惩治和事后的监督反馈，其余的利益补偿等都是建立在污染治理的基础之上的。并且，在事件平息后总结经验，为今后更好地应对同类事件提供参考也不可忽视。而在居民利益严重受损，如生命健康权受到威胁或造成影响正常劳动等明显损失的环境群体性事件中，其诉求一般在于寻求赔偿和根治污染。因此应对此类事件的侧重点在于利益的补偿和监督企业的污染治理等。当然，这仅是就一般情况而言的，具体的应对措施应该根据实际情况而定。

第五节 结 论

本节要点 本节介绍了本章的主要结论。

伴随着人类社会的发展进步，环境问题也日益严重，一段时期内我国因环境问题引发的群体性事件更是呈现上升趋势。因此，积极应对环境群体性事件，建立健全善后处理机制，防止环境群体性事件的二度暴发，便会成为维护群众利益、促进社会和谐与稳定的关键所在。然而，目前我国尚缺乏健全的应对环境群体性事件的善后处理机制，并且政府在善后处理工作方面还存在诸多问题，所以对环境群体性事件的善后处理机制进行深入的分析与研究，从而提出有效的完善建议就显得至关重要。

研究通过对环境群体性事件的善后处理机制进行分析，在案例分析、问卷调查以及访谈分析的基础上，发现善后处理机制的建立和完善对提高善后处理工作的成效和居民对政府保障工作的满意度方面有重要影响。并且，其中的利益补偿机制、监督反馈机制和包括企业惩治机制、政府责任追究制度、安抚机制、总结与评价机制在内的其他善后处理与保障机制都是善后处理机制的重要组成部分，直接影响居民对善后处理工作的满意度。然而，当前政府在环境群体性事件的善后处理工作中却存在未能兑现承诺给予受害群众利益补偿，与群众缺乏沟通，缺乏完善的监督机制、惩治机制以及总结与评价机制等问题。通过进一步的分析与研究发现，政府工作出现问题的原因在于缺乏完善的利益补偿机制和沟通机制，以及法律层面的缺失和对监督工作的不重视。针对上述几点问题，研究者提出了完善我国环境群体性事件的善后处理机制的建议，主要包括：

（1）完善利益补偿机制。采取直接补偿和间接补偿相结合的补偿形式，为群众提供公平且适度的物质补偿以及精神补偿。

（2）建立健全的监督与反馈机制。真正发挥行政监督、司法监督以及社会监督在善后处理工作中的作用，保证政府和公民之间沟通与反馈渠道的畅通性，动员多元主体的力量，做到定期监督、全面监督。

（3）注重企业惩治机制。给予污染企业及相关责任人严肃处罚，并按要求进行整改和污染治理。

（4）完善政府责任追究机制。对于因管理不当或自身失职导致环境群体性事件暴发或事态恶化的政府人员绝不姑息，要追究个人责任，给予处罚。

（5）保障安抚工作的持久性。政府要倾听民意，及时兑现承诺，并满足群众的合理诉求。

（6）重视事后总结与评价机制。对应对环境群体性事件过程中的各项工作进行评价，并总结经验教训，为日后更好地应对此类事件奠定基础。

本章研究通过实证分析总结出来的对于完善我国环境群体性事件善后处理机制的建议，以期能为日后政府在应对此类事件的工作中提供参考。对于不断发展变化的社会来说，不同环境群体性事件的发生与解决都是不同的。因此，这些观点可能还不够完善，有待实践的检验。但是，研究者希望通过本章研究能够提高政府和群众对于环境群体性事件善后处理工作的重视，为创建一个更加绿色、健康、和谐的社会作出贡献。

第五编

理论思考与政策建议

第十七章 走向公共均衡：处置机制和公共均衡与非均衡关系

本章要点 前面章节中已经构建了六类应对环境群体性事件的处置机制：事前预防机制，信息沟通、信任和利益协调机制，动员、应急和权责机制，监督、法律和保障机制，协同创新机制，善后处理机制。本章在此基础上，采用文献分析与问卷调查相结合的研究方法，探讨了环境群体性事件处置机制和公共均衡与非均衡以及绩效之间的关系。本章的研究结果表明：①环境群体性事件处置机制对于解决争端，实现公共均衡有正向作用；②环境群体性事件处置机制的应用有助于提高解决绩效；③环境群体性事件的城乡属性、抗争类型以及污染类型会影响处置机制和公共均衡与非均衡之间的关系；④环境群体性事件的城乡属性、抗争类型以及污染类型对于处置机制与事件解决绩效之间具有调节作用；⑤对于环境群体性事件治理结果的评价，应从治理结果与公共均衡状态两个方面入手。基于上述研究结果，本章对环境群体性事件的有效治理提出了相应的建议。

"现代性产生稳定性，现代化却产生不稳定"[1]，这一论断在我国现代化过程中似乎得到了印证。21 世纪以来，中国步入了经济和社会的快速转型时期，持续快速的经济增长和社会结构的急剧变化不可避免地导致了诸多的利益冲突和社会问题。[2]据统计，我国群体性事件总量已从 2011 年的 13.9 万起[3]上升至 2014 年的 17.2 万起[4]，群体性事件的高速增长带来了严重的社会风险和高额的经济损失。其中，由于环境污染而导致的群体性冲突事件尤为突出。据统计，我国由环境污染而引发的群体性事件以约 29%的速度逐年增长，如何有效地预防和处置纷繁复杂的环境群体性事件已经成为我国政府的工作重点。党的十九大报告中提出要"建设人与自然和谐共生的现代化"，"既要创造更多物质财富和精神财富以满足人民日益增长的美好生活需要，也要提供更多优质生态产品以满足人民日益增长的优美生态环境需要"[5]，这对我国政府针对环境群体性事件的治理能力和社会治理机制提出了更高的要求。目前，我们迫切需要从理论和实践两个方面，对我国环境群体性事件的预防、

---

1 萨缪尔·亨廷顿. 变化社会中的政治秩序[M]. 北京：三联书店，1989：45.

2 徐湘林. 社会转型与国家治理——中国政治体制改革取向及其政策选择[J]. 政治学研究，2015：3-10.

3 张明军，陈朋. 2011 年中国社会典型群体性事件分析报告[J]. 中国社会公共安全研究报告，2012（1）：3-31.

4 张明军，陈朋. 2011 年中国社会典型群体性事件分析报告[J]. 中国社会公共安全研究报告，2015（1）：3-12.

5 习近平. 决胜全面建成小康社会 夺取新时代中国特色社会主义伟大胜利——在中国共产党第十九次全国代表大会上的报告[M]. 北京：人民出版社，2017：50.

控制、处理及善后等方面进行探索及研究，以寻找环境群体性事件的有效解决途径。

本章基于公共均衡与非均衡理论，采用定量分析与定性分析相结合的研究方法，旨在探讨在环境群体性事件治理过程中的两对关系：处置机制和公共均衡与非均衡之间的关系、处置机制与冲突解决绩效之间的关系。希望能为环境群体性事件的有效解决以及治理结果评价提供一个新的理论研究视角。

第一节 理论框架、变量与研究假设

本节要点 本节建立了环境群体性事件处置机制促进实现公共均衡与提升解决绩效的理论框架，介绍了变量选取与测量方法，并提出了研究假设。

一、理论框架

环境群体性事件已经受到了学者们的广泛关注。对于环境群体性事件的发生机理与解决机制存在着不同的研究视角。例如，李猛[1]、彭小兵等[2]从环境污染的经济根源出发，发现了地方人均财政能力与环境污染程度之间呈现显著倒U形关系。环境群体性事件发生的根源在于中国式财政分权下地方经济增长的竞争加剧所导致的对于生态环境的忽视。胡美灵、肖建华[3]以农村环境群体性事件为研究对象，认为环境群体性事件的产生是由于地方政府、相关企业与农民之间的利益与价值的根本冲突以及公众参与的缺失。

而就环境群体性事件的有效解决而言，郑君君等[4]在综合考虑环境群体性事件长期影响、主体间利益冲突与环境污染治理的基础上，利用演化博弈和优化理论提出对环境污染事件的解决应采用实物保护与警告处罚相结合的措施。彭小兵[5]则认为我国环污染境群体性事件的治理应在以利益均衡格局为基础的制度安排上，强调社会组织参与合作治理，承接公众诉求。Fisher 和 Forester[6]强调谈判、调解和妥协是环境冲突中达成共赢结局的主导因素。Yanwei Li 等[7]以地方政府的政策变更为切入点，提出中央政府对地方支持的缺失是促使地方政府在环境冲突中达成妥协、改变对城市工业设施最初政策的必要因素。

总体而言，已有的关于环境污染群体性的文献中所选取的分析框架鲜少能完整贯穿从风险演变到冲突暴发进而到冲突解决的整个生命周期。环境群体性事件通常涉及主体广泛并会造成长远的影响，因此需要从矛盾酝酿到暴发后平息的整个过程进行分析。另外，对

1 李猛. 财政分权与环境污染——对环境库兹涅茨假说的修正[J]. 经济评论，2009（5）：54-59.

2 彭小兵，涂君如. 中国式财政分权与环境污染——环境群体性事件的经济根源[J]. 重庆大学学报（社会科学版），2016（6）：51-56.

3 胡美灵，肖建华. 农村环境群体性事件与治理——对农民抗议环境群体性事件的解读[J]. 求索，2008（12）：63-65.

4 郑君君，闫龙，张好雨，等. 基于演化博弈和优化理论的环境污染群体性事件处置机制[J]. 中国管理科学，2015（8）：168-176.

5 彭小兵. 环境群体性事件的治理——借力社会组织“诉求-承接”的视角[J]. 社会科学家，2016（4）：14-19.

6 Fischer F，Forester J. The Argumentative Turn in Policy Analysis and Planning[M]. Durham，NC：Duke University Press，1993.

7 Li Y W，Verweij S，Koppenjan J. Governing Environmental Conflicts in China：Under What Conditions do Local Governments Compromise？[J]. Public Administration，2016，94（3）：806-822.

于环境群体性事件的分析，较少考虑预防、治理及结果评价等问题。鉴于此，本章以本书第六章提出的公共均衡与非均衡理论为分析框架，探讨环境群体性事件的有效解决及事后评价问题。

对于群体性事件发生与否，可以用基于“控制-反抗”逻辑的公共均衡与非均衡理论进行解释。公共均衡与非均衡受公共相对利益满足感、公共维持或合作意愿、社会总约束力、公共可使用反抗力、公共反抗机会、社会总刺激六个核心变量影响。这六个核心变量根据驱动力方向的不同又分为控制和反抗（也即抑制或诱发群体冲突）两组。对于公共均衡与非均衡的衡量，可以用公共均衡值来表示。

当公共均衡值＞1 时，即社会总控制力大于社会总反抗力时，表示公共均衡。在这种情况下，群体倾向于采取维持现状或合作措施，社会和平。当公共均衡值＜1 时，社会处在公共非均衡状态，群体倾向于采取反抗或冲突措施，社会发生冲突。公共均衡值= 1，表示处于公共均衡和非均衡的临界点，极不稳定，群体有可能在不同刺激下或采取维持现状或合作的措施，也有可能采取反抗或冲突措施，群体处于非冲突和冲突的边缘。

本章所要研究的是环境污染群体性治理过程中处置机制对于实现公共均衡与提升解决绩效的作用。当由于环境污染导致社会处于公共非均衡状态时，会诱发群体性事件。根据第十章～第十六章的研究成果，在冲突治理的过程中，事前预防机制，信息沟通、信任和利益协调机制，动员、应急和权责机制，监督、法律和保障机制、协同创新机制及善后处理机制对于冲突各方矛盾的化解和冲突的有效解决起到积极的作用。对于处置机制在环境群体性事件治理过程中所发挥的效果，即治理结果的评价，应从两个方面入手：一是冲突发生后的公共均衡值，反映冲突解决与否以及是否仍存在发生冲突的潜在可能；二是环境群体性事件的解决绩效，从经济性、效率性、效果性、公平性、民主性及法治性六个方面全面衡量环境群体性事件的治理结果。由此，以公共均衡与非均衡理论为基础，在文献研究的基础上制定了本章基本的理论分析框架（图 17-1-1）。

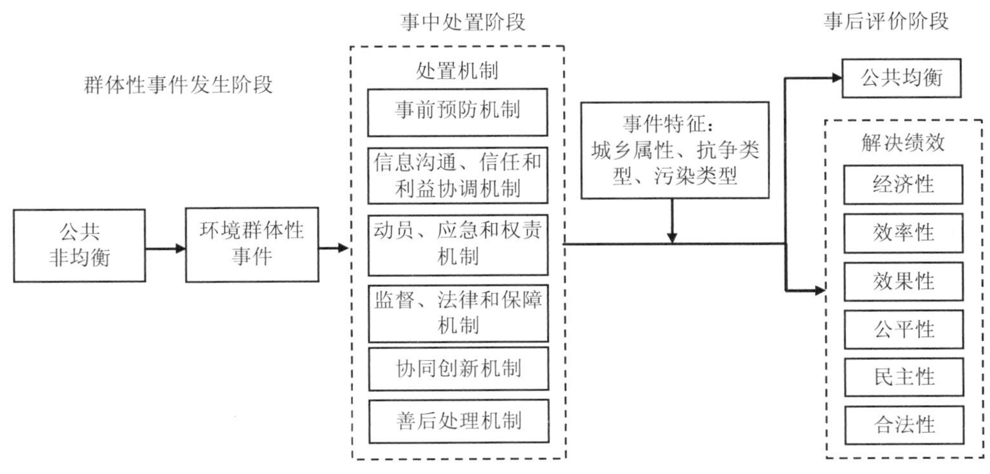

图 17-1-1　处置机制、公共均衡与解决绩效理论框架

本章所建立的理论框架将环境群体性事件的治理分为事中处置与事后评价两个阶段。在事中处置阶段，环境群体性事件的处置机制发生作用并推动冲突解决。处置机制所发挥的作用由事前预防机制，信息沟通、信任和利益协调机制，动员、应急和权责机制，监督、法律和保障机制，协同创新机制、善后处理机制六个变量来衡量。

在事后评价阶段，事件发生后的公共均衡值代表了冲突的解决状态。同时，事件发生前后公共均衡值的变化也在一定程度上反映出处置机制在事件解决过程中所发挥的作用。事件的解决绩效由六个指标以不同权重加权形成一个总体评分。[1]在环境群体性事件治理过程中，事件类型对于处置机制的作用发挥与治理结果可能存在一定的影响。

二、变量测量

在本章的研究框架内，所涉及的自变量为环境污染群体事件处置机制，其中包括事前预防机制，信息沟通、信任和利益协调机制，动员、应急和权责机制，监督、法律和保障机制，协同创新机制、善后处理机制六个变量。因变量为公共均衡值与解决绩效。涉及的调节变量为城乡属性、抗争类型和污染类型三个变量。

自变量与因变量的测量数据通过量表获取，采用 Likert 五级量表来衡量，各选项按认同强烈程度（如非常同意、比较同意、一般、比较不同意、非常不同意）排序分别赋为 5 分、4 分、3 分、2 分、1 分。

在对公共均衡与非均衡的测量时，需要特别注意的是公共均衡与非均衡是一个群体概念，而问卷调查的对象为个人，因此需要注意层级一致的问题。故通过个体均衡值来测量受访者个人对于“控制-反抗”力量对比的感知程度。在问卷中同时包含了对事件发生前与事件发生后的个体均衡值的问题设置。其中“群体性事件发生后个体均衡值”一方面体现了事件解决后个体的潜在冲突风险，另一方面体现了事件的解决成效。“群体性事件发生前后个体均衡差值”则体现了事件解决过程中的处置机制和手段对于个体“控制-反抗”力量的影响，可以衡量事件解决中处置机制的效果。鉴于此，为了增强研究的信度，同时选取“群体性事件发生后个体均衡值”与“群体性事件发生前后个体均衡差值”两个研究变量进行分析。

城乡属性是指环境群体性事件所发生的地点，在本章的研究中分为农村、城市、城乡接合部三类。抗争类型是指群体冲突的表现形式，包括静坐请愿、集体上访、集体打官司、阻塞交通、游行示威、围堵和冲突污染企业、围堵和冲击党政机关、网上争议、网络暴力九种类型。污染类型是对环境污染性质的分类，包括大气污染、水污染、固体废物污染、噪声污染、土壤污染、电磁辐射污染、放射性污染、热污染、光污染九种污染类型。

三、研究假设

综上所述，研究提出以下研究假设：

1 参见第九章 环境污染群体事件解决绩效的评估研究。

研究假设 1：处置机制正向影响群体性事件发生后个体均衡值

研究假设 2：处置机制正向影响群体性事件发生前后个体均衡差值

研究假设 3：处置机制正向影响解决绩效

研究假设 4：环境群体性事件的城乡属性、抗争类型以及污染类型对于处置机制与公共均衡的关系具有调节作用

研究假设 5：环境群体性事件的城乡属性、抗争类型以及污染类型对于处置机制与解决绩效的关系具有调节作用

第二节　研究方法与数据收集

本节要点　本节介绍了本章具体的研究方法选择和数据收集情况。

一、研究方法选择

本章拟采取理论研究与实证研究、定性分析与定量分析相结合的研究方法，对环境群体性事件治理过程中处置机制与公共均衡与非均衡、处置机制及冲突解决绩效之间的关系进行探讨。采用定量研究与定性研究相结合的研究方法，能够尽量避免单一研究方法的局限性，便于对公共均衡与非均衡、处置机制及解决绩效三者的作用机制进行深入分析，提高研究的可靠性、有效性与科学性。

首先，根据所选定的研究主题，对相关文献和资料进行收集、鉴别、阅读、梳理、综述，形成对研究问题的初步理解，在此基础上构建本章的理论分析框架。然后，在实证研究阶段采用问卷调查方法进行数据收集，对理论框架进行修正与验证，以提高理论框架的解释力。本章的研究框架如图 17-2-1 所示。

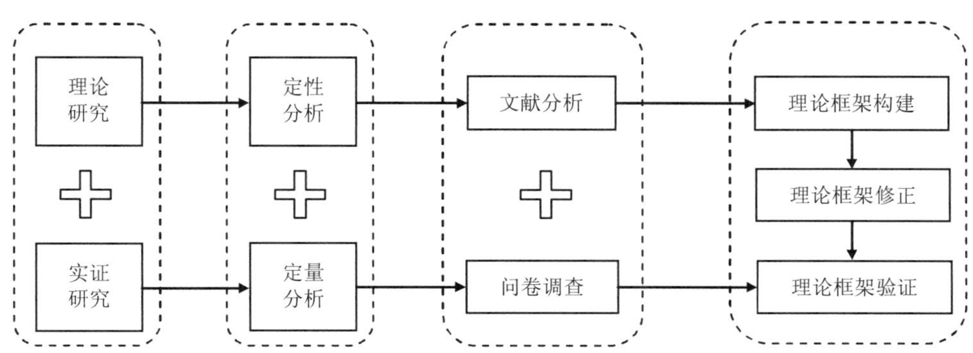

图 17-2-1　研究框架图

二、文献分析法

文献分析法即从现存的文献资料中挖掘事实与证据，探明研究对象的本质特征，并形成对研究主题的科学认识的方法。[1]与问卷调查、实地研究等方法相比，由于文献分析法不直接与研究对象接触，故而避免了因研究者的主观因素对研究对象所形成的干扰，也就在一定程度上避免了这种干扰所带来的数据收集偏差。本章主要采用检索工具查找及追溯查找两种方式，进行文献分析。首先，在确定研究主题后，利用检索工具以"环境污染冲突""群体性事件""处置机制""绩效""冲突治理"为关键词进行文献检索，筛选核心期刊及引用频率较高的文献。在阅读完所选文献后对研究问题形成初步理解，并根据文章中所列参考书目及论文进行追踪查找。在这一阶段，将引用频率较高的经典文献进行阅读、比较、梳理，据此提出初步的理论研究框架，并不断修改、完善。

三、问卷调查法

问卷法可以对变量进行直接收集与衡量，便于对理论模型进行定量处理和分析。同时，自填问卷可以避免因研究者的主观偏见而造成研究误差，能够较为客观、真实地还原环境群体性事件中处置机制的作用及结果。本章研究拟采用问卷调查法来了解人们对环境群体性事件治理过程中处置机制对于实现公共均衡和提升解决绩效的看法，以验证理论框架的合理性。

（一）问卷样本构成

本章问卷数据来源于北京航空航天大学环境治理和可持续性科学研究所（WEGSS）所发放的《环境群体性事件及其处置机制的调查问卷（参与者 B 卷）》。参与者即亲自参加或参与过该类事件的人，包括参与抗争、参与解决、参与调解等。问卷共分为五部分：第一部分为受访者的基本信息，包括性别、年龄、受教育程度、收入等；第二部分针对受访者参与环境群体性事件的基本情况及原因，包括事发地、污染类型、参与方式及表现形式等；第三部分主要关注参加的组织和群体及其参与程度；第四部分为事件的解决，主要针对事件发生各阶段处置机制的重要程度；第五部分对事件的解决效果进行评估。

自 2016 年 1 月至 9 月间，共发放问卷 1 692 份，回收问卷 1 232 份，问卷回收率为 72.8%，其中有效问卷 1 086 份，有效问卷比率为 80.1%。问卷的人口统计学变量特征如表 17-2-1 所示，显示了被调查者的多样性。

表 17-2-1 调查问卷的分布状况

	样本量	百分比/%		样本量	百分比/%
事件特征			（2）年龄		
（1）经济地域			20 岁及以下	137	12.7
经济发达地区	350	32.2	21～30 岁	404	37.3
经济欠发达地区	736	67.8	31～40 岁	270	24.9

1 袁方. 社会研究方法教程（重排本）[M]. 北京：北京大学出版社，2018.

	样本量	百分比/%		样本量	百分比/%
（2）城乡属性			41～50 岁	202	18.7
城市	262	24.7	51～60 岁	46	4.2
农村	375	35.4	61～70 岁	16	1.5
城乡接合部	423	39.9	71～80 岁	8	0.7
（3）抗争类型			（3）受教育程度		
静坐请愿	277	25.7	未曾上学	23	2.1
集体上访	495	46.0	小学及以下	57	5.3
集体打官司	200	18.6	初中	164	15.1
阻塞交通	233	21.6	高中/职高/中专/技校	136	12.5
游行示威	225	20.9	大学（专科和本科）	561	51.7
围堵和冲击污染企业	211	19.6	硕士	144	13.3
围堵和冲击党政机关	123	11.4	博士及以上	0	0
网上争议	283	26.3	（4）职业		
网络暴力	72	6.7	城市或农村居民	230	21.3
（4）污染类型			个体工商户	89	8.3
大气污染	551	20.7	公司企业	132	12.3
水污染	607	22.8	政府部门	164	15.2
固体废物污染	343	12.9	事业单位	381	35.3
噪声污染	367	13.8	社会组织	82	7.6
土壤污染	306	11.5	（5）月收入		
电磁辐射污染	86	3.2	1 500 元及以下	323	30.8
放射性污染	173	6.5	1 501～3 000 元	222	21.1
热污染	162	6.0	3 001～4 500 元	239	22.8
光污染	69	2.6	4 501～6 000 元	177	16.9
个体特征			6 001～7 500 元	30	2.9
（1）性别			7 501～8 000 元	24	2.3
男性	669	61.9	8 001～9 500 元	16	1.5
女性	411	38.1	9 501 元以上	19	1.8

（二）问卷信度

问卷的信度与效度是检验该问卷是否具备科学性的重要指标。信度即可信程度，是问卷测量工具与检验结果的一致性、稳定性和一贯性程度。因为本章研究主要采用 Likert 五分量表，在对问卷信度测评上选取针对 Likert 式量表的 Cronbach's α 系数，系数越接近于 1，则表明问卷的可信程度越高。经检验（表 17-2-2），该问卷的 Cronbach's α 系数为 0.940，表明问卷的信度甚佳。

表 17-2-2 Cronbach's α 系数说明

数值	信度解释
0.9～1	测验或量表信度非常理想
0.7～0.9	测验或量表信度可以接受
0.5～0.7	测验或量表应进行较大修订
＜0.5	测验或量表不可信

注：通常情况下，量表信度大于 0.7 才可被接受。

第三节 研究结果

本节要点 本节验证了环境群体性事件处置机制对改善个体均衡感知的正向显著作用及对解决绩效的显著影响，分析了环境群体性事件特征对于处置机制与个体均衡的调节作用。

一、环境群体性事件处置机制对公共均衡与非均衡的作用验证

为了验证环境群体性事件的六个处置机制与公共均衡与非均衡之间是否存在相关关系，本章研究对其进行了卡方检验。卡方检验属于非参数检验的一种，针对两个及两个以上的样本率（构成比）以及两个分类变量间的关联性进行分析，其根本思想在于比较理论频数和实际频数的吻合程度或拟合优度问题。在显著性水平小于 0.05 时，应当认为在不同条件下结果是不同的。本章对所收集的问卷调查数据进行了卡方检验，结果如表 17-3-1 所示。

表 17-3-1 处置机制与个体均衡值之间的卡方检验

变量		事前预防机制	信息沟通、信任利益协调机制	动员、应急和权责机制	监督、法律和保障机制	协同创新机制	善后处理机制
事后个体均衡值	卡方（χ^2）	1 357.45**	2 425.145**	1 962.103*	2 715.460**	1 191.337**	1 773.095
	渐进显著性（双侧）	0.009	0.002	0.019	0.001	0.002	0.387
个体均衡值冲突前后差值	卡方（χ^2）	5 456.661**	6 484.633**	7 229.171**	9 312.700**	4 230.087**	5 760.965
	渐进显著性（双侧）	0.004	0.001	0.005	0.001	0.002	0.267

注：** 在 0.01 水平（双侧）上显著相关，* 在 0.05 水平（双侧）上显著相关。

问卷的受访者为参与过环境群体性事件的个体，而公共均衡则是一个群体的概念。因此，本章在验证处置机制对公共均衡的作用时，选取个体均衡值作为自变量。通过对被调查者个体均衡值与六个机制的作用评价进行考察，来验证环境群体性事件处置机制对于改善公共均衡的作用。同时，为了提高研究的严谨性与可信度，选取事后个体均衡值和个体

均衡值冲突前后差值两个变量进行验证，以探明处置机制与公共均衡之间的关系。

检验结果（表 17-3-1）表明，卡方检验除善后处理机制外，其余五个处置机制的显著性水平均小于 0.05，故可以认为五个处置机制对于个体均衡结果的差异具有统计学意义。换句话说，在环境群体性事件的治理过程中，事前预防机制，信息沟通、信任和利益协调机制，动员、应急和权责机制，监督、法律和保障机制，协同创新机制对于个体均衡值及个体均衡值冲突前后差值的改善均存在显著的影响。由于个体均衡的感知直接影响到公共均衡，除善后处理机制外的五个处置机制对于公共均衡同样存在影响。

为了进一步验证个体均衡与环境群体性事件的处置机制是否存在相关关系，本章对问卷调查数据进行了 Pearson 相关分析，结果如表 17-3-2 所示。结果表明，除善后处理机制外，其余五个机制与事后个体均衡值及个体均衡值冲突前后差值之间的显著性水平均小于 0.05，且相关系数均为正。环境群体性事件中事前预防机制，信息沟通、信任和利益协调机制，动员、应急和权责机制，监督、法律和保障机制、协同创新机制五个机制与个体均衡之间具有显著的正向相关关系。同时，个体均衡值冲突前后差值与五个机制的相关性系数及显著性水平均优于事后个体均衡值的检验结果。另外，统计结果显示，与事后个体均衡值相比，个体均衡值冲突前后差值与环境群体性事件的五个处置机制之间的相关性更强，这也进一步印证了处置机制对于改善个体均衡感知的正向显著作用。

表 17-3-2　处置机制与个体均衡值之间的相关性分析

变量		事前预防机制	信息沟通、信任利益协调机制	动员、应急和权责机制	监督、法律和保障机制	协同创新机制	善后处理机制
事后个体均衡值	相关性	0.079**	0.096**	0.072*	0.099**	0.094**	0.026
	显著性	0.009	0.002	0.019	0.001	0.002	0.388
	个案数	1077	1077	1077	1077	1077	1077
个体均衡值冲突前后差值	相关性	0.090**	0.104**	0.086**	0.106**	0.097**	0.034
	显著性	0.004	0.001	0.005	0.001	0.002	0.267
	个案数	1 047	1 047	1 047	1 047	1 047	1 047

注：** 在 0.01 水平（双侧）上显著相关，* 在 0.05 水平（双侧）上显著相关。

二、环境群体性事件处置机制对解决绩效作用的验证

对于环境群体性事件处置机制与解决绩效之间的关系验证，本章同样采用了卡方检验。结果表明（表 17-3-3），环境群体性事件的解决绩效与六个机制之间的卡方检验显著性水平小于 0.001，因此可以拒绝“在处置机制发挥不同作用的情况下，环境群体性事件的解决绩效是相同的”这一假设。依据所收集问卷数据的检验结果，本章认为环境群体性事件的处置机制对于事件的解决绩效有显著影响。

表 17-3-3 处置机制与绩效之间的卡方检验

变量		事前预防机制	信息沟通、信任利益协调机制	动员、应急和权责机制	监督、法律和保障机制	协同创新机制	善后处理机制
绩效	卡方（χ^2）	6 472.804**	7 440.786**	7 116.069**	10 109.999**	5 208.124**	7 450.062**
	渐进显著性（双侧）	0.000	0.000	0.000	0.000	0.000	0.000

注：** 在 0.01 水平（双侧）上显著相关，* 在 0.05 水平（双侧）上显著相关。

为了进一步验证环境群体性事件处置机制与事件解决绩效之间的相关关系，进行了 Pearson 相关分析。结果（表 17-3-4）表明，六个处置机制与绩效之间相关关系的显著性水平均小于 0.001，即环境群体性事件的六个处置机制与事件解决绩效之间具有显著的正向相关关系。

表 17-3-4 处置机制与绩效之间的相关性分析

变量		事前预防机制	信息沟通、信任利益协调机制	动员、应急和权责机制	监督、法律和保障机制	协同创新机制	善后处理机制
绩效	相关性	0.467**	0.372**	0.402*	0.442**	0.344**	0.453**
	显著性	0.000	0.000	0.000	0.000	0.000	0.000
	个案数	1077	1077	1077	1077	1077	1077

注：** 在 0.01 水平（双侧）上显著相关，* 在 0.05 水平（双侧）上显著相关。

三、环境群体性事件特征对于处置机制与个体均衡的调节作用分析

在之前章节的研究中发现，环境群体性事件的属性对于公共均衡值具有调节作用。[1]因此，本章研究分别对环境群体性事件的城乡属性、污染类型、抗争类型在处置机制与个体均衡值之间关系的调节作用进行分组 Pearson 相关分析。结果（表 17-3-5）表明，环境污染群体性的事件属性对环境群体性事件的处置机制与个体均衡的之间关系具有调节作用，表现为不同组别之间的相关系数及显著性差异。

就环境群体性事件的城乡属性而言，在城市发生的环境污染冲突事件中，信息沟通、信任和利益协调机制，动员、应急和权责机制，协同创新机制与冲突后个体均衡值之间存在显著的正向相关关系，信息沟通、信任和利益协调机制和协同创新机制同样对于城市环境群体性事件的个体均衡值冲突前后感知差值具有显著的正向作用。对于发生在农村与城乡接合部的环境群体性事件而言，监督、法律和保障机制对于事后个体均衡值有显著的正向作用，而事前预防机制，信息沟通、信任和利益协调机制，动员、应急和权责机制和监督、法律和保障机制四个处置机制对个体均衡值冲突前后差值具有显著的正向作用。在城乡接合部发生的环境群体性事件中，仅监督与保障机制与事后个体均衡值和个体均衡值冲突前后差值之间的检验结果呈显著正相关。

1 参见第六章中“模型的回归检验和事件特征的调节作用”。

表 17-3-5　环境群体性事件特征对于处置机制与个体均衡的调节作用分析

			事后个体均衡值与处置机制相关性						个体均衡值前后差值与处置机制相关性					
			事前	利益	应急	监督	协同	善后	事前	利益	应急	监督	协同	善后
A.城乡属性	城市	相关系数	0.097	0.188**	0.139*	0.089	0.164**	0.011	0.092	0.177**	0.123	0.070	0.144*	0.002
		显著性	0.118	0.002	0.025	0.150	0.008	0.859	0.148	0.005	0.052	0.266	0.022	0.972
	农村	相关系数	0.096	0.093	0.068	0.112*	0.048	0.000	0.131*	0.117*	0.120*	0.150**	0.074	0.037
		显著性	0.065	0.073	0.188	0.031	0.352	0.998	0.013	0.026	0.022	0.004	0.162	0.478
	城乡接合部	相关系数	0.061	0.048	0.036	0.100*	0.086	0.049	0.062	0.053	0.047	0.105*	0.092	0.051
		显著性	0.215	0.329	0.458	0.040	0.078	0.317	0.213	0.282	0.342	0.035	0.064	0.305
B.抗争类型	暴力抗议	相关系数	0.096	0.034	0.025	0.096	0.063	0.017	0.123*	0.065	0.046	0.126*	0.089	0.048
		显著性	0.104	0.564	0.671	0.105	0.287	0.778	0.038	0.272	0.443	0.034	0.134	0.417
	非暴力抗议	相关系数	0.069*	0.094**	0.065	0.093**	0.106**	0.011	0.081*	0.100**	0.088**	0.104**	0.111**	0.027
		显著性	0.040	0.005	0.052	0.005	0.001	0.736	0.017	0.003	0.009	0.002	0.001	0.426
	网络抗议	相关系数	0.117*	0.099	0.099	0.118*	0.077	0.023	0.136*	0.124*	0.103	0.139*	0.086	0.051
		显著性	0.040	0.082	0.081	0.038	0.176	0.692	0.018	0.031	0.073	0.015	0.136	0.380
C.污染类型	大气污染	相关系数	0.087*	0.085*	0.065	0.104*	0.099	0.001	0.096*	0.085*	0.079	0.117**	0.106*	0.011
		显著性	0.042	0.047	0.129	0.015	0.021	0.983	0.026	0.048	0.068	0.007	0.014	0.800
	水污染	相关系数	0.056	0.033	−0.011	0.040	0.071	0.019	0.056	0.032	−0.007	0.048	0.080	0.035
		显著性	0.173	0.412	0.779	0.333	0.080	0.068	0.177	0.438	0.872	0.245	0.052	0.395
	固体废物	相关系数	0.001	0.040	0.024	−0.009	0.066	0.008	0.011	0.058	0.009	−0.009	0.056	0.025
		显著性	0.984	0.460	0.653	0.868	0.225	0.884	0.842	0.296	0.866	0.865	0.309	0.651
	噪声污染	相关系数	0.016	0.043	0.017	−0.023	−0.010	−0.015	0.069	0.092	0.066	0.047	0.030	0.051
		显著性	0.763	0.414	0.753	0.657	0.847	0.780	0.192	0.080	0.210	0.371	0.571	0.333
	土壤污染	相关系数	0.118*	0.054	0.050	0.158**	0.045	0.055	0.144*	0.073	0.089	0.179**	0.050	0.084
		显著性	0.041	0.349	0.380	0.006	0.439	0.338	0.013	0.211	0.126	0.002	0.388	0.148
	电磁辐射	相关系数	0.121	0.181	0.143	0.168	0.030	0.206	0.109	0.154	0.052	0.083	−0.009	0.159
		显著性	0.269	0.098	0.192	0.124	0.784	0.059	0.339	0.170	0.645	0.460	0.935	0.156
	放射性污染	相关系数	0.022	0.045	0.088	0.096	0.013	0.027	0.106	0.041	0.100	0.149	0.038	0.079
		显著性	0.774	0.556	0.256	0.212	0.865	0.727	0.177	0.602	0.199	0.056	0.624	0.311
	热污染	相关系数	−0.026	0.065	0.061	0.059	0.140	−0.008	−0.032	0.066	0.057	0.051	0.131	−0.013
		显著性	0.747	0.415	0.441	0.456	0.078	0.919	0.692	0.412	0.475	0.523	0.101	0.869
	光污染	相关系数	0.111	0.154	0.099	−0.063	−0.067	0.033	0.214	0.263*	0.188	0.045	0.016	0.168
		显著性	0.366	0.205	0.418	0.606	0.586	0.788	0.079	0.030	0.124	0.714	0.894	0.170

注：** 在 0.01 水平（双侧）上显著相关，* 在 0.05 水平（双侧）上显著相关。

就抗争类型而言，在暴力抗议中，事前预防机制和监督、法律和保障机制与个体均衡值冲突前后差值呈显著正相关。在非暴力抗议中，除善后处理机制和动员、应急和权责机制外，其余四机制对事后个体均衡值和个体均衡值冲突前后差值均有显著的正向作用。应急机制与非暴力抗议中个体均衡值前后差值同样呈显著正相关。对于网络抗议的环境群体性事件，事前预防机制和监督、法律和保障机制与冲突后个体均衡值呈显著正相关；同时，事前预防机制，信息沟通、信任和利益协调机制与协同创新机制对个体均衡值前后差值有正向作用。

在大气污染中，事前预防机制，信息沟通、信任和利益协调机制，监督、法律和保障机制三者对于冲突后个体均衡值和前后差值的提升有促进作用，监督、法律和保障机制与冲突前后个体均衡差值同样呈正相关。对于土壤污染类群体事件而言，事前预防机制和监督、法律和保障机制对事后个体均衡感知及个体均衡前后差异起到正向作用。在光污染类事件中，信息沟通、信任和利益协调机制对个体均衡值前后差值起明显作用。

四、环境群体性事件特征对处置机制与解决绩效的调节作用分析

为了验证环境群体性事件特征对处置机制与解决绩效之间关系是否具有调节作用，同样选取城乡属性、抗争类型和污染类型三个要素对处置机制与解决绩效之间的关系进行分组相关分析，分组检验结果如表 17-3-6 所示。

表 17-3-6 环境群体性事件特征对于处置机制与绩效的调节作用分析

<table>
<tr><td colspan="3" rowspan="2"></td><td colspan="6">绩效与处置机制相关性</td></tr>
<tr><td>事前</td><td>利益</td><td>应急</td><td>监督</td><td>协同</td><td>善后</td></tr>
<tr><td rowspan="6">A.
城乡
属性</td><td rowspan="2">城市</td><td>相关系数</td><td>0.355**</td><td>0.137*</td><td>0.255**</td><td>0.321**</td><td>0.363**</td><td>0.362**</td></tr>
<tr><td>显著性</td><td>0.000</td><td>0.027</td><td>0.000</td><td>0.000</td><td>0.000</td><td>0.000</td></tr>
<tr><td rowspan="2">农村</td><td>相关系数</td><td>0.515**</td><td>0.447**</td><td>0.459**</td><td>0.486**</td><td>0.374**</td><td>0.540**</td></tr>
<tr><td>显著性</td><td>0.000</td><td>0.000</td><td>0.000</td><td>0.000</td><td>0.000</td><td>0.000</td></tr>
<tr><td rowspan="2">城乡接合部</td><td>相关系数</td><td>0.499**</td><td>0.456**</td><td>0.441**</td><td>0.478**</td><td>0.329**</td><td>0.442**</td></tr>
<tr><td>显著性</td><td>0.000</td><td>0.000</td><td>0.000</td><td>0.000</td><td>0.000</td><td>0.000</td></tr>
<tr><td rowspan="6">B.
抗争
类型</td><td rowspan="2">暴力抗议</td><td>相关系数</td><td>0.393**</td><td>0.269**</td><td>0.338**</td><td>0.391**</td><td>0.340**</td><td>0.434**</td></tr>
<tr><td>显著性</td><td>0.000</td><td>0.000</td><td>0.000</td><td>0.000</td><td>0.000</td><td>0.000</td></tr>
<tr><td rowspan="2">非暴力抗议</td><td>相关系数</td><td>0.471**</td><td>0.377**</td><td>0.396**</td><td>0.440**</td><td>0.329**</td><td>0.444**</td></tr>
<tr><td>显著性</td><td>0.000</td><td>0.000</td><td>0.000</td><td>0.000</td><td>0.000</td><td>0.000</td></tr>
<tr><td rowspan="2">网络抗议</td><td>相关系数</td><td>0.429**</td><td>0.346**</td><td>0.396**</td><td>0.451**</td><td>0.359**</td><td>0.473**</td></tr>
<tr><td>显著性</td><td>0.000</td><td>0.000</td><td>0.000</td><td>0.000</td><td>0.000</td><td>0.000</td></tr>
</table>

			绩效与处置机制相关性					
			事前	利益	应急	监督	协同	善后
C.污染类型	大气污染	相关系数	0.463**	0.345**	0.352**	0.455**	0.324**	0.452**
		显著性	0.000	0.000	0.000	0.000	0.000	0.000
	水污染	相关系数	0.403**	0.290**	0.337**	0.369**	0.276**	0.403**
		显著性	0.000	0.000	0.000	0.000	0.000	0.000
	固体废物	相关系数	0.482**	0.391**	0.376**	0.455**	0.346**	0.436**
		显著性	0.000	0.000	0.000	0.000	0.000	0.000
	噪声污染	相关系数	0.569**	0.491**	0.482**	0.534**	0.423**	0.558**
		显著性	0.000	0.000	0.000	0.000	0.000	0.000
	土壤污染	相关系数	0.405**	0.343**	0.404**	0.433**	0.263**	0.379**
		显著性	0.000	0.000	0.000	0.000	0.000	0.000
	电磁辐射	相关系数	0.299**	0.339**	0.266**	0.272*	0.399**	0.212
		显著性	0.005	0.001	0.014	0.012	0.000	0.052
	放射性污染	相关系数	0.359**	0.269**	0.267**	0.340**	0.195*	0.316**
		显著性	0.000	0.000	0.000	0.000	0.011	0.000
	热污染	相关系数	0.374**	0.268**	0.257**	0.377**	0.215**	0.289**
		显著性	0.000	0.001	0.001	0.000	0.006	0.000
	光污染	相关系数	0.410**	0.477**	0.384**	0.462**	0.375**	0.394**
		显著性	0.000	0.000	0.001	0.000	0.001	0.001

注：** 在 0.01 水平（双侧）上显著相关，* 在 0.05 水平（双侧）上显著相关。

就城乡属性而言，农村环境群体性事件中六个处置机制与绩效之间的相关系数最大，其次是城乡接合部。也就是说，相较于城市和城乡接合部，农村中发生的环境群体性事件的六个处置机制对于事件解决绩效的解释力最强。就城市而言，与事件解决绩效相关性最高的是协同创新机制，其次是善后处理机制。在农村环境冲突事件中，最高的为善后处理机制，其次为事前预防机制。事前预防机制，监督、法律和保障机制与城乡接合部环境群体性事件的解决绩效相关性较大。

在不同抗争类型的环境群体性事件中，处置机制与解决绩效的相关性也不尽相同。在暴力抗议和非暴力抗议事件中，善后处理机制、事前预防机制与解决绩效之间的相关性较强。而对于网络抗议的群体性事件而言，对解决绩效起主要影响的则是善后处理机制，监督、法律和保障机制。

另外，污染类型对于环境群体性事件处置机制与解决绩效之间的关系同样起到调节作用。在大气污染、水污染、固体废物污染、噪声污染和放射性污染类事件中，事前预防机制与解决绩效之间的相关性最强。对于土壤污染和热污染类群体性事件，监督、法律和保障机制与解决绩效的相关性最高。相较于其他五个处置机制，协同创新机制对于电磁辐射污染类群体性事件的解决绩效影响最大。问卷调查的检验结果表明，在不同类型的环境群体性事件解决过程中，应在处置机制中有所侧重，以实现事件的合理、有效解决。

第四节 讨 论

本节要点 本节讨论了环境群体性事件处置机制与公共均衡和解决绩效的关系，提出进行有针对性的环境群体性事件治理。

一、环境群体性事件处置机制与公共均衡

查尔斯•蒂利等所提出的解释集体行为、社会运动、革命等行为的抗争政治理论认为，“斗争政治是对政治机遇和限制所发生的变化的响应，是社会参与者对物质的和意识形态的、党派基础的和群众基础的、长久的和暂时的各种物质刺激作出的反应”。[1]从这一角度来理解环境群体性事件，可以发现其带有明显的抗争性。这种抗争性突出表现在因环境群体性事件中各方利益诉求不同而导致的矛盾与冲突。[2]但环境群体性事件的发生与否，不仅受到因利益冲突而导致的抗争力量与抗争意愿的影响，同时也受社会控制力的影响。当社会的控制力小于反抗力时，社会陷入公共非均衡的状态，群体倾向于采取消极的反抗行为，环境群体性事件由此发生。因此，环境群体性事件治理中的一个重点即为改变群体性事件中控制力与反抗力的力量对比，恢复公共均衡，维持社会的正常秩序。

在环境群体性事件治理过程中，事前预防机制，监督、法律和保障机制，信息沟通、信任和利益协调机制，动员、应急和权责机制，协同创新机制有助于改变“控制-反抗”力量对比，实现公共均衡。其中，监督、法律和保障机制，信息沟通、信任和利益协调机制，协同创新机制与冲突后的个体均衡和个体均衡前后对比的相关性最高。因此，在环境群体性事件发生后的治理阶段，为实现公共均衡，平息冲突事态，第一，应关注对利益受损方的物质保障、精神保障，同时建议完善法律与监督体系；第二，应加强环境群体性事件参与各方的利益交流、沟通与协调，达成各方的互信与谅解；第三，需注重各方的协同参与并不断创新处理机制，采用新技术新设备等，适应时代的变化和发展。

冲突后的公共均衡值反映了环境群体性事件发生后，公众可使用的控制力与反抗力的对比情况，一方面代表了事件的治理结果，另一方面也是监测是否仍然存在群体性冲突潜在风险的重要指标。群体性冲突发生前后的公共均衡值对比同时也能在一定程度上反映群体性事件的治理效果。因此，对于群体性事件发生后公共均衡情况以及冲突前后公共均衡对比的研究，二者缺一不可。

二、环境群体性事件处置机制与解决绩效

在环境群体性事件的事后评价阶段，如果说公共均衡代表了社会控制力和反抗力量对

1 西德尼•塔罗. 运动中的力量[M]. 吴庆宏，译. 南京：译林出版社，2005：13.

2 张明军，陈朋. 2011 年中国社会典型群体性事件的基本态势及学理沉思[J]. 当代世界与社会主义（双月刊），2012（1）：140-146.

比的变化，体现冲突是否较为彻底地解决还是依然存在冲突风险，那么事件解决绩效则是处置过程和处置效果的综合表达，代表了对于环境污染治理有效性的评价。对于环境群体性事件治理后公共均衡和解决绩效二者的测量，构成了环境群体性事件处置结果评价的完整体系。

自20世纪80年代以来，西方国家掀起了新公共管理改革，在公共部门中引入明确的绩效规范和绩效评估，将公共部门的目标转化为清晰的、可量化的考核指标，对于提高公共部门的运作效率起到了积极的作用。[1]就环境群体性事件而言，科学合理的绩效管理有助于厘清环境群体性事件解决的关键问题与解决要点，实现对事件的研判、控制、引导和优化，推动事件解决政策制定的科学化进程。

公共均衡与非均衡理论中所建立的环境群体性事件解决绩效包含经济性、效率性、效果性、公平性、民主性、法治性六个方面，将传统政府绩效评估中的“3E”评估框架拓展至“3E+公平+民主+法治”，使其更符合我国的国情与现实需求。在环境群体性事件治理过程中，事前预防机制，监督、法律和保障机制，信息沟通、信任和利益协调机制，动员、应急和权责机制，协同创新机制与善后处理机制对提高事件解决绩效均有显著作用。因此，在环境群体性事件的治理过程中，不应仅依赖某一处置机制的单一作用，而是应建立系统的全局观，以实现最佳的解决绩效。环境群体性事件处置机制在提升事件解决绩效的同时，也直接反映了人民对于事件解决结果的感知与满意程度。换句话说，环境群体性事件处置机制的有效发挥，会直接提升人民对于政府的满意程度，对于实现国家与社会的良性互动有着积极的作用。

三、根据事件类型进行有针对性的环境群体性事件治理

环境群体性事件的城乡属性、抗争类型和污染类型均会对环境群体性事件治理过程中处置机制所发挥的作用产生影响。

就城乡属性而言，在我国城市化过程中，城乡接合部依托地理位置优势成为城市化发展的前沿阵地。城乡接合部也因此成为利益冲突聚集、社会矛盾尖锐、群体性冲突事件频发的地带。[2]因为城乡接合部的群体性冲突大多涉及多元政府主体，监管不便、权属交错等问题使得其在冲突后实现公共均衡的过程更加复杂。发生在城乡接合部的环境群体性事件的平息仅与监督、法律和保障机制存在显著的相关性，一方面印证了城乡接合部环境群体性事件的处置难度，另一方面说明政府在实现城乡接合部公共均衡的过程中，应重点加强监督与保障工作，尤其是对冲突群体进行物质保障、精神保障，建立健全法律体系和监督预警机制，以实现冲突发生后的快速平息，达成各方的谅解与合作。

在对群体性事件处置效果的评价上，城市、农村与城乡接合部同样存在差异。发生于农村和城乡接合部的环境群体性事件中处置机制与解决绩效的相关性要高于城市。这说明在同样的处置机制作用下，农村及城乡接合部居民对于环境群体性事件解决结果中经济性、效率性等方面的评价要高于城市居民。导致这种现象的原因可能是由城乡社会经济发

1 赵成根. 新公共管理改革——不断塑造新的平衡[M]. 北京：北京大学出版社，2007.

2 史云贵，赵海燕. 我国城乡结合部的社会风险指标构建与群体性事件预警论析[J]. 社会科学研究，2012（1）：68-73.

展水平、对于生存环境的要求、权利意识、城乡居民个人期望的差异所导致的。因此，在城市环境群体性事件的治理过程中，更应充分发挥处置机制的作用，提升政府的治理能力和水平，以提高城市居民的满意度。

环境群体性事件的抗争类型对处置机制与公共均衡和解决绩效两者的相关关系也具有调节作用。网络的发展加速了舆情的扩散，网络抗议也成为环境群体性事件的一种表达形式。这一方面为民众不满情绪的宣泄提供了出口，另一方面也为网络与现实的群体性冲突事件的互动提供了机会，导致因物质利益冲突而引发的群体性事件频率的提高。[1]对于网络抗议类环境群体性事件的处置平息和实现公共均衡，应加强冲突各方的利益协调，缓解民众情绪。同时，加强事前预防工作和善后处理工作，避免网络抗议事件的影响进一步扩大。而对于暴力抗议事件，应重点聚焦于事前预防机制和善后处理机制在事件治理中的作用。这是因为暴力抗议事件一般都经历了群体冲突不断积累、利益矛盾无法调和、各方对矛盾没有及时响应等过程，导致群体情绪暴发，采取暴力抗议这一极端行为。在这一阶段，一方面应进行及时有效的预警、预防工作，使矛盾在上升为暴力抗议之前得以调和；另一方面应加强暴力冲突后的善后处理工作，对受害方进行利益补偿，并持续监督与保障，以实现群体合作，避免群体冲突，从而实现公共均衡。

非暴力抗议和网络抗议类环境群体性事件中处置机制与解决绩效的相关性要略高于暴力类抗议事件。当环境污染事件中各方的矛盾冲突上升为暴力冲突之后，参与者对于事件解决中经济性、效率性、效果性等方面的要求更高，相对满足感更低。为了提升暴力冲突的解决绩效，政府应重点加强事前预防工作，做好社会稳定风险评估、预测及预警，以避免事态的升级；同时做好善后处理工作，例如对群体冲突事件的持续监督与及时反馈，对因环境污染而受损的居民进行利益补偿等。

污染类型对于处置机制与公共均衡、处置机制与解决绩效之间的关系也会产生一定的影响。就平息群体冲突、实现公共均衡而言，大气污染类群体性冲突事件中应重点加强事前预防、利益协调、监督与保障、协同创新等方面的工作。在土壤污染类群体性事件中，应注重事前预防机制和监督、法律和保障机制在冲突治理中的作用。对于光污染类群体性事件，信息沟通、信任和利益协调机制对实现公共均衡则起到主要作用。

在处置机制与解决绩效之间的关系上，在大气污染、水污染、固体废物污染、噪声污染和放射性污染类事件中，事前预防工作最有利于提升绩效。对于土壤污染和热污染类群体性事件，监督、法律和保障机制则对绩效评价起到了主要作用。协同创新机制对于电磁辐射污染类群体冲突事件的解决绩效影响最大。

因此，在不同类型的环境群体性事件中，应在治理过程中各有侧重，建立分类型处置机制。相关学者已经对此提出了一些建议，例如强调地方政府和相关部门针对事后维权型环境群体性事件，应注重政府、群众、企业三方沟通；而对于事前维权型环境群体性事件，地方政府和相关部门应做到信息及时公开。[2]本章在此基础上进一步发展，对于发生在城乡

1 李阳华. 社会抗争与国家控制——基于群体性事件频发的分析[J]. 江淮论坛，2011（1）：139-143.

2 于鹏，张扬. 环境污染群体性事件演化机理及处置机制研究[J]. 中国行政管理，2015（12）：125-129.

不同地区，表现为不同的类型抗争形式，以不同类型的环境污染为主导的群体都应有针对性地采取不同类型的处置策略，以促进公共均衡的实现并提高事件的解决绩效。

第五节　结　论

本节要点　本节介绍了本章的主要结论。

环境群体性事件的频发反映了在我国经济与社会快速发展的过程中，民众逐渐提升的环境权益意识与相对滞后的社会治理体系之间的矛盾，民众不断增加的利益诉求表达意愿与不够通畅的表达渠道之间的矛盾。[1]环境污染治理以及突发的环境群体性事件应对都是复杂而艰巨的任务，其中涉及以政府为主导的多元治理主体的有效参与、常态化过程治理机制的建立、治理结果的评估、对公共均衡与非均衡的动态监测与风险预警等多个方面。这就对于提升转型时期国家治理能力、健全治理体系提出了更高的要求。

本章采用理论研究与实证研究、定性研究与定量研究相结合的研究方法，聚焦于环境群体性事件处置机制与公共均衡、处置机制与解决绩效之间的关系。首先，在文献分析的基础上初步建立了理论分析框架。其次，通过问卷调查法对所构建的理论框架进行验证。通过对问卷调查的数据分析，本章得出如下研究结论：①在环境群体性事件的治理中，事前预防机制，监督、法律和保障机制，信息沟通、信任和利益协调机制，动员、应急和权责机制，协同创新机制与善后处理机制对于事件平息、实现公共均衡具有积极作用；②在环境群体性事件的治理中，事前预防机制，监督、法律和保障机制，信息沟通、信任和利益协调机制，动员、应急和权责机制，协同创新机制与善后处理机制有利于提升事件解决绩效；③环境群体性事件的类型、城乡属性以及表现形式会影响处置机制与公共均衡与非均衡之间的关系；④环境群体性事件的类型、城乡属性以及表现形式对处置机制与事件解决绩效之间具有调节作用，因此不同种类的群体性事件应采取不同的处置策略；⑤对于环境群体性事件治理结果的评价，应从治理结果与公共均衡状态两个方面入手，前者代表事件在经济、效率、效果、公平、民主、法治等方面的实现情况，后者代表社会控制力与对抗力量的变化。

当然，本章的研究依然存在很多不足。在对不同污染类型下环境群体性事件处置机制与公共均衡间关系的分析中，由于样本量少以及治理难度大等原因，水污染、固体废物污染、噪声污染、电磁辐射污染、放射性污染和光污染类群体性事件中，处置机制和个体均衡之间并未呈现显著的相关关系。因此，对于不同污染类型下群体性事件处置机制的作用有待学者们进一步研究。但总体来说，本章的研究成果对于环境群体性事件中常态化治理机制的建立以及治理结果评价提供了一个较为系统、全面的视角，具有一定的理论意义和参考价值。

---

1 张明军，陈朋. 2011 年中国社会典型群体性事件的基本态势及学理沉思[J]. 当代世界与社会主义（双月刊），2012（1）：140-146.

第十八章　结论与政策建议

本章要点　本章首先回顾了本书对于公共均衡与非均衡理论、环境群体性事件的发生机理和处置绩效评估、事件处置机制的主要研究结论；其次，根据研究发现，总结了本书对群体性事件预防、评估、处置的政策建议；再次，基于公共均衡与非均衡理论提出了深化的多层次公共均衡与非均衡思维，并对事件预防、评估、处置进行再审视，进而提出建立全景式事件预防、评估、处置体系；最后，通过整合环境群体性事件处置机制和公共均衡与非均衡理论，提出在未来社会治理中要提高公共均衡的自我调节能力，建立强韧性社会、强活力社会。

随着中国特色社会主义建设进入新的时代，社会主要矛盾由“人民群众日益增长的物质文化需求同落后的社会生产力之间的矛盾”转变为“人民日益增长的美好生活需要同不平衡不充分的发展之间的矛盾”[1]，改革在逐渐进入深水区，面临着攻坚克难的重要任务。改革过程中，市场经济发展的多元化产生了更加多元复杂的利益关系，社会中同质群体内部、不同群体之间的接触与互动不断增多，矛盾冲突也在这一过程中逐渐浮出水面，成为不得不直接面对且亟待解决的社会治理问题。正如德国社会学家贝克的风险理论中所描述的“风险社会”那样，快速发展的中国社会聚积着多种矛盾，存在暴发社会冲突、影响社会安全稳定的风险。[2]为了更好地应对普遍存在的风险和冲突，就要对治理进行创新和变革[3]，及时化解社会中的矛盾和问题，进而将风险和冲突转变为社会发展的动力。

作为群体性事件重要类型之一的环境群体性事件曾在一段时期内频繁发生，造成了显著的社会影响，成为我国政府迫切需要解决的问题。虽然目前环境群体性事件的相关报道已经较少，但环境社会风险和环境污染引起的社会压力仍然存在。对这一问题进行深入研究对预防和处置环境社会风险、群体性事件，以及应对更为广泛的基层社会治理、社会转型和中国式现代化相关问题具有重要意义。通过对环境群体性事件的研究，本书提出了“公共均衡与非均衡”群体冲突新理论，揭示了社会冲突的基本原理，提出治理中应解放思想，更多地吸纳不同的参与主体，并兼顾其利益主张，允许社会民众能在政策制定环节充分地表达意见，同时还要不断健全和完善环境相关主体司法救济途径。本书的核心观点在于要

1 新华社. 决胜全面建成小康社会夺取新时代中国特色社会主义伟大胜利[R]. 北京，2017.

2 贝克，邓正来，沈国麟. 风险社会与中国——与德国社会学家乌尔里希·贝克的对话[J]. 社会学研究，2010（5）：208-246.

3 杨立华. 建设强政府与强社会组成的强国家——国家治理现代化的必然目标[J]. 国家行政学院学报，2018（6）：57-62，188.

建立公共均衡与非均衡思维，动态看待社会冲突和各类社会问题，促进沟通协调，通过促进社会韧性、社会活力及其体制保障的方式实现社会进步。

第一节　研究结论

本节要点　本节总结了全书的主要内容和研究结论。

一、构建公共均衡与非均衡群体冲突新理论

（一）提出“公共均衡与非均衡”理论的基本原理

通过对政治学、公共管理学、社会学和经济学等多个领域中经典群体冲突理论的深入梳理，结合中国现实情况、问题和思想传统，本书提出了基于“控制-反抗”逻辑的“公共均衡与非均衡”理论，并以此为基础揭示了环境群体性事件的发生机理，建立了系统性的事件处置机制。“公共均衡与非均衡”理论提出，公共相对利益满足感、公共维持或合作意愿、社会总约束力、公共可使用反抗力、公共反抗机会、社会总刺激六个核心变量共同决定了公共均衡值的大小和社会的和平或冲突状态。公共相对利益满足感、公共维持或合作意愿以及社会总约束力构成了社会的“总控制力”，公共可使用反抗力、公共反抗机会和社会总刺激构成了社会的“总反抗力”，二者的比值就是公共均衡值。公共均衡值大于1时社会整体和平或冲突基本解决，小于1时社会出现冲突，等于1时处于冲突边缘。本书认为群体性事件处置中可以通过相对增加分子，即相对增加“总控制力”，和相对减少分母，即相对减少“总反抗力”的方法，来使得公共均衡值不会出现小于1，防止社会冲突的出现。

“公共均衡与非均衡”理论实现了对现有群体冲突理论核心变量的整合，打通了群体冲突研究中个体行为和社会整体情况之间的联系，建立了统一的和整体性的分析框架，同时保持了核心理论的简约，开阔了群体冲突研究的视野。理论能够解释冲突为何发生与不发生，揭示了冲突动态演变的全过程，而且植根中国问题，突破了西方经典理论主导的局面。

（二）检验理论在环境群体性事件中的有效性

依据“公共均衡与非均衡”理论，本书进一步对环境群体性事件中公共均衡情况进行了检验。研究揭示群体性事件发生前公共均衡值大于1，而发生后小于1，且六个核心变量均对事件发生与否有显著影响。实证研究同时指出，不同的地域特征、城乡属性、抗争类型、人群特征等会使得事件中六个核心变量具有不同的敏感性，因此需要根据这些特征有针对性地进行冲突处置。在建立事件处置机制以后，本书还基于现实证据检验了所提出处置机制对公共均衡与非均衡及解决绩效的影响，验证了理论对理解事件发生机理和指导事件处置的重要作用。

（三）提出理论指导群体性事件解决的现实路径

“公共均衡与非均衡”理论及其公式指出，冲突的发生和解决是六个核心变量间相互

作用的整体结果，据此，本书建立了指导群体性事件解决的现实路径。本书提出，应从六个方面系统理解和应对冲突。对冲突的解决不应仅仅考虑个别核心要素，而应当从个体与社会两个层面以及六个核心变量同时入手，摆脱“碎片化”的思维和治理模式，充分形成各参与方沟通协调、各部门通力合作、各治理手段各尽其能以及全过程整体考虑的新治理模式，才能避免在治理过程中引起公共均衡的进一步破坏。

同时，本书发现不同群体事件中各核心变量可能产生不同的影响，因此有必要根据群体冲突事件及其参与群体的特征有针对性地应对冲突。例如，发达地区贫富差距更大，群体矛盾多元，而非正式制度的约束力较低，因此更需要正式制度维持社会正常运转。就城乡属性而言，城市中社会总刺激和社会总约束对群体性事件发生的影响最为显著，而农村地区公共相对利益满足感则是最主要的因素。因此，要对群体性冲突进行有效化解，就要有针对公共均衡中的主要因素和主要矛盾开展行动。

在此基础上，研究指出在冲突动态演变的全过程中公共均衡值及其六个核心变量都时刻处于变化之中，因此需要采取符合阶段的对策措施。在原公共均衡阶段，冲突仍处于潜伏状态，因此提前对问题进行预警和化解更为重要。在群体性事件发生之后，公共均衡被破坏，因此需要防止处置措施造成社会总刺激的上升和公共合作意愿的下降，同时应促进沟通协调，以推动公共非均衡状态逐渐向均衡状态转变，实现事件的和平解决。基于公共均衡动态调整的原理，本书进一步提出要解放思想、包容公共均衡动态调整、保持社会活力，最终建立强韧性社会、强活力社会。

二、揭示事件发生机理和建立解决绩效评估框架

环境群体性事件是群体性事件的一个类别，是因为在环境资源领域的利益诉求得不到满足而出现的以群体形式表达诉求的冲突事件。本书首先结合典型案例、问卷调查和实地调研，分析了当时我国环境群体性事件的特征，指出事件多发生在东部经济较发达地区，大规模事件发生频率较高，且组织化程度日益提高。同时，事件中社会舆论和互联网的影响也显著提高。事件暴发前，参与方多希望从体制内途径解决问题，因解决无果而冲突激化。在事件中，已经造成了环境污染、健康危害等的反应型事件暴力化程度较高，而预防型事件暴力化程度较低。从主体角度，政府对事件解决起主导作用，专家学者等多元协作主体参与则为事件解决提供了新方案。

（一）揭示环境群体性事件发生机理

基于“公共均衡与非均衡”理论，本书揭示了事件发生机理。事件都是从公共均衡状态开始。当引发环境群体性事件的诱源和诱因出现后，环境污染的特征、社会结构条件和社会控制水平共同导致公共均衡中六个核心变量的变化，使得公共均衡中的“总控制力”下降、“总反抗力”上升，形成了行动机会。接着，经由各参与者通过概化信念的激活与组织动员过程，公共可使用反抗力、公共反抗机会持续增加，并最终经过各参与方的利益计算及角色与策略的选择产生行动，导致冲突和公共非均衡的出现。在公共非均衡出现以后，参与方之间的进一步互动将持续对公共均衡产生影响。当冲突规模膨胀、情绪激化、

外部支持增加，公共均衡可能进一步破坏而导致冲突升级；当抗争风险过大或公共可使用反抗力枯竭，冲突可能产生僵局；而合理的处置手段能够降低“总反抗力”、提高“总控制力”，使得冲突得到解决，重新回到公共均衡的状态。

在这一过程中，环境要素同样会对公共均衡的核心变量产生影响，进而影响公共均衡的状况。例如，研究指出，群体环境对事件主体影响最大，当同一个村、一个小区或一个区域的居民面对相同的处境时，会由于更强的身份认同感进行组织动员，获得更强的反抗力和反抗机会。舆论环境使得公众更容易组织起来，增加了公共可使用反抗力和反抗机会，同时扩大了社会总刺激，因而同样对事件发展有显著影响。社区环境和政策环境也会对群体性事件造成影响。一方面，社区行动的组织动员能力影响了公众和使用的反抗力和反抗机会；另一方面，政府行为和政策环境则影响了社会总约束力和社会总刺激的强度。

（二）分析群体性事件参与主体及其要素和结构

从事件发生机理出发，本书从各主体，各主体的要素，以及各主体的参与结构角度进一步分析了事件中 10 种参与主体对事件处置的影响。从各主体自身来看，城市居民因为其资源优势和较高的合作意愿，往往能够更好地实现公共均衡和事件处置。污染制造者与政府部门的参与和互动对事件处置效果影响更大，但其影响取决于其回应、合作、隐瞒、对抗等行动方式对公共均衡产生的不同影响。除此之外，新闻媒体、专家学者、国际组织等其他主体通过传播信息、协同处置等对公共均衡产生影响，但通常不会决定事件处置的最终结果。从主体的能力资源、利益诉求、互动时间地点和事项、互动方式和程度等要素角度，主体角色、互动时间地点与事项的匹配以及合作的互动方式能够正向促进事件处置结果，而各主体的能力资源差距、利益诉求对立则有负向影响。结构上，研究进一步揭示了多元利益主体在事件中的“冲突-处置”“冲突-处置-干预”“冲突-处置-干预-参与”三种参与结构及其转换，指出这种转换是寻求第三方介入和其他社会主体参与的结果。综合这三个方面，本书指出多主体推动下的要素均衡和结构均衡能够促进公共均衡的实现，推动事件解决。

（三）建立环境群体性事件解决的 VPP 整合性评估框架及指标体系

为了推动事件解决水平的提升，本书进一步构建了环境群体性事件解决绩效的 VPP 整合性评估框架及指标体系。这一评估指标体系从“价值取向-阶段特征-参与主体”角度出发，涵盖六个维度，即经济性、效率性、效果性、公平性、民主性和法治性，包含 131 个指标，有效评估了环境群体性事件的解决绩效，促进了相关实证研究的开展，推进了指标体系建设的本土化发展，同时揭示了事件处置中的管控重点。

三、构建和分析环境群体性事件处置机制

（一）提出环境群体性事件的六项处置机制

依据“公共均衡与非均衡”群体冲突新理论，本书对环境群体性事件展开系统研究，构建了包含事前预防机制，信息沟通、信任和利益协调机制，动员、应急和权责机制，监督、法律和保障机制，协同创新机制和善后处理机制六个构成要素的完整事件处置机制。

通过实证研究，本书提出，事件处置机制中对事件解决效果影响从大到小分别是动员、应急和权责机制，事前预防机制，善后处理机制，信息沟通、信任和利益协调机制，监督、法律和保障机制，协同创新机制。完善这些机制有利于环境群体性事件的预防及治理。

在此基础上，研究还指出，事件发生的地域、规模、暴力程度对事件处置机制与处置效果之间的关系具有调节作用。从事件发生的城乡地域来看，由于城市居民更加重视权益的维护和决策过程中的知情权和参与权，同时具有较高的沟通合作意愿，相关事件处置的信息沟通、信任和利益协调机制对结果具有更大的影响。相应地，农村地区冲突暴发时污染一般已经发生了很多年，造成了直接的利益损失，居民更容易高情绪参与，公共非均衡更加严重，因此应急处置机制对解决效果影响更加显著。从事件规模来看，大规模事件中当事人的情绪化和非理性更加明显，社会总控制力较低，因此需要更加注重应急处置和沟通协调。从事件的暴力程度来看，民众采取暴力冲突的目的，更多的是由于通过体制内渠道解决无果，希望引起广泛关注或促使政府和企业回应问题，因此应当重点关注应急机制和善后处理机制。

（二）构建和分析具体事件处置机制

1. 事前预防机制

事前预防机制的完善有助于事先对公共均衡及其各变量的变化倾向进行准确识别，促进事件处置主体提早行动，将群体性事件扼杀在摇篮中，将负面影响减轻至最低；而即使事件仍然发生，预防机制也能够在事件发展的每一个阶段中发挥作用，通过收集信息和评估公共均衡状况防止事件恶化。基于对现有文献的分析及实地访谈和多案例研究，研究首先从风险评估机制和预测预警机制两个方面构建了群体性事件的事前预防机制，并确定了事前预防机制需要关注的八个要素，包括评估主体风险意识、评估方法科学程度、评估机制有效程度、评估程序执行力度、预警主体反应能力、预测预警方法科学程度、预测预警有效程度、预测预警执行力度。接着，研究基于问卷数据分析发现要素均对事件处置具有积极影响。在事前预防机制的构建中，政府起中心作用，但仍需要联合企业、NGO、公众等其他主体力量，使机制系统化。

2. 信息沟通、信任和利益协调机制

（1）信息沟通机制

事件处置机制中的信息沟通、信任和利益协调机制包含三项子机制。信息沟通是贯穿群体性事件解决全过程的重要环节，不仅需要在事前根据风险评估和预测预警得到的信息及时协调各方利益，也需要在事件过程中防止事件激化和消除矛盾，在事后及时进行反馈。这一过程有助于提高参与方的公共利益满足感和合作意愿，进而促进公共均衡的实现。研究从信息沟通的过程和特征两个方面建立了完整的信息沟通机制。其中，信息沟通过程包括沟通主体、沟通客体（信息内容）和沟通渠道。信息沟通的特征则包括能够对沟通过程产生影响的主体要素、内容要素、环境要素和噪声。沟通过程和特征共同影响了沟通成效，进而影响了群体性事件解决的成效。基于这一框架，研究通过案例分析、问卷调查以及实地访谈等方法验证了这些重要因素对于事件解决的影响，建立了信息沟通的“十要素模

型”，即“一个主体的主导作用、两类内容的差异管控、三层环境的分层约束、四种渠道的合理定位”，有助于从更加立体的视角认识事件解决中的信息沟通和提出相应政策建议。

（2）信任机制

事件发生和处置过程中的信息不对称会导致民众对政府工作有不合乎客观的过高期望和随之而来的失望，形成信任危机，进而降低公共利益满足感和合作意愿，增加社会总刺激，导致公共非均衡的出现。研究构建和验证了事件处置信任机制的基本框架，即信任双方借助过往经历和即时信息的媒介作用，根据另一方的信任具体内容（计算型信任、情感型信任、制度型信任）作出对方是否可信的认知判断，且信任通过合作的中介作用促进事件的解决。研究还发现：在三种信任类型中，计算型信任对于事件解决效果的影响最大，且合作意愿对这一影响的中介作用最大；情感型信任对事件解决效果的影响次之；制度型信任由于嵌入在法律规章制度中，影响最小。在信任机制中，“政府-公民-企业”作为事件的核心利益相关者构成事件的中心主体，起着主导作用。研究不仅深入研究了非正式制度在制度型信任中的作用，也明确地剖析了每种信任的内部组成内容，提出要从塑造声誉、促进了解、利益均衡、情感交流、制度保障全面增强事件解决中的相互信任。

（3）利益协调机制

在诱发环境群体性事件的众多因素中，利益冲突往往是核心因素。[1]因此，通过利益协调提高公共相对利益满足感为解决问题提供了重要思路，这一过程也有助于提高公共合作意愿和降低社会总刺激。研究从“主体-过程-规则”三个层面构建了事件处置的利益协调机制，提出建立“有资源-有组织-有理性-有信任”的多元主体协调机制，“利益表达-诉求回应-和平对话-解决执行”的全过程协调机制，“行为引导-资源均衡-利益补偿-执行监督”的多规则约束协调机制。接着，通过对北京 3 个案例的实地调研和访谈对利益协调机制进行了修正，最后通过问卷调查数据验证了利益协调主体、过程、规则对事件解决的重要作用。主体之间利益对立的程度也会影响利益协调机制中不同要素的作用，利益一致时协调主体的作用更大，利益部分一致时需要更加有效的协调过程，而利益对立时需要建立清晰明确的协调规则。

3. 动员、应急和权责机制

（1）动员机制

通过良好的组织架构和运行规则进行有效动员能够最大限度地调动力量参与事件处置，促进社会主体、社会资本等力量参与治理过程，推进集体行动，使事件得到解决。在这一过程中，成功的动员机制能够增加社会总约束力和公共维护和合作意愿，防止事态激化和升级，有助于重新实现公共均衡。研究基于动员主体、动员客体的互动以及动员目标、动员方式、社会资源、组织网络、行动共识、响应/参与的六项动员要素之间的相互关系，建立了事件处置的动员机制，进而验证了动员机制各个组成部分发挥的作用。同时，研究也揭示出事件的类型、形式、层级等特征具有一定的调节作用，因此不同种类环境群体性

1 汪伟全. 环境类群体事件的利益相关性分析[J]. 学术界，2016（8）：55-61，325-326.

事件要采取不同的应对策略。

（2）应急机制

应急处置能力是地方政府治理能力的重要体现，对于防止冲突能量聚集、防止冲突扩大以及社会冲突的化解有着重要影响。贯穿事件全过程的应急处置机制对于公共均衡的实现有着全面的作用，不仅包括维护公共安全与公共秩序，提高社会总约束力，还包含对复杂事件的预防、紧急状态下的沟通协调、政府公信力建设、促进公民参与等多个方面。基于应急机制在事件处置全过程中的重要影响，本书从事件的预防与处置、监测与预警、处置与救援、恢复与重建四个阶段出发构建了环境群体性事件的应急机制，同时在纳入各个阶段的重要要素之外，关注了事件处置全过程中的法律完善程度、参与主体、主体作用、参与手段等要素。之后，研究通过对我国三起典型案例进行实地调研和访谈对应急机制进行检验和修正，最后通过问卷调查数据进行验证。研究除了验证各个要素对事件处理结果的影响外，还发现各主体在各个阶段的不同参与。民众、社会组织以及专家学者的参与多集中于事件发生前，而政府部门、企业、新闻媒体的参与则更多偏向事后，表明各主体未能被广泛动员参与到事件处置的全过程。

（3）权利义务与权力责任机制

清晰界定环境群体性事件应急处置过程中公民的权利和义务、政府的权力和责任，是提高应急处置效率、提升解决效果的重要基础，在事件处置中促进权利保障、履行义务，合理行使权力、承担责任能够提升公共利益满足感、公共合作意愿、社会总约束力和降低公共可使用反抗力、反抗机会和社会总刺激，使得事件重新回到公共均衡状态。研究界定了事件中公民权利、公民义务、政府权力、政府责任的概念，其中公民权利包括生命健康权、知情权、监督权、言论自由、游行示威与集会自由、求偿权六项；公民义务包括尊重他人生命健康权、爱护公共财产、不妨碍正常社会秩序、尊重他人财产权四项；政府权力包括行政执法权、行政立法权、管理权、监督权、领导权五种；政府责任包括道德责任、行政责任、政治责任、诉讼责任、侵权赔偿责任五种。在此基础上，研究分析了权利义务与权力责任在事件处置中呈现阶段和合理程度，揭示了显著的权责协调问题。首先，事前信息不公开或公开程度低、知情权得不到保障是激化矛盾、引发公民不满情绪和激烈群体性事件的重要原因。其次，人们要求权利的呼声越来越高，但是对义务的履行却很少提及。同时，政府注重对行政执法权、管理权和监督权的行使，但是这三者集中于事中和事后阶段，对事件采取被动回应的策略，致使其不能在事件解决中掌握主动权，忽视了对责任的承担，导致信息公开程度低、监督不足，难以真正解决问题。因此，研究指出权利义务与权力责任的协调是事件处置中的重点问题。

4．监督、法律和保障机制

（1）监督机制

党的十九大以来，我国不仅在机构设置上建立了国家监察委员会，习近平总书记还在党的十九大报告中提出要推进“国家监察体制改革”，以求对国家公职人员进行全面监察，足见监督对实现社会治理的重要作用。加强对政府、公众和企业的监督能够促使政府和企业主动回应问题，促进多方沟通协调，提高公共均衡中的公共利益满足感和合作意愿，提高总约束力和降低公共反抗机会，进而维护公共均衡和消除冲突对立。研究从监督过程要素、正式与非正式规则、事件特征要素三个方面建立了群体性事件处置的监督机制。其中，过程要素包括监督主体、监督方式、监督客体、监督内容、监督效果和反馈方式。在监督过程中，主体以多种方式对监督客体的活动进行监督，并实现反馈，促进事件的解决，而正式与非正式规则、事件特征会对监督过程和效果产生影响。本书的研究发现，政党、政府、公众、新闻媒体是主要的监督主体，多元主体的参与对治理绩效的提升具有重要作用，但是在环境群体性事件的监督过程中，并非监督主体越多越好，最重要的是发挥主体间的共同作用。事件解决主要依赖行政监督、公众监督和新闻媒体监督，所以应解决这些方式中存在的问题，以间接优化解决效果。政府、公众、企业是主要的监督客体，而企业主动回应的积极性不足，因此引导企业主动回应尤为重要。通过分析，研究认为事件处置中的规则支持已经较为健全，但仍需在地方性规章制度上加以完善，同时注重对环保和监督知识的普及。

（2）法律机制

法律途径是解决环境群体性事件的最具有说服力和强制力的方式，但是在本书研究的重点案例中存在执法力度不够、执法监管和监察机制不完善以及司法过程中的非司法化等问题，使这些渠道未能被充分利用以支持事件的处置。完善的立法、执法、监察和司法是保障公共权益、推动事件解决的基础，也是提升制度型信任、建立公信力的关键，能够提高公共相对利益满足感和公共维持或合作意愿，也能够提高约束力和降低公共可使用的反抗力和反抗机会，引导参与方以监察执法、沟通调解、公益诉讼等和平方式实现公共均衡。研究从立法、执法、监察和司法四个方面出发，重点关注立法的完善程度、合法性、合理性，以及执法、监察、司法的方式、强度、合法性和合理性，进而构建中国环境群体性事件中的法律机制，然后通过案例对比分析、文本分析、问卷调查和访谈对这些要素进行了分析和检验。研究发现，在立法方面，事件处置存在立法主体对环境群体性事件关注较低，法律制度不能完全适用于事件处置的问题，尚需在立法上加以完善。在执法方面，对利益关系的处理不够妥当，需要进一步提高执法方式和程序的合理性、合法性。在监察方面，环境监察的力度还有待提高，同时监察主要针对企业，而对行政执法人员的监察不到位。最后，环境事件中司法程序启用率和执行强度较低，未能有效对责任方，尤其是有过错的行政执法人员进行惩处，此外，环境公益诉讼的原告资格规定也需要完善，现行规定影响了公益诉讼的立案。

（3）保障机制

全面的物质和精神保障对公共均衡的实现和事件处置能够起到显著的作用。其中，人力、物力资源能够促进各项机制和事件处置措施的顺利执行以及多方主体的动员参与，进而支持公共均衡的实现。财力资源不仅能支持事件处置，还能够确保利益补偿到位，提高公共相对利益满足感。充足的精神保障则能够尽量避免消极社会心理的形成、行为规范约束力的弱化及丧失，提高社会总约束力，减少公共可使用的反抗力和反抗机会，消除非均衡状况，同时在事后促进心理恢复、建立信任。本书基于“阶段-主体”两个维度建立了事件处置的保障机制。研究提出，保障机制应当覆盖事件处置的事前、事中、事后的全部阶段，而保障的内容则需要包括人力、物力、财力等物质保障及政府和非政府提供的精神保障五个主要要素。通过典型案例研究和实地调研所获得的资料，以及538份问卷数据进行分析，研究表明五个主要要素都与环境群体性事件的处置结果有正向相关关系，而事件发生的地域、规模和暴力程度对保障机制与事件解决成效的关系具有调节作用。

5．协同创新机制

在处置环境群体性事件过程中，协同创新机制是群体性事件得以妥善解决的重要运行载体。协同创新机制旨在促进社会的广泛参与，构建网络化的治理模式，协调各主体相互关系和多种治理手段，使得各主体各司其职，共同实现事件处置的目的。这一过程能够提高公共合作意愿和社会总约束力，降低公共可使用的反抗力和反抗机会，将各个主体协调一致，共同实现公共均衡的目标。本书的研究从参与系统、行动策略、信息系统、激励回报四个方面建立了群体性事件处置的协同创新机制，进而提出和检验了机制的八个要素，即吸引不同类型的主体参与、主体介入时期要恰当、各个主体能独立发挥作用、建立完备的行动计划、采取有效的行动方式、及时的行动反馈、畅通的信息沟通与信息反馈、完善的激励回报反馈措施。研究同时发现，当前政府、民众、环保 NGO、新闻媒体、专家学者在环境群体性事件处置过程中并未充分发挥各自的作用，并且在事件处置过程中仍存在缺少明确的事件处置计划、信息沟通渠道闭塞、缺乏激励回报反馈等问题。研究进而指出应当通过对话协商、谈判、妥协等集体选择和集体行动，形成资源共享、彼此依赖、互惠和相互合作的机制与组织结构。

6．善后处理机制

善后处置机制是在群体性事件平息过后，对相关事项处理的一系列政策、举措、流程，以及对原因、责任追究、处理结果进行分析的运作机制，是防止事件二度暴发的关键所在。成功的善后处置能够推进制度优化和结果反馈，建立公共信任，提高公共相对利益满足感和公共维持或合作意愿，进而在长期内维持公共均衡状态，实现社会稳定。研究重点关注事件处置后的沟通、安抚、化解和总结工作，提出善后处理机制包括利益补偿机制、监督反馈机制以及包含企业惩治机制、政府责任追究机制、安抚机制、总结评价机制在内的其他善后处理与保障机制。研究发现，目前我国环境群体性事件的善后处置机制尚不健全，存在未能兑现利益补偿承诺，与群众缺乏沟通，监督机制、惩治机制以及总结与评价机制不完善等问题。通过善后处理机制与善后处理效果的相关性分析，研究指出企业惩治机制、政府责任追究机制、安抚机制以及事后总结和评价机制这四大机制发挥着较为重要的作用。

（三）揭示各处置机制的成功要素

基于六项具体处置机制的建构和实证检验，本书揭示了各处置机制中对事件解决有重要贡献的成功要素（表 18-1-1）。

表 18-1-1　环境群体性事件处置机制的成功要素

<table>
<tr><th colspan="2">事件处置机制的类别</th><th>事件处置机制的成功要素</th></tr>
<tr><td colspan="2">事前预防机制</td><td>（1）评估主体风险意识强；（2）评估方法科学；（3）评估机制有效；（4）评估程序执行有力；（5）预警主体反应度高；（6）预测预警方法科学；（7）预测预警有效；（8）预测预警执行有力</td></tr>
<tr><td rowspan="3">信息沟通、信任和利益协调机制</td><td>信息沟通机制</td><td>（1）发挥主导作用的强势沟通主体；（2）高效、强执行力的沟通方式；（3）以问题解决为导向的沟通策略；（4）信息内容具有准确性、时效性和完整性；（5）自然属性内容与社会属性内容的差异化管理；（6）渠道联动，多渠道信息披露；（7）监管强化，保证新闻媒体渠道报道的准确性；（8）政策环境具有强制作用，保证信息回应的主动性、速度、透明度；（9）政策环境具有约束作用，控制群体环境和舆论环境的影响强度</td></tr>
<tr><td>信任机制</td><td>（1）较好的声誉；（2）参与方相互了解；（3）利益均衡；（4）建立情感交流基础；（5）较好的制度保障</td></tr>
<tr><td>利益协调机制</td><td>（1）利益协调主体具有较高的知识和信息资源；（2）组织化程度高；（3）采取渐进式方法制定促进问题解决的行动策略；（4）各主体间彼此信任、相互合作；（5）提供多样通畅的利益表达渠道并进行合理理性的表达；（6）及时积极地对诉求做出回应；（7）明确根本利益冲突点并进行和平对话；（8）制订出双方均较满意的解决方案并贯彻执行；（9）对利益协调各方的行为进行合理的引导和约束；（10）均衡利益协调各方的博弈资源；（11）对利益受损者进行一定的利益补偿；（12）方案执行过程中加强监督</td></tr>
<tr><td rowspan="3">动员、应急和权责机制</td><td>动员机制</td><td>（1）明确的动员目标；（2）社会资源优势的充分利用；（3）稳定的组织网络支持；（4）参与式动员方式的选择与运用；（5）有效行动共识的形成；（6）较高的响应和参与程度</td></tr>
<tr><td>应急机制</td><td>全部阶段：（1）多元主体参与事件的解决；（2）各主体在事件中发挥不同程度作用；（3）各主体运用不同手段参与事件解决；（4）完善的相关法律法规作为各主体行动依据。
预防与准备阶段：（5）各主体内部和主体之间的行动具有良好的组织性与协调性；（6）可能导致冲突的隐患得到认知。
监测与预警阶段：（7）各主体内部与主体之间进行及时有效信息沟通；（8）对产生的问题积极采取行动。
处置与救援阶段：（9）根据现场情况选择合适决策；（10）事态发展得到有效控制。
恢复与重建阶段：（11）根据各主体表现与诉求给予补偿和奖惩；（12）解决方案能顺利执行</td></tr>
<tr><td>权责机制</td><td>（1）保障公民生命健康权、知情权、监督权、言论自由、游行示威与集会自由；（2）建立事件预防机制，充分行使行政立法权；（3）提高公民义务宣传力度，充分行使社会管理职权；（4）培养公民法律维权意识，及时进行损害赔偿；（5）加强污染项目环评监督；（6）树立政府权威，提高公信力</td></tr>
<tr><td rowspan="3">监督、法律和保障机制</td><td>监督机制</td><td>（1）政党监督与政府监督相结合，促进媒体和社会组织监督参与；（2）增强对公民监督的回应，强化政党监督和立法监督；（3）监督客体上，加强企业监督；（4）监督内容上，关注政府执法、环评、信息公开、企业社会和环境责任及公民诉求表达；（5）结果反馈上，外部反馈为主，根据内部反馈修正；（6）非正式规则与正式规则并重</td></tr>
<tr><td>法律机制</td><td>（1）立法完善、较高的立法合法性和合理性；（2）合适的执法方式和强度、较高的执法合法性和合理性；（3）合适的监察方式和强度、较高的监察合法性和合理性；（4）合适的司法方式和强度、较高的司法合法性和合理性</td></tr>
<tr><td>保障机制</td><td>在事前、事中、事后全过程实现：（1）充足的人力资源保障；（2）充足的物力资源保障；（3）充足的财力资源保障；（4）充足的政府精神保障；（5）充足的非政府精神保障</td></tr>
<tr><td colspan="2">协同创新机制</td><td>（1）吸引不同类型的主体参与；（2）主体介入时期要恰当；（3）各个主体能独立发挥作用；（4）建立完备的行动计划；（5）采取有效的行动方式；（6）及时的行动反馈；（7）畅通的信息沟通与信息反馈；（8）完善的激励回报反馈措施</td></tr>
<tr><td colspan="2">善后处理机制</td><td>（1）完善利益补偿机制；（2）健全监督与反馈机制；（3）注重企业惩治机制；（4）完善政府责任追究机制；（5）保障安抚工作的持久性；（6）重视事后总结评价机制</td></tr>
</table>

以上这些成功要素的发现对未来的群体性事件处置和制度优化具有指导意义。这些要素在事件处置中能够对公共均衡的六个核心变量发挥不同的影响，进而促进冲突化解和公共均衡实现。决策者和事件参与方可以根据这些要素总结经验和进行制度设计，不断优化群体性事件处置机制。

（四）识别各处置机制中事件和环境特征的调节作用

本书的研究发现，事件的类型、事件发生的地域、规模、暴力程度等特征在各个事件处置机制与事件解决效果的影响中表现出一定的调节作用。调节作用的产生是由于不同环境下公共均衡中六个核心变量处于不同的水平，且对事件发生和处置过程中的各种影响具有不同的敏感度。这些事件和环境特征的调节作用贯穿于事件处置机制的各个构成部分，且在不同具体机制中存在一定的共性。因此，对调节作用进行研究有助于进一步理解群体性事件之间存在的共性和差异，进而针对具体环境选择适当的处置手段。

从事件类型来看，本书将事件界定为反应型（现实污染型）事件和预防型（风险感知型）事件。反应型事件中污染已经发生较长时间，造成了健康问题等利益损失，且多发生在农村地区，通常暴力程度较高，处于较为严重的冲突和公共非均衡状态。相对地，预防型事件多发生于城市区域，公共合作意愿较高，民众愿意通过沟通对话解决问题。由于损失已经发生，反应型事件中公共利益满足感、合作意愿较低，而社会总刺激较高，容易促成激烈对抗。因此，在事件处置的动员机制中，各项动员要素对结果的影响在反应型事件中的影响均相对预防型事件较低，同样的处置手段难以达到同样的效果。在应急机制中，反应型事件中预测与预警机制、处置与救援机制及恢复与重建机制与解决效果的相关性更强，而预防型事件中预防与准备机制与解决效果的相关性更强，表示反应型事件中需要强调控制冲突和公共非均衡的程度，而预防型事件中事前准备能对公共均衡产生更大影响。

从地域来看，本书主要关注发生在城市、城乡接合部和农村地区环境群体性事件的差异。城市居民更加注重法治，重视权益维护和意见表达，在动员和沟通协调中更容易配合，对问题解决的经济性、效率性具有更高的要求，而且规则约束的作用更大。同时，城市居民具有较好的资源和组织动员能力，善于利用网络媒体表达意见，显示发生在城市的事件中公共维持和合作意愿较强，同时公共反抗机会和可使用的反抗力也较强。相比之下，农村居民缺少环境知识和理念，对沟通协调、知情权、表达权、规则约束意识不足，更关注最终的利益补偿，而对过程的经济性和效率性关注较少，同时更容易形成暴力事件，因此需要重视控制事态和安抚。因此，农村居民在公共均衡中具有公共维持或合作意愿较弱、公共反抗机会和可使用反抗力也较弱的特点。整体上，城乡接合部和乡镇居民的特点处于城市与农村居民之间，与农村居民更为相似。基于以上特点，研究发现，在处置机制中应当更重视城市事件中居民的参与、意见表达，对居民的回应，以及解决的效率性，而在农村事件中则应重视事态的应急控制和利益补偿；在利益协调机制中，城市事件中协调和规则约束的效果更为显著，而农村事件中协调主体作用更显著；在应急机制中，发生于城乡接合部的事件中应急机制与解决效果之间关联性高于城市和农村；在监督机制中，通过监督成功解决事件的也多发生在城市。

从事件的规模来看，大规模事件中当事人的情绪更容易情绪化和非理性，民众具有“法不责众”心态，使得社会约束失效，采取闹事等体制外手段解决问题。在这种状况下，大规模事件中的公共均衡具有公共维持或合作意愿较低、社会总约束力较低，而可使用的反抗力、反抗机会较高的特点。在利益协调机制中，大规模事件中协调主体的作用显著，而中小规模事件中协调规则的作用则更显著，显示出公共合作意愿和总约束力的差异；应急机制中，随着规模的扩大，监测预警、处置救援和恢复重建在事件解决中的重要性上升；保障机制中，中小规模事件强化了保障机制的作用，而大规模事件中这一调节作用不显著，表示大规模事件中公共均衡的问题不易通过充足的物资调配来解决。因此，事件的处置应当根据具体环境下公共均衡与非均衡的特征，解决具体的问题症结所在。

从事件的暴力程度来看，高暴力程度事件往往规模更大，多为反应型事件。由于事件已经激化，社会总刺激较强，公共均衡中的公共利益满足感、合作意愿、社会总约束力都已经陷入较低水平，居民希望通过暴力手段促使政府和企业回应问题。利益协调机制中，高暴力程度事件中协调主体对结果的影响更为显著；动员机制中，非暴力事件的各项动员要素对事件解决的作用均更好，处置结果也更好；应急机制中，暴力程度较低和较高的事件中均应更重视应急处置，中等暴力事件反而涉及更复杂的关系和更大不确定性；监督机制中，非暴力事件更容易通过监督机制解决，而暴力程度高的事件更容易解决失败；保障机制中，暴力程度具有显著的调节作用，表示在暴力事件中物质和精神保障具有更大的重要性。

以上对各个事件和环境特征调节作用的发现表明，在进行群体性事件分析和处置时，不仅需要考虑提高处置机制的完备性和应对各种复杂问题的能力，还应当进一步理解“公共均衡与非均衡”理论，分析具体事件中公共均衡六个核心变量所处的具体状态和对各种影响因素的敏感性，以从整体上纠正公共非均衡的状态，进而实现事件的妥善处置。

（五）分析处置机制和公共均衡与非均衡的关系

在构建环境群体性事件的六项处置机制，分析其对事件解决的影响，识别成功要素，并分析了环境因素的调节作用之后，本书进而通过实证研究检验了处置机制对促进公共均衡的作用。本书指出，处置机制发挥作用的重点是影响公共均衡与非均衡的力量对比。基于文献分析与问卷调查相结合的研究方法，研究发现环境群体性事件处置机制对于解决冲突和实现公共均衡有正向作用，处置机制的应用有助于提高解决绩效。其中，监督、法律和保障机制，信息沟通、信任和利益协调机制，协同创新机制与冲突后的个体均衡和个体均衡前后对比的相关性最高。由于各项机制都对实现公共均衡和提高事件解决绩效具有贡献，群体性事件解决中，不应仅依赖单一处置机制，而是应当建立系统观、全局观。

同时，研究发现环境群体性事件中城乡属性、抗争类型、污染类型等特征同样对处置机制与公共均衡之间的关系、处置机制与事件解决绩效之间的关系具有调节作用。就城乡属性来看，发生在城乡接合部的事件中监督、法律和保障机制更为重要；发生在农村和城乡接合部的事件，其解决与最终的利益补偿和问题解决关系更加密切；而城市居民则更加关注经济性、效率性。就事件的暴力程度来看，对于暴力事件应更加重视事前预防机制和善后处理机制。就污染的类型来看，大气污染类冲突事件中应当更重视事前预防、利益协调、监督与保障、协同创新等方面的工作。在土壤污染类群体性事件中，应重点关注事前预防机制和监督、法律和保障机制方面的工作。对于光污染类群体性事件，信息沟通、信任和利益协调机制对实现公共均衡则起到主要作用。绩效方面，土壤污染和热污染类群体性事件中监督、法律和保障机制对解决绩效起到了主要作用，而协同创新机制对于电磁辐射污染类群体冲突事件的解决绩效影响最大。这些主要发现对于针对具体事件类型进行事件处置具有指导意义。

第二节 完善群体性事件预防、评估、处置的政策建议

本节要点 基于对环境群体性事件的发生机理、事件解决绩效评估指标体系及事件处置机制开展的系统研究，本节对群体性事件的预防、评估、处置全过程提出了政策建议。

一、基于群体性事件基本原理和特征完善事件预防与处置

（一）基于事件发生机理阻断事件形成与升级过程

本书的研究揭示了环境群体性事件的发生机理。从公共均衡状态出发，诱源与诱因产生，并在特定社会结构条件和社会控制水平作用下形成了行动机会，进而通过主体概化信念的激活和组织动员形成了冲突事件。事件发生后，受到事件解决状态、主体情绪、外部支持等影响，又有可能有升级、僵局、解决三种发展方向。根据这一发生机理，可以对群体性事件形成和升级的过程链条进行阻断，以达到预防、控制群体性事件的目的。因此，本书提出以下的政策建议：

1．控制诱源与诱因的产生

诱源与诱因的来源较为复杂，各种矛盾的积累，政府的发展理念不科学、环境监管不到位，社会整合或政府控制能力相对下降，官员腐败和政商勾结等都可能构成环境群体性事件的诱源。具体的诱因方面，企业的污染行为、民众受损或损害没有得到应有的补偿、政府决策或政策执行不当、污染情况与事件处置不公开透明、民众的利益诉求表达渠道不通畅、民众怨恨情绪的不断积累、民众环保意识与维权意识的高涨、突发事件的刺激与引发等可能成为事件发生的直接原因。对此，应当完善事前预防机制，提高政府治理能力，及时识别相关诱源与诱因，将冲突消灭在萌芽阶段。

2．改善社会结构条件与社会控制水平

应当改善社会结构条件，首先，减少城乡差距和对农村地区环境和权益问题的忽视；其次，提高居民的环保素养和正确的维权意识；再次，调整经济发展模式，实现经济与环境的全面发展；最后，应改变传统的治理思维，注重沟通、协商，尊重民众的知情、表达、参与权利。同时，应当合理调整社会控制水平，防止冲突加剧。一方面，需要通过建立明

确的制度体系，支持从体制内解决问题，以限制公共可使用的反抗力和反抗机会。另一方面，需要畅通民众的意见表达，防止社会控制措施导致社会总刺激提高，进而导致非均衡的出现。

3．控制概化信念的激活和组织动员

概化信念的激活和组织动员是群体事件中，参与主体相互确认主体身份地位，建立内部认同，建立边界，进行资源组织动员，增强可使用的反抗力的过程。因此，应当健全事前预防机制，及时发现冲突的产生和扩大迹象，并采取行动对发生组织动员过程的群体进行沟通疏导，回应参与主体关心的问题，防止事件扩大。

4．防止冲突升级和僵局

事件升级主要是由于规模膨胀、情绪激化，同时存在外部支持，使得公共均衡中的“总控制力”进一步下降，“总反抗力”持续上升，公共非均衡加剧。事件陷入僵局，是由于可使用反抗力被充分组织起来，但是同时又未能有效消除矛盾、释放压力和解决问题。因此，在事件发生后，需要进行有效的信息沟通、利益协调、应急处置、物质精神保障，使得事件规模减小，情绪平复和理性化，以重新回到公共均衡状态。

（二）促进主体参与的要素平衡与结构平衡

基于对群体性事件参与主体类型、主体要素和主体参与结构模式的研究，本书提出要通过要素平衡与结构平衡的路径预防和解决群体性事件，具体建议如下：

1．促进群体性事件参与主体的要素平衡

冲突本质是在角色类型、能力资源、利益诉求、互动时间、互动地点、互动事项、互动方式、互动程度、互动作用这九种要素上各自具有优势、劣势的主体进行要素博弈的过程。因此，在事件预防中，应当常态化地减少主体在要素中的差异和对立程度，促进沟通协调中要素的匹配，进而减少矛盾的产生。在事件处理中同样应当推动要素平衡，消除主体在资源、地位、利益和面临的不确定性上的主要差异，减少能力资源差距带来的社会怨恨和利益诉求对立导致的冲突，通过信息沟通和利益协调来解决问题，进而提升公共相对利益满足感和公共合作意愿。同时，还应鼓励冲突双方或多方为主的多元利益主体以环境正义为导向，而不是以资源优势或诉求强度为导向处置事件，进而形成一致性的解决方案。具体建议如表18-2-1所示。

表18-2-1 促进参与主体要素平衡的政策建议

主要要素类别	促进参与主体要素平衡的具体政策建议
促进参与主体的角色要素平衡	（1）鼓励作为冲突方的城乡居民、作为处置方的污染制造者与政府部门将其冲突方角色转变为合作者或和解者角色，以便促成事件的解决 （2）鼓励社会大众、专家学者、新闻媒体、社会组织、国际组织等其他主体从中干预（尤其是在冲突僵持不下时），通过其扮演的干预方角色来促使事件平息与解决 （3）鼓励任一冲突方主动寻求新闻媒体等第三方的介入，以便促使事件解决

主要要素类别	促进参与主体要素平衡的具体政策建议
各主体能力资源利益诉求要素平衡	（1）尽可能减少冲突双方或多方的能力资源差距与利益诉求对立程度 （2）鼓励冲突双方或多方为主的多元利益主体以环境正义为导向，而不是以资源优势或诉求强度为导向处置事件 （3）鼓励新闻媒体等其他参与主体加入正义一方，以便推动事件处置与解决
促使互动时间地点与事项要素平衡	鼓励以冲突方与处置方为主的多元利益主体侧重选择事前防治而不是事中应急、事后处置的对策
促使互动方式与程度作用要素平衡	鼓励参与方选择合作的方式频繁互动，以便促使事件的处置与解决

2．促进群体性事件参与主体的结构平衡

应当在事件预防和处置中推动各相关主体结构的转换。在事件预防中，可以通过建立常态化的多方参与渠道及时识别社会中的潜在冲突，在较早阶段对问题进行解决。在事件处置时，则应推动参与主体的互动结构从“冲突-处置”二元结构向“冲突-处置-干预”三元结构及“冲突-处置-干预-参与”四元参与结构转换，引入“中立者和旁观者”参与事件解决，促进新闻媒体、专家学者、社会组织和社会大众在事件解决中发挥正面作用，通过建立多方参与的协同创新机制提高公共合作意愿和社会总约束力，降低公共反抗力和反抗机会。事件处置的具体建议包括：

（1）以参与主体及其角色要素为核心转换事件冲突与处置结构。应以各种利益关联主体为着力点与突破口，通过鼓励其扮演和解者或干预方角色的做法来遏制或解决环境污染冲突，以便解构环境污染冲突结构。

（2）以能力资源与利益诉求为基本要素转换事件冲突与处置结构。应鼓励参与主体不依赖其资源优势与诉求声势来压制另一方，而是以环境与事件处置公平正义的公共价值为导向，希冀通过削减以冲突双方或多方为主的各种利益主体能力资源差距与利益诉求对立程度来遏制或解决环境污染冲突。

（3）以互动时间地点与事项为重要因素转换事件冲突与处置结构。应鼓励参与主体通过选择在合适的时间、地点就相应的处置事项进行沟通协商，进而解构环境污染冲突结构。

（4）以互动方式与程度作用为关键因素转换事件冲突与处置结构。应鼓励参与主体选择以兼顾各方利益的合作与频繁互动的方式。

二、建立事件解决绩效评估体系和完善事件解决绩效评估

在事件处置中，应当应用本书建立的环境群体性事件的 VPP 事件解决绩效评估体系对事件处置的过程和结果进行评估，识别事件解决在经济性、效率性、效果性、公平性、民主性和法治性六个维度上的具体水平，进而积累经验，指导未来的事件预防与处置工作。同时，VPP 事件解决绩效评估指标体系也为事件解决提供了具体指导（表 18-2-2）。

表 18-2-2 依据 VPP 事件解决绩效评估指标体系指导事件解决的政策建议

指导事件解决的路径	具体政策建议
完善法治，提升事件解决的民主与公平	（1）事件解决要明确“法治为基础” （2）事件解决要依托“民主”来保障 （3）事件解决要实现公平正义
立足解决效果，兼顾事件解决的效率与经济	（1）事件解决要立足效果 （2）事件解决要注重效率 （3）事件解决要提升经济性
针对事件特征采取有针对性的解决策略	（1）面对发生在城市的事件，应注重秉持法治的原则，重视善后处理，并充分让民众参与到决策中，及时获取民众的意见并予以反馈 （2）在农村地区发生的环境群体性事件处置，首先着重应急处置，控制事态，尽快解决矛盾焦点，同时实行安抚工作，避免更大规模的聚众表意；其次，应该加强监督，对农村地区的污染情况进行监控，及时有效地化解环境污染；最后，应强调多主体参与，保障农村居民的环境权益 （3）面对有暴力冲突的事件时，相关部门应保持理性和克制，以劝导疏散为主，并适时对违法行为采取管制性措施，同时应该做好善后处理，避免事件再度僵化升级

根据事件解决绩效的 VPP 整合性评估框架及指标体系，我国环境群体性事件的解决的绩效应当从“价值取向-阶段特征-参与主体”的角度展开完整评估，进而提高事件处置的成效。

三、全面构建群体性事件处置机制

为了提高事件处置能力，本书提出建立包括事前预防机制，信息沟通、信任和利益协调机制，动员、应急和权责机制，监督、法律和保障机制、协同创新机制和善后处理机制六个组成部分在内的系统事件处置机制。其中，应当以动员、应急和权责机制与事前预防机制为重点，这两者对事件解决效果影响最大。

在建立事件处置机制时，应当实现处置机制对全过程、全方位的覆盖。其中，全过程指处置机制应当涵盖“事前-事中-事后”全过程管理。全方位指处置机制应当涵盖利益协调、监督保障及各个主体的协同参与和创新发展，建立全方位机制体系。除了根据本书总结的各机制成功要素（表 18-1-1）进行制度设计外，针对具体的处置机制，本书还提出了以下政策建议：

（一）建立和完善事前预防机制

应当从风险评估机制和预测预警机制两个方面建立和完善事前预防机制，将预防贯穿环境群体性事件发生前及之后的整个过程，从根源上化解冲突，减少社会总刺激，促进公共信任，提高公共相对利益满足感和合作意愿。具体还应当注意：

（1）完善风险评估机制，增强评估主体风险意识。

（2）科学评估环境污染风险。

（3）提高评估程序执行效率，包括：①建立评估小组，科学制订评估方案；②积极听取群众意见，识别分析风险；③判断风险类别，划清风险等级；④汇总评估结果，控制评估风险。

（4）建立和完善预测预警系统。

（5）建立科学和系统化预防机制。

（二）建立和完善信息沟通、信任和利益协调机制

1. 建立和完善信息沟通机制

应当基于信息沟通过程、信息沟通的特征及本书提出的“一个主体、两类内容、三层环境、四种渠道”十要素信息沟通模型建立和完善事件处置的信息沟通机制，进而提高参与方的公共利益满足感和合作意愿，促进公共均衡的实现。具体还应当注意：

（1）应该增强强势沟通主体沟通行为的针对性。

（2）应该依据信息内容属性，实行差异化管理。

（3）应该加强完善相关法律制度。

（4）应该明确政府部门的渠道定位，引导社会组织与大众传媒力量的参与。

2. 建立和完善信任机制

应当以政府-企业-公民这三个核心利益相关者为切入点，以计算型信任为核心、情感型信任为跟随、制度型信任为基础建立和完善事件处置的信任机制，从塑造声誉、促进了解、利益均衡、情感交流、制度保障全面增强相互信任，进而提高公共利益满足感和合作意愿，降低社会总刺激。具体建议包括：

（1）实现利益机制的重建。包括：①以多主体参与、政府-公民-企业为核心，建立“多主体-有中心”的多元治理协作路径；②以“过往经历-塑造声誉”“即时信息-增进了解”构造信任客体的正面形象；③构造“理性考量的计算型信任”“柔性治理的情感型信任”“强制约束的制度型信任”全面提升的信任机制。

（2）实现信任与合作的互助。包括：①构造“合作氛围好-合作成本低”“合作风险低-合作意愿强”的合作环境；②根据不同信任类型，充分发挥合作作用，有的放矢地促进事件的解决。

（3）实现“利益均衡-情感交流-制度保障”的效果，通过弥补利益受损者的利益损失，建立彼此情感关系，构建公平正义完善有效的法律规范和各种社会规范，达到各方之间利益、情感和制度上的充分信任。

3. 建立和完善利益协调机制

应当从“主体-过程-规则”三个层面构建事件处置的利益协调机制，提高公共维持或合作意愿和降低社会总刺激。具体建议如下：

（1）完善基于“主体-过程-规则”的利益协调机制，包括：①“有资源-有组织-有理性-有信任”的多元主体协调机制；②“利益表达-诉求回应-和平对话-解决执行”的全过程协调机制；③“行为引导-资源均衡-利益补偿-执行监督”的多规则约束协调机制。

（2）根据不同情况下“主体-过程-规则”的作用进行有针对性的利益协调，包括：①管理

者和利益协调者需要不断地交流与沟通，明确利益冲突各方的利益客体类型和利益矛盾；②对不同利益客体类型的环境群体性事件有针对地进行利益协调，利益一致时主要对利益协调主体加以引导，利益部分一致时注重利益协调过程，利益对立时重点关注利益协调规则。

（3）根据地域、规模、暴力程度的不同，对主体、过程、规则进行有针对性地关注，包括：①发生在农村的事件中关注利益协调主体，城市事件中关注规则约束，乡镇事件中注重协调过程规范；②小规模事件中加强规则约束，大规模事件中重点关注利益协调主体；③高暴力程度事件中，重视利益协调主体和利益协调过程。

（三）建立和完善动员、应急和权责机制

1. 建立和完善动员机制

应当基于动员主体、动员客体的互动以及动员目标、动员方式、社会资源、组织网络、行动共识、响应/参与的六项动员要素之间的相互关系，建立和完善事件处置的动员机制，以增加社会总约束力和公共维护和合作意愿。具体还应当注意：

（1）建立明确的动员目标。

（2）充分利用社会资源，政府在环境群体性事件处置中往往发挥着关键乃至决定性的作用。

（3）建立良好的组织网络和稳定组织结构，以提高权威性和公信力。

（4）采取参与式的动员方式，超越命令式的动员方式，以促进面对面沟通交流，建立信任，化解因误解产生的紧张情绪，增强公共合作意愿。

（5）通过思想动员与动员客体达成心理共识，以获得动员客体态度与意识形态上的认同和支持，建立信任。

（6）通过增强政府回应性和公信力消除动员对象的抵触情绪，提高动员对象的响应和参与程度。

2. 建立和完善应急机制

应当结合预防与处置、监测与预警、处置与救援、恢复与重建四个阶段和政府统一领导下的多主体参与构建环境群体性事件的应急机制，提高社会总约束力，同时促进政府公信力建设和促进多主体参与，实现公共均衡。具体应当注意：

（1）应当在政府的统一领导下实现涵盖全主体、全风险、全要素、全过程以及不断学习的应急管理框架。

（2）应当确保各主体积极参与环境群体性事件的各个阶段，在准备阶段就应注意多元主体广泛动员，保证各主体起到差异化作用，发挥各自长处。

（3）最大限度地动员各种力量，更大程度上发挥环境群体性事件应急管理网络的灵活性与延展性。

（4）在各阶段采取有针对性的举措，包括：①预防与准备阶段应通过体制机制建设提高组织化程度，促进群体间有效合作；②监测与预警阶段应注意信息沟通，促进参与方之间交换意见，形成共识，提高行动一致性；③处置与救援阶段应注意决策质量的提高，根据情况选择最合适的解决方案；④恢复与重建阶段应确保有效的合作激励，以提高应急管

理人才的积极性，并通过建立适当问责机制。

（5）根据事件的具体类型进行有针对性的应急管理，包括：①预防性事件中加强事前防护，反应性事件中加强具体处置；②着重注意城乡接合部地区的应急机制建设；③暴力程度中等的事件中需要加强沟通、利益协调等机制的综合运用；④随着事件规模的扩大，应更加注意事件的预测预警、处置救援和恢复重建；⑤随着事件层级扩散，应更注重事件前后端的管理。

3．建立和完善权利义务和权力责任机制

应当通过清晰识别公民权利、公民义务、政府权力、政府责任的具体类型，并结合其在事件发生和处置过程中的呈现阶段建立和完善事件处置的权利义务和权力责任机制，以提升公共利益满足感、公共合作意愿、社会总约束力和降低公共可使用反抗力、反抗机会和社会总刺激，使得事件重新回到公共均衡状态。具体政策建议包括：

（1）政府决策以公民的意志和利益为目标，以保障公民的生命健康权为前提。

（2）提高事件各个阶段特别是事前阶段相关信息公开的深度及广度，更充分地保障公民知情权。

（3）为公民建设畅通的诉求表达渠道，提高行政执法效率，保障公民监督权。

（4）充分利用多种媒体及网络平台，发挥其优势，维护公民言论自由。

（5）保护公民游行示威与集会的自由，简化其申请批准程序。

（6）建立事件预防机制，充分行使行政立法权。

（7）提高公民义务相关法律法规的宣传力度，规范公民行为，在公民不听劝阻故意不履行义务时采取强制手段，行使社会管理职权。

（8）培养公民运用法律维权的意识，同时对公民合法权益的损害进行及时补偿。

（9）加强对污染项目的审批监督，保证环评的合理性与可靠性。

（10）树立政府权威，增强政府公信力，有效行使领导权，承担道德责任和政治责任。

（四）建立和完善监督、法律和保障机制

1．建立和完善监督机制

应当从监督过程要素、正式与非正式规则、事件特征要素三个方面建立群体性事件处置的监督机制，重点关注监督主体、监督方式、监督客体、监督内容、监督效果和反馈方式等监督过程要素，进而提高公共均衡中的公共利益满足感和合作意愿，提高总约束力和降低公共反抗机会，实现和维护公共均衡。具体还应注意：

（1）就监督过程来看，①监督主体方面，应采用政党与政府监督相结合，增进新闻媒体和社会组织的监督参与；②监督方式方面，应增加对公民监督的回应，强化政党和立法监督方式；③监督客体方面，应增强对企业的监督，引导企业主动接受监督，缓和矛盾；④监督内容方面，应着重关注政府执法、环评、信息公开、企业社会和环境责任及公民诉求表达方式；⑤结果反馈方面，应以外部反馈为主，以内部反馈修正。

（2）就监督规则来看，应需细化环境监督立法，着重增强科普宣传，增强公民的环保意识和监督意识并重。

2．建立和完善法律机制

应当基于立法、执法、监察和司法四个方面，并进一步结合立法的完善程度、合法性、合理性和执法、监察、司法的方式、强度、合法性和合理性，建立和完善环境群体性事件中的法律机制，以提高公众相对利益满足感、合作意愿、社会约束力，降低社会反抗力和反抗机会，促进公共均衡的实现。具体还应当注意：

（1）应充分保证环境群体性事件中的公众参与，完善相关法律。

（2）环境群体性事件中执法主体应该选择合适的执法方式处理相关利益关系，具体表现在执法主体应选取合理的执法方式和执法程序以及惩处要有理有据，从而提高政府公信力这两方面。

（3）要提高环境群体性事件中监察机构的独立性和权威性，加强监察力度。

（4）应保证环境群体性事件处置中司法的独立性，充分利用人民调解制度，完善环境公益诉讼司法立案的标准，保证判决的公平性。

3．建立和完善保障机制

应结合物质保障和精神保障两个方面建立和完善事件处置的保障机制。物质保障应包括人力、物力、财力等事件处置需要的多种物质资源，精神保障应考虑政府和非政府等多渠道的供给，以达到保障事件处置正常进行，提高社会总约束力，减少社会反抗力和反抗机会的目的。具体应当注意：

（1）构建强调“阶段-主体”的人力资源保障机制。

（2）构建“多渠道-精细化”的物力资源保障机制。

（3）构建兼顾“充足性-公平性”的财力资源保障机制。

（4）构建“政府主导-社会组织积极参与”的精神保障机制。

（5）根据事件特征的不同，例如城乡属性、暴力程度和抗争类型，构建有针对性的物质保障与精神保障机制。

（6）将物质保障和精神保障贯穿事件处置的事前、事中、事后的全阶段。

（五）建立和完善协同创新机制

应当从参与系统、行动策略、信息系统、激励回报四个方面建立和完善事件处置的协同创新机制，促进政府、民众、环保 NGO、新闻媒体、专家学者在环境群体性事件处置过程中各司其职，发挥最大力量，以提高公共维持或合作意愿和社会总约束力，降低公共可使用的反抗力和反抗机会。具体的建议包括：

（1）应构建一个开放的多元主体参与系统，促进政府部门，民众、环保 NGO、新闻媒体和专家学者的协调合作。

（2）应采取迅速反应的行动策略，制订合理完备的行动计划，采取理智克制的行动方式以及建立及时准确的行动反馈机制。

（3）应建立畅通的信息传递系统。

（4）应具备完善的激励回报反馈措施。

（六）建立和完善善后处理机制

应从利益补偿机制、监督反馈机制以及包含企业惩治机制、政府责任追究机制、安抚机制、总结评价机制在内的其他善后处理与保障机制等方面建立全面的善后处理机制，完善事件处置的沟通、安抚、化解和总结工作，以建立公共信任，提高公共利益满足感和公共维持或合作意愿。具体的政策建议包括：

（1）利益补偿机制应力求公平，满足群众需求，应当：①同时覆盖精神补偿和物质补偿；②同时覆盖直接利益补偿和包括环保设施、医疗基础设施建设在内的间接补偿；③将补偿与企业、政府的责任义务联系在一起。

（2）监督反馈机制应确保多形式、有效性，应注意：①加强沟通，促进多方合力，改善政府、群众与企业之间的沟通渠道；②提高监督的定期性、畅通性和全面性；③保证污染企业切实得到惩治，按照要求进行整改；④加强监督信息的反馈，表达政府应对事件的积极立场。

（3）应当完善其他善后处理与保障机制，包括：①企业惩治机制要综合考虑惩罚和治理两个方面；②应从法律层面完善政府责任追究制；③建立长久性的安抚机制；④建立完善的事后总结与评价机制。

（4）全面分析事件发生的深层原因、处理情况和结果、民众诉求等，反思不足，发扬优点。

第三节　基于公共均衡与非均衡思维构建全景式群体冲突预防、评估和处置体系

本节要点　本节基于“公共均衡与非均衡”群体冲突新理论和对环境群体性事件预防、评估、处置的研究，提出建立多层次的“公共均衡与非均衡”思维，指出应从整体性、系统性、辩证性和动态性的角度理解群体冲突，持续解放思想，进而建立全景式预防、评估、处置体系。

一、建立多层次“公共均衡与非均衡”思维

“公共均衡与非均衡”理论不仅适用于应对环境群体性事件，还揭示了社会治理的基本原理。各类社会冲突和社会问题中，都存在相应的“公共均衡”及六个核心变量，其解决也能够从公共均衡入手采取相应的处置措施。为将“公共均衡与非均衡”理论应用于指导广泛的社会治理实践，需要从公共均衡的变量本身、变量之间的相互影响和整体性、冲突的辩证性等多个层次进一步深入理解这一理论的内涵，建立多层次的公共均衡与非均衡思维。公共均衡与非均衡思维包括均衡观与变量思维、整体性、多样性、系统性、辩证性、动态性的思想，具体分析如下：

（一）从各核心因素及其互动理解公共均衡与非均衡

公共均衡与非均衡思维中的均衡观与变量思维强调关注理论提出的六大核心因素及其均衡。在公共均衡与非均衡理论的公式中，分子中的公共相对利益满足感、公共维持或合作意愿、社会总约束力提供了维持社会稳定的力量，而分母中的公共可使用反抗力、公共反抗机会和社会总刺激则衡量了对社会稳定的挑战。因此，在面对社会冲突时，可以通过治理手段增大分母、减小分子，以化解冲突，维持社会稳定。

同时，公共均衡与非均衡理论中的六个核心因素相互协调、相互影响，因此在治理实践中，仅仅注重其中个别因素施加干预无法起到预期的效果，甚至适得其反。一方面，公共均衡与非均衡理论中核心因素的相互影响提供了社会的韧性。当风险来临时，冲突的诱因出现，理论公式的分母将会增大，使社会产生不稳定倾向，但通过事前预警、沟通协调等机制的有效运作，民众的利益冲突能够得到缓解，压力得到有效疏导，这样分子同样会增大，进而重新回到公共均衡的状态。另一方面，由于存在相互影响，仅仅提高分子中的社会总约束力可能同时提高分母中的社会总刺激，反而导致非均衡的出现。正因为如此，在群体性事件治理中，一味使用强制性的管制手段并不能防止冲突发生，在社会治理中也不能过度控制，要给社会足够的空间进行调整。

（二）从整体上理解公共均衡与非均衡

公共均衡与非均衡思维的整体性思想强调，应当从整体上解读理解公共均衡，进而指导实践。公共均衡是在六个核心因素的动态调整中实现的，应当同时考虑各个因素的变化及相互关系，在整体上实现公共均衡的目标。例如，促进冲突主体之间的沟通协调以及引入媒体在处置过程中的参与可能提高了分母中的公共可使用反抗力和公共反抗机会，看似会促使公共非均衡的出现，但是这一过程在有序的情况下，可以同时以更大的程度提高分子中的公共相对利益满足感和公共维持或合作意愿，进而有效促进公共均衡。因此，在对社会治理中的制度机制进行分析时，应当全面研究其对公共均衡各个因素及其整体的影响，进而指导治理实践，建立包容公共均衡动态调整的社会环境。

（三）从社会环境特征理解公共均衡与非均衡

根据公共均衡与非均衡思维的多样性思想，应当根据不同社会环境条件下公共均衡与非均衡整体情况及各变量所处状态，优化群体性事件处置机制和各类社会问题的处置机制，选择合适的策略。在不同环境下，公共均衡的六个核心因素处于不同的状态，同时对各类诱因和治理举措具有不同的敏感度，因此，需要对具体环境的公共均衡及其各变量的情况，以及治理手段对公共均衡可能产生的潜在影响建立清楚的认识，进而合理决策，以有效避免问题的升级和推动公共均衡的实现。

（四）基于复杂巨系统理解公共均衡与非均衡

社会是一个动态的开放复杂巨系统[1,2]，包含政治、经济、社会、生态等密切联系、相互作用的子系统，而公共均衡与非均衡需要通过复杂系统的协调来实现。一方面，政治、

1 钱学森，于景元，戴汝为. 一个科学新领域——开放的复杂巨系统及其方法论[J]. 自然杂志，1990（1）：3-10，64.
2 钱学森. 创建系统学[M]. 上海：上海交通大学出版社，2007：44.

经济、社会、生态等各子系统的表现都会影响公共相对利益满足感、公共维持或合作意愿等六个公共均衡的核心因素，进而影响公共均衡的水平和社会冲突是否出现。另一方面，社会治理的干预手段无法直接作用于公共均衡自身及其变量，而必然通过政治、经济、社会、生态等各个子系统内资源、制度等的调整间接对公共均衡产生影响。同时，社会的各个子系统相互作用、相互影响，具有整体性，因此也必须考虑复杂巨系统中各个子系统的相互协调。钱学森等[1]指出，定性和定量研究相结合，充分利用计算机建模工具对复杂社会系统展开建模分析的综合集成方法是研究开放复杂巨系统问题的唯一有效方法。因此，应当建立复杂巨系统观念理解公共均衡与非均衡和指导实践，使用综合集成方法研究和应对社会问题。

（五）辩证理解公共均衡与非均衡

应当辩证看待公共均衡与非均衡以及社会冲突的存在。社会冲突是普遍存在的现象。毛泽东在《矛盾论》中就强调了矛盾的普遍性，并指出正是"由于这些矛盾的发展，推动了社会的进步"[2]。因此，不能单一地将社会冲突理解为是一个负面现象，以至于避之不及，谈风险、冲突色变，甚至采取简单粗暴的管理手段，最终反而激化矛盾和削弱了社会的信任和韧性。反之，适当的冲突是社会活力的表现，当社会持续发展，社会主体积极向前探索以满足对更加美好生活的需求，才更容易出现利益的矛盾，进而产生社会冲突。社会中一定程度的小矛盾、小冲突、小事件能够起到积极的作用。社会冲突能够疏解社会压力，防止发生更大的矛盾、冲突和事件。一定的冲突也能暴露潜伏的社会矛盾，以便发现问题，有利于防微杜渐，提前解决问题。在冲突处置中，参与主体能够获得表达诉求的机会，如果能够满足其表达权，就能够提高其满意度，降低其参与更大冲突、矛盾、事件等的意愿。在社会发展进步方面，社会冲突能够提供解决社会问题、调整社会结构、促进社会更健康发展的机会，进而促进社会革新、创新，有利于社会可持续健康发展。

从辩证法的角度来说，矛盾冲突和稳定和谐是一体两面，相互依存的，没有也不可能建立没有风险、矛盾和冲突的社会，表面上没有了风险、矛盾和冲突的社会，不仅会失去社会活力、动力，而且可能会导致更大的、不可控的风险、矛盾和冲突，甚至会导致社会原有秩序完全解体或崩溃。因此，对适当程度的冲突进行包容和妥善处置，是社会进步的象征。让冲突扮演好社会减压阀的角色，使得冲突中的主体都能够有序地表达各自诉求，就能够有效释放积蓄的社会压力，促进公共均衡的迅速调整，重新回到均衡的状态。

（六）动态理解公共均衡与非均衡

应当从动态角度理解公共均衡与非均衡，进而指导实践，实现动态治理。在治理中应当理解和尊重公共均衡动态调整的规律，认识到公共均衡的各个变量时刻处于变化之中，因此不能通过静态的手段进行治理，同时也要包容公共均衡自身动态的存在，因为其动态性提供了重要的社会韧性和活力。进一步地，应当追踪和监测公共均衡所处动态趋势，并采取相应的治理举措。六个核心因素的相互作用和动态变化可以形成多种更加细化的动态

---

1 钱学森，于景元，戴汝为. 一个科学新领域——开放的复杂巨系统及其方法论[J]. 自然杂志，1990（1）：3-10，64.
2 毛泽东. 矛盾论[M]//毛泽东. 毛泽东选集（第1卷）. 北京：人民出版社，1991：333.

模式。第一，公共均衡可以出现趋向均衡的正反馈，例如，在事件得以解决后，社会总刺激降低、公共相对利益满足感提升，这一过程能够不断扩散和强化，促进信任的建立和提高合作意愿，因而自发、快速形成公共均衡。第二，公共均衡也可以出现趋向非均衡的正反馈，即通过概化信念的激活和组织动员过程，公共可使用的反抗力自发地快速提高，导致非均衡突然出现。第三，公共均衡可能在某个均衡或非均衡状态形成自我调节能力或“锁定”。例如，公共均衡在面对冲击或外部诱因时，可能由于合理的制度机制化解潜在冲突，在受到短暂影响后回到稳定；而处于非均衡状态时，也可能由于利益关系复杂、情绪对立等问题而形成“锁定”。最后，公共均衡也可能处于某一水平的亚稳定状态，此时不论是趋向均衡还是非均衡方向的外来影响都可能导致均衡向对应方向快速移动。基于这些公共均衡可能形成的状态，应在事件预防与处置中加以识别，进而选择合适的应对措施。

二、公共均衡与非均衡思维下群体性事件预防的再审视

（一）基于公共均衡与非均衡思维理解群体性事件发生机理

群体性事件发生的过程，也就是公共均衡逐渐向非均衡转化的过程。在本书揭示的群体性事件发生机理中，社会控制水平和社会结构条件决定了公共均衡及其各核心因素的初始状态，也决定了各个核心因素对外界影响的敏感程度。此时，诱源与诱因的产生形成了对公共均衡的最初刺激，导致社会整体向非均衡中移动。在这一过程中，如果参与方寻求解决的努力未果，社会压力就会集聚起来，不断提高社会总刺激。在环境群体性事件中，主要的诱因通常是环境污染和有环境风险的项目，这一群体性事件发生机理也可以应用在其他的社会冲突中，对应的诱因可以是多方面的社会变化。因此，群体性事件的发生机理及公共均衡与非均衡思维同样可以用于理解更加广泛的社会冲突。

当诱因出现后，由于概化信念的激活和组织动员过程，公共均衡进一步破坏。在概化信念的激活作用下，参与主体确认各自的身份与诉求，因此公共可使用的反抗力和公共反抗机会随着大量主体和资源的聚集而快速提高。同样，在组织动员中，由于组织化水平的提高，分散主体的力量和资源被凝聚起来，同样提高了公共可使用的反抗力和反抗机会。如果未能加以干预和疏导，由于环境污染的主要矛盾依旧存在，以上过程将不断强化，并使得组织起来的民众更加情绪化，持续增加社会总刺激，进而经过个体的利益计算而形成最终的行动。这一过程也表明，公共均衡的各个变量处于持续的动态变化中，既可能停留在稳定的水平，也可能持续激化和升级。

事件发生以后，其升级、僵局或解决也与公共均衡密切相关。事件的升级往往是由于有新的公共可使用的反抗力加入，进而导致公共均衡进一步失衡。事件本身由于带来大量信息曝光，同样可能加剧对立和情绪化，同时事件招致的政府对抗性回应同样可能提高社会总刺激，使得冲突激化。而当公共可使用的反抗力不再增加，公共非均衡的自我强化趋势不再持续，但事件也未能解决，可能事件就处于僵持阶段。而只有有效逆转这一过程，解决核心的利益冲突，减少公共可使用的反抗力和提高公共相对利益满足感和合作意愿，事件才能得到解决。

（二）构建整体性、系统性、辩证性、动态性的群体性事件预防体系

在上一节中，本书指出应当基于群体性事件的发生机理，从控制诱源与诱因的产生、改善社会结构条件和社会控制水平、控制概化信念激活和组织动员过程、防止冲突升级和僵局等方面全过程实现群体性事件的预防和处置，同时应促进过程中参与主体的要素平衡与结构平衡，以及根据具体的事件特征优化决策。这一过程正是通过各种治理手段调整公共均衡及其各核心因素的水平来重新实现均衡状态。其中，控制诱源与诱因主要能够减少社会总刺激，进而通过六个核心因素的相互作用提高公共相对利益满足感、合作意愿，降低公共可使用的反抗力、反抗机会；改善社会结构条件与社会控制水平提高了公共相对利益满足感、降低社会总刺激；控制概化信念的激活和组织动员提高了社会总约束力、降低了公共可使用的反抗力；防止冲突升级和僵局则提高公共相对利益满足感和合作意愿、降低公共可使用的反抗力。同样，推动主体参与的要素平衡与结构平衡，也是在消除主体之间在利益诉求、能力资源等方面的对立，推动多主体参与问题解决，建立更加有效的沟通协商渠道，以提升公共相对利益满足感和公共合作意愿，进而推动公共均衡的实现。此外，根据具体的事件特征优化决策是要根据公共均衡所处的状态及各个核心因素的敏感性选择合适的处置措施。

在此基础上，为了建立更加完善的群体性事件预防体系，以上的举措和政策建议还可以结合公共均衡与非均衡思维进行进一步深化。在之前的讨论中，群体性事件的预防是通过对“均衡观与变量思维”“多样性”两个层次进行的，而依据公共均衡与非均衡提出的整体性、系统性、辩证性、动态性主张，事件预防体系还应在这些方面予以重视：

在整体性方面，群体性事件的预防应当同时关注整体的公共均衡水平、各变量情况，从而选择合适的治理方式和处置措施。在未发现潜在问题的情况下，应当积极树立正确的发展观念、企业责任感，加强治理能力，完善体制内解决问题的渠道，建立常态化的意见表达渠道，以巩固公共均衡状态。在发现潜在问题后，应当及时沟通疏导，解决问题，并推动制度优化，以建立起公共均衡的自我调整能力。

在系统性方面，群体性事件预防应当关注政治、经济、文化、生态等多个动态系统及其相互作用，建立常态化预防措施，实现全面的高质量发展。同时，也应当利用各个社会系统的相互作用及公共均衡各核心因素的相互作用，从复杂系统出发调节公共均衡状态，避免片面化和单一视角的决策。

在辩证性方面，群体性事件预防要建立有效的制度机制，以发挥社会冲突可能起到的正面作用。这一方面要求建立高效的问题识别、处置制度措施，对冲突发展的趋势进行分析，对可能造成较大风险的冲突进行干预，而包容社会中存在的正常冲突和公共均衡正常的自我调整过程。另一方面，应当积极分析和应对潜在矛盾，将社会冲突转化为推动制度进步和治理能力提升的机会。

在动态性方面，群体性事件预防要包容公共均衡的动态调整，准确识别公共均衡所处的动态状态和预判公共均衡可能发生的变化，建立高效的动态响应机制，以更好地处置社会冲突，防止冲突快速激化，并根据公共均衡的动态状态采取合适的处置措施。

（三）公共均衡与非均衡思维下事件预防的现实建议

基于公共均衡与非均衡思维所提出的均衡观与变量思维、整体性、多样性、系统性、辩证性、动态性等主要主张，除在上一节提出的基于事件发生机理及主体要素、结构均衡的政策建议以外，本节针对群体性事件的预防提出以下措施，以提高整体性、系统性、辩证性、动态性实现公共均衡的能力。

1．增强政府的回应性

政府应当树立正确的政绩观，牢固树立绿水青山就是金山银山理念，统筹山水林田湖草系统治理，走生态优先、绿色发展之路。政府是群体性事件解决的主导一方，增强政府回应，对民众的环境权益诉求不拖沓、不忽视，防止民众的合理诉求无法通过正常的渠道解决，进而发酵成为群体性事件，切实担负起维护公共利益，保障公共健康，维护生态环境的责任。[1]此外，政府要加强在风险沟通中的公信力，不能因为部门利益或暂时控制局面而“粉饰太平”。

2．增强企业的社会责任感

在短期中，可以通过严格监督执法打击污染与腐败相互促成的不正之风，而长期上，则需要扭转企业的价值观念，通过管制和激励树立企业对环境和社会的责任感，进而提高民众对企业和社会的满意程度。这一过程中同样不应忽视企业满意度的提高，而这离不开政府及时的政策指导和民众的支持。要在社会中增强企业责任感，就需要改变传统上政府的“一刀切”政策[2]，避免采用粗暴的关停政策，而是要建立完善的事前预防机制、监督机制和协同创新机制，形成环境治理的系统框架，同时通过细致工作引导企业建立环保规范，提高企业追求高质量发展的积极性，并鼓励消费者通过购买环保达标产品来切实支持。

3．增强民众的参与性

民众的利益应该通过公正、开放、透明的渠道输送到环保政策的制定和执行过程中去。在项目开发和事件处置中，应当建立完善有效的沟通、信任、利益协调机制等机制，可以通过环保听证会等形式，让不同的声音提前发出，以保障民众的知情与表达权利，以防止后续可能引发的环境群体性事件。增强民众参与能够切实促进民众自身利益的保障，同时可以提升环境问题的治理效率，增强社会活力，提高民众自身的政治效能感，进而增强其政治认同感，提升政府公信力，从而通过政府和民众的合作实现公共相对利益满足感的提升。

4．完善环境风险信息网络系统

部分地方政府在长期中未能实现准确高效的信息披露，甚至以瞒报的方式应对突发事件，导致失去民众的信任，成为群体性事件暴发的重要因素。应当完善事前预防机制，构建多层次全覆盖的信息网络，通过信息收集和处理，及时准确地掌握环境群体性事件发生的原因、矛盾发展的进展，及时进行风险评估和预测预警，为有效化解和治理矛盾，以及疏导群体性诉求做好充分准备。在技术方面，信息网络建设可以集成利用大数据、数字政

1 杨立华，周志忍，蒙常胜．走出建筑垃圾管理困境——以多元协作性治理机制为契入[J]．河南社会科学，2013，21（9）：1-6.

2 黄宏，王贤文．生态环境领域“一刀切”问题的思考与对策[J]．环境保护，2019，47（8）：39-42.

府、智慧治理平台等信息共享技术，实现预警、环境监测、善后处理全过程的信息化，在土地、水利、气象、森林、环保、公安、信访等部门之间建立信息共享，同时应当保障民众和社会组织的知情权。制度方面，应当立法对环境群体性事件的预警和信息管理、信息共享责任进行明确规定，建立明确的信息发布与回应制度，完善信息收集、分析、处理、发布、反应的责任分工，促进事件预防工作有序进行。

5．完善环境问题体制内解决路径

应当完善解决环境污染相关问题的体制内路径，建立明确的沟通机制、利益协调机制，促使参与方通过协商解决问题。对于项目决策、环境污染举报反馈、争议处置、沟通协调、信访等各项体制内路径，都需要建立完善的制度以保障其有序进行，实现有规章可依。政府部门应当建立明确的问题解决责任划分，避免回避责任和避重就轻，使得民众投诉有门，提高政府回应性，增强公信力。体制内的解决路径同样可以通过建立和完善协同创新机制，促进新闻媒体、专家学者、社会组织等参与沟通、评估、协调等工作，提高问题解决能力。

6．加强政府治理能力

应当加强对环境问题的治理，树立正确的发展观念，规范项目选址、环评等工作，促进公众参与和公众监督，进而从源头上解决环境问题，减少相关社会冲突和群体性事件的发生。同时，应当提高政府执行力，建立完善的事件处置机制，提高监督管理、调查、沟通反馈等方面的效率，防止矛盾集聚和激化。在日常的治理工作中，还应当加强基层治理，促进与民众的沟通协调。

7．健全政府责任分配和监督

做好环境保护和环境维权工作，减少公共反抗机会，需要多个职能部门的共同合作。公共反抗的产生，往往是在民众进行环境维权时，遇到部门推诿、服务态度差、手续烦琐复杂等问题。要改变这种情况，就要明确政府各部门责任，并建立起有效的监督、法律和保障机制，促使政府各部门各司其职。

三、公共均衡与非均衡思维下群体性事件解决绩效评估的再审视

（一）实现公共均衡的经济性、效率性、效果性、公平性、民主性和法治性

本书建立了群体性事件解决绩效评估的 VPP 整合性评估框架及指标体系，并指出了事件解决应当全面考虑经济性、效率性、效果性、公平性、民主性和法治性六个维度的绩效。这六个维度是解决群体性事件水准的体现，而在推动公共均衡建设，以及更加广阔的社会冲突治理和社会治理中，这六个维度也同样是提高治理绩效的重要体现。

实现公共均衡的绩效同样可以通过经济性、效率性、效果性、公平性、民主性和法治性六个维度进行评估。公共均衡的经济性包括实现公共均衡过程中的成本与收益，也即各主体投入的人力、物力、财力资源及推动公共均衡改善的情况。公共均衡的效率性可以通过其六个核心因素实现的效率进行衡量，即提高公共相对利益满足感、公共维持或合作意愿、社会总约束力和降低公共可使用的反抗力、公共反抗机会和社会总刺激的实际效率。公共均衡的效果性，则可以考察推动公共均衡目标实现的效果，既包括六个核心因素上的

实现效果，也包括在公共均衡的整体性、系统性、辩证性、动态性方面所取得的总体效果，也即整体均衡的状态动态、多系统协同和体系化程度、包容良性冲突和将冲突转化为社会进步机会的效果等。公共均衡的实现同样需要考虑其公平性、民主性和法治性。公平性考察公共均衡实现中的机会公平、过程公平、结果公平；民主性衡量公共均衡实现中多主体协同的透明度、回应性和可问责性；而法制化则衡量过程的依法性、合法性和法律合理性。通过对公共均衡实现的公平性、民主性和法治性进行绩效评估，可以促进主体协同参与和立法不断完善，进而使得公共均衡更具韧性和活力。

（二）通过事件解决绩效评估推动公共均衡实现

高水平的公共均衡实现同样需要考虑经济性、效率性、效果性、公平性、民主性和法治性六个维度，因此在进行群体性事件及各类社会治理绩效评估时，可以同时考虑对公共均衡实现的绩效水平进行评估。对公共均衡实现的绩效水平进行评估同样需要遵循系统性原则、规范性原则和可操作性原则，建立评估指标体系并进行检验与修正，使得在推动公共均衡的工作中能更好地总结经验和优化制度设计。

与公共均衡与非均衡思维的各项主要思想和主张相结合，事件解决绩效和公共均衡绩效评估同样可以从整体性、多样性、系统性、辩证性和动态性角度进行深化，以更好地实现治理目标。在整体性方面，绩效评估中需要考虑整体考虑公共均衡各核心因素的状况，重视整体上实现公共均衡的经济性、效率性、效果性。在多样性方面，评估指标应具有普遍适用性，能够在不同社会环境中有效，且能够揭示不同环境下公共均衡所具有的不同特征。在系统性方面，一方面，应考虑各系统协同互动以推动事件解决和公共均衡的水平，对此进行评估；另一方面，应将评估指标体系及其评估系统与事件预防和处置动态联动起来，沟通各个系统共同实现公共均衡目标。在辩证性方面，事件解决绩效评估需要考虑事件在长期内将冲突转变为社会发展和社会制度革新机会的能力，重视事后治理能力、社会韧性、社会活力的总结提升。在动态性方面，绩效评估则需要考虑动态治理能力的建设，以及处理冲突和公共均衡动态变化的成效。

（三）公共均衡与非均衡思维下事件绩效评估的现实建议

除在上一节依据本书对群体性事件评估指标体系的系统研究所提出的建立评估机制、进行系统评估等政策建议外，本节基于公共均衡与非均衡思维，尤其是其整体性、系统性和辩证性思想，提出以下政策建议：

1. 利用网络信息系统和技术展开评估

对群体性事件解决绩效和公共均衡实现的水平进行评估需要大量数据支撑，而新兴的信息技术手段能够为此提供重要的支持。通过大数据、数字政府平台、网络分析等技术，可以对事件处置的成本收益进行更加客观的核算，对政策文件、事件相关文本记录和舆论状况进行分析，对经济、生态、社会相关数据进行汇总，以及对事件处置中的跨部门协调情况进行追踪，以提高系统评估的可行性和质量。

2. 建立纳入公共均衡状态指标的系统评估体系

在建立事件解决绩效评估体系时，可以同时对公共均衡状态及其实现的水平进行评估，形成包括“公共均衡”和“事件解决”两个层次的立体评估框架。其中，两个层次在经济性、效率性、效果性、公平性、民主性和法治性六个具体指标维度上形成互通，相互支撑。同时，对公共均衡的实现进行评估，能够帮助更好地理解事件解决的绩效表现和分析其中存在的问题。

3．完善系统评估与政策优化的联动机制

进行事件解决绩效评估不仅仅服务于揭示事件解决的水准这一目的，而应更加高效地为未来的制度优化服务。通过加强系统评估与政策优化之间的联动，能够利用事件解决绩效的评估结果指导制度设计和优化处置机制，充分将普遍的社会冲突事件转变为检验现有体制机制、发现问题、推动社会进步的机会，这充分体现了公共均衡与非均衡思维的辩证性思想。

四、公共均衡与非均衡思维下群体性事件处置的再审视

（一）通过事件处置机制推动公共均衡实现

在群体性事件处置方面，本书建立了包含六个组成部分的事件处置机制，以实现冲突化解。而这一事件处置过程，也同样是公共均衡实现的过程。本书提出的六项处置机制能够从全方位对公共均衡的核心因素进行影响，实现提高社会“总控制力”，降低社会“总反抗力”的目标。在提高“总控制力”方面，其作用总结如表 18-3-1 所示。

表 18-3-1 事件处置机制对于提高社会“总控制力”的贡献

<table>
<tr><th colspan="2">群体性事件处置机制的类别</th><th>对提高公共均衡“总控制力”的贡献</th></tr>
<tr><td colspan="2">事前预防机制</td><td>通过及时发现潜在社会冲突风险，促进及早行动，将风险化解于萌芽，提高公共相对利益满足感、公共维持或合作意愿。同时，风险评估和预测预警也构成了对反抗行动的阻力，提高社会总约束力</td></tr>
<tr><td rowspan="3">信息沟通、信任和利益协调机制</td><td>信息沟通机制</td><td>通过建立和完善沟通渠道、改善沟通成效，能够促进各参与主体在利益诉求、行动方式和资源限制等方面相互了解，提高公共维持或合作意愿</td></tr>
<tr><td>信任机制</td><td>通过建立社会信任、政府公信力，促进参与主体相互理解，提高公共相对利益满足感与公共维持或合作意愿</td></tr>
<tr><td>利益协调机制</td><td>促进通过沟通协调解决问题，提升冲突解决的组织性和参与主体的理性化程度，提高公共相对利益满足感与公共维持或合作意愿</td></tr>
<tr><td rowspan="3">动员、应急和权责机制</td><td>动员机制</td><td>通过建立良好的动员组织和规则制度保障，促进多主体参与治理过程，提高公共维持或合作意愿和社会总约束力</td></tr>
<tr><td>应急机制</td><td>通过建立预防、检测、处置、恢复全过程的应急管理能力，能够提高社会总约束力</td></tr>
<tr><td>权利义务与权力责任机制</td><td>通过明确公民权利义务和政府权力责任，既能提升处置过程中的权利保障，又能督促公民履行义务、政府尽职尽责，进而能够提高公共相对利益满足感和社会总约束力</td></tr>
</table>

群体性事件处置机制的类别		对提高公共均衡“总控制力”的贡献
监督、法律和保障机制	监督机制	通过建立全面的监督机制，对政府、企业、公民等主要参与主体进行监督，能够提高社会总约束力，同时这一过程也能够提升公共相对利益满足感和合作意愿
	法律机制	通过健全法律制度保障，促进通过体制内渠道解决问题，提高问题解决的效率和合法性、合理性，能够提高公共相对利益满足感和合作意愿。提高执行、监察和司法的有效性，也能提高社会总约束力
	保障机制	提供充足的物质和精神保障，确保利益损害补偿及各项处置机制落实到位，能够提高公共相对利益满足感和公共维持或合作意愿。对处置机制运转的保障也能提高社会总约束力
协同创新机制		促进多参与主体协同参与冲突解决，能够提高冲突解决的效率，这一过程能够提高公共合作意愿和社会总约束力
善后处理机制		保证事后的责任追究、安抚、总结评价等落实到位，推动制度优化、结果反馈，能够建立公共信任，提高公共相对利益满足感和公共维持或合作意愿

从总结中可以看到，本书提出的群体性事件处置机制往往能对数个公共均衡与非均衡核心因素进行影响，以提高社会“总控制力”，防止冲突的发生。同时，各个核心因素能够相互作用、不断变化，因此作用于部分因素的影响最终能够转化为对公共均衡整体的影响。在减少社会“总反抗力”方面，各个处置机制的贡献总结如表 18-3-2 所示。

表 18-3-2 事件处置机制对于减少社会“总反抗力”的贡献

群体性事件处置机制的类别		对减少公共均衡“总反抗力”的贡献
事前预防机制		风险评估和预测预警能力的提升提高了了解民众可能采取的反抗行为以及反抗行为发展过程的能力，降低公共可使用的反抗力、公共反抗机会。通过及时采取适当沟通、安抚行动，能够降低社会总刺激
信息沟通、信任和利益协调机制	信息沟通机制	及时的信息沟通能够防止社会问题引起的压力积累、放大，消除主体间的误解，减少公共可使用的反抗力、公共反抗机会，降低社会总刺激
	信任机制	提高信任水平能够减少民众在反抗行动中的参与，进而降低公共可使用反抗力、公共反抗机会和社会总刺激
	利益协调机制	有效的利益协调能够促进问题解决，防止冲突升级，减少通过概化信念激化矛盾的可能性，降低公共可使用反抗力、公共反抗机会和社会总刺激
动员、应急和权责机制	动员机制	有组织的动员能够发动多参与主体，保障问题解决工作有序进行，促进专家、媒体、社会组织等参与理性沟通，降低公共可使用反抗力、公共反抗机会和社会总刺激
	应急机制	通过全过程应急能够及时控制事态，维护公共安全与公共秩序，推动紧急状态下的沟通协调，进而降低公共可使用反抗力、公共反抗机会
	权利义务与权力责任机制	改善公民权利保障、政府尽职尽责能够降低公共反抗机会和社会总刺激

群体性事件处置机制的类别		对减少公共均衡“总反抗力”的贡献
监督、法律和保障机制	监督机制	多方式、多主体的监督机制能够减少反抗活动的机会，也能够督促参与方解决问题，降低公共可使用反抗力、公共反抗机会和社会总刺激
	法律机制	完善冲突解决的立法、执法、监察、司法能够降低公共反抗机会和社会总刺激
	保障机制	充足的物质补偿和精神安抚能够防止公众组织动员和聚集，降低公共反抗机会和社会总刺激
协同创新机制		多参与主体的协同能够提供解决问题的有效渠道，提高问题解决效率，降低公共反抗机会和社会总刺激
善后处理机制		完善事件后的沟通、安抚、化解和总结工作能够降低公共反抗机会和社会总刺激

以上对事件处置机制与公共均衡各核心因素间关系的分析主要反映了公共均衡与非均衡思维中的“均衡观与变量思维”思想，也即事件处置机制可以通过公共均衡核心因素，进而推动公共均衡的整体实现。在此基础上，可以进一步结合公共均衡与非均衡思维的深层次思想内涵进一步审视。

（二）根据群体性事件特征优化处置机制

公共均衡与非均衡思维强调了公共均衡实现的多样性，应当根据具体的事件特征选择合适的处置措施，选择各项处置机制中对事件公共均衡最为有效的机制，抓住事件处置中的重点和突破点。具体而言，这些事件特征包括群体冲突的自身特征和群体冲突参与者的群体特征。

1. 根据群体冲突的自身特征优化处置策略

在不同的群体冲突类型中，“公共均衡与非均衡”理论中的六个核心变量处于不同状态，同时对于事件解决结果具有不同的影响。因此，应当根据具体的群体冲突特征选择合适的推动公共均衡实现的方法，如表 18-3-3 所示。

表 18-3-3 针对群体冲突自身特征实现公共均衡的政策建议

群体冲突特征	实现公共均衡的重点政策建议
经济状况	（1）应对发生在发达地区的事件，应着重提高社会总约束力，降低公共反抗机会 （2）应对发生在欠发达地区的事件，应着重提高公共相对利益满足感
城乡差异	（1）应对发生在城市地区的事件，应着重降低社会总刺激，提高社会总约束力，辅以提升公共利益满足感及维持或合作意愿 （2）应对发生在农村或城乡接合部地区的事件，应着重提高公共相对利益满足感和合作意愿 （3）应对发生在城乡接合部的事件，应着重减少公共反抗机会
抗争类型	（1）应对暴力抗争，应当缓和社会矛盾，增强社会总约束、减少社会总刺激，或有助于将潜在的暴力对抗转化为非暴力争议，降低冲突的负面影响 （2）应对非暴力抗争，应当提高公共相对利益满足感和维持或合作意愿 （3）应对网络抗争，应当主要提升其维持或合作意愿

群体冲突特征	实现公共均衡的重点政策建议
不同污染类型	(1) 对于民众可直接感知和判断的污染（如大气、水、土壤、固体废弃物、噪声等污染），应当千方百计地控制污染的发生，降低公共反抗机会，同时提高社会总约束力 (2) 对于危害相对较小的污染（如电磁辐射污染），应当降低公共反抗机会和民众的公共可使用反抗力，同时提高社会总约束力 (3) 对于概率较低、风险更高的污染（如放射性、热以及光污染），尽量降低社会总刺激，同时降低人们的公共可使用反抗力，提高社会总约束力

2. 根据不同群体特征应对冲突

环境群体性事件中的不同社会群体具有不同的行为模式，对冲突有不同的感知，因此其在“公共均衡与非均衡”理论中六个核心变量也处于不同的状态，进而影响公共均衡的实现方式。因此，本书提出应当针对不同群体特征采取正确的应对策略，以更好地实现公共均衡和消除社会冲突，如表 18-3-4 所示。

表 18-3-4　针对不同群体特征实现公共均衡的政策建议

群体特征	实现公共均衡的政策建议
性别	应当对在冲突解决中对女性予以更多关注，完善信息沟通、信任和利益协调机制，不满情绪得到宣泄，并加强理性教育和普法教育，努力提高女性的相对利益满足感
年龄	(1) 应当着重提高 51～60 岁及 30 岁以下群体的相对利益满足感 (2) 应当着重提高 51～60 岁组和 71～80 岁群体的公共合作意愿和社会总约束力 (3) 应当着重关注 21～30 岁、41～50 岁和 61～70 岁群体的社会反抗力使用 (4) 应当着重降低 51～60 岁和 61～70 岁群体的社会总刺激
教育程度	(1) 对于低学历人群，应当重点关注如何通过提高其满意度来解决问题，且较小的利益满足，就能带来较大的满意度提升 (2) 对于高学历人群，除提高其满意度外，更要重点关注不要损害和降低其满意度 (3) 应当重点关注如何降低未曾上学的人和硕士及以上教育程度群体的反抗机会 (4) 应当重点关注如何降低小学及以下和硕士及以上教育程度群体的社会总刺激
职业	(1) 应当重点提高事业单位、公司企业和居民群体的满意度 (2) 应当重点提高公司企业和事业单位群体的合作意愿 (3) 应当重点提高对个体工商户和公司企业，尤其是公司企业的社会总约束 (4) 应当重点关注居民群体的较大可使用反抗力，避免恐吓、欺骗和欺负居民，减少对居民的社会总刺激，保护居民权益，同时约束其反抗机会
收入	(1) 应当重视培育社会中间阶层，以提高社会总体利益满足感、合作意愿和社会总约束 (2) 应当重视降低对中间阶层的社会总刺激、控制其可使用反抗力和反抗机会 (3) 应当重视提高较低和较高收入群体的利益满足感和合作意愿

（三）构建整体性、系统性、辩证性、动态性事件处置机制

在建立、完善和充分落实各个群体性事件处置机制的基础上，应当强调事件处置及公共均衡的整体性、系统性、辩证性、动态性，以更好地化解社会冲突和推动社会治理能力进步。在整体性方面，应当建立全局意识，实现多种处置机制的协调并重，防止片面看待各个处置机制和公共均衡变量的作用。在这一过程中，既要为各项处置机制建立明确的责任划分和制度保障，保证各项机制落实到位，又要在全局基础上选择合适的着眼点和突破点，推动整体上实现公共均衡。同时，应当关注各个处置机制对公共均衡的影响，实时了解公共均衡所处的状态和动态，以采取符合具体情况的处置措施。

在系统性方面，群体性事件处置的各项机制应当相互协调配合，以实现治理效能的最大化，同时应考虑政治、经济、社会、生态等各社会子系统的广泛相互作用，通过合理配置起到扩大处置机制影响、实现推进公共均衡的乘数效应的作用。事件处置机制之间能够相互支撑、相互强化，例如，保障机制为其他处置机制的落实提供了物质精神资源，法律机制的完善则提供了其他各机制的制度基础、提高了合法性。在事件的时间维度上，事前预防机制着眼于常态化的冲突预防，而善后处置机制则着重事后的补偿、安抚、问责、反馈。信任机制、利益协调机制、动员机制等主要建立疏导和解决问题的渠道和行动力，而应急机制则重点关注较为紧急情况的应对，等等。在这些机制的协调配合过程中，其对公共均衡的影响也能相互叠加，形成有机结合的乘数效应。同时，通过“复杂巨系统”思想下跨越各个社会子系统的政策干预和资源配置，又能形成第二重的乘数效应，进一步提高社会治理和实现社会均衡的效率。

在辩证性方面，应当注重对冲突的识别，积极进行冲突的应对和引导，通过全面的善后处置机制将冲突转化为发展的机会和动力。应当以冲突为契机发现治理体系和事件处置机制中存在的问题，进而实现治理能力提升。在通过群体冲突的处置完善治理能力的过程中，避免采用回避或强制性的应对策略，以防冲突激化，应当加强各个主体广泛参与，从民众、企业、媒体、专家、社会组织等方面吸取意见，建立常态沟通渠道，进而建立更加全面有效的治理体系。

在动态性方面，应当在冲突处理中重视公共均衡的自我调整和动态变化，引导公共均衡自然向均衡的方向发展，避免激化矛盾，导致冲突迅速激化或扩大。此外，还应针对冲突所处的不同动态变化状态建立对应的处置方式，以实现有针对性的应对。

（四）公共均衡与非均衡思维下事件处置的现实建议

除了上一节提出的建立完善事件处置机制的政策建议以外，结合公共均衡与非均衡思维中的整体性、系统性、辩证性、动态性思想，本节进一步提出以下的政策建议，以深化事件处置能力建设和建立更加全面的处置机制：

1. 顺畅群体冲突中的诉求表达

本书的研究发现，在各类环境群体性事件中，民众首先倾向于采取体制内手段，通过沟通、信访等方式解决问题，解决未果才会采取体制外渠道甚至暴力手段。治理中应当建立完善的事前预防机制，信息沟通、信任和利益协调机制和权利义务与权力责任机制，保

障民众的固有权利，保证利益表达渠道畅通，避免弱势群体产生被剥夺感。过程中更应建立制度保障，以实现理性表达、多数尊重少数的良好风气，保护公民有序参与政治，推动公民、社会组织和政府的对话协商。

2．促进项目建设和群体冲突中的平等协商

政府应当建立规范的项目决策程序，在具有环境风险的项目建设前应提前公开信息，充分评估风险，保证相关利益主体的知情权和参与权，通过充分的协商来避免决策风险和邻避冲突，以及可能引发的群体性事件。政府可以通过竞争性的选址防止出现邻避设施选址的随意性及垄断性，同时促进各方参与和表达，将自上而下的管理变成多元共治的治理，实现公共利益最大化。在处置已经发生的冲突时，应当完善事件处置的利益协调机制、权责机制、监督机制、法律机制、协同创新机制，将公众视为与政府平等的治理主体，拓宽利益表达渠道，促进多方参与和通过协商解决问题。

3．健全群体冲突中的问责处分

政府应当改变上级对于下级的传统问责机制，完善制度设计，从权力问责转变为制度问责，以实现对民众意见进行妥善回应。首先，应当厘清问责的范围和标准，建立程序规则，将问责落实到环境治理的各个方面、各个环节，确保问责效果。其次，应当问责的途径，通过电子政务、新媒体等多种形式丰富问责路径，实现对权力更加全面的监督问责。最后，应当完善善后处理机制，加强事件发生后的问责追究，尤其是对有过错的企业和监督执法人员进行问责。

4．完善监督执法体系

持续完善监督执法是减少环境污染相关社会冲突和处置环境群体性事件的重要基础。监督执法体系的对象需要包括政府、企业和民众三个主要参与方，以约束其在环境治理及事件处置中的行为。对于政府部门，应当对执法人员加强监督，同时完善信访功能，提高政府的回应性。对于企业，应当加强环境监督执法，促使企业遵守法律法规，减少环境污染行为。对于民众，应当通过宣传教育引导采取体制内问题解决方式。

5．完善利益协调和利益引导

为了减少公共可使用的反抗力，可以建立健全沟通、信任和利益协调机制，同时完善解决问题的体制内途径。在环境污染相关社会冲突未出现或刚出现时，可以通过沟通和利益协调高效解决问题，将问题消除在萌芽。在群体性事件已经出现时，应当加强引导和多方参与，进而通过沟通协调将问题化解。此外，还应促进人大、政协等社会利益代表团体更好地发挥职能作用。申诉、信访、司法等机制也提供了重要的利益表达和伸张渠道。

6．坚持宽严相济的惩罚措施

对环境群体性事件的处理，不能简单地一抓了之，这反而会为更大的冲突埋下隐患。完善事件处置的法律机制和善后处理机制，加强立法、执法、监察、司法和事后的追究问责，坚持宽严相济的惩罚措施，可以更加有效地控制和化解社会矛盾。对于聚众犯罪的行为，要及时果断依法处置，充分发挥法律惩戒的引导作用；对于因利益诉求表达渠道不畅通而聚集反映问题的群众，要充分考虑其犯罪动机，对参与程度不深、情节轻微的，要慎用刑事处罚，对于策划、鼓动、带头闹事的首要分子或骨干分子要严厉打击。

7. 控制环境风险传播路径

要减少社会总刺激，就要防止媒体放大环境风险，防止其影响民众对事件的认知，防止其对民众形成刺激。因此，应当完善信息沟通、信任和利益协调机制，通过信息沟通、信息披露、问题回应等举措控制特定利益群体的意见，防止情绪化感知，保障真实信息的披露。同时，应当加强对网络等信息环境的治理，避免环境污染信息被特定利益群体或别有用心的人曲解和放大。在此基础上，也应当建立事件处置的协同创新机制，促使媒体有机地参与到事件处置中来，真实地披露信息，扮演促进多方沟通的桥梁。同样，也可以鼓励专家学者、社会组织等积极参与事件处置工作，例如科普、协调，以最大限度发挥其正面作用。

8. 防止群体冲突或对抗

在公共非均衡加剧，参与方情绪化严重，群体冲突事态可能升级时，应当建立完善的动员机制和应急机制，采取适当手段控制事态，减少社会总刺激，创造通过协商解决问题的时间和空间。应当对陷入情绪化的参与方进行疏导，尽量通过沟通协调手段形成对话，通过承诺、信息披露、引入多元主体参与等方式防止冲突升级。同时，由于媒体和网络环境对群体冲突升级的影响日益增大，加强网络和媒体的治理和疏导尤为重要，应做到尊重和保护民众有序表达关注、意见、诉求的权利，同时及时阻断煽动性信息和谣言的传播。应当注意，防止群体冲突与对抗的处置办法也会影响到社会总刺激的强弱，因此对民众或媒体的管制可能加剧冲突，因此需要对社会总刺激的因素进行总结归类，细化处理办法，以更好地处置应对。

五、构建全景式群体冲突预防、评估和处置体系

综合以上三个部分讨论，本节阐述了如何结合公共均衡与非均衡思维与群体冲突的预防、评估和处置，以建立全景式群体冲突预防、评估和处置体系。这一体系包含三个层面的理解。首先，在思想上，应当遵循公共均衡与非均衡思维。具体来说，就是全面理解公共均衡与非均衡理论中的均衡观与变量思维、整体性、多样性、系统性、辩证性、动态性等思想内涵，并融入具体的预防、评估和处置工作中去。其次，在治理能力建设上，应当包含预防、评估、处置全方位的群体冲突应对内容，进行有机结合。应当通过预防化解冲突和建立常态化机制，实现制度和治理能力的进步；通过评估审视具体事件的处置绩效，反映解决过程存在的问题，进而将社会冲突转变为社会进步的机会；通过事件处置消解矛盾，防止事件激化，积累处置经验，反思事件发生的根源和制度设计中的问题，进而完善预防、评估和处置体系。最后，在覆盖范围上，应当包含事前、事中、事后全过程及实现事件相关各个部门、主体和社会子系统的联动，建立更高层次的整体思维、动态思维、全局思维、系统思维，将各个层面上的资源整合起来，发挥更大的作用。

在构建整体、系统、辩证的全景式群体冲突预防、评估和处置体系过程中，其核心和重点难点在于将公共均衡与非均衡的全思想内涵、事件处置的全方位、全过程、全主体、各个社会系统打通和联动，以实现有效解决问题和利用普遍存在的社会冲突实现社会进步。对此，本书提出应具体做到以下两点：

（一）在事件处置中强化系统思维、整体思维和全局思维

依据本节提出的公共均衡与非均衡思维，需要从整体上理解公共均衡及其核心变量，进而更好地实现公共均衡。为了实现这一点，需要建立系统思维、整体思维、全局思维，避免“只见树木，不见森林”的片面思维，反对一味“维稳”和控制事态的粗暴思维，防止“一刀切”和“统一口径”的简单思维。同时，需要利用好公共均衡的规律和动态，实现治理举措的乘数效应，引导和增加参与主体的通过沟通合作解决问题，促进公共均衡自然实现均衡，而非通过举措迫使事件向公共均衡的方向移动。要将这些思想融入具体的预防、评估、处置工作中去，为了从整体上实现公共均衡，则需要：

1．建立整体思维和整体系统管理

在环境群体性事件处置和更加广泛的社会治理中，应当建立整体思维，进而建立整体系统管理的体系机制。整体思维强调全面考虑公共均衡中六个变量的相互作用，在制定政策和进行事件处置时，不仅需要考虑政策和处置方法对特定公共均衡变量的影响，更要关注对多个变量的影响和对公共均衡的整体影响，进而优化决策。通过建立整体思维和整体系统管理，决策者应当选择能够从多个方面促进公共均衡的举措，例如建立多方参与的协同创新机制，完善健全信息沟通、信任和利益协调机制，制定高效的体制内解决问题的渠道。同时，应避免采用对整体均衡具有不确定性，甚至反作用的举措，例如，施加强制性管制和抑制主体参与和表达可以提高社会总约束，但是可能同时提高社会总刺激，在整体上加剧公共非均衡。此外，通过整体系统管理，也应当通过制度设计和技术手段将多部门、多参与主体联系起来，促进信息共享和沟通协调，进而提高治理能力。

2．建立互动思维和互动管理

应当突破自上而下、“维稳”优先、被动静态的传统管理思维，在事件处置中建立互动思维，采取平等协商、多方参与的互动管理方式。互动思维和互动管理的建立可以包括三个层面。首先，各政府部门之间应当进行信息共享和明确的权责分配，加强事前预防和处置能力。其次，应当在政府、企业和民众之间建立常态化的信息沟通和利益协调机制，促进事件参与方之间的相互理解、利益诉求表达和协调。最后，本书强调建立多方主体参与、各司其职，发挥各主体在事件处置中最大作用的协同创新机制，促进新闻媒体、专家学者和社会组织在事件处置中各尽其能。

（二）建立包容公共均衡动态演变的治理模式

基于公共均衡与非均衡思维的辩证性思想，本书强调公共均衡时刻处于动态演变之中，应当建立包容公共均衡动态变化的制度空间。一方面，社会发展、社会活力旺盛，企业和民众具有实现自身利益最大化的动力，会自然产生一定的利益冲突。此时的社会冲突

可以扮演社会的减压阀，如果能够通过沟通协调进行合理处置，能够将发展中积累的压力释放出来，进而实现高质量发展。另一方面，公共均衡具有自适应能力，因此应当避免僵化管理，包容公共均衡的调整过程。例如，鼓励公众表达短期内可能导致较多问题和冲突暴露出来，但通过解决这些问题，长期内可以提高公共利益满足感和合作意愿，自然回到更加稳定的公共均衡状态。据此，本书提出以下政策建议：

1．从冲突动态演变的全过程应对冲突

公共均衡与非均衡处于持续的动态变化之中，同时能够相互转化。因此，需要把握公共均衡的动态演变，根据公共均衡所处的状态灵活调整治理策略。在原公共均衡阶段，应当从公共均衡的六要素入手全面预防冲突发生，利用尚存的合作意愿，保障公平的利益分配和通畅的利益表达，以化解、疏导、释放社会累积的矛盾。当处于公共非均衡阶段时，应当提高民众满足感、提高合作意愿、提高总约束力、降低可使用反抗力、反抗机会和总刺激，促使重新回到均衡阶段。

2．建立促进活力和正向引导并重的治理方法

中国社会传统管理存在“一管就死，一放就乱”的怪圈，从“公共均衡与非均衡”理论角度，其主要原因是治理者不理解公共均衡动态演变的基本原理。“一管就死”，是因为管理者忽视社会活力和多方参与解决问题的能力，制定自上而下“一刀切”的强制性规定，提高社会总约束力的同时降低了公共利益满意度、合作意愿，提高了社会总刺激。“一放就乱”，是因为管理者未能对具有活力的社会主体进行引导，采取被动和静态的传统管理思维，导致降低社会总约束力的同时未能有效提高公共利益满意度和合作意愿，致使产生公共非均衡的倾向。因此，治理中应当采取减轻束缚和加强引导并重的治理模式，避免对社会事务进行僵化的规定，鼓励各主体表达利益诉求，通过多方参与、沟通协调的方式解决冲突。同时，应当依据“公共均衡与非均衡”理论对社会活动加以引导。例如，在环境治理中应当引导冲突和平解决，并进一步引导企业树立社会责任感，建立良好的社会风气，促进社会环境向正确的方向发展。

3．实现动态思维、动态管理和适应性管理

应当根据公共均衡具有的动态调整性、适应性特点，建立动态思维，实现动态管理和适应性管理。这个过程既要求在应对问题时采取符合事件和阶段特征的正确处置手段，又强调要提高管理的适应性，持续根据社会变化和冲突中发现的问题优化政策，增强适应能力。第一，应当在治理中包容公共均衡动态调整的过程，支持通过自适应回到公共均衡状态。第二，应当避免采取短视的治理方式，不应采取短期内能够抑制冲突，但长期内削弱公共均衡自适应能力的治理举措。第三，应当在公共均衡的动态变化中灵活调整治理举措，建设公共均衡的自适应能力。第四，应当建立覆盖全处置机制、全过程和全部门的领导协调机制，以增强全景式的协调配合和实现全景式的动态管理和适应性管理。第五，应当建立完善的反思、反馈机制，分析冲突发生的根源，找到现有制度的问题，以推动制度优化和治理能力建设，实现社会进步。

第四节　建设强韧性社会、强活力社会

本节要点　基于本书提出的"公共均衡与非均衡"群体冲突新理论和对于环境污染冲突治理的系统研究，本节指出要建设强韧性社会、强活力社会，并提出其具体路径。

本书在上一节提出的公共均衡与非均衡思维包含均衡观与变量思维、整体性、多样性、系统性、辩证性、动态性等核心思想内涵，这些思想是从对环境群体性事件的研究中总结出来，但可以应用于更加广阔的治理场景。从环境群体性事件自身出发，到各种原因的群体冲突和社会冲突，以至较为广泛的基层社会冲突、社会治理，以及我国当前正面临的社会转型和中国式现代化历史进程，都需要更系统化的思想指引。毛泽东在《矛盾论》中强调矛盾的转化是实现社会进步的重要途径[1]，而对于社会冲突预防、评估、处置的研究正是要解决如何应对矛盾、如何化解旧的矛盾这一核心问题，进而建立健全体制机制，实现社会进步。在此基础上，本节指出要进一步建立在矛盾化解和转移中实现持续发展的能力，因此，建设强韧性社会、强活力社会是实践公共均衡与非均衡思维的必然选择。

一、理解强韧性社会、强活力社会

从上一节基于公共均衡与非均衡思维对全景式群体性冲突预防、评估、处置的讨论推而广之，下一步所需要思考的就是在不断化解和将矛盾转化为社会进步动力的基础上，应最终实现怎样的社会形态。公共均衡与非均衡思维强调整体性、系统性、动态性，建立全局思维，因此就必然需要一个具有全局意识、统一调控能力，且能够听取民众意见的"强政府"。同时，要想让社会冲突中的参与主体、社会治理中的各方满意，就必然需要多方参与，进行利益协调。2014 年 9 月 5 日，在庆祝全国人民代表大会成立六十周年大会上，习近平指出，"评价一个国家政治制度是不是民主的有效的，主要看……人民群众能否畅通表达利益要求，社会各方面能否有效参与国家政治生活……"，强调了民主参与、权力制约和监督的重要性。因此，民众应当更加关注参与、监督、自由表达的权利，并通过参与和监督促进公平决策、程序决策，而这也就是要建设一个各主体积极参与、协调配合的"强社会"，进而实现"强政府"与"强社会"的协调。[2]

为了实现这一点，尤其是改善当前社会主体治理参与较为薄弱的局面，就需要解放思想，推进治理改革，实现开放治理。公共均衡与非均衡思维的辩证性思想要求将普遍存在的社会冲突转化为发现潜在问题、优化体制机制、实现社会进步的机会和动力，因此所要建设的社会应当是一个动态、开放、包容的社会。邓小平提出，改革开放中有两个开放，即对外开放和对内开放，对内开放就是改革，即不断通过改革，解放思想，打破原有的条

1 毛泽东. 矛盾论[M]//毛泽东. 毛泽东选集（第 1 卷）. 北京：人民出版社，1991：333.

2 杨立华. 建设强政府与强社会组成的强国家——国家治理现代化的必然目标[J]. 国家行政学院学报，2018（6）：57-62.

条框框，进而实现社会发展。[1]习近平也指出，“解放思想是前提，是解放和发展社会生产力、解放和增强社会活力的总开关”[2]。开放的治理能够保证体制机制随时进行发展革新，突破旧制度的限制，根据最新的社会状况和环境条件，吸收各类治理经验，建立符合当前国情和中国特色的治理体系。[3]

将这些构想相结合，本书提出，这些发展方向最终需要建设一个强韧性社会、强活力社会。一个有韧性、活力的社会，会通过自我调整来缓解矛盾、化解矛盾和实现优化。“韧性”一词的提出与“风险社会”的概念密切相关，有时也翻译为“弹性”或“复原力”，指的是家庭、社区、组织、社会等在面对风险时进行自适应，保持正常运转，恢复原有功能，进而实现在风险中进一步发展的能力。也就是说，强韧性社会是在风险中具有自我调节能力和自主性的社会。“活力”概念在我国的重要方针政策中经常被提及。2014 年，习近平主席在关于《中共中央关于全面推进依法治国若干重大问题的决定》的说明就提出，全面推进依法治国的一项重要目标是解放和增强社会活力。《中共中央关于党的百年奋斗重大成就和历史经验的决议》强调建立“充满生机活力的体制机制”，不断“解放和增强社会活力”，也即提高体制机制和社会面对问题和实现发展的自主能力。活力与韧性相互支持，相互补充。韧性来自社会和制度的活力，尤其是其不断改革探索、解决新问题的自主性；韧性也为活力提供了环境保障，减少风险带来的冲击，进而进一步释放活力。因此，本书强调要同时实现强韧性社会、强活力社会，二者彼此契合。

二、公共均衡与非均衡思维下强韧性社会、强活力社会构建的基本原则

公共均衡与非均衡思维提出了均衡观与变量思维、整体性、多样性、系统性、辩证性、动态性等思想，这些思想也是指导建设强韧性社会、强活力社会的基本原则：

（一）提高公共均衡及其核心因素的自我调节能力

从均衡观与变量思维的角度来看，需要对各个核心因素进行合理调节，使其能够在应对外部影响时回到均衡状态。在公共均衡与非均衡理论的公式中，分子的增大会导致冲突发生的可能性增大，但如果与此同时分母也在增大，并且增大的速率更快一些，那么冲突发生的概率则不会提升而是降低。因此，当外部风险增加了社会的“总反抗力”，可以通过增加社会的“总控制力”来维持社会均衡。在短期内，面对上升的社会“总反抗力”，可以通过积极促进沟通协调、化解矛盾、实施有效的应急处置，投入一定成本来增强“总控制力”，以避免群体性冲突等问题的发生，维持社会的正常运转和减弱风险的影响；而在长期中，各类社会主体能够从风险和社会问题中学习经验，健全各项制度机制，提高社会主体之间的信任和协同能力，从根本上将社会的治理水平向前发展，也就是降低“总反抗力”和提高“总控制力”，提高应对现有风险和未知风险的能力，而这正是建设强韧性社会的过程。

1 邓小平. 邓小平文选：第 3 卷[M]. 北京：人民出版社，1993：117.

2 习近平. 切实把思想统一到党的十八届三中全会精神上来[J]. 党的建设，2014（1）：4-6.

3 杨立华. 开放治理：中国改革开放 40 年国家治理的最宝贵经验[J]. 太原理工大学学报（社会科学版），2021，39（6）：1-11.

（二）强化整体思维和提高整体治理能力

从整体性方面来看，需要强化整体思维，在整体上实现公共均衡的韧性和活力。公共均衡与非均衡的六个核心因素之间存在相互协调、相互影响的关系，因此，在理解“公共均衡与非均衡”理论时，不能错误地认为一味增加社会“总控制力”、降低“总反抗力”，就能轻而易举实现社会均衡，例如过于严格地约束表达、参与、沟通的正常渠道和控制对保持社会活力具有重要意义的社会资源。相反，社会“总控制力”的增加往往同时导致社会总刺激这一因素的增加，进而提高“总反抗力”。如果“总反抗力”增加更多，反而可能导致社会非均衡的结果，降低社会韧性。因此，强韧性社会建设就是要促进社会均衡整体上的正向自我调节能力，这要求进一步研究核心因素之间的相互影响，寻找有效的社会机制来同时实现降低“总反抗力”和提高“总控制力”的目标，促进六个核心因素处于整体均衡状态。

（三）包容社会多样性和采取符合具体环境的治理措施

从多样性方面来看，需要包容不同环境下公共均衡状况和各核心因素敏感性的差异，采取有针对性、符合本地环境的治理措施，建立具有本地、本国特色的适应能力。差异是活力的重要来源，地区环境、社会群体及其多样的经济和文化中的差异带来了丰富的社会多样性。同时，不同社会主体之间在利益诉求、行为方式等方面的差异是社会分工的结果，也是社会运转中活力的体现。为了保护这种宝贵的多样性和活力，在解决社会问题时，就应避免“一刀切”的简单化处置方式。在构建冲突处理体系时，可以学习和应用有效的整体框架和体系设置，但是在具体应用时，应当深入了解本地环境的基本特征和根本问题，进而在有差异的社会风险和社会冲突中保持公共均衡，而这正是强韧性社会、强活力社会的重要表现。

（四）增强多系统的动态协调能力

从系统性方面来看，需要建立全局思维，通过多系统的动态协调增强社会韧性和社会活力。社会中的各个系统相互影响，既具有系统自身的韧性和活力，又共同构成复杂巨系统的韧性和活力。在治理过程中，应当避免单线的思维，从复杂巨系统的角度考虑社会治理问题，使用综合集成的方法对多系统的共同作用进行分析，选择合适的处置手段。[1]当社会问题出现、公共均衡受到冲击时，应当对公共均衡及其各核心因素受到的影响进行系统分析，识别出对公共均衡造成影响的核心问题和机制，采取有针对性的应对措施。同时，公共均衡的实现应当符合复杂巨系统的运行规律，并在全领域中选择合适的切入点，以更好地化解社会问题。

（五）建立辩证处置社会冲突的体制机制

从辩证性方面来看，需要建立开放、包容的体制机制和以沟通协调为主导、回应性强的社会治理体系，进而将冲突转变为社会发展的动力。强韧性社会不代表没有冲突，而是具有较强的应对冲突的能力。强活力社会由于社会蓬勃发展、公众积极参与意见表达，往

---

1 钱学森，于景元，戴汝为. 一个科学新领域——开放的复杂巨系统及其方法论[J]. 自然杂志，1990（1）：3-10，64.

往会表露出更多的社会冲突。因此，应当依据公共均衡与非均衡思维，包容存在的社会冲突，对其进行妥善处置，并反思冲突的来源，进而优化社会制度。这个过程必然要求以沟通协调的方式而非简单粗暴的方式解决问题，同时社会治理体系应当积极与社会中的各类主体沟通对话，听取意见、披露信息、进行反馈、相互监督，共同实现公共均衡和维护其韧性与活力。

（六）提高动态治理能力和包容社会均衡动态调整

从动态性方面来看，动态调整是复杂巨系统实现韧性和活力的基本特征，应当一方面针对社会本身动态性特征建立具有韧性和活力的治理模式，另一方面则对社会的动态调整能力提供支持。要对动态变化的社会进行有效治理，其治理体系也应当具有掌握社会动态变化的能力，这要求建立完善的动态监测体系，加强与社会主体的沟通交流，理解社会主体的诉求和状态。同时，政府部门也应当针对不同的社会变化状态建立相应的预案。社会的动态性不仅对治理提出了更高的要求、造成了挑战，其同时也是社会发展达到较高水平的体现。因此，应当包容社会的动态变化和调整过程，相信社会、赋权社会、赋权民众，保障民众的知情权、参与权、监督权、表达权，引导这些权利通过有序的方式实现，提高社会通过动态调整恢复均衡的能力。

三、强韧性社会、强活力社会的构建路径

根据本节提出的建设强韧性社会、强活力社会的基本原则，增强治理体系的均衡观、包容性、整体思维、互动思维、动态思维、系统思维、全局思维、开放性和将冲突转化为发展机会的能力是建设强韧性社会、强活力社会的基础。正如在上一节所讨论的，在群体事件和社会冲突处理上，建设强韧性社会和强活力社会要求建立全景式预防、评估、处置体系。在更加广泛的社会层面上，本节则提出以下的强韧性社会、强活力社会构建路径：

（一）通过增强沟通与回应实现强韧性社会、强活力社会

着眼于具体事件处置的方式，首先应当增强当前治理体系中的沟通和回应功能，通过沟通与回应实现公共均衡和增强社会的包容性、活力。以环境群体性事件为例，群体性事件几乎都是由小规模信访或网络舆情开始的。[1]在环境群体性事件生成初期，一些具有风险的环境污染问题并未引起政府重视，简单处理或执行过程公示模糊，都会导致与相关利益主体之间的沟通失败，公民的利益诉求并未得到满意答复，与现实之间存在较大不符，从而加剧了主体之间的信任危机，进而引发环境群体性事件。因此，迫切需要增强社会治理体系中的沟通和回应能力，实现社会的韧性治理。新媒体的出现使得沟通协调的渠道日益多样化，民情民意可以通过网络媒体及时向政府传达。由于网络的匿名性、便捷性和时效性，民众能够在网络上组织抗议活动。一方面，政府能够通过网络信息平台收集信息，及时掌握矛盾诱因，将矛盾遏制在预警阶段。同时，政府也能够及时进行信息甄别和披露，促进公众信任。另一方面，仍存在个别人利用网络煽动舆论，发布不实信息，造成社会恐

---

1 朱德米，林昕. 建设弹性的社会治理体系[J]. 上海行政学院学报，2017，18（5）：48-58.

慌，政府需要加强对新媒体的监管，与民众协同构建积极、有序的沟通渠道。

在完善社会治理的沟通与回应功能时，应建立互动思维，始终遵循公平公正的原则，形成政府与各利益相关者的平等双向沟通模式。无论是纵向沟通还是横向沟通，政府都要建立有效的信息资源共享平台，并应用于监测、预警、应急、善后全过程，及时发布有关风险的信息，与各级政府部门和各利益主体之间建立有效沟通，避免信息不对称导致的沟通无效问题，通过信息互通，协调冲突，进而促成合作。同时，应当履行政府部门的信息披露责任和支持基层民众和弱势群体通过各种沟通机制积极有序地表达看法，维护自身和他人利益，参与到事件处理过程当中，及时监督并反馈问题，实现理性参与，进而化解矛盾和实现治理体系的优化。

进一步地，沟通与回应的实现，以及社会治理过程中多主体参与体系的建立并不仅仅是政府部门单方面的责任，各参与主体，尤其是民众责任意识、参与意识、沟通意识、监督意识的建立也同样重要。应当避免政府部门在沟通中“跑断腿”，而民众仍然从通过互联网等媒体获取信息、受到各类信息所左右的情况出现。一方面，应当引导民众和参与主体建立参与的意识，促使民众更加重视参与权利、自由表达权利、公众监督权利等，同时建立判别信息真实性的能力。另一方面，政府部门需要采取更加有效的沟通措施，实现互联网、新媒体、现实沟通等多种沟通方式的互补，避免沟通陷入形式化局面。有的政府部门在信息披露或进行公众沟通时，仅仅使用听证会、张贴公告等形式化的方式，表面上符合程序规定，但实际上民众可能对披露的信息一无所知。因此，应当通过能够最大限度地提高沟通有效性的方式实现沟通和回应。

（二）通过辩证处置社会冲突实现强韧性社会、强活力社会

着眼于社会冲突的应对，应当辩证性理解社会冲突，增强冲突应对的整体思维、动态思维、系统思维，并增强从社会问题中总结经验、推动治理体系优化进步的能力。冲突处置能力、治理能力的提高是辩证处置社会冲突的基础——只有在有能力高效处置问题和从中学习的基础上，才能包容冲突和实现更高质量的冲突应对。在社会冲突处置方面，本书借由对环境群体性事件的研究进行了全面的论述，指出应强化整体思维、全局思维，应用综合集成方法解决问题。一方面，应当完善监督、保障、沟通、应急等各方面的制度体系，提高冲突解决的效率；另一方面，应当不断探索信息技术等现代化手段，以更加整体和系统地解决社会治理问题。

在建立高效解决社会冲突的能力和信心之后，就应当寻求强韧性社会、强活力社会的高质量发展。通过辩证处置社会冲突，可以使得冲突更好地发挥社会安全阀功能和推动社会进步，提高社会的韧性和活力。冲突可以发挥社会安全阀的功能，帮助社会释放行为主体的诉求或平时蓄积的不满情绪等。同时，社会冲突能够暴露社会中存在的矛盾，使决策者及时发现社会治理及制度建设中的问题，从源头上阻断群体性事件的发生。[1]在解决冲突的过程中，可以让民众看到政府的解决问题的决心和回应性、制度的有效性和制度不断进

1 周长城，唐勃. 社会安全阀运行与和谐社会构建[J]. 黑龙江社会科学，2009（1）：145-149.

步的历程，提高多主体参与解决问题的能力，有效疏导包括环境污染等各领域的矛盾冲突，进而使得涌动的、不同方向的社会力量能够变得有序且充满活力。一方面，应当通过建立完善的公民参与制度，增强民众参与性，强化民众的知情权和监督权，加强政府与各利益主体之间的联系。同时，应当进一步拓宽公民利益表达渠道，尤其是社会弱势群体的诉求渠道。对于环境维权这类具有邻避性的风险事件，各利益主体由于受教育程度、对话水平等的影响，沟通总有一方处于弱势地位，这种不平等的沟通通常会造成沟通弱势方的不满情绪积累，进而演变为环境群体性事件。因此，搭建平等的协商民主平台可以使各方利益主体的矛盾得到充分讨论，使协商治理成为环境群体性事件发生前的安全阀。另一方面，各种涌现的社会中介组织，如中华环保联合会、中华环保基金会这类由政府发起成立的民间组织或者由民间自发组成的环保民间组织能够在冲突处置中起到缓冲和提供外部支持的作用，支持社会冲突更好地起到安全阀的作用。社会组织作为政府与社会之间的纽带，有助于政府与公民之间建立起良性的互动关系。通过社会组织，基层民众和弱势群体能够充分表达其利益诉求，社会成员之间的横向联系得以加强，有利于维护公民的基本权益，也为社会成员提供了更为合法化、规范化的维权方式。

（三）通过建立上下双轨互动治理模式实现强韧性社会、强活力社会

着眼于推进国家治理体系的建设，应当在社会治理中建立互动思维，实现自上而下的治理与自下而上的治理之间的互动，形成上下双轨互动治理的模式。我国自古以来就强调自上而下、自下而上双轨治理的协调。费孝通在《乡土中国》中提出，权力包含社会冲突的一方面，此时，权力“是冲突过程的持续”,“它是压迫性质的，是上下之别”[1]；同时，权力也包含社会合作的另一性质，来自社会分工，“各人都有维持各人的工作、维护各人可以相互监督的责任”，而“这种权力的基础是社会契约，是同意”[2]。在此基础上，为了皇权的维持，“皇帝无为而天下治”政治理想正是在“有为的皇权”和“同意权力”之间相互作用中形成的历史经验[3,4]。费孝通指出，“政治绝不能只在自上而下的单轨上运行”，而“人民的意见是不论任何性质的政治所不能不加以考虑的，这是自下而上的轨道”，进而提出“一个健全的、能持久的政治必须是上通下达，来往自如的双轨形式”[5]。具体而言，自上而下的治理除了天子施政以外，也包括天子“巡守”，即对于下级和地方官吏的纠察、约束。[6]自下而上的治理则包括民意上达及治理体系内部下级对上级的约束。早在原始社会时期，黄帝“立明台之议”，尧有“衢室之问”“欲谏之鼓”，舜有“告善之旌”“诽谤之木”，均强调听取民众与贤德之人的意见；在夏商时期，则已形成征询民意、臣下匡正君主过失的治理举措。[7]在此基础上，自上而下与自下而上相结合的治理模式在历朝历代中不断完善，

1 费孝通. 无为政治[M]//费孝通. 费孝通全集（第六卷）. 呼和浩特：内蒙古人民出版社，2009：156.
2 费孝通. 无为政治[M]//费孝通. 费孝通全集（第六卷）. 呼和浩特：内蒙古人民出版社，2009：157.
3 费孝通. 无为政治[M]//费孝通. 费孝通全集（第六卷）. 呼和浩特：内蒙古人民出版社，2009：159-160.
4 夏春涛. 中国历代治理体系研究（下册）[M]. 中国社会科学出版社，2023：701.
5 费孝通. 基层行政的僵化[M]//费孝通. 费孝通全集（第五卷）. 呼和浩特：内蒙古人民出版社，2009：37.
6 夏春涛. 中国历代治理体系研究（上册）[M]. 北京：中国社会科学出版社，2023：2-3.
7 夏春涛. 中国历代治理体系研究（上册）[M]. 北京：中国社会科学出版社，2023：2-4.

融入我国的治理经验和制度智慧。

我们基于公共均衡与非均衡思维与当前的治理模式提出应当完善上下双轨互动的治理模式。“双轨治理”也是双向治理，其中，一轨是自上而下的治理，即“上轨”，包括政党、政府领导和组织下的政治、行政、监察、监督、司法、服务、宣传、教育等多种自上而下的治理机制。另一轨是自下而上的治理，即“下轨”，既包括国家、政党和政府治理体系中自下而上的反馈、参与、监督、制约式治理，也包括居民自治、社会组织参与治理、企业等参与的市场化治理等国家正式政权体系外的社会性治理及其自下而上的反馈、参与、监督、制约式治理。双轨治理的目的，就是要实现我国社会治理的“自上而下”的“上轨”治理和“自下而上”的“下轨”治理的有效协调，双向增强、增效，切实提高我国整体社会治理能力，最终破解社会治理困境。

在当代中国社会治理实践中重塑新型双轨治理具有历史必然性。事实上，这也是当前我国社会治理实践正在不自觉地持续探索和完善的现实治理逻辑。这是因为，实现双轨治理不仅是我国数千年双轨政治传统在当代的必然延续和创新性发展，是中华人民共和国成立后我国社会治理从自上而下和自下而上两头不断实践探索的成功经验，而且是回应新时代社会治理复杂性、破解国家及政党和政府能力局限、明确公共权力边界、降低国家治理成本和治理负担、满足新时期民众多样化需求不断发展等的客观要求。

从目前双轨协调治理模式的发展状况来看，目前存在的核心问题是主要依靠上轨，下轨缺位或疲弱，因此社会控制力强，但活力仍存在不足。在治理中，双轨缺一不可，自下而上的治理能够建立社会关系，维护社会活力，反映社会动态。上下“双轨治理”的协调和均衡能够在保证国家和社会基本秩序、稳定的基础上，最大限度地激发社会活力、实现社会创新。

当前，要有效实现和落实双轨治理，可从以下三个方面入手。

首先，要持续优化和规范“上轨”。这方面，又需要注意两点。其一，要推进以“服务”为核心的“高质量”党建引领，持续加强上轨治理的规范性和有效性；其二，要严格约束和监督上级管理部门的无原则事权下放，切实为地方社会治理体系减负。

其次，要特别注意强化“下轨”，这是当前加强双轨治理的核心。要通过强化“下轨”，切实扭转当前我国社会治理中“上轨”强、“下轨”弱的几乎偏“单轨”运行的不均衡治理局面。当然，要强化“下轨”，也需要从多方发力。其一，要赋权社会治理体系，给地方和下级充分的自主权，以促使治理创新和完善内部监督，强化治理能力；其二，要相信人民、赋权于民，实行民主治理，引导民众建立参与权、表达权、监督权等权利意识，有序行使权利，不要肆意干预；其三，要以更大的力度切实促进专家学者、社会组织、新闻媒体的多方参与和协调，建立通过沟通协调和广泛参与进行决策和解决问题的体制机制；其四，要赋予地方部门及其人员和民众等参与、监督甚至制约上级相关部门的权利、权力和机会，为下轨“长牙”。

再次，要努力促进治理双轨相互增效，最终实现双向贯通、双轨均衡。要做到这方面，也可探索多种途径。例如，其一，要广开言路，积极促进下情上达和构建高效、多样的上下沟通机制，从而不仅为上轨治理提供正确信息，也为下轨治理发挥作用提供有力路径；其二，要努力探讨制度体系建设，构建上下轨相互交流、相互监督、相互制约等的有效机制，切实保证上下轨的相对均衡和相互支撑；其三，要先行先试，探索“下轨”成熟区的“上轨”淡出清单和机制，切实为上下轨均衡发展和为上轨减负创造有利条件。

最后，应当实现上下互动、上下协调、上下均衡、上下互通，上达于下，下达于上，互动发展，以发挥双轨治理的最大功能，共同促进社会健康和可持续发展。[1]

（四）通过提高社会开放性、协调性、流动性实现强韧性社会、强活力社会

着眼于社会整体的发展方向，应当增强社会的活力、多样性和治理的开放性、系统性，推动治理体系的持续改革进步，不仅以动态的思维看待冲突，也要以动态的思维看待治理体系和治理能力。从社会冲突的发生机理上说，冲突往往来自制度与当前环境的不匹配所导致的诱因，以及存在压力的社会结构条件和社会控制水平。因此，要从根本上提高解决社会问题和化解社会矛盾冲突的能力，最终还是要改善社会制度、社会结构，使其与动态发展的政治、经济、文化、生态等各方面社会状况相匹配。为了实现这一目标，需要在全社会层面上提高社会的开放性、协调性和流动性。

增强社会开放性，指的是社会应不断改革进步，突破旧的条条框框，打破思想和制度限制，探索最符合当前社会发展状况的治理模式。为了实现开放，就不能束手束脚，而要广泛地从现有经验中学习、从不同的对象中学习、从实践中学习，鼓励积极探索和参与表达，进而实现制度进步。开放是更积极主动的行为，更具有挑战性，不能像传统治理方式一样，往往消极被动，导致草木皆兵、因噎废食，怕出一点问题，只知道严防死守，就只能把一切管得死死的，这不仅失去社会活力，影响社会发展，而且导致矛盾积累，可能引发更大的矛盾和冲突，严重降低社会的韧性。要建立增强社会开放性的制度保障，督促政府及各社会主体解放思想、积极探索，完善责任分配，促进先进经验的学习交流，同时提供探索创新的政策激励，让社会在学习进步中提高韧性和活力。同时，还应在社会层面上减少束缚，保障民众的基本权利，树立民众的权利意识。在开放的社会中，民众应当更加重视自身的知情权、参与权、监督权、表达权，进而在高效的社会互动中提高社会的韧性和活力。

增强社会协调性，指的是提高社会不同群体、不同地区、不同社会子系统之间协调发展的水平。强韧性社会、强活力社会应当重视发展的系统性、全局性，在不同方面实现统筹兼顾、相互支持，以提高应对风险的能力。不同社会部门的协调发展能够增加面对风险时实现社会均衡的手段，使得决策者能更好地立足全局，从多个方面、多个领域入手施加影响，有效解决核心问题，避免受到限制或被“卡脖子”。同时，全社会的协调发展能够提高社会的活力，并将通过内部的协调配合凝聚成一个整体，增强社会的自我调节能力。

增强社会流动性，指的是允许社会各部分进行探索，鼓励社会流动和社会结构变化，为各个主体的发展提供机会，同时为社会的发展和秩序提供保障。各个利益群体在争取各

---

1 杨立华，黄河. 健康治理：健康社会与健康中国建设的新范式[J]. 公共行政评论，2018，11（6）：9-29，209.

自利益时往往会产生摩擦，造成社会结构性压力和在社会结构的薄弱处发生断裂的风险。对此，在一个有韧性的社会结构中，一方面应当辩证地化解冲突和将冲突转化为发展的动力，另一方面则应该建立柔性的社会结构，允许不同的社会阶层，在公平的竞争环境中实现自由的流动，防止出现阶层的固化。实现这一目标的基础是建立公平的制度，让参与竞争者能够通过努力和才能取得成功，同时使得社会中的各主体能够公平地实现利益协调。此外，在增强社会流动性的同时还应注意保障社会弱势群体的利益，为弱势群体提供改善自身状况的发展机会。总而言之，各群体、各阶层之间的沟通协调不仅能化解冲突，还能够促进其发展，释放社会活力，实现高质量发展。

习近平总书记指出："推进中国式现代化是一个系统工程，需要统筹兼顾、系统谋划、整体推进，正确处理好顶层设计与实践探索、战略与策略、守正与创新、效率与公平、活力与秩序、自立自强与对外开放等一系列重大关系。"[1]在推进中国式现代化的过程中，解决环境群体性事件是其中的一个组成部分，也同样需要处理这一系列重大关系。本书提出的公共均衡与非均衡群体冲突新理论和公共均衡与非均衡思维正是聚焦了顶层设计与实践探索、效率与公平、活力与秩序等核心问题，提出了整体、系统、辩证解决社会问题的主张，能够适用于中国式现代化过程中多种多样的问题，进而提出了构建强韧性社会、强活力社会的实践道路。

1 推进中国式现代化需要处理好若干重大关系[N]. 人民日报，2023-02-13（001）.

附 录

附录

第六章 附 录

附录 6.1 环境群体性事件及其处置机制的调查问卷（A）

附录 6.2 环境群体性事件及其处置机制的调查问卷（B）

第七章 附 录

附录 7.1 环境群体性事件的基本特点及发生机理研究调查问卷

附录 7.2 环境群体性事件的基本特点及发生机理研究访谈提纲

第八章 附 录

附录 8.1 环境群体性事件参与主体及其对事件处置影响的调查问卷

附录 8.2 环境群体性事件参与主体及其对事件处置影响的访谈提纲

第九章 附 录

附录 9.1 环境群体性事件解决绩效评估的调查问卷

第十二章 附 录

附录 12.1.1 环境群体性事件处置中的信息沟通机制调查问卷

附录 12.2.1 环境群体性事件处置中的信任机制调查问卷

附录 12.3.1 环境群体性事件处置中的利益协调机制调查问卷

第十三章 附 录

附录 13.1.2 环境群体性事件处置中的动员机制调查问卷

附录 13.2.1 环境群体性事件处置中的应急机制访谈提纲

附录 13.2.2 环境群体性事件处置中的应急机制调查问卷

第十四章 附 录

附录 14.1.1 环境群体性事件处置中的监督机制调查问卷

附录 14.1.2 环境群体性事件处置中的监督机制访谈提纲

附录 14.2.1 环境群体性事件处置中的法律机制调查问卷

附录 14.3.1 环境群体性事件处置中的保障机制访谈提纲

附录 14.3.2 环境群体性事件处置中的保障机制调查问卷

后 记

本书是国家社会科学基金2014年重大招标项目“环境污染群体性事件及其处置机制”（项目编号：14ZDB143）的最终成果，同时得到北京大学公共治理研究所学术团队建设重点支持项目“政府环境治理研究”（项目号：TDXM202106）支持。本书由杨立华教授主持研究和撰写。参加撰写人员如下：杨立华、杜专家、李志刚撰写本书提要；李志刚、杨立华撰写第一章、第二章、第三章、第四章、第五章第二节、第十章、第十五章；杨立华撰写第五章第一节英文原文（杜专家翻译）；杨立华、陈一帆、周志忍、唐权、蒙常胜等撰写第六章；蔡昕霖、杨立华撰写第七章；唐权、杨立华撰写第八章；李志刚、杨立华等撰写第九章；孙若诗、杨立华撰写第十一章；金勇、杨立华撰写第十二章第一节；郑晓艳、杨立华撰写第十二章第二节；杨文君、杨立华撰写第十二章第三节；杨振华、杨立华撰写第十三章第一节；李智、杨立华撰写第十三章第二节；张宇、杨立华撰写第十三章第三节、第十四章第一节；李凯林、杨立华撰写第十四章第二节；柴进、杨立华撰写第十四章第三节；洪晓逸、杨立华撰写第十六章；张莹、杨立华撰写第十七章；马壹、杨立华、杜专家、陶健撰写第十八章。杜专家和李志刚参加了整书的编排和图表目录编制等工作。最后，杨立华、陶健、马壹、曹高航、周凌宇、刘芝霖和黄紫东对全书进行统校、修改，并最终定稿。

自2014年立项至2024年成果出版，本研究已历时十年。2015年至2019年，本研究在全国范围内进行案例抽样，开展了大量以访谈、问卷和观察为主的深入社会调查，并结合案例研究、统计分析等研究方法进行了深入的分析。基于现有理论梳理和翔实的社会调查数据，本研究完成了群体冲突核心理论、环境群体性事件基础理论体系、事件处置机制三个层次的系统理论建构和实证检验，并几经斟酌审校，不断完善，在众多研究者的通力合作下最终成稿。

当然，这十年也同样是我国群体性事件治理和整体的基层社会治理不断改善的十年。环境群体性事件是我国经济社会发展一个时代的印记，自20世纪90年代以来，环境群体性事件持续上升，并于2012年左右达到顶峰，之后随着对环境治理的重视和社会治理能力的提升，事件数量和参与人数锐减。环境群体性事件相关问题的研究也于2013—2015年达到高峰，并在之后逐渐回落。虽然被广泛报道、造成显著社会影响的群体性事件已经极少，但是环境社会风险、环境污染有关的社会冲突以及其他各类社会冲突始终存在。正如本书提出的辩证看待社会冲突的观点，社会冲突是普遍存在的，对其进行妥善处置能够将其转化为社会发展的动力。因此，本研究不仅力图实现对环境群体性事件及其处置机制进行全面、深入、系统的研究，也希望提出超越此类具体事件的社会治理理论和思想，最终建设更加均衡、更具韧性、更有活力的强均衡社会、强韧性社会、强活力社会。

最后，本书的出版感谢北京大学国家治理研究院、北京大学政府管理学院、北京大学公共管理研究所、北京大学碳中和研究所、北京大学政府绩效评估研究中心等单位的大力支持。而且，在本书的研究过程中，北京航空航天大学公共管理学院和环境治理与可持续性科学研究所也给予了大力的支持，在此一并感谢。课题组还将在社会治理和环境治理领域持续探索，力争为国家治理现代化作出更大贡献。